“十三五”国家重点出版物出版规划项目

铸造手册

第6卷

特种铸造

第4版

中国机械工程学会铸造分会　组　编
吕志刚　主　编

机械工业出版社

《铸造手册》第4版共分铸铁、铸钢、铸造非铁合金、造型材料、铸造工艺和特种铸造6卷出版。本书为特种铸造卷。第4版对第3版做了全面修订，反映了各种特种铸造方法的新技术、新工艺和新设备，完善和更新了技术标准与工艺规范，特别是反映了环保节能新要求，删除了不符合要求或技术落后的工艺。本书包括绪论、熔模铸造、石膏型铸造、陶瓷型铸造、消失模铸造、V法铸造、金属型铸造、压力铸造、反重力铸造、挤压铸造、离心铸造、连续铸造共12章，主要介绍了与特种铸造相关的原理、工艺和工装设计、原辅材料选用、设备选型、质量控制及缺陷分析等内容。本书由中国机械工程学会铸造分会组织编写，内容系统全面，具有权威性、科学性、实用性、可靠性和先进性。

本书可供铸造工程技术人员、质量检验和生产管理人员使用，也可供科研人员、设计人员和相关专业的在校师生参考。

图书在版编目（CIP）数据

铸造手册．第6卷，特种铸造/中国机械工程学会铸造分会组编；吕志刚主编．—4版．—北京：机械工业出版社，2021.1（2025.11重印）
“十三五”国家重点出版物出版规划项目
ISBN 978-7-111-67113-8

Ⅰ．①铸…　Ⅱ．①中…　②吕…　Ⅲ．①铸造-手册　Ⅳ．①TG2-62

中国版本图书馆CIP数据核字（2020）第249575号

机械工业出版社（北京市百万庄大街22号　邮政编码100037）
策划编辑：陈保华　责任编辑：陈保华　李含杨
责任校对：刘雅娜　封面设计：马精明
责任印制：单爱军
北京盛通数码印刷有限公司印刷
2025年11月第4版第3次印刷
184mm×260mm · 44印张 · 2插页 · 1514千字
标准书号：ISBN 978-7-111-67113-8
定价：169.00元

电话服务　　网络服务
客服电话：010-88361066　　机 工 官 网：www.cmpbook.com
010-88379833　　机 工 官 博：weibo.com/cmp1952
010-68326294　　金 书 网：www.golden-book.com
　　机工教育服务网：www.cmpedu.com

铸造手册第 4 版编委会

特种铸造卷第 4 版编委会

铸造手册第3版编委会

特种铸造卷第3版编委会

铸造手册第2版编委会

顾　　问　陶令桓　周尧和　柳百成

主任委员　赵立信　李新亚

副主任委员　房贵如

委　　员　（按姓氏笔画排序）

王君卿　刘兆邦　刘伯操

余茂祚（常务）　张伯明

范英俊　钟雪友　姚正耀

黄天佑

特种铸造卷第2版编委会

主　　编　范英俊

副 主 编　姜不居　甘智勇

编　　委　陈金城　曹腊梅　郭士进

主　　审　张伯明

总 策 划　余茂祚

铸造手册第1版编委会

特种铸造卷第1版编委会

第 4 版前言

进入 21 世纪后，我国铸造行业取得了长足发展。2019 年，我国铸件总产量接近 4900 万 t，已连续 20 年位居世界第一，我国已成为铸造大国。但我们必须清楚地认识到，与发达国家相比，我国的铸造工艺技术水平、工艺手段还有一定的差距，我国目前还不是铸造强国。

1991 年，中国机械工程学会铸造分会与机械工业出版社合作，组织有关专家学者编辑出版了《铸造手册》第 1 版。随着铸造技术的不断发展，2002 年修订出版了第 2 版，2011 年修订出版了第 3 版。《铸造手册》的出版及后来根据技术发展情况进行的修订再版，为我国铸造行业的发展壮大做出了重要的贡献，深受广大铸造工作者欢迎。两院院士、中国工程院原副院长师昌绪教授，中国科学院院士、上海交通大学周尧和教授，中国科学院院士、机械科学研究院原名誉院长雷天觉教授，中国工程院院士、中科院沈阳金属研究所胡壮麒教授，中国工程院院士、西北工业大学张立同教授，中国工程院院士、清华大学柳百成教授等许多著名专家、学者都曾对这套手册的出版给予了高度评价，认为手册内容丰富、数据可靠，具有科学性、先进性、实用性。这套手册的出版发行对跟踪世界先进技术、提高铸件质量、促进我国铸造技术进步起到了积极的推进作用，在国内外产生了较大的影响，取得了显著的社会效益和经济效益。《铸造手册》第 1 版 1995 年获机械工业出版社科技进步奖（暨优秀图书）一等奖，1996 年获中国机械工程学会优秀工作成果奖，1998 年获机械工业部科技进步奖二等奖。

《铸造手册》第 3 版出版后的近 10 年来，科学技术发展迅猛，先进制造技术不断涌现，技术标准及工艺参数不断更新和扩充，我国经济已由高速增长阶段转向高质量发展阶段，铸造行业的产品及技术结构发生了很大变化和提升，铸造生产节能环保要求不断提高，第 3 版手册的部分内容已不能适应当前铸造生产实际及技术发展的需要。

为了满足我国国民经济建设发展和广大铸造工作者的需要，助力我国铸造技术提升，推进我国建设铸造强国的发展进程，我们决定对《铸造手册》第 3 版进行修订，出版第 4 版。2017 年 11 月，由中国机械工程学会铸造分会组织启动了《铸造手册》第 4 版的修订工作。第 4 版基本保留了第 3 版的风格，仍由铸铁、铸钢、铸造非铁合金、造型材料、铸造工艺、特种铸造共 6 卷组成；第 4 版除对第 3 版中陈旧的内容进行删改外，着重增加了近几年来国内外涌现出的新技术、新工艺、新材料、新设备的相关内容，全面贯彻现行标准，修改内容累计达 40% 以上；第 4 版详细介绍了先进实用的铸造技术，数据翔实，图文并茂，基本反映了当前国内外铸造领域的技术现状及发展趋势。

经机械工业出版社申报、国家新闻出版署评审，2019 年 8 月《铸造手册》第 4 版列入了“十三五”国家重点出版物出版规划项目。《铸造手册》第 4 版将以崭新的面貌呈现给广大的铸造工作者。它将对指导我国铸造生产，推进我国铸造技术进步，促进我国从铸造大国向铸造强国转变发挥积极作用。

《铸造手册》第 4 版的编写班子实力雄厚，共有来自工厂、研究院所及高等院校 34 个单位的 130 名专家学者参加编写。各卷主编如下：

第 1 卷　铸铁　暨南大学先进耐磨蚀及功能材料研究院院长李卫教授。

第 2 卷　铸钢　机械科学研究总院集团副总经理娄延春研究员。

第 3 卷　铸造非铁合金　北京航空材料研究院院长戴圣龙研究员，上海交通大学丁文江教授（中国工程院院士）。

第4卷　造型材料　华中科技大学李远才教授。

第5卷　铸造工艺　沈阳铸造研究所有限公司苏仕方研究员。

第6卷　特种铸造　清华大学吕志刚教授。

本书为《铸造手册》的第6卷，编写工作在本书编委会主持下完成。主编吕志刚教授和副主编曹腊梅研究员全面负责，会同编委完成各章的审定工作。本书共12章，各章的编写分工如下：

第1章　清华大学吕志刚教授。

第2章　中国航发北京航空材料研究院曹腊梅研究员。

第3章　清华大学闫双景教授。

第4章　清华大学吕志刚教授。

第5章　华中科技大学叶升平教授（武汉圣熔铸造科技有限公司郭鹏参与了本章的编写、整理工作）。

第6章　华中科技大学叶升平教授（武汉建恒工业技术有限公司张建满参与了本章的编写、整理工作）。

第7章　中国航发北京航空材料研究院刘国利高级工程师。

第8章　布勒公司（中国）卢宏远研究员。

第9章　西北工业大学郝启堂教授、李新雷副教授。

第10章　中国兵器科学研究院宁波分院齐丕骧研究员。

第11章　中国农业机械化科学研究院胡家骢研究员。

第12章　西安理工大学时胜利教授级高级工程师、许旸高级工程师、葛利玲教授级高级工程师。

本书由主编吕志刚教授与责任编辑陈保华编审共同完成统稿工作。

本书的编写工作得到了清华大学、中国航发北京航空材料研究院、华中科技大学、布勒公司（中国）、西北工业大学、中国兵器科学研究院宁波分院、中国农业机械化科学研究院、西安理工大学等单位的大力支持，在此一并表示感谢！由于编者水平有限，不妥之处在所难免，敬请读者指正。

中国机械工程学会铸造分会

机械工业出版社

第3版前言

新中国成立以来，我国铸造行业获得了很大发展，年产量超过3500万t，位居世界第一；从业人员超过300万人，是世界规模最大的铸造工作者队伍。为满足行业及广大铸造工作者的需要，机械工业出版社于1991年编辑出版了《铸造手册》第1版，2002年出版了第2版，手册共6卷813万字。自第2版手册出版发行以来，各卷先后分别重印4~6次，深受广大铸造工作者欢迎。两院院士、中国工程院副院长师昌绪教授，科学院院士、上海交通大学周尧和教授，科学院院士、机械科学研究院名誉院长雷天觉教授，工程院院士、中科院沈阳金属研究所胡壮麒教授，工程院院士、西北工业大学张立同教授，工程院院士、清华大学柳百成教授等许多著名专家、学者都曾对这套手册的出版给予了高度评价，认为手册内容丰富、数据可靠，具有科学性、先进性、实用性。这套手册的出版发行对跟踪世界先进技术，提高铸件质量，促进我国铸造技术进步起到了积极推进作用，在国内外产生较大影响，取得了显著的社会效益及经济效益。第1版手册1995年获机械工业出版社科技进步奖（暨优秀图书）一等奖，1996年获中国机械工程学会优秀工作成果奖，1998年获机械工业部科技进步奖二等奖。

第2版手册出版后的近10年来，科学技术迅猛发展，先进制造技术不断涌现，标准及工艺参数不断更新，特别是高新技术的引入，使铸造行业的产品及技术结构发生了很大变化，手册内容已不能适应当前生产实际及技术发展的需要。应广大读者要求，我们对手册进行了再次修订。第3版修订工作由中国机械工程学会铸造分会和机械工业出版社负责组织和协调。

修订后的手册基本保留了第2版的风格，仍由铸铁、铸钢、铸造非铁合金、造型材料、铸造工艺、特种铸造共6卷组成。第3版除对第2版已显陈旧落后的内容进行删改外，着重增加了近几年来国内外涌现出的新技术、新工艺、新材料、新设备的相关内容，并以最新的国内外技术标准替换已作废的旧标准，同时采用法定计量单位，修改内容累计达40%以上。第3版手册详细介绍了先进实用的铸造技术，数据翔实，图文并茂，基本反映了21世纪初的国内外铸造领域的技术现状及发展趋势。新版手册将以崭新的面貌为铸造工作者提供一套完整、先进、实用的技术工具书，对指导生产、推进21世纪我国铸造技术进步，使我国从铸造大国向铸造强国转变将发挥积极作用。

第3版手册的编写班子实力雄厚，共有来自工厂、研究院所及高等院校40多个单位的110名专家教授参加编写，而且有不少是后起之秀。各卷主编如下：

第1卷　铸铁　中国农业机械化科学研究院原副院长张伯明研究员。

第2卷　铸钢　沈阳铸造研究所所长娄延春研究员。

第3卷　铸造非铁合金　北京航空材料研究院院长戴圣龙研究员。

第4卷　造型材料　清华大学黄天佑教授。

第5卷　铸造工艺　机械研究院院长李新亚研究员。

第6卷　特种铸造　清华大学姜不居教授。

本书为《铸造手册》的第6卷，编写组织工作得到了清华大学的大力支持，并在本书编委会的主持下，经过许多同志辛勤工作完成的。主编姜不居教授和副主编曹腊梅研究员、吕志刚副教授全面负责，会同编委完成各章的审定工作。本书共12章，各章的编写分工如下：

第1章　清华大学姜不居教授、吕志刚副教授。

第2章　北京航空材料研究院曹腊梅研究员，清华大学姜不居教授。

第3章　清华大学闫双景教授。

第4章　清华大学吕志刚副教授。

第5章　华中科技大学材料学院叶升平教授，中国机械工程学会铸造分会消失模与V法技术委员会孙之郕高级工程师。

第6章　北京航空材料研究院刘国利高级工程师。

第7章　上海交通大学翟春泉教授，原国营706厂陈金城研究员级高级工程师。

第8章　西北工业大学郝启堂教授、李新雷博士。

第9章　中国兵器科学研究院宁波分院齐丕骧研究员。

第10章　中国农业机械化科学研究院胡家骢研究员。

第11章　西安理工大学甘雨教授。

第12章　清华大学崔旭龙副教授。

全书由主编姜不居与责任编辑余茂祚共同完成统稿工作。

本书的编写工作得到了很多单位大力支持，在此一并表示感谢。由于编者水平有限，不周之处，在所难免，敬请读者指正。

中国机械工程学会铸造分会

机械工业出版社

第2版前言

新中国成立以来，我国铸造行业获得很大发展，年产量超过千万吨，位居世界第二；从业人员超过百万人，是世界规模最大的铸造工作者队伍。为满足行业及广大铸造工作者的需要，机械工业出版社于1991年编辑出版了《铸造手册》第1版，共6卷610万字。第1版手册自出版发行以来，各卷先后分别重印3~6次，深受广大铸造工作者欢迎。两院院士、中国工程院副院长师昌绪教授，科学院院士、上海交通大学周尧和教授，科学院院士、机械科学研究院名誉院长雷天觉教授，工程院院士、中科院沈阳金属研究所胡壮麒教授，工程院院士、西北工业大学张立同教授等许多著名专家、学者都对这套手册的出版给予了高度评价，认为手册内容丰富、数据可靠，具有科学性、先进性、实用性。这套手册的出版发行对跟踪世界先进技术、提高铸件质量、促进我国铸造技术进步起到了积极推进作用，在国内外产生较大影响，取得了显著的经济效益及社会效益。第1版手册1995年获机械工业出版社科技进步奖（暨优秀图书）一等奖，1996年获中国机械工程学会优秀工作成果奖，1998年获机械工业部科技进步奖二等奖。

第1版手册出版后的近10年来，科学技术迅猛发展，先进制造技术不断涌现，标准及工艺参数不断更新，特别是高新技术的引入，使铸造行业的产品及技术结构发生很大变化，手册内容已不能适应当前生产实际及技术发展的需要。应广大读者要求，我们对手册进行了修订。第2版修订工作由中国机械工程学会铸造分会和机械工业出版社负责组织和协调。

修订后的手册基本保留了第1版风格，仍由铸铁、铸钢、铸造非铁合金、造型材料、铸造工艺、特种铸造共6卷组成。为我国进入WTO，与世界铸造技术接轨，并全面反映当代铸造技术水平，第2版除对第1版已显陈旧落后的内容进行删改外，着重增加了近十几年来国内外涌现出的新技术、新工艺、新材料、新设备的相关内容，并以最新的国内外技术标准替换已作废的旧标准，同时采用新的计量单位，修改内容累计达40%以上。第2版手册详细介绍了先进实用的铸造技术，数据翔实，图文并茂，基本反映了20世纪90年代末至21世纪初国内外铸造领域的技术现状及发展趋势。新版手册将以崭新的面貌为铸造工作者提供一套完整、先进、实用的技术工具书，对指导生产、推进21世纪我国铸造技术进步将发挥积极作用。

第2版手册的编写班子实力雄厚，共有来自工厂、研究院所及高等院校40多个单位的109名专家教授参加编写。各卷主编如下：

第1卷　铸铁　中国农业机械化研究院副院长张伯明研究员。

第2卷　铸钢　中国第二重型机械集团公司总裁姚正耀研究员级高工。

第3卷　铸造非铁合金　北京航空材料研究院院长刘伯操研究员。

第4卷　造型材料　清华大学黄天佑教授。

第5卷　铸造工艺　沈阳铸造研究所总工程师王君卿研究员。

第6卷　特种铸造　中国新兴铸管集团公司董事长范英俊研究员级高工。

本书为《铸造手册》的第6卷，编写组织工作得到中国新兴铸管集团公司的大力支持，并在该卷编委会的主持下，经过许多同志辛勤劳动完成的。在主编范英俊研究员级高级工程师全面负责的基础上，与主审张伯明研究员、副主编甘智勇研究员级高级工程师及各编委共同进行各章的审定工作。各章编写分工如下：

第 1 章　清华大学姜不居教授。

第 2 章　北京航空材料研究院曹腊梅研究员、黎典研究员、陈荣章研究员。

第 3 章　清华大学姜不居教授。

第 4 章　北京航空材料研究院刘国利高级工程师。

第 5 章　国营 706 厂陈金城研究员级高级工程师，北京宇航伟业铸件有限责任公司岳崇焕高级工程师。

第 6 章　北京内燃机集团公司甘智勇研究员级高级工程师。

第 7 章　中国新兴铸管集团公司范英俊研究员级高级工程师。

第 8 章　中国新兴铸管集团公司范英俊研究员级高级工程师。

第 9 章　清华大学闫双景副教授。

第 10 章　中国兵器工业总公司第五二研究所宁波分所齐丕骧研究员。

第 11 章　西安理工大学甘雨教授。

本书统稿工作由主编范英俊研究员级高级工程师、主审张伯明研究员与责任编辑余茂祚研究员级高级工程师共同完成。

本书的编写工作得到了各编写人员所在单位大力支持，北京航空航天大学陈冰教授对第 2 章内容提出了一些宝贵意见，中国农业机械化科学研究院胡家骢研究员对第 7 章的 10 – 13 节进行了修改，新兴铸管集团公司李兴工程师及张永杰工程师协助做了很多具体工作，在此一并表示感谢。由于编者水平有限，不周之处，在所难免，敬请读者指正。

中国机械工程学会铸造分会编译出版工作委员会

第 1 版前言

随着科学技术和国民经济的发展，各行各业都对铸造生产提出了新的更高的要求，而铸造技术与物理、化学、冶金、机械等多种学科有关，影响铸件质量和成本的因素又很多。所以正确使用合理的铸造技术，生产质量好、成本低的铸件并非易事。有鉴于此，为了促进铸造生产的发展和技术水平的提高，并给铸造技术工作者提供工作上的方便，我会编辑出版委员会与机械工业出版社组织有关专家编写了由铸钢、铸铁、铸造非铁合金（即有色合金）、造型材料、铸造工艺、特种铸造共 6 卷组成的《铸造手册》。

手册的内容，从生产需要出发，既总结了国内行之有效的技术经验，也搜集了国内有条件并应推广的国外先进技术。手册以图表数据为主，辅以适当的文字说明。

手册的编写工作由我会编辑出版委员会会同机械工业出版社负责组织和协调。本卷的编写工作在《铸造手册》特种铸造编委会的主持下，经过很多同志的辛勤工作完成的。编写过程中，根据各编委和编写人员的专长分工编写各章，并分章请专家审稿，最后由正副主编集中审定和统稿。各章的编写人员如下：

第一章　林伯年（哈尔滨工业大学）。

第二章　黎典（北京航空材料研究所）、吴天尧（北京航空材料研究所）、许云祥（合肥工业大学）、陈荣章（北京航空材料研究所）等编写，并由黎典汇总。

第三章　周静一（沈阳铸造研究所）。

第四章　何光新（江苏工学院）。

第五章　陈金城（国营第七〇六厂）、王玉玮（东北大学）、岳崇焕（国营第七〇六厂）等编写，并由陈金城汇总。

第六章　罗庚生（芜湖造船厂）、朱健（国营第一五九厂）编写，并由罗庚生汇总。

第七章　林伯年。

第八章　李观贤（首都钢铁公司铸造厂）、佟铭铎（东北大学）编写，并由林伯年汇总。

第九章　佟铭铎。

附录　王玉玮搜集整理。

全卷的统稿工作由陈金城负责，并有林伯年、何光新、黎典、王玉玮参加，余茂祚对此做了大量工作。

参加本卷会稿、审稿的有全体编委、责任编辑余茂祚和谢明师（沈阳铸造研究所）、陆培德（上海广播器材厂）、曾昭昭（浙江大学）、吕有纲（芜湖造船厂）、章富升（常州有色铸造厂）、李春立（清华大学）等同志。

本卷编写初期，沈阳黎明机械公司张锡卿同志做了大量的组织与协调工作。在编写过程中曾得到了七〇六厂、哈尔滨工业大学、江苏工学院、北京航空材料研究所、东北大学、芜湖造船厂、合肥工业大学、首都钢铁公司铸造厂、沈阳铸造研究所、一五九厂等单位的大力支持，并承其他许多工厂、科研单位、大专院校和有关专家的帮助与提供资料，在此一并表示感谢。由于水平有限，不周之处，在所难免，望读者给以指正，以便再版时予以订正。

中国机械工程学会铸造专业学会

本书主要符号表

（续）

符　号	名　称	单　位
d、D (ϕ)	直　径	
l、L	长　度	
h	高　度	
δ、d	厚　度	mm、cm、m
R、r	半　径	
b	宽　度	
h_p	压力头	
$A(s)$	面　积	
A_s	直浇道截面面积	
A_g	内浇道截面面积	
A_{ru}	横浇道截面面积	mm^2、cm^2、m^2
A_b	浇口杯面积	
A_J	集渣包口面积	
A_z	阻力面积	
V	体　积	mm^3、cm^3、m^3
t	时　间	s、min、h
m	质　量	
W	铸件重量	g、kg
G	重量、重力系数	
F	力	N
P	功　率	W、kW
T、M	转　矩	N·m
p	压　力	
R_m	抗拉强度	
σ_{bb}	抗弯强度	
$R_{p0.2}$	条件屈服强度	Pa、kPa、MPa 或 N/mm^2
R_{eL}	下屈服强度	
R_{eH}	上屈服强度	
R_{mc}	抗压强度	
Z	断面收缩率	
A	断后伸长率	%
HBW	布氏硬度	
HRC	洛氏硬度	
HS	肖氏硬度	
KV、KU	冲击吸收能量	J
T	热力学温度	K
θ、t	摄氏温度	℃
a	热扩散率	m^2/s
C	热　容	J/K

符　号	名　称	单　位
c_p	质量定压热容	
c_L	铁液的比热容	J/(kg·K)
c_S	铸铁的比热容	
α_l	线胀系数	K^{-1}
λ	热导率	W/(m·K)
ε	线收缩率	
w(A)	A物质的质量分数	%
φ(A)	A物质的体积分数	
n	数　量	
K	流量系数、收缩率	
k	比例系数、重量系数	
β	安全因数、收缩系数	
	阻力系数	
μ	摩擦因数	
	流量消耗系数	
ρ	密　度	g/cm^3
ρ_L	铁液密度	
r	重　度	N/cm^3
v	速　度	m/s、mm/s
v	浇注速度	kg/s
Q	铁液流量	m^3/s、m^3/min
Q	砂处理能力	m^3/h
Q	抽气量	m^3/min
q	发气量	m^3/kg
M	模　数	
M_R	冒口模数	
M_N	冒口颈模数	
M_c	铸件模数	
下标符号		
s	直浇道	
g	内浇道	
ru	横浇道	
z	阻　力	
p	压　力	
R	冒　口	
J	集渣包口	
L	液　体	
S	固　体	
c	铸　件	

目　录

第1章 绪 论

1.1 特种铸造

1. 特种铸造方法

铸造是将液态金属浇入铸型中冷却、凝固而形成铸件的方法，又称液态金属成形。在各种铸造方法中，砂型铸造应用最为普遍，该工艺对铸件形状、尺寸、重量、合金种类、生产批量等普遍适应性好。但人类社会对铸件的需求多种多样，如对尺寸精度、表面质量、内部质量、力学性能要求更高，形状更为复杂或特定形状，或者对铸件批量需求不同，或者浇注更为活泼的合金等。针对不同的需求，发展演化出各具特色的铸造工艺方法。一般把砂型铸造以外的其他铸造方法统称为特种铸造方法。

本书介绍一些在实际生产中应用较多的特种铸造方法，包括熔模铸造、石膏型铸造、陶瓷型铸造、消失模铸造、V法铸造、金属型铸造、压力铸造、反重力铸造（低压铸造、差压铸造、真空吸铸、调压铸造）、挤压铸造、离心铸造、连续铸造。近些年，以增材制造为代表的新的材料成形方法与铸造工艺相结合，促进了包括特种铸造在内的铸造技术创新和发展，铸造技术持续向着优质、高效、智能、绿色方向不断进步。

2. 特种铸造与砂型铸造的区别

特种铸造与砂型铸造的区别体现在以下方面：

（1）模样　砂型铸造使用的模样是木模或金属模，造型后取出，因而采取的是分箱造型，合箱浇注。取模和合箱操作均会带来精度的损失。特种铸造方法中，熔模铸造采用易熔模，制壳后通过加热等方式可以直接脱除熔模得到铸型空腔；消失模使用泡沫塑料作为模样材料，在浇注、金属液充型过程中直接热解泡沫塑料模而得到铸件。这两种工艺均没有分型取模的过程，精度保持好，熔模铸造精度相对更高。还有一些特种铸造工艺方法没有模样，直接采用机械加工的金属型，如压力铸造、金属型铸造等，型腔和合型配合精度好，也能得到尺寸精度高的铸件。

（2）铸型　铸型决定了可浇注的合金种类，也对铸件质量产生重要影响。熔模铸造、石膏型铸造、陶瓷型铸造分别使用了耐火涂料、石膏浆料和陶瓷浆料作铸型材料，制作的铸型比砂型尺寸精度高，表面粗糙度值小。熔模铸造的铸型是一层层制得的，可以根据不同合金要求选择适用的面层材料，从而能够浇注几乎所有的铸造合金。采用金属型的特种铸造方法，不仅尺寸精度比砂型更高，而且一型多铸。金属型凝固速度快，还有利于细化凝固组织，提高铸件力学性能。

（3）充型和凝固条件　为了获得更好的充型效果，一些特种铸造方法采用了压力下充型（压力铸造、低压铸造、差压铸造、挤压铸造等）、离心条件下充型（离心铸造）等方式，可以实现更复杂的铸件成形。离心铸造、挤压铸造等特种铸造方法是在较大压力下完成充型和凝固的，有利于减少或消除铸件缩孔、缩松，提升铸件力学性能。熔模铸造的热壳浇注方式对薄壁和复杂铸件成形也非常有利。将定向凝固和单晶技术与熔模铸造工艺相结合，从而制造出用于航空发动机和工业燃气轮机高温涡轮定向和单晶叶片，将铸件产品的应用推向一个新的高度。

在模样制作、铸型制作、浇注凝固等工艺环节中，不同特种铸造方法采取了各有特点的技术路线，由此带来了各自的优势和特色。

3. 特种铸造的优点

相比砂型铸造，特种铸造方法一般具有以下优点：

1）铸件尺寸精确，表面粗糙度值小，更接近零件最后尺寸，从而易于实现少屑或无屑加工。

2）铸件内部质量好，力学性能高，从而可以减薄铸件壁厚。

3）降低金属消耗和铸件废品率。

4）简化铸造生产工序（除熔模铸造外），便于实现生产过程的机械化、自动化。

5）改善劳动条件，提高劳动生产率。

由于以上的优点，特种铸造方法得到日益广泛的应用。但每种特种铸造方法也都存在着一些缺点，其应用范围也有一定的局限性。

1.2 特种铸造发展概况

1. 熔模铸造（investment casting）

熔模铸造又称失蜡铸造，是一种近净形成形工艺。它是用可熔（溶）性模样，在模样表面制壳，通过熔失模样的方式获得铸型的工艺方法。为了获得复杂内腔，还可以使用陶瓷型芯。该工艺适用领域广，可生产各种不同合金的精密、复杂、不同批量的铸件，一般用于生产中小精密复杂铸件，也有用在轮廓尺寸超过1m的大尺寸精密铸件生产。

熔模铸造的起源历史悠久，距今已4000多年历史，古时多用于铸造精美的金属器物、装饰品等。20世纪40年代，人们开始采用该工艺制造飞机发动机涡轮增压器，从而将这一古老工艺推向现代工业领域。目前，熔模铸造广泛应用于航空航天、军工、汽车、石油化工、五金工具、体育用品、医疗器械等领域，特别是在高温合金、钛合金高精度复杂铸件成形中具有不可替代的作用。在航空制造业中，空心涡轮叶片和大型复杂整体机匣铸件是高端熔模铸件的典型代表，日益提高的铸件质量要求不断推动熔模铸造在材料、工艺、设备、管理等方面的进步。为了克服熔模铸造生产周期长的不足，增材制造技术在熔模制造、陶瓷型芯制造，乃至陶瓷型壳制造方面均不断发展，增材制造熔模的技术已在产品研制和单件、小批熔模铸造中实际应用。

熔模铸件也呈现出形状更复杂、尺寸更大、精度更高、壁厚更薄、性能更优的趋势。据报道，熔模铸造生产的精密复杂件最重可达1000kg、轮廓尺寸为2.1m，而最小壁厚不到1mm。2018年，世界熔模铸造业年产值约142亿美元，分布大约为：北美洲41%，欧洲25%，亚洲31%，其余地区3%。

2. 石膏型铸造（plaster mold casting）

石膏型铸造是使用石膏浆料灌注成铸型生产铸件的一种铸造方法。细分起来可分为两种石膏型铸造：用易熔（蜡）模生产的石膏型铸造和用木模或金属模生产的石膏型铸造。前者所生产的铸件精度和表面粗糙度与熔模铸件相当，又称为石膏型熔模铸造。石膏铸型保温性能好，清理容易，适宜生产中大型复杂薄壁铝合金铸件。

用石膏型铸造艺术品的历史悠久，目前也在首饰铸造中得到广泛应用。工业化应用是在20世纪40年代初，石膏型被用来铸造轮胎模具，以及形状不太复杂的铝、锌、铅等中小型铸件。20世纪60年代末，石膏型铸件逐渐进入机床、电器、仪表、汽车等领域。20世纪70年代，随着大型、薄壁、复杂铝铸件的发展，石膏型熔模铸造新工艺在西方国家快速发展，尤其在航天航空等领域得到应用。目前，石膏型铸造已可生产尺寸达1000mm，壁厚为1.5mm，极限偏差为±0.125mm/25mm的铸件。

3. 陶瓷型铸造（ceramic mold casting）

陶瓷型铸造是使用陶瓷浆料灌注成铸型或铸型面层的一种铸造方法。生产的铸件尺寸精度和表面粗糙度优于砂型铸件。20世纪50年代初，英国人诺尔·肖氏兄弟（clifford & noel shaw）研究成功陶瓷型铸造，并于1954年获得专利，故又称肖氏法铸造（shaw process casting）。在此工艺基础上，后又出现了几百个专利，派生出Unicast工艺、Schott工艺、Ceramcast工艺等，使得陶瓷型铸造在不断改进中发展。

陶瓷型铸造主要用来生产各种复杂的精密铸件、模具、工装等。陶瓷铸型的母模可以采用增材制造工艺成形，从而加快工艺响应速度，实现铸件的快速供货。

4. 消失模铸造 EPC（expandable pattern casting）或LFC（lost foam casting）

消失模铸造是把涂有耐火涂层的泡沫塑料模样组放入砂箱，在模样四周用干砂充填紧实，浇注时高温金属液使泡沫塑料模样热解"消失"，并占据模样所退出的空间，而最终获得铸件的铸造方法。消失模铸造生产的铸件尺寸精度较高，表面质量好，铸件内腔可不使用砂芯。由于采用干砂造型，铸件容易清砂，型砂回用性好。

消失模铸造工艺源于H. F. Shroyer于1958年获得的专利。20世纪80年代前，主要用于单件、小批量、大中型铸件生产，用泡沫塑料板材加工成模样，采用自硬砂或铁丸造型。之后，消失模铸造发展到大批量生产，采用发泡成型的泡沫塑料模和干砂振动造型。

我国于20世纪90年代开始推广消失模铸造，目前以铸铁件为主，产品包括变速箱体、离合器壳体、电机壳、耐磨衬板、机床床身、管件等，也有用于铸钢和铝合金铸件生产。由于消失模浇注过程中，型腔非空，泡沫塑料分解产物容易引起增碳、气孔、夹渣等缺陷，铸钢件和铝合金铸件受泡沫塑料模分解产物影响更为敏感，因此工艺控制难度更大。

5. V法铸造（V-process casting）

V法铸造是采用塑料薄膜密封砂箱，通过抽负压使干砂紧实的造型方法。V法铸造与砂型铸造一样，通过模样造型，开箱取模，但由于型砂中不使用黏结剂，大大简化了铸件清理和型砂回用操作，改善了生产条件，型砂回收率可达95%以上。该工艺1971年在日本获得专利，经过不断发展完善，在一些简单形状的铸件生产中得到成功应用。

6. 金属型铸造（permanent mold casting, gravity die casting）

金属型铸造指在重力作用下，使金属液充填金属型而获得铸件的一种铸造方法。一副金属型可重复浇注铸件，故又称永久型铸造。用金属型生产的铸件尺寸精度比砂型铸件高，同时，由于铸件在金属型中冷却速度快于砂型，所得铸件晶粒细化，力学性能好。金属型铸造用于生产形状不太复杂的中小型较精确的铸件，以铝镁合金为主，适合具有一定批量的铸件生产。也可用于生产铸铁中小件，如生产D型石墨灰铸铁件，空调器、水箱压缩机气缸和曲轴等。

金属型铸造是一种古老的铸造方法。早在战国时期，我国就发明了用金属型生产农具、工具、钱币等。现代金属型已被广泛用于发动机、仪表、农机等行业中。近年来，特别是随着铝合金等轻合金的发展，金属型铸造的应用更为广泛。

7. 压力铸造（die casting）

压力铸造是将液态或半固态金属在高压作用下，以高的速度充填铸型的型腔，并在压力下快速凝固而获得铸件的一种铸造方法，简称压铸。它是一种近净形成形工艺。压力铸造生产率高，所生产的铸件尺寸精度高，表面粗糙度值小，适用于中小型复杂铸件，以非铁合金为主，适于大批量生产。

压力铸造已有100多年历史。1838年，格·勃鲁斯首先用压铸法生产铅字。1849年，出现热压室压铸机专利；1920年，开发出冷压室压铸机。20世纪20年代后，压力铸造随着汽车工业的发展而发展。目前，汽车铸件仍占压铸件最大份额，约70%。除此之外，还应用于IT、电子、仪器仪表、家用五金等领域。随着产品轻量化的发展，铝合金、镁合金持续得到关注，相应的压铸技术也在不断进步。金属液高速充型带来的卷气问题是一般压铸工艺需要特别关注的。为了提高压铸件性能，研发出了真空压铸、半固态压铸和挤压压铸等先进工艺并应用于生产中。

8. 反重力铸造（counter-gravity casting）

反重力铸造包括低压铸造、差压铸造、调压铸造以及真空吸铸等工艺，其本质是使液态金属在外力作用下，逆重力方向流动并充填型腔、凝固成形的一类铸造方法。反重力铸造具有充型平稳、充型速度可控、铸件可在一定压力下凝固的优势，所生产的铸件具有冶金质量好、力学性能高的特点。

低压铸造最早由E. F. Lake在20世纪初申请了第一个专利，在“第二次世界大战”后被推广应用，目前已广泛用于生产汽车轮毂、气缸体、气缸盖、进气管、活塞等形状复杂、质量要求高的铸件。差压铸造由保加利亚索菲亚铸造研究所在1961年开发成功，该方法源于低压铸造，但实现了在更高压力下凝固，多用于高质量铸件的生产，如鱼雷壳体、发动机、曲轴箱等。调压铸造是20世纪末由西北工业大学等提出的一种用于薄壁构件成形的反重力铸造技术，适合于复杂薄壁铸件的精密铸造成形。真空吸铸（CLA）由美国的Hitchiner公司于1975年申请专利，并应用于生产中。真空吸铸用于薄壁铸件生产有较大的优势，并经过多年的研究和改进，已发展了多种新型铸造方法，可采用熔模、砂型、陶瓷型等不同铸造材料，用于生产高温耐热合金、钛合金、不锈钢等复杂薄壁铸件。

反重力铸造目前已广泛应用于航空、航天、航海、兵器、汽车、仪器仪表等行业，适用于生产各种大中小型形状复杂、质量要求高的铸件。

9. 挤压铸造（squeezing casting）

挤压铸造是对进入铸型型腔的液态或液-固态金属施加较高的机械压力使其成形和凝固，从而获得铸件的一种铸造方法，又称“液态模锻”。挤压铸件在较高压力下凝固，组织致密，力学性能接近同种合金锻件水平；铸件较精密；铸件成品率高，适用于各种力学性能要求高的气密性好的厚壁小、中型件。

该工艺于1937年在苏联问世，现在已建立起完整的工艺体系和理论基础。挤压铸造可用于生产各类合金，如铝合金、镁合金、锌合金、铜合金、灰铸铁、球墨铸铁、碳钢、不锈钢等。

我国从1957年开始此工艺研究，20世纪70年代后逐渐发展起来，特别是20世纪90年代后发展迅速，主要应用于汽车、电器、航空、航天、国防等领域，产品包括摩托车和汽车的铝轮毂、活塞、制动器等。

10. 离心铸造（centrifugal casting）

离心铸造是将金属液浇入旋转的铸型中，在离心力作用下完成充型和凝固过程的一种铸造方法。

该工艺所得铸件致密，铸件成品率高，生产率高。离心铸造主要用于生产形状对称或近似对称的铸件，合金不限，批量生产。典型铸件有铸管、轧辊、缸套等。

离心铸造有200多年历史。1809年，英国人A. Erehart申请了第一个离心铸造专利。英国在1849年制造出第一台离心铸造机，生产出长度为3600mm、直径为75mm的离心铸铁管，随后出现生产轮圈等的立式离心铸造机。20世纪则先后出现水冷金属型离心铸管法工艺、涂料金属型离心铸造法工艺和树脂砂型离心铸造法工艺等，离心铸造得到迅速的发展。现在，离心铸造已成为生产高质量铸管的首选工艺。

11. 连续铸造（continuous casting）

连续铸造是将金属液通过水冷结晶器，连续得到已凝固或具有一定结晶厚度的铸件的铸造方法。该法铸件成品率高、生产率高，适宜生产等截面的长铸件，如铸锭、板坯、棒坯和铸管，适于大量生产。

1857年，德国Bessemer获得第一个连续铸造的专利。1950年后，连续铸锭、连续铸管在生产中获得发展。20世纪七八十年代，水平连续铸造生产铸铁型材已被应用在机械制造领域。

1.3 特种铸造方法比较

表1-1中列出了主要的特种铸造方法的工艺过程特点及其适用范围。

表 1-1 特种铸造方法的工艺过程特点及其适用范围

铸造方法	工艺过程特点	工艺过程复杂程度	适用于生产的铸件：合金	重量	最小壁厚/mm	表面粗糙度/μm	尺寸公差等级	形状特征	批量	工艺出品率（%）	毛坯利用率（%）	生产准备
熔模铸造	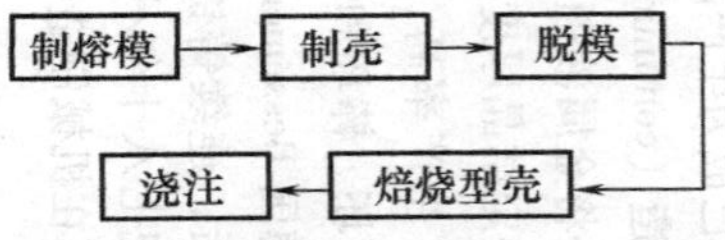 1）熔去模样形成型腔 2）铸型工作表面由粉状耐火材料和高温黏结剂形成 3）热型浇注	复杂	各种铸造合金	数克到1000kg	约0.5，最小孔径0.5	一般 Ra = 1.6 ~ 6.3，精整后最高可达 Ra =0.8	DCTG4 ~ DCTG7	复杂铸件	小批、中批、大批			复杂
石膏型铸造	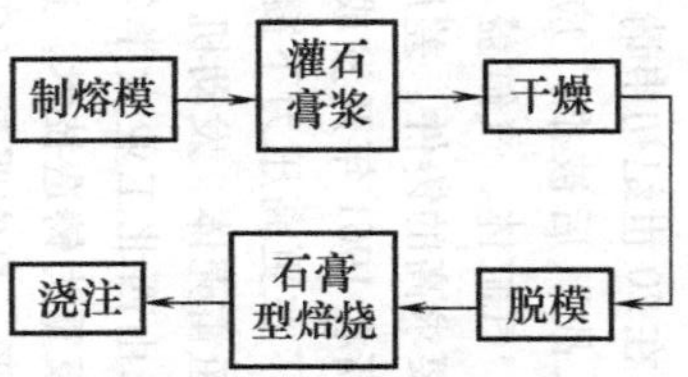 铸型由石膏粉和其他耐火材料形成 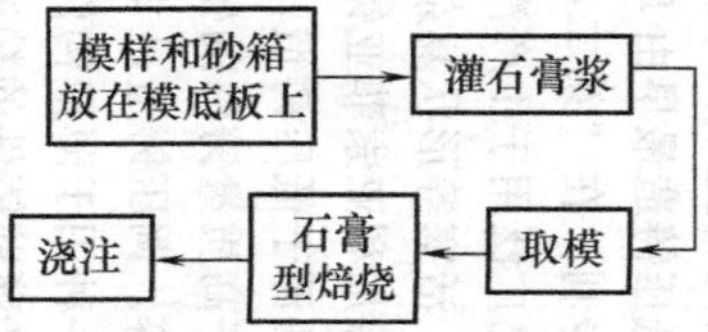 铸型由石膏粉和其他耐火材料形成	复杂	以铝合金、锌合金、铜合金、银为主	0.03 ~ 908kg	约0.5，最小孔径0.5	Ra = 0.8 ~ 6.3	DCTG4 ~ DCTG8 DCTG6 ~ DCTG8	复杂铸件	小批、中批、大批	30 ~ 60	90	复杂、较复杂

陶瓷型铸造	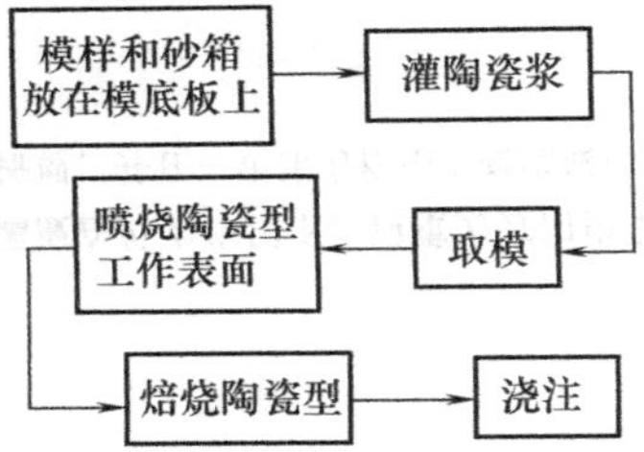 铸型工作表面由粉状耐火材料和高温黏结剂形成	较复杂	主要是模具钢、碳素钢、合金钢	数百克到数吨	2	Ra = 3.2～12.5	DCTG5～DCTG8	中等复杂铸件	单件小批	40～60		较复杂
消失模铸造	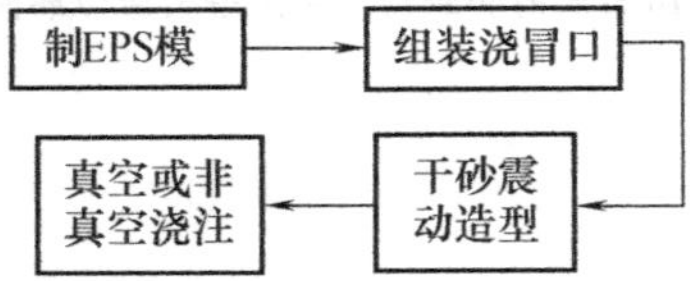	简单一般	铝合金、铜合金、铁、钢	数十克到数吨	铝合金2～3，铸铁4～5，铸钢5～6	Ra = 6.3～50	DCTG6～DCTG9	各种形状铸件	单批、小批、大批	40～75	70～80	较复杂
V法铸造	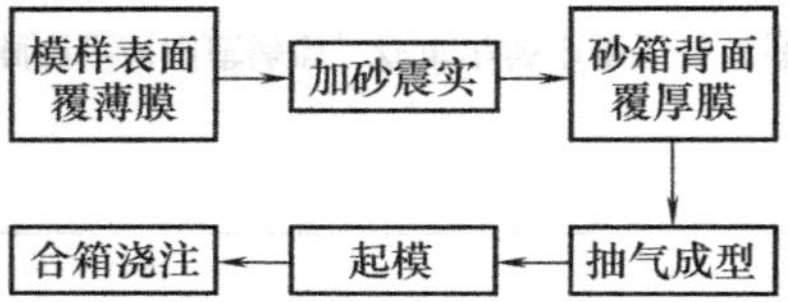	简单一般	铁、钢、铝合金	数十千克到数吨	4～5	Ra = 6.3～12.5	DCTG9～DCTG11	简单形状铸件	中批、大批	50～85	70～80	较复杂

（续）

铸造方法	工艺过程特点	工艺过程复杂程度	适用于生产的铸件							工艺出品率（%）	毛坯利用率（%）	生产准备
			合金	重量	最小壁厚/mm	表面粗糙度/μm	尺寸公差等级	形状特征	批量			
金属型铸造	利用金属制成铸型，在重力场中浇注金属液，形成铸件 1）金属的冷却速度快 2）铸型无透气性 3）铸型无退让性	简单一般	钢、铁、铝合金、镁合金、铜合金	数十克到数吨	铝合金2，镁合金2.5，铜合金3，铸铁2.5，钢5	一般为 Ra = 6.3~12.5 最高 Ra =3.2	DCTG7~DCTG10	中等复杂铸件	中批大批	60~90	70~80	较复杂
压力铸造	金属液在高压作用下，以高的线速度填充金属型，并在压力作用下凝固成形	简单	铝合金、锌合金、锡合金、铅合金、镁合金、铜合金	数十克到数十千克	最小壁厚0.3，最小孔径0.7，最小螺距0.75	Ra = 1.6~6.3	DCTG4~DCTG8	复杂铸件	大批	60~90	90	复杂
反重力铸造	金属液在外力作用下，逆重力方向由下向上充填铸型，并在一定压力作用下凝固成形	简单一般	钢、铁、铝合金、镁合金、铜合金、钛合金	数十克到数吨	约0.5，最小孔径0.5	取决于所用铸型种类	DCTG6~DCTG9	各种形状铸件	小批中批大批	80~90	70~90	中等复杂

挤压铸造	将金属液浇入开启的铸型中，把两半型相合，型内金属液受到铸型的挤压，填充于两半型形成的型腔中，凝固成形	一般	铝合金、镁合金、锌合金、铜合金为主，以及其他变形合金、铸造合金	几十克到数百千克	1	Ra = 3.2 ~ 6.3	DCTG5	外形简单的铸件	中批 大批	80 ~ 95		复杂
离心铸造	金属液浇注到旋转的铸型中，并在旋转情况下凝固成形		铸铁、铸钢、铝合金、铜合金	数克到数十吨	3	Ra = 1.6 ~ 12.5	—	特别适用于管形铸件，也可铸中等复杂的铸件	小批 中批 大批	75 ~ 95	70 ~ 100	复杂、中等复杂
连续铸造	金属液进入水冷金属型（结晶器）的一端，从铸型的另一端连续地产出铸件	简单	钢、铁、铝合金、铜合金	—	3 ~ 5	—		外形简单、截面相同的长铸件	大批	>90	>80	复杂

参 考 文 献

[1] 中国机械工程学会铸造分会. 铸造手册：第6卷 特种铸造 [M]. 3版. 北京：机械工业出版社，2011.

[2] 中国机械工程学会铸造分会. 铸造技术路线图 [M]. 北京：中国科学技术出版社，2016.

[3] 吕志刚. 我国熔模精密铸造的历史回顾与发展展望 [J]. 铸造，2012 (4)：347-356.

[4] 陈金城. 中国压铸业发展的回顾与展望 [J]. 铸造，2012 (5)：449-460.

[5] 樊自田，蒋文明. 消失模铸造技术现状及发展趋势 [J]. 铸造，2012 (6)：583-591.

[6] 耿鑫明，吕志刚，姜不居. 特种铸造生产工艺及装备入门与精通 [M]. 北京：机械工业出版社，2011.

[7] 樊振中，袁文全，王端志，等. 压铸铝合金研究现状与未来发展趋势 [J]. 铸造，2020 (2)：159-166.

[8] 李新雷，郝启堂，介万奇. 反重力铸造装备技术的应用与发展 [J]. 铸造技术，2011 (3)：380-383.

第2章　熔模铸造

2.1　概述

熔模铸造又称失蜡铸造，它是用可熔（溶）性的材料制成熔模并组成模组，然后在模组表面涂覆多层耐火材料，待干燥固化后形成型壳，将型壳加热熔（溶）出模料，再经高温焙烧后浇入金属液即得熔模铸件。图2-1所示为其工艺过程。

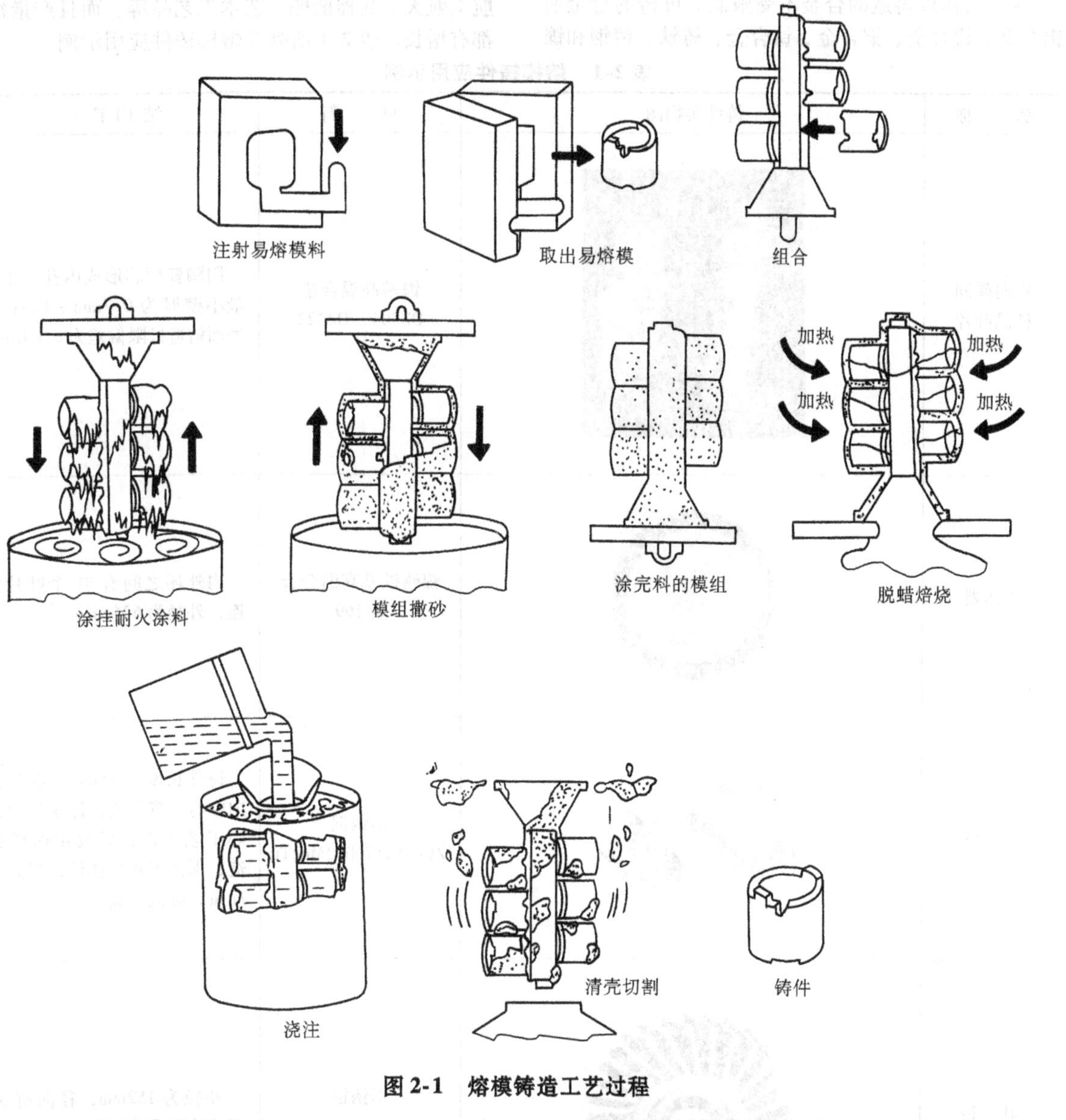

图2-1　熔模铸造工艺过程

2.1.1　熔模铸造的特点

1）铸件尺寸精度高，表面粗糙度值低。根据合金的不同，尺寸公差等级可达DCTG4～DCTG7，表面粗糙度一般为 $Ra=1.6\sim6.3\mu m$，最佳可达 $0.8\mu m$。形状复杂和尺寸精度要求高的铸件已实现了近净形铸造，大大简化了制造工序，降低了成本。由于近净形铸造保留了铸件的表面致密层，使铸件的使用寿命得到一定的提高。表2-1列出了部分铸件，除配合面需进行机械加工外，其余部位均无须加工即可达到几何公差及表面粗糙度设计要求。

2）能铸造外形复杂的铸件。能铸造出其他工艺方法难以成形的大型复杂铸件或大型组合件。如表2-1所示的扩压器，在内外环之间由81个叶片相连，整铸的钛合金机匣最大外廓尺寸达1320mm。

3）能铸造异形复杂小孔及薄壁铸件。表2-1中所列的航空发动机叶轮的叶片最小壁厚可达0.4mm，最小孔径可达0.4mm。

4）可用以铸造的合金不受限制。可铸的合金有铝合金、镁合金、铜合金、钛合金、铸铁、铸钢和镍基、钴基、铬基的高温合金和其他难加工合金，以及复合材料的铸件。

5）适应性强。既可应用于大批量生产，也适用于小批量或单件生产。铸件轮廓尺寸小到几毫米，大到数千毫米；重量轻到几克，重到数百千克。

2.1.2　熔模铸造的应用

熔模铸造从我国早期制作的青铜工艺制品到现在，已经历了二千多年，现在已广泛地应用于各个行业，如石油化工、机械制造及家用电器、仪器仪表、航空航天、兵器船舶、艺术工艺品等，而且产量每年都有增长。表2-1所列为熔模铸件应用示例。

表2-1　熔模铸件应用示例

名　称	铸件实物图	材　料	结构特点
定向凝固柱晶叶片		镍基高温合金 DZ404、DZ422	用陶瓷型芯形成内孔，型面最小壁厚为0.7mm±0.2mm，型面铸造极限偏差为±0.13mm
扩压器	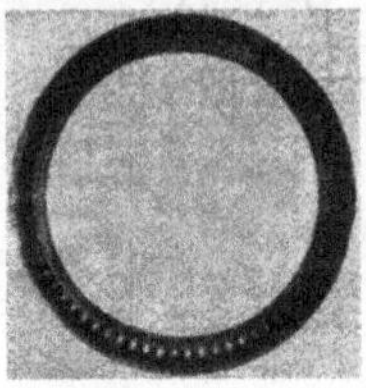	镍铬铁基高温合金 K4169	内外环之间有81个叶片相连，外径为624mm
喷　嘴		不锈钢 ZG06Cr17Ni12Mo2Ti	铸件长度为41mm，重31g，内腔有个弯管孔，原来采取组焊工艺生产，后改用熔模铸造，保证了其整体性，提高了质量，降低了成本
叶　轮	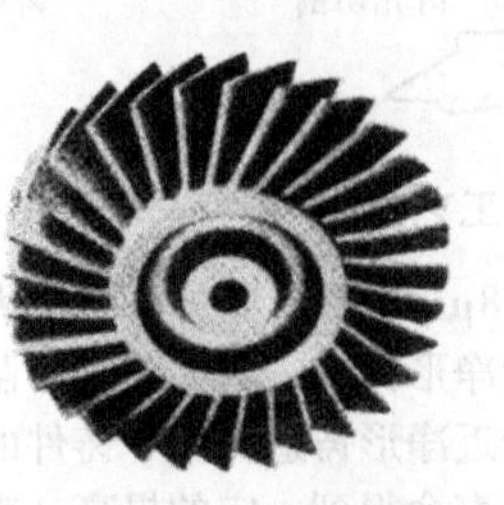	不锈钢 ZG06Cr18Ni9Mo2Ti	外径为152mm，径向有30个叶片组成

（续）

名称	铸件实物图	材料	结构特点
热交换器		铸铝 ZL101	铸件尺寸为200mm×140mm×60mm，重184g，底板上铸出1200多个小销轴，提供散热面
V形罩	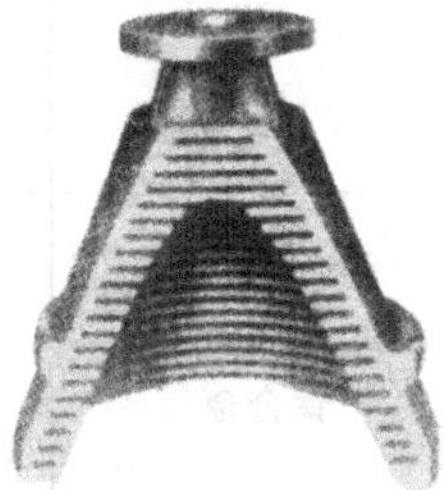	铸铝 ZL101	铸件尺寸为165mm×187mm×60mm，重1.5kg，有21个具有同轴度要求的圆槽，用21块水溶性型芯形成
圆盘零件		复合材料	陶瓷增强铝基复合材料的熔模精铸件
壳体		铸镁 ZM5	铸件尺寸为70mm×60mm×43mm，重12g，壁厚为0.6mm
仪表件		铍青铜 ZCuBe2Co1	铸件长度为25mm，重7g，开口部位极限偏差为±0.076mm
箱体	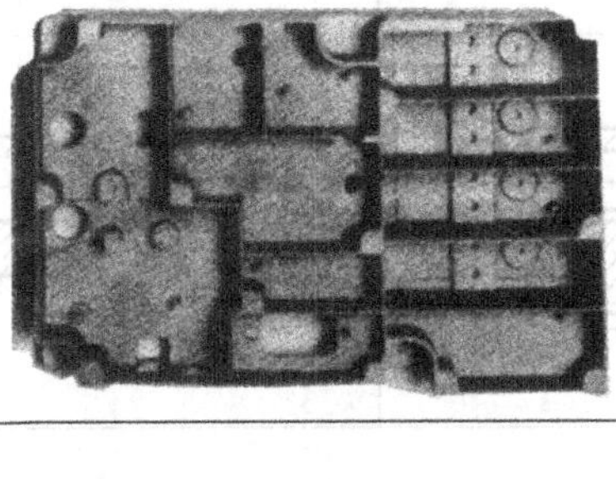	硅黄铜 ZCuZn16Si4	铸件尺寸150mm×108mm×29mm，重0.476kg，箱体件壁厚为0.76mm，有37个凸台和17个ϕ1mm×0.64mm的小圆台，有7个穿透垂直壁的孔和17个穿透底座的孔

（续）

名　称	铸件实物图	材　料	结构特点
发动机中介机匣		钛合金	铸件最大轮廓尺寸为1320.8mm。它代替由88个较小零件组成的组装件，强度提高，重量减轻，尺寸控制得更好
高尔夫球头	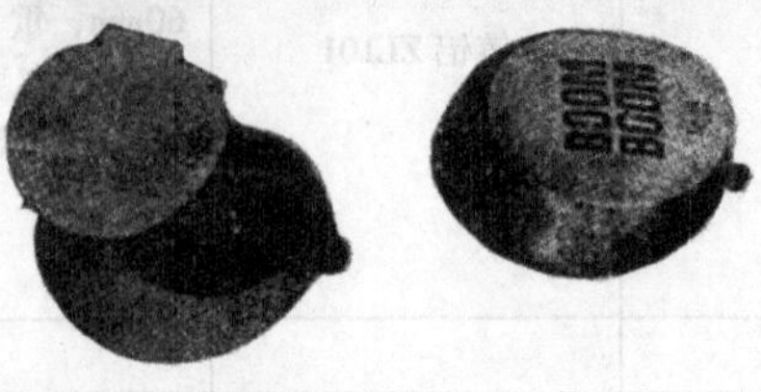	钛合金	空心杆头壁厚可达0.9mm

2.2 铸件工艺设计及工装设计

2.2.1 铸件工艺设计

熔模铸件工艺设计指从熔模铸造生产工艺角度出发，针对零件的结构和使用性能的要求，确定合理的铸造工艺方案，采取必要的工艺措施，保证生产出质量优良、价格低廉的熔模铸件。因此，在设计过程中要确保铸件质量的可靠性、生产工艺的可行性和简易性以及经济合理性。

1. 铸件结构设计

（1）铸件结构合理性　铸件结构是否合理，对于铸件质量、生产工艺的可行性和简易性以及生产成本等影响很大。熔模铸件的结构应当符合熔模铸造的生产特点。表2-2列出了部分熔模铸件合理结构示例。

表2-2　部分熔模铸件合理结构示例

铸件结构要求	合 理 结 构	不合理结构
易于从压型中取模	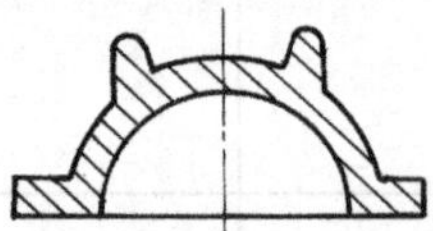	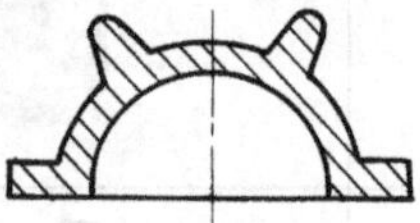
易于抽芯	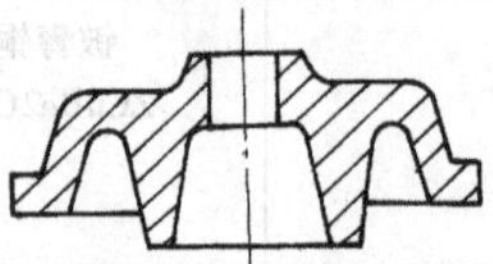	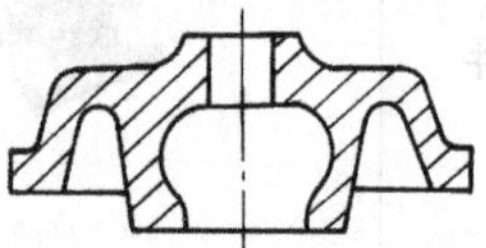
均匀壁厚减少热节	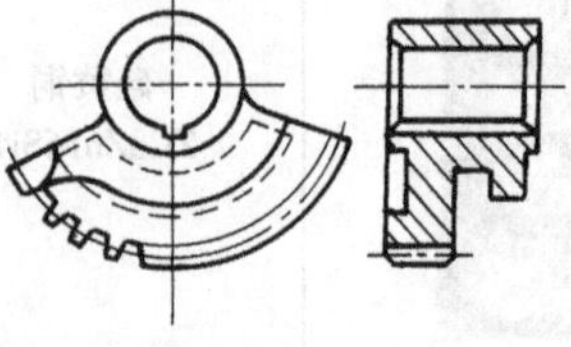	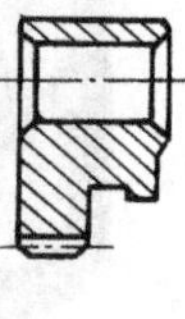

（续）

铸件结构要求	合理结构	不合理结构
有利于顺序凝固	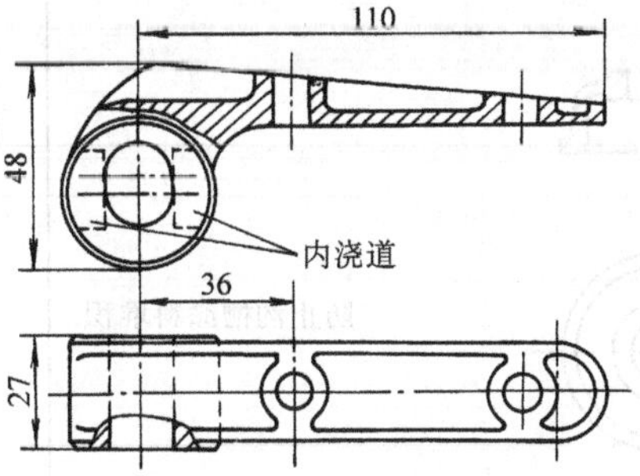	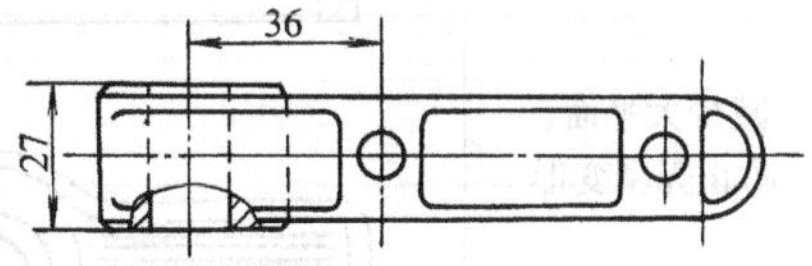
避免大平面	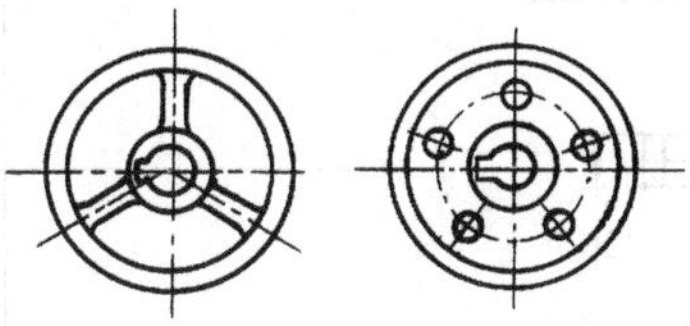	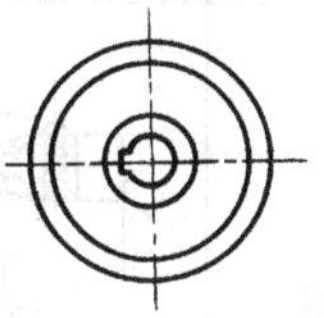
减少不通孔	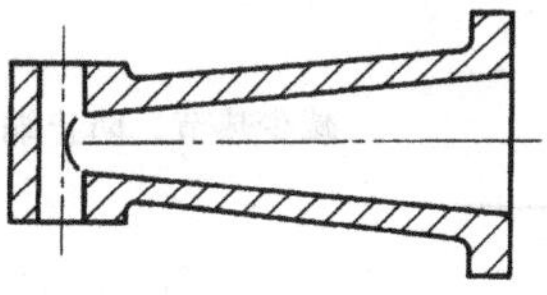	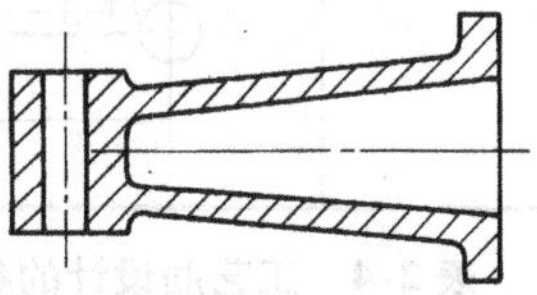
简化压型加工	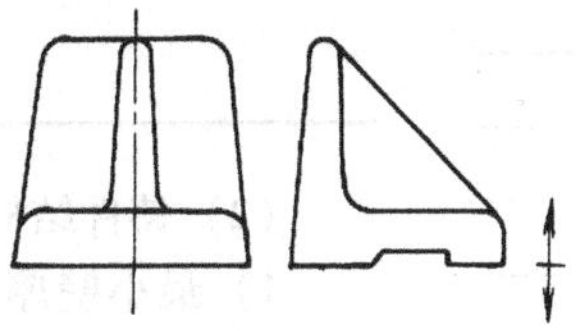	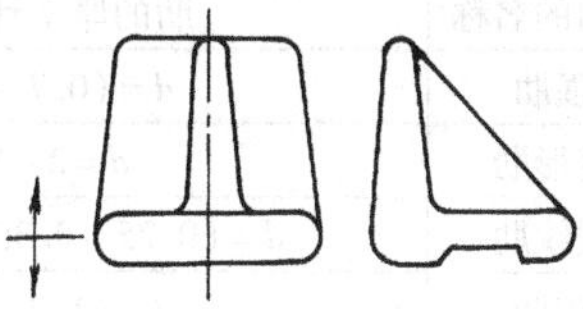

为了保证熔模铸件的质量，往往根据需要在熔模铸件上设置工艺肋和工艺孔。表2-3列出了工艺肋的应用示例；表2-4列出了工艺肋设计的参考尺寸；表2-5列出了工艺孔应用示例。

表2-3 工艺肋的应用示例

工艺肋作用	图例
防止环形件、框形件变形	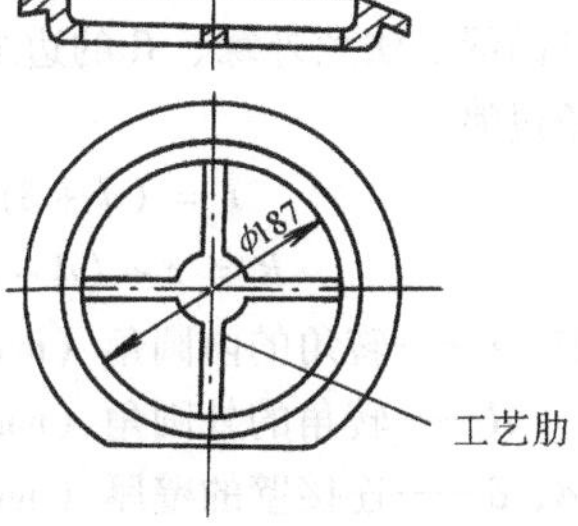

（续）

工艺肋作用	图例
防止铸件开口部位变形	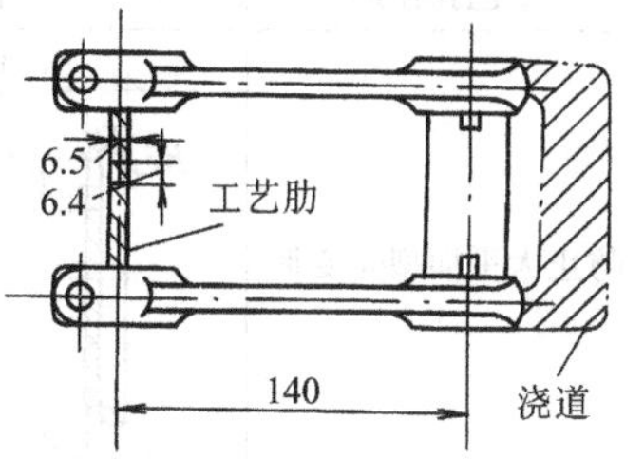
减少壁厚差，防止产生缩孔	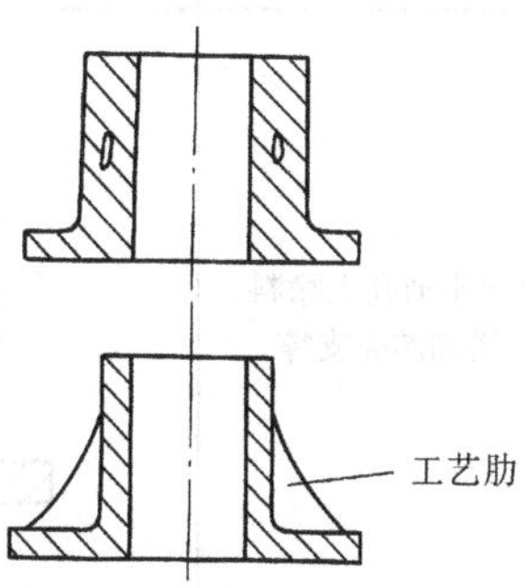

（续）

工艺肋作用	图　　例
减少大平面，防止壳型变形	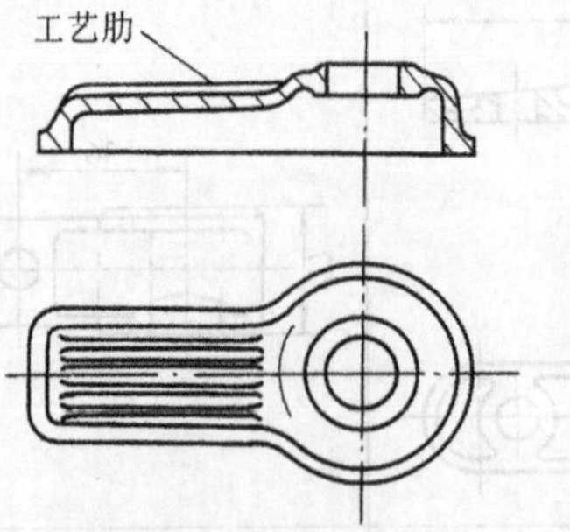
防止热裂纹	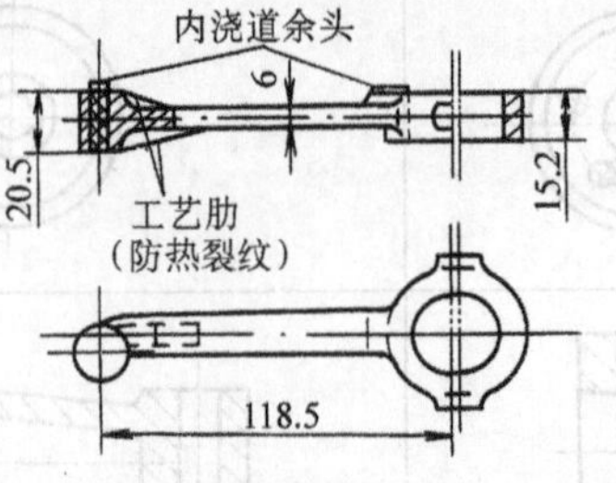

（续）

工艺孔作用	图　　例
防止沟槽涂料堆积	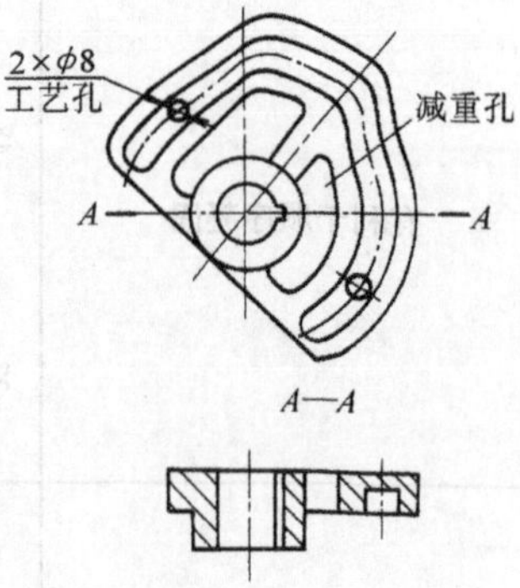
减少热节，防止缩孔	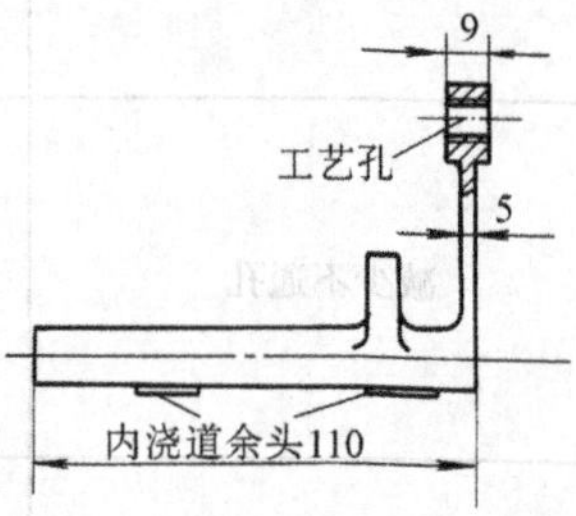

表 2-4　工艺肋设计的参考尺寸

工艺肋的名称	肋的厚度计算公式
加强肋	$d=(0.7\sim0.8)\delta$
防变形肋	$d=2\sim8$mm
防裂纹肋	$d=(0.25\sim0.35)\delta$，$d>2$mm
补缩肋	$d=(1.2\sim1.5)\delta$

注：d—肋的厚度；δ—设置肋处的铸件壁厚。

表 2-5　工艺孔应用示例

工艺孔作用	图　　例
防止大平面型壳变形	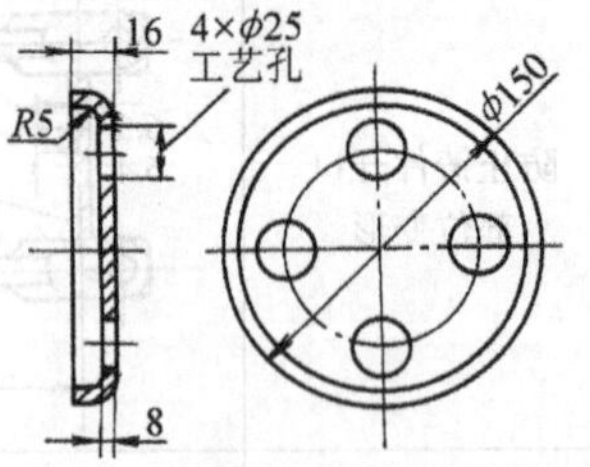
便于不通孔上涂料，增加芯壳支撑	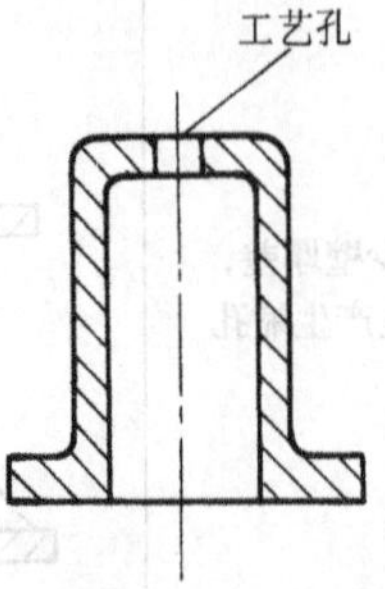

（2）铸件结构要素及工艺参数选定

1）最小壁厚。由于熔模铸造的型壳内表面光洁，并且一般为热型壳浇注，因此熔模铸件壁厚允许设计得较薄。表 2-6 列出了各种合金熔模铸件的最小壁厚推荐值。对于局部尖锐部位，可以铸出更薄的壁厚（可比表中的最小值小 30%～50%）。

2）圆角。一般情况下，铸件上各转角处都设计成圆角，否则容易产生裂纹和缩孔或疏松。铸件上内圆角和外圆角按式（2-1）、式（2-2）计算，其计算结果应按 1mm、2mm、3mm、5mm、8mm、10mm、15mm、20mm、25mm、30mm、40mm 系列取值。为了简化压型结构，方便取模，对于处于分型面部位的铸件凸缘、法兰外缘、孔的边缘等转角应避免采用外圆角过渡。

$$r=(d+\delta)/k \tag{2-1}$$

$$R=r+(d+\delta)/2 \tag{2-2}$$

式中　r——转角的内圆角（mm）；

R——转角的外圆角（mm）；

d、δ——连接壁的壁厚（mm）；

k——转角的圆角系数，根据角度大小按图 2-2 选取。

表2-6　各种合金熔模铸件的最小壁厚推荐值　（单位：mm）

铸件材料	铸件轮廓尺寸 10~50		>50~100		>100~200		>200~350		>350	
	铸件最小壁厚									
	推荐值	最小值	推荐值	最小值	推荐值	最小值	推荐值	最小值	推荐值	最小值
铅锡合金	1.0~1.5	0.7	1.5~2.0	1.0	2.0~3.0	1.5	2.5~3.5	2.0	3.0~4.0	2.5
锌合金	1.5~2.0	1.0	2.0~3.0	1.5	2.5~3.5	2.0	3.0~4.0	2.5	3.5~5.0	3.0
铸铁	1.5~2.0	1.0	2.0~3.5	1.5	2.5~4.0	2.0	3.0~4.5	2.5	4.0~5.0	3.5
铜合金	2.0~2.5	1.5	2.5~4.0	2.0	3.0~4.0	2.5	3.0~5.0	3.0	4.0~6.0	3.5
镁合金	2.0~2.5	1.5	2.5~4.0	2.0	3.0~4.0	2.5	3.0~5.0	3.0	4.0~6.0	3.5
铝合金	2.0~2.5	1.5	2.5~4.0	2.0	3.0~5.0	2.5	3.5~6.0	3.0	4.0~7.0	3.5
碳钢	2.0~2.5	1.5	2.5~4.0	2.0	3.0~5.0	2.5	3.5~6.0	3.0	4.0~7.0	4.0
高温合金	0.9~2.0	0.6	1.5~3.0	0.8	2.0~4.0	1.0	—	—	—	—

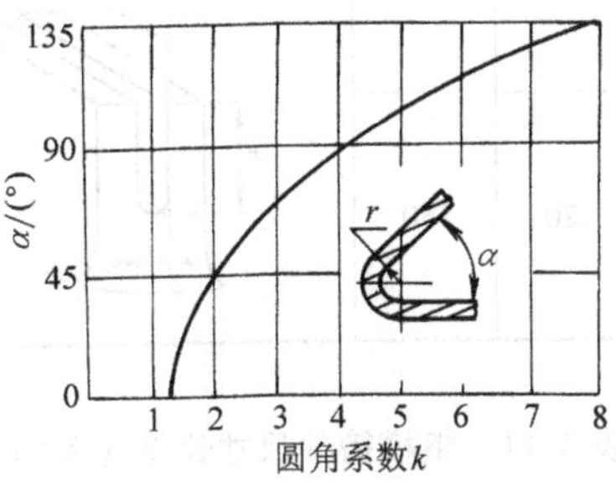

图2-2　转角圆角系数

3）铸造斜度。为了便于取模、抽芯，减少易熔模变形的可能性，在易熔模取出方向的型芯、镶件抽出方向的表面，应设有铸造斜度。表2-7列出了熔模铸件的铸造斜度形式和取值。

4）最小铸出孔。熔模铸件上细而长的孔，由于制壳时孔的内部不易上涂料和撒砂，所以一般孔径 $d<3.0$mm、孔高与孔径比 $h/d>5$ 的通孔和 $h/d>2.5\sim3.0$ 的不通孔不予铸出。对于特殊要求的小而复杂的孔和内腔，可采用陶瓷型芯或石英玻璃管型芯铸出。表2-8列出了正常铸造情况下的最小铸出孔的孔径和深度。

表2-7　熔模铸件的铸造斜度形式和取值

	种　类	增大铸件壁厚	减小铸件壁厚	增减铸件壁厚
斜度形式	图例	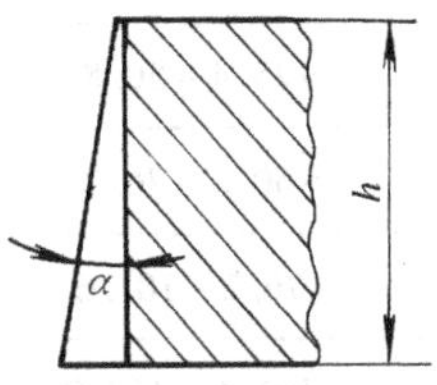	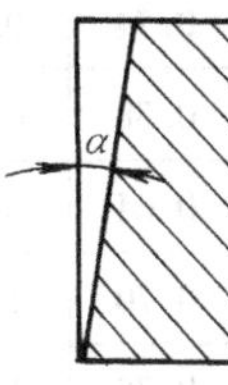	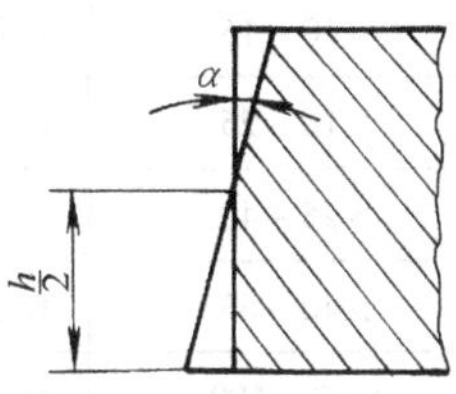
	适用范围	1）加工面 2）壁厚<5mm的非加工面	壁厚>10mm的非加工面	壁厚5~10mm的非加工面
取值	铸造斜度面高 h/mm		非加工面斜度 外表面	内表面
	≤20		0°20′	1°
	>20~50		0°15′	0°30′
	>50~100		0°10′	0°30′
	>100		0°10′	0°15′

表 2-8　最小铸出孔的孔径与深度

（单位：mm）

孔的直径	最大孔深	
	通　孔	不 通 孔
3 ~ 5	5 ~ 10	≈5
>5 ~ 10	>10 ~ 30	>5 ~ 15
>10 ~ 20	>30 ~ 60	>15 ~ 25
>20 ~ 40	>60 ~ 120	>25 ~ 50
>40 ~ 60	>120 ~ 200	>50 ~ 80
>60 ~ 100	>200 ~ 300	>80 ~ 100
>100	>300 ~ 350	>100 ~ 120

5）铸槽。过深过窄的铸槽，上涂料、撒砂困难，涂料层过薄，强度不够，清砂也比较困难，因此铸槽的宽度和深度应有一定限制。表 2-9 列出了钢铁材料熔模铸件的铸槽尺寸。非铁合金熔模铸件的铸槽允许比表中数值更窄、更深些。

6）熔模铸件尺寸公差。表 2-10 ~ 表 2-16 列出了熔模铸件尺寸公差的参考资料。按 GB/T 6414—2017 规定，熔模铸造的铸钢、铸铁及镍基、钴基合金件尺寸公差等级为 DCTG5 ~ DCTG7，轻金属和铜合金件尺寸公差等级为 DCTG4 ~ DCTG6。具体尺寸公差见表 2-10。表 2-11 为美国有关文献介绍的熔模铸件尺寸公差；表 2-12 为日本有关文献介绍的熔模铸件尺寸公差。

表 2-9　钢铁材料熔模铸件的铸槽尺寸　　（单位：mm）

铸槽宽 b	≥2.5	4	6	8	10	16	20	24
最大槽深 H、h	≤5	8	20	32	46	80	120	150

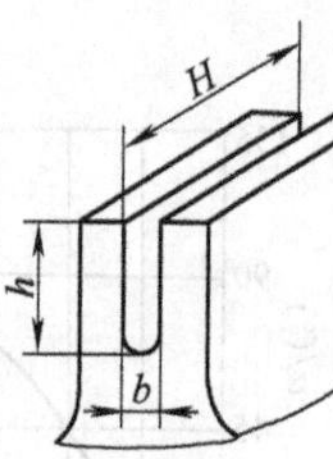

表 2-10　熔模铸件尺寸公差（GB/T 6414—2017）

（单位：mm）

铸件公称尺寸	铸件尺寸公差等级			
	DCTG4	DCTG5	DCTG6	DCTG7
≤10	0.26	0.36	0.52	0.74
>10 ~ 16	0.28	0.38	0.54	0.78
>16 ~ 25	0.30	0.42	0.58	0.82
>25 ~ 40	0.32	0.46	0.64	0.90
>40 ~ 63	0.36	0.50	0.70	1.00
>63 ~ 100	0.40	0.56	0.78	1.10
>100 ~ 160	0.44	0.62	0.88	1.20
>160 ~ 250	0.50	0.70	1.00	1.40
>250 ~ 400	0.56	0.78	1.10	1.60
>400 ~ 630	0.64	0.90	1.20	1.80
>630 ~ 1000	0.72	1.0	1.40	2.00

注：铸件公称尺寸为铸件图上包括加工余量后所给出的某尺寸。

表 2-11　熔模铸件尺寸公差（美国）

（单位：mm）

铸件公称尺寸	一般公差	特别公差
≤12.5	0.36	0.16
>12.5 ~ 25.4	0.50	0.26
>25.4 ~ 50.8	0.66	0.40
>50.8 ~ 76.2	0.82	0.50
>76.2 ~ 101.6	0.96	0.60
>101.6 ~ 127.0	1.12	0.72
>127.0 ~ 152.4	1.28	0.76
>152.4 ~ 177.8	1.42	0.82
>177.8 ~ 203.2	1.58	0.86
>203.2 ~ 228.6	1.72	0.92
>228.6 ~ 254.0	1.88	0.96
最大公差	2.04	—

表 2-12　熔模铸件尺寸公差（日本）

（单位：mm）

铸件公称尺寸	一般公差	特别公差
≤10	0.30	0.30
>10~25	0.40	0.40
>25~50	0.60	0.60
>50~100	0.90	0.80
>100~150	1.20	0.90
>150~200	1.80	1.00
>200~250	2.40	1.20
>250	1.10%	0.70%

表 2-13　非铁合金熔模铸件圆角半径公差

（单位：mm）

圆角半径	≈3	>3~6	>6~10	>10~18	>18~30	>30~50	>50~80	>80
公差	0.50	0.75	1.00	1.25	1.50	1.75	2.00	2.25

表 2-14　铸件角度公差

短邻边长度 l/mm	角度 α 公差	图　例
≤10	1°30′	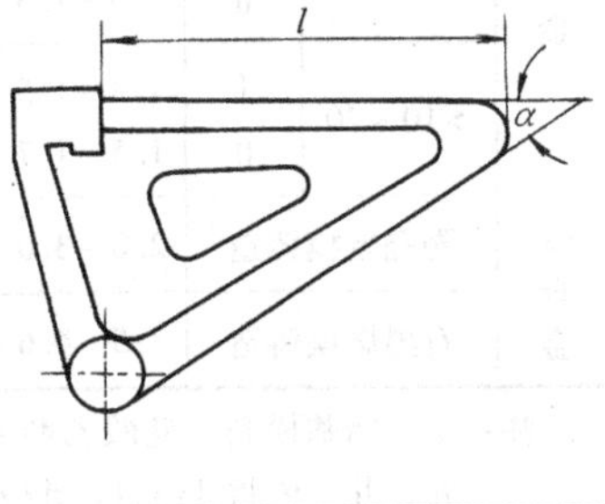
>10~18	1°20′	
>18~30	1°	
>30~50	45′	
>50~80	30′	
>80~120	20′	
>120~180	15′	
>180~260	15′	
>260~360	10′	

表 2-15　熔模铸件平面度、直线度公差

（单位：mm）

铸件长度	一般公差	特别公差
≤25	0.2	0.1
>25~50	0.4	0.2
>50~100	0.6	0.3
>100~150	0.8	0.4

表 2-16　熔模铸件圆度公差

（单位：mm）

直　径	一般公差	特别公差
≤10	0.50	0.30
>10~25	0.80	0.40
>25~50	1.50	0.60

7）熔模铸件表面粗糙度（见表 2-17）。

表 2-17　熔模铸件表面粗糙度 *Ra*

（单位：μm）

工艺方法	一般	修磨面
硅酸乙酯或硅溶胶型壳	6.3~3.2	1.6~0.8

8）机械加工余量。熔模铸件的机械加工余量与铸件大小及加工方法有关。大铸件以及容易变形和带大平面的铸件，加工余量应大些。由于一般碳钢熔模铸件表面会有 0.3~0.5mm 的脱碳层，所以如果铸件加工面上不允许脱碳层存在时，应适当放大机械加工余量，以保证去除脱碳层。表 2-18 列出了熔模铸件车、铣单面机械加工余量；表 2-19 列出了不同加工方法时的单面机械加工余量。

表 2-18　熔模铸件车、铣单面机械加工余量　（单位：mm）

铸件最大尺寸	≤50	>50~120	>120~250	>250~400	>400~630
单面	0.5	0.5~1.0	1.0~1.5	1.5~2.0	2.0~3.0
浇口面	2.0~4.0				

表 2-19　不同加工方法的单面机械加工余量　（单位：mm）

加工面	加工方法							
	车削	铣削	磨削	无心磨削	拉削	钻孔	扩孔	镗孔
平　面	1.0~2.0	1.0~2.0	0.2~0.5	—	0.5~1.0	—	—	—
外　圆	0.7~2.0	—	0.2~0.5	0.2~0.7	—	—	—	—
内　孔	—	—	0.2~0.5	—	1.0~2.0	1.0~2.0	1.0~2.0	0.5~1.5
叶 片 型 面	—	—	0.15~0.50	—	—	—	—	—

9）熔模铸件的综合线收缩率。影响熔模铸件尺寸的收缩因素包括合金的收缩、模料的收缩、型壳的膨胀等，这几方面综合的影响称为熔模铸件的综合线收缩率。理论上，收缩率K按式（2-3）来确定，而实际生产中仍然按照经验确定。其值见表2-20和表2-21。

$$K = K_1 + K_2 - K_3 \tag{2-3}$$

式中 K_1——合金收缩率；

K_2——熔模收缩率；

K_3——型壳热膨胀率。

表2-20 碳素钢、合金结构钢熔模铸件的综合线收缩率

铸件壁厚/mm	模料型壳分类①	综合线收缩率(%) 自由收缩	部分受阻收缩	受阻收缩
1~3	Ⅰ	0.6~1.2	0.4~1.0	0.2~0.8
	Ⅱ	1.6~2.2	1.4~2.0	1.1~1.7
>3~10	Ⅰ	0.8~1.4	0.6~1.2	0.4~1.0
	Ⅱ	1.8~2.4	1.6~2.2	1.3~1.9
>10~20	Ⅰ	1.0~1.6	0.4~1.4	0.6~1.2
	Ⅱ	2.0~2.6	1.8~2.4	1.5~2.1
>20~30	Ⅰ	1.2~1.8	1.0~1.6	0.8~1.4
	Ⅱ	2.2~2.8	2.0~2.6	1.7~2.3
>30	Ⅰ	1.4~2.0	1.2~1.8	1.0~1.6
	Ⅱ	2.4~3.0	2.2~2.8	1.9~2.5

① 指所采用的模料和型壳材料：Ⅰ—蜡基模料，硅酸乙酯或硅溶胶－硅石粉涂料，多层型壳；Ⅱ—树脂基模料，硅酸乙酯或硅溶胶－电熔刚玉涂料，多层型壳。

表2-21 非铁合金熔模铸造的综合线收缩率

合金类型	铸件壁厚/mm	模料型壳分类	综合线收缩率(%) 自由收缩	部分受阻收缩	受阻收缩
无锡青铜	1~3	Ⅰ	1.3~1.7	1.0~1.2	—
		Ⅱ	1.5~1.8	1.2~1.5	—
	>3~10	Ⅰ	1.8~2.2	1.3~1.7	—
		Ⅱ	2.0~2.4	1.5~2.0	—
	>10~20	Ⅰ	2.2~2.5	1.8~2.0	—
		Ⅱ	2.5~2.8	2.0~2.2	—

（续）

合金类型	铸件壁厚/mm	模料型壳分类	综合线收缩率(%) 自由收缩	部分受阻收缩	受阻收缩
锡青铜	1~3	Ⅰ	1~1.3	0.8~1.0	0.4~0.8
		Ⅱ	1.1~1.5	1.0~1.4	0.8~1.2
	>3~10	Ⅰ	1.5~1.8	1.0~1.5	0.8~1.2
		Ⅱ	1.6~2.0	1.2~1.8	0.9~1.4
	>10~20	Ⅰ	1.8~2.0	1.5~1.8	1.0~1.4
		Ⅱ	2.0~2.4	1.6~2.0	1.4~1.6
锌黄铜	1~3	Ⅰ	1.6~1.9	1.0~1.4	—
		Ⅱ	1.8~2.0	1.2~1.8	—
	>3~10	Ⅰ	1.8~2.1	1.4~1.8	—
		Ⅱ	2.1~2.3	1.8~2.2	—
	>10~20	Ⅰ	2.2~2.4	1.8~2.2	—
		Ⅱ	2.4~2.6	2.0~2.4	—
铝合金	1~3	Ⅰ	0.9~1.2	0.7~0.9	0.3~0.5
		Ⅱ	1.0~1.3	0.8~1.0	0.3~0.6
	>3~10	Ⅰ	1.2~1.4	0.8~1.1	0.5~0.7
		Ⅱ	1.3~1.5	1.0~1.3	0.6~0.8
	>10~20	Ⅰ	1.3~1.5	1.1~1.3	0.6~0.8
		Ⅱ	1.5~1.7	1.2~1.5	0.8~1.0
钛合金	陶瓷熔模铸造		2.0~3.0	—	0.5~1.8
	石墨熔模铸造		3.5~4.6	—	1.5~3.2

注：Ⅰ—蜡基模料，硅酸乙酯－硅石粉涂料，多层型壳；Ⅱ—树脂基模料，硅酸乙酯－硅石粉涂料，多层型壳。

2. 基准面的选择

基准面是供压型型腔尺寸与铸件尺寸检查、铸件画线和机械加工定位测量使用的，一般由设计、机械加工和铸造三方共同商定。

（1）基准面选择要素 铸件上的外圆、平面、内孔和端面都可以作为基准面，通常选择非加工面。若选择加工面时，最好是加工余量较少的面。选择与待加工面之间有精度要求的面，并尽量让零件的设计基准和加工工艺基准重合。基准面的数目应能约束六个自由度，故一般选择三个基准面（回转体零件选择两个基准面），并力求画线与加工为同一基准面。基准面应是尺寸比较稳定的平整、光洁表面，其上不应有浇冒口残余、斜度、毛刺等。

（2）基准面选择示例（见表2-22）

表2-22 基准面选择示例

名 称	铸件毛坯图	基准说明
前支架	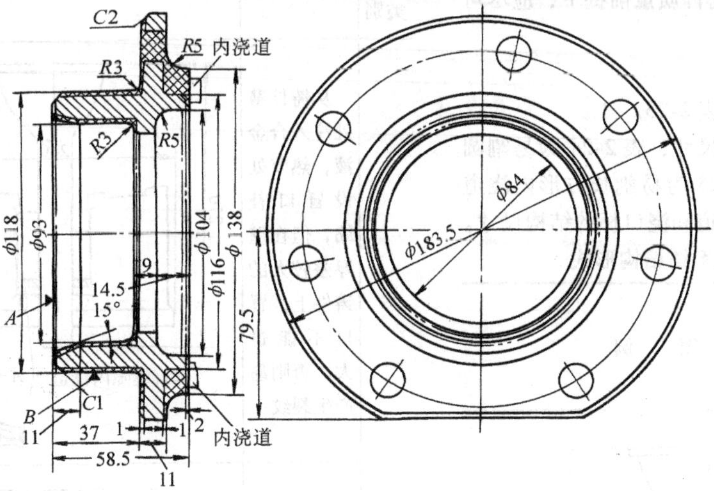	选A、B面为基准面能约束六个自由度，A、B面平整，加工余量少，且设计基准与工艺基准重合
气门摇臂	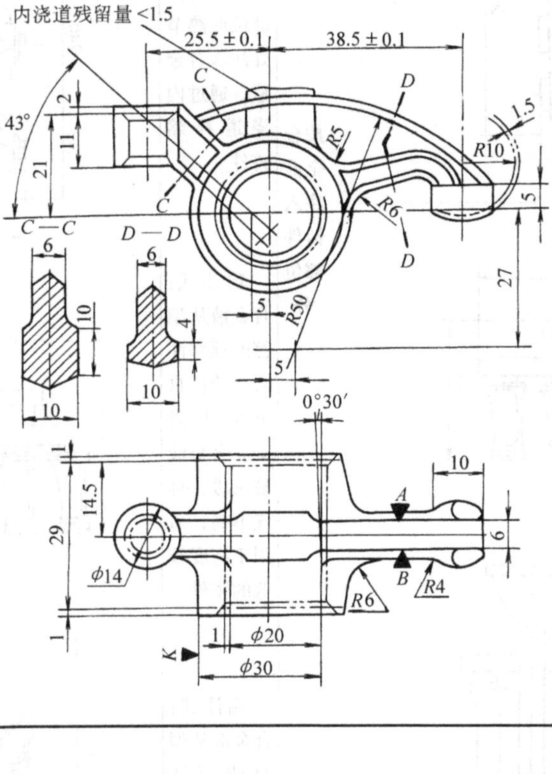	选A、B面和外圆K为基准面，且A、B、K面均为非加工面，可保证A、B面对中心线位置和φ20mm孔的壁厚，并可一次夹紧定位，基准面不重复使用

(3) 浇注系统设计

1) 浇注系统的作用和要求。浇注系统的作用和要求有以下几点：①把金属液引入型腔。对于易氧化的合金，应尽量要求充填平稳，以避免氧化和卷入气体；对于薄壁铸件，应尽量保证充填良好，不产生冷隔、浇不到现象。②补充金属液凝固时的体积收缩。浇注系统应能保证补缩时通道畅通，并保证能提供给铸件必要的补缩金属液，以避免铸件内产生缩孔(松)。③在组焊和制壳时起支撑易熔模和型壳的作用，应有足够的强度，以防止制壳过程中易熔模脱落。④在熔失易熔模时起液体模料流出的通道作用，浇注系统应能保证排除模料顺畅。⑤浇注系统的结构应尽可能简化压型结构，并使制模、组焊、制壳、切割等工序操作顺畅。在保证铸件质量前提下，应尽可能提高铸件成品率。

2）浇注系统结构设计。

① 浇注系统结构形式见表 2-23。

② 浇注系统的单元结构尺寸，表 2-24 为易割圆形内浇道的结构尺寸，表 2-25 为易割长方形内浇道的结构尺寸，表 2-26 为直浇道和浇口杯的结构尺寸。

表 2-23　常见浇注系统结构形式

浇注系统类别	工艺特点	图例
按浇注系统组成分	直浇道-内浇道 直浇道兼起冒口作用，操作方便，但排渣不利	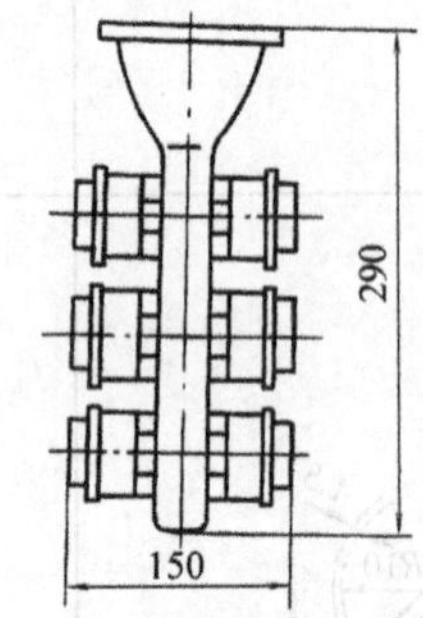
	横浇道-内浇道 常用于顶注，有利于顺序凝固	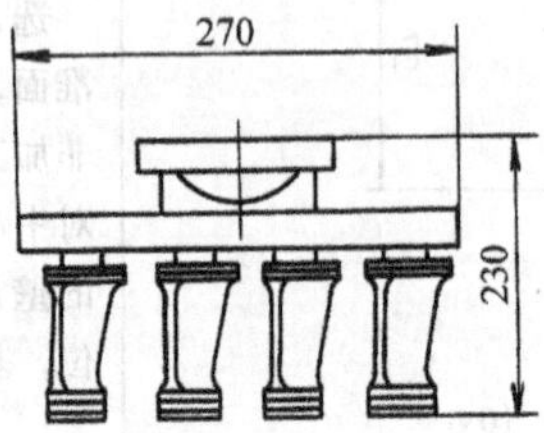
	直浇道-横浇道-内浇道	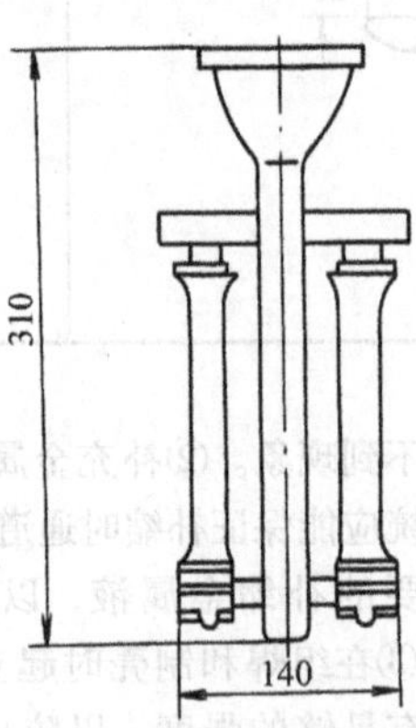

（续）

浇注系统类别	工艺特点	图例
按合金液注入铸件部位分	从铸件薄处注入合金液，热节处设冒口补缩，但在壁厚差较大的铸件上，冒口不能过大，否则易产生裂纹	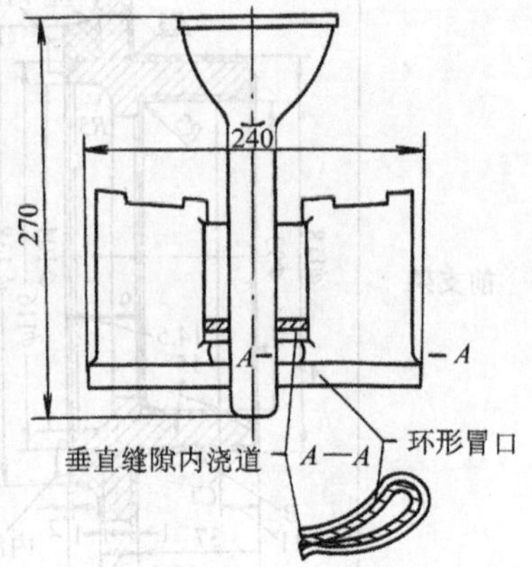
	从铸件厚部位或热节处注入合金液，通过内浇道补缩铸件	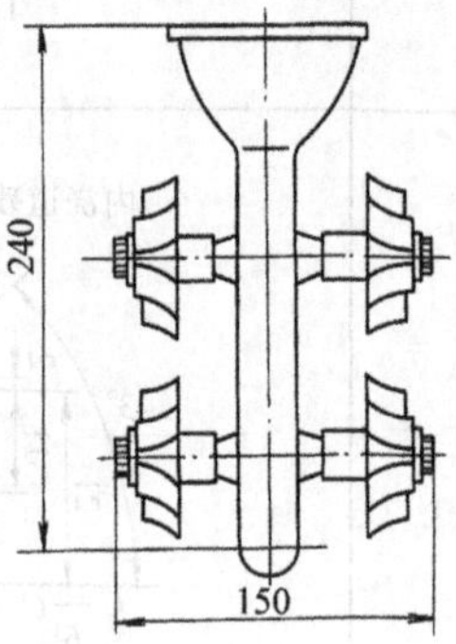
	顶注式：合金液从型腔的顶部注入，铸件自下而上凝固。合金液易飞溅，排气不畅，适用于高度较低的铸件	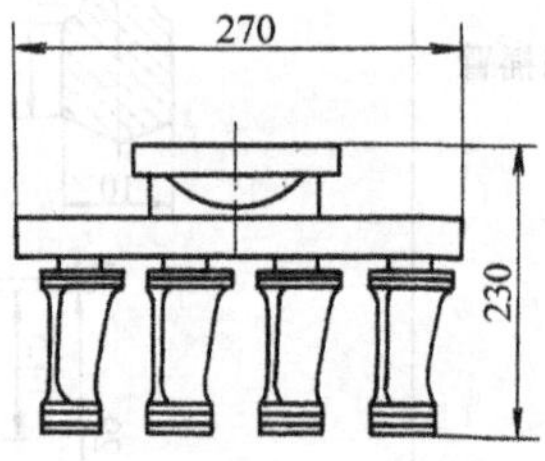
	侧注式：合金液从型腔侧面注入，铸件补缩好，应用较广泛	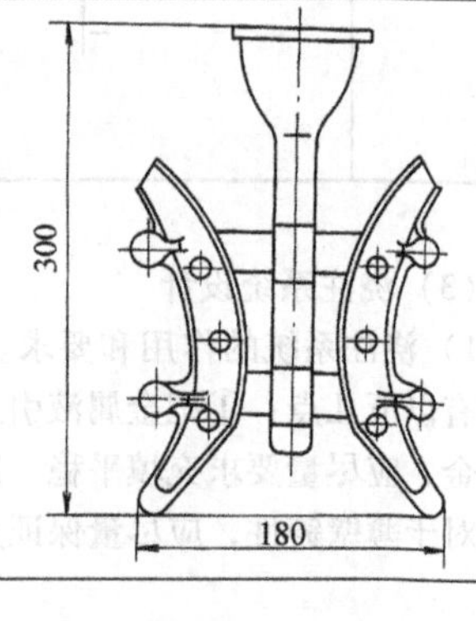

（续）

浇注系统类别	工艺特点	图例
按合金液注入铸件部位分	底注式：合金液从型腔底部平稳注入，不易产生夹渣、气孔。不利于顺序凝固，需增设冒口	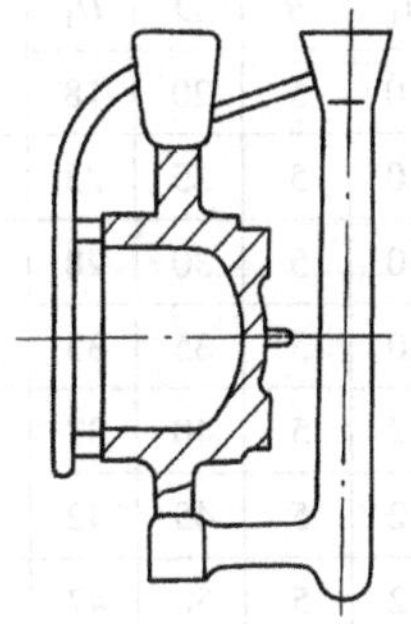

（续）

浇注系统类别	工艺特点	图例
按合金液注入铸件部位分	联合注入式：上述几种方式的联合应用，兼有各种方式的优点，但结构复杂，适用于较大的复杂铸件	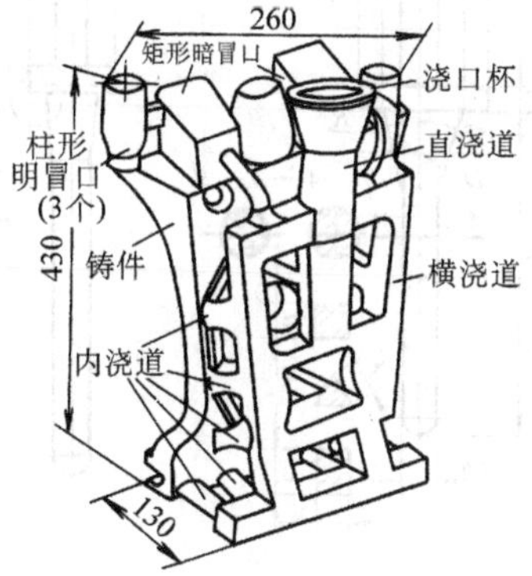

表 2-24 易割圆形内浇道的结构尺寸 （单位：mm）

图例	易割浇道尺寸	直浇道直径		
		$\phi35$	$\phi40$	$\phi45$
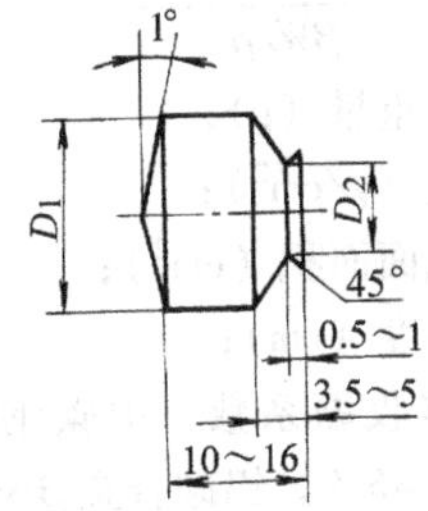	D_1	$\phi10 \sim \phi16$	$\phi12 \sim \phi18$	$\phi12 \sim \phi20$
	D_2	$\phi4 \sim \phi12$	$\phi6 \sim \phi14$	$\phi8 \sim \phi16$

表 2-25 易割长方形内浇道的结构尺寸 （单位：mm）

图例	易割浇道尺寸	直浇道直径		
		$\phi35$	$\phi40$	$\phi45$
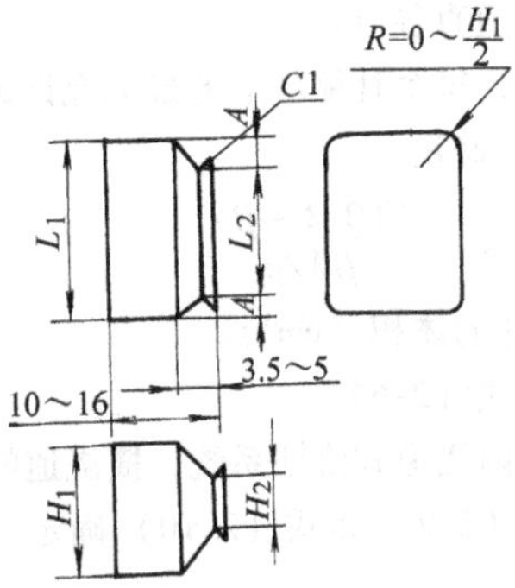 $L_1=(1\sim1.5)H_1$ $L_2=L_1-2A$ $A=2\sim6$	H_1	10 ~ 16	12 ~ 18	12 ~ 20
	H_2	3 ~ 12	5 ~ 14	8 ~ 16

表 2-26　直浇道和浇口杯的结构尺寸　　（单位：mm）

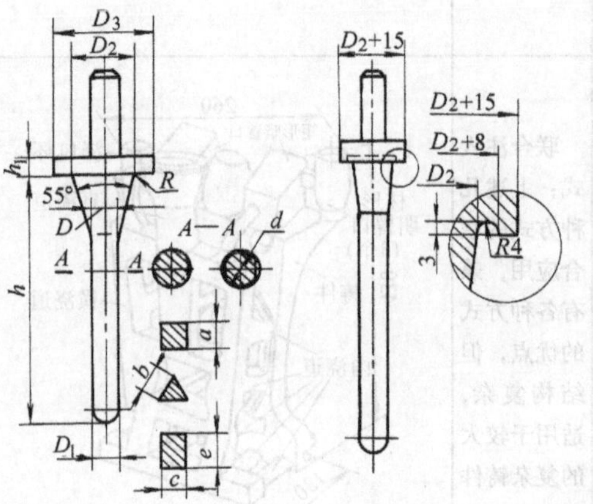

公用尺寸					截面尺寸						
					圆形截面		正方形截面	三角形截面	长方形截面		正六边形截面
D_2	D_3	h	h_1	R	D	D_1	a	b	c	e	d
50	63	250	10	5	20	18	—	—	—	—	20
58	70	250	10	5	25	23	18	—	18	25	25
66	78	300	10	5	30	28	22	27	22	30	30
73	85	300	10	5	35	33	25	31	25	35	35
80	92	300	12	5	40	37	29	—	—	—	40
87	98	320	12	5	45	42	32	—	—	—	45
94	106	320	12	5	50	47	36	—	—	—	—
100	113	320	12	5	55	52	—	—	—	—	—
108	120	320	12	5	60	57	—	—	—	—	—

注：截面小的直浇道一般为沾棒。

3）浇注系统计算。

① 比例系数法。此法依据铸件上热节圆直径或热节截面面积，由式（2-4）确定相应内浇道的直径或截面面积。

$$\begin{cases} d_g = k_1 D_c \\ A_g = k_2 A_c \end{cases} \tag{2-4}$$

式中　d_g、A_g——内浇道直径和内浇道截面面积；

D_c、A_c——铸件热节圆直径和热节截面面积；

k_1、k_2——比例系数，k_1 一般取 0.6～1，k_2 一般取 0.4～0.9。

② 亨金法。对于单一直浇道的直浇道—内浇道式系统，采用经验式（2-5）计算直浇道和内浇道的尺寸。

$$M_g = \frac{k\sqrt[4]{M_c^3 W}\sqrt[3]{L_g}}{M_s} \tag{2-5}$$

式中　M_g——内浇道截面的热模数（mm）；

M_s——直浇道截面的热模数（mm）；

M_c——铸件热节部位的热模数（mm）；

W——单个铸件重量（g）；

L_g——内浇道长度（mm）；

k——比例系数，中碳钢 $k \approx 2$，硅黄铜 $k \approx 1.8$，铝硅合金 $k \approx 1.6$。

采用这种浇注系统的铸件组的最大允许铸件数量 n_{max} 为

$$n_{max} = \frac{A_s h(0.2-\beta)}{\beta W/\rho} \tag{2-6}$$

式中　W——单个铸件重量（g）；

ρ——合金密度（g/cm^3）；

A_s——直浇道截面面积（cm^2）；

h——直浇道高度（cm）；

β——合金的体收缩系数，中碳钢 $\beta \approx 4\%$，硅黄铜 $\beta \approx 5\%$，铝硅合金 $\beta \approx 5.6\%$。

对于带有补缩环的直浇道—内浇道式浇注系统，其补缩环的直径 D_3 和高 h_1 由式（2-7）确定：

$$D_3 \approx 4.6 D_s \qquad h_1 \geqslant D_3 \tag{2-7}$$

式中　D_s——直浇道直径（mm）。

采用补缩环时，每个补缩环上的最大允许铸件数量 n_{max} 由式（2-8）确定。

$$n_{max} = \frac{V(0.2-\beta)}{\beta W/\rho} \tag{2-8}$$

式中　V——补缩环的体积（cm^3）。

其余符号同式（2-6）。

对于横浇道—内浇道式浇注系统，横浇道的截面面积 A_{ru} 可以由式（2-9）和式（2-10）确定，一般情况时

$$A_{ru} = (0.7 \sim 0.9) A_s \tag{2-9}$$

代替冒口起主要补缩作用时

$$A_{ru} = (1.0 \sim 1.3) A_s \tag{2-10}$$

表 2-27 为直浇道直径和内浇道截面热模数计算表，图 2-3 所示为直浇道、内浇道截面热模数计算图。

表 2-27 直浇道直径和内浇道截面热模数计算表（$L_g=8$mm）

M_c/mm	1.1		1.8		2.5		3.0		3.5		3.9		4.2		4.6		5.1		5.8		6.66	
W/g	mm																					
	D_s	M_g	D_s	M_g	D_s	M_g	D_s	M_g	D_s	M_g	D_s	M_g	D_s	M_g	D_s	M_g	D_s	M_g	D_s	M_g	D_s	M_g
≤50	20	2.00	20	3.00	25	3.25	25	3.50	30	3.75	30	4.75	30	5.00	35	4.50	—	—	—	—	—	—
>50~100	20	2.50	20	3.50	25	3.75	30	3.50	30	4.50	35	4.75	35	5.00	40	4.75	40	5.25	40	5.50	—	—
>100~200	20	3.00	25	3.50	30	3.75	30	4.25	35	4.50	35	5.25	40	5.00	40	5.25	40	5.75	45	5.50	45	6.25
>200~300	20	3.25	25	3.75	30	4.00	30	4.75	35	4.75	40	5.25	40	5.50	40	6.00	40	6.50	45	6.25	50	6.25
>300~500	—	—	—	—	30	4.50	35	4.50	35	5.50	40	5.75	40	6.25	40	6.25	45	6.25	45	7.00	50	7.00
>500~750	—	—	—	—	30	5.25	35	5.00	40	5.50	40	6.25	40	6.50	45	6.50	45	6.75	45	7.50	50	7.50
>750~1000	—	—	—	—	—	—	—	—	40	5.75	—	—	40	6.50	45	7.00	50	6.75	50	7.50	55	7.50
>1000~1500	—	—	—	—	—	—	—	—	—	—	—	—	—	—	45	7.50	50	7.25	50	7.75	55	7.75
>1500~2000	—	—	—	—	—	—	—	—	—	—	—	—	—	—	—	—	50	7.75	55	8.00	55	8.00
>2000~2500	—	—	—	—	—	—	—	—	—	—	—	—	—	—	—	—	—	—	55	8.00	55	8.00
>2500~3000	—	—	—	—	—	—	—	—	—	—	—	—	—	—	—	—	—	—	—	—	55	8.50

注：M_c 为铸件热节部位的热模数；M_g 为内浇道截面的热模数；W 为铸件重量；L_g 为内浇道长度；D_s 为直浇道直径。

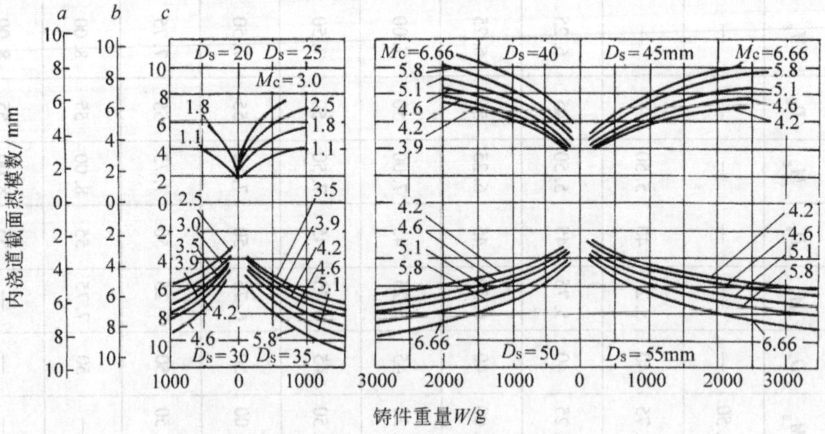

图 2-3 直浇道、内浇道截面热模数计算图

a—$L_g=15$mm b—$L_g=12$mm c—$L_g=8$mm D_s—直浇道直径

③ 浇口杯补缩滴定法。此法适用于中碳钢和低合金结构钢熔模铸件的直浇道—内浇道式浇注系统的设计。其各单元尺寸的确定如下。

内浇道尺寸：当内浇道长度为10～15mm时，其截面的直径（或当量热节圆直径）d_g 为

$$d_g = kD_c \tag{2-11}$$

式中 D_c——铸件热节部分的当量热节圆直径（mm）；

k——重量系数。

此法认为，任何一个铸件可以根据热节的个数简化成若干个相应热节的圆柱体铸件，这个圆柱体铸件的直径称为此铸件相应热节圆的当量热节直径。当铸件热节部位的截面形状为长方形截面（$a\times b$）时，可以由图2-4查得其当量热节圆直径 D_c；由图2-5查得相应铸件重量和当量热节直径时的重量系数 k 值。

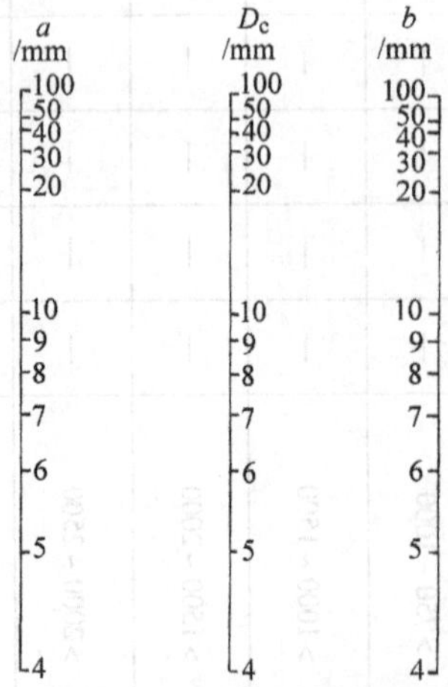

图 2-4 当量热节圆直径

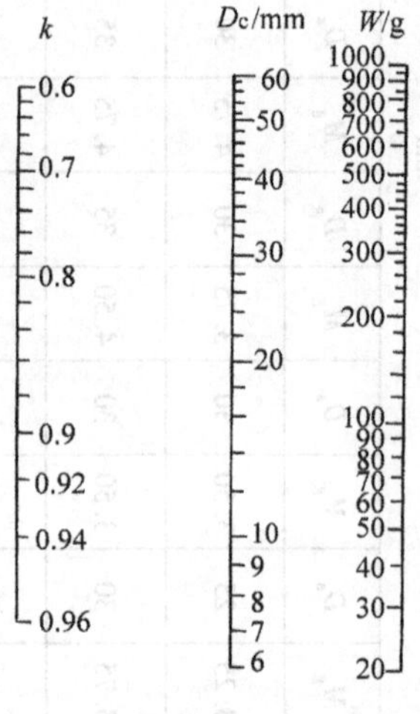

图 2-5 重量系数

直浇道尺寸：采用亨金法设计浇注系统时，将直浇道作为提供补缩金属液的补缩源，因此直浇道比较粗大，增大了浇注系统的自耗，降低了铸件成品率。而浇口杯补缩滴定法是将浇口杯作为提供补缩金属液的补缩源，直浇道只起浇注和补缩通道作用，因此直浇道比较小。表2-28列出了浇口杯补缩滴定法所使用的直浇道和浇口杯尺寸。直浇道直径 D_s 按式（2-12）确定。

$$D_s \geq 1.2d_g \tag{2-12}$$

图2-6所示为直浇道的浇口杯与铸件组中铸件总重量（包括内浇道重量）的关系。由铸件组上铸件的总重量（纵坐标）可查得相应直浇道浇口杯直径（横坐标）。

表 2-28 直浇道和浇口杯尺寸

（单位：mm）

	D_s	D
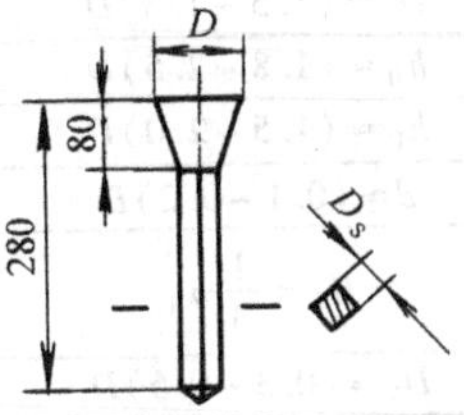	25	50、60、70、80、90、100
	30	60、70、80、90、100、110
	35	70、80、90、100、110、120

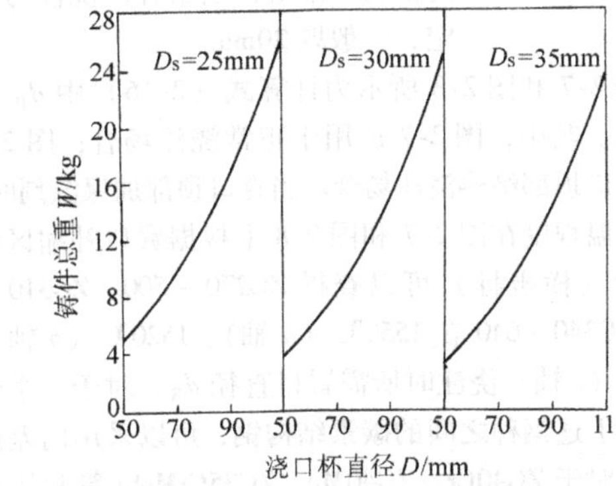

图 2-6 浇口杯与铸件总重量的关系

④控制浇注速度的计算方法。对于一些带有较大薄壁面的铸件，浇注速度将起重要作用。低的浇注速度将导致产生冷隔、浇不到等缺陷。表 2-29 列出了几种控制浇注速度的方法。控制浇注速度的计算方法如下：

确定浇注（重量）速度：

$$v = k\frac{L}{\delta} \tag{2-13}$$

式中 v——浇注（重量）（速度）(kg/s)；

L——薄壁铸件的最大薄壁长度（mm）；

δ——薄壁铸件的壁厚（mm）；

k——系数，顶注时 $k=0.05$，侧注时 $k=0.06$，底注时 $k=0.08$。

表 2-29 控制浇注速度的方法

序号	控制方法	图 例
1	依靠铸件中自然存在的收缩截面控制	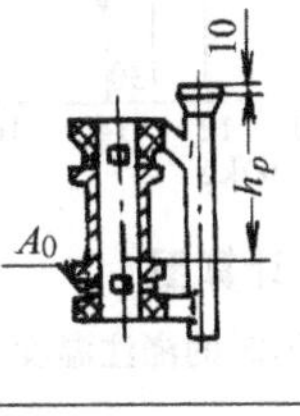
2	依靠浇注系统中或底注内浇道的收缩截面控制	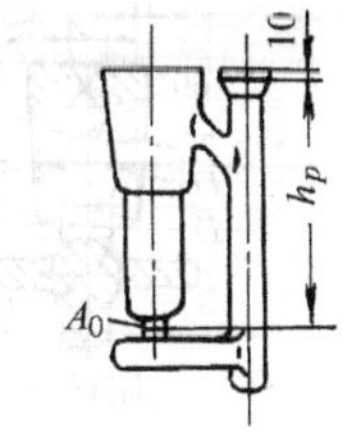
3	依靠带有收缩截面的侧向直浇道控制	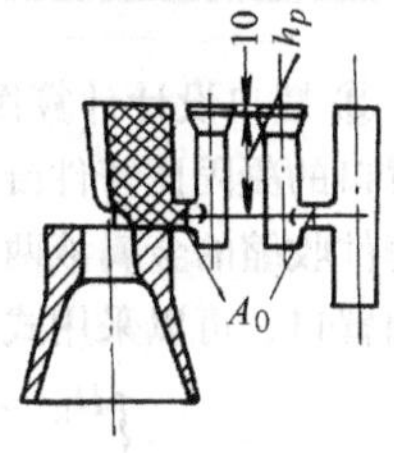
4	依靠顶注冒口的冒口颈控制	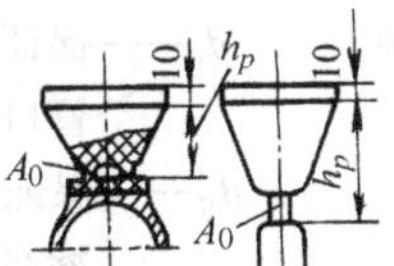

注：A_0 为单元截面面积；h_p 为压力头。

确定控制浇注速度单元的截面面积 A_0 和压力头 h_p：

$$A_0 = \frac{23v}{\mu\rho\sqrt{h_p}} \tag{2-14}$$

$$h_p = \left(\frac{23v}{\mu\rho A_0}\right)^2 \tag{2-15}$$

式中 v——浇注（重量）速度（kg/s）；

μ——阻力系数，当能忽略浇注时的冲击作用时，取 $\mu=0.8\sim0.9$；当不能忽略浇注时的冲击作用时，取 $\mu=1.4\sim1.5$；

ρ——金属液的密度（g/cm^3）。

4）冒口设计。中小型熔模铸件，大多是利用直浇道（浇口杯）或横浇道实现补缩的，但对于一些较大的、结构复杂的和热节较多、热节较大的铸件，往往需要单独设置冒口进行补缩。熔模铸钢件的冒口设计可以采用以下方法：

① 热节圆比例法。此法根据铸件被补缩部位的热节圆直径来确定冒口的结构尺寸。表 2-30 列出了利用此法设计冒口时的冒口尺寸与热节圆直径的比例关系。

表 2-30　冒口尺寸与热节圆直径的比例关系

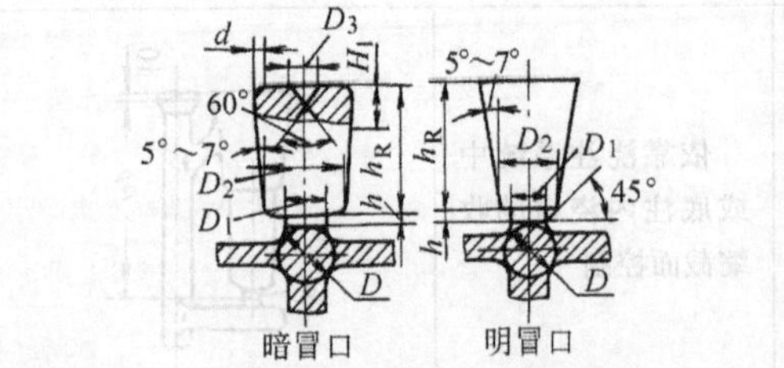

铸件热节圆直径		D
冒口颈	高度 h	4~10mm
	直径 D_1	$D_1 \approx (0.7 \sim 1.0)D$
冒口根部直径 D_2		$D_2 \approx (1.3 \sim 1.5)D$
冒口高度 h_R	明冒口	$h_R \approx (1.8 \sim 2.5)D$
	暗冒口	$h_R \approx (1.5 \sim 2.0)D$
出气口直径 d		$d \approx (0.1 \sim 0.2)D$
连接桥位置 H_1		$H_1 = \frac{1}{3}h_R$
D_3		$D_3 \approx (0.3 \sim 0.5)D$

② 冒口设计计算图法。铸钢件冒口设计必须满足冒口的凝固比铸件凝固慢和冒口中应储存有足够补充铸件收缩的金属液两个基本条件。对于熔模铸钢件的明冒口，可以采用式（2-16）计算。

$$\begin{cases} D_R = \max[d_r, d_R] \\ h_R = 1.25D_R + k \end{cases} \tag{2-16}$$

式中　d_r——保证冒口冷却比铸件冷却慢所需的冒口直径（mm）；

d_R——保证冒口中储存有足够补充铸件收缩的金属液所需的冒口直径（mm）；

D_R——明冒口直径（mm）；

$\max[d_r, d_R]$——在 d_r 和 d_R 中选择最大值；

h_R——冒口高度（mm）；

k——安全浇注裕量，根据各厂浇注习惯定，一般取 20mm。

图 2-7 和图 2-8 所示为计算式（2-16）中 d_R 的计算图。其中，图 2-7 适用于正常浇注场合；图 2-8 适用冒口顶部绝热浇注场合。当冒口顶部加保温剂时，根据保温程度在图 2-7 和图 2-8 上根据冒口补缩区铸件重量（横坐标）可以查得 ZG270－500、ZG310－570、ZG340－640 在 1550℃（a 轴）、1520℃（b 轴），1500℃（c 轴）浇注时所需冒口直径 d_R。对于力学性能介于上述钢种之间的碳素结构钢，可以采用内差法求得；对于 ZG40Cr、ZG40Mn、ZG35CrMnSi 等常用合金结构钢可以采用由 ZG310－570 查得的 d_R 值。

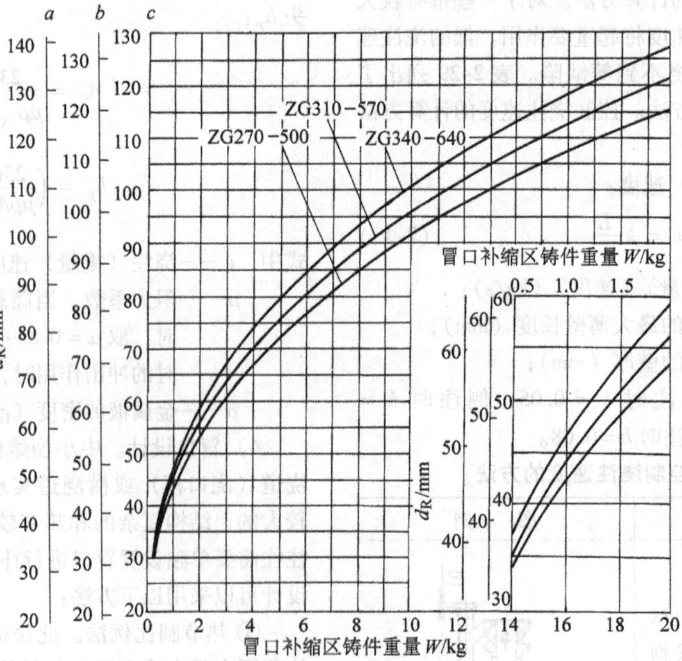

图 2-7　正常浇注时 d_R 计算图

a、b、c—1550℃、1520℃和 1500℃时的浇注温度

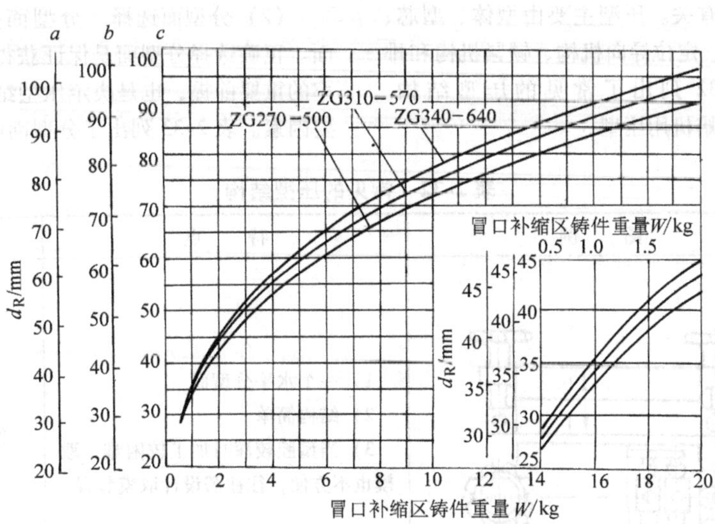

图2-8 冒口顶部绝热时的 d_R 计算图

a、b、c—1550℃、1520℃和1500℃时的浇注温度

图2-9所示为式（2-16）d_r 的计算图。正常浇注时在图中1线上查取；冒口顶部绝热时在图中2线上查取；冒口顶部加保温剂时根据保温程度在图中1、2线之间查取。图中阴影部分为冒口颈直径 d_R 的取值范围。

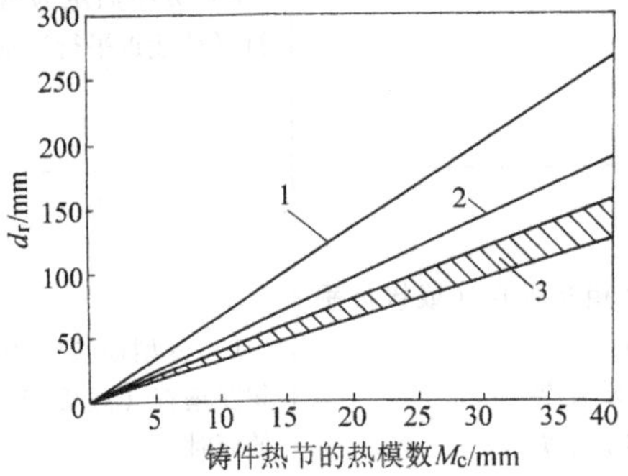

图2-9 d_r 和 d_R 的计算图

1—正常浇注时的 d_r 2—冒口顶绝热时的 d_r

3—冒口颈直径 d_R

2.2.2 压型设计与制造

熔模铸造压型是用来制造熔（溶）模或型（芯）等的重要工艺装备，它由型体、型芯、锁紧机构、定位机构、抽芯机构、出模机构等组成。压型型腔的尺寸精度和表面粗糙度直接决定了熔（溶）模或型（芯）的尺寸精度和表面粗糙度，压型的结构影响压型制造成本、生产率。因此，要求压型的结构应准确定位，锁紧可靠，拆装方便，便于熔模或型芯脱模，并防止变形。对用于陶瓷型芯成形的压型，为了提高耐磨性，必要时要求内腔镀铬或进行渗氮处理，以保证制出的型芯能稳定达到要求的尺寸精度和表面粗糙度。

1. 常用压型的类型（见表2-31）

表2-31 常用压型的类型

类型	特 点	应 用 范 围
机械加工压型	1）材料通常为钢，也有使用铜合金、铝合金 2）尺寸精度可以充分满足设计要求，型腔表面粗糙度 Ra =0.4～1.6μm 3）使用寿命可达10万次以上 4）制造成本高	1）生产批量大的铸件 2）尺寸精度高、表面粗糙度值低的铸件 3）结构复杂的铸件
硅橡胶压型	1）材料：硅橡胶 2）填充性好，复制性强，制造周期短 3）精度低，抗拉强度低，使用寿命短 4）质地较软，使用时外形需要硬质材料衬托	1）尺寸精度不高的中、小型铸件试制或小量生产，对难于出模的地方尤为合适 2）复制精细工艺制品

2. 机械加工压型设计

（1）压型结构 压型结构取决于铸件结构及所用压制熔模的设备。前者决定压型的复杂程度、分模面选取和出模抽芯形式；后者与模料进入压型方式、锁模机构和出模方法有关。压型主要由型体、型芯、抽芯机构、起模机构、定位导向机构、锁紧机构和排气槽等组成。表2-32列出了常见的压型结构。图2-10所示为自动压蜡机用压型。

（2）分型面选择　分型面是压型型体之间的界面。正确选择分型面是保证获得优质熔模、提高生产率的重要前提，也是决定压型结构是否经济合理的主要因素。表2-33列出了分型面的选择要求。

表2-32　常见的压型结构

类　型	图　例	特　点	应用范围
水　平 二开型	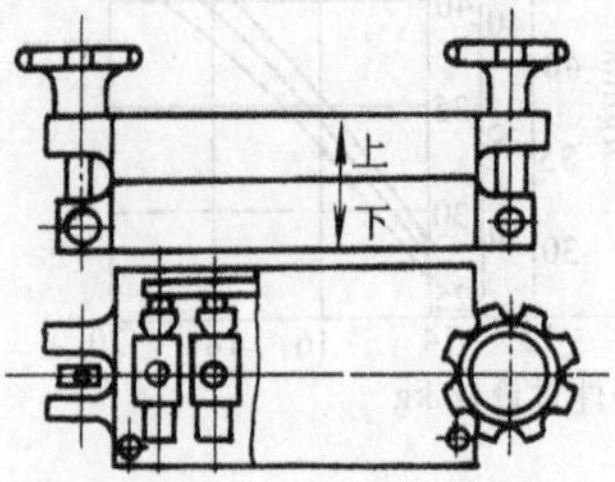	1）一个水平分型面 2）结构简单 3）当型腔较深时加工较困难，取模也不方便，往往需设计取模装置	使用最广泛
叠　型 三开型	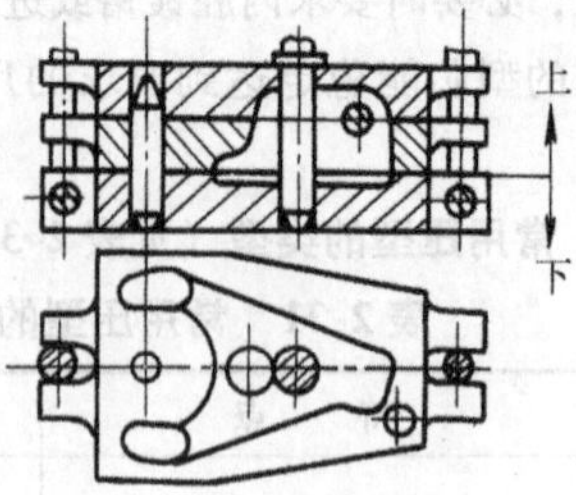	1）两个水平分型面 2）结构较水平二开型复杂 3）型腔加工较方便，取模较容易	1）铸件的主体结构为板状或框形结构时 2）型腔较深，加工、取模较困难时 3）分型面定为两个平行（或接近平行）面时
滑　动 三开型	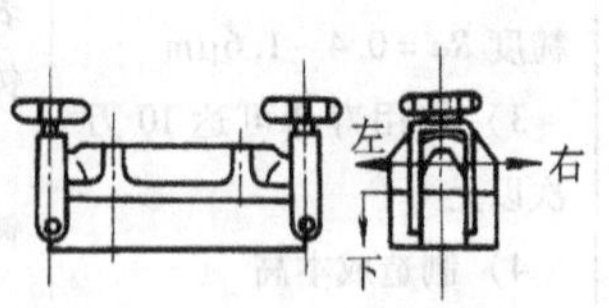	1）有两个相互垂直（或接近垂直）的分型面 2）结构比较复杂 3）型腔加工方便 4）取模、操作方便，生产率较高 5）分型面加工要求较高	1）分型面选定为两个相互垂直（或接近垂直）的面时 2）应用较广泛
旋　转 三开型	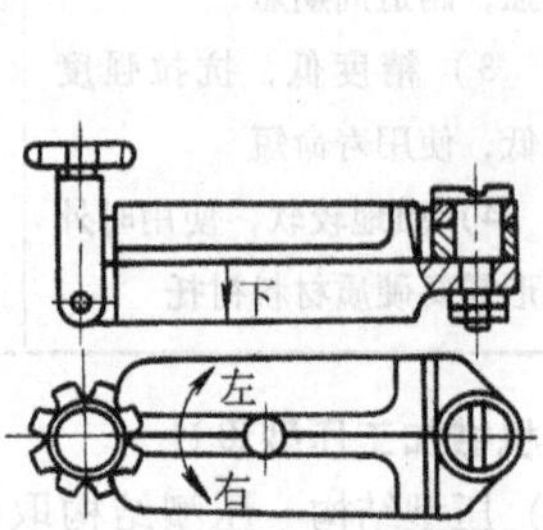	1）有两个相互垂直（或接近垂直）的分型面 2）结构较复杂 3）型腔加工方便 4）取模、操作方便，生产率高 5）分型面及定位加工要求较高	1）分型面选定为两个相互垂直（或接近垂直）的面时 2）铸件的主体为回转体结构时 3）应用较广泛

（续）

类　型	图　例	特　点	应用范围
上下左右四开型	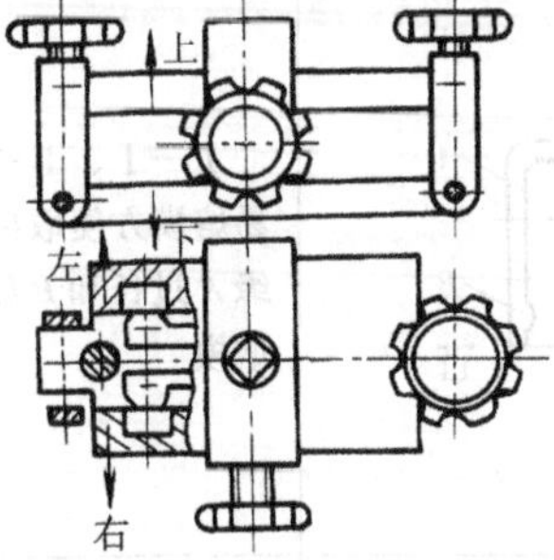	1）有三个分型面 2）结构复杂 3）型腔加工方便 4）取模方便，但操作复杂 5）易熔模上飞翅多	1）铸件结构复杂，需设置三个分型面才能取出易熔模时 2）设置三个分型面以方便型腔加工
多　块组合型	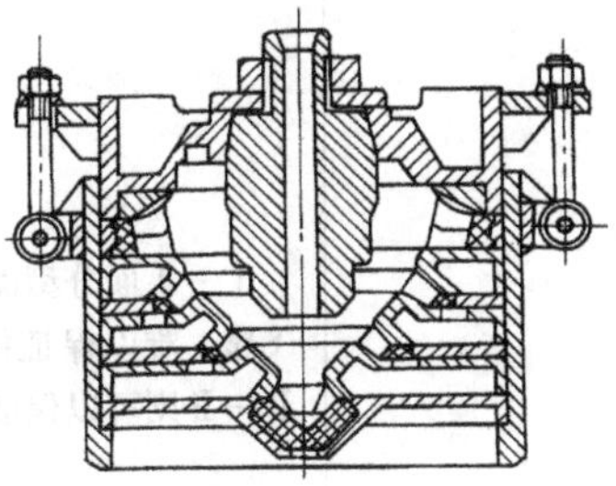	1）多块扇形件组成型腔，易于压型加工 2）扇形件精度要求高，组合定位要求严格 3）取模容易，操作方便	适用于叶轮转子等具有相等或不等圆心角结构的铸件

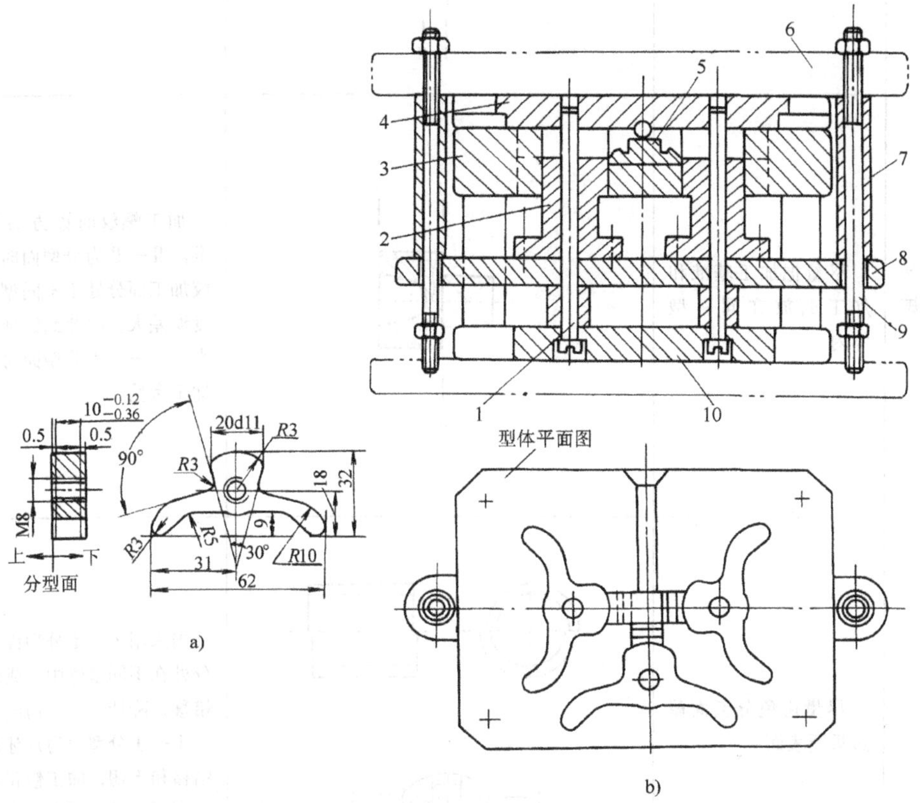

图2-10　自动压蜡机用压型

a）铸件工艺图　b）压型结构

1—定位杆　2—推模块　3—型体　4—上盖　5—浇口垫　6—动板　7—限位套　8—托杆　9—拉杆　10—底座

表 2-33　分型面的选择要求

<table>
<tr><th colspan="2">要　求</th><th>图　例</th><th>说　明</th></tr>
<tr><td colspan="2">1）保证易熔模能从压型中方便地取出</td><td>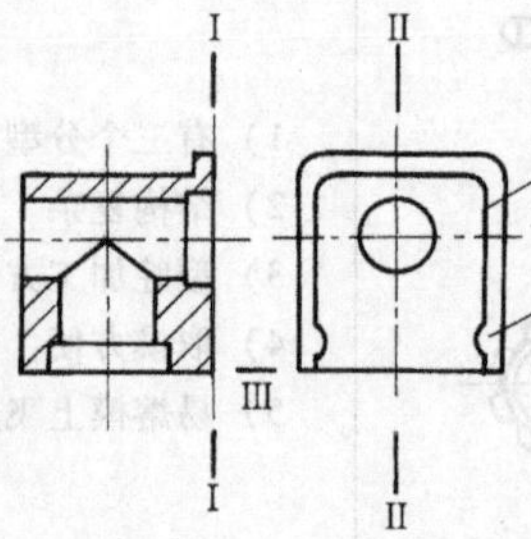
</td><td>Ⅰ—Ⅰ、Ⅱ—Ⅱ分型面均能保证易熔模方便取出，Ⅲ—Ⅲ则由于突缘A过长和B处凹陷而难以取出易熔模</td></tr>
<tr><td rowspan="3">2）保证易熔模的精度要求</td><td>尺寸精度要求较高的非加工部位尽量放在同一型体内</td><td>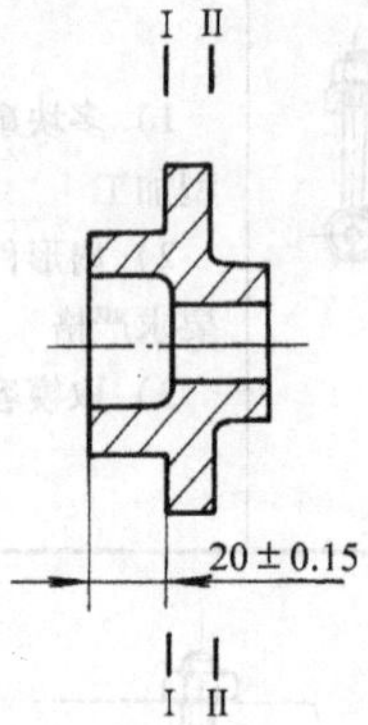
</td><td>Ⅰ—Ⅰ面分型面时易熔模上存在飞翅，难以保证铸件的尺寸精度，Ⅱ—Ⅱ则可以保证</td></tr>
<tr><td>尽量把加工基准和加工面放在同一型体内</td><td>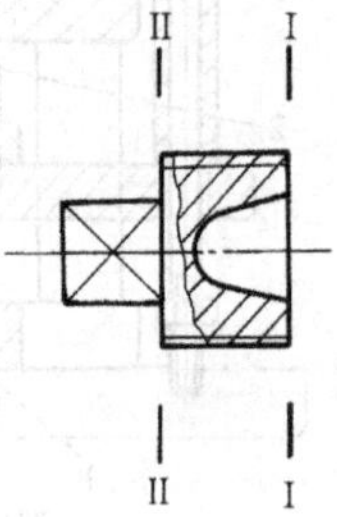
</td><td>加工螺纹时以方头作为加工基准。Ⅱ—Ⅱ为分型面时，方头和螺纹加工面分处于不同型体内，同轴度误差大，因此螺纹部位加工余量大。Ⅰ—Ⅰ为分型面时有利于减少加工余量</td></tr>
<tr><td>尽量避免分型面截过重要表面</td><td>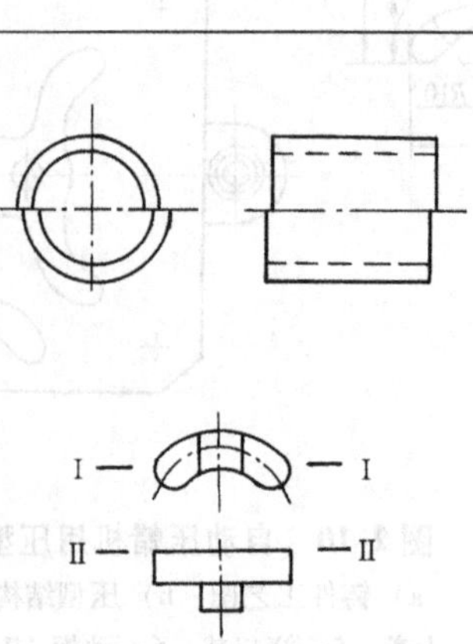
</td><td>当采用Ⅰ—Ⅰ分型面时，上下部分处在不同型体中，成形时易发生错移，降低了尺寸精度
Ⅰ—Ⅰ分型面为月牙面，易产生错移和飞翅，加工修正困难。Ⅱ—Ⅱ分型面，月牙面完整光洁</td></tr>
</table>

（续）

要求		图例	说明
3）方便压型加工，方便取模操作	型腔深度不要过深	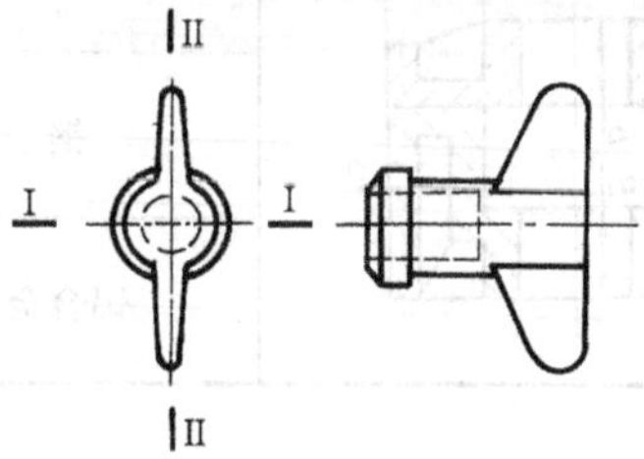	Ⅰ—Ⅰ分型面，蝶翼部分型腔过深，加工困难，取模不便。Ⅱ—Ⅱ为分型面时型腔加工方便，取模方便
	分型面尽量平直	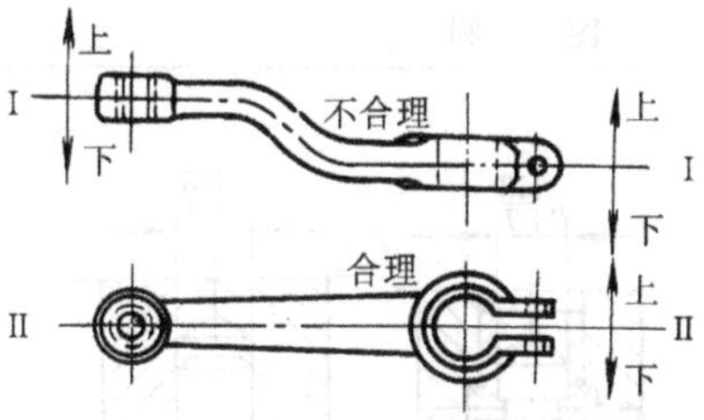	Ⅰ—Ⅰ分型面为曲折分型面，加工困难。Ⅱ—Ⅱ分型面为平直分型面，加工方便
	尽量采用较少的镶件	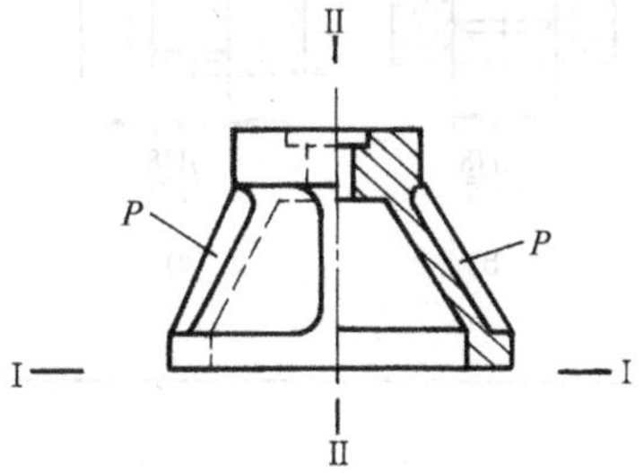	Ⅰ—Ⅰ为分型面时，*P*处要设置镶件，否则难以取出熔模。Ⅱ—Ⅱ为分型面时，*P*处不必设置镶件
	有利于顶出机构和抽芯机构的设置	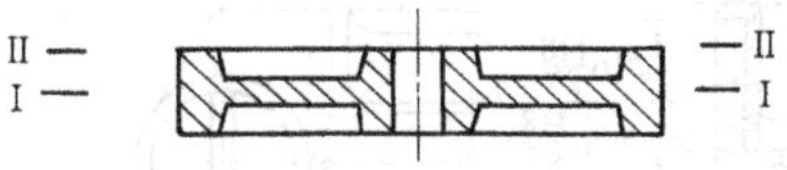	Ⅱ—Ⅱ面可以保证开型后易熔模留在预定的型体内，便于设置顶出机构
4）有利于内浇道的设置		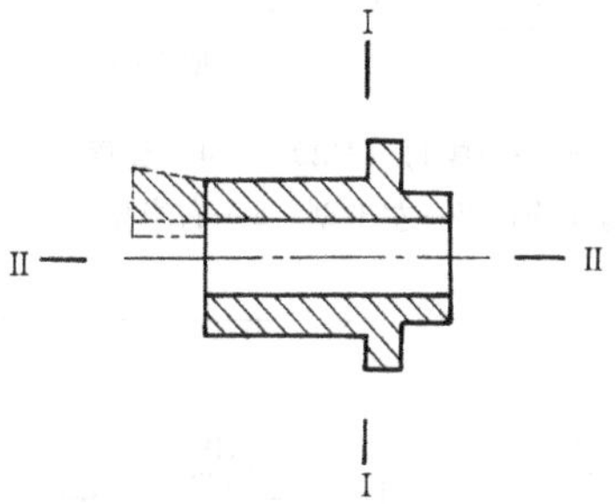	Ⅰ—Ⅰ分型面不利于带斜度内浇道部位的取出，且型腔较深。Ⅱ—Ⅱ分型面有利于易熔模取出

（3）压型型体设计

1）型体壁厚。在保证强度和刚度的前提下，为了减轻重量，便于操作，压型型体壁厚尽可能小。表2-34列出了常见型体壁厚的参考尺寸。

2）型体定位。表2-35列出了型体定位的方式。

3）型体锁紧。型体锁紧机构形式很多，表2-36列出了常用型体锁紧机构。表2-37列出了与活节螺栓相匹配的凸耳尺寸。在一些新型压蜡设备中附设有气动或液压锁紧机构，这将大大简化型体结构。

表 2-34　常见型体壁厚的参考尺寸　　（单位：mm）

	型体材料	δ	B
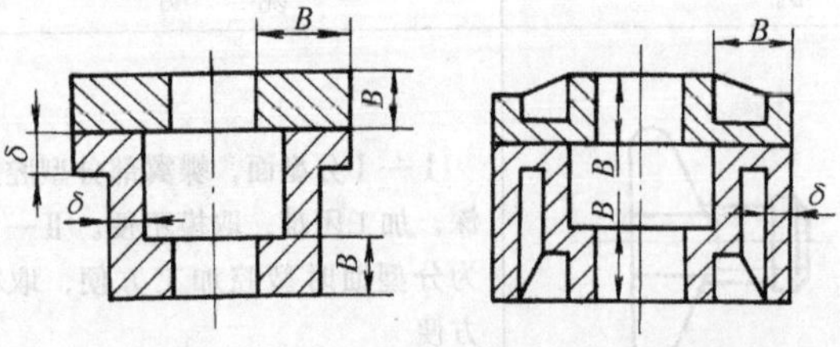	钢	10 ~ 20	15 ~ 25
	铝合金	15 ~ 25	20 ~ 30

表 2-35　型体定位的方式

定 位 方 式	图　　例	适 用 场 合
定位销定位	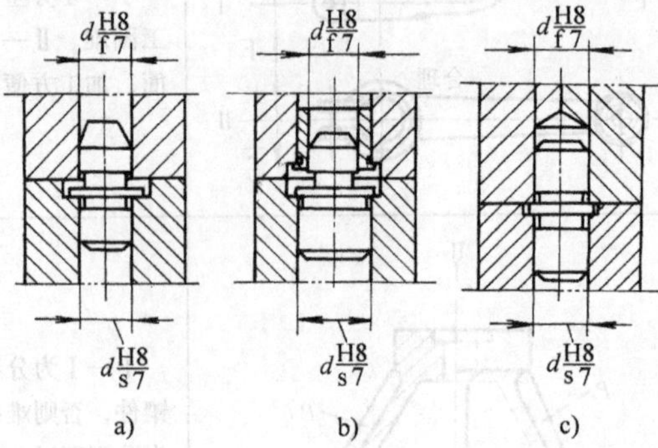	图 a 适用于两半对开型 图 b 适用于易磨损材料两半开型 图 c 适用于底座与对半两开型
转轴定位	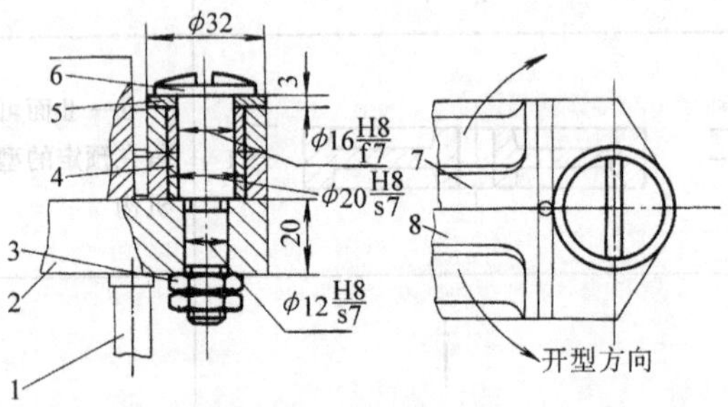 1—顶足　2—底型　3—螺母（M20）　4—套筒 5—垫片　6—旋转轴　7—左半型　8—右半型	适用球状、圆形等旋转分型的压型
凸台定位	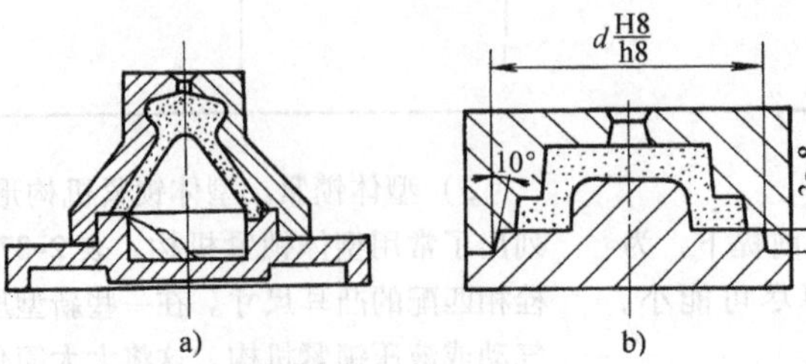	图 a 适合于三开型 图 b 适合于两半开型

（续）

定位方式	图例	适用场合
复合定位	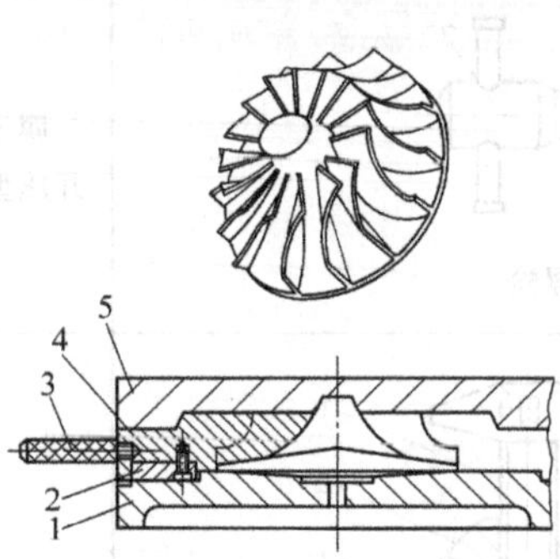 1—下型 2—限位块 3—手柄 4—活块 5—上型	适合于叶轮或其他等圆心角的压型

表2-36 常用型体锁紧机构

类型	图例	使用特点
活节螺栓	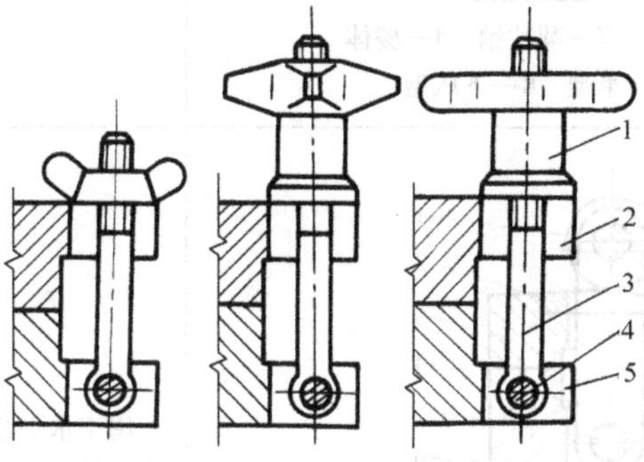 1—螺母 2—上压型 3—活节螺栓 4—圆柱销 5—下压型	紧固力强，操作方便，应用很广
摩擦夹	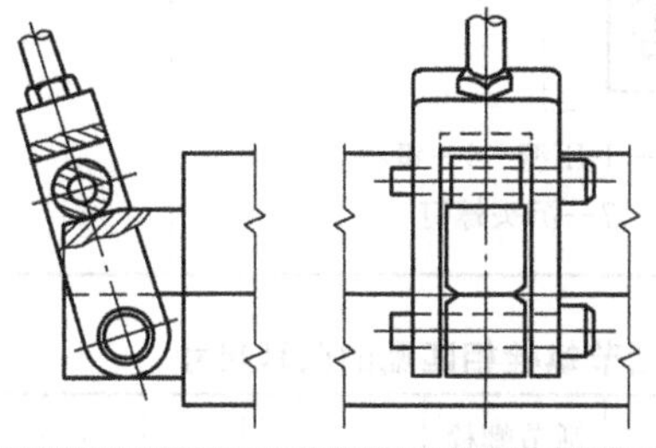	紧固力小，操作速度快，易磨损
螺钉夹	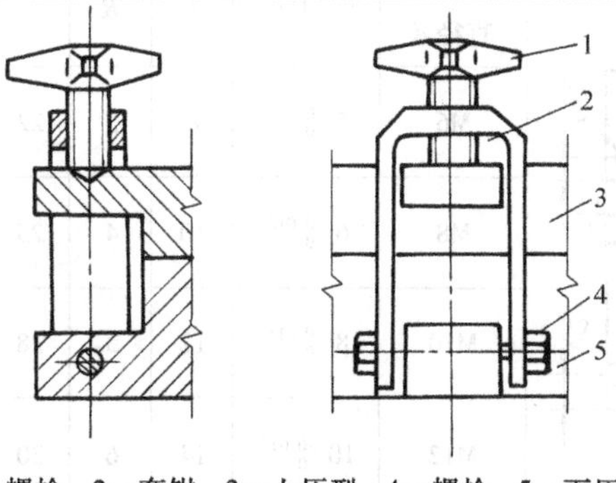 1—螺栓 2—套钳 3—上压型 4—螺栓 5—下压型	紧固力大，操作方便，构件加工较活节螺栓复杂

（续）

类　型	图　例	使 用 特 点
螺栓套夹	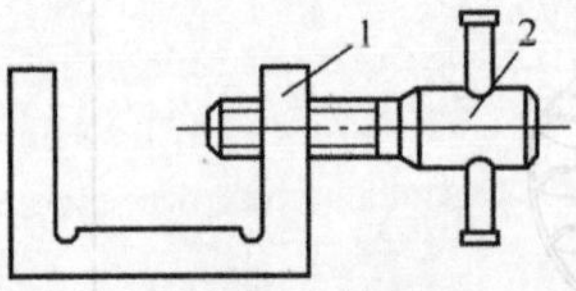 1—框架　2—螺栓	属于多用型，适用于结构简单的二开压型
棱块夹	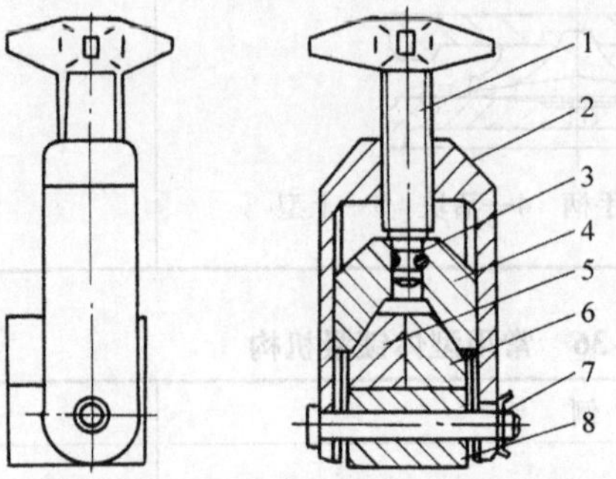 1—螺栓　2—套钳　3、7—圆柱销　4—棱体　5—左半型　6—右半型　8—下压型	适用于三开型，紧固力大，操作方便，结构复杂
偏心手柄夹	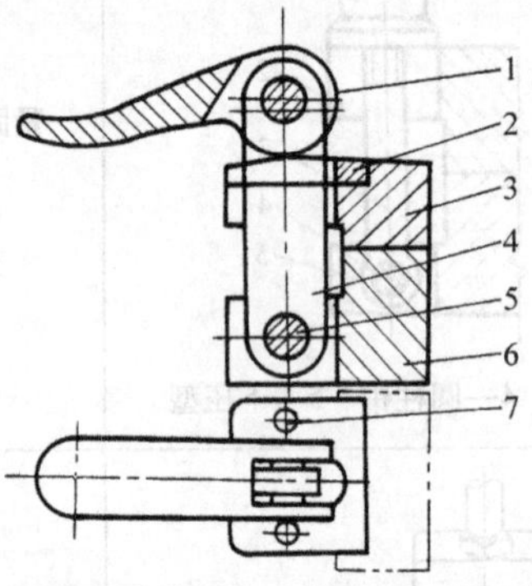 1—偏心手柄　2—垫块　3—上压型　4—键板　5—圆柱销　6—下压型　7—沉头螺钉	用于水平开型，紧固快速，锁紧力小，易磨损

表 2-37　与活节螺栓相匹配的凸耳尺寸　（单位：mm）

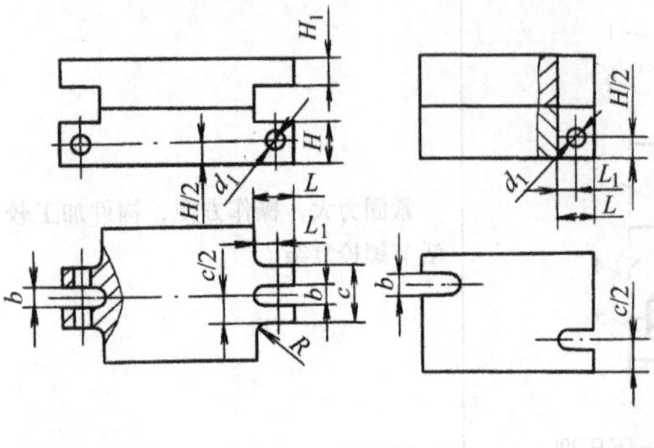

活节螺栓直径 d	d_1（H7）	b	R	c	L	L_1	H	H_1
M6	$5^{+0.012}_{0}$	8	3	22	16	9	14	10
M8	$6^{+0.012}_{0}$	10	4	25	18	10	18	12
M10	$8^{+0.015}_{0}$	12	5	28	22	11	22	15
M12	$10^{+0.015}_{0}$	14	6	30	24	12	24	15

4）型体附属结构。型体除包括形成熔模的型腔外，还有注蜡口、开型槽等一些附属结构。表2-38列出了型体常见附属结构。

表2-38 型体常见附属结构

名　称	图　例	说　明
切割线	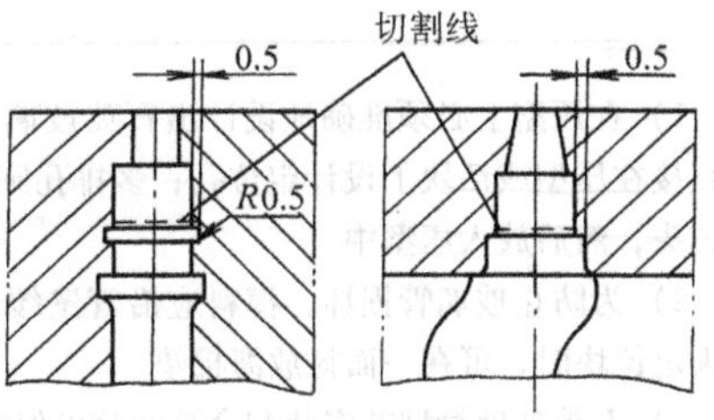	切割线是区分铸件与内浇道的标志线，即内浇道应与铸件本体有明显的分界线（面）
开型槽	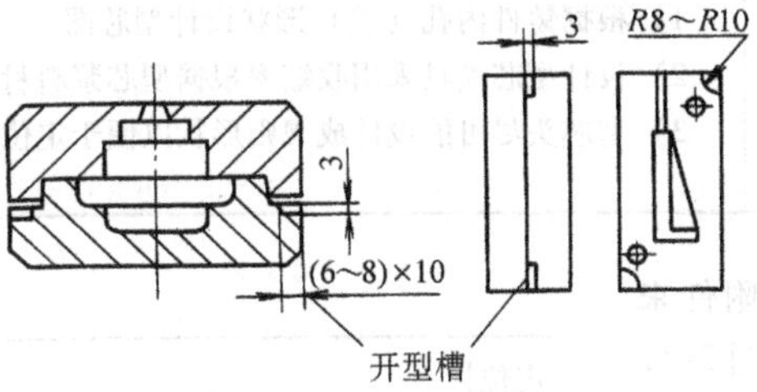	开型槽是为了便于开型设置的小槽，人工开型可借助撬杆开型。当上下型之间有明显的凸耳凸起时则无须设置
注蜡口	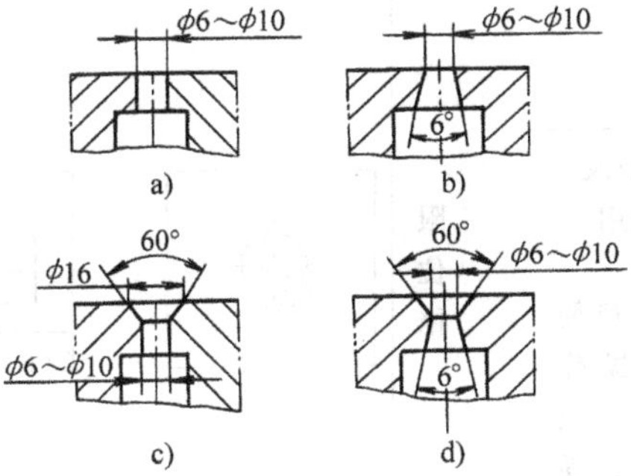	图a～图d为注蜡口的几种形式。注蜡口最好设置在内浇道或有加工余量的表面上，尺寸应与压蜡机的射嘴相配

（4）型芯设计及定位

1）型芯设计。根据铸件的要求，设计形成内孔的方法。常见型芯的种类见表2-39。

表2-39 常见型芯的种类

型芯种类	应　用	设计要点
金属型芯	1）用金属型芯形成熔模的内孔 2）一般用于简单的通孔或不通孔	1）型芯设计与压型一样放收缩率 2）对于悬臂型芯，芯头的长度可用下式计算 $L \geqslant b\frac{l}{a}$ 式中 L—型芯定位长度 b—型芯定位段最大配合间隙 l—型芯长度 a—熔模内孔允许偏差

（续）

型芯种类	应　用	设 计 要 点
水溶性型芯	1）用金属型芯难以形成的复杂内孔 2）内孔精度和表面粗糙度要求不高的铸件	1）型芯模具设计时，芯头定位应与压型相匹配，配合公差一般为 0.05 ~0.10mm 2）用尿素作型芯材料时不放收缩率，用羰芯时可取 0.3% ~0.5% 的收缩率
石英玻璃管型芯	一般用来形成气冷叶片中的细孔，最小直径为 ϕ0.5mm	1）在压型上必须准确地设计出石英玻璃管的定位孔座，单排孔可直接在压型或活块上设计定位孔；多排孔则必须利用尿素先制成整块芯头，然后放入压型中 2）为防止玻璃管损坏，模料应沿管壁缓慢进入型腔。采用刚性芯头定位块时，可在一面衬放海棉垫 3）石英玻璃管型芯安装配合总间隙可保持在 0.02 ~0.10mm
陶瓷型芯	1）形状复杂的发动机叶片异形内孔（腔） 2）用涂料方法难以形成的其他细芯内孔	1）根据铸件内孔（腔）形状设计型芯图 2）设计型芯模具采用收缩率根据型芯浆料材质而定 3）型芯头尽可能设计成规则形状以便于定位

2）型芯定位。通常是在型体上通过增设附件来实现，表 2-40 列出了金属型芯的定位类型。图 2-11 所示为水溶性型芯在压型中的定位。图 2-12 所示为陶瓷型芯在压型中的定位。

3）抽芯机构。常见抽芯机构见表 2-41。

表 2-40　金属型芯的定位类型

定位形式	图　例	特点及应用
插销	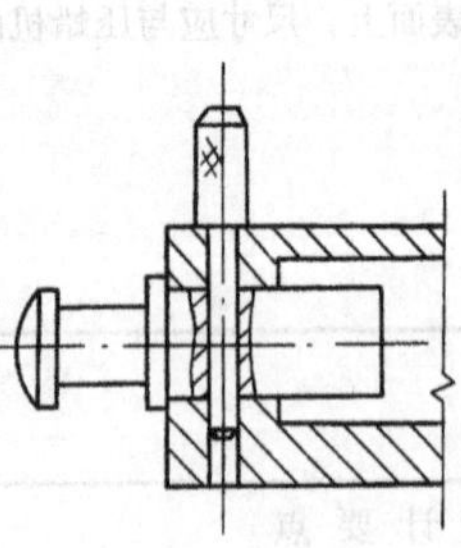	制造简单，操作方便，应用广，易磨损，适用于各种形式的型芯
压块	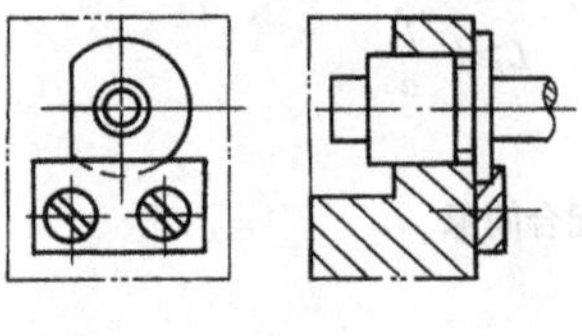	抽芯时需转动芯棒，仅适用于圆形型芯
限位销	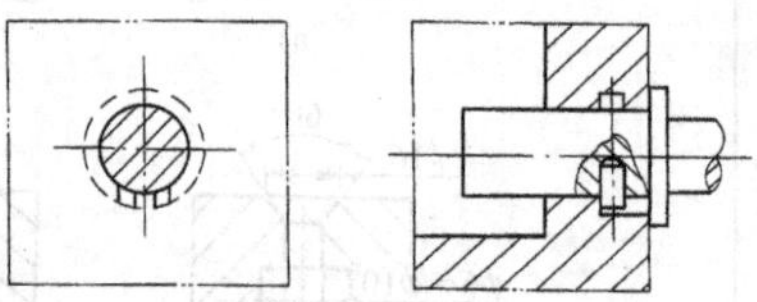	抽芯时需转动芯棒，仅适用于圆形型芯
旋转压块	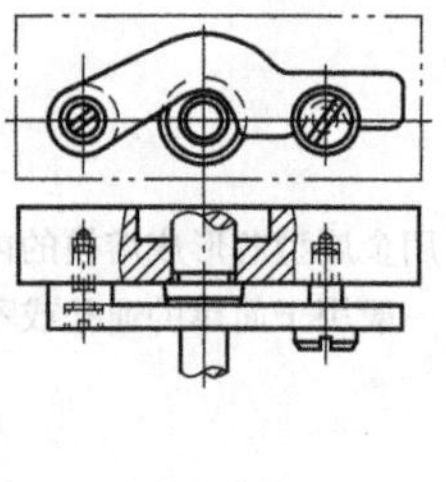	抽芯时旋转压块，适用于各种形式的型芯

（续）

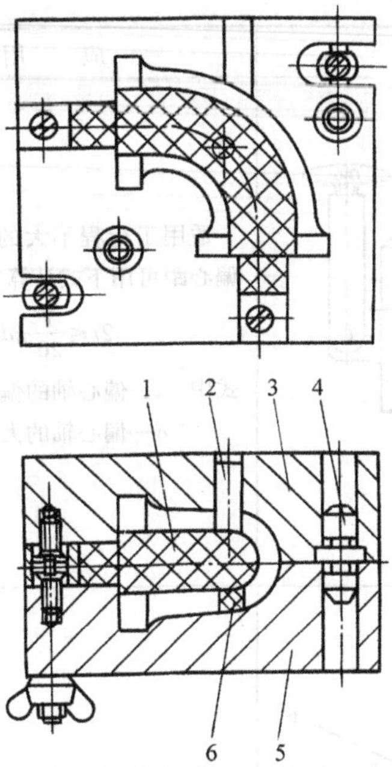

图2-11 水溶性型芯在压型中的定位

1—水溶性型芯 2—芯头 3—上型体 4—定位销 5—下型体 6—橡胶垫

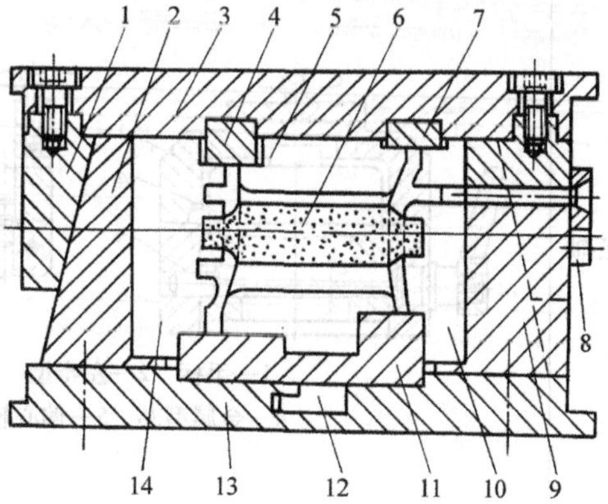

图2-12 陶瓷型芯在压型中的定位

1—框架 2、9—定位块 3—盖板 4、7—堵块 5—型面块 6—陶瓷型芯 8—压蜡嘴 10、14—型块 11—型板 12—键 13—底板

表2-41 常见抽芯机构

类型	图例	应用
手柄	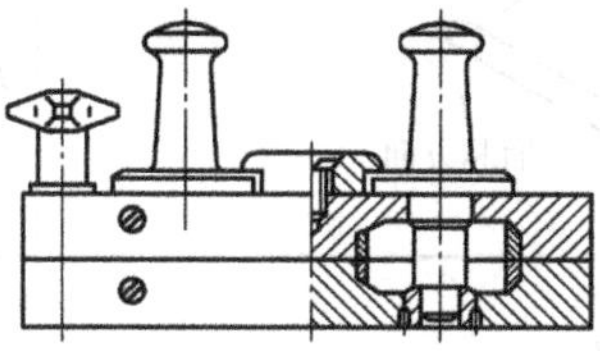	用人工抽芯，适用于抽出力不大的小型型芯
漏模板	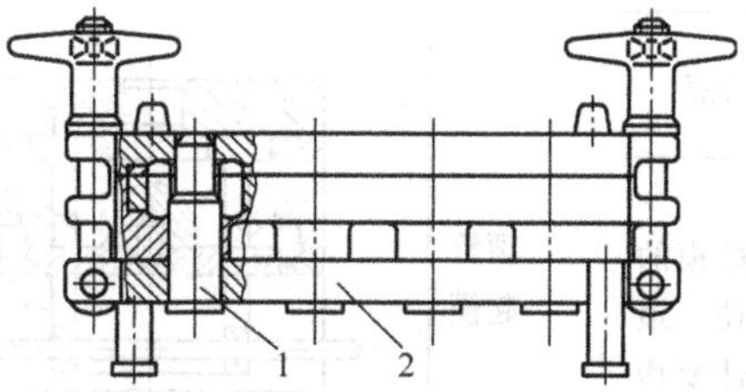 1—型芯 2—漏模板	适用于一个压型多个型腔的小型型芯

（续）

类型	图　例	应　用
偏心轴	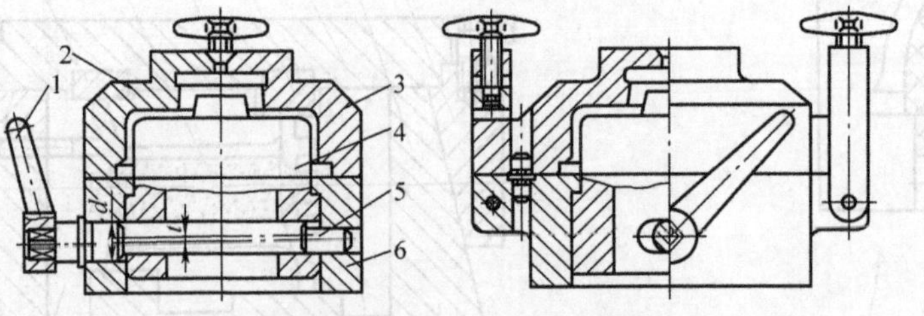 1—手柄　2—左半型　3—右半型 4—金属型芯　5—偏心轴　6—底座	适用于行程不大的较大型芯，偏心距可用下式计算 $2t \leq \frac{1}{20}\pi d$ 式中　t—偏心轴的偏心距 d—偏心轴的大端直径
旋板	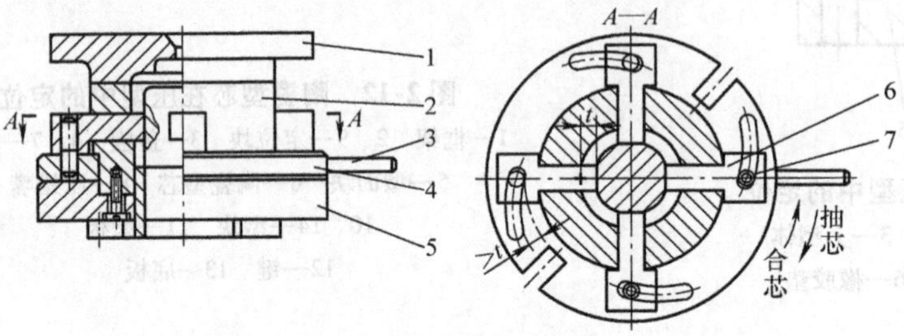 1—上半型　2—型体　3—手柄　4—旋板 5—底座　6—型芯　7—圆柱销	通过旋转板的转动，使芯块在销孔槽内移动达到抽芯 应用于圆柱体上分布的多个型芯
杠杆	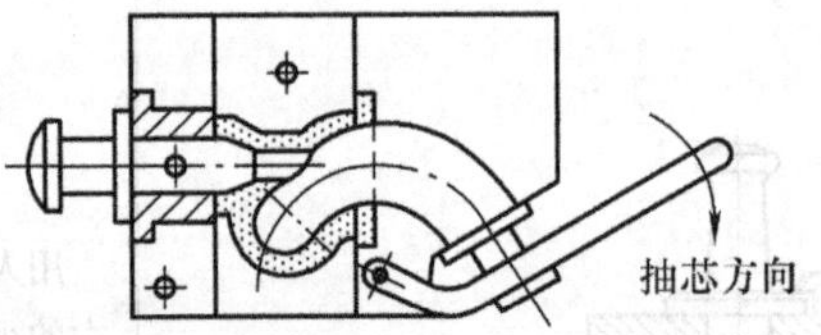	适用于需沿弧状轨迹抽芯的型芯

（5）起模机构　易熔模的取出，既可以直接用手取出，也可以使用起模机构。表 2-42 列出了常见的起模机构，其中顶杆机构最为常见。

表 2-42　常见的起模机构

取模方式	图　例	使用特点
顶杆起模	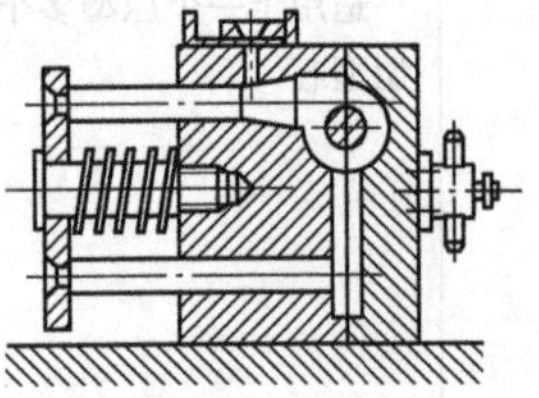	用于熔模的平面部位，顶出点设计要均衡。制造简单，应用较广

（续）

取模方式	图　例	使用特点
顶管起模	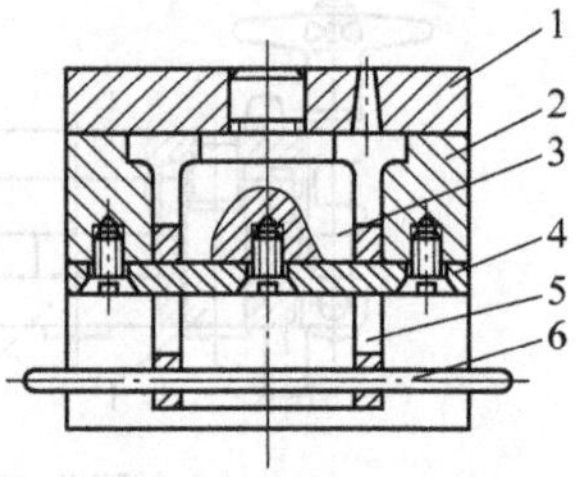 1—上模　2—下模　3—型芯 4—压板　5—顶管　6—把手	用于外形尺寸较大，用抽芯方法操作不便的圆筒形或环形熔模

（续）

取模方式	图 例	使用特点
螺旋顶取模	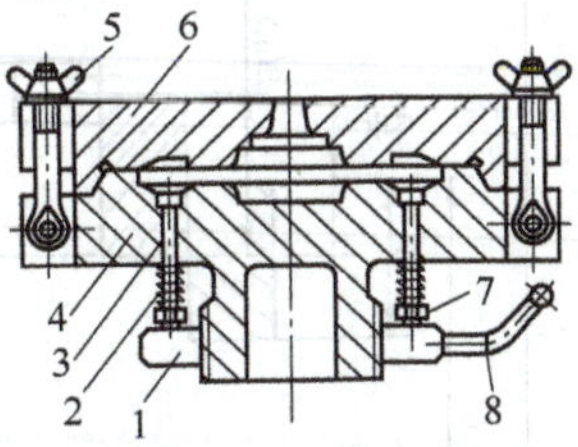1—升降螺母 2—弹簧 3—顶杆 4—下模 5—螺栓（副） 6—上模 7—螺母 8—手柄	用于较大的圆环形熔模，圆周上各顶点分布要均匀。顶杆易磨损，各顶杆受力不均
偏心轴取模	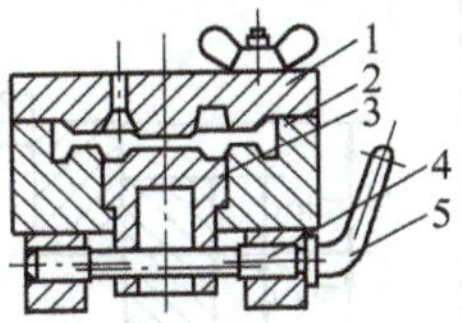1—上模 2—下模 3—顶模块 4—偏心轴 5—手柄	与偏心取芯机构相似，偏心轴的偏距与取芯机构相反。仅适用于顶出行程不大的熔模

（6）压型排气　压型在注蜡时，型腔内的气体须排出，不通孔型芯抽芯时在端部产生负压，使抽芯困难，因此压型设计时应考虑气体的排出。通常采用分型面间隙、型芯间隙以及顶杆间隙进行排气，也可在压型内专门设置排气槽、排气孔进行排气。

（7）压型冷却　由于熔模铸造的模料导热性一般较差，导致在制模过程中冷却比较慢，因此压注模料后易熔模在压型中的冷却时间较长，成了影响易熔模生产率的关键因素之一，为此有必要采取一些措施以缩短易熔模在压型中的冷却时间。图2-13所示为压型通水冷却的结构。

（8）压型工作图设计

1）型腔尺寸计算。型腔尺寸计算与铸件最终尺寸紧密相关。型腔尺寸应包括金属收缩、模料收缩、型壳膨胀和压型制造公差等，同时还要考虑铸件的结构。因此，要精确计算是较困难的，一般用表2-43中的公式计算；对尺寸要求高的铸件，通常试模后再进行修整。

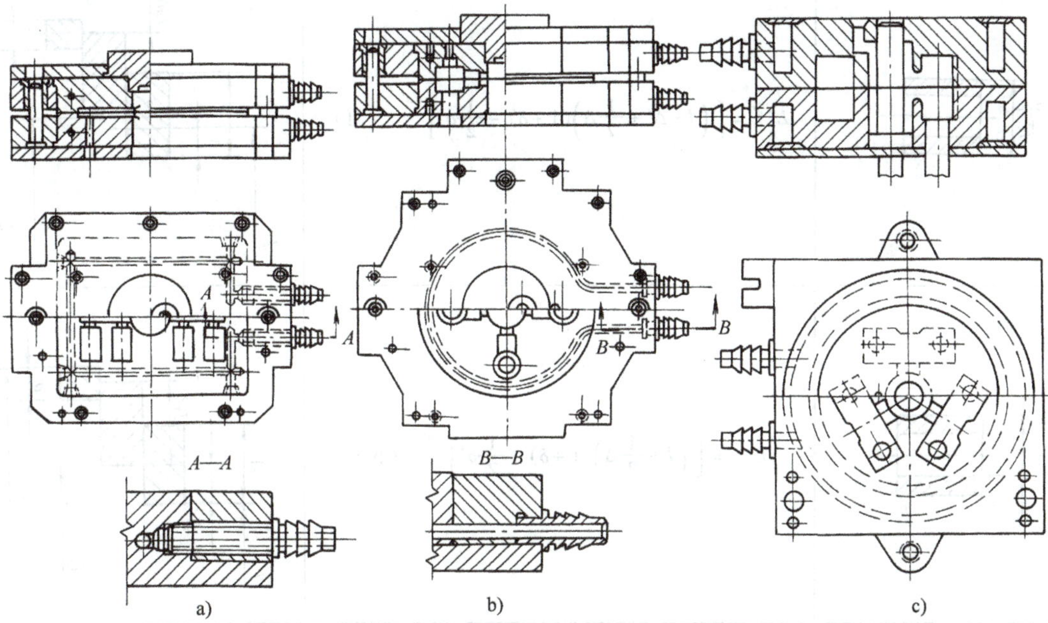

图2-13　压型通水冷却的结构

a）冷却水通过压型的孔　b）冷却水通过焊入形体的管道　c）冷却水通过压型的封闭空腔

表2-43 型腔尺寸计算

<table>
<tr><th>铸件公差类型</th><th>计算公式</th><th>图解</th></tr>
<tr><td>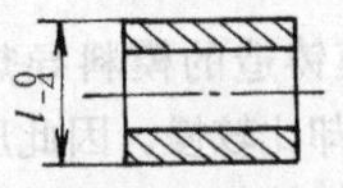
</td><td>$$L^{+a'}=\left[\left(l-\frac{1}{2}\Delta\right)(1+\delta)-\frac{1}{2}a'\right]^{+a'}\quad(Ⅰ)$$</td><td>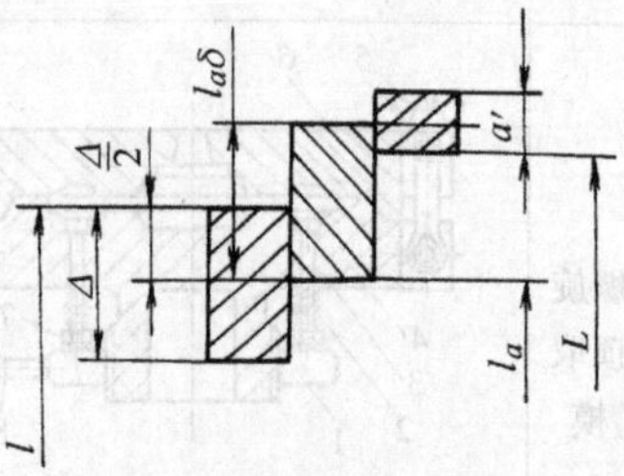

l_a—铸件公差平均值(下同)</td></tr>
<tr><td>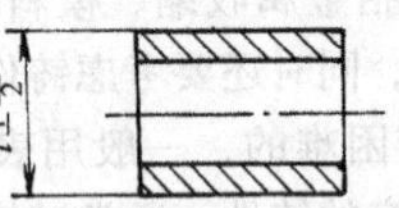
</td><td>$$L^{+a'}=\left[l(1+\delta)-\frac{1}{2}a'\right]^{+a'}\quad(Ⅱ)$$</td><td>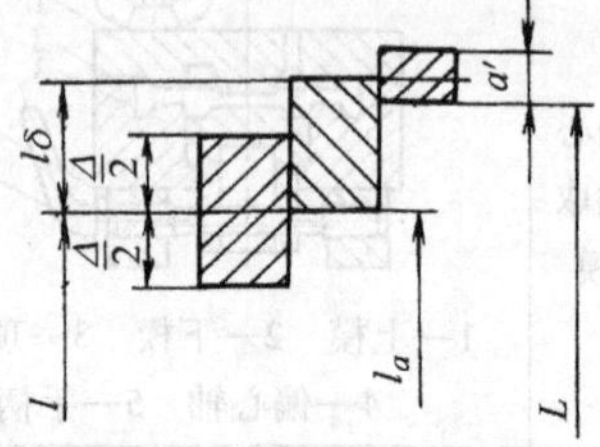
</td></tr>
<tr><td>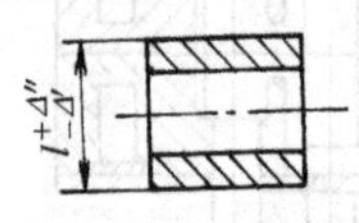</td><td>$$L^{+a'}=\left[\left(l-\Delta'+\frac{1}{2}\Delta\right)(1+\delta)-\frac{1}{2}a'\right]^{+a'}\quad(Ⅲ)$$</td><td>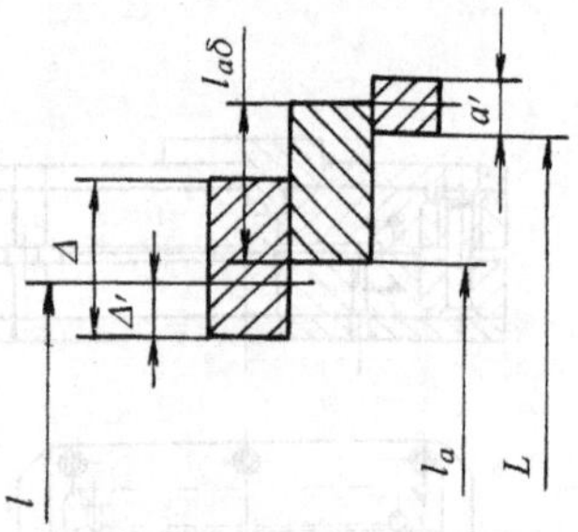
</td></tr>
<tr><td>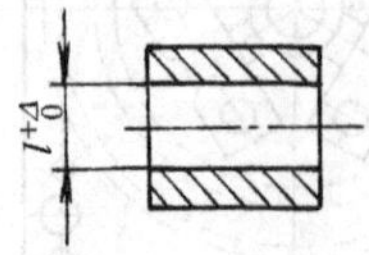</td><td>$$L^{-a'}=\left[\left(l+\frac{1}{2}\Delta\right)(1+\delta)+\frac{1}{2}a'\right]^{-a'}\quad(Ⅳ)$$</td><td>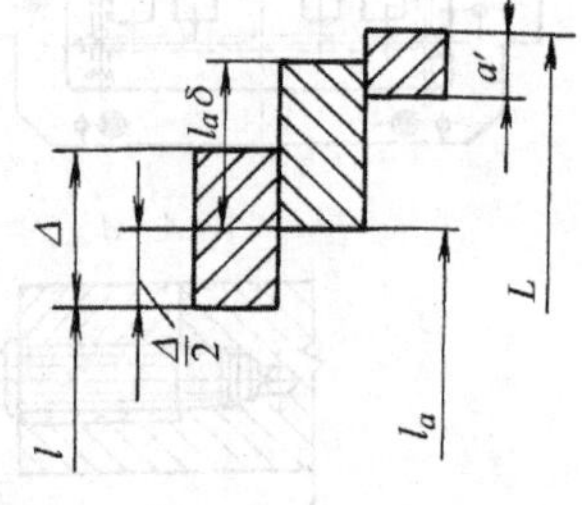
</td></tr>
</table>

注：L—型腔尺寸（mm）；

l—铸件基本尺寸（mm）；

Δ—铸件公差（mm）；

Δ'—铸件偏差值（mm）；

δ—收缩率（包括金属收缩、模料收缩、型壳膨胀）（%）；

a'—压型制造公差（mm）。

以图 2-14 所示铸件为例，试计算型腔尺寸。

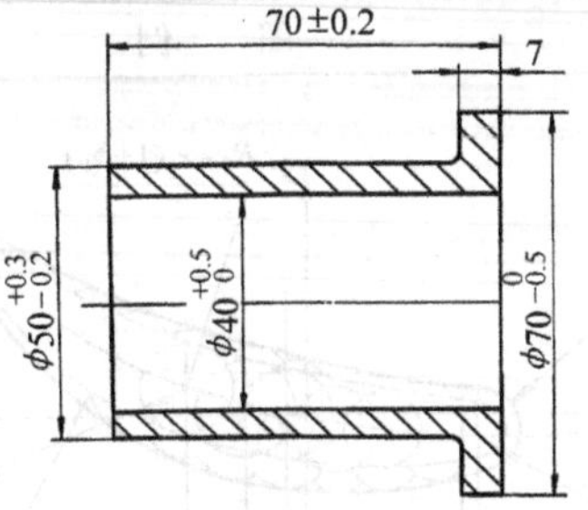

图 2-14　铸件图

设定铸件不同结构尺寸的综合收缩率 δ、压型制造公差 a'：$\phi50^{+0.3}_{-0.2}$ mm 取 $\delta=2.5\%$，$\phi70^{\ 0}_{-0.5}$ mm 取 $\delta=2.5\%$，$\phi70^{+0.2}_{-0.2}$ mm 取 $\delta=2.6\%$，$\phi40^{+0.5}_{\ 0}$ mm 取 $\delta=2.5\%$，7mm 取 $\delta=2.2\%$，压型制造公差 $a'=0.1$mm。

计算结果：

$\phi50^{+0.3}_{-0.2}$mm 按表 2-43 中式（Ⅲ）计算型腔值为 $\phi51.25^{+a'}$mm。

$\phi70^{\ 0}_{-0.5}$mm 按表 2-43 中式（Ⅰ）计算型腔值为 $\phi71.50^{+a'}$mm。

$\phi70^{+0.2}_{-0.2}$mm 按表 2-43 中式（Ⅱ）计算型腔值为 $71.70^{+a'}$mm。

$\phi40^{+0.5}_{\ 0}$mm 按表 2-43 中式（Ⅳ）计算型腔值为 $41.31^{-a'}$mm。

7mm 型腔值为 7.16mm。

2）叶片压型型腔计算。熔模铸造法生产的叶片种类很多，从实心到各种异形空心孔。在冷却条件方面，有一般浇注冷却到控制定向凝固，而且这些条件对叶片型面尺寸都有较大影响，所以压型型面计算后，最终都要经过试型、修型、定型三个阶段。叶片压型型面计算方法见表 2-44。

表 2-44　叶片压型型面计算方法

名称	计算要点	图　例
弦长增长法	此类叶片型面平直，扭角变化不大，通常只在弦长方向放收缩，厚度不放收缩 1）放收缩方法，以弦长 b 的 2/5 收缩量为前缘增加量，3/5 为后缘增加量 2）弦长 b'的计算公式为 $b'=\frac{2}{5}b(1+\delta)+\frac{3}{5}b(1+\delta)$ 式中，$\delta=2.2\%\sim2.6\%$	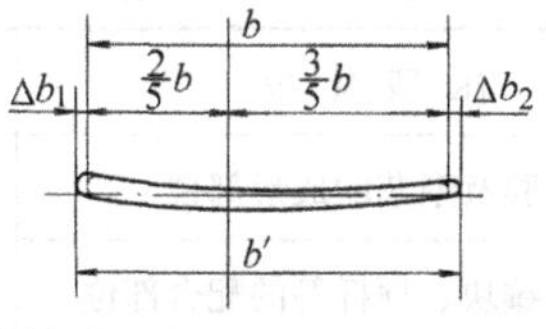 b—铸件型面弦长　b'—压型型面弦长
预变形法	1）在叶片截面上做出最大内切圆为凝固中心 O_1 2）以 O_1 为基点计算 x 坐标放 2% 收缩后新坐标点 3）按新坐标点绘制 1:10 或 1:20 放大图，将各坐标点圆滑连接和修正，即为压型坐标点	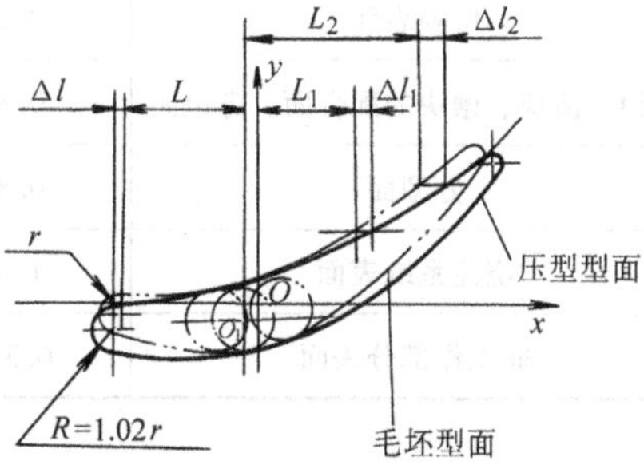 Δl，Δl_1，Δl_2，……—x 向各坐标点收缩量 L，L_1，L_2，……—x 向各坐标点对 O_1 距离

（续）

名称	计算要点	图例
双向加收缩法	1）在叶片截面上做出最大内切圆为凝固中心 O_1 2）以 O_1 为基点计算 x 轴各坐标点收缩量 x 向收缩量 $\delta_x = 2.0\% \sim 2.5\%$ y 向收缩量 $\delta_y = 1.5\% \sim 2.0\%$ 3）在叶片截面中心线上以 x 坐标点（加了收缩量）为圆心，做 r_1，r_2…的内切圆和 R_1，R_2…的同心圆 4）用1:10或1:20的放大圆，做这些圆的外包罗线，即为压型型面线 5）在 x 轴各坐标点做平行 y 轴的平行线，交于型面线上的交点，即为 y 轴新坐标点	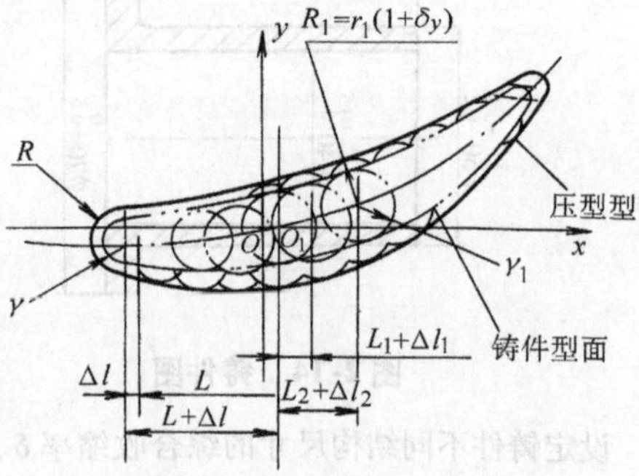 Δl，Δl_1，Δl_2，…—x 向各坐标收缩量 L，L_1，L_2，…—x 向各坐标点距离

3）压型的精度和表面粗糙度。压型的加工精度和表面粗糙度视铸件的技术要求而定。一般型腔尺寸的制造公差为铸件公差的1/6～1/4。型腔的表面粗糙度值应比铸件表面粗糙度值低3～4级。压型的加工精度和表面粗糙度，可以参考表2-45和表2-46选取。

表2-45 压型加工精度

压型部位	尺寸公差等级
型腔及型芯的成形部位	IT6～IT10
活块、镶块、顶杆等的配合部位	IT6～IT9
不影响铸件尺寸的自由尺寸	IT12～IT14

表2-46 压型各部位的表面粗糙度

压型部位	表面粗糙度 Ra/μm
型腔表面	0.2～0.8
芯销、活块、镶块的配合面、定位面	0.8～3.2
分型面	0.8～1.6
浇注系统表面	1.6～6.3
非工作部分表面	6.3～12.5

4）组合件的配合。压型由很多部件组合而成，这些组合件之间的配合，应根据压制易熔模的动作要求确定。表2-47列出了压型常用组合件的配合。

表2-47 压型常用组合件的配合

组合件	配合图例
顶模块与型体	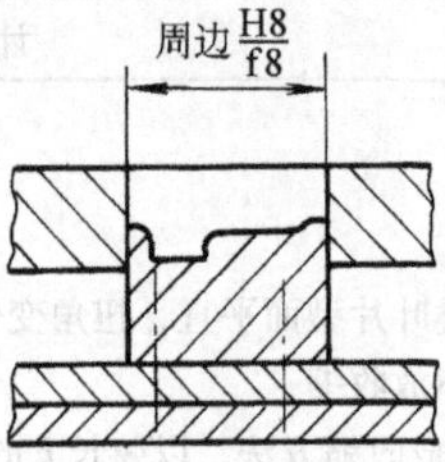
型体与型芯活块	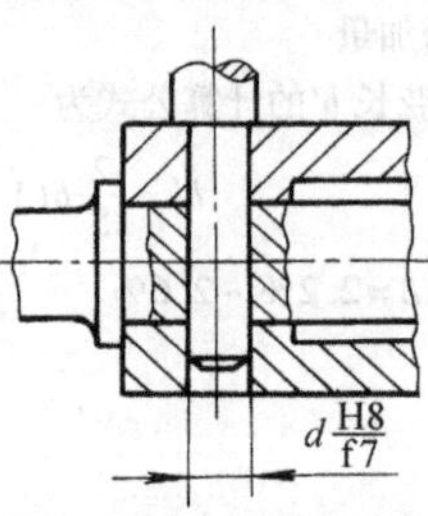
芯销与型芯、型体或活块	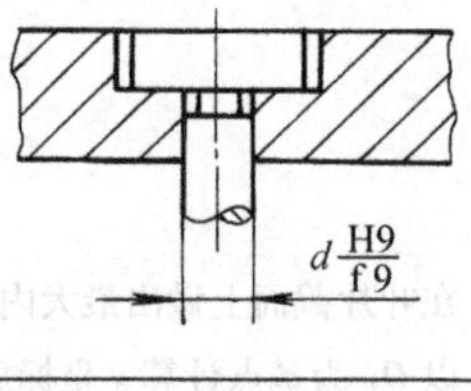
销轴与型体	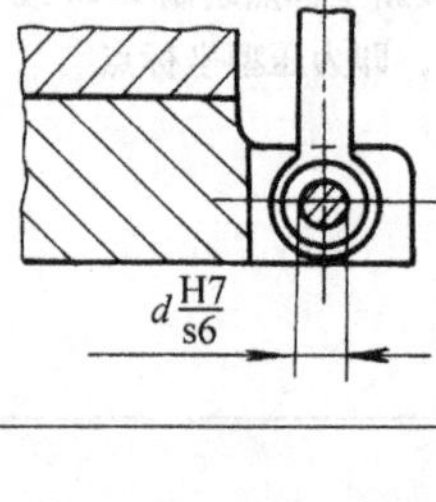

（续）

组合件	配合图例
顶杆与型体	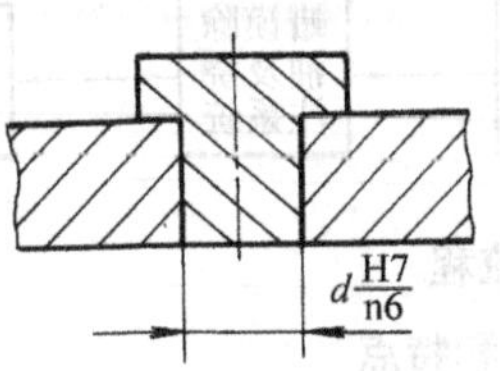
定位销与型体	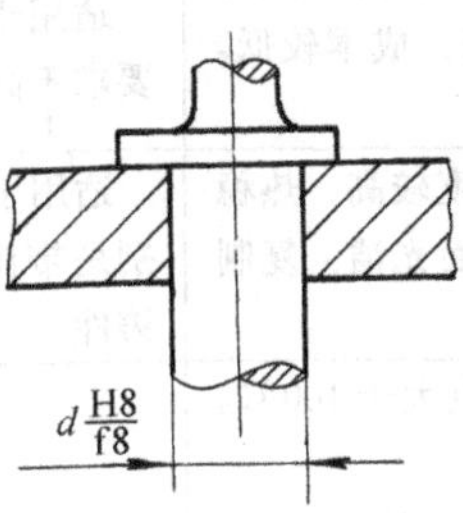
复位杆与型体	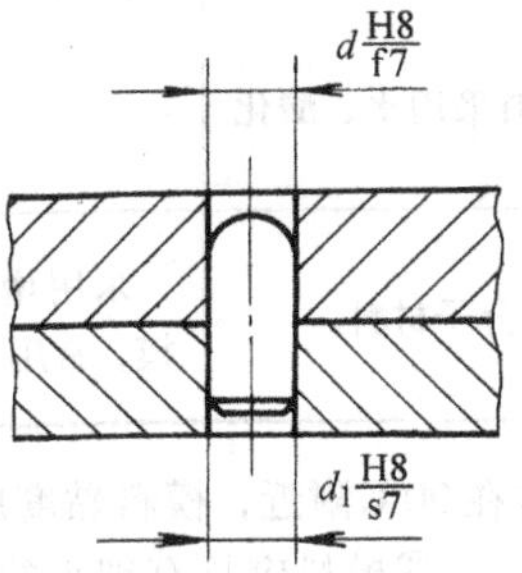
稳定销与连接件	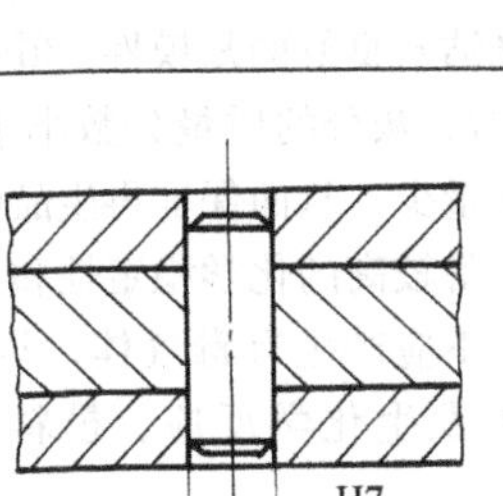
型体与镶块	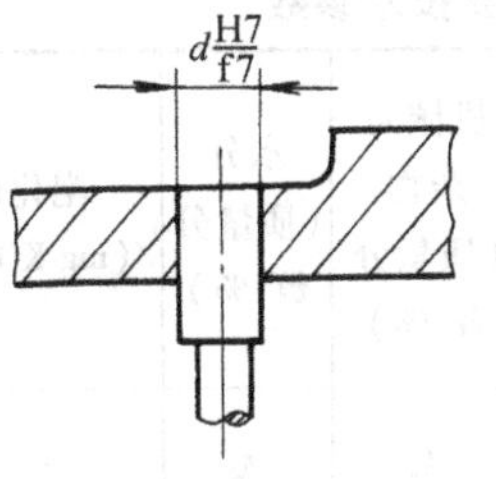

（续）

组合件	配合图例
销套与型体	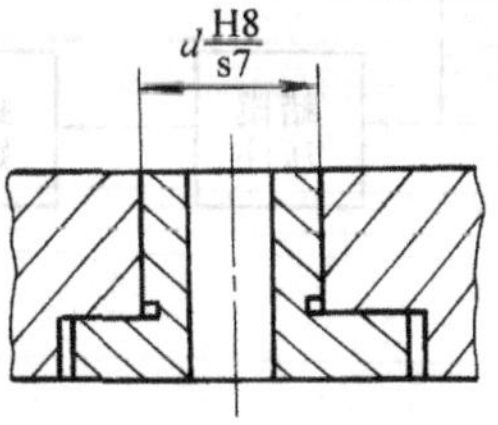

5）压型材料。表2-48列出了压型常用材料及热处理要求。

表2-48　压型常用材料及热处理要求

零件名称	材　料	热处理要求
型体、型芯、镶块、活块	2A50、2A80、2A14	>90HBW
	ZL102	人工时效
	45钢	调质，28～32HRC
定位销、销套、插销、顶杆、复位杆	45钢	淬火，35～40HRC
	工具钢T7A、T8A	淬火，40～45HRC
垫板、压板、顶杆固定板、手柄	45钢、Q235A	正火
浇注系统模具	锻铝或铸铝	人工时效（铸铝）

6）总装技术要求。①分型面配合间隙不大于0.05mm；②各组合块及上下型错位不大于0.05mm；③顶杆不高出型腔表面，可低于型腔表面0.05mm以内；复位杆不高出分型面，可低于分型面0.05mm以内；④型腔表面应无凹凸不平及毛刺等缺陷，型腔边缘应保持锐边；⑤总装后经压蜡试模，取模时无阻卡现象，蜡模飞边厚度不大于0.05mm；⑥压型外表面应打上零件号、制造日期和其他标记。

2.3　易熔模制造

铸件的尺寸精度和表面粗糙度取决于熔（蜡）模的制备工艺及蜡模的制备过程，即模料的配比和配制、铸件蜡模和浇注系统蜡模的压制、修补、组合及检查等。易熔模制备工艺流程如图2-15表示。

2.3.1　易熔模料分类

易熔模料的种类很多，有蜡基、树脂基、填料模料、水溶性模料等，其中蜡基和树脂基应用最广。工业生产中通常按照模料的熔点高低将模料划分为低温模料、中温模料和高温模料。随着20世纪末期发展成熟起来的增材制造技术应用于精密铸造业，熔模材料得到了进一步的发展。表2-49列出了常用熔模材料的类型和特点。

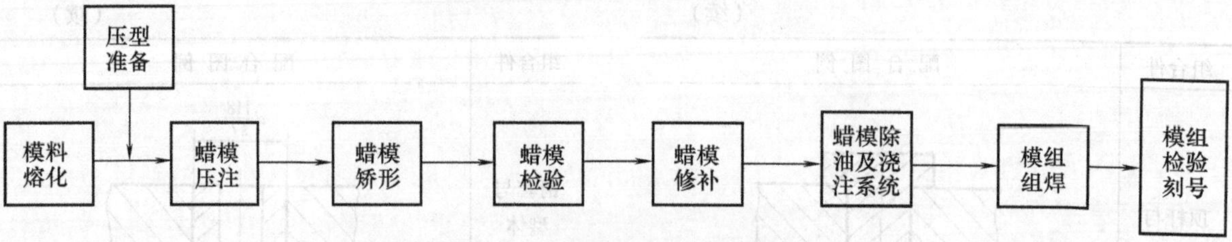

图2-15　易熔模制备工艺流程

表2-49　常用熔模材料的类型和特点

类型	特　点	应用范围
低温模料	以各种矿物蜡和动、植物蜡为主体的模料，熔点低于70℃，强度较低，热稳定性较差，熔模的尺寸、形状随室温变化较大。但模料回收率高，成本较低。一般膏状压制，热水脱蜡	适用于尺寸精度、表面质量要求不高的普通铸件
中温模料	主要是松香-蜡基模料和填充模料，熔点在70～100℃之间，强度较高，热稳定性较好，收缩较小，尺寸稳定性较好。用液态压制的易熔模表面光洁，复制性好。回用性较差，可用水、蒸汽或微波脱蜡	适用于制作要求较高的，特别是带陶瓷型芯的复杂空心铸件
高温模料	主要是松香-塑料基、塑料或塑料基以及盐基水溶性模料，熔点大于100℃。该模料强度高，尺寸精度高，热稳定性好，收缩小 盐基水溶性模料多以尿素、硝酸盐、碳酸氢钠、滑石粉、聚合物等为材料，可以自由浇注成形，也可压注成形。这种模料具有较强的潮解性，因此制作的熔模需要保存在干燥环境下，制壳用涂料应选用硅酸乙酯类醇基黏结剂而不宜用水基的硅溶胶 塑料或塑料基模料一般用闪烧法或有机溶剂脱蜡；水溶性模料采用水、酸化水脱蜡	适用于制作精度较高的中大型精铸件
增材制造模料	随增材制造的具体工艺不同而不同，为可融化或高温烧失的高分子材料	采用增材制造工艺制作熔模，常用于单件或小批铸件

2.3.2　易熔模料的配制工艺

1. 对易熔模料的性能要求

性能要求如下：①要有较小的线收缩率及在软化温度内有最小的线胀系数。②热容量小，凝固范围宽，熔点一般在60～105℃，凝固温度区间则以5～10℃为宜。③模料应具有足够的刚度和硬度。在30℃左右应具有足够的强度及较高的热稳定性。抗弯强度一般不低于2.0MPa，最好为5.0～8.0MPa；在35℃以下双支点试样的下垂量不大于2.0mm。④熔融状态时黏度小，使其具有良好的流动性及成形性能；对于形状复杂、薄壁的蜡模，此项要求是很必要的。通常在90℃附近，模料黏度应为3×10^{-2}～3×10^{-1}Pa·s。⑤模料应具有细小的晶粒结构，从而具有表面光洁及良好的复模性。⑥残留灰分少。要求在900℃左右，灰分的质量分数小于0.05%。⑦低温挥发物的含量少，从而保证再生品的性能稳定性。⑧模料还应具备较高的化学稳定性和良好的涂挂性。在制备过程中不应产生有毒气体，与各种面层涂料中的黏结剂不发生化学反应，模料的组分来源充足且价廉。

2. 原材料及其技术要求

易熔模常用原材料的主要技术参数见表2-50。

表2-50　易熔模常用原材料的主要技术参数

原材料名称	熔点/℃	软化点/℃	抗拉强度/MPa	自由收缩率(%)	灰分(质量分数,%)	密度/(g/cm³)	机械夹杂物(质量分数,%)	水分(质量分数,%)	皂化值/(mg KOH/g)	酸值	水溶性酸或碱(质量分数,%)
石蜡	52～70	>30	0.23～0.3	0.50～0.70	<0.11	0.88～0.91	无	无	—	—	<0.5

（续）

原材料名称	熔点/℃	软化点/℃	抗拉强度/MPa	自由收缩率（%）	灰分（质量分数,%）	密度/（g/cm³）	机械夹杂物（质量分数,%）	水分（质量分数,%）	皂化值/（mg KOH/g）	酸值	水溶性酸或碱（质量分数,%）
松香	89～93	74	5	0.07～0.09	<0.03	0.90～1.10	<0.05	<0.4	—	164	酸价>166
聚合松香	—	110～146	—	—	<0.03	—	—	—	—	120	—
川蜡	80～84	—	1.2～1.3	0.80～1.20	<0.06	0.92～0.95	—	—	70～92	1.3	碘值<6.0
蜂蜡	62～67	40	0.3	0.78～1.00	<0.03	0.94～0.96	苯不溶物<2	—	75～110	4～9	碘值6～13
提纯地蜡	滴点80	—	1.5～2	0.60～1.10	<0.03	0.85～0.95	<0.1	无	—	0.28	无
聚苯乙烯	160～170	70～80	30～50	0.65～0.75	<0.04	1.05～1.07	0.02～0.04	—	—	—	—
乙基纤维素	160～180	100～130	14～50	—	0.30～0.80	1.00～1.20	—	—	—	—	—
聚乙烯	104～115	80	8～10	2.00～2.50	0.06	0.92～0.93	—	—	—	—	—
褐煤蜡	82～85	48	4.5	1.63	0.18	0.88～0.93	—	—	106.7	31.2	—
改性松香 210#	—	135～150	—	—	—	—	—	—	—	20	—
改性松香 424#	—	≥120	—	—	—	—	—	—	—	16	—
乙烯-醋酸乙烯酯共聚物（EVA树脂）	62～75	—	3.0～6.0	—	—	0.94～0.95	—	—	—	—	—
尿素	130～134	—	1.7～1.8	0.10	0.30	1.335	—	—	—	—	—

3. 易熔模料的配比及其技术特性

（1）低温模料　以石蜡为基添加其他组元。常用低温模料成分及其性能见表2-51。

（2）中温模料　常用的中温模料以松香-蜡基为主。为改善其性能，可加入其他组元，如乙烯醋酸乙烯酯共聚物、聚乙烯、地蜡、川蜡、褐煤蜡等，也可在该模料中掺入固体细粒或粉末成为填料模料。常用松香-蜡基中温模料配比见表2-52。其工艺性能见表2-53；填料模料配比见表2-54。国外常用中温模料配比及工艺性能见表2-55。

表2-51　常用低温模料的成分及其性能

序号	成分（质量分数,%）						性能					
	石蜡	硬脂酸	松香	褐煤蜡	低分子聚乙烯	蜂蜡	滴点/℃	热稳定性/℃	收缩率（%）	抗拉强度/MPa	针入度/mm	灰分（质量分数,%）
1	95	—	—	—	5	—	65.5～66.5	34	1.04	2.21	1.8	0.045
2	80	—	—	15	5	—	—	≥40	≤1.20	≥4.41	1.8	—
3	85	—	5	5	5	—	58	34	0.8	—	—	—

表2-52 常用松香-蜡基中温模料配比（质量分数） (%)

序号	松香	聚合松香	改性松香	石蜡	地蜡	蜂蜡	褐煤蜡	EVA	聚乙烯	川蜡
1	20	—	37	30	10	—	—	3	—	—
2	—	50	—	30	10	8	—	2	—	—
3	60	—	—	—	5	—	—	—	5	30
4	75	—	—	—	5	—	—	—	5	15
5	30	—	27	—	5	—	—	—	3	35
6	—	17	40	30	—	—	10	3	—	—
7	22	—	—	54	—	—	24	—	—	—

表2-53 常用松香-蜡基中温模料的工艺性能

序号	熔点/℃	热稳定性/℃	收缩率(%)	抗拉强度/MPa	流动性/mm	针入度/mm	灰分（质量分数,%）
1	滴点77	—	0.98	4.2	42.2	12.2	≤0.05
2	滴点73	—	—	4.0	55.5	11.8	≤0.05
3	90	>40	0.88	5.8	—	—	≤0.05
4	94	>40	0.95	9.8	—	—	≤0.05
5	—	>40	0.78	5.9	—	—	—
6	74~78	>40	—	5.3	—	—	—
7	≈75	≈40	0.98	5.8	—	—	—

表2-54 填料模料配比（质量分数） (%)

序号	石蜡	地蜡	尿干粉	改性松香	改性尿素粉	硬脂酸	聚氯乙烯
1	80	20	—	—	—	—	10（外加）
2	—	3（外加）	—	35	35	30	—
3	—	8	35	35	—	22	—

注：改性尿素粉是将尿素和二缩尿在170℃加热生成三聚异氰酸和三聚氰酸，经破碎成为不溶于水的粉料。

表2-55 国外常用中温模料配比及工艺性能

序号	配比（质量分数,%）					收缩率(%)	30℃的弯曲试验	附注
	石蜡	蜂蜡	松香	塑料	卡老巴蜡			
1	80	5	10	5	—	1.92	90°折断呈现裂纹	强度较差
2	75	5	10	10	—	1.53	90°不折断呈现裂纹	强度较差
3	60	10	20	10	—	1.15	90°不折断	强度、硬度、韧性适宜
4	50	10	20	10	10	0.95	12°不折断	强度及硬度最好

（3）高温模料 目前国内使用的高温模料主要是塑料模料、尿素模料。高温模料只在特殊要求时使用。塑料模料和尿素模料配比见表2-56。

（4）增材制造用模料 目前国内外主要使用工程塑料类，如多元聚酰胺PA类、多元聚苯乙烯PS类。这两类工程材料均不能直接使用，须添加助剂，并粉碎成粒度小于0.1mm的粉体使用。表2-57列出了增材制造用模料的组成和使用特性。

表2-56 塑料模料和尿素模料（高温模料）配比（质量分数） （%）

序号	类别	聚苯乙烯	泡沫聚苯乙烯	尿素	硼酸	硝酸钾	硫酸铵	白糖
1	塑料模料	100	—	—	—	—	—	—
2		—	100	—	—	—	—	—
1	尿素模料	—	—	97~98	2~3	—	—	—
2		—	—	80	—	20	—	—
3		—	—	97	2（外加）	—	—	3
4		—	—	90~95	—	—	5~10	—

表2-57 增材制造用模料的组成和使用特性

组　成	使用特性
多元PA（聚酰胺+添加剂）	软化点为70℃，200℃具有较好的流动性，350℃剧烈分解，470℃以后残留物的质量分数为5%，650℃以后残留物的质量分数为2%
多元PS（聚苯乙烯+助剂）	软化点为100℃，250℃具有较好的流动性，300℃以上开始剧烈分解，500℃完全分解，残留物质量分数小于1%
光敏树脂	受热后先软化，后随温度升高汽化烧失。一般在300~500℃之间分解最剧烈，600℃以后热解完成。不同型号树脂的热解特性有所区别，可通过热失重实验确定

4. 易熔模料配制工艺

配制时，易熔模料各组分应混合均匀，应根据各组分间的互溶性，合理安排加料次序，应减少和避免组分的烧损与变质，尽量避免用电炉直接熔化模料，严格控制温度的上限和高温停留时间。下面列出几个示例。

示例1　中温松香-石蜡基模料的配制：①按比例称取松香、改性松香、石蜡、地蜡和EVA树脂。②将石蜡、EVA树脂放入清洁干净的不锈钢坩埚内通电熔化，温度不超过120℃。③待石蜡、EVA树脂化清后，加入改性松香，并不断搅拌，化清后再加入地蜡，搅拌混合均匀。熔化温度最好不超过180℃。④将化好的模料用270号筛或离心分离器过滤或分离，去除杂质。⑤冷却至70~80℃保温待用或浇成锭块，或者制成碎片和颗粒备用。

示例2　填料模料的配制：①充填料-尿干粉的制备。把尿素块放在清洁干净的容器内粉碎，并用24号筛过筛；在120℃烘烤5h以上，去除水分；用40/50号筛过筛后放入干净的容器内备用。②填料模料的制备。按比例称取尿干粉、失水苹果酸树脂、硬脂酸和地蜡；先将硬脂酸和地蜡放入干净的不锈钢坩埚内，通电熔化，然后加入失水苹果酸树脂，待其全部熔化后升温至200℃，用270号筛过滤，去除杂质；将过滤的混合物冷却至120~135℃时，在不断搅拌的情况下，徐徐加入尿干粉，继续搅拌20~30min，直至模料混合均匀，无气泡为止（模料温度保持在80~90℃）。

5. 商品化模料

目前，国内外有许多公司生产成品优质模料，主要包括型蜡、浇道蜡、水溶性蜡、黏结蜡、修补蜡、浸封蜡等系列，用户可根据铸件的结构和质量要求选择合适的模料。表2-58列出了几种典型商品化模料的牌号与性能。

表2-58 几种典型商品化模料的牌号与性能

类型	牌　号	颜色	软化点/℃	针入度（25℃）/10^{-1}mm	灰分（质量分数,%）	特点及用途
型蜡	KC2656L	蓝	80.5	5.8	≤0.005	通用精铸型蜡，适合中小件
	KC2699G	绿	81	5.2	≤0.005	
	KC401	石墨蓝	68	—	≤0.010	专为优质航空零件和涡轮叶片配制的模料
	B545	绿	72	3.0	≤0.030	适合航空中小优质铸件模料
	B478	绿	70	4.0	≤0.030	适合中小铸件模料
	B405	红	67	5.0	≤0.030	型蜡和浇道理想用模料，可用于手工制模

（续）

类型	牌　号	颜色	软化点/℃	针入度（25℃）/10^{-1}mm	灰分（质量分数，%）	特点及用途
型蜡	WM36-1	黄	95	—	<0.05	制作航空叶片和其他小的熔模
	WM36-4	橘红	70～80	—	<0.05	制作钛和其他任何合金的精铸熔模
水溶性蜡	KC1665	白	—	1.6	—	液态压注温度：63℃ 膏状压注温度：50℃
	Soluble CP2	绿	79	2～4	≤0.025	凝固快，不易裂，模样强度高，表面粗糙度值低
	WM36-10	草绿	135	—	<0.05	水溶性型芯模料
黏结蜡	MASTER公司	黄	72	9.6	≤0.005	黏结模组
	CASTYLENE公司	淡黄	67	16～22	≤0.025	黏结强度高，用于组合模组
	WM36-8	黄	55～65	—	<0.05	黏结模组
修补蜡	CASTYLENE公司	红	—	30～35	≤0.030	手的热量足以软化，容易嵌入蜡模的缺陷之中
	WM36-7	深红	45～60	—	<0.05	修补用模料

注：表中牌号KC系列模料均为MASTER公司的商品蜡；牌号B系列和Soluble CP2的模料为CASTYLENE公司商品蜡；牌号WM系列模料为国产商品蜡。表中WM系列模料的软化点实为其熔点。

6. 模料的回收和再生

中温模料中某些组分在加热过程中挥发分解及树脂化，并析出碳分，使用过程中混入各种杂质，如砂粒、粉尘及水分等，因此需要进行再处理以满足使用要求。其处理工艺如图2-16所示。

处理时，通过泵3将蓄蜡槽2中的回收模料打入水分蒸发槽4中，在120℃下，使模料中的水分蒸发干净。取样检查合格后，通过泵5将蜡液打入离心式分离器6中，进行离心分离处理，排除杂质。然后进入保温槽7中保温，温度不超过80℃，并按新蜡料的要求进行灰分、针入度、强度和熔点（或滴点）试验。符合要求时，通过泵9输送到制蜡间使用，或者制成锭、粒或蜡片备用。若不符合要求，通过泵8将蜡液送回蓄蜡槽重新处理。对于处理合格的模料，使用时一般在其中加入质量分数为20%～30%的新蜡，混合均匀后使用。

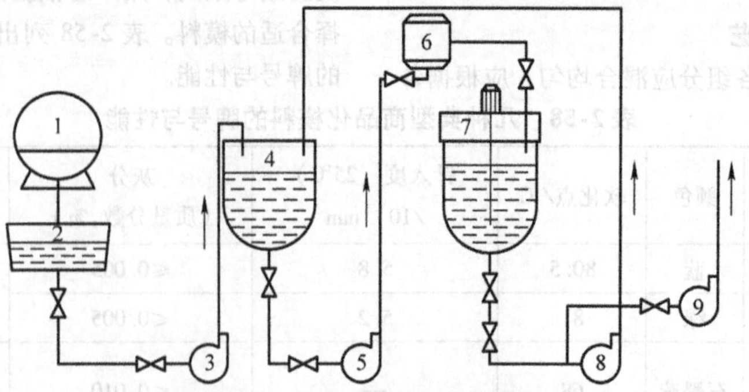

图2-16 中温模料回收处理工艺

1—脱蜡槽 2—蓄蜡槽 3、5、8、9—泵 4—水分蒸发槽 6—离心式分离器 7—保温槽

2.3.3 易熔模料的性能测定方法

国内外制定了很多专门的模料性能的试验方法标准，表2-59列出了国内外易熔模料的性能测定方法。除此之外，还可借助热分析法中的DTA曲线和DSC曲线来确定模料的熔点、凝固点、玻璃化转变温度等。借助热机械分析法测定模料的体膨胀；通过在抗弯强度试验仪上安装灵敏度高的应力-应变传感器，测定模料的最大载荷、断裂载荷、应变、弹性模量等，来确定模料的强度、塑性、韧性及脆性等，从而实现对模料性能的综合评估。

表2-59 国内外易熔模料的性能测定方法

试验项目	试验方法		适用范围
	国外	国内	
熔化温度	ASTM D87 《石蜡熔点的试验方法》	SH/T 0122—1992 《润滑脂滚筒安定性测定法》	石蜡类晶质材料
	ASTM D566 《润滑脂滴点的试验方法》	SH/T 0115—1992[①] 《润滑脂和固体烃滴点测定方法》	适合蜡基模料或微晶蜡 国内精铸业常用
	ASTM D127 《石蜡包括凡士林滴熔点的试验方法》	GB/T 8026—2014 《石油蜡和石油脂滴熔点测定方法》	国外精铸业常用
熔化温度	ASTM D938 《石蜡凝固点的测定方法》	SH/T 0132—1992 《石油蜡冻凝点测定方法》	国外精铸业常用
	ASTM D36—1995 《沥青软化点试验方法》	GB/T 4507—2014 《沥青软化点测定法 环球法》	树脂类非晶质材料 国内常用，国外用的不多
	ASTM E28 《环球仪测定软化点的试验方法》	GB/T 14235.1—2018 《熔模铸造低温模料 第1部分：物理性能试验方法》	各种模料
耐热性	国外无相应的测试方法	GB/T 14235.1—2018 《熔模铸造低温模料 第1部分：物理性能试验方法》 HB 5350.2—2004 《熔模铸造模料性能试验方法 第2部分：热变形量和热稳定性的测定》	
线收缩率	国外常用测定阶梯形试样不同厚度处收缩率方法，但未形成标准	GB/T 14235.1—2018 《熔模铸造低温模料 第1部分：物理性能试验方法》	
体收缩率	国外常用热机械分析法测定膨胀率来代表，但未形成标准	国内无相应试验方法	
表面缩陷	ICI-B-7 《凹陷或缩陷的测定》	国内无相应的试验方法	
强度	国外常用测定抗弯强度及其他力学性能的方法，但未形成标准	GB/T 14235.2—2018 《熔模铸造低温模料 第2部分：使用性能试验方法》	
硬度	ICI-B-7（4.0） 《坚硬程度的测定方法》	GB/T 14235.2—2018 《熔模铸造低温模料 第2部分：使用性能试验方法》	
黏度	ICI-B-7 《黏度的测定》	GB/T 14235.1—2018 《熔模铸造低温模料 第1部分：物理性能试验方法》	各种模料及部分原材料
流动性	ICI-B-7 《流动试验》	GB/T 14235.1—2018 《熔模铸造低温模料 第1部分：物理性能试验方法》	各种模料
灰分	ICI-B-7 《总灰分的测定》	GB/T 14235.1—2018 《熔模铸造低温模料 第1部分：物理性能试验方法》	各种模料及部分原材料
尺寸稳定性	ICI-B-7 《尺寸稳定性的测定》	国内无相应标准	各种模料
密度	ICI-B-7 《蜡和塑料的密度》		各种模料及部分原材料
酸值	国外无相应的试验方法	GB/T 14235.1—2018《熔模铸造低温模料 第1部分：物理性能试验方法》	

① 已经作废，仅供参考。

2.3.4　易熔模制造工艺

1. 分型剂

为防止模料黏附压型，便于取模，以及降低易熔模的表面粗糙度值，需要用分型剂。常用分型剂见表 2-60。

表 2-60　常用分型剂

序号	分型剂成分（质量分数，%）							适用范围	效果
	变压器油	蓖麻油	乙醇	松节油	硅油	羊毛脂	助溶剂		
1	100	—	—	—	—	—	—	糊状模料	良
2	—	50	50	—	—	—	—	蜡基糊状模料	一般
3	—	—	—	100	—	—	—	糊状模料	良
4	—	—	—	—	100	—	—	所有模料	优
5	—	—	—	—	2	—	98	中温液态压制的模料	优
6	—	—	—	—	—	90	10	所有模料	良

2. 冷蜡块的应用

先将预制冷蜡块（也称假芯）放入压型中作为假芯，再注入模料形成易熔模。使用冷蜡块可防止厚大的易熔模出现缩陷和变形。根据易熔模缩陷部位的大小、形状，可局部采用冷蜡块（见图 2-17a），也可采用类似零件形状的整体冷蜡块（见图 2-17b）。

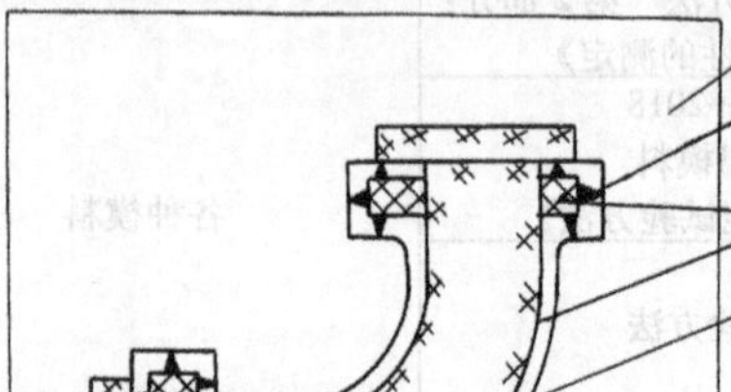

图 2-17　冷蜡块

a）局部冷蜡块　b）整体冷蜡块

1—压型　2—冷蜡块锥形定位凸台

3—冷蜡块　4—型腔　5—型芯

冷蜡块在压型中依靠锥形凸台定位，凸台高度视零件大小而定，一般控制在 2～3mm。

3. 芯撑的应用

压制薄而复杂的陶瓷型芯蜡模时，为了防止型芯断裂、变形、错位和浇注时型芯的变形，常采用芯撑。芯撑材料主要有三种：蜡料、塑料和金属丝。

蜡料和塑料芯撑用于陶瓷型芯在压型中定位，如图 2-18 所示，即将芯撑用黏胶贴于型芯的指定位置上，然后将陶瓷型芯放入压型中压制蜡模。芯撑安放的位置和数量应视铸件而定。芯撑锥底直径一般为 $\phi3 \sim \phi4$mm，锥高根据需要确定。塑料芯撑用灰分的质量分数不大于 0.25% 的聚苯乙烯制成，适用于强度较高的型芯定位，定位较准确；蜡料芯撑用以蜂蜡为主的软蜡制成，适用于强度较低、较薄的陶瓷型芯定位，定位精度较差。

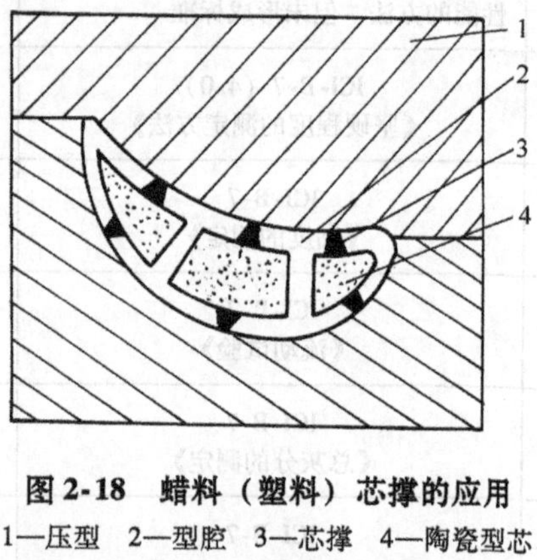

图 2-18　蜡料（塑料）芯撑的应用

1—压型　2—型腔　3—芯撑　4—陶瓷型芯

金属芯撑适用于浇注金属时支撑型芯，以防止陶瓷型芯在钢液的冲击下断裂或弯曲变形。它是在蜡模制造好后，将芯撑加热，然后立即插入设计好的熔模位置上，如图 2-19 所示。金属芯撑材料应与铸件材料相同或相似，金属丝的直径视合金的浇注温度而定，一般为 $\phi0.3 \sim \phi1.0$mm，以保证金属芯撑在浇注过程中既能支撑住陶瓷型芯，又必须与钢液融合在一起，在铸件上不允许有任何芯撑痕迹。

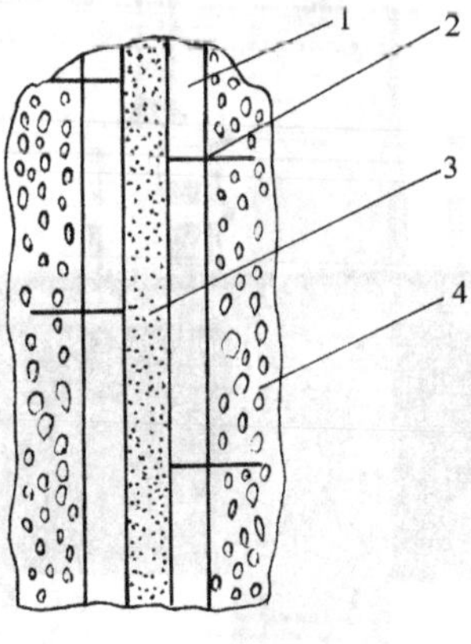

图2-19 金属芯撑的应用

1—蜡模 2—金属芯撑

3—陶瓷型芯 4—型壳

4. 校正模的应用

为避免熔模变形应采用校正模冷却，即把从压型中取出的熔模放入工作面与压型分型面一致的校正模中，冷却20~40min后取出。校正模可以由石膏、环氧树脂和金属材料制成。

5. 工艺参数

制造易熔模时，应按照工艺规范，合理选择压注设备、分型剂，准确地控制模料温度、压型温度、压注压力、保压时间等参数。特殊要求的铸件还应控制压注速度和流量、合模压力以及环境温度。制模主要工艺参数见表2-61。

6. 熔模清洗

为了清除熔模表面附着的蜡屑、分型剂等，并提高涂料对模组的润湿性，熔模在组合和涂料前必须进行清洗，清洗后在22~25℃清水中清洗数次干后待用。模组清洗方法见表2-62。

表2-61 制模主要工艺参数

类型	制模室温度/℃	压注温度/℃	压型温度/℃	压注压力/MPa	保压时间/s	蜡模冷却水温度/℃
蜡基糊状模料	15~25	40~50	20~25	0.1~1.4	0.5~3	18~26
松香基糊状模料	18~30	50~60	20~25	0.3~1.5	0.5~3	18~26
松香基液态模料	18~30	70~80	20~30	0.3~1.6	1~3	18~26
尿素干粉充填模料	18~30	85~90	20~30	0.2~1.25	≈1	—

表2-62 模组清洗方法

方法	清洗剂	清洗工艺	应用范围
第一种	质量分数为0.5%的洗净剂，如JFC水溶液或中性肥皂水或用其他洗净用品代替	将模组在清洗剂中反复上下运动数次	蜡基模料
第二种	体积分数：50%工业乙醇+50%水	将模组在22~25℃清洗剂中上下运动3~4s	树脂基模料
第三种	质量分数：70%三氯乙烷+30%工业乙醇或丁酮	将模组在22~25℃清洗剂中上下运动3~4s	树脂基模料
第四种	ZF-301等环保清洗剂加1倍水混匀后使用	将模组在22~25℃清洗剂中上下运动8s	树脂基模料

2.3.5 制造易熔模的主要机械设备

1. 制模设备

图2-20、图2-21所示为生产中使用的压蜡机的类型、结构和照片。表2-63列出了液压压蜡机的主要技术指标和特点。表2-64列出了制模辅助设备的主要技术指标和特点。

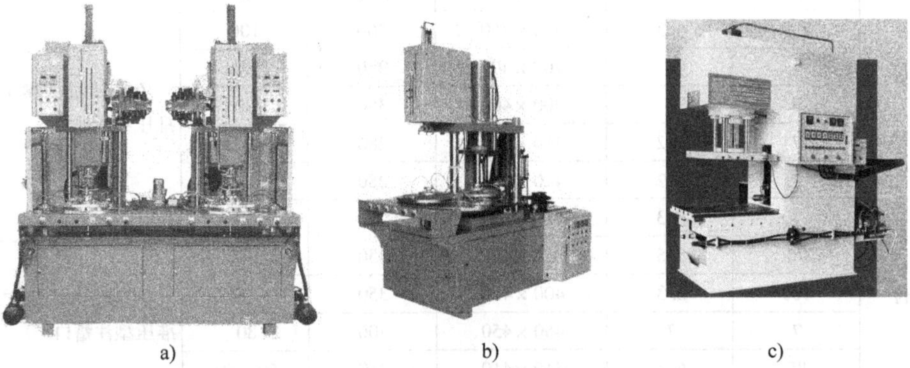

a) b) c)

图2-20 其他类型压蜡机

a）双转盘式 b）单转盘式 c）悬臂式

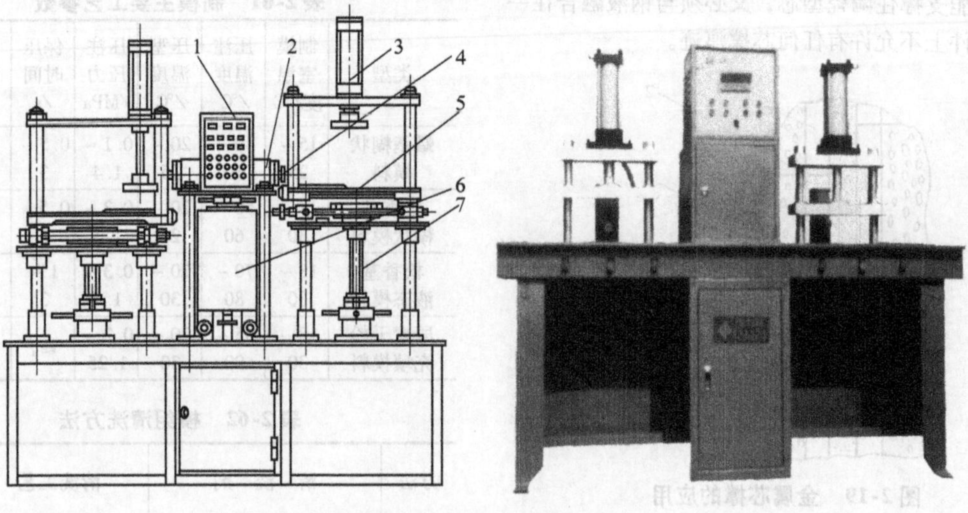

a)　　　　b)

图2-21　四柱双工位液压压蜡机

a）结构　b）外形照片

1—按钮站　2—射蜡缸　3—夹紧液压缸　4—压蜡嘴　5—工作台　6—蜡缸　7—升降机构

表2-63　液压压蜡机的主要技术指标和特点

设备名称	主要技术指标					特点
	蜡缸容积/L	压射压力/MPa	工作台尺寸（长/mm）×（宽/mm）	最大夹型高度/mm	最大合型力/kN	
悬臂式单工位压蜡机（见图2-20c）	76	6.3	660×600	550	400	免换蜡缸、计算机程控循环显示
	107	6.3	660×650	600	500	
	—	10	800×600	400	500	
	130	7	1150×1550	700	750	
	130	7	1250×1650	800	1030	
四柱式单工位压蜡机	10	7~10	800×800	700	500	免换蜡缸
	85、150	5、7	475×475	375	1700	
四柱双工位压蜡机（见图2-21）	7	6.3	400×400	250	80	免换蜡缸、靠工作台升降对准压型注蜡口
	7.9	6.3	450×450	300	100	
	7	7	400×400	350	80	
	7	7	400×400	350	80	
	7	6.2	410×410	280	50、80	
	7	6.2	410×410	280	50、80	
	7	6.3	480×480	260	80	
二柱双工位压蜡机	76	5.5	355×400	350	50	免换蜡缸、靠工作台升降对准压型注蜡口
	100	6.3	400×450	350	100	
	7	7	450×450	400	80	
	85	6.3	410×410	280	50、80	

（续）

设备名称	主要技术指标					特点
	蜡缸容积/L	压射压力/MPa	工作台尺寸(长/mm)×(宽/mm)	最大夹型高度/mm	最大合型力/kN	
圆盘式压蜡机（见图2-20a、b）	76	14	320×320	300	60	圆盘可旋转，供数名工人同时操作
	76	14	400×400	400	160	
	76	14	500×500	400	300	
卧式全自动压蜡机	70	120	770×770	700	600	全自动，一人可操作数台
C型单工位压蜡机	80	10	不限	550	500	免换蜡缸、靠射蜡头升降对准压型注蜡口
双工位气动压蜡机	2×120	0.8	380×380	282	150	用于压制浇道
	2×120	0.6	450×450	400	80	
	120	0.7	600×600	380	20	
	70	0.8	600×500	350	30	

表2-64 制模辅助设备的主要技术指标和特点

设备名称	主要技术指标			特 点
	蜡缸容积/L	蜡缸数/个	额定温度/℃	
蜡缸及保温箱	7.9	10	80	立式、双控温
	7.9	20	80	
	—	20	80	
	7	10	80	
	7	20	80	
	7	48	80	卧式、双控温
	7	10（20）	80	立式、双控温
蜡膏制备供应中心	100	制备量：50L/h	50～60	采用PLC控制
柱塞式输蜡机	注蜡压力：0.1MPa	输蜡量：70L/min	—	可随时移动

2. 熔模组装工具

目前常用的熔模组装工具是低压电热刀，与220V电烙铁相比，具有重量轻、升温快、使用方便、安全可靠，制造简便等特点。为了适应中温及低温蜡料的焊接需要，可调节次级电压以调节电热刀的温度。表2-65列出了低压电热刀的结构及电气参数。

表2-65 低压电热刀的结构及电气参数

序号	结构				电气参数					
	刀片材料	发热刀截面(长/mm)×(宽/mm)	手柄材料	刀片与手柄固定方式	输入电压/V	输出电压/V	频率/Hz	输出电流/A	电热刀功率/W	变压器功率/V·A
1	镍铬电炉带	5×1	布纹胶木板	销钉固定螺钉连接	220/380	3～6	50	—	100～150	—
2	耐热钢	3×3			220	10	60	—	—	—
3	1Cr18Ni9Ti①不锈钢	5×0.6			220/380	1.2～1.5	50	40（满载）	—	50

① 为非标在用材料。

2.3.6 易熔模常见缺陷、产生原因及防止方法（见表2-66）

表2-66 易熔模常见缺陷、产生原因及防止方法

缺陷类型	产生原因	防止方法
缺肉	1）模料流动性差 2）模料压注温度或压型温度低 3）压注压力小或压注速度太慢 4）压型注射口大小或位置不当 5）压型型腔排气不良 6）模料注入量不足	1）改进模料，提高模料流动性 2）提高模料压注温度和压型温度 3）提高压注压力或加快压注速度 4）扩大注射口或调整注射口位置 5）改善排气条件 6）增加模料注入量
尺寸超差（过大或过小）	1）压型设计不合理，制造精度低 2）压型磨损未修正 3）模料线收缩率不符合要求 4）模料温度过高或过低 5）保压时间过长或过短 6）制模室温度不符合要求	1）改进设计，返修压型 2）检验压型尺寸，并进行修正 3）更换模料或返修压型 4）控制模料温度 5）控制保压时间 6）控制制模室温度
陶瓷型芯损坏	1）型芯在压型中配合不适当 2）模料充填速度过快 3）模料黏度太大 4）压注压力太大 5）压注压力跳动	1）压蜡模前将型芯放置在压型中试模。检查型芯是否破裂 2）调整模料压注速度 3）提高模料压注温度 4）适当减小压注压力 5）压注压力尽量保持稳定
裂纹	1）模料线收缩率大，塑性差 2）压型设计不正确或铸件结构不合理 3）压型内腔粗糙，有毛刺，或压型起模斜度太小，甚至有反斜度 4）压型温度过低 5）易熔模冷却太快 6）制模环境温度太低 7）保压时间太长，抽芯取模太迟 8）取模方法不合理	1）改进模料 2）改进设计或改进铸件结构 3）检查并修整压型 4）适当提高压型温度 5）适当提高冷却介质温度 6）提高室温 7）缩短保压时间，提早抽芯、取模 8）改进取模方法，增加引导装置
表面缩凹	1）模料体收缩率过大 2）模料压注温度或压型温度过高 3）石蜡-硬脂酸模料的比例失调，石蜡过多 4）压注压力低，保压时间短 5）注射口设计不当 6）易熔模壁厚差过大 7）压注时模料注入量不足	1）改进模料 2）降低模料压注温度或压型工作温度 3）补加适量硬脂酸 4）提高压注压力，延长保压时间 5）调整注射口大小和位置 6）采用冷蜡块或制成空心易熔模 7）增加模料注入量
表面流线花纹	1）压型温度低 2）模料压注温度低 3）压注速度太慢或压注断续 4）分型剂未刷均匀或过多	1）适当提高压型温度 2）适当提高模料压注温度 3）加快压注速度，保证压注不断续 4）涂刷均匀，稀薄
表面粗糙有麻坑	1）模料不均匀，未充分搅溶 2）模料回收处理时过滤不净，皂化处理不良 3）压型型腔表面粗糙 4）型腔未清理干净 5）分型剂未刷均匀或涂刷过多 6）模料压注温度低，压注压力不足或断续	1）避免采用过大模料碎块，保证充分搅溶 2）严格按要求对模料进行回收处理 3）降低型腔表面粗糙度值 4）清理干净型腔 5）涂刷分型剂应均匀，稀薄 6）提高压注温度和压力，保证连续压注
变形	1）模料软化点低，环境温度高 2）压型设计不正确，装配时活动部分未固紧 3）起模过早 4）易熔模存放不当，存放时间过长 5）起模方式不当，起模时用力不当	1）改进模料或降低工作室温度 2）改进设计，装配时活动部分应固紧 3）延迟起模 4）放置在专用存放架上，避免存放时间过长 5）改正起模方式

（续）

缺陷类型	产生原因	防止方法
气泡外露、气泡鼓胀	1）模料熔化温度太高，吸收了大量气体	1）控制熔化温度
	2）模料配制卷入过多气体	2）适当降低搅拌转速，控制搅拌时间
	3）压注压力过高，易熔模在压型内冷却时间过短或室温过高	3）适当降低压注压力，延长型内冷却时间，起模后用冷却介质加快冷却
	4）注射口位置不当	4）改变注射口位置
	5）压注速度过快，型腔气体来不及排出	5）调整注射速度、改善压型排气状态

2.4 铸型制造

2.4.1 概述

熔模铸造铸型按使用黏结剂的不同，可分为水玻璃黏结剂型壳、硅溶胶黏结剂型壳、硅酸乙酯黏结剂型壳、硅酸乙酯-硅溶胶复合型壳，其中水玻璃黏结剂型壳环保压力大，不建议使用。熔模铸型类别、特点及应用范围见表2-67。

表2-67 熔模铸型类别、特点及应用范围

熔模铸型类别	特点及应用范围
硅酸乙酯黏结剂型壳	铸件表面粗糙度值低，尺寸精度高，制壳周期长，干燥条件控制不当时，型壳内表面易产生“白霜”。广泛应用于铸造高温耐热合金、耐热钢、不锈钢、碳素钢、低合金钢、铝合金和铜合金，但原材料较贵，铸造费用高，生产中采用氨气干燥，制壳间空气中有乙醇和氨气，劳动环境较差
硅溶胶黏结剂型壳	铸件表面粗糙度值低，尺寸精度高，制壳周期长，型壳内表面不产生“白霜”。广泛应用于铸造高温耐热合金、耐热钢、不锈钢、碳素钢、低合金钢、铝合金和铜合金，但原材料较贵，铸造费用高

（续）

熔模铸型类别	特点及应用范围
硅酸乙酯-硅溶胶混合黏结剂型壳	铸件表面粗糙度值低，尺寸精度高，它既兼有硅溶胶和硅酸乙酯型壳的优点，又避免了它们的不足，干燥速度比硅溶胶涂料快，高温强度和变形度比硅酸乙酯壳型好，无须氨气干燥。广泛应用于铸造高温耐热合金、耐热钢、不锈钢、低合金钢、铝合金和铜合金，但原材料较贵，铸造费用高

图2-22所示为型壳制造工艺流程；表2-68列出了型壳性能及对质量影响；表2-69列出了熔模铸造型壳性能测试方法。

表2-68 型壳的主要性能及对质量影响

型壳性能		含义	对质量影响
型壳强度	湿态强度	型壳脱蜡后焙烧前的室温抗弯强度	湿态强度太低，脱蜡过程等会使型壳开裂或变形，从而造成型壳报废或铸件变形，精度下降，清理工作量增加
	高温强度	焙烧后的型壳在较高温度下测得的抗弯强度	高温强度不足，型壳在焙烧和浇注时会开裂或变形，导致铸件变形，精度下降，清理工作量增加
	残留强度	型壳经浇注后残留的强度	影响型壳的清理性。残留强度过高，清理困难，易因清理造成铸件变形或破坏
高温抗变形能力		型壳在高温下抵抗变形的能力。包括两个方面：一是焙烧时型壳的抗变形能力，由于焙烧时间较长，这种变形具有蠕变性能；二是浇注时型壳在金属液作用下的抗变形能力，此时温度高，但作用时间短	型壳高温抗变形能力差则会使型壳变形，从而造成铸件变形。对中小型铸件，焙烧过程中型壳的变形是产生铸件变形的主要原因；对于大中型铸件，引起铸件变形的主要原因则是浇注时型壳的变形

（续）

型壳性能	含　义	对质量影响
透气性	气体通过型壳壁排出的能力	透气性不好的型壳，易使铸件产生气孔、浇不到等缺陷
线量变化	型壳尺寸随温度升降而发生的增缩变化	直接影响铸件尺寸精度，型壳中的应力、变形等
导热性	型壳的导热能力	影响铸件散热的快慢，即铸件的冷却速度，从而影响铸件的凝固结晶组织和力学性能

（续）

型壳性能	含　义	对质量影响
热振稳定性	型壳抵抗温度急剧变化而不破坏的能力，又称急冷急热性	热振稳定性差的型壳浇注时易产生裂纹和破裂
热化学稳定性	型壳抵抗与金属液发生界面冶金化学反应的能力	热化学稳定性差的型壳易造成铸件粘砂、麻点、表面粗糙等缺陷

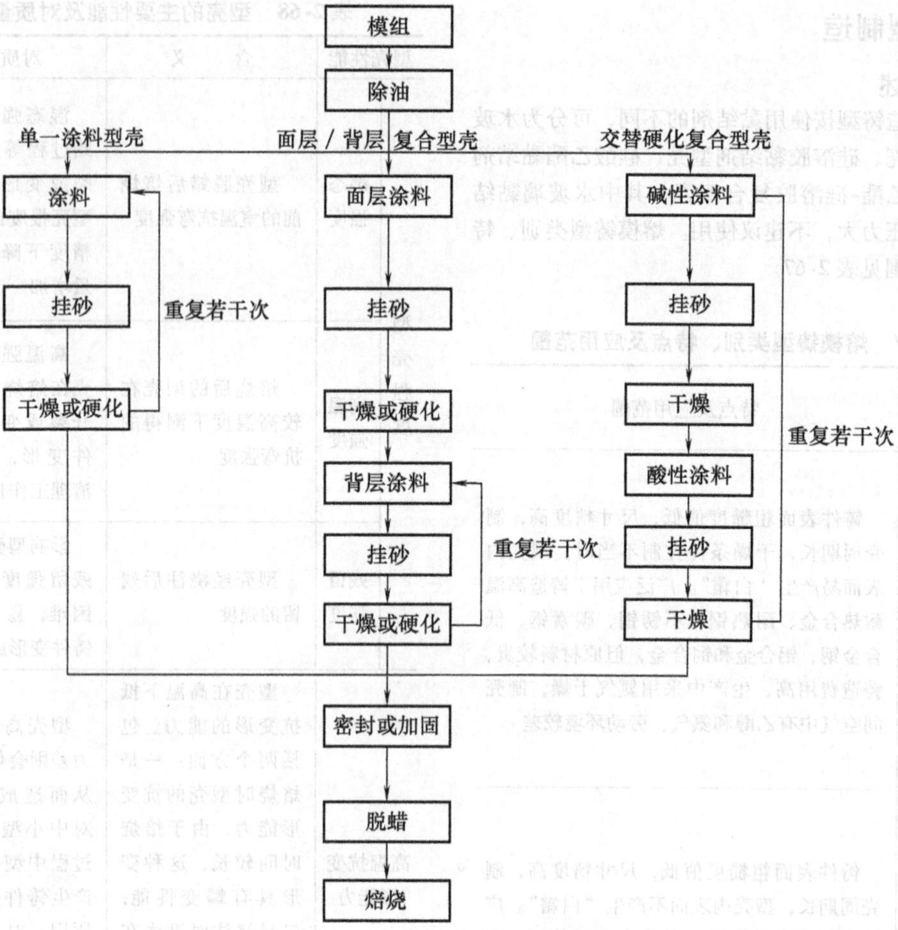

图 2-22　型壳制造工艺流程

表2-69 熔模铸造型壳性能测试方法

测试项目	仪器及试样	测试方法	标准及标准号
型壳强度	型壳强度仪 使用长方形薄片试样 40mm×20mm×3～6mm，硅溶胶型壳和硅酸乙酯型壳试样厚度为3mm	将试样平放在两支点的支架上，在试样中部加载直到试样断裂。按下式计算型壳强度（抗弯强度） $R=0.01\frac{3PL}{2bh^2}$ 式中 R—型壳强度（MPa） L—两支点距离（cm） P—试样断裂载荷（N） b—试样宽度（cm） h—试样厚度（cm） 湿态强度是将脱蜡后的型壳试样在110℃下保温1h，冷却后在室温下进行测定；高温强度是将经焙烧过的试样在所设定的高温下保温15min后进行测定；残留强度是将试样在900℃下焙烧20min，然后冷至室温再测	熔模铸造型壳抗弯强度测定方法见 CICBA/D05.01—1999 HB 5352.1—2004
型壳高温抗变形能力：高温热变形	RKB型型壳高温变形试验仪 使用圆筒试样 ϕ50mm×50mm，厚6mm	将试样卧放在支架上，在试样中部加载，在定载（2.45～6.86N）下，从室温到1300℃的范围内，测出各不同温度下的热变形值	熔模铸造型壳高温荷重变形测定方法 HB 5352.3—2004
型壳高温抗变形能力：高温自重变形	普通箱式高温炉 使用 ϕ100mm×20mm、厚6mm圆环试样或120mm×20mm×6mm的长条试样 圆环法适用于硅溶胶型壳和硅酸乙酯型壳长条试样法：双支点法适用于水玻璃型壳，单支点法适用于在较低温度测试	圆环法：将圆环试样垂直放在炉中 长条试样法：双支点是将试样放在托架上放入炉中，单支点法是将试样一端固定并伸出80mm，连支架放入炉中 加热范围700～1600℃，在一定温度下保温一定时间，测型壳在自重下的变形值	熔模铸造型壳高温自重变形测定方法 CICBA/D05.03—1999 HB 5352.2—2004
型壳透气性	熔模铸造型壳高温透气性测定仪 试样为乒乓球试样，一端为石英玻璃管。试样厚6mm，石英管包覆长度为60mm左右	测定乒乓球-石英管制型壳试样，从室温到1300℃，在一定压力下（0.01～0.03MPa）通过型壳的气体流量，按下式可计算出不同温度时型壳的透气性 $k=\frac{\theta\delta}{tpA}$ 式中 θ—通过流量计的气体流量（cm^3） k—型壳透气性[cm^4/(g·min)] δ—型壳试样厚度（cm） t—时间（min） p—气体压力（kPa） A—型壳试样内表面积（cm^2）	熔模铸造型壳高温透气性测定方法 CICBA/D05.04—1999 HB 5352.4—2004
硅溶胶型壳干燥度	CK—J发光管显示式测定仪	将连接在测定仪表上的两个测杆针接触到型壳上，施压测出型壳的电阻，仪器根据电阻大小判断型壳是否干燥	熔模铸造硅溶胶型壳干燥度测定方法 CICBA/D05.05—1999

2.4.2　制壳用耐火材料

耐火材料占型壳重量的 90% 以上，对型壳性能和铸件质量均有影响。按在型壳中的用途，耐火材料可分为涂（浆）料使用的粉状料和增强型壳用的撒砂材料。

耐火材料性能要求：对制壳用耐火材料，应具有足够的耐火度，以保证金属液浇注时型壳不熔融软化变形；适宜而均匀的热膨胀系数，保证型壳和铸件尺寸精度；好的热化学稳定性，防止型壳在高温下与金属液发生化学反应，恶化铸件表面质量；保证型壳有足够的强度；粒度合适、价廉而无毒等。

1. 制壳常用的耐火材料

国内外常用的制壳耐火材料种类及物理化学性能见表 2-70。

表 2-70　常用制壳耐火材料种类及物理化学性能

耐火材料名称	化学性质	熔点/℃	耐火度/℃	密度 /(g/cm³)	线胀系数 /10⁻⁶K⁻¹	热导率/[W/(m·K)]	
						400℃	1200℃
硅砂(SiO_2)	酸性	1713	1680	2.65	12.5	—	—
熔融石英(SiO_2)	酸性	1713	—	2.2	0.51 ~ 0.63	1.591	—
电熔刚玉(Al_2O_3)	两性	2050	2000	3.99 ~ 4.0	8.6	12.561	5.226
莫来石($3Al_2O_3 \cdot 2SiO_2$)	两性	1810	—	3.16	5.4	—	1.549
硅线石($Al_2O_3 \cdot SiO_2$)	弱酸性	1810	—	3.25	5	—	—
高岭石类熟料	—	—	1700 ~ 1790	2.62 ~ 2.65	5	—	—
铝矾土类熟料	—	1800	—	3.1 ~ 3.5	~6	—	—
锆砂($ZrSiO_4$)	弱酸性	< 1948	—	3.9 ~ 4.9	4.6	—	2.094
氧化锆(ZrO_2)	中性或弱酸性	2677	2500	5.56	7.7 ~ 8.1	—	2.29①
氧化钇(Y_2O_3)	碱性	2410	—	4.84	—	—	—
氧化钍(ThO_2)	—	3300	2700	9.63	10.2	—	2.55①
石墨	—	—	—	1.56	—	—	128
氧化钙(CaO)	碱性	2600	2400	3.32	13	—	7.117①
铝酸钴($CoAl_2O_4$)	—	—	—	4.3	9.2	—	—

① 为 1000℃下数据。

（1）硅砂（硅石粉）　铸造用硅砂有天然硅砂和人造硅砂两种。天然硅砂杂质和黏土含量高，耐火度低；人造硅砂是用硅石矿破碎而成，经过人工挑选去除明显杂质，耐火度高。熔模铸造用的多是人造硅砂（粉），GB/T 12214—2019 规定的技术条件见表 2-71 ~ 表 2-73。硅砂是一种具有复杂同质多晶变体，各种晶型的性质见表 2-74。

表 2-71　熔模铸造用硅砂、粉的技术条件

分级代号	SiO_2（质量分数，%）≥	有害杂质含量（质量分数，%）		耐火度/℃	外观
		K_2O+Na_2O / $CaO+MgO$	Fe_2O_3		
99	99	≤0.5	≤0.1	≥1750	洁白
98	98	≤0.7	≤0.1	≥1700	洁白
97	97	≤1.0	≤0.2	≥1650	个别砂粒有锈斑
96	96	≤1.8	≤0.3	≥1650	

表 2-72　熔模铸造用硅砂粒度分组

序号	分组代号	粒度/mm		
		前筛	主筛	后筛
1	170	3.350	1.700	0.850
2	85	1.700	0.850	0.600
3	60	0.850	0.600	0.425
4	30	0.425	0.300	0.212
5	21	0.300	0.212	0.150
6	15	0.212	0.150	0.160

表 2-73　熔模铸造用硅粉粒度分组

序号	分组代号	粒度/mm		
		主筛以上	主筛	主筛以下
1	9	0.053 ~ 0.075	0.045	0.045 以下
2	6	0.045 ~ 0.075	0.040	0.040 以下

表 2-74 SiO_2 各种晶型的性质

晶型	晶系	存在的温度范围/℃	常温密度 /(g/cm³)	线胀系数 α_l /$10^{-6}K^{-1}$ 0~1000℃
β石英	三方	<570	2.65	12.3
α石英	六方	570~870	2.533	—
γ磷石英	斜方	<117	2.27	21.0
β磷石英	六方	117~163	2.242	—
α磷石英	六方	163~1470	2.27	—
β方石英	斜方	<180~270	2.32	10.3
α方石英	立方	1470~1713	2.23	—
石英玻璃	非晶型	在过冷状态下低于1713	2.20	0.5

用硅砂作耐火材料一般用于浇注碳素钢、低合金钢、铜合金和铝合金。当用来浇注含镍铬较高和含有铝钛等活泼元素的合金时，铸件表面容易产生粘砂、麻点和氧化夹渣等缺陷。

（2）熔融石英　也称石英玻璃，是用天然高纯度二氧化硅经电炉在高于1760℃温度熔融，随后快速冷却而制成的。此过程将晶型 SiO_2 转变为非晶型的玻璃熔体。有透明和不透明两种。熔融石英的熔化温度约为1713℃，热导率低，热膨胀系数几乎是所有耐火材料中最小的，具有极高的抗热振稳定性，是理想的熔模铸造耐火材料。但来源短缺，价格昂贵，当前更多的是预成形陶瓷型芯，也有少数应用于制作型壳的面层或背层用耐火材料。

熔模铸造用熔融石英中的 SiO_2 的质量分数应为99.5%。配型壳用涂料的粉最好是270号筛或320号筛细粉为50%（质量分数）、200号筛和120号筛粉各为25%（质量分数）。表2-75列出了国内生产的熔融石英粉、砂的化学成分。

表 2-75 国内生产的熔融石英粉、砂的化学成分

种类	化学成分(质量分数,%)						灼烧量(%)
	SiO_2	Fe_2O_3	Al_2O_3	TiO_2	Na_2O	K_2O	
粉	>99.88	<0.036~0.0042	—	—	—	—	—
砂		<0.0025~0.00265	—	—	<0.00225~0.00285	<0.00225~0.00229	—

（3）电熔刚玉　有白色刚玉和棕色刚玉两种。白色刚玉是用工业氧化铝经电弧炉熔融冷却破碎而得；棕色刚玉是用高铝矾土经高温煅烧和电弧炉熔融冷却后破碎而得。熔模铸造用刚玉按航空工业行业标准HB 5347—1986和中国铸造协会精密铸造分会CICBA/C02.10—1999标准的规定，其化学成分应符合表2-76的规定。

表 2-76 电熔刚玉的化学成分

种类	化学成分(质量分数,%)					灼减量(%)
	Al_2O_3	Na_2O	Fe_2O_3	SiO_2	TiO_2	
白刚玉	≥98.5	≤0.6	≤0.1	≤0.2	—	≤0.3
棕刚玉	≥93	≤0.6	—	≤0.8	≥3.0	—

电熔刚玉属两性氧化物，在高温下常呈弱酸性或中性，抗酸碱性强，高温热稳定好。与合金中的Ni、Cr、Al、Ti等元素不起反应，铸件表面粗糙度值低，尺寸稳定，是熔模铸造的良好耐火材料。但来源短缺，价格较贵，适用于铸造不锈钢、超级耐热高温合金和表面要求较高的各类铸件。

（4）锆砂　也称硅酸锆，分子式为 $ZrSiO_4$，理论组成为 $w(ZrO_2)=67.23\%$，$w(SiO_2)=32.77\%$。加热时膨胀均匀、热稳定性好、蓄热能力大、耐火度高。纯锆砂在1775℃能分解析出 SiO_2，当有杂质（如 Fe_2O_3，CaO）存在或真空下，分解温度可降到1540℃，分解析出的 SiO_2 有较大活性，会恶化铸件表面质量。CICBA/C02.09—1999标准中对熔模铸造用锆砂粉的化学成分和粒度作了规定，见表2-77、表2-78。

表 2-77 锆砂粉的化学成分

级别	化学成分(质量分数,%)					
	ZrO_2	杂质含量				
		SiO_2	TiO_2	Fe_2O_3	P_2O_5	Al_2O_3
1	>66.00	<33.00	<0.30	<0.15	<0.20	<0.30
2	>65.00	<33.00	<1.00	<0.25	<0.20	<0.80
3	>63.00	<33.00	<2.50	<0.50	<0.25	<1.00

表 2-78 锆砂（粉）粒度

名称		前筛	主筛	后筛
砂	筛号	70[①] (0.212)	50 (0.30)	70 (0.212)	100 (0.150)
	筛上余留量（%）		≤1.0	>85	加主筛余留量 ≥95
粉	筛号	270[①] (0.053)	200 (0.075)	270 (0.053)	325 (0.045)
		325[①] (0.045)	270 (0.053)	320 (0.045)	底盘
	筛上余留量（%）		≤5.0	>70	—

① 筛号系以主筛表示。

锆砂对多数合金不起反应，一般选用一级 325 号筛的锆砂粉配制面层涂料，用 80～120 号筛锆砂作为撒砂料制备型壳的表面层。由于锆砂的密度大，涂料容易沉淀，有时需加入适量的优质黏土或其他悬浮剂以改善其悬浮性。

（5）铝硅系耐火材料 铝硅系耐火材料是以氧化铝和二氧化硅为基本化学组成的铝硅酸盐，在自然界蕴藏量很大，是使用最广的耐火材料。其中有三种耐火材料，即高岭石［$w(Al_2O_3) \approx 48\%$］、铝矾土［$w(Al_2O_3) > 48\%$］、莫来石［$w(Al_2O_3) = 71.8\% \sim 77.5\%$］均可作为熔模铸造制壳耐火材料。

1）高岭石。天然的高岭石为生料，分子式为 $Al_2O_3 \cdot 2SiO_2 \cdot 2H_2O$，纯时为白色，呈弱酸性，多存在于软质或硬质黏土中。加热时，生高岭石会产生脱水、分解、化合、重结晶、晶体长大等一系列物理化学反应，体积收缩在 2%～8%之间。因此，用生高岭石制成的型壳在焙烧、浇注时会开裂，强度大幅度下降，无法生产出高精度铸件来。但有时在水玻璃型壳的背层涂料中加它（如沈阳黏土、无锡白泥，耐火黏土等），可以提高水玻璃型壳的强度。

目前，在熔模铸造上使用属于高岭石范畴的耐火材料，有河北古冶矾土、陕西上店土、四川峨眉土、南票煤矸石和山东的焦宝石等。这些材料的原矿都要经过 1300℃ 以上的温度煅烧，并含有质量分数为 40%～60%的莫来石晶相。熔模铸造用煤矸石砂、粉及几种熟料的理化指标和相组成见表 2-79 和表 2-80。

表 2-79 熔模铸造用煤矸石砂、粉理化指标（CICBA/C02.11—1999）

化学成分（质量分数,%）						物理性能			
Al_2O_3	SiO_2	有害杂质含量				主晶相			耐火度/℃
		Fe_2O_3	TiO_2	CaO + MgO	$K_2O + Na_2O$	灼烧	莫来石	方英石	
40～46	49～55	≤1.20	≤1.50	≤0.70	≤0.30	≤0.50	≥55	15～20	≥1750

表 2-80 几种常见高岭石类熟料的理化指标和相组成

序号	化学成分（质量分数,%）								相组成
	Al_2O_3	SiO_2	CaO	MgO	Na_2O	K_2O	TiO_2	Fe_2O_3	
1	42～43	54～55	0.1	0.1	0.1	1.5～2.0	0.08	0.75	莫来石、玻璃相
2	43	51	0.69	0.3	0.28	0.78	—	0.60	
3	40～46	49～55	≤0.70		≤0.3		≤1.5	≤1.2	
4	45	51±1	≤0.15	≤0.20	≤0.10	≤0.20	≤1.6	≤1.2	
5	45	52	0.41	0.12	0.14	0.12	0.78	0.61	莫来石、玻璃相、石英
6	42～46	>50	0.5	0.5	0.2	0.2	0.31	<1.0	
7	44～46	45～50	0.3		0.7		1	0.7	
8	44～46	>50	—		—		—	1	

2）铝矾土。铝矾土指 Al_2O_3 质量分数大于等于48%的铝-硅系耐火材料，其化学成分变化范围很宽，国外熔模铸造很少使用，国内因来源丰富使用较多，多用于型壳背层耐火材料。天然铝矾土为生料，主要矿物组成是水铝石和高岭石，在加热过程中，生料有一系列物理化学变化，所制型壳性能差。熔模铸造所用的是熟铝矾土，它是生铝矾土经高温煅烧而成的。不同化学成分的铝矾土经煅烧后其组成也不同。GB/T 12215—2019 对熔模铸造用铝矾土砂、粉的分级、化学成分和粒度均有规定，见表2-81～表2-84。

表2-81 铝矾土砂、粉分级

分类	分级代号	Al_2O_3 含量（质量分数，%）≥	有害杂质含量（质量分数，%）≤					
			Fe_2O_3	TiO_2	CaO + MgO	$K_2O + Na_2O$	灼减量	
熟料	85	85	1.0	4.0	0.4	0.4	0.5	
	80	80	1.5	4.0	0.5	0.5	0.5	
	70	70	2.0	5.0	0.6	0.6	0.5	
合成料	—	Al_2O_3	SiO_2	Fe_2O_3	TiO_2	CaO + MgO	$K_2O + Na_2O$	灼减量
		66～70	24～28	≤1.5	≤4.0	≤0.5	≤0.5	≤0.5

表2-82 铝矾土砂、粉煅烧后的主晶相分类及耐火度

分类	主晶相/（质量分数，%）	耐火度/℃
铝矾土熟料	刚玉 + 莫来石≥90	≥1770
铝矾土合成料	莫来石≥80	≥1790

表2-83 铝矾土砂粒度组成

分组代号	粒度/mm		
	前筛	主筛	后筛
170	3.350	1.700	0.850
85	1.700	0.850	0.600
60	0.850	0.600	0.425
30	0.425	0.300	0.212
21	0.300	0.212	0.150
15	0.212	0.150	0.106

表2-84 铝矾土粉粒度组成

分组代号	粒度/mm		
	主筛以上	主筛	主筛以下
9	0.053～0.075	0.045	0.045 以下
6	0.045～0.075	0.040	0.040 以下

3）莫来石。莫来石是铝硅系材料中性能最稳定的耐火材料，但自然界存在的很少。一般是将铝矾土和软质黏土配成莫来石成分，做成坯块，再进行不低于1500℃高温煅烧，从而制成莫来石耐火材料，又称铝矾土合成料。对其化学成分、主晶相、耐火度的规定见表2-81和表2-82中的铝矾土合成料。

（6）钛合金熔模铸造用耐火材料

1）碳质耐火材料。用于钛合金铸造的碳质耐火材料包括人造石墨、焦炭和沉积石墨。人造石墨在真空下耐火度高，具有很低的热膨胀系数，强度高且随温度升高而增加；对熔融钛合金具有较高的惰性，是比较理想的铸钛耐火材料。石墨在空气下加热到400℃开始氧化，但在氩气中加热非常稳定，因此石墨型壳的应用必须在真空或保护气氛下进行。表2-85列出了铸造钛合金用人造石墨的技术要求。

表2-85 铸造钛合金用人造石墨的技术要求

项目名称	结晶结构	碳含量（质量分数，%）	灰分（质量分数，%）	真密度/（g/cm³）	似密度/（g/cm³）	孔隙率（%）	氧化起始温度/℃	热导率/[W/(m·k)]	抗压强度/MPa
技术要求	六方晶格（a = 0.246，c = 0.67）	≥99	≤0.5	2.19～2.3	1.5～1.7	22～32	600	116～208.8	≥29.4

2）氧化物耐火材料有电熔氧化锆、电熔氧化钇两种。

①电熔氧化锆（ZrO_2）是钛合金铸造的重要耐火材料，它是由化学提纯的无定形 ZrO_2，经电弧炉熔融冷凝而成的结晶 ZrO_2。熔模铸造中使用经稳定化处理的电熔氧化锆为铸钛的耐火材料，在使用温度下没有相变，线膨胀系数也比较小。表2-86列出了熔模铸造用典型稳定化氧化锆砂、粉的化学成分。

② 在铸钛工业中使用的都是电熔 Y_2O_3，或者经过稳定化处理的氧化钇砂料或粉料。电熔氧化钇是无定形氧化钇经电弧熔炼成结晶体后，破碎筛分而成。白色的电熔氧化钇具有很高的强度，加热至 1000℃，总的灼减量小于 1%。在高温下，晶格组织不发生变化。它不溶于水，但可溶解于强酸。表 2-87 列出了电熔氧化钇的成分要求。

表 2-86　熔模铸造用典型稳定化氧化锆砂、粉的化学成分

粒度/筛号	结构	主要元素（质量分数,%）					其他杂质元素总量（质量分数,%）
		Zr	Ca	Si	Fe	Al	
325	立方晶格	69.40	3.66	0.21	0.05	0.05	0.05
50/100		68.70	3.92	0.57	0.06	0.21	0.075
30/50		67.10	3.14	0.33	0.03	0.03	0.125
12/30		68.50	5.27	1.20	0.01	0.06	0.275

表 2-87　电熔氧化钇的成分要求

名称	化学成分(质量分数,%)						
	Y_2O_3	杂质元素					
		Si	Fe	Mg	Ca	Al	稀土元素
成分	≥99.5	0.01	0.01	0.01	0.01	0.03	0.04

3）金属。难熔金属（W、Mo、Ta、Nb）的熔点高，与液钛接触时化学稳定性好，成为铸钛的重要造型材料。钨粉已在工业生产中应用，其性能对型壳的质量有影响，钨粉应具有较高的纯度，杂质含量不能超过标准规定。钨粉的形貌对型壳质量也有很大影响，片状或树枝状颗粒的表面积大，孔隙度高，配制料浆时，需要较多的黏结剂，影响涂层质量。最理想的钨粉应是趋向圆形的多角形颗粒。表 2-88 列出了钛合金熔模精铸用钨粉的技术要求。

表 2-88　钛合金熔模精铸用钨粉的技术要求

项目		指标
化学成分（质量分数,%）	W	≥99.9
	C	≤0.008
	O	≤0.150
	K + Na	≤0.004
松装密度/(g/cm^3)		≥6.0
震实密度/(g/cm^3)		≥8.5
粉体粒度/μm	≈21	质量分数 35%
	≈6.4	质量分数 40%
	<3	质量分数 25%

2. 常用耐火材料的化学成分与粒度测定方法（见表 2-89、表 2-90）

表 2-89　耐火材料化学成分测定方法

测试项目	测试方法	测试方法和标准号
灼烧减量的测定	在已恒重的瓷坩埚或铂坩埚中准确称取 1g 试样，放入高温炉内，逐渐升温至 950～1000℃灼烧 1h。取出，置于干燥器中，冷至室温，称量。如此反复操作（每次灼烧 15min）直至恒重 灼烧减量按下式计算 $$灼烧减量=\frac{G-G_1}{G}\times 100\%$$ 式中　G—灼烧前试样重量（g） G_1—灼烧后试样重量（g）	硅质耐火材料化学分析法 GB/T 6901—2017
二氧化硅的测定	1）钼蓝光度法［w（SiO_2）≤5%］ 2）解聚钼蓝光度法［5%≤w（SiO_2）≤15%］ 3）凝聚重量法［5%≤w（SiO_2）≤95%］	
氧化铝的测定	1）乙酸锌返滴是 EDTA 滴定法 2）氟盐置换 EDTA 滴定法（不适用于含锆试样） 3）铝铁钛联合滴定差减法（适用于不含锆的熔铸氧化铝试样）	
氧化铁的测定	比色法	铝硅系耐火材料化学分析法 GB/T 6900—2016
二氧化钛的测定	1）二安替比林甲烷光度法［w（TiO_2）<0.5%］ 2）过氧化氢光度法［0.5%≤w（TiO_2）≤10%］	
氧化钙的测定	1）火焰原子吸收光谱法［0.05%≤w（CaO）≤1%］ 2）EDTA 滴定法［1%≤w（CaO）≤20%］	
氧化镁的测定	1）二甲苯胺蓝Ⅰ-溴化十六烷基三甲铵光度法 2）火焰原子吸收光谱法	
氧化钾和氧化钠的测定	1）火焰原子吸收法 2）火焰光度法	

注：一氧化锰、五氧化二磷的测定，以及采用电感耦合等离子发射光谱法［$w(M_xO_y)$≤15%］测定。二氧化硅、氧化铁、二氧化钛、氧化钙、氧化镁、氧化钾、一氧化锰、五氧化二磷、氧化锆、三氧化二铬的方法见 GB/T 6900—2016。

表 2-90 耐火砂、粉粒度测试方法

测试项目	测试方法	测试方法和标准号
耐火粉料粒度	采用FWL型微机控制粉料粒度测定仪来测定粉料的粒度分布、重量平均粒径、100g粉表面积、重量均方差	熔模铸造用耐火粉料粒度测定方法 CICBA/D3.01—1999
耐火砂粒度	将烘干的砂试样50g放在标准筛的最上一层，把盖子盖好，放在筛砂机上，束紧固定筛子用的橡胶带，开动电动机，使筛砂机开始工作。摆动15min后，关闭开关取下筛子，将每一个筛子及底盘上所残留的砂子，分别倒在光滑的纸上，用天平称量每个筛号上砂粒的重量，并将重量乘以2，所得结果为该号筛上砂粒占试样总重量的百分数	熔模铸造用耐火砂粒度测定方法 CICBA/D03.02—1999

2.4.3 制壳用黏结剂及其型壳

1. 硅溶胶黏结剂及其型壳

（1）硅溶胶　硅溶胶是一种典型的硅酸胶体结构的水基黏结剂，它是一种高度分散的SiO_2颗粒溶于水质的聚合胶体溶液，胶粒呈球形，直径为6～100nm。熔模铸造制壳的过程，就是胶体胶凝的过程。影响胶凝因素很多，主要有电解质、pH值、溶胶浓度和温度。硅溶胶的制备方法见表2-91。熔模铸造用硅溶胶的技术要求见表2-92（标准CICBA/C02.06—1999）。硅溶胶性能测试方法见表2-93。商品硅溶胶的种类很多，使用最多的是SiO_2质量分数为30%的碱性硅溶胶。为克服硅溶胶型壳制壳周期长的缺点，近年来又研制出快干型硅溶胶。表2-94列出了国内外几种硅溶胶的性能。

表 2-91 硅溶胶的制备方法

名称	方法摘要
离子交换法	将稀释的水玻璃经离子交换，去除其中的Na^+粒子和其他杂质，然后经过滤并加热浓缩至一定密度的硅溶胶
溶解法	以工业纯硅[$w(Si)\geqslant97\%$]为原材料，在催化剂作用下，经加热直接溶解在软水介质中，再经过滤得到硅溶胶

表 2-92 熔模铸造用硅溶胶的技术要求

牌号	化学成分（质量分数,%）		物理性能				其他	
	SiO_2	Na_2O	密度/(g/cm^3)	pH值	运动黏度/(mm^2/s)	SiO_2胶粒直径/nm	外观	稳定期
GRJ-26	24～28	≤0.3	1.15～1.19	9～9.5	≤6	7～15	乳白色或淡青色，无外来杂物	≥1年
GRJ-30	29～31	≤0.5	1.20～1.22	9～10	≤8	9～20		

表 2-93 硅溶胶性能测试方法

测试项目	测试方法	标准名称及标准号
SiO_2含量	在已恒重的带盖瓷坩埚内称取3g硅溶胶，在电炉上低温加热使其微沸，让水分缓慢蒸发至干涸后，将坩埚加盖留小缝隙，置于马弗炉中随炉升温至850℃，保温30min，至恒重，则 $w(SiO_2)=\frac{G_1-G\times w(Na_2O)}{G}\times100\%$ 式中 G_1—熔烧至恒重后的硅溶胶残留物（g） G—硅溶胶试样重量（g） $w(Na_2O)$—试样中氧化钠的质量分数（%）	熔模铸造用硅溶胶二氧化硅含量测定方法 CICBA/D02.09—1999

（续）

测试项目	测试方法	标准名称及标准号
Na_2O 含量	称取3g左右的硅溶胶，移入250mL锥形瓶中，加50mL去离子水稀释，滴3滴甲基红指示剂，用0.1mol盐酸标准溶液滴定至由黄变红即为终点，则 $w(Na_2O)=\frac{VN\times0.031}{G}\times100\%$ 式中　V—滴定所耗盐酸体积（mL） N—标准盐酸的摩尔浓度（mol） G—硅溶胶试样重（g）	熔模铸造用硅溶胶氧化钠含量测定方法 CICBA/D02.10—1999
黏度	毛细管法	熔模铸造用黏结剂黏度测定方法 CICBA/D02.10—1999
pH	精密试纸法	熔模铸造涂料试验方法 JB/T 4007—2018
密度	密度计测定法	

表2-94　国内外几种硅溶胶的性能

牌号	$w(SiO_2)$（%）	$w(Na_2O)$（%）	稳定离子	pH	密度/（g/cm^3）	运动黏度/（mm^2/s）	胶粒平均直径/nm	稳定时间（10~40℃）	备注
GS-30	30±1	≤0.35	钠	8.5~10	1.19~1.21	<10	10~20	2年	—
FS-Ⅰ	30±1	—	—	8.5~10	1.19~1.21	<10	10~20	2年	快干
JNS-301 JNS-302 JNS-303	30±1	<0.3	钠	9.5~10.5	1.19~1.21	<8	8~20	1年以上	—
GM-30（830）	30±1	≤0.50	钠	9.0~10.5	1.19~1.21	≤7	7~10	1年	面层
G-30（1430）	30±1	≤0.30	钠	9.0~10.0	1.19~1.21	≤7	10~15	1年	背层
S-830	30±1	≤0.5	钠	9.5~10.5	1.19~1.21	≤8	7~8	1年	面层
S-1430	30±1	≤0.5	钠	9.5~10.5	1.19~1.21	≤8	12~16	1年	背层
Ludox SM	30	0.56	钠	10.0	1.22	4.10	7	—	面层
Ludox LS	30	0.10	钠	8.5	1.21	12.4	12	—	背层
Syton X30	30	0.34	钠	10.2	1.20	5.5	13~15	—	—
Syton D30	30	0.44	钠	10.2	1.20	7.0	7	—	—

（2）硅溶胶涂料

1）硅溶胶 SiO_2 含量选择。一般可直接使用 $w(SiO_2)$ 为30%的硅溶胶配涂料，这样工序简单、操作方便，所制型壳强度较高、层数较少，制壳周期相对短些。

在生产较小的钢铁铸件时，出于经济上的考虑可将硅溶胶适当地加以稀释，如稀释至 $w(SiO_2)$ 为28%左右。而在生产铝合金铸件时，考虑到铝合金浇注温度低、密度小，对型壳高温强度要求较低，同时为便于清理、不损坏铸件，型壳残留强度要求低。因此，铝合金铸件用型壳面层与背层可分别使用 $w(SiO_2)$ 为25%和20%的硅溶胶；但 $w(SiO_2)$ 一般不应低于20%，否则将因型壳的表面强度不高而造成铸件表面质量恶化。稀释硅溶胶时，应用蒸馏水作为稀释剂。可按式（2-17）确定稀释时水的加入量：

$$B=A\left(\frac{a}{b}-1\right) \tag{2-17}$$

式中　B——水的加入量（g）；

A——硅溶胶重量（g）；

a——硅溶胶中 SiO_2 质量分数（%）；

b——稀释后硅溶胶中 SiO_2 质量分数（%）。

有资料介绍用乙醇来稀释硅溶胶，认为乙醇可降低硅溶胶的表面张力，改善涂料对模组的涂挂性，加速型壳干燥的过程。但乙醇会降低硅溶胶的稳定性，增加其黏度。用乙醇稀释硅溶胶在技术上存在不可控性，经济上不合理性，因此不可取。

2）硅溶胶涂料的种类及组成见表2-95。

表2-95 硅溶胶涂料的种类及组成

涂料的种类	组　成
面层涂料	1）面层硅溶胶黏结剂应能保证面层强度、不开裂等 2）面层耐火粉料应有足够的耐火度，不与金属液发生热化学反应等，故面层用耐火粉料要纯，如锆砂粉、刚玉粉等 3）润湿剂是一种表面活性剂。硅溶胶涂料是水基涂料，与蜡模润湿性差，涂挂不好，因此需加润湿剂以改善涂挂性 4）消泡剂是一种表面活性剂。因润湿剂往往有发泡性，所以需同时加入消泡剂，防止涂料中含气泡 5）晶粒细化剂保证铸件晶粒细化，提高铸件力学性能 6）其他附加物，如悬浮剂、干燥指示剂、缓凝剂等
过渡层	1）硅溶胶黏结剂，要求高的铸件用面层硅溶胶 2）耐火材料，要求高的铸件用面层耐火材料，要求一般的用背层材料 3）其他附加物，如悬浮剂、干燥指示剂、缓凝剂等
背层涂料	1）背层用硅溶胶黏结剂 2）背层用耐火材料 3）其他附加物，如悬浮剂、干燥指示剂、缓凝剂等

3）涂料配方。正确选择涂料各组成物加入比例是保证涂料质量的关键。涂料中最基本的两个组成是耐火材料和黏结剂，两者之间加入的比例，即为涂料的粉液比。涂料粉液比对涂料性能、型壳性能均有很大的影响，从而也影响了铸件质量。涂料粉液比过低，面层涂层不致密、空隙多，使铸件表面粗糙；同时涂层产生裂纹的倾向大，型壳强度低，浇注时可能导致漏金属液。涂料粉液比过高，涂料过稠，其流动性差，操作性能变坏，难以获得一个均匀而厚度合适的涂层，导致型壳性能变坏。表2-96列出了国内外熔模铸造用硅溶胶涂料配方示例，供参考。

4）涂料配制。涂料配制是保证质量的重要一环。配制时，应让各组分均匀分散，相互充分混合和润湿。涂料配制所用设备、加料次序和搅拌时间等均会影响涂料的质量。国内硅溶胶涂料常采用低速连续式搅拌机配制，供制壳时上涂料用。表2-97列出了涂料配制操作。为保证涂料质量，面层涂料全部为新料时，搅拌时间应大于24h后才能使用；若部分为新配的料，搅拌时间可缩短为12h。对过渡层及背层涂料，搅拌时间需大于10h（全部新料）或5h（部分新料）。

5）涂料性能控制。为控制硅溶胶涂料的性能，保证涂料质量，需对涂料进行多项性能测定，见表2-98。特别是涂料的黏度、密度，存放涂料和制壳环境的温度更应每天多次进行测定并加以控制，一般每天需测三次左右。

表2-96 国内外熔模铸造用硅溶胶涂料配方示例

名称		序号 1	2	3	4	5	6	7
		加入量						
涂料组成	硅溶胶/kg [$w(SiO_2)=30\%$]	12.1	12.1①	12.1	12.1①	10	10	10
	电熔刚玉/kg	32～36	—	—	—	—	—	—
	熔融石英/kg	—	19	17～18	—	—	—	—
	锆石粉/kg	—	—	—	45.5	36～40	—	—
	高岭石类熟料/kg	—	—	—	—	—	16～17	14～15
	铝酸钴/kg	—	0.26	—	1.9	—	—	—
	润湿剂/mL	24	5.2②	24	5②	16	—	—
	消泡剂/mL	16	2.6③	16	10	12	—	—
	其他附加物	—	④	—	—	—	—	—

（续）

名称	序号						
	1	2	3	4	5	6	7
	加入量						
涂料密度/(g/cm³)	2.3～2.5	1.8～1.85	1.7～1.8	—	2.7～2.8	1.82～1.85	1.81～1.83
涂料黏度/s	33～37	27～32⑤	22～26	58～63⑥	32±1	19±1	13±1
用途	表面层	表面孕育层	表面层	表面孕育层	表面层	过渡层	背层

① 使用 Syton×30 硅溶胶。

② 为英国 I. C. I 公司生产的“LissapoIN”表面活性剂。

③ 消泡剂 AC（武汉智发科技开发有限公司的 8F—104）。

④ 英国产的悬浮剂“Vinanul 900”50mL 和“Viscalex HV30”12mL。

⑤、⑥ 使用的为国外涂料黏度杯测试的数据。

表 2-97 涂料配制操作

序 号	内 容
1	检查设备是否处于工作状态
2	按比例将硅溶胶倒入粘浆桶中
3	开动粘浆机，使其旋转
4	按每千克硅溶胶应加入润湿剂的比例加入润湿剂，混均匀
5	按比例将耐火粉料缓慢加入粘浆桶中，注意防止粉料结块，一定要将粉料分散搅开
6	按每千克硅溶胶应加入的比例加入消泡剂，混均匀
7	等涂料基本混匀后，用流杯测定涂料黏度。如黏度过高，加硅溶胶调整；如黏度过低，加耐火粉料调整。注意，这时测定的黏度可以比工艺要求的黏度稍高一些，因涂料经充分搅拌后，其黏度还将略有下降
8	将涂料黏度调整好后，盖上粘浆桶以免溶剂蒸发，继续搅拌到工艺规定的时间后，再次检查涂料的性能，达到工艺要求性能后方可使用

表 2-98 硅溶胶涂料性能测定方法

测试项目		测 试 方 法	标准名称及标准号
涂料黏度		用手指堵住标准流杯（见图 2-23a）下端流出口，把待测涂料倒满流杯；然后放开手指，同时按动秒表计时，直到涂料全部流出至连续流第一次断流为止，停止秒表。记录的时间 s 就代表涂料的流杯黏度	熔模铸造用涂料黏度测定方法 CICBA/D04.01—1999 HB 5351.1—2004
涂料密度	密度计法	充分搅拌涂料，静止 30s 后除去涂料表面上的泡沫。缓缓将密度计插入涂料槽中，直至浸没深度略低于预计的密度计刻度线时松开密度计，待其下沉到一定位置静止 30s 后读数，此值为涂料密度	熔模铸造用涂料密度（密度计法）测定方法 CICBA/D04.02—1999 HB 5351.2—2004
	容重法	取清洁干净容积 V 为 150mL 锥形瓶，称重 A；加入待测涂料直到液面与瓶口到同一平面；擦净瓶外溢出物，称重 B。A、B 准确至 0.01g。涂料密度 D 按下式计算：$D=\frac{B-A}{V}$	熔模铸造用涂料密度（容重法）测定方法 CICBA/D04.03—1999 HB 5351.3—2004

（续）

测试项目		测 试 方 法	标准名称及标准号
涂料pH值	试纸法	把pH试纸折成“L”形，轻轻放在待测涂料表面，停留1～2min。把试纸颜色与标准板比较，确定涂料pH值。如2min后仍看不出试纸颜色变化，可滴一滴中性醇液再观察	熔模铸造用涂料pH值（试纸法）测定方法 CICBA/D04.04—1999
	pH计法	对涂料进行抽滤后装入100mL容量瓶中待测，按pH计说明书将玻璃电极插入涂料中进行pH值测定，重复测定两次，取平均值	熔模铸造用涂料pH值（pH计法）测定方法 CICBA/D04.05—1999
涂料组成比测定与调整		用转速为3000r/min的离心机将涂料转动20min，使其中固、液体分开。固体可看成为耐火材料，液体则为黏结剂 将使用中涂料和新涂料的固、液体比例进行比较，了解使用涂料与新涂料是否一致，进行修正（调整）使之一致	—
涂料中黏结剂中SiO_2含量		用离心机将涂料进行固、液体分离，将分离出的澄清液经定量滤纸过滤后测定液体重量A，再将滤液放入坩埚中加热焙烧，测出其残留物重量B，则$B/A\times100\%$为涂料黏结剂中SiO_2含量，可一个月测定一次，然后对其进行微调	—
涂料胶凝实验		将转动的涂料桶停止3min，如涂料表面中央出现牛乳结膜状的胶凝膜，说明涂料已有胶凝化的初步倾向。应及时进行涂料组成比、涂料pH值和黏结剂中SiO_2含量的调整	—
涂料水分蒸发量与调整		让涂料桶停转核定涂料水平面，然后转动涂料桶，经过一定时间后，再次停止转动，核定涂料水平面。涂料水平面下降值则为对应时间内水分蒸发的量。以此为根据，每天在涂料中补加蒸馏水	—
涂层均匀性		用夹子夹住110mm×80mm×3mm玻璃片宽的一端，浸入待测涂料中，提起让多余涂料滴落，对光观察涂料层均匀性	熔模铸造用涂料涂层均匀性测定方法 CICBA/D04.07—1999

涂料的黏度测量采用黏度流杯，各国使用的流杯规格不同，如图2-23所示。我国标准杯的容积为100mL、流出孔径为ϕ6mm±0.02mm（见图2-23a）；美国熔模铸造车间多用Zahn4#或5#杯（主要用Zahn4#杯），其容积为44mL，流出孔径为4.27mm、5.28mm（见图2-23b）；欧洲则多用Ford杯（见图2-23c）。采用不同的流杯测出的黏度不同。表2-99列出了美国Zahn4#杯和中国标准杯测得的涂料黏度。

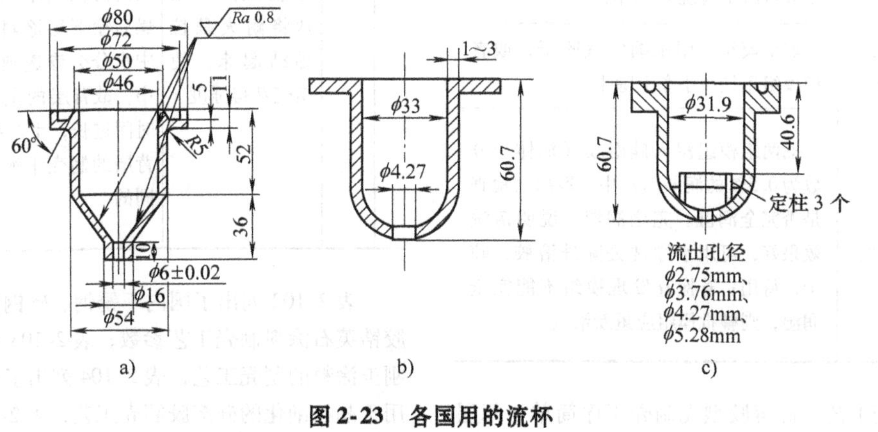

图2-23 各国用的流杯

a）中国标准杯 b）美国Zahn杯 c）欧洲Ford杯

表2-99 美国 Zahn4#杯和中国标准杯测得的涂料黏度

（单位：s）

涂料种类	美国 Zahn4#杯	中国标准杯
涂料1	10.7	8.9
涂料2	33.0	23
涂料3	38.6	27.9

另外，使用流杯测定涂料黏度时还应注意下列两点：①流杯测定时终止计时的基准也很重要，它将影响测定误差，流出料在距离流嘴10mm处断流应停止计时。②涂料的黏度是随温度而变化的，因此应将制壳间的温度控制在一个较小的范围内，这样才能通过涂料黏度来控制涂料质量。

（3）硅溶胶型壳制壳工艺

1）模组清洗。为保证硅溶胶涂料能很好地涂挂在模组上，除在面层涂料中加入润湿剂外，还应重视模组清洗。推荐用表2-100方法对模组加以清洗。

表2-100 模组清洗

序号	工序名称	操作说明
1	配清洗液	1）50%的工业乙醇+50%的水（体积分数） 2）质量分数为0.5%的肥皂水（或洗洁精） 3）质量分数为70%的三氯乙烷+30%的工业乙醇或100%丁酮 4）乳化水清洗剂：ZF-301加1倍自来水冲稀，即可使用
2	清洗模组	把模组浸入温度为20～25℃的清洗液中清洗，然后在同样温度的清水或乙醇溶液中清洗2～4次
3	吹干或晾干	取出模组，用压缩空气吹干，或者把模组悬挂在小车上晾干
4	抽查清洗效果	抽两组模组浸入硅溶胶（加体积分数为0.5%的润湿剂）中，取出后检查是否完全润湿。完全润湿，说明清洗效果好，可用水漂洗去除硅溶胶，晾干，待用；若检查发现模组不能完全润湿，则整批模组应重新清洗

2）制壳工艺　硅溶胶型壳制壳工序简单，每层型壳有三个工序：上涂料、撒砂、干燥。各工序反复多次就可得到所需厚度的多层型壳。硅溶胶型壳制壳工序作用及说明见表2-101。

表2-101 硅溶胶型壳制壳工序作用及说明

序号	工序名称	作用	说明
1	上涂料	涂料是建立型壳强度和保证型壳表面质量的关键	要各处都涂上涂料，并均匀 1）浸涂涂料是要让模组在涂料桶中转动或上、下移动，保证各处都涂上涂料 2）为防止熔模的凹角、沟槽、小孔和其他处集存气泡，应用压缩空气轻吹以上部位，或者用毛笔涂刷 3）上涂料后应多次翻转模组，让多余涂料滴除，并保证各处涂层均匀
2	撒砂	为增强型壳和固定涂料，防止涂层干燥时由于胶凝收缩而产生穿透性裂纹	撒砂应各处撒到 1）撒砂粒度从面层到背层逐渐变粗 2）撒砂的含水量和含粉量应严格限制，防止分层 3）面层最好使用雨淋撒砂，背层使用沸腾撒砂
3	干燥	是制壳的关键工序，通过干燥，水分挥发，硅溶胶发生胶凝，牢固地将耐火颗粒黏结起来，使型壳获得强度	影响型壳干燥的因素主要有环境、湿度、温度和风速，应控制好，确保型壳干燥。但型壳面层一般是较容易干透的，经常出现的问题是干燥过快，因此需要防止因熔模阻碍涂层收缩而造成面层型壳开裂。背层的情况则不同，上层型壳干燥后涂下层涂料时，下层涂料中水分会渗透到已干燥的型壳中，故背层的主要问题是干燥时间过长，生产率低。所以面、背层的制壳干燥工艺参数是不同的

表2-102列出了国内不锈钢、碳钢件采用的硅溶胶锆英石涂料制壳工艺参数；表2-103列出了硅溶胶刚玉涂料的制壳工艺；表2-104列出了部分航空企业用于晶粒细化的硅溶胶制壳工艺；表2-105列出了影响型壳干燥的主要因素。

表 2-102 硅溶胶锆英石型壳制壳工艺参数

参数	面层	二层	背层	封浆
涂料种类	面层涂料	面层涂料或过渡层涂料①	背层涂料	背层涂料
撒砂	100/120 号筛锆砂	30/60 号筛高岭石熟料	16/30 号筛高岭石熟料	—
温度/℃	22 ~ 25			
湿度（%）	60 ~ 70		40 ~ 60	
风速/(m/s)	—	6 ~ 8		
干燥时间/h	4 ~ 6	>8	>12	>14
预湿剂	浸预湿剂②		—	

注：面层涂料用锆石粉作耐火材料，过渡层和背层用高岭石熟料粉做耐火材料。

① 要求高的铸件可使用两层面层料，要求不高的铸件则使用一层面层涂料，第二层采用过渡层涂料。

② 预湿剂为 $w(SiO_2)=25\%$ 的硅溶胶溶液。

表 2-103 硅溶胶刚玉涂料的制壳工艺

涂料层数	涂料密度/(g/cm³)	撒刚玉砂粒度/号筛	干燥			
			温度/℃	风速/(m/min)	相对湿度(%)	时间/h
1	2.15 ~ 2.20	50/100	18 ~ 27		<50	2 ~ 3
2	2.10 ~ 2.15	50/100	18 ~ 27		<50	2 ~ 3
3	2.00 ~ 2.10	40/70	18 ~ 27	风扇吹风	<50	2 ~ 3
4	2.00 ~ 2.10	12/30	25 ~ 30		<50	2 ~ 3
5 ~ 7	1.96 ~ 1.98	12/30	25 ~ 30		<50	2 ~ 3

表 2-104 用于晶粒细化的硅溶胶制壳工艺

涂料层数	涂料种类	涂料黏度/s	撒砂		干燥			
			种类	粒度/号筛	温度/℃	风速/(m/min)	相对湿度(%)	时间/h
1	铝酸钴	45 ~ 55	刚玉	50/100	22 ~ 24	240 ~ 300	50 ~ 70	>3
2 ~ 3	铝矾土粉	13 ~ 15	铝矾土	40/70	22 ~ 24	240 ~ 300	40 ~ 60	2
4 ~ 7	铝矾土粉	10 ~ 13	铝矾土	40/70	24 ~ 26	240 ~ 300	40 ~ 60	2
8	浸强化剂	—	—	—	—	—	—	2

表 2-105 影响型壳干燥的主要因素

因素	对型壳干燥的影响	关系图
环境湿度	环境湿度对干燥速度的影响很大（见右图）。随着环境湿度的上升，型壳干燥速度降低，干燥时间加长。当环境湿度超过 80% 时，干燥时间将大大延长 该因素在生产中必须严格控制，面层环境湿度应为 60% ~70%、背层环境湿度应以 40% ~60% 为好	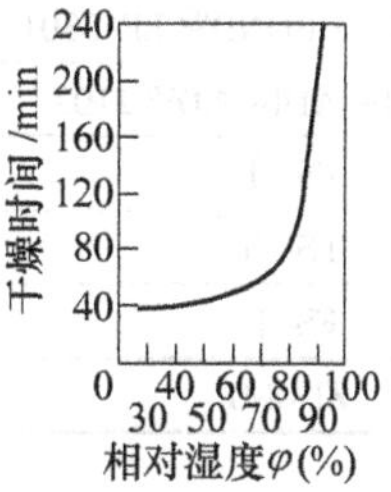
风速	风速对硅溶胶型壳干燥速度有明显影响（见右图）。风速提高，干燥时间就缩短。为加速硅溶胶型壳的干燥，近年来国外将风速提高到 6 ~ 8m/s，取得了较好的效果。风应当是旋转风，不应对着模组一处吹。面层干燥时间不宜过长	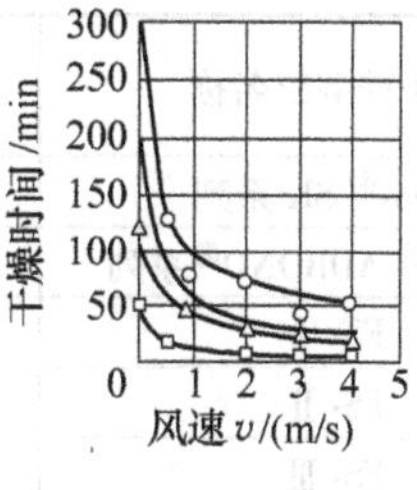

（续）

因素	对型壳干燥的影响	关系图
环境温度	提高环境温度，可加快水分的蒸发，缩短型壳干燥时间（见右图）。但环境温度会影响熔模组的热膨胀和稳定性，从而影响铸件的尺寸精度，甚至造成铸件变形。因此，不能用提高环境温度来缩短型壳干燥时间。型壳干燥宜在一定温度（22～25℃）下进行，制作高精度件时温度范围要更窄些	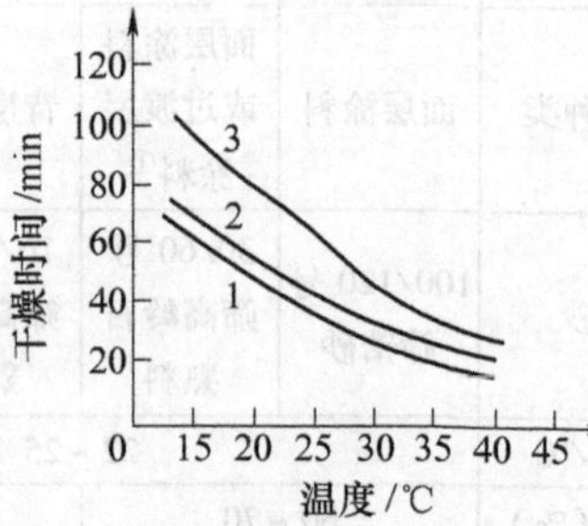
耐火材料种类	不同耐火材料的型壳干燥快慢也不相同。相比起来，铝矾土、高岭石类熟料型壳干燥得快一些，刚玉型壳次之，锆砂型壳干得较慢（见右图）。这可能是由于铝矾土、高岭石类熟料为多孔性材料，有较大的比表面积，能较迅速吸附大量溶剂，促使硅溶胶质量浓度增加，胶凝加速	1—铝矾土型壳　2—刚玉型壳 3—锆砂型壳

型壳干燥程度的检测方法包括重量法、显色法、电阻法、γ射线衰减法等。重量法因型壳外部砂粒容易脱落而不准确，γ射线衰减法设备昂贵，现用的多为显色法和电阻法。显色法是在涂料中加入显色剂，又称干燥指示剂，型壳干燥前后的颜色有明显区别，很容易根据颜色来判断型壳是否干燥，是否可进行下道工序。

3）硅溶胶的快速制壳工艺。可采用快干硅溶胶配制涂料来提高制壳效率。快干硅溶胶是在硅溶胶中加入不溶性高聚物，如乳胶或加入水溶性高聚物（如聚乙烯醇）等，有的还对硅溶胶胶粒进行了表面改性等。表2-106列出了国内外几种快干硅溶胶部分性能，表2-107列出了部分快干硅溶胶的制壳工艺。从表2-107中可看出，用Ludox® SK系列、Remasol® ADBOND®系列和FS-Ⅱ快干硅溶胶制五层半型壳时间可缩短到6～10h（每层1～2h）。该工艺在国外得到应用，国内有些厂家也在应用。

表2-106　国内外几种快干硅溶胶部分性能

牌　号	$w(SiO_2)$ (%)	固体含量（质量分数，%）	pH	密度 /(g/cm³)	运动黏度 /(mm²/s)	胶粒平均直径/nm
Ludox® SK	25	—	4～7	1.160	—	—
Ludox® SK*	26	—	4.1		7.5	—
Ludox®-F*	26	—	4.2	1.167	8.6	—
Ludox®-R*	26	—	3.7	1.160	19.8	—
Remasol® ADBOND® SP-3301	24	—	—	—	—	—
Remasol® ADBOND® LP-3301	26	—	—	—	—	—
Remasol® ADBOND® 2102	24		9.9	1.17		—
FS-Ⅰ	30±1	—	8.5～10	1.19～1.21	≤10	10～20
FS-Ⅱ	25～26	—	8.5～9.5	1.15～1.17	≤10	8～20
FS-Ⅲ	25～27	31±1	8.5～9.5	1.15～1.18	≤10	8～20
ZF-801	—	—	9～10	1.18～1.185	8～10	—

表2-107　部分快干硅溶胶的制壳工艺

快干硅溶胶名称	制壳间条件			层间干燥时间/h	脱蜡后停放时间/h
	背层风速/(m/s)	湿度（%）	温度/℃		
Ludox® SK系列	6～8	50±3	23±1	1～2	26～28
Remasol® ADBOND®系列	—	—	—	1～2	—
FS-Ⅰ	4～6	40～60	24±2	4～5	24
FS-Ⅱ				1～2	24
FS-Ⅲ				3～4	24

(4) 硅溶胶型壳常见缺陷分析及其防止方法（见表2-108）

表2-108 硅溶胶型壳常见缺陷分析及其防止方法

名称	特　征	缺陷及其产生原因	防 止 方 法
型壳表面粗糙	型壳表面粗糙，平度误差过大	1）蜡模表面腐蚀过度 —浸洗时间过长 —清洗过慢 —操作不正确	1）蜡模在蚀刻液中浸洗时间要尽量短；取出后应立刻用乙醇清洗；整个蜡模清洗操作要按规定进行
		2）面层涂料粉液比过低 —所控制的涂料黏度不合理 —使用的原材料质量不好，如粉料粒度分布过于集中等	2）确保面层涂料有足够的粉液比。为此，面层涂料黏度要合理，不能要求黏度过低；同时控制原材料的质量
		3）涂料未能很好地涂挂在蜡模上 —蜡模清洗不好 —面层涂料润湿性不好 —蜡模上分型剂量过多	3）保证涂料能很好地涂挂在模组上。为此，要确保蜡模组清洗好；面层涂料加入润湿剂的量要足够，润湿剂质量好并稳定；打蜡模时应减少分型剂的用量
		4）涂好的面层涂料中有气泡等 —面层涂料太稠 —上涂料的操作不正确	4）防止上好的面层涂料中有气泡及蜡模凹角处未上好涂料。为此，面层涂料不能太稠；对蜡模凹角处等要用笔刷，或者上好涂料后用压缩空气吹一下；要保证撒砂前吹破涂层上的气泡；浸浆时要注意方向，防止气泡发生；有条件可使用真空沾浆
		5）撒砂穿透面层涂料 —面层涂料太稀 —面层涂料上后滴浆时间过长 —淋砂机中砂落差太大 —淋砂机出砂不均匀 —浮砂桶空气流量不当	5）保证面层撒砂不穿透涂层。为此，面层涂料黏度要合适，不能太稀；上涂料后滴浆时间不能过长；面层撒砂粒度要合适，不能过粗；用淋砂机时，设备出砂要均匀，模组与淋砂槽距离不能太大；用浮砂桶撒砂时，空气流量要合适，不能过大
型壳面层裂纹	型壳面层出现不规则的裂纹，或者出现极细小的龟状裂纹（见下图） 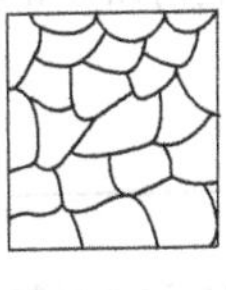	这些裂纹是型壳干燥时产生的，是由于面层干燥过快或涂料干燥收缩过大引起的，或者由于蜡模热膨胀使面层型壳被胀裂。具体产生原因如下 1）环境相对湿度太低 2）面层干燥时间过长 3）空气流动不均匀或过大 4）环境温度变化大	要防止型壳面层干燥过快，以及由于温度波动造成的蜡模膨胀使型壳面层胀裂。措施如下 1）面层干燥区相对湿度应在50%～70%之间，环境相对湿度不应太低 2）面层干燥时间以4～6h为宜，不要过长 3）风不要正对模组吹，应降低直接吹到模组上的气流量 4）制壳间温度应控制严格，保持在24℃±2℃之间，防止温度波动过大，造成蜡模热膨胀使面层涂层胀裂

（续）

名称	特　征	缺陷及其产生原因	防止方法
型壳面层鼓裂	型壳面层局部与蜡模分开，向外鼓起（见图a），或者鼓起后破裂，导致背层涂料流到蜡模和面层间，但未将空隙填满（见图b、图c） 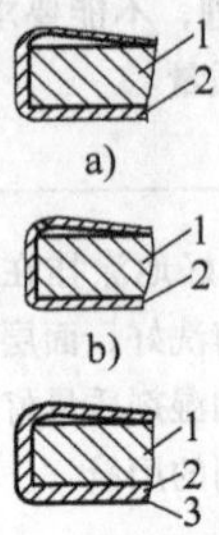 a)　b)　c) 1—蜡模　2—面层型壳 3—背层涂料	1）面层型壳与蜡模间附着力太差	1）应确保蜡模清洗好，面层涂料润湿剂加入量合适
		2）面层型壳外表面干燥过度、内表面干燥不足	2）控制好环境相对湿度、面层干燥时间和风速，确保面层型壳外、内表面干燥合适。另外，应使面层涂料层厚度合适，不要过厚
		3）面层型壳湿强度不足，特别是在蜡模锐角处其强度低	3）保证面层型壳湿强度。为此，要保证硅溶胶和耐火材料的质量，按工艺规范保持涂料正确配方，配制方法及确保涂料性能合格；最好采用面层专用的小粒径硅溶胶。此外，要保证蜡模锐角处有一定厚度的涂料层，防止撒砂时涂料已过早干燥
		4）制壳间温度不均匀	4）保持温度均匀
型壳面层剥落	型壳型腔尺寸变大，表面不光洁	1）面层在制下层型壳过程中剥落，这是由于面层还没有干燥就制下层型壳，硅溶胶发生回溶现象，使面层型壳剥落	1）控制好环境相对湿度、温度、风速和干燥时间，确保面层干燥后再制第二层
		2）型壳脱蜡时面层型壳剥落。这是因为面层和第二层型壳间结合力差造成的 —第二层涂料黏度太大，难于渗入面层 —面层撒砂太细，一二层很难形成牢固的镶嵌结构 —撒砂中粉尘量及含水量太多，造成两层分层 —面层撒砂过慢等引起撒砂未能嵌入涂层内部，而是浮贴在涂层上，或者根本未撒上砂子，形成涂料与涂料接触，产生分层 —上第二层涂料前应去除面层型壳上的浮砂 —未使用预湿剂	2）加强面层与第二层之间的结合力。具体措施如下 —第二层涂料黏度不能太大 —面层撒砂不应太细，以免造成粗糙的背面，使一二层镶嵌紧密 —撒砂中粉尘量及水的质量分数应均小于0.5% —撒砂不应过慢 —制第二层前，把模组浸入硅溶胶预湿剂中（不超过2s），取出甩干5s，再上第二层涂料 —在制第二层型壳前以柔和风吹去多于浮砂
		3）焙烧时面层型壳剥落，是由于两层涂层间热膨胀系数不同而造成的	3）尽量使面层和二层的材料热膨胀系数相近

（续）

名称	特 征	缺陷及其产生原因	防 止 方 法
型壳强度低	型壳强度不足	1）硅溶胶质量差，如胶体粒径过大，胶体结构不致密，杂质多等 2）硅溶胶中 SiO_2 含量低 3）耐火材料质量差，如耐火材料矿物组成不符合要求，杂质含量高等 4）涂料质量不好，如涂料配比不合理，配制时未按照规范进行 5）制壳操作不当，如涂料上得不匀，涂层过薄；撒砂粒度不合适等 6）型壳干燥不透，是硅溶胶型壳强度不高主要原因 7）未上预湿剂或上预湿剂次数不够。预湿剂是强化型壳、防止型壳分层的重要措施 8）型壳层数不够	1）保证硅溶胶质量好而稳定 2）确保硅溶胶中 SiO_2 含量 3）保证耐火材料质量好而稳定 4）严格控制涂料配比和配制工艺，保证涂料质量 5）严格按照制壳工艺规范制壳 6）控制好制壳间的温度、湿度、风速和干燥时间，确保型壳干透 7）按型壳大小等正确规定上预湿剂的次数，操作中要按工艺规定上预湿剂 8）应根据铸件大小等，正确选择型壳层数
型壳裂纹	型壳开裂，浇出的铸件有不规则的飞翅	脱蜡时蜡模膨胀大于型壳膨胀，而型壳湿强度又较差，使型壳开裂	1）脱蜡前，型壳应存放在恒温的制壳间，脱蜡时运到脱蜡处，立刻装车入脱蜡釜脱蜡，不允许型壳过长时间放在脱蜡间 2）脱蜡蒸汽压力上升速度要快，14s 内必须升到 0.6MPa 3）组树方案正确，以确保蜡易流出 4）型壳应有足够的透气性，对有的铸件应设透气孔 5）采取各种措施保证型壳强度（见本表型壳强度低缺陷的防止措施） 6）防止组树时蜡模间距离太近，使型壳不易干燥，造成型壳强度低 7）铸件上平面太大时，应设法增加型壳强度

2. 硅酸乙酯黏结剂及其型壳

（1）硅酸乙酯　硅酸乙酯是由四氯化硅和乙醇经化学作用而制得，属醇基酸性易燃性液体。它的活性基团是乙氧基—OC_2H_5，能水解，醇解、酸解、碱解等。

熔模铸造用的硅酸乙酯的技术要求，见表2-109。硅酸乙酯杂质含量低，耐火度高，铸件表面质量好，常应用于铸造镍、铬、钴基的高温合金或含镍铬较高的不锈钢和耐热钢，如航空和燃气轮机用的高温合金铸件，石油化工机械和食品工业用的各种耐蚀不锈钢铸件或其他表面质量要求高的铸件。

（2）硅酸乙酯的水解　硅酸乙酯中的乙氧基（—OC_2H_5）逐步被水中烃基（OH）所取代，取代产物又不断进行缩聚反应，形成各种聚合度和构型的聚乙氧基硅氧烷，即水解液，作为熔模铸造的黏结剂使用。熔模铸造中依据使用环节的不同来对水解过程进行控制，从而得到不同 SiO_2 含量的水解液和强化剂。

表 2-109　硅酸乙酯的技术要求

性　能	指　标	
	硅酸乙酯32	硅酸乙酯40①
外观	无色或淡黄澄清微浊液体	无色或淡黄澄清微浊液体
SiO_2 含量（质量分数,%）	32.0 ~ 34.0	40.0 ~ 42.0
酸度 HCl（质量分数,%）	≤0.04	≤0.015
110℃以下馏分含量（质量分数,%）	≤2	≤3
密度/(g/cm³)	0.97 ~ 1.0	1.04 ~ 1.07
运动黏度/(m²/s)	$<1.6\times10^{-6}$	$(3.0 \sim 5.0)\times10^{-6}$

① 硅酸乙酯40，国外应用比较普遍，但目前国内主要应用硅酸乙酯32。

水解液通常作为配制熔模铸造浆料的黏结剂使用，其 SiO_2 的质量分数应控制在14% ~22%。对硅酸乙酯32，SiO_2 质量分数的最佳范围为16% ~19%；对硅酸乙酯40，SiO_2 的质量分数为14% ~16%；水解液中盐酸的质量分数最好控制在0.30% ~0.35%。根据原硅酸乙酯中 SiO_2 含量，对水解液中 SiO_2 含量要求和 H_2O/SiO_2 质量比值，来决定水解过程中需要加入的醇、酸和水量。从表2-110中可查出各组分的加入量。

强化剂通常作为型壳制备过程的加固剂使用，它是一种低黏度、SiO_2 含量高的不完全水解的硅酸乙酯水解液。强化剂中 $w(SiO_2)$ 为24% ~26%，$w(HCl)$ 为0.45% ~0.65%，黏度为 $3 \sim 4.5\times10^{-3}$ Pa·s。配制强化剂各组分的配比见表2-111。

硅酸乙酯的水解方法有一次水解、二次水解和综合水解三种，各种方法的水解步骤和特点见表2-112。硅酸乙酯及其水解液性能测定方法见表2-113。

表 2-110　水解 1kg 硅酸乙酯所需各组分的数量　（单位：mL）

水解液中 $w(SiO_2)$ (%)	硅酸乙酯中 $w(SiO_2)$ (%)	H_2O/SiO_2 =0.00		H_2O/SiO_2 =0.25		H_2O/SiO_2 =0.40		H_2O/SiO_2 =0.50		H_2O/SiO_2 =0.60		H_2O/SiO_2 =0.70		盐酸	醋酸
		乙醇	蒸馏水	乙醇	蒸馏水	乙醇	蒸馏水	乙醇	蒸馏水	乙醇	蒸馏水	乙醇	蒸馏水		
18	>30.0 ~30.5	603	127	631	152	613	167	602	176	588	186	572	201	11.5	4 ~5
	>30.5 ~31.0	701	124	669	149	651	164	640	174	626	184	610	199	11.7	4 ~5
	>31.0 ~31.5	739	121	707	146	689	161	678	171	664	181	648	197	11.9	4 ~5
	>31.5 ~32.0	777	118	745	143	727	158	716	169	702	179	686	195	12.1	4 ~5
	>32.0 ~32.5	815	115	783	140	763	155	754	166	740	176	714	192	12.3	4 ~5
	>32.5 ~33.0	853	112	821	137	803	152	792	164	778	174	752	190	12.4	4 ~5
	>33.0 ~33.5	891	109	859	134	841	149	830	161	816	171	790	188	12.6	4 ~5
	>33.5 ~34.0	929	106	887	131	879	146	868	159	854	169	828	186	12.8	4 ~5
19	>30.0 ~30.5	545	133	514	158	496	173	483	182	470	192	455	207	10.9	4 ~5
	>30.5 ~31.0	581	130	550	155	532	170	519	180	506	190	490	205	11.0	4 ~5
	>31.0 ~31.5	671	127	586	152	568	167	555	177	542	187	525	203	11.2	4 ~5
	>31.5 ~32.0	653	124	622	149	604	164	591	175	578	185	560	201	11.4	4 ~5
	>32.0 ~32.5	689	121	658	146	640	161	627	172	614	182	595	198	11.6	4 ~5
	>32.5 ~33.0	725	118	694	143	676	158	683	170	650	180	630	196	11.8	4 ~5
	>33.0 ~33.5	761	115	730	140	712	155	699	167	686	177	665	194	12.0	4 ~5
	>33.5 ~34.0	797	111	766	137	748	152	735	165	722	175	700	192	12.2	4 ~5
20	>30.0 ~30.5	439	140	408	165	390	180	380	189	354	199	347	214	10.3	4 ~5
	>30.5 ~31.0	474	137	443	162	425	177	414	187	390	197	381	212	10.5	4 ~5
	>31.0 ~31.5	509	134	478	159	460	174	448	184	426	194	415	210	11.7	4 ~5
	>31.5 ~32.0	544	131	513	156	495	171	482	182	462	192	449	208	10.9	4 ~5
	>32.0 ~32.5	579	128	545	153	530	168	516	179	498	189	483	205	11.0	4 ~5
	>32.5 ~33.0	614	125	583	150	565	165	550	177	534	187	517	203	11.2	4 ~5
	>33.0 ~33.5	649	122	618	147	600	162	584	174	570	184	551	201	11.4	4 ~5
	>33.5 ~34.0	664	119	653	144	635	159	618	172	606	182	585	199	11.6	4 ~5

注：H_2O/SiO_2 为质量比。

表2-111 强化剂各组分的配比

硅酸乙酯32/mL	蒸馏水/mL	乙醇/mL	盐酸/mL（$\rho=1.19g/cm^3$）	使用前存放时间/d
1000	60～70	140～150	15～18	3～7

表2-112 几种硅酸乙酯的水解步骤和特点

水解方法	步骤	特点及应用
一次	将乙醇和水加入水解器内，搅拌均匀，然后加入盐酸和醋酸；在搅拌情况下，缓慢加入硅酸乙酯。硅酸乙酯32水解反应温度不超过50℃，硅酸乙酯40不超过40℃。硅酸乙酯加完后，继续搅拌30min，最后装入容器内保存24h使用	操作简单，水解反应缓和，水解液黏度小，工艺稳定，型壳强度高，涂料使用周期长，但硅酸乙酯用量相对较大[$w(SiO_2)$为18%～21%]，成本略高
二次	在水解器内加入乙醇总量的15%，然后再加入待水解硅酸乙酯总量的1/3，并搅拌2～3min。在搅拌的情况下加入酸化水（全部用水和盐酸预先混合好）总量的1/3，搅拌2～3min，控制水解液反应温度不超过50℃。重复依次加完硅酸乙酯和酸化水后，继续搅拌30～60min。最后把全部乙醇和醋酸预先混合后加入，再搅拌30～60min，把水解液装入容器内保持24h后使用	操作繁杂，较一次法水解反应激烈，水解液黏度大，弥散度低，型壳强度低，涂料使用周期短，但硅酸乙酯用量少[$w(SiO_2)$为12.5%～14.5%]，成本低
综合	将乙醇、硅酸乙酯和耐火粉料一起加入涂料桶中，高速（2800r/min）搅拌，然后加入酸化水（水和盐酸预先混合），并搅拌1～1.5h后即可以涂挂模组	操作简单，型壳强度高，水加入量和SiO_2含量对型壳强度敏感性不大，但涂料黏度不易调整。目前，国内使用质量尚不稳定，应用还不普遍
加固剂水解	水解工艺同二次水解，水解后停放7d后使用，或者加入原硅酸乙酯30%（体积分数）的乙二醇乙醚，放置1d后使用	用于硅酸乙酯和硅溶胶型壳的加固

表2-113 硅酸乙酯及水解液性能测定方法

项　目	测定方法	测试方法名称及标准号
固体二氧化硅含量	称量经过焙烧的带盖坩埚重W；加入试样称取重量G；加入硫酸使其胶凝，再放入马弗炉中焙烧至1000℃，保温1h，冷却后称其重量为W_1；再加酸，加热除去SiF_4，重新称重为W_2，则 $$w(SiO_2)=\frac{W_1-W_2}{G}\times100\%$$	熔模铸造涂料试样方法 JB/T 4007—2018
HCl含量（酸度）	取25mL试样、50mL甲醇加入锥形瓶中，加几滴甲基蓝/中性红指示剂摇匀。用0.1moLNaOH甲醇溶液滴定，到绿色为止，记下消耗量V，则 $$w(HCl)=\frac{364.6VN}{25d}\times100\%$$ 式中 N—氢氧化钾甲醇溶液的浓度（mol/L） d—试样密度	
黏度	毛细管黏度计法	
密度	液体密度（比重）计法	
胶凝性能	将1～2滴24h以前水解的硅酸乙酯水解液滴在一块干净的玻璃上，令其自然蒸发30～60min。观察结果，水解恰当的水解液则凝成一片胶凝	熔模铸造用硅酸乙酯胶凝性能测定方法 CICBA/D02.15—1999

（3）硅酸乙酯涂料

1）涂料种类及配方。硅酸乙酯涂料也分为面层、过渡层和背层，均由硅酸乙酯水解液和耐火粉组成的。面层和过渡层耐火材料可用锆砂、电熔刚玉、熔融石英；背层则多用高岭石类熟料、铝矾土或电熔刚玉。由于硅酸乙酯水解液为醇基黏结剂，具有很强的润湿渗透能力，因此无须另加润湿剂。醇类形成的液膜强度低、易挥发，故产生的气泡容易破灭，也无须加消泡剂。表2-114列出了几种常用的硅酸乙酯涂料的配比，供参考。

表2-114 几种常用的硅酸乙酯涂料的配比

层次	涂料								
	刚玉粉（一二层）/铝矾土（三层以后）			铝矾土粉			锆石粉（一二层）/煤矸石粉（三层以后）		
	粉液比[①]（W/V）	密度/(g/cm³)	流杯黏度/s	粉液比[①]（W/V）	密度/(g/cm³)	流杯黏度/s	粉液比[①]（W/V）	密度/(g/cm³)	流杯黏度/s
1	2.2～2.7	2.0～2.2	25±5	2.2～2.4	1.9～2.15	25±5	3.5～4.0	2.5～2.8	25±5
2	—	2.0～2.1	—	—	1.85～2.1	—	—	2.4～2.6	—
3层以后	2.0～2.2	1.75～2.0	9±2	2.0～2.2	1.75～2.0	9±2	1.6～1.7	1.62～1.65	9±2

① W—耐火粉料重量（g）；V—硅酸乙酯水解液体积（mL）。

2）涂料配制。硅酸乙酯涂料配制工艺见表2-115。

表2-115 硅酸乙酯涂料配制工艺

序号	工艺要点
1	在涂料桶中加入水解液，开动搅拌机，每升水解硅酸乙酯液加入0.8～1.5mL盐酸或硫酸，调整pH值至1～2（用刚玉粉时可以不加）
2	加入耐火粉料，高速搅拌5min，然后慢速搅拌1h
3	测量涂料的黏度（取上限），并用0.251mm筛网和磁性过滤器将涂料倒入L型搅拌机内，继续搅拌1h

3）涂料控制及使用寿命。硅酸乙酯涂料的控制与硅溶胶涂料相似，需测定涂料的黏度、密度、pH值、涂料中黏结剂的SiO_2含量、胶凝情况等。耐火粉料中所含Na_2O、K_2O以及水等会使黏结剂胶凝化、涂料老化。涂料的保存期在夏季一般不超过3d，冬季不超过7～10d。

（4）硅酸乙酯型壳制壳工艺　硅酸乙酯型壳制壳工艺比硅溶胶型壳复杂，每制一层型壳需要五个工序：上涂料、撒砂、自干（或风干）、氨固化和去味（抽风除氨）。表2-116列出了硅酸乙酯型壳的制壳工艺参数。空气干燥及氨气硬化只有配合适当才能获得较高强度的型壳，并缩短制壳周期。仅采用空气干燥固化的型壳，如每层干燥8～10h以上，型壳强度很高，但生产率低。而将空气干燥与氨气硬化相结合就能获得较高强度的型壳，同时其制壳周期也大为缩短。表2-117列出了硅酸乙酯涂料不同干燥硬化工艺下的型壳强度。

表2-116 硅酸乙酯型壳的制壳工艺参数

层次	撒砂	空气+氨气硬化			
		自干或风干时间[①]/h	氨硬化/min		抽风时间/min
			氨气[②]	氨水[③]	
1	50/100或40/70号筛	≥2	15～25	30～50	10～15
2	40/70号筛	1～3	15～25	30～50	10～15
3层以后	20/40号筛	1～3	15～25	30～50	10～15
浸加固剂	—	≥3	20～30	40～60	10～15

① 室温20～28℃，风速1～3m/s，相对湿度65%～75%。

② 氨气流量3～5L/min，通入时间1～2min，箱内氨气浓度（体积分数）3%～5%。

③ 对于能容纳30个模组的氨干箱，加入氨水体积约250mL。

表2-117 硅酸乙酯涂料不同干燥硬化工艺下的型壳强度

试样状态	干燥硬化方法		
	氨气硬化	空气+氨气硬化	空气干燥硬化
	抗弯强度/MPa		
湿态	2.8	4.2	8.4
焙烧后	5.6	8.4	16.8

（5）复合型壳制壳工艺　硅溶胶与硅酸乙酯复

合型壳得到推广，是因硅溶胶涂料保存性好，通常第一二层用硅溶胶面层，背层使用硅酸乙酯涂料，显著缩短了制壳周期。制壳工艺可分别参考两种涂料的工艺。另一种复合型壳是硅溶胶与硅酸乙酯交替硬化的型壳。表2-118列出了硅溶胶与硅酸乙酯交替硬化复合制壳工艺参数，供参考。

（6）硅酸乙酯型壳常见缺陷产生原因及防止方法（见表2-119）

表2-118 硅溶胶与硅酸乙酯交替硬化复合制壳工艺参数

层次	涂料			撒砂种类及粒度/mm	干燥	
	黏结剂	粉料	密度/(g/cm³)		自干/h	25~30℃(热风)/h
1	硅溶胶	刚玉粉	≥2.3	0.315~0.250 刚玉砂	16~24	—
2	硅酸乙酯	刚玉或铝矾土粉料	2.0~2.3		≈0	0.5~1.0
3	硅溶胶		2.2~2.4	0.400~0.315 刚玉砂	≈0	1.0~1.5
4	硅酸乙酯		2.0~2.3		≈0	0.5~1.0
强化	硅溶胶	—	—	—	1	—
5	硅酸乙酯	刚玉或铝矾土粉料	2.0~2.3	1.003~0.8 煤矸石	≈0	0.5
6	硅溶胶		2.2~2.4		≈0	0.5
7	硅酸乙酯		2.0~2.3		≈0	0.2
8	硅溶胶		2.2~2.4	—	≥24	≥2

表2-119 硅酸乙酯型壳常见缺陷产生原因及防止方法

缺陷名称	产生原因	防止方法
强度不高	1）水解液中SiO_2、HCl含量或黏度不符合要求 2）水解时水解反应温度控制不当 3）室温过低、干燥不良或氨气硬化时间不足 4）使用过期涂料 5）水解液黏度过大，粉料加入量少	1）检查水解液中SiO_2、HCl含量，黏度过大的水解液不宜使用 2）延长干燥时间或吹风干燥，检查氨气浓度，延长氨气硬化时间 3）控制室内温度 4）检查涂料是否过期 5）模组最后浸强化剂一次
脱蜡裂纹	1）脱蜡介质温度低 2）型壳强度低 3）浇注系统设计不合理，不利于蜡料的排出	1）提高脱蜡温度。用蒸汽脱蜡时，增大压力；用水脱蜡时，提高水的温度 2）增加涂料层数 3）改正浇注系统设计，使其有利于蜡的排出
内表面分层	1）表面层撒砂过细或撒砂中的粉尘过多 2）模组浮砂过多 3）第二层涂料黏度过大，润湿性差 4）第二层以后干燥不足 5）氨气硬化时间不足或氨气浓度低	1）改用略粗的撒砂粒度，清理模组浮砂 2）降低第二层涂料的黏度，或者在涂第二层涂料前，先用水解液润湿模组 3）延长第二层以后的自干时间和氨气硬化时间
内表面“白霜”	1）室温和湿度低或水解液加水量少 2）浸强化时间过长，强化剂沉积于熔模表面	1）提高室温和采取措施加大相对湿度 2）取消或缩短中间层浸强化剂的时间 3）面层改用硅溶胶涂料
内表面“蚁孔”	1）表面层涂料黏度小，撒砂粒度过粗 2）涂料时操作不当，表面吸附气体不能排出	1）增大涂料的黏度，使涂层厚度增大，降低撒砂粒度 2）改善操作，控制涂料流向，或者将模组反复多次浸入涂料中，以利排气

（续）

缺陷名称	产生原因	防止方法
内表面鼓胀	1）加固层涂料过厚，干燥不透 2）型壳强度低	1）降低加固层涂料的黏度，延长干燥时间 2）改善操作，避免涂料堆积
干燥过程面层涂料剥落	1）室温过低，蜡模收缩使涂料层与蜡模结合不牢 2）室内相对湿度太低，溶剂蒸发过快	1）提高室内温度 2）增大室内湿度
涂料胶凝	1）用具带有碱性物质 2）粉料不符合要求，含碱性物质过高 3）水解液不符合要求	1）检查所用工具是否带有碱性物质 2）分析粉料中 Na_2O、K_2O、CaO 和 MgO 的含量 3）测定水解液的黏度是否过大

3. 钛合金熔模铸造用黏结剂及其型壳

高温钛合金溶液化学活性高，几乎与所有常用的铸造耐火材料均发生反应。制作高惰性的型壳面层是钛合金熔模铸造的关键技术之一。钛合金熔模铸造面层使用的耐火材料有电熔或煅烧的氧化钇、其他的稀土氧化物、氧化钙稳定的电熔氧化锆，以及经过致密化处理的氧化钙或碳酸钙等。面层黏结剂包括二醋酸锆、硅溶胶、钇溶胶、碱性碳酸锆铵等。几种典型的面层和邻面层涂料组分和配比见表2-120。

表2-120 几种典型的面层和邻面层的涂料组分与配比（质量分数） （%）

配方	稳定型电熔 ZrO_2（<0.043mm，即小于325目）	电熔或煅烧 Y_2O_3（<0.043mm，即小于325目）	稀土氟氧化物（<0.043mm，即小于325目）	碳酸钙	乳胶	氢氧化四乙基铵（40%溶液）	分散剂	TiO_2	二醋酸锆	硅溶胶	去离子水	有机溶剂	润湿剂	消泡剂	钨钼阻化剂
1			43.6①						21.5		8.2	1.6②			25.1
2	76.2				6.7③				12.2				1.5④	3.4⑤	
3		80.8⑥			1.9⑦			4.0		7.9⑧	5.1		0.2⑨	0.1⑩	
4		84.5⑪			3.4⑫	2				5.8⑬	4.3		外加2.0mL⑭	外加5滴⑮	
5				67%⑯			1.9⑰			9.3⑱	21.8				
6		18.2			冰醋酸（99）10.9				钇溶胶60.6			尿素10.3			

① 钇和铒及其他稀土元素的氟氧化物。
② 变性醇类（Denatured Ethanol）。
③ Latex460NA。
④ Victawet 12。
⑤ 10% DCH-10。
⑥ 电熔的95% Y_2O_3 +5% ZrO_2 的复合耐火料。
⑦ Dow 460NA。
⑧ Ludox SM（商品名）。
⑨ 气溶胶 OT。
⑩ Dow Corning Additive 65。
⑪ 煅烧氧化钇粉（<0.043mm，即小于325目）。
⑫ Dow 308A Latex。
⑬ 与⑧一样，为 Ludox SM（商品名）。
⑭ 润湿剂 Niacet 7。
⑮ 消泡剂 DB110A。
⑯ 碳酸钙经致密化处理，然后与黏结剂、去离子水和分散剂一起球磨20多小时后使用。
⑰ 分散剂为 Varvan821A。
⑱ Ludox Remet30（商品名）。

2.4.4 脱蜡及型壳焙烧

（1）脱蜡　熔失熔模的过程称脱蜡，型壳制成后一定要停放一段时间方可进行脱蜡。表2-121列出了常用的脱蜡方法和主要工艺参数。

表2-121　常用的脱蜡方法和主要工艺参数

项目	蒸气脱蜡
主要工艺参数	蒸汽脱蜡设备及性能见图2-35、表2-127。蒸汽压力为0.6～0.75MPa，达到0.6MPa压力时间小于14s 脱蜡时间为6～10min
应用	硅溶胶型壳 硅酸乙酯型壳

（2）型壳焙烧　脱蜡后的型壳放置一段时间后可进行焙烧。表2-122列出了不同类型型壳的典型焙烧规范。

（3）型壳的后处理　对于航空产品型壳，焙烧后需对型壳进行摇壳、洗壳和检查裂纹处理。对不影响质量的型壳允许进行修补，这些工序统称为型壳后处理。其方法见表2-123。对一般产品可省去此道工序。

2.4.5 制壳用主要装置及设备

1. 涂料搅拌沾浆机

（1）回转式涂料搅拌机：图2-24所示为回转式涂料搅拌机。通过上下活动支承13、15和活板17，握住把手使搅拌器在涂料桶内任意移动，搅拌效果好，操作方便，应用较广。

表2-122　型壳的典型焙烧规范

型壳种类	硅酸乙酯和硅溶胶型壳的预焙烧	硅酸乙酯和硅溶胶型壳高温焙烧
焙烧规范	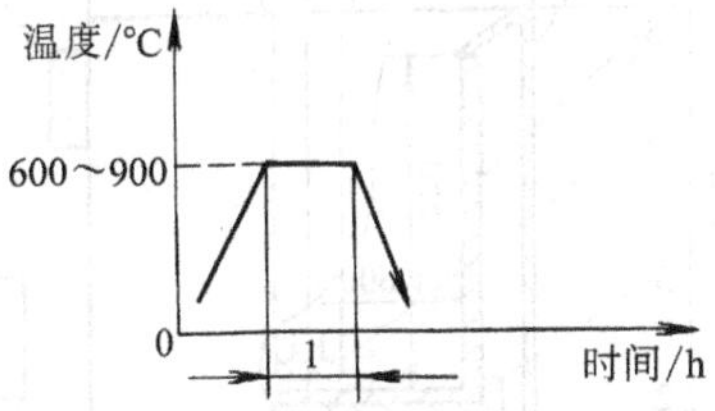	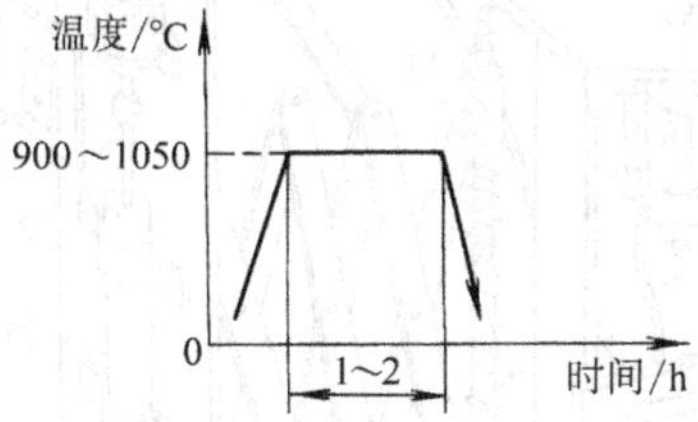
备注	预焙烧后对型壳进行摇壳、洗壳和检查裂纹	浇注前焙烧

表2-123　型壳后处理工序及操作要点

工　序	操作要点
摇壳	1）将型壳浇口杯朝下，清理毛刺和浮砂，并用不大于0.2MPa的压缩空气吹型腔 2）用吸尘器吸出型壳内的杂物 3）用沾有凡士林的牛皮纸片封住浇口杯，手持型壳左右摇动和上下翻转，使型壳内表面松散的片屑掉落 4）揭下牛皮纸，检查纸上有无碎屑 5）重复步骤3，直到纸片上无碎屑为止
洗壳	1）清洗液可任选以下一种：①600mL乙醇+1mL亚甲基蓝饱和溶液。②200mL乙醇+400mL水解硅酸乙酯水解液+1mL亚甲基蓝饱和溶液。③自来水加或不加亚甲基蓝饱和溶液 2）手工洗壳时将清洗液注满型壳，轻轻摇动，然后将清洗液倒在有0.05mm孔径筛网的容器内。检查筛网，如有洗壳碎片，则重复清洗 3）循环清洗液洗壳时使用乙醇或自来水清洗。将型壳浇口杯朝下，固定在支架上，支架可使型壳缓慢摇动，同时通过喷嘴将清洗液喷到型壳内约30s；关闭阀门，检查循环清洗液过滤细网上的碎屑 4）清洗后型壳的干燥：①用乙醇洗壳后，浇口杯朝下干燥不少于1h。②用硅酸乙酯液洗壳后，干燥不少于12h。③用自来水洗壳后，干燥不少于24h

（续）

工　序	操作要点
检查裂纹	1）检查液用亚甲基蓝饱和液1份和乙醇5份，或者用有亚甲基蓝饱和液的洗壳液 2）从浇口杯注入亚甲基蓝检查液并在型壳中保持3min 3）倒出检查液检查裂纹，在有检查液渗透的地方做出标记。细小的裂纹可进行修补
裂纹修补	1）修补细小裂纹：①将铝酸钙加入少量水，调成可涂刷的膏状。②用刷子在型壳裂纹处用上述浆料涂刷，覆盖面应超过裂纹，每边大约15mm。③如果需要，可在自干12h后再用第二次。④自然干燥12h 2）修补鼓起的面层涂料：①用小刀剔除鼓起的面层涂料，清除散落物。②用少量水稀释硅溶胶面层涂料，使其成为可涂刷的浆料。③用浆料刷涂于破碎区域，自然干燥不少于3h

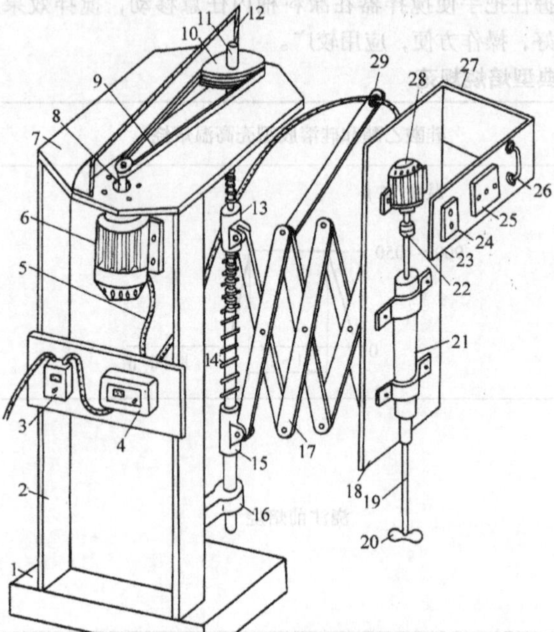

图2-24　回转式涂料搅拌机

1—机座　2—机身　3—磁力起动器（搅拌器用）　4—磁力起动器（升降用）　5—导线　6、28—电动机　7—平板　8—电动机传动轴　9—V带　10—带轮　11—丝杆　12—安全罩　13—上活动支承　14—弹簧　15—下活动支承　16—丝杆支座　17—活板　18—固定板　19—转轴　20—桨叶　21—轴套　22—联轴器　23—固定板　24—开关（搅拌用）　25—开关（升降用）　26—把手　27—支板　29—电线甲板

（2）L型涂料搅拌机　如图2-25所示，该机由电动机带动涂料桶旋转，用固定的L型搅拌器进行搅拌，搅拌速度慢、均匀，不易卷入气体。由于在整个过程中搅拌机不停地搅拌，涂料质量稳定，适用于大批量和连续生产。表2-124列出了国产沾浆机的种类、型号及主要技术指标。

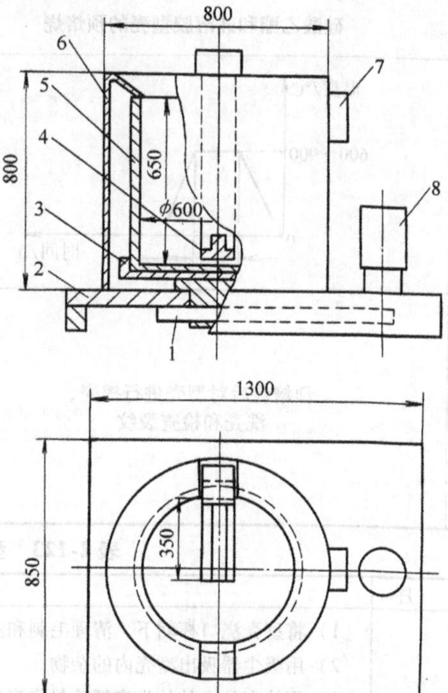

图2-25　L型涂料搅拌机

1—从动带轮　2—机座　3—转盘　4—L型搅拌器　5—涂料桶　6—外壳　7—电器开关　8—电动机

2. 撒砂装置

表2-125列出了国产撒砂设备的种类、型号及主要技术指标。图2-26所示为雨淋式撒砂机；图2-27所示为沸腾撒砂机。

表 2-124 国产沾浆机的种类、型号及主要技术指标

种类	型号	主要技术指标				
		浆桶直径/mm	浆桶容积/L	浆桶转速/(r/min)	真空度/Pa≤	抽真空时间/min
沾浆机	CZJ650	650	190	25.5		
	CZJ800	800	200	15	—	—
	CZJ1000	1000	470	15	—	—
	ZJ-ϕ800	800	300	26	—	—
	ZJ-60	600	180	26	—	—
	ZJ-80	800	300			
	DZJ80	800	300	26	—	—
真空沾浆机	ZZJ600 ZZJ700 ZZJ800	600 700 800	有效容积 $\phi600\times650$ $\phi700\times800$ $\phi800\times900$	25	50	2
	LC-100	600	160×2	26(可调)	—	—

表 2-125 国产撒砂设备的种类、型号及主要技术指标

种类	型号	主要技术指标			特点
		撒砂工作空间(长/mm)×(宽/mm)	工作门尺寸(长/mm)×(高/mm)	撒砂量/(m³/r)	
雨淋撒砂机	TLS800×700	800×700		2.4	—
	LS-120	360×300	500×500	5	转盘式
	DDLS6	—	—	6	转盘式
沸腾撒砂机	ZFFS650	ϕ650	—	—	—
	ZFFS800	ϕ800			
	ZFFS1000	ϕ1000			
	FS-60	ϕ600	—	750*	—
	FS-80	ϕ800		860*	

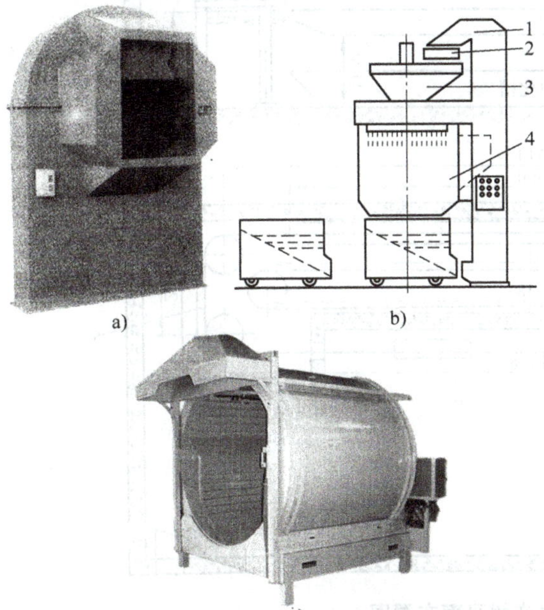

图 2-26 雨淋式撒砂机
a) 转盘式 b) 直立式 c) 旋转式淋砂机
1—斗式提升机 2—连续筛砂机 3—贮砂斗
4—模组撒砂机

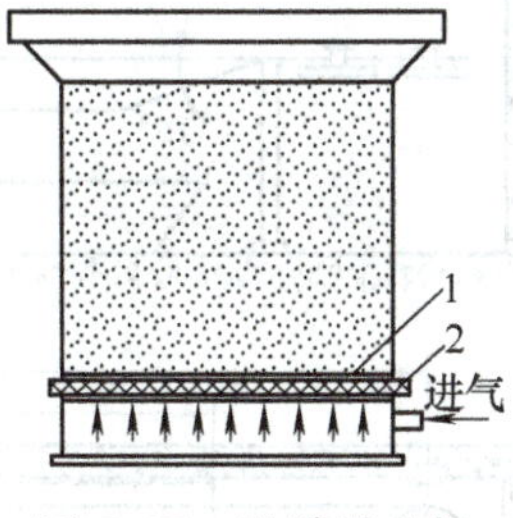

图 2-27 沸腾撒砂机
1—上、下孔板 2—毛毡

3. 干燥装置

硅酸乙酯型壳用的氨气干燥装置如图 2-28 所示；硅溶胶型壳用热风干燥装置如图 2-29 所示。

4. 制壳生产线

图 2-30 所示为悬挂式制壳生产线平面布置图。由挂模组区、转动涂料槽、沸腾床撒砂机、硬化槽、热风干燥区、切浇口区及传动机构等组成。模组在 1 处挂在吊具上，由悬挂输送机把模组送至转动涂料槽 7，借助坡形轨道使模组抬起呈水平位置，在吊具抬起的过程中，依靠吊具的滚轮与坡形轨道的摩擦使模组旋转，并沿着坡道进入转动涂料槽 7 中浸渍涂料，

随即模组又沿坡形轨道抬起使多余涂料滴除，并沿轨道进入沸腾床撒砂机 6 内挂砂。挂完砂后，同前原理使多余浮砂落下，然后吊具脱离轨道进入切浇口区 5，切平浇口进入硬化槽 3。经硬化后，模组进入热风干燥区 2，然后回到原来位置完成一层型壳的制作。整个生产线可根据工艺要求决定循环次数。

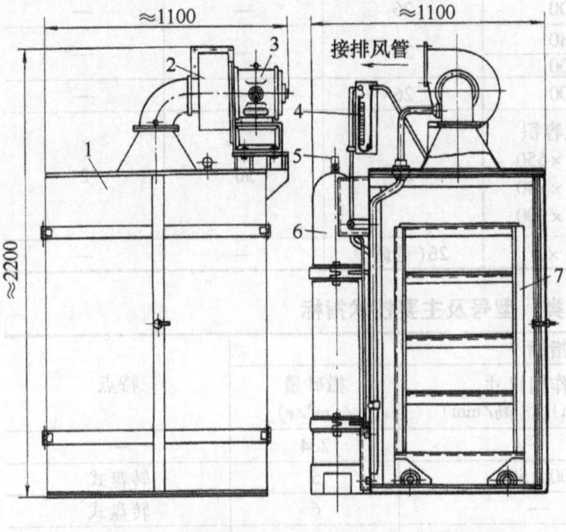

图 2-28　硅酸乙酯型壳用的氨气干燥装置

1—箱体　2—排风叶轮　3—电动机　4—流量计
5—气罐开关　6—氨气罐　7—小车

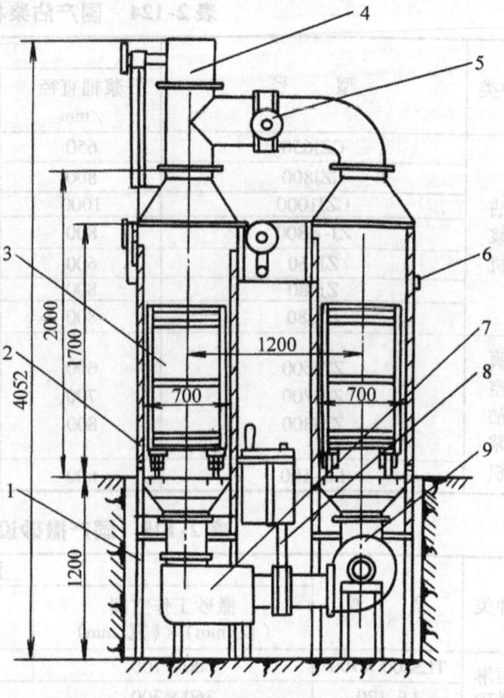

图 2-29　硅溶胶型壳用热风干燥装置

1—机架　2—干燥箱　3—工艺小车　4、5、8—阀门
6—进气门　7—加热箱　9—风机

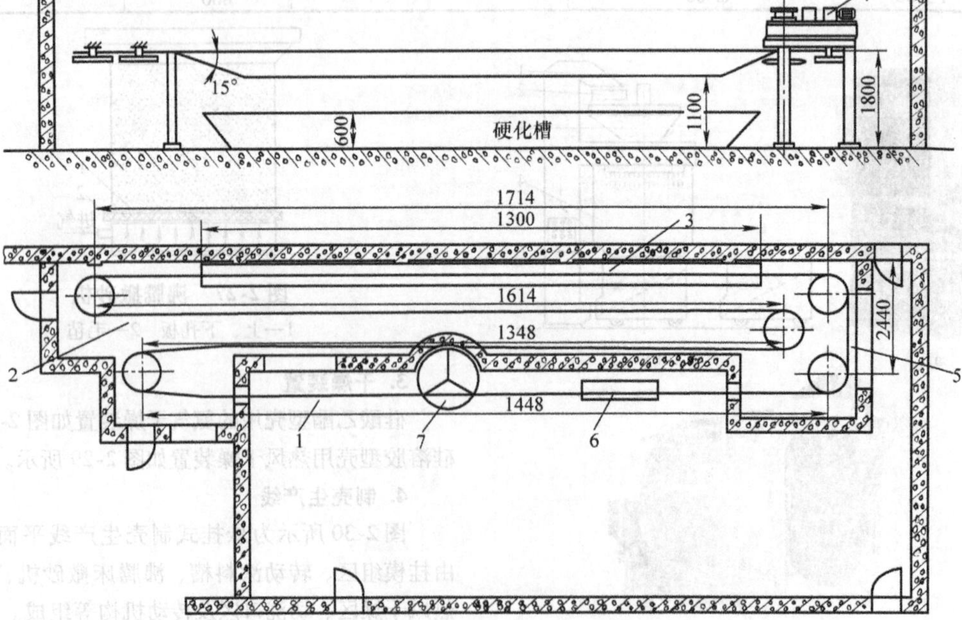

图 2-30　悬挂式制壳生产线平面布置图

1—挂模组区　2—热风干燥区　3—硬化槽　4—传动机构　5—切浇口区　6—沸腾床撒砂机　7—转动涂料槽

5. 涂料机械手

它能减轻劳动强度，使制壳工序规范化，减少人为因素的影响，使型壳的质量稳定，适用于规模化批量生产以及大件熔模铸造生产线使用。国外熔模铸件制壳大多实现机械手自动制壳。图 2-31 所示为HJR-1涂料机械手，由微机控制，有五个自由度。图 2- 32所示为该机涂料实况。

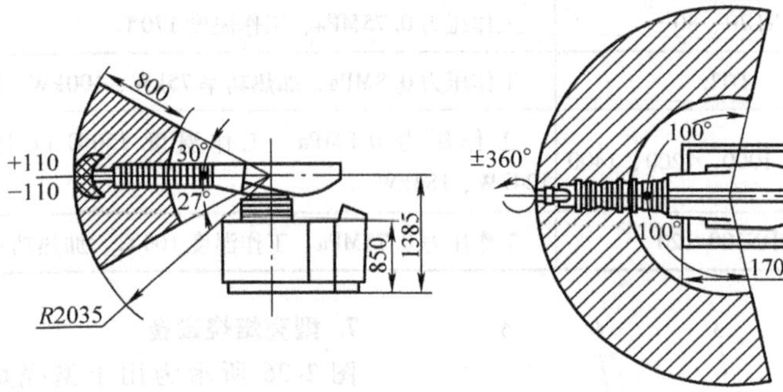

图 2-31 HJR-1 涂料机械手

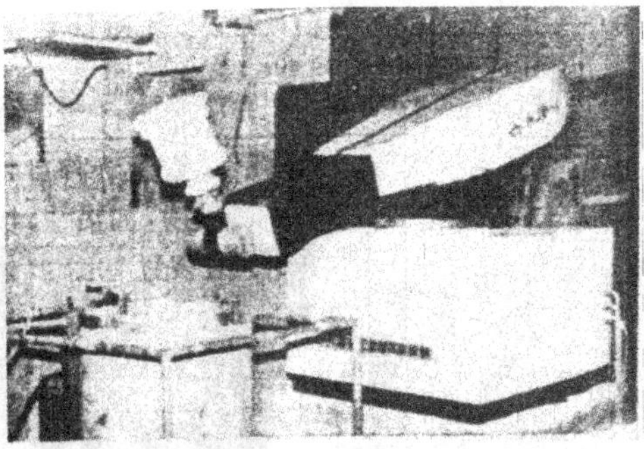

图 2-32 HJR-1 涂料机械手涂料实况

6. 脱蜡装置

有连续式和间歇式蒸汽脱蜡装置。图 2-33 所示为一种连续式蒸汽脱蜡装置。该装置脱蜡时，在移动支架的一端装入模组，然后通过气缸把模组送入箱体内，并关闭箱体门，通入热的水蒸气进行脱蜡，同时在移动支架的另一端装上待脱蜡的模组。在第一批模组脱完蜡拉出箱体的同时，另一端第二批模组又送入箱体进行脱蜡。间歇式蒸汽脱蜡装置如图 2-34 所示，这种装置自带生产蒸汽的高压釜。表 2-126 列出了部分国产蒸汽脱蜡釜的型号和技术参数，图 2-35 所示为其实物照片。

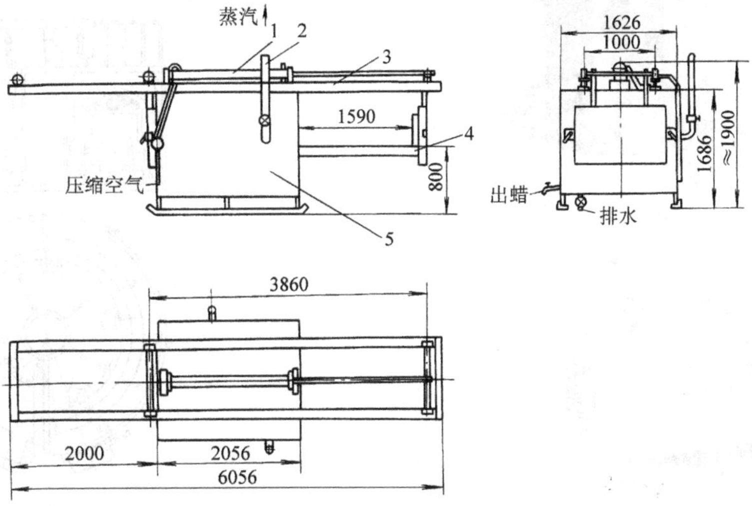

图 2-33 连续式蒸汽脱蜡装置

1—气缸 2—蒸汽管 3—轨道 4—移动支架 5—箱体

表 2-126　部分国产蒸汽脱蜡釜的型号和技术参数

名称	型号	技术参数
蒸气脱蜡釜及锅炉	SDM-1750	
电热一体式蒸气脱蜡釜	DDN80/100、100/120	工作压力0.75MPa、工作温度168℃，加热功率96kW/104kW
蒸气脱蜡釜	TL70、80	工作压力0.75MPa、工作温度170℃
电加热蒸气脱蜡釜	DTL	工作压力0.8MPa、加热功率75kW、100kW、125kW
电热脱蜡釜	DRT800、1000、1200、1400	工作压力0.8MPa、工作温度150℃以上，加热功率100kW、124kW、184kW
电加热蒸气脱蜡釜	DDN100/120	工作压力0.75MPa、工作温度160℃、加热功率96kW

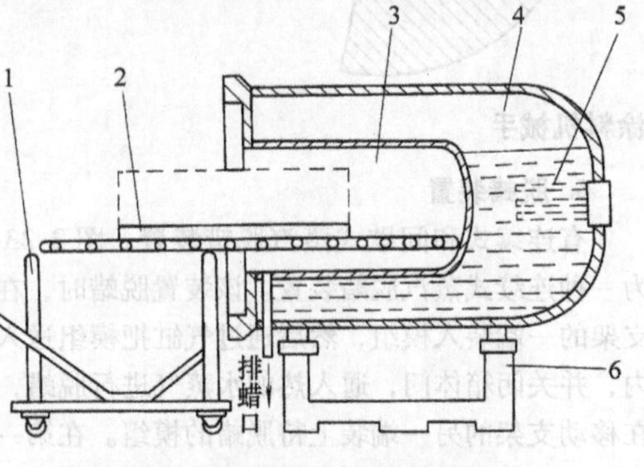

图 2-34　间歇式蒸汽脱蜡装置

1—手推车　2—装放模组盘　3—脱蜡室　4—高压釜　5—电加热器　6—支座

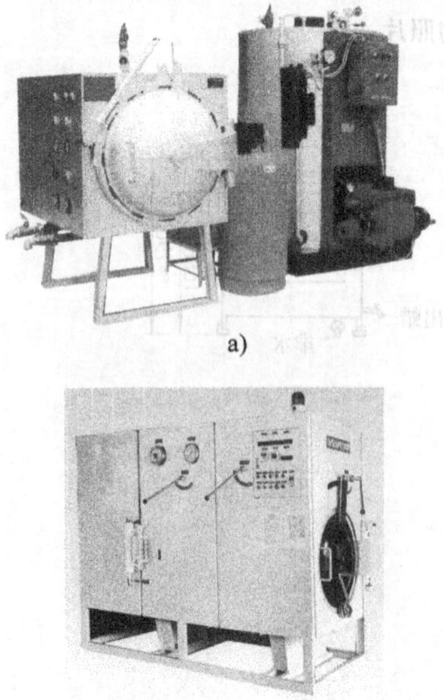

a)

b)

图 2-35　蒸汽脱蜡釜的实物照片

a）燃油蒸汽脱蜡釜　b）电蒸汽脱蜡釜

7. 型壳焙烧设备

图 2-36 所示为用于型壳焙烧的各种焙烧炉。表 2-127列出了国产焙烧设备的型号和技术参数。

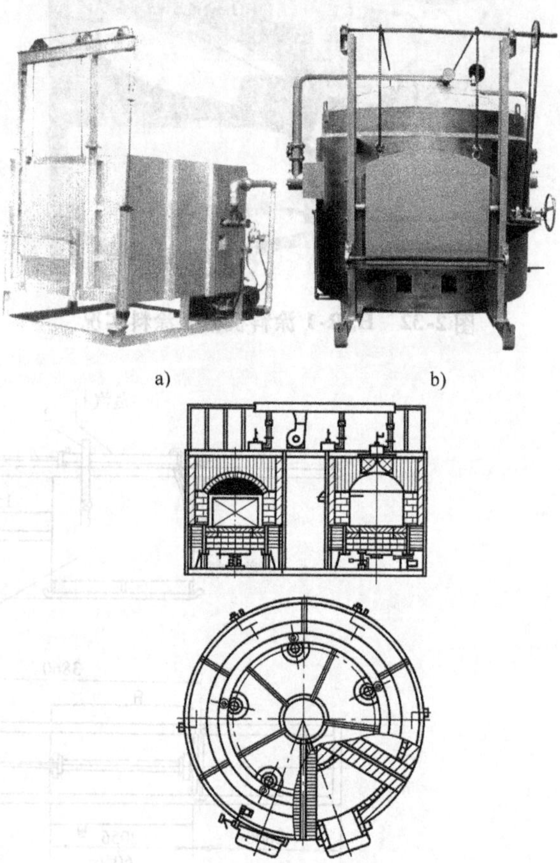

a)　　b)

c)

图 2-36　焙烧炉

a）燃油箱式焙烧炉　b）高效率壳模预热烧结炉

c）转窑隧道式焙烧炉

表 2-127 国产焙烧设备的型号和技术参数

名称	型号	技术参数
高效率壳模预热烧结炉	TJ-02	工作温度 800～1300℃ ±20℃
节能型圆形型壳预热烧结炉	TJ-03	最高温度 1420℃ ±20℃
箱式燃油型壳焙烧炉	YJX100X100-12	
燃油焙烧炉	RYP1.0 RYP1.2	工作温度 1200℃
转环隧道式焙烧炉	ZSP2000 ZSP3000 ZSP4000	工作温度 1200℃，电功率 550kW 工作温度 1200℃，电功率 650kW 工作温度 1200℃，电功率 800kW

2.5 形成铸件复杂内腔的方法

形成熔模铸件复杂内腔的方法通常有五种，见表 2-128。使用较广泛的有金属型芯、陶瓷型芯和可溶性型芯。

2.5.1 陶瓷型芯

1. 陶瓷型芯的材料

陶瓷型芯是以耐火材料与矿化剂、增塑剂混合后，在专用的压力机上压制成形并经高温焙烧而成的。陶瓷型芯的工作环境恶劣，要求具有较好的综合性能，而这些性能主要取决于基体材料的性质和矿化剂的种类。

（1）陶瓷型芯基体材料　基体材料应满足耐火度在铸件浇注温度以上；具有较好的化学稳定性，浇注时不与合金发生化学反应；有良好的热稳定性和抗激热激冷性；与合金及型壳有相匹配的线膨胀特性，并同时易于从铸件中清除。国内外使用的基体材料主要有石英玻璃、电熔刚玉、锆英石、氧化镁、碳化硅和氧化钇等。表 2-129 列出了这些材料的主要特性及其预处理工艺。

表 2-128 形成熔模铸件复杂内腔的方法

序号	名　　称	工 艺 方 法	特　　点
1	金属型芯	将形成复杂内腔的芯块分成若干可卸式嵌块，以利于分开出模	模具制造较复杂、工艺简单，广泛用于结构不复杂的铸件
2	组合熔模	熔模分块制造，然后焊接成整体熔模	制作工艺简单，适用于结构复杂而精度要求不高的较大型铸件
3	可溶性型芯	采用可溶于水的材料预先制成型芯，在压制熔模前放入压型内，压制熔模后放入水中将型芯溶失，即得具有复杂内腔的熔模	制作简单，适用于结构比较复杂，精度要求较高，上两种方法无法满足要求，难于机械加工、型腔较大的铸件
4	陶瓷型芯	用耐火材料制作的陶瓷型芯，在制模前放入压型型腔内，制模后露出定位芯头；然后制壳，脱出熔模，陶瓷型芯留在型壳内。浇注金属后，陶瓷型芯直接形成铸件内腔	工艺复杂、成本较高，适用于精度要求高又难于机械加工的耐热、耐腐蚀和耐磨合金的复杂异形孔铸件
5	石英玻璃管型芯	采用预制的玻璃管，其工艺方法同序号4	工艺较复杂，成本较高，适用于精度要求高，难于加工的具有深长小孔径型腔的铸件

注：表中序号1、2、3三种方法形成熔模的内孔，用涂料或注浆法形成型芯。

表 2-129 陶瓷型芯基体材料的主要特性及其预处理工艺

名称	主要特性	预处理工艺	脱芯方法
石英玻璃	1）耐热性能高，软化温度是熔点（1713℃）的0.8倍 2）线胀系数小，在20～1200℃的线胀系数为$(0.5 \sim 1.1) \times 10^{-6}K^{-1}$，热稳定性好 3）耐压强度高，抗弯和抗拉强度能满足要求 4）化学稳定性好，与绝大部分熔融的合金不发生化学反应	1）购进的石英玻璃用质量分数为10%～20%的碱水洗涤，再用自来水冲洗至中性 2）将石英玻璃破碎成10mm块状，装入带磨球的球磨罐内球磨30～40h 3）过孔径为0.05mm（260号筛）筛，烘干待用	用氢氧化钾或氢氧化钠水溶液，加压可提高去除速度
电熔刚玉	1）属两性氧化物，对酸和碱的抗蚀能力强 2）耐热性能高，熔点为2050℃ 3）热稳定性好，与耐热合金、电熔刚玉壳型间具有匹配的热膨胀特性 4）耐压强度、抗弯和抗拉强度高 5）化学稳定性好，与合金不发生化学反应 6）尺寸稳定性好	粒度按GB/2479—2008的120～320号筛，使用前烘干	机械或化学方法均可，如采用氢氟酸、氟盐等可去除
氧化镁	1）具有很强的化学活性，可在水蒸气或沸腾的质量分数为20%的NH_4NO_3溶液中溶解 2）熔点为2800℃ 3）线胀系数大，热稳定性差 4）高温化学稳定性好，不与熔融合金中活泼元素起反应	1300～1600℃煅烧6～10h，破碎后过孔径为0.075～0.05mm筛，烘干备用	机械或化学方法均可
锆英石	1）属弱酸性，耐热性好，熔点为1775℃ 2）体积稳定性好，在20～1000℃的线胀系数为$5.1 \times 10^{-6}K^{-1}$ 3）热稳定性好，常与石英玻璃并用，在高温下起稳定剂的作用 4）有微量放射性	符合HB 5349—1986的一二级，经1500℃以上温度煅烧2～4h，破碎并过孔径为0.05mm筛，烘干使用	可用氢氧化钾或氢氧化钠水溶液
碳化硅	1）导热性和化学稳定性较好 2）软化点为1750～1850℃ 3）体积稳定性好，20～1000℃的线胀系数为$4.35 \times 10^{-6}K^{-1}$	烘干球磨，过筛后不同粒度搭配使用	用氟盐、氢氟酸或强碱高压

（2）矿化剂　其作用是促进型芯的焙烧，降低烧结温度，缩短焙烧时间。常用矿化剂的主要成分及其处理工艺见表2-130。矿化剂是根据陶瓷型芯的基体材料来决定的，适用于不同基体材料及不同使用条件陶瓷型芯的矿化剂并不相同。表2-131列出了型芯基体材料对应的矿化剂。

（3）增塑剂　它是采用有机材料，如石蜡、蜂蜡、聚乙烯和松香类的混合物。热压注法常用的增塑剂组分见表2-132。

（4）表面活性剂　主要有油酸、脂肪醇类物质。它被陶瓷粉料吸附形成薄膜，可减少陶瓷粉料质点间的硬摩擦，增加颗粒表面的滑动性，减少增塑剂的用量。一般用量为粉料重量的0.5%～1.0%。

表 2-130 常用矿化剂的主要成分及其处理工艺

矿化剂类型	主要成分（质量分数，%）	处理方法
Al_2O_3-CaO-SiO_2（以下称ACS）	Al_2O_3：14.7 CaO：23.24 SiO_2：62.06 熔点：1170℃	将硅石粉、碳酸钙和工业氧化铝置于瓷罐的球磨机内混磨24h，经1100℃焙烧、冷却破碎、过孔径为0.05mm筛后使用
工业氧化铝	见GB/T 24487—2009	经1300℃焙烧4～6h，冷却后过孔径为0.05mm筛后使用

(续)

矿化剂类型	主要成分（质量分数,%）	处理方法
锆英石	见HB 5349—1986	经1560℃焙烧2h，冷却、破碎后过孔径为0.05mm筛后使用
铝-硅系矾土（以下称矾土）	SiO_2：30～32 Al_2O_3：62～64 Fe_2O_3 <1.5 CaO <1.0 MgO <1.0 Na_2O <0.5 K_2O <0.5	经1350℃焙烧，冷却，破碎后过孔径为0.05mm筛后使用
氧化钙	CaO	碳酸钙经900～1000℃焙烧，分解成氧化钙后使用

表2-131 型芯基体材料对应的矿化剂

型芯基体材料	矿化剂		烧成温度/℃
	种类	用量（质量分数,%）	
石英玻璃粉	工业氧化铝	5～15	1150～1200
	铝矾土或莫来石	5～15	1150～1200
	ACS	5	1150～1200
	锆英石	15～30	1150～1200
电熔刚玉	ACS	5	1250～1400
	铝矾土	3～5	
	TiO_2	0.5～2	
氧化镁	工业氧化铝	8～12	1180～1300
碳化硅	工业氧化铝	10	1300

表2-132 热压注法常用的增塑剂组分（质量分数）

(%)

石蜡	蜂蜡	聚乙烯	松香	硬脂酸
95	5	—	—	—
93	5	2	—	—
50	50	—	—	—
47	50	3	—	—
60	35	—	—	5
48	7	—	38	7
30	10	—	60	—

2. 陶瓷型芯制造工艺

表2-133列出了常用的陶瓷型芯制造方法、特点及应用。另外，陶瓷型芯增材制造技术也在不断发展，采用光固化增材制造工艺可以成形高精度复杂陶瓷型芯。该工艺采用陶瓷粉体与光敏树脂混合成浆料，利用光固化增材制造设备逐层固化得到陶瓷坯体，再经过脱脂烧结工艺获得陶瓷型芯。增材制造陶瓷型芯省去了型芯模具制造环节，工艺得到简化；又因不受制于模具，从而具有较好的成形柔性。

表2-133 常用的陶瓷型芯制造方法、特点及应用

方法	工艺要点	特点及应用
热压注法	将耐火粉料和有机增塑剂加热混合成流态，在2.7～4.0MPa压力下压入型芯模内，凝固后出模修理飞边，然后置于填料中加热脱蜡和焙烧，冷却后出炉，浸强化剂，检验待用	制作周期长，成本高，应用于各种复杂异形孔，如航空发动机用的各种空心叶片
注浆法	用基体材料和硅酸乙酯水解液配制浆料，然后加入促凝剂混合均匀，用灌浆法把浆料灌入型芯模内，凝固后取出型芯，点火燃烧或经焙烧成形，检验待用	制作周期短，工艺简单，成本低，适用于截面较大、形状不太复杂的异形孔

(1) 热压注法

1) 陶瓷型芯工艺流程与配方。图2-37所示为热压注法陶瓷型芯的制造工艺流程。表2-134列出了常用陶瓷型芯的配方和浆料配制方法。

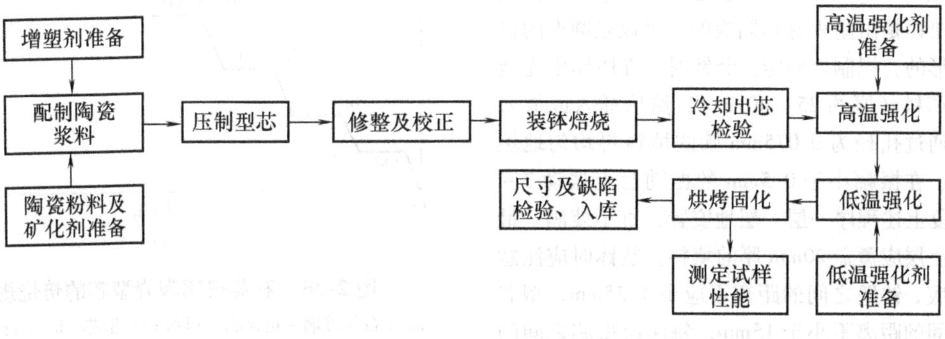

图2-37 热压注法陶瓷型芯的制造工艺流程

表 2-134　常用陶瓷型芯的配方及浆料配制方法

配方（质量分数,%）						配 制 方 法
石英玻璃	方石英	刚玉	氧化镁	矿化剂	增塑剂	
70	—	—	—	锆英石 30	17～20	1）将粉料和矿化剂置于球磨机内混磨 2h 以上，取出烘干，使水分（质量分数）低于 0.2%～0.3% 2）将增塑剂加入带搅拌器的不锈钢容器内，加热至 85～90℃，并在搅拌的情况下加入填料和质量分数为 0.5%～1.0% 的油酸，继续搅拌 4～5h 后即可用于制芯或浇成锭块待用
85～95	—	—	—	氧化铝 5～15		
95	—	—	—	ACS 5		
—	—	—	80～90	氧化铝 10～20	13～16	
—	—	95	—	ACS 5		

2）型芯的压制。与压制熔模一样，预热压型并涂上分型剂，然后将已控制好温度的陶瓷浆料用气动或液压机压制成形，压制好的型芯应经修整、校正和检验。型芯压制工艺见表 2-135。

表 2-135　型芯压制工艺

类型	料浆温度 /℃	压型温度 /℃	压注压力 /MPa	保压时间 /s	分型剂	校　正	环境温度 /℃
简单	80～100	20～35	0.5～2.0	10～20	蓖麻油		20～25
复杂	100～125	30～50	1.0～3.0	10～30	硅油	出型后放入胎模中冷却	20～25

3）型芯的焙烧及后处理。包括将检验合格的湿态陶瓷型芯在装有粉状填料的耐火匣钵内造型、焙烧、高温强化及低温强化等：①粉状填料的制备。粉状填料应具有强的吸附有机增塑剂的能力，不与陶瓷混合料起化学反应，在一定的温度下填料本身不发生大的体积变化或烧结。国内多用工业氧化铝作填料，但市场上供应的工业氧化铝不能直接使用，必须经过预处理，使 γ-Al_2O_3 转变为稳定的 α-Al_2O_3。②装钵。所用匣钵是由耐火材料制成的，可以是圆形的也可用是方形的，视制件而定。装钵时，在匣钵中先装入松散的填料（厚约 25～40mm），然后插入或放入型芯，把通过孔径为 0.075mm 筛的填料再均匀地填入匣钵中，在振幅小于 0.5mm 的振动台上振动 3～5min。重复上述程序一层一层地安置，直至装满。最后，在最上层应覆盖 20mm 厚的填料。装钵时应注意型芯与钵底、钵壁之间的距离不应小于 25mm，型芯与型芯之间的距离不小于 15mm，每两层型芯之间的距离不小于 20mm。③焙烧。石英玻璃陶瓷型芯的焙烧规范如图 2-38 所示。刚玉基陶瓷型芯的焙烧规范

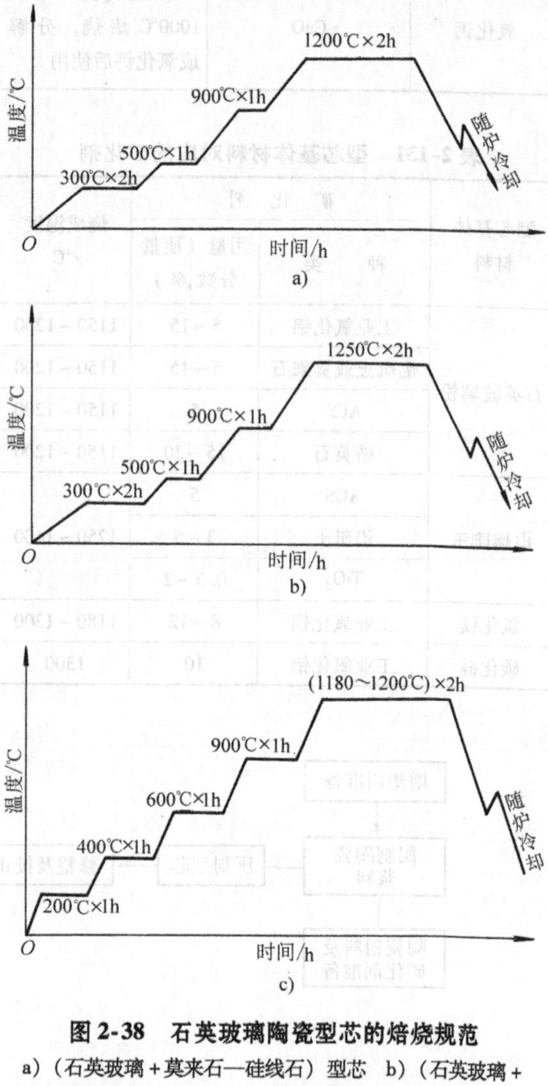

图 2-38　石英玻璃陶瓷型芯的焙烧规范

a)（石英玻璃＋莫来石—硅线石）型芯　b)（石英玻璃＋工业氧化铝）型芯　c)（石英玻璃＋锆英石）型芯

如图2-39所示，氧化镁陶瓷型芯的焙烧规范如图2-40所示。型芯焙烧工序中应注意保证炉内有足够的氧化气氛，使型芯中没有残留碳，型芯出炉后必须冷至150℃以下才能从匣钵中取出。④强化处理。陶瓷型芯焙烧后常进行高温强化和低温强化处理。高温强化处理旨在进一步提高型芯的高温强度和抗变形的能力。处理方法是将型芯浸入含有 $w(SiO_2)$ = 20%～24%的硅酸乙酯水解液中或硅溶胶中，待气泡消除取出，自然干燥2～5h，氨气硬化30min；也可按该工艺再强化处理一次。低温强化处理旨在防止型芯在修整、搬运和制模时损坏。强化后能提高室温抗弯强度（约3～5倍）和韧度。常用的低温强化剂是热固性酚醛树脂、环氧树脂，配方及固化工艺见表2-136。强化剂中的稀释剂是挥发性的有机溶剂，使用过程中容易挥发，应注意经常稀释，以保持一定的黏度，否则强化剂太黏，渗透性不好，会影响强化效果。

（2）注浆法　注浆法与陶瓷型的制作工艺类似，它以硅酸乙酯水解液为黏结剂并与耐火材料配成浆料，然后加入促凝剂，浆料注入型芯模内硬化成形。

1）陶瓷浆料的配方见表2-137。

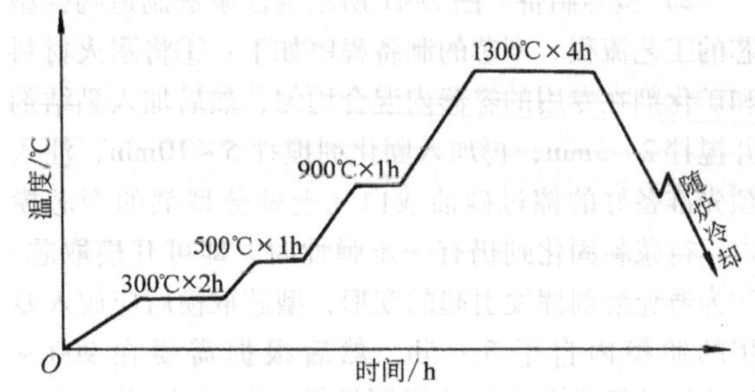

图2-39　刚玉基陶瓷型芯的焙烧规范

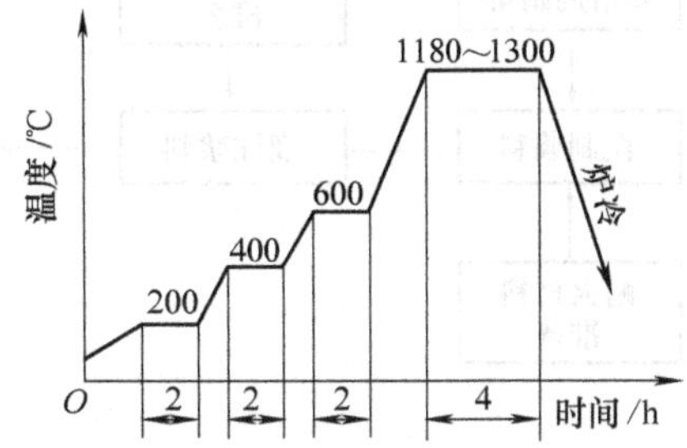

图2-40　氧化镁陶瓷型芯的焙烧规范

表2-136　常用低温强化剂的配方及固化工艺

酚醛树脂/g	酚醛醇溶清漆/g	乙醇/mL	六次甲基四胺/g	6010环氧树脂/g	丙酮/mL	多乙烯多胺/mL	聚酰胺/g	固化工艺
32	—	65	3	—	—	—	—	浸渍10～15min，自干4～6h，120～180℃烘干30min
—	53	43	4	—	—	—	—	
—	—	—	—	100	100	10	—	浸渍10～15min，自干24h，150℃烘干30min
—	—	—	—	45～65	100	—	—	
—	—	—	—	50～60	100	—	40～50	

表2-137　陶瓷浆料的配方

耐火材料/kg				固化剂/kg			矿化剂/kg		黏结剂/L
石英玻璃	锆英石	刚玉	莫来石	醋酸胺	氢氧化钙	氧化镁	铝酸钙	长石粉	硅酸乙酯水解液 $w(SiO_2)$ = 20%～25%
60～80	15～35	—	—	0.3～0.45	—	—	3～7	—	≈30
20～40	60～80	—	—	0.2～0.3	0.2	—	6～10	—	≈30
85～95	—	5～15	—	0.3～0.45	—	—	—	—	35～40
—	—	80～90	10～20	—	—	1～2	—	3	≈40
—	24～40	—	8～16	促凝剂：20～40mL的5%碳酸铵水溶液或10～25mL的三乙醇胺/乙醇=1/1（体积分数）					≈10

2）型芯制备。图2-41所示为注浆法制造陶瓷型芯的工艺流程。型芯的制备程序如下：①将耐火材料和矿化剂在专用的容器内混合均匀，然后加入黏结剂并搅拌2~3min，再加入固化剂搅拌5~10min，注入预先准备好的擦过硅油或白凡士林分型剂的型芯模内，待浆料固化到仍有一定弹性时，即可开模取芯。②为避免溶剂挥发引起的变形，型芯取模后应放入专用的胎模内自干3~5h，然后根据需要在900~1050℃进行焙烧或直接压制熔模。③如果需要进一步提高型芯的强度，可用硅酸乙酯水解液或硅溶胶进行强化处理。

3. 型芯的检验与验收

陶瓷型芯的质量直接关系铸件质量，不符合技术要求的型芯应予以报废。型芯的检验项目、方法和内容见表2-138；表2-139列出了空心叶片用陶瓷型芯质量验收要求。

4. 陶瓷型芯缺陷分析及防止方法

表2-140列出了陶瓷型芯缺陷形成原因及防止方法。

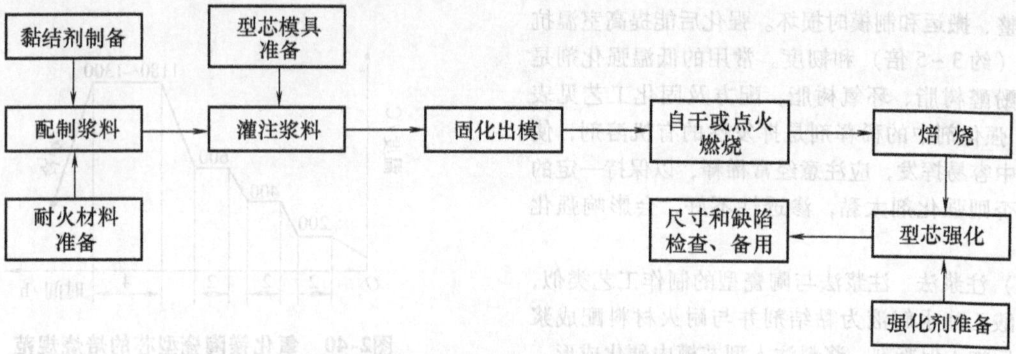

图2-41 注浆法制造陶瓷型芯的工艺流程

表2-138 型芯的检验项目、方法和内容

检验项目	检验方法及工具	检验内容
外观检验	着色、目视、用5~10倍的放大镜	表面缺陷，如破损、裂纹、缩陷、凹坑、金属夹杂物及标志等
几何尺寸	样板、测具、非接触式光学投影仪及长度测量用工具	线性和非线性尺寸（凡图样标注尺寸均属检查范围）
内部质量	X光透视	内部裂纹、孔洞、金属夹杂物等
力学、物理性能	高温和室温抗弯强度仪、高温变形仪、高温线膨胀仪、透气性测量仪、偏光显微镜	高低温抗弯强度、高温变形度、气孔率、烧成收缩、岩相分析等

表2-139 空心叶片用陶瓷型芯质量验收要求

缺陷类别	型芯主体	芯头面积
破损	不允许（除有特殊规定的型芯外）	验收条件：不影响芯头定位，破坏不超过25%
裂纹	纵向：允许在型芯上仅有一个不超过型芯长度的10%，并且是封闭式表面裂纹。横向：不允许。开式：不允许。星式：不允许	同型芯主体，除特殊规定外，均不允许
针孔	小于等于$\phi0.5$mm的针孔可以验收但其根部不得有凹坑，且在25.4mm^2内不得超过1个，同时距排气边6mm以上	直径为0.5mm的针孔可验收
缩陷及其延伸面积	应在图样包罗线以内	同型芯主体
填补孔	如果采用很好的填补技术，则允许	同型芯主体

（续）

缺陷类别	型芯主体	芯头面积
穿透孔	孔的边缘应有圆角，允许全部穿透，但不允许孔与孔之间有裂纹相连，允许填补	不允许
坑	坑的边缘应有圆角，坑底不得有碎屑，允许占圆周25%的面积有破损坑，但两个破损坑不得相连，允许填补	不允许
金属氧化物夹杂	非真空浇注。允许直径小于等于1mm的非线性夹杂，但在25.4mm^2内不得多于3个	允许
	真空浇注，不允许有任何夹杂	允许
标记	所有的型芯均需用已批准的颜色标出	不用标记

表2-140 陶瓷型芯缺陷形成原因及防止方法

缺陷类型	形成原因	防止方法
冷隔	1）注射压力小，压射速度慢 2）料粉粗、浆料稠 3）压型温度低 4）注入口小 5）压型排气不畅	1）增加压注压力和压射速度 2）提高料浆温度，调整增塑剂用量，重新配制新料 3）提高压型温度 4）扩大注入口 5）增加或扩大排气孔、清洁压型
凹陷	1）压注压力小，保压时间不够 2）浆料混合不均，出现局部增塑剂偏析 3）浆料中增塑剂过多，料温太高 4）型芯厚薄悬殊	1）增加压力，延长保压时间 2）延长混料时间 3）减少增塑剂，降低料浆温度 4）改变铸件设计，在厚大部分加入冷芯块或做成空心
裂纹	1）压型温度低，保压时间长 2）取芯机构不合理，起模斜度不够 3）填料预处理未达到要求 4）填料振得过实 5）装钵时型芯间间距太小 6）吸蜡期升温过快 7）烧结期超温 8）出炉或出芯温度高	1）提高压型温度，减少保压时间 2）改进设计增大起模斜度 3）对填料充分预处理 4）减少振幅和振动时间 5）根据型芯大小控制装钵时型芯间间距 6）减慢升温速度 7）检查焙烧炉 8）控制出炉和出芯温度
龟裂	1）混料粒度太细 2）烧结期超温 3）填料未经处理或处理不好	1）控制混料粒度 2）检查焙烧炉 3）对新填料要充分预处理
飞翅（增厚）	1）浆料温度高 2）合模压力小 3）压型分型面有杂物 4）压注压力大	1）降低料温 2）增大合模力 3）清洁压型分型面 4）减小压注压力
型芯线性尺寸过大	1）保压时间长 2）浆料温度低 3）不正确收缩因素 4）填料过实 5）烧结时间短	1）缩短保压时间 2）提高料浆温度 3）检查压型尺寸 4）减小振幅或振动时间 5）严格执行焙烧规范

（续）

缺陷类型	形成原因	防止方法
型芯线性尺寸过小	1）保压时间短 2）浆料温度高 3）不正确的收缩因素 4）填料过松 5）烧结时间过长 6）烧结期超温	1）延长保压时间 2）降低浆料温度 3）检查模具尺寸 4）增加振幅或延长振动时间 5）缩短烧结时间 6）检查焙烧炉
变形	1）起模过早，起模用力不均匀 2）取模后放置不当 3）起模装置设计不合理 4）铸件设计不合理 5）填料紧实不均 6）装钵时放置位置不合适 7）超温	1）延长起模时间，用力要均匀 2）选择合适放置位置或采用胎模 3）改变起模结构 4）改进铸件设计 5）调整振动台 6）改变放置位置 7）检查焙烧炉
力学性能不稳定	1）粒度未控制 2）浆料混合不均匀 3）注射压力不稳定 4）焙烧温度过高或过低 5）烧结时间过长或过短 6）炉温不稳定 7）强化剂使用过久、变质或浓度大	1）严格控制粒度 2）延长混料时间 3）检查压注设备 4）控制烧结温度 5）控制烧结时间 6）检查焙烧炉 7）控制强化剂的使用次数和黏度
气孔或鼓泡	1）浆料中混入气体 2）压注速度太快 3）排蜡期升温过快 4）压型排气不好	1）真空除气或振动排气 2）减慢压注速度 3）放慢升温速度 4）改善压型排气

2.5.2　水溶性型芯

水溶性型芯的特点是遇水或酸化水会溶解或溃散，其主要优点是便于脱芯。水溶性型芯使用时必须能经受脱蜡，为此在水溶性型芯表面要涂一层防水膜。水溶性型芯包括水溶石膏型芯和水溶陶瓷型芯。

1. 水溶石膏型芯

（1）水溶石膏型芯　具有相当的强度，透气性优于普通石膏型芯，其浆料的流动性好，易于成形。但加热过程中发生多相转变，裂纹倾向性较大。其使用的极限温度为900℃左右，适用于铝、锌等合金。

（2）石膏浆料　石膏浆料由半水石膏（$CaSO_4 \cdot 1/2H_2O$）、水溶性盐（硫酸镁）和固体填料（石英、方石英、铝矾土、滑石粉、石英玻璃、煤矸石等）组成。表2-141列出了水溶石膏型芯浆料配比。

（3）制芯　采用灌浆法成形。型芯硬化后从芯盒中取出，在300℃下烘干2~3h。如果发现型芯表面有茸毛状析出物，可将型芯从芯盒中取出，在80~100℃下烘干0.5~1.0h，再在300℃下烘干2~3h。型芯干燥硬化后，应用浸渗或刷涂法在型芯表面形成防水膜。防水膜的材料组成与陶瓷型芯低温强化剂相同，防水膜自然风干或在100℃下烘干后待用。

表2-141　水溶石膏型芯浆料配比

（单位：g）

石膏混合料			硫酸镁	水
石　膏	硅石粉（200~270号筛）	滑石粉		
60~85（β半水石膏）	10~30	5~10	16~25	50~80
70（以α半水石膏为主的模型石膏）			30	35
80（以α半水石膏为主的模型石膏）			20	30

2. 水溶性陶瓷型芯

水溶性陶瓷型芯是以水溶性盐为黏结剂，以耐火粉料为基体，再加入增塑剂配制而成的可塑性混合料，经过捣实、挤压或压注成湿态坯体，最后经过烘干、焙烧成具有使用性能的型芯。水溶性陶瓷型芯几乎适用所有的合金。根据黏结剂与耐火骨料的不同，其使用温度范围为700～1600℃。

（1）水溶性陶瓷型芯浆料配比　制芯混合料的组成与成形工艺有关，捣实成形工艺的浆料中耐火骨料的质量分数可达90%；挤压成形工艺的耐火骨料所占比例可进一步提高，但对于灌浆成形工艺则需要适当增加水和水溶性盐的质量分数；而压注成形工艺则以水溶性盐为主料。表2-142列出了不同成形工艺下的水溶性陶瓷型芯的浆料配比。

（2）制芯工艺　水溶性陶瓷型芯浆料配制好后，对于压注成形的陶瓷型芯，其压注压力为1.0～3.5MPa；对于挤压成形的陶瓷型芯，其挤压压力为15～30MPa。湿态成形的坯体要进行烘干，在200～250℃烘干0.5～2.0h；然后在700～900℃下烧结0.5～2.0h。烧结好的型芯应涂刷防水膜，防水膜材料组成和涂制工艺与陶瓷型芯低温强化相同。

3. 使用水溶性型芯要注意的问题

包括：①熔化容器宜用不锈钢或搪瓷制造。②熔化温度不能过高，否则制造的型芯气泡很多、性能下降。浇注熔盐材料时，要先快后慢，不断流。③制好的型芯应放在干燥容器内，避免潮解。④对于水溶性盐所占质量分数较大的型芯，在损坏或有缺陷时可以热补。⑤可溶性盐较脆、收缩小，故较大的芯子可放置芯骨，起芯斜度要适当加大，必要时设顶杆取芯。一般起芯斜度为0.5°～3°，定位用芯头斜度为3°～5°。

2.5.3 型芯脱除

对于水溶性型芯，其脱除方法简便快捷，使用的介质为水。为了加快脱芯速度，应采用流动水或沸腾的水。脱芯后必须将铸件冲洗干净，以防止残留的盐产生电化学腐蚀。

对于非水溶性的陶瓷型芯（包括石英玻璃管型芯），应采用化学腐蚀的方法脱除。常用的脱芯方法和脱芯介质见表2-143。化学脱芯介质一般都具有较强的腐蚀性和一定的毒性，脱芯过程中伴随有加热和加压，因此在操作时必须采取相应的防护措施。

表2-142　不同成形工艺下的水溶性陶瓷型芯的浆料配比　（单位：g）

成形工艺	耐火骨料	水溶性盐								水（外加）
	120号筛电熔刚玉	碳酸钾	磷酸钾	磷酸钠	氢氧化钡	铝酸钾	食盐	多元醇	粗制聚乙二醇	
捣实成形	92	8	—	—	—	—	—	—	—	6.4
	90	—	10	—	—	—	—	—	—	12
	90	—	—	8	—	2	—	—	—	8
	91	—	—	—	7.5	—	—	1.5	—	8
	92	—	—	—	7	1	—	—	—	8
压注成形	7～14	—	—	—	—	—	60～70	—	24～28	—
灌浆成形	90	—	—	10	—	—	—	—	—	40
	80	—	—	—	20	—	—	—	—	50

表2-143　陶瓷型芯常用的脱芯方法和脱芯介质

脱芯方法	脱芯介质	介质温度/℃	介质压力/MPa	优缺点与应用	清洗与中和
熔融碱法	$w(NaOH)=35\%$ + $w(KOH)=65\%$	400～500	大气	腐蚀性大，脱芯速度快，多用于小批量生产	1）从脱芯介质中出来的铸件首先在热水中冲洗，然后在冷水中冲洗 2）使用稀盐酸溶液进行中和 3）最后在冷水中冲洗，直到用酚酞溶液滴入检测为中性
碱溶液	$w(NaOH)=30\%\sim40\%$ 的水溶液或 $w(KOH)=60\%\sim70\%$ 的水溶液	沸腾	大气	腐蚀性较小，脱芯速度慢	
压力脱芯法	$w(NaOH)=30\%\sim40\%$ 的水溶液或 $w(KOH)=60\%\sim70\%$ 的水溶液	200～400	0.4～3.0	腐蚀性较小，脱芯速度快，适合大批量生产	

（续）

脱芯方法	脱芯介质	介质温度/℃	介质压力/MPa	优缺点与应用	清洗与中和
氟离子脱芯法	氢氟酸或氟盐	氢氟酸：室温 氟盐：200~400	大气	腐蚀性与毒性较大，主体设备简单，但必须配置辅助的防护设备。尤其适用于石英玻璃管型芯、氧化铝基陶瓷型芯的脱除	1）对于氢氟酸脱芯的铸件，直接采用冷水冲洗2~3次后进行中和 2）对于使用氟盐脱芯的铸件，从脱芯介质中出来后首先在热水中冲洗，然后冷水冲洗 3）使用质量分数为30%碱溶液进行中和 4）最后在冷水中冲洗，直到用酚酞溶液滴入检测为中性

2.6 铸钢的熔炼与浇注

2.6.1 铸钢牌号、成分、性能及用途

铸钢是重要的金属结构材料，它具有良好的综合力学性能，应用很广，如电站设备、铁路车辆、建筑和工程机械、冶金和矿山设备、船舶、航空和航天设备等。铸钢的种类很多，包括铸造碳钢、铸造低合金钢、铸造高合金钢（铸造不锈钢、铸造耐蚀合金、铸造耐热钢、铸造耐热合金、铸造高锰钢、铸造工具钢）等。

（1）铸造碳钢 表2-144和表2-145列出了一般工程用铸造碳钢件的化学成分和力学性能。

（2）铸造不锈钢 不锈钢通常是指铬含量（质量分数）大于11.5%的一类高合金钢。表2-146~表2-148列出了国内外不锈钢铸件的牌号、化学成分和力学性能。

表2-144 一般工程用铸造碳钢件的化学成分的上限值（GB/T 11352—2009）

<table>
<tr><th rowspan="3">铸钢牌号</th><th colspan="10">化学成分（质量分数,%） ≤</th></tr>
<tr><th rowspan="2">C</th><th rowspan="2">Si</th><th rowspan="2">Mn①</th><th rowspan="2">S</th><th rowspan="2">P</th><th colspan="5">残余元素②</th></tr>
<tr><th>Ni</th><th>Cr</th><th>Cu</th><th>Mo</th><th>V</th></tr>
<tr><td>ZG 200—400</td><td>0.20</td><td rowspan="5">0.60</td><td>0.80</td><td rowspan="5" colspan="2">0.0035</td><td rowspan="5">0.40</td><td rowspan="5">0.35</td><td rowspan="5">0.40</td><td rowspan="5">0.20</td><td rowspan="5">0.05</td></tr>
<tr><td>ZG 230—450</td><td>0.30</td><td rowspan="4">0.90</td></tr>
<tr><td>ZG 270—500</td><td>0.40</td></tr>
<tr><td>ZG 310—570</td><td>0.50</td></tr>
<tr><td>ZG 340—640</td><td>0.60</td></tr>
</table>

① 碳的质量分数上限每减少0.01%，允许锰的质量分数增加0.04%。ZG 200—400锰的质量分数最高至1.00%，其余四个牌号锰的质量分数最高至1.2%。

② 残余元素总质量分数不超过1.00%，如需方无要求，残余元素可不进行分析。

表2-145 一般工程用铸造碳钢件的力学性能（GB/T 11352—2009）

铸钢牌号	屈服强度 $R_{eH}(R_{p0.2})$/MPa	抗拉强度 R_m/MPa	伸长率 A(%)	根据合同选择其一		
	最小值			断面收缩率 Z(%)	冲击吸收能量 KV/J	冲击韧度① a_K/(J/cm²)
ZG 200—400	200	400	25	40	30	60
ZG 230—450	230	450	22	32	25	45
ZG 270—500	270	500	18	25	22	35
ZG 310—570	310	570	15	21	15	30
ZG 340—640	340	640	10	18	10	20

注：KV—冲击吸收能量（V型缺口试样）；a_K—冲击韧度（U型缺口试样）。

① a_K 新国标已取消了。后同。

表2-146 通用耐蚀钢铸件材料的牌号和化学成分（GB/T 2100—2017）

序号	牌号	化学成分（质量分数,%）								
		C	Si	Mn	P	S	Cr	Mo	Ni	其他
1	ZG15Cr13	0.15	0.80	0.80	0.035	0.025	11.50～13.50	0.50	1.00	
2	ZG20Cr13	0.16～0.24	1.00	0.60	0.035	0.025	11.50～14.00	—	—	
3	ZG10Cr13Ni2Mo	0.10	1.00	1.00	0.035	0.025	12.00～13.50	0.20～0.50	1.00～2.00	
4	ZG06Cr13Ni4Mo	0.06	1.00	1.00	0.035	0.025	12.00～13.50	0.70	3.50～5.00	Cu：0.50，V：0.05 W：0.10
5	ZG06Cr13Ni4	0.06	1.00	1.00	0.035	0.025	12.00～13.00	0.70	3.50～5.00	
6	ZG06Cr16Ni5Mo	0.06	0.80	1.00	0.035	0.025	15.00～17.00	0.70～1.50	4.00～6.00	
7	ZG10Cr12Ni1	0.10	0.40	0.50～0.80	0.030	0.020	11.5～12.50	0.50	0.8～1.5	Cu：0.30 V：0.30
8	ZG03Cr19Ni11	0.03	1.50	2.00	0.035	0.025	18.00～20.00	—	9.00～12.00	N：0.20
9	ZG03Cr19Ni11N	0.03	1.50	2.00	0.040	0.030	18.00～20.00	—	9.00～12.00	N：0.12～0.20
10	ZG07Cr19Ni10	0.07	1.50	1.50	0.040	0.030	18.00～20.00	—	8.00～11.00	
11	ZG07Cr19Ni11Nb	0.07	1.50	1.50	0.040	0.030	18.00～20.00	—	9.00～12.00	Nb：8*w*(C)～1.00
12	ZG03Cr19Ni11Mo2	0.03	1.50	2.00	0.035	0.025	18.00～20.00	2.00～2.50	9.00～12.00	N：0.20
13	ZG03Cr19Ni11Mo2N	0.03	1.50	2.00	0.035	0.030	18.00～20.00	2.00～2.50	9.00～12.00	N：0.10～0.20
14	ZG05Cr26Ni6Mo2N	0.05	1.00	2.00	0.035	0.025	25.00～27.00	1.30～2.00	4.50～6.50	N：0.12～0.20
15	ZG07Cr19Ni11Mo2	0.07	1.50	1.50	0.040	0.030	18.00～20.00	2.00～2.50	9.00～12.00	
16	ZG07Cr19Ni11Mo2Nb	0.07	1.50	1.50	0.040	0.030	18.00～20.00	2.00～2.50	9.00～12.00	Nb：8*w*(C)～1.00
17	ZG03Cr19Ni11Mo3	0.03	1.50	1.50	0.040	0.030	18.00～20.00	3.00～3.50	9.00～12.00	
18	ZG03Cr19Ni11Mo3N	0.03	1.50	1.50	0.040	0.030	18.00～20.00	3.00～3.50	9.00～12.00	N：0.10～0.20
19	ZG03Cr22Ni6Mo3N	0.03	1.00	2.00	0.035	0.025	21.00～23.00	2.50～3.50	4.50～6.50	N：0.12～0.20
20	ZG03Cr25Ni7Mo4WCuN	0.03	1.00	1.50	0.030	0.020	24.00～26.00	3.00～4.00	6.00～8.50	Cu：1.00 N：0.15～0.25 W：1.00

（续）

序号	牌号	化学成分（质量分数,%）								
		C	Si	Mn	P	S	Cr	Mo	Ni	其他
21	ZG03Cr26Ni7Mo4CuN	0.03	1.00	1.00	0.035	0.025	25.00 ~ 27.00	3.00 ~ 5.00	6.00 ~ 8.00	N：0.12 ~ 0.22 Cu：1.30
22	ZG07Cr19Ni12Mo3	0.07	1.50	1.50	0.040	0.030	18.00 ~ 20.00	3.00 ~ 3.50	10.00 ~ 13.00	
23	ZG025Cr20Ni25Mo7Cu1N	0.025	1.00	2.00	0.035	0.020	19.00 ~ 21.00	6.00 ~ 7.00	24.00 ~ 26.00	N：0.15 ~ 0.25 Cu：0.50 ~ 1.50
24	ZG025Cr20Ni19Mo7CuN	0.025	1.00	1.20	0.030	0.010	19.50 ~ 20.50	6.00 ~ 7.00	17.50 ~ 19.50	N：0.18 ~ 0.24 Cu：0.50 ~ 1.00
25	ZG03Cr26Ni6Mo3Cu3N	0.03	1.00	1.50	0.035	0.025	24.50 ~ 26.50	2.50 ~ 3.50	5.00 ~ 7.00	N：0.12 ~ 0.22 Cu：2.75 ~ 3.50
26	ZG03Cr26Ni6Mo3Cu1N	0.03	1.00	2.00	0.030	0.020	24.50 ~ 26.50	2.50 ~ 3.50	5.50 ~ 7.00	N：0.12 ~ 0.25 Cu：0.80 ~ 1.30
27	ZG03Cr26Ni6Mo3N	0.03	1.00	2.00	0.035	0.025	24.50 ~ 26.50	2.50 ~ 3.50	5.50 ~ 7.00	N：0.12 ~ 0.25

注：表中的单个值为最大值。

表2-147 通用耐蚀钢铸件的室温力学性能（GB/T 2100—2017）

序号	牌号	厚度 t/mm ≤	条件屈服强度 $R_{p0.2}$ MPa(≥)	抗拉强度 R_m/MPa ≥	断后伸长率 A(%) ≥	冲击吸收能量 KV_2/J(≥)
1	ZG15Cr13	150	450	620	15	20
2	ZG20Cr13	150	390	590	15	20
3	ZG10Cr13Ni2Mo	300	440	590	15	27
4	ZG06Cr13Ni4Mo	300	550	760	15	50
5	ZG06Cr13Ni4	300	550	750	15	50
6	ZG06Cr16Ni5Mo	300	540	760	15	60
7	ZG10Cr12Ni1	150	355	540	18	45
8	ZG03Cr19Ni11	150	185	440	30	80
9	ZG03Cr19Ni11N	150	230	510	30	80
10	ZG07Cr19Ni10	150	175	440	30	60
11	ZG07Cr19Ni11Nb	150	175	440	25	40
12	ZG03Cr19Ni11Mo2	150	195	440	30	80
13	ZG03Cr19Ni11Mo2N	150	230	510	30	80
14	ZG05Cr26Ni6Mo2N	150	420	600	20	30
15	ZG07Cr19Ni11Mo2	150	185	440	30	60
16	ZG07Cr19Ni11Mo2Nb	150	185	440	25	40
17	ZG03Cr19Ni11Mo3	150	180	440	30	80
18	ZG03Cr19Ni11Mo3N	150	230	510	30	80

（续）

序号	牌号	厚度 t/mm ≤	条件屈服强度 $R_{p0.2}$ MPa(≥)	抗拉强度 R_m/MPa ≥	断后伸长率 A(%) ≥	冲击吸收能量 KV_2/J(≥)
19	ZG03Cr22Ni6Mo3N	150	420	600	20	30
20	ZG03Cr25Ni7Mo4WCuN	150	480	650	22	50
21	ZG03Cr26Ni7Mo4CuN	150	480	650	22	50
22	ZG07Cr19Ni12Mo3	150	205	440	30	60
23	ZG025Cr20Ni25Mo7Cu1N	50	210	480	30	60
24	ZG025Cr20Ni19Mo7CuN	50	260	500	35	50
25	ZG03Cr26Ni6Mo3Cu3N	150	480	650	22	50
26	ZG03Cr26Ni6Mo3Cu1N	200	480	650	22	60
27	ZG03Cr26Ni6Mo3N	150	480	650	22	50

表2-148 部分美国不锈钢铸件的牌号、化学成分和力学性能

牌号	化学成分（质量分数,%）									力学性能≥			
	C≤	Si≤	Mn≤	P≤	S≤	Cr	Ni	Mo	其他	抗拉强度 R_m /MPa	屈服强度 /MPa	伸长率 A（%）	断面收缩率 Z（%）
CF-20（302）	0.20	2.00	1.50	0.04	0.04	18.0～21.0	8.0～11.0	—	—	485	205	30	—
CF-16F（303）	0.16	2.00	1.50	0.17	0.04	18.0～21.0	9.0～12.0	≤1.50	Se:0.20～0.35	485	205	25	—
CF-8（304）	0.08	2.00	1.50	0.04	0.04	18.0～21.0	8.0～11.0	—	—	485	205	35	—
CF-3（304L）	0.03	2.00	1.50	0.04	0.04	18.0～21.0	8.0～12.0	—	—	485	205	35	—
CH-20（309）	0.20	2.00	1.50	0.04	0.04	22.0～26.0	12.0～15.0	—	—	485	205	30	—
CK-20（310）	0.20	2.00	2.00	0.04	0.04	23.0～27.0	19.0～22.0	—	—	450	195	30	—
CE-30（312）	0.30	2.00	1.50	0.04	0.04	26.0～30.0	8.0～11.0	—	—	550	275	10	—
CF-8M（316）	0.08	2.00	1.50	0.04	0.04	18.0～21.0	9.0～12.0	2.0～3.0	—	485	205	30	—
CF-3M（316L）	0.03	1.50	1.50	0.04	0.04	17.0～21.0	9.0～13.0	2.0～3.0	—	485	205	30	—
CA-15（410）	0.15	1.50	1.00	0.04	0.04	11.5～14.0	≤1.0	≤0.5	—	620	450	18	30
1C416（416）	0.15	1.50	1.25	0.05	0.15～0.35	11.5～14.0	≤0.5	≤1.5	—	620	450	18	30
CA-40（420）	0.20～0.40	1.50	1.00	0.04	0.04	11.5～14.0	≤1.0	≤0.5	—	690	485	15	25

注：1. 括号中为变形钢牌号。

2. CA-15、1C416、CA-40为马氏体型不锈钢铸件，表中其他牌号为奥氏体型不锈钢铸件。

2.6.2 铸钢熔炼设备

铸钢熔炼设备包括高频、中频和工频感应电炉以及电渣炉等，各种熔炼设备的熔炼特点及应用范围见表2-149。熔模铸造使用最多的为感应熔炼炉，感应熔炼炉按结构不同分为有心感应电炉和无心感应电炉两类。有心感应电炉适用于非铁合金熔炼；铸钢和铸铁使用无心感应电炉。按交流电频率高低，感应电炉分为高频（频率10000Hz以上）、中频（频率150～

10000Hz)、工频(50Hz)三种。炉子的额定容量与用电频率之间有大致的对应关系,容量越小则电频率越高,见表2-150。

表2-149 各种熔炼设备的熔炼特点及应用范围

类型	发生器	电流频率/Hz	容量/kg	功率/kV·A	优点	缺点	应用范围
中频感应电炉	发电机式	2500~4000	≤430	≤250	工作稳定可靠,加热速度快	设备复杂,制造技术要求高。在工作过程中不允许频繁起动及停止,噪声大,效率低	用于熔炼各种铸钢、高温合金、铸铁和非铁合金
	晶闸管变频	900~3000	≤500	50~250	设备结构简单,熔化速度快,运行稳定可靠,耗电比发电机式低1/4~1/3,噪声小	检修及维护技术要求高	
高频感应电炉	高频发生器	200~300kHz	25~60	≤100	熔化速度快,钢液污染小,质量高,当采用母合金重熔时,可不造渣,能翻转直接浇注	与中频感应电炉比,工作不稳定,炉渣稳定性低,感应圈需良好的绝缘	用于熔炼小型铸钢件及易氧化的高温合金
工频感应电炉	—	50	250~500	150~200	结构简单,制造和维护方便,热效率高	熔炼温度较低,钢液达1500℃后升温慢,熔化周期长,不易造渣,元素烧损大。起熔困难,每次要留20%的钢液,开炉要用起炉块	用于熔炼各种铸钢、铸铁及非铁合金
电弧炉	三相电弧	50	>40	—	设备结构简单,使用和维护方便,熔化速度快,稳定性高	钢液质量比感应电炉差,N_2量和C量有所增加,除渣困难,成分不易调整	用于熔炼各种铸钢、铸铁和铜合金
	单相电弧	50	≤10	50			
电渣炉	—	50	≤300	≤320	熔化金属质量较好,生产率高,设备简单,耗电、耗水少	需预制自耗电极,合金冲击值较感应电炉有所下降,合金成分不易控制	用于熔炼各种结构钢、不锈钢、耐热钢和高温合金
等离子炉	—	50	50	100	设备简单,操作方便,熔化效率高;钢液质量好,元素烧损少,能准确控制成分	钍钨电极有放射性,水冷电极需要经常检查,以确保安全	从熔炼熔点较低的铝合金到高熔点的钨、钼基合金

表2-150 感应电炉容量与电源频率

额定容量/kg	5、10	15	30	50、100	150	300、500	1000
额定功率/kW	15	30	30~50	50~100	100~150	150~300	300~600
电源频率/Hz	10000	10000	3000~10000	3000	1000~3000	1000	1000

1. 普通中频感应电炉

中频感应电炉有发电机变频和晶闸管变频两种电源。中频发电机电源频率为1000～2500Hz，优点是供电稳定、操作维护简单、输出功率大；缺点是结构笨重、耗材较多、噪声大、机组电效率只有70%～85%。中频晶闸管电源的频率为900～3000Hz，利用晶闸管元件，将工频交流电整流为单相直流电，再经过逆变触发电路变成中频交流电。该装置电效率可达90%以上，同时具有制造简单、起动快、噪声较小、用料少等优点，但总体电路比较复杂，调试和维护的技术水平高。表2-151列出了两种中频感应电炉技术规格，GGW系列为发电机变频，GW-J为晶闸管变频。

2. 快速中频感应电炉

根据熔炼时间长短，中频感应电炉又分为普通中频感应电炉和快速中频感应电炉。同样容量的感应电炉，后者的额定功率大，故熔化速度快。如100kg普通中频感应电炉的功率为100kW（见表2-151），快速中频感应炉则为175kW。因此，普通中频感应炉熔化速度较慢，一般每炉需75～120min，熔炼时间长会造成合金元素氧化烧损率增加，铸件产生气孔、夹渣、夹杂等缺陷的可能性增大，耗电量高。快速中频感应电炉熔化时间每炉仅20～22min，合金元素烧损率下降60%以上，每吨钢液节电250kW·h左右，并可减少熔炼造成的铸件气孔和夹渣缺陷。近年来，快速中频感应电炉使用较多，表2-152列出了这类电炉的主要技术指标。

3. 工频感应电炉的技术规格（见表2-153）

表2-151 中频感应电炉技术规格

基本参数名称	GGW系列			GW-J系列	
	GGW-0.06	GGW-0.15	GGW-0.5	GW-0.15-100/IJ	GW-0.5-250/IJ
额定容量/kg	60	150	500	150	500
额定功率/kW	50	100	250	100	250
额定频率/Hz	2500	2500	1000	1000	1000
额定电压/V	380	380	380	650	1300
额定温度/℃	1600	1600	1600	1600	1600
电耗/(kW·h/t)	1000	950	940	830	700
熔化率/(t/h)	—	—	—	0.13	0.38
熔炼时间/min	60	75	90	—	—
坩埚内径(上/下)/mm	ϕ220/ϕ170	ϕ275/ϕ225	ϕ420/ϕ380	—	—
水耗量/(m³/h)	1	1	6	2	10
高度/mm	350	520	850		
重量/kg	≈1000	≈1500	≈3000	1700	4000
外形尺寸(长/mm)×(宽/mm)×(高/mm)	1030×1245×1038	1030×1245×1038	2150×1500×1870	1380×1200×1215	1830×1600×1500

表2-152 快速中频感应电炉的主要技术指标

型号	额定容量/kg	额定功率/kW	额定频率/kHz	熔化时间/min	电耗/(kW·h/t)	熔化率/(t/h)	冷却水耗量/(t/h)
KYPS-50-100	50	100	2.5	18	600	0.17	5
KYPS-100-170	100	175	2.5	18	580	0.29	6
KYPS-150-220	150	220	2.5	22	580	0.36	6
KYPS-250-300	250	300	1	30	600	0.50	7

（续）

型号	额定容量/kg	额定功率/kW	额定频率/kHz	熔化时间/min	电耗/(kW·h/t)	熔化率/(t/h)	冷却水耗量/(t/h)
JP7-100	100	175	2.5	20	580	0.3	6
JP7-150	150	220	2.5	24	580	0.375	7
JP7-200	200	250	2.5	28	580	0.429	9
JP7-250	250	300	2.5	29	580	0.517	11
KGYSC175/3	100	175	3	20	600	0.3	—
KGYSC200/3	150	200	3	23	600	0.39	—
KGYSC250/3	200	250	3	28	600	0.43	—

表2-153　工频感应电炉的技术规格

基本参数名称	电炉容量/kg				
	100	150	250	400	500
额定功率/kW	100	100	130	135～200	180
感应器电压/V	380	380	380	380	380
感应圈匝数	70	54	46	40	36
每匝电压/V	5.43	7	8.26	9.5	10.6
频率/Hz	50	50	50	50	50
功率消耗/(kW/kg)	1	0.67	0.52	0.43	0.36
熔化率/(kg/h)	—	90(炼钢)	—	—	400(化铁)
电耗/(kW·h/t)	—	1200(炼钢)	—	—	—

注：本表所列的一些感应炉为非系列产品。

2.6.3　铸钢熔炼常用材料

1. 金属材料

为提高熔炼速度和保证铸件质量，国外一般采用经精练成分合格的锭料。国内熔炼用金属材料分回炉料和新料两类。

回炉料指铸件的浇冒口系统、报废铸件等。使用前应对其化学成分、牌号分析清楚，并经喷丸或喷砂清理，去除表面杂质和氧化皮，待用，或者将回炉料熔炼浇注成铸锭使用。

新料是购买一定牌号的金属棒料或边角料压制成的锭料，以及常用铁合金和纯金属料。所购一定牌号的金属棒料及锭料需进行成分分析，符合标准，且尺寸应与炉的坩埚尺寸相符。例如，佛山市硕辉金属回收有限公司将不锈钢边角料清洗、烘干、压成块料供企业使用，块料的尺寸为ϕ160mm×520mm，有（美国）304、316、430、201各种牌号的压块料。广东华鳌不锈钢制品有限公司则将边角料通过AOD精练，制成ϕ80mm×600mm棒料。国内有（美国）304L、316L、304、316牌号的棒材供企业使用。常见铁合金和纯金属料的主要技术要求见表2-154。

2. 工艺材料

熔炼使用的工艺材料包括筑炉和修包用耐火材料、造渣材料、脱氧剂等。表2-155列出了筑炉和修包用材料；表2-156列出了常用造渣材料；表2-157列出了脱氧剂。增碳剂常使用石墨电极碎块、炭粉、冶金焦粉等，使用前应烘烤，保证$w(H_2O)<0.5\%$。

表2-154　常见铁合金和纯金属料的主要技术要求

名称	标准代号	主要技术要求
硅铁	GB/T 2272—2009 CICBA/C01.03—1999	FeSi 75-C，$w(Si)=72\%\sim80\%$、$w(C)=0.2\%$，块度合格
锰铁	GB/T 3795—2014	$w(Mn)=85\%\sim92\%$、$w(C)=0.5\%$，块度合格

（续）

名称	标准代号	主要技术要求
铬铁	GB/T 5683—2008 CICBA/C01.05—1999	w(Cr)=63.0%~75.0%、按 w(C)的不同有多个牌号，块度合格
钼铁	GB/T 3649—2008 CICBA/C01.06—1999	w(Mo)=65.0%~75.0%、55.0%~65.0%两种，w(C)=0.1%，块度合格
钨铁	GB/T 3648—2013	w(W)=75.0%~85.0%、w(C)=0.1%，块度合格
钒铁	GB/T 4139—2012 CICBA/C01.11—1999	w(V)=50%、75%，块度合格
钛铁	GB/T 3282—2012 CICBA/C01.10—1999	w(Ti)=35%~45%、25%~35%，块度合格
硼铁	GB/T 5682—2015	w(B)=20%~25%、19%~24%、14%~19%、9%~14%，块度合格
铌铁	GB/T 7737—2007	w(Nb+Ta)=60%~70%、50%~60%、w(Ta)=0.8%、w(C)=0.05%，块度合格
电解镍	GB/T 6516—2010	Ni9999、Ni9996、Ni9990、Ni9950，镍板平均厚度不小于3mm等
金属铬	GB/T 3211—2008	JCr99、A、JCr99、B、JCr98.5、A、JCr98.5、B、JCr98，金属铬最大块度150mm×150mm，最小块度10mm×10mm

表2-155 筑炉和修包用材料

材料名称	主要组分	标准	要求和处理方法
硅砖	SiO_2	GB/T 2608—2012	清洗、干燥、人工磁选除铁
烧结镁砂	MgO	GB/T 2273—2007	经800~850℃焙烧2~3h，冷却后用孔径3~5mm筛过筛，人工磁选后在料箱中封存
镁砖或镁铬砖	$MgO+Cr_2O_3$	YB/T 5011—2014	经人工或机械破碎，用孔径3~5mm筛过筛，封存
黏土质耐火砖	$Al_2O\cdot SiO_2$	YB/T 5106—2009	经150~200℃烘干，冷却后用100~140号筛过筛，封存
工业硼酸	H_3BO_3	GB/T 538—2018	工业用Ⅰ级或Ⅱ级，经100号筛过筛，封存
工业硅酸钠	$Na_2O\cdot nSiO_2\cdot mH_2O$	GB/T 4209—2008	$w(SiO_2)$=32%~34.5%，$w(Na_2O)$=11.0%~13.5%加水稀释
石棉布	—	—	绝缘度≥120MΩ，厚度为<1mm，应柔软
石棉板	—	—	厚度为3~5mm，软质的

表2-156 常用造渣材料

材料名称	主要组成	标准代号	使用
冶金石灰	CaO	YB/T 042—2014	碱性炉造渣材料，可去除硫、磷。使用时应烤干，w(水分)<0.5%、粒度在20~50mm之间
氟石	CaF_2	—	氟石可调整炉渣黏度，加入量应适当，过多会使渣太稀
非晶质除渣剂	SiO_2 或 Al_2O_3	—	一种玻璃态熔岩，聚渣能力强，又称聚渣剂，可用于碱性炉或酸性炉

表 2-157　脱　氧　剂

名　称	标　准	牌　号
锰铁	GB/T 3795—2014	FeMn88C0.2、FeMn84C0.4
硅铁	GB/T 2272—2009	FeSi90Al1.5、FeSi75Al0.5-A
硅钙合金	YB/T 5051—2016	Ca31Si60、Ca28Si60
工业铝粉	GB/T 2085.1—2007	FLG1、FLG2

注：脱氧剂在使用前需在800℃以上烘烤至少4h。铝粉烘烤温度低于300℃。

2.6.4　感应熔炼

感应电炉铸钢熔炼工艺包括坩埚制备、配料、熔化、脱氧、调整成分和出炉等工序。

1. 坩埚（炉衬）制备

图2-42所示是感应电炉炉体部分结构图，图中3是坩埚或称炉衬，可购买成品直接安装使用，也可自筑。坩埚有酸性、碱性两种，其特性及应用范围见表2-158。表2-159、表2-160为酸、碱炉衬材料配比。感应器保护材料配比见表2-161。打结坩埚用模样常用的有两种，即钢板焊接和铸造。钢板焊接的模样在坩埚打结后不取出，在烘干、烧结坩埚时起感应加热作用，一个炉衬就消耗一个模样；铸造的模样在坩埚打结后取出，可长期使用。表2-162列出了坩埚模样尺寸；筑炉工艺见表2-163。

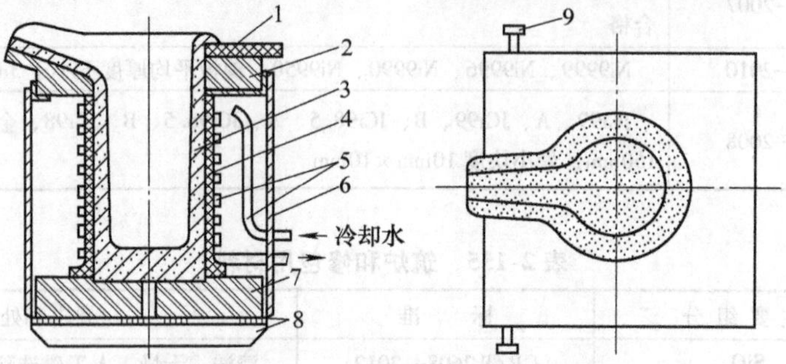

图 2-42　感应电炉炉体部分结构图

1—水泥石棉盖板　2—耐火砖上框　3—坩埚　4—玻璃丝绝缘布　5—感应圈　6—水泥石防护板棉　7—耐火砖底座　8—铝制边框　9—转轴

表 2-158　酸、碱性炉衬的特性及应用范围

炉衬种类	特　性	应用范围
酸性	酸性炉衬由硅砂、粉组成，能抵抗酸性渣浸蚀，但易受碱性渣浸蚀，易与钢中Al、Ti等起反应，使用寿命较长，不能去S、P	普通碳素钢、高硅钢及一般低合金钢的熔炼
碱性	碱性炉衬是以镁砂为基体材料组成，能抵抗碱性渣料的浸蚀，能去S、P，对炉料要求相对低些，但炉衬耐急冷急热性能差，使用寿命较短	各种碳素钢、低合金钢、高锰钢，不锈钢、耐热钢和高温合金的熔炼

表 2-159　酸性炉衬（包）材料配比

名称	材料配比（质量分数,%）												应　用
	硅砂（在以下筛号时）								耐火黏土	硼酸（外加）	水玻璃（外加）	水（外加）	
	4/6	6/12	12/30	20/40	30/50	70/140	100/200	200/270					
炉衬	—	—	30	—	50	—		20		1.5	—	适量	50～60kg中频炉
	50	—	—	—	—	50	—	—	—	1.5～2.0	—		150kg中频炉
	25	20	—	30	—	—	—	25	—	1.5～2.0	—		500kg中频炉
	70～75	—	—	—	—	—	—	30～25	—	2.0～3.0	—		60～500kg中频炉
炉领	—	—	30	—	—	50	20	—	—	—	10	—	—
	50	—	—	—	—	—	—	10	40	1.0～2.0	6～10	—	—
衬炉	50～60	20～10	—	—	—	—	—	30～40	—	2.0～3.0	—	适量	—

表2-160 碱性炉衬（包）材料配比

名称	材料配比（质量分数,%）										应用
	镁砂/mm						耐火黏土	硼酸（外加）	水玻璃（外加）	水（外加）	
	3~4	2~3	1~2	0.4~1.0	0.2~0.4	<0.2					
炉衬	50~55				—	45~50		1.5~2.0	—	适量	100kg快速中频炉
	50		—	50			—	1.5~2.5	—		150kg中频炉
	25	15	10	—	10	40	—	0.5~1.0	—		500kg中频炉
	—	50	—	—	50	—	—	1.5~2.0	—		—
炉领	—	—	50	50	—	—	25(外加)	—	适量	—	—
	—	—	25	—	50	—	25	—	5~8	—	—

表2-161 感应器保护材料配比

编号	材料配比（质量分数,%）				
	硅石粉05（270号筛）	石棉粉	耐火黏土	矾土水泥（42.5~52.5）	水
1	50	30	20	—	适量
2	80	—	—	20	适量
3	—	—	80	20	适量

表2-162 坩埚模样尺寸

图例	坩埚容量/kg	a/mm	b/mm	c/mm	R/mm
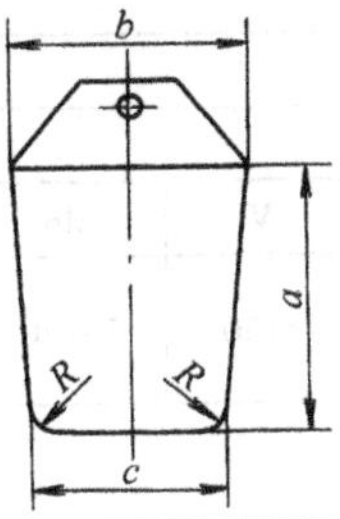	20	260	140	120	5
	60	350	160	140	15
	150	520	275	225	25
	250	570	325	260	35
	500	650	410	360	35

表2-163 筑炉工艺

序号	工序名称	操作要点
1	配制炉衬材料	不同粒度的耐火材料按比例称重。干混均匀再加水（水玻璃）混匀。达到“手捏成团，张指不散又不粘手”的程度；然后用孔径为6mm的筛子过筛，盖上湿布，停放1~2h后即可使用
2	感应圈绝缘处理	1）用压缩空气吹净感应圈上的灰尘和脏物，再用0.2~0.3MPa水压检查感应器是否渗漏 2）确定感应器不渗漏、圈匝绝缘良好后，将膏状感应器保护料糊在圈匝间隙中，自然干燥24h或烘干 3）在感应器内壁紧贴1~2层厚度为2mm的石棉布，下边缘向内壁折卷，上部用开口弹簧固定 4）在感应圈底部放上石棉板（或石棉布）或云母片，总厚度为6~10mm
3	筑炉底	在炉底石棉板上铺一层厚度为70~80mm的筑炉料，用风舂子均匀捣实。将其表面划松，使其粗糙，再铺厚度为70~80mm的筑炉料，捣实。多次重复，直至捣紧面高出感应圈最低圈位置20~30mm
4	筑炉壁	1）将坩埚模样用砂纸打干净 2）将坩埚模样放在炉底上，注意必须与感应圈同心。摆正后压上压铁（约50kg）稳住 3）将坩埚模样与石棉布之间的炉底料划松，装填厚度为20~40mm的炉衬材料，捣实。如此反复进行，直至距感应圈匝上边50mm为止。炉壁厚度一般为：30~60kg炉，上部为40~50mm、下部为50~60mm；100~150kg炉，上部为60mm、下部为75mm

（续）

序号	工序名称	操作要点
5	筑炉领、出钢口	按要求配制炉领材料，打结炉领和出钢口，并用水玻璃溶液（质量比为水:水玻璃=1:1）均匀涂刷其表面
6	烧结	1）取下压铁。干法打结坩埚自然干燥2h后可进行烘烤。湿法打结坩埚取模样后要自然干燥24h，或者放入电阻加热器低温烘烤，表面烘烤干燥后再进行烧结 2）在坩埚内装入炉料，先缓慢升温到700～800℃时保温适当时间，使炉衬材料中结晶水完全消失 3）增加功率，将初装的炉料熔化，再继续投入炉料，直至金属液升到距炉顶50mm处。升高功率使金属液温度达1700℃左右，然后降低功率保温约1h，完成烧结 4）对金属液进行除渣、脱氧、停电、把金属液浇到铸锭模中 5）完全烧结后可加料继续开炉，也可停炉。停炉时用原2/3冷却水使炉衬慢慢冷却3～4h

2. 炉料准备

炉料应清洁干净、无易爆等杂物，有条件的用压制好的紧实棒形锭料，如用散料应大小搭配合适以便快速熔化。采用酸性炉熔炼时，炉料中P、S质量分数要低于熔炼钢种成分要求的0.005%～0.01%。

配料计算是很重要的，应根据合金牌号、技术要求，确定合金的控制（化学）成分，以及炉料中的回炉料、新料的比例。考虑到熔炼过程中元素的烧损量，计算出各元素的不足量，用铁合金来补充，从而得到炉料中旧料、新料和各种铁合金的量，按比例备料。配料计算步骤见表2-164。表2-165和表2-166是配料计算示例，为ZGD345—570（ZG35CrMnSi）和美国CF-8M（316）不锈钢的配料计算单。

表2-164 配料计算步骤

<table>
<tr><th>步骤</th><th colspan="11">内容</th></tr>
<tr><td>1</td><td colspan="11">确定合金化学成分</td></tr>
<tr><td rowspan="4">2</td><td colspan="11">确定元素的烧损率。中频感应电炉熔炼各元素烧损率 S（质量分数,%）如下</td></tr>
<tr><td>元素</td><td>C</td><td>Si</td><td>Mn</td><td>Cr</td><td>Ti</td><td>Al</td><td>W</td><td>V</td><td>Mo</td><td>Ni</td></tr>
<tr><td>酸性炉</td><td rowspan="2">5～10</td><td>0～10</td><td>30～50</td><td rowspan="2">5～10</td><td rowspan="2">40～60</td><td rowspan="2">30～50</td><td rowspan="2">3～5</td><td rowspan="2">≈50</td><td rowspan="2">5～20</td><td rowspan="2">0</td></tr>
<tr><td>碱性炉</td><td>30～40</td><td>20～30</td></tr>
<tr><td>3</td><td colspan="11">计算出炉料中各元素（包括烧损量）应有的质量分数
$$K=\frac{K_o}{1-S}$$
式中 K—炉料中某元素的质量分数（%）
K_o—钢液中某元素的应控制质量分数（%）
S—某元素在熔炼中的烧损率（质量分数,%）</td></tr>
<tr><td>4</td><td colspan="11">根据炉料总重量，计算出各元素应有重量</td></tr>
<tr><td>5</td><td colspan="11">计算出回炉料中各元素的重量</td></tr>
<tr><td>6</td><td colspan="11">计算出需补加的各元素的重量</td></tr>
<tr><td>7</td><td colspan="11">计算出需补加的各种铁合金、碳、纯铁等新料的重量</td></tr>
<tr><td>8</td><td colspan="11">核对是否符合配料成分要求</td></tr>
</table>

表2-165 ZGD345—570（ZG35CrMnSi）配料计算单

<table>
<tr><td colspan="2" rowspan="2">配料用原材料</td><td>化学元素</td><td>C</td><td>Si</td><td>Mn</td><td>Cr</td></tr>
<tr><td>要求成分（质量分数,%）</td><td>0.3～0.4</td><td>0.6～0.9</td><td>0.9～1.2</td><td>0.7～1.0</td></tr>
<tr><td rowspan="2">种类</td><td rowspan="2">重量/kg</td><td>配料成分（质量分数,%）</td><td>0.39</td><td>1.1</td><td>1.4</td><td>0.9</td></tr>
<tr><td>60kg需要量/kg</td><td>0.234</td><td>0.66</td><td>0.84</td><td>0.54</td></tr>
<tr><td>ZG35CrMnSi旧料</td><td>30</td><td>—</td><td>$\frac{0.117}{0.0039}$</td><td>$\frac{0.228}{0.0076}$</td><td>$\frac{0.3}{0.01}$</td><td>$\frac{0.267}{0.0089}$</td></tr>
</table>

（续）

配料用原材料		化学元素	C	Si	Mn	Cr
		要求成分（质量分数,%）	0.3~0.4	0.6~0.9	0.9~1.2	0.7~1.0
种类	重量/kg	配料成分（质量分数,%）	0.39	1.1	1.4	0.9
		60kg需要量/kg	0.234	0.66	0.84	0.54
35CrMnSi新料	29	—	$\frac{0.087}{0.003}$	$\frac{0.284}{0.0098}$	$\frac{0.29}{0.01}$	$\frac{0.287}{0.0099}$
硅铁	0.188	—	—	$\frac{0.148}{0.788}$	—	—
锰铁	0.308	—	—	—	$\frac{0.25}{0.81}$	—
石墨电极	0.03	—	0.03	—	—	—
总计	59.5	—	0.234	0.66	0.84	0.554

注：1. 配料成分已考虑元素烧损率（质量分数）：C=8%、Si=30%、Mn=25%、Cr=6%。

2. 表中的分式分母是原材料中元素含量的质量分数，分子是配料重量中某元素的重量。

表2-166 CF-8M（316）配料计算单

原材料							配料						
名称	化学成分（质量分数,%）						配比(质量分数,%)	化学成分（质量分数,%）					
	C	Si	Mn	Ni	Cr	Mo		C	Si	Mn	Ni	Cr	Mo
CF-8M回炉料	0.078	1.2	1.5	9.2	18.2	2.3	40.0	0.031	0.48	0.6	3.68	7.28	0.92
CF-8M	0.08	1.0	1.7	8.2	18.0	0.0	53.5	0.043	0.54	0.91	4.387	9.63	—
镍		—		99.0	—	—	1.0		—	—	0.99	—	—
钼铁	0.1	0.98	—	—	—	62.8	2.16	0.002	0.021	—	—	—	1.356
低碳铬铁	0.09	0.6	0.95	—	67.8	—	2.5	0.0018	0.012	0.019	—	1.695	—
低碳锰铁	0.1	1.0	80.0	—	—	—	0.24	0.0002	0.002	0.192	—	—	—
硅铁	0.2	70.0	—	—	—	—	0.6	0.0012	0.42	—	—	—	—
总计	—						100.0	0.0792	1.475	1.721	9.057	18.605	2.276
各元素的烧损量	—							0.004	0.22	0.52	0	0.558	0
熔炼合金成分	—							0.075	1.25	1.20	9.057	18.047	2.276
该牌号合金成分	—							<0.08	<1.5	<1.5	9~12	18~21	2~3

注：各元素烧损率（质量分数）：C=5%、Si=15%、Mn=30%、Cr=3%。

3. 熔剂及脱氧剂准备

表2-167列出了熔剂配方，表2-168列出了预脱氧用锰铁、硅铁和硅钙粉的加入量、终脱氧用铝的加入量。使用脱氧剂时，还要注意加入次序，在用锰、硅脱氧时，应先加锰后加硅，这样得到钢液夹杂物总量要少些。

4. 熔炼工艺

感应电炉熔炼操作要点见表2-169。

5. 典型钢种熔炼工艺

表2-170、表2-171列出了ZG 310—570、ZG12Cr18-Ni9Ti的熔炼工艺。

表2-167 熔剂配方

代号	配方（质量分数,%）								应用
	石灰	氟石	碎玻璃	碎镁砂	工业氧化铝	工业氧化镁	硅砂	铝粉	
R-1	—	—	20	—	—	—	80	—	酸性炉
R-2	25	10	—	—	—	—	65	—	

（续）

代号	配方（质量分数，%）								应用
	石灰	氟石	碎玻璃	碎镁砂	工业氧化铝	工业氧化镁	硅砂	铝粉	
R-3	30	—	30	—	—	—	40	—	碱性炉
R-4	—	—	100	—	—	—	—	—	
R-5	50	2.5	—	—	25	22.5	—	—	
R-6	45.5	6.5	—	—	13.5	16.5	—	18	
R-7	80	10	—	10	—	—	—	—	
R-8	95	5	—	—	—	—	—	—	

表2-168　脱氧剂用量（占钢液重量的百分数）

脱氧剂名称	锰　铁	硅　铁	硅　钙　粉	铝
脱氧剂用量	0.10～0.20	0.05～0.07	0.2～0.3	0.04～0.06

表2-169　感应电炉熔炼操作要点

序号	工序名称	熔炼操作要点
1	准备	1）检查炉体，如炉衬、感应器、冷却水管、炉子倾动机构等是否正常 2）检查变频装置、电源、水源及气源是否正常。高频感应电炉的地面绝缘板要完整 3）准备工具，如铁钳、铁钎、锭模及浇包等应干燥，浇包需预热到800～950℃ 4）准备测温仪表。测温仪表必须定期校正 5）金属炉料要按配料单逐项称取并校对。同时，按需要称取脱氧剂并烘烤备用 6）熔剂按要求进行配制并烘烤备用
2	装炉	1）装炉材料的尺寸大小以坩埚完全充填为条件，一般为粗大料和微细料并用 2）将难熔的、大块的炉料装在靠近坩埚壁和坩埚底部的高温区；大块料空隙中用小块料充填 3）装料顺序，以回炉料、废边料和元素不易烧损之铁合金，如钼铁、纯镍等先加，全部熔化以后，才添加易烧损元素的铁合金，如低碳铬铁、锰铁、硅铁等 4）为防止"架桥"，在装料过程中应注意：上部炉料不应超过感应器高度；长棒形炉料应竖直装入坩埚；力求做到"下紧上松"
3	熔化	1）炉料装好后即可送电熔化。开始几分钟用较低的功率；当电流波动较小后，采用最大功率，直至熔清 2）随着炉料的熔化，把未装完的炉料陆续装入，直至炉料全部熔化 3）炉料开始熔化后，应及时撒上熔剂，以防止合金液氧化和吸气。熔渣一般为金属（质量分数）的2%～3%，过多会增加热量消耗和金属损失，应及时扒渣 4）在熔化过程中应及时捅料，防止发生"架桥"
4	预脱氧与调整成分	1）所有炉料熔化完毕后，即可进行预脱氧 2）脱氧剂应分批均匀地撒在渣面上。脱氧剂加入次序应由脱氧能力弱到强，通常为锰铁、硅铁、铝等。脱氧剂的用量见表2-168 3）脱氧剂添加后停置3～4min取样进行炉前分析，造新的炉渣并降低炉子的功率，使金属不致过热 4）去除炉渣的条件下，根据炉前分析结果添加相应的成分。凡与氧亲和力较大的合金元素，必须在脱氧良好的条件下加入，且加入的温度也不能太高，以减少烧损。一些难熔和密度大的元素应先加入。几个主要合金元素的加入次序及时间如下 镍：一般在装料时加入 铬：在脱氧良好的条件下加入。但铬含量高时，则在装料时加入。为了减少烧损，把它装在炉底 钨和钼：多在炉料熔化后加入钢液中，且块度要小，加入前应烘烤 硅和锰：当加入量不多时，在炉料熔化完了以后脱氧之前加入 钒、铝、钛、硼、锆：必须在脱氧良好的条件下加入。一般，按钒、铝、钛、硼和锆的先后次序加入。如合金中的铝和钛的含量较高、钒量较低时，则钒应在铝、钛加入后再加入 5）在每次加入合金元素后，必须根据加入量来决定升温时间。当加入较多的铝、钛时，要停电降温

（续）

序号	工序名称	熔炼操作要点
5	终脱氧与合金液温度的调整	1）造新炉渣，加热金属液接近出钢温度 2）去除炉渣，进行终脱氧。终脱氧后，造新炉渣，并静置几分钟，使脱氧产物易于上浮 3）金属熔化和精炼期间炉渣应为流动的液体状 4）在终脱氧前后，应检查渣是否发白（即为还原渣），若渣未发白，应补充脱氧 5）终脱氧结束，钢液温度应达到出钢温度（一般比液相线高80～120℃），钢液从脱氧到浇注的时间不宜太长，避免钢液氧化和吸气
6	出钢浇注	当合金液成分、温度均已达到要求，脱氧也已完成时，即停电、扒渣，然后将钢液倒入预热的浇包内浇注，或者直接翻转浇注

表2-170　ZG 310-570的熔炼工艺

工序名称	熔炼操作要点
准备	1）炉料的质量分数：回炉料70%，其余用新料 2）炉料的计算成分（质量分数,%）为 C 0.53～0.58　Si 0.25～0.30　Mn 1.1～1.5　Cr <0.3　Ni <0.3　P <0.045　S <0.045 3）采用酸性炉衬 4）熔剂的质量分数：硅砂80%，碎玻璃20%
装料	首先在坩埚底部装入部分小块料和电极碎块（增碳剂，用量少于20g时，可在炉料熔化后加入），然后紧密地装入回炉料和新料
熔化	1）通电进行熔化，未装完的炉料随着炉料的熔化，陆续加入 2）钢的整个熔炼过程应在熔剂覆盖下进行，全部熔化后，取样进行炉前分析
调整成分	全部炉料熔化后，升温至1530～1540℃，加入预热好的锰铁和硅铁
脱氧	1）继续升温至1560～1570℃时，除去熔渣，并覆盖新熔剂 2）依次加入质量分数为0.2%的FeMn，0.1%的FeSi脱氧 3）用质量分数为0.03%的Al进行终脱氧
出钢浇注	脱氧之后，当钢液温度达到1570～1590℃时，除净熔渣，停电、出钢浇注

表2-171　ZG12Cr18Ni9Ti的熔炼工艺

工序名称	熔炼操作要点
准备	1）采用回炉料，重熔料，ZG12Cr18Ni9Ti新料以及Ni、Cr纯铁 2）配料计算 3）采用碱性坩埚熔炼 4）熔剂的质量分数为：CaO=80%，CaF_2=10%，MgO=10%
装料	在坩埚底部撒上一层熔剂，随即依次加入锰铁或低碳锰铁（脱氧剂）、微碳铬铁或铬和镍、纯铁，然后再紧密地装入回炉料、重熔料和ZG12Cr18Ni9Ti新料
熔化	通电熔化，随炉料熔化，陆续加入未装完的炉料，并覆盖上熔剂，应以最大功率尽快熔化。钢的整个熔炼过程应在熔剂覆盖下进行
脱氧	1）炉料完全熔化后，升温至1480～1500℃时加入FeSi，然后进行换渣 2）升温至1600～1620℃时，把熔渣打开一个小洞，加入合金液重量为0.1%的SiCa脱氧剂进行脱氧，并覆盖上熔剂 3）升温至1610～1630℃时，用重量为合金重量0.03%～0.06%的Al进行脱氧，并及时加入FeTi，然后覆盖上熔剂
出钢浇注	钢液在覆盖下保持2～3min后，温度合适即可出钢浇注

6. 熔炼质量检查

熔炼质量检查包括化学成分检测、温度检测等。

表2-172列出了常规化学分析法和光谱分析法的特点和应用；与熔模铸造有关的化学分析方法标准代号和名称见表2-173。测温装置有热电偶和二次仪表（毫伏计、电子电位差计）组成的测温仪、光学高温计等。为保证质量，企业应具备测温装置。此外，还可采用一些简易检测法来检测脱氧质量等。对钢液，可在用铝进行终脱氧前，取钢液浇到圆杯试样的铸型中，根据钢液凝固收缩情况来判断其脱氧质量（见表2-174）。铸型一般用钢制成，也可采用砂型。圆杯试样铸型尺寸如图2-43所示。脱氧效果好的钢液，在样杯中冷却时液面平静，凝固后表面呈凹形；脱氧不良或很差的钢液，凝固后表面不凹陷或凸起。

表2-172 常规化学分析法和光谱分析法的特点和应用

方法名称		特点	应用
常规化学分析法	滴定法	分析较准确，一般测定误差为含量值的0.2%左右，分析方法较简便	通常用于测定含量在1%以上的元素
	重量法	分析准确，但速度慢、周期长	一般用于分析含量大于10%的元素
	比色法	灵敏度高，速度较快	主要用于测定低含量或微量元素
光谱分析法	原子吸收光谱	快速、容易掌握，灵敏度高，对样品破坏性小，能同时测定多种元素	定性、半定量、定量分析
	摄谱	方法简便、快速	定性、半定量和部分元素的定量分析
	光电（直读）光谱	分析速度更快，1min可以同时分析钢中20多种元素，还可以同时分析试样中几十种微量杂质元素，准确度高。对于常量和微量元素，此法比常规化学分析精度高，但对于高含量元素尚不及化学分析的精度。操作简便，全部自动化操作	各种合金的快速定量分析，应用广泛

表2-173 与熔模铸造有关的化学分析方法标准代号和名称

序号	标准代号	标准名称
1	GB/T 223.…	《钢铁及合金化学分析方法》
2	GB/T 4336—2016	《碳素钢和中低合金钢多元素含量的测定 火花放电原子发射光谱法（常规法）》
3	GB/T 11170—2008	《不锈钢多元素含量的测定 火花放电原子发射光谱法（常规法）》
4	GB/T 20975.1～31—2008（2020）	《铝及铝合金化学分析方法》
5	GB/T 7999—2015	《铝及铝合金光电直读发射光谱分析方法》
6	GB/T 5121.1～29—2008（2015）	《铜及铜合金化学分析方法》
7	GB/T 4698.1～28—1996（2020）	《钛及钛合金化学分析方法》
8	HB 5220.1～50—2008	《高温合金化学分析方法》
9	HB 5216—2004	《铝合金化学分析方法》
10	HB 5297.1～25—2001	《钛合金化学分析方法》

表2-174 几种圆杯试样判断脱氧质量

试样剖面示意图	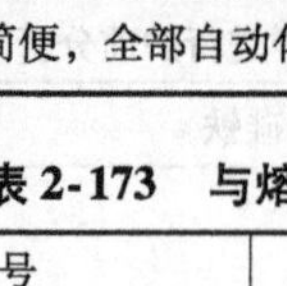	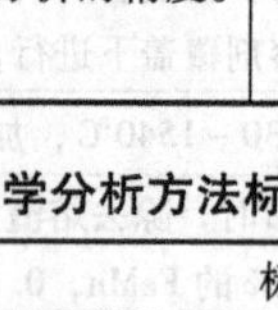	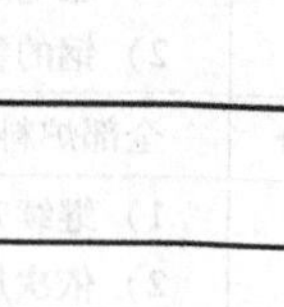
试样顶面特征	凹陷显著	凹陷不显著或不凹陷	凸起
脱氧情况	良好	不良	很差

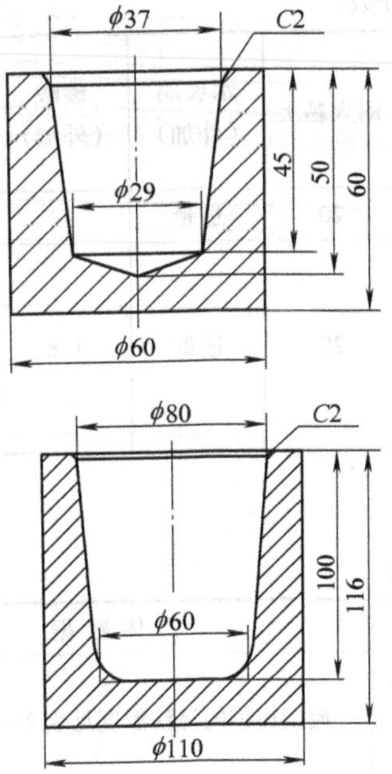

图2-43 圆杯试样铸型尺寸

2.6.5 铸钢的浇注

熔模铸造常用浇注方法包括重力浇注、真空吸铸、离心浇注和低压浇注等，见表2-175。

表2-175 熔模铸造常用浇注方法和适用范围

浇注方法		特点和适用范围
重力浇注	浇包转注	钢液从炉中倒入转包，再由转包浇入型壳。钢液降温快、氧化严重，但操作方便，这是生产中最常用的浇注方法
	从熔炉直接浇注	将型壳浇口杯对准炉嘴，倾动熔炉，让钢液浇入型壳。钢液的氧化和热损失少，但型壳要具有较高的高温强度，常用于小型不锈钢铸件
	翻转浇注	将型壳倒扣在坩埚上，再将熔炉炉体缓慢翻转，使钢液注入型壳中（见图2-44）。钢液基本上不氧化和降温、流动平稳，但需专门设备。常用于质量要求高又含铝、钛、铌等易氧化元素的小型不锈钢铸件和部分高温合金精铸件
真空吸铸		用真空将金属液吸入型壳中（见图2-45），提高了金属液充型能力，适用于生产薄而精细的小型精铸件
离心浇注		提高金属液充型能力，特别适合质量要求高的钛合金、高温合金和不锈钢等精铸件
调压浇注		提高金属液充型能力，主要用于质量要求高的薄壁铝合金精铸件
低压浇注		提高金属液充型能力，主要用于难成形的铝合金精铸件

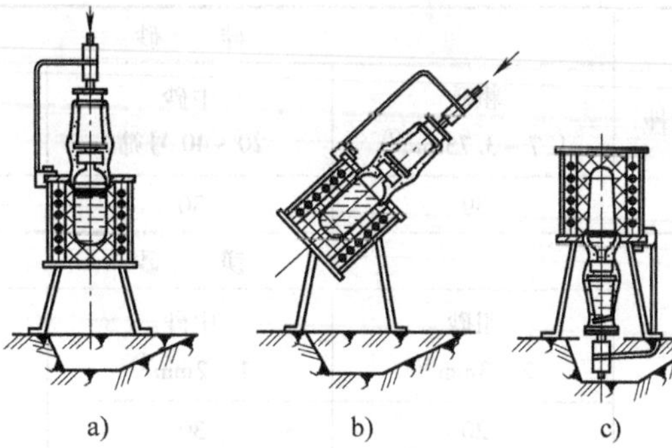

图2-44 翻转浇注

a）安装型壳 b）翻转浇注 c）充型完毕

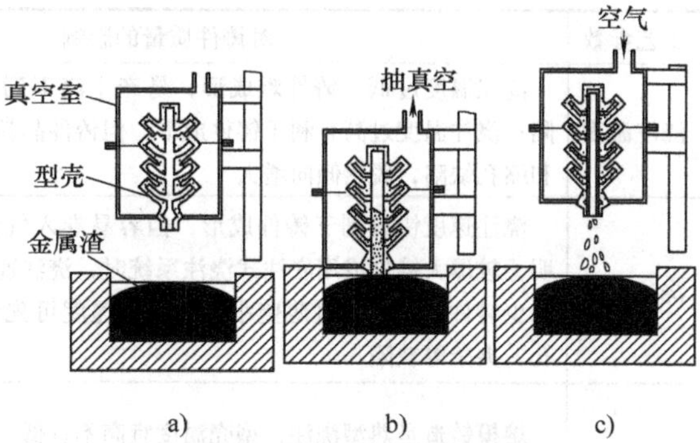

图2-45 真空吸铸浇注

a）安装待吸型壳 b）抽真空并开始吸铸
c）吸铸结束直浇道内金属液回流

1. 重力浇注

一般采用浇包浇注。浇包有普通浇包和茶壶浇包两种，如图2-46所示。茶壶浇包有一定的挡渣效果。浇包由包壳和包衬组成，四周钻有均匀分布的孔。包衬有酸碱两种，普通碳素钢用酸性包衬，合金钢和不锈钢采用碱性包衬。包衬材料配方见表2-176。捣筑包前先在包壳内刷一层白泥浆，包衬捣筑方法同筑炉衬。重力浇注工艺参数见表2-177。

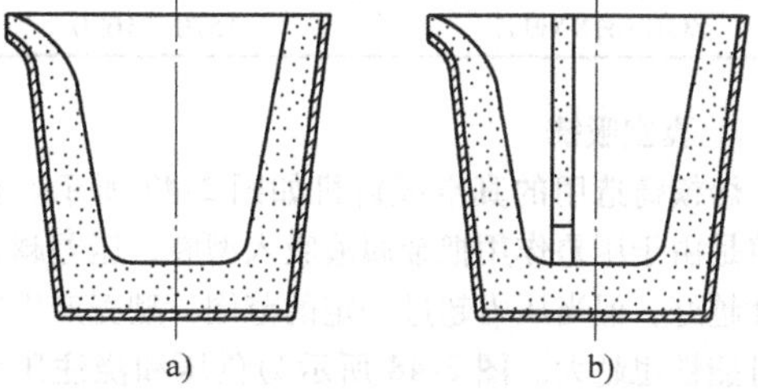

图2-46 浇包

a）普通浇包 b）茶壶浇包

表2-176 包衬材料配方（质量分数） （%）

酸性	硅砂			耐火黏土	水玻璃（外加）	硼酸（外加）	水（外加）
	粗砂 1.7~3.75mm①	中砂 20~40号筛	细砂 40~120号筛				
	30	30	20	20	适量	—	—
碱性	镁砂						
	粗砂 2~3mm①	中砂 1~2mm①	细砂 <1.0mm①	20	适量	1.8	适量
	20	30	30				

① 砂粒尺寸。

表2-177 重力浇注工艺参数

工艺参数	对铸件质量的影响	具体数据
浇注温度	浇注温度过低，铸件难成形，易产生浇不到、冷隔、夹杂等缺陷；浇注温度过高有利于铸件成形，但铸件晶粒粗大，易产生变形和缩孔缺陷，脱碳倾向增大	典型铸钢的浇注温度见表2-178
浇注速度	浇注速度快有利于铸件成形，但容易卷入气泡和夹杂。经验表明，较厚大铸件或用底注式浇注系统时，浇注速度可先快后慢，可减少铸件缩孔等；对薄壁小件，浇注速度可先慢后快，以减少气孔、夹杂等缺陷	用浇包浇注时，铸件<100kg，浇注时间<10s；5~10kg铸件，浇注时间为4~8s
型壳温度	熔模铸造是热型浇注，型壳温度宜高不宜低。型壳温度低，铸件容易产生冷隔、夹杂、气孔等缺陷，但型壳温度过高，则会使铸件晶粒粗大，力学性能下降	浇注铸钢时，型壳温度为700~1000℃

表2-178 典型铸钢的浇注温度

合金牌号（碳钢）	浇注温度/℃
ZG 230-450	1550~1580
ZG 270-500	1540~1570
ZG 310-570	1530~1570
合金牌号（合金钢）	浇注温度/℃
ZG35CrMnSi	1550~1580
合金牌号（不锈钢）	浇注温度/℃
ZG20Cr25Ni20	1570~1580
ZG12Cr18Ni9Ti	1570~1630

2. 真空吸铸

熔模铸造用的真空吸铸机如图2-47所示。真空吸铸是由于压差作用把金属液吸入型腔，压差越大填充性越好，但当压力超过一定的范围，型壳产生破裂的可能性也越大。图2-48所示为负压和浇注压头对金属液填充性能的影响，表2-179列出了几种熔模铸造用型壳允许使用的吸铸压力。金属液的结壳时间与型壳的温度和金属液的温度有关，型壳和金属液的温度越高，结壳时间越长，如图2-49所示。

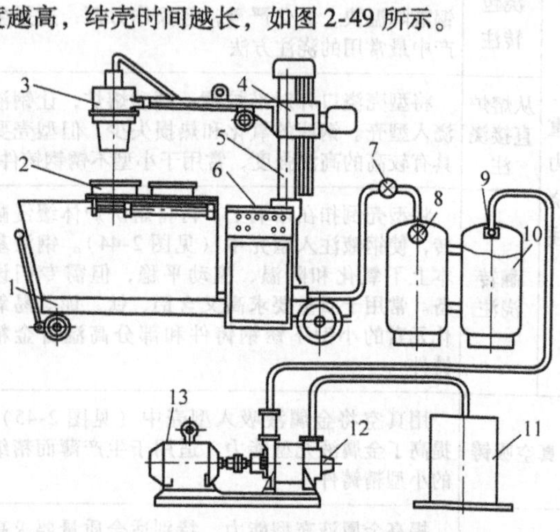

图2-47 熔模铸造用真空吸铸机

1—小车 2—工作台 3—吸铸室 4—升降机构 5—旋转机构 6—电控柜 7—节流阀 8—旋塞阀 9—空气滤清器 10—贮压罐 11—水气分离器 12—水环真空泵 13—电动机

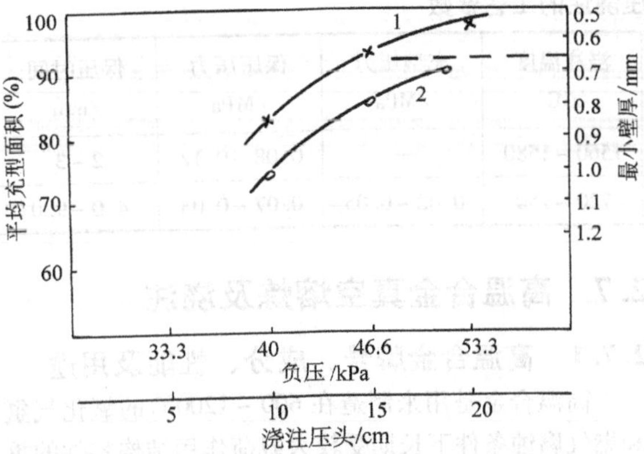

图 2-48 负压和浇注压头对金属液填充性能的影响

1—真空吸铸 2—浇注金属液压头

表 2-179 几种型壳允许使用的吸铸压力

型 壳	种 类	允许使用的吸铸负压/kPa
硅酸乙酯	硅砂	<33.3
	刚玉	<53.3
	煤矸石	<60
硅溶胶	硅砂	<60
	刚玉	<101
	铝矾土	<101
水玻璃	硅砂	<33.3

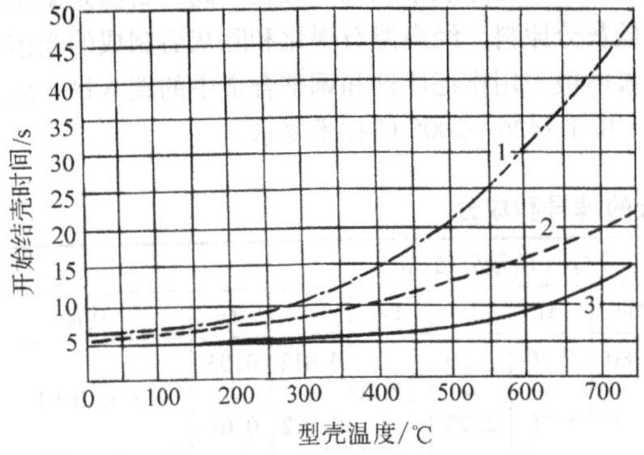

图 2-49 结壳时间与型壳温度和金属液温度的关系

1—浇注温度 1580℃ 2—浇注温度 1550℃

3—浇注温度 1520℃

3. 离心浇注

离心浇注是将金属液浇入旋转的铸型中，金属液在离心力的作用下填充型腔和凝固。这种方法主要用来浇注结构复杂的环形件、盘形件和薄壁件。熔模铸造一般采用立式离心浇注机，如图 2-50 所示。

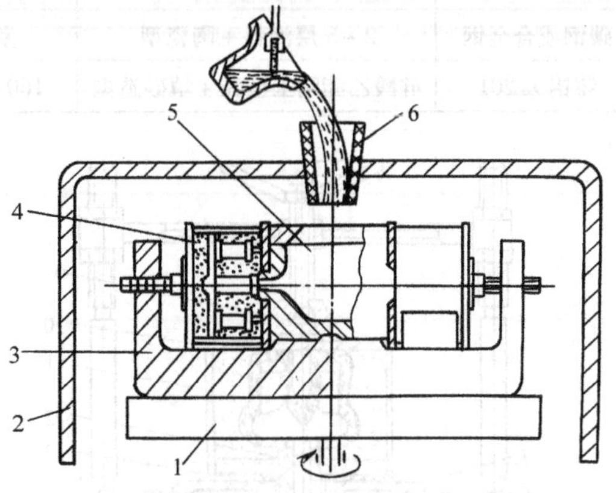

图 2-50 离心浇注机

1—旋转台 2—外罩 3—铸型固定架

4—铸型 5—金属承接器 6—浇口杯

离心浇注铸型转速的确定：铸型转速 n 即为离心浇注机旋转台转速，参照经验公式（2-18）来计算。

$$n = 299\sqrt{\frac{G}{R_0}} \qquad (2\text{-}18)$$

式中 n——铸型转速（r/min）；

G——重力系数，$G = 10 \sim 20$；

R_0——离心半径（cm）。

一般情况下，铸型转速为 100～300r/min。离心浇注较小铸件时，采用底注式浇注系统，铸件对称分布于中心直浇道四周，金属液通过直浇道和横浇道，由受离心最大的端点反向注入型腔，最后充填冒口。通常冒口应距离心轴最近。当浇注大型回转形铸件时，一般以铸件中心轴为离心轴，采用底注式浇注系统；当铸件高度与直径比超过 1 时，最好采用阶梯式或缝隙式浇注系统。

4. 低压浇注

低压铸造是将熔模铸造的整体铸型（湿法造型的铸型或熔模陶瓷型铸型）封严和紧固在坩埚上部，然后向坩埚内通入干燥的压缩空气，金属液在压力作用下，自下而上地通过升液管和浇注系统平稳地进入型腔中，并保持液面上的气体压力，直到铸件完全凝固为止。最后解除压力，使升温管和浇注系统中未凝固的金属液，依靠自重返回熔池中。这种浇注方法，由于是在一定的压力下完成充型和凝固，因而填充性好，铸件的致密度高，气孔和疏松少。目前主要用于各种非铁合金的铸造，其工艺如图 2-51 所示。表 2-180是低压浇注的工艺参数。

表2-180　熔模铸造低压浇注的工艺参数

合金牌号	铸型工艺	铸型温度/℃	浇注温度/℃	充型压力/MPa	保压压力/MPa	保压时间/min
碳钢或合金钢	2~3层涂料+陶瓷型	室温	1560~1580	—	0.08~0.12	2~3
铸铝 ZL201	硅酸乙酯刚玉型壳+填砂造型	160~300	720~750	0.02~0.05	0.07~0.08	4.0~9.0

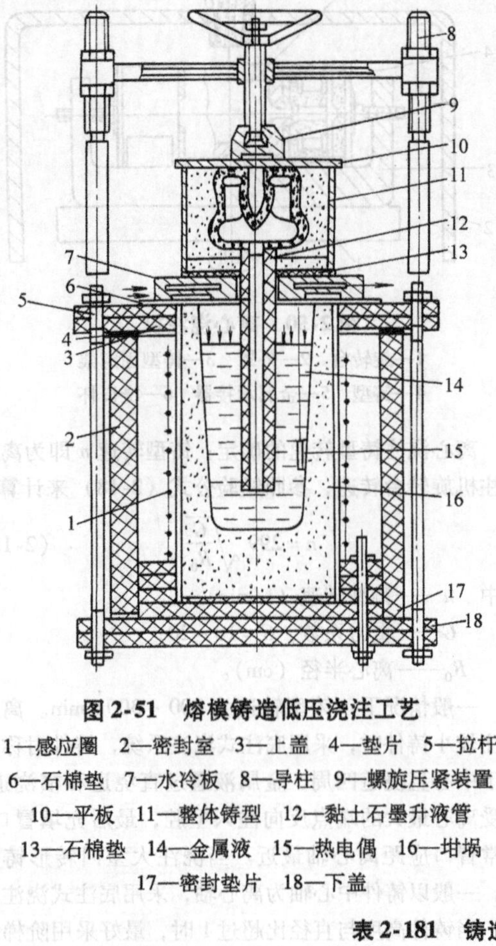

图2-51　熔模铸造低压浇注工艺

1—感应圈　2—密封室　3—上盖　4—垫片　5—拉杆　6—石棉垫　7—水冷板　8—导柱　9—螺旋压紧装置　10—平板　11—整体铸型　12—黏土石墨升液管　13—石棉垫　14—金属液　15—热电偶　16—坩埚　17—密封垫片　18—下盖

2.7　高温合金真空熔炼及浇注

2.7.1　高温合金牌号、成分、性能及用途

高温合金是用来制造在600~1200℃的氧化气氛和燃气腐蚀条件下长期受较大载荷作用结构零件的重要金属材料。铸造高温合金含有多种合金元素，其中一些是易氧化活性元素，因此一般采用真空感应熔炼母合金锭，然后在真空感应电炉内重熔浇注零件。

表2-181列出我国较常用的铸造高温合金的牌号和成分，包括镍基合金、铁镍基合金和钴基合金以及Ni_3Al基金属间化合物合金。其中部分是承温承载能力较高的定向柱晶合金和单晶合金。表2-182列出了铸造高温合金单铸试样的典型持久性能和主要用途。

2.7.2　高温合金熔炼与重熔浇注

1. 高温合金熔炼用原材料

包括纯金属、中间合金、铸造高温合金返回料、高纯石墨等。熔炼铸造高温合金主要采用纯金属，其技术要求见表2-183。熔炼用中间合金的技术要求见表2-184。铸造高温合金返回料主要包括浇注系统、废料和试样等。这些返回料的化学成分必须明确，表面经吹砂，去除残余型壳和脏物。高纯石墨是采用优质低灰分原料，经高温石墨化和除灰后制成的光谱纯碳素电极，用作还原剂和调整合金中的碳含量，应符合GB/T 1426—2008的技术要求。

表2-181　铸造高温合金的牌号和成分

类别	牌号	曾用牌号和/或国外相近牌号	化学成分（质量分数，%）											
			C	Cr	Ni	Co	W	Mo	Al	Ti	Fe	B	Zr	其他
镍基	K403	K3 俄罗斯 ЖС6К	0.11~0.18	10.00~12.00	余	4.50~6.00	4.80~5.50	3.80~4.50	5.30~5.90	2.30~2.90	≤2.00	0.012~0.022	0.03~0.08	Ce：0.01
	K406	K6 美 GMR—235D	0.10~0.20	14.00~17.00	余	—	—	4.50~6.00	3.25~4.0	2.00~3.00	≤5.00	0.05~0.10	0.03~0.08	—
	K406C	K6C	0.03~0.08	18.00~19.50	余		—	4.50~6.00	3.25~4.00	2.00~3.00	≤1.00	0.05~0.10	0.03	—
	K417	K17，M17 美 IN100	0.13~0.22	8.50~9.50	余	14.00~16.00	—	2.50~3.50	4.80~5.70	4.50~5.00	≤1.00	0.012~0.022	0.05~0.09	V：0.60~0.90

（续）

类别	牌号	曾用牌号和/或国外相近牌号	化学成分（质量分数，%）											
			C	Cr	Ni	Co	W	Mo	Al	Ti	Fe	B	Zr	其他
镍基	K417G	K17G，M17G 美 Rene'100	0.13~0.22	8.50~9.50	余	9.00~11.00	—	2.50~3.50	4.80~5.70	4.10~4.70	≤0.50	0.012~0.022	0.05~0.09	V：0.60~0.90
	K418	518，K18 美 IN713C	0.08~0.16	11.50~13.50	余	—	—	3.80~4.80	5.50~6.40	0.50~1.00	≤1.00	0.008~0.020	0.06~0.15	Nb：1.80~2.50
	K418B	K18B 美 IN713LC	0.03~0.07	11.00~13.00	余	—	—	4.00~5.00	5.50~6.40	0.40~0.90	≤0.50	0.005~0.015	0.06~0.15	Nb：1.50~2.50
	K438	K38，M38 美 IN738	0.10~0.20	15.70~16.30	余	8.00~9.00	2.40~2.80	1.50~2.00	3.20~3.70	3.00~3.50	≤0.50	0.005~0.015	0.05~0.15	Nb：0.60~1.10 Ta：1.50~2.00
	K438G	M38G，K38G 美 IN738LC	0.13~0.20	15.30~16.30	余	8.00~9.00	2.30~2.90	1.40~2.00	3.50~4.50	3.20~4.00	≤0.20	0.005~0.015	0.05~0.15	Nb：0.40~1.00 Ta：1.40~2.00 Cu≤0.20
	K480	K80 美 Rene'80	0.15~0.19	13.70~14.30	余	9.00~10.00	3.70~4.30	3.70~4.50	2.80~3.20	4.80~5.2	≤0.35	0.01~0.02	0.02~0.10	—
	K447A	美 Mar-M247	0.13~0.17	8.00~8.80	余	9.00~11.00	9.50~10.50	0.50~0.80	5.30~5.70	0.9~1.2	≤0.50	0.01~0.02	0.03~0.08	Hf：1.20~1.60 Ta：2.80~3.30
	K4169	美 IN718C	0.02~0.08	17.00~21.00	50~55	≤1.0	—	2.80~3.30	0.30~0.70	0.65~1.15	余	≤0.006	≤0.05	(Nb+Ta)：4.40~5.40
	K491	M91 美 B1914	≤0.02	9.50~10.50	余	9.50~10.50	—	2.75~3.25	5.25~5.75	5.00~5.50	≤0.5	0.08~0.12	≤0.04	—
	DZ404	DZ4	0.10~0.16	9.00~10.00	余	5.50~6.00	5.10~5.80	3.50~4.20	5.60~6.40	1.60~2.20	≤2.00	0.012~0.025	≤0.02	—
	DZ417G	DZ17G	0.15~0.22	8.60~9.50	余	9.10~11.00	—	2.50~3.50	4.90~5.70	4.20~4.70	≤0.50	0.012~0.024	—	V：0.60~0.90
	DZ422	DZ22 美 PWA1422	0.12~0.16	8.00~10.00	余	9.00~11.00	11.50~12.50	—	4.75~5.25	1.75~2.25	≤0.35	0.01~0.02	≤0.10	Nb：0.75~1.25 Hf：1.00~2.00
	DZ4125	美 DS Rene'125	0.07~0.12	8.40~9.40	余	9.50~10.50	6.50~7.50	1.50~2.50	4.80~5.40	0.70~1.20	≤0.30	0.01~0.02	≤0.08	Hf：1.20~1.80 Ta：3.50~4.10
	DZ438G	DZ38G	0.08~0.14	15.50~16.40	余	8.00~9.00	2.40~2.80	1.50~2.00	3.50~4.30	3.50~4.30	≤0.30	0.005~0.015	—	Nb：0.40~1.00 Ta：1.50~2.00
	DD403	DD3	≤0.10	9.00~10.00	余	4.50~5.50	5.00~6.00	3.50~4.50	5.50~6.20	1.70~4.20	≤0.50	≤0.005	≤0.0075	—
	DD4066	DD6	0.001~0.04	3.80~4.80	余	8.50~9.50	7.00~9.00	1.50~2.50	5.20~6.20	≤0.10	≤0.30	≤0.02	≤0.1	Nb：0~1.20 Hf：0.05~0.15 Ta：6.50~8.50 Re：1.60~2.40
	DD10①	Rene N6（美）	0.001~0.04	4.00~5.00	余	10.00~15.00	5.00~6.50	0.50~2.00	5.00~6.25	≤0.04	≤0.20	≤0.006	≤0.02	Hf：0.10~0.20 Ta：7.00~9.25 Re：4.00~6.00
	DD402	CMSX-2（美）	≤0.006	7.00~8.20	余	4.30~4.90	7.60~8.40	0.30~0.70	5.45~5.75	0.80~1.20	—	≤0.003	≤0.0075	Ta：5.80~6.20

（续）

类别	牌号	曾用牌号和/或国外相近牌号	C	Cr	Ni	Co	W	Mo	Al	Ti	Fe	B	Zr	其他
			化学成分（质量分数,%）											
Ni_3Al基	JG4006	IC6	≤0.02	—	余	—	—	13.50~14.30	7.40~8.00	—	≤1.0	0.02~0.06		
	IC9①	—	≤0.02	4.60~5.30	余	3.70~4.30	1.90~2.50	4.60~5.40	8.10~8.80	0.60~1.20	—	—	—	La：0~0.015
	IC10①		0.07~0.12	6.50~7.50	余	11.50~12.50	4.70~5.20	1.00~2.00	5.60~6.20	—	≤0.30	0.01~0.02	≤0.10	Hf：1.00~2.00 Ta：6.50~7.50
铁镍基	K211	K11	0.10~0.20	19.50~20.50	45.00~47.00	—	7.50~8.50	—	—	—	余	0.03~0.05		
	K213	K13	≤0.10	14.00~16.00	34.00~38.00	—	4.00~7.00	—	1.50~2.00	3.00~4.00	余	0.05~0.10		
	K214	TL-1，K14	≤0.10	11.00~13.00	40.00~45.00	—	6.50~8.00	—	1.80~2.40	4.20~5.00	余	0.10~0.15		
钴基	K21①	CoCrMo/美 HS21	0.21~0.35	27.00~30.00	≤2.50	余	—	5.00~7.00	—	—	≤0.75	—	—	
	K640	K40/美 X-40	0.45~0.55	24.50~26.50	9.50~11.50	余	7.00~8.00	—	—	—	≤2.0	—	—	

注：K—等轴晶铸造高温合金；DZ—定向凝固柱晶高温合金；DD—单晶高温合金；JG（IC）—金属间化合物高温材料。

① 为在用非标材料。

表 2-182 铸造高温合金单铸试样的典型持久性能和主要用途

合金	持久强度/MPa 700℃ 100h	700℃ 1000h	900℃ 100h	900℃ 1000h	1000℃ 100h	1000℃ 1000h	主要用途
K403	791	703	320	201	148	76	1000℃以下工作的航空和地面燃气涡轮叶片及其他高温零件
K406	669	535	850℃ 382	850℃ 195	—	—	850℃以下工作的航空和地面燃气涡轮叶片，汽车和拖拉机增压器叶轮
K406C	696	569	206	127	—	—	同 K406
K417	760	710	314	220	150	95	950℃以下工作的燃气涡轮叶片等高温零件
K417G	785	696	324	216	147	—	950℃以下长期工作的燃气涡轮叶片
K418	725	627	274	176	118	—	850℃以下工作的航空和燃气涡轮叶片、叶轮、整体涡轮盘等
K418B	690	595	240	156	—	—	同 K418。与此相当的合金在国外应用很广
K438	726	628	265	177	—	—	850℃以下工作的航空、地面燃气涡轮耐高温腐蚀的涡轮叶片、叶轮等
K38G	800	686	299	201	135	84	同 K438
K480	775	637	—	—	980℃ 167	980℃ 88	900℃以下长期工作的航空、地面燃气涡轮叶片等高温零件
K447A	760℃ 725	—	—	—	980℃ 186	—	900℃以下工作的航空、地面燃气涡轮转子叶片和整体涡轮，以及1050℃以下工作的导向叶片和整体涡轮导向器等各种高温零件

（续）

合金	持久强度/MPa						主要用途
	700℃		900℃		1000℃		
	100h	1000h	100h	1000h	100h	1000h	
K4169	515	—	650℃		550℃		650℃以下工作的航空、航天、化工等领域用各种高温零件
			660	—	850	—	
K491	740	—	274	193	115	—	850℃以下工作的涡轮增压器等零件
DZ404	912	—	353	274	181	125	1000℃以下工作的先进航空和地面燃气涡轮叶片及其他高温零件
DZ417G	760℃		980℃		—		980℃以下长期工作的航空和地面燃气涡轮叶片及其他高温零件
	725	605	185	110			
DZ422	760℃		980℃		1040℃		1000℃以下工作的先进航空和地面燃气涡轮带复杂内腔的空心转子叶片，以及1050℃以下工作的导向叶片等高温零件
	804	686	207	118	137	93	
DZ438G	810	710	334	220	142	—	900℃以下耐热、腐蚀、长寿命环境工作，特别是海洋性气氛条件下工作的涡轮叶片等
DZ4125	812	667	216	144	133	83	1000℃以下工作的先进航空和地面燃气涡轮带复杂内腔的空心转子叶片，以及1050℃以下工作的导向叶片等高温零件
JG4006	760℃		950℃		1040℃		1150℃以下工作的航空和地面燃气涡轮静态件
	824	—	220	—	140		
IC9①	800℃		1100℃		1150℃	1200℃	1200℃以下工作的航空和地面燃气涡轮导向叶片等静态件
	300h	600h	200h	300h	800h	300h	
	480	450	186	90	50	38	
IC10①	900℃		1000℃		1100℃		1100℃以下工作的航空和地面燃气涡轮静态件
	342	250	165	111	72	44	
DD403	981	878	368	237	201	147	1040℃以下工作的燃气涡轮转动部件和1100℃以下工作的静态件
DD402	760℃		950℃		1050℃		1050℃以下工作的燃气涡轮叶片及其他高温零件
	859	745	326	187	166	103	
DD406	760℃		1070℃		1100℃		1100℃以下工作的具有复杂内腔的燃气涡轮工作叶片等高温零件
	50h	100h	50h	100h	50h	100h	
	856	807	211	179	177	148	
DD10①	760℃	980℃	1070℃	1100℃	1120℃	1200℃	1120℃以下工作的具有复杂内腔的燃气涡轮转子叶片和1200℃以下工作的导向叶片静态件
	500h	200h	600h	300h	200h	100h	
	800	300	140	140	135	50	
K211	245	—	49	—	—	—	800℃以下工作的燃气涡轮叶片及其他零件
K213	510	441	850℃	—	—	—	850℃以下工作的涡轮增压器叶轮等零件
			216				
K214	—	750℃	—	850℃	—	—	900℃以下工作的燃气涡轮叶片等高温零件
		420		200			
K221	760℃		—	—	980℃		900℃以下工作的燃气涡轮叶片等高温零件，也可制作人造骨骼及齿壳零件等
	186	117			65	50	
K640	380	315	125	—	—	—	1000℃以下工作的燃气涡轮导向叶片及其他耐高温腐蚀的零件

① 为非标在用材料。

表2-183　纯金属的技术要求

名称	牌　号	标　准	技术要求	备　注
电解镍	Ni9999 Ni9996 Ni9990 Ni9950	GB/T 6516—2010	板面夹层内电解槽应洁净。Ni9999、Ni9996镍板平均厚度不小于3mm。切除镍板边缘树枝状结粒及密集气孔，直径为0.5～2mm密集气孔区总面积不超过镍板单面面积的10%	Ni9999一般用于涡轮叶片合金，Ni9999、Ni9996用于导向叶片合金
钴	Co9998 Co998 Co9965 Co9925	YS/T 255—2009	Co-1、Co-1A整块或分切电解钴板，Co-2以电解钴板或钴锭供应，Co-3以钴锭供应。整块电解钴板各边厚度不小于2mm，钴锭重量不大于20kg	Co-1用于涡轮叶片合金，Co-1、Co-1A用于导向叶片合金
金属铬	JCr99-A JCr99-B JCr98.5 JCr98	GB/T 3211—2008	金属铬最大块度为150mm×150mm，最小块10mm×10mm应不多于该批重量的10%，小于3mm×3mm的不得验收	JCr99-A一般用于涡轮叶片合金
钼及钼合金棒	Mo-1 Mo-2 Mo-3 Mo-4	GB/T 17792—2014	钼条不得有氧化、沾污，钼烧结条在烧结过程中，产品与产品、产品与舟皿接触所形成的痕迹不作为缺陷	用于涡轮叶片和导向叶片合金
钨条	TW-4	GB 3459—2006	钨条不得有氧化和沾污	用于涡轮叶片和导向叶片合金
铌条	TNb1 TNb2	GB/T 6896—2007	Nb-1铌条表面不得有氧化、渗碳、鼓包和沾污，断面无夹心。Nb-2铌条表面不得有氧化和油污	Nb-1用于涡轮叶片合金
海绵锆	HZr-01 HZr-02 HZr-1	YS/T 397—2015	海绵锆粒度为3～25mm，粒度在1～3mm的数量不得多于该批重量的5%	HZr-01、HZr-02用于涡轮叶片合金
海绵钛	MHT-100 MHT-110 MHT-125 MHT-140 MHT-160	GB/T 2524—2019	海绵钛表面呈蓝灰色，表面应清洁，无肉眼可见夹杂物及变质颗粒。镁法钛颗粒以0.89～25.4mm供应。钠法钛颗粒以15mm以下供应，0.89mm以下的不超过5%，大于0.83～15mm的不少于95%	MHTi-0、NHTi-0用于涡轮叶片合金
钛及钛合金板材	TA1 TA2 TA3	GB/T 3621—2007	选用钛板为5～10mm，经剪切的钛板边应切齐，无裂口、卷边，允许有轻微毛刺	TAI用于涡轮叶片合金
金属铈	Ce-3 Ce-4 Ce-5	GB/T 2525—1996	金属铈为块状，表面应清洁，新断面呈银灰色	Ce-3用于涡轮叶片合金
纯铁	YT1 YT2 YT3 YT4	GB/T 9971—2017	纯铁呈方、圆形断面供应，表面不得存在宽度大于1mm的裂纹	YT1用于涡轮叶片合金
重熔用铝锭	Al99.70 A199.60 A199.50	GB/T 1196—2017	重熔用铝锭呈银白色，表面不得有飞边、夹杂和较严重的气孔。铝锭重量为15～22kg	A199.70用于涡轮叶片合金

表2-184　中间合金的技术要求

名　称	牌　号	标　准	技术要求	备　注
钛铝钒合金	TC4	GB/T 3620.1—2016 GB/T 3621—2007	合金板材厚度最好为5～10mm，经剪切的板材无裂纹和卷边，允许有轻微的毛刺	用于涡轮叶片和导向叶片合金
铬硼合金	CrB	辽Q312—1984	合金块度为5～10mm	用于涡轮叶片和导向叶片合金
镍硼合金	NiB	辽Q312—1984	合金块度不小于5mm，每块重量不大于5kg，不允许以粉末状态供货	用于涡轮叶片和导向叶片合金
铝硼合金	AlB	辽Q311—1984	以锭料供货，重量一般在5kg左右	用于涡轮叶片和导向叶片合金

2. 工艺准备

（1）真空感应炉　分为半连续式和间歇式两类。

1）半连续式真空感应炉。图2-52所示为半连续式双室真空感应炉。它由熔化室和铸型室组成，这两个室由一个气缸操纵的铰链隔门隔开，分别由各自的真空泵抽取真空。这种炉子的特点是熔化室可连续保持真空，生产周期较短。表2-185列出了三种半连续式真空感应炉的技术特性。

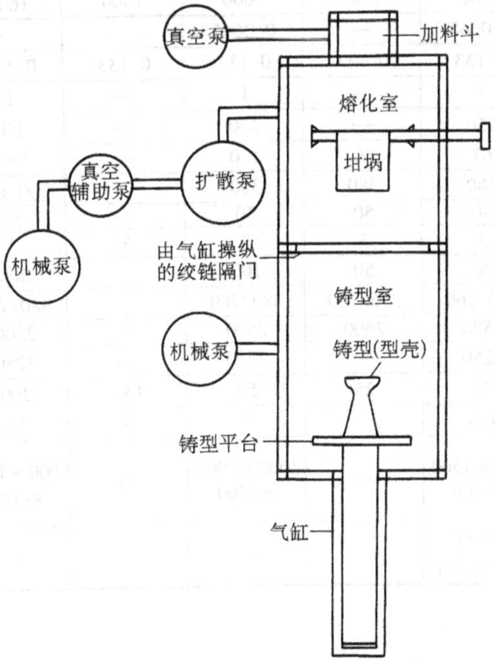

图2-52　半连续式双室真空感应炉

表2-185　三种半连续式真空感应炉的技术特性

项　目		型　号		
		ISP2/Ⅲ-F	NF-Ⅱ	ZG-0.5B2
额定容量/kg		8、15、25	3～30	500
耗水量/(L/min)		50	180	800
耗电量/(kW·h/kg)		—	≈1.0	0.6～0.8
最高工作电压/V		—	375	750
最高工作温度/℃		1700	1700	1700
冷炉极限真空度/Pa		—	0.0066661	0.066661
工作真空度/Pa		—	0.066661	0.13322
漏气率/(Pa/min)		—	0.023979	0.066661
变频机	型号	PU30-43/25-150-06-02	KGPS-100	BPL250/1
	台数	1	1	2
	输入功率/kW	205kV·A	100	300
	输入频率/Hz	50	50	50
	输入电压/V	380	380	3000/6000
输出功率/kW		150	95	250
输出频率/Hz		3000	2500	1000
输出电压/V		250	375	760/380
长度/mm		5200	8000	—
宽度/mm		3000	1040	—
高度/mm		5500	1420	—

其操作过程如下：①熔化室抽真空后，将合金锭块通过加料斗加入熔化坩埚内，随后供电。②将预热过的型壳置于铸型室平台上，关上门，并对铸型室抽真空。③合金锭熔化完毕，打开熔化室与铸型室间的气动隔门，将铸型平台上升到熔化室的浇注位置上，继续抽真空。④测定浇注温度后，立即浇注。⑤将浇注后的铸型下降，回到铸型室，关闭气动隔门。重新向坩埚内加入下一炉的合金锭块并送电熔化。⑥解除铸型室真空，开门取出铸件，并置入下一炉的型壳。

2）间歇式真空感应炉（单室真空炉）。其熔化室与铸型室合为一个室。每次都必须使炉体破真空来取出已浇注的铸型和置入下一炉的铸型，然后再抽真空。由于是间歇式作业，所以生产周期较长。这种真空炉既可用于重熔浇注零件，也可用于熔炼母合金。表2-186列出ZG系列单室真空感应炉的技术特性；图2-53所示为目前应用较广的单室真空炉（ZG-0.025真空感应炉）简图。

3）真空度和漏气率的测定。真空度和漏气率是真空感应炉的两个重要指标，对铸件冶金质量有重要影响。下面介绍ZG-0.200、ZG-0.025和ZG-0.010型真空感应炉的真空度和漏气率的要求及检测方法。

①对真空度的要求。一般规定，在炉体干燥、炉内坩埚经烧结后，抽真空至炉内压力小于0.65Pa的时间，ZG-0.200型真空感应炉不大于60min；ZG-0.010和ZG-0.025型真空感应炉不大于15min。

②对漏气率的要求。在冷态（炉体冷态，不带坩埚）条件下，ZG-0.200型真空感应炉不大于3.99×10^{-2}Pa/min；ZG-0.010和ZG-0.025型真空感应炉不大于1.99×10^{-2}Pa/min；在带坩埚（炉体冷态、干燥，带有烧结后的坩埚）条件下，ZG-0.200型真空感应炉不大于1.06×10^{-1}Pa/min；ZG-0.010和ZG-0.025型真空感应炉不大于5.32×10^{-2}Pa/min。

③漏气率检测方法。在炉内压力小于0.65Pa并且不停泵的条件下，同时关闭高、低真空阀，每分钟记录一次热偶真空计的读数，直至第5分钟。将第5分钟的压力p_5与关阀时的压力p_0之差除以5即为平均漏气率，表达式为

$$S=\frac{p_5-p_0}{5} \tag{2-19}$$

式中　S——平均漏气率（Pa/min）；

p_5——第5分钟测得的压力（Pa）；

p_0——关闭高、低真空阀时的压力（Pa）。

（2）坩埚　坩埚是盛金属液的容器，对它的基本要求是耐火度高（>1700℃）和化学稳定性高，即它与熔融金属之间的反应要小，对金属的污染要尽

量小。坩埚材料大多采用氧化镁，也有采用氧化铝或氧化锆或几种材料的混合。

表 2-186　ZG 系列单室真空感应炉的技术特性

型　号			ZG-0.003	ZG-0.010	ZG-0.010A	ZG-0.025	ZG-0.025A	ZG-0.050	ZG-0.150	ZG-0.200
感应炉容量/kg			3	10	10	25	25	50	150	200
最高工作温度/℃			1700	1600	1600	1600	1600	1600	1600	1600
极限真空度/Pa			—	0.0665	—	0.0665	—	0.0665	—	—
工作真空度/Pa			0.665	0.133	0.133	0.133	0.133	0.133	0.133	0.133
压升率/（Pa/min）			—	1	—	1	—	1	—	1
线圈最高工作电压/V			—	250	—	250	—	250	—	250
变频电源	输入	功率/kW	—	54	—	67	60	130	—	250
		电压/V	—	380	—	380	380	380	—	3000/6000
		频率/Hz	—	50	—	50	50	50	—	50
	相数		3	3	3	3	3	3	3	3
	输出	功率/kW	—	40	—	50	50	100	—	200
		电压/V	—	300/600	375/700	380/760	375/750	380/760	—	380/760
		频率/Hz	—	4000	2500	2500	2500	2500	—	2500
电容器无功功率/kV			—	980	—	1250	—	2750	—	5250
铸锭重量/kg			3	10	10	25	25	50	150	200
炉体重量/t			—	4	—	4.5	—	7	—	15
外形尺寸（长/mm）×（宽/mm）×（高/mm）			—	1300×1300×1700	—	1500×1500×2300	—	3000×2000×3700	—	5800×1200×4000
备　注			—	配400Hz变频机	—	配大转速真空机组	—	—	—	—

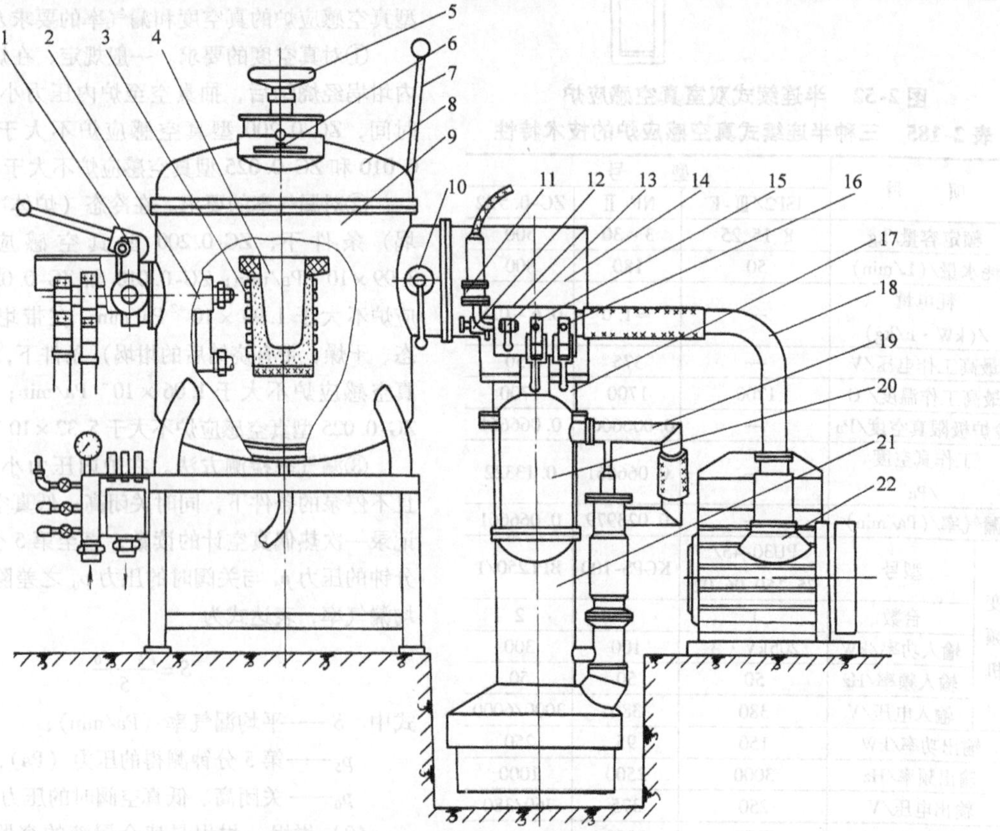

图 2-53　ZG-0.025 真空感应炉简图

1—真空密封旋转轴承　2—电极装置　3—感应线圈　4—坩埚　5—加料器　6—观察窗　7—加料翻斗手柄　8—炉盖　9—炉壳　10—测温装置手柄　11—真空计接头　12—保护气体控制阀　13—放气阀　14—大阀门　15—高真空控制阀　16—低真空控制阀　17—捕集器　18、19—真空管道　20—真空容器　21—增压泵　22—机械真空泵

1）坩埚的类型和规格：①镁砂捣结坩埚是采用优质电熔镁砂，按一定的粒度比例（见表2-187），加入少量添加剂，如硼酸，干法捣结而成；然后，按规定的工艺进行烧结，烧结工艺曲线如图2-54所示。②预制成形坩埚采用等静压成形法制成，分镁质和镁铝质两种，表2-188列出了预制成形坩埚的规格。③软质坩埚由硅酸铝陶瓷纤维经真空吸铸成形，其成分由 $w(Al_2O_3)=67\%\sim75\%$ 和 $w(SiO_2)=30\%\sim35\%$ 及少量黏结剂组成。由于这种坩埚质地柔软，故可耐激冷和激热，耐火温度可达1700℃以上。这种坩埚通常是一次性使用的，可大大减少合金的污染。

表2-187 捣结坩埚的镁砂粒度配比

镁砂粒度/mm	配比（质量分数，%）
0~0.5	30~36
0.5~2.5	30~36
>2.5	15~20

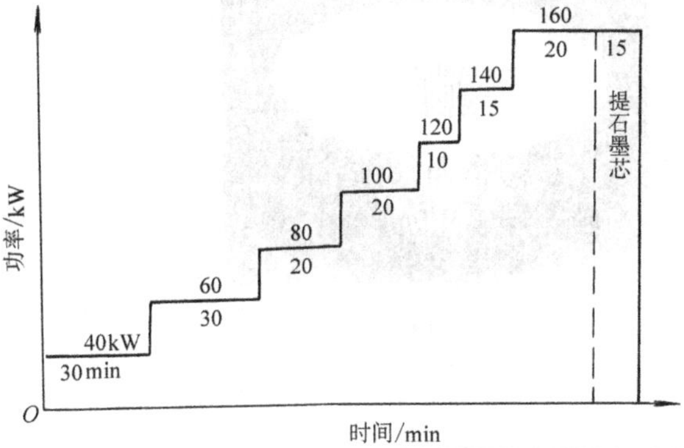

图2-54 ZG-0.200真空炉镁砂捣结坩埚的烧结工艺曲线

表2-188 预制成形坩埚的规格

型号	平均参考尺寸/mm				名义容量/kg
	外径	内径	外高	内高	
M-02 MA-02	80	60	145	135	2
M-04 MA-04	119	95	135	115	4.5
M-08 MA-08	130	106	200	180	8.5
M-09 MA-09	130	106	225	200	9.5
M-12 MA-12	140	116	245	220	13
M-14 MA-14	160	130	225	210	15
M-22 MA-22	170	140	280	265	23
M-15 MA-15	335	285	520	475	170

注：M为镁质坩埚，MA为镁铝质坩埚。

2）坩埚的使用要求：①新坩埚使用前要用同类合金或镍板洗炉，洗炉时的最高温度要高于合金的精炼温度（一般要高于1600℃）。②旧坩埚使用前应经过仔细检查，坩埚内表面和底部应光滑、平整，无剥落、掉砂和大的裂纹。③在使用过程中要随时观察坩埚状况，一旦发现较严重熔蚀或横向裂纹，应立即停止使用。

（3）陶瓷过滤网　在浇注时，采用陶瓷过滤网可去除合金熔液中的夹杂物，净化合金，不仅在浇注母合金锭时采用这种过滤网，而且在浇注铸件时也可以使用。

1）滤网材料及规格。表2-189列出了几种陶瓷滤网材料的成分及其性能。目前，氧化铝型的滤网应用较多。陶瓷滤网一般做成两种形式：一种是孔的几何形状固定的整块式滤网，由塑性陶瓷挤压而成；另一种是带有通孔的泡沫式滤网，这种滤网效率高，应用最广。滤网规格一般以单位长度的孔数来分类，我国现行的陶瓷泡沫滤网的规格为10~15孔/in和15~20孔/in两种。图2-55所示为几种常用的陶瓷滤网（器）。

2）应用。浇注铸件用的滤网可安装在浇注漏斗或外浇道或横浇道处，但最好安装在内浇道处。与滤网连接的内浇道处应做成一个斜面，如图2-56所示。

3）过滤效率。它与滤网材料、规格和合金成分、浇注温度、浇注速度等因素有关，测定过滤效率的方法如下：从过滤后的合金锭或铸件上切取一定重量的试块，放在电子轰击炉的铜坩埚内熔化，在原定的精炼温度下，测出合金液面氧化物的面积，以单位重量合金的氧化物面积除以未过滤的单位重量合金的氧化物面积，再乘以适当的系数，即为滤网的过滤效率。

（4）壳型　按本章2.4铸型制造。

（5）炉料　重熔浇注时加入坩埚的炉料应符合下列要求：①母合金锭块尺寸应根据坩埚尺寸确定，应保证装料紧凑。②锭块表面应洁净，不允许有夹渣、夹砂或油污，最好经扒皮或滚筒清理。③若炉料中允许加入一定比例的返回料，应加入经过熔化精炼成锭的返回料锭块，不允许将报废零件或浇冒口直接用来重熔浇注铸件。④为了调整合金成分，允许在炉料中含少量的合金元素，同时要加入少量的脱氧碳，以利去除氧化膜。

表2-189　几种滤网材料的成分及其性能

材　料	成分（质量分数,%）					线胀系数 $/10^{-6}K^{-1}$	堆积密度 $/(g/cm^3)$	孔隙率（%）	横向强度 /MPa
	Al_2O_3	SiO_2	MgO	ZrO_2	Y_2O_3				
莫来石	65	35	—	—	—	4.30	0.56	79	2.34
ZrO_2（稳定化）	—	—	—	97	3	4.92	0.59	89	—
$ZrSiO_4$	—	33	—	67	—	4.40	0.58	81	0.34
Al_2O_3	94~96	3~5	1	—	—	7.89	0.58	80	2.62

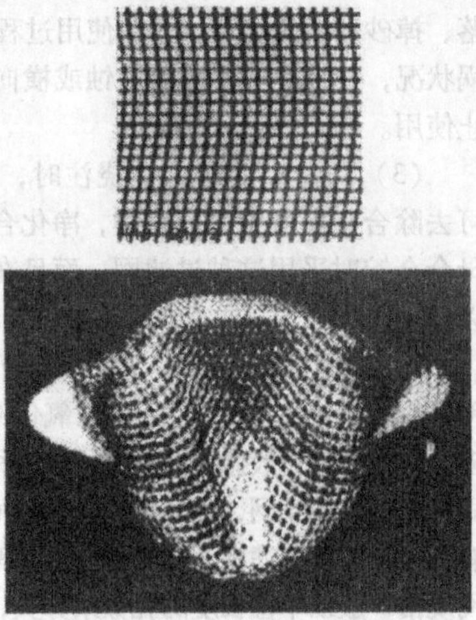

a)

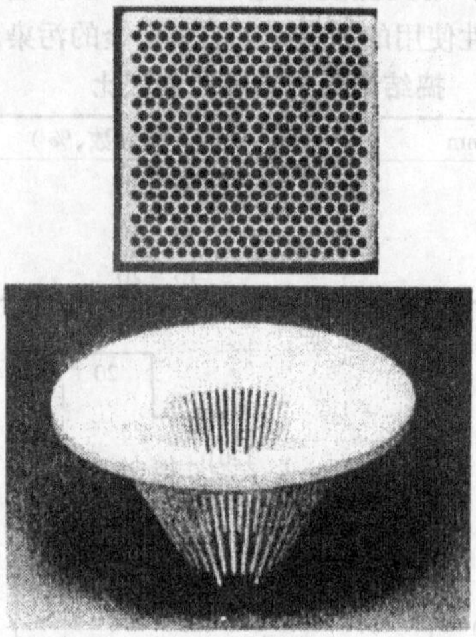

b)

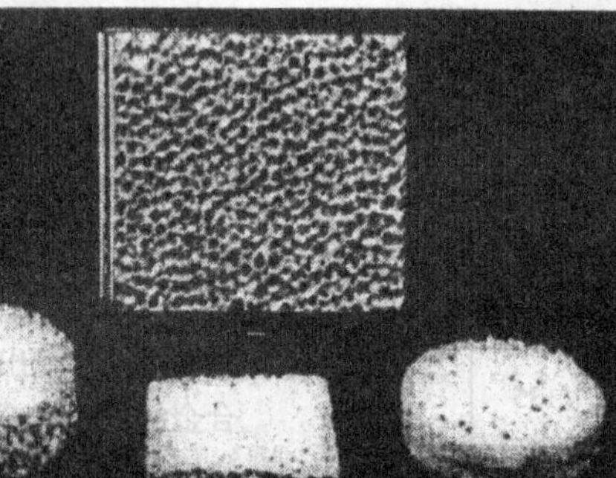

c)

图2-55　几种常用的陶瓷滤网（器）

a）陶瓷纤维编织滤网　b）陶瓷过滤器　c）泡沫陶瓷滤网

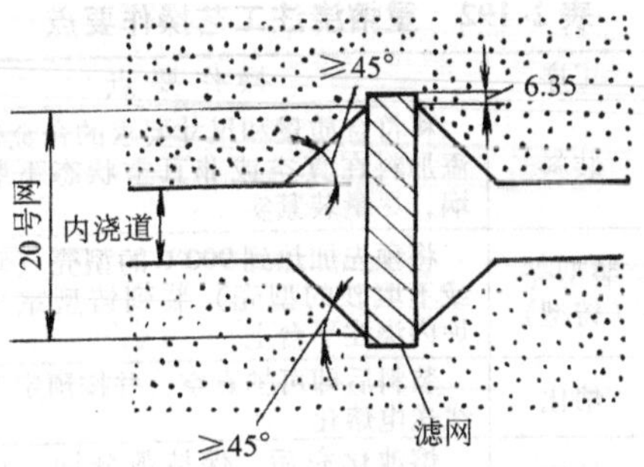

图 2-56 滤网在内浇道处的安装

注：滤网面积 3225mm²，内浇道面积 645mm²。

3. 合金重熔浇注工艺

（1）工艺参数的确定　熔铸工艺参数有真空度、精炼温度和浇注温度。后两个参数与合金成分、熔点等因素有关。例如，浇注温度一般应高于液相线温度100℃左右，但还要根据铸件的尺寸和形状确定更合适的值。表 2-190 列出了一些铸造高温合金的熔化温度和密度。这些合金都具有良好的铸造性能，采用熔模精铸法可制成形状复杂的零件。表 2-191 列出了一些典型合金的重熔浇注工艺参数；图 2-57 ~ 图 2-61 所示为一些合金的典型重熔浇注工艺规范。

表 2-190 铸造高温合金的熔化温度和密度

合　金	密度/(g/cm³)	熔化温度/℃
K403	8.10	1260 ~ 1338
K405	8.12	1290 ~ 1345
K406	8.05	1260 ~ 1345
K406C	8.05	1260 ~ 1340
K409	8.18	1260 ~ 1289
K417	7.8	1260 ~ 1340
K417G	7.85	1220 ~ 1330
K418	8.09	1295 ~ 1345
K418B	8.01	1288 ~ 1321
K419	8.50	1260 ~ 1340
DZ417G	7.84	1286 ~ 1342
K438	8.16	1260 ~ 1330
K438G	8.20	1220 ~ 1320
K480	8.16	1270 ~ 1320
DZ404	8.15	1310 ~ 1365
DZ422	8.56	1307 ~ 1366
K213	8.14	1334 ~ 1390
K214	8.03	1330 ~ 1376
K21	8.30	1335 ~ 1350
K640	8.68	1340 ~ 1396
K4169	8.22	1243 ~ 1354
K491	7.75	1160 ~ 1320

表 2-191 典型合金的重熔浇注工艺参数

合金	真空度 /Pa	精炼温度 /℃	精炼时间 /min	浇注温度[1] /℃
K403	0.65	≈1580	3	1440 ~ 1460
K406	1.95	1560 ~ 1590	3	1410 ~ 1430
K417	1.33	≈1550	1 ~ 2	1390 ~ 1410
K418	1.33	1520 ~ 1540	3	1430 ~ 1450
K214	1.33	≈1560	3	1480 ~ 1500

① 可根据铸件尺寸和形状稍作改变。

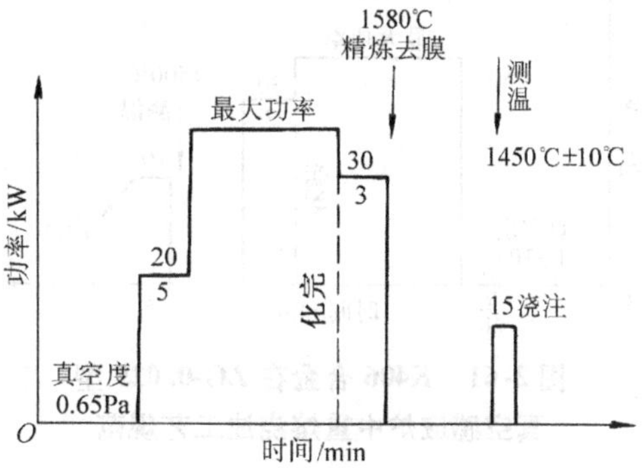

图 2-57 K403 合金在 ZG-0.025 型真空感应炉中重熔浇注工艺规范

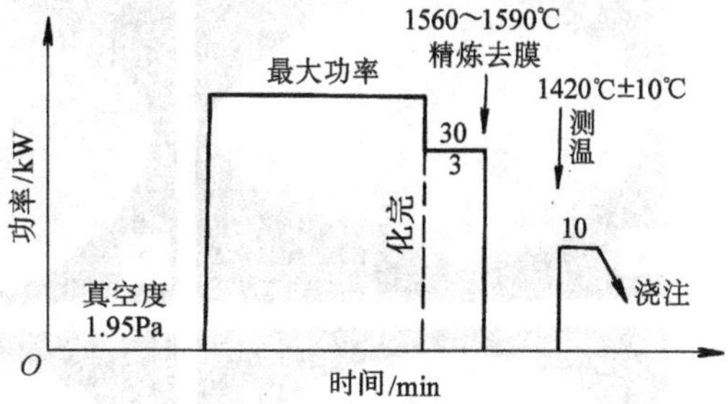

图 2-58 K214 合金在 ZG-0.025 型真空感应炉中重熔浇注工艺规范

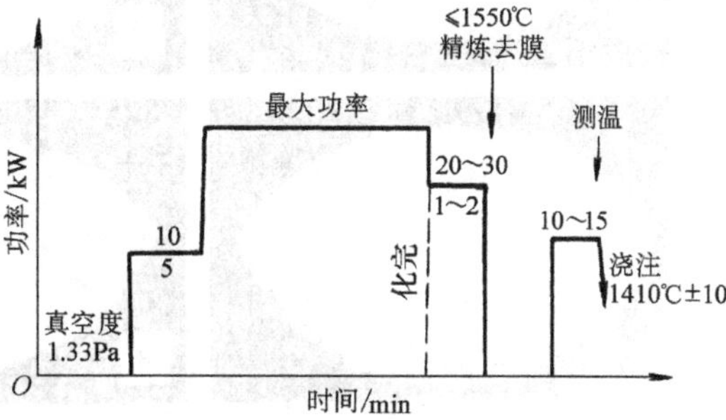

图 2-59 K417 合金在 ZG-0.025 型真空感应炉中重熔浇注工艺规范

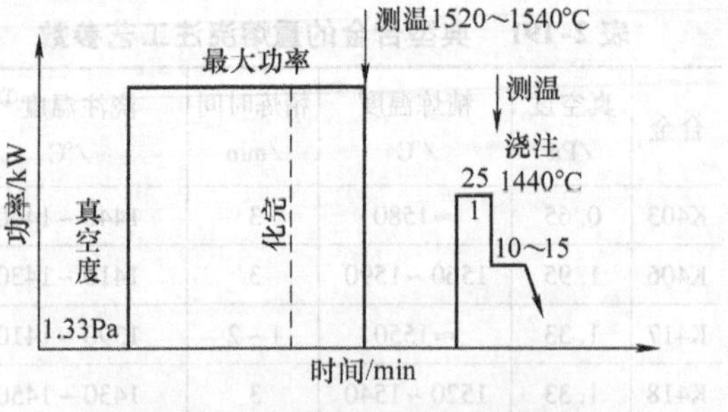

图 2-60　K418 合金在 ZG-0.025 型真空感应炉中重熔浇注工艺规范

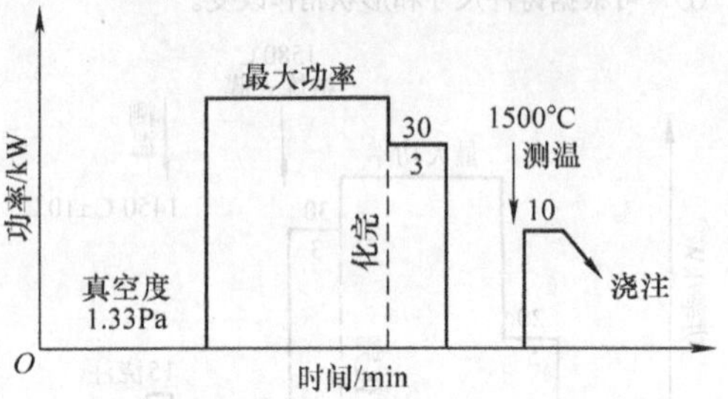

图 2-61　K406 合金在 ZG-0.025 型真空感应炉中重熔浇注工艺规范

（2）操作要点（见表 2-192）

表 2-192　重熔浇注工艺操作要点

序号	工序	操作要点
1	装料	将符合质量和尺寸要求的合金锭块和添加料在真空或非真空状态下装入坩埚，尽量装紧实
2	装型壳（铸型）	将预先加热到900℃的型壳（填砂的或不填砂的型壳）装到铸型室平台或炉内浇注平台上
3	熔化	装料后即可抽真空，并按预定工艺曲线送电熔化
4	精炼	熔池化完后，保持数分钟，升高温度，去除氧化膜
5	浇注	精炼后停电降温，测量浇注温度后即可浇注
6	取出铸件	浇注后的型壳在真空下静置 2～3min，消除真空，取出，待冷却后除去型壳，获得铸件

（3）浮渣检验　为了检查母合金熔炼质量，需要取样重熔进行浮渣检验，其方法如下：从母合金锭切取 4～5kg 的锭块，置入容量为 10～25kg 的半连续作业式或间歇作业式真空感应炉中的等静压成形坩埚内重熔，炉内真空度高于 1.33Pa，精炼温度为 1525℃ ±10℃，精炼 2～3min 后降温至 1470℃ 左右；在此温度下观察并摄取液面浮渣照片，记下浮渣总面积，然后对照评级标准图片确定该母合金锭的浮渣等级。图 2-62 所示为浮渣检验评级标准图片。

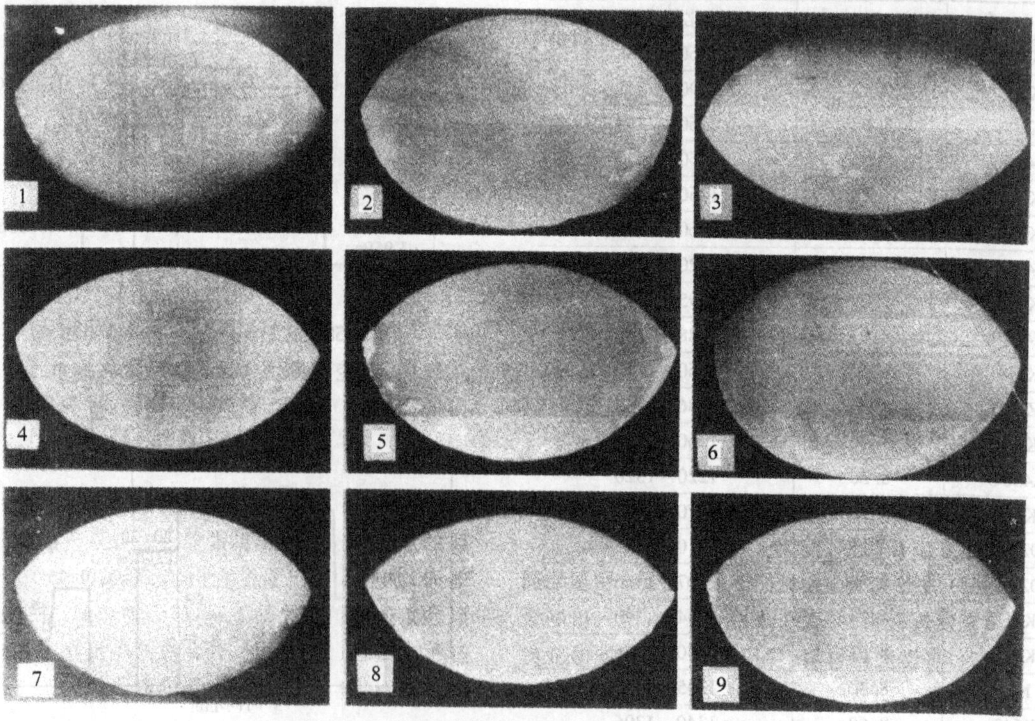

图 2-62　浮渣检验评级标准图片

1 级—浮渣面积 1%　2 级—浮渣面积 2%　3 级—浮渣面积 3%　4 级—浮渣面积 4%
5 级—浮渣面积 5%　6 级—浮渣面积 6%　7 级—浮渣面积 7%　8 级—浮渣面积 8%　9 级—浮渣面积 9%

2.7.3　定向凝固及单晶铸造工艺

1. 工艺特点

定向凝固是利用合金凝固时晶粒沿着与热流相反的方向生长的规律，控制热流方向，使重熔浇注后的合金沿着最有利的方向凝固，从而获得具有一束平行排列的柱状晶组织的铸件（见图2-63）。定向凝固设备具有一个单方向散热的冷源和一个能保证液固界面前沿的液相中不产生新的结晶核心的热源，这就形成一个有效的温度梯度，使合金随着热流的导出，晶粒连续不断地向液体中生长。

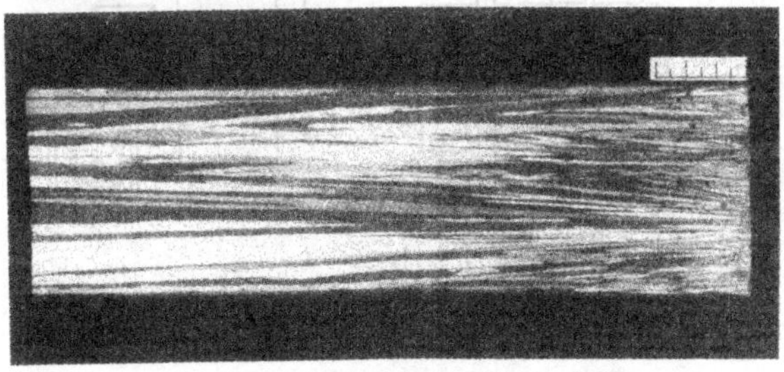

图2-63　定向柱状晶铸件的晶粒（经腐蚀显露）

由于可控制铸件的晶粒生长方向与其所受主应力方向平行，从而延长铸件的使用寿命。因此，采用定向凝固技术，可显著地提高高温合金的纵向性能，特别是中温的纵向性能。

2. 工艺方法

目前在工业上应用的定向凝固工艺方法有以下四种：

（1）发热铸型法　如图2-64所示，在型壳周围填充发热材料，并置于水冷铜板上，浇入金属液后，点燃发热材料，便形成有效的轴向温度梯度，使铸件定向地凝固。金属液的热量靠水冷铜极导出。

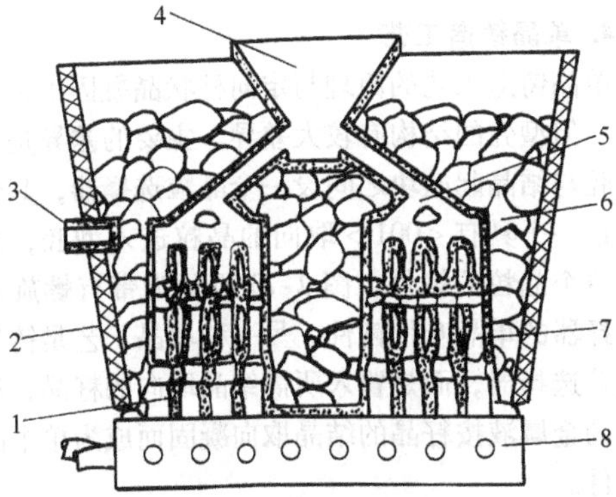

图2-64　发热铸型法

1—结晶起始块　2—保温套　3—测温口　4—浇口杯　5—浇道　6—发热材料　7—铸件型腔　8—水冷铜板

（2）功率降低法　如图2-65所示，将底部开口的型壳置于水冷铜结晶器上，并置入加热器内，加热器的感应圈分上下两区，加热型壳时，感应圈全区通电。型壳浇入熔融金属液后，感应圈的下区停电，这就形成轴向的温度梯度，使铸件定向凝固。金属液的热量主要靠水冷结晶器导出。

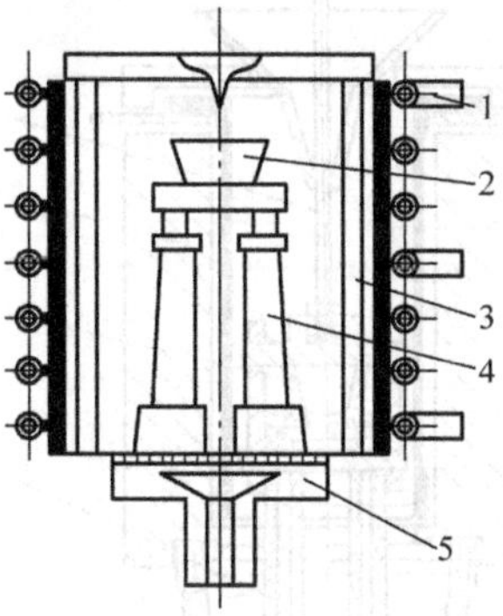

图2-65　功率降低法

1—加热器感应圈　2—浇口杯　3—石墨套　4—型壳　5—水冷结晶器

（3）铸型移动法　如图2-66所示，将底部开口的型壳放在水冷铜结晶器上，并送入感应加热器内，加热到预定温度后，浇入金属液，然后以预定速度将它徐徐下降，移出加热器，在此移动过程中实现定向凝固。金属液的热量除了靠水冷铜结晶器传导外，还靠向周围的热辐射散失。

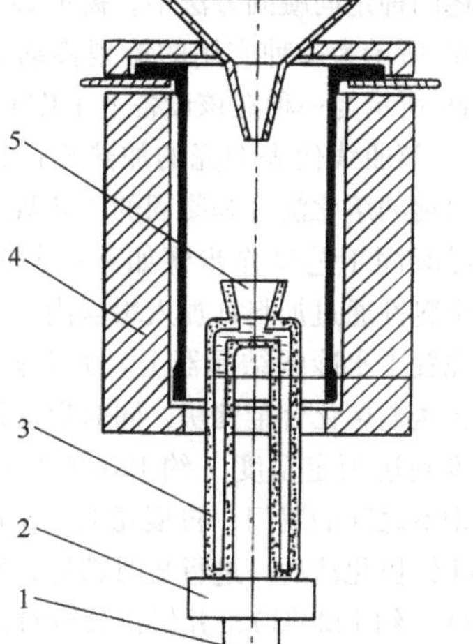

图2-66　铸型移动法

1—铸型下降机构　2—水冷铜结晶器　3—型壳　4—石墨加热器　5—浇口杯

（4）金属液的冷却 如图2-67所示，与铸型移动法一样，浇入金属液的型壳以预定的速度向下移动，逐渐进入保持一定温度的低熔点金属（如铝、锡等）液中，在移动过程中实现定向凝固。此法传热快而稳定，凝固速度快。

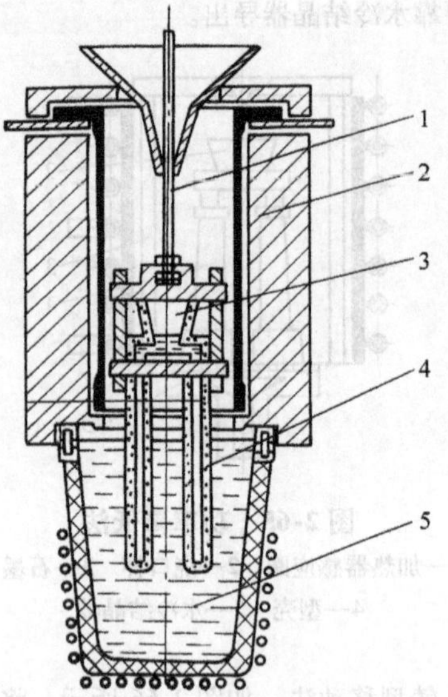

图2-67 金属液冷却法
1—铸型下降机构 2—石墨加热器
3—浇口杯 4—型壳 5—冷却金属液

3. 操作实例

在上述四种定向凝固方法中，铸型移动法应用最广。图2-68所示为一种实用的铸型移动法定向凝固炉。图2-69所示为一种在该设备上工作的工艺规范。图2-69中上部曲线代表型壳的加热规范，下部曲线代表合金料锭的熔化浇注和凝固的工艺规范。

柱状晶凝固工艺操作步骤如下：①炉体抽真空后，将合金料锭通过加料杆加入坩埚内。②打开铸型室，将型壳置于水冷铜结晶器上。关上铸型室的门，抽真空。③送电熔化合金锭块，同时启动加热器。当加热器温度到达预定温度（约1200℃）时，打开熔化室与铸型室之间的隔门，将型壳上升，进入加热器内加热。④锭块化清后，进行短时精炼，型壳也加热到预定温度（约1520℃），并保持数分钟。⑤测量浇注温度，到达预定温度后，即可倾动坩埚浇注。⑥浇注完毕，以预定速度（约7mm/min）向下移动型壳，直到离开加热器后即可快速下降。⑦关上隔门，使铸型室消除真空；打开铸型室的门，取出铸件，装入下一炉的型壳。

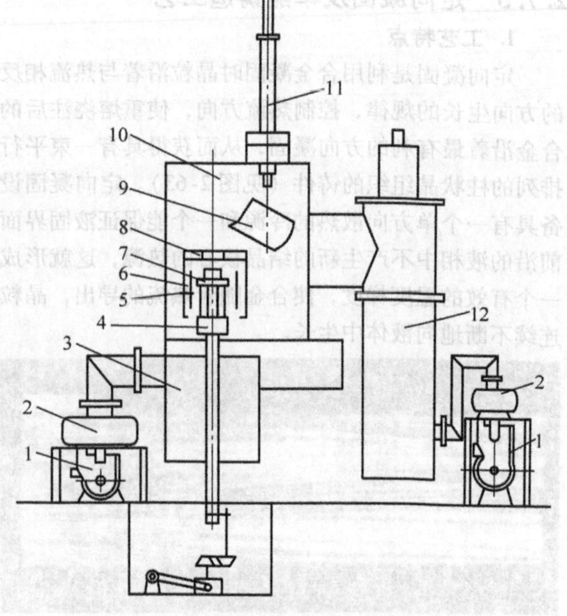

图2-68 ISP2/Ⅱ型定向凝固炉
1—机械泵 2—罗茨泵 3—铸型室 4—水冷铜结晶器 5—热电偶 6—石墨加热器 7—型壳 8—铸型盖 9—坩埚 10—熔化室 11—加料杆 12—扩散泵

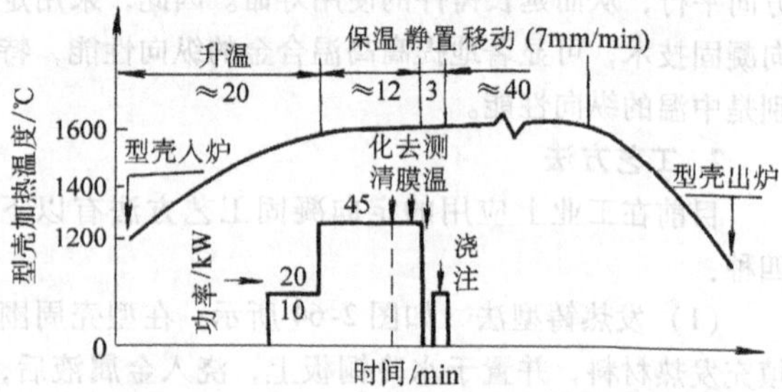

图2-69 ISP2/Ⅱ定向炉的工作工艺规范

4. 单晶铸造工艺

单晶铸造工艺的原理与定向柱状晶凝固工艺基本相同，但型壳的结构有较大差异。主要的差异是在铸件型腔与结晶起始块之间设一个晶粒选择器，其作用是只让一个具有<001>取向的晶粒进入型腔，并长大为单个晶粒的铸件。图2-70所示为带有螺旋形晶粒选择器的单晶叶片铸件。另一种单晶工艺是铸型不设晶粒选择器，而是置入所需结晶取向的籽晶，浇入型腔的金属液按籽晶的结晶取向凝固而成为单个晶粒的铸件。

由于单晶铸件没有晶界，因此具有更高的力学性能。生产定向柱状晶铸件的设备也可用于生产单晶铸件，操作步骤大致相同。

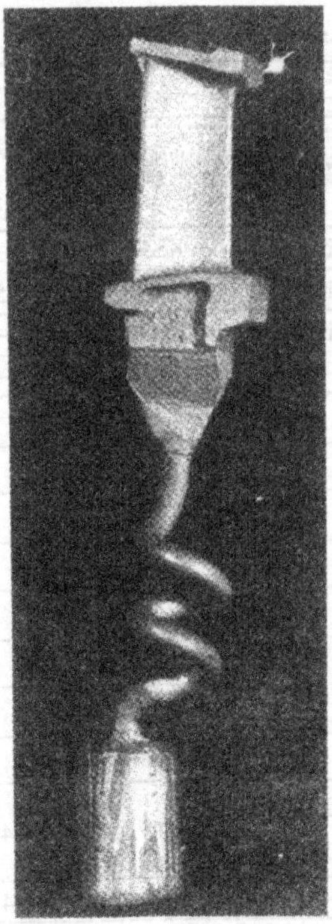

图2-70 带有螺旋形晶粒选择器的单晶叶片铸件（经腐蚀显露晶粒）

2.7.4 细晶铸造

细晶铸造是通过控制普通熔模铸造工艺参数、强化合金的形核机制，使铸件在凝固过程中形成大量的结晶核心，并阻止晶粒长大，而获得晶粒均匀细化的铸件，如图2-71所示。该工艺广泛用于制造中、低温条件工作的燃气涡轮叶片、整体涡轮转子、叶轮以及机匣等薄壁铸件。其优点是显著提高镍基高温合金的中、低温的低周疲劳性能，并减少数据的分散性。

1. 工艺方法

（1）热控法 在普通熔模铸造条件下，通过控制铸型温度、降低合金精炼温度和时间，使分散在熔体中作为形核基底的碳化物保留下来，并较大幅度地降低浇注温度，提高冷却速度，达到限制晶粒长大而细化晶粒的目的。

（2）动力学法 在合金浇注和凝固过程中施加外力，迫使合金熔体振动或搅动，使已凝固的枝晶破碎并遍布熔体中，形成更多的有效晶核，并限制晶粒长大。具体方法有超声波振动法、机械振动法、旋转铸型法和电磁搅拌法。

（3）化学法 向熔体中加入高熔点的固体形核质点，如Ni-Al化合物、稀土元素等，形成大量的非均质晶核而使晶粒细化。

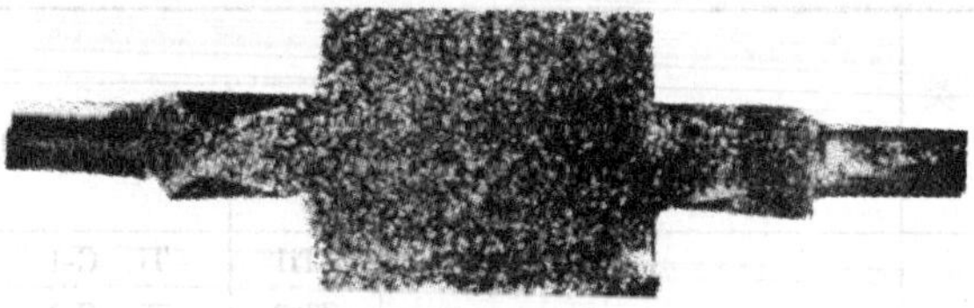

a）

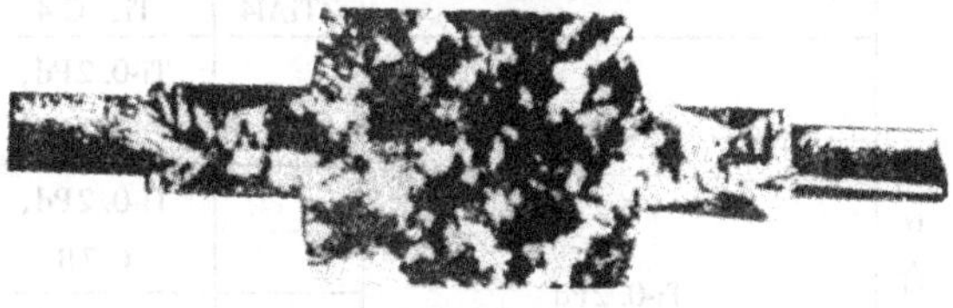

b）

图2-71 细晶铸造与普通铸造涡轮的晶粒度比较
a）细晶铸造 b）普通铸造

在上述方法中，热控法是广泛应用的较为简便的方法，但因浇注温度低，易形成显微疏松，若再辅以热等静压处理，则可得到致密的铸件。将热控法与动力学法相结合，是细晶铸造工艺的发展趋向，可获得晶粒尺寸为0.065～0.125mm的铸件。

2. 热控法操作实践

热控法细晶铸造操作要点与普通铸造相同，差别仅在于具体的合金精炼温度和时间、浇注温度、铸型温度。表2-193列出了K418B合金轴流式整体涡轮（ϕ250mm）热控法细晶铸造的工艺参数及结果。

表2-193 K418B合金轴流式整体涡轮用热控法细晶铸造的工艺参数及结果

铸造条件	工艺参数	结果	
		晶粒尺寸/mm	室温低周疲劳性能
常规铸造用ZG-0.025型真空感应炉，硅酸乙酯-刚玉型壳	型壳加热温度为900℃，浇注温度为1340℃（高于合金熔点20℃）	平均晶粒直径为0.3～1.0	从轮毂上取样达6800次循环，比常规铸造涡轮盘提高约50%

2.8 钛合金的熔炼与浇注

2.8.1 钛合金牌号、成分、性能

世界各国应用最多、最广的钛合金为Ti6Al4V。表2-194列出了各国铸造钛合金的牌号、化学成分及其典型物理性能。

表2-194　各国铸造钛合金的牌号、化学成分及典型物理性能

类型	名义成分	国别					典型物理性能	
		中国	美国	俄罗斯	德国	日本	密度/(g/cm³)	熔化温度/℃
	纯钛	ZTi1	Ti，C-1	BT1Л	G-Ti99.2	KS50-C	—	—
		ZTi2	Ti，C-2	—	G-Ti99.4	KS50-LFC	4.51	1640~1671
		ZTi3	Ti，C-3	—	G-Ti99.5	KS70-C	—	—
		ZTiAl4	Ti，C-4	—	—	KS70-LFC	—	—
α合金	Ti-0.2Pd	—	Ti-0.2Pd，C-7A	—	—	KC50Pd-C	—	—
		—	Ti-0.2Pd，C-7B	—	—	—	—	—
		—	Ti-0.2Pd，C-8A	—	—	—	—	—
		—	Ti-0.2Pd，C-8B	—	—	—	—	—
	ZTi5Al2.5Sn	ZTA7	Ti-5Al-2.5Sn，C-6	—	G-TiAl5Sn2.5	KS115AS-C	4.42	1540~1650
近α合金	Ti-5Al	—	—	BT5Л	—	—	4.41	1600~1640
	Ti-6Al-2Sn-4Zr-2Mo	—	Ti6242	—	—	—	4.54	1588~1698
	Ti-5Al-1Si	—	—	BTЛ1	—	—	—	—
	Ti-6Al-2Zr-1Mo-1V	—	—	BT20Л	—	—	4.45	—
	Ti-6Al-5Zr-0.7Mo-1V-0.3Cr-0.2Sn	—	—	BT21Л	—	—	4.47	1550~1630
α+β合金	ZTi5Al5Mo2Sn0.25Si0.02Ce	ZTC3	—	—	—	—	4.60	≈1700
	ZTi6Al4V	ZTC4	Ti64	BT6Л	G-TiAl6V4	KS130AV-C	4.40	1560~1620
	Ti-6Al-6V-2Sn	—	Ti662	—	—	—	—	—
	Ti-6Al-2.5Mo-2Cr-0.4Fe-0.2Si	—	—	BT3-1Л	—	—	4.43	1560~1600
	Ti-6.5Al-3.5Mo-2Zr-0.3Si	—	—	BT9Л	—	—	4.49	1560~1620
	Ti-4Al-3Mo-1V	—	—	BT14Л	—	—	4.50	1590~1650
	ZTi5.5Al3Mo1.5V0.8Fe1Cu1.5Sn3.5Zr	ZTC5	—	—	—	—	4.62	—
β合金	Ti-1.5V-3Cr-3Al-3Sn	—	Ti-15-3	—	—	—	—	—
	Ti-15Mo-5Zr	—	—	—	—	KS130MZ-C	—	—
	ZTi32Mo	ZTB32	—	—	—	—	—	—

2.8.2　钛合金熔炼与浇注的设备和方法

钛是非常活泼的金属，在熔融状态下与氧、氮、氢及碳的反应相当快，其中氧和氮的危害性最大，严重降低了钛合金及其铸件的塑性。此外，它还与多种耐火材料发生反应。因此，钛合金的熔炼和浇注只能在真空或惰性气体保护下进行。

1. 钛合金熔炼与浇注设备

目前，用于钛合金熔炼与浇注的设备种类很多，其中包括真空自耗电弧炉、真空自耗电弧凝壳炉、非自耗炉、电子束凝壳炉、冷壁坩埚感应炉以及等离子炉等。它们的共同特点是采用“凝壳”坩埚，即使用强制水冷的铜坩埚，熔炼时钛在坩埚内壁形成一个薄薄的凝固壳体，隔绝熔融钛合金与坩埚的直接接触，以保护钛在熔融状态下不受污染，从而获得纯度较高的合金及其优质钛合金铸件。

真空自耗电极电弧炉和真空自耗电极凝壳炉是最早用于钛合金和钛铸件生产的熔炼设备，目前仍是国内外用于钛铸件生产的主要工艺设备。真空自耗电极电弧炉与真空自耗电极凝壳炉如图2-72和图2-73所示；表2-195列出了几种典型真空自耗电弧凝壳炉的技术参数。

表2-195 几种典型真空自耗电弧凝壳炉的技术参数

参数	ZJ-30	ZN-250	L-100SM	L-1000SM	Titech	OKB-934	OKB-1007	OKB-1024
	中国	中国	德国	美国	美国	俄罗斯	俄罗斯	俄罗斯
浇注量/kg	50	250	100	1000	360	60	250	1024
最大电流/A	12000	34000	18000	54000	—	14000	25000	30000
电压/V	—	20~45	25~45	—	—	25	25	30
极限真空度/Pa	1.3×10^{-1}	1×10^{-1}	1.3×10^{-1}	—	—	1.3×10^{-1}	1.3×10^{-1}	1.3×10^{-1}
熔炼真空度/Pa	1.3	1.3	1.3	1.3	—	—	—	—
电极直径/mm	160	300	350	—	—	300	460	770
电极最大长度/mm	1000	1300	1800	—	—	500	485	1000
最大铸型尺寸（φ/H）/mm	1000/500	1500/1200	900/750	—	1828/965	600/400	1000/1200	2200/1800
最大离心速度/(r/min)	500	400~800	600	—	—	—	—	400
周期/h	2	4	1.5	—	3	2.5	2.2	

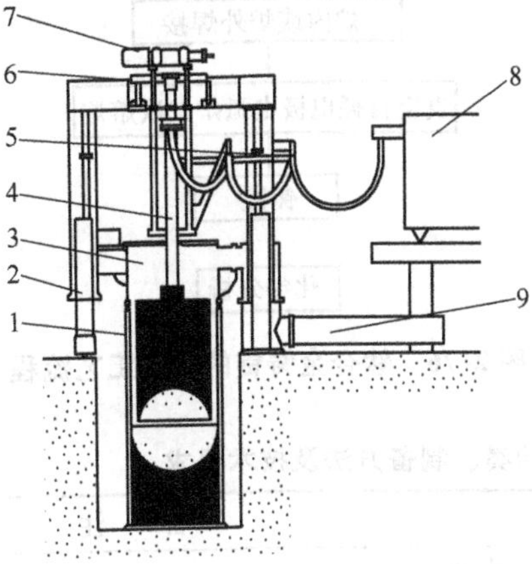

图2-72 真空自耗电极电弧炉

1—炉膛 2—坩埚水套 3—调整电极机构 4—导电杆 5—汇流排和电缆 6—真空泵系统 7—电极驱动机构 8—加料传感器系统 9—炉体活动支柱

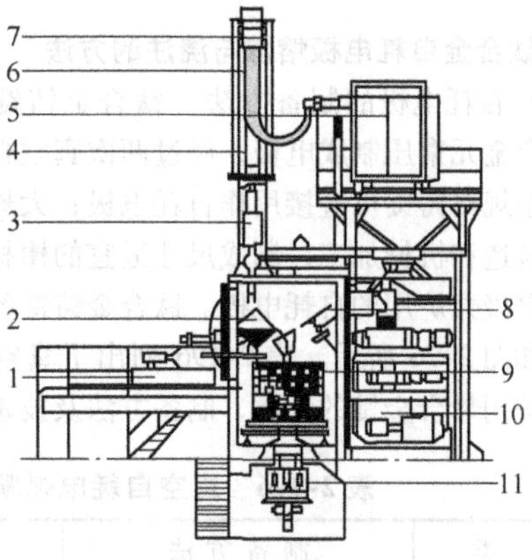

图2-73 真空自耗电极凝壳炉

1—坩埚翻转系统 2—凝壳坩埚 3—自耗电极 4—电源 5—导电杆 6—电源电缆 7—快速提升系统 8—浇注测温系统 9—铸型装置 10—真空泵系统 11—离心浇注系统

相比于自耗电极熔炼，感应熔炼可以获得温度更加均匀，过热度更高的金属液，对炉料的使用和合金化也更为便利。但钛合金感应熔炼技术还存在一些技术瓶颈，目前多是熔炼量小于100kg的小容量炉。钛合金感应熔炼采用弧形瓣块组合水冷铜坩埚，如图2-74和图2-75所示。

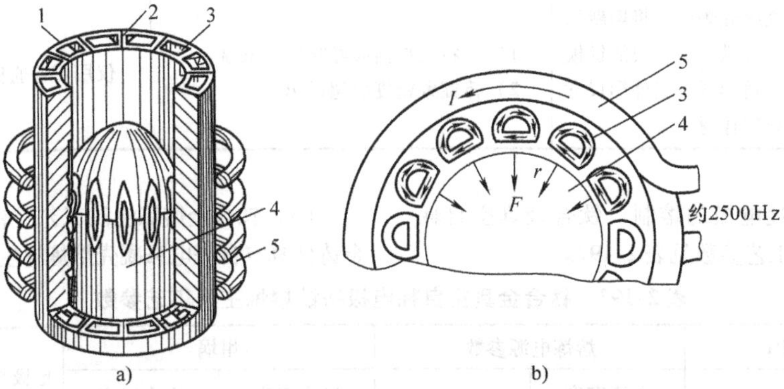

图2-74 弧形瓣块组合水冷铜坩埚剖面图和瓣块中的感应电流、磁场及磁力线方向

1—弧形铜瓣块 2—绝缘层 3—水冷导管 4—金属熔液 5—感应线圈

图 2-75　组合式水冷铜坩埚感应凝壳炉

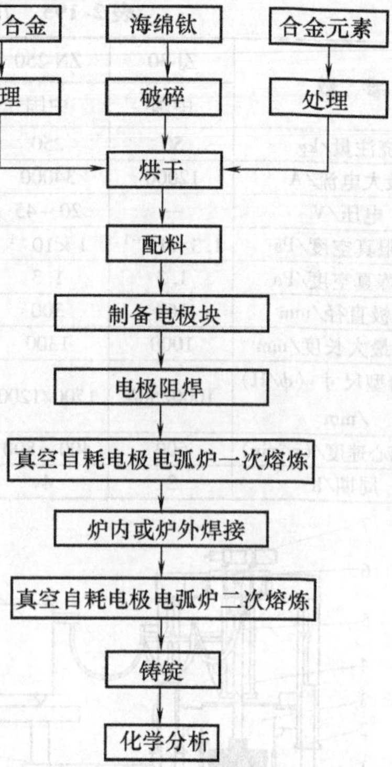

图 2-76　钛合金铸锭的生产工艺流程

2. 钛合金自耗电极熔炼与浇注的方法

（1）自耗电极的制备方法　钛合金铸锭是将海绵钛和合金元素压制成电极，经过两次真空自耗熔炼而成。小规格铸锭可直接用作自耗电极；大规格铸锭需经过锻造和机械加工，制成尺寸适宜的棒材后方可作为真空凝壳炉用的自耗电极。钛合金铸锭的生产工艺流程如图 2-76 所示。表 2-196 列出了真空自耗电弧凝壳炉用母合金锭的种类、制备方法及技术要求。

表 2-196　真空自耗电弧凝壳炉用母合金锭的种类、制备方法及技术要求

种　类	制备方法	技术要求	备　注
钛合金铸锭	真空自耗电弧炉二次熔炼	1）成分均匀、无偏析，无夹杂 2）铸锭直径圆度及长度平直度应符合电极尺寸要求 3）表面光洁，无深层氧化皮及油污层	也可使用电子束炉和等离子束炉熔炼的、成分均匀的铸锭。当铸造普通纯钛铸件时，也可使用一次自耗电弧炉熔炼的铸锭
钛合金锻棒	用大型铸锭锻造而成	1）成分均匀、无夹杂 2）表面无深的锻造褶皱及裂纹 3）去除表面氧化皮	如果尺寸符合凝壳炉熔炼要求，可用砂轮打磨代替车削去除氧化皮
由回炉料块铸焊的棒锭	在凝壳炉中，将熔融钛注入装满回炉料块的锭模中，铸焊成一定外形尺寸的坚实棒材	1）炉料入炉前应经吹砂、酸洗 2）棒锭致密度应超过 70%	仅用于普通铸件

（2）钛合金自耗电极的熔制　钛合金真空自耗电极铸锭熔炼主要工艺参数见表 2-197。

（3）钛合金熔炼浇注工艺　表 2-198 列出了钛合金铸件真空自耗电弧凝壳熔炼浇注的主要工艺参数。

表 2-197　钛合金真空自耗电极铸锭熔炼主要工艺参数

熔炼真空度/Pa		熔炼电源参数		坩埚		电极与坩埚的直径比	出炉温度/℃
一次熔炼	二次熔炼	电流密度/(A/mm²)	电压/V	进水温度/℃	出水温度/℃		
≤6.65×10⁻²	≤1.33×10⁻¹	0.4~0.6	25~36	≤20	≤35	0.5~0.9	200~400

表 2-198 钛合金铸件真空自耗电弧凝壳熔炼浇注的主要工艺参数

项目		参数	说明
熔炼真空度/Pa		1×10^{-3} ~ 1.33×10^{-1}	真空度过高，会引起高蒸汽压的合金元素挥发，但真空度过低，又会造成钛合金氧化，并引起电弧辉光放电
电流密度/(A/mm^2)		0.4 ~ 0.6	用电极截面面积来确定熔炼电流
电压/V		25 ~ 35	电压与电源特性及电弧长度有关，在不短路的情况下，控制电弧尽可能短，较低电压可防止侧弧，加快熔炼速度
电极与坩埚的直径比		0.45 ~ 0.9	坩埚与电极间的间隙不得小于 30 ~ 40mm，以避免侧弧击穿坩埚。但间隙过大，会使熔池的热能大量损失
熔池深度 H 与坩埚直径 D 之比		(1.2 ~ 1.3)/1.0	深度 H 与电流 I 成正比，按公式计算，$H=0.045I$
金属熔化浇注率（%）		70 ~ 80	指倾注出的熔融金属量占坩埚内的金属总量（含凝壳）的质量分数
金属过热度/℃		60 ~ 80	凝壳熔炼金属过热度小，加大熔化电流与减小坩埚电极间的间隙，可以使过热度有所提高
浇注时间/s		3 ~ 6	断弧后，应快速翻转浇注。超过 18s，熔池表面金属凝固
电极预热时间/s		15 ~ 20	起弧后用 20% 的额定电流工作以预热电极，可以加快以后的熔化速率
坩埚	出水温度/℃	≤35	是保证熔炼安全的重要措施
	进水温度/℃	≤20	
铸锭出炉温度/℃		≤400	出炉温度过高会引起铸件氧化
离心转速/(r/min)		200 ~ 500	根据铸件工艺设计计算

2.9 清理与防锈

2.9.1 铸件模组清壳

1. 铸件的冷却

型壳浇注后，铸件在铸型中的冷却时间与铸件的材料、形状大小和生产条件有关。一般对于合金铸件或易产生变形、裂纹的材料和形状复杂的铸件，其冷却时间应长些；对于薄壁小件，其冷却时间则可短些。

单壳浇注时，当型壳温度降至 450℃ 以下时，即可清壳。填砂造型浇注的铸件，在铸型内的冷却时间见表 2-199。

表 2-199 铸件合金种类与铸型自然冷却时间

合金种类	铸型自然冷却时间/h
铜合金铸件	≥0.5
铝合金铸件	1 ~ 2
碳素钢铸件	≥2
合金钢铸件	2 ~ 3
耐热钢及耐热合金钢铸件	4 ~ 8
磁钢铸件	6 ~ 8

2. 铸件模组脱壳

铸件模组主要的脱壳方法及其特点见表 2-200。

表 2-200 铸件模组主要的脱壳方法及其特点

脱壳方法	工作原理	特点
机械脱壳	采用机械振击方法，使铸件模组在高速振动冲击下，达到清除型壳的目的。振动所用动力为气压和电力 凿岩机式脱壳机及主要技术参数见图 2-77 和表 2-201 卧式振动脱壳机及主要技术参数见图 2-78 和表 2-202	生产率较高，但劳动条件差，噪声和粉尘均较大，需要有除尘设备和消声装置。对带有小孔、深孔、深槽及复杂内腔的铸件，清除不干净。国内应用较多
电液压清砂	利用水中电极与铸件之间（或与电极之间）高压放电产生的冲击波和冲击压力，反复作用到型壳及型芯上，从而将型壳及型芯清除干净	耗电少、效率高、成本低、无粉尘、劳动条件好，但在清理过程中会产生有害的 CO、电磁辐射等，必须采取安全防护措施。主要用于普通砂型铸钢件清理，熔模铸件使用不多
高压水力清砂	利用较大功率的液压系统，使普通的水通过喷嘴变为压力高达 70MPa 或更大压力的高速射束，喷射到型壳、型芯上，使型壳（芯）击成碎片或脱落	操作安全、无粉尘、产生率高，还可光饰铸件表面。国外应用广泛

表2-201 凿岩机式脱壳机的主要技术参数

项 目	技术参数
凿岩机使用的风压/MPa	0.50
气缸直径/mm	76
活塞行程/mm	70
冲击次数/(次/min)	2100
耗气量/(m^3/h)	43.6
脱壳效率/(组/h)	80~100

表2-202 卧式振动脱壳机的主要技术参数

项 目	技术参数
工作长度/mm	350~800
振击频率/(次/min)	600~700
压缩空气压力/MPa	0.5~0.6
耗气量/(m^3/h)	4
脱壳效率/(组/h)	20~30

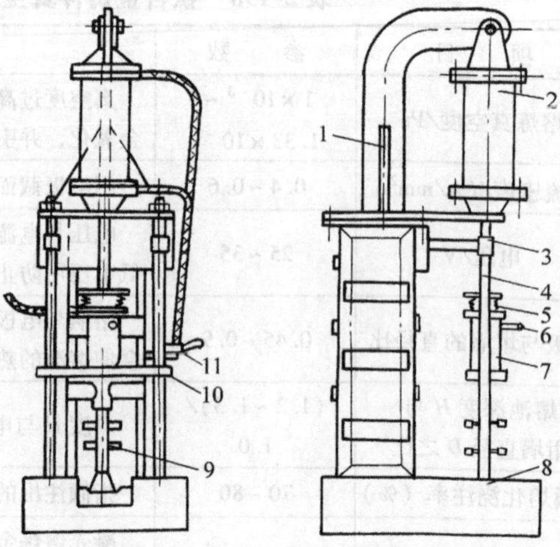

图2-77 凿岩机式脱壳机

1—支架 2—气缸 3—导向套 4—导杆 5—弹簧 6—手柄 7—凿岩机 8—底座 9—铸件组 10—托板 11—阀门

2.9.2 切割浇冒口

切割浇冒口的主要方法、特点及其适用范围见表2-203。

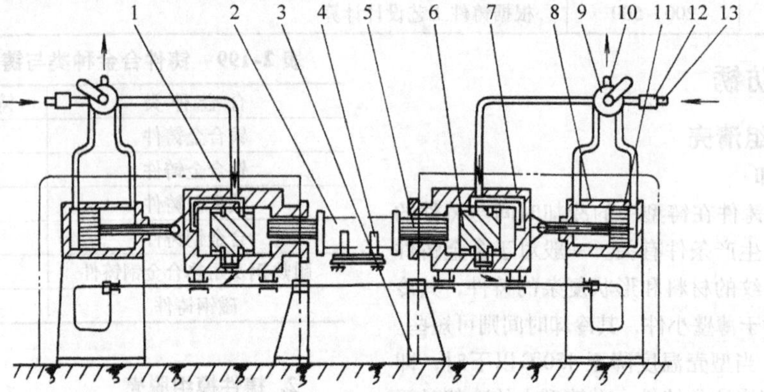

图2-78 卧式振动脱壳机

1—保护罩 2—被清理铸件 3—机座 4—支架 5—撞头 6—活塞 7—振动气缸 8—夹紧气缸 9—控制气阀 10—排气管 11—夹紧活塞 12—润滑器 13—气路

表2-203 切割浇冒口的主要方法、特点及其适用范围

切割方法	特点及适用范围
气割	采用氧-乙炔割矩切割浇冒口，其实质是铸件切割处被加热到熔化温度的金属，在氧气流的压力作用下从切口上除去的方法 切割效率较高，适于切割大中型碳素钢和合金钢铸件的浇冒口，也适于铜合金铸件的浇冒口。采用这种方法，易损伤铸件、浇冒口余根较大，增加对铸件修整的工作量，并且使铸件局部的硬度和脆性增加，需退火处理

(续)

切割方法	特点及适用范围
砂轮切割	利用电动机（3000r/min）带动砂轮片高速旋转来完成切割。砂轮切割机如图2-79所示 切割效率较高、劳动强度低、切割质量高，但需注意安全，应装设除尘和防护罩。适于切割碳素钢、合金钢、耐热钢、高温合金和铜合金铸件的浇冒口

（续）

切割方法	特点及适用范围
锯切	采用锯床切割浇冒口。常用的有带锯、弓形锯、圆盘锯等锯床 生产率高、劳动条件较好，但应有安全防护设施。适于切割非铁合金铸件的浇冒口
阳极切割	由于直流电的作用，使铸件表面产生保护膜。割盘旋转时，保护膜某些部位同切割表面微小凸起被清除，使这些部位的保护膜厚度减小，集中了大电流而引起短时间的热作用，足以熔化切割部位的微细表面。熔化的金属很快被旋转割盘抛出，割盘逐渐浸入浇道，直至将铸件切下 生产率比砂轮切割高4倍，比气割高1倍。适于切割钢铸件及各种导电材料

2.9.3 铸件表面清理

铸件经脱壳后，表面上总残留有型壳和氧化皮，尤其是具有复杂内腔、深槽、不通孔的铸件，必须进行表面清理才能清理干净。清理方法有抛丸、吹砂、化学和电化学清砂等。

1. 抛丸清理

它能清理不同大小及形状的铸件，但会恶化铸件精度和表面粗糙度，只用于要求不高的熔模铸件。表2-204列出了抛丸清理设备的技术规格及用途。

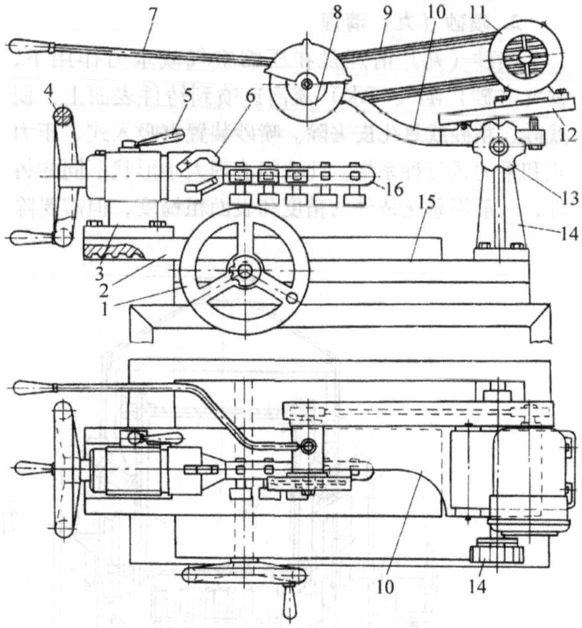

图2-79 砂轮切割机

1—操纵轮 2—托板 3—夹具 4—转动轮 5—制动手柄 6—卡爪 7—手柄 8—砂轮片 9—传动带 10—连杆 11—电动机 12—支撑板 13—异形螺母 14—托架 15—底板 16—铸件组

表2-204 抛丸清理设备的技术规格及用途

名称	技术规格				用途
	最大载重量/kg	铸件最大尺寸/mm	外形尺寸(长/mm)×(宽/mm)×(高/mm)	机器重量/kg	
Q3110I型滚筒式抛丸清理机	300	≤400	2078×2165×1861	3575	15kg以下铸件
Q3113I型滚筒式抛丸清理机	600	1100	5090×3200×2550	7038	30kg以下铸件
Q3113B型滚筒式抛丸清理机	600	≤1100	5090×3310×2550	6946	30kg以下铸件
Q3313型倾斜滚筒式抛丸清理机	800	≤600	6250×3950×5700	11000kg	40kg以下铸件
Q365B型抛丸清理机	5000	2500×1800×1300	6980×4670×6200	≈10800	大型铸件
Q388型单钩吊链抛丸清理室	800	800×1500	4060×2910×4500	3800	中小型铸件、怕碰撞细长件和薄壁铸件

2. 喷砂（丸）清理

喷砂（丸）清理是在压缩空气或水力作用下，铁丸（砂）随气（水）流高速喷到铸件表面上，使残砂、粘砂或氧化皮去除。喷砂装置有吸入式、压力式和重力式三种系统。此法能清理大小形状不同的铸件，一般不恶化铸件的精度和表面粗糙度，但需要除尘装置。图 2-80 所示为吸入式喷砂装置；图 2-81 所示为压入式喷砂装置；表 2-205 列出了液体喷砂装置的型号及技术参数；表 2-206 列出了压入式喷砂装置的技术参数。喷砂（丸）的工艺参数应根据铸件和对其表面质量的要求选定砂的性状、粒度和压缩空气压力。其工艺参数及适用范围见表 2-207。

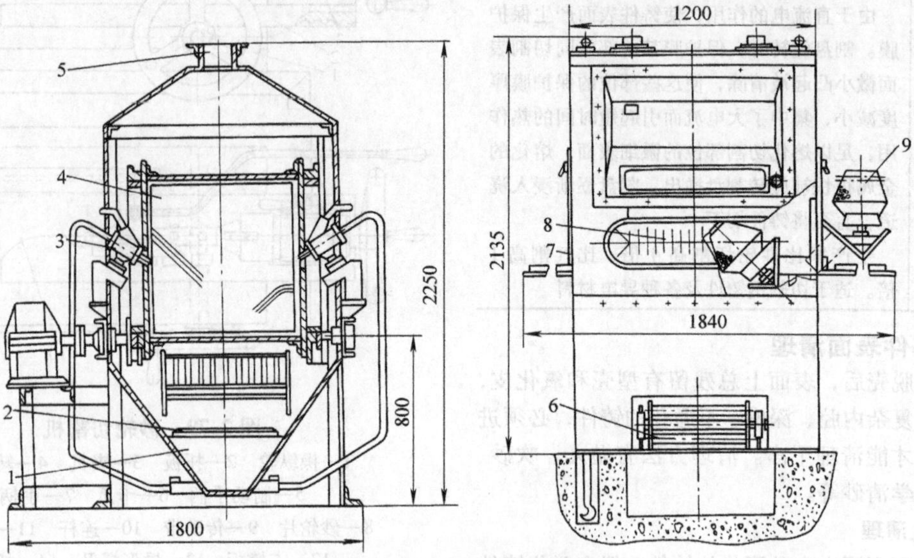

图 2-80　吸入式喷砂装置

1—底槽　2—金属网筛　3—喷枪　4—旋转圆筒　5—抽风装置　6—钟罩　7—踏板　8—密封窗　9—旋转斗

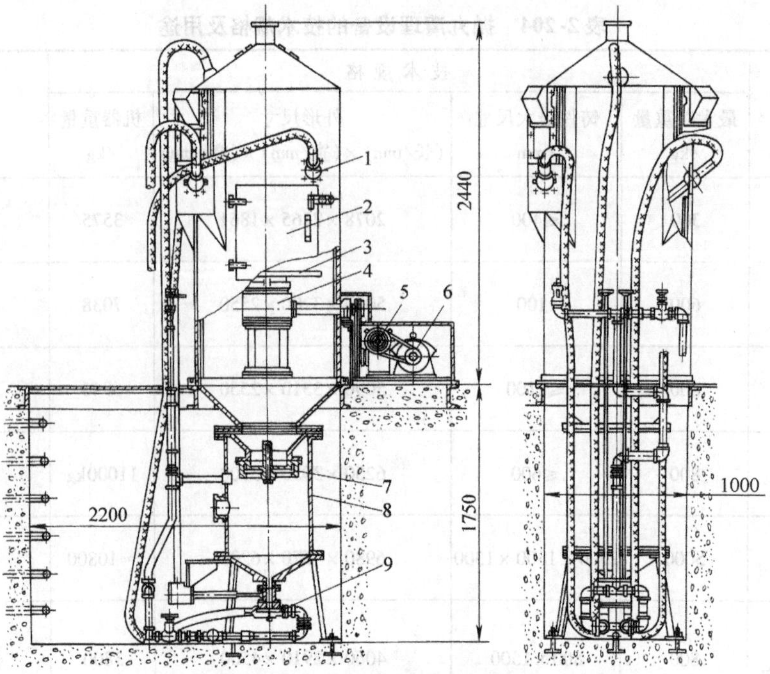

图 2-81　压入式喷砂装置

1—工作喷管　2—门　3—转台　4—封闭箱　5—减速器　6—电动机　7—阀门　8—压力筒　9—混合室

表2-205 液体喷砂装置的型号及技术参数

技术参数	SS-1	SS-2	SS-5	SS-5A（半自动）
磨液电动机功率/kW	4	1.5	2×4	2×4
圆盘工作台直径/mm	600	500	1250	1250
工作台转动电动机功率/kW	手动	手动	0.75	0.75
磨料粒度/号筛	46以上	46以上	46以上	46以上
喷嘴直径/mm	12或10	8或10	12或10	12或10
喷枪数量/把	1	1	4	6
压缩空气消耗量/(m^3/min)	1～1.5	1	4～6	6～9
压缩空气压力/MPa	0.4～0.6	0.4～0.6	0.4～0.6	0.4～0.6
外廓尺寸（长/mm）×（宽/mm）×（高/mm）	2200×2200×2400	905×1020×1500	3500×2900×2900	3500×2900×2900
整机重量/kg	470	350	1500	1500

表2-206 压入式喷砂装置的技术参数

项目	技术参数
生产率/(kg/h)	100
转台转子/(r/min)	4
砂子用量/(m^3/h)	1
压缩空气压力/MPa	0.5～0.6

（续）

项目	技术参数
压力筒容量/m^3	0.25
工作压力/MPa	≤0.3
喷嘴直径/mm	6

表2-207 喷砂装置主要工艺参数及适用范围

喷砂（丸）的方法	材料	粒度	喷射压力/MPa	适用范围
压缩空气喷砂（丸）	硅砂或刚玉砂 铁砂	20/40号筛 0.5～2mm	0.3～0.6 0.5～0.6	铸钢件、低合金钢和高温合金铸件
	硅砂 铁砂	40/70号筛 0.5～1.5mm	0.1～0.15 0.3～0.4	非铁合金铸件
水力喷砂	整形砂或玻璃砂	80/100号筛	0.2～0.3	铸钢件、耐热合金及有特殊要求的铸件
	碳化硅砂	120/220号筛	0.1～0.15	非铁合金和有特殊要求的铸件

3. 化学清理

（1）碱煮法 碱煮法是将带残砂的铸件放入苛性钠或苛性钾或苛性苏打溶液中加热煮沸，生成硅酸钠或硅酸钾的黏性液体，而从铸件上脱离出来，以达到清除型壳（芯）的目的。碱煮后需要对铸件进行清洗。表2-208列出了碱煮及清洗工艺参数。

（2）碱爆清理 碱爆清理是将带壳的铸件在高温、高浓度的碱液中碱煮，使 SiO_2 与苛性钠发生反应，生成水玻璃状熔融物，然后将铸件移入水中的瞬间，熔融物即产生高压蒸汽而爆炸，并随之产生剧烈振动，使型壳破碎、脱落，达到清理的目的。碱爆清理装置如图2-82所示；碱爆清理工艺参数见表2-209。

表2-208 碱煮及清洗工艺参数

序号	用途	碱煮				中和与清洗
		碱液	温度/℃	每千克型壳碱液消耗量/kg	时间/h	
1	碳钢铸件表面粘砂	$w(NaOH)=20\%\sim30\%$	沸腾	0.8～1	4～8	热水清洗
		$w(KOH)=40\%\sim50\%$		1.3～1.4	4～8	
2	合金钢铸件表面粘砂	$w(NaOH)=15\%\sim25\%$		0.8～1	4～8	氧化铬90g+硫酸30g+氯化钠1.2g+水1kg，温度：18～28℃，时间：2～3min，中和处理后再用流动清水冲洗铸件

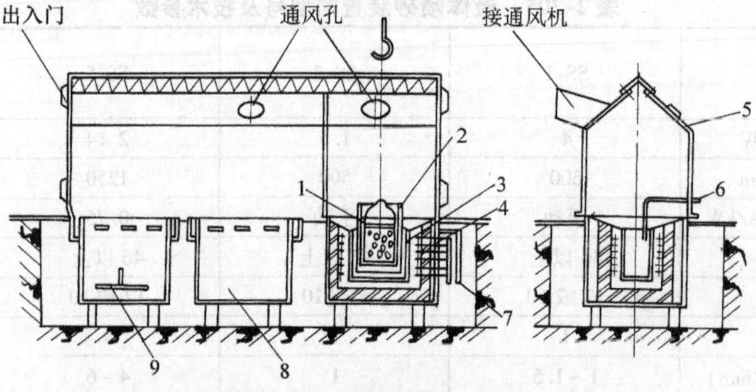

图 2-82　碱爆清理装置

1—铸件吊框　2—捞渣盘　3—溶液槽　4—电阻加热炉　5—防护罩　6—热电偶　7—电源接线　8—冷水槽　9—热水槽

表 2-209　碱爆清理工艺参数

碱煮						水爆	
材料	温度/℃	每吨铸件耗碱量/kg	保温时间/min 铸件单重			水槽温度	清洗水温/℃
			<1kg	1~5kg	>5kg		
NaOH（工业）	500~520	40	25~30	30~50	50~60	室温	70~90

4. 电化学清理

电化学清理是将铸件置于一定浓度的沸腾的碱性溶液中，通以直流电，通过化学反应和电解还原，清除铸件粘砂的一种方法。电化学清理炉装置如图 2-83 所示。该法主要用于清理内腔结构复杂铸件的残砂和型芯。电化学清理的主要工艺参数见表 2-210。

2.9.4　焊补

1. 焊补原则

1）通常指不符合验收技术条件或订货协议规定的，有铸造缺陷但可修补的铸件。

2）铸件允许焊补的面积和数量都有所规定，表 2-211 列出了铸件上允许焊补的缺陷类型。缺陷类型通常在铸件图、技术条件和有关标准及协议规定。焊补后经检验合格的铸件不应列为废品。

3）铸件表面上不降低结构强度和不影响外观质量的小缺陷，可不修补。允许不修补缺陷的尺寸及数量可按相应标准或协议规定执行。

2. 铸件的焊补方法、特点及应用范围（见表 2-212）

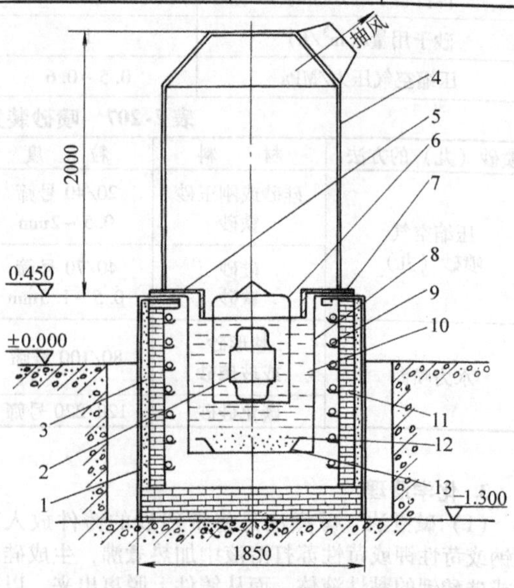

图 2-83　电化学清理炉装置

1—外壳　2—铸件　3—保温层　4—抽风罩　5—框架　6—铸件框　7—绝缘物　8—坩埚　9—电热丝　10—电解液　11—耐火砖　12—沉渣　13—沉渣盘

表 2-210　电化学清理的主要工艺参数

序号	碱液成分（质量分数,%）				槽液温度/℃	电解				清洗
	NaOH	NaCl	NaF	硼砂		阳极	阴极	电流/A	电压/V	
1	85~90	10~15	—	—	400~500	坩埚	铸件框	800~1200	6~12	冷水或热水清洗 6~8min
2	75~95	—	1~15（2.5 最佳）	1~5（2.5 最佳）	450~500	坩埚	铸件框	电流密度 4~6A/cm²	2~6	冷水或热水清洗

注：NaF 可以用氟石或冰晶石替代。

表 2-211 铸件上允许焊补的缺陷类型

允许焊补的缺陷	不允许焊补的缺陷
1）铸件表面或穿透的孔穴（渣孔、砂孔、气孔等） 2）铸造裂纹、冷隔、欠铸 3）铸件表面或内部的缩孔、疏松 4）铸件表面的机械损伤	1）蜂窝状气孔、针孔 2）大面积的分散的疏松 3）图样或技术条件规定的不允许焊补的铸件，或者铸件上指定的不得焊补的部位

表 2-212 铸件的焊补方法、特点及应用范围

焊补方法		焊补特点	应用范围
氧乙炔气焊法		1）设备简单、操作方便，适应性强，可不预热焊，也可预热焊 2）焊缝空间位置任意 3）焊接质量较差	1）用于静止条件下工作的低碳钢、铜铸件 2）不预热焊主要用于非加工面的焊补，热焊多用于加工面上的焊补
电弧焊	电弧焊	1）设备简单、使用灵活、方便，适用于任意空间位置的焊接 2）可冷焊、半热焊和热焊 3）生产率低、劳动强度大 4）焊接质量取决于焊工的技术水平	1）适用于碳钢、低合金钢、不锈钢、铝和铜合金铸件 2）适用于在静止、冲击和振动载荷下工作，要求焊缝坚固、密实的铸件
	氩弧焊	1）利用氩气做保护气体进行焊接，焊接质量较高 2）焊缝空间位置为俯焊 3）电弧热量集中，热影响区小，焊件变形小	1）适用于铝合金、钛合金、镁合金、不锈钢、耐热钢、高温合金、锆合金铸件 2）可在各种类型载荷下工作，要求焊缝坚固、密实的铸件

3. 铸件缺陷部位坡口的确定（见表2-213）

表 2-213 铸件缺陷部位坡口的确定

说明		坡口示意图
对于未穿透孔穴或裂纹，应开成U形坡口		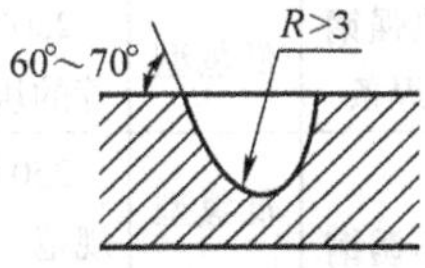
铸件缺陷部位厚度小于等于20mm	一般穿透裂纹，应开成V形坡口	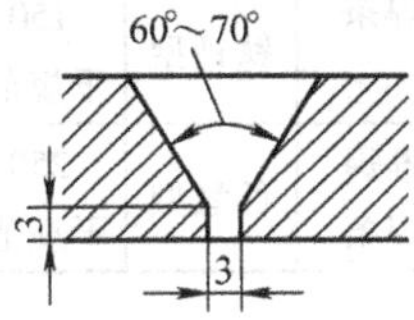
铸件缺陷部位厚度大于20mm	当坡口间隙比较大时，可垫一块厚度为3~4mm铜板进行焊补，焊后将铜板移去	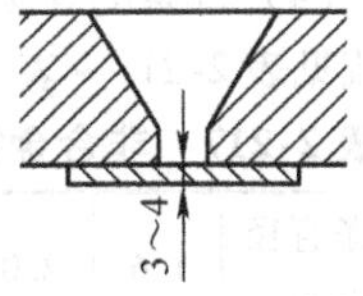
	一般穿透裂纹，应开成X形坡口	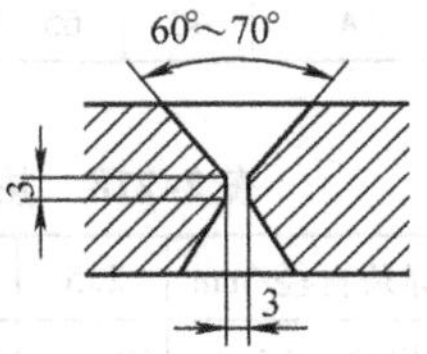

（续）

说明		坡口示意图
铸件缺陷部位厚度大于20mm	当坡口间隙比较大时，可在间隙处放入厚度为3~4mm相同材质的钢板	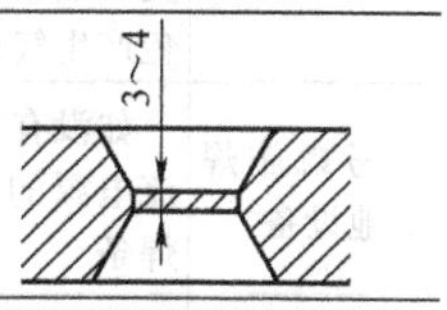
当坡口间隙很大时，可在间隙处嵌入相同材料的填块		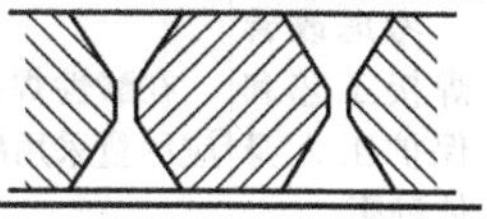

4. 常用焊条

选择焊条的基本要点见表2-214。焊条选用参照国标GB/T 5117—2012《非合金钢及细晶粒钢焊条》、GB/T 5118—2012《热强钢焊条》、GB/T 983—2012《不锈钢焊条》、GB/T 984—2001《堆焊焊条》、GB/T 10044—2006《铸铁焊条及焊丝》。

表 2-214 选择焊条的基本要点

分类	要点
考虑工件的物理、力学性能和化学成分	1）从等强度的观点出发，选择满足力学性能的焊条，或者结合母材的焊接性，改用非等强度而焊接性能好的焊条。但需改变焊缝结构形式，以满足等强度、刚度要求 2）使其合金成分符合或接近母材 3）母材化学成分中含C、S、P有害杂质较高时，应选择抗裂性和抗气孔能力较好的焊条。建议选用氧化钛钙型焊条、钛铁矿型渣系焊条。如果还不能解决问题，可选用低氢型焊条

（续）

分　类	要　点
考虑铸件的工作条件和使用性能	1）在承受动载荷或冲击载荷情况下，要保证抗拉强度、冲击韧度、伸长率均较高，应选用低氢型、氧化钛钙型、氧化铁型渣系焊条 2）在腐蚀介质中工作的，必须分析介质种类、成分、工作温度，以及区分是一般腐蚀还是晶间腐蚀等，从而选择合适的不锈钢焊条 3）在受磨损条件下工作时，须区分是一般磨损，还是冲击磨损；是常温下磨损，还是高温下磨损等 4）处在低温或高温下工作的铸件，应选择能保证低温或高温力学性能的焊条
考虑铸件几何形状的复杂程度、刚度大小、焊接坡口的制备情况和焊接部位所处的位置等	1）形状复杂或大厚度的铸件，由于它的焊缝金属在冷却收缩时产生的内应力大，容易产生裂纹，必须选用抗裂性强的焊条，如氧化铁型渣系焊条 2）受条件限制，焊接部位所处的位置不能翻转，就必须选用能在任何空间位置进行焊接的焊条。例如，立焊和仰焊时，按氧化钛型、钛铁矿型渣系顺序选用 3）受条件限制的某些焊接部位难以清理干净，应考虑选用氧化性强，对铁锈、氧化铁皮和油垢不如碱性焊条敏感的酸性焊条，以免产生气孔等缺陷
考虑施焊工地设备	如没有直流焊机的地方，不宜使用限用直流电源的焊条，而应选用交、直流两用的焊条
考虑改善焊接工艺和保护工人身体健康	在酸性焊条和碱性焊条都可满足要求时，应尽量采用酸性焊条
考虑节约	在使用性能相同的基础上选择低价格的焊条。例如，钛钙型渣系焊条的涂料部分原料费很高，而钛铁矿渣系焊条的制造费用低廉，尽量选用这种渣系焊条

5. 铸件焊补

（1）缺陷部位的清理　焊补前必须将铸件缺陷处粘砂、氧化皮、油垢和水等清理干净，并开出坡口，使铸件露出金属光泽。坡口形状应根据铸件的壁厚和缺陷的特点，如大小、深浅等具体情况决定（见表2-213）。坡口边缘应清理出一定宽度，一般为15～20mm；坡口转角处呈圆弧形过渡，不得有棱角存在。对有可能延伸的裂纹，应在裂纹的两端（一般距离裂纹5～10mm）钻止裂孔，孔深应超过裂纹深度2～3mm，然后再铲坡口。止裂孔作为坡口的两端并包括在焊补之内。

（2）铸件的预热　为减少铸件在焊补时产生的应力和变形，焊补时需预热。预热可用乙炔焰局部预热或铸件整体预热，铸件焊补预热温度见表2-215。注意：①对于ZG 230—450、ZG 270—500、ZG20MnSi等铸件，在焊补时原则上不预热。但大铸件和重要部位缺陷焊补时应预热，焊后立即进行热处理。②合金钢及ZG 310—570、ZG 340—640等铸件，如壁厚较薄、较均匀、形状简单和缺陷较少时，可不进行预热。对于形状复杂、壁厚相差较大或缺陷较大时应预热，焊后应退火消除内应力。③缺陷存在于铸件的受力部位或应力集中部位，焊补时应预热。

表2-215　铸件焊补预热温度

铸件材料	预热温度/℃
镁合金	300～400
铝合金	350～450
铜合金	气焊：400～500；电弧焊：200～350
铸钢	500～600

（3）焊条烘干　根据药皮类型不同，焊条大体分为酸性和碱性低氢型两大类。根据低氢型焊条的特点，在焊接前必须烘干，烘干规范见表2-216。

表2-216　焊条烘干规范

焊条名称	药皮类型	烘干规范
低碳钢焊条	低氢型	250℃烘1～2h。随烘随用，或者按制造厂商推荐的烘干规范
热强钢焊条	低氢型	250℃以上烘焙2h左右或按制造厂推荐的烘干规范
不锈钢焊条	低氢型	250℃烘2h或按制造厂推荐的烘干规范
	钛钙型	150～200℃烘1h或按制造厂推荐的烘干规范
堆焊焊条	低氢型	250℃以上烘2h或按制造厂推荐的烘干规范

（4）焊条的焊接电流　各钢种常用焊条的焊接电流见表2-217～表2-221。

表2-217　非合金钢及细晶粒钢焊条的焊接电流

焊条直径/mm	1.6	2.0	2.5	3.2	4.0	5.0	6.0
焊接电流/A	25～40	40～65	50～80	100～210	160～210	200～270	260～300

表2-218　热强钢焊条的焊接电流

焊条直径/mm	2.5	3.2	4.0	5.0
焊接电流/A	60～90	90～120	140～190	190～220

表2-219　奥氏体型不锈钢焊条的焊接电流

焊条直径/mm	2.5	3.2	4.0	5.0
焊接电流/A	50～80	80～100	110～150	160～200

表2-220　铬不锈钢焊条的焊接电流

焊条直径/mm	3.2	4.0	5.0
焊接电流/A	80～120	120～160	160～200

表2-221　堆焊焊条的焊接电流

焊条直径/mm	2.5	3.2	4.0	5.0	6.0
焊接电流/A	60～100	80～140	130～190	190～240	220～260

（5）焊补工艺要点　①铸件表面堆焊焊道相互重叠时，要求每条焊道叠合宽度应小于1/3的焊道宽度。②在焊补过程中为减少焊接应力，可进行敲击焊缝，除第一层和最后一层外均应敲击。③对于不预热的铸件或采用多层焊时，为减少焊补处过热，尽量用小直径焊条和小电流，间断焊补（焊一段或一层后稍停一下），使焊缝稍冷后（不烫手为准），敲掉焊渣再继续焊补。④加工后发现的缺陷需焊补时，应在加工表面覆盖石棉板（石棉布）。⑤预热铸件及高碳钢、合金钢铸件焊补后，必须缓冷。可用石棉板覆盖或置于炉内缓冷。⑥当焊补面积较大，而且缺陷在铸件重要部位时，焊后应立即退火处理。⑦如大小缺陷同时存在，可交替焊补或由小到大依次焊补。⑧对于不锈钢铸件如ZG12Cr18Ni9型的焊补，应避免过热，可采用冷水加速冷却。⑨高锰钢铸件的缺陷焊补应在水淬后进行。焊补时为了避免使熔化金属过热，尽量采用小直径焊条、小电流。一般部位缺陷可用结构钢焊条，重要部位应用不锈钢或高锰钢焊条进行焊补。

6. 铸件焊补后的清理及热处理

（1）清理与打磨　铸件焊补后应立即清除焊补部位的焊渣。铝、镁合金铸件应在焊补铸件尚未冷却前立即清除气焊焊补焊渣。突出铸件基面的焊缝用机械方法打磨平整。铸件焊补后的清理方法见表2-222。

表2-222　铸件焊补后的清理方法

铸件材料	焊补区的清理方法
镁合金	在温度为70～80℃、质量分数为5%的重铬酸钾水溶液中，用金属刷刷除焊补铸件上的焊药与焊渣，并在上述溶液中清洗干净，再用热水冲洗后烘干
铝合金	1）用60～80℃热水冲洗，并用金属丝刷刷除焊补焊渣 2）在温度为60～80℃、质量分数为2%～3%的铬酐水溶液中清洗10～15min，然后用热水冲洗，烘干
铸钢	用手锤敲除焊渣，并用钢丝刷清除残留焊渣

（2）焊补后铸件的热处理：铸件焊补一般在最终热处理前进行，焊补后按铸件技术要求的热处理规范进行热处理。对于焊补在最终热处理后的铸件，则焊补后应再进行热处理。铸件焊补后的热处理规范参见表2-223。

表2-223　铸件焊补后的热处理规范

铸件材料		焊补后的热处理
镁合金		重新热处理
铝合金		重新热处理
铜合金		焊后在200℃炉内缓冷或450～550℃退火
结构钢		焊后在500～700℃回火
不锈钢	ZG15Cr13 ZG20Cr13	1050℃淬火，750℃回火
不锈钢	ZG12Cr18Ni9Ti ZG06Cr18Ni9Ti	1050℃淬火

（3）焊补后的检验：铸件焊补后应全部进行目视检查，并按铸件技术条件要求对焊区进行X射线、荧光渗透（或磁粉检验）等项检查。焊补区不允许有裂纹、未焊透、未熔合、分层等缺陷。允许存在不超过技术条件要求的气孔、夹渣缺陷。焊补不合格的铸件允许重新焊补，但同一处缺陷允许焊补的次数应遵循铸件的技术条件的规定。

2.9.5　铸件热等静压处理

1. 原理

热等静压处理是消除铸件内部疏松和孔洞类缺陷，提高铸件可靠性的有效方法，一般用在对力学性能和可靠性要求高的航空、航天用精密铸件。热等静压设备的结构和工作原理如图2-84所示。

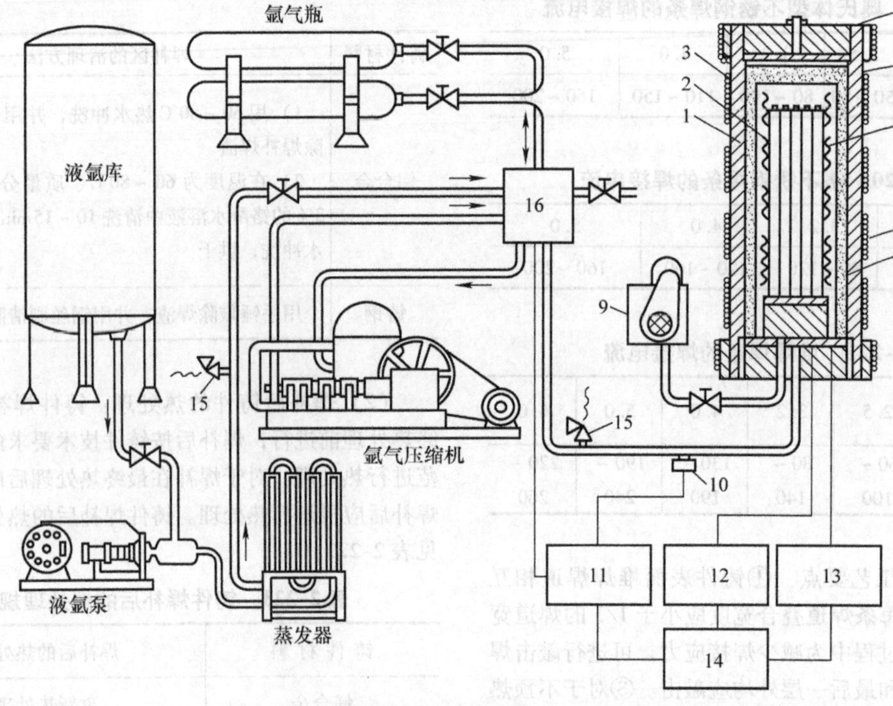

图2-84 热等静压设备的结构和工作原理图

1—高压缸 2—工件 3—水冷套管 4—上端盖 5—隔热屏 6—加热元件 7—热电偶 8—电源接头 9—真空泵 10—压力转换器 11—压力控制器 12—电调节器 13—接口 14—计算机 15—过压释放阀 16—压力控制箱

热等静压工艺是将铸件置于密闭的高压容器内，充入高压惰性气体，并加热至预定工艺温度，一般为（0.6～0.9）Ts（Ts—合金固相线绝对温度值），气体压强高于被处理铸件材料在此温度下的屈服强度和蠕变强度，在高温和各向等静高压作用下，内部孔洞被压实闭合。

2. 热等静压处理工艺

不同铸件材料的热等静压工艺参数见表2-224。不同钛合金热等静压工艺参数见表2-225。

表2-224 不同铸件材料热等静压工艺参数

铸件种类	温度/℃	压力/MPa	保温保压时间/h
高温合金铸件	1140～1232	100～170	2～4
钛合金铸件	815～950	100～140	2～4
铝合金铸件	400～530	60～100	1～2

表2-225 不同钛合金热等静压工艺参数

合金	处理工艺			出炉温度/℃
	处理温度/℃	保温时间/h	压力/MPa	
ZTA1、ZTA2、ZTA3	850±20	2～2.5	100～140	随炉冷
ZTA7	910±10	2～2.5	100～140	至300℃
ZTC4	910±10 920±10	2～2.5	100～140	以下

2.9.6 铸件防锈

熔模铸件常需进行中期防锈处理。防锈的方法一般采用防锈液处理或油封。铸件在防锈处理前需预先经过清洗。

1. 铸件清洗

常用洗涤液的配方、温度及用途见表2-226和表2-227。洗涤后的铸件须经干燥的压缩空气吹干。

2. 防锈处理

防锈液处理时，常用防锈液的成分见表2-228。其中1号防锈液是钢铸件最常用的一种。防锈液中亚硝酸钠含量多，其防锈能力强，反之防锈能力弱。处理时将铸件清洗并干燥后，即将铸件浸入防锈液内，保持1～3min即可取出。

3. 油封

铸件油封方法主要有冷涂法和热涂法两种。

（1）冷涂法 冷涂工艺为进料（将铸件放入吊篮内）→洗涤（120号或200号溶剂汽油）→烘干（50～60℃热风）→涂油（防锈油脂）→包装。

（2）热涂法 热涂油封浸涂工艺见表2-229。经防锈液或油封防锈的铸件应存放在湿度不大于70%的库房内。

表 2-226 酸性洗涤液的配方和用途

项目	配方（质量分数,%）					处理时间/min	适用范围
	盐酸	氢氟酸	硝酸	水	缓蚀剂（外加）		
1	20	10	—	70	适量	2～10	碳钢及低合金钢铸件
2	20	10	10	60	适量	5～10	不锈钢铸件

表 2-227 水基洗涤液的配方、温度及用途

洗涤液成分及含量（质量分数,%）					洗涤液温度/℃	用途
重铬酸钾	碳酸钠或磷酸钠	水玻璃	甘油	水		
0.1～0.2	0.15～0.25	0.15～0.3	—	余量	75～90	铜合金及钢铸件
—	0.1～0.2	0.35～5.0	3.5～5.0	余量	75～90	铜合金及钢铸件
0.5～1.0	1.5～2.5	1.5～3.0	—	余量	50～60	铝合金铸件

表 2-228 常用防锈液的成分

项目	配方（质量分数,%）								浸渍温度/℃	浸渍时间/min	应用范围
	亚硝酸钠	无水碳酸钠	苯甲酸钠	三乙醇胺	重铬酸钾	铬酸	铬酸钾	水			
1	20	—	5	0.6	—	—	—	余量	室温	2	适用于钢铸件，防锈期约6个月
2	15～20	0.5～0.6	—	—	—	—	—	余量	室温	2	
3	—	—	—	—	30	1	—	余量	90	5	适用于铜合金铸件
4	—	—	—	—	—	—	2	余量	95	60	适用于铝合金铸件

表 2-229 热涂油封浸涂工艺

清洗剂	防锈脂	一次浸涂		二次浸涂	
		温度/℃	时间/min	温度/℃	时间/min
煤油或汽油	中性工业凡士林或航空润滑油+质量分数为4%～6%精制蜡	110～120	5～20	60～70	≈5

2.10 铸件质量检查及缺陷防止方法

2.10.1 铸件质量检查

铸件质量检查项目是根据铸件材质、铸件图、铸件质量标准和技术条件要求来决定，目前尚无统一的熔模铸件标准，我国只有铝合金熔模铸件标准包含在GB/T 9438—2013之中，其余绝大多数执行的是行业标准或企业标准。表2-230列出了我国常用的通用熔模铸件质量标准，表2-231列出了熔模铸件质量检验内容、项目和方法。

表 2-230 我国通用熔模铸件质量标准

标准代号	标准名称	适用范围
GB/T 9438—2013	铝合金铸件	全国
JB/T 5100—1991①	熔模铸造碳钢件—技术条件	机械工业

（续）

标准代号	标准名称	适用范围
HB 963—2005	铝合金铸件规范	
HB 5001—1992	结构钢熔模铸件技术标准	
HB 5430—2011	航空用不锈钢耐热钢熔模铸件规范	航空专业
HB 5312—1985	航空用铜合金熔模铸件标准	
HB 5448—2012	钛及钛合金熔模精密铸件规范	
QJ 2047—1991	熔模铸钢件技术条件	航天工业

① JB/T 5100—1991 已经废止，仅供参考。

表2-231　熔模铸件质量检验内容、项目和方法

名称		内容
成分分析	化学	切取化学分析试末，按合金成分要求分析所有组成元素或重要元素
	光谱	切取试样，分析所有元素或重要元素
力学性能	抗拉强度	铸造或从铸件上切取试样，测定抗拉强度（R_m）、断面收缩率 Z 和断后伸长率 A
	冲击韧度	铸造或从铸件上切取试样，测定冲击吸收能量（KV、KU）

（续）

名称		内容
力学性能	硬度	铸造或从铸件上切样，根据要求测定洛氏（HRA、HRB 和 HRC）或布氏硬度（HBW）
	高温性能	铸造或从铸件切取试样，测定所要求的高温力学性能
几何尺寸		用仪器或专用量具测定铸件图上标注的尺寸
表面质量	目视	用目视或放大镜检查可见缺陷和表面粗糙度
	荧光	用荧光渗透法检查表面用目视难以检查的微小缺陷
内部质量	剖切断面	对铸件易产生内部疏松部位，在试制期用抽查方法剖切断面检查
	X射线	用X射线方法检查铸件内部缺陷
理化性能要求	密封性试验	耐压密封性
	抗氧化性试验	抗氧化性
	晶间腐蚀倾向、盐雾试验	耐蚀性
	磁性能测定	磁性能（剩磁、矫顽力、最大磁能）

2.10.2　常见缺陷产生原因及防止方法（见表2-232）

表2-232　常见缺陷产生原因及防止方法

名称及特征		产生原因	防止方法
欠铸和冷隔	欠铸常出现在铸件的薄壁或远离内浇道处，局部缺肉，其边缘呈圆弧状。冷隔是两股金属液未完全融合，有明显接缝	1）金属液浇注温度和铸型温度低 2）浇注速度慢或浇道设置不合理，金属流程太长 3）铸件壁厚太薄，金属液流动差 4）浇注时断流	1）提高金属液浇注温度和铸型温度 2）加大浇注速度或增加内浇道数量或面积，减少金属液的流程 3）增大浇冒口的压力头，浇注时防止断流
缩松	经X射线检查才能发现，表面缩松，经荧光或着色检查发现，严重时经吹砂后即可发现	1）铸件结构不合理，热节过多或太大 2）浇冒口的热容量小，未能形成顺序凝固，或者压力头小，降低了补缩能力 3）铸型温度低，冷却速度快，补缩通道受阻	1）改进铸件结构，减少热节 2）合理设置冒口，或者外加能用加工方法去除的补缩肋，增加压力头，使铸件能在一定压力头作用下得到顺序凝固 3）适当提高浇注温度和铸型温度，减缓冷却速度
热裂	表面或内部产生不规则的晶间裂纹，表面呈氧化色，严重的清砂后即可看见，轻度的需加工或渗透检查才能发现	1）与合金的成分有关，碳、硅含量高，液-固相温度范围大，易产生热裂 2）铸型温度低，退让性差，冷却速度快 3）铸件厚薄相差较大，过渡圆角太小	1）对易产生热裂纹合金或钢种、其碳、硅含量尽可能控制在中、下限 2）提高浇注时铸型温度，减缓铸件的冷却速度或降低型壳强度 3）在铸件厚薄连接处增设防裂工艺肋或加大过渡圆角

（续）

名称及特征		产生原因	防止方法
冷裂	铸件上有连续贯穿性裂纹，裂纹断口光亮或轻度氧化	1）铸件冷却过程中收缩受阻，产生的热应力和相变应力超过材料在弹性状态的强度而断裂 2）在清壳、切割浇冒口或校正过程中，有残余应力的铸件受到外力作用而断裂	1）在易产生冷裂部位增设加强肋，提高型壳的可退让性，减少收缩受阻和铸造应力 2）在后处理的工序中应避免铸件受剧烈撞击
气孔	铸件上有明显的或暗的内表面光滑孔眼	1）型壳透气性差，浇注时型腔气体来不及排出 2）型壳焙烧不充分，未充分排除模料残余物及制壳材料中的发气物质 3）金属液气体含量过高，脱氧不良 4）浇注系统设置不合理，浇注时卷入气体	1）改善型壳透气性，必要时可增设排气孔 2）充分焙烧型壳 3）改善脱氧方法 4）改进浇注系统
麻点	在铸件表面局部有密集圆点状凹坑	1）用硅酸乙酯作黏结剂时，不完全水解物在涂料过程中，因室内相对湿度低，未能得到进一步水解，焙烧后析出“白霜”形成麻坑 2）用水玻璃作黏结剂时，型壳残余盐类与金属液产生反应形成麻坑 3）金属液脱氧不良或出钢时渣料未扒干净	1）用硅酸乙酯做作结剂时，适当增加水的加入量和增大涂料工作室的相对湿度，尽量减少残余不完全水解物 2）用水玻璃作黏结剂时，脱完蜡后用酸化水清洗 3）表面层涂料改用硅溶胶作黏结剂 4）熔炼时加强脱氧和扒渣
皮下针孔	铸件表面经打磨或抛光后，出现微小黑点，多产生于镍铬型不锈钢	1）炼钢时使用过多回炉料或回炉料未经处理 2）熔炼过程中金属液被氧化或吸收气体，未能充分脱氧 3）制壳材料杂质含量高或黏结剂与金属液产生反应 4）浇注系统设置不合理	1）控制回炉料用量，回炉料需经过吹砂或喷丸处理后再用 2）严格控制熔炼工艺，加强脱氧 3）采用电熔刚玉、锆砂和硅溶胶或硅酸乙酯涂料 4）尽量采用底注或增设排气气孔
粘砂	在浇道附近或铸件内有粘砂层，经吹砂后有凸起的毛刺或凹坑	1）涂料面层用的耐火粉料杂质含量过高，与金属液反应形成低熔点共熔物 2）浇注温度过高，尤其是含 Al、Ti 等元素的钢种，易与硅石发生化学反应 3）浇注系统设置不合理，大量金属液流经内浇道，形成局部过热	1）采取电熔刚玉或锆砂代替硅砂，尽量不用水玻璃作黏结剂 2）适当降低浇注温度 3）增设内浇道，调整热平衡，减少局部过热
鼓胀	在铸件较大平面上局部鼓胀，用水玻璃作黏结剂时更为明显	1）铸件结构不合理，平面面积太大 2）型壳高温强度低，不能承受金属液的压力	1）改进结构，在平面增设工艺肋或工艺孔 2）用杂质少、耐火度高的型壳材料或增加型壳厚度
夹渣	在铸件的内部或表面夹有渣料或其他杂物，内部夹杂需经 X 射线或磁力探伤才能发现；表面夹渣，清砂后即可显露	1）渣料太稀，出钢前未扒干净 2）出钢前，坩埚出钢槽上的杂物未清理干净，被带入金属液内 3）浇注时，挡渣不好，渣料随金属液进入型腔	1）出钢前，调整渣料成分，使渣料黏度增大易于扒渣 2）清理出钢槽内的杂物，避免带入浇包内 3）浇注前，金属液适当镇静，便于渣料上浮 4）采取带挡渣板茶壶式浇包或陶瓷滤网
脱碳	铸件表面层碳的含量低于基体	1）浇注时，金属液和铸型的温度偏高，铸件的凝固速度慢 2）铸件冷却环境的气氛与脱碳层的深度有关，氧化性气氛的浓度越大，则脱碳越严重	1）适当降低浇注温度和铸型温度，加大冷却速度 2）在铸型周围人为地造成还原性气氛，如在铸型内加入碳酸钡、木炭粉，或者浇注后将铸型置于专用罩内滴撒煤油等

参考文献

[1] ICI. Investment Casting Handbook [M]. USA: ICI, 1997.

[2] 铸造设备选用手册编委会. 铸造设备选用手册 [M]. 2版. 北京: 机械工业出版社, 2001.

[3] 中国铸造协会. 熔模铸造手册 [M]. 北京: 机械工业出版社, 2000.

[4] 铸造非铁合金手册编写组. 铸造非铁合金手册 [M]. 北京: 机械工业出版社, 2001.

[5] 张立同, 曹腊梅, 王红红, 刘国利. 近净形熔模精密铸造理论与实践 [M]. 北京: 国防工业出版社, 2003.

[6] 姜不居. 实用熔模铸造技术 [M]. 沈阳: 辽宁科学技术出版社, 2008.

[7] 傅恒志, 郭景杰, 刘林, 李金山. 先进材料定向凝固技术 [M]. 科学出版社, 2008.

[8] 陈冰, 等. 对若干精铸模料性能试验方法的综合评价 [J]. 特钟铸造及有色合金, 1996 (2): 25-20.

[9] 袁文明, 等. 铸型搅动法整体涡轮细晶铸造工艺的研究 [J]. 铸造, 1997 (2): 24-28.

[10] FIELDER H. The Effect of Filders on the Physical Properties of Investment Casting Waxes [J]. INCAST, 1999 (2): 13-17.

[11] WOLFF T M. InfluencesWhich Eliminate Wax Pattern Defects [J]. INCAST, 1999 (2): 22-24.

[12] JERRY D. SNOW. Shell Drying-Water Based [C]. The 46th Annual Technical Meeting. Orlando, USA. 1998 (8): 1-8.

[13] 全国铸造标准化技术委员会. 铸件　尺寸公差、几何公差与机械加工余量: GB/T 6416—2017 [S]. 北京: 中国标准出版社, 2017.

[14] 谢成木, 莫畏, 李四清. 钛近净成形工艺 [M]. 北京: 冶金工业出版社, 2009.

[15] 全国耐火材料标准化技术委员会. 铝硅系耐火材料化学分析方法: GB/T 6900—2016 [S]. 北京: 中国标准出版社, 2016.

[16] 全国铸造标准化技术委员会. 通用耐蚀钢铸件: GB/T 2100—2017 [S]. 北京: 中国标准出版社, 2017.

第3章　石膏型铸造

3.1　概述

3.1.1　工艺流程

石膏型铸造是将石膏与耐火材料的混合浆料灌注成整体铸型的一种铸造工艺方法。按制造石膏铸型的工艺方法可分为两类，见表3-1；其工艺流程如图3-1所示。

表3-1　石膏型铸造分类

分类		制石膏型工艺
熔模法（熔模石膏型）		使用蜡（熔）模，用石膏浆料灌制铸型，经凝固、干燥、脱蜡、焙烧、浇注，与熔模铸造工艺相似，只是用石膏型代替熔模型壳
起模法	普通石膏型	用木模、金属模或橡胶模做母模，灌石膏浆料，在浆料固化后，起出母模、干燥、焙烧、浇注，与砂型铸造工艺相似，只是用石膏型代替砂型
起模法	压蒸石膏型	灌石膏浆料，在石膏型未干燥前，通过蒸汽处理以改善石膏铸型的性能
起模法	发泡石膏型	在石膏浆料中加入表面活性剂，并高速搅拌使浆料发泡，灌制的石膏型中含有许多孔洞

3.1.2　工艺特点

1）石膏浆料流动性好，石膏凝结时有轻微的膨胀，所制石膏铸型轮廓清晰、花纹精细，可铸出小至0.2mm间隔的凹凸花纹。该工艺与一般熔模铸造不同，不受涂挂涂料、撒砂的限制，模组上蜡模间距可非常小，可灌制大、中、小石膏型。

2）石膏是热的不良导体，金属液浇入石膏型后散热缓慢，金属液保持流动的时间长，能生产壁厚为0.5～1.0mm的薄壁铸件。但因石膏型激冷作用差，当铸件壁厚差异较大时，厚壁处易出现缩松、缩孔等缺陷。

3）石膏型透气性差，铸件易产生气孔、浇不到等缺陷。

4）石膏型焙烧时间长、能耗大。

5）石膏型的耐火度低，但溃散性好，易清除，适于生产铝、锌、镁、铜、金及银的精密复杂铸件。铝、锌合金铸件表面粗糙度 $Ra=0.8\sim3.2\mu m$，铜合金铸件 $Ra=1.6\sim6.3\mu m$。

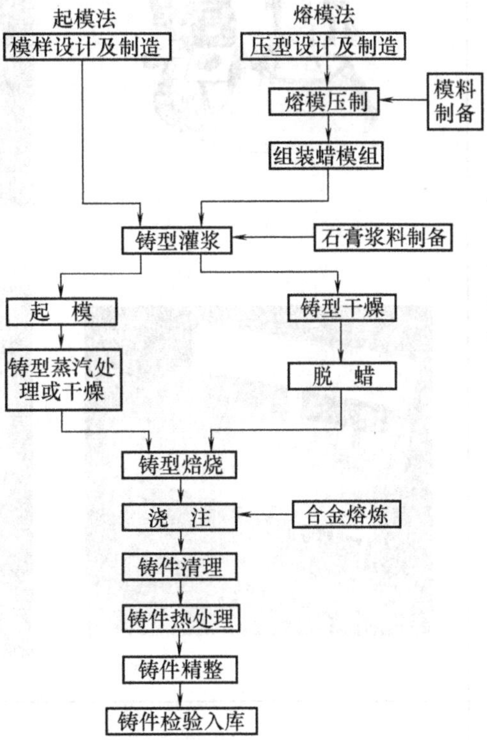

图3-1　石膏型铸造工艺流程

3.1.3　应用范围

石膏型铸造适于生产尺寸精确、表面光洁的精密铸件，特别适宜生产大型复杂薄壁铝合金铸件，也可用于生产锌、镁、铜、金和银等合金铸件。铸件最大尺寸达1000mm×2000mm，重量为0.03～908kg，壁厚为0.8～1.5mm（局部壁厚可0.5mm）。铸件尺寸极限偏差按±0.12mm/25mm取，即每增加25mm铸件尺寸，极限偏差可增加±0.12mm，表面粗糙度 $Ra=0.8\sim6.3\mu m$。

石膏型铸造已被广泛用于航空、航天、兵器、电子、汽车、陶瓷、建筑、船舶、仪器、艺术品等行业的零件制造中。表3-2列出了石膏型铸造生产的典型铸件。

表 3-2　石膏型铸造生产的典型铸件

铸件类别	铸　件
铝合金铸件	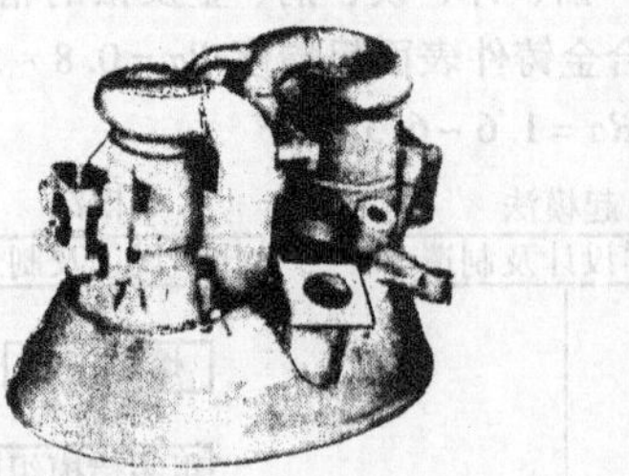 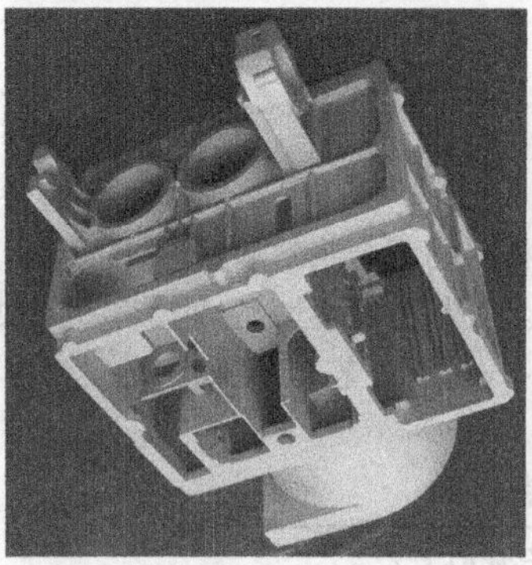  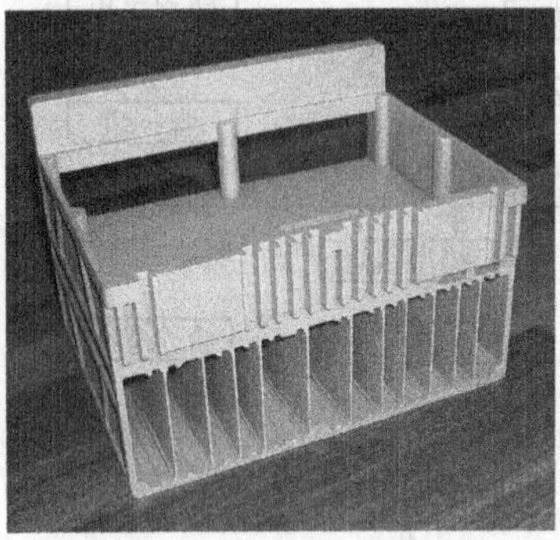 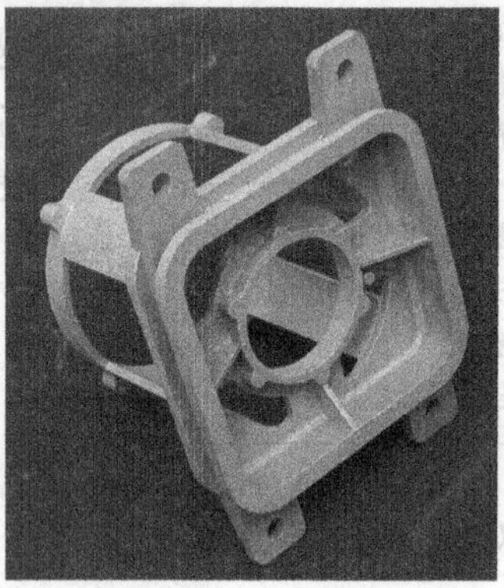 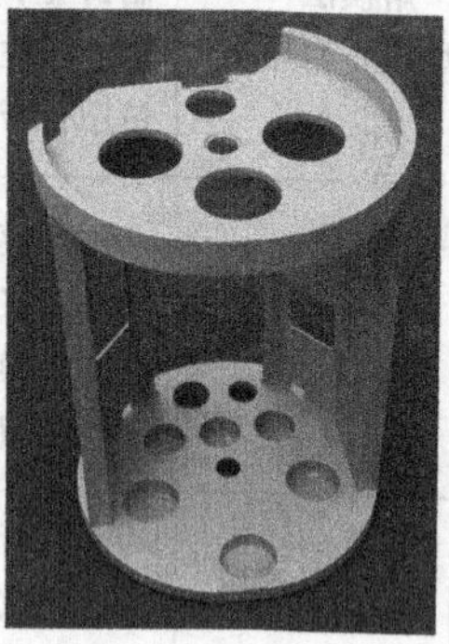
首饰	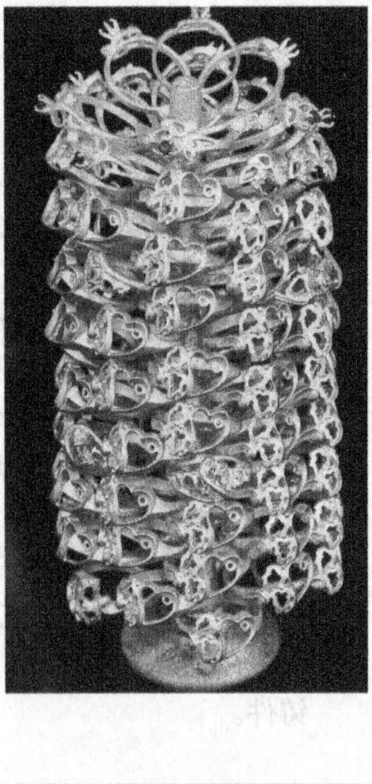 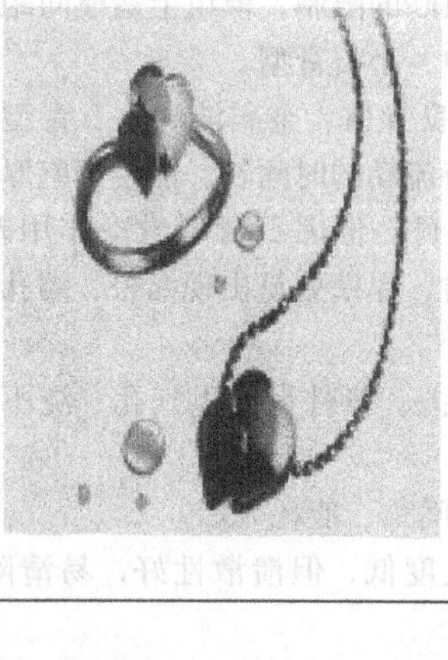

（续）

铸件类别	铸　件	
塑料或塑料成型模具	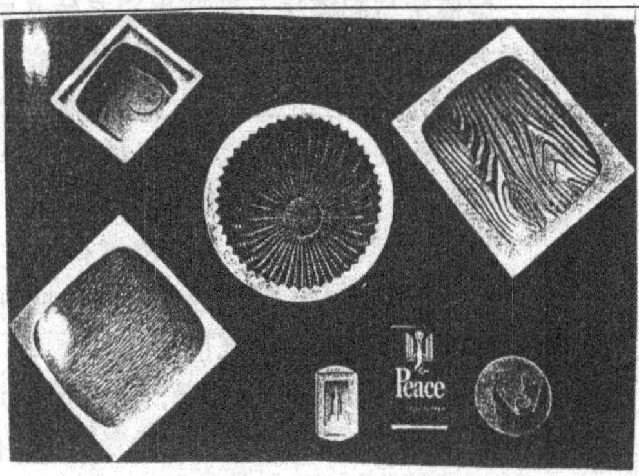	
铸造模具		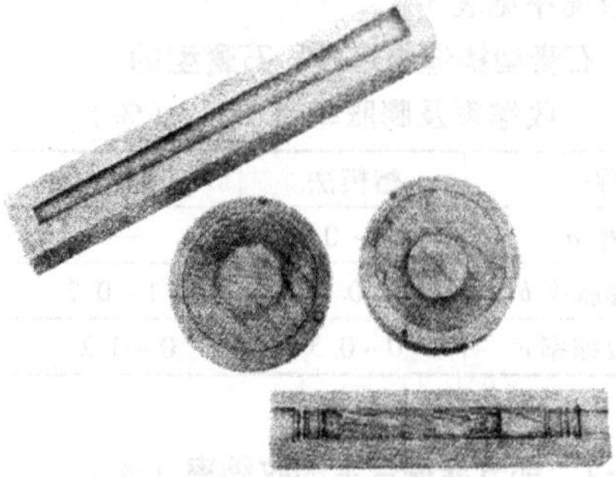

3.2　石膏型铸件工艺设计

3.2.1　铸件精度

石膏型铸件的尺寸公差等级一般为 DCTG4 ~ DCTG8 级，个别特殊石膏型铸件，如波导管内腔尺寸极限偏差可达 ±0.05mm/25mm。石膏型铸件的壁厚极限偏差、角度极限偏差、平面度见表3-3。

3.2.2　铸造工艺参数选择

1. 石膏型铸件斜度（见表3-4）

表3-3　石膏型铸件的壁厚极限偏差、角度极限偏差、平面度

铸件公称尺寸/mm	壁厚极限偏差/mm	铸件公称尺寸/mm	角度极限偏差	平面度
≤100	±0.25	≤100	±20′ ~ ±30′	±（0.10 ~ 0.12）mm/25mm
≤300	±0.50	≤500	±45′ ~ ±1°30′	

表3-4　石膏型铸件斜度

斜度形式	种类	增大壁厚	减小壁厚	增减壁厚
	图例	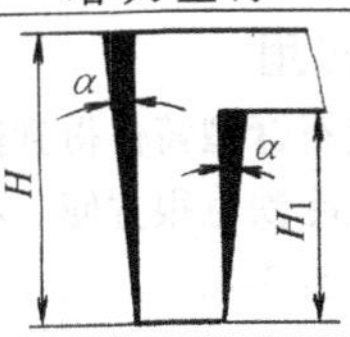	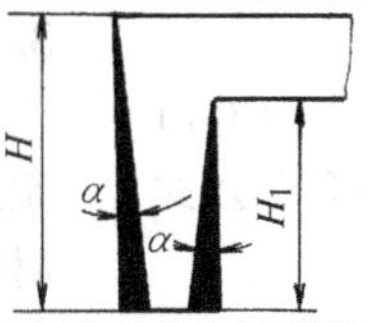	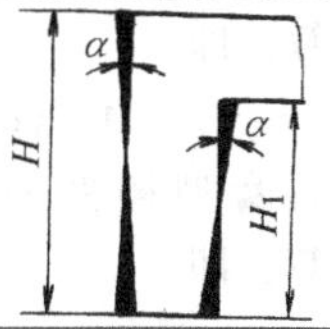
	适用范围	1）加工面 2）壁厚≤5mm 的非加工面	壁厚＞10mm 的非加工面	壁厚为 5 ~ 10mm 的非加工面
取值	铸件斜度面高/mm	铸件斜度		
	≤16	2°50′		
	＞16 ~ 25	2°		
	＞25 ~ 40	1°30′		
	＞40 ~ 60	1°15′		
	＞60 ~ 100	0°45′		

2. 石膏型铸件的机械加工余量

熔模石膏型铸件的机械加工余量见表 3-5。起模石膏型铸件的机械加工余量应加大。

表 3-5　熔模石膏型铸件的机械加工余量

（单位：mm）

加工面最大尺寸	100	100 ~ 300	300 ~ 500
机械加工余量	0.8	1.0	1.5

3. 石膏型铸件的收缩率

影响石膏型铸件尺寸收缩的因素较多，如熔模的收缩率 a、石膏型胶凝膨胀率 b 及脱水收缩率 c、合金的收缩率 d 等，这几个方面的综合影响称为石膏型铸件的综合收缩率。其中前三项的数据见表 3-6；部分非铁合金的收缩率见表 3-7。

表 3-6　石膏型铸造中熔模、石膏型的收缩率及膨胀率　（%）

名　　称	熔模法	起模法
熔模收缩率 a	0.4 ~ 0.6	—
石膏型胶凝膨胀率 b	0	0.1 ~ 0.2
石膏型脱水收缩率 c	0 ~ 0.5	0 ~ 0.2

表 3-7　部分非铁合金的收缩率（%）

合 金 种 类	合金收缩率 d	
	阻碍收缩	自由收缩
铝硅合金	0.8 ~ 1.0	1.0 ~ 1.2
铝铜合金［w（Cu）=7% ~ 12%］	1.4	1.6
铝镁合金	1.0	1.3
镁合金	1.2	1.6
锡青铜	1.2	1.4
无锡青铜	1.6 ~ 1.8	2.0 ~ 2.2
锌黄铜	1.5 ~ 1.7	1.8 ~ 2.0
硅黄铜	1.6 ~ 1.7	1.7 ~ 1.8
锰黄铜	1.8 ~ 2.0	2.0 ~ 2.3

熔模石膏型精密铸件的综合收缩率 A 可按公式（3-1）计算，即

$$A = (a + c + d) \tag{3-1}$$

起模石膏型铸件的综合收缩率 B 可按公式（3-2）计算，即

$$B = (b + c + d) \tag{3-2}$$

3.2.3　浇注系统及冒口设计

1. 设计原则

熔模法与起模法石膏型浇注系统及冒口设计可分别参考熔模铸造和砂型铸造。但须注意：

1）石膏型的导热性差，金属液充型时流动性保持时间长，故浇注系统截面面积可比砂型铸造减小约 20%。

2）石膏型的透气性差，浇冒口系统设计应保证有良好的排气能力，使型腔中气体能顺利排出，在顶部和易憋气处要开设出气口。

3）石膏型铸件的冷却慢，对壁厚不均匀的铸件，一般内浇道开在厚处并要合理设置冒口，保证补缩。

4）要保证金属液在型腔中流动平稳，避免出现涡流、卷气现象。

5）浇注系统应尽可能使铸件在凝固过程中不产生阻碍收缩，以防止铸件产生变形和开裂。

6）熔模石膏型脱蜡时，浇注系统应先熔失，以减小熔模对石膏型的膨胀压力。

2. 浇注系统类型的选择

铝、镁等非铁合金石膏型铸造通常采用底注式浇注，以利于金属液平稳充型及排气、排渣，若采用调压铸造铸件质量更好。高度大的薄壁筒形、箱形铸件也可采用缝隙式或阶梯式浇注系统。

3. 内浇道位置的选择

石膏铸型表面硬度不高，导热性差，为防止冲刷型壁和型芯，内浇道一般不应直接对着型壁和型芯，而应沿着型壁和型芯设置内浇道。对复杂薄壁铸件，为避免局部过热、防止铸件变形及裂纹，内浇道应均匀分布。对壁厚不均匀的铸件，内浇道尽可能设在铸件热节处以利于补缩。

4. 冒口设计

冒口设计与其他铸造方法设计相似，但石膏型导热性差，常采用暗冒口。

3.2.4　冷铁的应用

应用冷铁可使石膏型铸件得到激冷的效果，在灌浆或浇注前时放置冷铁也很方便。石膏型铸造用冷铁材料及放置方法见表 3-8。

表 3-8　石膏型铸造用冷铁材料及放置方法

冷铁材料	铸件壁厚与冷铁厚度之比	表 面处 理	冷铁放置方法
铝合金	1∶1.2	吹砂、喷涂料、烤干	熔模石膏型在浇注前放入铸型，起模石膏型在灌浆时放于要求位置
铜合金	1∶0.8	吹砂	浇注前或灌浆时放于要求位置
不锈钢	1∶1	吹砂	浇注前或灌浆时放于要求位置
石墨	1∶1	烤干	在浇注前放入石膏型

3.3 石膏型铸造工艺

3.3.1 母模

石膏型铸造可根据铸件结构及要求、生产批量等条件使用不同材质的母模。起模石膏型用母模见表3-9；熔模石膏型母模可使用蜡模、水溶性模和增材制造熔模。

1. 蜡模用模料

对一般中小铸件，可使用熔模铸造用模料。但生产大中型、复杂、尺寸精度和表面粗糙度要求严格的铸件时，则应使用熔模石膏型专用模料。对专用模料主要性能要求如下：

1）模料强度高、韧性好，能承受石膏浆灌注的作用力而不变形损坏。

2）模料线收缩小，保证熔模尺寸精确，防止模样厚大部分缩陷和裂纹，同时可减小脱蜡时石膏型所受胀力。

3）滴点低、流动性好，利于成型和脱蜡。

2. 水溶性模（芯）料

在制造有复杂内腔铸件却无法使用金属型芯形成复杂内腔时，就需使用水溶（模）性型芯或水溶石膏型芯等来形成内腔。常用的水溶性模料有尿素模料、无机盐模料、羰芯等，见表3-10～表3-12。为减少凝固时羰芯的收缩、龟裂，提高其塑性，可加入一些增塑剂。

表3-9 起模石膏型用母模

种类	材料	特点	应用范围
金属	铝合金	铝合金母模加工性好、尺寸精确、表面光洁	要求高的铸件、成批生产
	黄铜	黄铜母模耐蚀性好、使用寿命长	
非金属	木材	木质母模易加工、易吸水变形，木质母模尺寸精度差、表面粗糙度值比金属母模高，使用前表面需涂防水层	形状简单的铸件、单件或小批量生产
	石膏	石膏母模制作方便、费用低，但尺寸精度差、使用寿命短，使用前表面需涂防水层	单件生产
	硅橡胶	可用实物复制或翻制硅橡胶模具，尺寸精确、表面光洁，易脱模	复杂铸件、小批或成批生产
	高分子	可用增材制造方法成型母模	工艺灵活，快速响应（基于数字化模型）

表3-10 尿素模料的配方及性能

序号	尿素模料的配方（质量分数，%）					性能		
	尿素	硼酸	硼酸钾	羧甲基纤维素	水	熔点/℃	线收缩率（%）	抗弯强度/MPa
1	97～98	2～3	—	—	—	118～120	0.2～0.7	11
2	75～85	—	15～25	—	—	120～125	0.1～0.6	12
3	85	—	—	10	5	—	—	—

用上述水溶性模料制芯形成的熔模内腔，在灌注石膏浆料前需将型芯熔（溶）失掉，灌浆时内腔才能被浆料充填，这将增加用水熔（溶）失型芯的工序。

有些铸件内腔非常复杂，铸件内腔石膏型清除困难或易损坏铸件时，还可采用水溶性石膏型芯和水溶性陶瓷型芯，压蜡时先将这两种型芯放入压型再压蜡，这两种型芯均是在铸件清理时才脱除。这两种型芯的成分及性能见表3-13。水溶性石膏型芯的临界使用温度为900℃。

3. 增材制造熔模

利用光敏树脂或其他可烧失的高分子材料，通过适用的增材制造工艺制备母模。

表3-11 无机盐模料配方（质量分数） （%）

名称	KNO_3	$NaNO_2$	$NaNO_3$	$Al_2(SO_4)_3$	$(NH_4)_2SO_4$	H_2O
亚硝酸盐模料	55	45	—	—	—	—
硝酸盐模料	55	—	45	—	—	—
硫酸盐模料	—	—	—	45	7	48

表 3-12　糊芯模料的配方及性能

序号	成分（质量分数,%）				性能					
	聚乙二醇	碳酸氢钠（工业）	滑石粉（工业）	增塑剂	压注温度 /℃	收缩率（%）	抗弯强度 /MPa	抗裂能力 /min	针入度 $/10^{-1}$mm	吸湿率（%）
1	50~60（1540③:6000③=1:9）	20~25	20~25	—		0.43	8.5	3.5	2.0	0.067
2	50	20	30	—	—	0.52	6.5	2.25	1.2	0.12
3	55（2000③~6000③）	35	—	10①	66	—	—	—		—
4	50（4000）	35	—	15②	66	—	—	—		—

注：在 100℃以下将聚乙二醇熔化，徐徐加入干燥的混合模料，边加边搅拌，加完后继续搅拌 0.5~1h，静置除气 4h 以上，即可压制型芯。压力为 0.4~0.6MPa，模料温度为 65~75℃，压型温度为 25~30℃。

① 乙烯吡咯烷酮:醋酸乙烯酯（重量比为 60:40）。

② 单羟甲基二甲乙丙酰脲或二甲基乙丙酰脲甲醛树脂。

③ 聚乙二醇相对分子质量。

表 3-13　水溶性石膏型芯和陶瓷型芯①的成分及性能

名称	成分（质量分数,%）					性能				
	石膏混合料	硫酸镁	氯化钠	刚玉粉	粗制聚乙二醇	抗弯强度 /MPa	烧结收缩率（%）	表面粗糙度 *Ra*/μm	水溶性 /(g/min)	发气量 $/(cm^3/g)$
水溶性石膏型芯	100	16~25	—	—	—	5~6	~0.5	—	3~10	—
水溶性陶瓷型芯①	—		60~70	7~14	24~28	7~8	3~4	0.8~3.4	3.5~8	2~5

① 水溶性陶瓷型芯一般是将各组分混匀，制成可塑性坯料，再加压成形，并经 700℃左右烧结。

3.3.2　石膏型用原材料

1. 石膏

天然石膏为 $CaSO_4 \cdot 2H_2O$，又称二水石膏，在工业生产条件下，二水石膏的相变如图 3-2 所示，有七种变体。石膏型常用半水石膏，半水石膏分 α 型和 β 型两种，它们的显微组织基本相似，但在宏观性能上却有较大的差别，见表 3-14。α 型半水石膏具有致密、完整而粗大的晶粒，故总比面积小。β 型半水石膏因多孔，表面不规律，似海绵状，其总比表面积大。这两种半水石膏比表面积差别很大，在配成相同流动性的石膏浆料时，α 型半水石膏所需水固比低，浆料凝固后强度高。因此，α 型半水石膏更适合作为石膏铸型用的材料。

2. 填料

为使石膏型具有良好的强度、减小其收缩和裂纹倾向，需要在石膏中加入填料。填料应有合适的耐火度、良好的化学稳定性、合适的线膨胀率、小的发气量与吸湿性、粒度分布合理等性能。石膏型用填料的种类及混合料性能见表 3-15。此外，滑石粉、硅酸盐水泥、石棉、无碱玻璃纤维也常用作填料。

3. 添加剂

为改善石膏浆料某方面性能，还可加入添加剂。石膏型用添加剂的种类及作用见表 3-16。

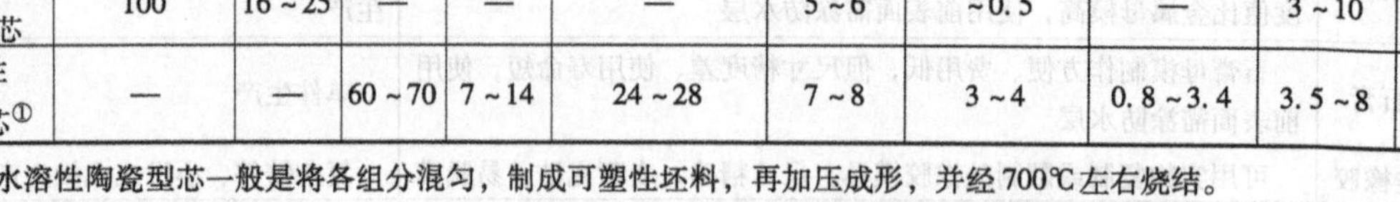

图 3-2　工业生产条件下二水石膏的相变

表 3-14　两种半水石膏的性能

种类	晶粒平均粒径 $/10^{-10}$m	密度 $/(g/cm^3)$	总比表面积 $/(m^2/g)$	石膏型性能		
				相同流动性时水固比	石膏浆料凝结时间/min	干燥抗压强度 /MPa
α 型半水石膏	940	2.73~2.75	1	0.4~0.5	15~25	40~43
β 型半水石膏	388	2.62~2.64	8.2	0.65~0.75	8~15	13~15

表3-15　石膏型用填料的种类及混合料性能

名　称	石膏: 填料	加入填料后石膏混合料强度/MPa		
		7h	烘干（90℃、4h）	焙烧（700℃、1h）
硅砂	40∶60	0.5	1.3	0.2
硅线石		1.5	2.8	0.65
煤矸石		2.4	3.8	0.86
莫来石		2.3	3.4	0.80
铝矾土熟料		2.6	4.6	0.85
刚玉		2.0	3.5	0.65

表3-16　石膏型用添加剂的种类及作用

名称	作　用	原　理	具体添加物
增强剂	增加石膏型的湿强度和焙烧高温强度	促凝石膏，本身有胶凝特性的材料能与填料和杂质起作用	硫酸镁，以硫酸盐为主体的复合增强剂
		纤维复合增强	玻璃纤维或其他陶瓷纤维
		本身即是黏结剂	硅溶胶
促凝剂	加速石膏浆料凝结	加速提高脱水石膏相的溶解速度及溶解度；增加二水石膏晶芽数量	Na_2SiF_6、NaCl、NaF、$MgCl_2$、$MgSO_4$、Na_2SO_4、$NaNO_3$、KNO_3、少量二水石膏等
缓凝剂	减缓石膏浆料凝结	降低脱水石膏相的溶解速度及溶解度，抑制二水石膏晶体长大和半水石膏的溶解	磷酸盐、碱金属硼酸盐、硼砂及硼酸，有机酸及其可溶性盐类，如琥珀酸钠、柠檬酸、醋酸等，蛋白胶、皮胶、石灰活化的皮胶及纸浆废液、硅溶胶等
减缩剂	减少石膏型收缩和裂纹倾向	尿素在不同时期发气或热分解的产物助长石膏膨化抗收缩	卤化物如 $BaCl_2$ 尿素 $CO(NH_2)_2$
		加热时分解生成的高熔点氧化物包覆在石膏晶体表面，形成耐热膜，阻碍二水石膏脱水及晶体变形产生的体积收缩	硝酸盐，如 $Al(NO_3)_3$、$Fe(NO_3)_3$、$Be(NO_3)_2$、$ZrO(NO_3)_2$、$Mn(NO_3)_2$
		抑制石膏同质异构体转变所引起的体积收缩	有机化合物及复合盐，如琥珀酸钠、柠檬酸盐、NaCl、$BaCl_2$、$MgSO_4$
发泡剂	生产发泡石膏型用	利用表面活性剂发泡性能，在石膏浆料中加入的表面活性剂，并在高速搅拌下产生大量气泡	阴离子表面活性剂十二烷基苯磺钠，渗透剂T或非离子型JU、OP表面活性剂

3.3.3　石膏浆料

石膏浆料的配比及制备对石膏型及铸件质量影响很大，要严加控制。

1. 石膏混合料的性能要求

表3-17列出了某企业对石膏混合料的性能要求，仅供参考。

2. 石膏浆料配比

表3-18列出了一些石膏混合料的配方。配方中的石膏加入量与加水量对石膏铸型性能的影响如图3-3和图3-4所示；石膏凝固后仍含有大量水，在加热时因脱水带来较大体积收缩，容易导致型体开裂。加入填料后可降低收缩量，并可利用填料受热膨胀抵消部分石膏的体收缩。不同填料的受热膨胀特性不同，如图3-5所示。方石英在200℃左右有约1.7%的线膨胀，对石膏的急剧收缩有好的补偿作用。通过合理的填料搭配，减小了石膏混合料的尺寸收缩，如图3-6所示。

3. 石膏浆料的制备

(1) 非发泡石膏浆料的制备　非发泡石膏型即熔模法、起模法中普通及压蒸石膏型用浆料。石膏浆料制备用设备如图3-7所示；操作要点见表3-19。真空度和搅拌时间对石膏浆料密度的影响如图3-8和图3-9所示，应严格控制。

表3-17 某企业对石膏混合料的性能要求

抗拉强度/MPa				胶凝时间/min		流动性R /mm	线膨胀率（%）加热到700℃
室温（干燥24h）	300℃	700℃	残留强度	初凝	终凝		
6~16	0.1~0.2	0.15~0.3	≈0.1	7~9	10~14	150~250	0~0.6

表3-18 石膏混合料配比（质量分数） （%）

序号	α半水石膏	硅砂	石英玻璃	硅铝系耐火熟料	滑石粉	水泥	水	应用
1	30	70	—	—	—	—	33~35	一般铸件
2	30	35	—	铝矾土砂35	—	—	60	中等精度铸件
3	30	20	—	上店土砂50	—	—	31~43	中等精度铸件
4	30	—	—	莫来石砂70	—	—	45	中等精度铸件
5	30	35	35	—	—	—	43~53	高质量铸件
6	30	—	—	铝矾土砂70	—	—	适量	大中型艺术品
7	33.5	29.0	方石英35.5	硅藻土2	—	—	30~50	首饰品
8	55	45	—	—	—	—	55	起模石膏用
9	42	50	—	—	7.5	0.5	54	熔模法用

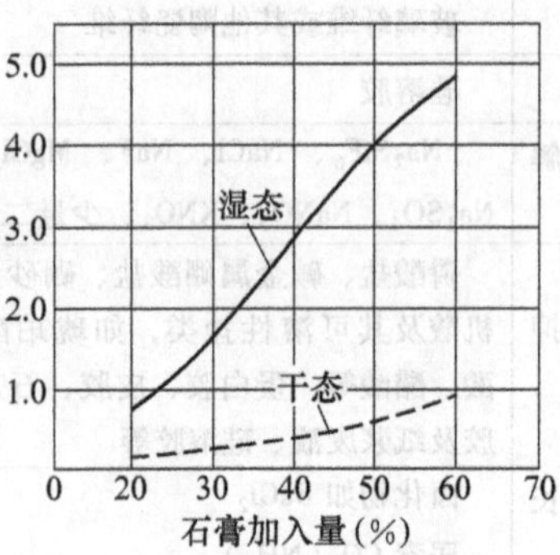

图3-3 石膏加入量对石膏铸型强度的影响

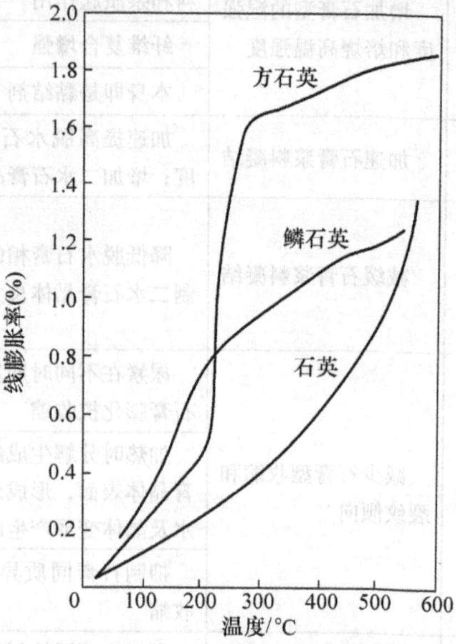

图3-5 SiO_2各晶型热膨胀曲线

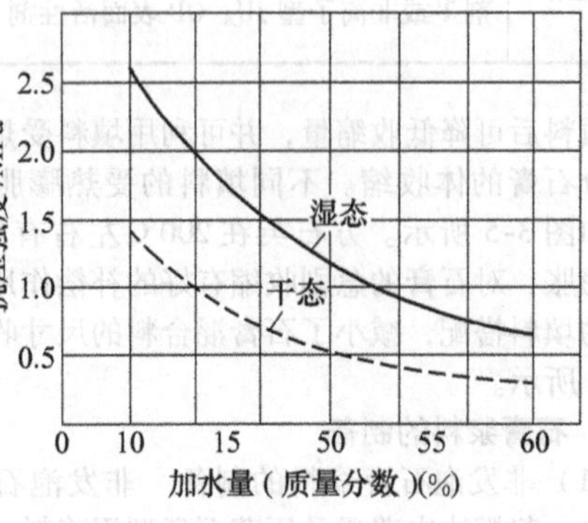

图3-4 加水量对石膏铸型强度的影响

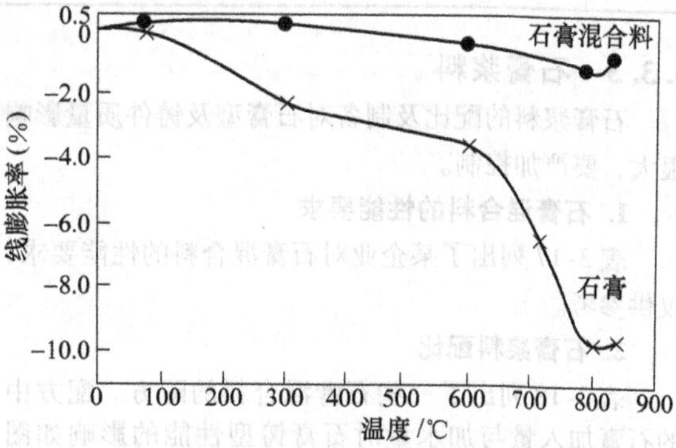

图3-6 石膏与石膏混合料的线膨胀率比较

表3-19 非发泡石膏浆料的制备操作要点

工序名称	操作要点
称料	按比例分别称量出各种料
加料	先将水溶性添加剂（和玻璃纤维）加入水中搅匀，边搅拌边加入粉料
真空搅拌	待粉料加完后，立刻合上搅拌室顶盖抽真空，并继续搅拌。真空度应在30s内达到0.05～0.06MPa，搅拌2～3min，搅拌机转速为250～350r/min
涂分型剂	在灌注石膏浆料用的箱框内表面、母模外表面刷涂分型剂
灌浆	石膏浆料的初凝时间一般为5～7min，搅拌必须在初凝前结束，开始灌浆

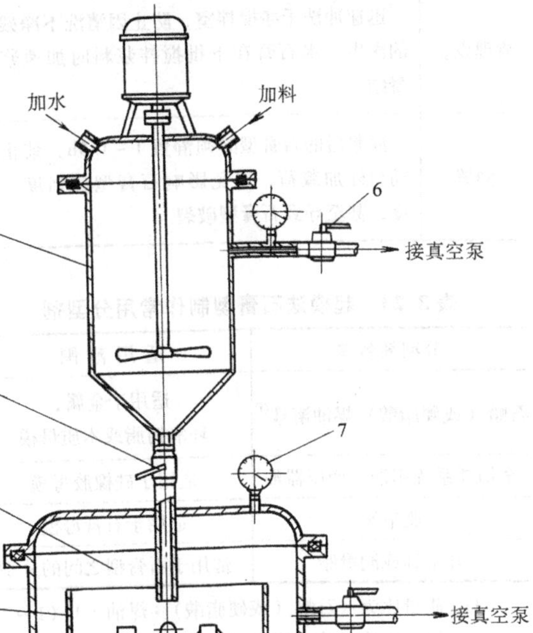

图3-7 石膏浆料制备用设备

1—熔模模组 2—箱框 3—灌浆室 4—二通阀 5—搅拌室 6—真空阀 7—真空表

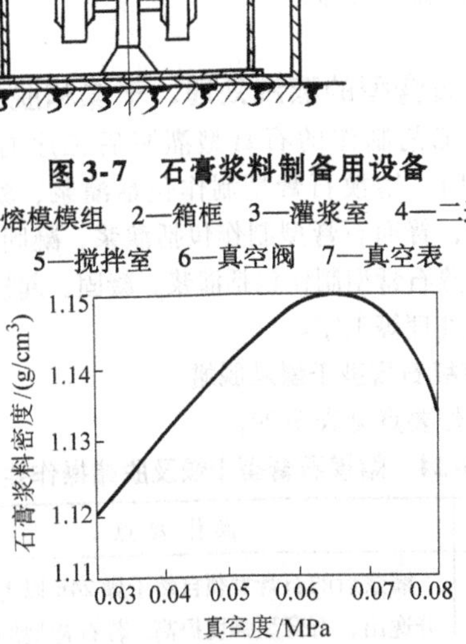

图3-8 真空度对石膏浆料密度的影响

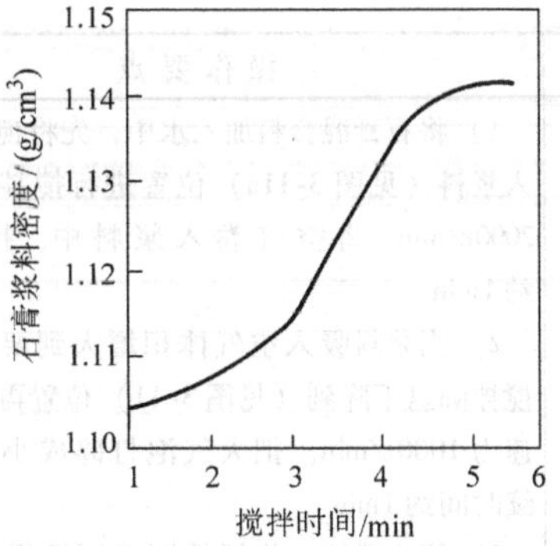

图3-9 搅拌时间对石膏浆料密度的影响

(2) 发泡石膏浆料的制备 发泡石膏浆料制备用圆盘搅拌器的结构如图3-10所示；搅拌过程中搅拌圆盘的位置如图3-11所示；操作要点见表3-20。

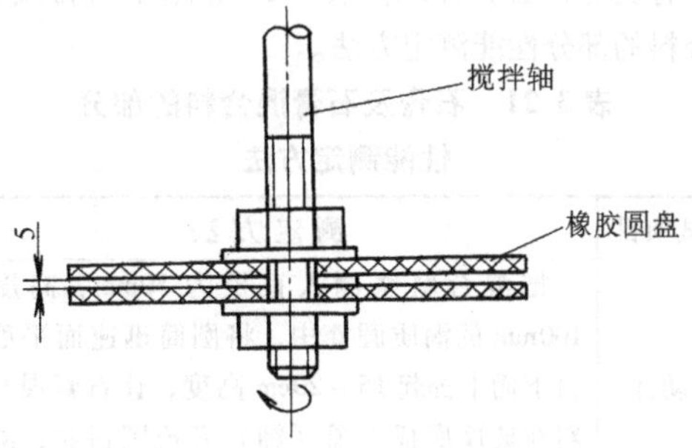

图3-10 圆盘搅拌器的结构

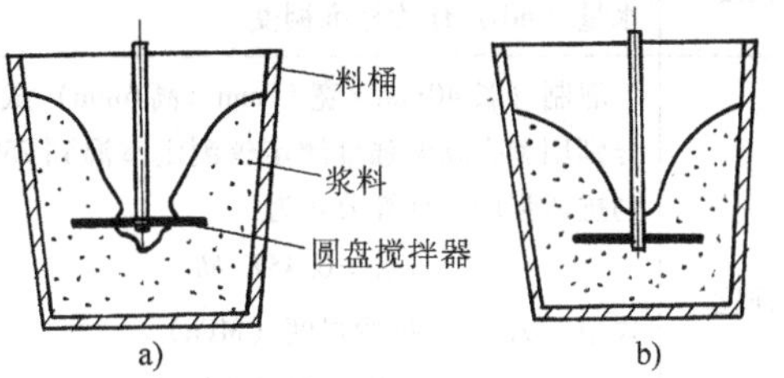

图3-11 搅拌过程中搅拌圆盘的位置

a) 吸入空气位置 b) 破碎气泡位置

表3-20 发泡石膏浆料的制备操作要点

工序名称	操作要点
称料	按比例分别称量出各种料
准备	将发泡剂（粉料重的0.05%）和添加剂加入水中，搅拌溶解

（续）

工序名称	操作要点
制备石膏浆料	1）将石膏混合料加入水中，先将搅拌圆盘伸入浆料（见图3-11a）位置进行搅拌，转速为2000r/min。将空气卷入浆料中，持续时间约1min 2）当浆料吸入空气体积增大到要求时，将搅拌圆盘下降到（见图3-11）位置再搅拌，转速为1000r/min。把大气泡打碎成小气泡，持续时间约1min 3）停止搅拌，将搅拌圆盘缓慢提出石膏浆料。浆料中气泡量最终达70%～80%、气泡直径约0.25mm、总时间约3min，待灌浆

（3）性能测定　石膏及石膏混合料的性能影响铸件质量，石膏及石膏混合料的性能需进行测定，但尚未有测定方法和标准。表3-21介绍了石膏及石膏混合料的部分性能测定方法。

表3-21　石膏及石膏混合料的部分性能测定方法

测试项目	测定方法
流动性	把混合料浆倒入直径为50mm、高度为100mm的铜质圆筒中，将圆筒迅速而平稳的自下而上提起15～20cm高度，让石膏混合浆料在玻璃底板上摊（铺）开成圆饼状，测量圆饼直径
稠度	石膏流动形成的圆饼直径约120mm时的加水量（mL）作为标准稠度
强度	灌制（长40mm×宽11mm×高6mm）试样，分别用型壳高温强度测定仪测定室温到750℃的抗弯强度，计算公式为 $\sigma_{bb}=0.45F/bh^2$ 式中　σ_{bb}——抗弯强度（MPa） F——试样断裂时的加载力（N） b——试样宽度（cm） h——试样厚度（cm）
表面强度	制作ϕ50mm×50mm的圆柱试样或壁厚为6mm的圆筒，用表面强度仪刷石膏型表面三圈。称量刷下的重量来确定其表面强度大小

3.3.4　灌浆

大型铸件在大气中灌浆，同时轻微振动以防止裹气；中小型铸件可采用真空灌浆。真空灌浆的操作要点见表3-22。起模法石膏型，需在母模表面刷涂分型剂，常用的分型剂见表3-23。

表3-22　真空灌浆的操作要点

工　序	操作要点
准备	将装有模组的箱框放入灌浆室中，抽真空到0.05～0.06MPa
灌浆	开启与搅拌室连接的二通阀，使浆料平稳地灌入箱框中，浆料应沿着箱框壁注入底部，缓慢上升（利于排气），灌浆时间一般为1～1.5min（取决于模组的大小、件的复杂程度）
取型	灌浆结束立即破除真空，取出石膏型
清理设备	迅速冲洗干净搅拌室，防止因清洗不净残留的次生二水石膏在下批搅拌浆料时加速浆料凝结
静置	灌浆后的石膏型必须静置1～1.5h，禁止振动与外加载荷，以免影响石膏型的强度、精度，甚至导致石膏型破裂

表3-23　起模法石膏型制作常用分型剂

分型剂名称	适用范围
石蜡（或硬脂酸）煤油溶液①	适用于金属、环氧树脂或木质母模
全损耗系统用油、变压器油	适用于硅橡胶母模
肥皂水	适用于石膏母模
凡士林或润滑脂	适用于石膏型之间的分型

①　质量比为：石蜡（或硬脂酸）∶煤油＝1∶(1～2)，将小块的石蜡或硬脂酸加入60～80℃的煤油溶液中溶解、冷却。

3.3.5　石膏型的蒸汽处理、干燥和脱蜡

不同工艺制作的石膏型灌浆后工序有所不同（见图3-1）。熔模石膏型制作包括灌浆、凝固、干燥、脱蜡；普通石膏型制作包括灌浆、凝固、起模、干燥；压蒸石膏型制作包括灌浆、凝固、起模并立即进行蒸汽处理等工序。

1. 熔模石膏型干燥及脱蜡

其操作要点见表3-24。

表3-24　熔模石膏型干燥及脱蜡操作要点

工序名称	操作要点
自干	灌浆后的石膏型须自然干燥24h以上，使水分逸出，石膏型强度提高。若石膏型厚大、环境温度低、湿度大时须增加干燥时间

（续）

工序名称	操作要点
脱蜡	干燥后的石膏型用蒸汽或远红外脱蜡，脱蜡温度约为100℃，脱蜡时间为1～2h。温度过高，石膏型易出现裂纹。对粗大的直浇道，在脱蜡前可先用电烙铁等熔失部分蜡料，保证排蜡通畅，减少加热时的膨胀，防止胀裂石膏型 注意，石膏型不能采用浸入热水中脱蜡，这会损害石膏型的表面质量。对有水溶性石膏型芯的石膏型，应采用远红外加热法脱蜡
烘干	脱蜡后的石膏型在80～90℃流动空气中干燥10h以上，或者在大气中干燥24h以上

2. 起模石膏型干燥

一般起模石膏型在起模后可直接焙烧。压蒸石膏型要进行蒸汽处理，目的是使石膏型中部分脱水生成的半水石膏再水化成二水石膏，晶体缓慢结晶生成如同砂粒大小的颗粒状，使石膏型获得一定的透气性。起模石膏型蒸汽处理要点见表3-25。

表3-25　起模石膏型蒸汽处理要点

蒸汽压力/MPa	蒸汽处理时间①/h	蒸汽处理后放置时间/h
0.11～0.13	6～12	≥12

① 蒸汽处理时间取决于石膏型的壁厚，壁厚≤30mm时取下限，≥60mm时取上限。

3.3.6 焙烧

1. 焙烧工艺

起模石膏型中由于没有残蜡，只需焙烧到250～300℃除去自由水即可；熔模石膏型需将脱蜡时渗入石膏型内的残蜡烧尽，焙烧温度需700℃。石膏型在焙烧过程中会发生一系列的相变，伴生有体积急剧变化，而石膏型导热性差，所以焙烧应采用阶梯升温，每段保温一定时间，以使内、外壁温度达到一致。石膏型焙烧工艺参数见表3-26。达到所需的焙烧温度并保温后随炉冷却到一定温度出炉，待浇注。

2. 石膏型焙烧设备

石膏型焙烧常使用电、天然气或油的加热炉。

表3-26　石膏型焙烧工艺参数

起模石膏型			熔模石膏型	
普通石膏型	压蒸石膏型	发泡石膏型	厚度≤50mm	厚度≥50mm
100℃,5h ↓ 150℃,5h ↓ 250℃,20h	150℃,5h ↓ 250℃,15h 或 150℃,10h ↓ 300℃,8h	80～100℃,5h ↓ 150℃,5h ↓ 250℃,15h	80～100℃,8h ↓ 150℃,5h ↓ 300℃,2h ↓ 700℃,2h	80～100℃,8h ↓ 150℃,5h ↓ 250℃,2h ↓ 350℃,2h ↓ 450℃,2h ↓ 550℃,2h ↓ 700℃,2h

3.3.7 浇注

铸件的结构与石膏型种类不同，石膏型浇注工艺也不同。铝合金石膏型铸造常用浇注工艺及特点见表3-27；石膏型真空加压浇注设备如图3-12、图3-13所示；操作要点见表3-28；简易的加压与负压浇注装置如图3-14、图3-15所示。

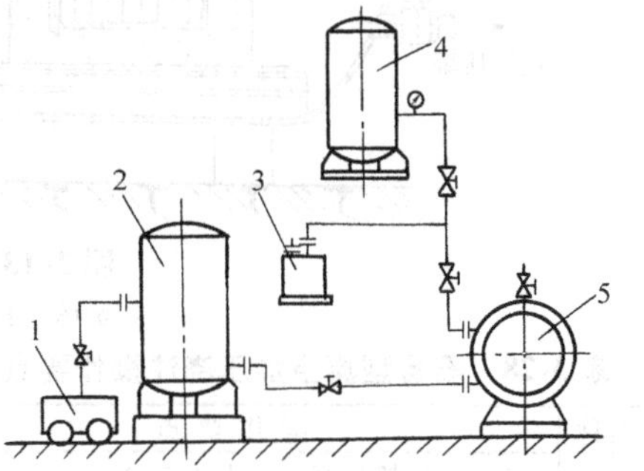

图3-12　石膏型铸造真空加压浇注设备

1—空压机　2—贮气罐　3—真空泵
4—预真空罐　5—真空加压浇注罐

表3-27　铝合金石膏型铸造常用浇注工艺及特点

名称	浇注工艺			特点	应用
	浇注方法	石膏型温度/℃	浇注温度/℃		
重力浇注	合金液在重力下注入型腔	100～200	700～750	不需专用设备，操作简便，但要合理设计浇注系统	只用于透气石膏型
低压浇注	合金液在压力下注入型腔，充型压力为0.02～0.03MPa；结晶压力为0.04～0.06MPa	150～300	680～720	可完成复杂薄壁铸件成形，减少浇注系统金属消耗，但要仔细控制浇注工艺参数	适于生产批量较大的复杂薄壁铸件

（续）

名称	浇注工艺			特点	应用
	浇注方法	石膏型温度/℃	浇注温度/℃		
真空吸铸	合金液在负压下吸入型腔，充型真空度为0.06～0.07MPa	200～300	680～700	可浇注优质复杂薄壁铸件，可降低浇注温度与金属消耗，但应使铸件顺序凝固	适于生产中小型复杂薄壁铸件
真空浇注	在真空下将合金液浇入型腔，真空度为0.004～0.006MPa，在大气压下凝固	200～350	700～720	可在减少氧化和阻力下完成薄壁铸件成形	适于生产大型薄壁铸件
真空加压铸造	在真空下将合金液浇入型腔，真空度为0.004～0.006MPa，结晶压力为0.5～0.6MPa	200～350	700～720	在保证薄壁铸件成形的同时提高铸件冶金质量，但设备较复杂（见图3-12、图3-13）	适于生产有厚壁部分的大型薄壁铸件
调压铸造	在真空一定压差下将合金液吸入型腔，在保持压差下结晶。充型压差为0.01～0.02MPa，结晶压力为0.5～0.6MPa	200～300	680～700	可在减少充型压力、降低浇注温度条件下保证薄壁铸件成形，铸件致密度较高，但设备较复杂	适于生产有厚壁部分的复杂薄壁铸件

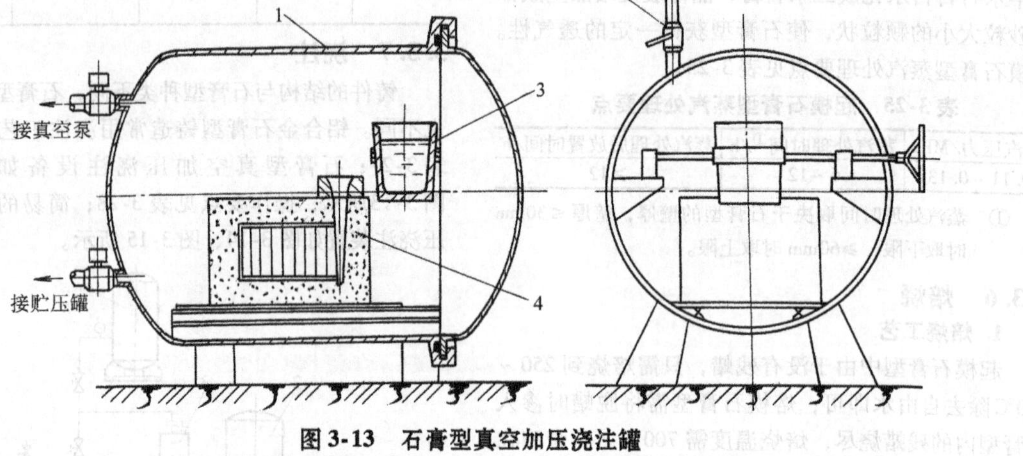

图3-13 石膏型真空加压浇注罐

1—炉体 2—放气阀 3—浇包 4—石膏型

表3-28 石膏型真空加压浇注操作要点

工序名称	操作要点
准备	1）真空罐的真空度大于1kPa 2）贮气罐内压力为0.6～0.7MPa
铸型与浇包就位	1）将铸型从保温炉移到浇注罐内底盘上 2）将盛有合金液的浇包放到浇注罐内浇注架上
真空浇注	1）关闭浇注罐，打开真空泵、真空罐与浇注罐之间阀门，真空度达平衡后，关闭真空罐与浇注罐之间阀门；真空度达到要求时，关闭阀门，总时间小于60s 2）用手轮转动浇注架浇注，浇注情况可从观察孔观察
加压凝固	1）浇注结束破真空，打开充气阀充气到要求的压力，总时间小于45s 2）铸件完全凝固后，打开放气阀，取出浇注好的铸型

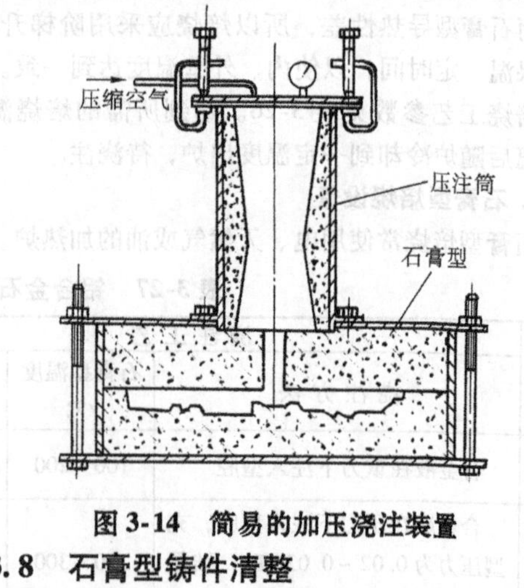

图3-14 简易的加压浇注装置

3.3.8 石膏型铸件清整

对大型复杂薄壁铝精密铸件必须进行大量细微的

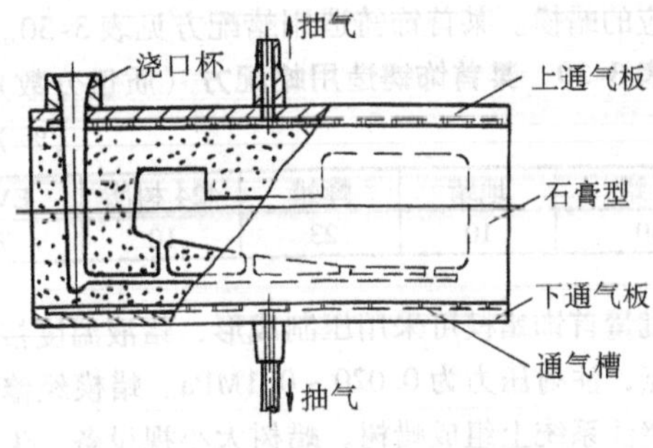

图3-15 简易的负压浇注装置

清理、修补与矫正等工作。

1）清理。采用木锤或硬橡胶锤敲打石膏型外部，振碎铸件周围的石膏型，轻轻清除部分石膏后，再将带残余石膏的铸件放入水中浸泡，使孔内、槽内等石膏溃散，直到清理干净。若孔内、槽内等石膏仍未清理干净，可采用1～5MPa的高压水清除残余石膏，效果较好。

再用喷砂去除铸件表面残留的石膏或氧化皮。喷砂所用粒度大小、形状及喷砂压力均应合适，以防影响铝铸件表面质量。

2）修补与矫正。对有缺陷但尚不属于废品的铸件可以进行修补。对一些孔洞用氩弧焊焊补；对表面有局部缺陷的，如粗糙不平、形状不合规定等，可修平、磨光等。

复杂薄壁铸件在铸造过程中出现变形是经常发生的，若变形量不大，可通过矫正来达到要求。也可参考熔模铸件的修补与矫正。

3.4 首饰石膏型铸造

首饰广义上指各种装饰品，如戒指、耳环、项链、胸花等金属饰品。首饰石膏型铸造是将熔模石膏型与离心、真空或负压等浇注技术相结合的饰品铸造工艺。石膏浆料流动性很好，凝结时有轻微的膨胀，所制铸型轮廓清晰、花纹精细。石膏型保温性好，金属液浇入后保持流动时间长，铸件纹路清晰，同时石膏型溃散型好，易于清除，非常适合首饰铸件的批量生产。

首饰石膏型铸造工艺流程如图3-16所示。

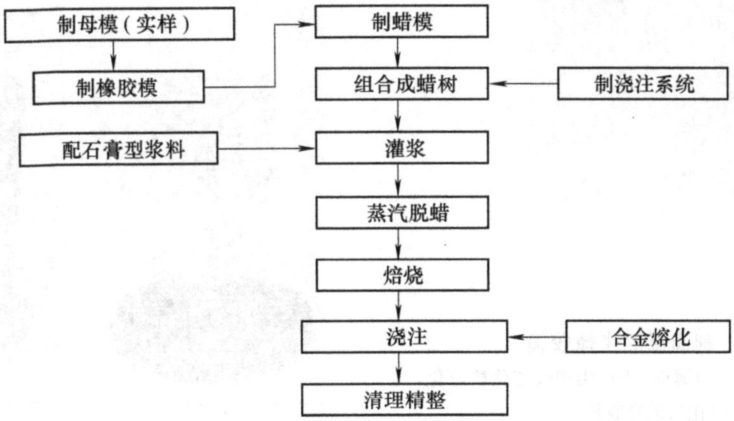

图3-16 首饰熔模石膏型铸造工艺流程

3.4.1 制首饰熔模

1. 母模

采用雕刻等方式制备用于翻制熔模模具的母模。

2. 模具

首饰铸造用模具多为硅橡胶模具。橡胶材料具有优良的复印性、脱模性、低收缩率及耐用性，弹性模量低、形变率大，伸长率大（可达100%～1000%），外力去除后又可恢复本来的形状，是近代新发展的重要模具材料，适合制作首饰模具。

制作模具用橡胶按其硫化方式可分为高温硫化硅橡胶和室温硫化硅橡胶。高温硫化硅橡胶的性能见表3-29。高温硫化橡胶模具的制作过程：在金属框

表3-29 高温硫化硅橡胶的性能

名称及规格	物理力学性能				产地
	外观	抗拉强度 R_m/MPa	伸长率 A（%）	硬度（邵氏）	
6143	白色	3	200	40～60	上海
6144	红色	4	200	40～60	
G100（6146）	红色	4.9	200	40～60	

中填1～2层生橡胶，放上母模及注蜡嘴，再填4～5层生橡胶，直至高于箱框1～2mm，然后放在橡胶硫化机上加温加压硫化凝固（见图3-17），最后取出固化的橡胶模具，修整外形及分型。高温硫化制作的橡

胶模具及蜡模如图 3-18 所示。室温硫化硅橡胶模具的制作过程是将硅橡胶浆料与促凝剂混合均匀，在母模上用涂刷或灌注等方法制作室温硫化硅橡胶模具。

a)

b)

c)

图 3-17 制高温硫化橡胶模

a）将母模、橡胶放入金属框 b）用橡胶硫化机硫化 c）硫化后的橡胶模

图 3-18 高温硫化制作的橡胶模具及蜡模

3. 制首饰蜡模

首饰一般有繁杂，精细的纹饰，需采用专用蜡制备相应的蜡模。某首饰铸造用蜡配方见表 3-30。

表 3-30 某首饰铸造用蜡配方（质量分数）

（%）

石蜡	地蜡	蜂蜡	424 树脂	EVA
50	10	23	10	7

批量首饰蜡模可采用压制成形，蜡液温度接近模料滴点，注射压力为 0.020～0.1MPa。蜡模经修补后焊在浇注系统上组成蜡树，蜡树大小视设备、生产批量而定。

3.4.2 制首饰石膏型

1. 首饰铸造用石膏混合料

可采购商业化的首饰品用石膏型混合料，使用时需按要求加水配成浆料。

2. 制首饰石膏型

将蜡树放入带孔的钢砂箱内→在钢砂箱外表面敷上胶带纸→配石膏浆料（真空下除气）→灌注（真空下除气）→固化、干燥→脱蜡→焙烧。浆料混制真空度约为 0.05MPa、灌注真空度约为 0.06MPa。图 3-19所示为首饰石膏型制作工艺过程。

a)

b)

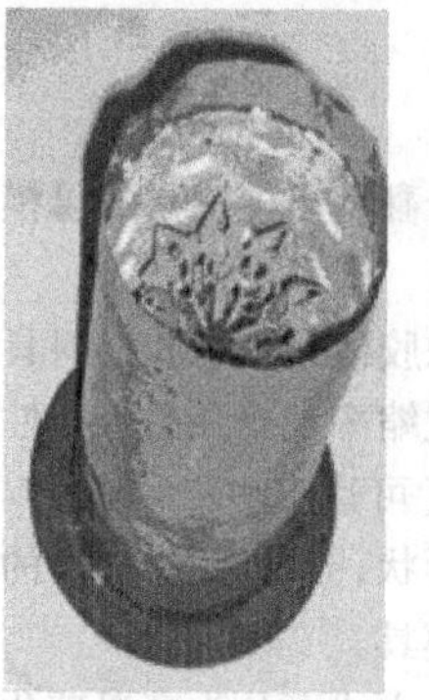
c)

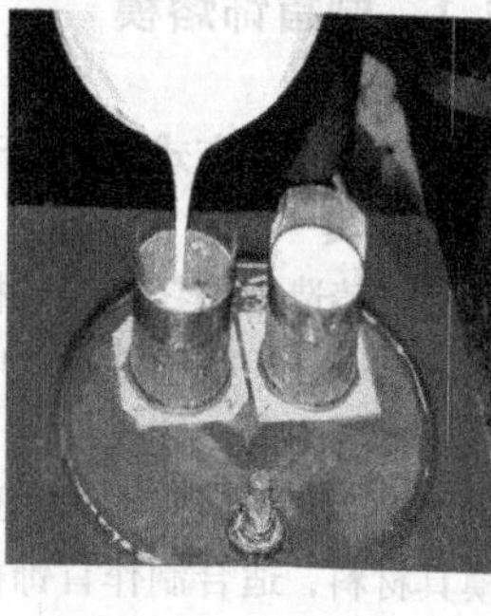
d)

图 3-19 首饰石膏型制作工艺过程

a）模组 b）箱框 c）将模组放入箱框 d）灌石膏浆料

3. 脱蜡

灌浆后一般20～30min即可固化，需干燥1～2天使石膏充分硬化后再脱蜡。脱蜡原则是低温慢速脱蜡，可采用蒸汽脱蜡，时间约1～2h；也可采用150～250℃的热空气脱蜡，或者采用脱蜡与焙烧一体的小箱式电炉进行脱蜡与焙烧。

4. 焙烧

为防止焙烧时石膏型开裂，应采用阶梯式升温焙烧。可在150℃以下入炉，保温1～1.5h；再升温至300～350℃，保温2h（本阶段为失蜡）；再升温至550～600℃，保温1h；再升至700～750℃，保温1.5～2h；随后将炉温降至要求的铸型温度，保温1～2h；最后取出铸型准备浇注。

3.4.3　首饰合金及其熔炼、浇注

1. 首饰合金

首饰多采用贵金属以及部分非铁合金，如金、K金、银、铂金、钯金、铱金、铜合金等。

1）金及其合金。黄金具有经久不变的辉煌色泽，富延性和耐蚀性。纯金较软，强度也低，加入少量铜或银，配成Au-Cu二元合金或Au-Ag-Cu三元合金，可改变黄色色泽，提高强度，改善铸造性能。纯金中加入锌还可作脱氧剂；加钯和镍可获得白色的金基合金（K白金）见表3-31。

2）银及其合金。银具有独特的银白色，是制造装饰品的良好材料。银的熔点为960 ℃。银中可加入Cu形成银合金，如含铜8.4%（质量分数）的AgCu8.4；含铜12.5%（质量分数）的AgCu12.5。银中加入1%～2%（质量比）的Zn还可改善铸造性能。饰品中最常用的银合金是925银，即含有质量分数为92.5%的银。

3）铂金及其合金。铂金及其合金可用熔模石膏型铸造方法制成各种首饰类装饰品。铂金的熔点高达1774 ℃。铂金饰品一般分为K白金（加入白色金属的黄金）、铂金（Pt）、钯金（Pd）等。铂金合金分为Pt1000（足铂金）、Pt950（含质量分数为95%以上的铂金）、Pt900（含质量分数为90%以上的铂金）。

4）铜合金。铜中加入铝、锡、锰、硅、锌、镍、锆等，其色泽分别与金合金（见表3-32）和银合金相似（见表3-33）。

表3-31　K金材料配方及参数

K数	成分（质量分数,%）						熔点/℃	密度/(g/cm³)	色彩（带*为瑞士标准色）
	Au	Ag	Cu	Zn	Ti	Pd			
24	>99	—	—	—	—	—	1064	19.36	黄
22	91.7	6.2	2.1	—	—	—	960～980	17.8	暗黄
22	91.7	1.2	7.1	—	—	—	995～1021	17.8	黄
18	75.0	12.5	12.5	—	—	—	850～890	15.4	黄*
18	75.0	25	—	—	—	—	—	—	绿
18	75.0	16.0	9.0	—	—	—	910～920	15.6	亮黄*
18	75.0	9.0	16.0	—	—	—	880～885	15.3	粉红*
18	75.0	4.5	20.5	—	—	—	890～895	15.15	红*
18	75.0	5	—	—	—	20.0	—	—	乳白色
14	58.5	26.5	15.0	—	—	—	830～850	13.65	浅黄
14	58.5	10.0	31.5	—	—	—	—	—	玫瑰金
14	58.5	20.5	21.0	—	—	—	830～835	13.6	黄
14	58.5	30.0	11.5	—	—	—	820～850	14.05	黄
14	59.0	10.0	24.0	7.0	—	—	1080～1195	14.50	白*
14	59.0	26.0	—	8.0	7.0	—	870～950	12.95	白
14	58.5	—	21.5	—	—	20.0	—	—	白
9	37.5	10.0	45.0	7.5	—	—	870～920	11.1	黄

表3-32　几种仿金合金的化学成分（质量分数）　（%）

	铝	锡	镍	硅	锌	磷	锰	稀土	铜
CuSnAl	2	6	—	—	—	—	—	—	其余
CuNiAl	5	—	6	—	—	—	—	—	
CuZnSn	—	1.5	—	—	30～40	—	—	—	
CuAlZnSi	6	—	—	0.5	1.5	—	—	—	
CuAlNiZn	5.6	—	0.26	—	0.7	—	—	—	
CuAlSiZn	0.38	—	—	0.03	48.74	—	—	—	
CuSnZn	—	0.1	—	—	12.5	—	—	—	
CuSnZnP	—	2.0	—	—	22	1.0	—	—	
CuNiZnRe	—	—	2～3	—	25～32	—	0.8～1.5	0.1	

表 3-33　几种仿银合金的化学成分（质量分数）（%）

	锡	镍	锌	砷	锰	稀土	铜
CuSnAs	32	—	—	3.5	—	—	其余
CuNiZn	—	10 ~ 18	17 ~ 27	—	—	—	
CuMnZn	—	—	24.5	—	12	—	

2. 首饰合金熔化

贵金属在熔炼中易氧化吸气，浇注凝固后首饰则产生气孔。为避免贵金属烧损，应采用快速熔化。采用真空高频感应炉熔炼贵金属，可以减少氧化、吸气及夹杂缺陷。

3. 浇注

首饰花纹复杂、精致，浇注一般采用真空浇注和离心浇注（见图 3-20）等。首饰合金浇注温度及石膏型温度见表 3-34，供参考。离心浇注机通常为垂直轴水平旋转式，转速为 500 ~ 1200r/min，这样金属液可在 50 ~ 100 倍的重力下充型，使铸件致密，可获得十分复杂精细的饰品。

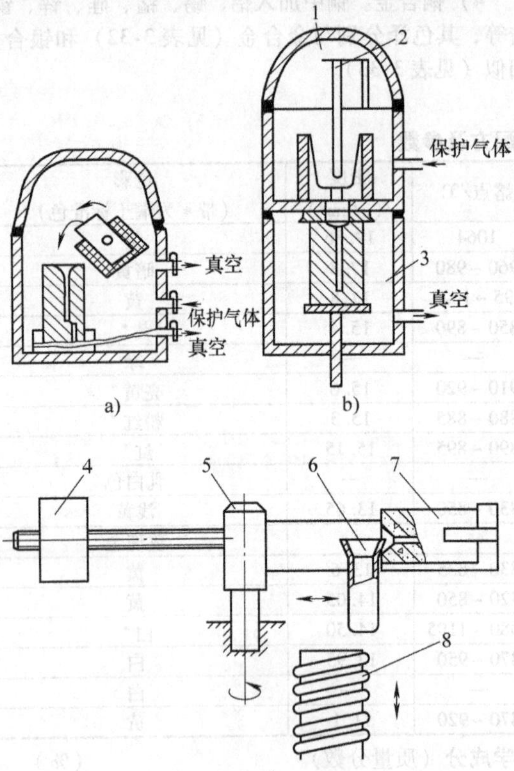

图 3-20　离心浇注

a）真空转包离心浇注　b）真空熔炼漏包离心浇注

c）离心浇注平衡示意图

1—熔化室　2—柱塞　3—铸型室　4—平衡重

5—主轴　6—坩埚　7—石膏型　8—感应圈

表 3-34　首饰合金浇注温度及石膏型温度

金属名称	金属熔化温度 /℃	石膏型温度 /℃	金属与蜡质量比
22K 黄金	1000 ~ 1150	600 ~ 700	18:1
18K 黄金	940 ~ 1040	500 ~ 600	16:1
14K 黄金	900 ~ 1000	500 ~ 600	14:1
9K 黄金	940 ~ 1040	500 ~ 600	11:1
18K 白金	1025 ~ 1125	500 ~ 600	16:1
14K 白金	1150 ~ 1250	500 ~ 600	14:1
9K 白金	970 ~ 1070	500 ~ 600	11:1
钯金	1450 ~ 1550	820 ~ 920	12:1
银	950 ~ 1050	400 ~ 450	9:1

4. 清理

待金属凝固后，将铸型放入水中，石膏型会在水中软化脱落，细微处再用高压水冲洗（见图 3-21）。清除石膏型后将首饰从浇口处剪下，将多余浇口磨平，再进行抛光等精整工序。

5. 蜡镶石膏型首饰铸造工艺

将宝石先镶嵌在蜡模上，再将特制的石膏混合料（加入质量分数为 0.3% ~ 0.6% 的硼酸，保护宝石能承受高温冲击）经灌浆、脱蜡、焙烧石膏型、浇注、冷却，最后用锤子轻敲铸型将石膏型振碎，取出镶宝石的首饰铸件。图 3-22 所示为镶宝石首饰蜡树及首饰铸件树。

a)

b)

图 3-21　清理

a）浸入水中　b）高压水冲洗

a)

b)

图 3-22　镶宝石首饰蜡树及首饰铸件树

a）镶宝石首饰蜡树　b）镶宝石首饰铸件树

3.5 石膏型铸件缺陷分析及防止措施（见表3-35）

表3-35 石膏型铸件缺陷分析及防止措施

缺陷名称	缺陷产生原因	防止措施
铸件尺寸精度不合格	1）压型和熔模尺寸精度不合格 ① 压型结构不合理或加工精度低，造成熔模尺寸精度不合格 ② 模料性能差，造成熔模尺寸精度不合格 ③ 熔模压制工艺参数不合理，造成熔模尺寸精度不合格 2）石膏型精度不合格 ① 石膏浆料组成不合理或变化引起，造成铸件尺寸精度不合格 ② 浆料搅拌不充分、灌浆通道不畅通 ③ 烘干焙烧工艺参数不合理等引起变形 ④ 清理精整不规范	1）保证压型和熔模尺寸精度合格 ① 合理设计压型结构，保证压型和熔模尺寸精度 ② 采用模料收缩率小而均匀性能的模料 ③ 熔模压制工艺参数合理 2）保证石膏型精度合格 ① 合理的石膏浆料组成 ② 浆料搅拌充分、合理的灌浆通道保证灌浆充型 ③ 烘干焙烧工艺参数合理 ④ 细心清理精整
表面粗糙	1）压型和熔模表面粗糙 2）石膏型（芯）表面粗糙 3）浇注工艺参数不合理	1）确保压型和熔模表面光洁 2）采用能富集在石膏型表面的添加剂，将石膏型表面空隙填平；注意搅拌浆料时不卷气，加消泡剂去除浆料中气泡 3）严格控制浇注工艺参数
气孔	1）石膏型（芯）透气性过低 2）焙烧不充分，浇注时发气 3）金属液中含气	1）加大石膏型（芯）透气性；设计排气好的浇注系统 2）石膏型焙烧完全 3）认真去除金属液气体
晶粒粗大	1）石膏型（芯）导热性差又采用热型浇注，铸件冷却缓慢 2）浇注温度、石膏型温度过高	1）进行变质处理细化晶粒；石膏中添加蓄热系数较大的填料，如锆砂、石墨等，提高石膏型的热导率 2）浇注温度、石膏型温度合理
缩孔、缩松	1）石膏型（芯）导热性差又采用热型浇注，铸件冷却缓慢，在壁厚处易产生缩孔、缩松 2）浇注系统不合理，不能有效的补缩	1）合理设置浇冒口系统，采用调压和差压铸造法，加强金属液补缩能力 2）合理设计浇注系统，合理使用冷铁
毛刺、飞翅	1）脱蜡时蜡料膨胀使石膏型局部产生裂纹 2）石膏型焙烧时升温过快，形成裂纹 3）石膏型在搬动过程受强烈振动、冲击出现裂纹 4）浇注时充型压力过大，使石膏型开裂	1）选择膨胀小的蜡料，改进脱蜡工艺 2）遵循合理的焙烧工艺 3）提高石膏型强度，防止石膏型在搬动过程中受强烈振动而开裂 4）控制浇注时的压力和真空度
铸瘤	1）石膏浆料未充分除气而含气，铸型表面形成凹坑 2）灌石膏浆料时卷入气体，铸型表面形成凹坑	1）控制搅拌室真空度及搅拌时间，加消泡剂 2）灌石膏浆料应平稳，防止冲击与卷入气体

参 考 文 献

[1] 耿鑫明，吕志刚，姜不居．特种铸造生产工艺及装备［M］．北京：机械工业出版社，2011.

[2] 中国铸造协会．新编铸造技术数据手册［M］．北京：机械工业出版社，2012.

[3] 全国铸造标准化技术委员会．石膏型熔模铸造用铸型粉：JB/T 11734—2013［S］．北京：机械工业出版社，2013.

[4] 王狂飞，许广涛，张锦志，等．镁合金薄壁件的石膏型精密铸造［J］．特种铸造及有色合金，2014（6）：626－628.

[5] 王涛，陈超英，张喜山，等．薄壁铝合金铸件石膏型真空浇注加压凝固铸造工艺［J］．特种铸造及有色合金，2012，32（3）：264－266.

[6] 王忠睿，苗恺，朱伟军，等．基于立体光固化3D打印的一体化石膏铸型的高温力学性能研究［J］．机械工程学报，2019（12）：182－188.

[7] 徐禹．基于3D打印的熔融沉积成型蜡基首饰模型铸造工艺设计［J］．铸造设备与工艺，2019（4）：22－25.

[8] 袁军平，骆美美，周惠英，等．首饰铸造石膏浆料工作性能的探讨［J］．铸造，2019（10）：1116－1120.

第 4 章　陶瓷型铸造

4.1　概述

陶瓷型铸造是英国人诺尔·肖（Noel Shaw）于 20 世纪 50 年代研发成功的，因此又称肖氏法。经过半个多世纪的改进和发展，已经成为一种成熟的材料精确成形工艺。

4.1.1　工艺流程

陶瓷型铸造工艺的基本原理是采用硅酸乙酯水解液黏结剂，与耐火材料混合制成陶瓷浆料，在催化剂作用下，经过灌浆、结胶硬化、起模、喷烧和焙烧等一系列工艺流程制成表面光洁、尺寸精度高的陶瓷铸型，用于浇注金属如图 4-1 所示。

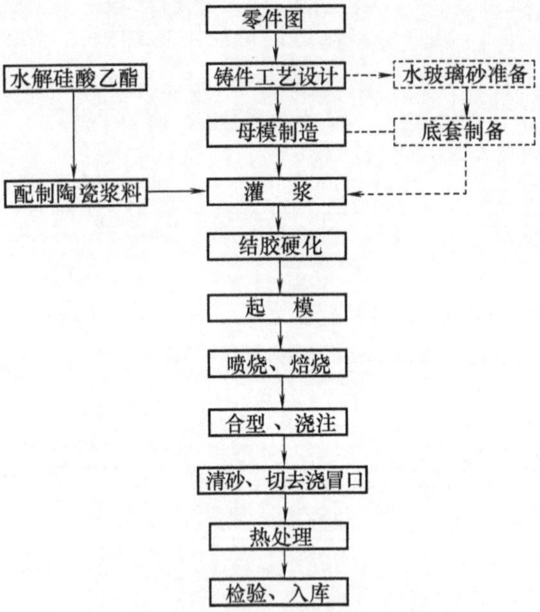

图 4-1　陶瓷型铸造工艺流程

铸型全部由陶瓷浆料灌注而成，称为整体陶瓷型铸造工艺，具体操作流程如图 4-2 所示。为减少陶瓷浆料的用量，降低成本，提高铸型透气性，以及避免铸型太厚造成变形、开裂等问题，生产中常采用复合陶瓷型铸造工艺。该工艺仅在铸型型腔部分灌注成薄的陶瓷型，而采用水玻璃砂套作为铸型背衬，其操作流程如图 4-3 所示。也有采用金属型或石墨型作为背衬，与母模构成灌浆空腔，直接灌注出薄层陶瓷型，成为复合陶瓷型铸造工艺，提高铸型强度和冷却速度。另外，有的陶瓷型铸造工艺不采用灌浆方式，通过涂覆浆—砂制造薄壳陶瓷型，也在艺术品铸造中得到了应用。

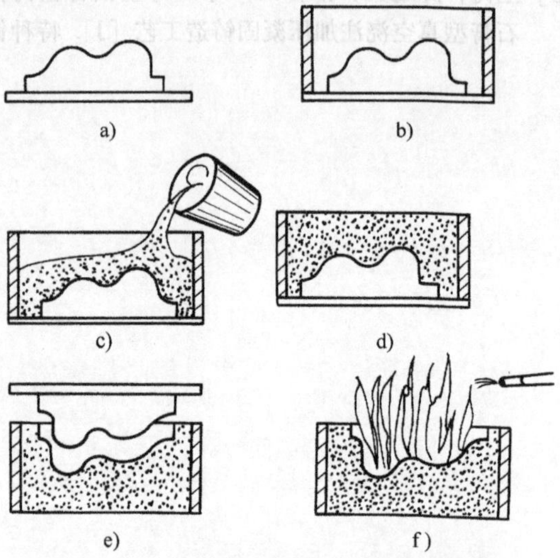

图 4-2　整体陶瓷型铸造工艺的操作流程

a）模板　b）准备灌浆　c）灌浆　d）胶凝　e）起模　f）喷烧

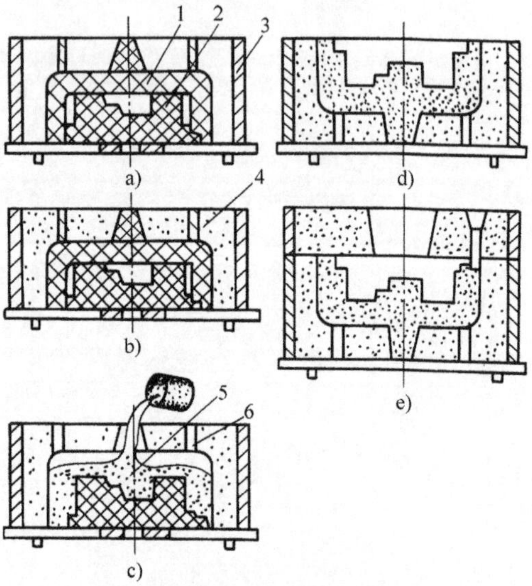

图 4-3　复合陶瓷型铸造工艺的操作流程

a）准备造砂套　b）造水玻璃砂套　c）灌浆　d）焙烧　e）合型

1—辅助母模　2—铸件母模　3—砂箱　4—水玻璃砂套　5—陶瓷浆料　6—排气孔

4.1.2 工艺特点

1. 铸件尺寸精确、表面光洁

陶瓷型铸造采用高质量耐火粉料配制的陶瓷浆料制备铸型，型腔表面质量与熔模精密铸造型壳接近，可达 $Ra=3.2\sim12.5\mu m$。母模起模时，浆料形成的型腔已经硬化，因此尺寸公差等级也比较高，可以达到 DCTG5 ~ DCTG8。表 4-1 列出了陶瓷型铸钢件的尺寸公差等级；表 4-2 列出了不同合金的陶瓷型铸件的尺寸公差等级。

表 4-1 陶瓷型铸钢件的尺寸公差等级

铸件公称尺寸/mm	尺寸公差数值/mm	尺寸公差等级
<50	0.50	DCTG5
50 ~ 100	0.70	DCTG6
100 ~ 200	0.90	DCTG6
200 ~ 300	1.50	DCTG7
300 ~ 400	1.60	DCTG7
>400	2.60	DCTG8

表 4-2 不同合金的陶瓷型铸件的尺寸公差等级

铸钢	灰铸铁	球墨铸铁	铜合金	铝合金
DCTG6 ~ DCTG8	DCTG6 ~ DCTG8	DCTG6 ~ DCTG8	DCTG5 ~ DCTG6	DCTG5 ~ DCTG6

2. 适用面广

陶瓷铸型高温化学稳定性好，可用来生产不同合金铸件，铸件的重量和尺寸受限制少，可生产数百克到数吨的铸件。特别适合生产各种模具，如塑料模具、玻璃模具、橡胶模具、冲压模具、热锻模具、金属型、压铸模具、铸造用工装等。陶瓷型应用示例见表 4-3。

3. 投资少、生产周期短

表 4-3 陶瓷型铸造应用示例

序号	铸件	材质	特点
1		铸铁	玻璃茶盘压模，有复杂的动物、风景图纹
2		铸钢	汽车连杆轧辊模，用于轧制45钢40mm厚的连杆
3		铸钢	热锻模具
4	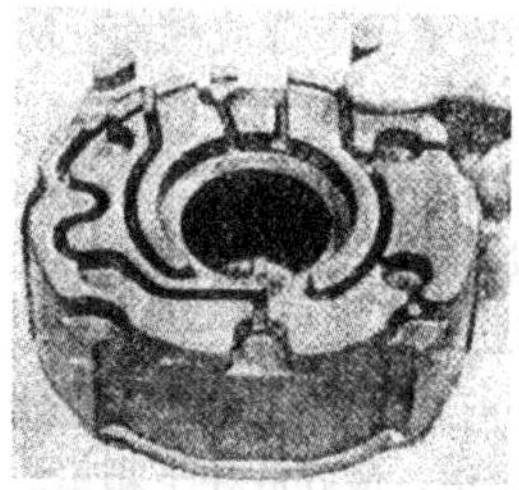	铸钢	压铸模具成形部分镶块
5	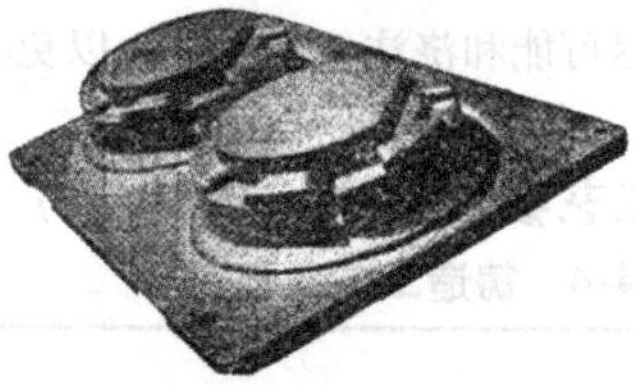	铸铝	生产防滑圈的铸铝型板。模板和模样，分别铸好后再画线装配
6		铸铝	塑料注射模具，美国福特汽车用快速成型模样进行翻制
7		铜合金	千年吉祥钟，重21t，采用涂覆浆砂取模陶瓷型

4.2　铸造工艺设计

4.2.1　铸造工艺方案确定

1. 浇注位置确定

正确的浇注位置应保证获得健全的铸件，主要应考虑以下原则：

1）铸件重要的加工面应向下或在侧面。

2）有利于实现所确定的凝固原则。

3）铸件的大平面应处于下部或侧面，防止产生浇不到和冷隔缺陷。

4）铸件薄壁处应置于下部或侧面，防止产生浇不到和冷隔缺陷。

2. 分型面确定

1）分型面一般取在铸件的最大截面处，但不要使铸件在一砂箱内过高。

2）尽量使铸件的重要加工面或大部分加工面和加工基准在同一砂箱中，最好放在下箱里。

3）尽量采用平直分型面，便于生产操作。

4）分型面尽可能和浇注位置一致，以免合型后再翻动铸型。

4.2.2　铸造工艺参数选择（见表 4-4）

表 4-4　铸造工艺参数选择

工艺参数名称	参数选择				
	铸件加工面间最大尺寸/mm	铸件单面机械加工余量/mm			
		加工方法		有浇冒口的平面	分型面
		磨削	抛光		
机械加工余量	≤40	0.2 ~ 0.3	0.15	1.5	1
	40 ~ 100	0.3 ~ 0.4	0.20	2.0	2
	100 ~ 250	0.4 ~ 0.5	0.30	2.5	2 ~ 3
	250 ~ 400	0.5 ~ 0.7	0.40	3 ~ 3.5	3 ~ 4
起模斜度	1）常用起模斜度为 0°30′ ~ 3°，有芯头时为3° ~ 7° 2）使用专用起模机械时，斜率较小，一般为0°15′ ~ 0°45′ 3）具有内孔或较高的铸件，酌量增大起模斜度				
铸造收缩率（%）	铸钢		铸铁		铸铝
	1.5 ~ 2.4		0.8 ~ 1.2		1.2 ~ 1.4

4.2.3　母模

1. 母模种类选择

传统的陶瓷型母模用木模、石膏模、金属模或硅橡胶模，见表 4-5。也可以采用增材制造技术直接制作母模，缩短了母模的制造周期，其流程如图 4-4 所示。增材制造技术 SLA（立体光刻法）、SLS（选择性激光烧结法）、FDM（熔融喷丝成形）、LOM（分层实体制造法）等都可以用于制造陶瓷型母模。

表 4-5　传统母模制作及应用

名称	制作要点	特点及应用
木模	形成铸型型腔部分的木模采用致密的木材，如麻栗、楠木、柚木等。非型腔部位的木模可采用较便宜的木材，如东北松、白桦等。木模表面喷清漆	成本低，制作方便，适用于精度和寿命要求不高的单件、小批生产
石膏模	石膏浆料配方（质量分数）为高强度半水石膏 85% ~ 95%、水泥 10% ~ 15%、氧化钙 1% ~ 1.5%，水适量。石膏模在 60 ~ 80℃下烘干后，浸蜡处理或表面喷硝基漆	表面质量和尺寸精度高于木模，成形方便，修补容易，成本低，适用于批量不大的铸件生产
金属模	一般采用机械加工的铝模或黄铜模，表面抛光或电镀	表面粗糙度值低，尺寸精度高，寿命长，成本高，适用于大批量生产
硅橡胶模	利用硅橡胶材料翻制	表面质量好，易脱模
增材制造模	针对不同材料和精度、表面质量要求，选择合适的增材制造工艺制备	基于数字化模型快速响应

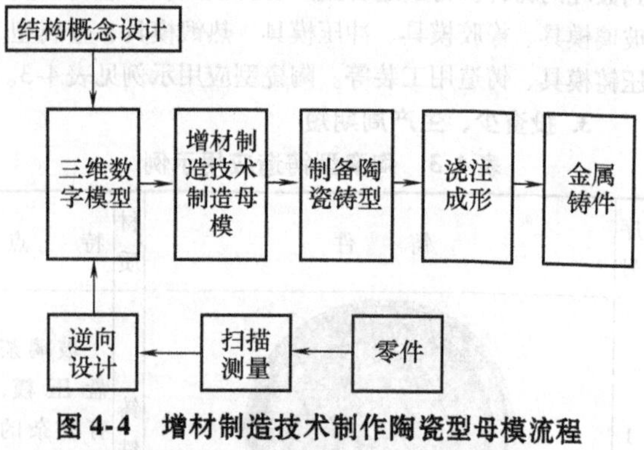

图 4-4　增材制造技术制作陶瓷型母模流程

2. 母模精度及表面质量

为保证陶瓷型铸件精度，母模精度应比铸件精度高，可参考表 4-6。

表 4-6　母模各部分尺寸公差等级

部位	母模对应处尺寸公差等级
铸件上无须加工的自由面	IT9 ~ IT11
铸件上的加工面	IT8 ~ IT9
铸件上无须加工，由铸件直接保证的工作面	IT7 ~ IT8

母模表面质量直接影响铸型的表面质量，进而影响铸件表面质量，见表4-7。对于表面粗糙度值高的母模，选择合适的分型剂可以改善陶瓷铸型的表面质量，见表4-8。

表4-7 不同表面粗糙度值的母模对陶瓷铸型表面质量的影响

（单位：μm）

母模的表面粗糙度值 *Ra*	铸型的表面粗糙度值 *Ra*	铸型和母模表面粗糙度差值 Δ*Ra*
5.4～5.7	6.0～6.8	0.30～1.40
2.86～2.87	3.0～3.2	0.13～0.34
1.57～1.72	2.10	0.38～0.53
0.80～1.20	1.74～1.98	0.54～1.18
0.48～0.65	1.79～1.87	1.14～1.39

表4-8 不同表面粗糙度值的母模使用分型剂的效果

（单位：μm）

母模的表面粗糙度值 *Ra*	铸型的表面粗糙度值 *Ra*	铸型和母模表面粗糙度差值 Δ*Ra*
5.9～6.0	1.7～1.8	-4.3～-4.1
3.8～4.1	1.64～1.22	-2.58～-2.46
1.8～1.69	1.20～1.65	-0.6～-0.04
0.95～0.85	1.07～1.67	0.82～1.20
0.45～0.48	0.98～1.60	0.50～1.15

4.2.4 浇注系统和冒口设计

1. 浇注系统（见表4-9）

表4-9 几种常见浇注系统

名称	结构	特点及应用
顶注式浇注系统	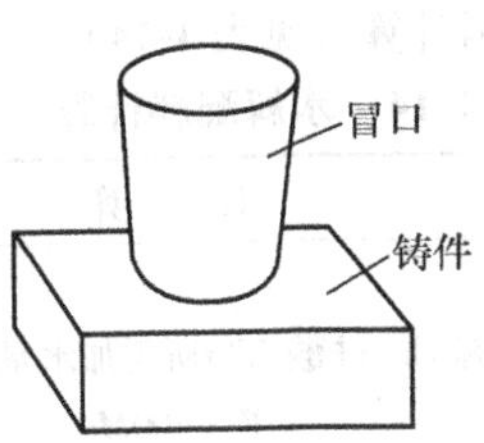	金属液补缩能力强，但充型时金属液对铸型冲击大，不平稳，适用于小型铸钢件及模具
垂直缝隙式浇注系统	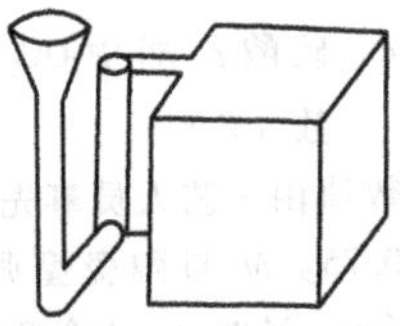	金属液充型较平稳，补缩能力较强，适用于大中型铸钢件及模具

（续）

名称	结构	特点及应用
压边浇注系统	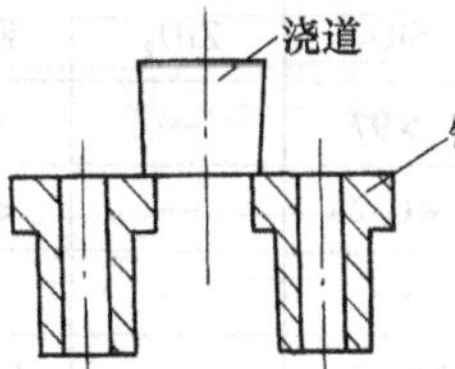	金属液补缩效果较好，充型较平稳，多应用于铸铁件

2. 冒口

浇注铸钢件时可采用圆柱形明冒口，见表4-10。

表4-10 铸钢件用圆柱形明冒口的尺寸参数

结构

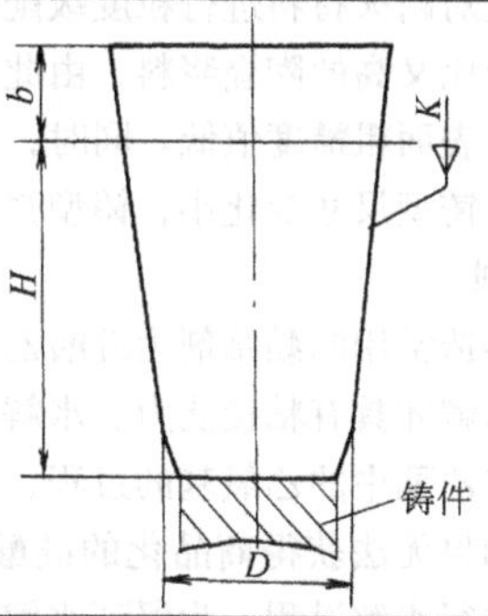

D/mm	*H/D*			*K*	*b*/mm
80～260		1.5		1:10	30～50
270～300	1.2	1.35	1.5	1:10	50～60
310～400	1.1	1.30	1.5	7.5:100	60～70
410～600	1.1	1.25	1.4	7.5:100	70～80
610～1000	0.9	1.05	1.2	7.5:100	80～90

4.3 铸造工艺

4.3.1 铸型用原材料

1. 耐火材料

耐火材料是陶瓷浆料中的骨料，与金属液直接接触，应有足够的耐火度、热稳定性、小的膨胀系数以及合理的粒度及分布。同时，应与黏结剂——硅酸乙酯水解液具有良好的工艺相容性。在选择耐火材料时，除了关注耐火材料的主要成分以外，还要控制碱性氧化物、氧化铁等杂质含量，这些物质可能改变硅酸乙酯水解液的pH，引起过快胶凝而失效，或者在浇注时生成低熔点化合物，导致铸型耐火度下降，从而引发铸件表面质量问题。表4-11列出了陶瓷型铸造常用耐火材料的成分及性能。

表4-11 常用耐火材料的成分及性能

名称	成分（质量分数,%）					性能		
	Al_2O_3	SiO_2	ZrO_2	Fe_2O_3	CaO + MgO	熔点/℃	密度/(g/cm³)	线胀系数/K^{-1}
硅砂	<2.0	>97	—	<0.5	—	1713	2.65	12.5×10^{-6}
刚玉	>97	<0.25	—	<0.15	—	2045	3.95~4.02	8.6×10^{-6}
棕刚玉	>94.5	—	—	—	—	1900	3.95~4.02	8.6×10^{-6}
煤矸石	41~46	54~51		1~1.5	0.4~0.8	1700~1790	2.62~2.65	5.0×10^{-6}
铝矾土	>80	—	—	0.8~1.4	0.4~0.7	~1800	3.2~3.4	$(5.0\sim5.8)\times10^{-6}$
莫来石	>67	—	—	—	—	1800	2.8~3.1	5.4×10^{-6}
锆砂	<0.3	<33	>65	<0.4	—	2430	4.7~4.9	4.6×10^{-6}

耐火材料的粒度及其分布对陶瓷浆料的流动性影响很大。通过对耐火材料进行粒度级配，可以获得流动性好而粉液比又高的陶瓷浆料，由此获得的陶瓷型表面更致密，表面粗糙度值低。同时，陶瓷浆料的胶凝收缩也小，铸型尺寸变化小，铸型强度较高。

2. 黏结剂

陶瓷型铸造常用的黏结剂为硅酸乙酯，原硅酸乙酯只有经过水解才具有粘接能力。水解过程是水中的羟基取代硅酸乙酯中的乙氧基的过程，直接影响水解液的质量。如果无法获得商品化的硅酸乙酯水解液，企业可自行进行水解过程。为保证水解液的质量，对水解用原材料、加入量和水解工艺都要严格控制。

（1）水解用原材料（见表4-12）

表4-12 水解用原材料

名 称	种 类	作 用
原硅酸乙酯	工业硅酸乙酯	水解作用的主体，常用的有硅酸乙酯32和硅酸乙酯40
水	工业蒸馏水	产生水解反应
乙醇	工业用	互溶剂和稀释剂
盐酸	化学纯	催化剂，也是水解液及陶瓷浆料pH的稳定剂
硫酸	化学纯	催化剂，常用于综合水解时，也是水解液及陶瓷浆料pH值的稳定剂
醋酸	化学纯	水解液及陶瓷浆料pH值稳定的缓冲剂
硼酸	化学纯	添加剂，提高陶瓷型强度，用量过多会导致铸型耐火度下降
甘油	化学纯	添加剂，提高陶瓷型韧性

硅酸乙酯32和硅酸乙酯40的性能指标见表4-13。相比之下，硅酸乙酯40的水解温度比硅酸乙酯32低，水解过程平稳，容易控制，所制备的水解液稳定性也优于硅酸乙酯32。当加入同样数量的催化剂时，硅酸乙酯40水解液胶凝时间短。因此，硅酸乙酯40的综合工艺性能优于硅酸乙酯32。

表4-13 硅酸乙酯32和硅酸乙酯40的性能指标

项 目		硅酸乙酯32	硅酸乙酯40
成分（质量分数,%）	SiO_2	32~34	40~42
	HCl	<0.04	<0.015
密度/(g/cm³)		0.97~1.00	1.04~1.07
运动黏度/(m²/s)		$<1.6\times10^{-6}$	$(3\sim5)\times10^{-6}$
结构组成		以单乙酯为主	主要是四乙酯、五乙酯
平均相对分子质量		248	835
分子构型		线型	线型和枝化

（2）水解配料计算（见表4-14）

表4-14 水解配料计算

序号	步骤	计 算
1	计算加水量 W	水解1kg硅酸乙酯所需加水量 W (g) 为 $W=400Ma$ 式中 M—水解液加水量系数，即置换1mol-OC_2H_5 所需要的 H_2O 摩尔数 a—硅酸乙酯中-OC_2H_5 的质量分数（%） M 的数值由工艺人员事先选定，一般为0.25~0.75。M 与陶瓷型强度的关系如图4-5所示。M 增大，陶瓷型强度下降

（续）

<table>
<tr><th>序号</th><th>步骤</th><th>计　算</th></tr>
<tr><td>1</td><td>计算加水量 W</td><td>
a 值可由下表得出
硅酸乙酯中 SiO_2 与 $-OC_2H_2$ 的关系（质量分数）（%）
<table>
<tr><th>SiO_2</th><th>$-OC_2H_5$</th></tr>
<tr><td>28.8</td><td>86.5</td></tr>
<tr><td>30.0</td><td>85.1</td></tr>
<tr><td>31.0</td><td>84.0</td></tr>
<tr><td>32.0</td><td>82.6</td></tr>
<tr><td>33.0</td><td>81.5</td></tr>
<tr><td>34.0</td><td>80.2</td></tr>
<tr><td>35.0</td><td>79.0</td></tr>
<tr><td>36.0</td><td>77.9</td></tr>
<tr><td>37.0</td><td>77.6</td></tr>
<tr><td>38.0</td><td>75.4</td></tr>
<tr><td>39.0</td><td>74.2</td></tr>
<tr><td>40.0</td><td>72.9</td></tr>
<tr><td>41.0</td><td>71.8</td></tr>
<tr><td>42.0</td><td>70.6</td></tr>
<tr><td>43.0</td><td>69.3</td></tr>
</table>
</td></tr>
<tr><td>2</td><td>计算乙醇加入量 C</td><td>
$$C=\frac{1}{d_{乙}}\left[1000\left(\frac{S}{S'}-1\right)-W\right]$$
式中　C—乙醇加入量（mL）
S—原硅酸乙酯中 SiO_2 含量（质量分数）（%）
S'—水解液中 SiO_2 含量（质量分数）（%）
$d_{乙}$—乙醇的密度（g/cm^3）
</td></tr>
<tr><td>3</td><td>实际加水量 W'</td><td>
使用工业乙醇时，其中含水，配制水解液时的实际加水量应将这部分水减去，故实际加水量 W' 为
$$W'=W-CC_{水}$$
式中　W'—实际加水量（mL）
$C_{水}$—工业乙醇中水的体积分数（%），一般为2.3%
</td></tr>
<tr><td>4</td><td>计算盐酸加入量 D</td><td>
$$D=\frac{Gb'-1000b}{d_{盐}C_{盐}}$$
式中　D—盐酸加入量（mL）
G—水解液总重量（g）
b'—水解液中的HCl质量分数（%）
b—原硅酸乙酯中HCl质量分数（%）
$d_{盐}$—盐酸密度，为 $1.18g/cm^3$
$C_{盐}$—盐酸中HCl质量分数（%），一般为35.4%
</td></tr>
</table>

（续）

序号	步骤	计　算
5	其他附加物计算	附加物是以原硅酸乙酯为基础计算的，如每千克原硅酸乙酯加4～5mL醋酸

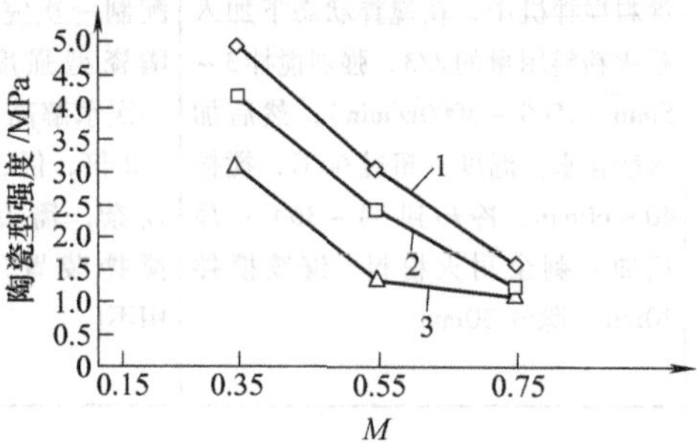

图4-5　水解液加水量系数 M 与陶瓷型强度的关系

1—高温强度　2—残留强度　3—常温强度

（3）水解工艺　水解工艺有一次水解、二次水解和综合水解，各工艺的要点特点及应用见表4-15，常见的为一次水解法。水解后的水解液在室温下封存24h后使用，封存时间又称陈化时间，陈化时间短会造成陶瓷型强度低。

表4-15　硅酸乙酯水解工艺要点、特点及应用

工艺类型	工艺要点	特点及应用
一次水解	将乙醇和水全部加入水解器中，然后加入盐酸和醋酸，在不断搅拌的情况下，以细流加入硅酸乙酯，控制水解液温度为40～50℃（硅酸乙酯32）或32～42℃（硅酸乙酯40）；加完硅酸乙酯后，继续搅拌30～60min，出料待用	工艺简单，操作方便，水解液质量稳定，应用较广
二次水解	加入质量分数为15%～30%的乙醇，在搅拌情况下交替加入1/3原硅酸乙酯和1/3配制好的酸化水，保持水解液温度在38～52℃。重复上述步骤两次，加完后继续搅拌30min，最后加入混有醋酸的剩余乙醇，继续搅拌30min	工艺简单，铸型强度较高，应用较广

（续）

工艺方法	工 艺 要 点	特点及应用
综合水解	将乙醇和原硅酸乙酯全部加入到涂料搅拌机中，在搅拌状态下加入耐火粉料用量的2/3，强烈搅拌3～5min（1500～3000r/min）；然后加入酸化水，温度不超过60℃，搅拌40～60min，冷却到34～36℃；最后加入剩余耐火粉料，继续搅拌30min，除气30min	水解和浆料配制一次完成，陶瓷型强度比一次水解高0.5～2倍，但工艺复杂，需专用搅拌装置，应用不广

（4）水解液质量控制　主要检查及控制二氧化硅含量、氯化氢含量及黏度等。其测试方法见标准JB/T 4007—2018。

3. 催化剂

生产中需要在硅酸乙酯水解液配制的浆料中加入催化剂，以缩短浆料胶凝时间。图4-6所示为硅酸乙酯水解液pH与胶凝时间对数的关系曲线。从图中可以看出，使用碱性或强酸催化剂，改变水解液pH，可以使浆料迅速胶凝成形。表4-16列出了陶瓷型铸造常用催化剂。与无机碱性催化剂相比，有机催化剂可提高陶瓷铸型强度，并可使陶瓷型在较长时间保持弹性，利于起模。不同催化剂的加入量各不相同，为使催化剂搅拌均匀并便于灌浆，大件结胶时间应控制在8～15min，中小件控制在4～6min。

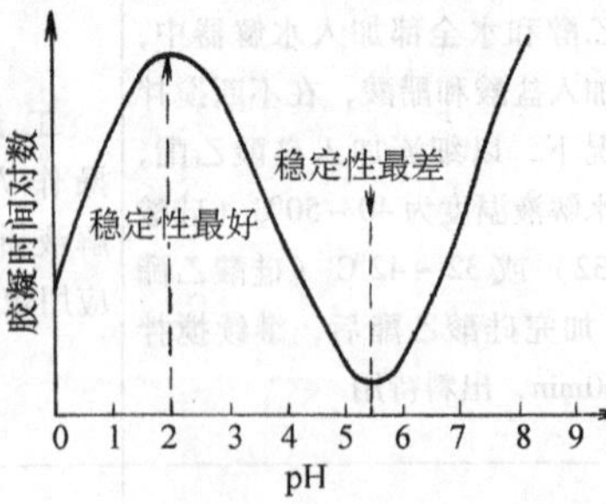

图4-6　硅酸乙酯水解液pH与胶凝时间对数的关系曲线

表4-16　陶瓷型铸造常用催化剂

种　类	名　称
无机催化剂	$Ca(OH)_2$、MgO、$NaOH$、CaO、$Mg(OH)_2$、Na_2CO_3
有机催化剂	各种有机胺，如醇胺、环已胺、甲基胺等

4. 分型剂

硅酸乙酯水解液配制的浆料容易黏附在母模表面，造成起模困难，此时需用分型剂。可选用的分型剂有上光蜡、石蜡、变压器油、凡士林、硅油、树脂漆和聚苯乙烯液等。不同分型剂的特点见表4-17。

表4-17　不同分型剂的特点

分型剂	特　点
聚苯乙烯液	涂覆性能好，可任意调节黏度，涂层均匀，成膜快，脱模效果好，一次涂膜可供多次灌浆使用
树脂漆	脱模作用保持时间较长，可作为半永久性的分型剂，注意灌浆前树脂漆膜应充分干燥
凡士林	黏度大，难以在母模上涂刷均匀
硅油	不宜干燥成膜，灌浆时易将油膜冲掉，降低铸型表面质量

4.3.2　制型工艺

1. 底套制作

复合陶瓷铸型的砂底套一般采用水玻璃砂制作。水玻璃砂可采用二氧化碳或有机酯硬化，其配方见表4-18。制作底套时应设$\phi30$～$\phi50$mm的灌浆孔和$\phi10$mm左右的排气孔。对于批量小、尺寸大的铸件，制作底套的模样可用母模贴黏土层或硅橡胶层等形成。黏土层或硅橡胶层厚度即为陶瓷型灌浆的厚度。陶瓷型灌浆的厚度根据铸件的大小和合金种类选取，见表4-19。

表4-18　砂底套用水玻璃砂的配方（质量分数）

（%）

硬化方式	硅砂/号筛		水玻璃（模数2.4）	膨润土
	20～40	12～20		
CO_2硬化	50	50	7～8	1～2
有机酯（自硬）	50	50	4～5	—

表4-19　陶瓷型灌浆厚度

（单位：mm）

合金种类	中、小件	大件
铸铝	5～7	8～10
铸铁、铸铜	6～8	8～12
铸钢	8～10	10～15

2. 陶瓷型浆料配方（见表4-20）

3. 陶瓷型制作（见表4-21）

表4-20 陶瓷型浆料配方

序号	浆料类型	耐火材料/g				硅酸乙酯水解液/mL	催化剂[②] /(g/100mL)	应用范围
1	硅石浆料	270号筛	50~100号筛	30~50号筛		40	Ca (OH)$_2$ 0.2~0.4	中大件
		55	30	15				
2	锆砂浆料	270号筛	100~200号筛	20~40号筛		25~35	Ca (OH)$_2$ 0.35	中大件
		65	25	10				
3	煤矸石浆料	270号筛	200号筛	70~100号筛	30~60号筛	31~35	Ca(OH)$_2$0.1~0.2 MgO 1~2	中大件
		30	30	30~35	10~5		有机催化剂 2~10mL	中大件
4	铝矾土浆料	270号筛	200号筛	70~100号筛	30~60号筛	31~35	Ca(OH)$_2$0.1~0.2 MgO 1~2	大件
		30	30	30~35	10~5		Ca (OH)$_2$ 0.4~0.6	中小件
5	刚玉浆料	F360[①]	320号筛	180号筛	60号筛	37~40	Ca (OH)$_2$0.45	中小件
		50	—	30	20			
		25	25	30	20	37~40	Ca (OH)$_2$0.40	中小件
		—	50	30	20	40	Ca (OH)$_2$0.35	大件

注：1. 为提高陶瓷浆料的透气性，可在100g耐火材料中加0.3g过氧化氢。

2. 为防止陶瓷型开裂，可加入质量分数为10%甘油硼酸溶液，如每100mL水解液加入质量分数3%~5%的甘油硼酸溶液。

3. 序号3、4使用的是硅酸乙酯40水解液。

① F360是磨料行业粒度标准。

② 催化剂加入量指100mL硅酸乙酯水解液中加入的克数。

表4-21 陶瓷型制作

序号	名称	操作要点
1	灌浆	1）配制浆料。先将耐火材料与粉状催化剂混合均匀；然后将附加物混入水解液中；最后将备好的水解液倒入容器，加入粉料，同时不断搅拌。手工操作时应戴上乳胶手套 2）搅拌时间随浆料黏度变化曲线见下图。当浆料黏度开始增大，见图中BC时段，称为结胶苗子，此时需立即灌浆。灌浆过早，易冲走母模表面的分型剂，引起粘模。同时，灌浆后浆料凝固时间长，耐火粉料容易沉淀，铸型易裂。灌浆太迟，浆料流动性太差，铸型复印性不好 3）结胶时间可用催化剂加入量来调整，小件控制在4~6min，中大件控制在8~15min 4）灌浆时砂箱应轻微振动，以提高浆料充型能力，并使浆料中气泡上浮，不附在母模表面 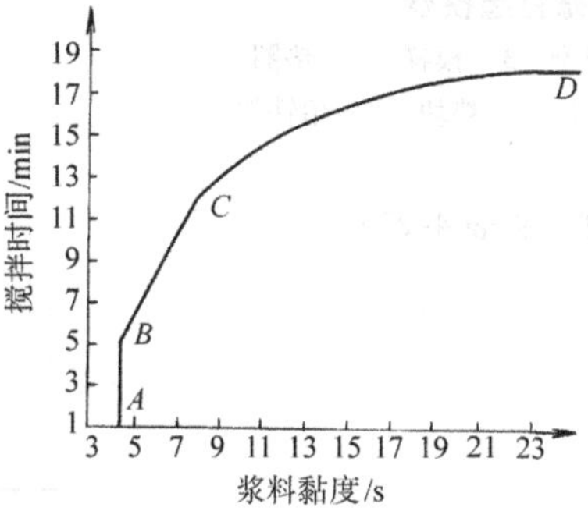

（续）

序　号	名　称	操 作 要 点
2	起模	1）当浆料固化并尚处在弹性状态时就应起模。一般起模时间约为结胶时间的2倍。起模过早，会因浆料固化不完全，破坏陶瓷型。起模太迟，铸型失去弹性，造成母模脱模困难 2）起模时不可敲击母模；需要起模力较大时，可设计专用起模器，如图4-7和图4-8所示
3	喷烧	起模后立即点火喷烧陶瓷型，使乙醇均匀挥发，防止陶瓷型收缩变形，形成大裂纹。延缓喷烧时间将导致陶瓷型尺寸变化大，强度下降
4	焙烧	焙烧的目的是去除陶瓷型中残留的乙醇等物质，并使硅酸胶体整体脱水。浇注不同合金时焙烧温度不同（见下表），保温时间根据铸型厚度而定，一般控制在6~8h 合金种类：铸钢，陶瓷型焙烧温度/℃：>600 合金种类：铸铁，陶瓷型焙烧温度/℃：>500 合金种类：铸铝、铜，陶瓷型焙烧温度/℃：350~450

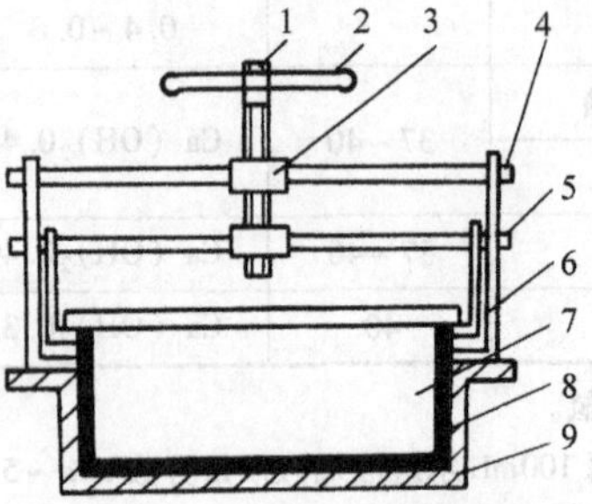

图4-7　螺旋双钩起模器

1—螺杆　2—旋柄　3—螺母　4—支架
5—滑动臂　6—起模钩　7—模样
8—陶瓷型　9—砂底套

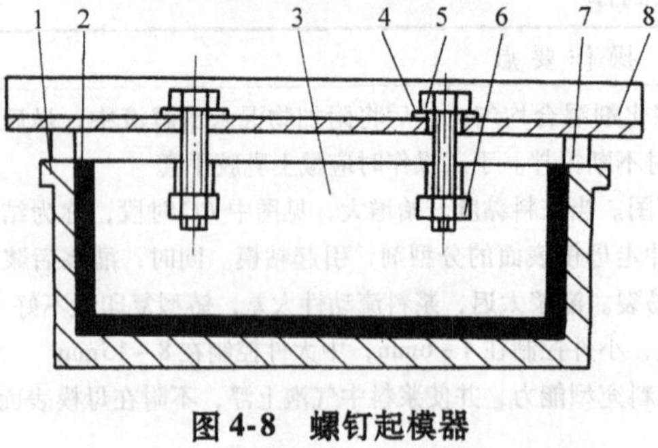

图4-8　螺钉起模器

1—砂底套　2—陶瓷型　3—模样　4—垫圈
5—起模螺钉　6—螺母　7—垫块　8—角铁架

4. 合型、浇注和清理（见表4-22）

表4-22　合型、浇注和清理

序　号	名　称	操 作 要 点
1	合型	1）合型操作与砂型铸造相似 2）为防止铸钢件表面脱碳，可在铸型表面熏一层乙炔炭黑或喷上一层密度为1.2~1.4g/cm³的酚醛树脂乙醇溶液
2	浇注	1）对流动性较好的合金，可在100℃型温下浇注；对流动性较差的合金，需在200℃或更高型温下快速浇注 2）对较厚的铸钢件，可采用氮气保护下浇注，以防止表面脱碳
3	清理	1）一般铸件在200℃以下开型，取出铸件 2）导热性差的合金钢铸件，在清理时避免出型过早，以防止铸件产生裂纹或变形 3）其他清理操作同一般铸造工艺方法

4.4 铸件常见缺陷及防止方法（见表4-23）

表4-23 陶瓷型铸件常见缺陷及防止方法

缺陷名称	产生原因	防止方法
毛刺	1）陶瓷型强度低或浆料“脱液收缩”过大造成陶瓷层开裂，具体原因为 ① 硅酸乙酯水解液配方不正确 ② 水解液存放时间太短或太长 ③ 浆料配比不正确，耐火材料粉中细粉部分过细、过多或硅酸乙酯水解液用量过多	1）提高陶瓷型强度，防止浆料“脱液收缩”过大，防止陶瓷层开裂。具体措施为 ① 严格控制水解液配方及水解工艺 ② 正确选择浆料原材料及配方
	2）起模不合适造成陶瓷层开裂，如 ① 起模过早或过迟 ② 起模前振动不适当	2）起模时间要适当，起模前切忌不适当振动
	3）喷烧工序不当造成陶瓷层开裂，如 ① 脱模后未及时喷烧 ② 喷烧时燃烧不充分，致使陶瓷型内应力过大	3）脱模后立即喷烧并注意燃烧的均匀性
	4）浆料层厚薄不均匀或背衬耐火材料尺寸稳定性差引起陶瓷层开裂	4）陶瓷层厚薄应均匀，所选用的背衬耐火材料尺寸稳定性要好
铁豆	陶瓷浆料中含气，灌浆时气体没有完全逸出，具体原因包括 1）硅酸乙酯水解液黏度过大 2）浆料配方不合适，耐火粉料过多、过细 3）催化剂与水解液反应生成气体 4）浆料加料次序不正确，结胶时间过短 5）灌浆时砂底套未开设排气孔	减少陶瓷浆料中含气量，灌浆时尽量让气体逸出，如 1）严格控制水解液黏度 2）选择合适的浆料配方和耐火材料粒度 3）合理选择催化剂，防止与水解液反应 4）采用正确的加料次序混制浆料 5）灌浆时或灌浆前对浆料进行抽真空或微振，以去除气体 6）砂衬套要开设出气孔
尺寸超差	1）母模尺寸精度达不到要求或铸造收缩率选择不当	1）正确选择母模材质，控制尺寸精度，准确选择铸造收缩率
	2）陶瓷型有裂纹和变形，造成尺寸不准确，具体原因如下 ① 水解液质量不佳 ② 浆料质量不佳 ③ 起模时间不合适，起模操作不当 ④ 起模后没有立即喷烧 ⑤ 背衬耐火材料尺寸稳定性差 ⑥ 陶瓷浆料层各处厚度不均匀	2）防止陶瓷型裂纹和变形，保证陶瓷型尺寸精度，如 ① 严格控制水解液成分、水解工艺和停放时间 ② 严格控制浆料中各种原材料配比和混制工艺 ③ 起模时间要合适，起模前切忌振动 ④ 起模后立即喷烧 ⑤ 背衬用尺寸稳定性好的耐火材料 ⑥ 陶瓷层各处厚度应尽量均匀
	3）浇注和开箱工艺不合理，影响陶瓷型尺寸	3）浇注和打箱工艺应合理，如 ① 对精度要求高的铸钢件，要在氮气保护下浇注或采取其他措施 ② 对导热性能差的合金钢铸件，打箱应晚些，以防止开箱太早使铸件变形

（续）

缺陷名称	产 生 原 因	防 止 方 法
铸件表面粗糙	1）母模表面粗糙	1）保证母模表面质量
	2）分型剂选择不当	2）正确选择分型剂
	3）陶瓷型表面粗糙，如 ① 水解液质量不佳，黏度过大 ② 浆料质量不好，流动性差 ③ 起模不当造成陶瓷型表面质量不佳 ④ 起模后未及时喷烧	3）保证陶瓷型表面质量，如 ① 严格控制水解配方、工艺及停放时间，防止水解液黏度过大 ② 严格控制浆料用原材料质量、配方及混制工艺 ③ 正确选择灌浆时间 ④ 正确掌握起模时间 ⑤ 起模前切忌振动 ⑥ 起模后立即喷烧
	4）浇注工艺不合理	4）浇注时陶瓷型温度、金属液浇注温度和压头应稳定、合理。对一些易氧化的合金应在保护气氛下浇注

4.5　参考工艺及讨论

一般意义上，陶瓷型铸造指利用母模翻制铸型，铸型整体或与金属液接触部分采用陶瓷浆料固化成型，通过分型取模、合型浇注的方式获得铸件。与石膏型铸造类似，陶瓷型铸造除了采用起模法得到铸型空腔外，也可以采用熔模法。陶瓷型或壳（涂层）制备与脱模方式的不同组合会衍生出不同的铸造工艺方法。

同样采用起模法得到具有致密涂层型腔的工艺有非占位涂料造型（芯）工艺。该工艺是将涂料直接涂覆在模样或芯盒表面，然后填砂、紧实、硬化，涂料层和型（芯）砂结合为一体形成铸型（芯），其中涂料层构成型（芯）表面，并直接由模样或芯盒型腔的形状复印而成。图 4-9 所示为一种非占位涂料制芯工艺 Komatsu-Yamanishi 法（简称 K-Y 法）；图 4-10所示为非占位涂料造型工艺。

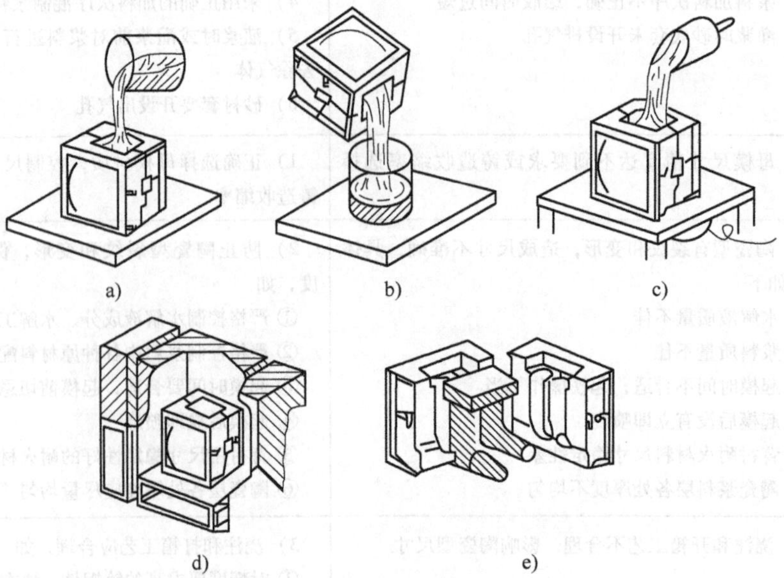

图 4-9　K-Y 法制芯

a）灌涂料　b）仅保留薄的涂层，倒出多余涂料　c）加入芯砂　d）硬化，涂层与芯体结合　e）取出型芯

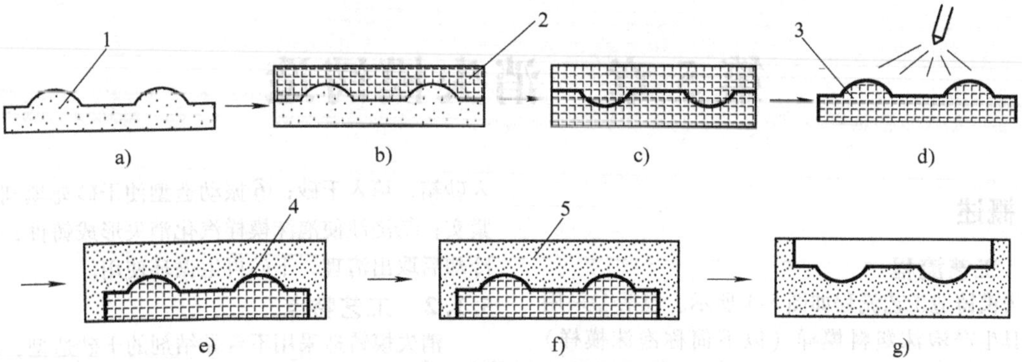

图4-10　水玻璃自硬砂非占位涂料造型工艺

a）石膏原型　b）翻制硅橡胶凹模　c）翻制硅橡胶凸模　d）在硅橡胶原型上喷涂料
e）水玻璃砂造型　f）水玻璃砂吹二氧化碳硬化　g）吸盘脱模
1—石膏原型　2—硅橡胶凹模　3—硅橡胶凸模　4—涂料层　5—水玻璃砂衬

非占位涂料制备的涂层薄，在起模或脱芯时容易损坏，因此需要解决好起模问题，表4-24列出了几种减少涂层破坏的方法。

表4-24　减少涂层破坏的方法

方　法	说　明
过渡模法	在模样上制作软的过渡模（如硅橡胶模），然后在软模上进行非占位涂层及铸型的制备，软的过渡模易于取模（见图4-10）
模样分块	整体模样难以取出时，可采用分块的模样，减少取模距离
组芯造型	利用非占位涂料技术制备型芯，然后组合为铸型，降低取模造成涂层破坏的风险
起模机构	设计专用的起模机构，实现平稳起模

合理选择脱模剂和提高涂层与砂型的结合强度也是保证非占位涂料技术成功实现的重要环节。

对于形状复杂，取模困难的陶瓷铸型，可以使用硅橡胶复制铸型的原型（实物或通过包括增材制造在内的加工方式获得）得到母模，再用该母模制备陶瓷铸型。硅橡胶具有好的受迫变形能力，从而克服局部脱模难题。

采用熔模法则消除了分型取模对复杂结构的限制和精度损失，是陶瓷型铸造和熔模铸造的复合工艺。熔模既可以使用蜡模，也可以使用增材制造工艺制得的光敏树脂模或其他可烧失的高分子材料模。对于结构复杂的陶瓷铸型，则既需要浆料有好的流动性，又要求固化后的铸型在熔模、焙烧、浇注等高温加热过程中有好的抗开裂能力。二者之间常有矛盾，需要在浆料配置及工艺中加以优化。

在陶瓷浆料的黏结剂使用上，除了常用的水解硅酸乙酯外，也有采用硅溶胶、磷酸盐（如正磷酸铝，偏磷酸铝，磷酸二氢铝）等水基黏结剂。应根据不同黏结剂的硬化机理调整陶瓷铸型的成型工艺。

参 考 文 献

[1] 耿鑫明，吕志刚，姜不居．特种铸造生产工艺及装备［M］．北京：机械工业出版社，2011.

[2] 中国铸造协会．新编铸造技术数据手册［M］．北京：机械工业出版社，2012.

[3] 王钊，卢德宏，蒋业华，等．陶瓷型精密铸造的现状及发展方向［J］．铸造技术，2011（9）：1324－1327.

[4] 张正彬，张勇．精密齿坯陶瓷型模制备试验研究［J］．硅酸盐通报，2019（3）：766－770.

[5] 荆慧，鲁中良，苗恺，等．凝胶注模空心叶片氧化铝基陶瓷铸型的中温强度［J］．材料工程，2015（4）：1－7.

[6] 吴海华，黄川，刘富林，等．复杂精密铸件整体式陶瓷铸型间接自由成形工艺［J］．铸造技术，2015（2）：480－484.

第 5 章　消失模铸造

5.1　概述

5.1.1　工艺流程

消失模铸造工艺流程如图 5-1 所示。包括①采用发泡模具生产泡沫塑料模样（以下简称泡沫模样）或浇注系统；②将模样和浇道粘接成模束模组；③在模束模组上浸挂水基涂料；④烘干涂料；⑤将模组放入砂箱，填入干砂；⑥振动造型使干砂充填到内腔并紧实；⑦浇注使泡沫模样汽化消失形成铸件；⑧铸件冷却后取出清理，干砂再生循环使用。

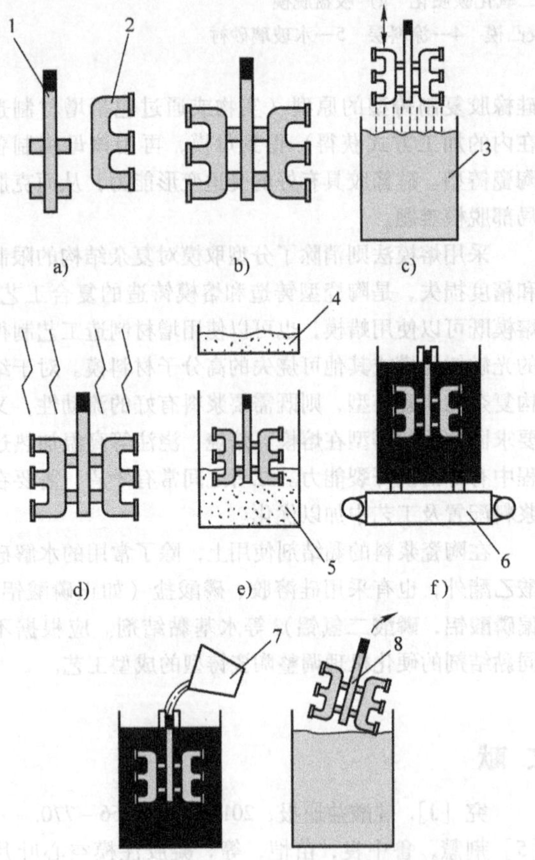

图 5-1　消失模铸造工艺流程

a）模样与浇道　b）模组粘接　c）浸挂涂料
d）涂料干燥　e）填充干砂　f）振动紧实
g）浇注　h）铸件清理
1—泡沫浇道　2—泡沫模样　3—涂料桶　4—干砂斗
5—砂箱　6—振动台　7—浇包　8—铸件

5.1.2　工艺特点

消失模铸造采用不含黏结剂的干砂造型，浇注时泡沫塑料模不取出，铸型为非空腔，这是消失模的典型特性，由此带来该工艺的优缺点。

消失模铸造工艺的优点：

1）与砂型铸造比，尺寸精度高，表面质量好。铸件尺寸公差等级可达 DCTG6 ~ DCTG9，表面粗糙度值 $Ra=6.3\sim50\mu m$。

2）可不使用型芯形成铸件内腔，降低了成本。

3）无须取模，为铸件设计和铸造工艺提供了更大的自由度。

4）型砂不含黏结剂，铸件清砂容易，降低了劳动强度。干砂易回用，降低固体废弃物排放，有利于环保。

消失模铸造工艺的缺点主要体现在泡沫塑料模热解产物对铸件质量的影响方面，面对由此带来的铸铁件表面碳缺陷和铸钢件增碳及渣孔等缺陷，需要采取有针对性的工艺措施。另外，对泡沫塑料的热解产物气体排放需要进行环保处理。

5.1.3　典型产品（见表 5-1）

5.1.4　铸件结构特点

1）因为不受取模限制，消失模铸件结构具有更大的自由度，如图 5-2 所示。铸件上很多特征都可以通过消失模铸造工艺的方法直接铸造成形。

2）消失模铸件可以在白模中直接进行镶嵌操作，如图 5-3 所示。

3）多个铸件可以集合为一个铸件，整体铸造成形，如图 5-4 所示。

4）无须为起模设计的起模斜度，壁厚均匀，减轻了铸件重量。

5）不使用砂芯，消除与砂芯有关的飞翅、毛刺等缺陷。

6）结合工艺需要，设计师应为浸涂、烘干、型砂充填以及后续清理工序设计必要的工艺孔。

表5-1 消失模铸造典型产品

类别	典型产品
工程机械配件	变速箱壳体、变矩器壳体
农机行业	各类变速箱箱体，托架、车桥、配重
重卡行业	变速箱壳体、离合器壳体、飞轮壳、差速器壳体、减速器壳体
机床行业	车床、钻床、铣床、磨床等机床的床身铸件
注塑机、压铸机行业	注塑机、压铸机的机身、连杆
球墨铸铁管件	各类承盘、插管、三通、法兰、弯头
阀门行业	普通水力行业用球铁闸阀、蝶阀，电力、冶金、石化行业用高压铸钢阀门
水泵行业	深井泵、多级泵，双开泵等各类水泵的泵壳以及叶轮
电动机行业	Y2系列的立卧电动机以及防爆系列的电动机机壳
耐热件	用于钢厂烧结炉用的炉箅条、垃圾焚烧电厂的炉排、热处理用的料盘、电厂锅炉用的喷煤嘴
耐磨件	各类挖掘机用的斗齿，水泥搅拌机的叶片，破碎机的衬板、锤头
缸体缸盖	各种类型的单缸机、多缸机缸盖
铁路配件	铁路用预埋铁座、铁垫板
减速机箱体	单级、多级减速机箱体
汽车覆盖件模具	模具毛坯铸件
铸铝件	重卡的变速箱壳体、离合器壳体、缸盖罩，游艇发动机机体，空压机的涡卷，以及新能源汽车的水冷电机壳体

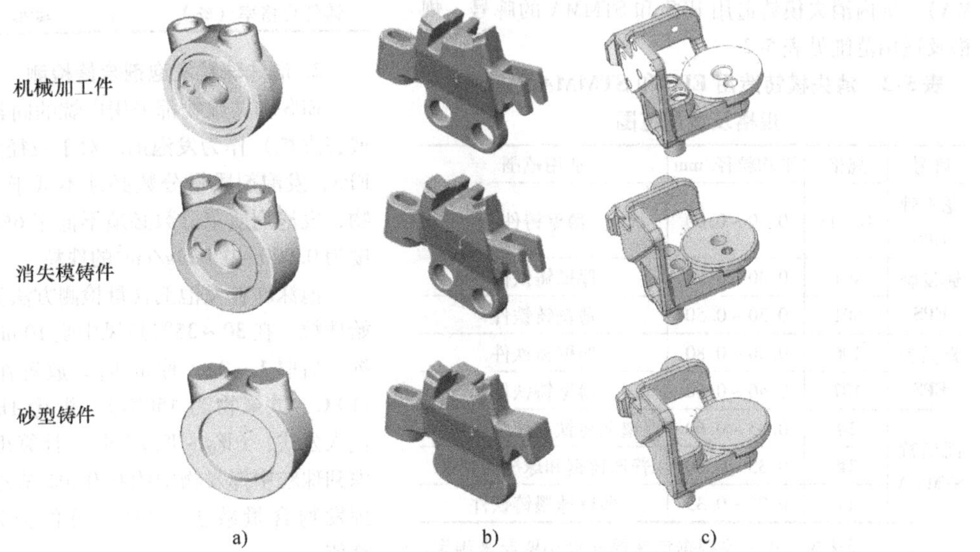

图5-2 机械加工件、消失模铸件与传统砂型铸件之间的比较

a）阀门端盖 b）电力金具 c）汽车支架

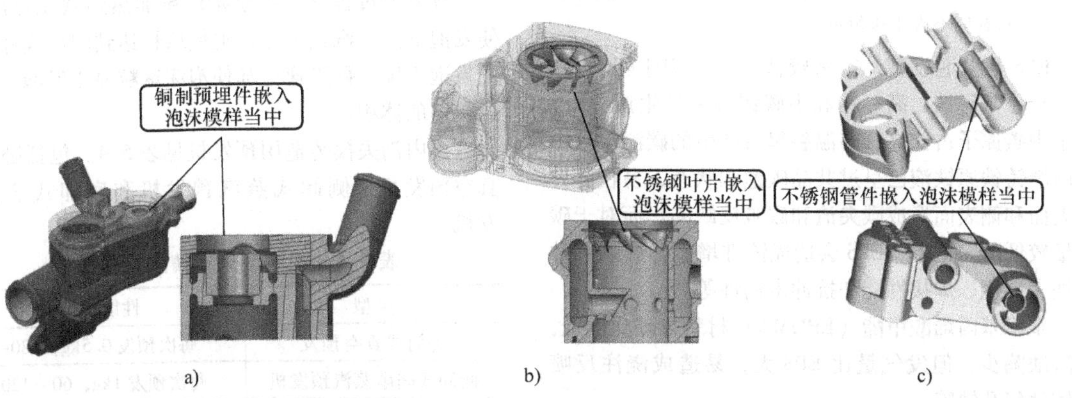

图5-3 在消失模铸造的泡沫模样中镶嵌预埋件，后续整体铸造成形

a）齿轮油泵 b）液冷风扇 c）汽室支架

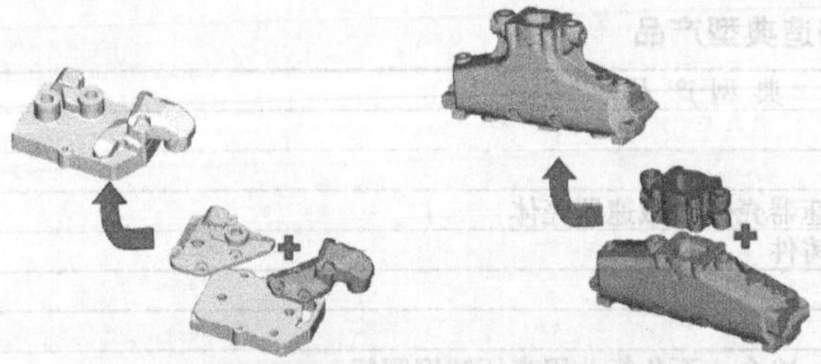

图 5-4　原本分为两个产品单独铸造成形，在消失模铸造工艺中整体铸造成形

5.2　泡沫模样制作

5.2.1　泡沫原料种类与检测

1. 泡沫原料种类

消失模铸造用泡沫珠粒有聚苯乙烯（EPS）和苯乙烯与甲基丙烯酸甲酯（EPMMA）的共聚物（STMMA）。国内消失模铸造用 EPS 和 STMMA 的牌号、规格及适用范围见表 5-2。

表 5-2　消失模铸造用 EPS 和 STMMA 的牌号、规格及适用范围

牌号	规格	平均粒径/mm	适用范围
龙王牌 EPS	G－4s	0.30～0.60	薄壁铸件
锡发牌 EPS	401	0.40～0.70	厚壁铸铁件
	501	0.30～0.50	薄壁铸铁件
嘉昌牌 EPS	106	0.50～0.80	厚壁铸铁件
	107	0.40～0.60	薄壁铸铁件
凯斯特 STMMA	2#	0.45～0.60	厚壁灰铸铁和球墨铸铁件
	3#	0.35～0.50	普通铸钢和球墨铸铁件
	4#	0.25～0.35	薄壁球墨铸铁件

注：选择珠粒大小主要根据泡沫模样最小壁厚来确定，消失模铸造要求珠粒的平均粒径应小于铸件最小壁厚的 1/10。例如，铸件最小壁厚为 5mm，则珠粒粒径应不大于 0.5mm。

EPS 易发泡成型，价格较低，广泛用于铝合金、铜合金、灰铸铁、高锰钢和中碳钢等铸件生产。EPS 分子中碳原子占比高，高温裂解后产生的碳渣多。由于球墨铸铁原铁液已呈过共晶碳饱和状态，易在铸件上表面和侧表面形成碳夹渣和碳皱皮缺陷。而对于碳含量较低的铸钢件，EPS 会造成铸件增碳，影响铸件的加工性能、焊接性能和抗冲击韧性等。

聚甲基丙烯酸甲酯（EPMMA）材料含碳比例低，碳渣缺陷少，但发气量比 EPS 大，易造成浇注反喷和铸件气孔缺陷。

EPS 与 EPMMA 的共聚物 STMMA 既可减少碳缺陷，又能降低发气量，已成功应用于消失模球墨铸铁和铸钢生产中。

EPS 与 STMMA 的应用性能和应用成本对比见表 5-3。

表 5-3　EPS 与 STMMA 的应用性能和应用成本对比

对比项目	EPS	STMMA
碳的质量分数（%）	92	69.6
适用范围	铝合金、灰铸铁和普通碳钢件	球墨铸铁和低碳钢件
预发密度/(g/cm³)	0.018～0.022	0.020～0.024
预发珠粒保存期/d	1～2	2～5
每吨铸件消耗泡沫珠粒重量/kg	3.4～3.8	3.6～4.0
铸铁件表面碳缺陷	厚件明显	不明显或无
铸钢件增碳量（质量分数）（%）	>0.2～0.3	≤0.2
铸件合格率（%）	≤90	≥95

2. 泡沫珠粒发泡剂含量检测

EPS 和共聚物都采用戊烷的同素异构体（异戊烷或正戊烷）作为发泡剂。对于粒径为 0.3～0.5mm 的 EPS，发泡剂质量分数必须不低于 5.5%；对于共聚物，发泡剂质量分数必须不低于 6%，才能预发出密度为 0.020～0.023g/cm³ 的珠粒。

泡沫珠粒发泡剂含量检测方法为：取 10～20g 原始珠粒，在 30～35℃热风中吹 10min，使其表面水分挥发后取 1－2g，称量 W_0，放置在烘箱内（EPS 为 110℃，共聚物为 150℃），烘烤 1h，称其重量 W_t。代人公式：$(W_0-W_t)/W_0$，计算出挥发物含量。考虑到珠粒中挥发物中约有 0.5% 苯乙烯单体存在，将挥发物含量减去 0.5%，可作为发泡剂含量的估算值。

5.2.2　预发泡

预发泡过程就是将原始珠粒加热到软化点以上，使发泡剂急速汽化膨胀，迫使珠粒达到泡沫模样所需的发泡密度，再迅速冷却使泡沫珠粒停止发泡，保持预发后的体积。

国内消失模铸造用预发机见表 5-4。包括卧筒式真空预发机、侧卸式蒸汽预发机和底卸式蒸汽预发机。

表 5-4　国内消失模铸造用预发机

类型	性能指标
卧筒式真空预发	每次预发 0.5kg，180s
侧卸式间歇蒸汽预发机	每次预发 1kg，60～120s
底卸式蒸汽预发机	每次预发 0.5kg，60s

真空预发机是利用双层卧筒内的蒸汽或热油加热

筒壁，珠粒在筒内搅拌，受热软化，同时在筒内抽真空 20～30s，使真空度达到 60～80kPa。在真空辅助和发泡剂压力的作用下，珠粒开始膨胀。达到密度要求后，向预发机内喷雾冷却，使珠粒定形。卧筒式真空预发机如图 5-5 所示。由于真空预发的泡沫珠粒较干燥，无须干燥处理，但密度不易控制。

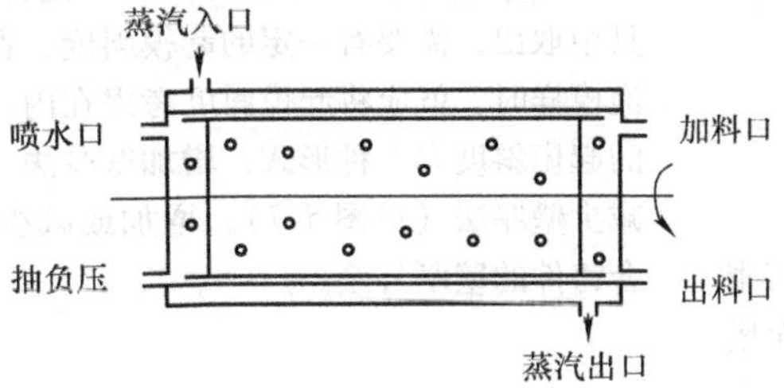

a)

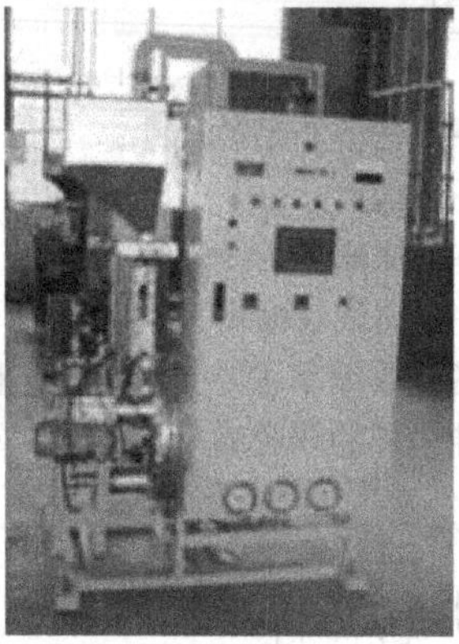

b)

图 5-5　卧筒式真空预发机

a）结构原理　b）设备实物

蒸汽预发是消失模铸造的主流预发工艺，因为蒸汽能迅速均匀加热珠粒使其软化膨胀，并能迅速渗入珠粒内部辅助发泡。蒸汽预发机对预发珠粒料位监控较准确，可控制预发密度。蒸汽预发后的珠粒需在沸腾干燥床上进行干燥处理。蒸汽预发机分为侧卸式蒸汽预发机和底卸式蒸汽预发机，如图 5-6 所示。底卸式蒸汽预发机卸料快速，预发密度均匀，发泡剂损失较少。

a)

b)

图 5-6　蒸汽预发机

a）侧卸式　b）底卸式

EPS 和共聚物因软化点不同，其预发温度和预发蒸汽压力也不一样。表 5-5 列出了不同泡沫原料的预发泡温度、预发蒸汽压力和预发时间的推荐值。

表 5-5　不同泡沫原料的预发泡温度、预发蒸汽压力和预发时间推荐值

泡沫原料	预发泡温度/℃	预发蒸汽压力/MPa	预发时间/s
EPS	90～100	0.020～0.030	20～50
STMMA	95～105	0.035～0.040	30～60

铸件合金不同，其预发的泡沫堆密度也不同，应以预发后珠粒堆密度为验收依据。表 5-6 列出了不同铸件合金材料与预发泡沫堆密度的推荐值。在保证泡沫模样的强度和表面质量前提下，泡沫模样的密度偏低为好。

表 5-6　不同铸件合金材料与预发泡沫堆密度的推荐值

合金	铸钢	铸铁	铸铝
EPS 泡沫堆密度/(g/cm^3)	0.018～0.021	0.019～0.022	0.021～0.024
STMMA 泡沫堆密度/(g/cm^3)	0.019～0.022	0.020～0.023	—

5.2.3　泡沫模样的发泡成型

1. 发泡模具型腔尺寸

基于铸件尺寸，确定机械加工余量、收缩率、脱模斜度等工艺参数，并对泡沫模样的成型工艺进行审定，最终确定发泡模具的型腔尺寸。

（1）铸件机械加工余量　消失模铸造毛坯的机械加工余量为砂型铸造机械加工余量的 30%～50%，不同合金的消失模铸件的机械加工余量见表 5-7。

表 5-7　消失模铸件的机械加工余量

（单位：mm）

铸件最大外轮廓尺寸	铸铝件	铸铁件	铸钢件
≤50	1.0～1.5	2.0～2.5	2.5～3.0
50～100	1.5～2.0	2.5～3.0	3.0～3.5
100～200	2.0～2.5	3.0～3.5	3.0～4.0
200～300	2.5～3.0	3.5～4.0	3.5～4.5
300～500	3.0～3.5	4.0～5.0	4.0～5.0
≥500	3.5～4.0	5.0～6.0	5.0～6.0

（2）收缩率　确定发泡模具的型腔尺寸应将泡沫模样的收缩和铸件收缩都计算在内。模具型腔尺寸与泡沫模样线收缩率和金属线收缩率总和之间的关系用式（5-1）表达：

$$L_{模具}=L_{铸件}\times(1+\varepsilon_{泡沫}+\varepsilon_{金属}) \tag{5-1}$$

式中　$L_{模具}$——泡沫模具型腔尺寸；

$L_{铸件}$——铸件尺寸；

$\varepsilon_{泡沫}$——泡沫模样的线收缩率；

$\varepsilon_{金属}$——金属线收缩率。

泡沫模样的线收缩率主要受泡沫模样材料及其密度的影响。泡沫模样的线收缩率随其密度的降低而增加。对于密度为 0.022～0.025g/cm³ 的泡沫模样，EPS 的线收缩率为 0.3%～0.5%，共聚物的线收缩量一般为 0.2%～0.4%，用共聚物制作的泡沫模样的尺寸稳定性要高于 EPS 泡沫模样。

（3）泡沫模样的起模斜度　泡沫模样从发泡模具中取出，需要有一定的起模斜度，在设计和制造发泡模样时，就应将起模斜度考虑在内。选择泡沫模样的起模斜度有三种形式：增加壁厚法、增减壁厚法和减少壁厚法（见图 5-7）。增加或减少铸件壁厚应符合铸件的壁厚公差。

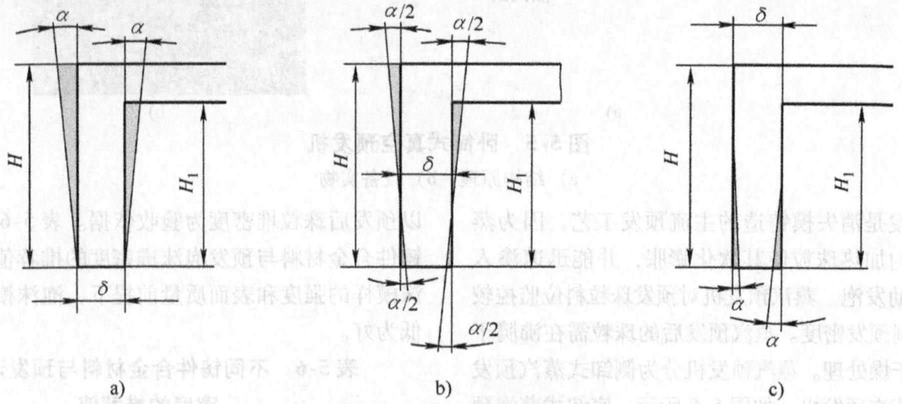

图 5-7　泡沫模样的起模斜度

a）增加壁厚法　b）增减壁厚法　c）减少壁厚法

不同的测量高度 H 与不同的起模斜度 b 和起模角度 α 的对应值见表 5-8。

表 5-8　测量高度与起模斜度（角度）的对应值

测量高度 H/mm	起模斜度 b/mm	起模角度 α
<20	0.5	1°30′
20～50	0.5～1.0	45′～2°
50～100	1.0～1.5	45′～1°
100～200	1.5～2.0	30′～45′
200～300	2.0～2.5	20′～45′
300～500	2.5～3.0	20′～30′

对起模斜度的具体取值应考虑：①泡沫模样在模具中的冷却收缩和干燥收缩，造成凹模易起、凸模难拔的现象，故凸模的起模斜度应大于凹模的起模斜度；②若无辅助取模措施，起模斜度应取大值。采用负压吸模或顶杆推模等取模方法，模具的起模斜度可取小值。

（4）对泡沫模样的工艺审定

1）最小壁厚。国内用于消失模铸造的泡沫材料原始珠粒最小粒径约为 0.3mm，因此泡沫模样的最小壁厚不应小于 3mm。

2）对泡沫模样局部偏厚部位的处理。当泡沫模样的最大壁厚和最小壁厚的比值大于 10 时，成形工艺难以控制。对泡沫模样局部偏厚部位（如壁厚≥50mm），在设计上可采取掏空减厚的办法：先制作掏空结构的泡沫模样，后用另一泡沫件或泡沫盖板将其密封，形成中空结构。图 5-8 所示为中空结构的皮带轮泡沫模样。

3）泡沫模样结构稳定性。对于易变形的板形、薄壁箱体或框架零件，在涂挂涂料、填砂造型以及振动紧实过程中，因泡沫模样的变形，会导致铸件尺寸超差，应采取预防变形的工艺措施。在不影响产品的使用要求和外形美观的前提下，可通过加大过渡圆角、增加局部壁厚、设置加强筋和拉筋等措施来增加泡沫件的结构稳定性。其中，拉筋若不能同泡沫件一起做出，可将泡沫拉筋与泡沫件粘接成整体，如图 5-9所示。清理铸件时，再将拉筋去除。

2. 发泡成型设备的选择

发泡成型设备分为立式成型机、卧式成型机和成型蒸缸设备等。

1）立式成型机。水平分型模具如图 5-10 所示，通常安装在立式成型机上。其特点为：①模具安卸方

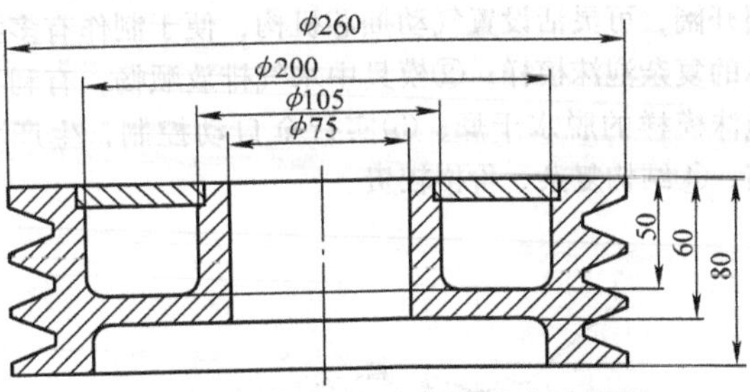

图 5-8　中空结构的皮带轮泡沫模样

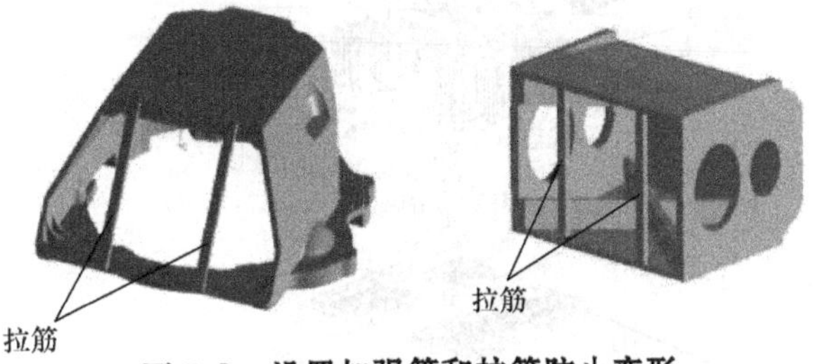

图 5-9　设置加强筋和拉筋防止变形

便；②模具内便于安放嵌件（或活块）；③易于手工取模；④占地面积小。立式成型机分为简易立式成型机和自动控制立式成型机。简易立式成型机因其价格低，被许多消失模铸造企业选择用来生产不太复杂的泡沫模样，如图 5-11 所示。

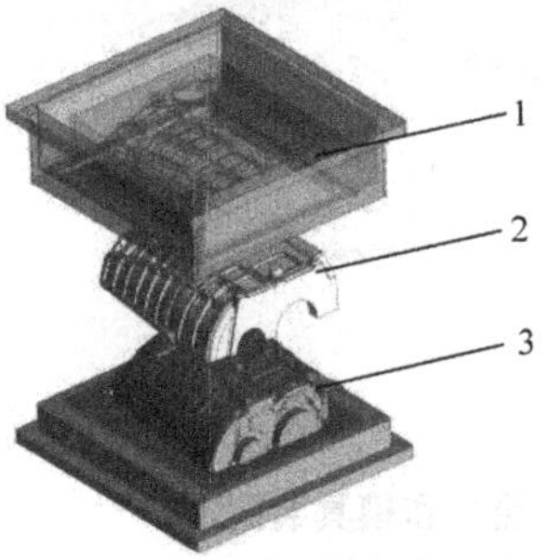

图 5-10　水平分型模具

1—凹模　2—泡沫模样　3—凸模

图 5-11　简易立式成型机

消失模铸造专用的自动控制立式成型机，可实现自动进料和自动控制成型程序。表 5-9 列出了国内消失模铸造用自动控制立式成型机的主要型号及相关参数。

表 5-9　国内消失模铸造用自动控制立式成型机的主要型号及相关参数

型号	最大装模尺寸（长/mm）×（宽/mm）
SJ-CX-1210 单丝杆成型机	1200×1000
SJ-CX-1512 双丝杆成型机	1500×1200
JS-C-1514 双丝杆成型机	1500×1400
JS-C-1715 双丝杆成型机	1700×1500

半自动立式成型机又细分为两类（见图 5-12）：①下模型板固定，上模型板上下开合，从上模侧面多个料枪同时射料，如图 5-12a 所示；②上模型板固定不动，下模型板开合，完成合模和取泡沫模样，从上模顶面实现多个料枪同时进料，如图 5-12b 所示。

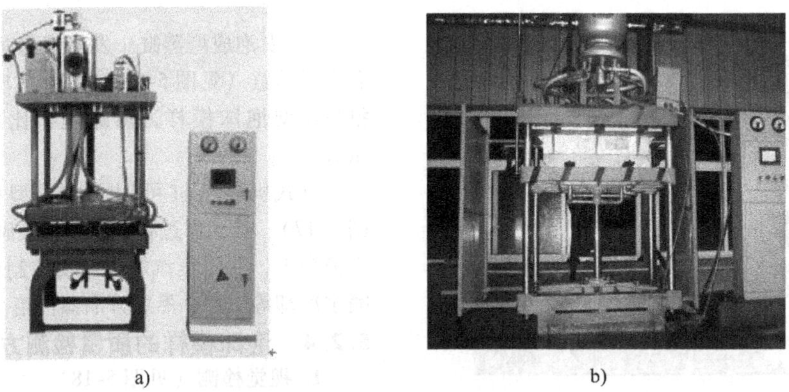

图 5-12　半自动立式成型机

a）上模开合、上模侧面进料　b）下模开合、上模顶面进料

美国 Vulcan 公司的全自动立式成型机及四缸缸盖模片模具照片和模具装配如图 5-13 所示。

2）卧式成型机。图 5-14 所示为德国 Teubert 公司的卧式成型机。卧式成型机的开模方式为垂直分型，如图 5-15 所示。其特点为：①模具前后上下空间开阔，可灵活设置气动抽芯机构，便于制作有多抽芯的复杂泡沫模样；②模具中水气排放顺畅，有利于泡沫模样的脱水干燥；③实行全自动控制，生产率高；④结构复杂、价格较贵。

a)　　b)

图 5-13　全自动立式成型机及四缸缸盖模片模具照片和模具装配图

a）全自动立式成型机及四缸缸盖模片模具照片　b）四缸缸盖模片模具装配图

1—吸料管　2—射料枪　3—上汽室框　4—上模具框　5—上模具块　6—下模具块　7—下汽室框　8—下模底板　9—冷却水管

图 5-14　德国 Teubert 公司的卧式成型机

3）发泡成型蒸缸。发泡成型蒸缸分为卧式蒸缸和立式蒸缸（见图 5-16）。发泡成型蒸缸适合生产小批量小型泡沫模样。蒸缸成型比成型机的耗蒸气量大。

立式机械蒸缸可用立式成型机改造而成（见图 5-17）。其工作过程如下：将数副模具放入成型机定模台上，关闭蒸汽箱，启动控制程序，完成加热、喷水冷却等工序；然后开启蒸汽箱，手工起模。

5.2.4　泡沫模样的质量检测方法

1. 视觉检测（见图 5-18）

2. 使用仪器进行检测（见图 5-19 和图 5-20）

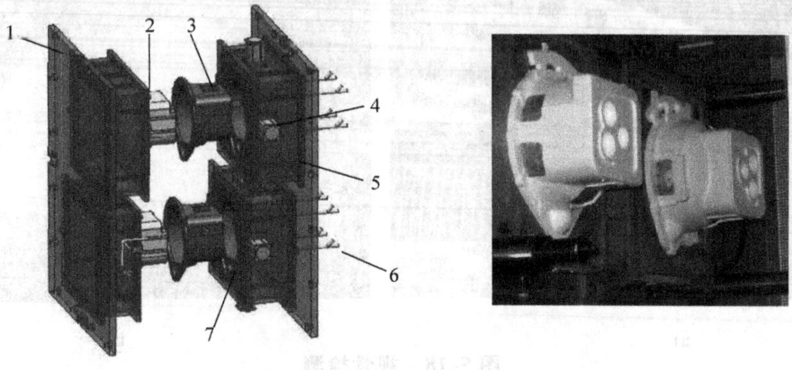

图 5-15　垂直分型模具与模具实物（凸模）

1—凸模底板　2—凸模　3—泡沫模样　4—抽芯气缸　5—凹模底板　6—射料枪　7—凹模模具

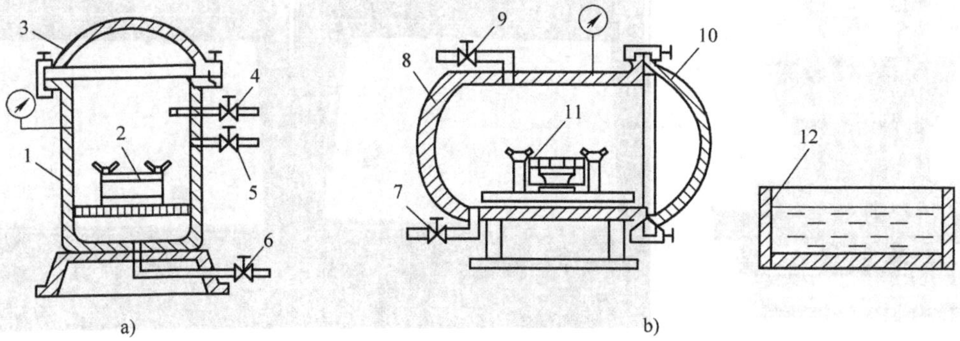

图 5-16　发泡成型蒸缸

a）立式蒸缸　b）卧式蒸缸

1、8—缸体　2、11—模具　3、10—缸盖　4—进水阀　5、9—进气阀　6—排水阀　7—排气阀　12— 冷却水

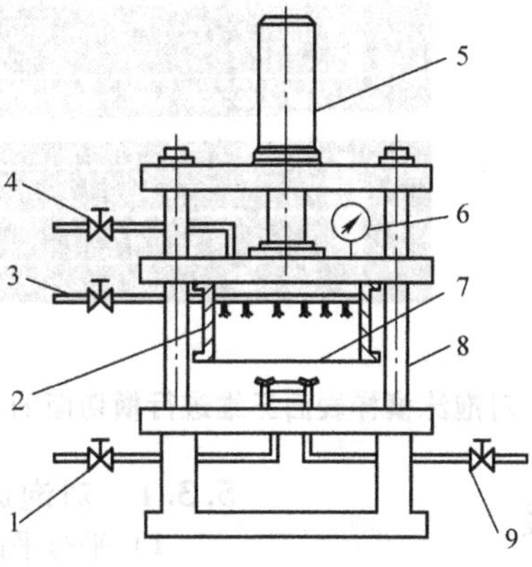

图 5-17　立式机械蒸缸

1—进汽阀　2—蒸汽箱　3—冷却水管　4—排气阀　5—液压缸　6—压力表　7—模具　8—导杆　9—排水阀

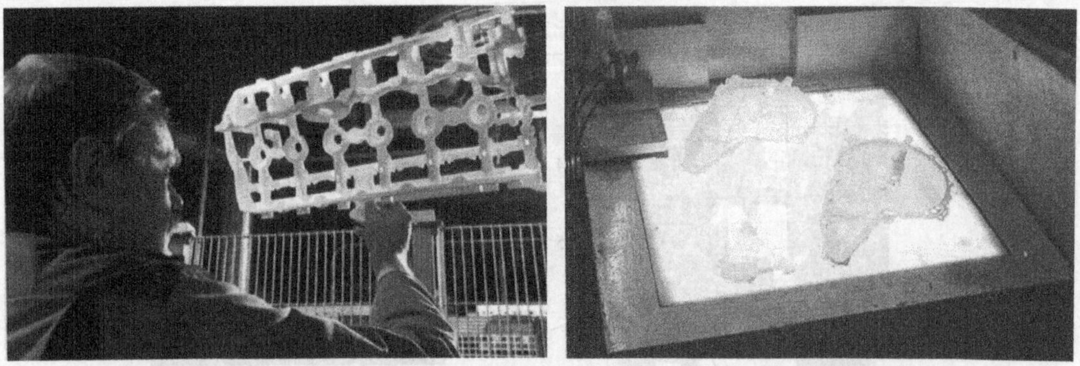

a)　　b)

图 5-18　视觉检测

a）泡沫模样的视觉检测　b）放在背光灯下进行检测

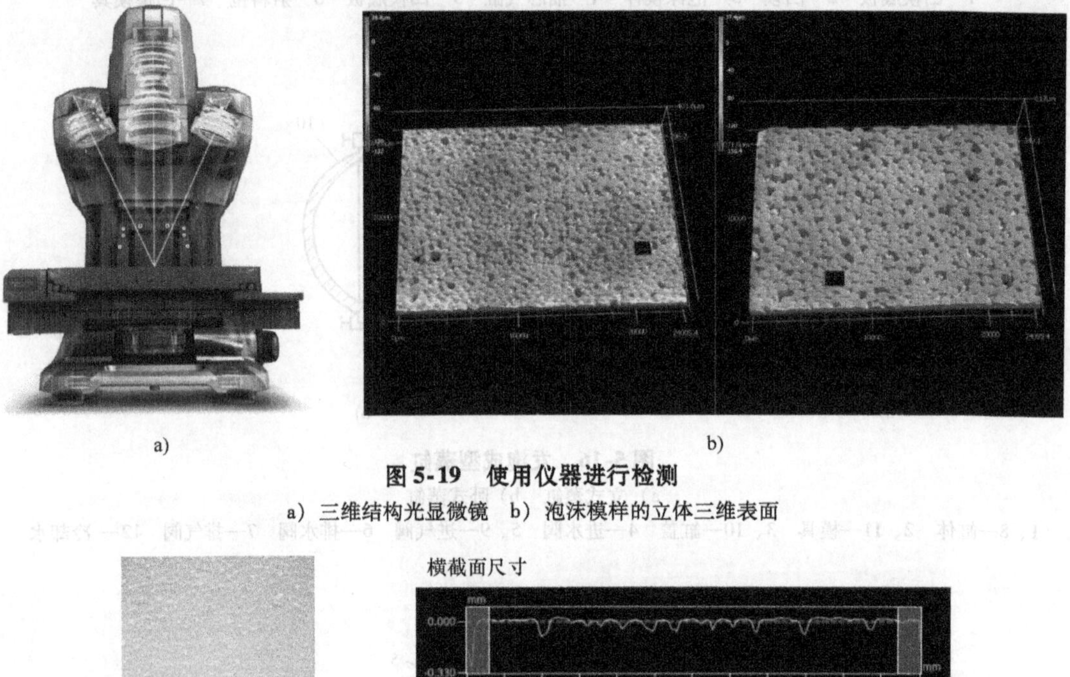

a)　　b)

图 5-19　使用仪器进行检测

a）三维结构光显微镜　b）泡沫模样的立体三维表面

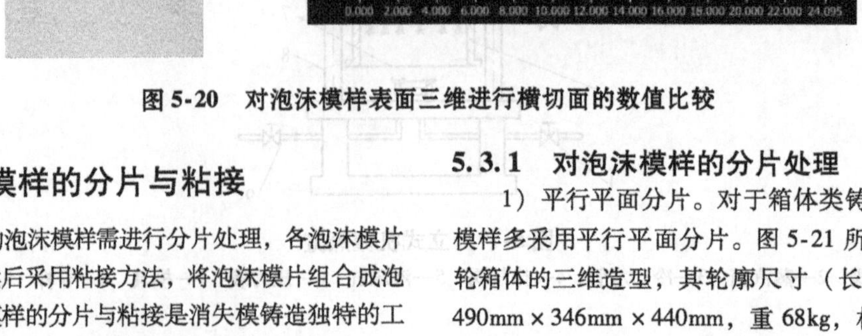

图 5-20　对泡沫模样表面三维进行横切面的数值比较

5.3　泡沫模样的分片与粘接

对于复杂的泡沫模样需进行分片处理，各泡沫模片用模具成型；然后采用粘接方法，将泡沫模片组合成泡沫模样。泡沫模样的分片与粘接是消失模铸造独特的工艺环节，充分体现了消失模铸造自由设计的灵活性。

5.3.1　对泡沫模样的分片处理

1）平行平面分片。对于箱体类铸件，对其泡沫模样多采用平行平面分片。图 5-21 所示为拖拉机齿轮箱体的三维造型，其轮廓尺寸（长 × 宽 × 高）为 490mm × 346mm × 440mm，重 68kg，材质为 HT250，平均壁厚为 6.5mm。箱体四面有众多突台和法兰，两块隔板将铸件分为3个内腔。用3个平行截面将箱体分为4个模片（见图5-22），方便泡沫塑料模具设计和泡沫模样成型。

2）非平行平面分片。对于缸体类复杂铸件，需采用非平行截面完成泡沫模样的分片。图5-23所示为两缸缸体的泡沫模样，a—a—a为垂直分片线，b—b—b为水平并带有折线段的分片线，将泡沫模样分为3个模片。

图5-21　箱体的三维造型

图5-22　用3个平行截面将箱体分为4个模片

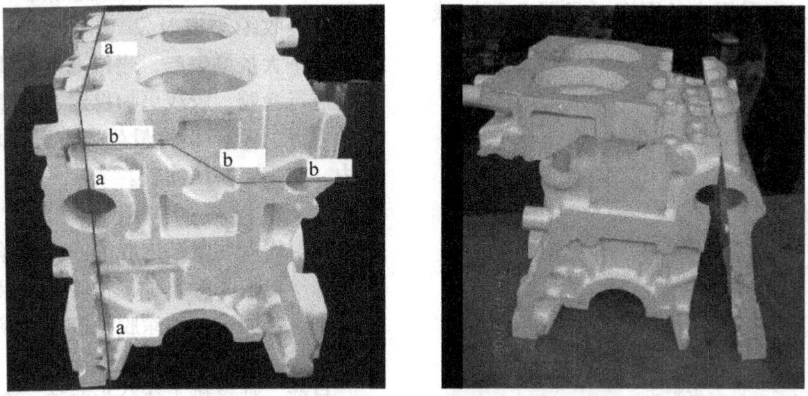

图5-23　两缸缸体泡沫模样分为3个模片

3）曲面分片。对于缸盖类复杂铸件，要对其泡沫模样进行曲面分片。图5-24所示为美国GM公司四缸缸盖分为5个模片，分模面均为非平面。

铸件越复杂，泡沫模样的分片越多，所需模具数量也越多，粘接工序也会更复杂，泡沫模样所用的黏结剂也会增多，从而影响到铸件的尺寸精度和内在质量。因此，在模样分片和模具设计中应尽能减少分片数量。

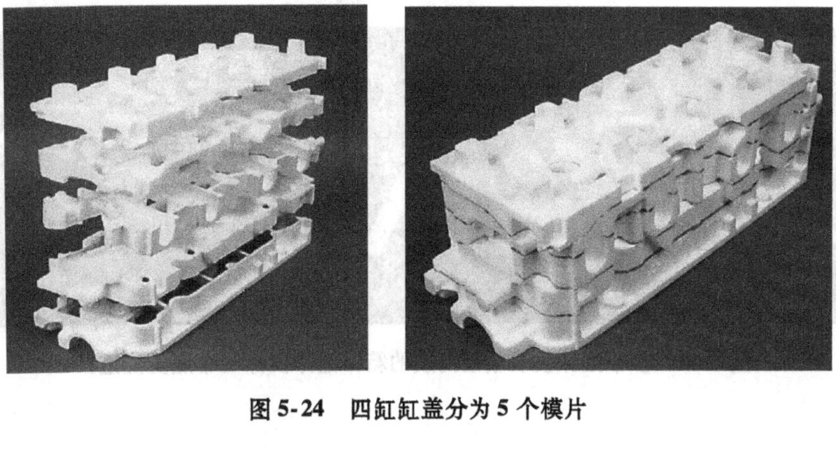

图5-24　四缸缸盖分为5个模片

5.3.2　黏结剂

泡沫模样用黏结剂应符合以下要求：①对泡沫模样无腐蚀作用，粘接后固化速度较快，有足够的常温强度；②不流淌，胶缝不会收缩凹陷而影响泡沫模样的胶缝质量和粘接强度；③在60℃左右的烘房中黏结剂不软化而失去强度，造成胶缝开裂或浇口断裂；④黏结剂分解汽化温度低，发气量低，灰分少。

目前，消失模铸造用黏结剂分为三种：热熔胶、醇基胶及水基胶。

1）热熔胶。热熔胶多为粘接浇道系统或热胶粘接机使用，优点是凝固时间短，粘接性能好。热熔胶粘接时黏度要低、不拉丝，粘后强度好，胶缝不开裂。热熔胶的粘接温度最佳范围为125－130℃，温度太高会烫坏泡沫模样，温度太低使黏度大而影响粘接质量。手工粘接多用热熔胶棒，通过可调温热胶枪（见图5-25）对泡沫模样小部位进行粘接。一般对白模易变形的部位，也采用木条固定（见图5-26）或纤维棒加固，通常也采用热熔胶进行粘接固定。

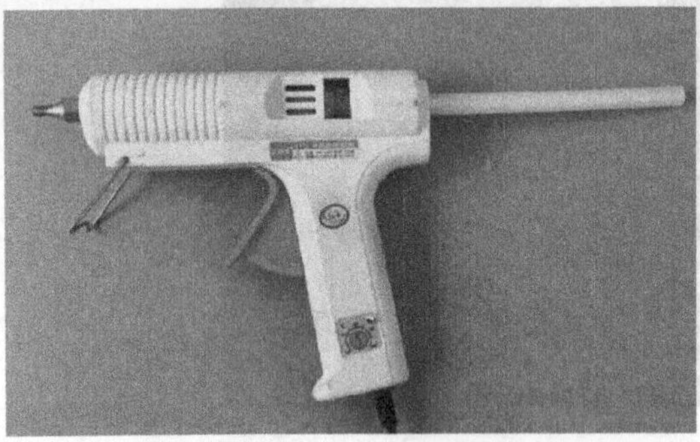

图5-25　可调温热胶枪

2）醇基胶。醇基胶的优点是易操作、黏度高、凝固时间短、价格便宜。醇基胶的溶剂为乙醇，固化时会因乙醇挥发造成体积收缩，导致粘接胶缝出现裂缝，影响粘接强度，也会造成涂料渗透到粘接缝中而影响铸件的气密性和强度。因此，在粘接缝上需涂抹修补膏或用美纹纸封闭。醇基胶特别适合手工粘接单件或小批量泡沫模样。图5-27所示为由数控加工的多个泡沫模片粘接而成的箱体泡沫模样。

图5-26　固定木条

3）水基胶。水基胶的优点是不滴淌、粘接强度好、胶缝收缩小以及发气量低；缺点是固化时间较长。对于大批量生产，建议采用水基冷胶配合冷胶粘接机进行涂胶，胶线更加稳定，胶缝更加平整，如图5-28所示。对于小批量生产，可以将胶装到软塑料瓶中，靠手工挤压涂胶。

5.3.3　粘接机的应用

相对于一些复杂内腔的泡沫模样，如缸体、缸盖以及水冷电机壳等，手工粘接无法保证粘接胶缝质量和效率，需通过自动涂胶粘接机来保证粘接精度和生产率。

目前，粘接机主要分为两种：冷胶粘接机和热胶粘接机，如图5-29所示。

1）冷胶粘接机。冷胶粘接机应用范围广，主要优点是工装简单、更换简便、合模胶缝好调整。冷胶粘接机是通过气压将冷胶从压力桶挤出，出胶阀针头沿着泡沫模样粘接面的边沿进行涂胶，如图5-30所示。

图5-27　多个泡沫模块粘接而成的箱体泡沫模样（带底浇浇道）

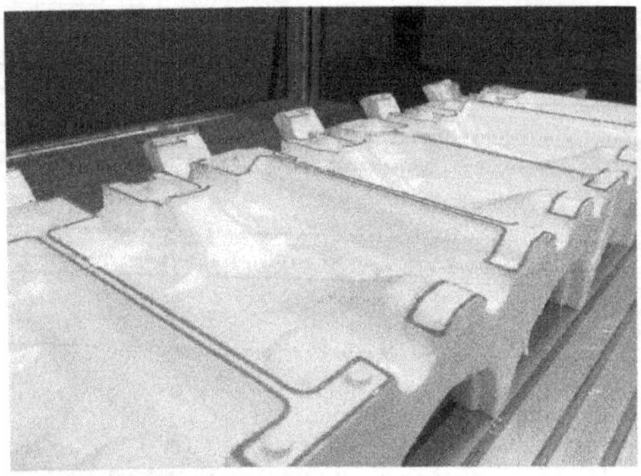
a)

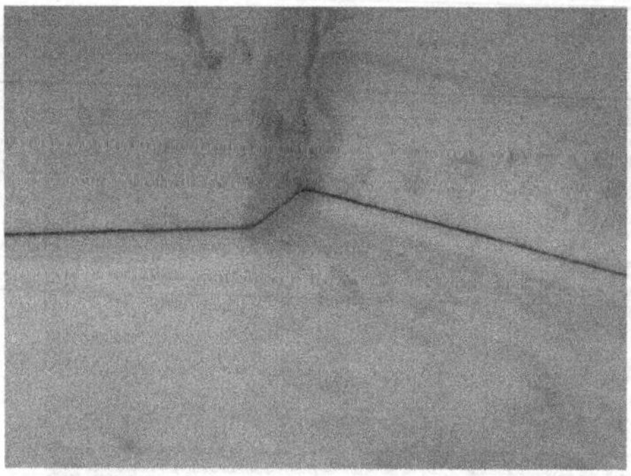
b)

图5-28　水基胶胶线

a）涂胶胶线　b）合模后的胶线

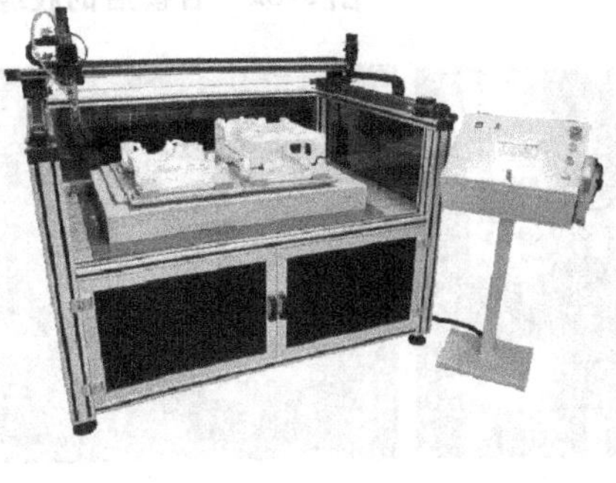
a)

b)

图5-29　冷胶粘接机和热胶粘接机

a）冷胶粘接机　b）热胶粘接机

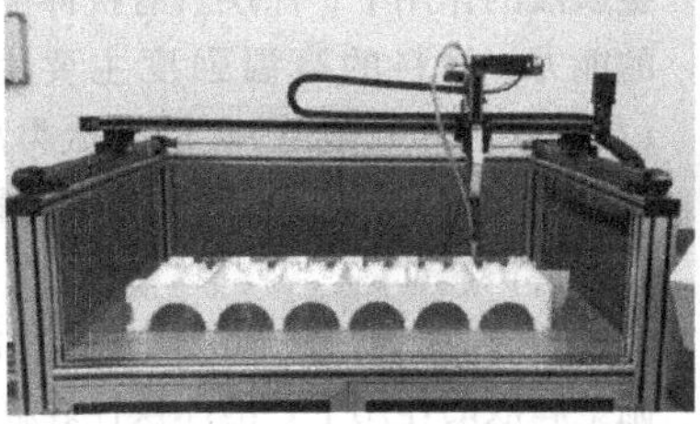
a)

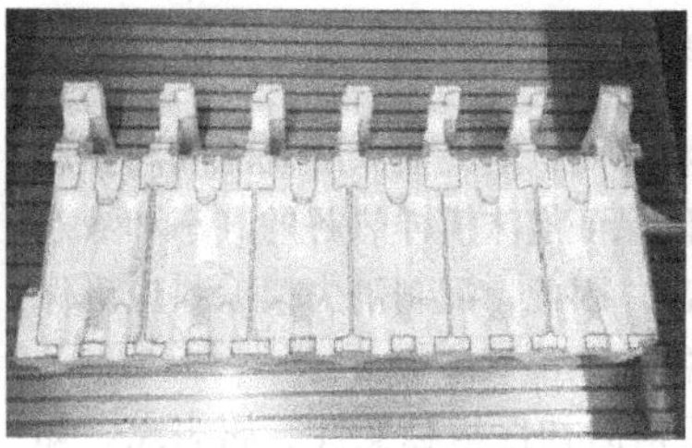
b)

图5-30　冷胶粘接机涂胶及胶线

a）涂胶　b）胶线

由于出胶阀与白模不直接接触，所以一般木制或简易铝型材框架即可作为定位模片工装使用，如图5-31所示。对于各种复杂截面粘接冷胶粘接机的优势尤为明显，合模后的胶线十分均匀，胶缝宽度≤1mm，胶缝厚度≤1mm，如图5-32所示。

冷胶粘接机的不足之处：①冷胶的固化时间较长；②对白模尺寸要求高。

2）热胶粘接机。热熔胶具有粘接速度快、初粘强度高的优点，适合大批量单一品种。通过印胶版将热熔胶均匀涂到泡沫模片的粘接面上，并靠上下工装实现快速精确合模，以保证粘接质量，如图5-33所示。

整个工作过程是：将模片放置在工装上模和下模中，上模翻转后移至胶池上方，胶池中的印胶版上升与模片粘接面接触，上模前移，下模上升，两片白模粘接在一起。由于热胶凝固时间短，上下合模时对白模和工装精度要求比较高，粘接效率也特别高。

热胶粘接机的不足之处：①不适用于起伏较大的折线面或曲线面的粘接，因为热粘胶在印胶版的斜坡面上易流淌，影响对应部位的粘接强度；②热粘接机耗电量较大，烟气影响环境；③印胶版更换较麻烦，一台热胶粘接机不适应多品种泡沫模样的粘接。

图 5-31　立位模片工装

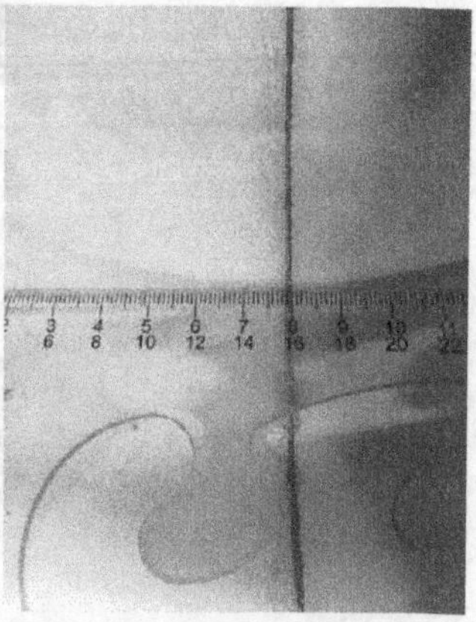

图 5-32　合模后的胶缝

a)　　b)　　c)

图 5-33　热胶粘接机

a）印胶版　b）模片放置在模具中　c）合模后产品

5.4　消失模涂料

与砂型铸造涂料不同，消失模涂层既能隔离金属液使其不粘砂，又能保证泡沫模样热解的气态和液态产物能通过涂层排出。因此，配制消失模涂料应确保其具有以下主要性能。

1）涂挂性。所谓涂挂性指触变性、屈服点、黏度、流平性，滴淌性等诸多工艺性能的综合。生产上，把泡沫模样浸入低速搅拌中的涂料中，再提起泡沫模样，观察涂层表面是否平整，是否均匀，是否达到涂层厚度，是否有流挂，直观迅速地判断涂挂性能之好坏。若浸挂一次，涂层厚为0.4～0.6mm，不流挂，表面平整，拐角处堆积少，极少滴淌，则涂挂性就好。为减少涂料涂挂滴淌，以保证涂层厚度均匀，应采用较高性能的流变助剂和其他辅助剂，确保较高的低剪切黏度，这对于复杂内腔的铸件尤为重要。

2）常温强度和高温强度。常温强度指涂料烘干后需承受加砂充填和造型震实时，耐干砂冲刷和摩擦的能力，通常以手搓涂层不掉粉为宜。常温强度主要由涂料中的有机胶含量、无机类黏结剂（如膨润土）、硅溶胶和悬浮剂等起作用。高温强度指在高温金属液的作用下，涂层具有抗冲蚀、抗开裂和抗粘砂的能力。涂料的高温强度主要由无机盐类高温胶（如磷酸盐和硫酸盐）、硅酸盐类高温胶（如磷酸二氢铝、硫酸铝、硅溶胶等）以及黏土类，如凹凸棒土等提供保证。

3）涂层透气性和吸附能力。涂层透气性指在高温金属液的作用下，泡沫模样裂解产生的气体在高温下通过涂层排出。涂料高温透气性主要取决于骨料粒度和粒度集中程度，以及骨料本身的性质（如铝矾土中常有贯穿性通孔，透气性会好些）。耐火粉料颗粒较粗（粒度多为200目），其透气性良好，若适当添加一定比例的铝矾土粉，可进一步提高涂料透气性和吸附液态裂解产物的能力。当然，涂层透气性还与涂料中有机黏结剂和增稠剂的加入量有关，因为有机物烧失后即形成气体通道。由于涂层的高温透气性和吸附能力很难测定，生产中可以在同等浇注条件下比较不同涂料的相同泡沫模样：浇注速度快的试样，其涂层透气性和吸附能力就好，否则就差。

涂层越厚，其透气性越差。但生产上发现，硅酸铝涂料涂层厚度的成倍增加，浇注速度并未成倍降低，而且厚涂料也能浇出好铸件。其原因是硅酸铝涂料与泡沫模样裂解的液态产物浸润良好，吸附能力强，使部分泡沫材料在汽化之前以液态形式被吸附或被挤出涂层。铸铁件刚从砂箱中取出时，常发现铸件涂层呈黑色，这说明泡沫模样的液态产物被吸附到涂料并渗入干砂中。

推荐美国 Ashland 公司评定涂料涂层透气性和吸附能力的方法：采用100目的不锈钢网圆片（$\phi80$），将其浸入涂料中制成涂料片，取出后将其烘干。将涂料片放入特定的测量筒（见图5-34a），并压紧或夹紧，再与型砂透气性仪器相连，测出涂层的透气值（见图5-34b）。还可将涂料片称重后浸入油（如蓖麻油）中，再将涂料片提起，将油滴尽后再称重，计算出涂料片吸附的油含量来表征涂料的吸附能力。

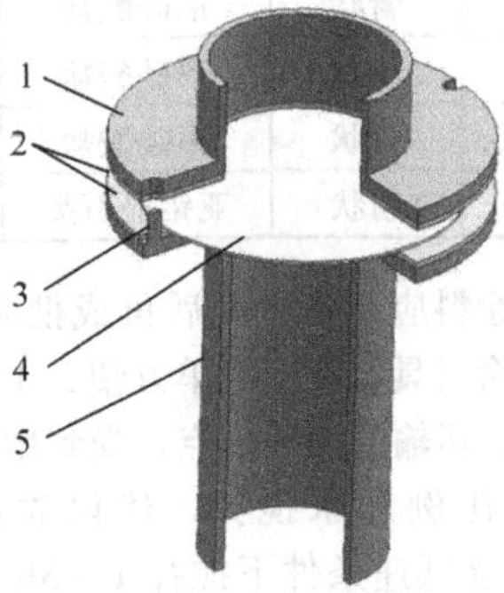

a)

b)

图5-34 涂料涂层透气性和吸附能力的评定

a）特定测量筒 b）型砂透气性测试仪

1—上测量筒 2—橡胶垫（2-3mm） 3—定位销带 4—不锈钢网的涂料片 5—下测量筒

5.4.1 涂料组分及其作用

1）耐火骨料。耐火骨料是涂料的基础材料，涂料常用耐火骨料有石英粉、莫来石粉、铝矾土粉、镁砂粉、镁橄榄石粉、锆英石粉、铬铁矿粉、刚玉粉、蓝晶石粉、珠光粉、云母粉、硅藻土粉、滑石粉以及人造宝珠砂等。其中，石英粉是酸性材料，镁砂粉、镁橄榄石粉是碱性材料，其他耐火材料多为中性材料。除锰系铸钢涂料应采用碱性骨料外，应根据不同金属的浇注温度来选用耐火骨料，见表5-10。

表5-10 不同金属铸件所对应的涂料用耐火骨料

序号	锆英石粉	铬铁矿粉	镁砂粉	镁橄榄石粉	刚玉粉	莫来石粉	铝矾土粉	石英粉	云母粉	硅藻土粉	滑石粉
锰系铸钢	—	—	√	√	—	—	—	—	—	—	—
高合金钢	√	√	—	—	√	—	—	—	—	—	—
碳钢	—	—	—	—	√	√	√	—	—	—	
铸铁	—	—	—	—	—	√	√	√	√	—	—
铸铜	—	—	—	—	—	—	√	√	√	—	√
铸铝	—	—	—	—	—	—	√	—	√	√	√

2）黏结剂。黏结剂既能将耐火骨料黏结在一起形成涂层，也能将涂层黏附在泡沫模样上。常用的黏结剂有白乳胶（聚醋酸乙烯乳液）、丙烯酸及其系列共聚乳液、水溶性酚醛树脂、膨润土、硅溶胶、磷酸（盐）、硫酸铝和用于商品干粉涂料的有机胶粉和各种黏土粉等。

有机黏结剂常温下的黏结力强，但在500℃以上，将失去粘接性能；硅溶胶高温强度较高；有机和无机黏结剂或常温、高温黏结剂需配合使用。但需注意涂料不同组分的酸碱度的不同反应。例如，磷酸盐类和硫酸铝等属高温黏结剂，但因其酸性，易与涂料中的碱性物质发生反应，产生大量气泡。

3）增稠剂。为了获得可剪切变稀的触变性涂料，应加入适量增稠剂。纤维素类增稠剂有羧甲基纤维素（钠）、羧乙基纤维素、羧丙基甲基纤维素等。其中，羧甲基纤维素最便宜，但最易霉变。纤维素类增稠剂不论在低的或高的剪切速率下均能提高涂料黏度，防沉降效果较好，但涂料易滴淌。

无机增稠剂有膨润土、凹凸棒土和超细硅酸铝等。其中，膨润土最便宜，与各种增稠剂配合使用都有效果。缺点是遇水膨胀，失水收缩，加入量过大易导致涂层龟裂。

阴离子型聚丙烯酰胺是一种高效增稠剂，极微量就有很好的增稠效果，但聚丙烯酰胺需与膨润土配合使用。丙烯酸共聚物乳液为碱溶胀型增稠剂，只有在pH 值为 8 – 10 时，才起强烈的增稠作用。

疏水碱溶胀型增稠剂、淀粉和一些无机增稠剂只提高低剪切速率下的黏度，也称防沉剂或流变助剂。碱溶胀增稠剂常与聚氨酯缔合型增稠剂配合使用。

4）其他助剂。其他助剂有表面活性剂、湿润分散剂、消泡剂、防霉杀菌剂等。这类助剂只是在涂料某些性能得不到满足时才添加，如泡沫模样上发生涂料流挂时，才有选择地添加表面活性剂。加入表面活性剂后，产生气泡的可能性增大，必须加入消泡剂。因此，表面活性剂和消泡剂需配合使用。常用的表面活性剂有十二烷基磺酸钠，消泡剂有聚酯类、有机硅类、醇类（如正丁醇）等。

润湿分散剂也是表面活性剂，用于防止涂料骨料结团和发生絮凝。润湿分散剂有磷酸三钠、偏硅酸钠和聚丙烯盐等，防霉杀菌剂有苯甲酸钠、五氯苯酚等。

5.4.2　商品涂料与自配涂料

国内消失模商品涂料见表 5-11。

表 5-11　国内消失模商品涂料

涂料品种	形状	耐火材料	用途
EP9TC600	膏状	铝硅酸盐	适用铸铝
EP9511	膏状	铝硅酸盐	适合铸铁
EP9513	粉状	铝硅酸盐	适合铸铁
EP9514	膏状	铝硅酸盐	适合球铁
桂林六号	粉状	亚铝晶石类	铸铁铸钢通用

商品涂料应小批试制后再成批购买。表 5-11 中的粉末状涂料具有使用简单方便、工艺性能好、操作性能优异、运输便利等优点，受到用户青睐。粉末涂料只需按比例加水搅拌，建议先高速搅拌 20 ~ 40min，再在低速条件下搅拌 1 ~ 3h。搅拌均匀的涂料最好放置 3 ~ 5h 后使用。

国内许多消失模铸造企业对涂料要求不高，可建议自行配制。自配涂料参考配方见表 5-12。

表 5-12　自配涂料参考配方（质量分数）　（%）

涂料配方	铸铁涂料	小型铸铁铸钢涂料			碳钢涂料	锰钢涂料	合金钢涂料	铸铜涂料	铸铝涂料
		a	b	c					
石英粉	—	90	—	30	—	—	—	—	—
莫来石粉	—	—	50	—	—	—	—	—	—
铝矾土粉	90	—	40	70	—	—	—	—	—
云母粉	10	—	10	—	—	—	—	40	40
滑石粉	—	10	—	—	—	—	—	60	40
硅藻土粉	—	—	—	—	—	—	—	—	20
镁砂粉	—	—	—	—	—	50	—	—	—
镁橄榄粉	—	—	—	—	—	50	—	—	—
刚玉粉	—	—	—	—	100	—	100	—	—
膨润土	6	4	4	—	2	4	3	4	—
苏打	0.3	0.2	0.2	—	0.1	0.2	0.2	—	—
凹凸棒土	—	—	—	—	3	—	1	—	—
白乳胶	4	5	—	4	—	—	3.5	4	10
硅溶胶	—	—	3	—	10	6	5	—	—
酚醛树脂	—			—	2	1	—	—	3
羧甲基纤维素	0.6	0.8		1	0.5	—	0.3	1.5	0.8
羧丙基甲基纤维素	—	—		—	0.2	—	0.2	—	0.5
丙烯酸类乳液	—		5	—	—	3	—		—

注：1. 耐火骨料为 100%，其他添加剂加入量为骨料重量的百分数。

2. 水适量未列出，表面活性剂、消泡剂和防腐剂微量未列出。

5.4.3 涂料配制与涂挂

1）原材料的准备。膨润土和纤维素等材料需用水浸泡 24h 后使用，这样更容易分散。所有固体粉料称量后混匀，再加入设备中配制。

2）涂料搅拌。为使涂料各组分能均匀分散，可采用球磨机或轮碾压机进行搅拌、配制。这两种设备配制涂料效果好，但效率低，推荐采用高速搅拌机。该设备简单、操作方便，只要搅拌参数和搅拌叶片制作正确，不仅分散速度快，而且制备效果良好。高速搅拌机盘缘的线速度应不小于 650m/min 左右，太低会降低分散效果，影响涂料悬浮性、触变性和涂挂性。每次搅拌约 30min 即可。高速搅拌机搅拌桶的设计很讲究，其桶高 H、桶径 D 与搅拌叶片直径 ϕ 的大小需满足 $D=H=3\phi$，如图 5-35 所示。搅拌叶片有多种设计，常用的为盘形叶轮周围均匀分布垂直于盘面的蜗形叶片。高速旋转时，叶片前沿撞击涂料颗粒，侧面则将涂料推向四周达到分散目的。高速旋转时沿轴向会产生较深旋涡而卷入空气，轴与搅拌桶适当偏心放置可减少气体卷入。

涂料具有剪切变稀的特性，应在低速搅拌情况下浸涂。低速搅拌机最好能变速，以便起动时能以较快速度旋转，使涂料迅速均匀化，然后转入慢速搅拌，这样不仅不会卷入气体，还会使已卷入涂料的气泡浮至涂料表面而破裂。低速搅拌涂料桶有圆形和椭圆形。建议将螺旋桨式叶片倾斜放置，如图 5-36 所示。

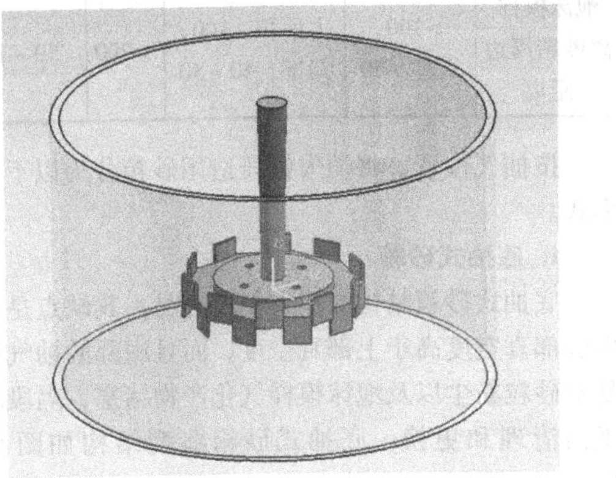

图 5-35 高速搅拌机搅拌桶与搅拌叶片

3）涂料涂挂。消失模铸造多采用浸涂法涂挂。浸涂时，因泡沫模样浮力大，易造成泡沫模样变形或折断。建议采用浸涂加翻滚的办法涂挂。国外多采用机械手浸挂，浸挂前将泡沫模组用夹具固定，以克服涂料的浮力，避免折断泡沫模样。

4）涂层厚度检测与涂挂次数。对于小件和薄壁件，只需一层涂料，涂层湿态厚度为 0.4～0.6mm。美国 Ashland 公司采用金属齿片测定涂层湿态厚度

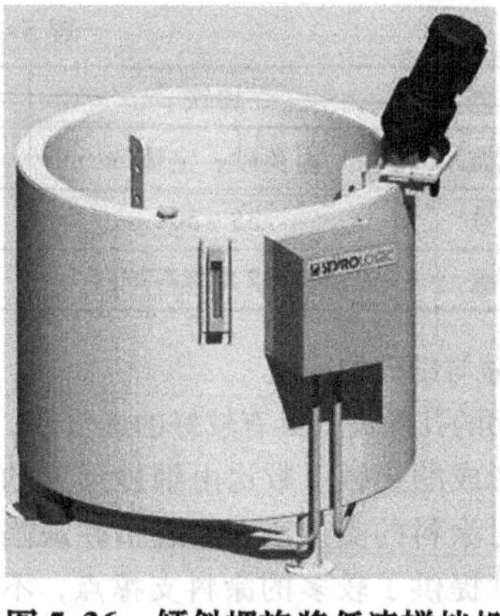

图 5-36 倾斜螺旋桨低速搅拌机

（见图 5-37），涂层干态厚度约为涂层湿态厚度的 75%。当然，涂层干态厚度可直接用卡尺检测。对于较厚大铸铁件，需采用涂挂两次涂料，使涂层总厚度达到 1.0～1.2mm；对于厚大铸铁和铸钢件，需采用三层涂料，使总厚度达到 1.5～2.0mm。

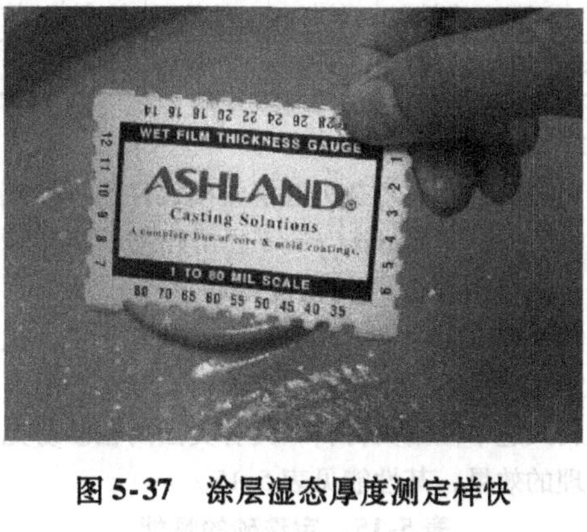

图 5-37 涂层湿态厚度测定样快

5）涂层烘干。涂层烘干前最好在常温下吹风晾晒，使涂料初步失水，这样涂层不易开裂。烘干温度以 50℃左右为宜，相对湿度控制在 40% 以下，以避免泡沫模样软化变形收缩或热熔胶脱胶。烘房内应尽量吹热风而不是单纯地烘烤。热风会带走涂料表层水分，促使内层水分向表层扩散，而单纯的烘烤会使部分水分向涂料内层迁移，不但烘烤速度慢，还可能造涂层表面开裂。建议采用类似蔬菜大棚的透明塑料板，充分利用太阳能，干燥泡沫模样或涂料。在夏季，阳光房完全可代替烘房，节能效果明显，特别适合共聚物材料的泡沫模样定型和涂料预烘烤。

5.5 干砂充填与震实造型

5.5.1 造型用砂

消失模铸造各种合金铸件应采用不同耐火度和粒度的干砂，见表 5-13。

表5-13 各种合金铸件用造型干砂

铸造合金	铸铁	碳钢	高锰钢	铸铝件
干砂种类	石英砂、宝珠砂	石英砂、宝珠砂	镁橄榄石砂	石英砂
干砂筛号	35～50	24～40	24～40	40～70
干砂来源	河砂或人造石英砂	人造石英砂	人造镁橄榄石砂	河砂或海砂

1. 粗砂与细砂的比较

粗砂间的孔隙大，具有较好的透气性，但粗砂与耐火涂料形成的接触点数比由细砂形成的接触点数少，导致对涂料的支撑小，造成粘砂缺陷的可能性大。而细砂提供了较多的涂料支撑点，不易产生粘砂，但较小的孔隙率也降低了透气性。总之，干砂粒度偏粗，易产生粘砂缺陷，需采用厚涂料；干砂粒度偏细，不利于泡沫模样的汽化产物排出，需采用薄涂料。粗砂与细砂的对比见表5-14。

表5-14 粗砂与细砂的对比

类别	充填性	透气性	抗粘砂性	密度	消耗真空
粗砂	不易充填紧实	较好	较差	较小	较大
细砂	易充填紧实	较差	较好	较大	较小

2. 陶粒砂和宝珠砂

为解决缸盖类复杂内腔消失模铸件的干砂充填和清理难题，美国 Carbo Cramic 公司开发了两种球形陶粒砂：适合铝合金的低密度陶粒砂（$1.5g/cm^3$）和适合铸铁合金的中密度陶粒砂（$1.8g/cm^3$）。我国开发的宝珠砂由铝矾土矿煅烧后喷射成球状，耐火度很高，属人造中性耐火材料，具有美国陶粒砂易充填和易清理的效果，其性能见表5-15。

表5-15 宝珠砂的性能

质量分数（%）	耐火度/℃	角形系数	密度/(g/cm^3)	筛号
Al_2O_3≥80 SiO_2≤15	≥1900	≤1.1	2.9	20/40 40/70

与多角石英砂相比，宝珠砂有利于铸件的内腔充填紧实，而且结构致密，不易粉化，产生的粉尘也大大降低，其回用性特好，达到95%以上。宝珠砂价格适中，按体积比计价，其价格是锆英砂价格的30%，是铬铁矿砂价格的50%，因而受到我国铸造行业青睐。目前，国内几十家消失模铸造企业采用宝珠砂生产铸铁缸体、箱体以及铸钢件，效果很好。

3. 镁橄榄石砂

镁橄榄石砂属碱性，少或无游离态 SiO_2，可降低铸造行业硅肺病的潜在危害，符合环保要求，适合生产高锰钢铸件。其性能见表5-16。

表5-16 镁橄榄石砂的性能

MgO/SiO_2 比值	耐火度/℃	灼烧减量（%）	筛号
1.1～1.2	1700～1750	≤5	20/40

5.5.2 砂箱结构

消失模铸造用砂箱的外形有圆筒形、方形和长方形等。圆筒形砂箱结构简单，适宜小型铸件；方形和长方形砂箱的空间利用率较高，尤其适合箱体类铸件；长方形砂箱还可同时放置几组模束，能提高生产率。

砂箱尺寸可根据带浇注系统的泡沫模样在砂箱中的位置来确定。带有浇注系统的泡沫模样离砂箱周边的距离见表5-17。

表5-17 泡沫模样离砂箱周边的距离

（单位：mm）

砂箱	底面	侧面	顶面	各泡沫模样间距
泡沫模样离砂箱周边距离	>100， 局部>50	大面积，100； 局部，40～50	>200	50～100

按抽气位置，将消失模铸造用砂箱分为以下三种形式。

1. 底抽式砂箱

底抽式砂箱结构简单，制造容易。其缺点是铸型内底部真空度高于上部真空度，而且底部的抽气网孔易被砂粒粉尘以及泡沫模样气化产物堵塞，隔段时间就需清理和更换。底抽式砂箱典型结构如图5-38所示。

2. 侧抽式砂箱

侧抽式砂箱除可采用机构简单的侧吸管式砂箱（见图5-39a），对于大型双层结构侧抽式砂箱，可采取底漏式结构（见图5-39b）。这种底漏式砂箱的底部中央设有 漏砂孔，打开漏砂孔，砂箱内的砂粒便从孔内流出，铸件从砂箱的上方吊取。采用底漏式砂箱，增加了漏砂孔及其开闭装置，其成本较高，但节省了翻箱设备，也降低了粉尘飞扬。

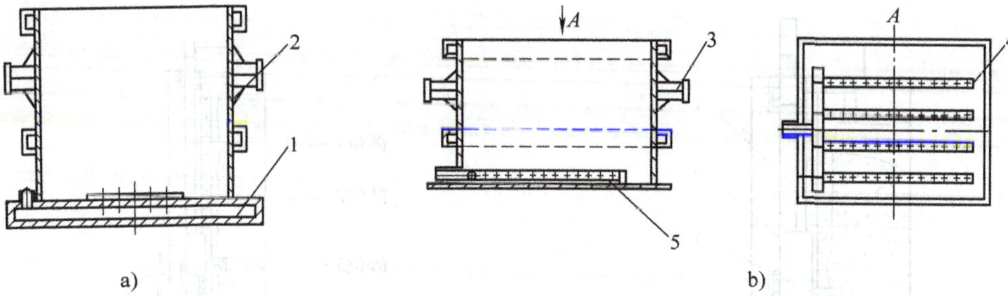

图5-38 底抽式砂箱典型结构

a）气室底抽式 b）吸气管底抽式

1—箱底气室 2、3—吊轴 4、5—真空埋管

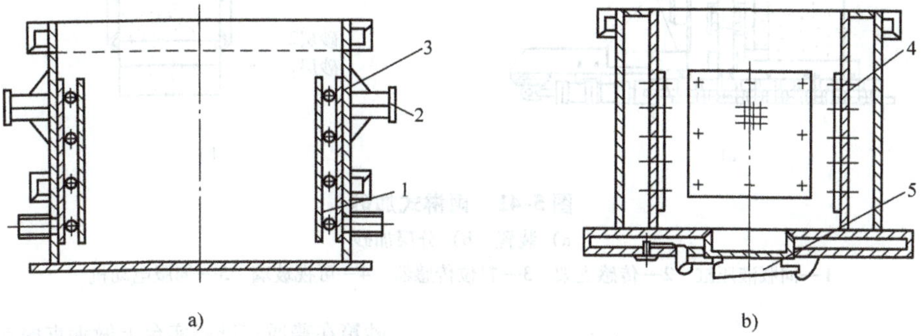

图5-39 侧抽式砂箱典型结构

a）吸管侧抽式 b）底漏式

1，4—多孔板 2—吊轴 3—真空埋管 5—开门机构

3. 底抽+侧抽复合式砂箱（见图5-40）

该砂箱五面抽气，砂箱造价较高，抽气效果最好。

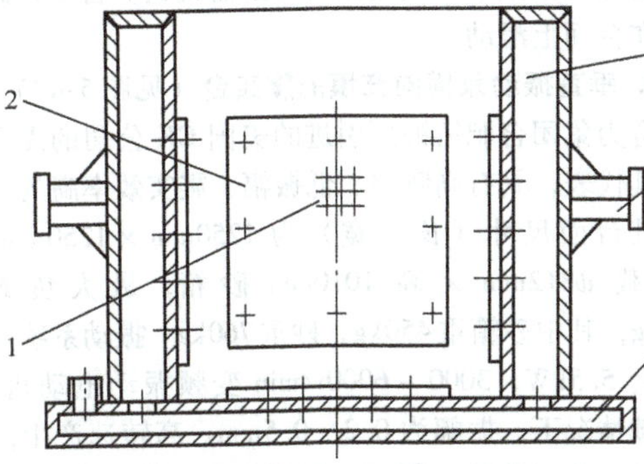

图5-40 底抽+侧抽复合式砂箱

1—透气孔 2—护板 3—侧抽气室 4—吊轴 5—箱底气室

5.5.3 加砂方式

消失模铸造的加砂方式常用的有三种：软管加砂、螺旋给料加砂和雨淋式加砂。

1）软管加砂。软管加砂用于预填加砂或大型铸件的手工加砂。

2）螺旋给料加砂。螺旋给料加砂装置的储砂斗下安装一台螺旋给料器，驱动螺旋给料器可实现对砂箱的定量加砂。该加砂方式的砂箱无须放置在砂斗的下方，螺旋给料器可绕垂直轴90°旋转，适用于中大型铸件的自由工位造型，也可用于流水生产线上的定点工位造型。该加砂方式的扬尘不易集中处理。

3）雨淋式加砂。雨淋式加砂装置由伺服液压缸、振动电动机、多孔闸板、雨淋式加砂管等组成（见图5-41a），由美国Vulcan公司设计，专利号为*U.S. Patents NO. 6，302，158 and 6，179，171。加砂时，伺服液压缸打开多孔闸板，砂粒通过多孔闸板上的孔在较大的面积内（雨淋式）加入砂箱中。调整多孔闸板中的动板与静板的相对位置，可以改变漏砂孔的横截面大小，进而改变“砂雨”的大小（即改变加砂速度）。雨淋式加砂可实现分层加砂（见图5-41b），边加砂边振动，加砂均匀、效率高。

5.5.4 干砂充填震实原理

在消失模铸造中，造型震实台结构有以下几种。

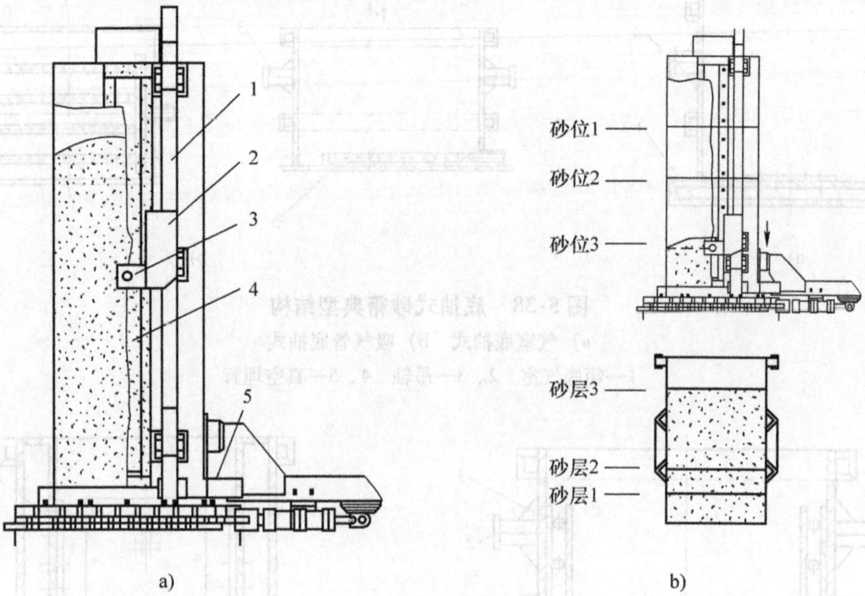

图5-41　雨淋式加砂

a）装置　b）分层加砂

1—伺服液压缸　2—传感支架　3—料位传感器　4—可视玻璃　5—伺服电动机

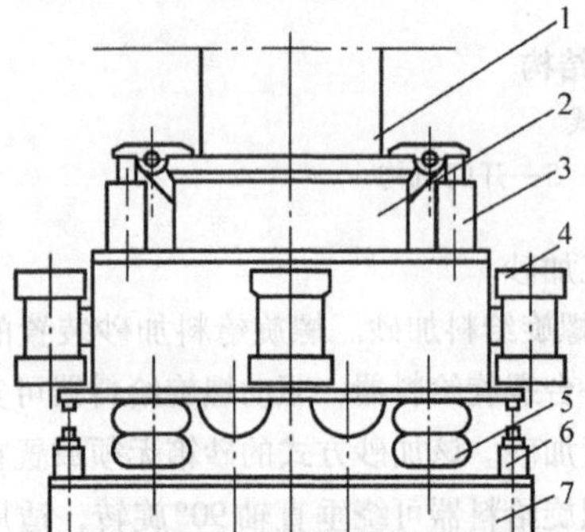

图5-42　普通三维震实台

1—砂箱　2—工作台面　3—气动夹紧机构　4—振动电动机　5—空气弹簧　6—调平阀　7—底座

1. 普通三维震实台（见图5-42）

普通三维震实台为消失模铸造企业常用，其结构特点为：在垂直和两个水平方向各装有3对振动电动机，采用橡胶空气弹簧减振，带有砂箱夹紧装置。在使用中，一般有选择地使用一对振动电动机实现一个方向的振动。这类震实台能满足对一般铸件充填和紧实的要求，其振动参数见表5-18。

表5-18　普通三维震实台的振动参数

加速度	振幅/mm	频率/Hz	转速/(r/min)	振动时间/s
1～2g	0.5～1.0	30～80	2800～3000	30～120

砂箱在普通三维震实台上做垂直振动时，夹紧和不夹紧各有利弊。如果不夹紧，砂箱被抛起再落下时与震实台碰撞，加大了撞击力，使干砂的紧实度比夹紧砂箱的要大，但泡沫模样易变形。砂箱在震实台夹紧，其加速度大于1g时，干砂被抛起并自由落体，再与砂箱底部碰撞，使砂粒相互挤紧。边加砂边振动，可防止泡沫模样变形，提高振动紧实效果。但砂箱在震实台上做水平横向振动时必需夹紧。否则，砂箱会在台面上滑动。

2. 垂直振动兼横向充填的震实台（见图5-43）

合力集团合肥铸锻厂引进的美国GK公司的震实台是其代表，具有高频率、低振幅、震实效率高的特点。其台面尺寸（长×宽）为1250mm×1250mm，可承载ϕ812mm×高1010mm砂箱，最大负载1210kg，其中砂箱重450kg，砂重760kg。振动系统配备两台5.5kW，3000～6000r/min变频振动电动机，在满载情况下，振幅为0.2～0.5mm。高转速产生高频振动，将干砂迅速紧实。频率越高，激振力越大，30s内可使型砂紧实度达到1.73～1.78g/cm^3。该震实台只有垂直方向的振动电动机。砂箱与震实台不夹紧，震实台上有3个等边三角形的圆台，砂箱底部对应有3个圆台沉孔，与震实台上3个圆台相配合。由于加速度较大（1.6～2.2g），砂箱被抛起后自由落体下降，砂箱与圆台顶面相碰产生垂直振动外，还不规则地与圆台锥面相碰撞，产生无规则的横向振动，从而实现任意方向的横向充填，起到三维振动效果。为保证振动紧实后铸型的紧实度，采用反向旋转方式紧急制动。

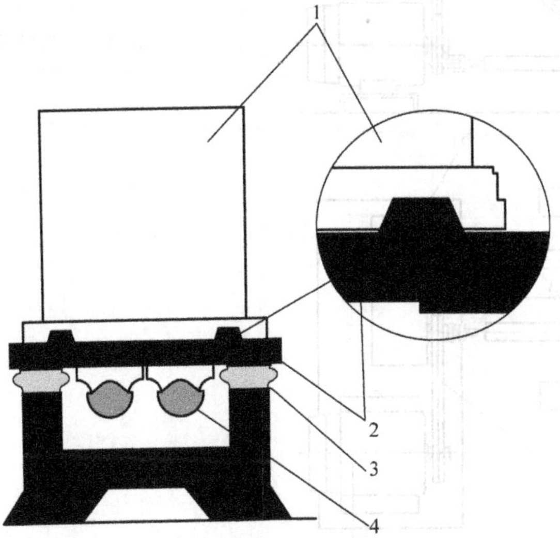

图 5-43　垂直振动兼横向充填的震实台

1—砂箱　2—震动台　3—空气弹簧　4—振动电动机

3. 双电动机振动造型机

对于普通结构的消失模铸件，双电动机振动紧实台即可满足紧实要求。因为双电动机驱动的振动紧实台采用不同的电动机转向，可形成不同振动模型。当双电动机反向转动时，垂直方向的振动为两电动机的叠加，振动模型为一维直线振动（见图 5-44），有利于垂直充填；当双电动机同向转动时，可获得较大的水平振动，其振动模型为二维椭圆形（见图 5-45）。

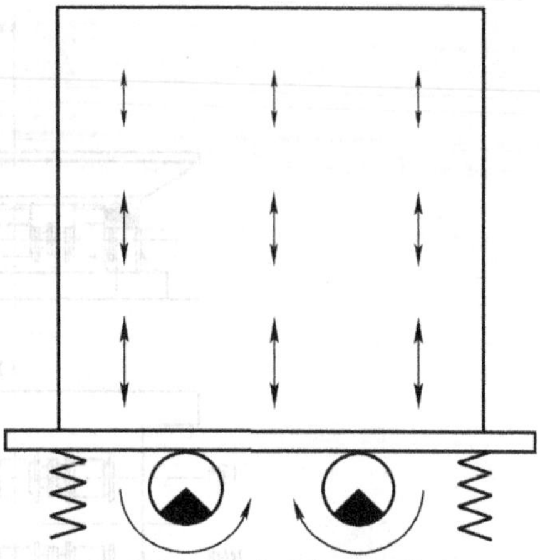

图 5-44　双电动机反向转动

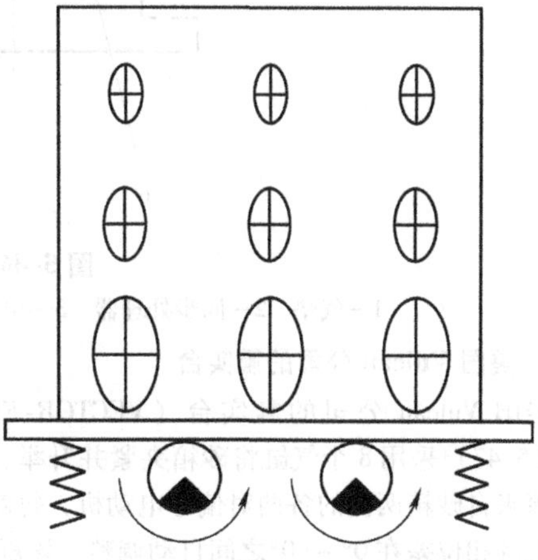

图 5-45　双电动机同向转动

根据泡沫模样的不同结构，采用不同的双电动机振动组合，可以获得较好的紧实效果，见表 5-19。

表 5-19　根据不同泡沫模样结构采用不同的振动组合

模样结构	振动组合	备注和说明
水平盲孔 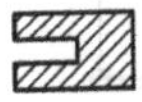	先双电动机同向转动（↘↘），后双电动机反向转动（↘↙）	双电动机同向转动便于水平孔填充，但要防止泡沫模的变形
水平通孔 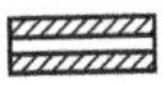	双电动机同向顺时针转动（↙↙）+双电动机同向逆时针转动（↘↘）+双电动机反向转动（↘↙）	双电动机先后两次同向转动实现模样管状内部充填紧实

4. 意大利 FATA 震实台（见图 5-46）

意大利 FATA 震实台下方安装有两个同步转动的偏心轮，两偏心块振动相位角相差 90°。其工作原理是：当轮 A 向左振动时，轮 B 已向上振动，使砂箱内的干砂向左上方抛起；转过 90°，轮 B 偏心向右，轮 A 偏心向上，又使干砂向左上方抛起，但幅度较小。FATA 振动模型的横向充填能力较强，并兼有向上充填效果。

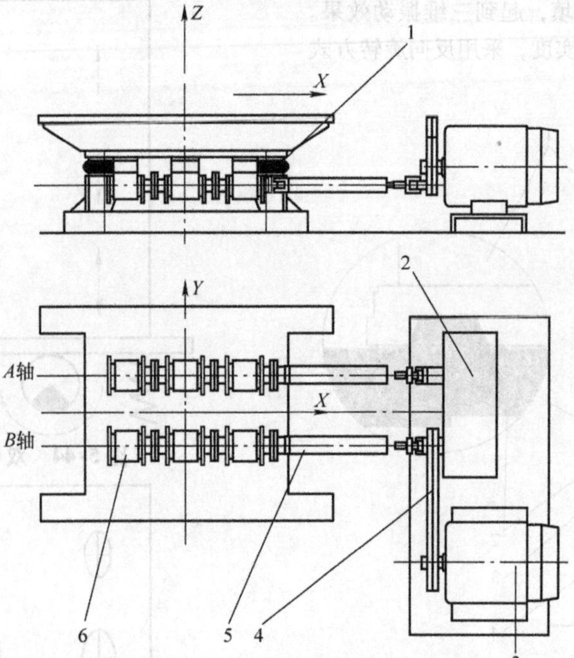

图 5-46　意大利 FATA 震实台

1—气垫　2—同步处理器　3—电动机　4—传动带　5—万向联轴器　6—振动电动机

5. 美国 Vulcan 公司的震实台

美国 Vulcan 公司的震实台（VECTOR-FLO®）（见图 5-47）采用 8 个气缸将砂箱夹紧并升举，变频振动源来自砂箱两侧的各两对偏心电动机，每对偏心电动机的相位差在 0°～90°之间自动调整。该震实台可根据铸件的需要，实现向上振动充填、向下振动充填，还可以完成向上与向下复合振动充填，即实现圆周振动充填，解决水平盲孔和一定向上高度的充填和紧实难题。

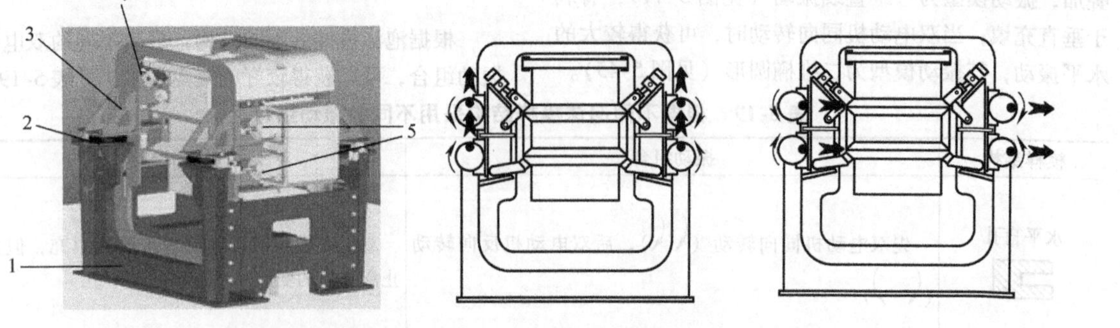

图 5-47　美国 Vulcan 公司的震实台（VECTOR-FLO®）

a）结构图　b）垂直振动　c）水平振动

1—底座　2—气垫弹簧　3—浮动支架　4—夹紧气缸　5—振动电动机

5.6　消失模浇冒系统

5.6.1　浇注系统的结构类型

浇注系统的主要作用如下：

1）将金属液平稳地引入铸型，其充型速度应与模样的热解速度以及热解产物排出铸型的速度相一致，以保证整个充型过程顺利有序，获得完整的铸件。

2）浇注系统应为铸件凝固时液态金属的体积收缩提供必要的补给金属液和补缩通道，以避免铸件内产生缩孔、疏松。

3）浇注系统与模样的衔接处应有足够的强度，以保证在涂挂、搬运和填砂振动时，模组不破坏或变形。但浇注系统的结构应尽量简单，以免增加制模困难。

消失模铸造用浇注系统与普通砂型铸造相比，设计更自由。为提高生产率和铸件出品率，中小型消失模铸件通常采用串浇方式。表5-20列出了几种串浇系统的基本结构类型及特点。

表5-20　串浇系统的基本结构类型及特点

类型	特　点	图　例
顶注串浇	顶注充型速度快，温度降低少，有利于防止浇不足和冷隔缺陷；温度分布上高下低，顺序凝固补缩效果好；浇注系统简单，铸件成品率高。通常用于高度不大的铸铁件和铸钢件。右图为灰铸铁制动盘，一串8件	
底注串浇	金属液从泡沫模样底部注入，有利于泡沫模样的逐层汽化，实现平稳充填，热解产物浮在铸件上部，不易产生铸件内部夹渣、气孔，但铸件的上表面容易出现碳缺陷。比较适宜于黑色金属重大铸件。右图为球墨铸铁阀体，一串4件	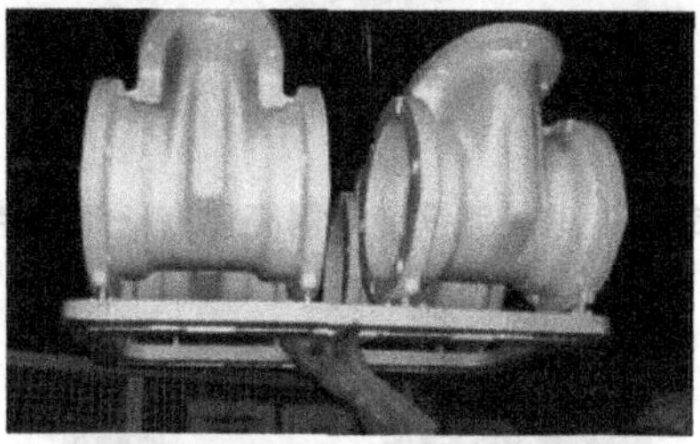
侧注串浇	金属液从泡沫模样侧面注入，铸件成品率较高，便于泡沫模样与直浇道的粘接以及涂挂涂料，非常适合于中小型铸件的串浇。右图为铸铁飞轮，一串8件	
阶梯串浇	兼有顶注和底注的优点，也便于泡沫模样与浇道的粘接、搬运及振动造型，适宜于形状复杂的铸铝零件和铸铁箱体。右图为铝合金六缸缸盖，一串两件	
复合串浇	复合串浇结构五花八门，主直浇道分为数个分直浇道，泡沫模样的数个内浇道直接与直浇道相连。右图为铝合金泵盖（重约8kg），一串10件	

在表5-20中，底注串浇很适合中小型球墨铸铁件排渣排气，减少碳渣缺陷。为使浇注系统有足够的强度，横浇道往往做成底盘托架结构，图5-48～图5-51所示为托盘底注串浇球墨铸铁件的案例照片。

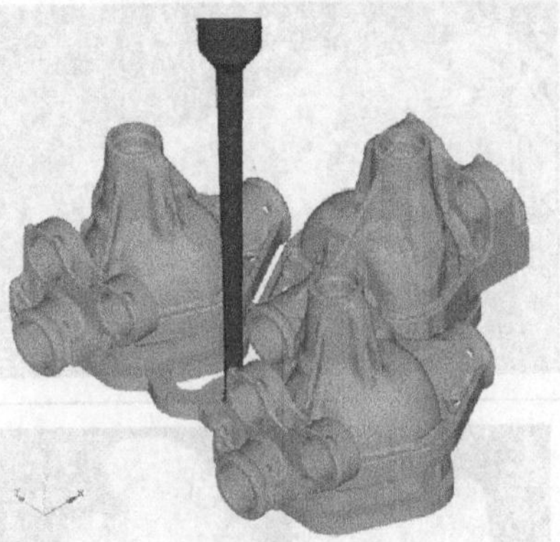

图5-48　球墨铸铁变矩器壳体（一串3件）

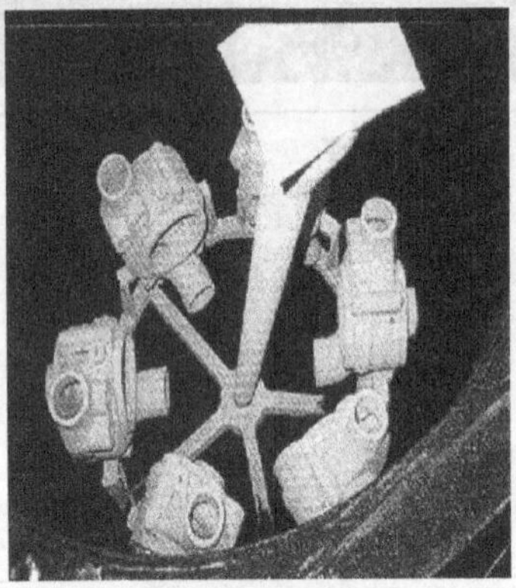

图5-49　球墨铸铁泵体壳（一串6件）

图5-50　球墨铸铁环（一串8件）

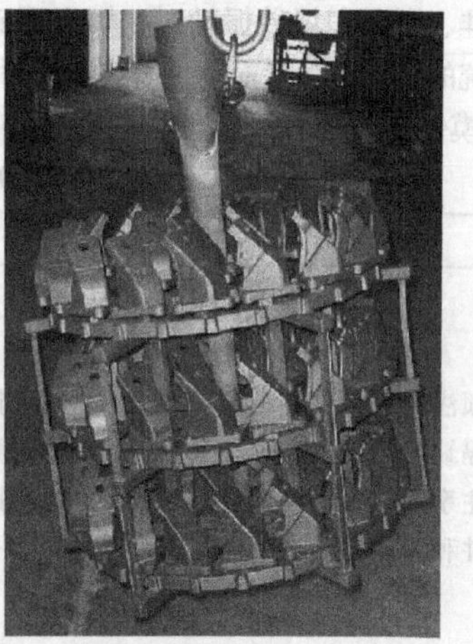

图5-51　球墨铸铁支架（一串60件）

5.6.2　浇注系统各组元的结构及尺寸

消失模铸件中存在的夹渣、夹砂缺陷都与浇口杯和直浇道有直接或间接关系。因此，消失模浇注系统最关键的部位是浇口杯和直浇道。

1. 浇口杯与直浇道的连接

浇口盆与浇口杯的作用一样，即将浇包中落下的液流引入直浇道，并减轻金属液对泡沫模样的直接冲击，同时阻拦干砂进入浇注系统。生产中常用陶瓷圈或陶瓷管将浇口杯与直浇道连接，阻挡密封薄膜下的干砂被吸入到直浇道中（见图5-52和图5-53）。

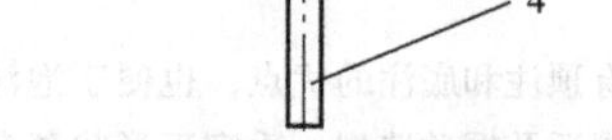

图5-52　陶瓷管连接
1—密封薄膜　2—浇口杯　3—陶瓷管　4—直浇道

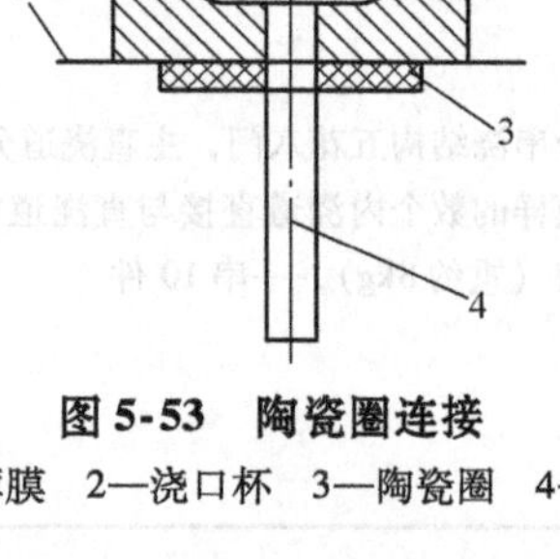

图5-53　陶瓷圈连接
1—密封薄膜　2—浇口杯　3—陶瓷圈　4—直浇道

2. 空心直浇道

将直浇道做成空心的，可以减少直浇道的发气量，防止浇注初期金属液反喷，保证金属液从上而下迅速而平稳地进入铸型。空心直浇道分为三大类：轻质耐火空心直浇道、泡沫空心直浇道以及空心陶瓷管直浇道。

1）轻质耐火空心直浇道尺寸如图 5-54 所示。轻质耐火空心直浇道实质上是将浇口杯和直浇道做在一起，其优点是既可保温，实现快速平稳充填，又可消除浇注反喷，防止冲砂。美国普遍使用轻质耐火空心直浇道，并多用于底注，如图 5-55 所示。

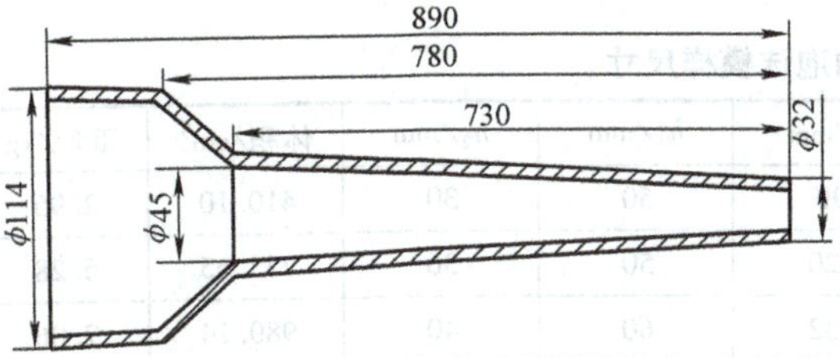

图 5-54　轻质耐火空心直浇道尺寸

图 5-55　轻质空心直浇道应用实例

2）泡沫空心直浇道价格便宜，可参考图 5-56 所示的尺寸制作。

3）对于质量要求高的大型铸件和串浇铸件，推荐采用耐火陶瓷浇口杯 + 空心陶瓷直浇道 + 陶瓷底座管 + 陶瓷过滤片 + 泡沫横浇道系统（见图 5-57）。该浇注系统具有很好的挡渣和防冲砂功能。

3. 内浇道和横浇道

通常砂型铸造要先确定内浇道截面尺寸，再按一定比例确定横浇道和直浇道。但消失模铸造多采用为串浇，需按开放式浇注系统设计，以提高浇注系统和

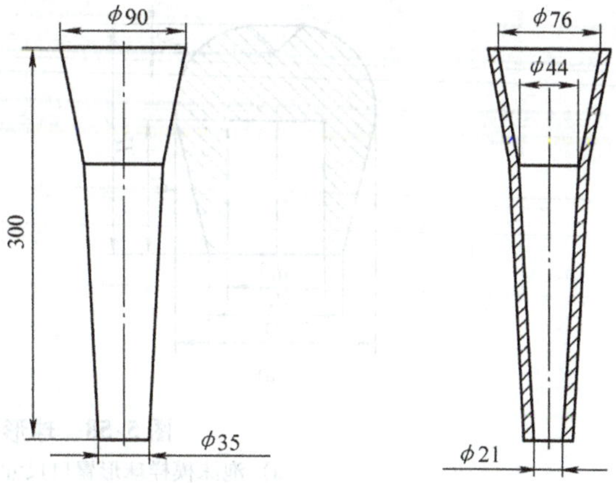

图 5-56　泡沫空心直浇道外形和腔尺寸

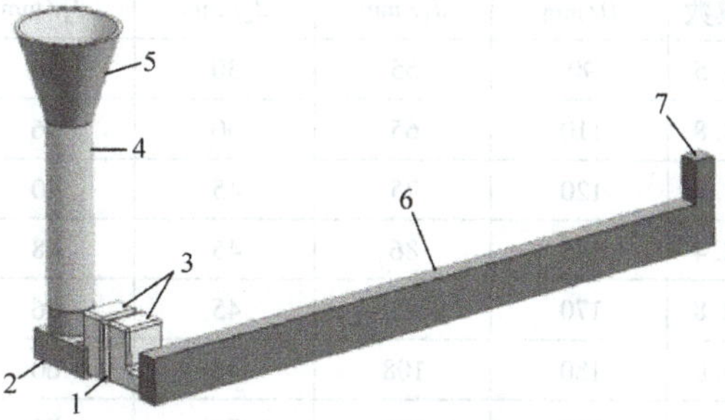

图 5-57　耐火陶瓷空心管直浇道系统

1—陶瓷过滤片　2—陶瓷底座管　3—泡沫缓冲集渣包　4—空心陶瓷直浇道　5—耐火陶瓷浇口杯　6—泡沫横浇道　7—排气集渣包

泡沫模样之间的结合强度，保证在浸涂涂料、烘干、搬运以及振动造型操作时模样不会折断。因此，推荐浇注系统各组元比例为

$$A_s : \sum A_{ru} : \sum A_g = 1:(1.1 \sim 1.3):(1.2 \sim 1.5) \tag{5-2}$$

式中　A_s——直浇道底部的截面面积，因为直浇道多为上大下小，具有密封效果；

A_{ru}——横浇道截面面积；

A_g——内浇道截面面积。

5.6.3　冒口结构设计

消失模的冒口按其功能分为起补缩作用的冒口、排渣排气作用的冒口和两种功能兼而有之的冒口。由于球形冒口的体积/表面积的比例比圆柱形、长方形、正方形等都大，凝固时间也最长，而且制造方便，因此通常都将冒口做成球形或类似球形，如图 5-58 所示。日本铸造学会将球形冒口的泡沫模样尺寸标准化，见表 5-21。

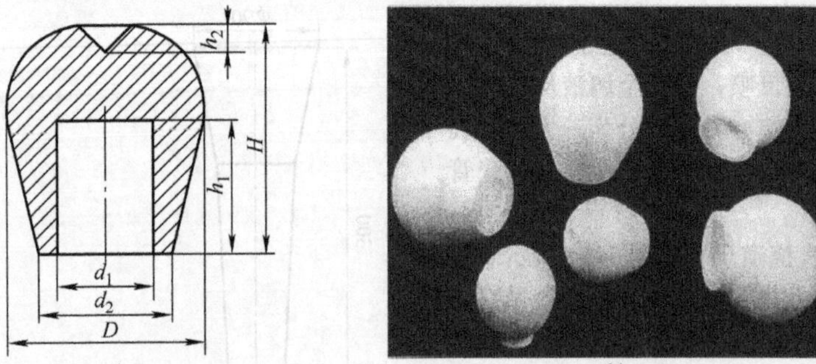

a)　　b)

图 5-58　球形冒口和球形冒口尺寸

a）泡沫模样球形冒口尺寸　b）各种大小泡沫模样球形冒口

表 5-21　球形冒口的泡沫模样尺寸

模数	D/mm	d_1/mm	d_2/mm	d_3/mm	H/mm	h_1/mm	h_2/mm	体积/cm^3	重量/kg
1.5	90	55	30	30	99	50	30	410.10	2.95
1.8	110	65	30	36	120	50	36	733.65	5.28
2.0	120	75	45	40	132	60	40	980.14	7.06
2.4	145	86	45	48	158	65	48	1680.79	12.10
2.8	170	100	45	56	185	80	56	2697.23	19.42
3.0	180	108	45	60	198	90	60	3258.29	23.64
3.6	220	130	70	72	236	100	72	5821.16	41.91
4	240	144	80	80	264	120	80	7723.98	55.61

排气集渣冒口（见图 5-59）一般设置在金属液最后充满的部分或两股液流相汇合的部位，起到收集液态或气态热解产物，防止产生夹渣、冷隔、气孔等缺陷。消失模铸钢件的冒口多为热顶冒口，即浇注系统经过冒口进入铸件，使冒口既可排气排渣，又可提高补缩效率。推荐采用球形冒口顶浇，如图 5-60 所示。

图 5-59　排气集渣冒口

1—内浇道　2—横浇道　3—陶瓷过滤片
4—缓冲集渣包　5—陶瓷底座管
6—直浇道　7—浇口杯　8—集渣冒口　9—铸件

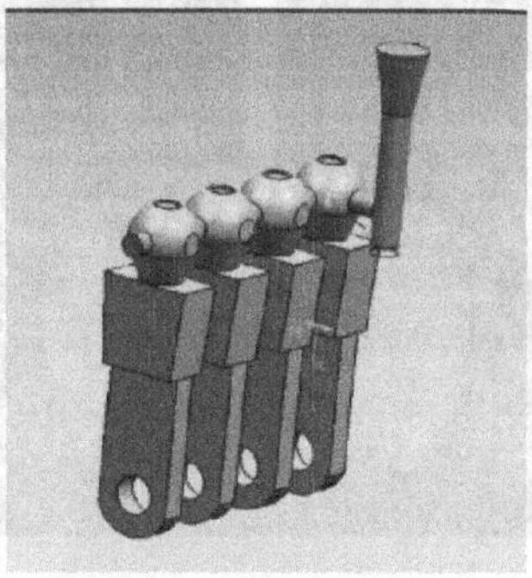

图 5-60　球形冒口顶浇

5.6.4　浇注工艺

（1）浇注温度　泡沫模样热解的过程是吸热反应，需要消耗金属液的热量。因此，铸件的浇注温度应比砂型高 30～50℃。这对于确保铸件质量，特别是减少球墨铸铁件的渗碳、皱皮缺陷十分必要。消失模铸造浇注温度的推荐值见表 5-22。

表 5-22　消失模铸造浇注温度的推荐值

（单位：℃）

合金种类	铸钢	球墨铸铁	灰铸铁	铝合金	铜合金
浇注温度	1550～1650	1450～1480	1400～1450	750～800	1200～1250

（2）负压大小　通常在干砂中施以负压，其主要作用是：

1）紧实干砂，防止型壁移动（球墨铸铁尤为重要）、冲砂和塌型。

2）加快排气速度和排气量，降低界面气压，加快金属前沿的推进速度，提高充型能力，有利于减少铸铁件表面碳缺陷。

3）提高铸件的复印性，铸件轮廓更加清晰。

4）在密封下浇注，改善工作环境。

根据合金种类选定消失模铸造的负压范围，见表5-23。

表5-23　消失模铸造的负压范围

（单位：MPa）

合金种类	铸铝	铸铁	铸钢
负压范围	0~0.01	0.03~0.04	0.04~0.06

铸件较小，负压可选低一些；铸件较大或一箱多铸，负压可选高一些。顶注，负压可选高一些；壁厚或瞬时发气量大，也可选略高一些。在浇注过程中，负压常会发生变化。开始浇注时负压降低，达到最低值后又开始回升，最后达到一个稳定值。对于铸铁件，浇注过程中负压下降到最低点不应低于0.025 MPa。

5.7　铸造缺陷及其防止对策

5.7.1　铸钢件增碳缺陷及防止对策

1. 铸钢件增碳缺陷

铸钢件增碳缺陷是困扰消失模铸钢件生产的难题，其现象如下：

1）钢液的原始碳含量越低，增碳幅度越大。采用阶梯试块浇注15、25和35三种碳钢试块，测定其增碳量及增碳深度。结果表明：钢液碳含量越低，其铸件增碳幅度越大，增碳层深度越深（见表5-24）。

表5-24　钢液原始碳含量对增碳的影响

钢液牌号	钢液原始碳含量（质量分数，%）	铸件增碳	
		最大增碳量（%）	增碳层深度/mm
15	0.13	0.45	$\delta \geqslant 1.00$
25	0.22	0.38	约1.00
35	0.36	0.40	$\leqslant 1.00$

2）铸钢件增碳不均匀性的主要特征是：①铸件增碳由内浇口处开始，沿充填流线呈递增分布趋势；②充型末端及铸件最高处，增碳明显高于其他部位；③铸件不同壁厚的增碳量不同。

3）铸钢件增碳的不均匀性，导致铸件力学性能波动增大。表5-25列出了某铸钢件不同部位的本体试样力学性能的波动情况，并与同产品的熔模铸造件进行了比较。

表5-25　铸钢件增碳引起的力学性能波动［铸件为w(C)=0.15%的16Mn集装箱角件］

性能指标	R_m/MPa			Δ	A(%)			Δ	HBW			Δ
	最大	最小	平均	(%)	最大	最小	平均	(%)	最大	最小	平均	(%)
消失模	624	509	543	21.2	28	20	23	34.8	212	194	201	8.9
熔模铸造	517	490	496	5.4	36	30	32	18.8	174	170	172	2.4

表5-25数据表明：①由于消失模铸件的增碳量加大，使其R_m比熔模铸件更大，但延伸率δ则比熔模铸件明显降低；②由于增碳量大，消失模铸件的表面硬度值HBW比熔模铸件明显增大，这是造成加工困难、焊接性能变差的主要原因；③消失模铸件增碳的不均匀性造成其力学性能的波动值比熔模铸件要大得多。因此，消失模铸造不适宜生产有焊接性能和高延伸性能要求的低碳钢铸件。

2. 主要防止对策

1）采用共聚物泡沫模样，或者降低低泡沫模样相对密度都可减少铸钢件增碳倾向。

2）采用顶注浇注系统或安放暗冒口或明冒口，加大泡沫模样的分解产物排放，吸收增碳前沿金属液。

5.7.2　铸铁件皱皮缺陷及防止对策

1. 铸铁件皱皮缺陷

铸铁件的表面（侧面或顶面）常常出现波纹状或滴流状的皱皮缺陷，在铸件内部剖面上也会出现黑色的碳夹杂缺陷。

按照皱皮凹深程度，将其缺陷分为五级，见表5-26。

表5-26　铸铁件皱皮缺陷评级表

皱皮等级	1	2	3	4	5
皱皮凹深/mm	<0.1	0.2~0.4	0.5~0.7	0.8~1.0	>1.0

2. 主要防止对策

1）对表面质量要求较高的球墨铸铁件和灰铸铁件采用共聚物模样，可大幅度减少和消除皱皮缺陷。

2）提高涂料透气性。涂料透气性主要取决于耐火骨料的粒度和涂层厚度。例如，当耐火骨料的粒度高于240目时，涂料透气性很低，容易引起皱皮缺陷，因此消失模铸铁涂料的耐火骨料的粒度范围应为180~240目。另外，当涂料层厚度太厚（大于1mm）时，容易引起皱皮缺陷，因此一般中小型铸铁件的涂层厚度控制在0.6~0.8mm，可以得到较满意的效果。

3）提高浇注温度。提高浇注温度，有利于热解产物汽化排出型外，因而可减少皱皮缺陷。对于灰铸铁和球墨铸铁，其浇注温度高于1420℃时可大大减少皱皮缺陷。表5-27列出了浇注温度对球墨铸铁件皱皮缺陷的影响。

表5-27 浇注温度对球墨铸铁件皱皮缺陷的影响

序号	浇注温度/℃	皱皮缺陷等级	试验条件
1	≤1300	5	铸件：ϕ80mm球 球墨铸铁材质：QT450-10 负压：0.035MPa 涂层厚：0.8mm
2	1360~1370	3~4	
3	1370~1390	2~3	
4	1390~1420	1~2	
5	1450	1	

4）改进浇注系统。顶注式浇注系统有利于减少表面皱皮缺陷，但容易引起内部炭黑夹杂，只有高度不大的小件才可以采用顶注式浇注系统；底注式浇注系统，可以实现金属液平稳上升，EPS模样逐层汽化，不会产生内部炭黑夹杂，但在铸件上表面往往会聚集较多的热解产物，同时上部金属液温度最低，不利于热解产物汽化，因而容易形成较严重的皱皮缺陷。因此必须在上部设置集渣冒口，设法将热解产物排出铸件之外。通常较高的铸件用阶梯式浇注系统，既可实现平稳充型，减少炭黑夹杂缺陷，又不容易出现皱皮缺陷（见图5-61和图5-62）。

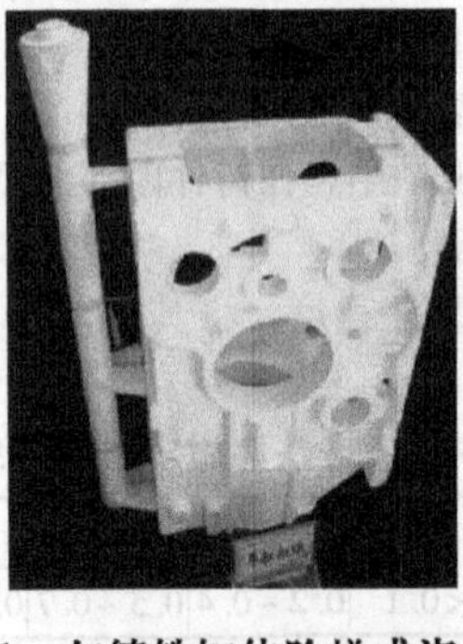

图5-61 灰铸铁缸体阶梯式浇注系统

5.7.3 防止泡沫模样和铸件变形的措施

泡沫模样在涂挂涂料、埋箱填砂、振动紧实以及负压铸造过程中都容易变形，需采取辅助措施防止其变形，如采用木架将泡沫模样固定，木架需在泡沫模样在砂箱中填砂完毕后拆除，如图5-63所示。也可采用铁架将泡沫模样固定。铁架可下到砂箱中不取出来，如图5-64所示。

图5-62 球墨铸铁消防栓阶梯式浇注系统

图5-63 用木架支撑防止模样变形

图5-64 用铁架支撑防止模样变形

5.7.4 铸铝件的针孔、缩松缺陷及防止对策

为防止模样汽化吸热，金属液流动前沿温度下降造成冷隔、浇不足缺陷，通常消失模铸造用铝合金的熔化、浇注温度都比较高，尤其是薄壁铝合金铸件，其浇注温度高达815－825℃。众所周知，温度越高，铝合金的吸气量越严重，越容易引起针孔、缩松缺陷。此外，消失模采用干砂造型，其冷却速度慢，金属液的凝固时间长，且倾向于糊状凝固，冷却时又有

气体析出，容易引起针孔和缩松缺陷。

各种工艺因素对铸铝件针孔、缩松都有影响，应从以下几个方面采取防止对策。

1. 熔炼工艺

1）铝液高温变质处理。鉴于高温下铝液吸气严重，尤其是变质以后吸气还会加剧，甚至要求铝液变质后还要精炼，而变质后若再精炼，其变质效果会很快衰退。只有采用长效变质剂（锶变质）才可以再吹氩精炼，而不会影响其变质效果，因此宜采用锶进行变质处理。

2）晶粒细化。采用Al-5Ti-1B中间合金进行晶粒细化处理，由于其中的$TiAl_3$和TiB_2提供了异质形核活性核心，使α-Al相得到细化，阻碍了气泡的形核，因而可以减少铸件中针孔、缩松的形成。

试验证明，在770～790℃以下，用除渣剂对铝液进行除渣处理后，先吹氩气，同时用质量分数为0.04%的Sr和质量分数为0.2%Ti对铝液进行变质及晶粒细化处理，可以获得密度超过$2.65\times10^3kg/m^3$的致密ZL104合金铸件。表5-28列出了不同铝液处理工艺对铸件针孔度的影响。

表5-28　不同铝液处理工艺对铸件针孔度的影响

熔炼处理工艺	球头件	外壳件	盖板件	双耳件
工艺1	五级	五级	四级	四级
工艺2	四级	五级	四级	五级
工艺3	一级	一级	一级	一级

注：工艺1：0.6% C_2Cl_6 精炼，钟罩压放；2.0%（质量分数，后同）三元钠变质剂处理15min后浇注。

工艺2：吹氩气10min；加0.04%～0.06%锶变质处理后浇注。

工艺3：氩气精炼；加0.04% Sr、0.2% Ti变质和细化晶粒复合处理20min后浇注。

2. 模样材料

铝合金铸件通常采用EPS作模样材料，对其密度大小的选择应加以重视。试验证明，泡沫模样的密度越高，铝铸件的针孔越严重。当泡沫模样密度由$18kg/m^3$提高到$28kg/m^3$，铝铸件的密度由$2.67\times10^3kg/m^3$下降到$2.65\times10^3kg/m^3$以下。为了抑制铝铸件的针孔、缩松缺陷，建议采用密度为18～$22kg/m^3$的泡沫模样。

3. 涂料

涂料对铸件针孔、缩松缺陷有重要影响，主要体现在以下两个方面：①涂料吸着液态聚苯乙烯的能力越强，越有利于提高铝铸件的密度，减少其针孔，但吸着性过大会引起浇不足的缺陷，因此铝合金用涂料的吸着性以2.9%～3.5%为最佳；②当涂层厚度从0.2mm增大到0.8mm时，铝铸件的密度从$2.675\times10^3kg/m^3$下降到$2.646\times10^3kg/m^3$。为了减少针孔和缩孔，获得二级以下的针孔度，涂层厚度不宜超过0.5mm。当然，涂层也不能太薄，否则容易开裂剥落，同时不利于抵抗模样变形，因此适当的涂层厚度应该是0.2～0.5mm。

4. 浇注系统

在适当的直浇口高度（约高于铸件顶面200mm）和截面面积的情况下，尽量采用空心直浇道。直浇道空心面积率越大，铸件针孔、缩松越小，铸件密度提高，这主要是由于减少了热解产物的缘故。

5. 浇注温度

浇注温度太高，吸气严重，精炼困难，同时冷却速度慢，倾向于糊状凝固，加剧了针孔、缩松缺陷的产生。因此，在保证铸件不产生冷隔、浇不足缺陷的前提下，尽量降低浇注温度。

6. 负压度

由于负压容易引起铝液产生紊流，金属液易卷入热解产物而产生气孔缺陷；同时，负压会降低氢在铝液中的溶解度，加剧氢的析出，增加了产生针孔、缩松倾向。因此，铝合金消失模铸造一般不采用负压，即使采用，负压值也宜小于0.01MPa。

5.7.5　其他铸件缺陷的产生原因及防止措施

除上述的增碳、皱皮、变形及针孔、缩松缺陷之外，消失模铸件其他常见缺陷的产生原因及防止措施见表5-29。

表5-29　消失模铸件其他常见缺陷的产生原因及防止措施

名称	特征	产生原因	防止措施
冷隔、浇不到	浇不到指薄壁铸件未完全充满，末端呈圆弧状；冷隔是铸件交接处未完全融合，边缘圆滑	1）浇注温度过低 2）模样大，汽化消耗的热量过多 3）金属液流程过长、阻力过大	1）提高浇注温度，一般比砂型提高30～50℃ 2）严格控制模样（包括浇注系统）密度 3）合理设置浇注系统，缩短路线，减少流动阻力，使用空心直浇口

（续）

名称	特征	产生原因	防止措施
机械粘砂	金属液通过涂层的裂纹孔洞渗入干砂中	1）涂层开裂或剥落，金属液渗入干砂中 2）真空度过大 3）造型时振动紧实不够 4）砂芯四周受高温金属液包围，特别是当浇注温度高时容易产生渗透粘砂	1）改善涂料质量，提高其抗激冷激热性，消除涂层中的气泡，防止拐角处涂料堆面开裂 2）适当降低真空度 3）改变振动工艺参数，提高干砂紧实度 4）适当降低浇注温度，局部用自硬砂填充
气孔	铸件表面和截面上有表面光洁的孔洞出现	1）浇注时，从直浇道卷入空气 2）泡沫模样材料分解产生的气体未能及时排出型外，造成浇注反喷 3）粘接材料引起的气孔 4）模样或涂层干燥不够 5）金属液脱氧不良	1）采用半封闭式浇注系统；保持浇口杯液面高度一定，使直浇道始终处于充满状态 2）负压度的选择以不产生附壁效应为原则；增加涂层和型砂透气性 3）采用发气量小的黏胶，胶层尽量减薄 4）模样、涂层必须干透，残留水分达到工艺规程要求
夹砂夹杂物	铸件内部出现的不规则块状夹杂物，如涂料或型砂的夹杂物，主要成分是 SiO_2，呈白色；热解产物夹杂物主要成分是碳，呈黑色	1）浇注时干砂颗粒掉入金属液中 2）涂层被金属液冲刷剥落 3）浇注时金属液产生紊流，将模样热解产物包在铸件内部 4）金属液本身不纯净带入夹杂物	1）组模结合部严格防止掉砂；减少浇注系统与模样结合部的尖角砂块 2）增加涂料耐冲刷强度，要防止模样和浇注系统粘接处渗入涂料 3）合理设置浇注系统，使金属液充填平稳，采用低密度模样 4）严格扒渣、挡渣工序；采用过滤网或茶壶浇包、底漏浇包
铸型坍塌	涂层破裂、干砂流入气隙中，铸件产生坍塌缺陷	浇注过程中，流动的热金属液流使泡沫模样局部提前汽化烧失留下空间，形成局部真空，涂层不能继续支撑造成坍塌	1）采取底注，让泡沫模样不提前烧失而留下空间 2）加快浇注速度，即使出现空腔也要保持泡沫汽化时的正压 3）加厚上部涂层，提高抵御坍塌能力

5.8 消失模铸造尾气的无害化处理

在环保尾气处理行业，传统的处理方法有化学药剂吸收法、光氧催化法、低温等离子法、蓄热式催化燃烧法和生物法等。挥发性有机化合物 VOC_S（volatile organic compounds）指在常温下、沸点为 50～260℃的有机化合物，按照化学结构可分为烷类、芳烃类、醛类、酯类及其他，常见的有异丁烷、丙烷、苯、甲苯、二甲苯、苯乙烯、丙二醇、丙酮等。在消失模铸造中，当白模汽化时会产生大量的黑烟，其主要含有炭黑，也有大量苯、甲苯、乙苯、苯乙烯等苯类物质；另外一个显著特点是其非连续性、间歇性地瞬间的超大流量，所以针对消失模铸造尾气，下面着重介绍三种不同的处理方法，即活性炭吸附脱附法、喷淋塔法和蓄热式热氧化（RTO）法。

5.8.1 活性炭吸附脱附法

如图 5-65 所示，消失模铸造产生的废气（污染源）在吸附风机的引力下进入活性炭吸附装置，洁净的气体通过烟囱高空排放。当活性炭吸附饱和后，吸附系统关闭，进出风量调节阀关闭，脱附阀门打开，催化燃烧设备开启，脱附风机运行，加热器开启，新鲜空气进入换热器后进入加热器中，被加热至 50－120℃的空气进入活性炭吸附装置，脱附出来的有机废气在脱附风机的引力下进入催化燃烧设备。在此装置中，有机废气被继续加热至 250℃ 以上，在催化剂的作用下，有机废气分解成 CO_2 和 H_2O，带有热量的气体进入换热器进行热交换，将至常温的气体在脱附风机的引力下由烟囱排入大气中。

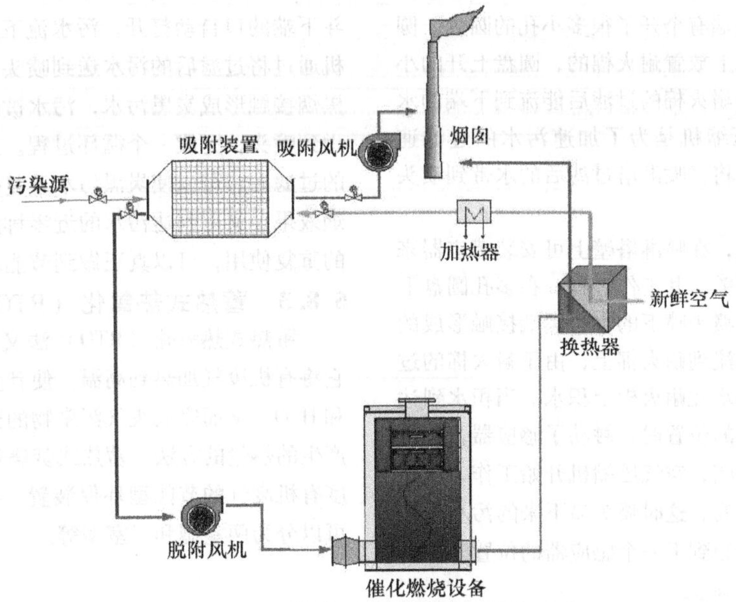

图5-65　活性炭吸附脱附催化燃烧系统

活性炭吸附脱附法是活性炭吸附浓缩和脱附催化燃烧的组合工艺，有机废气经过吸附、浓缩、脱附催化燃烧3个过程：首先利用活性炭的多孔性和空隙表面的张力将有机废气中的溶剂吸附在活性炭的空隙中，使所排废气得到净化；当活性炭吸附饱和后，用热风脱附再生；被脱附出来的有机物在催化剂的作用下，能在较低的温度转化为无毒无害的二氧化碳和水。这种方法对消失模铸造来说，简单易行，一次投资和长期使用成本都比较经济。

5.8.2　喷淋塔法

采用喷淋塔设备喷淋处理消失模铸造产生的黑烟尾气的方法，其主要结构组成包括吸烟罩、离心泵和喷淋塔。其中，喷淋塔主要由烟囱、喷水头、栅栏隔板、电动机和污水存储池组成。

如图5-66所示，喷淋塔法的工作原理：在喷淋池的下端安装了一个漏斗和一个圆盘，漏斗底端与圆盘连接，在漏斗下端和圆盘开一个贯通的圆形口，其主要有两个目的，①缩小污水流出的口径，便于安装一个装置来控制漏斗口的开关，也是来封闭漏斗下面的容积，当空气压缩机工作时，防止漏气；②当漏斗口关闭后，可以用来存储喷头喷下来的污水。

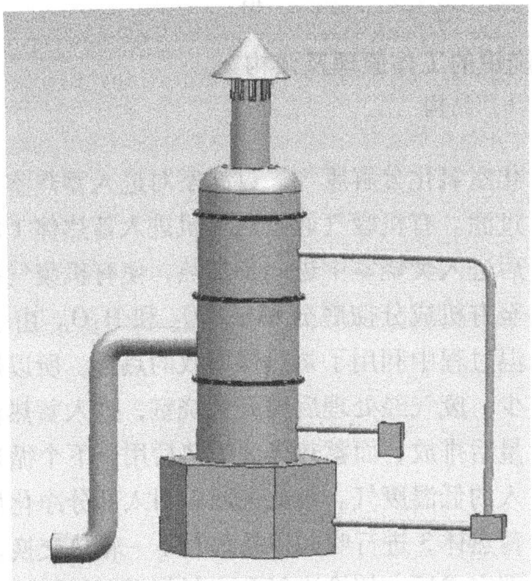

a)

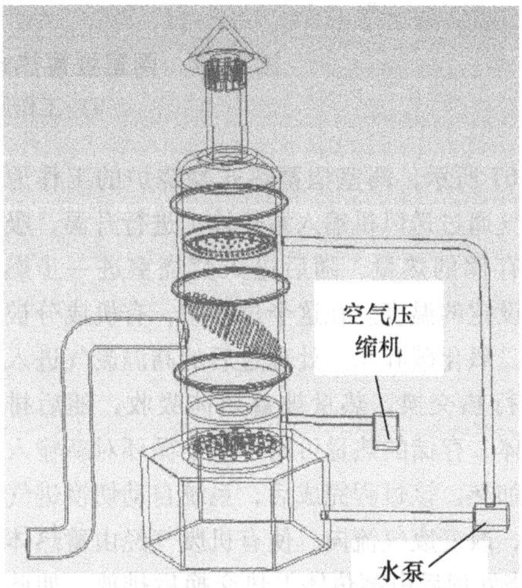

b)

图5-66　处理消失模铸造尾气的喷淋塔

a）喷淋塔的三维设计外观图　b）为喷淋塔改装设计三维视图

喷淋塔圆形的底端有个开了很多小孔的圆盘，圆盘的作用是用来在其上放置耐火棉的，圆盘上开的小孔是为了使污水经过耐火棉的过滤后能流到下端的水池中。另外，空气压缩机是为了加速污水的过滤速度，电动机的作用是将经喷淋塔过滤后的水带到喷头上，进行喷淋。

为了实现自动化，在喷淋塔壁上可安装感应器来便于控制漏斗口的开关。其工作过程：在多孔圆盘上放置一块耐火棉后，喷头喷下的水与黑烟接触形成的炭黑污水经圆形漏斗流到耐火棉上，由于耐火棉的过滤速度较慢，会使污水在耐火棉上积水。当积水到达低于空气压缩机口下的位置时，触动了感应器，会使漏斗底端的漏斗口关闭，空气压缩机开始工作，压缩空气，使污水加速过滤，这时喷头喷下来的污水盛装在漏斗中。当污水过滤到下一个感应器的位置时，漏斗下端的口自动打开，污水流下来再次积水，而电动机通过将过滤后的污水送到喷头，喷头喷下的水再与黑烟接触形成炭黑污水，污水被过滤后再次被电动机送到喷头，完成一个循环过程。通过这样一个耐火棉的过滤后，可以使炭黑污水重复使用，既可以增加除烟效果，又可到达污水的近零排放。耐火棉高温碳化的重复使用，可以真正做到节能环保。

5.8.3　蓄热式热氧化（RTO）法

蓄热式热氧化（RTO）法又称蓄热式焚烧炉法，它将有机废气加热到高温，使其直接氧化分解成 CO_2 和 H_2O，从而完成废气污染物的处理，并回收分解时产生的热量的方法。蓄热式焚烧炉是一种处理中高浓度有机废气的节能型环保装置，按照气流切换方式，可以分为两室型和三室型等。

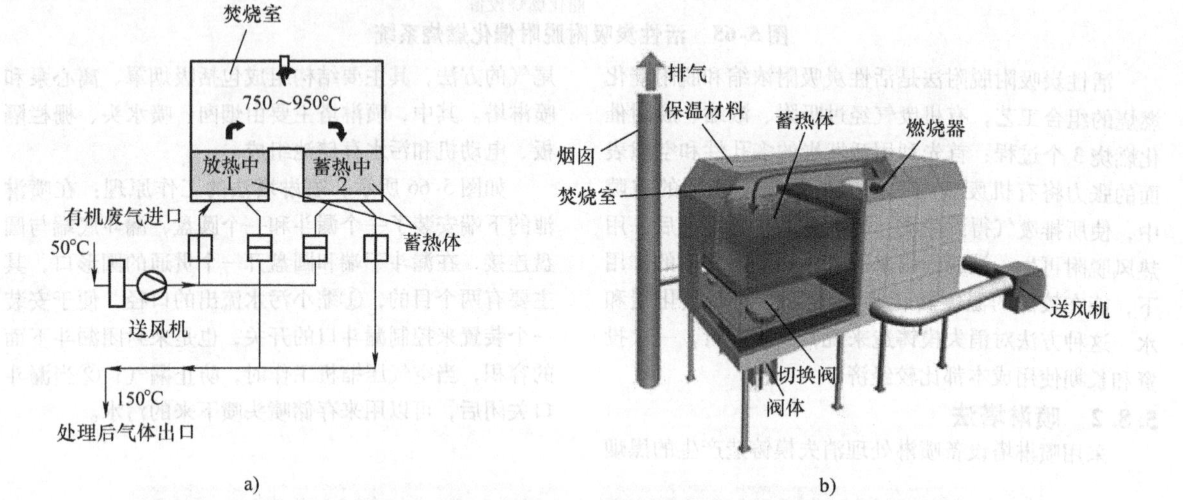

图5-67　两室型蓄热式焚烧炉的工作原理及结构
a）工作原理　b）结构

如图5-67所示，两室型蓄热式焚烧炉的工作原理：有机废气通过送风机输入蓄热体1进行升温，吸收蓄热体中存储的热量，随后进入焚烧室进一步燃烧，升温至设定的温度。在这个过程中，有机成分被彻底分解为二氧化碳和水。处理过后的高温废气进入蓄热体2进行热交换，热量被蓄热体吸收，随后排放。而蓄热体2存储的热量可用于下个循环对新输入的废气进行加热。该过程完成后，系统自动切换进气和出气阀门，改变废气流向，使有机废气经由蓄热体2进入，焚烧处理后由蓄热体1热交换后排放，如此交替切换持续运行。

如图5-68所示，三室型蓄热式焚烧炉的工作原理：3个蓄热体轮流完成蓄热、放热、清扫功能，氧化室氧化分解废气，过滤室对进入蓄热室的废气进行过滤。有机废气通过送风机进入蓄热体1吸热，升温后进入焚烧室中进一步加热，使有机废气持续升温直至有机成分彻底分解成 CO_2 和 H_2O。由于废气在升温过程中利用了蓄热体回收的热量，所以燃料消耗较少。废气经处理后离开焚烧室，进入蓄热体2释放热量后排放，而蓄热体2吸热后用于下个循环加热新输入的低温废气。与此同时，引入部分净化后的气体对蓄热体3进行吹扫以备进行下一轮热交换。该过程全部完成后，切换进气和出气阀门，气体由蓄热体2进入，蓄热体3排出，蓄热体1进行吹扫；接下来的循环则切换为由蓄热体3进入，蓄热体1排出，蓄热体2进行吹扫，如此交替切换持续运行。

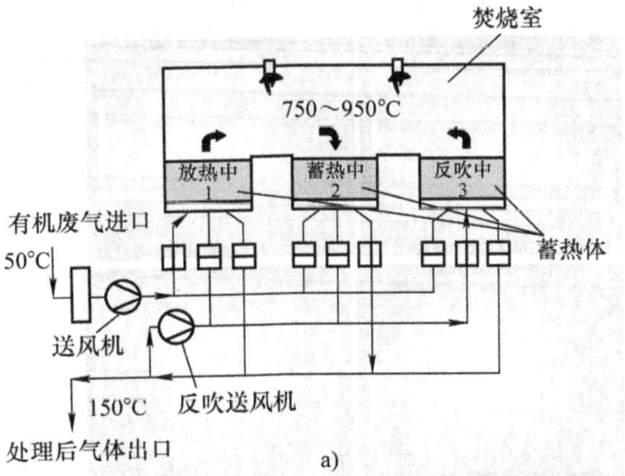

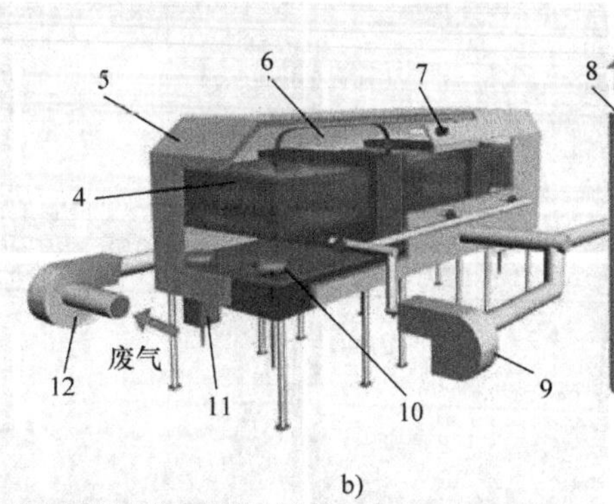

图 5-68　三室型蓄热式焚烧炉的工作原理及结构

a）工作原理　b）结构

1、2、3、4—蓄热体　5—保温材料　6—焚烧室　7—燃烧室　8—烟囱　9—反吹送风机　10—切换阀　11—阀体　12—送风机

5.9　铝合金消失模铸造工艺探讨

铝合金消失模铸造工艺与铸钢和铸铁的铸造工艺有很大区别，以下对在生产过程中应注意的一些关键点进行简要的描述。

5.9.1　泡沫模样

1）铝合金消失模工艺对泡沫模样的密度控制要求较高。由于浇注温度低，如果泡沫模样密度过大，会导致没有足够的能量去裂解泡沫模样，在铸件中留下未完全裂解的泡沫模样残余，因而产生渣孔缺陷，因此首先要严格控制预发珠粒的密度。

2）铝合金消失模工艺对泡沫模样内部的熔合程度要求高。泡沫珠粒的熔合程度直接影响浇注时金属液的填充过程。如图 5-69 所示，当金属液前沿遇到因内部熔合不好而有许多孔洞的泡沫模样区域时，金属液会沿着孔隙方向加快推进，形成锯齿状，甚至产生随机形状的指状金属液前沿，把残留的液态聚苯乙烯卷入到金属液中，从而形成渣孔缺陷。因此，应从模具设计和成型工艺两方面着手，采取合理的方案，确保泡沫模样内部的珠粒具有良好的熔合程度。

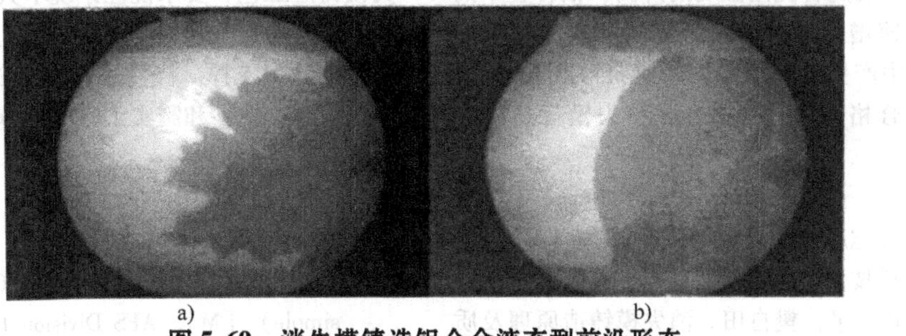

图 5-69　消失模铸造铝合金液充型前沿形态

a）泡沫熔合不好的液态金属前沿　b）泡沫熔合良好的液态金属前沿

3）由于铝合金液温度低，在粘接缝处易残留未完全裂解的黏结剂成分，因此必须使用易裂解且发气量小的黏结剂；同时，泡沫模样的粘接面一定要平整，确保粘接缝中没有黏结剂堆积。

5.9.2　涂料

1）涂层的浸润性十分重要。由于浇注温度低，泡沫模样在裂解过程中约有 55% 是液态，液态的泡沫模样裂解残留物需要通过涂层渗透出去。在这个过程中，涂层的浸润性起到关键的作用，浸润性差会导致液态残留物无法及时排出而残留在铸件中，形成渣孔缺陷。

2）消失模铝合金涂料可以通过它的透气性能控制铝合金的浇注速度，而浇注速度对于获得良好的铝合金铸件十分重要。如图 5-70 所示，在浇注过程中需要有一个平缓的液态金属前沿，以确保泡沫模样裂解产物不被卷进铸件中去。通过实时 X 射线的观测发现，存在一个临界速度，当液态金属前沿推进速度大于该临界速度时，液态金属前沿便开始紊乱，随着前沿推进速度的增加，前沿的紊乱程度也增加，紊乱的液态金属前沿会将泡沫模样裹入金属液中，最终残留在金属中不能排出，形成渣孔缺陷。通过改变涂料的透气性能，可以将液态金属前沿的推进速度控制在需要的范围内。

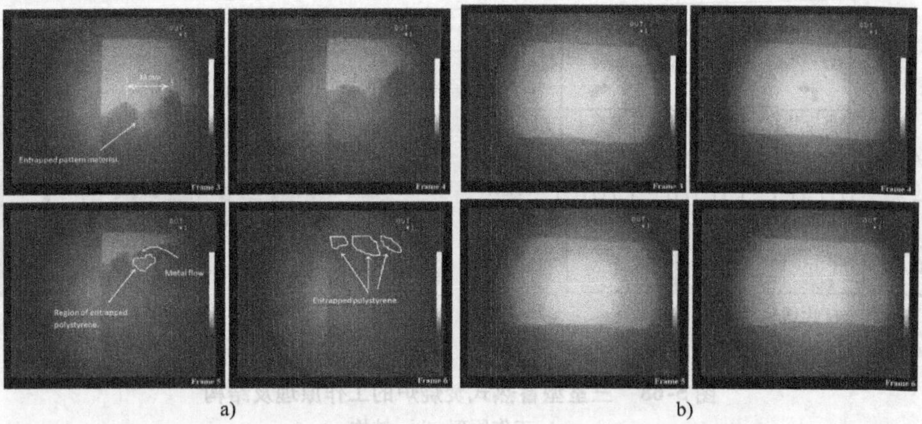

a) b)

图 5-70 消失模铸造铝合金涂料透气性与浇注速度的试验

a）过快的金属液前沿造成卷渣 b）合适速度的金属液前沿平稳

3）由于铝合金消失模对涂料的透气性有严格的要求，因此对涂料的涂挂过程需要严格的控制，要确保整体涂挂的均匀程度；涂挂后需称重量以确保每串模串涂层厚度的一致性。

5.9.3 铝合金熔炼

铝合金消失模在浇注过程中需要将泡沫模样完全裂解，因此与其他铸造工艺相比需要较高的浇注温度。浇注温度低，会有未完全裂解的泡沫模样残留，形成渣孔缺陷，而随着浇注温度的升高，铝合金中的氢含量也会迅速增加，再加上消失模工艺冷却速度慢，会使铸件中产生针孔缺陷。如何获得既无渣孔、针孔度又小的合格铸件，是铝合金消失模铸造的难点。因此，首先在熔化和精炼时比其他铸造工艺要有更高的要求，严格控制熔化和精炼除气的各个过程；对浇注前铝合金的含气量和含渣量进行测量和监控，保证浇入型腔内的金属液足够纯净。

5.9.4 浇注系统

要根据产品的结构特点和消失模铸造的特殊性设计出合适的浇注系统，确保金属液能够平稳充型，不会有局部温度过低的地方。此外，设计一个较好的消失模铸造工艺，要求浇注系统不只是一个浇注金属液和补缩的通道，还应是浇注前后工序中转运处理泡沫模串的骨架支撑。浇注系统的设计还必须考虑挂涂料、烘干、填砂和震实工序中白模模串的刚性。

参 考 文 献

[1] 叶升平，吴志超．消失模铸造图片集［M］．武汉：华中科技大学出版社，2006.

[2] 黄乃瑜，叶升平，樊自田．消失模铸造原理及质量控制［M］．武汉：华中科技大学出版社，2004.

[3] FRED SONNENBERG. LOST FOAM（Gasting made simple）［M］. AFS Division 11 – Lost Foam Casting，2010.

第6章　V 法铸造

6.1　概述

6.1.1　工艺流程

V 法铸造工艺流程简述为九个步骤（见图 6-1）：①准备好带有抽气箱的模板，模板上有透气孔可直接与负压箱气室相连；②将 EVA 塑料薄膜放置在烘膜器下加热到软化状态；③通过模板上的透气孔将真空作用于软化的塑料薄膜，使之与模板紧密贴覆；④喷好涂料后，将空砂箱放置在模板上；⑤砂箱被干砂充满，通过振动设备使干砂获得最大密度；⑥砂型顶部再覆上一层密封塑料薄膜，将浇口盆与上型直浇道相连，下型只需要在覆膜前将砂子刮平；⑦对砂箱抽真空，造成砂型内外压差，使干砂得到紧实，同时释放模板抽气室中的真空，并通入压缩空气反吹，将砂型与模板分开；⑧用同样的方法生产下型，然后将上型与下型合型，准备浇注；⑨浇注过程中继续对砂型抽真空；待铸件冷却一定时间后，去除真空，待冷却至合适温度，取出铸件；干砂可再生循环使用。

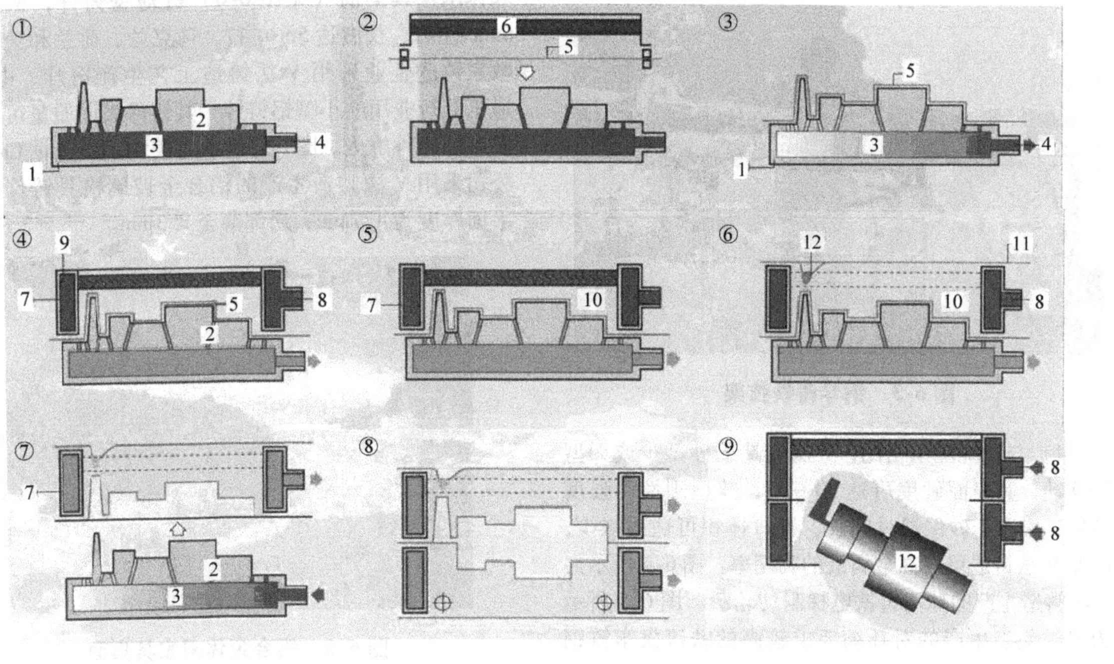

图 6-1　V 法铸造的工艺流程

1—抽气箱　2—模板　3—负压箱　4—真空箱抽气管　5—EVA 塑料薄膜　6—烤膜器　7—砂箱
8—砂箱抽气管　9—砂箱真空室　10—造型干砂　11—背膜密封　12—浇冒口与铸件

6.1.2　工艺特点

V 法铸造具有与传统砂型铸造无法比拟的优势，主要表现在以下几个方面：

1）造型易起模，模板磨损小，模板可用木质材料制作，金属模板寿命更长。

2）铸件尺寸精度高、轮廓清晰，铸件表面粗糙度值达 *Ra*18～25μm。叉车铸铁配重是 V 法铸造工艺的典型产品。安徽某厂生产的叉车配重，曾获 2002 年第四届北京国际铸造工业展览会铸件一等奖。叉车和其他工程车辆所需配重和平衡块几乎都是由 V 法铸造生产的。

3）V 法铸造干砂保温效果和真空抽吸作用都能提高金属液的流动性。试验表明，V 法铸造和湿型铸造相比，金属液流动性可提高 20%～30%。因此，V 法铸造不仅能生产厚壁铸件，也能生产薄壁铸件。例如，南京某公司引进日本新东铸造生产线，生产高档铸铁浴缸，最大尺寸（长×宽×高）为1829mm×1067mm×650mm，铸件重180kg，壁厚仅7mm（见图6-2）。天津某钢琴铸件有限公司生产的钢琴铸铁弦架也是V法铸造薄壁件的典型（见图6-3）。

图6-2　铸铁浴盆

图6-3　钢琴铸铁弦架

4）与传统湿型相比，V法铸造的砂型少或无型壁移动，其表面硬度可达90～95，铸型刚性和强度较好；由于干砂保温时间长，冒口体积可适当减少，因此V法铸造可提高金属液的利用率。图6-4所示为V法铸造生产的球墨铸铁电梯制动轮毂。图6-5所示为V法铸造生产的对补缩要求较高的铁道机车铸钢侧架。

图6-4　球墨铸铁电梯制动轮毂

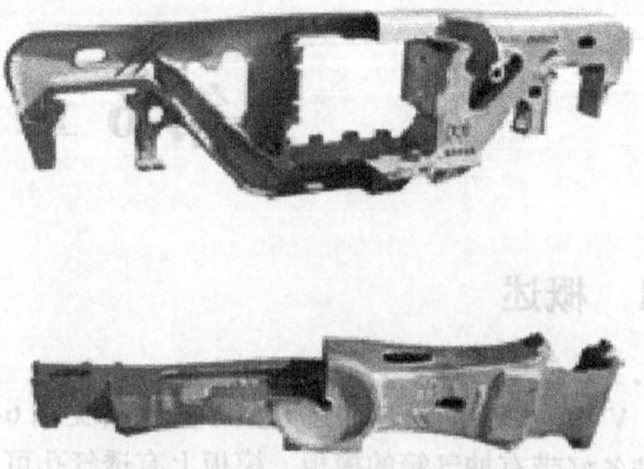

图6-5　铁道机车铸钢侧架

5）V法铸造砂型不含水分，处于真空状态，保温性能好，适合生产小批量、少或无复杂内腔的铝合金铸件。国内漳州某厂采用超大砂箱生产铝合金门饰和休闲家具桌面（见图6-6）等薄壁铸件，壁厚仅6mm左右，长度达5m左右。乌克兰、荷兰和美国等数家铸造企业采用V法铸造工艺生产医疗、电子、通讯等行业用的小型铝铸件，其铸件表面质量可与金属型铸铝件媲美。图6-7所示为美国Harmony Casting公司采用V法铸造生产的铝合金玻璃检具铸件，大平面厚度为4.7mm，局部薄至2.3mm。

图6-6　铝合金休闲家具桌面

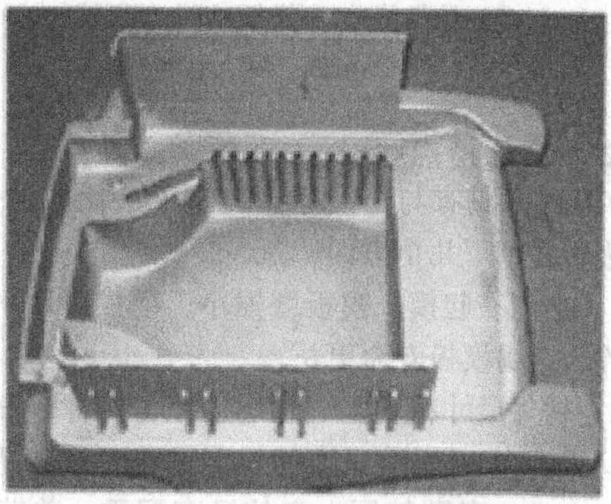

图6-7　铝合金玻璃检具铸件

6）V法铸造的砂处理系统较为简单，设备投资少，运行能耗低。

7）与其他砂型铸造相比，V法铸造生产现场噪声低，浇注过程产生的有害气体少，铸件抛丸清理量减少50%以上，劳动力减少35%以上；V法铸造干砂再生高达95%以上，固体废弃物少，符合节能减排的高要求。表6-1列出了安徽某铸造企业对本厂不同铸造工艺的资源消耗及排放数据所做的对比。

表6-1 不同铸造工艺的资源消耗及排放数据对比

工艺类别	最小吃砂量/mm		砂铁质量比	造型材料消耗			能耗/[(kW·h)/t]	废砂回收率	造型废物排放/(kg/t)
	侧	上/下		硅砂/kg	黏结材料	其他辅料			
V法铸造工艺	100	150	2~5	40	无	无	<95	95%以上	<40
树脂砂工艺	20	50	2~5	10	树脂	固化剂等	<230	80%~85%	<370
静压线工艺	30	50	5~12	180	陶土	煤粉等	<220	90%以上	<260
消失模工艺	50	150	6~10	170	无	无	<450	95%以上	<180

V法铸造优势鲜明，其弊端也很突出：①受到塑料薄膜延伸性能的局限，V法铸造不适宜生产外形特别复杂的铸件；②V法铸造制芯技术还不成熟，须采用树脂砂芯或水玻璃砂芯成形铸件内腔；③砂型对真空系统依赖性很强；④V法铸造在生产小型铸件方面生产率难以提高；⑤V法铸造铸钢件易出现气孔和夹渣等铸造缺陷，尤其是低碳钢铸件，会有不同程度的增碳。

6.1.3 V法铸造的发展过程及现状

20世纪70年代末，华中工学院（现华中科技大学）曹文龙教授率先跟踪日本V法铸造技术，带领国内数家企业开展V法铸造实践；1980年编著的《真空密封造型》（中国铁道出版社出版），为传播V法铸造工艺做出了贡献。1995年，中国机械工程学会铸造分会设立消失模与V法铸造技术委员会。1988年—2018年间，我国V法铸造技术有了长足进步，V法铸造相关专利超过100项。

中国要成为铸造强国，必须提高近净成形铸件的比例。V法铸造符合铸造技术发展的总趋势，符合环境保护要求，易实现清洁生产，有着广阔的应用前景。随着世界制造中心向中国转移，中国V法铸造获得超常规发展。截至2018年，V法铸件产量均居世界第一，部分铸件出口日本、韩国和欧美等地。据中国铸造协会和铸造学会统计，我国V法铸造企业超过200家，主要分布在山西、江苏、安徽、山东和河北等地，其中生产规模较大的或有中国特色的铸造企业见表6-2。

表6-2 我国V法铸造典型企业

序号	企业名称	产品类型	产量
1	安徽合力股份有限公司合肥铸锻厂	灰铸铁配重	16万t/a
2	嘉禾众合铸业有限公司	灰铸铁板件，球墨铸铁轮毂	2万t/a
3	龙岩佳诚机械有限公司	铸钢桥壳	3万t/a
4	河南天瑞集团铸造有限公司	铸钢摇枕、侧架	20万t/a
5	三一重工股份有限公司	铸钢履带板	3万t/a
6	海门麒龙机械制造有限公司	高锰钢颚板、破碎壁	2万t/a
7	威玛（山东）铸铁锅炉有限公司	铸铁锅炉片	5000t/a
8	中铁山桥集团公司	高锰钢道岔	6000t/a
9	伊藤机工（大连）有限公司	耐热钢料框、料盘	2000t/a
10	南京东陶有限公司（TOTO）	铸铁浴盆	3000t/a
11	福建德鑫机械制造有限公司	铸铜阀门	3000t/a
12	南阳汇森精密仪器铸造有限公司	铝合金阀体	1000t/a

6.2 V法铸造工艺特性

6.2.1 工艺方案设计原则

1. 浇注系统

正确设计浇注系统是保证V法铸造成功的关键之一。V法铸造对浇注系统的特殊要求如下：①金属液充型应尽可能平稳，以避免冲刷铸型或产生飞溅，造成塑料薄膜提前过度烧蚀甚至涂料脱落，从而产生粘砂或塌箱，推荐采用底注半封闭式或开放式浇注系统，避免采用顶注浇注系统；②V法铸造浇注系统截面面积，尤其是内浇道截面面积，应比砂型铸造适当扩大，以缩短浇注时间，减少铸型顶部塑料薄膜热烘烤时间，防止型腔内压力降低导致铸型坍塌；③假如铸件上型表面积大，应将铸型倾斜15°～20°，使金属液从型腔低端进入，渐渐上升，以维持铸型内外的压差。

（1）浇口杯和浇口盆　浇注中小型铸件时，常使用陶瓷漏斗浇口（见图6-8），为确保浇口的密封性，应将上层塑料薄膜盖住陶瓷漏斗，并用胶带密封（见图6-8a），或者将陶瓷浇口放到上层塑料薄膜上，再用水玻璃砂或其他耐火材料进一步密封（见图6-8b）。

浇注中大型铸件时，需采用陶瓷浇口盆。图6-9所示为各种型号的陶瓷浇口盆。为了不至于浇注过程中外界空气在真空的拉动作用下卷入直浇道，应始终保持浇口盆处于充满状态。

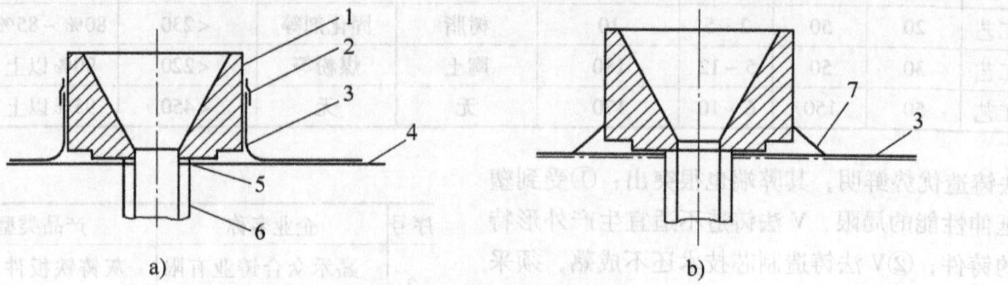

图6-8　陶瓷漏斗浇口杯的两种密封方法

a）胶带密封　b）水玻璃砂密封

1—陶瓷浇口杯　2—密封胶带　3—密封背膜　4—铸型上表面　5—密封泥条　6—直浇道　7—水玻璃硬化砂

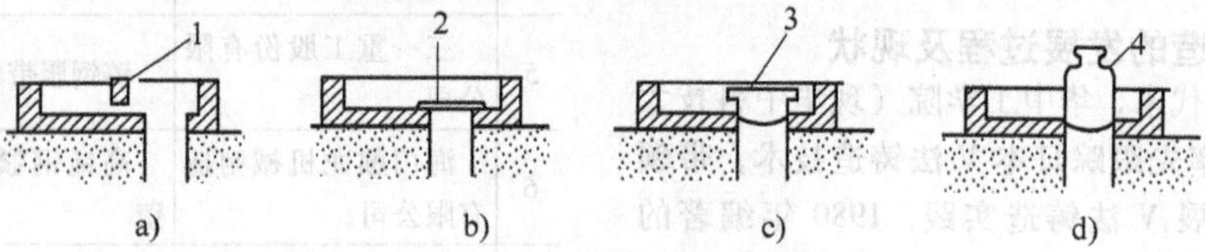

图6-9　各种陶瓷浇口盆

a）A型　b）B型　c）C型　d）D型

1—挡渣板　2—钢片　3—浮动浇口塞　4—浇口拔塞

（2）直浇道、横浇道和内浇道　对于中小型铸件，直接使用有锥度的木制直浇道棒。造型时，先将直浇道棒用塑料薄膜包裹，顶部和底部都要密封，然后与模样上直浇道凸台相连（见图6-10）；造型完毕，需取出直浇道棒。对于中大型铸件，推荐使用薄壁钢管或陶瓷管作直浇道，并需与模样浇口杯的凸台连接（见图6-11），并用塑料薄膜包覆且顶部和底部密封好。造型完毕，不需取出。

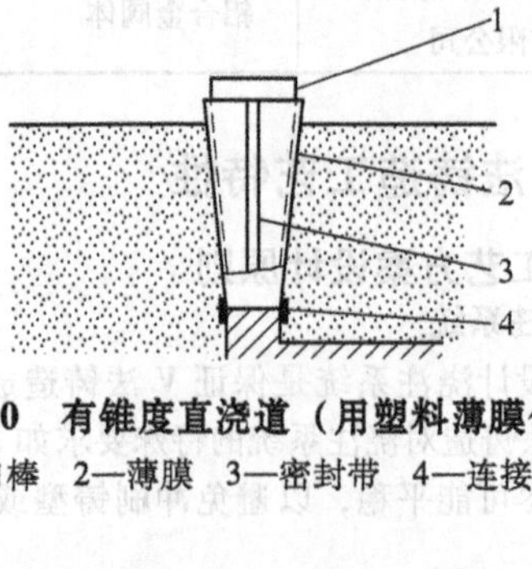

图6-10　有锥度直浇道（用塑料薄膜包裹）

1—浇口棒　2—薄膜　3—密封带　4—连接密封带

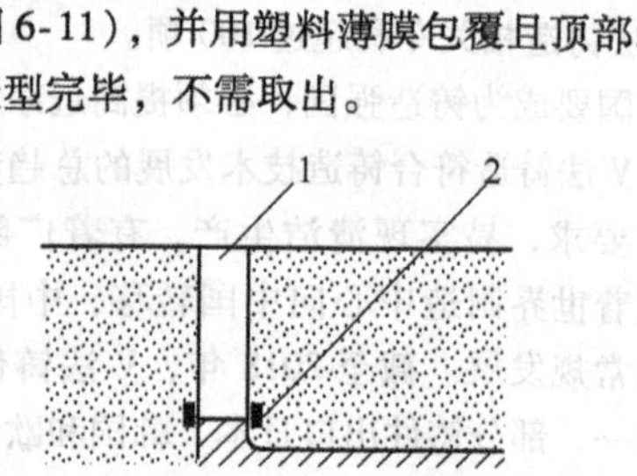

图6-11　钢管或陶瓷管作直浇道

1—钢管或陶瓷管　2—连接密封带

对于铸铁件，推荐选用半封闭式浇注系统；如果是大平面铸件，常采用开放式浇注系统。对于铸钢件、铸铝件和铸铜件，常采用开放式浇注系统，只是直浇道/横浇道/内浇道的比例不同，见表6-3。

表6-3 不同合金铸件的浇注系统比例

各种铸件	铸铁件	铸钢件	铸铝件	铸铜件
直浇道/横浇道/内浇道	1:1.2:0.8	1:1.2～2:1.2～2	1:2～3:1.8～6.5	1:2～3:1～5

总的来说，V法铸造的浇注速度要快。如果浇注过慢，很可能在塑料薄膜部分蒸发掉以后还没有熔融金属来替代塑料薄膜的密封作用，这可能会引起铸型变形，小则局部侵蚀，大则塌箱，因为铸型和型腔的压差无法继续维持。

在浇注铁液时，V法铸造倾向于较高的浇注温度，便于卷入金属液的气体溢出而减少气孔缺陷。需要注意的是，V法铸造工艺中铸件表面的冷却速度要比湿型快，薄壁铸件更加明显。

2. 通气孔

V法铸型的稳定来源于型腔内外的压差，如图6-12所示。

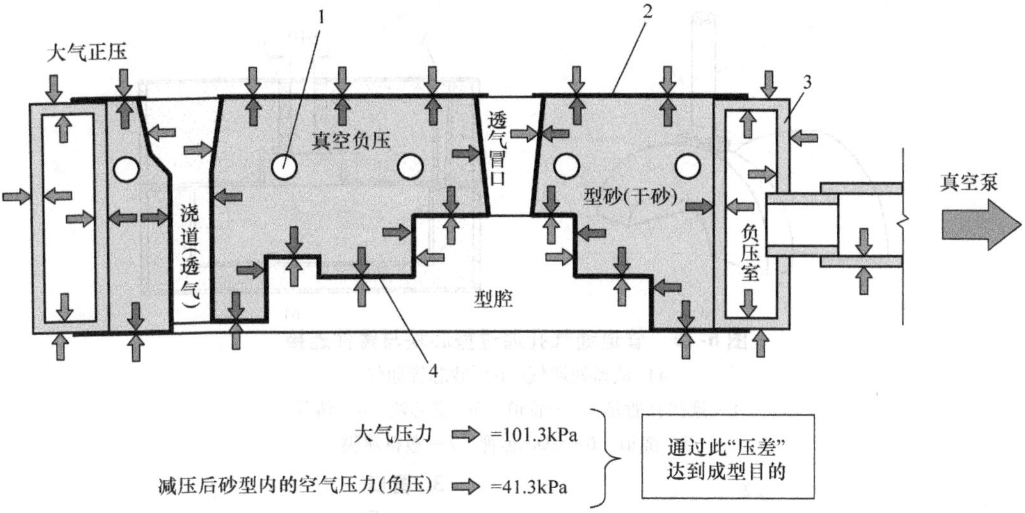

图6-12 V法造型原理

1—连接负压室的过滤管 2—背膜（普通塑料薄膜） 3—负压砂箱 4—面膜（成型EVA薄膜）

V法型腔带有塑料膜，几乎无透气性，需开设通气孔扮演排气孔和吸气孔两个角色。当金属液进入型腔时，腔内受热膨胀的气体及塑料薄膜、涂料产生的气体需几秒钟内从通气孔逃逸，这时通气孔起排气孔作用；当型腔表面薄膜逐渐熔化后，真空砂箱促使型腔内的气体穿过型砂进入真空系统，为了维持铸型内外正常的型腔压差，外界空气通过通气孔进入型腔，在这个阶段，通气孔起吸气孔作用。假如没有通气孔，则没有气体进入型腔来补充被吸入真空系统中的气体量，使砂型内与铸型内压差减弱，易造成塌型。

（1）通气孔的尺寸 如果通气孔太小，气体的穿行速度就快，砂型易塌；如果通气孔太大，则会浪费铁液，铸件出品率降低。确定通气孔尺寸的原则是通气孔的截面面积不应小于直浇道的截面面积。直浇道截面面积与通气孔截面面积之比一般为1:1～1:3。对于薄壁铸件，直浇道截面面积与通气孔截面面积之比应为1:1～1:2，如铸铁浴缸采用顶浇、顶冒工艺（见图6-13），浇口和冒口均为扁平契形，其截面面积相同。对于厚壁中大型铸件，通气孔截面面积为直浇道截面面积2～3倍，如大型减速器壳体铸铁件采用底注浇注系统和11个矩形通气孔，通气孔总截面面积超过直浇道截面面积的3倍（见图6-14）。

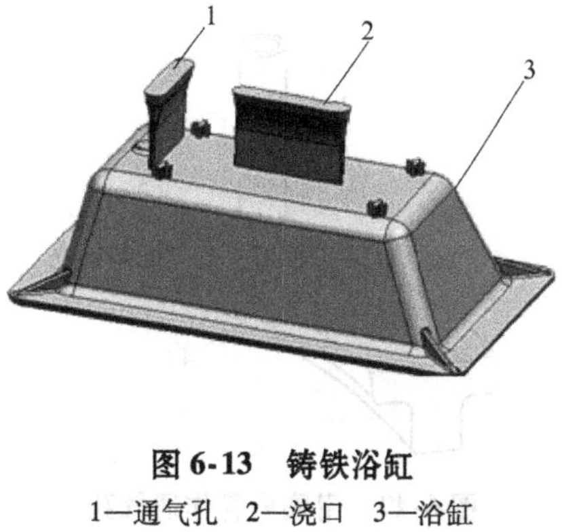

图6-13 铸铁浴缸

1—通气孔 2—浇口 3—浴缸

图6-14 铸铁减速器壳体（重约1t）

（2）通气孔的形式 将管道通气孔通过型芯块与铸件连接，起到既排气又无须清理的效果，如图6-15所示。

若砂芯占据了型腔的很大部分，砂芯排气孔也可兼作通气孔，如图6-16所示。还可用陶瓷管作通气孔，相当于一个气体通道，又没有增加多少金属重量，如图6-17所示。

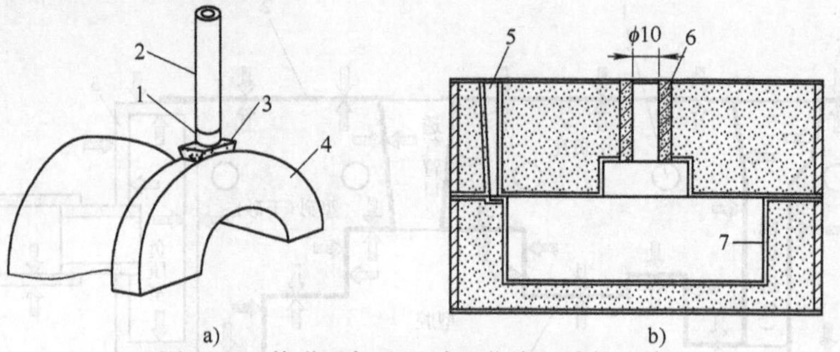

图6-15 管道通气孔通过型芯块与铸件连接

a）最高处通气 b）砂芯管通气

1—连接孔管道 2—管道 3—型芯块 4—铸件

5—浇道 6—CO_2 芯管 7—塑料薄膜

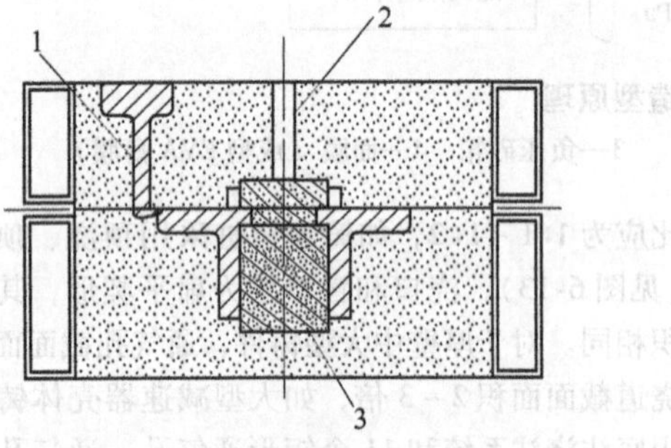

图6-16 用砂芯的排气口作通气孔

1—直浇道 2—排气孔 3—砂芯

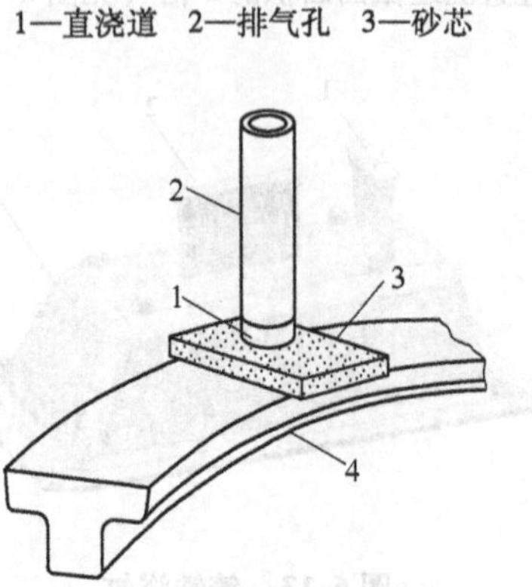

图6-17 用陶瓷管作通气孔

1—连接孔管道 2—管道 3—型芯 4—铸件

3. 冒口

（1）明冒口 在V法铸造中，铸钢件多用明冒口兼作通气孔。

（2）暗冒口 为提高暗冒口的补缩效率和切割冒口的效率，采用砂芯易割片和保温冒口套，造上型时将其预埋入砂型中。还有一种特殊的暗冒口，它采用特殊砂芯（又称威廉姆斯芯，见图6-18），使暗冒口起到大气压暗冒口作用，即能使暗冒口与大气相通起到通气孔的作用，又能提高冒口补缩效果。在暗冒口上安装威廉姆斯芯的操作步骤如图6-19所示。对于不宜使用冒口套的补缩部位，为了提高铸件成品率，往往对所采用的暗冒口也单独给与通气孔，以防止浇注过程塌箱。

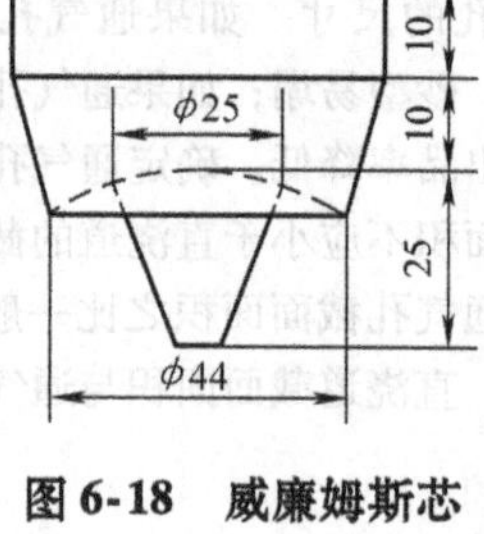

图6-18 威廉姆斯芯

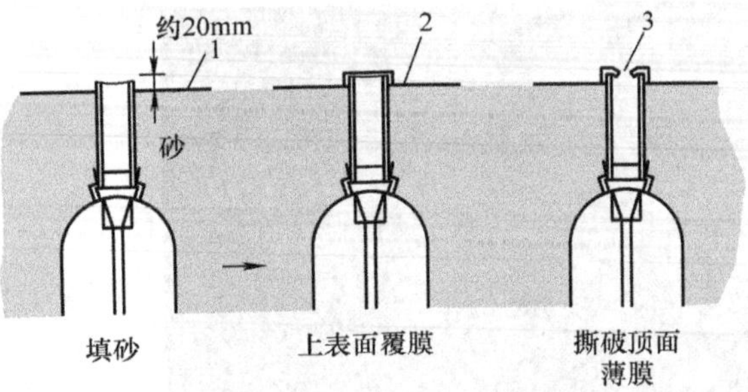

图6-19 在暗冒口上安装威廉姆斯芯的操作步骤

1—上表面 2—薄膜 3—撕破

6.2.2 金属学特性

1. 铸件冷却速度

V法铸造在浇注刚一结束时，铸件的表面区域有一个快速冷却的趋势。主要是由于砂子是干冷的，在短时间内金属液被激冷。但在砂子被加热后，冷却速度就会减慢下来，因为砂型中缺少水分。因此，可归纳为铸件表面快冷，而整体慢冷。

铸件在砂箱中继续冷却的过程中，V法铸造砂型由于采用干砂，不存在水分或其他材料因三态变化而带走或迁移热量，因此砂子一直在吸收热量，进而使得砂子落砂后温度往往比较高，甚至高达300℃以上。

2. 金属液流动性

在传统的砂型铸造中，由于水分和其他一些含碳材料的存在，会在铸型和金属液间形成一层气膜，理论上砂型不会与金属液直接接触。但在V法铸造中不会出现这样的现象，因为形成气膜的材料不存在。另外，塑料薄膜减少了金属液与型腔之间的摩擦力，似乎是金属液在型腔上边滑动一样。所以，在V法铸造中，金属液会紧贴铸型内壁，甚至在真空的拉动作用下被吸入砂型，这是V法铸造金属液流动性好的主要原因，如图6-20所示。表6-4列出了V法铸造与黏土砂铸造的流动距离试验数据。

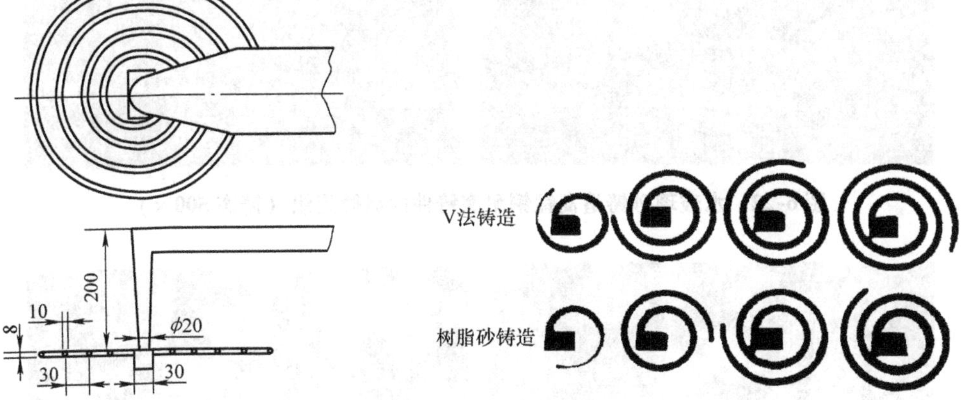

图6-20 金属液流动性测试

表6-4 流动距离试验数据

共晶度	浇注温度/℃	流动距离/mm	
		V法铸造	黏土砂铸造
0.92	1350	958	748
0.86	1350	520	442

3. V法铸造显微组织特点

正是由于V法铸造整体冷却缓慢的特点，对铸件内部结晶组织产生了一定程度的影响。对于铸铁，石墨在结晶过程中有足够的时间长大；对于铸钢，初次结晶晶粒长大倾向及成分偏析更加明显；对于有色合金，初晶组织同样有偏大的倾向。武汉建恒工业技术有限公司及中国机械工程学会铸造分会在V法铸造结晶组织的研究方面做了大量的工作。

图6-21所示为V法和黏土砂两种铸造工艺在同一个灰铁铸件同一个部位的A型石墨显微组织。不难看出，V法铸造铸件A型石墨更加长而粗大。日本铸造工学会也曾对V法铸造铸铁件的显微组织做过研究，认为V法铸造工艺生产灰铸铁件更利于形成铁素体基体，更容易产生A型石墨；石墨形态比较粗大；低共晶度的铁液V法铸造更容易饱和。对于球墨铸铁，更利于形成铁素体基体，共晶团数量较少，石墨球较大。

图6-22和图6-23所示为水玻璃砂和V法铸造工艺生产高锰钢耐磨铸件显微组织。铸态组织下，V法铸造工艺生产的铸件中碳化物含量更多。这是由于V法铸造工艺使用的是干砂，散热缓慢，导致初生碳化物有充分的时间析出。

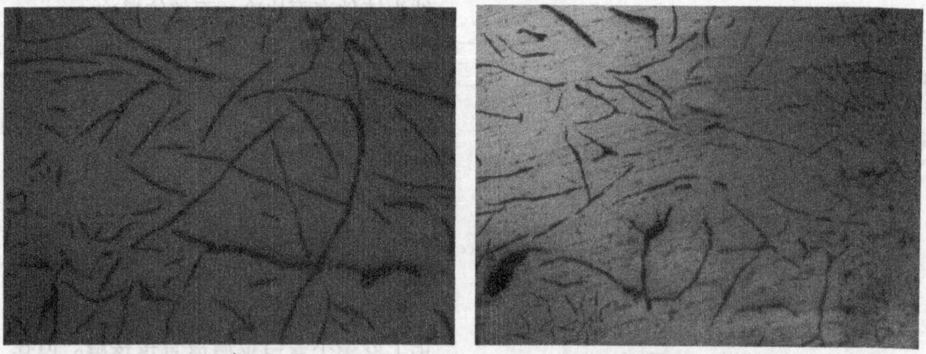

a)　　　　b)

图 6-21　灰铸铁件 A 型石墨显微组织（铸态 500×）

a）V 法铸造工艺　b）黏土砂铸造工艺

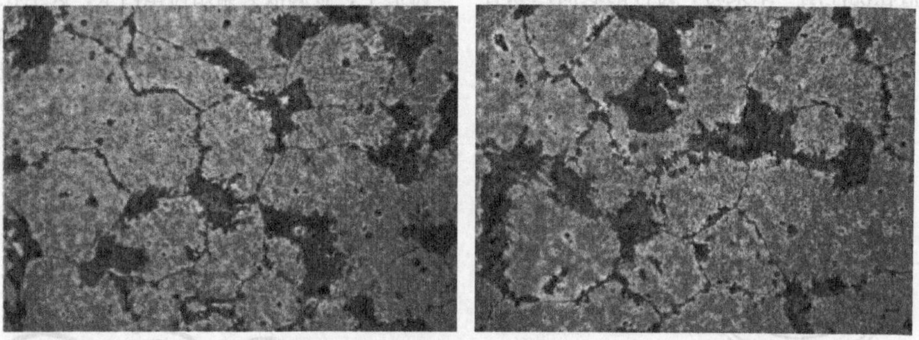

图 6-22　水玻璃砂铸造高锰钢耐磨铸件的显微组织（铸态 500×）

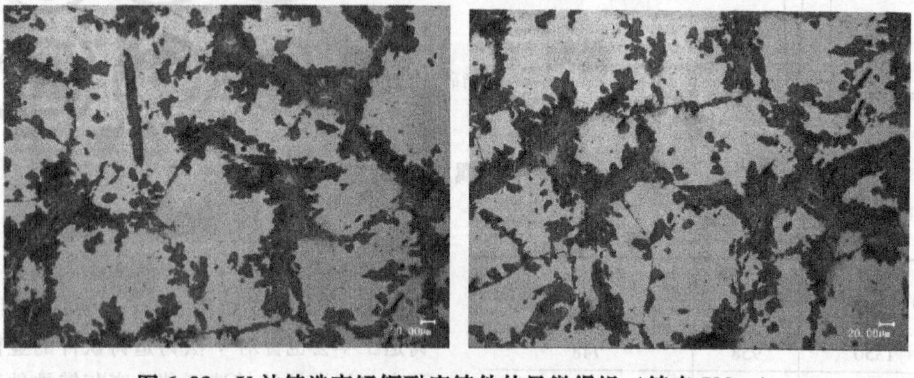

图 6-23　V 法铸造高锰钢耐磨铸件的显微组织（铸态 500×）

图 6-24 所示为 V 法铸造工艺、树脂砂铸造工艺、黏土砂铸造工艺在同种铝合金材质和同样结构部位的显微组织。显微组织中的白色针状组织为共晶硅组织。从图 6-24 可以很看到，V 法铸造工艺试样中共晶硅组织比较大且分散，针状组织比较粗大，长度也比较长；黏土砂和树脂砂铸造工艺试样的共晶硅组织相比于 V 法铸造工艺显得比较细小，分布也比较密集。

6.2.3　铸件的质量特点和缺陷分析

V 法铸造免去了黏结剂及其他添加材料的使用，可以避免因这些造型材料而产生的铸造缺陷，但生产实践中仍然出现了各种各样的铸件质量问题，既有常规的铸件缺陷，也有 V 法铸造所特有的一些问题。下面就 V 法铸造一些主要缺陷及控制思路做一简要阐述。

a) b) c)

图6-24 铝合金金显微组织

a）V法铸造工艺 b）树脂砂铸造工艺 c）黏土砂铸造工艺

1. 气孔

气孔是由于气体卷入金属液中而形成的，有4个主要的气体来源：①型腔内的空气；②塑料薄膜燃烧产生的气体；③型芯产生的气体；④金属液中的气体。最后一个气体来源可以通过正确的熔炼和浇注操作进行解决；型芯产生的气体造成的问题不太常见，因为真空能把型芯产生的气体抽走了，而其他的两个气体来源在V法铸造中可采取不同的解决方法，主要有：

1）增大通气孔，如果通气孔不够大，可能在浇注时使气体逸出的过程中产生背压，一般大小应为直浇道截面面积的2~3倍。

2）改变通气孔的位置，这样气体就能从一个比较容易的路径逸出。

3）在浇注时将砂箱倾斜。

4）提高金属液的浇注温度。

5）控制浇注速度。

6）在芯头处的塑料薄膜上开一些小洞，使更多的气体能被吸出。

7）控制塑料薄膜厚度和胶带等发气材料的使用。

8）浇注时确保直浇道充满，使用锥形直浇道和浇口盆。

9）充分干燥涂料。

10）增加砂芯排气措施。

2. 夹渣

这里说的夹渣不是常规状况下的金属熔渣，而是一些塑料薄膜的夹渣。经常在机械加工后或铸件浇注位置的上半部分被发现，有时与夹砂、气孔一起出现。这主要是由于塑料薄膜从砂型表面脱落、收缩聚集并被碳化而形成的。

防止措施：

1）检查塑料薄膜烘烤和覆膜质量，可能没有足够的变形。

2）检查铸型上的真空吸力，可能吸力不足以使塑料薄膜紧附在型砂上。

3）检验浇注设计，它可能会引起紊流。

3. 夹砂（或称砂眼）

在V法铸造工艺中，夹砂很少出现在铸件表面，而是在机械加工后才被发现，可能较浅但会波及较大的范围。这可能是由两种情况造成的：①可能是紊流或断流使型砂被冲入型腔内，或者是型砂被冲离型壁，这可能是由于金属液激烈地冲刷型壁所造成的；②有时金属液冲刷塑料薄膜碎片和型砂会导致产生夹渣和夹砂的双重缺陷。

防止措施：

1）检查铸件浇注系统设计，避免产生尖角部位。

2）浇注时保证持续浇注，使浇注系统处于满流状态。

3）采用适量的较好质量的砂型涂料。

4）采用单独的浇口盆和陶瓷类浇注系统。

5）研究金属液的流动，从而修正那些金属液可能剥离塑料薄膜的区域。

6）缩短浇注时间。

7）振动充分以使砂型达到90HBW以上的硬度。

8）确保浇注过程中真空压力在-0.06~-0.04MPa范围。

9）用透明胶带修复塑料薄膜有破损的地方。

10）扩大通气孔。

11）确保型腔内清洁。

4. 金属浸渗

金属浸渗是由于型砂的空隙造成的。在传统造型工艺中，这个缺陷一般是由于过量的水分和不适量的可燃性材料造成的，但在V法铸造工艺中，这些材料是不存在的，水蒸气的产生量很少。然而，由于砂型是处在负压状态下，真空拉动熔融金属向砂型或砂芯内部渗透。

防止措施：

1）使用较细的型砂。

2）通过加大振幅或振动时间获得更高的体积密度。

3）使用足量的耐火涂层。

4）稍微减小真空压力。

5）如果金属浸渗发生在砂芯处，则用以下办法处理：①使用更细的芯砂；②在砂芯上使用合适的涂料；③在砂芯中安放通向大气的通气孔。

5. 掉砂

掉砂是一种由于部分铸型型砂掉落而形成的铸件缺陷。宏观上，表现为铸件多肉。掉砂会造成金属与型砂混合，并且无法用抛丸清理掉。这是由于有一部分塑料薄膜被熔化了但没有被金属所替代，即塑料薄膜熔融处的压力已经均衡，又因为没有什么东西来支撑型砂，所以型砂掉落下来。

防止措施：

1）使用合适的铸件工艺设计。

2）浇注系统要避免紊流。

3）使用足量的涂料，以在塑料薄膜熔化后帮助保持型腔中的压力。保证砂箱外缘和塑料薄膜之间密封良好，否则外部的空气将被吸入铸型中。

4）增加抽气量或负压。在浇注过程中保持 −0.06 ~ −0.04MPa。

5）在容易出现此类缺陷的部位可以使用自硬砂。

6）将抽气管摆到距容易掉砂部位更接近的地方。

7）在上型顶部撒一些型砂，防止粗心的浇注过程导致顶部塑料薄膜被过多烧毁熔化。

8）振动可能不充分，导致砂型硬度没有达到 90HBW 以上。

9）在浇注过程中保持浇注系统充满。

6. 塌箱

塌箱也可以说是掉砂进一步拓展的体现，当然也有铸型的整体崩溃（见图 6-25 和图 6-26）。塌箱通常是上型，由于铸型和型腔中压力差不足以维持砂型的强度而使砂子掉落。防止措施与掉砂的控制思路基本一致。

7. 热裂

这里的热裂通常指 V 法铸造所特有的于真空的使用不合适所引起的一种缺陷。尤其是对于铸钢件或可锻铸件，由于浇注完成后真空保压时间过长，铸型没有合适的收缩而造成裂纹的情况。解决途径可通过提前切断真空来解决。

图 6-25　塌箱铸件图

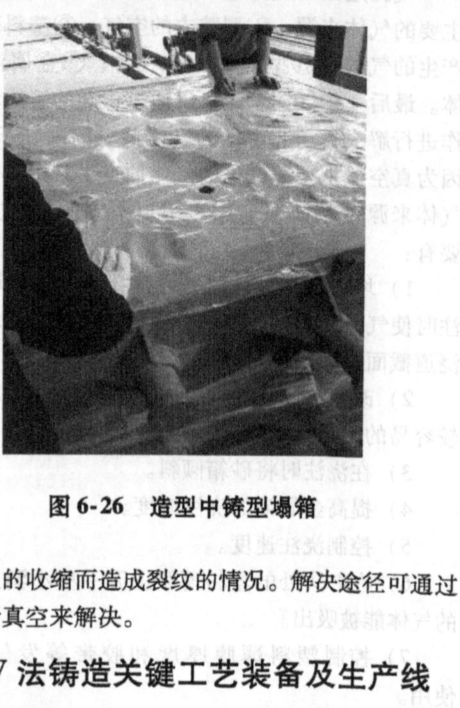

图 6-26　造型中铸型塌箱

6.3　V 法铸造关键工艺装备及生产线

6.3.1　砂箱

1. 砂箱的结构

V 法铸造用砂箱的典型结构有三种，如图 6-27 所示。

1）宽度小于 1000mm 的砂箱多采用侧壁抽气结构。侧吸式抽气砂箱为焊接结构，夹层为真空室、内壁镶嵌不锈钢网。

2）抽气管抽气砂箱多用于高度比较有限但长宽较大的砂箱；鉴于抽气管布置灵活方便，也常用于早期工艺试制过程简易砂箱的制作。日本第一个 V 法铸造专利中采用的就是抽气管抽气砂箱，如图 6-28 所示。

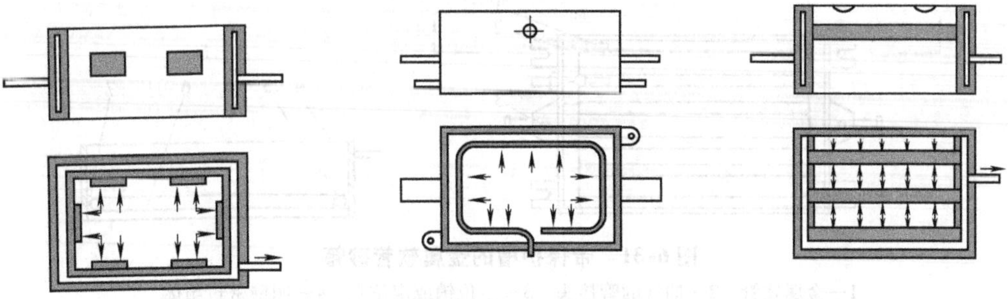

a) b) c)

图6-27 砂箱的三种典型结构

a）侧吸式抽气砂箱 b）抽气管抽气砂箱 c）侧面抽气+抽气管复合砂箱

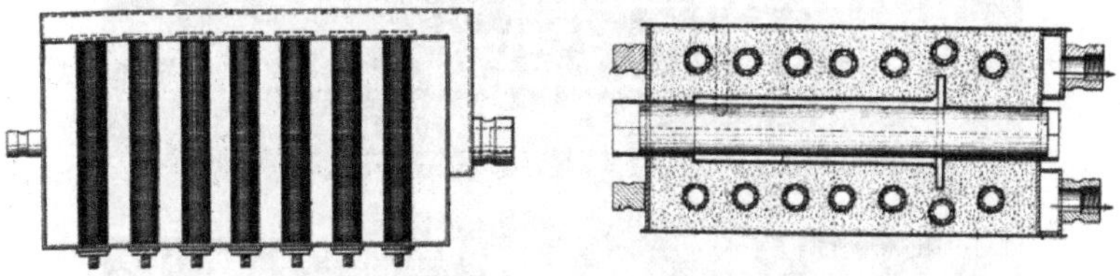

图6-28 日本抽气管抽气砂箱

抽气砂箱的过滤抽气管可用 $\phi30\sim\phi80$mm 的圆钢管制作。在钢管上每隔 25mm 左右钻 $\phi10$mm 孔，成交错密排；然后在钢管外面包裹不锈钢砂网，以防止细砂及粉尘被吸入抽气室。抽气管也可用方形钢管来制作。

对于某些砂箱，还可使用长短不一的活动抽气管，实现抽气管位置的可换性（见图6-29和图6-30），用塞子堵住那些不用的螺纹接口，以达到更加灵活使用的目的。

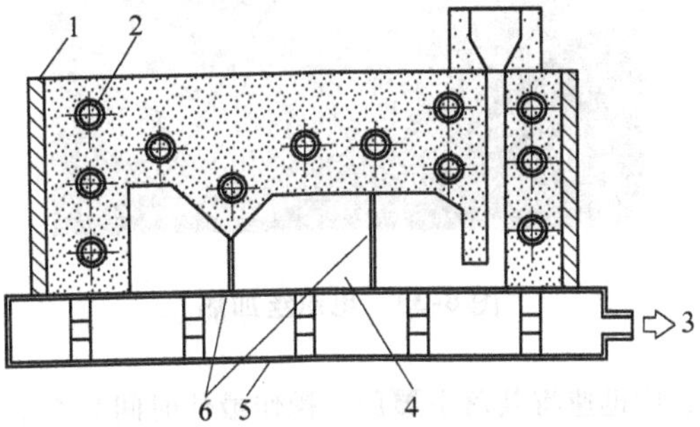

图6-29 多抽气管专用砂箱

1—砂箱 2—过滤管 3—抽气管 4—模样 5—模板承载台 6—透气孔

对于大批量生产，提倡采用专用砂箱。专用砂箱的抽气管应按铸造外形和浇注系统结构，在模样表面均匀放置，如图6-31所示。钢管间距为200～300mm。

采用金属软管制作V法铸造砂箱是最常见的，可在原砂型铸造用普通单层砂箱的基础上，根据铸造工艺需要布置软管。金属软管砂箱最大的问题是软管耐热性能差、易破损。北京钢院研制的多抽气管通用砂箱（见图6-30），获新型实用专利（申请号94211906.1）。

3）对于宽度大于1000mm的砂箱，往往采用侧面抽气+抽气管复合砂箱（见图6-32），以便使真空在砂箱内的分布更加合理均匀。

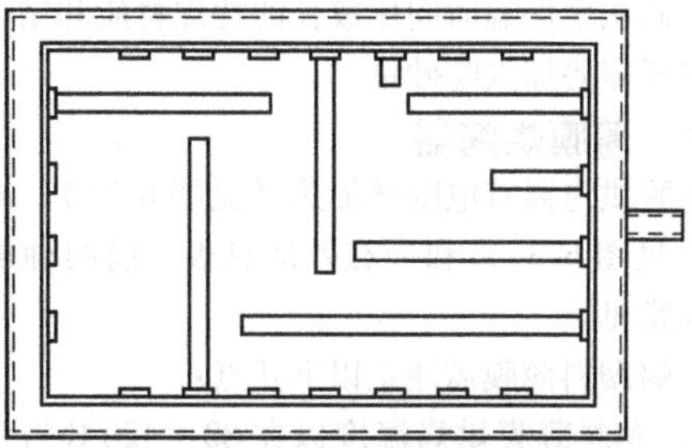

图6-30 多抽气管通用砂箱

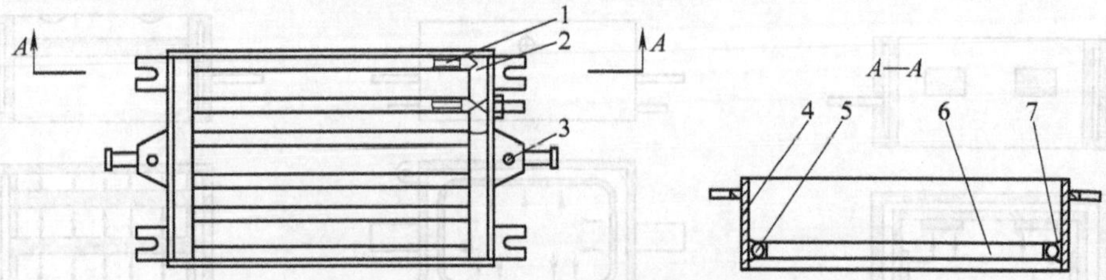

图 6-31　带保护槽的金属软管砂箱

1—金属软管　2—抽气的管接头　3—定位销或定位孔　4—四壁密封箱体　5—金属软管的管接头　6—空心箱带　7—金属筛网或金属丝

图 6-32　侧面抽气 + 抽气管复合砂箱

2. 吃砂量的选择

对于铸铁件，铸件距砂箱各结构部位应保持 50mm 以上的距离，即吃砂量不低于 50mm；对于铸钢件，由于浇注温度更高，因此吃砂量需求更大；对于有色合金，由于浇注温度较低，因此吃砂量甚至可更小。当然，对于壁厚特别厚大的铸件，无论铸铁还是铸钢，都需要适当放大最小吃砂量至 100mm 以上；对于在砂箱中保温时间比较长的特殊材质和结构的铸件，同样需要加大吃砂量。

6.3.2　薄膜烘烤器

薄膜烘烤器有电阻丝加热（见图 6-33）、电热管加热（见图 6-34）和远红外加热板，前两种加热方式比较常见。

烘烤塑料薄膜需注意以下几点：

1）塑料薄膜烘烤温度以在 80 ~ 120℃为宜，常置于加热器下 150 ~ 200mm，加热塑料薄膜时间为 20 ~ 40s。

2）塑料薄膜刚加热会出现轻微收缩，接着微皱，最后成镜面。此时，塑料薄膜达到塑形流动状态，应迅速将其落下覆膜。操作最佳时间为 5s。如果超过 5s，塑料薄膜将会冷却不再有很好的拉延性能。

图 6-33　电阻丝加热

3）合适的烘烤功率是保证塑料薄膜在有效时间内达到最佳烘烤状态的保障。根据行业设备运行经验，烤膜架功率控制在 18 ~ 25kW/m^2 是一种比较合适的配置。

图6-34 电热管加热

塑料薄膜有时很难吸入模样深凹腔内，可采取以下两种辅助覆膜成型方法：

1）采用泡沫压模块或辅助压模架覆膜方法，如图6-35所示。

2）对于深腔部位，若外力辅助覆膜方法无效，可采用先在辅助凸模上覆膜，后转换成凹模覆膜方法（见图6-36）。

6.3.3 震实台

V法铸造是通过高频微振来达到砂型紧实的效果，空气弹簧和振动电动机配合便可实现高频微振的效果。空气弹簧不仅可以调整砂箱的加砂高度实现密封加砂，而且空气被释放后，震实台可以有较好的稳定性。当然，震实台两侧需要设计高度可调的限位装置，并且限位装置要求坚固可靠，以免空气释放后台面压坏空气弹簧。图6-37所示为V法铸造用震实台。

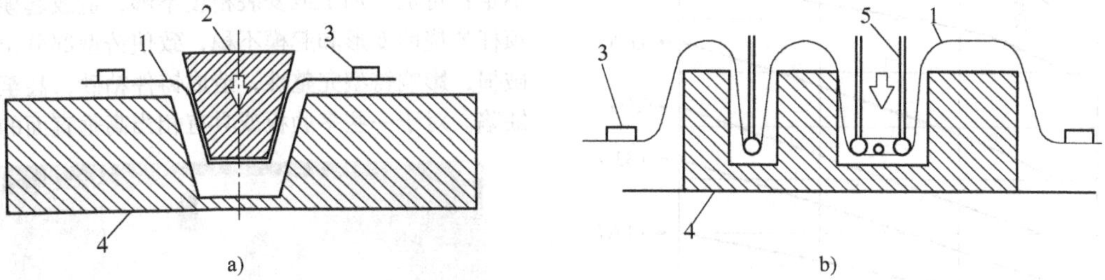

图6-35 外力辅助覆膜方法

a）用泡沫成型块 b）用压模架

1—塑料膜 2—泡沫成型块 3—固定支架 4—模样 5—压模架

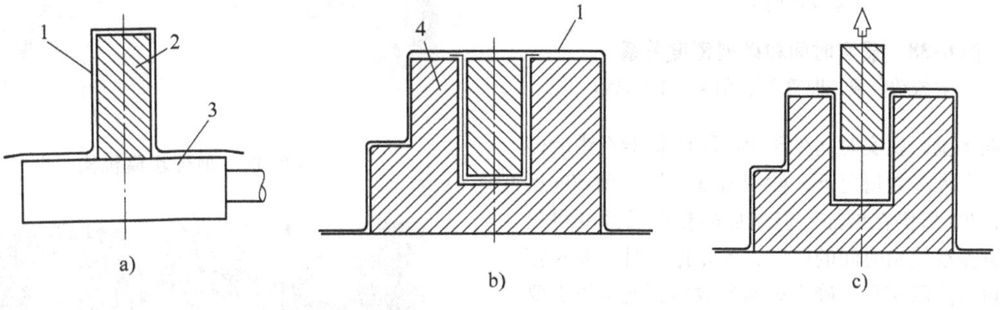

图6-36 凸模转化凹模覆膜法

a）在辅助凸模上覆膜 b）将凸模放入凹槽 c）完成凹槽覆膜

1—塑料膜 2—凸模 3—抽气室 4—凹模

模底板与震实台之间应该使用简单的销子定位以防止模样在水平方向的移动，但没有必要将模底板与震实台夹紧在一起，因为振动力必须是可调的。如果在使用过程中模样和砂箱发生了跳动，则证明振动力过大。一种确定振动力过大的方法是观察型砂在砂箱底部凸缘与覆盖在模样上的塑料薄膜之间的迁移情况。

一般建议使用者通过实际振动试验来测试最佳的振动参数。要进行这项试验，需要调整振动力让震实台提升所有的负载，然后在此基础上缓慢减小振动力。震实时间取决于所需要的砂型密度、振动电机的特性以及振动台的加载情况。图6-38所示为砂型密度与震实时间的关系。

图 6-37 V 法铸造用震实台

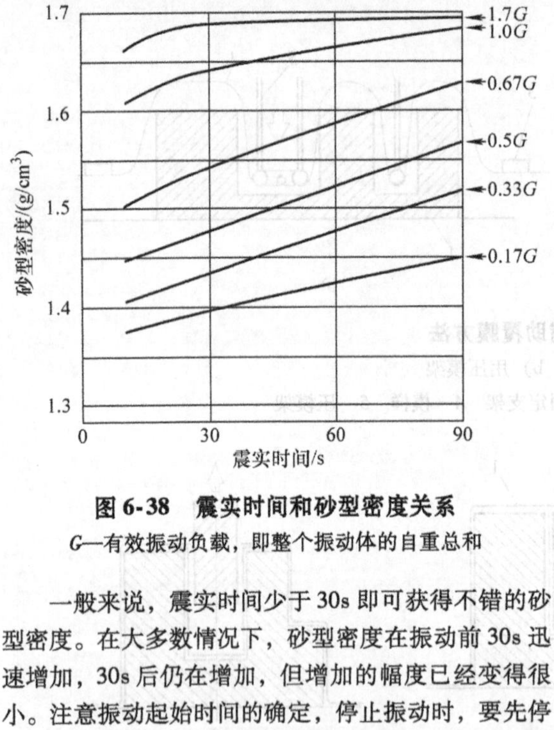

图 6-38 震实时间和砂型密度关系

G—有效振动负载，即整个振动体的自重总和

一般来说，震实时间少于 30s 即可获得不错的砂型密度。在大多数情况下，砂型密度在振动前 30s 迅速增加，30s 后仍在增加，但增加的幅度已经变得很小。注意振动起始时间的确定，停止振动时，要先停止振动再下降震实台。确定震实参数后，就不再需要对振动电动机做大的调整，除非振动电动机上面的负载情况发生了比较大的变化。

确定合适的震实时间：观察振动多长时间后砂型的密度不再增加了，这个时间就是所需要的震实时间。新东公司的震实台采用相关的继电器来控制震实时间的长短，一旦震实时间确定了，将不再需要大的调整，正如振动力一样，除非震实台负载或型砂发生了较大的变化。

震实台工作面不需要是刚性的，但如果刚性震实台产生了较大的噪声，可以在震实台表面覆盖一层 5mm 厚的橡胶垫。

6.3.4 起模机构

在 V 法造型过程中，塑料薄膜与模样之间有一定的黏附力存在，再加上砂型的挤压作用，使得起模过程中塑料薄膜与模样之间存在明显的摩擦。在提倡 V 法铸造工艺少无起模斜度的要求下，无疑对起模机构的平稳性有较为严格的要求。目前，大部分厂家已经采用顶杆起模机（见图 6-39），甚至采用自动化程度更高的机械手完成起模动作（见图 6-40）。相比之前的桥式起重机起模和简单的千斤顶起模方式，起模的安全性和稳定性已经有了很大的进步。但是，在越来越多的精密铸件的成形过程中，逐渐发现部分起模顶杆或机械手的精度和强度问题。主要反映在起模顶杆导柱导套所用材质的质量和数量不够达标，或者不经过应有的热处理工艺，造成起模顶杆的强度和刚性不足；再加上加工或安装精度不够，造成起模过程中顶杆的挠曲变形和起模不稳，致使铸型部分位置擦伤破损，影响铸型完整性，造成铸件粘砂，甚至塌箱等缺陷。对于一些多肋板或具有相当高垂直面的铸件而

图 6-39 顶杆起模机构

图 6-40 机械手起模机构

言，这种擦伤铸型的现象尤为普遍。而个别自动化程度很高的机械手，运转稳定性差，末端柔性不足，在运转过程中产生震荡或难以急停，甚至不能保证最起码的定位及真空对接精度，直接影响铸型在起模翻转等过程中的安全性。随着V法铸造成套装备生产线自动化和机械化水平的提升，对起模机构的使用要求越来越高。这就需要在这些关键的造型设备方面，提高设计、制造、安装的精度和可靠性，以充分保障造型质量和铸型安全。

1. 顶杆起模机构

顶杆起模机构是V法铸造中最常用的起模机构，造价低、起模稳定性好、反应快。按动力不同，分为液压或气压两种形式。在实际生产中，也有采用同一个液压缸或气压缸引出四个导柱，达到等距同步的效果。通常情况下，液压式顶杆起模机构适合大吨位起模，而气压式顶杆起模机构适合中小吨位起模。

2. 机械手起模机构

机械手是V法铸造自动化造型线上的主要设备，主要用于造型中对铸型进行起模、翻转、运行、合箱等操作。

1）起模采用液压缸，通过比例阀实现慢—快—慢功能，起模平稳可靠，砂型尺寸精度高。

2）运行采用硬齿面减速机变频控制，实现慢—快—慢功能，运行平稳可靠。

3）翻箱采用减速机或齿轮齿条控制，实现慢—快—慢功能，翻箱平稳可靠。

4）机械臂上可自带真空，以满足工艺生产要求。

5）采用机械手，减少了车间桥式起重机的工作量，同时减轻了工人劳动强度提高了设备的自动化程度和铸件的尺寸精度。

6.3.5 砂处理系统

由于V法铸造采用干砂，型砂的再生仅仅需要筛分、磁选、冷却和除尘，因此V法铸造的砂处理系统比其他砂型铸造的要简单，只需要输送设备、筛分设备、砂冷却装置、磁选设备和砂库等。V法铸造干砂冷却输送系统如图6-41所示。

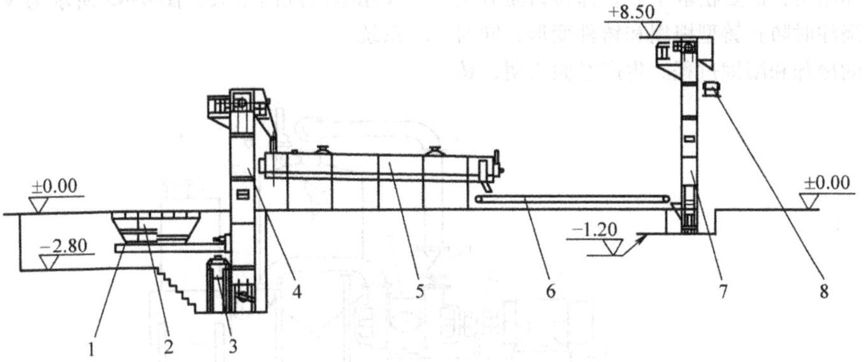

图6-41 V法铸造干砂冷却输送系统（江阴铸造设备厂提供）

1—螺旋输送机 2—落砂斗 3—振动输送筛 4—板链式提升机
5—沸腾冷却床 6—带式运输机 7—斗式提升机 8—带式运输机（往砂库）

落砂斗上面的栅格具备一定的筛分功能，能阻止残余塑料薄膜和大芯块进入砂处理系统中。

落砂砂温很高（通常会高于350℃），因此常选用螺旋输送机作为最前道输送设备，其优点是不仅能承受高砂温，还可使高温砂与冷砂混合。

振动输送筛是主要的筛分设备，并承担一定的输送功能。其具备宽度为2mm左右空隙的矩形孔网，可筛走碎塑料薄膜、金属片等杂质，从而使砂子顺利经过冷却设备。

沸腾冷却床是型砂处理的核心部分，其工作原理如图6-42所示。位于沸腾床底部的风箱对床内型砂鼓风，造成型砂流动前进和一定程度的沸腾，不仅帮助位于顶部的抽风除尘系统抽走灰尘，同时使得型砂与床内密布的冷却水管充分接触，对流换热，而沸腾过程中，对型砂本身也有一定的风冷效果。沸腾冷却床的主要技术要求是：入口砂温低于320℃，出口砂温低于55℃；砂处理的效率通常为20~50t/h。

板链式提升机和斗式提升机由于所能承受的温度有所差异，因此分别位于砂处理冷却装置前后，用于型砂的垂直提升。

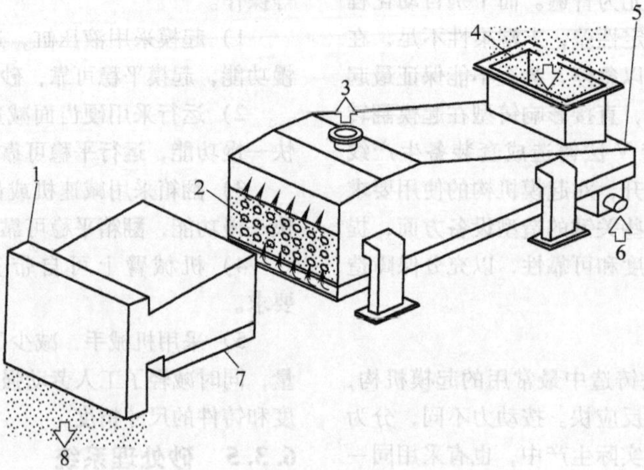

图6-42　沸腾冷却床的工作原理

1—供冷却水端　2—冷却水管　3—抽气口　4—热砂进口
5—排水端　6—鼓风口　7—沸腾床　8—出砂口

6.3.6　真空系统

真空系统是V法铸造工艺的核心装备之一。真空系统的主要作用是：固定松散干砂，保持铸型有足够的强度，在浇注时防止铸型坍塌和铸件变形，同时维持铸件后续的冷却和凝固过程。生产经验表明，铸型负压大于0.045MPa时，铸型就可以保持足够的稳定性，而当铸型负压小于0.035MPa时，胀箱、变形及塌型的倾向增大。图6-43所示为V法铸造用真空系统。

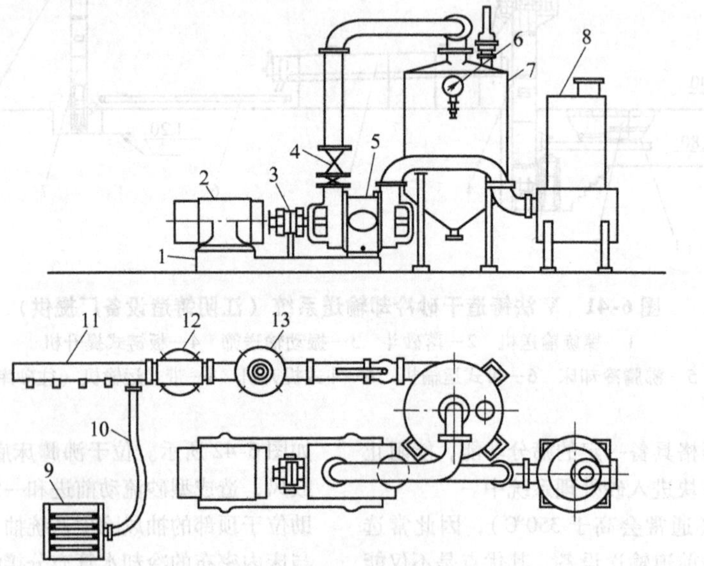

图6-43　V法铸造用真空系统

1—底座　2—电动机　3—连接轴　4—阀门　5—真空泵　6—压力表　7—稳压罐
8—水浴净化器　9—砂箱　10—抽气软管　11—分气管　12—分砂过滤器　13—真空调节器

1. 砂箱的抽气量计算

砂箱是真空作用的源头，也是真空系统设计和选型的基础依据。日本铸造工作者曾统计出V法铸造生产的典型铸件与砂箱尺寸和抽气量的对应关系，见表6-5。如果生产线上有10个铸型都处于真空，表中的抽气量需乘以10。根据国内外生产经验数据，目前真空泵的抽气量（m^3/min）大致为砂箱总容积数量的3倍。

表6-5 典型铸件与砂箱尺寸和抽气量的对应关系（用153目细砂+耐火涂层）

铸件（铸件质量/kg）	砂箱尺寸/mm（长×宽×高）	抽气量/(m^3/min)
车床床身（450）	3000×900×450/300	3.0~4.0
钢琴架（130）	2000×1600×180/180	1.8~2.5
浴缸（70）	1500×1100×900/230	1.3~1.8
滑轮（50）	800×800×200/200	0.8

2. 真空泵的选型

在确定了系统所需要的抽气量后，真空泵的选型就变得至关重要。V法铸造真空泵分为干式真空泵和水环式真空泵。日本V法铸造多采用干式真空泵，我国多采用水环式真空泵。干式真空泵和水环式真空泵各有优缺点：干式真空泵真空度高，但真空泵抽入的热气易使泵体温度升高，产生热膨胀，若粉尘进入泵体会影响使用寿命；水环式真空泵是靠水环实现密封，通过泵腔容积的变化来实现吸气、压缩和排气的，真空泵中的水可将气体热量和粉尘带走，水可循环使用，但是水环式真空泵效率偏低。国内V法铸造用水环式真空泵为2BE系列。表6-6列出了2BE系列水环式真空泵的部分技术参数。

表6-6 2BE系列水环式真空泵的部分技术参数

型号	极限压力/Pa	电动机转速/(r/min)	抽气量/(m^3/min)	电动机功率/kW	重量/kg
2BE202	3.3×10^3	980	12	22	925
		1100	14	30	945
		1170	15	30	945
2BE203		880	16	30	995
		980	18	37	1065
		1100	20	45	1085
		1170	21	45	1085
2BE252		660	25	37	1515
		740	28	45	1693
		820	30	55	1645

3. 稳压罐体积的确定

真空泵提供负压动力，而稳压罐可以缓冲浇注过程的负压波动。因为浇注时，由于EVA塑料薄膜汽化，外界空气和型腔内的空气大量进入铸型内部和真空系统，造成铸型内和真空系统内的实际负压度会下降（一般而言，负压度将减小0.01~0.03MPa）。因此，真空泵必须不断地抽气，在稳压罐的辅助下才能维持铸型内负压度基本保持稳定。

稳压罐的体积太小起不到稳压效果，但体积太大，又耗能源、增加制造成本。按理论模型，科学确定稳压罐体积的方法如下：

设V_1为稳压罐容积，V_2为砂箱容积。假设先将稳压罐的压力抽至铸造时的工作压力p_1，切断真空源；将常压p_2的砂箱密封好，迅速接到稳压罐上，以V_1中储存的负压对V_2抽真空，最终两个容积中的压力达到相等（p_3）。如果最终压力p_3仍然使砂型稳定，说明稳压罐有足够能力，在真空泵出现异常停机的极端情况下，经过一段时间，依靠自身所储存的负压能保持砂型稳定。

根据气体量守恒，有

$$V_1p_1+V_2p_2=(V_1+V_2)p_3 \tag{6-1}$$

式中 p_1——铸造工作压力，可取为300Torr（1Torr=133.332Pa）；

p_2——大气压为760Torr；

p_3——最终平衡后的压力并使砂型不垮型，通常此值取为500Torr。

将p_1、p_2和p_3代入式（6-1），得

$$V_1=1.3V_2 \tag{6-2}$$

考虑到安全性，生产中可按$V_1=1.5V_2$来估算。V_2为真空系统所连接数个砂箱容积之总和。

4. 真空系统的控制与节能

V法铸造中，真空系统需与铸型时刻相连，但不同工序所需真空度不同，如覆膜和保压只需0.02~0.03MPa真空度和较小抽气量，而起模和浇注需0.05~0.06MPa真空度和较大抽气量。为保证浇注所需的大抽气量和真空度，往往配置多个真空泵和大稳压罐，造成真空系统耗能较大。国内V法铸造企业多采用自耦降压起动器控制真空系统，无法实现自动控制真空度和抽气量。北京迪通电子技术研究所开发多功能电动机控制柜，专用于V法铸造，节能效果显著。因为覆膜和保压可处于较低负压状态，而起模和浇注需要较高的负压状态，需将多台真空泵及管道设计成两套真空系统，且高低两套系统的供气量随用气量的大小自动调节。每套真空系统的控制原理如图6-44所示。自耦降压起动器控制真空泵上60kW电动机的电流一般在100~110A之间，而多功能电动机控制柜可控制低压真空泵电动机电流不大于70A，高压真空泵电动机电流不大于85A。多功能电动机控制柜与传统控制柜的起动电流对比如图6-45所示。

图6-46所示为多功能电动机控制柜在河北东方铸造有限公司V法铸造现场的应用。图6-47所示为将浇注现场的管道分为高低负压两套真空系统的切换开关。

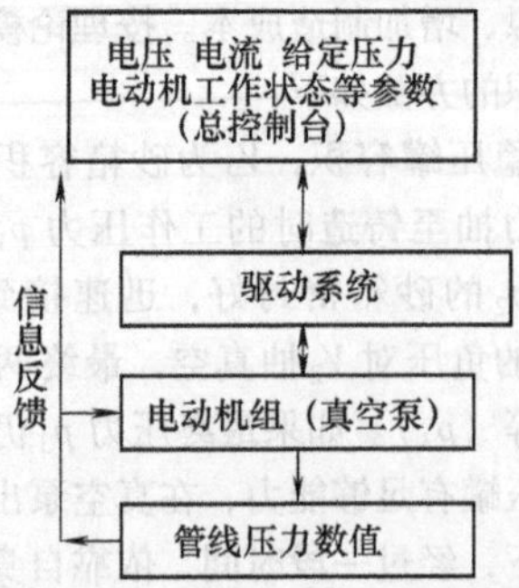

图 6-44　真空系统控制原理

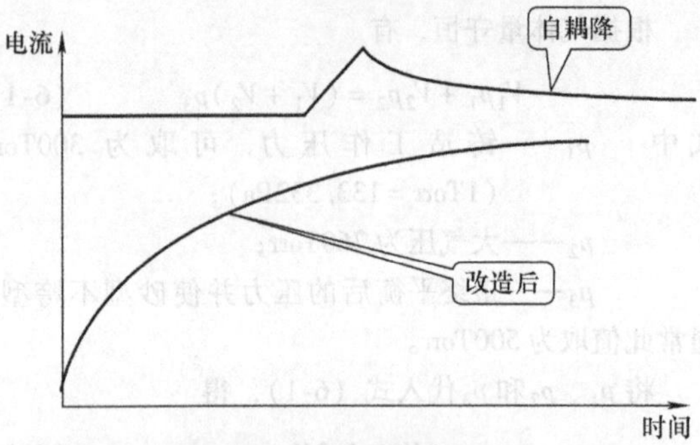

图 6-45　起动电流对比

图 6-46　多功能电动机控制柜的应用现场

图 6-47　高低负压两套真空系统切换开关

5. 气尘分离装置

为防止粉尘进入真空泵磨损泵体。需在稳压罐前或稳压罐后安装气尘分离装置。图 6-48 所示为带有两级气尘分离装置的真空系统。该系统中，旋风分离器主要用于去除粗砂尘，而袋式除尘器主要用于去除细粉尘。

旋风分离器的工作原理是让含尘气体沿切线进入分离器，尘粒受离心惯性力作用，与器壁产生摩擦而沉降进入底部，气体则从上面被抽出，实现气尘分离（见图 6-49）。旋风分离器去除较粗粉尘有效，但对 10μm 以下的细尘难以分离，故在旋风分离器后连接袋式除尘器。

袋式除尘器的工作原理如图 6-50 所示。袋式除尘器捕捉 10μm 以下细尘特别有效。只是工作时间长了，滤袋孔隙易被粉尘堵塞，必须用压缩空气脉冲反吹。

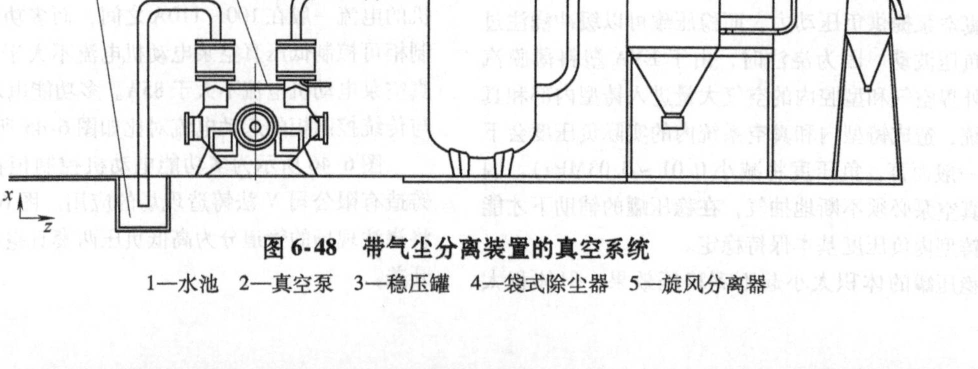

图 6-48　带气尘分离装置的真空系统

1—水池　2—真空泵　3—稳压罐　4—袋式除尘器　5—旋风分离器

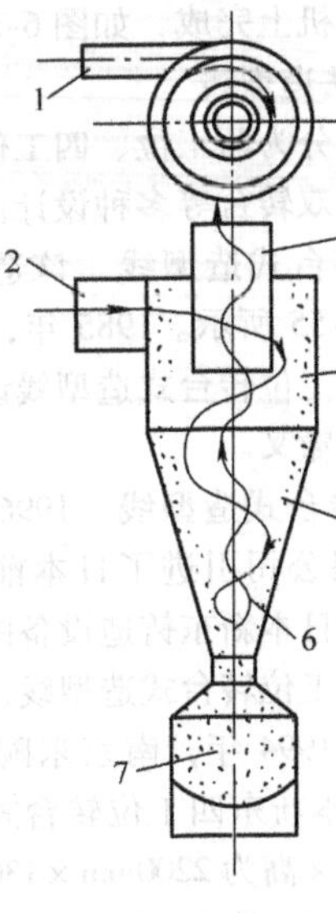

图6-49 旋风分离器

1、2—进入管口 3—抽风口 4—圆筒 5—圆锥体 6—反转上升集尘口 7—集尘箱

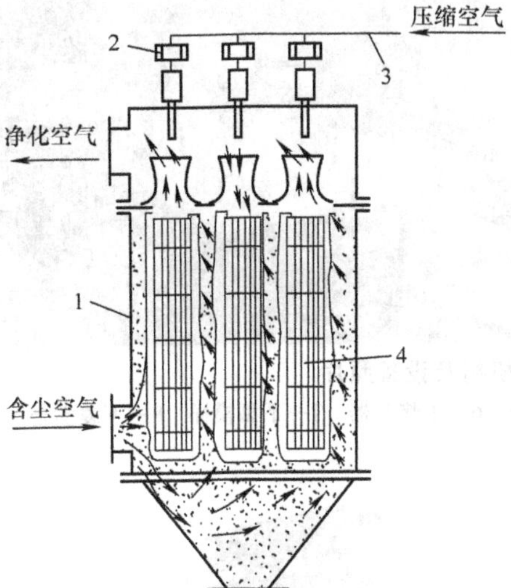

图6-50 袋式除尘器

1—除尘器壳体 2—气阀 3—压缩空气 4—过滤袋 5—锁气器

生产中有各种形式的气尘分离装置，气尘分离罐体还可兼作负压稳压罐。图6-51所示为带过滤隔板的干法气尘分离装置。图6-52所示为带过滤隔板的湿法气尘分离装置。

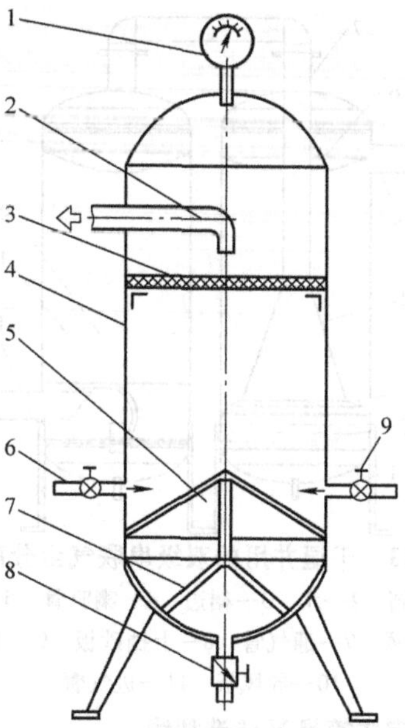

图6-51 带过滤隔板的干法气尘分离装置

1—真空表 2—抽气管 3—过滤板 4—罐体 5—砂罩 6—通气管 7—支架 8—排尘阀 9—通气阀门

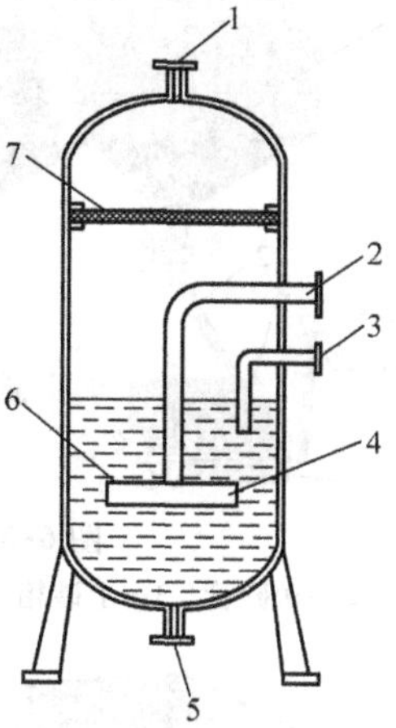

图6-52 带过滤隔板的湿法气尘分离装置

1—出气口 2—进气口 3—吸附液加液口 4—布气装置 5—排污口 6—布气孔 7—空气过滤装置

图6-53所示为干湿并用的双级串联气尘分离装置。干式分离罐或湿式分离罐的罐体径高比均为1:3，两罐兼作稳压罐，总容积为所连接砂箱总体积的1.5倍。

6.3.7 造型线的布局与设计

V法造型线可划分为以下类型：固定式简易V法造型线、转台式V法造型线、穿梭式V法造型线及组合式V法造型线。

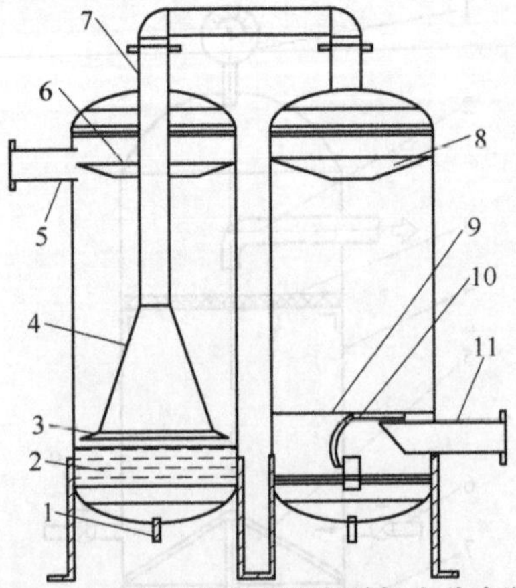

图 6-53　干湿并用的双级串联气尘分离装置

1—排尘阀　2—水　3—裙边　4—喇叭管　5—抽气管　6—滤砂罩　7—通气管　8—上挡砂板　9—下挡砂板　10—导风板　11—进气管

1. 固定式简易 V 法造型线

该造型线有两台机组，仅适合生产小批量小型铸件。覆膜、喷涂料、放砂箱、加砂造型以及顶杆取模分别在上下型造型机上完成，如图 6-54 所示。

2. 转台式 V 法造型线

转台式造型线分为两工位、四工位、六工位、八工位以及单转台和双转台等多种设计。

（1）两工位转台式造型线　该造型线适合生产中型铸件，如图 6-55 所示。1985 年，山海关山桥集团引进日本新东两工位转台式造型线设备，至今还在高效生产铸钢铁道辙叉。

（2）四工位转台式造型线　1996 年，威玛（山东）铸铁锅炉有限公司引进了日本前田铁工所的 V 法铸造技术。根据日本新东铸造设备图纸，由苏州铸造机械厂研制的四工位转台式造型线，生产铸铁锅炉炉排片获得成功。1994 年，南京东陶有限公司（日本 TOTO）引进日本新东四工位转台式造型线，生产铸铁浴缸（长 × 宽 × 高为 2200mm × 1300mm × 725mm/355mm），生产率达 16 箱/h。2003 年，江阴铸造设备厂为该公司装备了国产四工位转台式 V 法铸造生产线，用于生产小型浴缸，砂箱尺寸（长 × 宽 × 高）为 1100mm × 1400mm × 250mm/750mm，如图 6-56 所示。

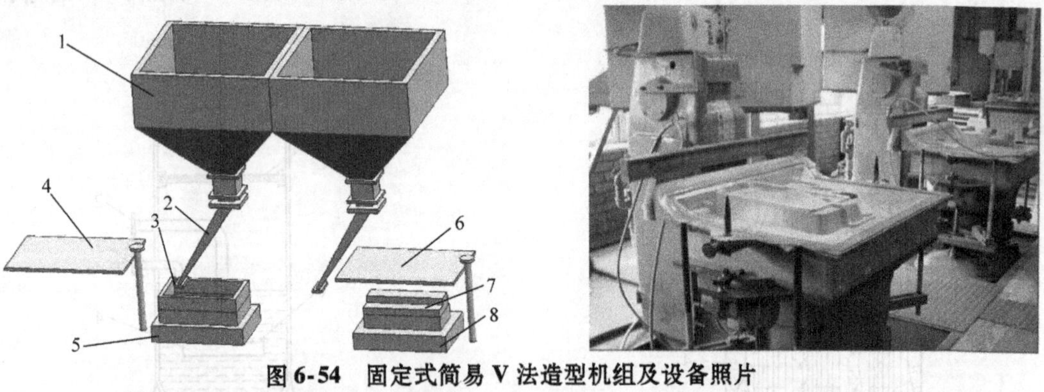

图 6-54　固定式简易 V 法造型机组及设备照片

1—砂斗　2—送砂管　3—上砂箱　4—上烤膜器　5—上震实台　6—下烤膜器　7—下型模样　8—下震实台

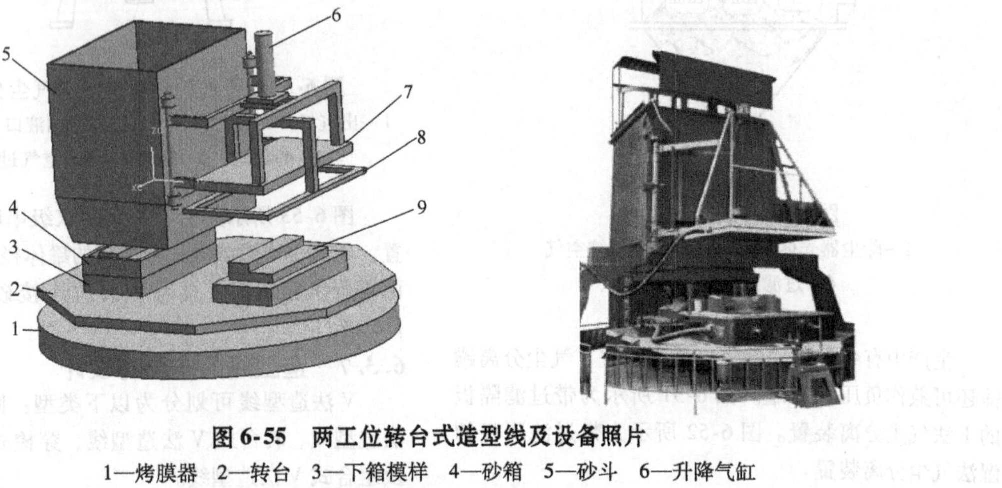

图 6-55　两工位转台式造型线及设备照片

1—烤膜器　2—转台　3—下箱模样　4—砂箱　5—砂斗　6—升降气缸　7—烤膜器　8—吸膜框　9—上箱模样

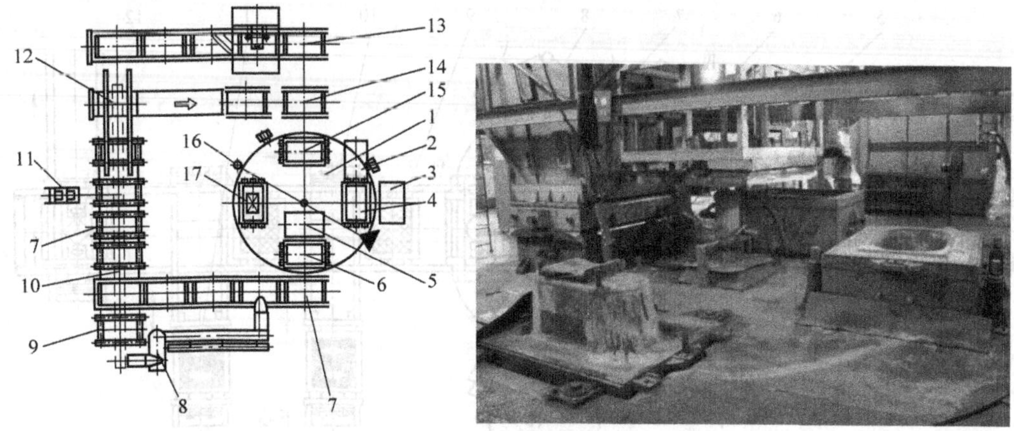

图 6-56 四工位转台式 V 法铸造生产线及设备照片

1—转台 2—加热框 3—模型工位 4—覆膜 5—烘烤箱 6—放砂箱干燥 7—机动辊道 8—砂处理线 9—备用砂箱 10—落砂输送带 11—取出铸件 12—解箱 13—浇注线 14—翻合箱 15—起模 16—转台驱动 17—加砂振动

(3) 四工位双转台式造型线 为提高 V 法铸造的生产率，德国瓦格纳-新东公司（HWS）公司推出了四工位双转台式 V 法造型线，如图 6-57 所示。上箱和下箱造型分别在各自转台上完成，每小时可生产 60 个铸型，浇注和铸件冷却在输送小车上完成。

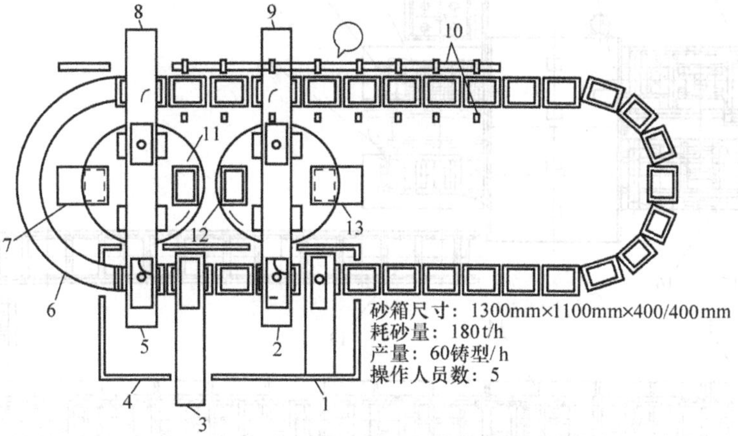

图 6-57 四工位双转台式 V 法造型线

1—分开砂箱 2—传送上箱 3—送出产品 4—防尘罩 5—传送下箱 6—铸型输送器 7—下箱薄膜成型 8—下箱脱模并翻转 9—合箱 10—真空管道 11—上箱振动台 12—下箱振动台 13—上箱薄膜成型

(4) 六工位转台式 V 法造型线 该造型线上分别装有三个上型和三个下型模样，相隔排列在每一个工位上。每个工位的工作程序：Ⅰ—覆膜；Ⅱ—喷涂料及涂料烘干；Ⅲ—放空砂箱；Ⅳ—加砂震实；Ⅴ—刮砂盖膜；Ⅵ—顶箱起模（见图 6-58）。

覆膜机与盖膜机分别安装在该工位的机架上，由电加热器、切膜机和覆膜驱动机构组成；加砂震实工位的上部为装有带雨淋加砂机的贮砂斗，下部装有带空气弹簧的震实台；带真空系统的液压翻箱起模机可沿辊道移动，完成起模、翻箱、合箱动作。

该造型线生产纲领：年生产 30000t 汽车后桥铸件，砂箱内尺寸（长×宽×高）为 2000mm×1600mm×360mm/310mm，造型能力为 10 型/h，转台直径为 10000mm，液压缸驱动，占地面积（包括砂处理和浇注区）1800m^2，砂处理量为 35～40t/h。

3. 穿梭式 V 法造型线

2007 年，机械工业第四设计院为安徽合力股份有限公司合肥铸锻厂设计了带振动小车的穿梭式 V 法造型线，如图 6-59 所示。

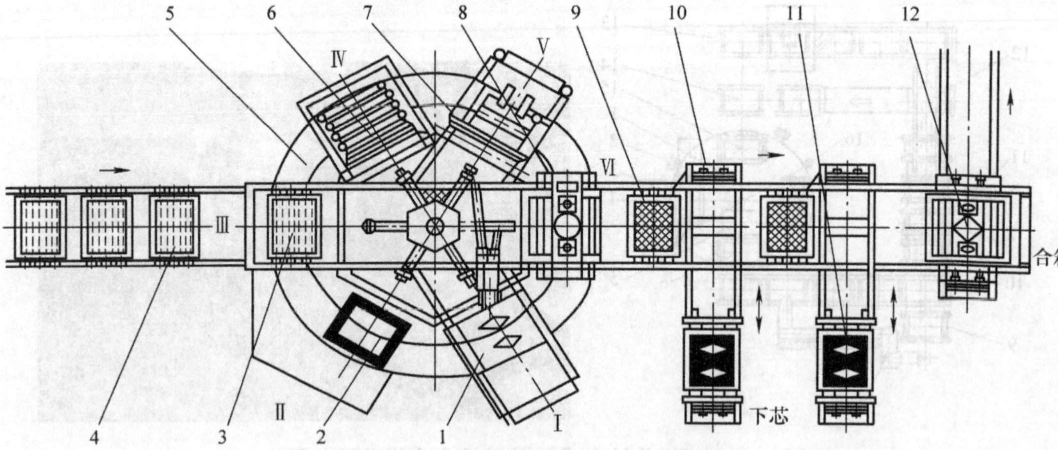

图 6-58　六工位转台式V法造型线

1—带电加热器的覆膜机　2—喷（刷）涂料及涂料烘干　3—放空砂箱　4—空砂箱返回辊道　5—带液压传动的驱动转台　6—雨淋加砂、震实台　7—刮砂盖膜机　8—带移动机构的翻转起模机　9—铸型　10—过渡车　11—修型、下芯　12—合箱

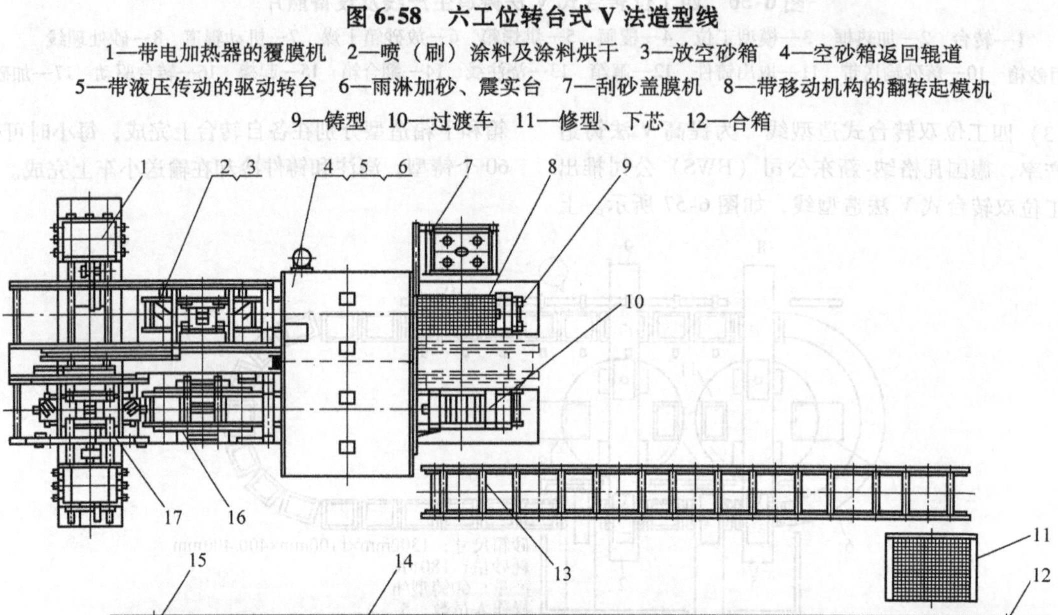

图 6-59　穿梭式V法造型线

1—合型转运车　2—上箱翻箱机　3—上箱起模装置　4—砂斗　5—下箱雨淋加砂装置　6—上箱雨淋加砂装置　7—吸膜台　8—覆膜装置　9—下箱振动小车　10—上箱振动小车　11—落砂栅格　12—举升台 B　13—空箱返回辊道　14—铸型输送辊道　15—举升台 A　16—下箱起模装置　17—下箱翻箱机

以先造叉车平衡块下箱后造其上箱为例，介绍该造型线的工作流程。

1）覆膜装置8从吸膜台7上将塑料薄膜吸起，将塑料薄膜加热后，覆在正抽真空的下箱模样上，在负压的作用下，塑料薄膜牢牢地覆在模样上。覆膜完成后，覆膜装置8移回吸膜工位，工人可对已覆好膜的模样进行修膜、喷涂涂料等操作，随后从空箱返回辊道上将空砂箱吊下，放置在模样箱上。

2）覆膜和喷涂的工作完成后，下箱振动小车9移动至砂斗下方加砂造型工位，下箱雨淋加砂装置5打开，向砂箱内加砂；在加砂过程中，下箱振动小车9上的振动电动机开始振动，帮助砂箱内的砂子紧实，完成造型。

3）造型完成后，下箱振动小车9移动至起模工位，人工刮砂、覆背膜、取浇冒口后，下箱起模装置16先将砂箱向上顶起一个间隙，下箱翻箱机17的机械手下降，将砂箱抱起后上升完成整个起模过程。起模完成后，下箱振动小车9重新返回覆膜工位，准备进行下一轮的工作。

4）下箱翻箱机17机械手将下砂箱翻转180°后

(见图6-60)，移动小车带着机械手和砂箱移动至放箱工位，将下砂箱放置在下箱翻箱机17放箱工位处的合型转运车1上，由人工进行检查、下型芯等操作后，合型转运车1移至上箱翻箱机2的合型工位处，等待合箱。

5）上箱按上述工序造完型后起模。上箱翻箱机2的机械手将其抱起翻箱检查后，翻回型腔向下位置至合箱工位，与合型转运车1上的下砂箱进行合箱(见图6-61)。上箱翻箱机2和下箱翻箱机17的机械手上均带有自动抽真空装置，在操作过程中始终对砂箱进行抽真空操作，保证砂箱的安全移动。

图6-60 翻转下砂箱

图6-61 机械手合箱

6）完成合箱后，合型转运小车1从合箱工位开出，由桥式起重机将合好型的砂箱吊至浇注冷却区进行浇注和冷却。

4. 组合式V法造型线

河南汝洲天瑞集团铸造有限公司从德国HWS(豪斯)公司引进的V法造型线就是该类型(见图6-62)，主要用于生产摇枕和侧架铸钢件。砂箱尺寸(长×宽×高)为：摇枕，3100mm×1900mm×350mm/550mm；侧架，3100×1900×450/450mm。造型能力约为10型/h，年产量为80000~100000t。

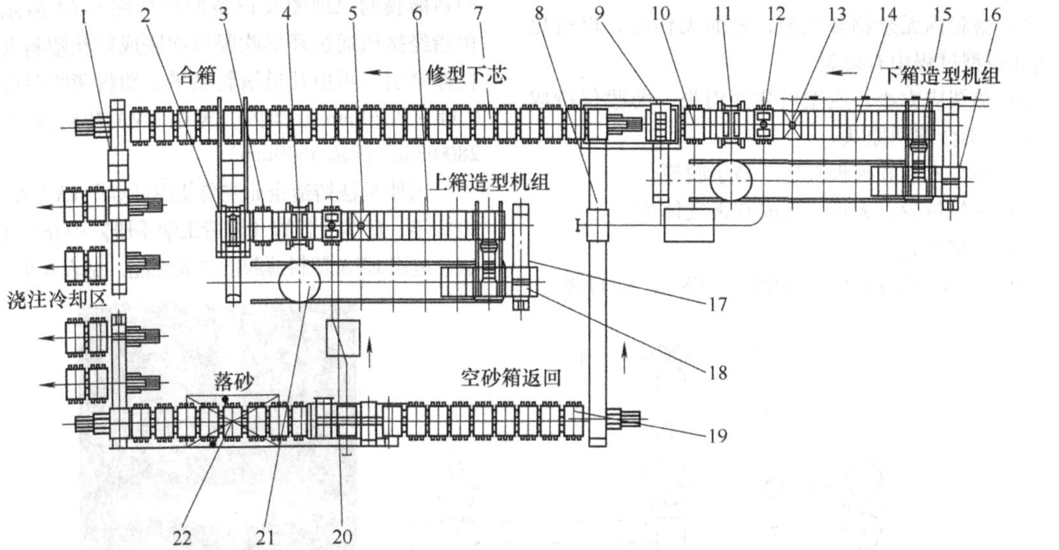

图6-62 组合式V法造型线

1—铸型过渡车 2—上箱起模翻箱、合箱机 3、10—刮砂复膜 4、11—加砂震实(震实台) 5、13—涂料烘干机 6、14—喷涂料 7—下箱修型、下芯 8—下箱输送辊道 9—下箱起模翻箱机 12、20—放空砂箱 15、18—移动式自动覆膜机 16—下型模板输送车 17—上型模板输送车 19—空砂箱反回辊道 21—砂斗 22—落砂区

该造型线是一字形布置，结构基本相同。上箱和下箱造型机分别在一字线的两端，下箱造型机组包括下箱模板环形转台辊道及转台、砂箱机动辊道、移动式自动覆膜机、喷涂及涂料烘干、放空砂箱、雨淋加砂、震实台震实、刮砂盖膜、移动式起模翻箱机。完成上述工作程序后，将造好型的下箱放置在辊道上进行修型、下芯等。砂箱依靠液压缸推动，在辊道上按程序移动。在一字形辊道下装有特殊结构的真空管道，与每一个砂箱的真空接口相连，使铸型始终保持在真空状态下。上箱造型机组与下箱造型机组基本相同，只是起模翻箱机在完成翻箱检查铸型后复位，并移至辊道上方与下箱进行合箱，并完成真空管道的对接，使上、下箱均保持在真空状态下，铸型经过渡车输送至浇注辊道上进行浇注、冷却。铸件的冷却时间为6~8h，铸型冷却后输送至落砂区，进行落砂处理。上空砂箱、下空砂箱分别用单轨吊运至上箱和下箱造型机处。

6.4　V法铸造用材料

6.4.1　塑料薄膜

薄膜覆模成型是V法造型的关键步骤，而塑料薄膜在V法铸造所用材料中也最为关键。V法铸造对覆在模样上成型的塑料薄膜（即面膜）的性能要求包括：

1）有良好强度和延伸性，保证薄膜有良好的成型能力，尤其是表面形状复杂的零件。

2）薄膜内无杂物和气泡，表面无伤痕，以避免加热和成型过程中有破裂。

3）热塑应力小，成型后弹性消失，薄膜保持成型形状，不会缩回原状。

4）不与木模和模板粘连，易于脱模。

5）发气量少，无毒，生成有害气体少。

6）价格便宜。

由于乙烯-醋酸乙烯酯共聚物（EVA）塑料薄膜的软化点低，拉伸性能好，能够满足V法铸造工艺的诸多要求，因此被作为面膜使用。

另外，用于覆盖和密封砂箱另一面的薄膜，不需要有延性方面的要求，因此只需要有一定强度、无毒且低成本的塑料薄膜即可，而最普通的聚乙烯（PE）薄膜即可用作铸型背面即盖膜使用。两种塑料薄膜的性能参数见表6-7。

表6-7　两种塑料薄膜的性能参数

薄名称	密度/(g/cm³)	软化点/℃	备注
共聚物EVA膜	0.94	64~70	作铸型面膜使用
聚乙烯PE膜	0.96	94~97	作铸型背面密封膜使用

1. V法铸造用EVA塑料薄膜

国内V法铸造专用EVA塑料薄膜的生产企业见表6-8。

表6-8　国内V法铸造专用EVA塑料薄膜的生产企业

企业名称	生产能力及特点
武汉恒德科技有限公司	拥有三条吹塑薄膜生产线，生产宽幅EVA塑料薄膜（单片2800mm，折幅5600mm）
北京永生运佳包装材料有限公司	引进德国莱芬先进的三层共挤吹膜机组（厚度为0.04~0.20mm）

武汉恒德科技有限公司采用吹塑工艺生产EVA塑料薄膜的原理图及设备照片如图6-63所示。熔化树脂经挤压通过环形吹膜口吹胀成环状塑料薄膜，经拉伸牵引，再由几道滚轮展平。塑料薄膜厚度一般在0.08~0.20mm范围内，宽幅EVA塑料薄膜（单片2800mm，折幅5600mm）。

国外V法铸造企业主要使用日本产EVA塑料薄膜。2002年，日本出版的《铸造工学手册》中介绍了日本V法铸造用EVA塑料薄膜的主要性能，见表6-9。

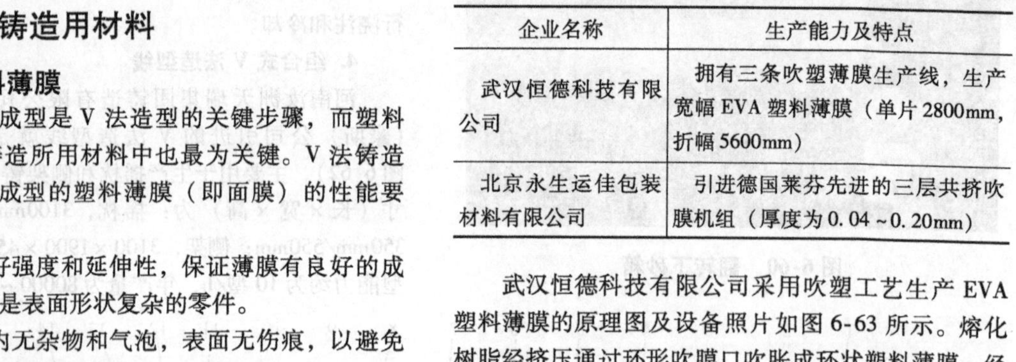

图6-63　吹塑薄膜生产原理图及设备照片

1—牵引器　2—冷却圈　3—进料口　4—挤出机　5—压缩空气　6—环形吹膜口　7—切开刀口　8—膜收卷器

表6-9 日本V法铸造用EVA塑料薄膜的主要性能（厚度0.10mm）

性能	数据	备注
软化点/℃	64~70	该EVA塑料薄膜的乙酸乙烯酯质量分数为16.5%~18.5%，并含有羟基甲苯（500~1000）$\times10^{-6}$、油酸酰胺（2400$\times10^{-6}$）、氨基酸（2400$\times10^{-6}$）等添加剂
拉伸断裂强度/MPa	7~13	
破断延伸率（%）	600~850	
伸长塑性变形率（%）	80~90	

国内伊藤机工（大连）有限公司一直使用日本帝研化工株式会社的EVA塑料薄膜（宽×厚为2000mm×0.06mm）生产热处理用耐热合金料框。图6-64所示为烘烤塑料薄膜，图6-65所示为V法EVA塑料薄膜铸型。

图6-64 烘烤塑料薄膜

图6-65 V法EVA塑料薄膜铸型

2. EVA塑料薄膜厚度分类

根据模样的复杂程度选择EVA塑料薄膜厚度。塑料薄膜越厚，成型能力越强，但塑料薄膜增厚会增加浇注过程中的发气量。武汉恒德科技有限公司制定了EVA塑料薄膜的企业标准。为便于生产企业选择，将EVA塑料薄膜按不同厚度分为4个类型，即超薄型、薄型、厚型和超厚型，见表6-10。

表6-10 EVA塑料薄膜按不同厚度分类

按厚度分类	适用对象
超薄型 ≤0.10mm	表面精细的平板类铸件如琴架和景观件
薄型 0.10 ~0.20mm	表面形状不太复杂的中等铸件，如泵体、锅片和浴缸等
厚型 0.20~0.30mm	形状较复杂的大型铸件，如配重、减速机壳
超厚型 ≥0.30mm	特大型铸件，如大型配重、大型机床床身等

越薄或越宽的EVA塑料薄膜，其吹塑成型越难。随着超薄型、超宽幅制膜技术的进步，将不断扩大V法铸造的应用范围。

3. EVA塑料薄膜的热塑性成型性

所谓成型性是指将塑料薄膜加热烘烤到一定温度时，塑料薄膜在模样上吸覆而不发生破裂时所具有的成型能力。华中科技大学借鉴日本用成型箱来评价塑料薄膜热塑性成型的方法，制作出薄膜热塑性成型试验箱。该箱用透明的有机玻璃制成，方形开口，内口尺寸为380mm×380mm，其深度H可在380~700mm范围调整；底部气室连通真空源，在试验箱上方安设塑料薄膜电烘烤器，如图6-66所示。

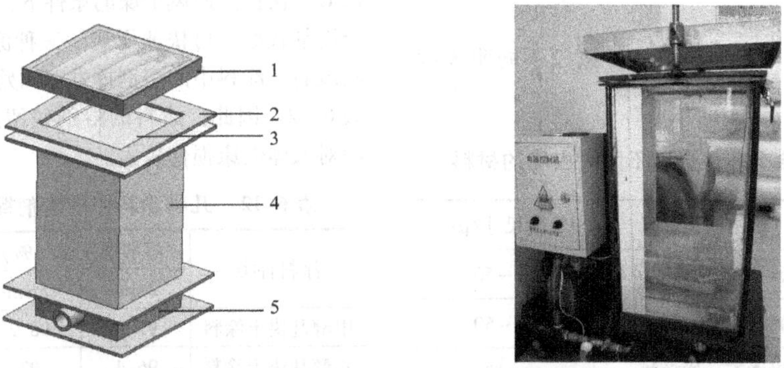

a) b)

图6-66 薄膜热塑性成型透明试验箱

a）试验箱设计 b）试验箱实物照片

1—电烘烤器 2—压膜圈 3—塑料薄膜 4—成型箱 5—抽气室

试验过程如下：将加热后的塑料薄膜通过一定的负压吸入成型箱内，测量塑料薄膜吸覆的面深度 H，计算出极限拉深比 K 值：$K=H/B$（B 为面宽）。采用塑料薄膜热塑性成型透明试验箱对几种 EVA 塑料薄膜的 H 值和 K 值的测试结果表明；K 值越大，说明 EVA 塑料薄膜的延性越好，覆膜成型能力越强。目前，国内塑料薄膜的 K 值通常为 1.1 ~ 1.2，而日本塑料薄膜的 K 值可以达到 1.3。

6.4.2 涂料

1. V 法铸造涂料的作用及工艺特性

涂料是 V 法铸造中必不可少的辅材之一，其作用主要有两个方面：

1）可以生产出表面光洁和尺寸精确的铸件，而且可以做到没有机械粘砂、冲砂、型砂烧结和塌箱等缺陷。

2）V 法铸造采用的是干砂，砂型砂粒之间是有间隙的，在真空的作用下铁液极易渗透到铸型中，造成机械粘砂，V 法铸造涂料可有效防止铁液渗入砂粒间隙。

鉴于 V 法铸造工艺的要求，V 法铸造涂料应具备如下工艺特性：

1）涂料应无毒且不能溶解塑料薄膜。

2）对塑料薄膜要有良好的黏附力。

3）有良好的喷涂能力。

4）涂料能快速干燥。

5）耐火骨料颗粒要细。

6）涂层质量：不能开裂和不宜剥离。

7）具有高的耐火度。

8）不能与金属液和氧化物反应。

9）悬浮性好。

2. V 法铸造涂料成分

V 法铸造涂料通常由耐火材料、黏结剂、载液和添加剂等组成。

（1）耐火材料　不同合金铸件选用不同耐火度的材料，见表 6-11。

表 6-11　不同合金铸件选用不同耐火度的材料

合金铸件	耐火材料	粒度尺寸/μm
轻合金件	云母粉、石英粉	10 ~ 50
铸铁件	石墨粉、石英粉、铝矾土	10 ~ 50
高锰钢件	镁橄榄石、镁砂粉	≤10
碳钢件	锆英粉、棕刚玉、莫来石、锆刚玉/莫来石	≤10

石墨粉包括土状石墨和片状石墨，具有高耐火性，易均匀黏附在塑料薄膜上。

石英粉为酸性材料，价格较便宜，耐火度较低，但在高温金属热作用下，石英粉会从 α 石英转变为 β 石英，造成涂层收缩开裂，涂层易溃散，适合用于铸铁和铸铝件。但石英粉易导致硅肺职业病。铝矾土为中性材料，其耐火度为 1790℃，价格较低。石英粉和铝矾土可混合使用，配制浅色 V 法铸造醇基涂料。

镁砂粉偏碱性，适合高锰钢铸件。

锆英粉耐火度最高，适合碳钢铸件，但锆英粉价格昂贵且有放射性危害，国内多采用其替代材料。由于莫来石的熔点为 1870℃，其化学分子式为 $3Al_2O_3 2SiO_2$，体积密度为 2.5 ~ 3.3g/cm^3，膨胀系数略大于锆英粉，适合于铸钢件，尤其是薄壁不锈钢件。

锆刚玉/莫来石（简称 AZS）为国内独特的人工合成耐火材料，ZrO_2 的质量分数为 9% ~ 16%，Al_2O_3 的质量分数为 60% ~ 65%，SiO_2 的质量分数为 16% ~ 24%。因其耐火度高、惰性强，具备抗酸抗碱性钢浸润能力强，特别适合生产低合金钢、不锈钢和铸钢以及高铬铸铁件等。

（2）黏结剂　EVA 塑料薄膜属极性很小的物质，故涂料在其表面难以附着，因此 V 法铸造涂料的好坏关键之一是选择与塑料薄膜具有较好亲和力的黏结剂，使涂料能很好地附着在塑料薄膜上。

最常用的黏结剂是酚醛树脂，加入量为耐火材料的 5% ~ 9%。酚醛树脂受热后硬化可具有较高的强度。若需提高涂层常温强度防止剥落，可加入少量聚醋酸乙烯乳液、松香和硅酸乙酯等。

（3）溶剂　自配涂料用溶剂多为工业酒精，其乙醇质量分数大于 95%，沸点为 70℃，闪点为 12℃。在自然通风干燥的条件下，使用甲醇和乙醇混合溶剂较好，可快速干燥。三种涂料在 2min 和 5min 吹风后，涂料中的溶剂挥发率和残留量的试验数据见表 6-12。因此，涂料的溶剂残留应严格控制，但甲醇对人体健康损伤较大。

表 6-12　几种涂料中的溶剂挥发率和残留量

涂料种类	溶剂挥发率（%）		溶剂残留量（%）
	2min	5min	
甲醇基快干涂料	97.8	98.2	1.00
乙醇基快干涂料	96.4	97	1.06
水基自干涂料	68.7	77.6	9.4

（4）其他附加物　为增加涂料与塑料薄膜之间

的附着力，需适量加入附加物，如松节油和活性剂B等，使塑料表面活化，以增加附着力。另外，为形成防止粘砂的阻隔气氛，可加入少量氧化铁粉。

3. V法铸造涂料配比

我国V法铸造涂料常用配比见表6-13。

表6-13 V法铸造涂料常用配比（质量分数）

（%）

成分	铸铁件涂料	普通铸钢件涂料	锰钢件涂料
锆英粉	—	85~75	—
镁砂粉	—	—	100
土石墨粉	15~30	—	—
片石墨粉	5~10	—	—
石英粉	80~60	—	—
刚玉粉	—	15~30	—
膨润土	2~5	1~5	1~5
黏土	1	1	—
酚醛树脂	2~5	2~5	2~5
活性剂B	0.05~0.1	0.05~0.1	0.01~0.1
润湿剂	—	0.01~0.1	0.01~0.1
乌洛托品（占树脂量）	8~15	8~15	8~15
工业乙醇（甲醇也可）	适量	适量	适量

4. V法铸造涂料的使用方法及注意事项

V法铸造涂料可采用喷涂和刷涂两种工艺，喷涂分为有气喷涂和无气喷涂两种。有气喷涂较为简单，容易实施，气枪有时在喷嘴处会发生阻塞；可以在无气喷涂无法进行时作为备用喷涂方式。

无气喷涂对原料的粒度和涂料黏度有较高的要求，原料太粗会堵塞喷枪；涂料黏度过低会流淌，黏度太高会堵塞喷嘴。涂料黏度一般利用波美计来控制。

6.4.3 型砂

与传统铸造一样，硅砂可以满足大部分铸件的V法铸造用原砂要求，铸钢件要求SiO_2的质量分数不低于95%，铸铁件不低于90%，有色合金则不低于85%。在保证耐火度的前提下，并不提倡SiO_2含量很高。因为SiO_2含量越高，因相变引起的突然膨胀越强，容易产生夹砂且影响铸件精度。对于高锰钢铸件，则需要使用特种砂，如橄榄石砂、镁砂、宝珠砂等，以防止铸件产生化学粘砂。为了保证铸件有较快的散热速度以保证结晶质量，一些企业也不惜使用比较昂贵的铬铁矿砂。

虽然V法铸造使用的是干砂，但为了不影响到原砂的耐火度，必须控制原砂的泥含量在0.5%以内。同时，为了防止浇注过程中砂型产生过多的气体而使铸件形成气孔缺陷，也需要控制干砂的水含量在0.3%以内。

为了保证震实后的型砂达到最大紧实度以充分保证铸型强度，型砂应该具有很好的流动性。因此，型砂最好是圆形或次棱角形的，角形系数不大于1.45，最好在1.1~1.3之间。因为过分圆整的砂粒在一起时会有较大的空隙，而且砂粒之间是点接触，摩擦力不够，很容易滑动而造成塌型，而尖角形的型砂流动性比较差，堆积密度低，通常也含有较大的内应力，容易粉化。所以，最好使用次棱角形的砂粒。型砂表面形态与角形系数见表6-14。

表6-14 型砂表面形态与角形系数

形态	圆形	椭圆形	钝角形	方角形	尖角形
代号	○	○-□	□	□-△	△
角形系数	≤1.15	≤1.30	≤1.45	≤1.63	>1.63

V法铸造伴随着抽真空的作用，不存在透气性不好的问题，通常强调使用比传统铸造细得多的型砂。铸铁件用砂的AFS（美国铸造学会）粒度应该在100目左右，一些小件可超过100目，即可使用70/140目或100/200目的型砂。对有色合金件，可采用更细型砂，甚至可用底盘砂作面砂，这样可防止金属液渗透，充分保证铸件的表面质量。对于铸钢件，考虑到耐火度的要求，型砂粒度相比生产铸铁件而言稍微粗一些，使用50/100目居多。

干砂在造型使用以及循环过程中难免有破碎和粉化，这在普通铸造中常会恶化型砂的性能，降低透气性，并需要消耗更多的黏结剂，但对于V法铸造，这并不会带了坏的影响。一方面，不存在透气性的危害；另一方面，混在干砂中反而可以更好地防止渗透现象的发生。所以，许多企业在砂处理过程中将通过除尘设备收集的硅尘完全投入砂库继续使用。在国外，对于V法铸造用干砂，强调最好的砂粒分布在70目、100目、140目或200目的三个或者四个号筛上，而且有3%~7%的细砂是270目或底盘砂；认为细砂粒能阻止金属液渗透，如果生产中有渗透现象发生，检查一下细砂含量即可。表6-15列出了日本铸铁和铸钢V法铸造用砂的粒度分布。

表 6-15　日本铸铁和铸钢 V 法铸造用砂的粒度分布（质量分数）（%）

粒度/目	48	65	100	150	200	270	底盘
铸铁用砂	0.2	0.2	1.0	30.0	49.0	17.8	1.8
铸钢用砂	0.4	24.0	40.0	21.0	12.2	1.2	0.2

6.4.4 冷铁

V 法造型工艺中冷铁的使用很普遍，安置方式与湿砂造型不同。图 6-67 和图 6-68 所示为 V 法铸造冷铁安放示例。

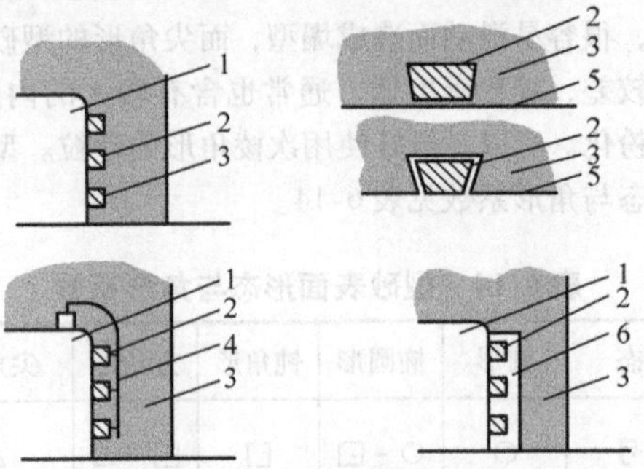

图 6-67　冷铁安放示例

1—模样　2—冷铁　3—铸型　4—支承肋　5—塑料薄膜　6—自硬砂芯

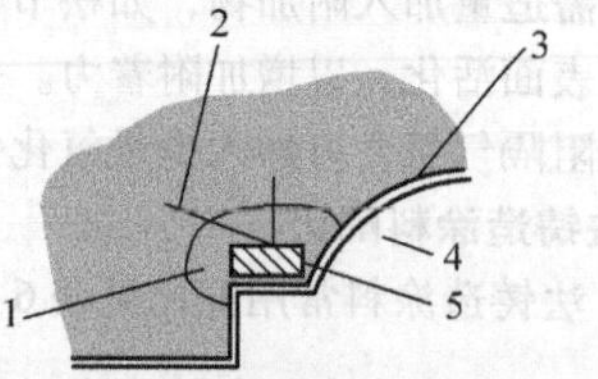

图 6-68　间接冷铁安放示例

1—少黏结剂砂　2—冷铁固定杆　3—塑料薄膜　4—模样　5—冷铁

冷铁在塑料薄膜的内外都可放置，但效果不同。如果冷铁安放在塑料薄膜的内侧，则在覆膜之前需将冷铁安放在模样上，覆膜、加砂、起型后，在冷铁和塑料薄膜连接处容易出现圆角，浇注时金属液进入冷铁周边缝隙，则在冷铁周边出现飞翅或多肉缺陷；如果冷铁安放在塑料薄膜的外侧，则在覆膜、喷涂涂料之后将冷铁安放在模样上，并在冷铁周围摆放少许铬铁矿砂，加砂、起型后，铸型平整，避免了在冷铁和塑料薄膜连接处出现圆角，也就避免了冷铁周边产生飞翅或多肉缺陷。为便于冷铁的安放和安放位置准确，在制作 V 法铸造模样时，应在安放冷铁部位安装磁铁，其磁力大小可根据冷铁大小来选用，最好选用市场上供应的短圆柱强力磁铁。图 6-69 所示为磁铁吸附示例。

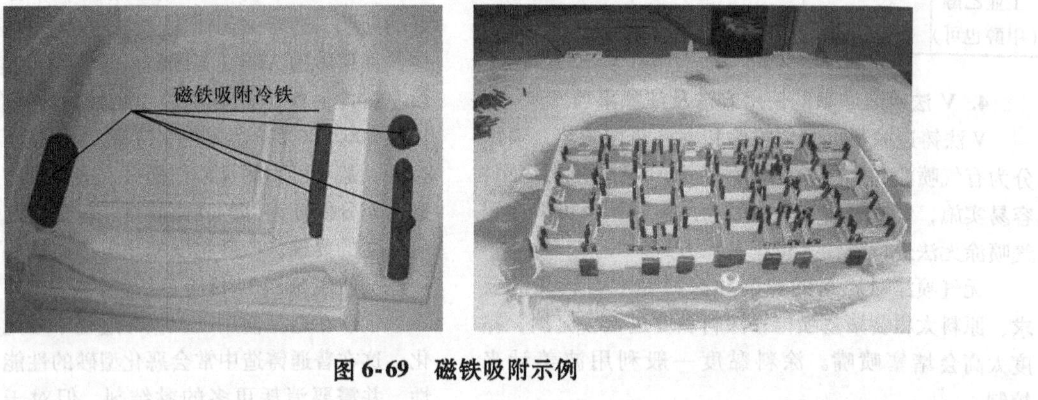

图 6-69　磁铁吸附示例

6.4.5 砂芯

与传统铸造工艺一样，为了成形内腔，V 法铸造不得不采用水玻璃砂、树脂砂等砂芯。在浇注过程中，由于塑料薄膜的不断烧蚀和熔化，在芯头的边缘，即金属液环绕砂芯的环形区域，真空始终在这段小的铸型范围内作用，一旦接触到砂芯，便也会从砂芯中抽气。所以，砂芯也处于真空状态，但其真空抽气能力有限。充填型腔的金属液逐步包覆砂芯，使得砂芯中的水汽被金属液包覆而不能充分排出，易造成铸件内腔表面严重氧化和皱皮缺陷。由于砂芯也处于真空状态，则砂芯表面的负压有吸附金属的趋势，如果没有耐火涂层的话，则易产生金属穿型，造成粘砂。这就是采用 V 法铸造工艺时砂芯必须涂刷涂料的原因，如图 6-70 所示。

理论上，采用 V 法铸造时砂芯是不需要排气通道的，可以通过真空系统将砂芯产生的气体抽走。但在实际生产中，尤其是使用水玻璃砂砂芯时，出于对真空系统的防护、防止铸件氧化和节能等考虑，在浇注完毕 4～6min 后就切断了真空。为了使砂芯中的水气及时排出，在排气的同时将热量排出，加快铸件的冷却凝固，往往在砂芯中制作排气通道，并将气道引向芯头部位，在芯头处设置与大气相通的排气管道。为避免浇注时从排气管道吸气，该排气管道的上口是封闭的；在切断真空后，将排气管道上口的密封胶带捅破，使得砂芯中的热水汽顺利排出，如图6-71所示。

图6-70 带涂层砂芯

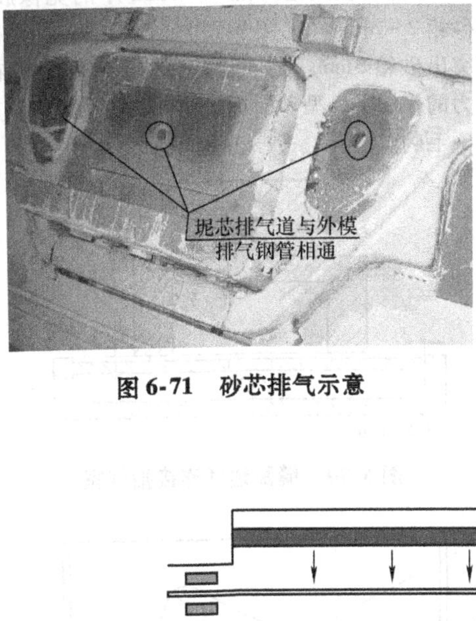

图6-71 砂芯排气示意

6.5 V法铸造用模板

6.5.1 模板结构

V法铸造用模板有别于传统模板的地方在于模板需要特定的真空负压箱，即抽气箱，来实现塑料薄膜的覆膜成型，而模板上不同部位的抽气孔也至关重要，如图6-72所示。另外，V法铸造用模板还有两个特别之处：①光滑的塑料薄膜很容易与模板分离，因此V法铸造用模板的起模斜度很小，仅需1°即可；②起模时，由于负压作用，在模板和铸型之间会产生0.5～1mm的间隙，使铸件外形和壁厚加大。对于外形精度要求很高的铸件，在模板设计和制造中必须考虑这一影响。

6.5.2 模板材料

目前，模板广泛采用干燥无缺陷的天然木材、人造多层板、铝合金、铸铁等材料制作，而负压箱往往采用天然木材订制或钢结构焊接等。随着CAD/CAM技术的普及，可采用数控加工异形木质模板。为防止温度和湿度影响其尺寸精度，大批量生产用木质模板需喷涂耐热涂层。对于高精度的大批量铸造用模板，建议用人造高密板（如CIBA高强木质塑料材料）数控加工模块，再镶块到木质模板上，以提高V法铸造用模板的尺寸精度和加工效率（见图6-73a)。若需制作单件或小批量的V法铸造用模板，可以采用高密度（30～40g/cm³）聚苯乙烯泡沫板材，直接数控加工出模板，实现V法铸造模板的快速加工。若需制作长期生产用的大批量铸件模板，可选用铝合金材料（见图6-73b)，并推荐在铝合金模板表面涂覆特氟龙涂层，以解决金属模板受烤膜器重复加热，造成温度上升易粘薄膜的问题。表6-16列出了V法铸造常用模板材料特性及成本数据对比。

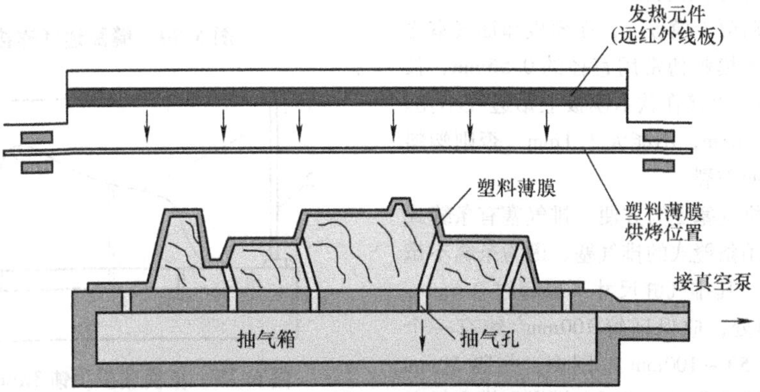

图6-72 V法铸造用模板的结构

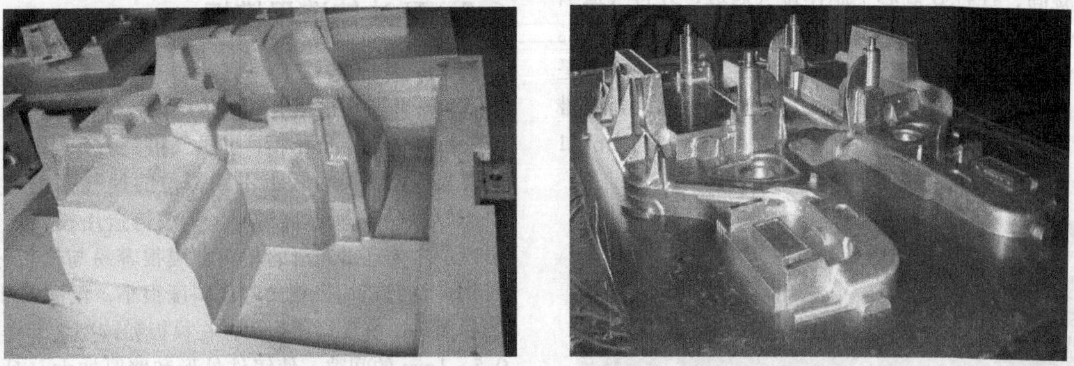

a)　　　　b)

图 6-73　数控加工模板

a）高密板模板　b）铝合金模板

表 6-16　V 法铸造常用模板材料特性及成本数据对比

材料	优缺点	成本/（元/m^3）	适应批次
表面处理 EPS	加工性能较好，树脂涂刷，打磨麻烦	600	小批量
聚氨酯	加工性能较好，容易产生粉尘	2000	小批量
高密度板（15mm）	加工性能较好，表面容易发生绒毛状碎料	450～600	中批量
玻璃钢（15mm）	加工性能较好，呈粉状，由于质地硬，刀具易磨损	350～400	大批量
亚克力板（15mm）	加工性能较好，但细节容易产生崩刃	90～120	大批量
木材	加工性能较好	2600～3000	大批量

6.5.3　模板设计

1. 模板与抽气箱之间的排气

为使塑料薄膜贴覆于模板上，在模板和抽气室之间必须有通气孔。木模师傅常用直径约 0.56mm、长约 100mm 的钢琴钢丝直接在软木模板上钻透气小孔。通气孔径为 0.5～0.6mm，不能大于 1mm，否则塑料薄膜会被吸入孔内而破裂。

采用标准金属排气塞更为方便。排气塞有条缝式和点孔式，推荐使用条缝式的排气塞，因为条缝不像小孔那样容易堵塞。其排气缝尺寸不要超过 0.6mm。在模底板的大平面处，应保证每 $100mm^2$ 约有一个孔。在模底板边缘 50～100mm 范围内，每隔 50mm 钻一个排气孔。除通气孔外，还可在模样和模底板之间开设 0.5～1.0mm 缝隙，并与模样内的大孔和抽气室连通（见图 6-74）。

2. 减轻铸件飞翅、毛刺的设计

由于负压作用，会使上下铸型结合面之间产生 1～2mm 的间隙，易造成铸件合箱处飞翅、毛刺突出，甚至造成浇注时，金属液跑火。减轻铸件飞翅、毛刺的设计有以下几个措施：

1）在模底板周边外加 2～3mm 厚的宽橡胶条，抬高砂箱 2～3mm（见图 6-75）。造型时，便使砂型型面突出砂箱 3mm。上下箱合型时，在压铁和砂箱锁紧力的作用下，型砂面压实贴合，防止跑火和产生飞翅、毛刺。

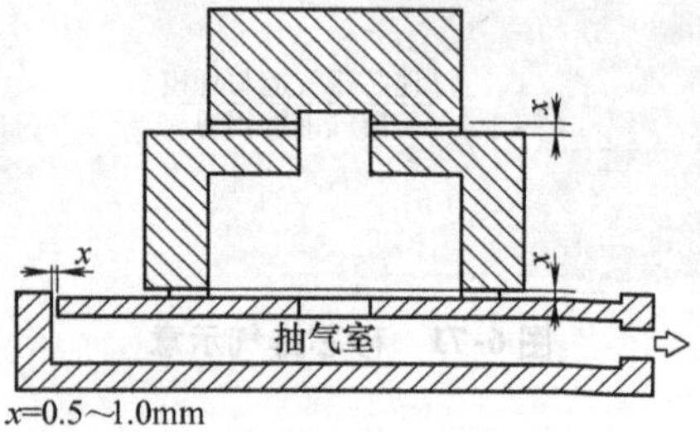

图 6-74　缝隙通气连接抽气室

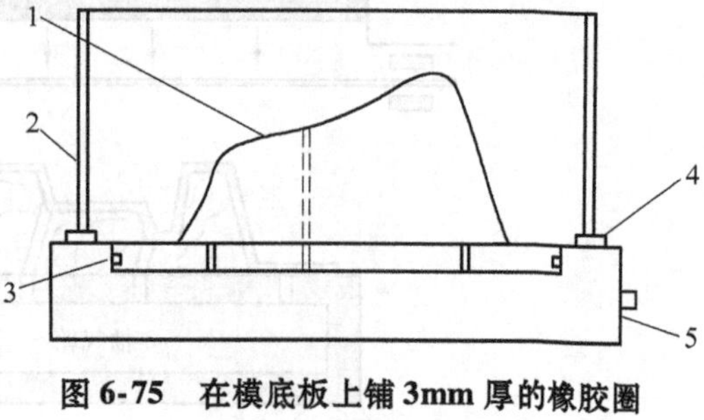

图 6-75　在模底板上铺 3mm 厚的橡胶圈

1—模样　2—砂箱　3—模底板

4—橡胶圈　5—抽气室

2）让凸模的模底板突起20~30mm，让凹模的模底板凹陷20~30mm，如图6-75所示。造型时，使凸凹模对应的砂型凹陷20~30mm和凸起20~30mm，合型时突起的砂台与凹陷的砂坑配合，既起到合型定位作用，也起到防止跑火和产生飞翅、毛刺的作用，如图6-76所示。

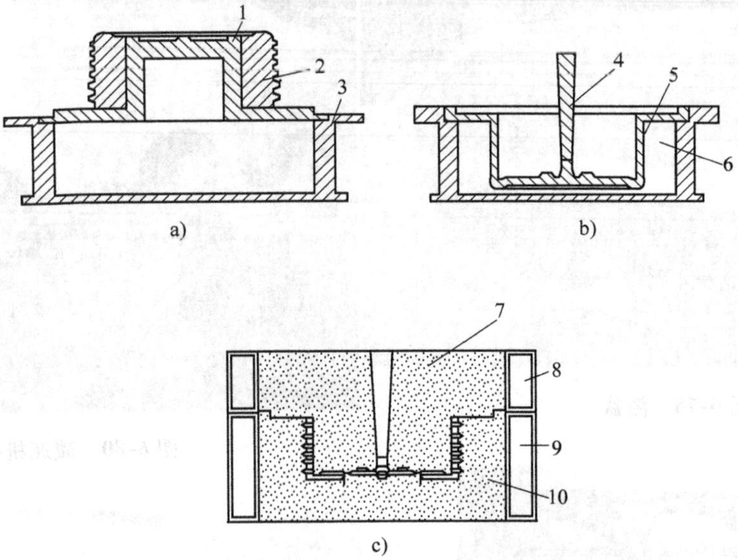

图6-76 凸凹模底板设计与凸凹砂型合型示意图

a）凸模 b）凹模 c）凸凹砂型合型

1—凸模 2—活块 3—凸模抽气室 4—直浇道棒 5—凹模模块 6—凹模抽气室 7—上砂型 8—上砂箱 9—下砂箱 10—下砂型

3）在大型模样芯头和铸件接合处，可按图6-77所示加工出凹槽，宽度仅为0.5mm、深为1mm。造型覆膜时，塑料薄膜会在凹槽处成型，当上砂型和下砂型合型时，塑料薄膜凸出部位被压平，使上下砂型贴合更密实，可有效防止飞翅、毛刺。注意，凹槽过宽、过深都会使塑料薄膜破裂。

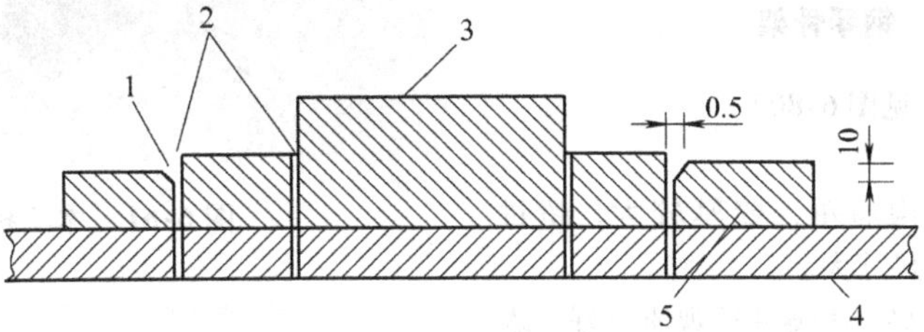

图6-77 在模具芯头处加工出凹槽

1—凹槽 2—通气孔 3—模具 4—模底板 5—芯头

6.6 V法铸造典型案例

6.6.1 铸铁件

名称：浴盆（见图6-78）

材质：HT200/HT250

主要特点：大尺寸薄壁铸件，主体壁厚为6~8mm；后道工序对铸件尺寸和表面粗糙度要求高；浇注成形难度大。V法铸造工艺主要优势：①铸件外观质量好，表面光洁；②生产率高，每小时可达8~16箱（件）；③较其他工艺而言，合格率高，超过98%。

名称：钢琴骨架（见图6-79）

材质：HT250

主要特点：大尺寸薄壁铸件，主体壁厚为6~8mm；变形控制难度大。

V法铸造工艺主要优势：①铸件外观质量好，表面光洁；②生产率高，每小时可达6~20箱（件）；③合格率高，砂铁比效益好。

图 6-78　浴盆

图 6-80　减速机壳体

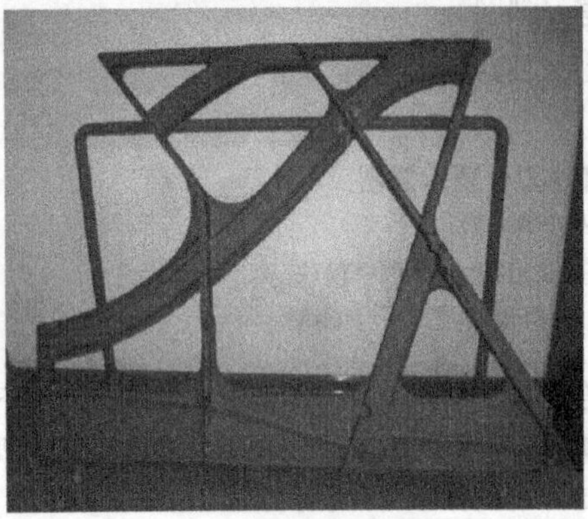

图 6-79　钢琴骨架

图 6-81　木工机械基座板件

名称：减速机壳体（见图 6-80）

材质：HT200

主要特点：外形结构简单，壁厚较大，超过 100mm；有渗透性要求；尺寸大。

V 法铸造工艺主要优势：①铸件外观质量好，表面粗糙度值低；②尺寸精度高，机械加工余量小；③生产率高，每小时可达 4 ~ 6 箱（件）；④与传统自硬砂相比，合格率高，经济效益显著。

名称：木工机械基座板件（见图 6-81）

材质：HT200

主要特点：大平面铸件，表面结构复杂；平均壁厚为 10 ~ 12mm；传统铸造工艺造型难度大，效率低；变形控制难度大。

V 法铸造工艺主要优势：①铸件外观质量好，表面光洁；②尺寸精度高，机械加工余量明显减小；③生产率高，每小时可达 6 ~ 10 箱（件）；④与传统铸造工艺相比，合格率高，经济效益显著。

图 6-82　配重

名称：配重（见图6-82）

材质：HT100～HT250

主要特点：铸件尺寸庞大，重量重，壁厚较厚；内部质量要求略低，但重量控制难度大；冷却时间长；成本控制要求严格。

V法铸造工艺主要优势：①铸件外观质量好，表面光洁；②尺寸精度高，机械加工余量明显减小；③与传统自硬砂工艺相比，生产率高，每小时可达3～7箱（件），合格率高，经济效益显著；④生产排放较少，环保特征明显。

6.6.2　铸钢件

名称：桥壳（见图6-83）

材质：35钢、40Cr等

主要特点：有渗漏压力检测要求，两端加工面多。

V法铸造工艺主要优势：①铸件外观质量好，表面光洁；②尺寸精度高，机械加工余量明显减小；③与传统自硬砂工艺相比，生产率高，每小时可达3～7箱（件），合格率高，经济效益显著；④生产排放较少，环保特征明显。

图6-83　桥壳

名称：齿板（见图6-84）

材质：高锰钢

主要特点：铸件厚大，补缩要求高，保温冷却时间长；内部显微组织要求高；碱性钢种，型砂要求特殊。

V法铸造工艺主要优势：①铸件外观质量好，表面光洁；②尺寸精度高，机械加工余量明显减小；③与传统自硬砂工艺相比，生产率高，每小时可达3～5箱（件）；④减少了橄榄石砂的消耗和浪费。

图6-84　齿板

名称：履带板（见图6-85）

材质：合金钢

主要特点：铸件结构复杂，热节多，内腔需要砂芯组合成形；对表面裂纹敏感，力学性能要求高。

V法铸造工艺主要优势：①铸件外观质量好，表面光洁，有益于改善疲劳寿命和表面微裂纹；②尺寸精度高，易装配；③与传统水玻璃砂工艺相比，一箱多件，生产率高。

图6-85　履带板

名称：侧架（见图6-86）

材质：合金钢（B+钢）

主要特点：铸件结构复杂，属于薄壁箱体框架类铸件，热节多，内腔需要复杂的砂芯组合成形；对表面裂纹敏感，力学性能及探伤要求高。

V法铸造工艺主要优势：①铸件外观质量好，表面光洁；②尺寸精度高；③与传统水玻璃砂工艺相比，裂纹倾向明显减少，生产率高，砂再生效益显著。

图6-86 侧架

名称：料盘（见图6-87）

材质：耐热合金钢

主要特点：铸件结构复杂，造型和浇注成形难度大，热节多，对表面裂纹敏感，贵合金含量极高。

V法铸造工艺主要优势：①铸件外观质量好，表面光洁；②尺寸精度很高；③与传统水玻璃砂工艺和精密铸造工艺相比，生产率高；④金属液流动性好，浇注成形容易；⑤冷铁便于使用，热节控制效果好。

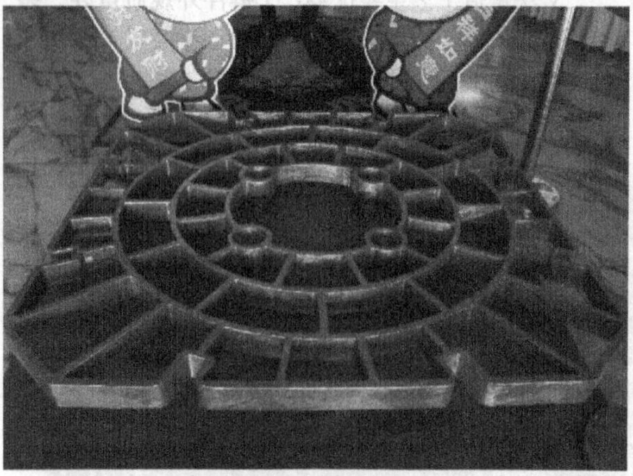

图6-87 料盘

6.6.3 非铁合金铸件

名称：家电模样铸件（见图6-88）

材质：铝合金

主要特点：铸件结构复杂，属薄壁箱体类铸件，加工面积大，加工面缺陷控制要求高。

V法铸造工艺主要优势：①铸件外观质量好，表面光洁，极大减少机械加工余量；②表面激冷层对加工后针孔等缺陷的控制改善明显；③与传统黏土砂工艺相比，生产率高。

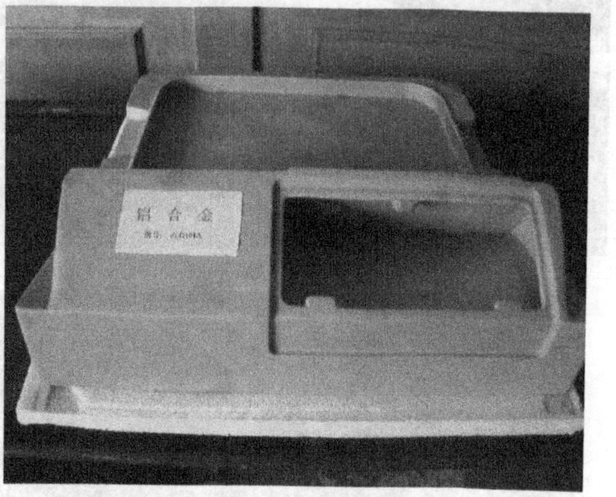

图6-88 家电模样铸件

名称：家具桌面（见图6-89）

材质：铝合金

主要特点：铸件结构复杂，表面粗糙度值要求低，面积大，壁厚超薄，铸造成形难度大。

V法铸造工艺主要优势：①铸件外观质量好，表面光洁；②金属液流动性好，易铸造成形；③与传统黏土砂工艺相比，造型效率高，劳动强度小。

图6-89 家具桌面

名称：铝合金阀体（见图6-90）

材质：铝合金

主要特点：铸件结构复杂，壁厚较厚，耐压要求高，法兰加工面积大。

V法铸造工艺主要优势：①铸件外观质量好，表面光洁；②冷铁便于使用，铸件致密性易控制；③与传统水玻璃砂工艺相比，造型效率高，劳动强度小；④砂再生效益突出。

图6-90 铝合金阀体

参考文献

[1] 叶升平，周德刚，郝礼. V法铸造图片集［M］. 华中科技大学出版社，2011.

[2] 郝礼. V法铸造工艺关键问题数值分析及生产线设计［D］. 武汉：华中科技大学，2011.

[3] 张海勋. 铸钢件V法铸造工艺设计创新实践［C］//中国机械工程学会铸造分会第十届消失模与V法铸造学术年会论文集，2011.

[4] 张海勋，张建满. 中小型铸钢企业V法铸造技术应用注意事项［C］//中国机械工程学会铸造分会第十一届消失模与V法铸造学术年会论文集，2013.

第 7 章　金属型铸造

7.1　概述

7.1.1　铸造原理

金属型铸造又称硬模铸造或永久型铸造，是将金属液在重力下浇入用金属材料制造的铸型中获得铸件的工艺方法。一副金属型可以反复浇注，少则几十次，多则数万次。金属型铸造既适用于批量生产形状较复杂的铝合金、镁合金等非铁合金铸件，也适合于生产钢铁金属的铸件、铸锭等。由于金属型铸造具有很多优点，故应用非常广泛。

低压铸造、压力铸造、挤压铸造、离心铸造、真空吸铸等方法，虽然也使用金属型，但由于金属液不是在重力下充型，而是采用特殊的方式充型，故各自形成了单独的特种铸造方法。

7.1.2　工艺流程

金属型铸造工艺流程如图 7-1 所示。

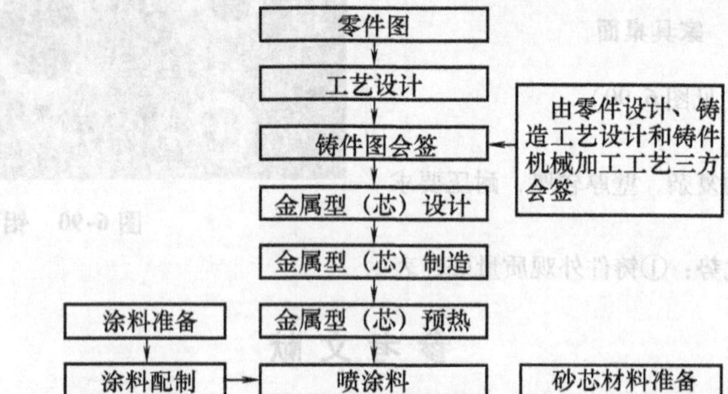

图 7-1　金属型铸造工艺流程

7.1.3　工艺特点

1. 优点

1）金属型的冷却速度快，故金属型铸件组织致密，力学性能比砂型铸件高 15% 左右。

2）铸件尺寸精度较高，表面粗糙度值较低，批量生产质量稳定性好，铸件成品率高。

3）与砂型铸造相比，节省了型砂运输和型砂处理所需的财力和大量劳动力，减少了粉尘和有害气体的污染，劳动条件好。

4）易于实现机械化、自动化，生产率高，技术容易掌握，便于生产管理。

2. 缺点

1）金属型的热导率和热容量大，浇入金属型的金属液很快就结晶凝固，降低了金属液的充型能力，故对铸件的壁厚设计有一定要求，一般不小于 2mm。

2）金属型本身无透气性，必须采取一定的措施导出型腔中的空气和砂芯所产生的气体。

3）金属型无退让性，铸件凝固时易产生裂纹和变形，不适用于铸造热裂倾向大的合金。

4）金属型制造周期较长，成本较高。只有在大量、成批生产时，才能显示出好的经济效果。

表 7-1 列出了几种材料金属型铸造和砂型铸造力学性能的比较；表 7-2 给出了几种铸件金属型铸造和砂型铸造的铸件成品率。

表 7-1 几种材料金属型铸造和砂型铸造力学性能比较

材料		金属型				砂型			
		抗拉强度 R_m/MPa	断后伸长率 A(%)	硬度 HBW	冲击韧度 a_K/(J/cm^2)	抗拉强度 R_m/MPa	断后伸长率 A(%)	硬度 HBW	冲击韧度 a_K/(J/cm^2)
灰铸铁		200～250	—	170～220	—	180～200	—	150～180	—
球墨铸铁		450～550	13～18	170～220	—	400～500	10～15	170～220	—
铸钢		580	21	182	72	550	19	168	50
高锰钢		789	—	—	—	707	—	—	—
铝合金	ZL101A(T6)	295	3	80	—	275	2	80	—
	ZL105A(T5)	300	1.5	80	—	280	1.0	80	—

表 7-2 几种铸件金属型铸造和砂型铸造铸件成品率

铸件名称	铸造方法	铸件重/(kg/件)	浇冒口重/(kg/件)	浇注重量/(kg/件)	铸件成品率(%)
轧辊（铸钢件）	金属型	655	345	1000	65.5
	砂型	655	745	1400	47
ϕ2.2m 球磨机中空轴（铸钢件）	金属型	1946	220	2166	90
	砂型	1946	800	2746	71
采矿电耙滑轴（铸铁件）	金属型	11.5	0.7	12.3	93.5
	砂型	22.5	18.8	41.3	54.5

7.1.4 应用范围

（1）合金种类　除某些热裂倾向大的合金外，常用的铸造合金都可以用金属型铸造，其中以铝、镁合金应用最广。

（2）铸件形状和大小　金属型铸造一般适用于铸造不太复杂的中小型零件。铸造非铁合金可以铸造较复杂的零件，如气冷式发动机的气缸盖、油泵壳体、各种机匣等，钢铁金属只能铸造简单零件。铝、镁合金铸件重量一般从几十克到几十千克，钢铁金属铸件由几千克到几百千克。

（3）尺寸公差等级和表面粗糙度　按 GB/T 6414—2017 规定，金属型铸件的尺寸公差等级一般为 DCTG7～DCTG10 级，铝、镁合金铸件的尺寸公差等级为 DCTG7～DCTG9；表面粗糙度一般为 Ra =

12.5～6.3μm，最高可达 $Ra=3.2\mu m$。

（4）生产规模　一般只有成批或大量生产时采用。在航空工业中有时因铸件质量要求高，可不受生产批量的限制。

表 7-3～表 7-6 列出了金属型铸件的一般要求及应有的生产批量。

表 7-3　金属型铸件重量、尺寸公差等级、表面粗糙度

项　目			数　据
铸件重量	铸铁件	一般	数千克至 100kg 左右
		最重	曾铸过达 3t 的铸件
	铸钢件	一般	数千克至 100kg 左右
		最重	曾铸过达 5t 的铸件
	非铁合金	一般	数十克到几十千克
		最重	超过 200kg 的铸件较少见
	铜合金铸件		数百克至几十千克
铸件公差等级	按 GB/T 6414—2017		一般为 DCTG7～DCTG10 级、轻合金为 DCTG7～DCTG9 级
铸件表面粗糙度	一般		$Ra=12.5\sim6.3\mu m$
	最高		$Ra=3.2\mu m$

注：铸件重量一栏中不包括使用金属型铸造的轧辊及钢锭。

表 7-4　金属型铸件最小壁厚　（单位：mm）

铸件外廓尺寸	铸钢件	灰铸铁件（含球墨铸铁件）	可锻铸铁件	铝合金铸件	镁合金铸件	铜合金铸件
<70×70	5	4	2.5～3.5	2～3	—	3
70×70～150×150	—	5	—	4	2.5	4～5
>150×150	10	6	—	5	—	6～8

表 7-5　金属型铸件内孔的最小尺寸

（单位：mm）

铸造合金	孔的最小直径 d	孔深	
		不通孔	通孔
铸钢	>12	>15	>20
铸铁	>12	>15	>20
锌合金	6～8	9～12	12～20
镁合金	6～8	9～12	12～20
铝合金	8～10	12～15	15～25
铜合金	10～12	10～15	15～20

表 7-6　金属型铸件应有的批量

铸件类型		一般应具有的批量/件
小而不复杂的		300～400
中等复杂的		300～5000
复杂的		5000～10000
当使用不需加工的金属型时	小件	200～400
	大件	50～200
特殊要求铸件		根据力学性能的需要，不受限制

注：对于年生产批量不大，但每年都需生产的铸件，也可考虑应用金属型铸造。

7.2　铸件工艺设计

7.2.1　基准面的选择

基准面决定铸件各部分相对的尺寸位置，所以选择铸造基准面时，必须和铸件机械加工的加工基准面统一，其选择原则如下：

1）非全部加工的铸件，应尽量取非加工面作为基准面。因为加工面在加工过程中，尺寸会因加工面变动，所以可能将造成相对尺寸位置的变动，而且铸件经过加工后，去掉的机械加工余量也不便检查。

2）采用非加工面作基准面时，应选尺寸变动最小、最可靠的面为基准面。一般不选用活块形成的铸件表面作为基准面。

3）全部加工的零件，应选机械加工余量最小的面作为基准面。

4）一般应选择较大的平面作为基准面，不采用曲面或有铸造斜度的面作为基准面。

5）基准面应平整和光洁，不应有残余浇冒口、毛刺、飞边等。

图7-2所示为基准面选择示例。图中选择活塞尾部为基准面，已用基准线标出。

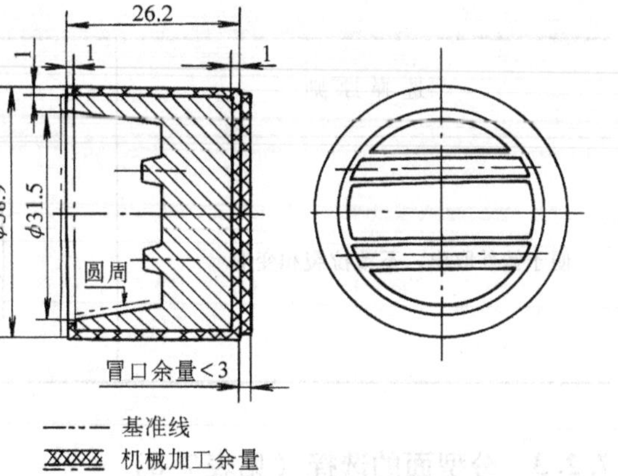

图7-2　基准面选择示例

7.2.2　铸件在金属型中的位置（见表7-7）

表7-7　铸件在金属型中的位置

选择原则	图例	
	不合理	合理
便于安放浇注系统，保证金属液平稳充满铸型	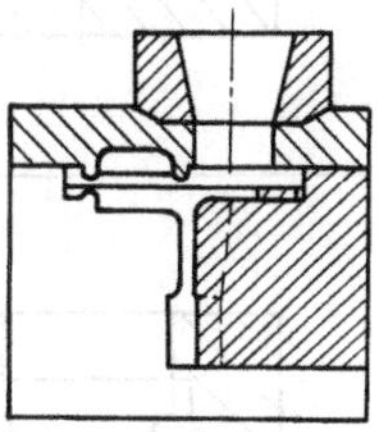	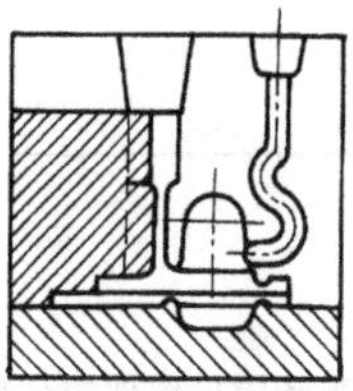
便于铸件顺序凝固，保证补缩	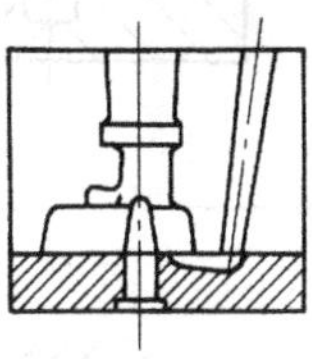	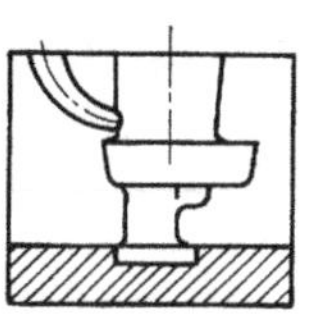
使型芯（或活块）数量最少、安装方便、稳固，取出容易	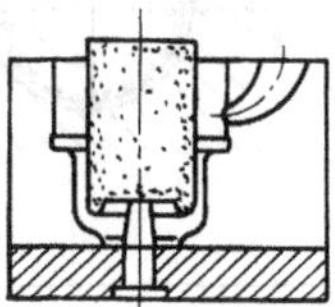	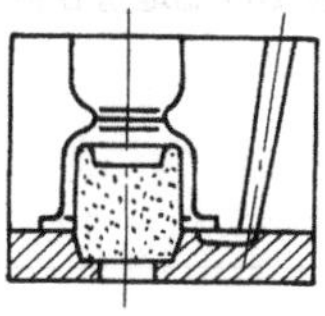
力求铸件内部质量均匀一致，盖子类及碗状铸件可水平安放	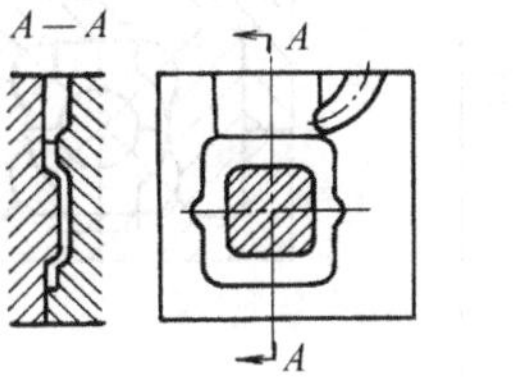	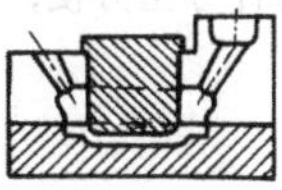

（续）

选择原则	图例	
	不合理	合理
便于铸件取出，不致拉裂和变形	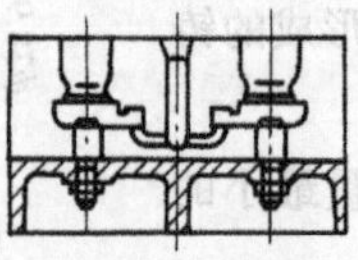	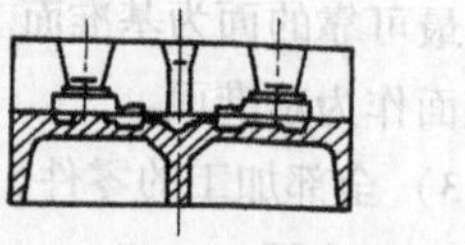

7.2.3 分型面的选择（见表7-8）

表7-8 分型面的选择

选择原则	图例	
	不合理	合理
简单铸件的分型面应尽量选在铸件的最大端面上	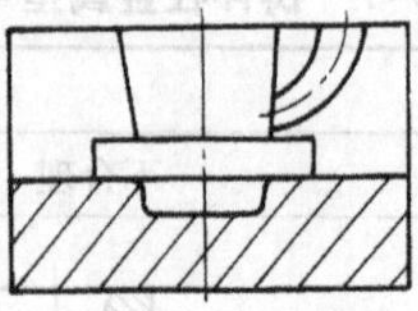	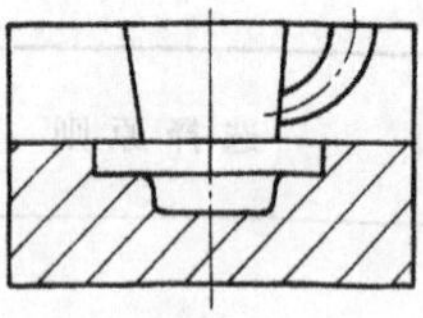
矮的盘形和筒形铸件的分型面应尽量不选在轴心上	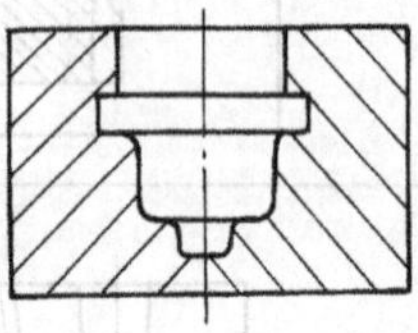	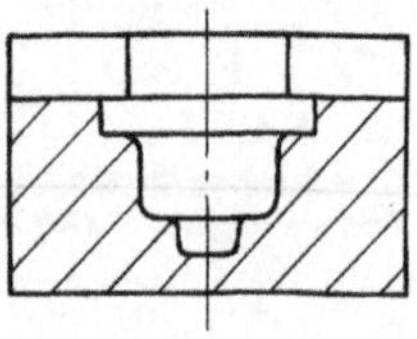
分型面应尽可能地选在同一个平面上	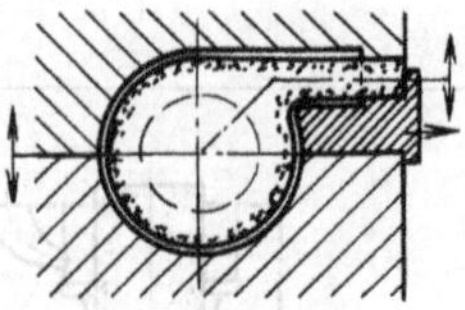	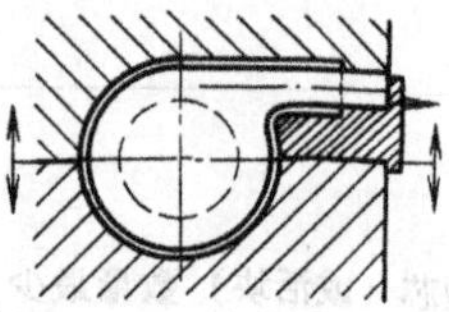
应保证铸件分型方便，尽量少用或不用活块		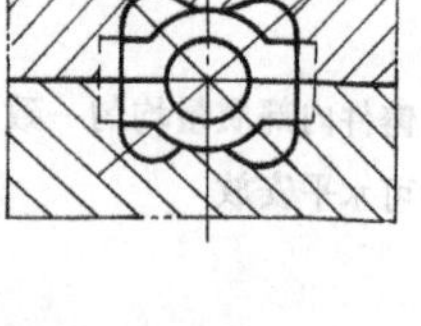

（续）

选择原则	图例	
	不合理	合理
分型面的位置应尽量使铸件避免做铸造斜度，而且很容易取出铸件	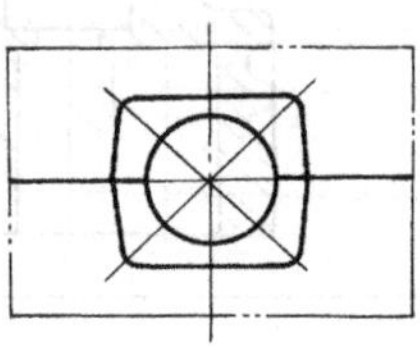	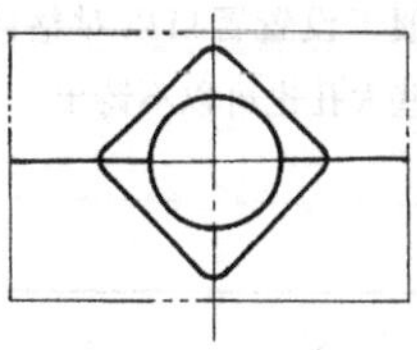
分型面应尽量不选在铸件的基准面上，也不要选在精度要求较高的表面上	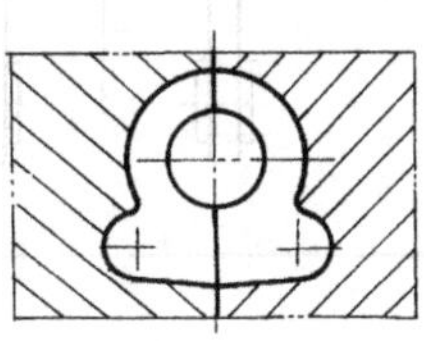	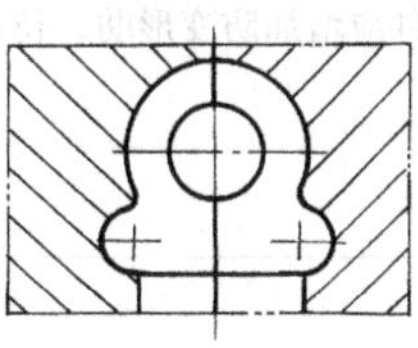
应便于安放浇冒口和便于气体从铸型中排出	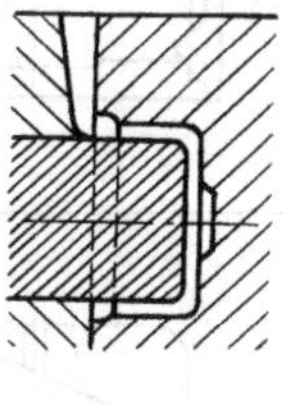	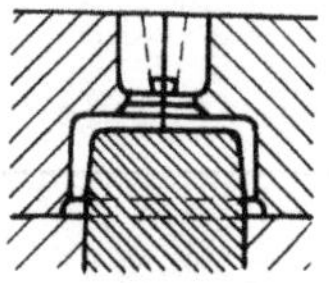

7.2.4 铸件工艺设计

1. 设计原则

铸件工艺设计应在满足产品结构要求的前提下，通过调整机械加工余量、增大铸造斜度、增加工艺余量和工艺肋及工艺凸台等方法，使铸件结构更加合理。其设计原则见表7-9。

表7-9 铸件工艺设计原则

设计原则	零件图	铸件图
为了简化金属型结构，零件中某些需要机械加工的小孔（如螺纹孔、安装孔等）一般不铸出来	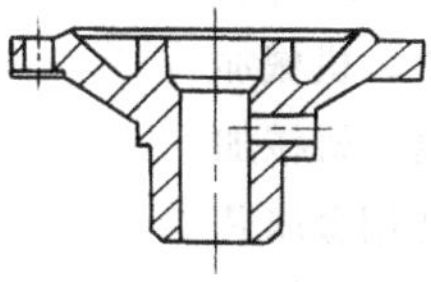	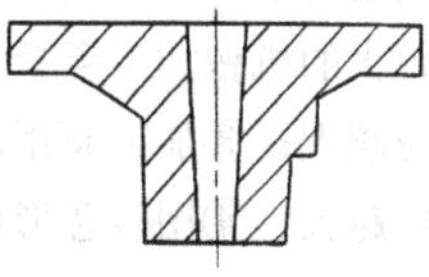
零件局部厚大处，当不便于设置冒口补缩时，有些小孔也应铸造出来，以加快冷却速度，避免产生缩松	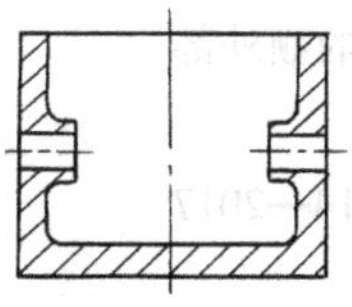	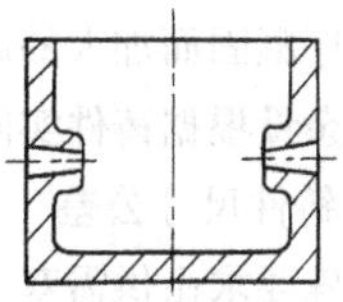

（续）

设计原则	零件图	铸件图
为了便于设置冒口以对整体铸件进行补缩，有些大孔也可以不铸出	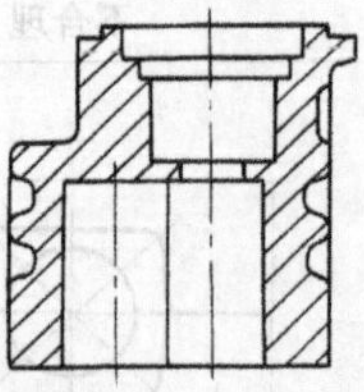	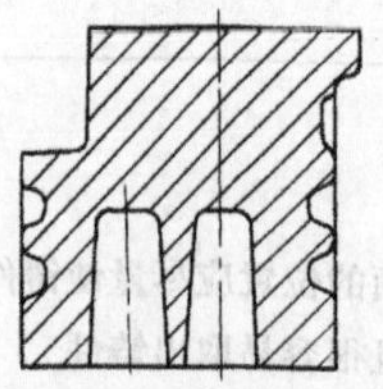
为了防止铸件在生产过程中变形，对一些Π形铸件应增加防变形肋，待最后工序加工去掉	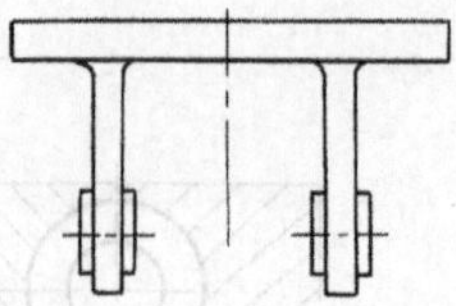	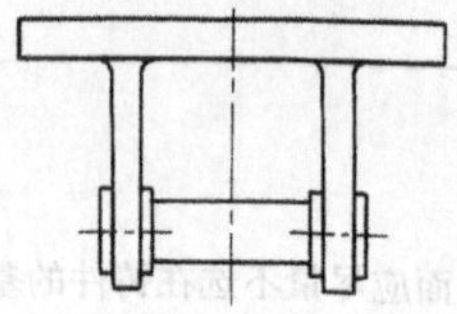
加工过程中装夹定位性差的铸件，可以根据需要设计定位装夹凸台，其位置应有利于铸件补缩	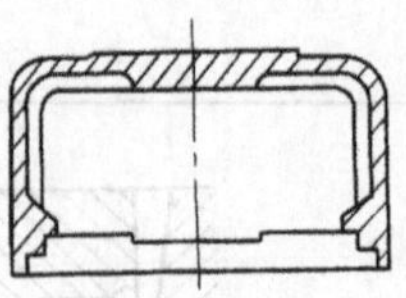	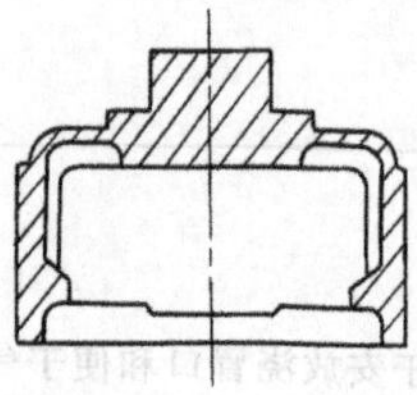
在不影响产品性能的前提下，可以局部加大铸造斜度，避免设计活块	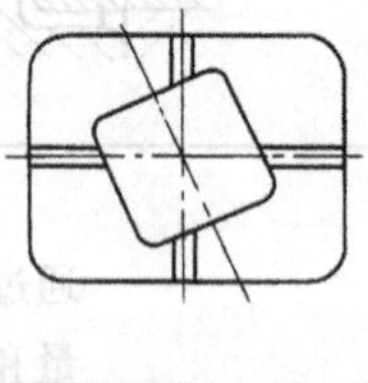	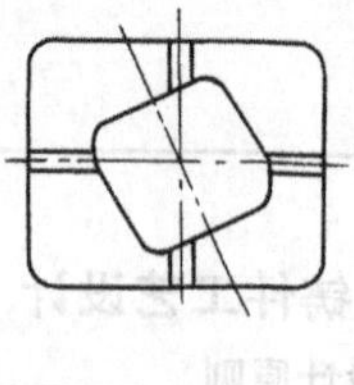

2. 工艺参数的选择

（1）机械加工余量　与砂型铸件相比，金属型铸件的机械加工余量可以适当减少。其选择原则为：①尺寸精度要求高、表面粗糙度值要求低的加工面，应给予较大的机械加工余量；②加工面越大，机械加工余量应越大；③加工面距加工基准面越远，机械加工余量应越大；④用砂芯形成的表面，应比用金属芯形成的表面的机械加工余量大；⑤开设浇冒口的加工面应给予较大的机械加工余量。

（2）工艺余量　工艺余量（见图 7-3）是为了保证铸件顺序凝固而加大的超过机械加工余量的额外部分。工艺余量根据铸件实际结构尺寸确定。

（3）铸件尺寸公差　一般按照 GB/T 6414—2017 确定，特殊要求由供需双方协商确定。

（4）铸造圆角　铸造圆角半径 R（mm）一般可以按式（7-1）计算：

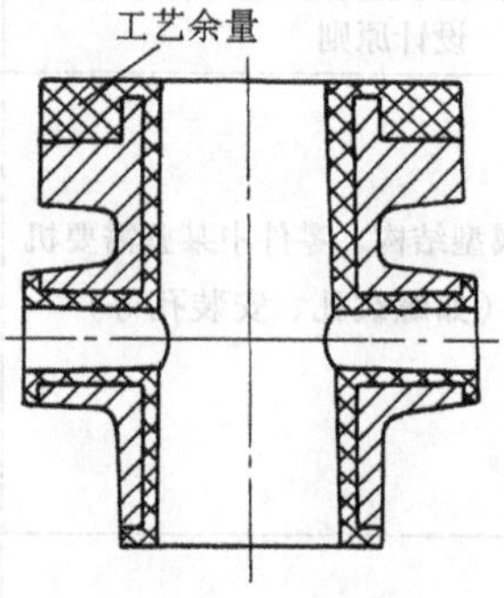

图 7-3　工艺余量

$$R = \frac{\delta + \delta'}{4} \sim \frac{\delta + \delta'}{6} \tag{7-1}$$

式中　δ、δ'——铸件相邻壁的厚度（mm）。

对于铸铁件，为避免铸件表层白口，铸造圆角半径 R 可按式（7-2）计算（见图7-4）。

$$R=\frac{2\delta_1}{\sqrt{\delta_2}} \tag{7-2}$$

式中 R——圆角半径（mm）；

δ_1——金属型壁厚（mm）；

δ_2——铸件壁厚（mm）。

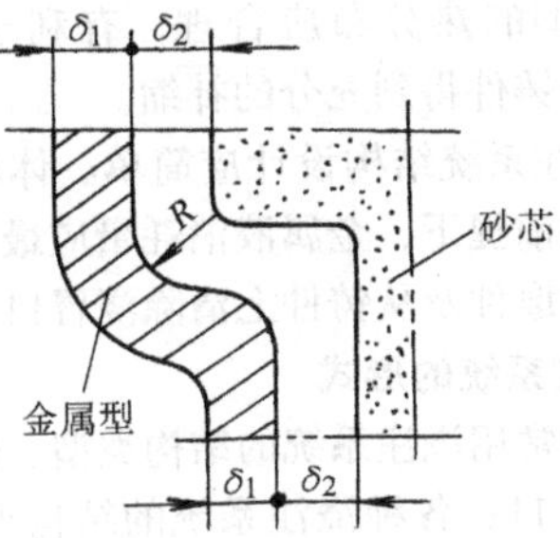

图7-4 铸铁件的铸造圆角

（5）铸造斜度 铸件铸造斜度的大小，与铸件表面和金属型间的相对位置有关。凡是在铸件冷却时与金属型表面有脱离倾向的面，应给予较小的铸造斜度；凡是铸件冷却时趋向于包紧金属型或芯的面，应给予较大的铸造斜度。例如，铸件的凹进部分以及孔的铸造斜度应较大，一般可取 2°~7°（对非加工面可取 2°~3°；加工表面可取 3°~7°）。

对于铸件尺寸要求精确的非加工面，若不允许有铸造斜度时，可考虑改变分型面或使用金属活块，以及采用砂芯等方法来解决。

几种合金铸件的金属型铸造斜度可参考表7-10选择。

表7-10 几种合金铸件金属型铸造斜度

铸件表面位置	铝合金	镁合金	铸铁	铸钢
外表面	0°30′	≥1°	1°	1°~1°30′
内表面	0°30′~2°	≥2°	>2°	>2°

3. 铸件图的绘制

铸件图是将铸件的基准面、机械加工余量、铸造斜度等铸造工艺因素及技术要求，以图示说明。铸件图是设计、制造金属型和验收铸件的技术依据，也是机械加工、设计制造工装夹具的技术文件之一，须经零件设计、铸造与机械加工等部门多方会签确定。例如，图7-5所示为叶轮零件图；图7-6所示为叶轮铸件图。

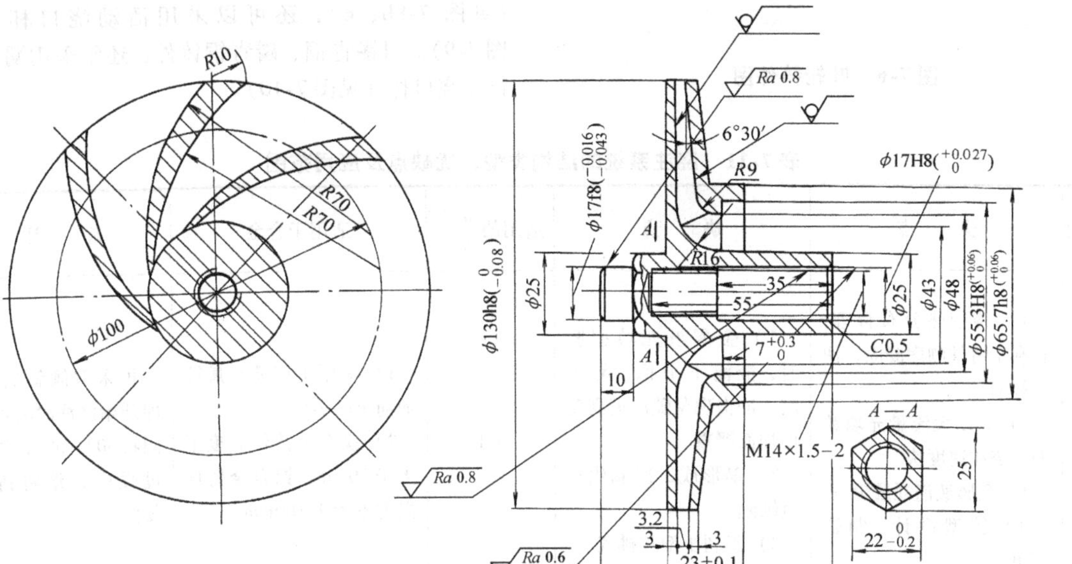

技术要求：1.叶轮流道内应去除残砂、毛刺。
2.静平衡校验，外径处不平衡公差为1g。
3.φ55.3H8、φ65.7H8、φ17f8、φ130h8、M14×1.5对φ17H8同轴度公差φ0.02mm。
4.φ17H8端面对轴线垂直度公差0.01mm。

图7-5 叶轮零件图

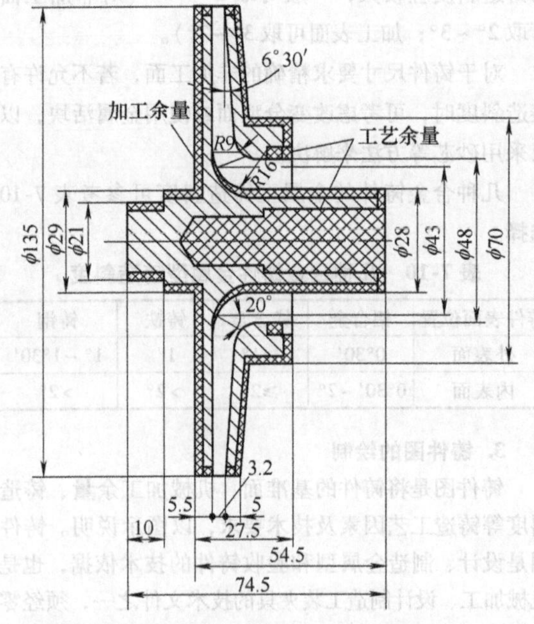

技术要求：1.叶轮流道内应去除残砂、毛刺。
2.铸件不允许有缺肉、冷隔、缩孔等铸造缺陷。
3.允许采用+5°铸造斜度。

图7-6 叶轮铸件图

7.2.5 浇注系统

1. 浇注系统的设计原则

1）浇注系统尺寸的大小应保证金属液在规定的时间内能良好地充填金属型。

2）金属液应平稳流入型腔，不直接冲击型壁、型芯和凸角，避免产生涡流和飞溅。

3）金属液应顺序充填铸型，以利于金属型腔中气体的排除。

4）铸型的热分布应合理，有利于铸件顺序凝固，以便于铸件得到充分的补缩。

5）浇注系统结构设计应简单、体积小，在保证铸件质量的前提下，金属液消耗量应最少，并且便于铸型开合、取件及从铸件上清除浇冒口。

2. 浇注系统的形式

金属型常用浇注系统的结构类型、优缺点及应用范围见表7-11；各种浇注系统的结构见表7-12～表7-14。

3. 浇注系统的组成部分

（1）浇口杯 浇口杯接受和贮存一定量的金属液，并起缓冲和浮渣的作用。浇口杯常用形状如图7-7所示。浇口杯可以与金属型做成一体（见图7-8a），也可以分开制造再与金属型组装在一起（见图7-8b、c），还可以采用活动浇口杯（见图7-9）。对锡青铜、磷青铜铸件，还常采用漏斗式砂型浇口杯（见图7-10）。

表7-11 浇注系统的结构类型、优缺点及应用范围

类型	优　点	缺　点	适用的$\frac{h}{b}$①	适用于合金	备　注
顶注式	1）铸型热分布合理，有利于铸件顺序凝固，便于补缩 2）能以大流量充填铸型，浇注速度快 3）金属液消耗量少 4）铸型设计、制造简单	1）金属液充填型腔时，液流不平稳、易飞溅，冲击现象随浇道高度增加而严重 2）易形成二次氧化夹渣缺陷 3）不利于型腔排气	<1	1）常用于钢铁金属矮而简单的铸件 2）镁合金铸件高度不大于80mm；铝合金铸件高度不大于100mm	可采取倾斜浇注，即开始浇注时将铸型倾斜30°～50°，浇注过程中逐渐将铸型复位
中注式	1）金属液充型过程较顶注式平稳 2）铸型热分布较底注式合理	不能完全避免金属液对铸型的冲击以及飞溅和涡流现象	≈1	1）各种合金 2）适用于铸件高度适中（在100mm左右）的铸件	—

（续）

类型	优　点	缺　点	适用的$\frac{h}{b}$①	适用于合金	备　注
底注式	1）金属液充型平稳，型腔排气好 2）便于设计各种形状的浇道，撇渣充分 3）内浇道可在铸件底部均布，能进行大流量浇注	铸型热分布不合理，不利于顺序凝固	>1	1）各种合金 2）非铁合金应用较多，特别是铝、镁合金多用这种方式	可通过调整工艺余量、补注冒口、控制金属型预热温度、调整涂料层厚度等工艺方法来调整铸型的热分布
缝隙式	1）金属液充型平稳，能有效地防止氧化、夹渣及气孔的生成 2）铸型热分布合理，有利于补缩 3）有利于型腔排气	1）清理浇注系统比较困难 2）浇注系统消耗金属较多	—	特别适合于筒形或板状铸件及铸件高度较高的铸件	—

① h表示铸件最大外廓尺寸的高度，b表示铸件最大外廓尺寸的宽度。

表7-12　顶注式浇注系统结构

结构特点	结构简图	说　明
雨淋式浇道（沿砂芯表面引入金属液）	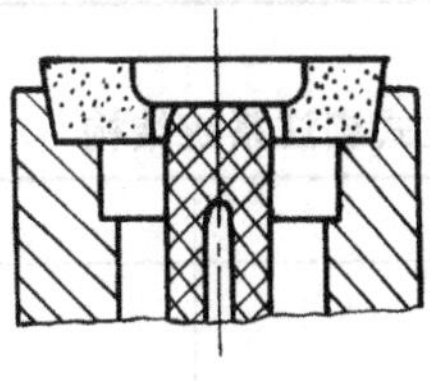	沿砂芯表面将金属液导入，可在一定程度上减少金属液的飞溅现象
雨淋式浇道（沿铸型整个剖面引入金属液）	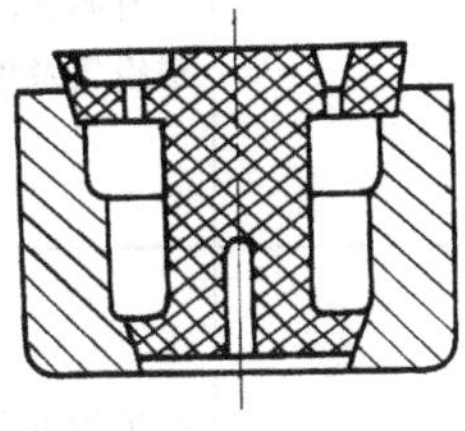	砂芯固定方便，但金属液飞溅较大。为避免冲刷金属型，可适当加大下部进口尺寸
直接由冒口进行顶注	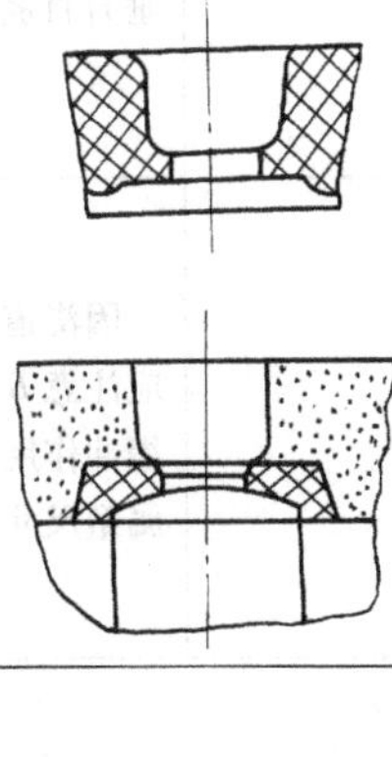	适宜于高度不大（如对轻合金铸件，高度在40mm以下）、外廓尺寸很小的铸件

（续）

结构特点	结构简图	说　　明
带直浇道的顶注	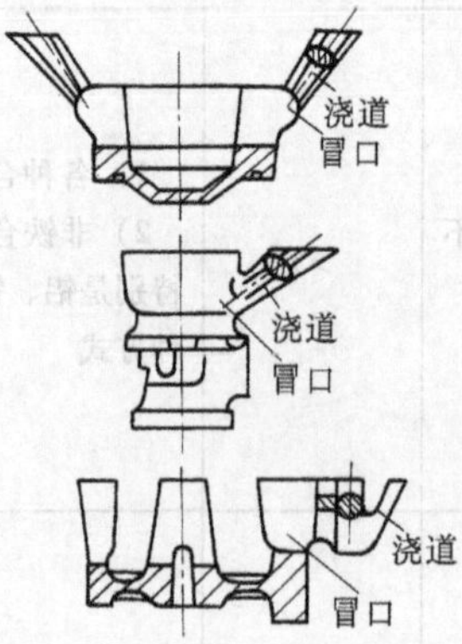	封闭式直浇道将金属液导入铸件冒口，再由冒口进入铸件型腔。最小截面在 $1.1cm^2$ 以上，铸件高度在 100mm 以下
带直浇道的顶注（直浇道开在砂芯中）	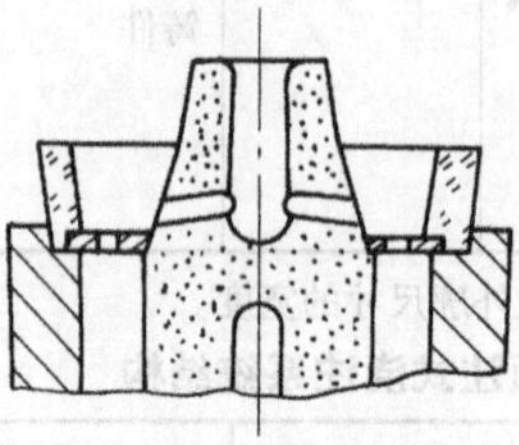	当砂芯的尺寸足够大时，将直浇道开设在砂芯中，可减少金属型外形尺寸

表 7-13　底注式浇注系统结构

结构特点	结构简图	说　　明
垂直直浇道	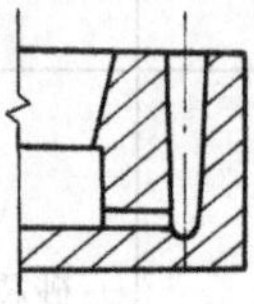	开始浇注时，不能完全充满整个浇道。容易带进空气及熔渣
倾斜直浇道	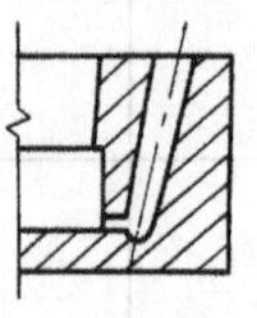	虽然也会带进一些气体和熔渣，但其数量要较垂直直浇道少得多
倾斜弯曲直浇道	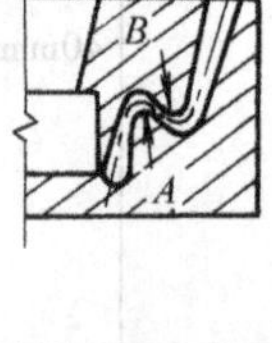	因浇道弯曲，故有效地形成排气排渣的条件。应注意 B 处一定要低于 A 处。这种浇道同时具有缓冲作用，降低金属液的流速。缺点是增大了金属型尺寸

（续）

结构特点	结构简图	说　　明
蛇形直浇道	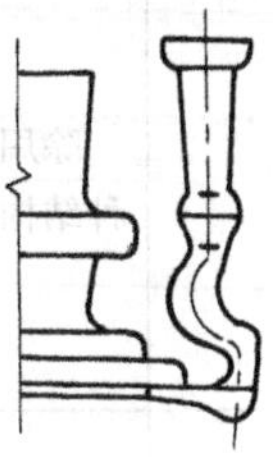	显著地降低了金属液的流速，起到良好的撇渣效果。浇道长，所以金属液的温度会降低很多
蛇形并设有补充浇道的直浇道	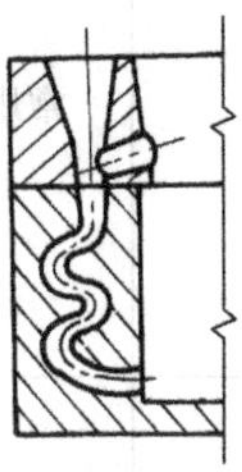	避免冒口中金属液因流经蛇形直浇道的过程中温度下降太多
在砂芯中设置底注系统	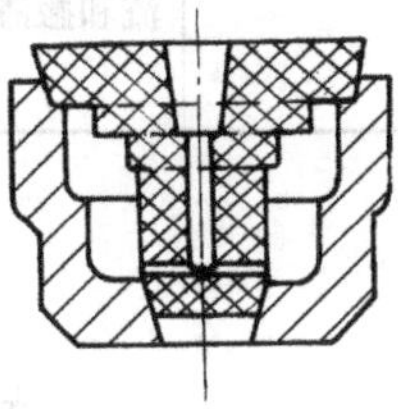	当砂芯尺寸足够大时才允许这样做。其优点是减小金属型外形尺寸

表 7-14　缝隙式浇注系统结构

结构特点	结构简图	说　　明
垂直直浇道和缝隙内浇道	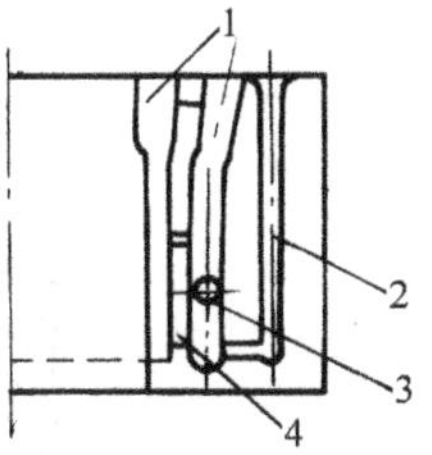 1—铸件　2—直浇道 3—立筒　4—内浇道	有时设计成直浇道和铸件间不经过集渣包，但这种设计，浇注不够平稳
鹅颈直浇道和缝隙内浇道	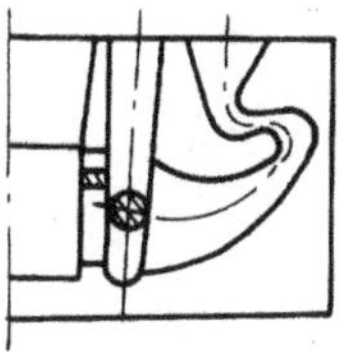	常用于铸造铝合金活塞的金属型

（续）

结构特点	结构简图	说　明
蛇形直浇道和缝隙内浇道	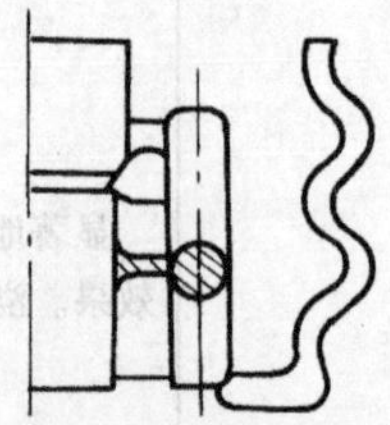	除用于活塞铸件金属型外，一般铸件也常用此种结构
倾斜直浇道和缝隙内浇道	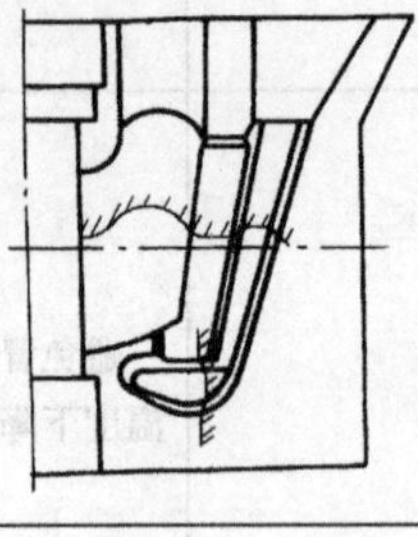	常用于铸造铝合金活塞的金属型
刀形直浇道和缝隙内浇道	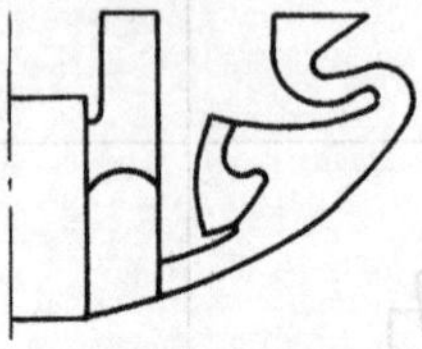	主要用于铸造铝合金活塞的金属型。在扇形部分设置撇渣包，浇道只要充满就能达到缓冲、稳流和撇渣效果

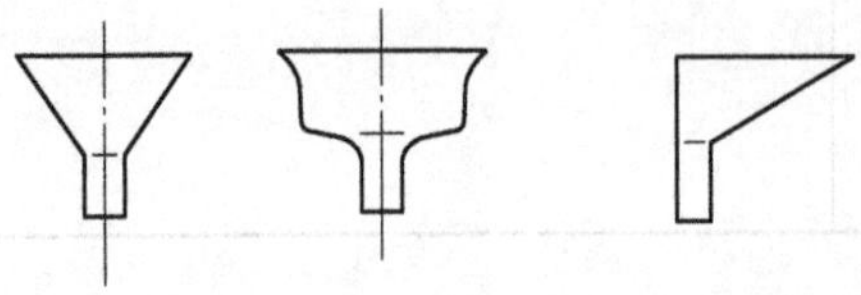

图 7-7　浇口杯常用形状

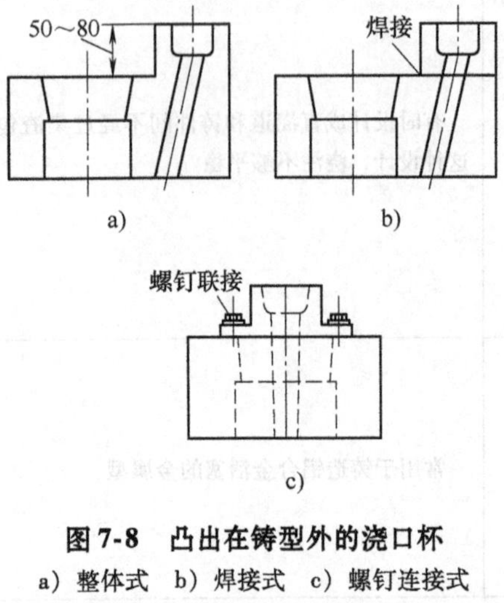

图 7-8　凸出在铸型外的浇口杯

a）整体式　b）焊接式　c）螺钉连接式

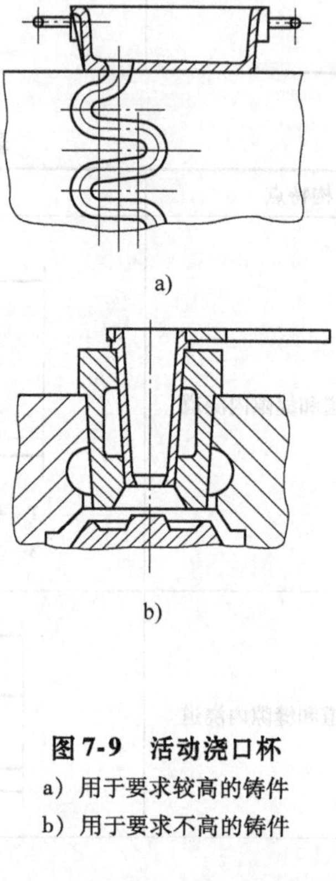

图 7-9　活动浇口杯

a）用于要求较高的铸件

b）用于要求不高的铸件

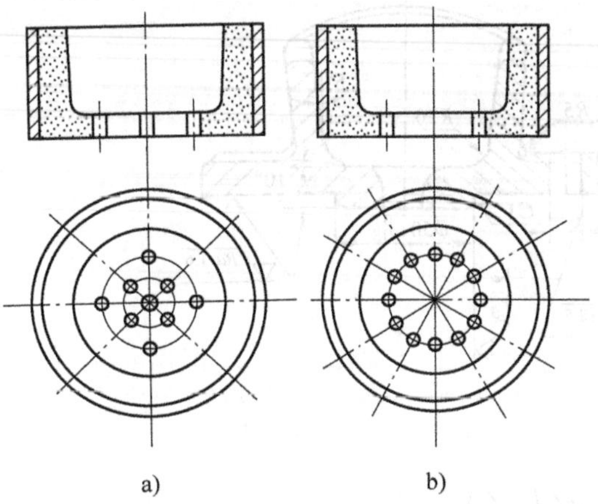

图7-10　漏斗式砂型浇口杯

a）浇圆柱用　b）浇圆筒用

常用金属型浇口杯的形状及尺寸见图7-11～图7-14和表7-15～表7-18。

（2）直浇道　直浇道设计见表7-19。设计时应注意：①直浇道一般应设计成封闭式；②不带浇口杯的直浇道，上部喇叭口直径最好不小于ϕ30mm；③直浇道高度超过150mm时应采用倾斜浇道，但高度不应超过250mm；④当直浇道设计高度超过250mm时，可采用蛇形或鹅颈形直浇道（见表7-20用集渣包代替横浇道）；⑤直浇道最好是圆形截面（一般直径不应超过25mm），其散热面积最小，方形和棱形截面散热面积大，浇注时棱角处还易产生涡流或直浇道产生中空现象，卷入气体（见图7-15）；⑥对于大型铝合金铸件，可将一个大截面的直浇道分散成多个小截面的直浇道；对于大型镁合金铸件，可采用砂芯片状直浇道（见图7-16）。

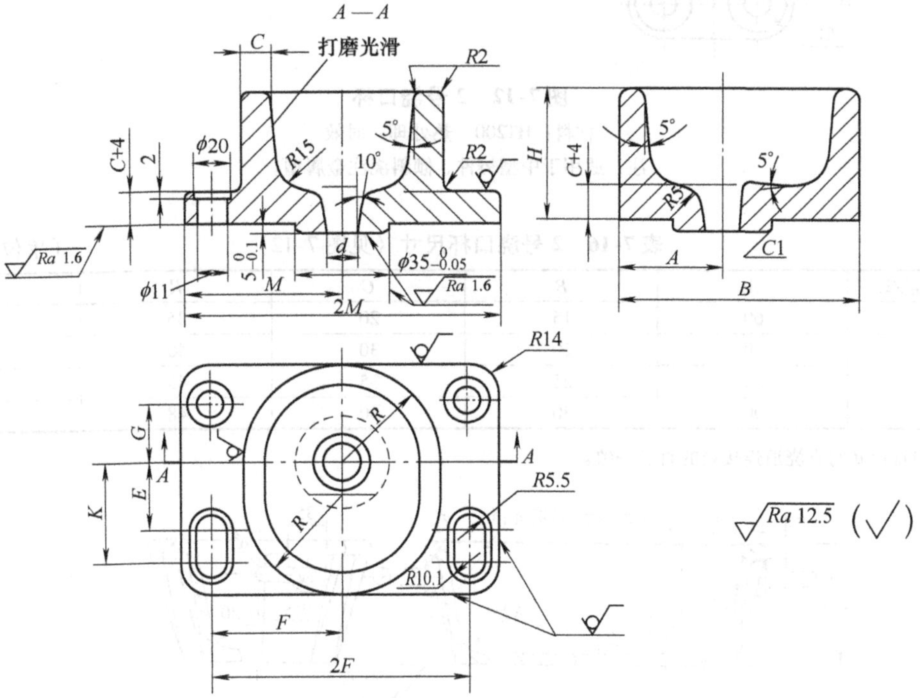

图7-11　1号浇口杯

材料：HT150　热处理：时效

注：适用于中型铸件的金属型。

表7-15　1号浇口杯尺寸（见图7-11）　（单位：mm）

浇口杯容量/L	d	A、R	B	C	G	E	K	M	H	F
0.1	10	35	85	8	20	25	37	58	50	45
0.15	12	40	95	10	25	30	42	65	55	52
0.2	15	45	110	12	30	35	50	71	60	58
0.35	18	50	130	12	35	45	60	78	70	65
0.5	20	55	150	12	40	55	75	88	80	72

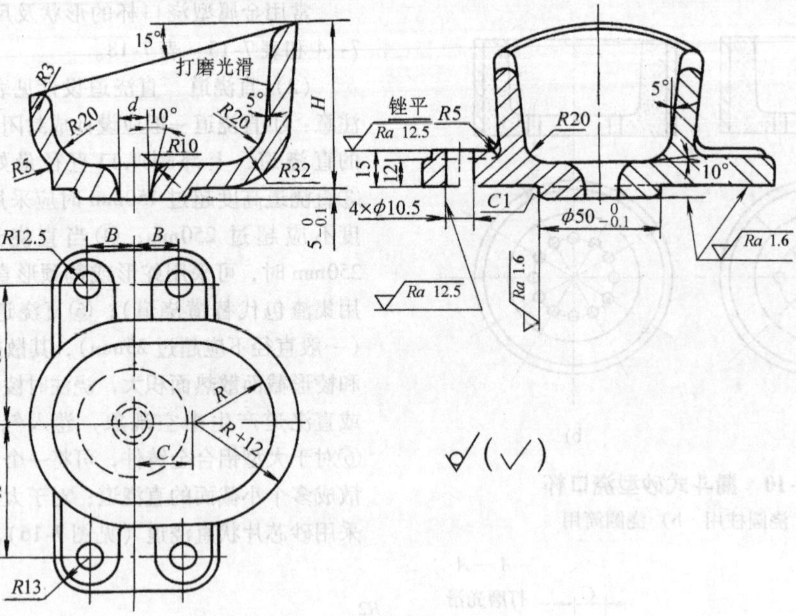

图 7-12　2 号浇口杯

材料：HT200　热处理：时效

注：适用于中型铸件、倾斜浇注金属型。

表 7-16　2 号浇口杯尺寸（见图 7-12）　　　　（单位：mm）

浇口杯容量/L	*A*	*B*	*C*	*R*	*H*
0.2	60	15	20	35	70
0.4	70	20	30	40	90
0.6	80	25	35	45	105
0.8	90	30	40	48	120

注：图中直径 *d* 与直浇道连接处的直径一致。

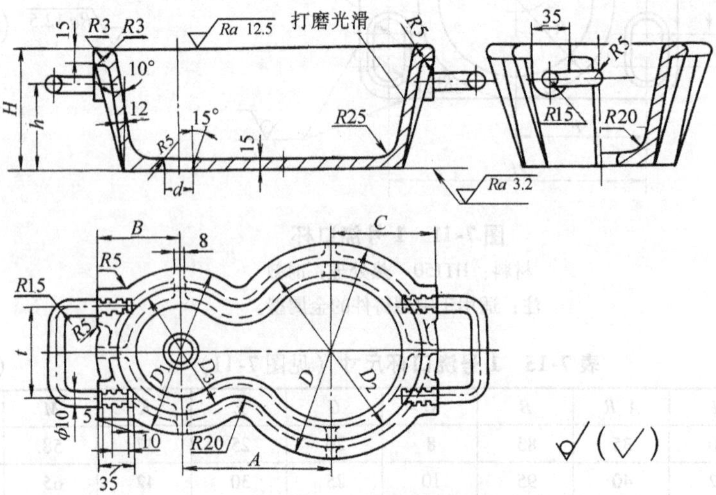

图 7-13　3 号浇口杯

材料：HT200　热处理：时效

注：适用于大型铸件，特别是铝、镁合金铸件的金属型。

表7-17　3号浇口杯尺寸（见图7-13）　　（单位：mm）

浇口杯容量/L	d	A	B	C	D	D_1	D_2	D_3	H	h	t
1.2	16	105	65	90	180	130	140	90	90	70	
2	20	120	75	100	200	150	160	110	105	85	
3	30	150	85	110	220	170	180	130	125	90	
5	40	180	95	120	240	190	200	150	150	110	

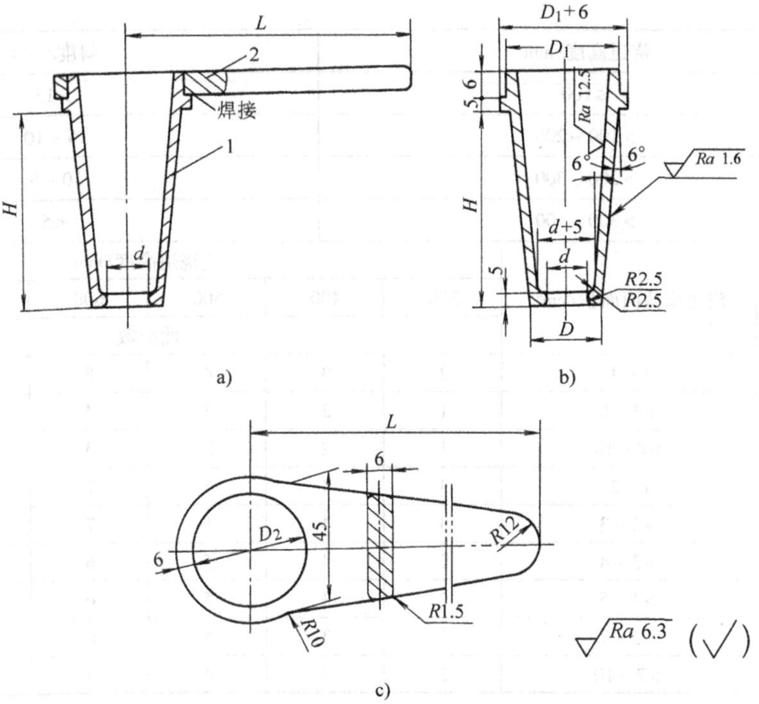

图7-14　4号浇口杯

a）总成　b）杯体（件1）　c）手柄（件2）

1—浇口杯　2—铸件

材料：45钢

注：适用于小型简单铸件。浇注后，待金属液刚凝固结束即可取下浇口杯。

表7-18　4号浇口杯主要尺寸（见图7-14）　　（单位：mm）

d	D	D_1	D_2	H	L
15	25	44	44.2	70	150
20	30	54	54.2	90	
25	35	64	64.2	110	200
30	40	76	76.2	140	

表7-19　直浇道设计

形状	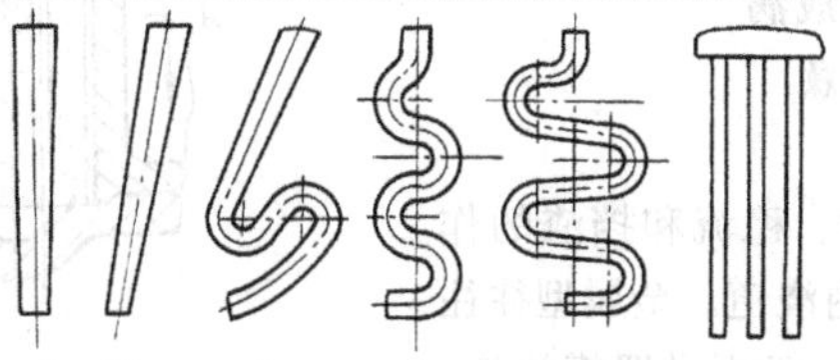 a)　b)　c)　d)　e)　f) a）垂直浇道　b）倾斜浇道　c）倾斜弯转浇道　d)、e）蛇形浇道　f）片状浇道

（续）

截面	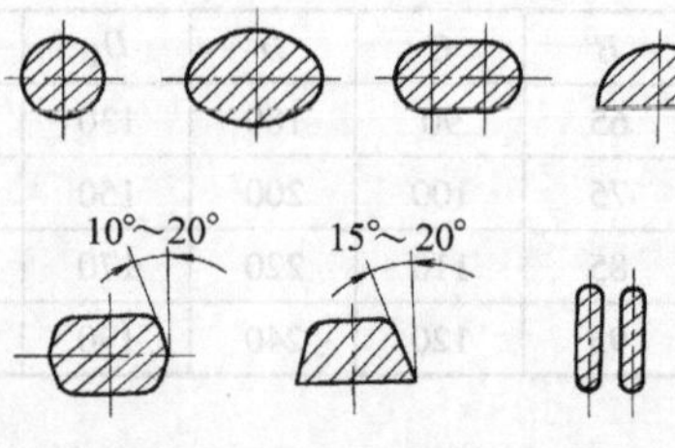							
斜浇道的斜角设计	浇道高度/mm		斜度/(°)					
	≤100		>15					
	>100～200		15～10					
	>200～300		10～5					
	>300～500		<5					
蛇形直浇道曲折数	铸造合金	浇道横截面面积/cm^2	直浇道高度/mm					
			300	400	500	600	700	800
			曲折数					
	铝合金	1～3	2	3	4	5	6	7
		>3～8	1	2	3	4	5	6
		>8～10	1	2	3	3	4	5
	镁合金	1～2	3	4	6	7	8	10
		>2～3	3	4	5	7	8	9
		>3～4	2	4	5	6	8	9
		>4～5	2	3	5	6	7	9
		>5～7	2	3	4	6	7	8
		>7～10	2	3	4	5	6	7

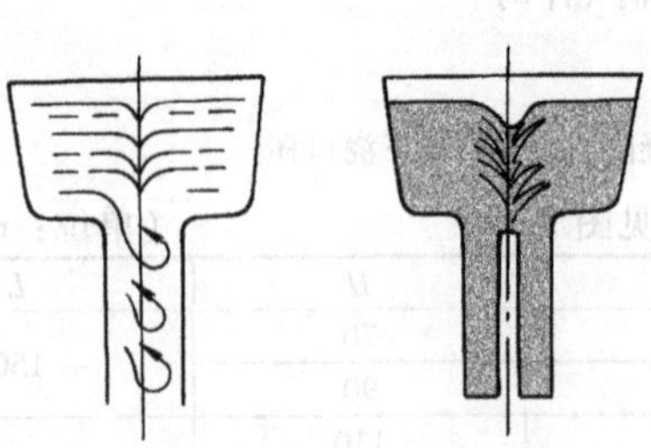

图 7-15　直浇道形成涡流或中空现象示意

（3）横浇道　横浇道起缓冲、稳流和挡渣的作用，并将直浇道的金属液分配给内浇道。金属型往往受分型面的限制，除底注式外，一般不设置横浇道，而设置不同形状的直浇道，或者在直浇道的下端设置集渣包代替横浇道的作用。横浇道设计见表 7-20。

（4）内浇道　内浇道起着控制金属液流动速度和方向的作用，其位置、形状和尺寸大小直接影响铸件的质量。设计时应考虑金属型的热量分布、金属液流动是否平稳等，见表 7-21。

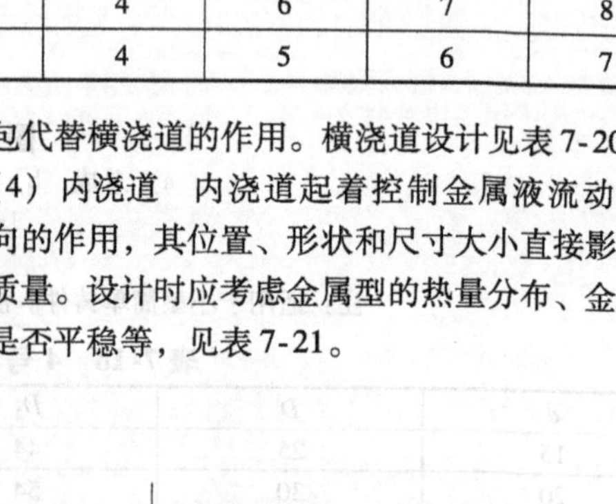

图 7-16　用砂芯制成片状直浇道

表7-20　横浇道设计

<table>
<tr><td>形状</td><td>
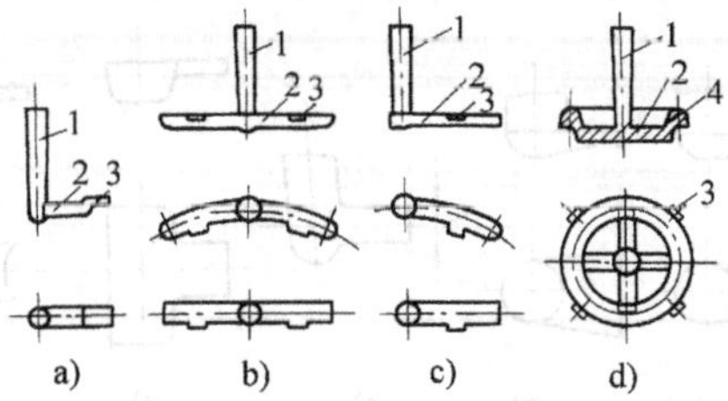

a)、b)、c) 适用于垂直分型　d) 适用于水平分型
1—直浇道　2—横浇道　3—内浇道　4—集渣包
</td></tr>
<tr><td>面积</td><td>
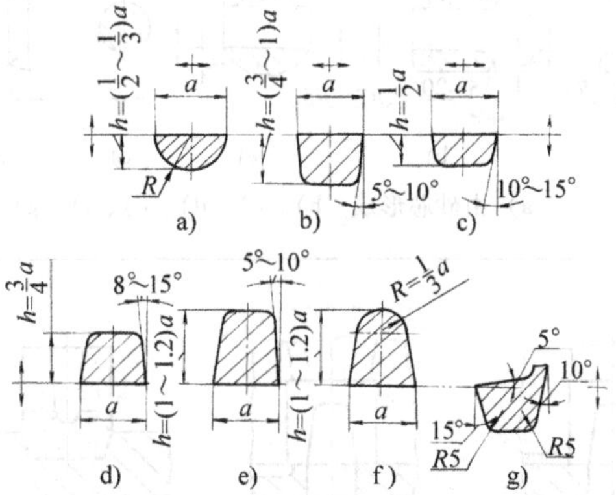

a)、b)、c) 适用于垂直分型　d)、e)、f) 适用于水平分型　g) 适用于环形铸件
</td></tr>
<tr><td>用集渣包代替横浇道</td><td>
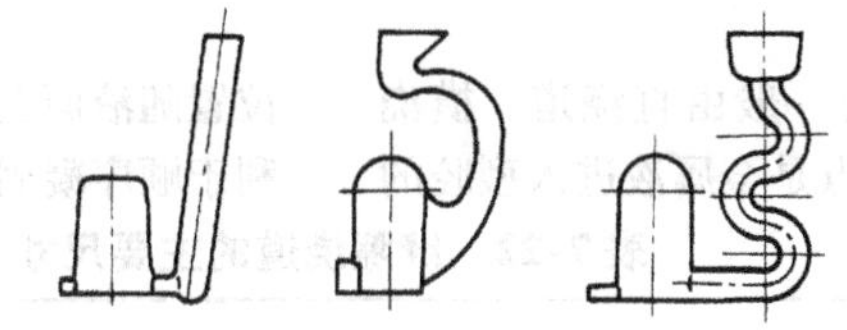
</td></tr>
</table>

表7-21　内浇道设计

设计要点	1）应比横浇道设计得扁平一些，并均匀地分布于铸件各特殊部位，力求使金属液流动平稳 2）应尽量设计在分型面上，以利于制造金属型和方便操作 3）厚度一般应为与铸件相连接处铸件壁厚的50%～80%。对薄壁铸件，可比铸件壁厚小2mm左右 4）宽度一般为内浇道厚度的3倍以上。若内浇道与铸件连接处是铸件的薄壁部位，则应该有较大的宽厚比；反之，应有较小的宽厚比。为使铸型热分布合理，开在铸件薄壁部位的内浇道，可从多处引入，并且取较大的宽厚比 5）长度：小型铸件10～20mm；中型铸件20～40mm；大型铸件30～60mm 内浇道太长会使金属型外廓尺寸加大，且浇注时易降低金属液温度，影响充型；太短会造成铸件过热，并导致铸件产生缩松缺陷

（续）

形状	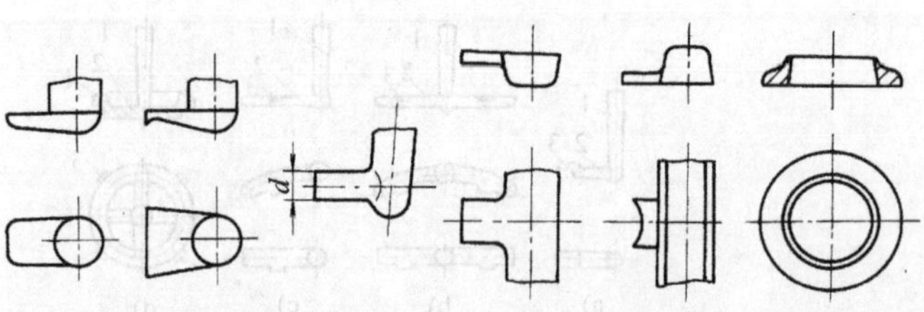 a) b) c) d) e) f)
截面	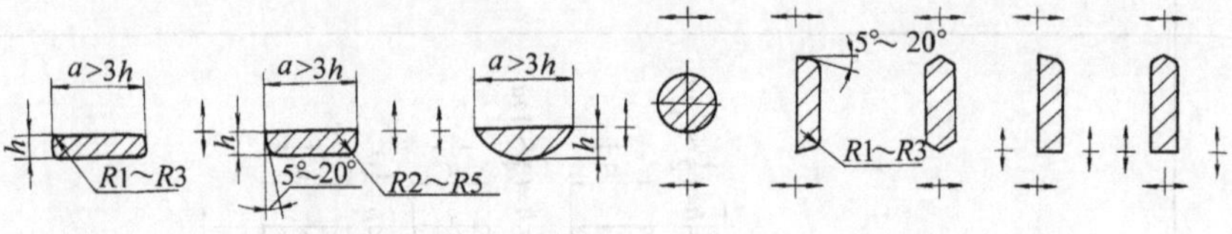 a) b) c) d) e) f) g) h) a) 由砂芯形成 b)、c)、d)、e)、f)、g)、h) 由金属型形成
开设位置	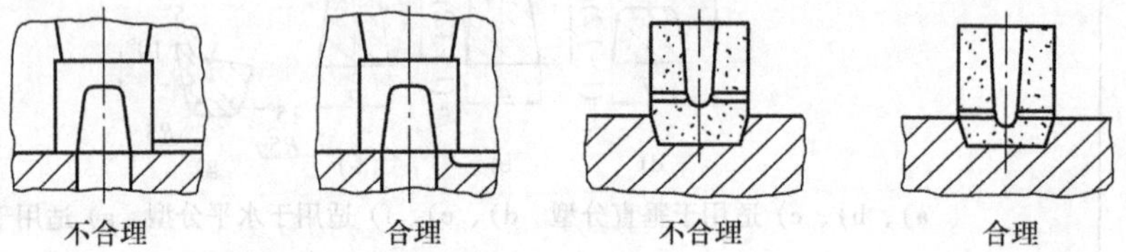 不合理 合理 不合理 合理

（5）缝隙浇道 缝隙浇道一般由直浇道、横浇道、集渣包和缝隙组成。其优点是金属液进入型腔的位置随液面上升而上升；金属液流动平稳，热分布有利于顺序凝固。缝隙浇道的主要尺寸见表7-22。

表7-22 缝隙浇道的主要尺寸 （单位：mm）

缝隙浇道 尺寸简图	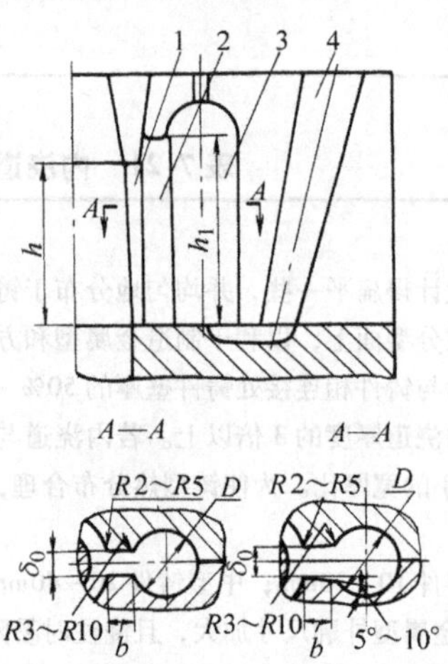 1—型腔 2—缝隙浇道 3—集渣包 4—直浇道

(续)

铸件壁厚 δ	缝隙厚度 δ_0			缝隙宽度 b	集渣包直径 D
	板状铸件	筒状零件			
		集渣包仅起集渣作用（$A—A$ 左）	集渣包起集渣及侧冒口的作用（$A—A$ 右）		
4	3	3	4～6	10～12	20～30
5	4	4	5～7	12～16	20～30
6	4～5	4～5	6～9	14～18	20～30
7	5～6	5～6	7～10	16～20	30～40
8	6～7	6～7	8～12	18～24	30～40
9	7～8	7～8	9～13	20～26	35～45
10	8～9	8～9	10～14	22～30	35～45
12	9～10	9～10	12～15	24～32	40～50
15	10～12	10～12	15～20	26～35	40～60
20～30	12～15	12～15	20～25	28～40	50～70

注：缝隙浇道设计的一般近似尺寸关系为：当 $\delta \leqslant 7\text{mm}$ 时，$\delta_0=(0.8\sim1)\delta$；当 $\delta>7\text{mm}$ 时，$\delta_0=(0.6\sim1)\delta$。$h_1=(h-5)\sim(h+20)$。$b=(1\sim1.5)\delta_0$。$D=(3\sim6)\delta_0$。$R\geqslant3\text{mm}$ 或按铸造圆角。

（6）过滤网　为了获得优质铸件，金属型铸造也常设计为带过滤网的浇注系统，见表7-23。

4. 浇注系统的计算

确定浇注系统各截面的尺寸是十分复杂的问题，因其与许多因素，如合金性质、铸件结构、铸造工艺、浇注温度等有关。浇注系统的计算公式、图表很多，但结果往往并不能符合实际要求，需要通过实践进行修正。金属型铸造浇注系统的尺寸计算见表7-24。

表7-23　过滤网的应用

	直浇道与横浇道转接处安放过滤网	横浇道内安放过滤网
过滤网的安放	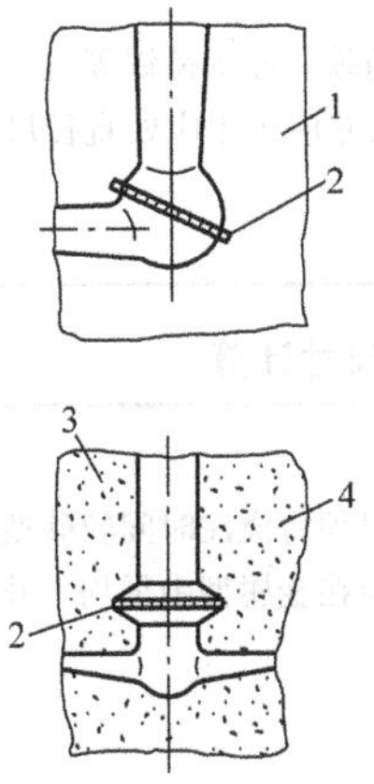 1—半型　2—过滤网　3—左半砂芯　4—右半砂芯	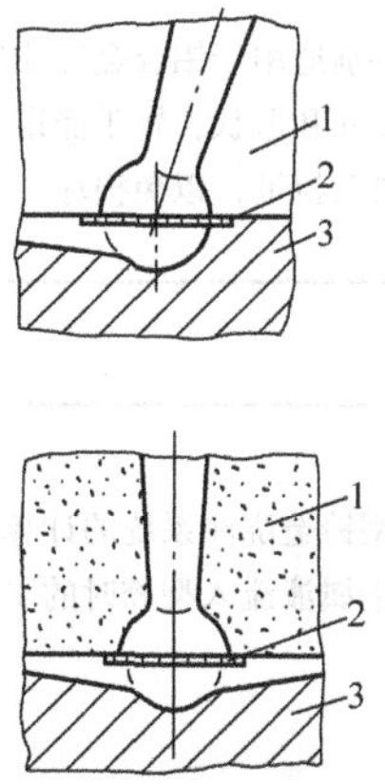 1—半型　2—过滤网　3—底型

（续）

	形 状	D/mm	厚度/mm	有效面积/cm²
薄钢板冲压制过滤网	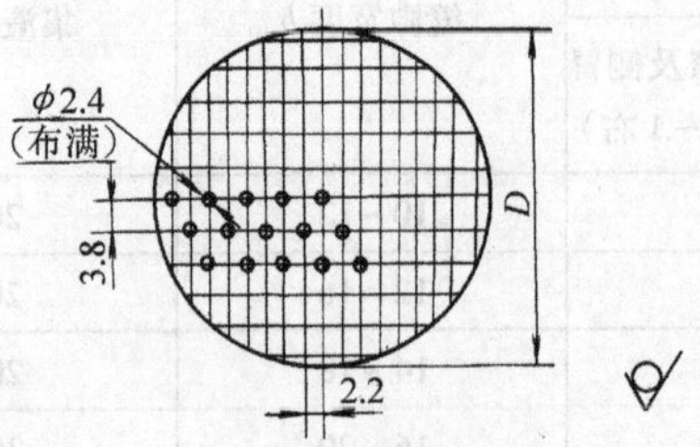	30	0.3	1.91
		35		2.60
		40		3.40
		50	0.5	5.32
		60		7.65
		80		13.60
		90		17.22
		100		21.25

金属型中过滤网安装部位的设计

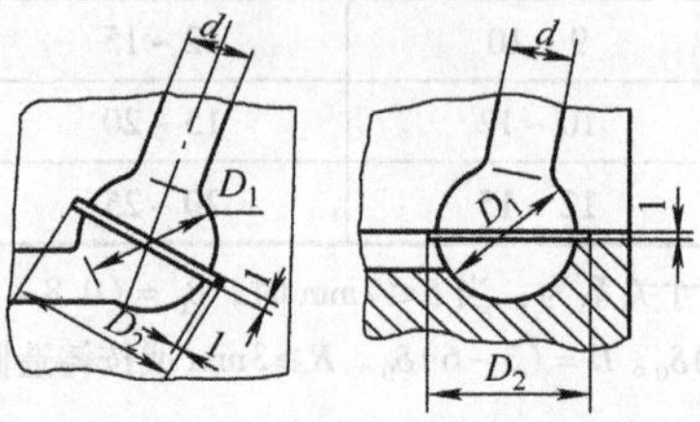

d/mm	D_1/mm	D_2/mm	过滤网直径/mm
10	20	32	30
12	26	32	30
14	30	37	35
16	33	37	35
18	36	42	40
20	42	47	45
22	46	52	50
24	50	62	60

高强度纤维过滤网	特别适用于铝合金等非铁合金，也可用于钢铁金属（如灰铸铁、球墨铸铁等）。过滤网可用剪刀裁成所需要的尺寸和形状，置于浇道分型面上或与集渣包结合使用，其尺寸应比相应处直径尺寸大20~30mm。过滤网不可斜向拉扯，以免损坏

表7-24 金属型铸造浇注系统尺寸计算

浇注系统计算方法

1）用砂型铸造浇注系统的计算方法，确定各截面的尺寸，但计算时须将浇注时间较砂型减少20%~40%

2）根据金属液流入型腔时的平均上升速度计算。根据经验，金属液在金属型中平均上升速度 $v_{平升}$（cm/s）可由下式确定

$$v_{平升}=\frac{3}{\delta}\sim\frac{4.2}{\delta}$$

式中 δ—铸件平均壁厚（mm）

则浇注时间 t（s）由下式确定

（续）

浇注系统计算方法

$$t=\frac{h}{v_{平升}}$$

式中　h—金属型型腔的高度（cm）

金属液在浇道内的平均速度取决于铸件的重量、金属液的密度、浇注时间和浇道的最小截面面积

$$v_{浇平}=\frac{W}{\rho t A_{min}}$$

式中　$v_{浇平}$—浇道最小截面面积中金属液平均速度（cm/s）

W—铸件的重量（g）

ρ—金属液的密度（g/cm^3）

t—浇注时间（s）

A_{min}—浇道的最小截面面积（cm^2）

则

$$A_{min}=\frac{W}{v_{浇平}\rho t}=\frac{(3\sim4.2)\ W}{v_{浇平}\rho\delta h}$$

式中　$v_{浇平}$——一般也可根据经验选取

	铸造合金	$A_直:A_横:A_内$	备　注
浇注系统截面面积比例	铸铁	1.25:1.15:1	
	铸钢	1.15:1.05:1	
	轻合金	1:(2~4):(3~6) 1:(2~3):(3~6) 1:(1.5~3):(1.5~3) 1:(3~4):1.5 1:(0.5~0.9)	开放式浇注系统，适用于大型铸件 开放式浇注系统，适用于中型铸件 开放式浇注系统，适用于小型铸件 半开放式浇注系统，适用于小而简单的铸件 此处是指 $A_直:A_内$。封闭式浇注系统适于要求较高、结构中等复杂的壳体铸件，高度在 150mm 以下，重量在 3kg 以下（铝合金）
	铜合金	1:1.2:1.5	

5. 常用浇注系统结构实例（见表 7-25 ~ 表 7-27）

表 7-25　顶注式浇注系统结构实例

铸件名称	进气连接管	铸件材质	ZL111
金属型特点	垂直分型，由于铸件较长、壁薄，故采用多个内浇道进行顶注		
金属型工艺简图	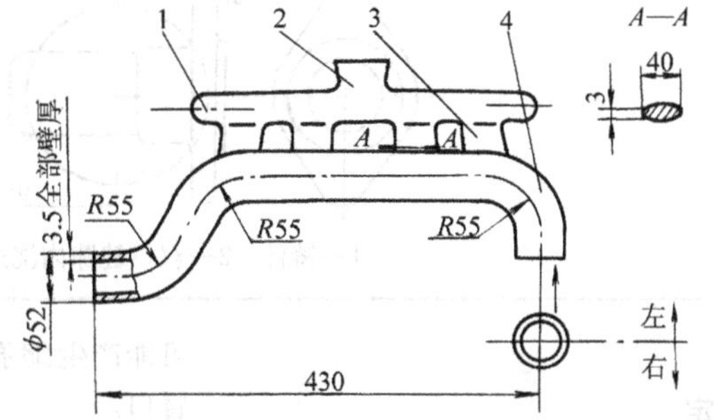 1—横浇道　2—直浇道　3—内浇道（四道）　4—铸件		

表 7-26　底注式浇注系统结构实例

铸件名称	调速器盖子	铸件材质	铝合金
金属型特点	垂直分型，蛇形直浇道进行底注。蛇形直浇道形状结合铸件外形特点布置，力求减小金属型的外形尺寸		
金属型工艺简图	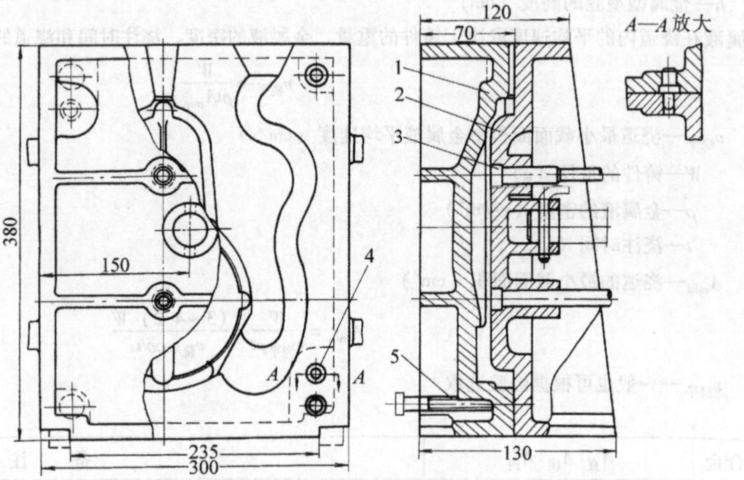 1—左半型　2—右半型　3—顶杆　4—定位销　5—六方头螺钉		

表 7-27　缝隙浇道设计实例

铸件名称	液压缸	铸件材质	铝合金
设计特点	上部空腔用金属芯、下部空腔用砂芯成型。由于上空腔与下空腔结合处壁较厚，故设计了两个缝隙浇道，以利于补缩，其尺寸也较特殊，使上部的缝隙浇道起一定的侧冒口作用		
金属型简图	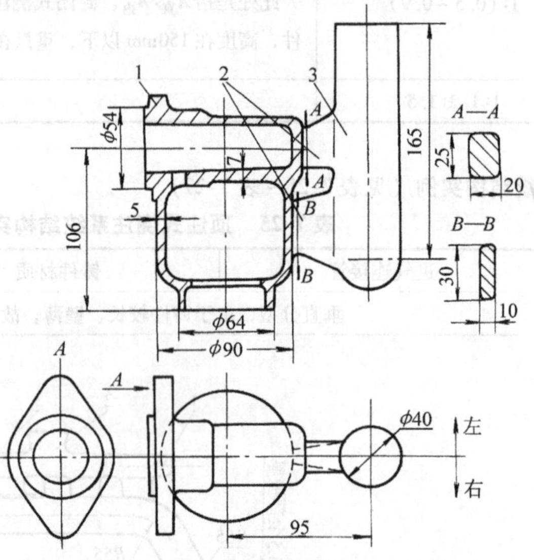 1—铸件　2—双口缝隙内浇道　3—直浇道		

7.2.6　冒口设计

1. 冒口位置的确定

金属型铸造时冒口位置的确定与砂型铸造一样，可使用常用的结晶等温线法及内切圆法，找出铸件上可能产生缩孔或缩松的热节部位，在热节处设置冒口。

2. 冒口的种类

冒口的种类及常见结构见表 7-28。

表7-28 冒口的种类及结构

<table>
<tr><th colspan="2">冒口种类</th><th>结构简图及说明</th><th>特点及应用</th></tr>
<tr><td rowspan="5">明冒口</td><td rowspan="4">顶冒口</td><td>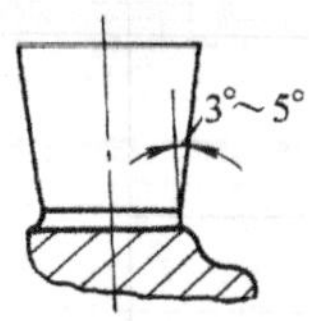
冒口根部尺寸应小于铸件设置冒口部位的尺寸，并用圆弧相接，留有明显的切割余量，便于切割清理。用于铸件热节较小的部位</td><td rowspan="4">补缩效果好，形状一般为圆锥形，也可以根据铸件结构设计成其他形状，以增加补缩效果
垂直分型时，冒口上大下小；水平分型时，冒口上小下大，以便取出铸件
广泛应用于各种铸件</td></tr>
<tr><td>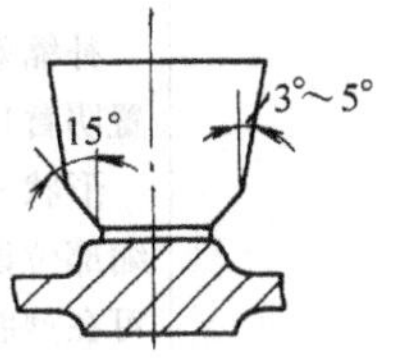
铸件热节较大，冒口结构尺寸应相应增大，补缩作用较强</td></tr>
<tr><td>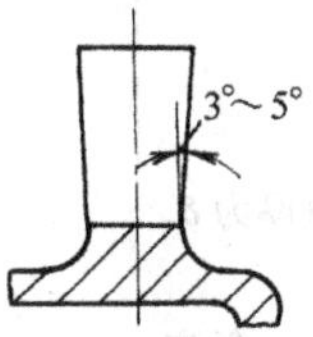
冒口根部尺寸与铸件相毗邻部位尺寸相等，此种结构补缩能力较强，用于需较强补缩的部位，但切割清理不太方便，故需设计出切割标志</td></tr>
<tr><td>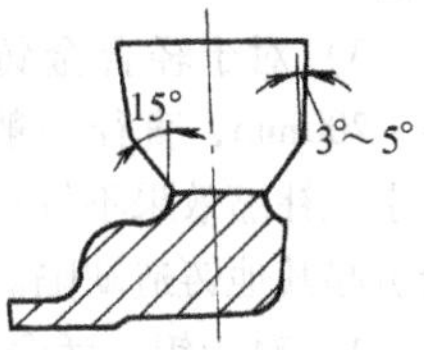
冒口根部尺寸更大，补缩作用更强，常用于铸件需要补缩最强的部位</td></tr>
<tr><td>侧冒口</td><td>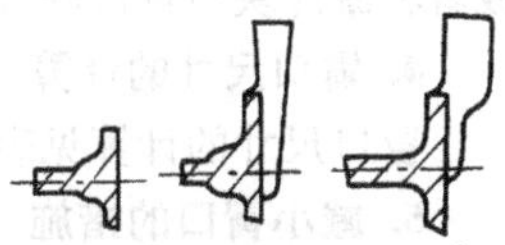
a) b) c)
用于中部或下部有厚大部位的铸件。图b的结构补缩作用差，不宜采用；图c的结构补缩效果好</td><td>补缩效果比顶冒口差，冒口的形状应根据铸件和金属型的结构确定
铸件厚大部位处于铸型的侧边或铸件顶部而不便于设置顶冒口时，可采用侧冒口；薄壁、板状铸件垂直浇注时，为了消除铸件中部缩松，也常设置侧冒口</td></tr>
</table>

（续）

冒口种类	结构简图及说明	特点及应用
	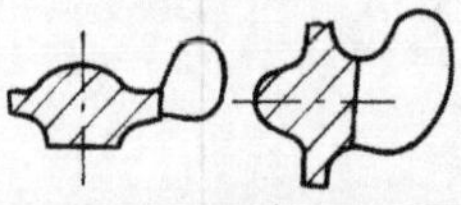	
暗冒口	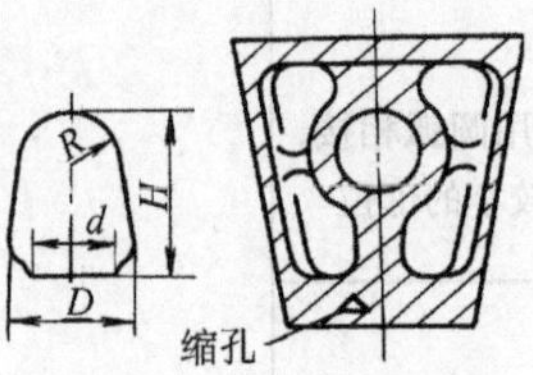 a) 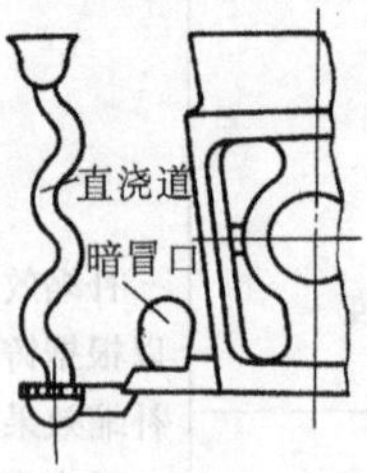 b) 能挡渣，又能补缩 a）铸件缩孔所在位置示意图及冒口尺寸关系。设铸件壁厚为 δ，则 $d \approx 1.5\delta$；$D \approx 2\delta$；$H=(2\sim3)d$ b）冒口设计示意图。冒口与铸件补缩距离不可太远，一般取 15～30mm	补缩效果差，只有铸件热节处不便于设置明冒口而又需要补缩时才用 形状一般为圆形，也可以按铸件需要补缩部位设计，其位置常在铸型的两侧，也可在型腔的上部和下部

3. 冒口设计要点

1）对于垂直分型的金属型，其冒口结构应设计成上大下小的形状（见表7-28）。对于水平分型的金属型，为了脱型方便，冒口必须设计成上小下大的形状（见图7-17a），或者在冒口处使用活块（见图7-17b）。

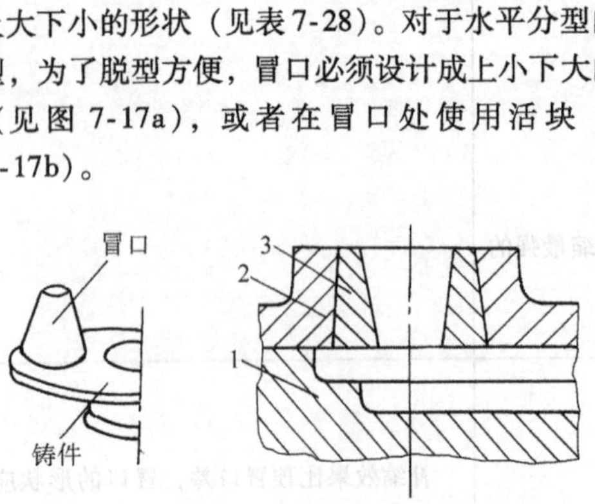

a) b)

图7-17 水平分型金属型时冒口的结构

a）倒锥形冒口 b）带两个半圆活动块的冒口
1—下半型 2—上半型 3—活动块

2）为提高冒口的补缩效果，可采用保温冒口，如用电加热保温、贴保温材料或加厚保温涂料层等方法。

3）对于轻合金铸件，明冒口高度一般控制在60～200mm，直径一般以不超过100mm为宜。尺寸过小，补缩效果不好；尺寸过大，浪费金属液，甚至会引起其他铸造缺陷。

4）对于铝、镁合金，冒口所能产生的静压力与大气压力相比是很小的，故尽量采用明冒口而少用暗冒口。

5）当铸件上需要强烈补缩而仅依靠冒口补缩达不到目的时，可运用“激冷块”（或称“冷铁”），或者将激冷块与冒口联合运用。

4. 冒口尺寸的计算

冒口尺寸的计算见表7-29。

5. 减小冒口的措施

为了提高铸件的成品率，同时也为了使冒口起到更好的补缩作用，往往采取一些措施，如设计环形冒口、用砂型套形成冒口、冷铁和冒口并用、增加补充浇道等来减小冒口，见表7-30。

表 7-29　冒口尺寸的计算

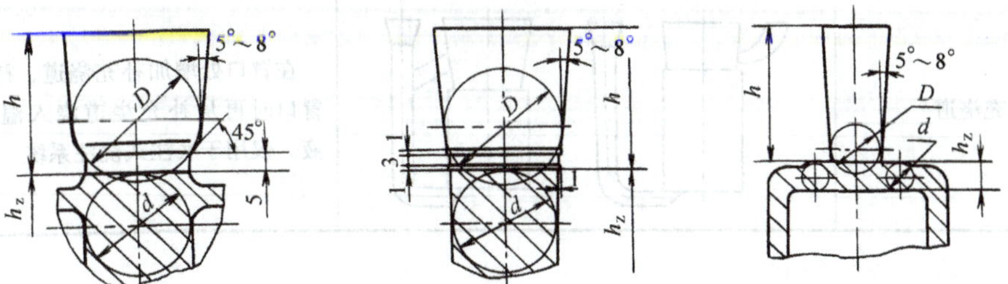

a) 铸件热节处高度较高　　b) 铸件热节处高度较高　　c) 铸件热节处水平尺寸较大

$D<h_z$　　$D>h_z$

冒口形式		冒口高度 h	冒口根部直径 D	
			$D<h_z$	$D>h_z$
明冒口	顶冒口	(0.8~1.5)D	(1.2~1.5)d	(2~4)d
	侧冒口	(2~3)D		
暗冒口		(1.2~2)D	(1.2~2)d	
说明	冒口高度太低会影响补缩效果，太高又可能引起内浇道过热。对于直径较大的冒口，冒口高度取下限，但冒口直径不宜过大，否则铸件靠近冒口处容易产生缩松，特别是对于铝硅合金，当冒口直径超过100mm时，应采取措施，减少冒口金属液的用量			

表 7-30　减小冒口的措施

措　　施	图　　例	应　　用
设计环形冒口	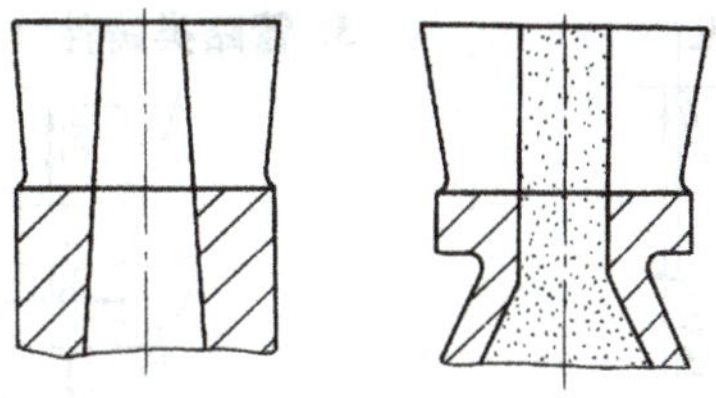	对于直径较大的冒口，如果有中间型芯，可以把型芯伸入冒口，以减少金属液的用量 铝、镁合金广泛采用环形冒口
用砂型套形成冒口	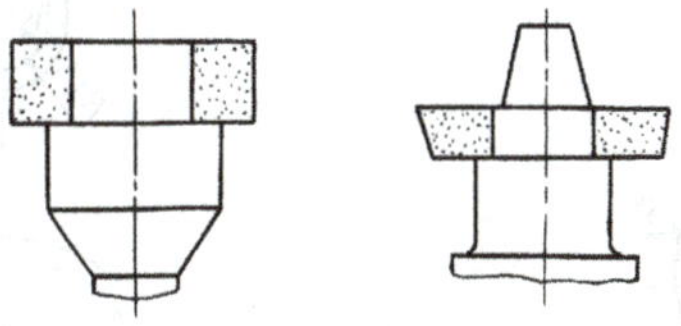	用砂型或保温性能好的材料做成保温套，使冒口处的金属液缓慢地冷却，增加补缩作用。铜合金用得较多
冷铁和冒口并用	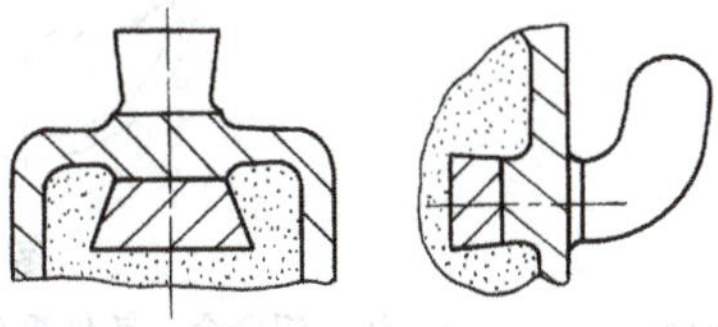	在铸件厚大部位一面放冷铁，另一面设置冒口，冷铁加快该处的冷却速度，冒口补缩效果好。有砂芯时采用

（续）

措　施	图　例	应　用
增加补充浇道	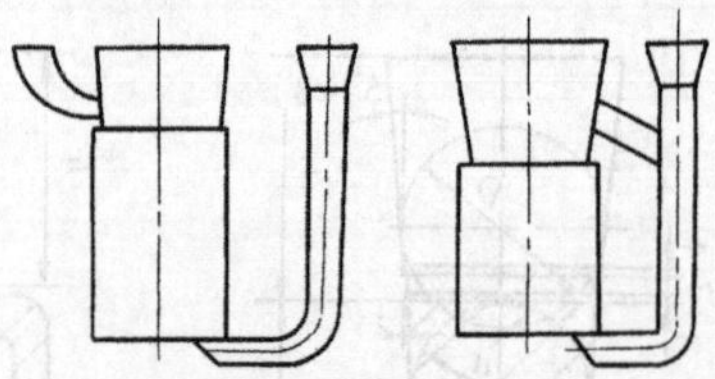	在冒口处增加补充浇道，待金属液充填到冒口时再从补充浇道浇入温度较高的金属液。仅用于底注式浇注系统

7.2.7　铸件工艺图示例

1. 盖类铸件（见图 7-18 和图 7-19）

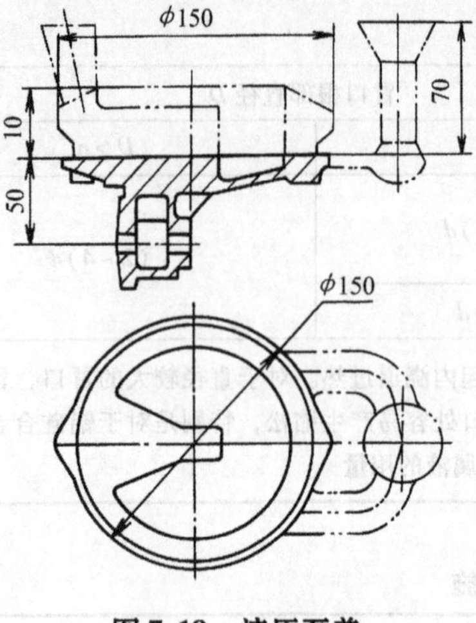

图 7-18　液压泵盖

注：铝合金，铸件重 1.3kg，带浇冒口铸件重 2.1kg。

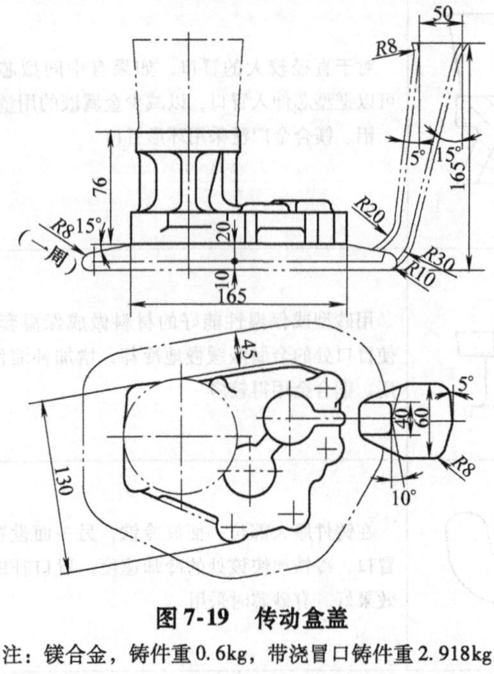

图 7-19　传动盒盖

注：镁合金，铸件重 0.6kg，带浇冒口铸件重 2.918kg。

2. 蜗形类铸件（见图 7-20）

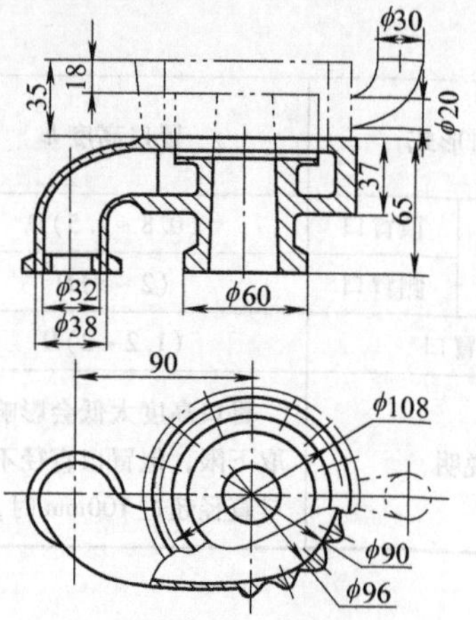

图 7-20　蜗轮罩

注：铝合金，铸件重 0.695kg，带浇冒口铸件重 1.475kg。

3. 管路类铸件（见图 7-21）

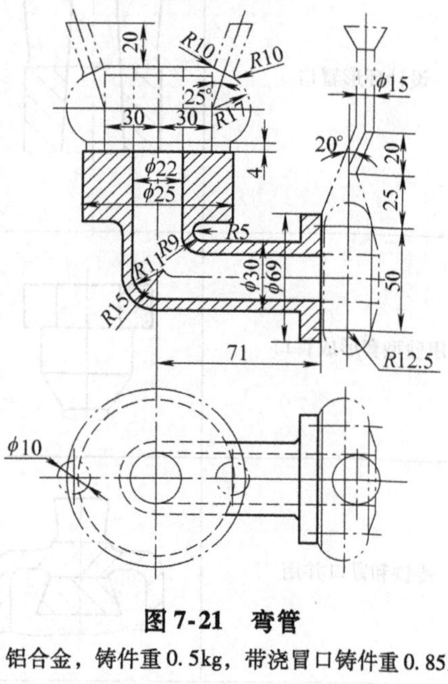

图 7-21　弯管

注：铝合金，铸件重 0.5kg，带浇冒口铸件重 0.85kg。

4. 壳体类铸件（见图7-22和图7-23）

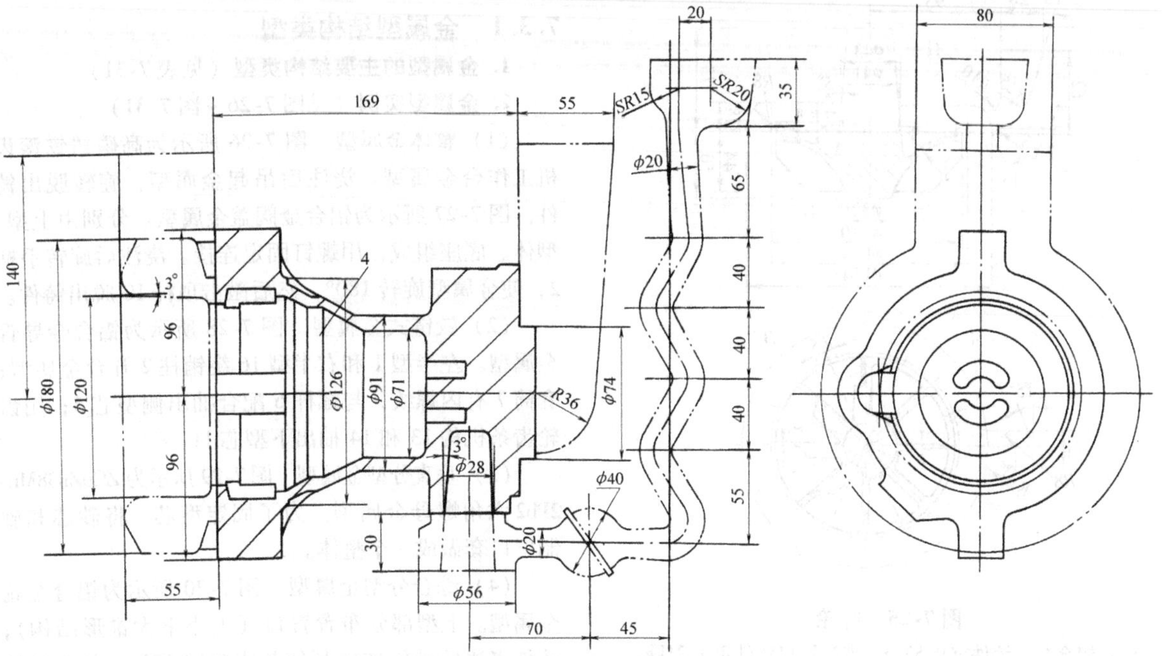

图7-22　液压泵壳体

注：铝合金，铸件重3.8kg，带浇冒口铸件重6.6kg。

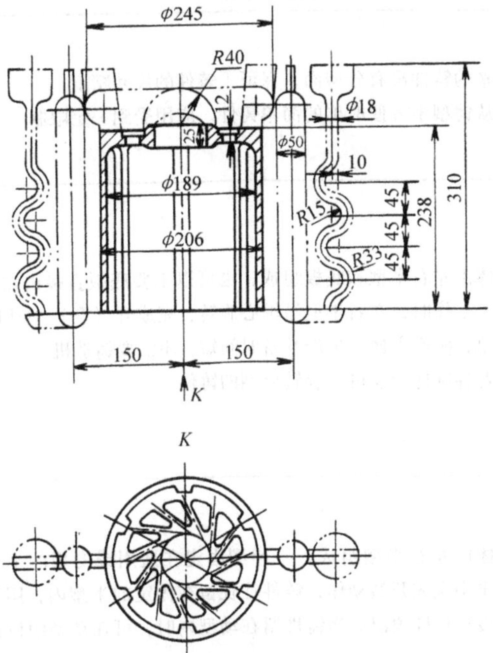

图7-23　壳体

注：铝合金，铸件重4.5kg，带浇冒口铸件重15kg。

5. 轮毂类铸件（见图7-24）

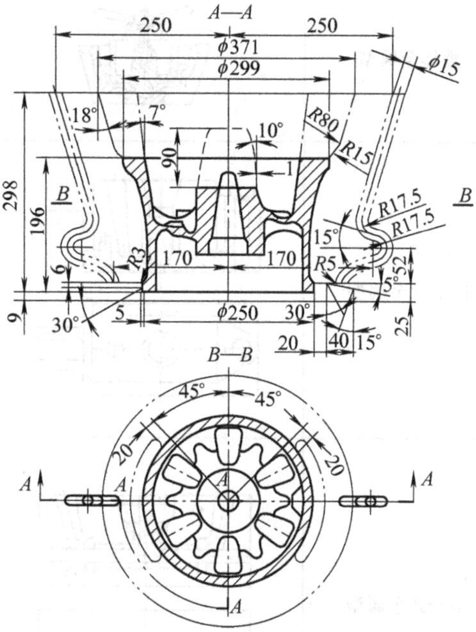

图7-24　轮毂

注：镁合金，铸件重7kg，带浇冒口铸件重15kg。

6. 叶轮类铸件（见图7-25）

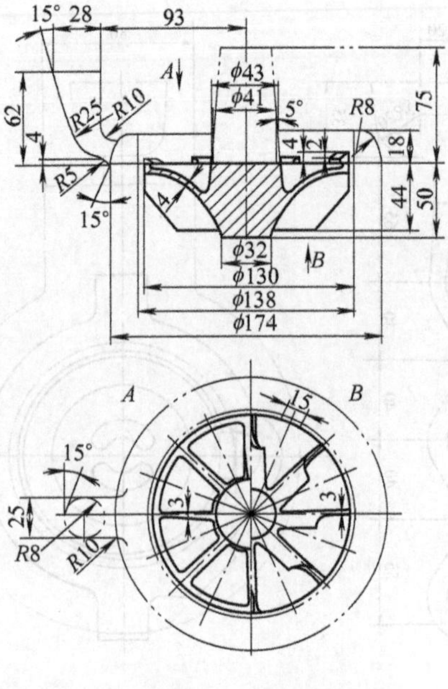

图7-25　叶轮

注：铝合金，铸件重0.53kg，带浇冒口铸件重1.21kg。

注：铸件下部由活块形成。

7.3　金属型设计

7.3.1　金属型结构类型

1. 金属型的主要结构类型（见表7-31）

2. 金属型实例（见图7-26～图7-31）

（1）整体金属型　图7-26所示为高磷铸铁滚齿机工作台金属型。浇注后吊起金属型，旋转脱出铸件。图7-27所示为铝合金阀盖金属型。分别由上型、型体、底座组成，用螺钉固定连接。浇注后旋转手柄2，使金属型旋转180°，然后敲击顶杆10脱出铸件。

（2）铰链式金属型　图7-28所示为铝合金导管金属型。左半型1和右半型16绕销柱2开合金属型；套筒7有内螺纹，与螺杆6配合抽出侧型芯5；用齿轮齿条机构13和14抽出下型芯11。

（3）垂直分型金属型　图7-29所示为ZCuZn38Mn-2Pb2六角螺母金属型。为了固定型芯，将砂芯和砂制冒口套做成一个整体。

（4）综合分型金属型　图7-30所示为铝合金轮金属型。上型部分布置冒口（上小下大锥形结构）；铸件浇注后借旋转铰耳使基座翻转180°，敲击顶柱脱出铸件。

表7-31　金属型的主要结构类型

类　型	图　例	特点与应用
整体金属型	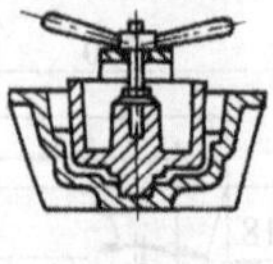	浇注出来的铸件没有分型面，保证了铸件的尺寸精度 适合于从铸型中方便取出的简单铸件，应用受到一定限制
铰链式金属型	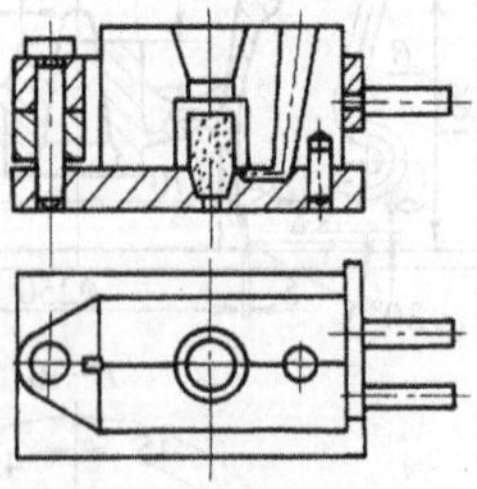	铸型主体由左右半型和底板组成，也可以不要底板直接由左右半型组成。工作时，左右半型沿轴心旋转，完成开（合）型动作 结构简单，操作方便，生产准备时间短，不需要铸造机 适用于各种圆柱形及可以旋转分型的铸件
半开式金属型	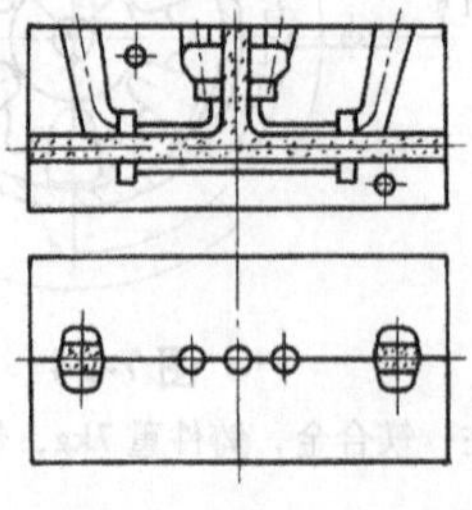	铸型主体由左右半型组成，一半型固定在通用或专用的平台上；另一半型完成开型动作，铸件往往留在固定的半型内，用手工取出或设计顶杆顶出。当铸件留在动型内时，可在动型中设计顶出机构 结构简单，操作方便，便于设计浇冒口，但铸件取出比较困难 适用于结构简单、开型阻力小的铸件

（续）

类　型	图　例	特点与应用
对开式金属型	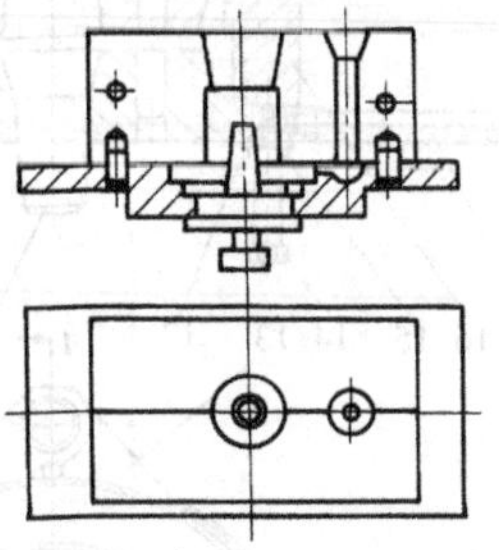	铸型主体由左右半型和底型组成。开型时，左右半型都运动，铸件留在底型中，抽出型芯即可取出铸件，也可以设置下顶杆、上型芯和侧型芯 结构简单，操作方便，容易实现机械化 广泛应用于各种铸件
多分型面金属型	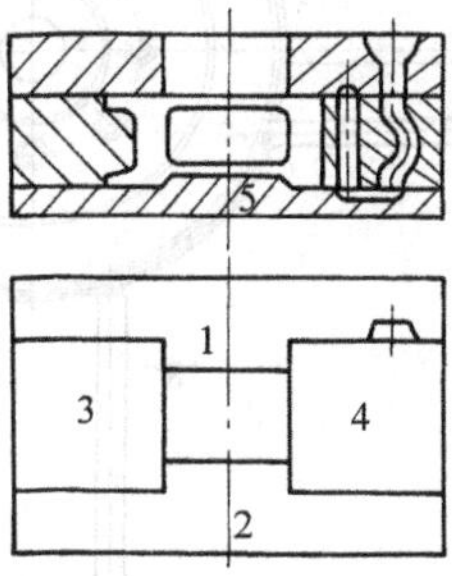	铸型主体由四个或四个以上的半型组成，也可以设置各种型芯，具有垂直和水平多个分型面，便于分型取出铸件，利于设置浇冒口和排气系统 广泛应用于各种复杂铸件
水平分型的金属型	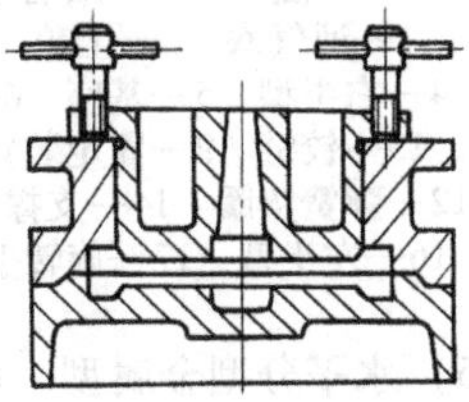	铸型主体由上下两半型组成，下半型固定在工作平台上，上半型完成开（合）型运动，可以配置各种型芯及抽芯和顶出机构 机构简单，砂芯安放方便，但不便于设计浇冒口，排气条件差，手工操作时劳动强度大 适用于轮盘类铸件

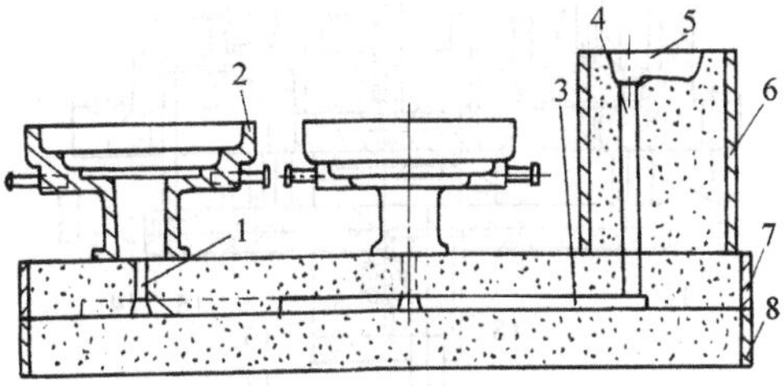

图7-26　滚齿机工作台金属型

1—内浇道　2—金属型　3—横浇道
4—直浇道　5—浇口杯　6—砂箱
7—上砂箱　8—下砂箱

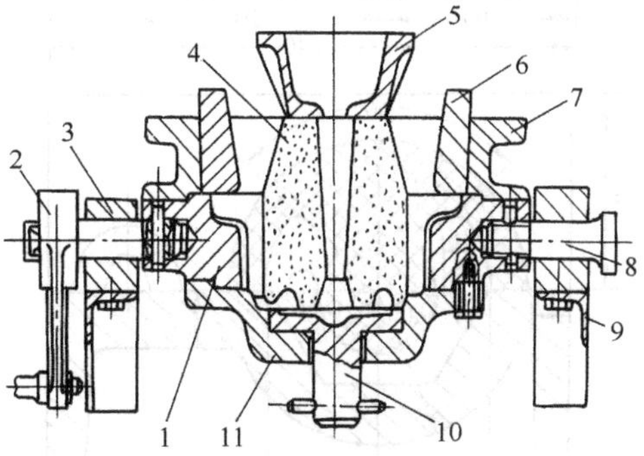

图7-27　阀盖金属型

1—型体　2—手柄　3—轴座
4—型芯　5—浇口杯　6—半环
7—上型　8—转轴　9—角钢
10—顶杆　11—底座

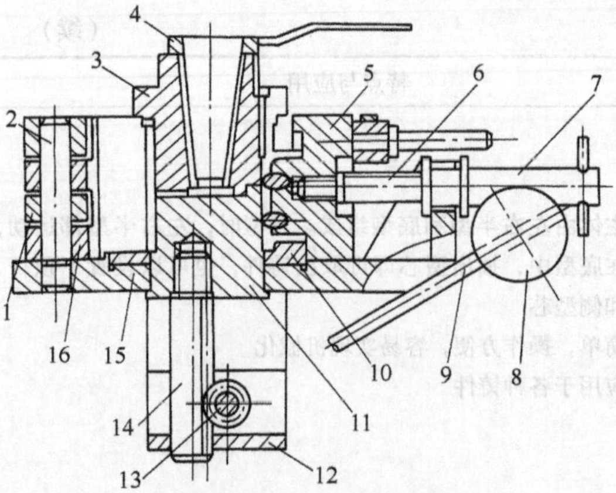

图 7-28　导管金属型

1—左半型　2—销柱　3—上型芯
4—浇口杯　5—侧型芯　6—螺杆
7—套筒　8—配重　9—手柄（旋转齿轮轴用）
10—镶块　11—下型芯　12—支架
13、14—齿轮齿条机构　15—底座　16—右半型

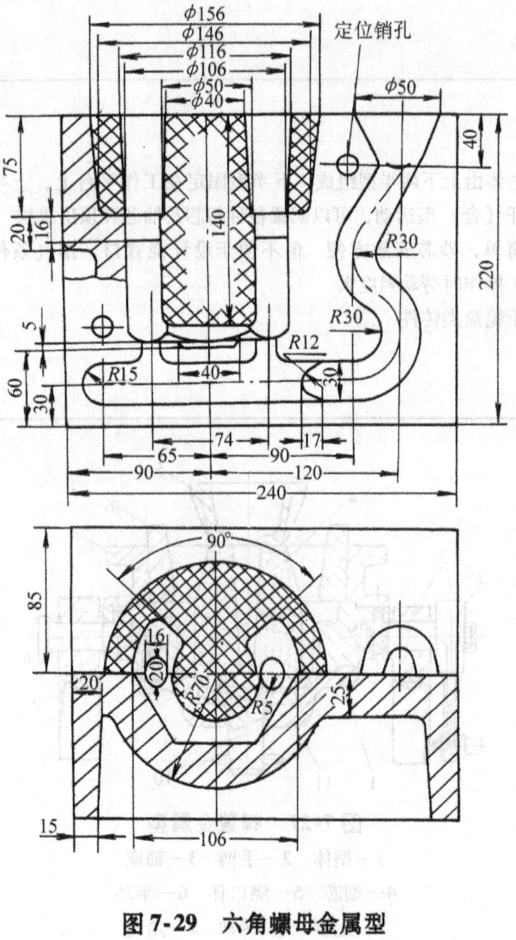

图 7-29　六角螺母金属型

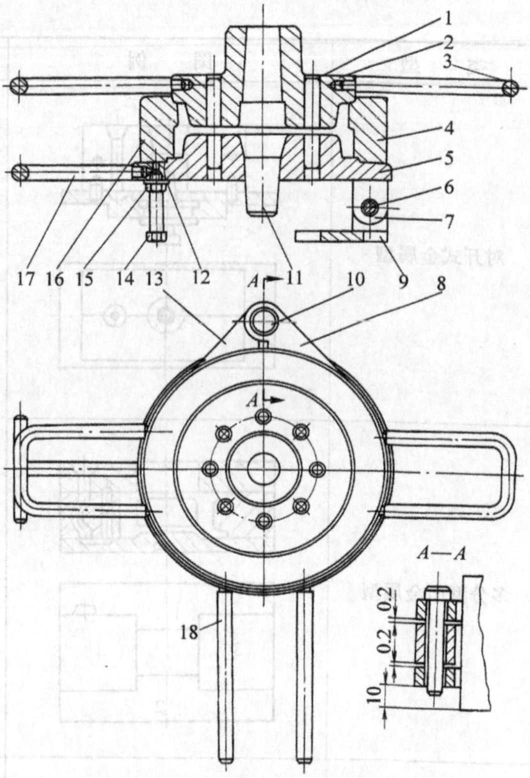

图 7-30　铝合金轮金属型

1—通气塞　2—上盖　3—上盖托出手柄
4—右半型　5—基座　6—轴　7—旋转铰耳
8、13—铰链　9—固定装置　10—轴　11—顶柱
12—弹簧垫圈　14—支撑销钉　15—锁紧螺母
16—左半型　17—旋转手柄　18—分开手柄

（5）水平分型金属型　图 7-31 所示为铝合金壳体金属型。手柄 6、螺杆 5、支架 4 用于抽出型芯 3，

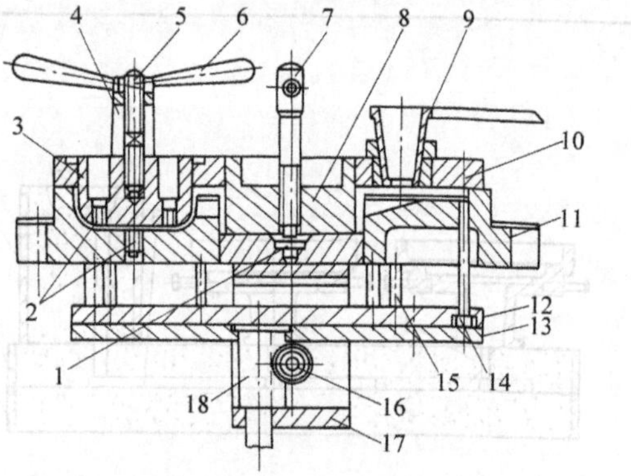

图 7-31　壳体金属型

1—支撑钉　2—通气塞　3、8—型芯　4、17—支架
5、7—螺杆　6—手柄　9—浇口杯　10—盖板　11—下半型
12—顶杆板　13—顶杆压板　14—顶杆　15—导柱
16—齿轮轴　18—齿条轴

型芯8的抽出方法与型芯3相同；顶杆14（8个均匀分布于铸件底部）用于顶出铸件（由齿轮齿条机构带动）。

7.3.2 金属型结构设计

1. 金属型型体设计

（1）金属型壁厚 金属型壁厚主要影响铸型的重量、强度及铸件的冷却速度。型壁太厚，增加了铸型的重量，加快了铸件的冷却速度；型壁太薄，产生的应力易使金属型变形，缩短其使用寿命。

金属型的壁厚与金属型的材料、铸件材料、铸件壁厚、铸型外形尺寸及毛坯加工方法有关，必须综合考虑各种影响因素来确定金属型的壁厚。表7-32～表7-34列出了一些金属型壁厚的经验数据。

表7-32 钢铁铸件用金属型壁厚

（单位：mm）

铸件壁厚 $\delta_{件}$	金属型壁厚 $\delta_{型}$		
	灰铸铁件	可锻铸铁件	铸钢件
<10	20～25	20～30	20
≥10～20	20～30	30～40	20
≥20～50	30～40	40～50	20～40
>50	30～40	40～50	$0.8\delta_{件}$

注：1. 铸铁件用金属型壁厚可按 $\delta_{型}=13\text{mm}+0.6\delta_{件}$ 计算。此公式适于小件，对于大件则计算结果偏小。

2. 球墨铸铁件用金属型壁厚一般可按 $\delta_{型}=(1\sim2)\delta_{件}$ 计算。

3. 高锰钢铸件用金属型壁厚常采用 $\delta_{件}:\delta_{型}=1:(1\sim1.5)$。

表7-33 非铁合金铸件用金属型壁厚

（单位：mm）

铸件壁厚 $\delta_{件}$	金属型壁厚 $\delta_{型}$	
	铝合金铸件	铜合金铸件
<10	15～20	10～15
≥10～15	20～25	15～20
≥15～20	25～30	20～25
≥20～30	25～30	25～30
>30	$(0.8\sim1.2)\delta_{件}$	$(0.8\sim1.2)\delta_{件}$

注：1. 对于大型薄壁铸件，可按公式 $\delta_{型}=(2.5\sim3)\delta_{件}$ 计算。

2. 常用金属型壁厚为20～25mm，最小壁厚一般不小于15mm。

表7-34 根据分型面轮廓尺寸（平均值）确定金属型壁厚

（单位：mm）

分型面平均尺寸 S	金属型壁厚 $\delta_{型}$
<130	15
130～175	16
175～200	18
200～500	25
>500	30

注：分型面平均尺寸 S 按公式 $S=\frac{l+b}{2}$ 计算，式中 l、b 分别表示分型面的长度和宽度。

（2）型腔尺寸计算 型腔尺寸是决定铸件尺寸精度的主要因素。金属型型腔尺寸的计算，除根据铸件尺寸和公差外，还应考虑合金的收缩、涂料厚度、金属型加温后的膨胀以及金属型各部分的间隙等。型腔尺寸可用公式（7-3）和式（7-4）计算。

$$A_x=[A_p+A_pK\pm\delta]\pm\Delta A_x \qquad (7\text{-}3)$$

式中 A_x——型腔尺寸（mm）；

A_p——铸件尺寸的中间值（mm）；

K——综合线收缩率（%）；

δ——涂料厚度（mm）；

ΔA_x——型腔尺寸制造公差（mm）。

$$A_p=A_{min}+\frac{1}{2}\Delta A \qquad (7\text{-}4)$$

式中 A_{min}——铸件的最小极限尺寸（mm）；

ΔA——铸件尺寸公差。

综合线收缩率 K 包括铸件收缩和金属型膨胀。对于铝、镁合金铸件，一般情况下 K 值可参考表7-35选取。大型薄壁铸件取下限；小型铸件为了计算方便，K 值常取1%。

表7-35 铝、镁合金金属型铸件的综合线收缩率 （%）

合金	无阻收缩	部分受阻收缩	全受阻收缩
铝合金	0.9～1.1	0.7～0.9	0.5～0.7
镁合金	1.0～1.2	0.8～1.0	0.6～0.8

涂料厚度 δ 在一般情况下每边为0.1～0.3mm，型腔凹处取正值，凸处取负值，中心距 L 处 δ 等于零，如图7-32所示。

（3）其他尺寸的确定 型腔表面至金属型边缘的距离不小于20mm；一型多件的铸型，铸件与铸件间的距离，小件不小于10mm，一般铸件不小于30mm；定位销孔表面至铸型边缘的距离不小于10mm；直浇道至铸件间的距离一般取10～25mm，内浇道长度一般取 8 ~ 12mm，直浇道高度应比铸件顶部高出 40 ~ 60mm。为了开型方便，一般在金属型的分型面上设计撬开金属型的凹槽，常用的结构及尺寸如图 7-33 所示。

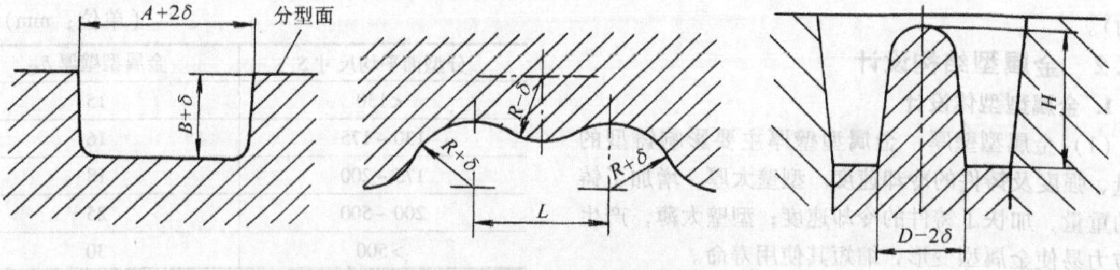

图 7-32　型腔涂料厚度的确定

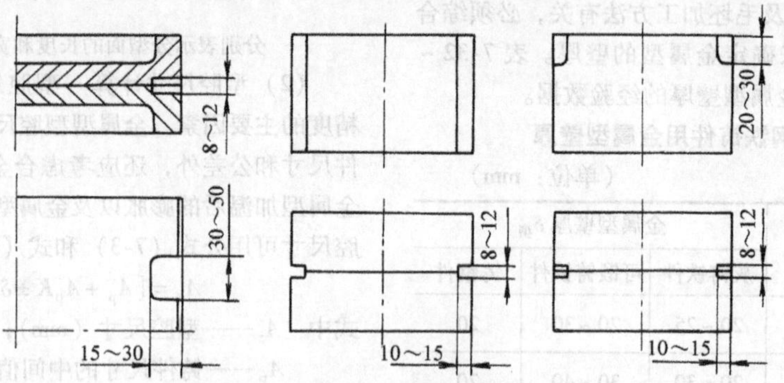

图 7-33　撬开金属型的凹槽尺寸

（4）型体定位和导向　型体常用圆柱销定位，其形式如图 7-34 所示。圆柱销结构尺寸见图 7-35 和表 7-36。常采用 H8 或 H9 配合公差，即一半 H8/S7 呈过盈配合，一半以 H8/f9 呈间隙配合。图 7-36 和图 7-37 所示为带台阶的导销及衬套，其尺寸见表 7-37 和表 7-38。图 7-38 所示为常用于铰链式金属型上的圆头定位销，其尺寸见表 7-39。动型的导向形式如图 7-39 所示。

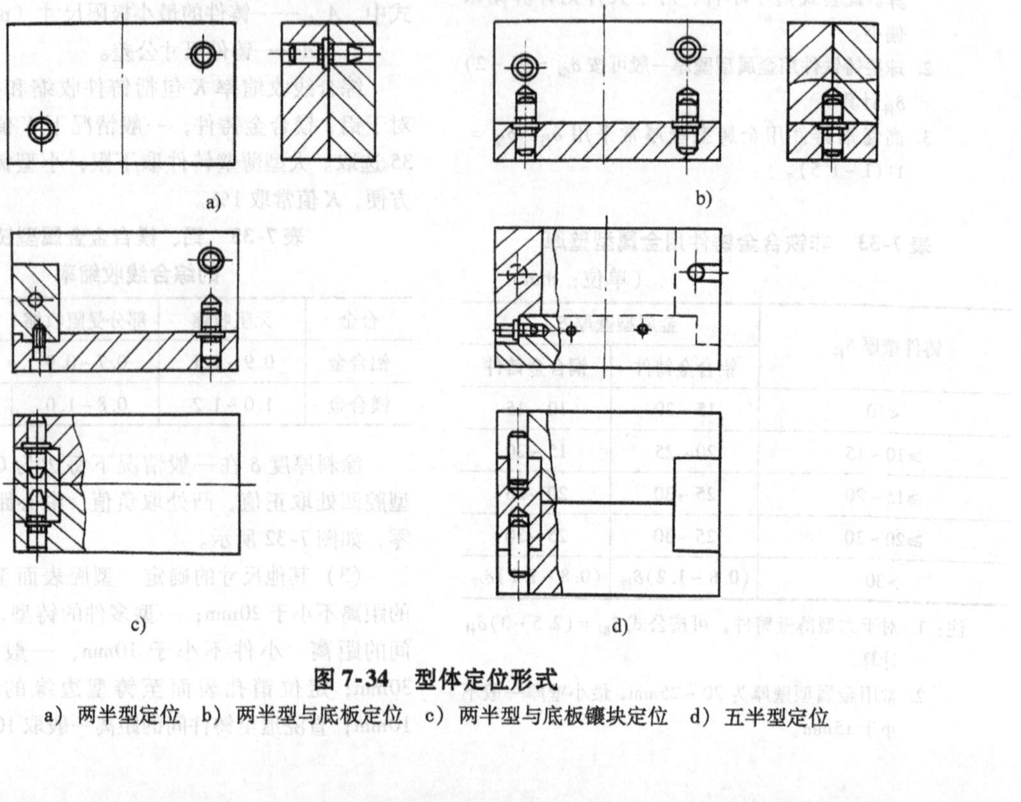

图 7-34　型体定位形式

a）两半型定位　b）两半型与底板定位　c）两半型与底板镶块定位　d）五半型定位

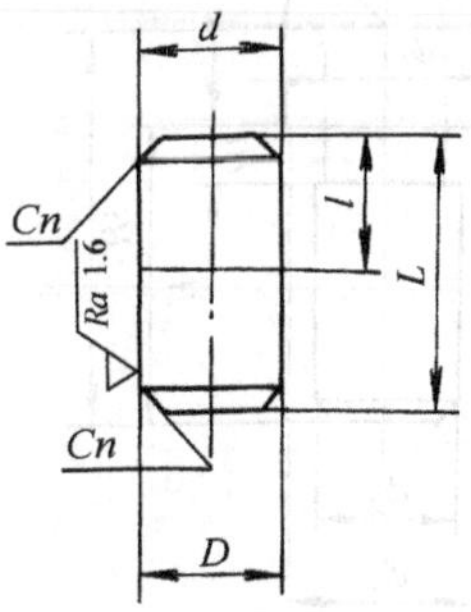

图7-35 圆柱销的结构

注：材料为45钢，硬度为33～38HRC。

表7-36 圆柱销的尺寸（见图7-35）

（单位：mm）

D		d		L	l	n
公称尺寸	极限偏差（S7）	公称尺寸	极限偏差（f9）			
≤6	+0.031 +0.019	≤6	-0.010 -0.040	20	8	1
>6～10	+0.038 +0.023	>6～10	-0.013 -0.049	25	10	1.5
>10～16	+0.046 +0.028	>10～16	-0.016 -0.059	30	12	2

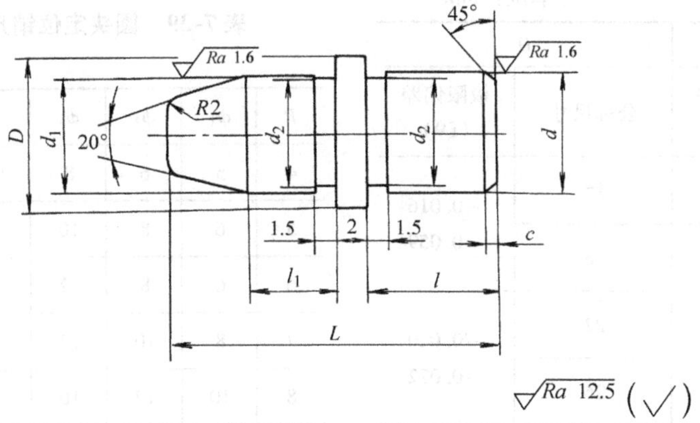

图7-36 导销

注：材料为45钢，硬度为40～45HRC。

表7-37 导销尺寸（见图7-36） （单位：mm）

d		d_1		d_2	D	L	l	l_1	c
公称尺寸	极限偏差（S7）	公称尺寸	极限偏差（f9）						
10	+0.038 +0.023	10	-0.013 -0.035	9	12	30	13	10	1.5
>10～18	+0.046 +0.028	>10～18	-0.015 -0.048	12	15	35	17	10	1.8
				15	18	45	22	12	2
20	+0.056 +0.050	20	-0.020 -0.053	19	22	55	25	16	2.5

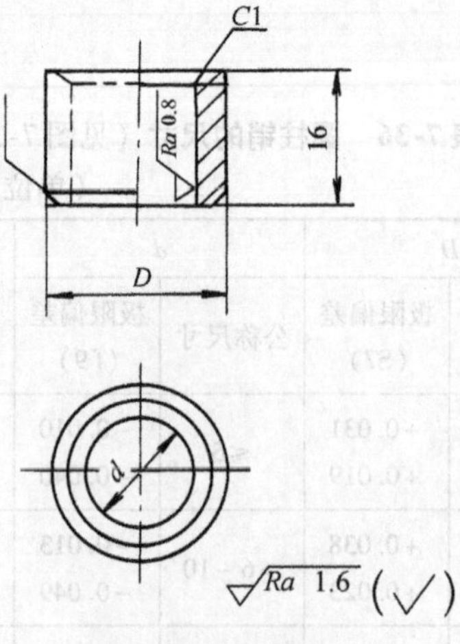

图 7-37　衬套

注：材料为 45 钢，硬度 40 ~ 45HRC。

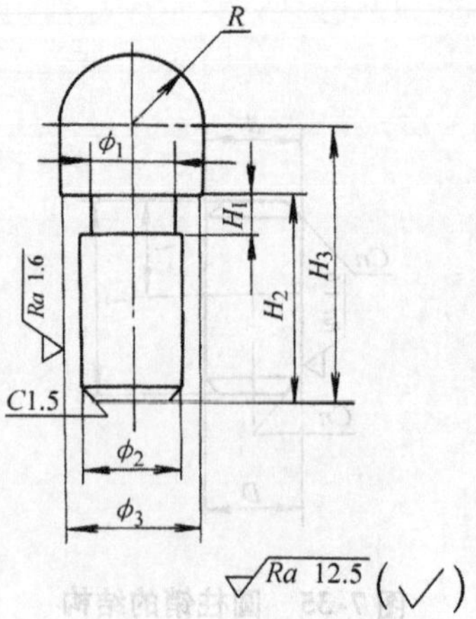

图 7-38　圆头定位销

注：材料为 45 钢，硬度为 33 ~ 38HRC。

表 7-38　衬套尺寸（见图 7-37）

（单位：mm）

d		D	
公称尺寸	极限偏差（H9）	公称尺寸	极限偏差（f9）
10	+0.036 0	15	−0.016 −0.059
>10 ~ 18	+0.043 0	18	
		22	−0.020 −0.072
20	+0.052 0	26	

表 7-39　圆头定位销尺寸（见图 7-38）

（单位：mm）

R	ϕ_1	ϕ_2	ϕ_3	H_1	H_2	H_3
4	5	6	8	1.5 ~ 2	12	16
5	6	8	10	2	12	17
6	6	8	12	2	12	18
7	8	10	14	2.5	17.5	24.5
8	10	12	16	2.5	17.5	24.5

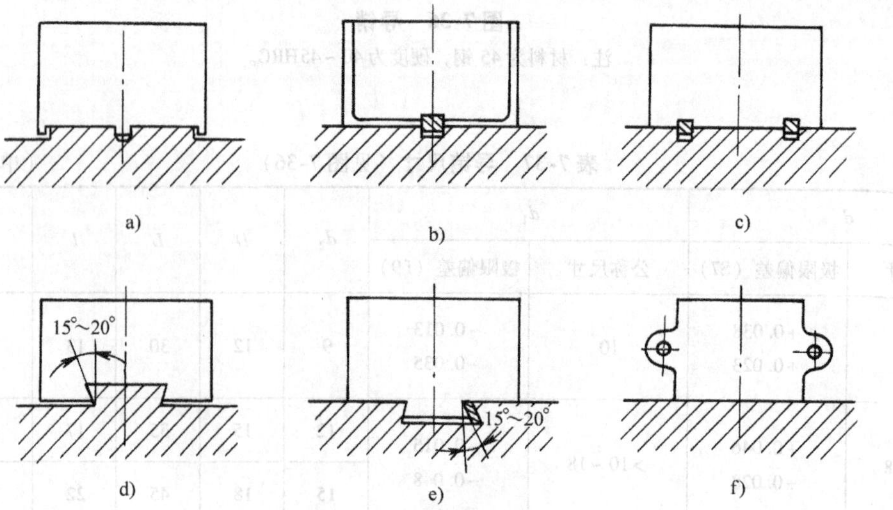

图 7-39　动型的导向形式

a）型体凹槽导向　b）型体单键槽导向　c）型体双键槽导向
d）型体燕尾槽导向　e）型体燕尾导向　f）导向杆导向

2. 型芯设计

（1）型芯种类及特点　型芯的种类及特点见表 7-40。

（2）金属芯的设计　金属芯的结构及其有关尺寸见表 7-41。

表 7-40　型芯的种类及特点

型芯种类	特　点
可抽出金属芯	铸件冷却速度快，组织致密均匀，尺寸精度高，表面粗糙度值低，生产周期短，成本低 铝、镁合金铸件应优先选用
可熔金属芯（铜管芯）	主要用来铸造铸件中的细孔通道
砂芯	可以做出最复杂的型芯，但铸件质量、尺寸精度比金属芯差，表面粗糙度值比金属芯高 只有在不能使用金属芯时选用
壳芯	铸件质量、尺寸精度和表面粗糙度值接近金属芯，同时还可以做出复杂的型芯 广泛用来代替砂芯（铝合金铸件）

表 7-41　金属芯的结构及其有关尺寸

名　称	图　例	特点及有关尺寸
上金属芯	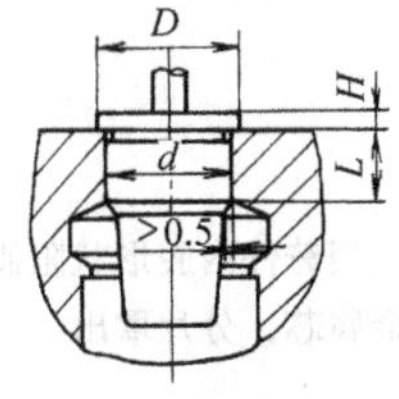 a) 用于机动抽芯 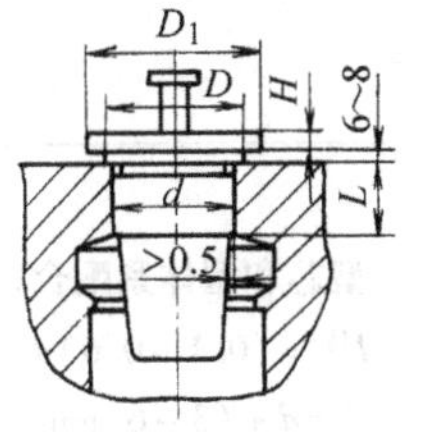 b) 用于手工撬杆抽芯	结构简单，操作方便，形状有圆形或其他形状，但不便于设置明冒口，只能设置暗冒口 L① $=(0.2\sim1)d$；$d<200$mm $H=5\sim15$mm $D=d+(10\sim20)$mm $D_1=D+(14\sim20)$mm
侧金属芯	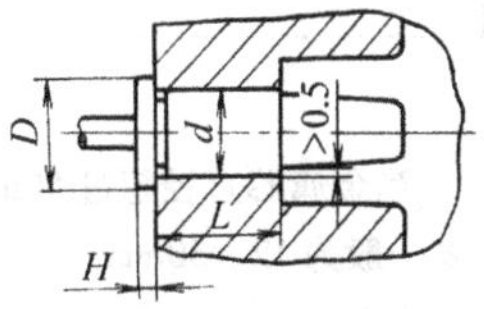 a) 用于机动抽芯 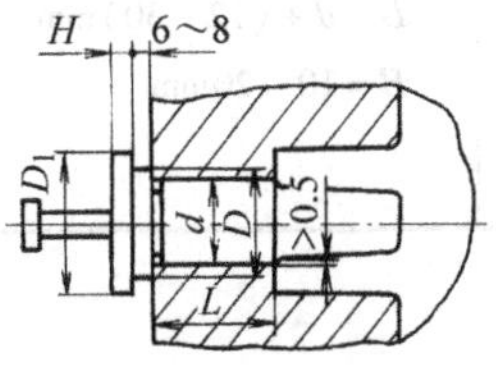 b) 用于手工撬杆抽芯	侧面抽芯没有上抽芯方便，为了防止型芯尺寸变动，型芯的定位部分应加长，配合间隙应小 L① $=(0.3\sim2)d$；$d<200$mm $H=5\sim15$mm $D=d+(6\sim10)$mm $D_1=D+(14\sim20)$mm

（续）

名　　称	图　　例	特点及有关尺寸
下金属芯	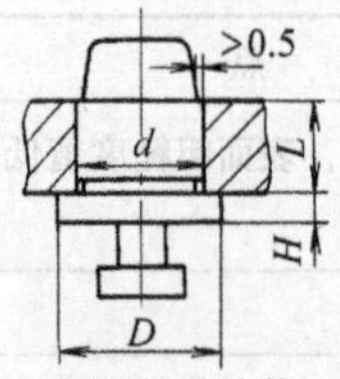 a) 用手机动抽芯 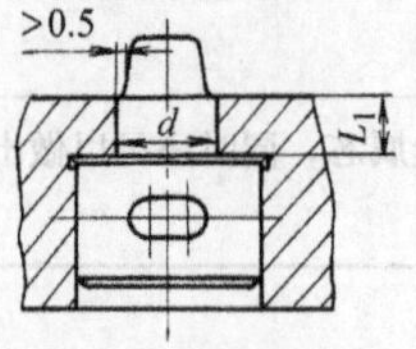 b) 用于偏心轮抽芯	结构简单，操作方便，尺寸稳定 $L^{①}=(0.2\sim0.8)d$；$d<200\text{mm}$ $H=5\sim15\text{mm}$ $D=d+(10\sim20)\text{mm}$ $L_1>10\text{mm}$
组合金属芯	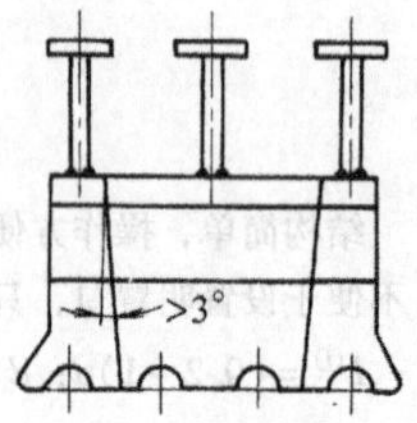	当铸件内腔形状阻碍金属芯抽出时，可以设计组合金属芯，分片取出
固定式金属芯	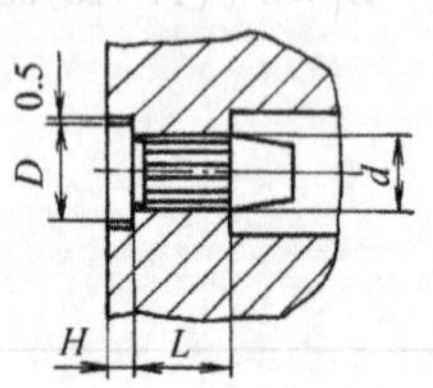	型芯和型体紧配合，不需要单独抽芯 $L^{①}=(0.1\sim0.6)d$ $D=d+(3\sim6)\text{mm}$ $H=5\sim10\text{mm}$
大型金属芯	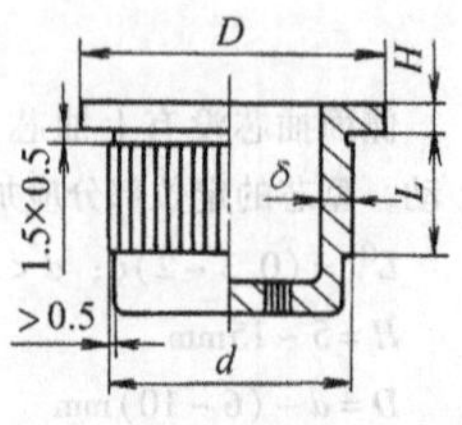	当金属芯直径超过 50mm 时，可以做成空心，壁厚 δ 一般为 12～30mm $L^{①}=(0.1\sim0.2)d$；$d>200\text{mm}$ $D=d+(12\sim30)\text{mm}$ $H=10\sim20\text{mm}$

① d 大 L 取下限，d 小 L 取上限，也可以根据型体尺寸决定。

（3）金属芯的定位　为保证金属芯安放位置准确，防止抽芯时型芯转动，型芯的定位要准确。金属芯的定位形式及有关尺寸见图 7-40 和图 7-41 及表 7-42和表 7-43。

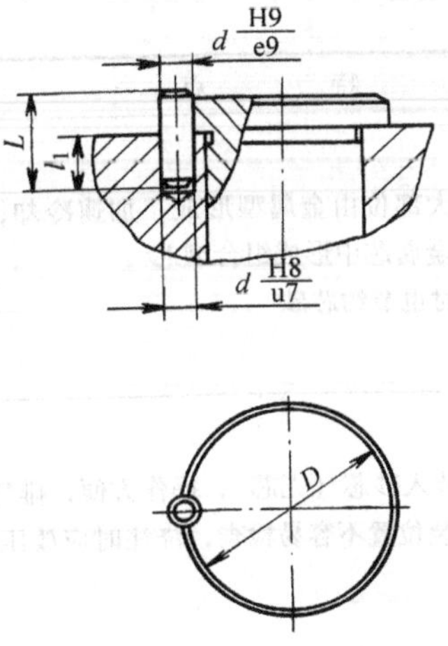

图7-40 圆柱销定位

表7-42 圆柱销定位的有关尺寸（见图7-40）

（单位：mm）

D	d（H8）		L	l_1
	公称尺寸	极限偏差		
≤50	10	+0.022 0	25	15
>50～100	12	+0.027 0	25	15
>100～160	16		30	20
>160～250	20	+0.033 0	40	25
>250～320	25		50	30
>320～500	30		60	35

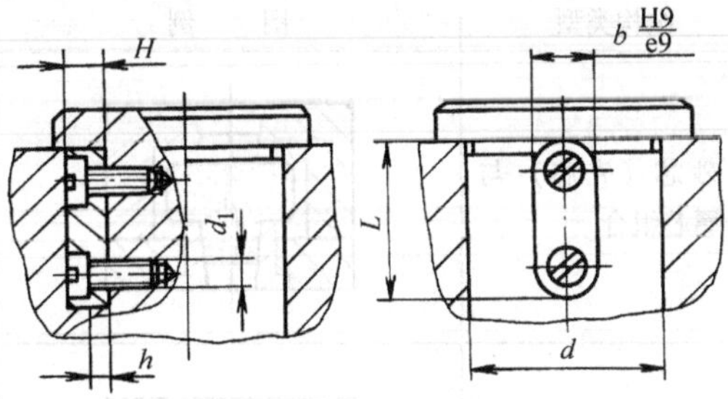

图7-41 方键定位

表7-43 方键定位尺寸（见图7-41）

（单位：mm）

d	b（e9）		L	H	h	d_1
	公称尺寸	极限偏差				
≤100	16	-0.032 -0.075	30	8	4	M6
>100～160	20	-0.040 -0.092	40	10	5	M8
>160～250	25		50	12	6	M10
>250～320	30		60	16	8	M10
>320～500	40	-0.050 -0.112	80	20	10	M12

（4）砂芯和壳芯的结构类型及特点（见表7-44）

表7-44 砂芯和壳芯的结构类型及特点

结构类型	图例	特点
垂直插入式	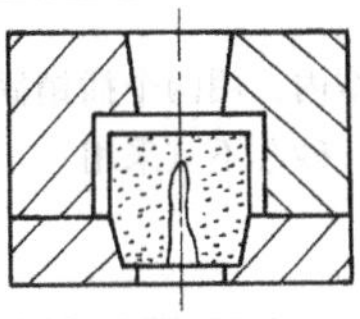	一端有芯头，垂直插入金属型底板内，操作方便，位置尺寸容易控制，应用较广 当砂芯（壳芯）受到较大浮力时，芯头与金属型座应有锁紧装置，防止砂芯浮起
垂直插入，上芯头被夹紧	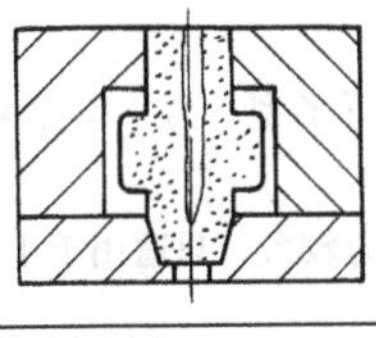	两端有芯头，一端插入下半型，另一边由左右两半型夹紧，定位可靠，尺寸准确，排气性好，但受到铸件结构的限制，不便于设置明冒口 各种尺寸的铸件均可采用
带有直浇道的砂芯	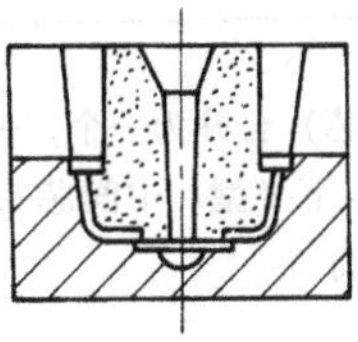	砂芯直接放入下半型，左右半型合型夹紧芯头，直浇道由砂芯形成，金属型结构简单，操作方便 适用于大型薄壁铸件

（续）

结构类型	图　例	特　点
砂芯（壳芯）与金属芯组合	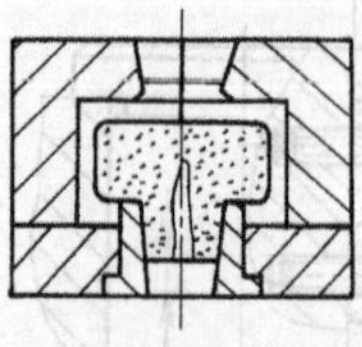	铸件法兰盘处厚大部位由金属型形成，加速冷却，防止缩松，砂芯（壳芯）插入金属芯中形成组合型芯 铸件质量高，同时也节约芯砂
悬挂式	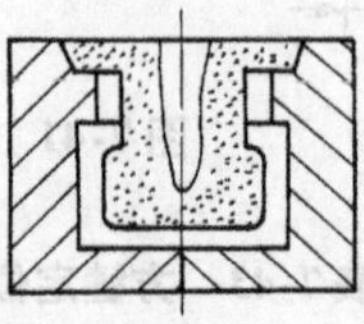	金属型合型后再装入砂芯（壳芯），操作方便，排气性好 砂芯（壳芯）安装位置不容易检查，浇注时应放压铁，防止砂芯（壳芯）上浮
单边悬挂式	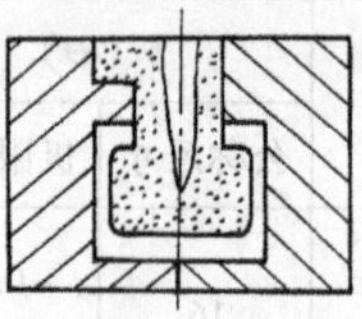	砂芯（壳芯）先插入一半型内，另一半型合型后压紧芯头，不需要压铁 合型时砂芯（壳芯）容易移动，尺寸不稳定
横插式	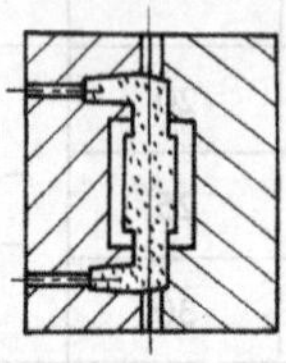	两端有芯头，同时插入一半型内，另一半型合型后压紧芯头，操作方便，尺寸稳定 砂芯结构复杂，壳芯吹制工艺性差
水平式	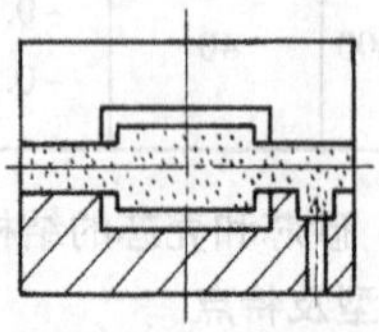	两端有芯头，一端插入下半型定位，上半型合型后压紧芯头，防止砂芯上浮，位置准确、稳固
悬臂横插式	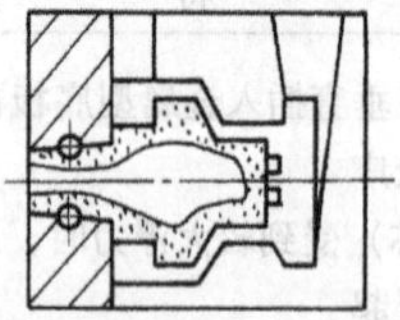	芯头插入侧半型内，用两个插销固紧，壳芯呈悬臂状态，尺寸不稳定、精度差，砂芯不宜采用
悬臂直插式	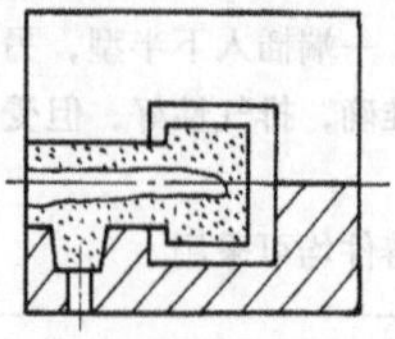	芯头一端插入下半型，另一端呈悬臂状态，上半型合型压紧芯头 型芯受到的浮力较大，只适用于小型刚性好的型芯
水平直插式	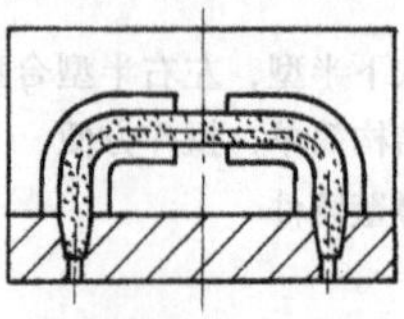	两个砂芯（壳芯）合并为一个，一次浇注两个铸件，两端砂芯（壳芯）芯头插入下半型，中间芯头靠半型夹紧，操作方便，定位可靠，尺寸准确

（5）砂芯头与金属芯座的配合间隙（见表7-45）

表7-45 砂芯头与金属芯座的配合间隙 （单位：mm）

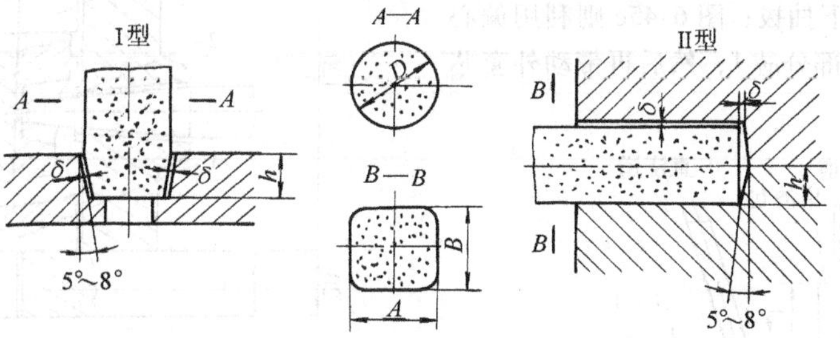

D 或 $\frac{A+B}{2}$	h			
	≈25	>25~50	>50~100	>200
	δ			
≤50	0.15	0.25	0.5	1.0
>50~150	0.15	0.25	0.5	1.0
>150~300	0.25	0.5	1.0	1.0
>300~500	0.5	1.0	1.0	1.5
>500	—	1.5	1.5	2.0

（6）可熔金属芯的设计　铸件上的某些细长孔，采用普通的型芯无法成形时，可采用可熔金属芯，如铜管芯或低熔点合金预制芯铸出。

可熔金属芯通常用阴极铜管或黄铜管制作，按图样弯曲铜管时，为防止铜管在弯制过程中被压扁，应向铜管中灌注低熔点合金（合金配比见表7-46）。编号为1的低熔点合金可在100℃的开水中去除；编号为2~6的低熔点合金可在烘箱中于该低熔点合金熔点保持20min去除。去除低熔点合金后的铜管型芯应经压缩空气吹干；铜管表面应涂以涂料（涂料成分见表7-47），以免浇注时铜管熔化。为使浇注时顺利排气，可在铸件容易产生气孔处每隔15~20mm打ϕ0.5mm的排气孔。铸件浇注成形后，用体积分数为45%~55%的硝酸腐蚀去除铜管，再用10%的NaOH水溶液中和硝酸，然后用清水冲洗干净。当不冒NO_2气体（呈黄色），或者再用干净的硝酸腐蚀而不流出绿色硝酸铜时，说明铜管已腐蚀完毕。其反应式为

表7-46 低熔点合金配比（质量分数）（%）

编号	铋（Bi）	铅（Pb）	锡（Sn）	隔（Cd）	锑（Sb）	熔点/℃
1	50	26.7	13.3	10	—	70
2	58	—	42	—	—	140
3	35	30	35	—	—	140
4	15	70	15	—	—	140
5	—	87	—	—	13	247
6	—	56	33	—	11	315

$$Cu+4HNO_3 \rightarrow Cu(NO_3)_2+2NO_2\uparrow+2H_2O$$

表7-47 涂料成分（质量分数）（%）

氧化锌	白垩粉	石墨粉	水玻璃	水分
4.4	4.1	—	5.7	余量
—	—	88	2	余量
—	—	90	—	余量

（7）型芯设计示例

1）金属芯设计示例如图7-42~图7-45所示。图7-42所示为铝合金壳体铸造工艺图。壳体为受力、承压零件，材料为ZL104，主要壁厚为4mm。图7-43所示为壳体铸件金属芯结构，为上、下及侧抽芯。由于圆柱型芯较长，包紧力较大，抽芯困难，因此将圆柱型芯平均分为上、下两部分，上金属芯和侧金属芯采用手工抽芯，下金属芯采用液压抽芯。为避免产生飞翅，侧金属芯和上、下金属芯采用插入式结构。图7-44所示为内燃机活塞用组合金属芯。图7-45所示为分阶段抽芯的组合金属芯。图7-45a是将整个型芯

分成中心部分芯 1 及外套芯 2。抽芯时，中心部分芯 1 先下移，移动一段行程后才带动外套芯 2 一齐下移。图 7-45b 则是外套芯 2 先下移，而中心部分芯 1 先不动，托住铸件上较厚大的凸台，等 2 移动一定距离后，1 和 2 再一起向下抽拔；图 6-45c 则利用偏心轴旋转时，先带动中心部分芯 1，然后再带动外套芯 2 和 3 将型芯抽出。

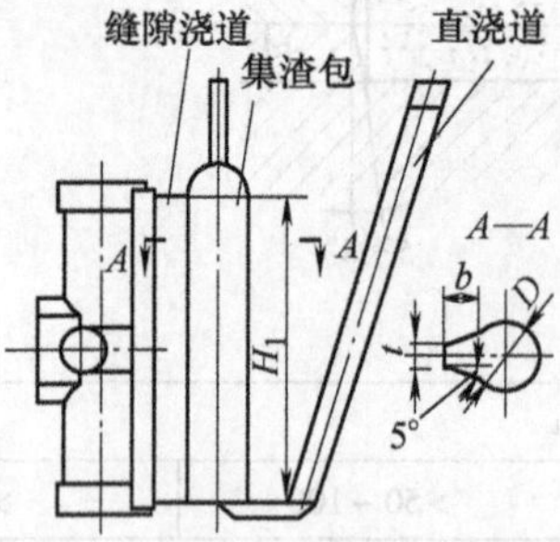

图 7-42　铝合金壳体铸造工艺图

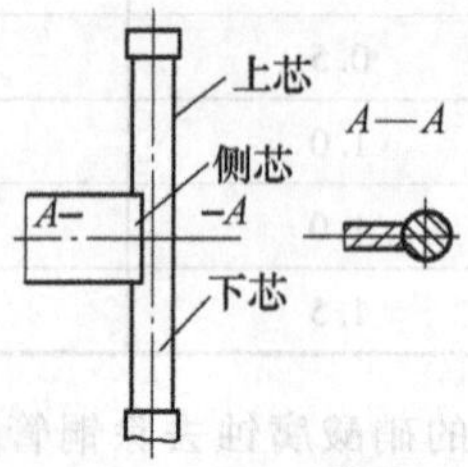

图 7-43　壳体铸件金属芯结构

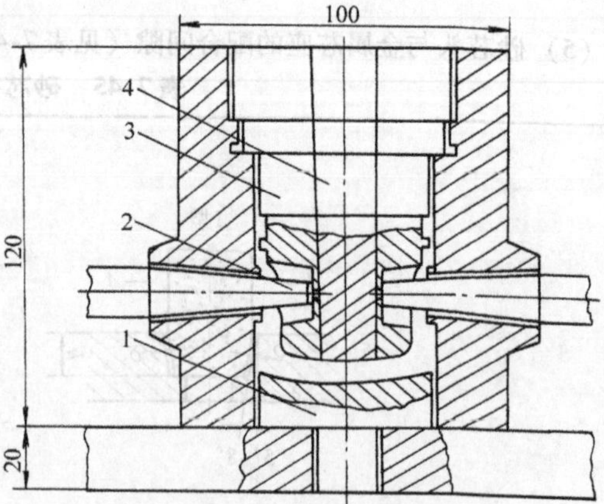

图 7-44　活塞用组合金属芯

1—4 号芯（1 块）　2—3 号芯（2 块）

3—2 号芯（2 块）　4—1 号芯（1 块）

2）砂芯设计实例。对于垂直安装的砂芯，为了使其不致歪斜，芯头的直径尺寸应做得尽可能大些。如果因某种原因不能扩大芯头，则必须将芯头加长（见图 7-46 和图 7-47）。芯头锥度一般取 3°～5°，芯头短时锥度应尽量大些。砂芯排气道应与型体上的排气道相配合（见图 7-48 和图 7-49），因此设计砂芯芯盒时应留有排气针的位置。为防止砂芯在安装时由于芯头和芯座壁的摩擦使砂子落入芯座，影响砂芯定位的准确性，芯座四周还应做出集砂槽，如图 7-50 和图 7-51 所示。

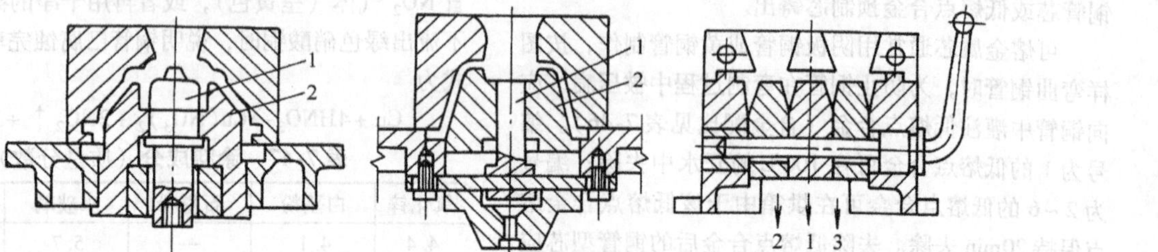

图 7-45　分阶段抽芯的组合金属芯

1—中心部分芯　2、3—外套芯

3）金属芯和砂芯组合设计示例。图 7-52 所示为风扇静轮工艺图。此件 ϕ298mm 及 ϕ75mm 两圆柱处壁都较厚，轮毂与外圈除 4 个铸造叶片外，还要镶嵌 15 个金属叶片在砂芯 6 上。根据这种复杂情况，除尽量使用金属芯外，尚采用两个砂芯 3 和 6 来满足工艺要求。

3. 活块设计

当铸件不容易从金属型中取出时，可以采用活块成型，但会增加分型面，使金属型结构复杂、操作麻烦，降低铸件尺寸精度。因此，应尽量少用。活块的结构类型及特点见表 7-48。

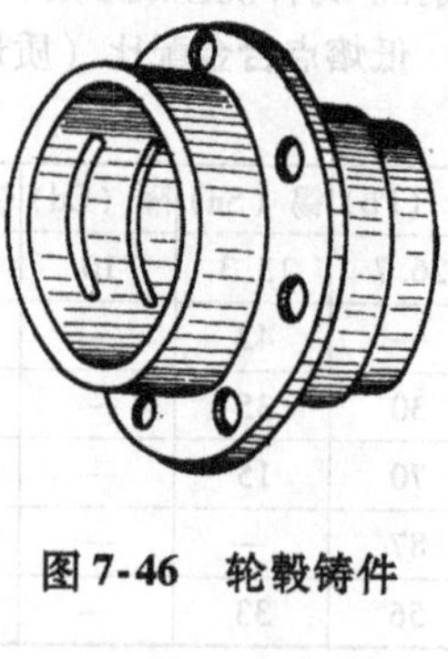

图 7-46　轮毂铸件

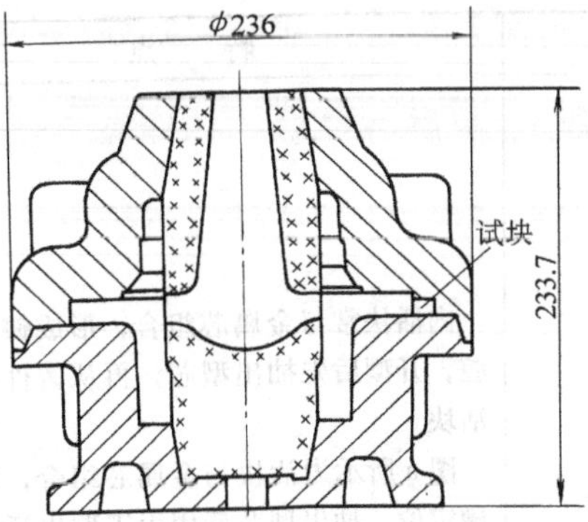

图7-47　轮毂金属型

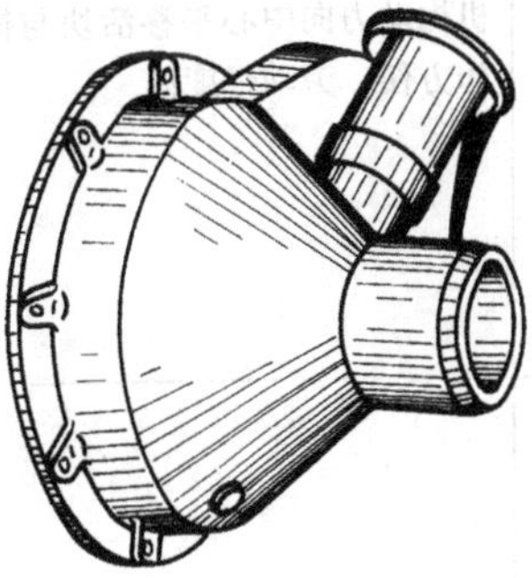

图7-48　桥壳铸件

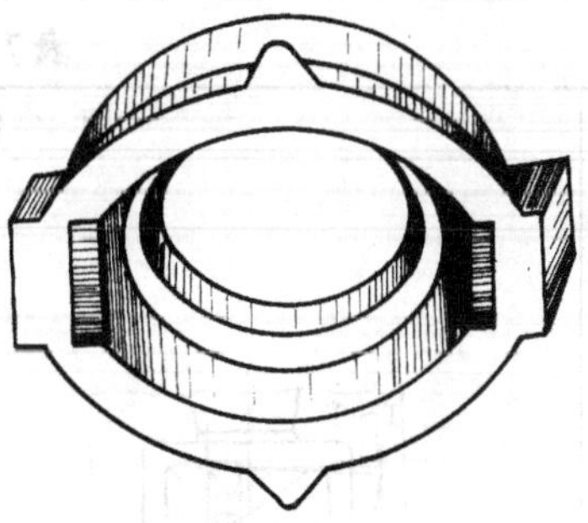

图7-50　转向节壳铸件

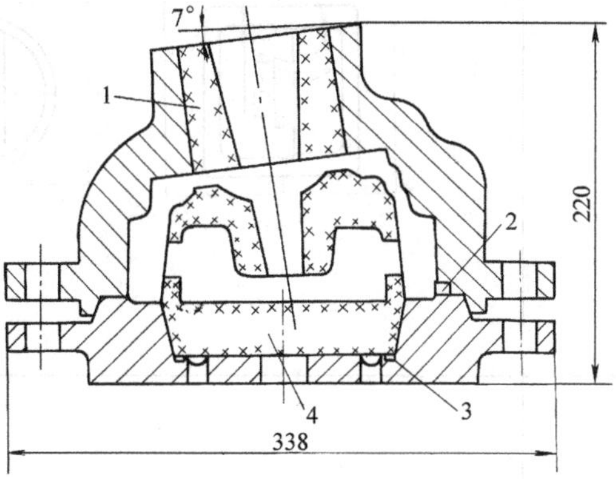

图7-51　转向节金属型

1—1号芯　2—试块　3—集砂槽　4—2号芯

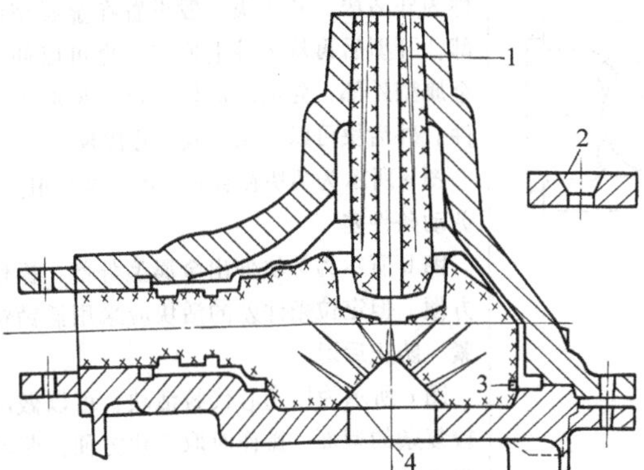

图7-49　桥壳金属型

1—浇道芯排气道　2—浇口杯（放在浇道芯头上）

3—试块　4—大芯排气道

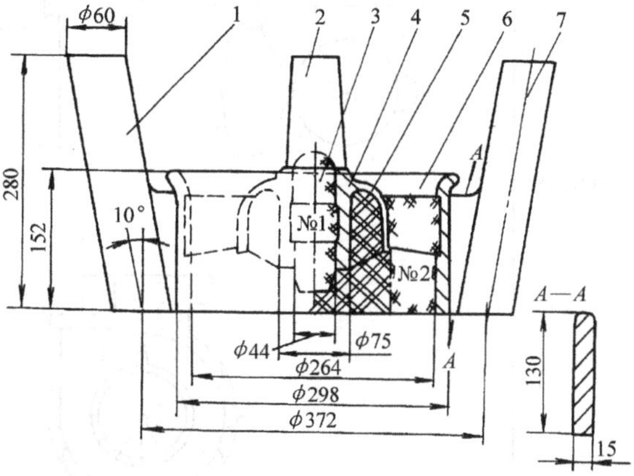

图7-52　风扇静轮工艺图

1、7—浇道　2—冒口　3、6—砂芯

4—铸件　5—金属芯

表 7-48　活块的结构类型及特点

结构类型	图　例	特　点
内活块	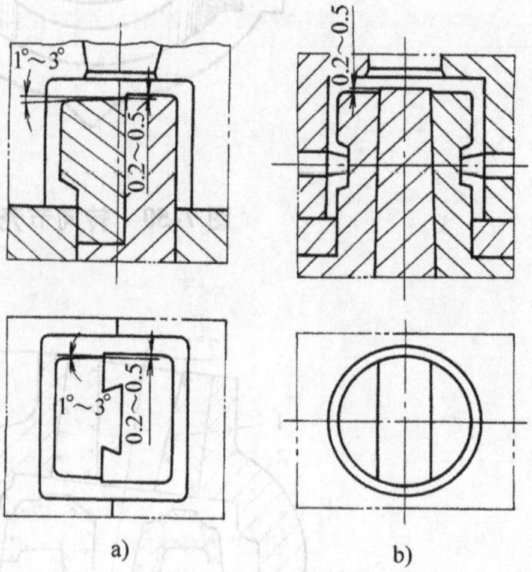	内活块常与金属芯组合，形成铸件的内腔，开型后先抽出型芯，再从铸件中取出活块 图 a 所示为活块与金属芯组合，靠燕尾槽定位，抽出型芯后用手工取出活块。为方便取出，活块的周围应比金属芯小，一般不小于 0.2mm 图 b 所示为活块与金属芯组合靠底板定位，开型后先抽中间型芯，两旁的活块靠机构动力向中心平移活块与铸件脱离。操作方便，劳动强度低
外活块	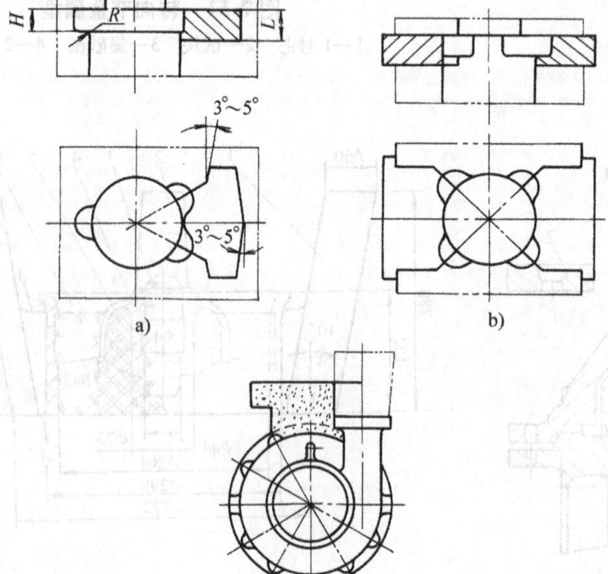	在铸件外形影响分型的部分设置的活块称为外活块。外活块一般设置在金属型内部，开型后再从铸件上取出，也可以伸出金属型外部，先抽取活块，再开型取出铸件。外活块可以用壳芯或砂芯代替 图 a 所示为活块在金属型内。操作麻烦，劳动条件差 图 b 所示为活块伸出金属型外部。操作方便，但定位条件差的活块应采用插销锁紧，防止后退 图 c 所示为用壳芯代替活块，可以做出较复杂的型面，操作时取活块方便，劳动强度低

4. 金属型的排气系统

由于金属型不透气，会造成气孔、冷隔和欠铸等缺陷，因此必须设置专门的排气设施。

（1）排气孔　一般在型腔最后充满处开设直径为1～5mm的圆形排气孔，如图7-53所示。

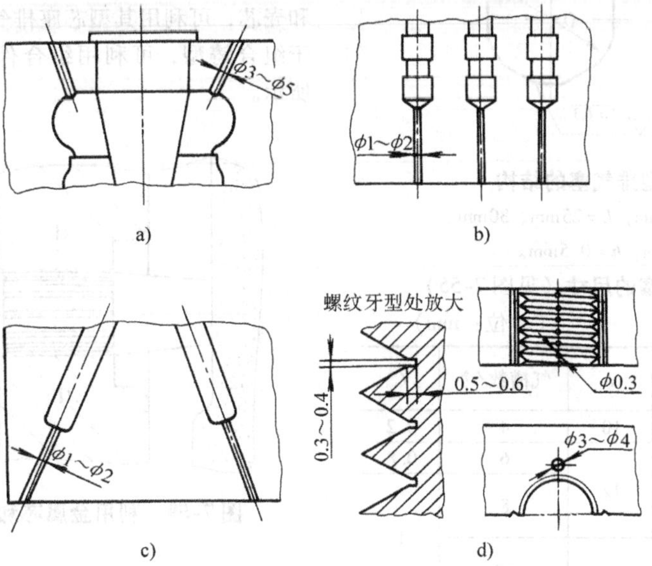

图7-53　排气孔

a）暗冒口处　b）铸件尖角处　c）铸件易憋气处　d）螺纹尖角处

（2）排气槽　一般设置在金属型的分型面上以及活块、镶件的结合面上。排气槽的结构类型如图7-54所示。三角形排气槽深的度 h 一般为0.3～1.0mm，间距 a 一般取10mm；扁缝形排气槽的深度 h，对于铸铁和青铜一般为0.25mm，对于铝、镁合金一般为0.5mm，扁缝宽度 a 一般为10～15mm。

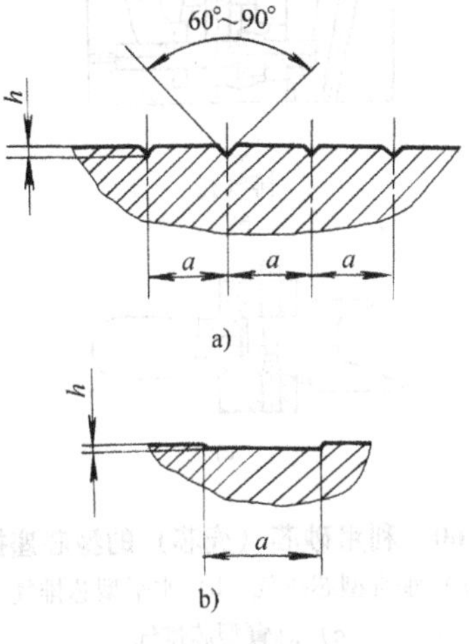

图7-54　排气槽的结构类型

a）三角形排气槽　b）扁缝形排气槽

（3）排气塞（通气塞）　一般用45钢或铜棒制成。排气塞常用的结构如图7-55～图7-57所示。A型排气塞的尺寸见表7-49。排气塞的安装形式如图7-58所示。

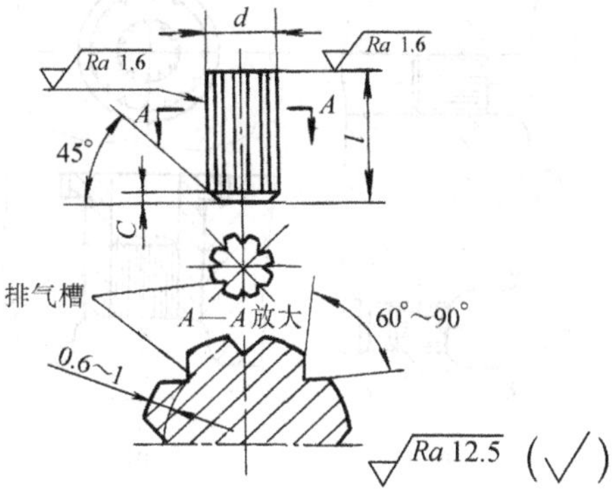

图7-55　A型排气塞的结构

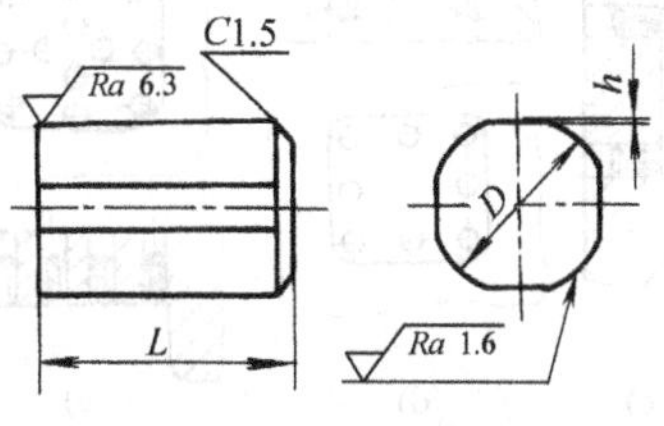

图7-56　B型排气塞的结构

注：D=15mm、20mm，L=15mm、20mm、30mm、50mm，h=0.5mm。

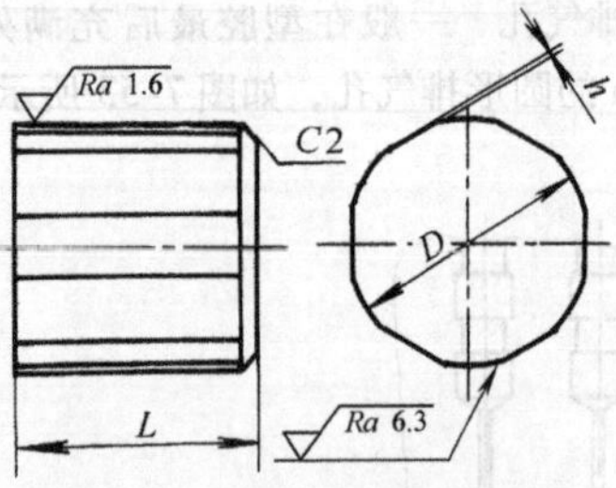

图 7-57　C 型排气塞的结构

注：D＝25mm、30mm，L＝25mm、30mm、40mm、50mm，h＝0.5mm。

表 7-49　A 型排气塞的尺寸（见图 7-55）

（单位：mm）

d 公称尺寸	d 极限偏差（Z8）	l	气槽数/个	C
>3～4	+0.053 +0.035	10	4	0.2
>4～6		12	6	0.8
>6～10	+0.064 +0.042		8	1
>10～14	+0.070 +0.050	16	12	
>14～18	+0.087 +0.060		16	1.5
>18～24	+0.106 +0.072	20	20	

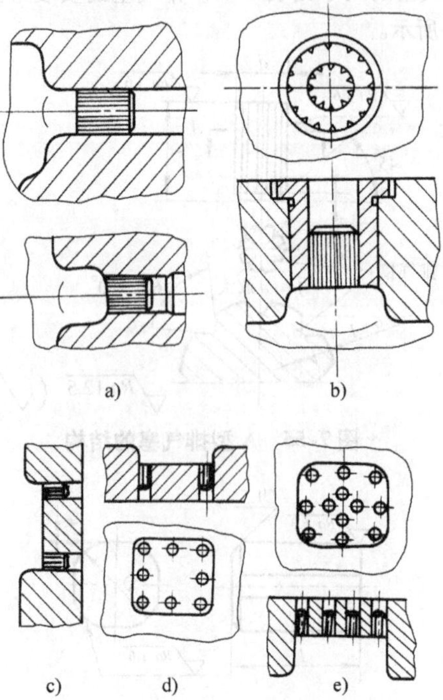

图 7-58　排气塞的安装形式

a）形式Ⅰ　b）形式Ⅱ　c）形式Ⅲ　d）形式Ⅳ　e）形式Ⅴ

（4）其他排气方法　对于金属芯，可利用型芯和铸型间的间隙排气，还可在型芯表面上开设类似排气塞上的槽进行排气，如图 7-59 所示；对于砂芯和壳芯，可利用其型芯座排气，如图 7-60 所示；对于组合铸型，可利用组合件间隙排气，如图 7-61 所示。

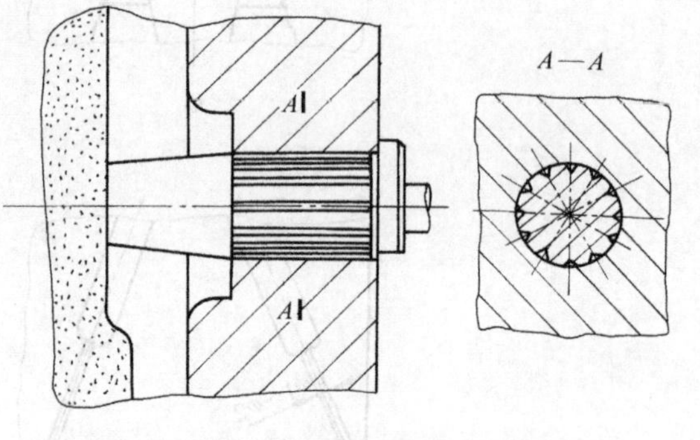

图 7-59　利用金属芯和铸型的间隙排气

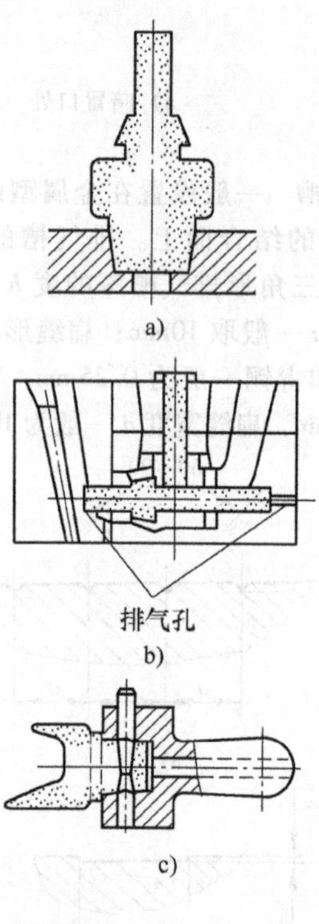

图 7-60　利用砂芯（壳芯）的型芯座排气

a）垂直型芯排气　b）水平型芯排气　c）悬臂型芯排气

图 7-62～图 7-66 所示为灯具外壳金属型铸造实例。该件集中了金属型上常用的几种排气措施。其上对称排列的浇道，也能起到排气作用。

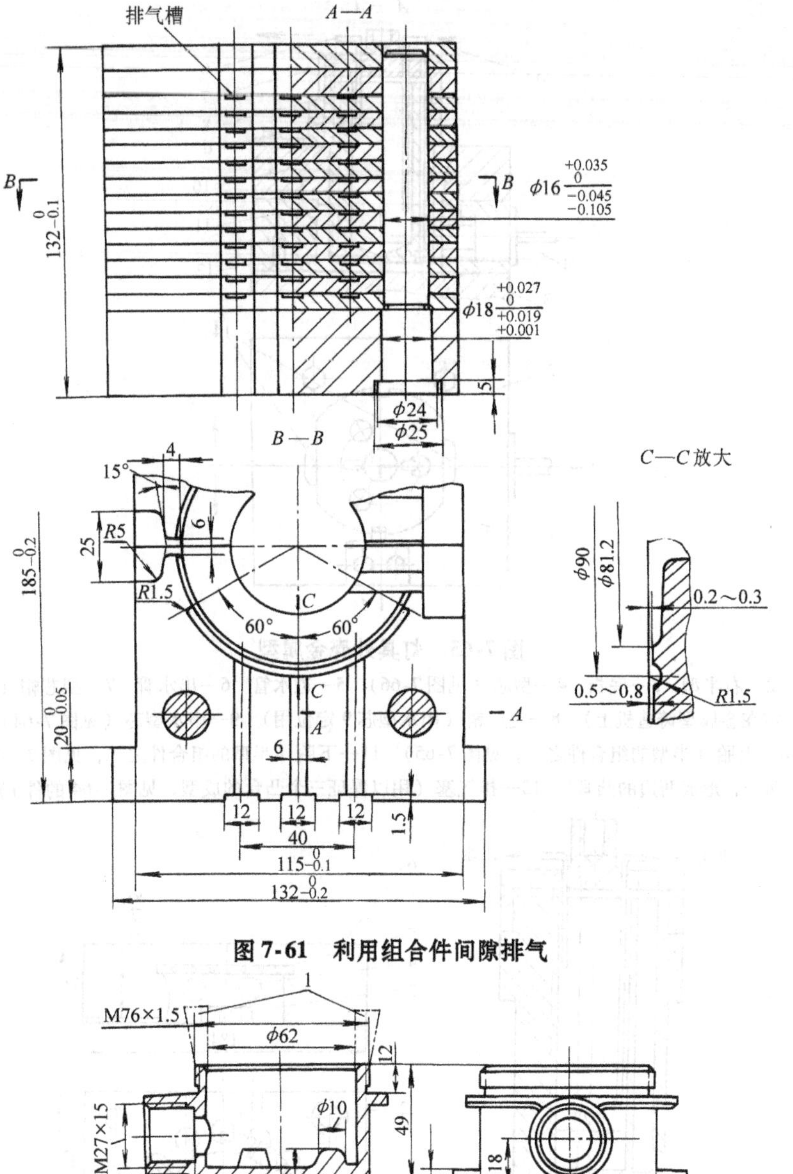

图 7-61　利用组合件间隙排气

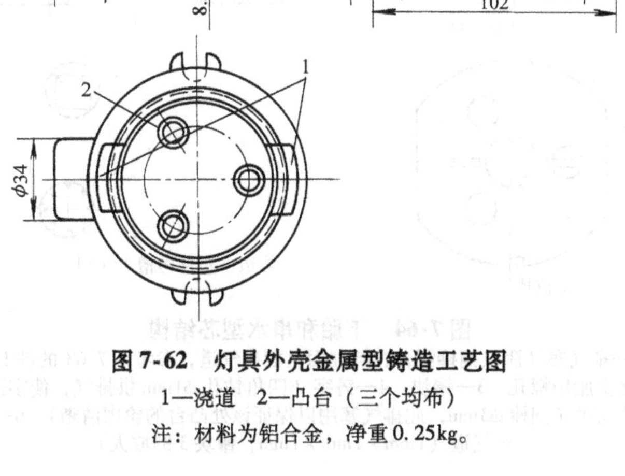

图 7-62　灯具外壳金属型铸造工艺图

1—浇道　2—凸台（三个均布）

注：材料为铝合金，净重 0.25kg。

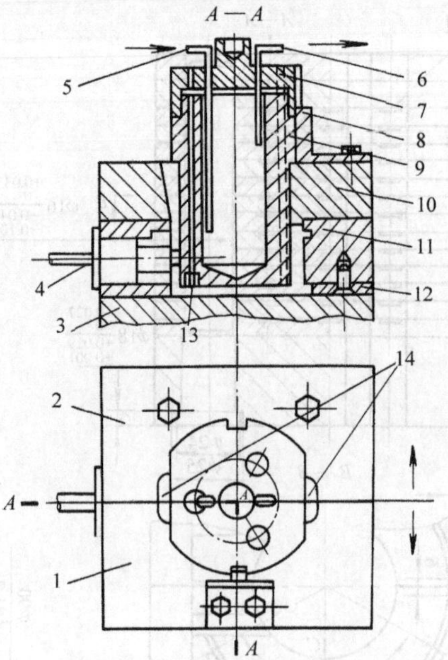

图7-63 灯具外壳金属型

1—左半型 2—右半型 3—底板 4—型芯（见图7-66） 5—进水管 6—出水管 7—型芯帽（通过螺纹固定在金属型铸造机上） 8—定位销（串水型芯9定位用） 9—串水型芯（见图7-64） 10—上胎（半型的组合件之一，见图7-65） 11—下胎（半型的组合件之二，见图7-64） 12—镶块（两个，形成两边的凸耳） 13—排气塞（用以保证三个凸台的成型，见图7-64的件1） 14—浇道

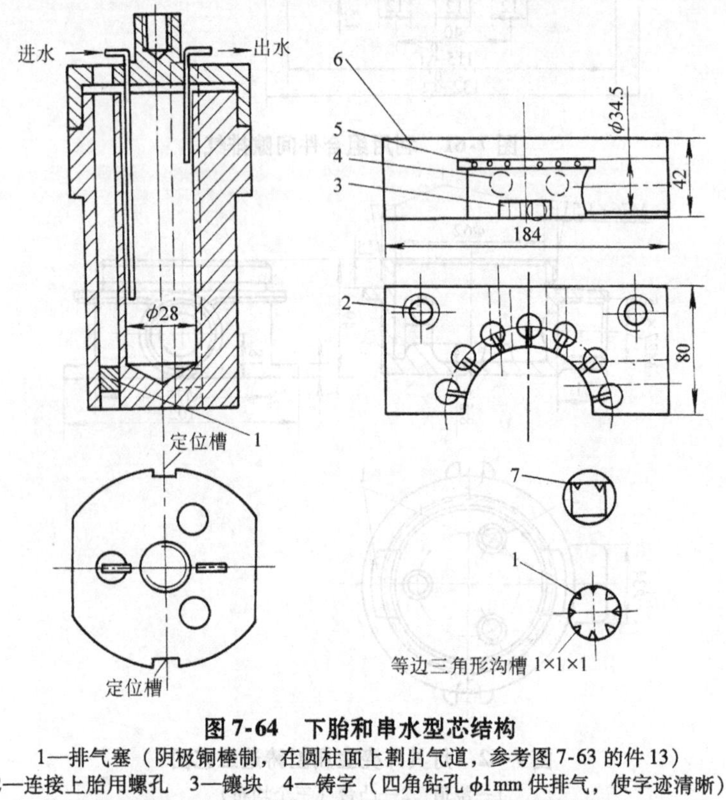

图7-64 下胎和串水型芯结构

1—排气塞（阴极铜棒制，在圆柱面上割出气道，参考图7-63的件13）
2—连接上胎用螺孔 3—镶块 4—铸字（四角钻孔 ϕ1mm 供排气，使字迹清晰）
5—排气塞（铜棒 ϕ3mm，此排气塞用以保证该处凸台的轮廓清晰） 6—下胎
7—气道（1mm×1mm×1mm，镶块3的放大）

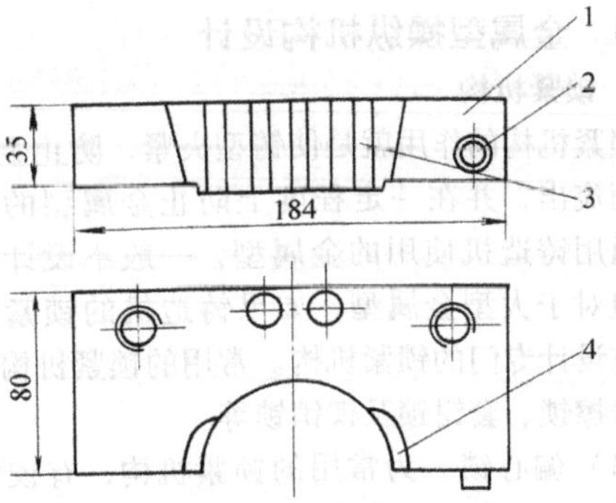

图7-65　上胎结构

1—上胎　2—定位销　3—排气槽（7条，截面为1mm的等边三角形1mm×1mm×1mm，保证金属液充满铸件顶部）　4—浇道

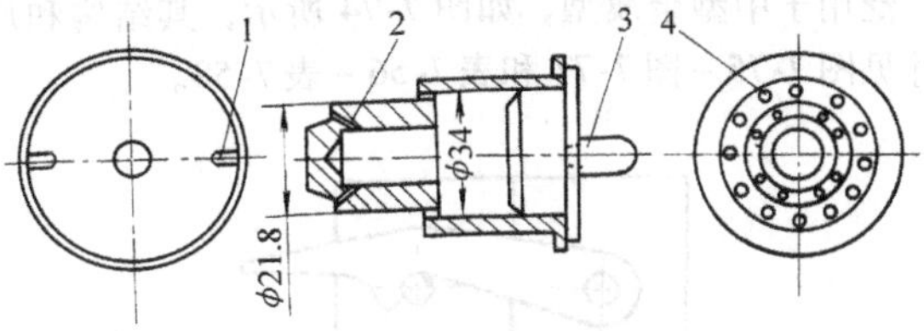

图7-66　型芯结构

1—缺口（供排气）　2—排气孔（φ1mm均布钻孔，然后用石棉堵住）　3—丝堵　4—φ1mm气孔

5. 铰链装置设计

铰链式金属型所用铰链的数量根据铸型高度确定，通常用1~2副。钢制金属型用铰链如图7-67所示，其尺寸见表7-50，铰链做成后焊于金属型体上；铸铁金属型用铰链如图7-68所示，其尺寸见表7-51，铰链与金属型型体设计成整体；铰链销的结构如图7-69所示，其尺寸见表7-52。

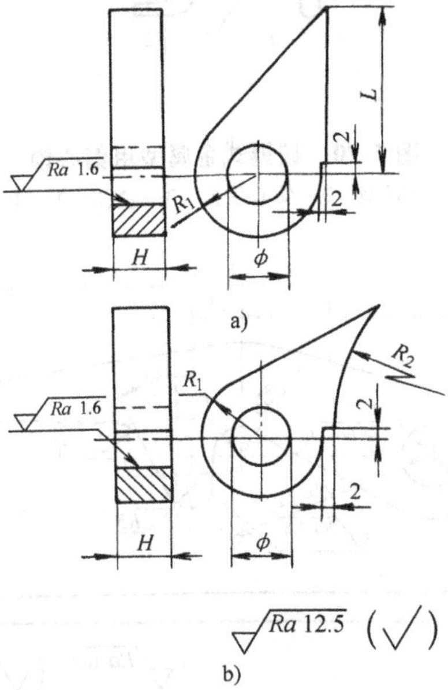

图7-67　钢制金属型用铰链

a）铰链a　b）铰链b

注：材料为45钢。

表7-50　钢制金属型用铰链尺寸

（见图7-67）　（单位：mm）

φ	R_1	R_2	L	H 铰链a	H 铰链b
8	12	30~40	25~30	10	15
				15	20
10	13	40~50	30~35	15	20
				20	30
12	14	50~60	35~40	20	30
				25	35
14	16	60~70	40~45	20	30
				25	35
16	17	70~90	40~45	25	35
				30	40
18	18	90~100	40~50	30	40
				35	50
20	19	100~150	50~55	40	60
					70

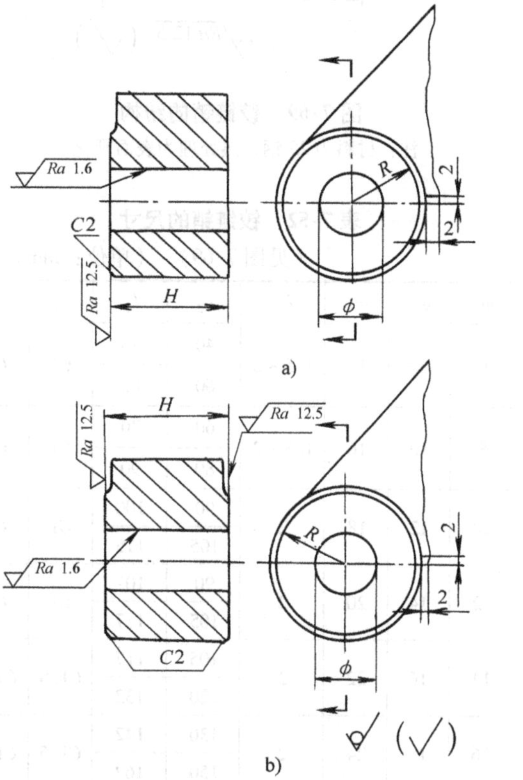

图7-68　铸铁金属型用铰链

a）铰链a　b）铰链b

表 7-51　铸铁金属型用铰链尺寸

（见图 7-68）　（单位：mm）

编号	ϕ	R	H 铰链 a	H 铰链 b
1	8	14	15	20
2	10	15	15	30
3	12	16	25	35
4	14	18	25	35
5	16	19	30	40
6	18	20	30 35	40 50
7	20	22	40	60 70

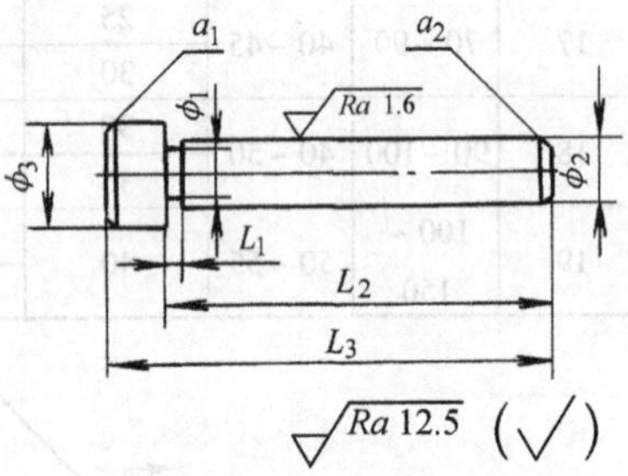

图 7-69　铰链销的结构

注：材料为 25 钢，热处理为表面硬化。

表 7-52　铰链销的尺寸

（见图 7-69）　（单位：mm）

ϕ_1	ϕ_2	ϕ_3	L_1	L_2	L_3	a_1	a_2
6	8	14	1.5～2	40	48	C1	C1
				60	68		
8	10	16	1.5～2	60	70	C1	C1
				80	90		
10	12	18	2	90	100	C1	C1
				105	115		
12	14	20	2	90	102	C1	C1
				105	117		
14	16	22	2	105	117	C1.5	C1.5
				120	132		
16	18	24	2	130	142	C1.5	C1.5
				150	162		
18	20	28	2	170	182	C1.5	C1.5
				180	192		

7.3.3　金属型操纵机构设计

1. 锁紧机构

锁紧机构的作用就是使铸型夹紧，防止金属液从分型面流出，并在一定程度上防止金属型的翘曲变形。通用铸造机使用的金属型，一般不设计锁紧机构，但对于大型金属型，如果铸造机的锁紧力不够时，应设计专门的锁紧机构。常用的锁紧机构有偏心锁、摩擦锁、套钳锁及楔销锁等。

（1）偏心锁　为常用的锁紧机构，有铰链式金属型用偏心锁和对开式金属型用偏心锁。铰链式金属型用偏心锁只适用于铸件生产批量不大的小型金属型，如图 7-70 所示，其结构和尺寸见图 7-71～图 7-73和表 7-53～表 7-55；对开式金属型用偏心锁广泛用于中型金属型，如图 7-74 所示，其结构和尺寸见图 7-75～图 7-77 和表 7-56～表 7-58。

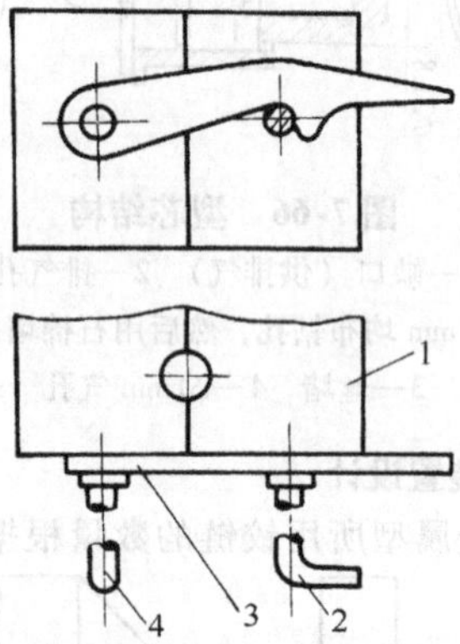

图 7-70　铰链式金属型用偏心锁

1—金属型　2—偏心手把　3—锁扣　4—手把

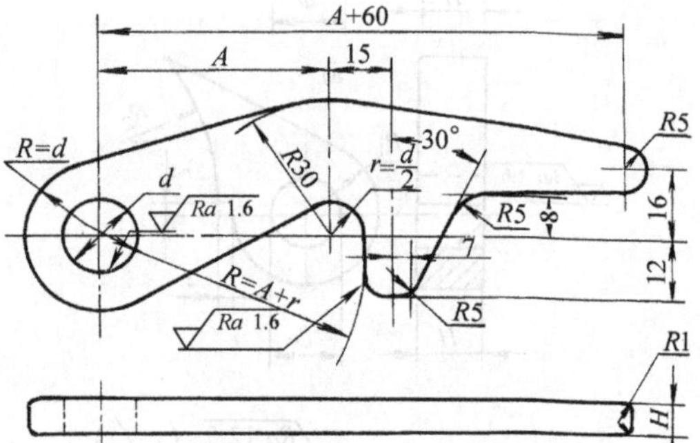

图 7-71　铰链式金属型用偏心锁锁扣的结构

注：材料为 45 钢，硬度为 33～38HRC。

表7-53　铰链式金属型用偏心锁锁扣的尺寸（见图7-71）

（单位：mm）

d	A	H
16.2	50	6
	60	8
	80	10
18.2	60	
	80	
20.2	80	12

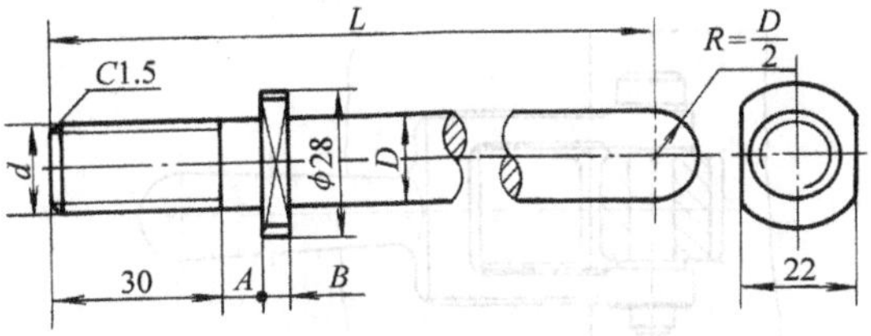

图7-72　铰链式金属型用偏心锁手把的结构

注：材料为45钢，硬度为33～38HRC。

表7-54　铰链式金属型用偏心锁手把的尺寸（见图7-72）

（单位：mm）

d	D	L	A	B
M16	16	160	8	5
M18	18	190	12	6
M20	20	220	16	8

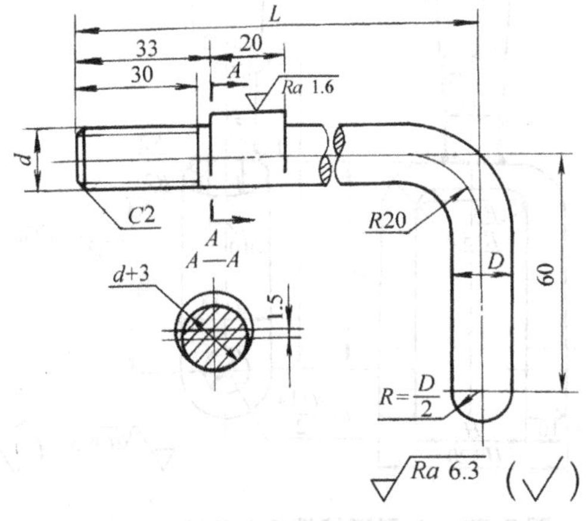

图7-73　铰链式金属型用偏心锁偏心手把的结构

注：材料为45钢，硬度为33～38HRC。

表7-55　铰链式金属型用偏心锁偏心手把的尺寸（见图7-73）

（单位：mm）

d	D	L
M16	16	160
M18	18	190
M20	20	220

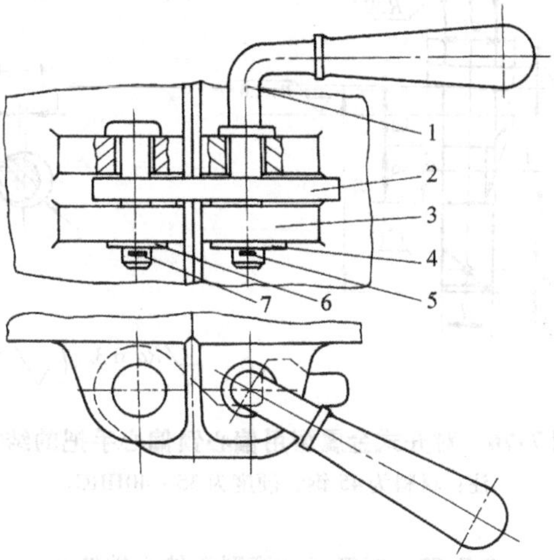

图7-74　对开式金属型用偏心锁

1—手把　2—锁扣　3—型耳　4—垫圈

5—开口销　6—垫圈　7—轴销

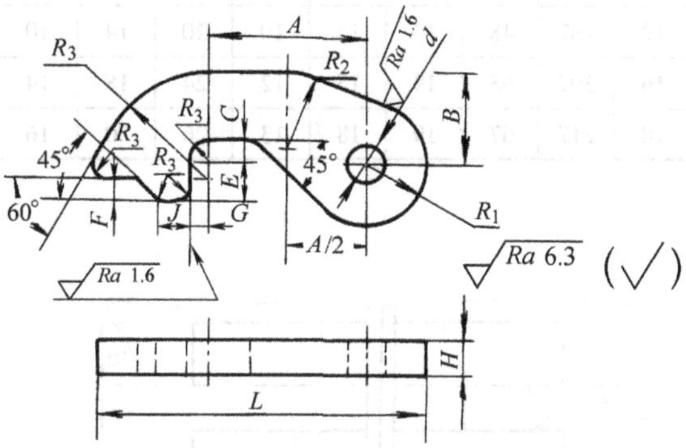

图7-75　对开式金属型用偏心锁锁扣的结构

注：材料为45钢，硬度为35～40HRC。

表7-56　对开式金属型用偏心锁锁扣的尺寸（见图7-75）

（单位：mm）

A	L	d	R_1	R_2	R_3	B	C	E	F	G	J	H
40	88	10.5	16	20	30	25	6	10	6	4.5	9	10
50	112	12.5	18	27	48	33	8	13	7	6.5	10	12
60	136	12.5	24	33	48	40	0	17	9	7.5	13	15

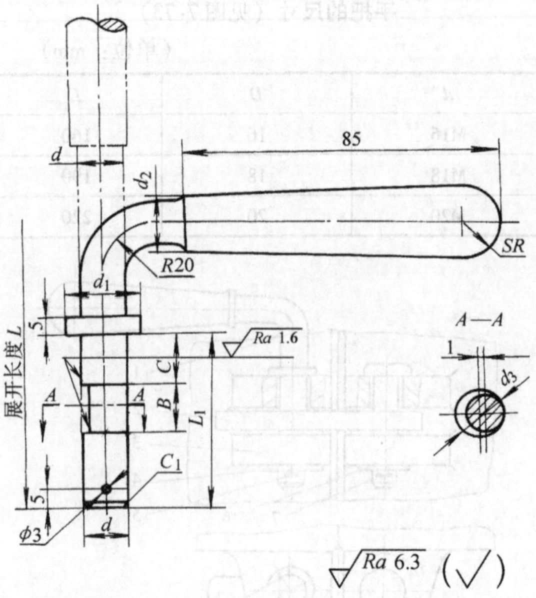

图 7-76　对开式金属型用偏心锁偏心手把的结构

注：材料为 45 钢，硬度为 35 ~40HRC。

表 7-57　对开式金属型用偏心锁偏心手把的尺寸（见图 7-76）

（单位：mm）

d	L	L_1	C	B	SR	d_1	d_2	d_3
12	187	48	14	13	10	20	14	10
16	207	63	19	15	12	24	18	14
18	217	67	19	18	13	26	20	16

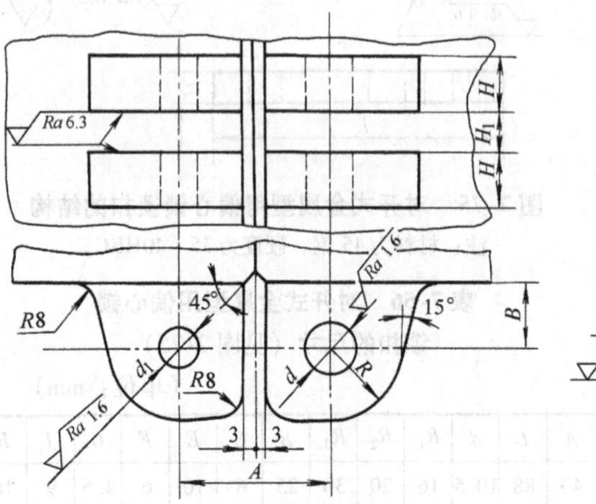

图 7-77　对开式金属型安装偏心锁的型耳结构

表 7-58　对开式金属型安装偏心锁的型耳尺寸（见图 7-77）

（单位：mm）

A	H	H_1	R	d	d_1	B
40	15	11	20	12.5	10.5	18
50	20	13	20	16.5	12.5	20
60	20	16	24	18.5	12.5	26

（2）摩擦锁　摩擦锁结构简单，使用方便，常用于中小型金属型。其结构和尺寸见图 7-78 ~ 图 7-82及表 7-59 和表 7-62。

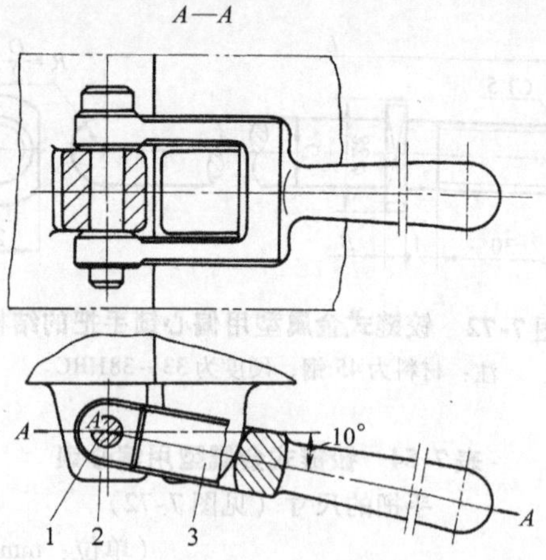

图 7-78　摩擦锁

1—销子　2—半型的凸耳　3—摩擦固紧手把

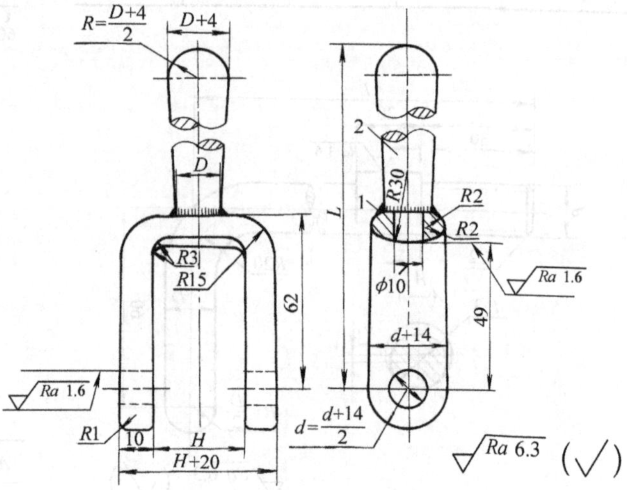

图 7-79　A 型摩擦锁手把的结构

1—摩擦块　2—手柄

注：材料为 45 钢，硬度为 33 ~38HRC。

表7-59 A型摩擦锁固紧手把的尺寸（见图7-79）

（单位：mm）

H	*d* 公称尺寸	*d* 极限偏差（H8）	*L*	*D*
21	12	+0.033 0	150	16
31			160	18
46	14	+0.039 0	170	20

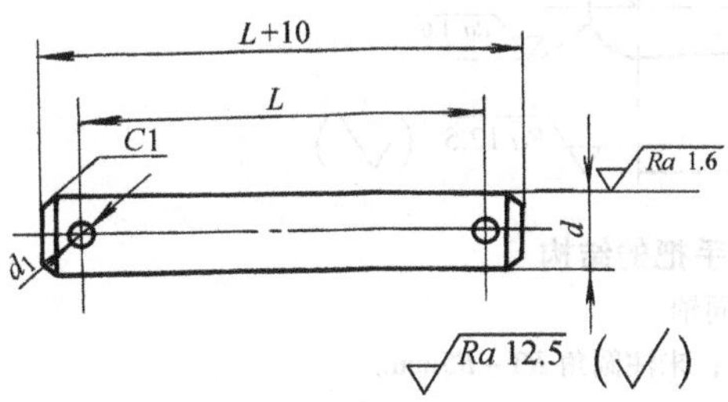

图7-80 销子的结构

注：材料为45钢，硬度为33～38HRC。

表7-60 销子尺寸（见图7-80）

（单位：mm）

d 公称尺寸	*d* 极限偏差 h8	*d* 极限偏差 f9	*L*	d_1
12	0 −0.027	−0.016 −0.059	33	2.5
			38	
			48	
			58	
14			75	3
			80	
			90	
			100	
			110	
			120	

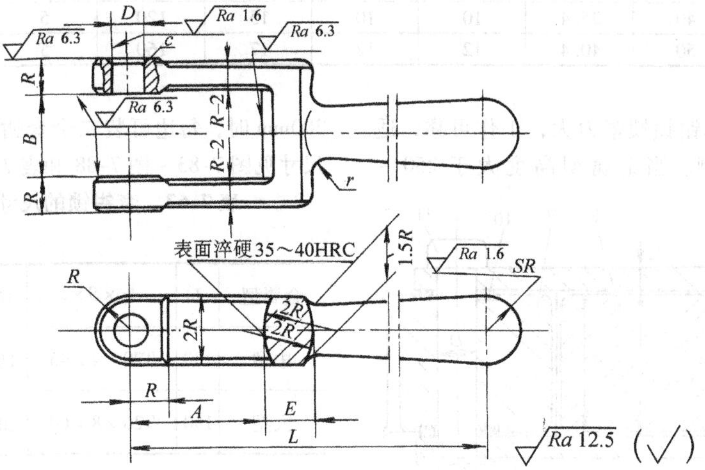

图7-81 B型摩擦锁固紧手把的结构

注：1. 叉头不得歪扭，保证孔*D*上下同轴。

2. 未注倒角均按（1～1.5mm）×15°；未注圆角*R*3～*R*5mm。

3. 材料为45钢。

表7-61 B型摩擦锁固紧手把的尺寸（见图7-81）

（单位：mm）

金属型尺寸	*A*	*B*	*D*	*R*	*E*	*L*	*r*	*c*
<200×200	40	25.4	10	10	15	120	5	*C*1
<350×350	50	40.4	12	12	17	160	5	*C*1

注：金属型尺寸是指具有凸耳的侧面面积。

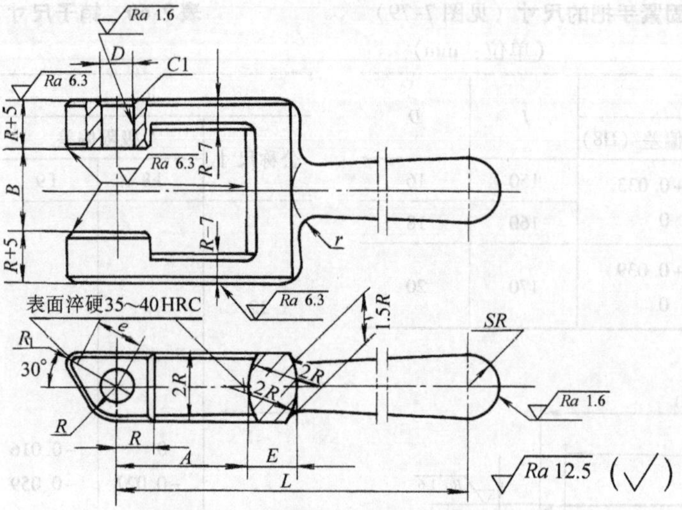

图 7-82　C 型摩擦锁固紧手把的结构

注：1. 叉头不得歪扭，保证孔距 D 上下同轴。

2. 未注倒角均按（1～1.5mm）×45°；未注圆角 R3～R5mm。

3. 材料为 45 钢。

表 7-62　C 型摩擦锁固紧手把的尺寸（见图 7-82）　（单位：mm）

金属型尺寸	A	B	D	SR	E	L	r	e	R_1
<200×200	40	25.4	10	10	15	120	5	14	3
<350×350	50	40.4	12	12	17	160	5	16	4

（3）套钳锁　套钳锁锁紧力大，工作可靠，适用于大、中型金属型。当金属型高度大于 250～300mm 时，每边可装二个套钳锁。套钳锁的结构及尺寸见图 7-83～图 7-88 和表 7-63～表 7-68。

表 7-63　套钳锁的尺寸（见图 7-83）

（单位：mm）

金属型	L	$d_0 \times S \times l$	D	E	H	C	K	B
中型	130	T20×4×45	16	78	75	10	30	35
大型	150	T26×8×60	20	103	100	12	40	45

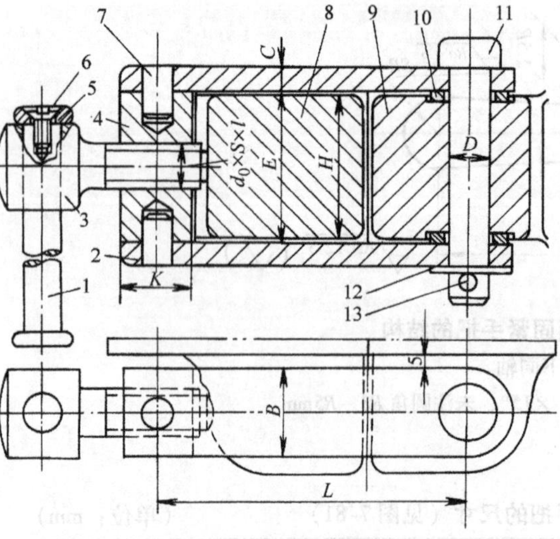

图 7-83　套钳锁的结构

1—手柄　2—夹板　3—螺杆　4—平板　5—挡块　6—螺钉　7—销钉　8、9—凸耳　10—垫铁　11—转轴　12—垫片　13—开口销

注：两块夹板应保证平行。

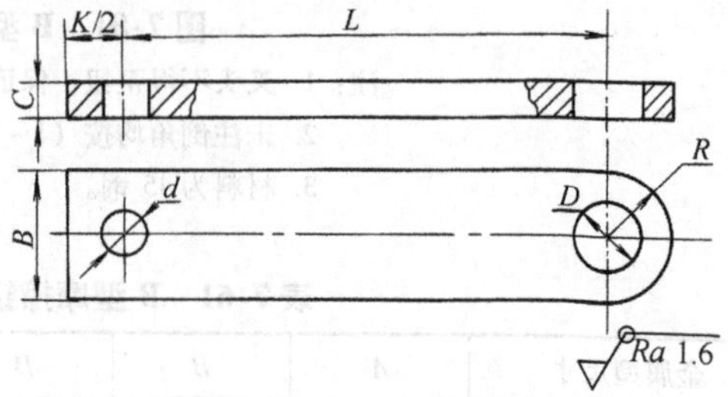

图 7-84　夹板的结构

注：材料为 45 钢。

表 7-64　夹板的尺寸（见图 7-84）　（单位：mm）

金属型	L	K	C	D 公称尺寸	D 极限偏差(H8)	d 公称尺寸	d 极限偏差(f7)	R	B
中型	130	30	10	16	+0.027 0	13	−0.016 −0.034	17.5	35
大型	150	40	12	20	+0.033 0	16	−0.016 −0.034	22.5	45

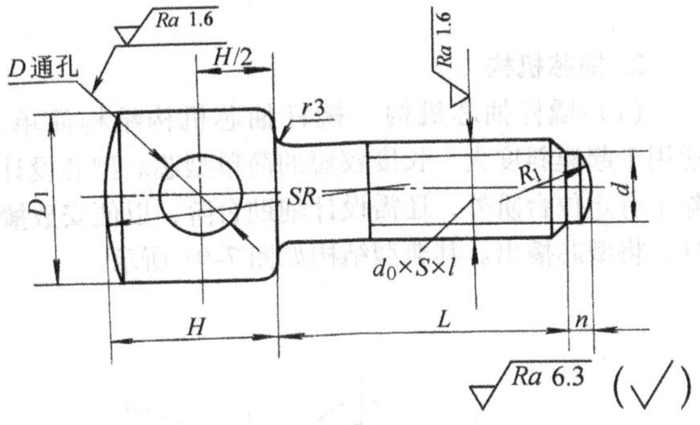

图 7-85　螺杆的结构

注：材料为 45 钢，硬度为 33～38HRC。

表 7-65　螺杆的尺寸（见图 7-85）　（单位：mm）

金属型	$d_0 \times S \times l$	d	n	R_1	D_1	D	SR	H	L
中型	T20×4×45	15.5	6	15	34	15	25	32	65
大型	T26×8×60	17	8	20	40	20	30	35	85

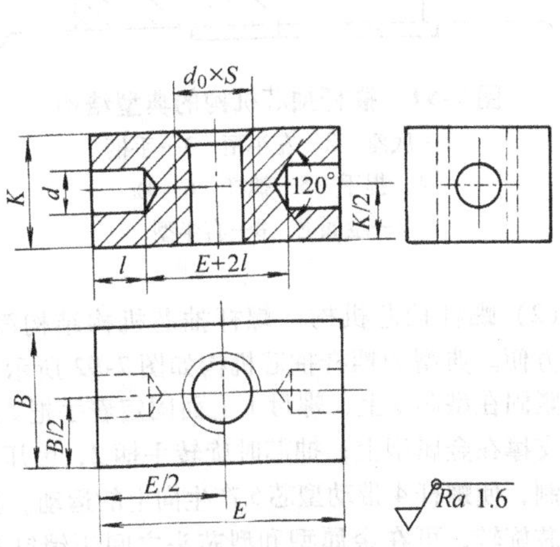

图 7-86　平板的结构

注：材料为 45 钢，硬度为 33～38HRC。

表 7-66　平板的尺寸（见图 7-86）　（单位：mm）

金属型	$d_0 \times S$	d 公称尺寸	d 极限偏差(f7)	l	K	B	E
中型	T20×4	13	−0.016 −0.034	20	30	35	78
大型	T26×8	16	−0.016 −0.034	25	40	45	103

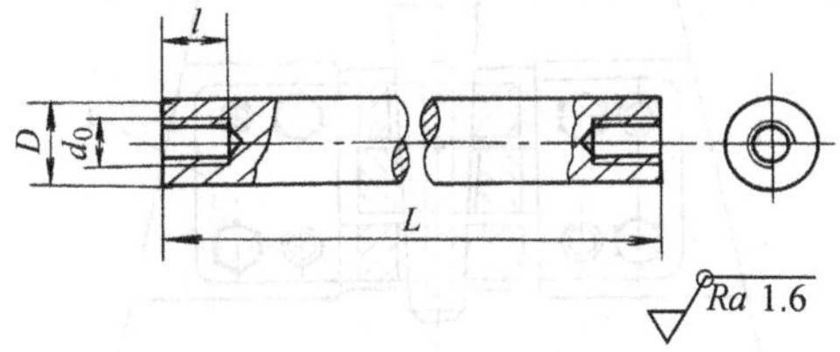

图 7-87　手柄的结构

注：材料为 45 钢。

表 7-67　手柄的尺寸（见图 7-87）　（单位：mm）

金属型	d_0	l	D	L
中型	M8	15	15	200
大型	M10	20	20	250

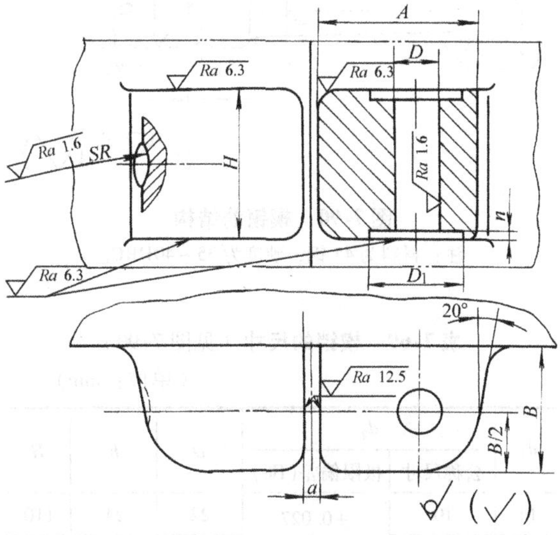

图 7-88　凸耳的结构

表7-68　凸耳的尺寸（见图7-88）　（单位：mm）

金属型	D		A	B	H	a	SR	D_1	n
	公称尺寸	极限偏差(H8)							
中型	16	+0.027 0	38	45	75	8	20	50	2.5
大型	20	+0.033 0	42	55	100	8	25	54	3.5

（4）楔销锁　楔销锁的结构如图7-89所示，主要用于铰链式金属型。两个凸耳上都有穿孔的锥孔，锥孔的斜度均为4°~5°。图7-90所示为楔销的结构；表7-69所列为其尺寸。

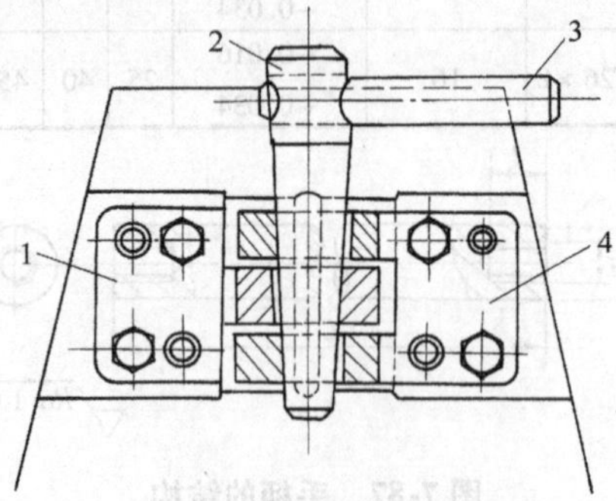

图7-89　楔销锁的结构

1、4—凸耳　2—楔销　3—手柄

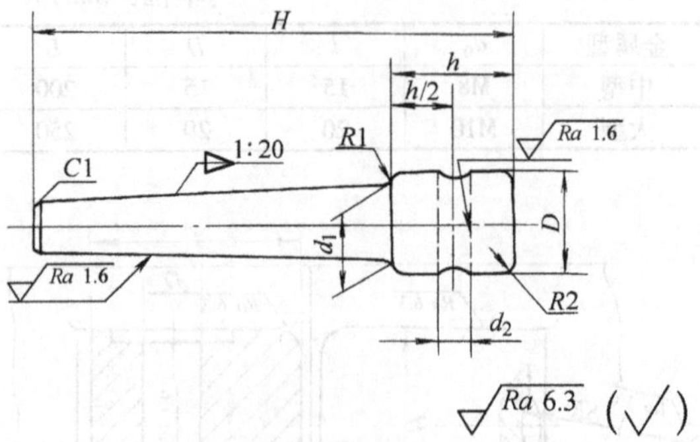

图7-90　楔销的结构

注：材料为45钢，硬度为35~40HRC。

表7-69　楔销的尺寸（见图7-90）

（单位：mm）

d_1	d_2		D	h	H
	公称尺寸	极限偏差（H8）			
14	10	+0.027 0	22	24	110
18	15		26	28	130

2. 抽芯机构

（1）撬杆抽芯机构　撬杆抽芯机构结构简单，适用于起模斜度大、长度较短的简单型芯。型芯设计除了有定位台阶外，还需设计辅助台阶，以便安放撬杆，将型芯撬出。其典型结构如图7-91所示。

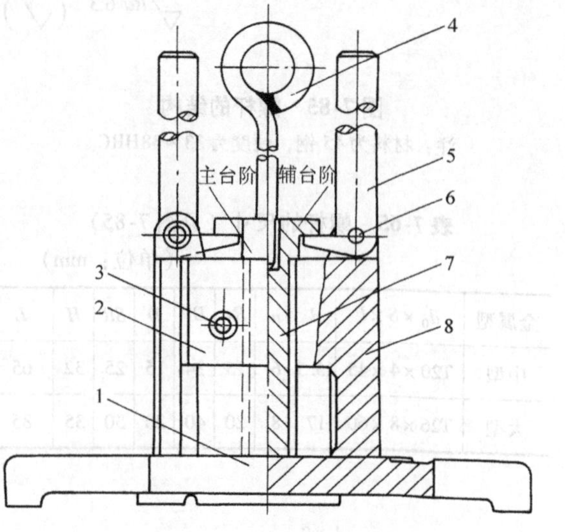

图7-91　撬杆抽芯机构的典型结构

1—底座　2—左半型　3—手柄
4—提手　5—撬杆　6—轴
7—金属芯　8—右半型

（2）螺杆抽芯机构　螺杆抽芯机构结构简单，操作方便。典型的螺杆抽芯机构如图7-92所示。螺杆4紧固在型芯5上，螺母1上面固定着手把2，压块3支撑在金属型上；抽芯时旋转手柄2，因压块3的限制，使螺杆4带动型芯5产生向上的运动。为防止型芯旋转，可在金属型和型芯头之间用销钉6固定。螺杆抽芯机构主要用于抽拔上型芯，也可用于抽拔侧型芯。其结构及尺寸见图7-93~图7-97和表7-70~表7-74。

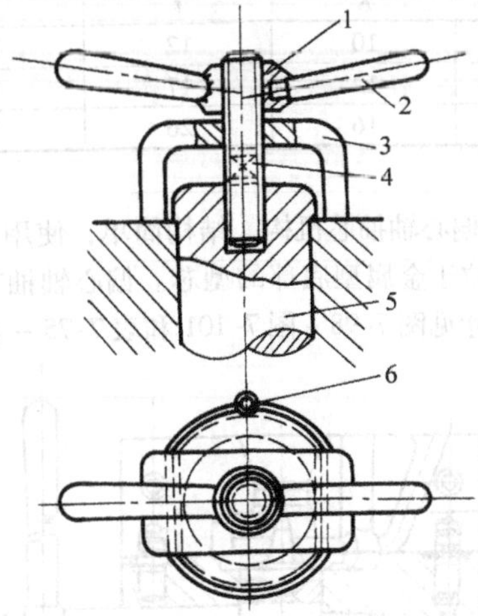

图 7-92　螺杆抽芯机构
1—螺母　2—手把　3—压块
4—螺杆　5—型芯　6—销钉

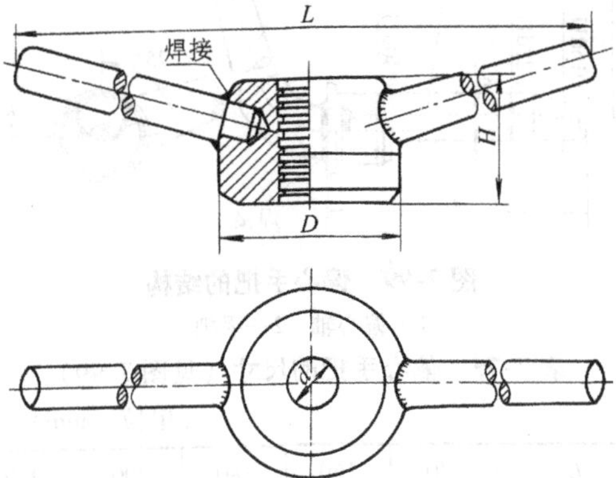

图 7-93　抽芯手把的结构
注：材料为 45 钢硬度为 33 ~ 38HRC。

表 7-70　抽芯手把的尺寸（见图 7-93）
（单位：mm）

d	D	H	L
T16 ×4	50	35	≈400
T20 ×4	60	40	≈450
T30 ×6	70	50	≈500

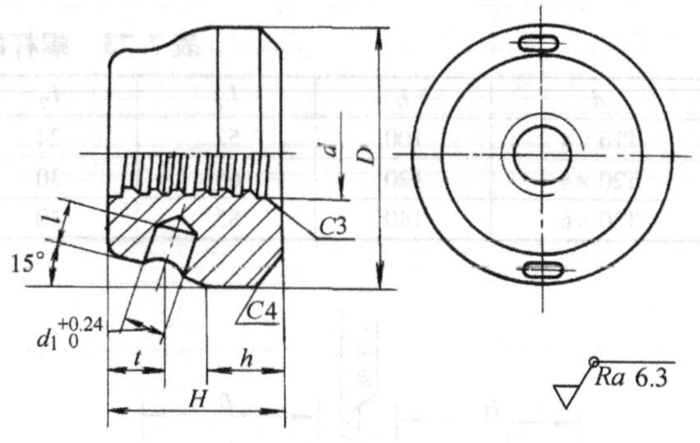

图 7-94　螺母的结构
注：材料为 45 钢硬度为 33 ~ 38HRC。

表 7-71　螺母的尺寸（见图 7-94）
（单位：mm）

d	D	H	h	t	d_1	l
T16 ×4	50	35	11	12	10	10
T20 ×4	60	40	15	12	12	12
T30 ×6	70	50	20	15	16	16

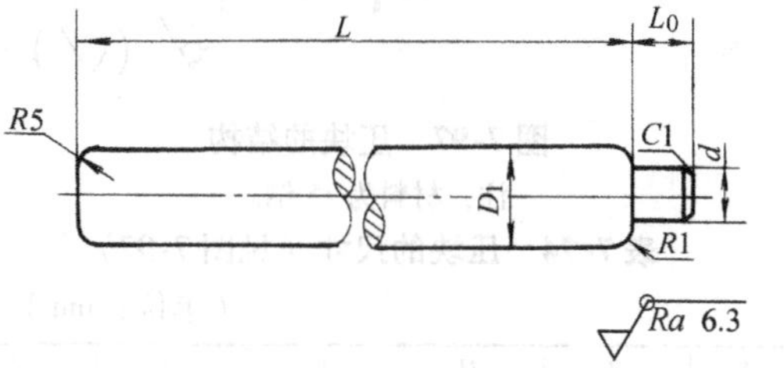

图 7-95　手把的结构
注：材料为 45 钢硬度为 33 ~ 38HRC。

表 7-72　手把的尺寸（见图 7-95）
（单位：mm）

D_1	L	d		L_0
		公称尺寸	极限偏差	
15	180	10	0 +0.24	10
16	200	12		12
20	220	16		16

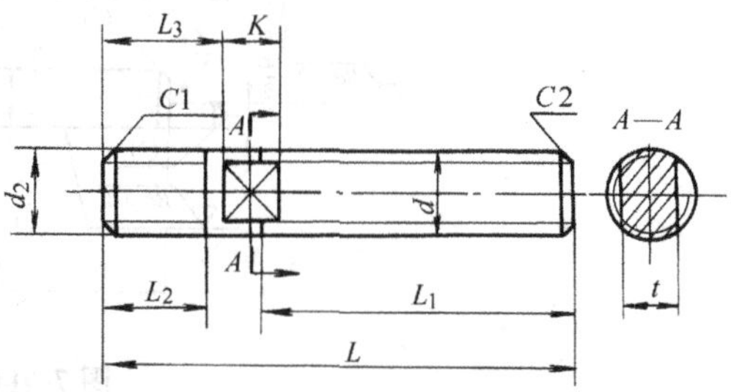

图 7-96　螺杆的结构
注：材料为 45 钢，硬度为 33 ~ 38HRC。

表 7-73　螺杆的尺寸（见图 7-96）　　（单位：mm）

d	L	L_1	L_2	L_3	K	t	d_2
T16 ×4	100	52	24	26	10	12	M16
T20 ×4	120	65	30	32	12	17	M20
T30 ×6	140	85	40	43	16	26	M30

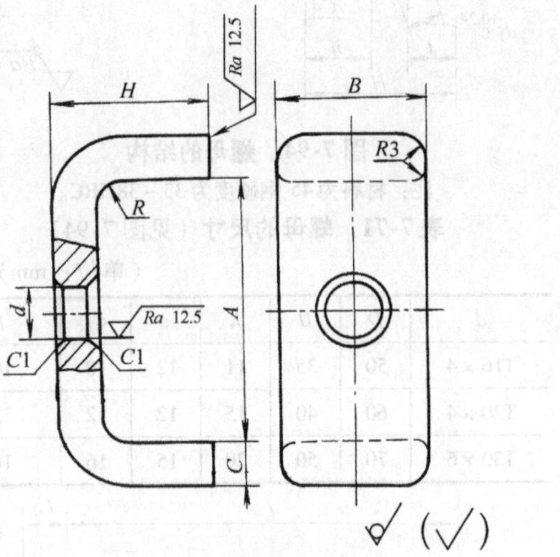

图 7-97　压块的结构

注：材料为 35 钢。

表 7-74　压块的尺寸（见图 7-97）

（单位：mm）

<table>
<tr><th>A</th><th>B</th><th>H</th><th>C</th><th>R</th><th>d</th></tr>
<tr><td>50</td><td rowspan="3">40</td><td rowspan="3">50</td><td rowspan="3">12</td><td rowspan="3">5</td><td rowspan="3">17</td></tr>
<tr><td>70</td></tr>
<tr><td>90</td></tr>
<tr><td>110</td><td rowspan="7">60</td><td rowspan="5">60</td><td rowspan="3">16</td><td rowspan="5">10</td><td rowspan="5">21</td></tr>
<tr><td>130</td></tr>
<tr><td>150</td></tr>
<tr><td>170</td><td rowspan="2">18</td></tr>
<tr><td>180</td></tr>
<tr><td>210</td><td rowspan="2">70</td><td rowspan="2">20</td><td rowspan="2">15</td><td rowspan="2">31</td></tr>
<tr><td>230</td></tr>
</table>

（3）偏心轴抽芯机构　结构简单，使用方便，适合于抽拔位于金属型底部的型芯。偏心轴抽芯机构的结构和尺寸见图 7-98 ~ 图 7-101 和表 7-75 ~ 表 7-77。

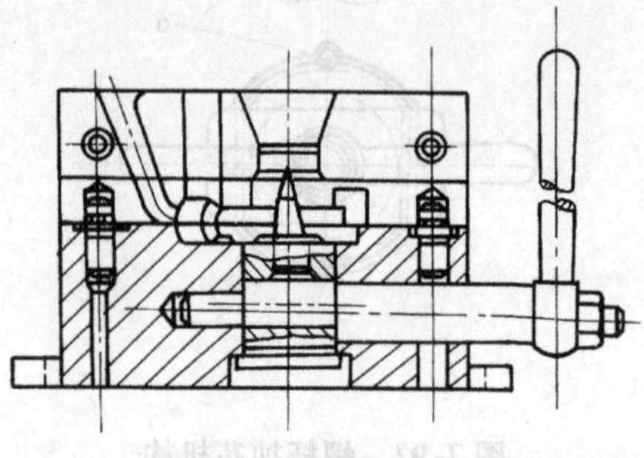

图 7-98　偏心轴抽芯机构

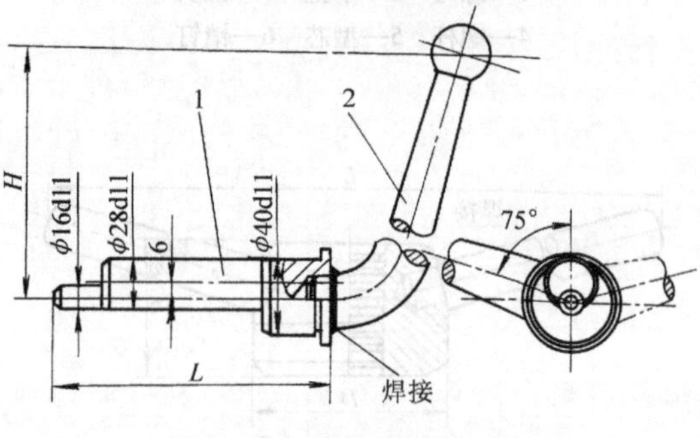

图 7-99　偏心手把的结构

1—偏心轴　2—手把

表 7-75　偏心手把的尺寸（见图 7-99）

（单位：mm）

<table>
<tr><td>L</td><td>140</td><td>160</td><td>180</td><td>200</td><td>250</td></tr>
<tr><td>H</td><td>250</td><td colspan="2">300</td><td colspan="2">360</td></tr>
</table>

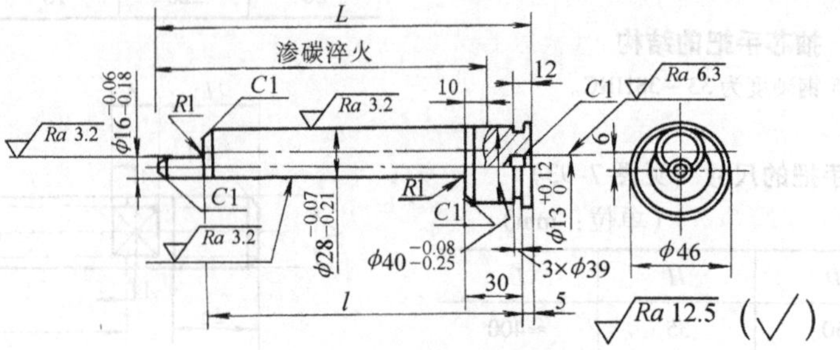

图 7-100　偏心轴的结构

注：材料为 25 钢；渗碳淬火：渗碳深度为 0.8 ~ 1.2mm，硬度为 40 ~ 45HRC。

（允许用 T8A 代替，硬度为 45 ~ 50HRC）

表 7-76 偏心轴的尺寸（见图 7-100）

（单位：mm）

L	140	160	180	200	250
l	110	130	150	170	220

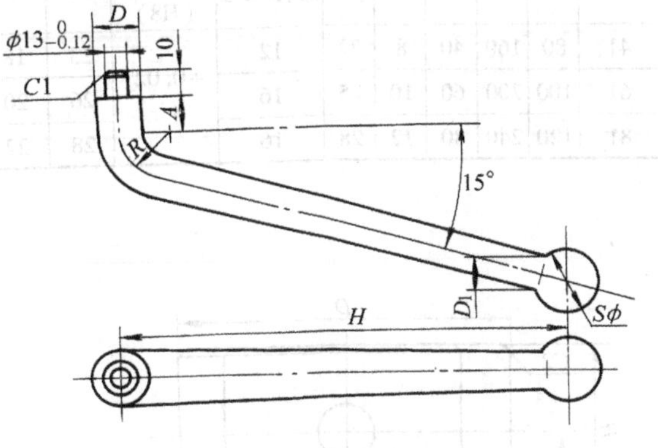

图 7-101 手把的结构

注：材料为 45 钢，硬度为 33～38HRC。

表 7-77 手把的尺寸（见图 7-101）

（单位：mm）

H	D	Sϕ	D_1	A	R
150	20	20	15	—	20
200	24	24	18	10	22
250				30	30
300	30	30	20		
360					

（4）偏心轮抽芯机构　主要用于抽拔金属型上部或侧面的型芯。几种偏心轮抽芯机构的结构和尺寸见图 7-102～图 7-107 和表 7-78～表 7-82。

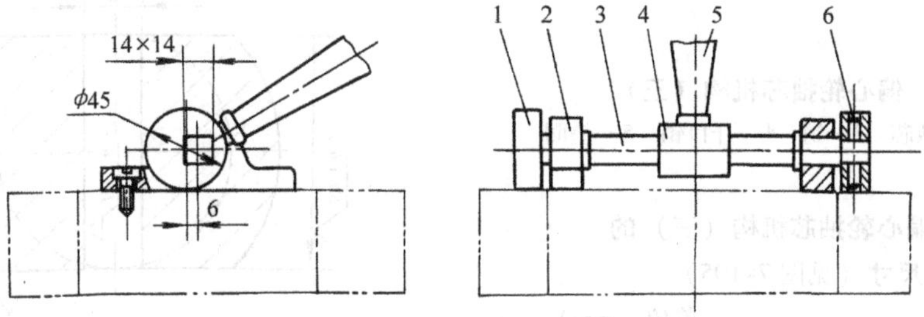

图 7-102 偏心轮抽芯机构（一）

1—偏心轮　2—支架　3—轴　4—连接管　5—手柄　6—圆柱销

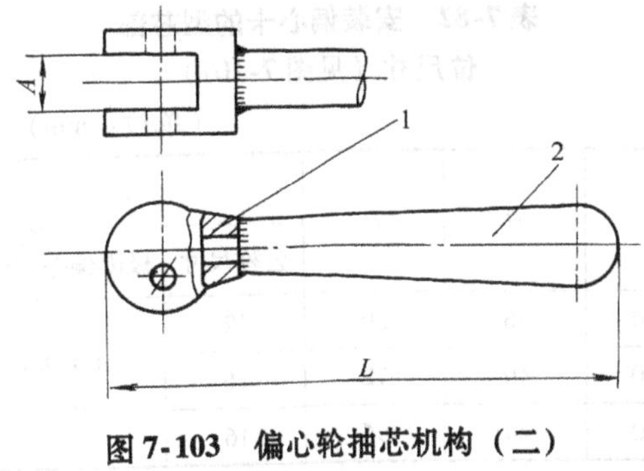

图 7-103 偏心轮抽芯机构（二）

1—叉形偏心轮　2—手柄

表 7-78 偏心轮抽芯机构（二）的主要尺寸（见图 7-103）

（单位：mm）

A	L
22	200
32	300

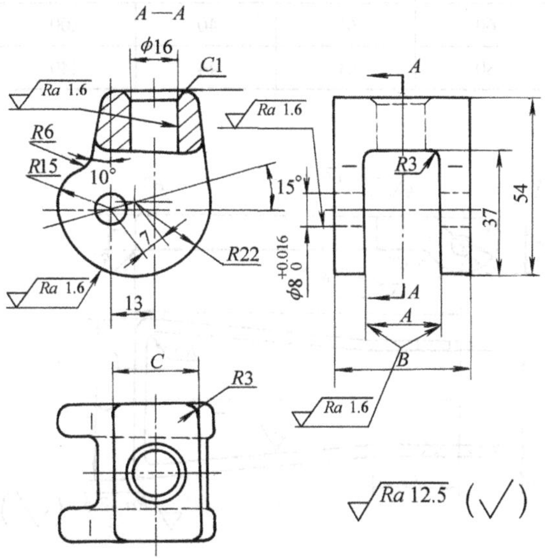

图 7-104 叉形偏心轮的结构

注：材料为 45 钢，硬度为 40～45HRC。

表 7-79　叉形偏心轮的尺寸（见图 7-104）

（单位：mm）

A	B	C
22	42	28
32	56	30

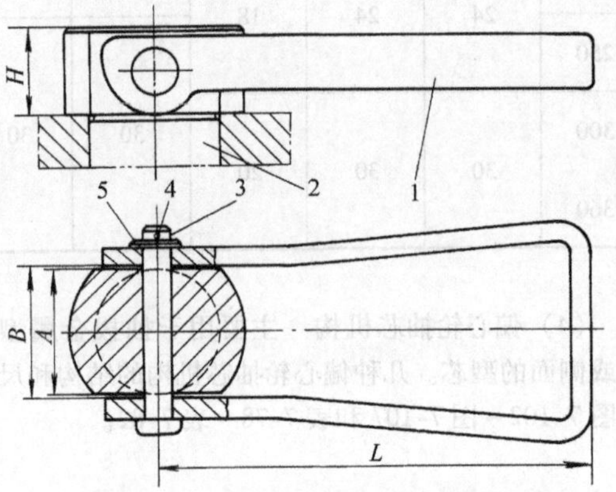

图 7-105　偏心轮抽芯机构（三）

1—偏心卡　2—型芯　3—销　4—开口销　5—垫圈

表 7-80　偏心轮抽芯机构（三）的主要尺寸（见图 7-105）

（单位：mm）

A	B	H	L
40	41	36	160
60	61	40	200
80	81	44	240

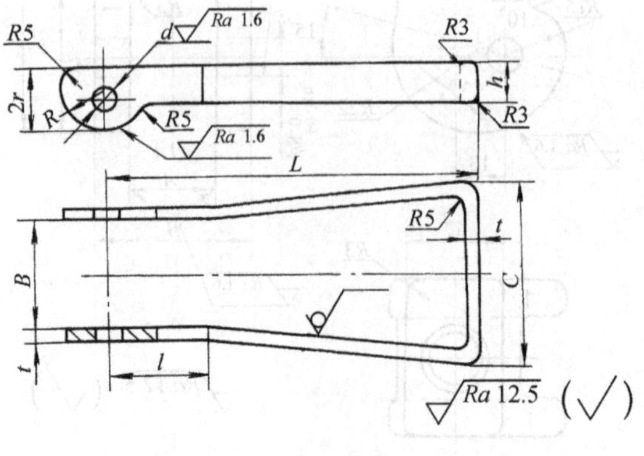

图 7-106　偏心卡的结构

注：材料为 45 钢，硬度为 40 ~ 45HRC。

表 7-81　偏心卡的尺寸（见图 7-106）

（单位：mm）

B	C	L	l	t	h	d 公称尺寸	d 极限偏差(H8)	R	r
41	80	160	40	8	22	12	+0.027 0	23	18
61	100	200	60	10	25	16		26	20
81	120	240	80	12	28	16		28	22

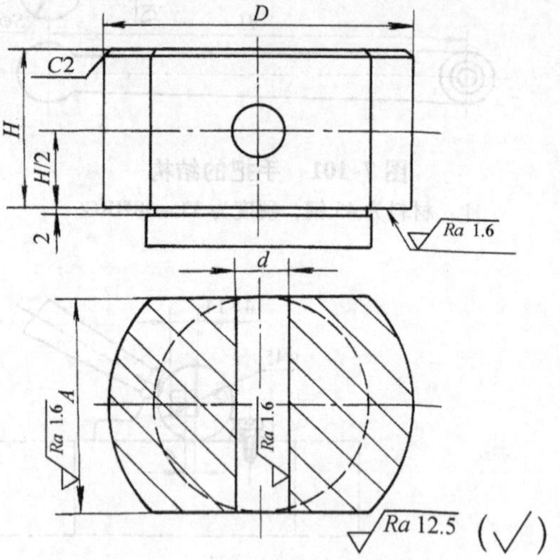

图 7-107　安装偏心卡的型芯部位

表 7-82　安装偏心卡的型芯部位尺寸（见图 7-107）

（单位：mm）

A	H	D	d 公称尺寸	d 极限偏差(H8)
40	36	50	12	+0.027 0
60	40	72	16	
80	44	96	16	

（5）齿轮-齿条抽芯机构　齿轮-齿条抽芯机构应用较为广泛，抽芯平稳、抽芯距离大、省力，但结构较为复杂，一般用于抽拔金属型底部或侧面的型芯。常用的齿轮-齿条抽芯机构类型如图 7-108 ~ 图 7-111 所示。图 7-109 中尺寸常取 $A = 250 \sim 350$mm；$H = 35 \sim 75$mm；$L = 190 \sim 245$mm。图 7-110 中尺寸常取 $A = 295 \sim 420$mm；$D = 100 \sim 150$mm；$L = 450 \sim 550$mm。图 7-111 中尺寸常取 $A = 295 \sim 420$mm；$L =$

450～550mm；D 一般不受限制，最大到185mm。

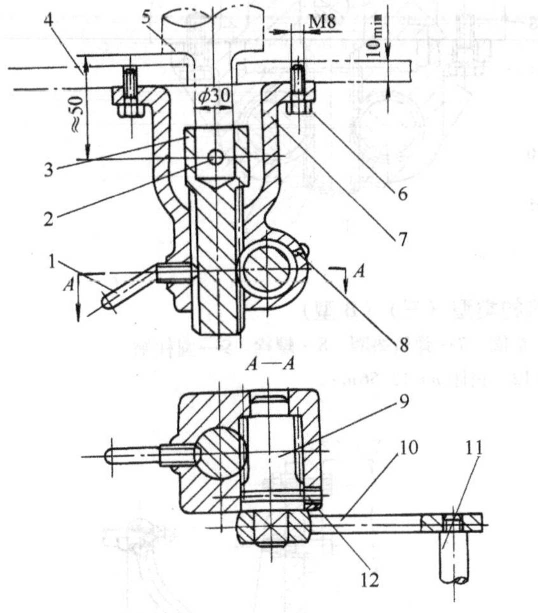

图 7-108　齿轮-齿条抽芯机构类型（一）

1—压紧螺钉　2—插销　3—齿条　4—底座　5—型芯　6—螺栓　7—壳体　8—油杯　9—齿轮　10—摇臂　11—手柄　12—止动螺钉

注：模数 $m=2.5$mm，齿数 $z=12$，齿距 $p=7.85$mm。

（6）蜗轮-蜗杆抽芯机构　用于专用金属型铸造机上抽拔较大的型芯。常用的机构如图 7-112 所示。

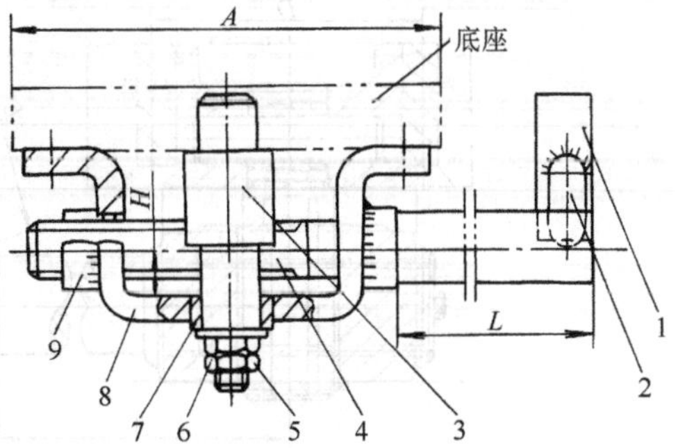

图 7-109　齿轮-齿条抽芯机构类型（二）

1—配重　2—连杆　3—齿轮　4—齿条　5—螺母　6—垫圈　7、9—导套　8—支架

注：模数 $m=3$mm，齿数 $z=12$，齿距 $p=9.42$mm。

3. 铸件顶出机构

设计铸件顶出机构时，应先确定铸件在开型后所停留的位置。有时利用型芯、镶块、活块以及浇注系统等使铸件浇注后停留在合适的位置，不设置专门的顶出机构就可以方便地从铸型中取出铸件。表 7-83 列出了使铸件在金属型的指定位置停留的方法。顶杆位置的选择应使铸件均匀顶出，防止铸件产生变形及其他一些缺陷。应注意：①顶杆应布置在铸件受夹紧力最大的地方；②顶杆的数量应足够多，并且分布合理；③顶杆与铸件接触面积应足够大，防止铸件发生局部变形和在铸件表面产生压痕；④顶杆应尽可能地布置在浇冒口上或铸件需机械加工的部位；⑤当铸件结构不宜布置顶杆时，可设置专门的工艺凸台。常见的顶出机构类型、特点与应用见表 7-84。

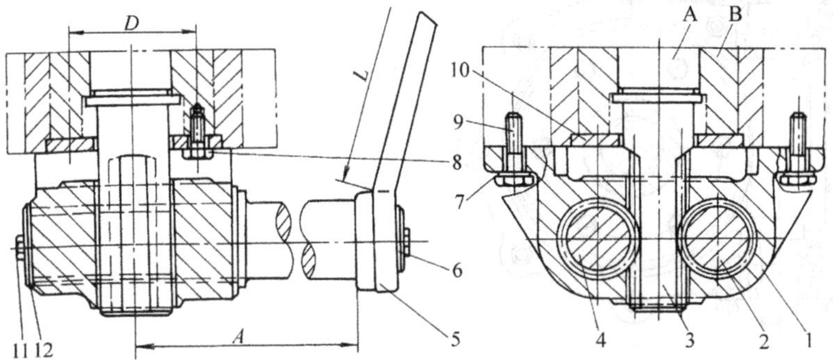

图 7-110　齿轮-齿条抽芯机构类型（三）（A 型）

1—支架　2、4—齿轮　3—齿条　5—手柄　6、12—垫圈　7—弹簧垫圈　8、9、11—螺栓　10—圆环

注：模数 $m=4$mm，齿数 $z=12$，齿距 $p=12.56$mm。本抽芯机构可用于两次抽芯，先抽芯 A，然后通过圆环 10 带动型芯 B。

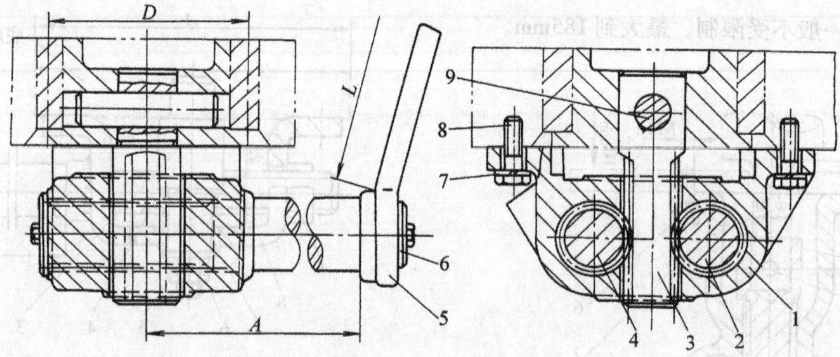

图7-111　齿轮-齿条抽芯机构类型（三）（B型）

1—支架　2、4—齿轮　3—齿条　5—手柄　6—垫圈　7—弹簧垫圈　8—螺栓　9—圆柱销

注：模数 $m=4$mm，齿数 $z=12$，齿距 $p=12.56$mm。

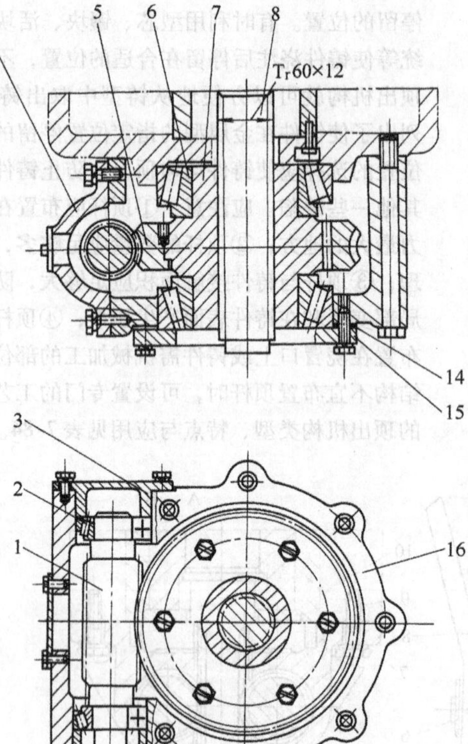

图7-112　蜗轮-蜗杆抽芯机构

1—蜗杆　2、6—轴承　3—压环　4—盖　5—蜗轮　7—蜗轮环　8—螺杆　9—手轮　10—支架　11—衬套　12—轴　13—套　14—垫片　15—圆环　16—壳体

注：端面模数 $m=6.1$mm，法向模数 $m=6$mm，蜗轮齿数 $z_2=40$，蜗杆头数 $z_1=2$。

表7-83 使铸件在金属型的指定位置停留的方法

图例	说明
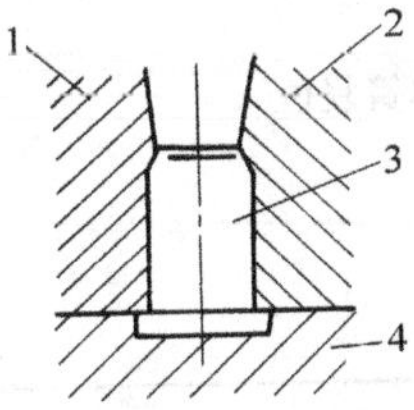 1—左半型 2—右半型 3—铸件 4—底座	设法将铸件的一部分设计在金属型底座内，开型后铸件停留于底座
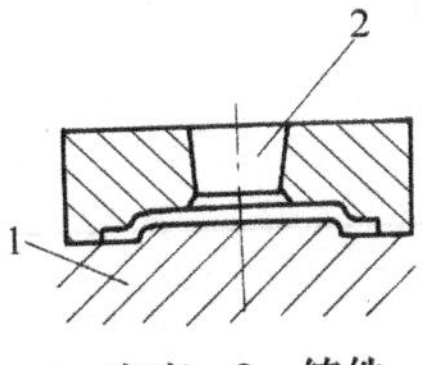 1—底座 2—铸件	若金属型底座有凸入铸件内的成形部分，开型后铸件停留于底座。适合内型矮、简单、斜度大的铸件
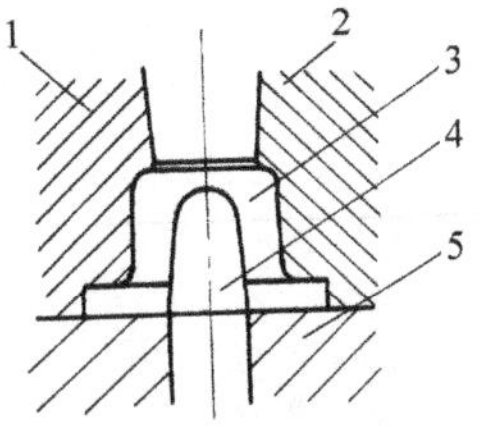 1—左半型 2—右半型 3—铸件 4—金属芯 5—底座	用底部金属芯固定铸件于底座。适宜于有金属芯的铸件
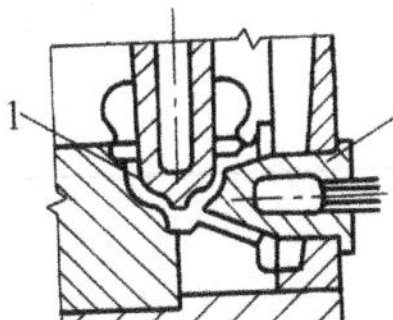 1—铸件 2—金属芯	利用侧面金属芯固定铸件于侧面
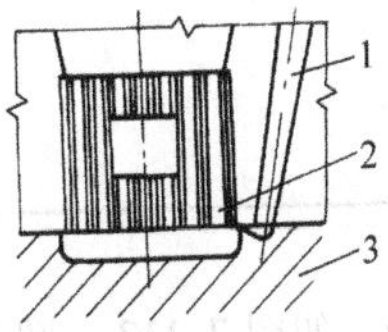 1—浇道 2—铸件 3—底座	利用浇道固定铸件

(续)

图例	说明
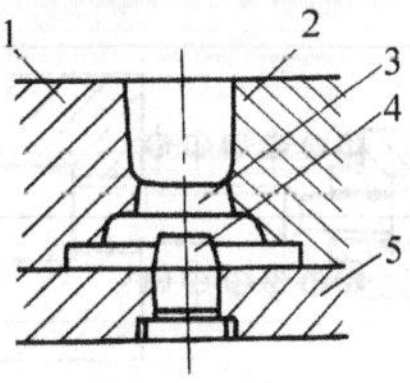 1—左半型 2—右半型 3—铸件 4—镶块 5—底座	利用镶块固定铸件
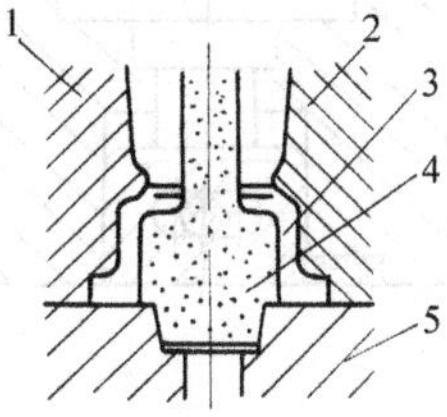 1—左半型 2—右半型 3—铸件 4—型芯 5—底座	利用砂芯或壳芯固定铸件
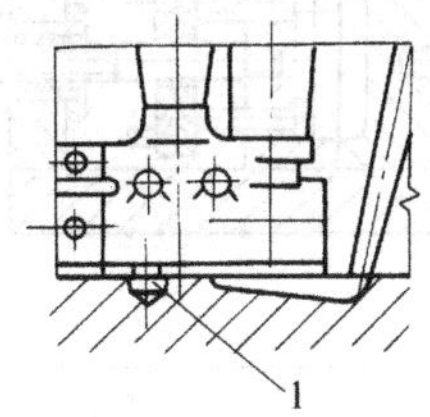 1—工艺凸块	利用工艺凸块配合浇道固定铸件
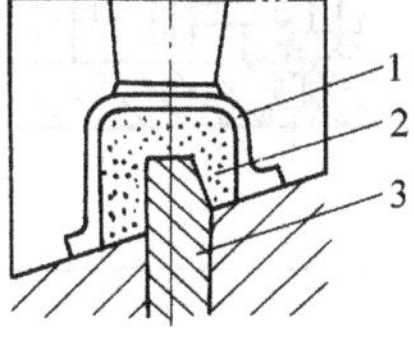 1—铸件 2—砂芯 3—镶块	将砂芯安装在镶块上固定铸件
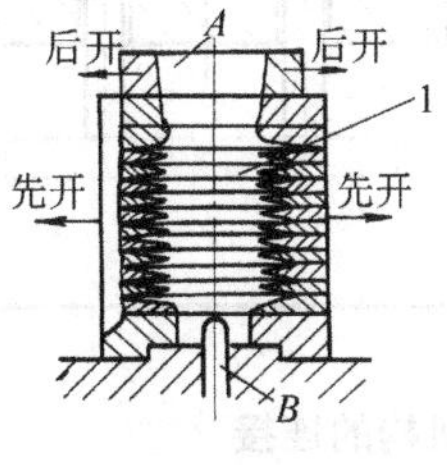 1—铸件	先开中部铸型，用下部型芯 *B* 和上部铸型 *A* 同时固定铸件。适用于高度尺寸大、定位性差及铸件形状有特殊工艺要求的铸件

表 7-84　常见的顶出机构类型、特点与应用

类　型	图　例	特点与应用
敲击顶出机构	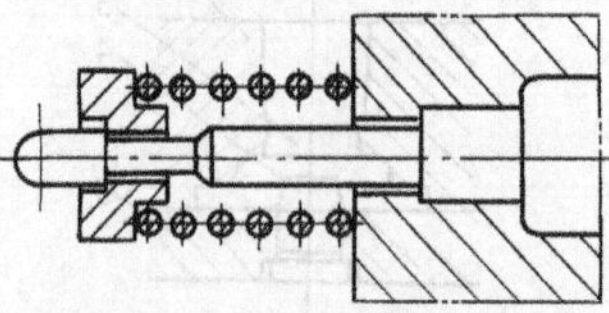	敲击顶杆将铸件顶出，利用弹簧复位 适用于简单小型铸件
偏心轴顶出机构	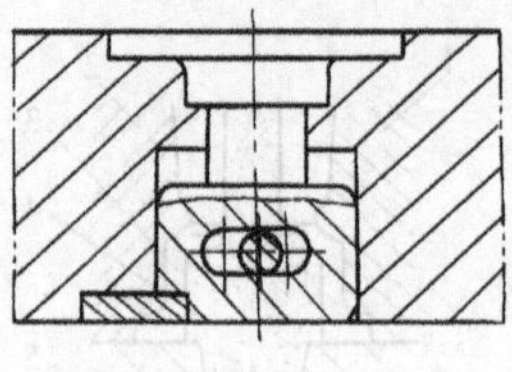	利用偏心轴推动顶杆顶出铸件，顶出距离一般在 20mm 以内，顶出力小 适用于顶出距离短的简单铸件
半型移动顶出机构	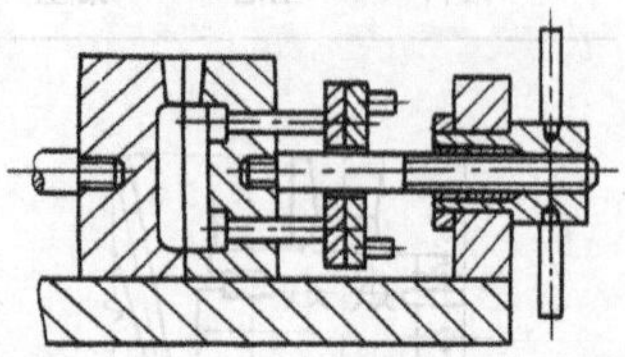	顶出机构随金属型移动，当顶杆板碰上螺杆支架时，顶出机构停止运动；当金属型继续进行开型动作时，铸件被顶出
半型固定顶出机构	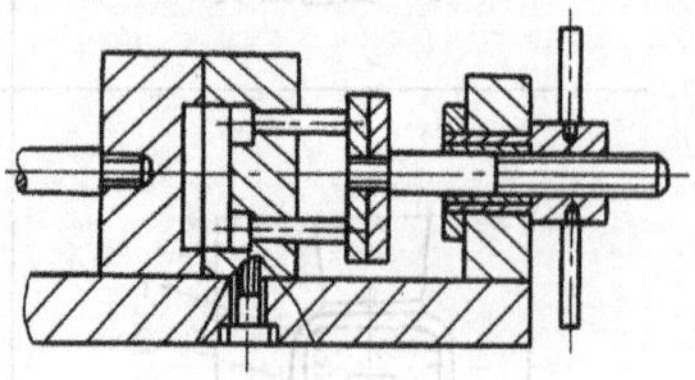	装有顶出机构的半型固定在铸造机的平台上，顶出机构和另一半铸型装在铸造机的安装板上，依靠铸造机的开（合）型机构顶出铸件
浮动顶杆顶出机构	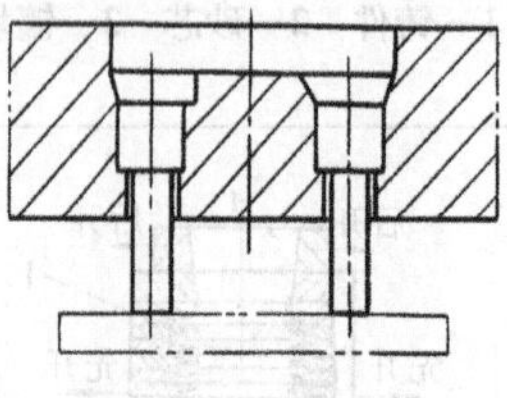	在金属型的下半型上安装浮动顶杆，利用铸造机上抽芯机构的向上运动来推动顶杆即可顶出铸件

4. 金属型型体与传动机构的连接

金属型型体与传动机构的连接方式有多种，如用螺纹、插销和 T 形槽连接等，如图 7-113 ~ 图 7-116 所示。插销连接时更换金属型方便，但结构较复杂，

同时要求插销应有足够的抗剪强度；T形槽连接结构简单，抗剪能力强，便于制造。这些方式也可用于金属型动型板与传动机构的连接。

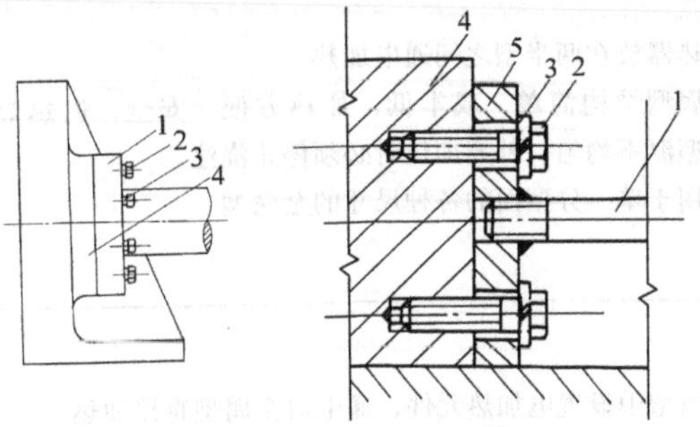

a)　　　　b)

图7-113　金属型型体与传动机构用螺钉连接

a）连杆和安装板一体　b）连杆和安装板分开

1—连杆　2—螺钉　3—垫圈　4—型体　5—安装板

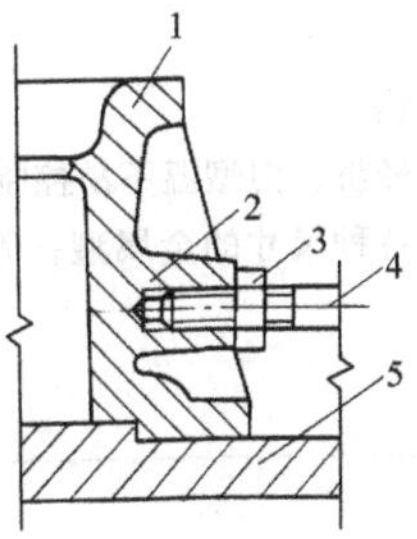

图7-114　金属型型体与传动机构用螺杆和锁紧螺母连接

1—型体　2—连接凸台　3—锁紧螺母　4—连杆　5—安装板

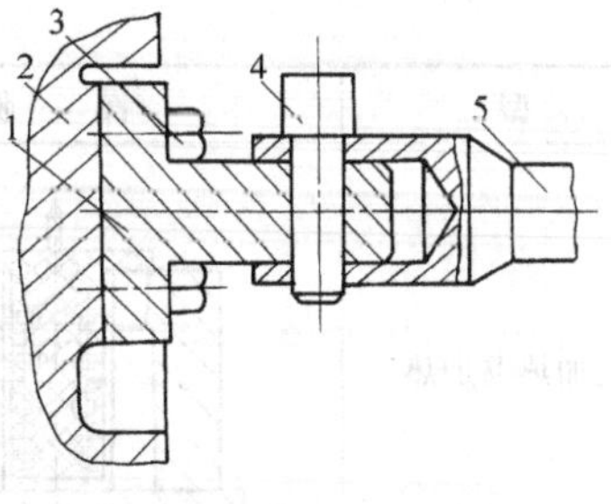

图7-115　金属型型体与传动机构用插销连接

1—接头　2—型体　3—螺钉　4—插销　5—连杆

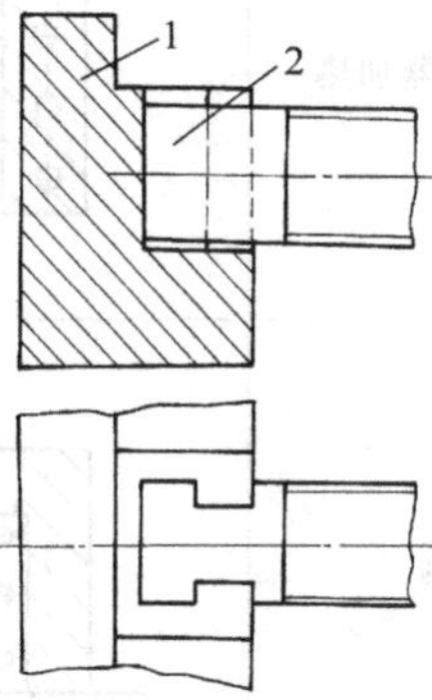

图7-116　金属型型体与传动机构用T形槽连接

1—型体　2—具有T形连接头的连杆

7.3.4　金属型的加热和冷却

1. 金属型的加热装置

（1）加热装置的类型与特点（见表7-85）

表7-85　金属型加热装置的类型与特点

类　型	图　例	特　点
箱式电阻炉加热	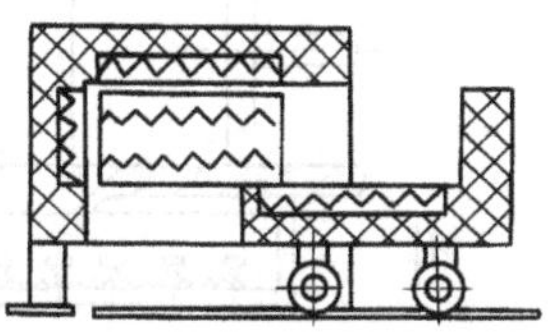	将金属型放入可移出底盘的箱式电炉中加热 金属型结构简单，成本低，型温均匀、加热效果好，但生产过程中加热困难 适用于多品种、中小型金属型加热
固定式电加热器加热	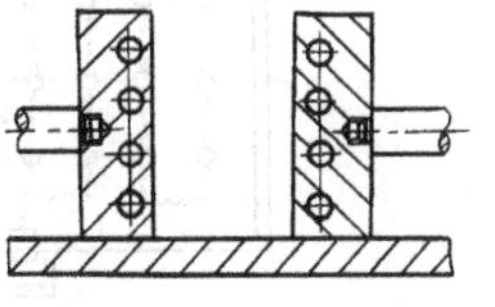	在金属型铸造机的安装板上设计电加热器，金属型安装在铸造机上加热 金属型结构简单，成本低，加热方便，在生产过程中容易补充加热，型温容易控制，但效率低、不安全 适用于中小型金属型加热

（续）

类　型	图　例	特　点
移动式电加热器加热	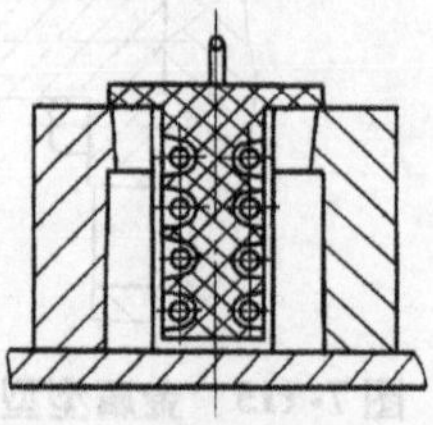	加热器放在两半型之间通电加热 金属型结构简单，成本低，加热方便、安全，但热效率低，型温不均匀，补充加热时必须停止浇注 适用于单一分型面的各种尺寸的金属型
直接式电加热器加热	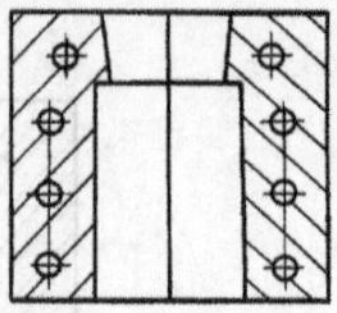	金属型中设置电加热元件，通电对金属型直接加热 热效率高，使用方便，型温容易控制，但金属型体积增大，成本高、不安全 适用于大量生产的大型金属型
燃气加热	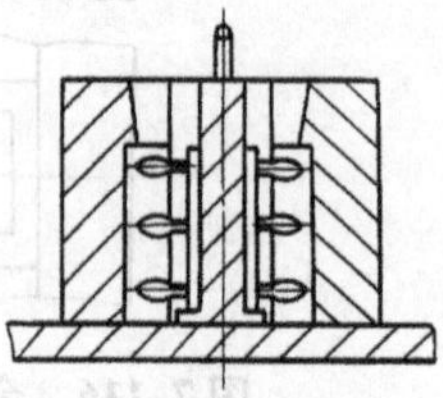	用燃气对金属型加热 使用方便、快捷、经济，但型温不易控制 移动式加热器用于各种尺寸的金属型；固定式加热器用于大型金属型
用熔融金属加热	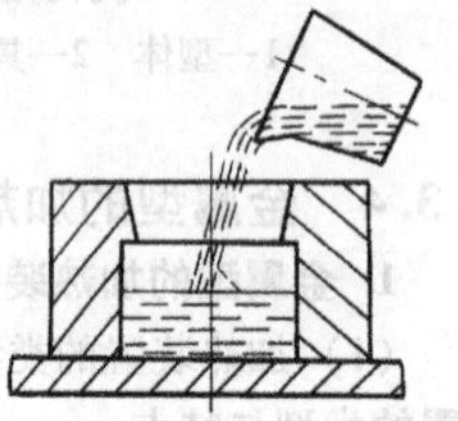	用熔融金属液连续浇注一定数量的铸件来提高金属型的工作温度 加热方便、速度快，但不安全，金属型使用寿命短 适用于生产过程中的补充加热

（2）加热器设计

1）电阻丝加热。在金属型需要加热处设置电阻丝，如图 7-117 所示。这种方法使用方便，装置紧凑，加热温度可以自动调节。电阻丝可以安装在金属型型体上，也可以安装在金属型铸造机上，还可以采用活动电阻丝加热器，将其直接放在敞开的金属型上加热。

2）管状加热元件加热。当金属型壁厚超过 35mm 时，可用管状加热元件加热，如图 7-118 所示。这种方法效率高，拆装方便，使用寿命长。表 7-86列出了 SRD 型单端管状加热元件的技术参数。管状加热元件安放的原则是，在不影响金属型强度的情况下，离型面越近越好，如图 7-119 和图 7-120所示。

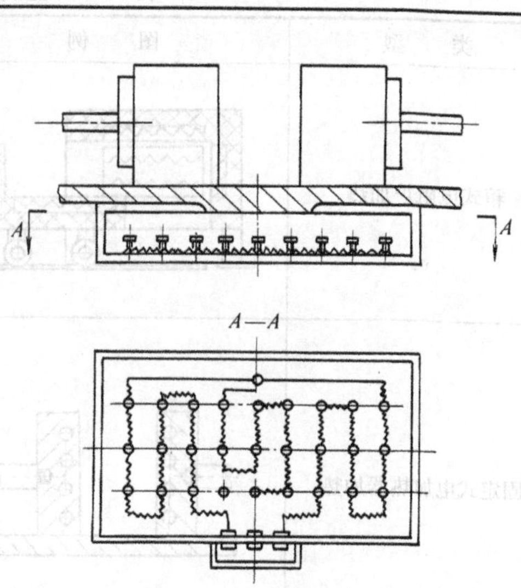

图 7-117　电阻丝加热

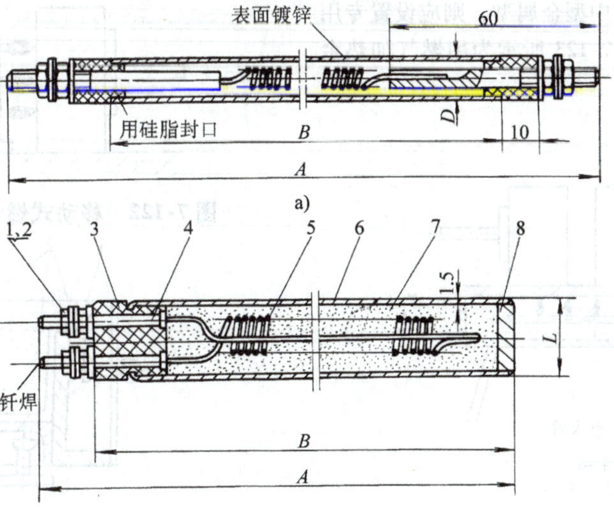

图 7-118　管状加热元件

a）双端　b）单端

1—螺母　2—垫片　3—绝缘子（陶瓷）　4—接线头（Cr20Ni80）　5—电阻丝（Cr20Ni80）　6—外壳（12Cr18Ni9Ti）　7—填料（电熔氧化镁）　8—堵头（12Cr18Ni9Ti）

表 7-86　SRD 型单端管状加热元件的技术参数

型　号	电压/V	功率/kW	最高工作温度/℃	外形尺寸①/mm		
				A	B	D
SRD-1	220	0.4	400	150	110 ± 10	19.5
SRD-2		0.7		250	200 ± 10	
SRD-3		0.9		300	250 - 10	
SRD-4		1.1		350	300 - 10	
SRD-5		1.4		450	400 - 10	
SRD-6		1.4		500	450 - 20	
SRD-7		1.8		550	500 - 20	
SRD-8		1.8		650	600 - 20	
SRD-9		2.2		700	640 - 20	
SRD-10		2.2		750	690 - 20	
SRD-11		2.8		1000	900 - 20	

① 尺寸符号见图 7-118。

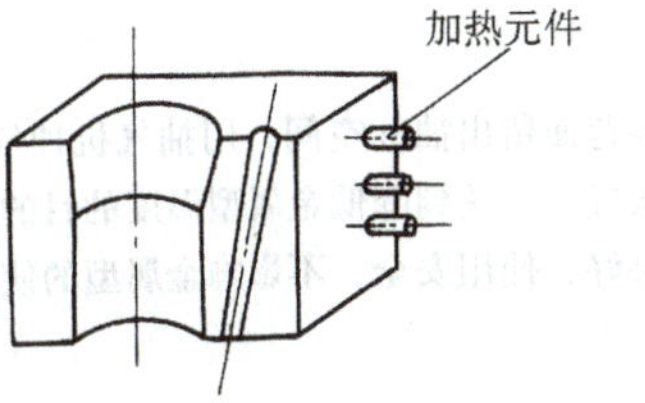

图 7-119　安放管状加热元件的金属型

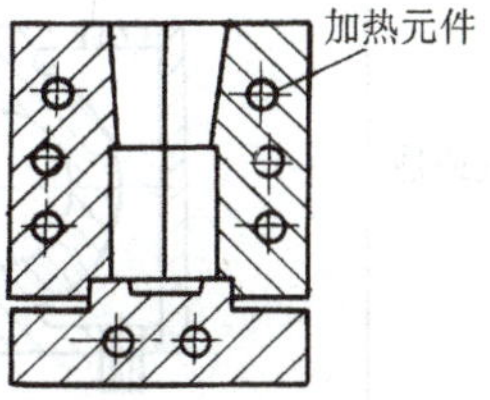

图 7-120　安放管状加热元件的金属型剖面

3）燃气加热。对于小型金属型，可以用移动式喷嘴直接加热；对于大、中型金属型，则应设置专用喷嘴加热。图7-121～图7-123所示为用燃气加热金属型的装置。

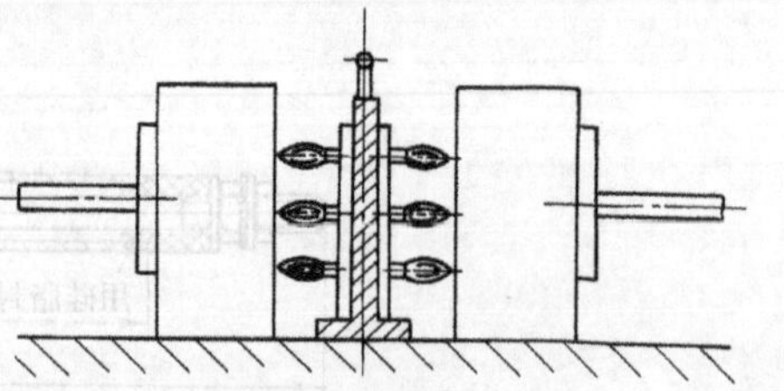

图 7-122 移动式燃气喷嘴分型面加热装置

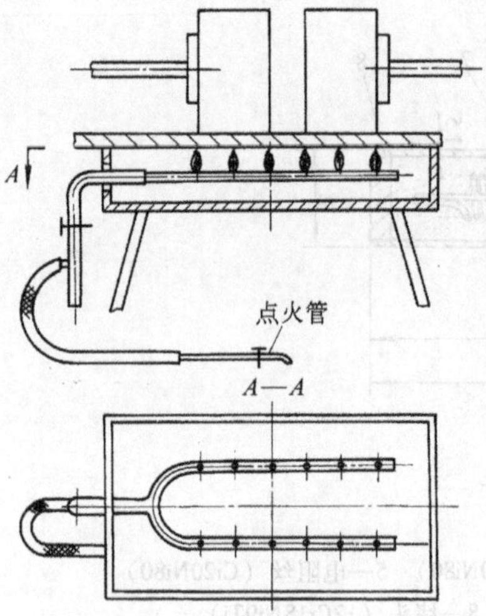

图 7-121 移动式燃气喷嘴底部加热装置

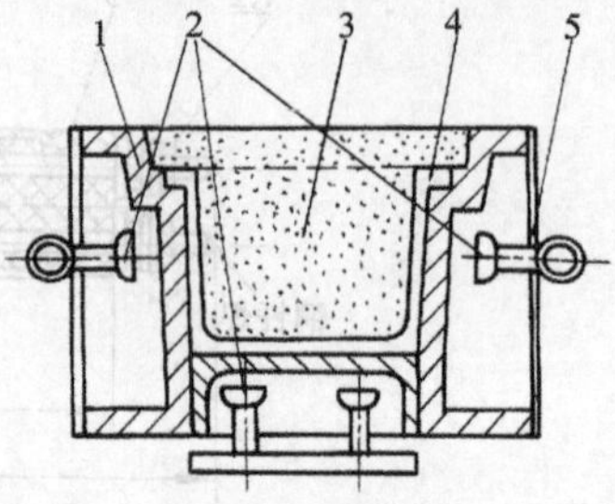

图 7-123 专用燃气喷嘴加热金属型

1—金属型 2—燃气喷嘴 3—型芯 4—型腔 5—护板

2. 金属型的冷却装置

为防止金属型在连续浇注时温度升高而导致铸件质量下降（如晶粒粗大等）和降低生产率，应在金属型结构中设置冷却装置，保持浇注过程中的热平衡，并使铸件具有合理的凝固顺序和冷却速度。金属型的冷却装置、特点与应用见表7-87。

表 7-87 金属型的冷却装置、特点与应用

冷却装置	图 例	特点与应用
在金属型背面设置散热片或散热刺冷却	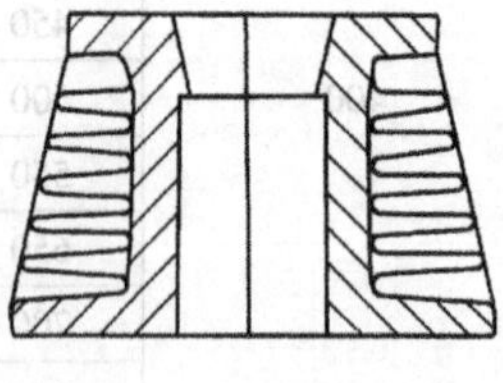	散热片及散热刺的数量越多，散热面积越大，散热效果越好。一般散热刺平径直径为10mm左右，间距为30～40mm；散热片的厚度可根据金属型的大小进行选择，一般为4～12mm，片间距为散热片厚度的1～1.5倍；它们的高度都以不超过金属型外廓尺寸为宜 适用于用铸铁制成的金属型
对金属型抽气或通压缩空气冷却	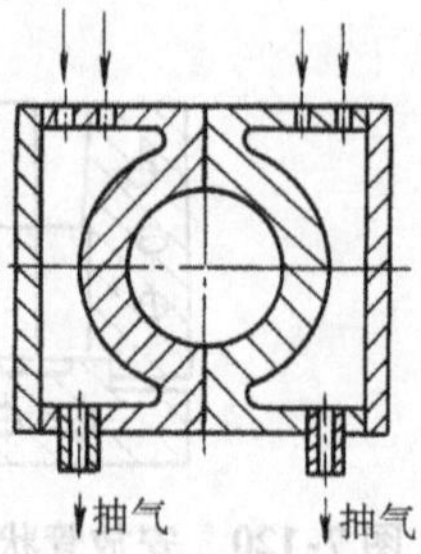	在金属型背面留出抽气空间，用抽气机抽气，也可以用压缩空气吹气，以达到降低金属型温度的目的 散热效果好，使用安全，不影响金属型的使用寿命

（续）

冷却装置	图　例	特点与应用
对金属型通水冷却	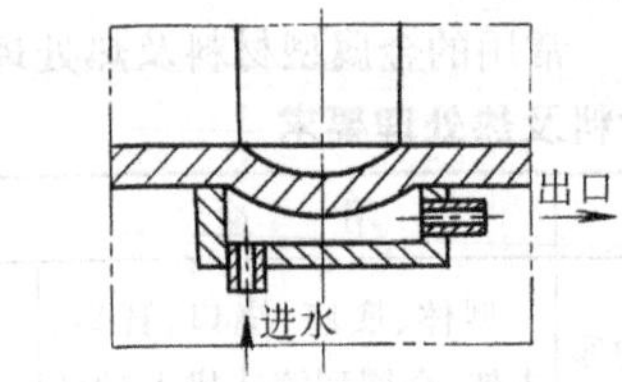	在金属型型腔背面钻通水孔，当温度升高时，通水冷却，效果最好，但应避免冷却速度太快而降低金属型的使用寿命 用于铜合金铸件
设置冷却水槽冷却	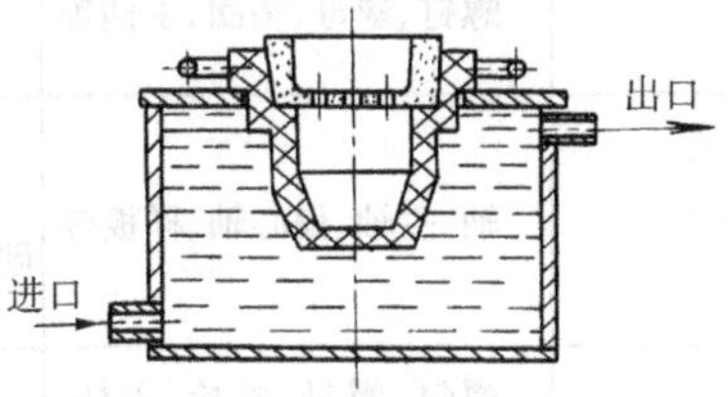	浇注时将金属型放入水槽中，冷却水要保持流通 冷却效果好，铸件质量高 用于铜合金铸件
设置激冷块冷却	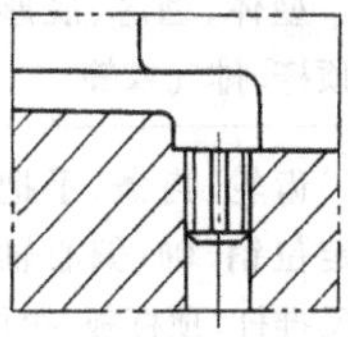	对要求局部激冷的金属型，在激冷处安置激冷块或带散热片的激冷块，加快该处的冷却速度，以防止铸件厚大部位产生缩松。激冷块的材料为阴极铜
设置冷却肋与冷却孔冷却	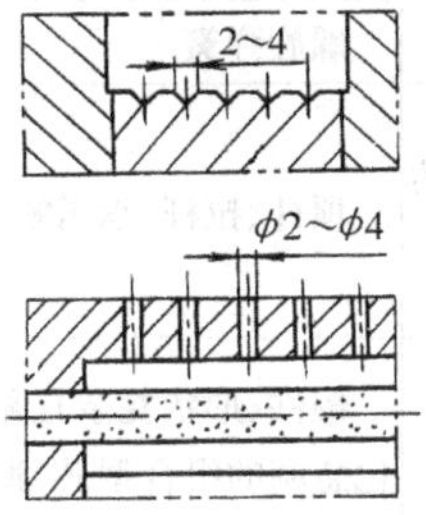	对易产生轻微缩松的铸件局部较厚的部位，可在其型面上开设冷却肋或冷却孔。冷却肋为2~4mm的三角形，冷却孔常设在分型面上，直径为2~4mm

7.3.5　金属型用材料及其选择

1. 对金属型材料的要求

金属型材料是决定金属型使用寿命及制造成本的主要因素。材料应该来源广泛，价格便宜。由于金属型在高温下工作，因此还要求金属型材料应具有下列性能：①具有足够的高温强度和热稳定性；②具有足够的强度和韧度，能可靠地承受各种机械力的作用；③在高温金属液作用下不致被熔焊；④温度急剧变化时产生的热应力要小，不易产生翘曲、变形和裂纹；⑤铸造性能及机械加工性能要好。

2. 材料的选择

（1）铸铁　灰铸铁是制作金属型的主要材料，价格便宜，铸造及机械加工性能好，应用广泛。但导热性和强度等都不太好，特别是在高温下（425℃以上）的生长现象，使力学性能下降，容易产生裂纹。球墨铸铁具有良好的耐热和耐蚀性能，比片状石墨铸铁制成的金属型产生裂纹的可能性小，但易变形。蠕墨铸铁也是良好的制作金属型的材料，得到了一定的应用。

（2）铸钢　与铸铁相比，铸钢材料抵抗裂纹的能力高，抗翘曲变形的能力也高，易于焊接以消除缺陷及损伤。但成本高，机械加工费用大，且易与铸件本体熔接。故一般只适宜于制造形状简单的大型钢铁金属铸件用金属型。

（3）铜 铜的热扩散率高，适于制作金属型。铜合金制金属型，浇注时散热快，不易产生粘模现象，用于生产铸铁件时不易形成白口。铜合金制金属型通常设计成水冷金属型，以充分发挥铜合金导热性好的优点，提高生产率及金属型的使用寿命，降低铸件成本。

常用的金属型材料及热处理要求见表7-88。

表7-88 常用的金属型材料及热处理要求

材料类别	常用牌号	零件特点	用途	热处理要求
铸铁	灰铸铁（常选用HT150、HT200） 蠕墨铸铁 球墨铸铁	接触金属液的零件及一般件	型体、底座、浇口、冒口、支架、金属型铸造机上的铸造零件等	退火
普通碳素钢	Q235-A	—	螺钉、螺母、垫圈、手柄等	—
优质碳素结构钢	20钢 25钢	—	轴、主轴、偏心轴、样板等	渗碳深度：0.8～1.2mm；硬度：40～45HRC
	30钢	常用标准件	螺钉、螺母、螺栓、手柄、底座等	—
	45钢	接触金属液的零件及一般件	型体、型芯、底座、活块、顶杆、排气塞等	调质
		要求耐磨的零件	齿轮、齿条、手把、锁扣、定位销、轴、偏心轴、连杆、反推杆、顶杆板、拉杆等	硬度：33～38HRC或40～45HRC
弹簧钢	65Mn 50CrVA	—	弹簧垫圈 螺旋弹簧	—
碳素工具钢	T7A T8A T10A	承受冲击负荷的零件	顶杆、拉杆、承压零件	硬度：45～50HRC
合金结构钢	40Cr 35CrMnSiA	特殊要求的零件	镶件、形状复杂且截面变化急剧的组合型芯，薄片状或细小而长的型芯，重负荷且形状复杂的顶杆	淬火，回火
合金工模具钢	3Cr2W8V 4Cr5MoSiV1			
铜	T1	高导热性零件	排气塞、激冷块	—
铝合金	ZL105	—	铸件批量不大且需迅速投产时，可用铝合金制造金属型型体	阳极化处理使得到Al_2O_3氧化层深度达0.3mm，熔点在2000℃以上

注：1. 普通灰铸铁中加入$w(Mo)=0.8\%$、$w(Sn)=0.06\%$可提高出现初始裂纹前的加热次数。

2. 金属型本体铸造成形后，一定要进行退火处理，消除内应力。

几种常用金属型材料的物理性能见表7-89。

表 7-89　几种常用金属型材料的物理性能

材料名称	热导率 λ/[W/(m·K)]		比热容 c/[kJ/(kg·K)]		线胀系数 $\alpha_l/10^{-6}K^{-1}$		密度 $\rho/(g/cm^3)$
	200℃	300℃	200℃	400℃	200℃	400℃	
45（代号U20452）钢	46.47	41.45	0.48	0.52	12.32	13.71	7.76
HT200	47.7	45.6	0.54	0.39	12.25	13.2	7.2
T10A	380.3	274.5	0.385	—	17.0	—	8.92
ZL105	168	176	0.964	1.13	23.5	—	2.68

7.3.6　金属型的尺寸公差等级及表面粗糙度

1. 金属型的尺寸公差等级

（1）型腔尺寸偏差（见表7-90～表7-92）

表 7-90　型腔尺寸偏差

（单位：mm）

型腔基本尺寸	铸件尺寸公差等级			
	DCTG7	DCTG8	DCTG9	DCTG10
	型腔尺寸极限偏差			
≤10	±0.09	±0.13	±0.15	±0.18
>10～16	±0.10	±0.14	±0.16	±0.20
>16～25	±0.11	±0.15	±0.18	±0.22
>25～40	±0.12	±0.16	±0.20	±0.25
>40～63	±0.13	±0.18	±0.22	±0.28
>63～100	±0.14	±0.20	±0.25	±0.30
>100～160	±0.15	±0.22	±0.28	±0.32
>160～250	±0.17	±0.25	±0.30	±0.35
>250～400	±0.20	±0.28	±0.32	±0.38
>400～630	±0.22	±0.32	±0.35	±0.40
>630～1000	±0.25	±0.35	±0.40	±0.45

表 7-91　型腔转接圆弧半径偏差

（单位：mm）

圆弧半径公称尺寸	≤6	6～16	16～40	40～63	63～100
铸件公差等级	DCTG7～DCTG10				
圆弧半径极限偏差	±0.20	±0.22	±0.25	±0.28	±0.32

金属型装配后，其左右半型、半型与底座之间的平行度、垂直度每100mm不大于0.05mm；分型面之间的间隙不大于0.1mm，局部间隙不大于0.2mm；安装螺孔的孔距极限偏差为±0.1mm。

表 7-92　角度尺寸偏差

短邻边长度 l/mm	≤10	>10～18	>18～30	>30～50	>50～80	>80～120	>120～260	>260～360	>360
角度偏差 Δα/(′)	45	30	25	20	10	6	5	4	3

（2）活动部件与金属型之间的间隙　金属型总是在受热状态下工作的，受热后的金属芯、顶杆、活块等活动部件与金属型本体之间的配合就比常温时紧，为了保证铸件的尺寸精度及正常的生产，活动部件与金属型本体之间应保持一定的间隙，见表7-93。

表 7-93　活动部件与金属型本体之间的间隙　（单位：mm）

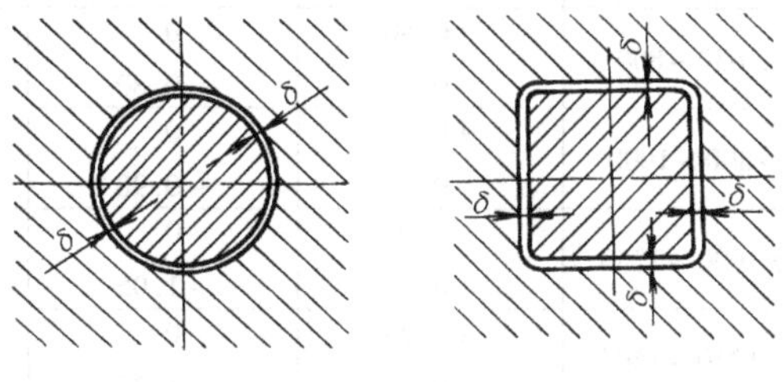

公称尺寸	配合间隙 2δ
≤50	0.2～0.3
>50～100	0.3～0.4
>100～250	0.4～0.5
>250	0.5～0.8

（3）一般尺寸偏差　金属型型体无特殊要求的部位的一般尺寸偏差见表7-94。

表 7-94　一般尺寸偏差　　（单位：mm）

公称尺寸	孔(H12)	轴(h12)	长度偏差	钻孔深度		螺纹长度偏差
	偏差	偏差		上极限偏差	下极限偏差	
1 ~ 3	+0.10 0	0 −0.10	±0.20	+0.50	−0.25	—
>3 ~ 6	+0.12 0	0 −0.12				
>6 ~ 10	+0.15 0	0 −0.15				
>10 ~ 18	+0.18 0	0 −0.18	±0.40	+1.00	−0.50	+1.00 −0.50
>18 ~ 30	+0.21 0	0 −0.21				
>30 ~ 50	+0.25 0	0 −0.25				
>50 ~ 80	+0.30 0	0 −0.30				
>80 ~ 120	+0.35 0	0 −0.35	±0.60			
>120 ~ 180	+0.40 0	0 −0.40				
>180 ~ 250	+0.46 0	0 −0.46				
>250 ~ 315	+0.52 0	0 −0.52	±0.80			
>315 ~ 400	+0.57 0	0 −0.57				
>400 ~ 500	+0.63 0	0 −0.63	±1.00	—	—	—
>500 ~ 630	+0.70 0	0 −0.70				
>630 ~ 800	+0.80 0	0 −0.80	±1.20			
>800 ~ 1000	+0.90 0	0 −0.90				
>1000 ~ 1250	+1.05 0	0 −1.05	±1.80			
>1250 ~ 1600	+1.25 0	0 −1.25				
>1600 ~ 2000	+1.5 0	0 −1.5				
>2000 ~ 2500	+1.75 0	0 −1.75				

2. 金属型的表面粗糙度

金属型各部分的表面粗糙度要求见表 7-95。

7.3.7　金属型的使用寿命

1. 平均使用寿命

金属型使用寿命指金属型在其报废前所能浇注铸件的绝对次数，一般与金属型材料、铸件材料及铸件特性等因素有关。铸件材料、铸件类型及金属型材料与金属型使用寿命的关系见表 7-96 和表 7-97。

表7-95 金属型各部分的表面粗糙度要求

加工部位		表面粗糙度值 $Ra/\mu m$
型腔	相应于铸件有机械加工余量的部分	6.3~3.2
	一般要求	3.2~1.6
	个别部分特殊要求	0.8
分型面、安装面、定位销孔		6.3~1.6
浇注系统		6.3~3.2
型芯及有机械加工余量部分		6.3~3.2
相互滑动或接触部分		3.2~1.6
通气槽		6.3
冒口部分		12.5~6.3
非加工面的减轻部分		12.5

表7-96 铸铁金属型的平均使用寿命(浇注次数)

铸件类型	铸件材料		
	铸钢	铸铁	非铁合金
小型铸件	500~1000	≥5000	数万至数十万次
中型铸件	300~500	1000~5000	数万次

(续)

铸件类型	铸件材料		
	铸钢	铸铁	非铁合金
大型铸件	100~250	200~500	数千次
特大铸件	20~50	50~200	—

注：铸件类型并无明确规定，一般小型铸件指0.5kg以下的铸铁件和5kg以下的铸钢件；特大铸件指重量在1t以上，壁厚达100mm以上的铸件。

表7-97 用特种铸铁或钢制作的金属型平均使用寿命(浇注次数)

铸件类型	金属型材料	铸件材料	
		铸钢	铸铁
中型铸件	高强度铸铁	400~600	2000~5000
大型铸件	铸钢	200~400	400~1000
特大铸件	铸钢	80~250	100~400

2. 金属型破坏类型及原因(见表7-98)

表7-98 常见金属型破坏类型及原因

类型	特　征	破坏时间	破坏部位	破坏原因
外裂纹(又称穿透裂纹)	开始时破裂不深,经过几次浇注后,发展成穿透裂纹。发生这种破坏时,有时可听到破裂声。常见于厚大铸件用的金属型,薄壁铸件用的金属型较少有这种破坏	第一次浇注或浇注几次铸件时发生	常出现在金属型外壁	1)金属型剧烈受热(即所谓热冲击),使金属型内、外壁形成太大温差,内应力超过了铸型材料的强度极限。金属型未预热或预热不充分 2)结构设计不合理,造成应力集中 3)型壁有某些容易形成应力的缺陷,如砂眼、气孔、夹渣等 4)金属型整体强度、刚度不足 5)金属型毛坯未经热处理或热处理规范不合理,型体应力未有效消除 6)金属型材料和金相组织不符合要求
内裂纹(又称表面裂纹、龟裂)	开始时很难看出裂纹,继续使用中裂纹扩展,并出现与第一条裂纹平行的其他裂纹,裂纹的方向与热应力的方向垂直	多次浇注以后	型腔及型芯的工作表面,特别是有强烈热流及散热困难的部位	1)在交变温度作用下,金属型材料产生"疲劳" 2)局部过热,高温作用时间太长 3)金属型材料和金相组织不符合要求 4)操作工艺不合理,开型或抽芯太晚,铸件对金属型夹紧力太大,强行开型及抽芯,就可能使金属型表面产生裂纹
翘曲变形		多次浇注以后		1)金属型刚度不高 2)金属型结构不合理,壁厚变化太大,组成金属型的结构件太多 3)金属型各部分散热不好 4)金属型毛坯未进行热处理或热处理规范不合理,使铸造应力未消除或消除不好 5)高温作用时间太长,开型太晚,操作不当 6)金属型材料的伸长率不高,金相组织发生变化,体积膨胀

（续）

类型	特征	破坏时间	破坏部位	破坏原因
烧伤	金属型局部和铸件熔接在一起，当铸件出型时，金属型被烧伤或熔接部分脱落，这种缺陷在钢铁金属铸件中较严重	一般发生在长时间浇注以后，有时也发生在最初几次浇注	多产生在内裂纹处	1）金属型结构不合理，致使金属型局部过热，使这部分熔化，与铸件熔接在一起 2）金属型材料易和铸件材料起化学反应 3）金属液对金属型局部有过强的冲刷作用 4）开型太晚，金属型受高温作用时间太长 5）涂料不好或喷涂操作不正确，质量不好 6）金属型保管不好，型腔表面未清理干净

3. 延长金属型使用寿命的措施

1）正确地选择金属型材料及热处理状态，还可进行局部渗硅、渗铬、渗铝，以及进行阳极化、等离子喷涂等保护措施，以提高金属型使用寿命。

2）正确地设计金属型结构及壁厚，尽可能地避免尖角及壁厚的急剧变化，图7-124所示为金属型加强肋的布置。图7-124a为正确布置，避免了金属型局部加强肋集中。

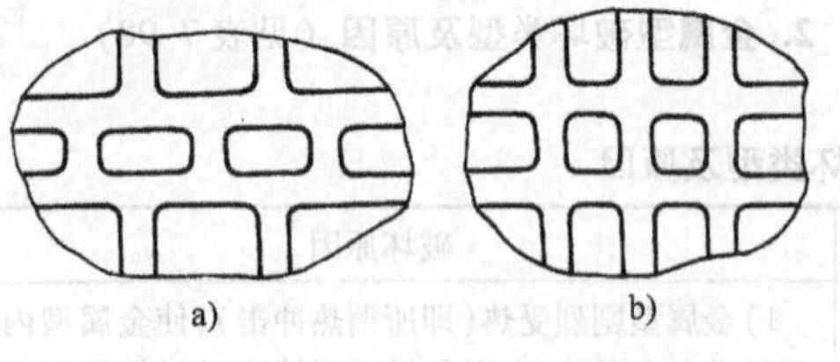

图7-124 金属型加强肋的布置

a）正确 b）不正确

3）设计浇注系统应尽可能使金属液平稳进入型腔，避免金属液强烈冲刷型腔工作面。对钢铁金属铸件，应尽可能将浇注系统设计在砂芯中。

4）应选择合适的涂料和正确的喷涂工艺以尽可能避免“热冲击”。正确地进行金属型预热和冷却；正确掌握铸件脱型时间。

5）金属型使用前应仔细清理，使用后要妥善保管。

7.3.8 金属型结构示例

图7-125所示为一套手工操作的金属型，不需要铸造机，依靠手工操作来完成倾斜浇注和开（合）型、顶出铸件等程序。图7-126所示为安装在通用铸造机上的金属型，用壳芯和金属芯固定铸件，不需要顶出机构，抽出金属芯即可取出铸件，结构简单，操作方便。图7-127所示为两次分型的金属型，由5块半型组成。形成铸件的两半型固定在铸造机的安装板上，形成冒口的两半型靠支柱10和4支撑并组合成铰链式开（合）型机构。取出铸件之前，先抽出型芯9，进行第一次分型，分开中间两半型2，使铸件在型芯12和冒口半型5的夹持下与两半型脱离。第二次分型时打开冒口半型5，使铸件在中间型芯和浇口的阻碍下停留在底座上，最后用手钳取出铸件。图7-128所示为水冷金属型，在金属型上设计水箱，直接通水冷却。

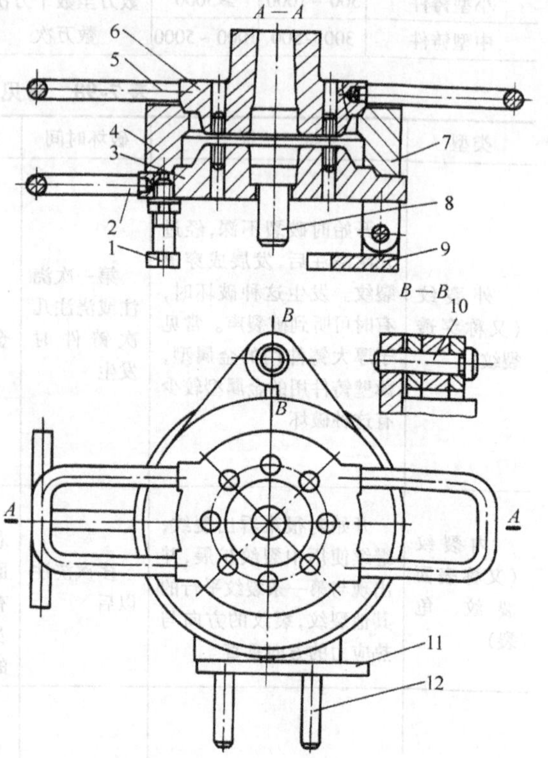

图7-125 手工操作的金属型

1—支撑螺钉 2、5、12—手柄 3—下半型 4—左半型 6—上半型 7—右半型 8—顶杆 9—固定板 10—轴 11—锁扣

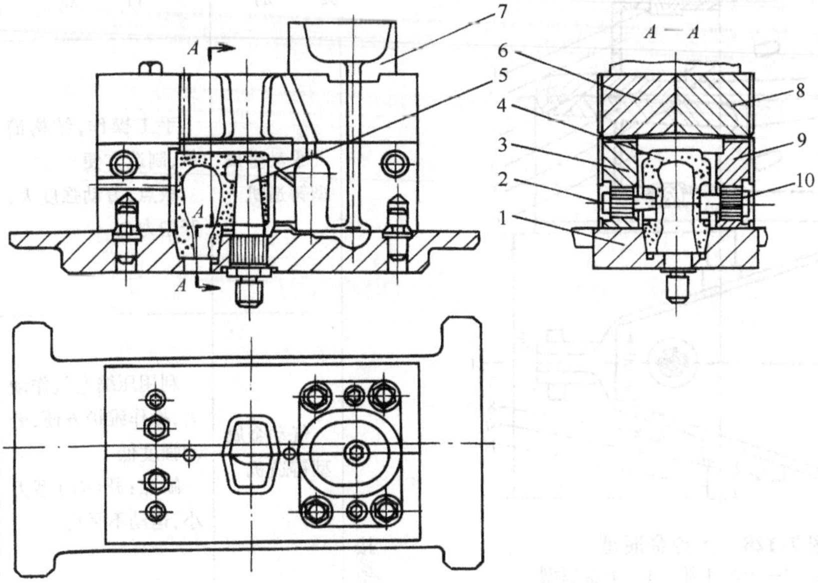

图 7-126　安装在通用铸造机金属型

1—底座　2、5、10—金属芯　3—左下半型　4—壳芯
6—左上半型　7—浇口杯　8—右上半型　9—右下半型

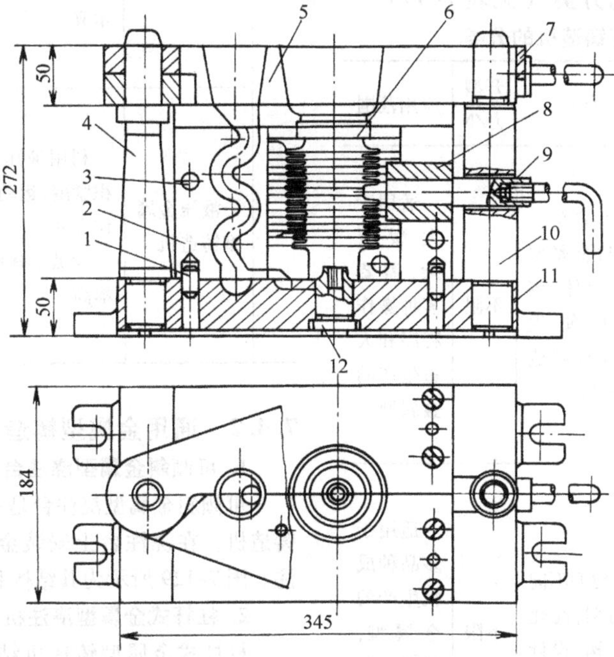

图 7-127　两次分型的金属型

1—定位销　2—半型　3—定位销　4、10—支柱　5—冒口半型　6—镶块
7—锁扣　8—导套　9、12—型芯　11—底座

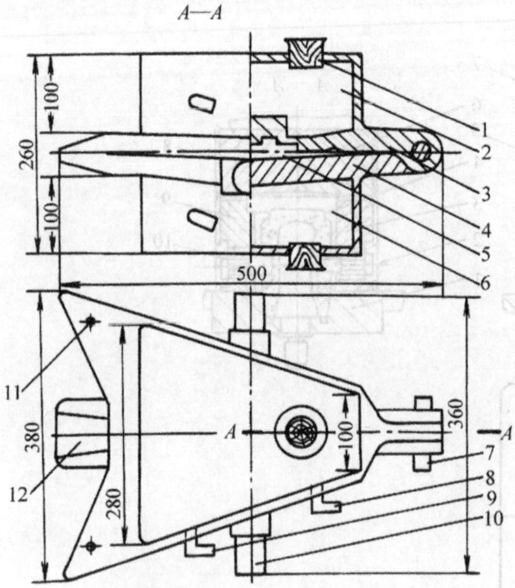

图 7-128　水冷金属型

1—木塞　2—上型水箱　3—上金属型　4—下金属型　5—型腔　6—下型水箱　7—开合型轴　8—出热水管　9—进冷水管　10—倾转轴　11—定位销孔　12—浇道

7.4　金属型铸造机

7.4.1　金属型铸造机的分类（见表 7-99）

表 7-99　金属型铸造机的分类

类别		特点	开型力/N	应用范围
按用途分类	专用金属型铸造机	一般用于生产单一产品，机体与金属型设计成一个整体，容易调整、使用方便、生产效高，但设计制造周期长、成本高	不限	适用于大型复杂、需要多种操作程序和大量生产的金属型
	通用金属型铸造机	用于同一类型不同尺寸的金属型，简化了金属型结构，设计制造周期短、成本低	不限	适用于多品种成批生产的金属型，最适于航空航天工业
按动力分类	手动金属型铸造机	手工操作，结构简单，制造方便 缺点：劳动强度大，开型力小	1000～5000	适用于简单的中小型和小批量生产的金属型
	气动金属型铸造机	利用压缩空气作动力，操作维护方便，劳动强度低 缺点：开（合）型力小，运动不平稳	5000～20000	适用于简单的中小型和成批生产的金属型
	电动金属型铸造机	利用电动机传动，操作方便，运动周期准确 缺点：结构复杂、成本高	>10000	适用于复杂的和成批或大量生产的金属型
	液压金属型铸造机	利用液压传动，体积紧凑，运动平稳、操作方便 缺点：有噪声，成本高	>10000	适用于各种复杂的和成批或大量生产的金属型

7.4.2　通用金属型铸造机

1. 可倾斜金属型浇注台

可倾斜金属型浇注台是一种最简单的手动金属型铸造机，在浇注台上安装金属型，便可进行倾斜浇注。图 7-129 所示为其结构和安装尺寸。

2. 杠杆式金属型浇注机

杠杆式金属型铸造机结构简单，使用可靠、方便。但较费力，对金属型导向装置的刚度要求较高，一般只适用于小型金属型。其结构如图 7-130 所示。其力的参考计算见式（7-5）。

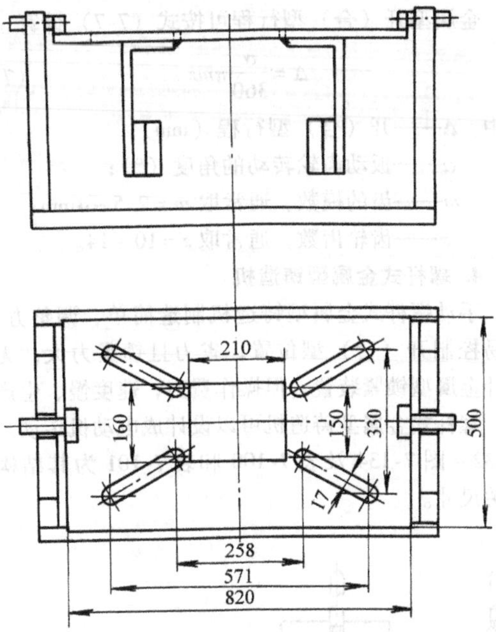

图 7-129　可倾斜金属型浇注台的结构和安装尺寸

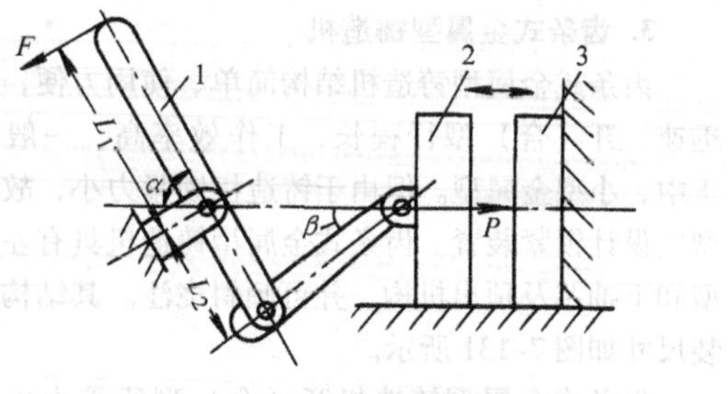

图 7-130　杠杆式金属型铸造机的结构

1—手柄　2—动型　3—定型

$$F = \frac{F'L_2\sin(\alpha+\beta)}{L_1\cos\beta} \tag{7-5}$$

式中　F——扳动手柄所需的力（N）；

F'——使动型运动所需克服的阻力（N）；

L_1、L_2——连杆的长度（mm）；

α、β——夹角（°）。

由式（7-5）可见，增加 L_1 长度，减小 L_2 长度，可使操作省力。

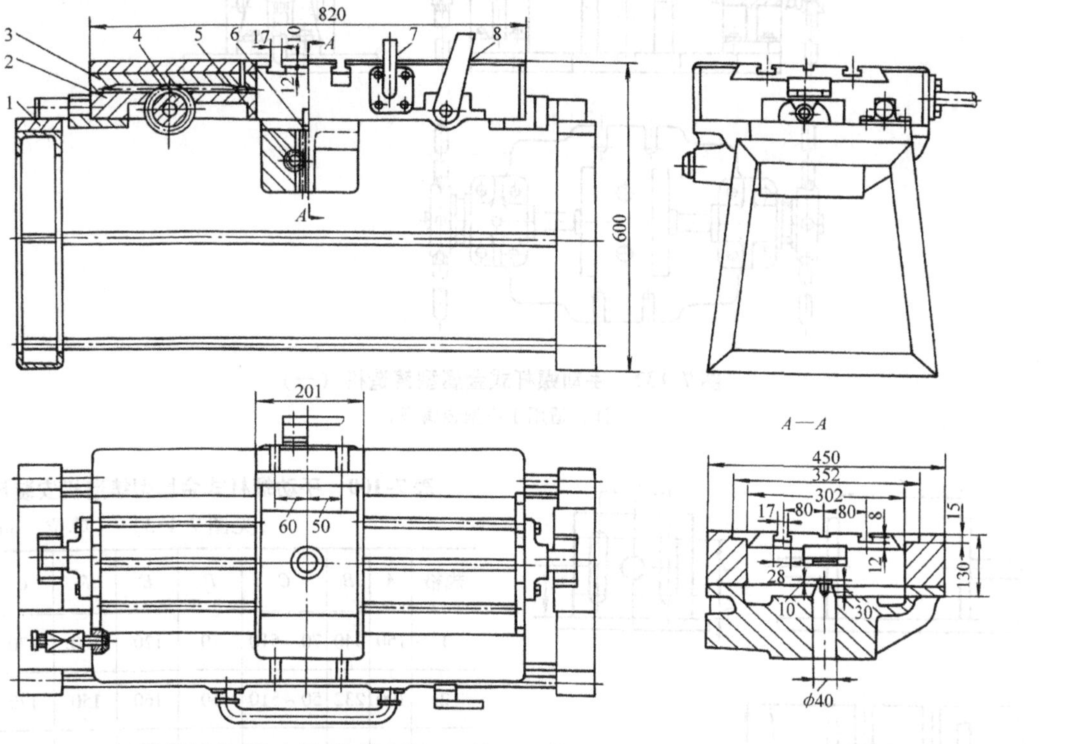

技术要求：1.金属型最大外形尺寸(长×宽×高)为320mm×160mm×120mm。
2.金属型底板尺寸(长×宽×高)为360mm×200mm×15mm。
3.倾斜角度45°。

图 7-131　齿条式金属型铸造机的结构及安装尺寸

1—机架　2—平台　3—滑板　4、5—齿轮　6—齿条　7、8—手柄

3. 齿条式金属型铸造机

齿条式金属型铸造机结构简单、使用方便，传动迅速、开（合）型行程长、工作效率高，一般适用于中、小型金属型。但由于铸造机锁紧力小，故金属型应设计锁紧装置。齿条式金属型铸造机具有左右开型和下抽芯及顶出机构，并可倾斜浇注。其结构及安装尺寸如图7-131所示。

齿条式金属型铸造机开（合）型所需力可按式(7-6)计算，即

$$F=\frac{F'd}{2L} \tag{7-6}$$

式中　F——开（合）型所需力（N）；

F'——使金属型移动所需克服的阻力（N）；

d——齿轮直径（mm）；

L——扳动齿轮手柄长度（mm）。

金属型开（合）型行程可按式（7-7）计算，即

$$\Delta=\frac{\alpha}{360}\pi mz \tag{7-7}$$

式中　Δ——开（合）型行程（mm）；

α——扳动齿轮转动的角度（°）；

m——齿的模数，通常取 $m=2.5\sim4$mm；

z——齿轮齿数，通常取 $z=10\sim14$。

4. 螺杆式金属型铸造机

手动螺杆式金属型铸造机制造简单、调整方便，容易控制开（合）型位置，省力且锁紧力大，无须设计金属型锁紧装置。但操作费力，速度慢、生产率低。螺杆式金属型铸造机可以设计成电动机传动。图7-132～图7-134及表7-100和表7-101为其结构及有关尺寸。

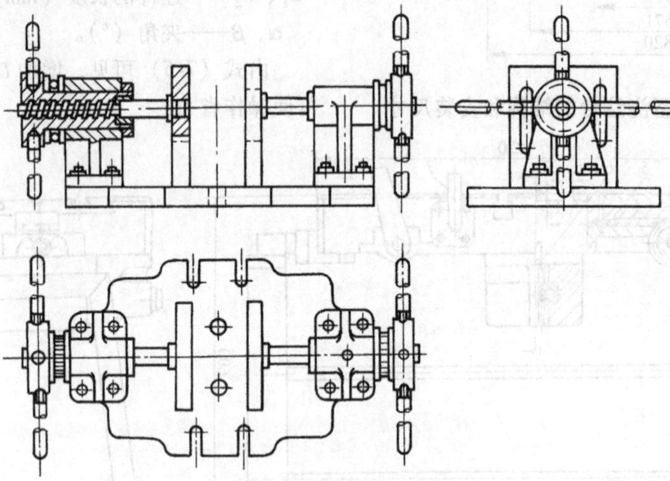

图7-132　手动螺杆式金属型铸造机（一）

注：适用于小型金属型。

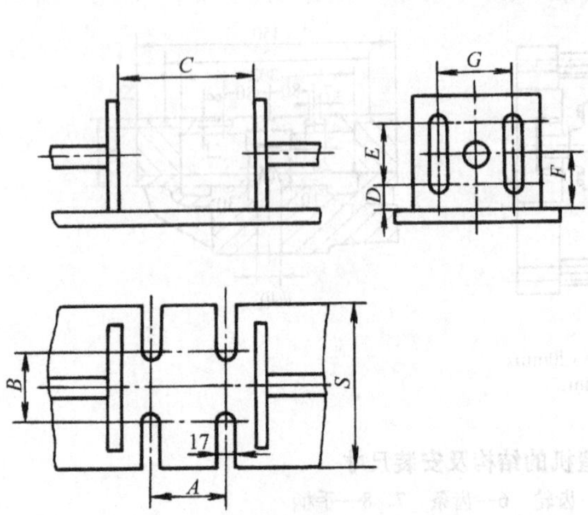

图7-133　手动螺杆式金属型铸造机安装尺寸

表7-100　手动螺杆式金属型铸造机安装尺寸

（见图7-133）　（单位：mm）

规格	A	B	C	D	E	F	G	S
1	150	340	70～510	70	120	100	170	500
2	100	232	50～510	60	160	150	170	420
3	100	320	80～560	60	140	150	170	450
4	100	200	60～400	50	130	115	170	400
5	80	210	90～400	40	120	100	110	380

注：第4种规格的铸造机具有倾斜机构。

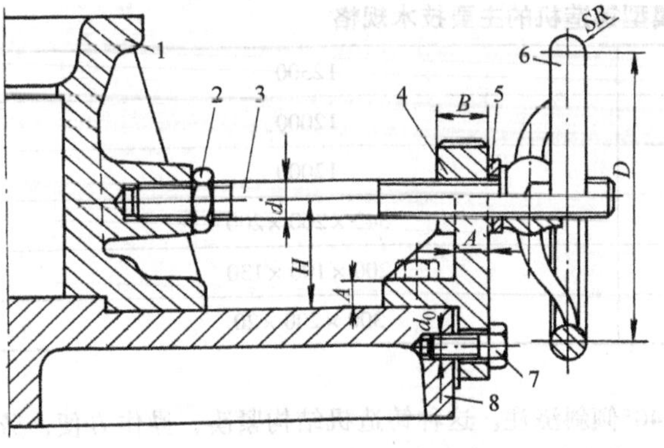

图 7-134 手动螺杆式金属型铸造机（二）

1—金属型 2—螺母 3—螺杆

4—支架 5—垫圈 6—手轮

7—螺栓 8—底座

注：螺杆3和手轮6应做成半圆、方形或梯形螺纹，并加大间隙。

表 7-101 手动螺杆式金属型铸造机主要尺寸（见图 7-134）（单位：mm）

d	D	R	A	B	d_0	H
16	160	8	12	25	10	一般取 50、75、100、125、150、200、250
20	200	9	15	30	12	
24	240	10	18	35	12	
30	300	12	20	40	16	
36	360	14	22	45	18	

5. 可倾斜气压传动金属型铸造机

可倾斜气压传动金属型铸造机如图 7-135 所示。其特点是：左右开型、下抽芯，顶出铸件由三个气缸完成；气缸的行程由限位螺母控制，合型位置准确可靠；金属型采用斜销连接，装卸方便；可实现倾斜浇注，通用性大；可降低劳动强度，提高生产率。缺点是气缸压力变化大，运动不平稳，不适用于型腔复杂的金属型铸造。其主要技术规格见表 7-102。

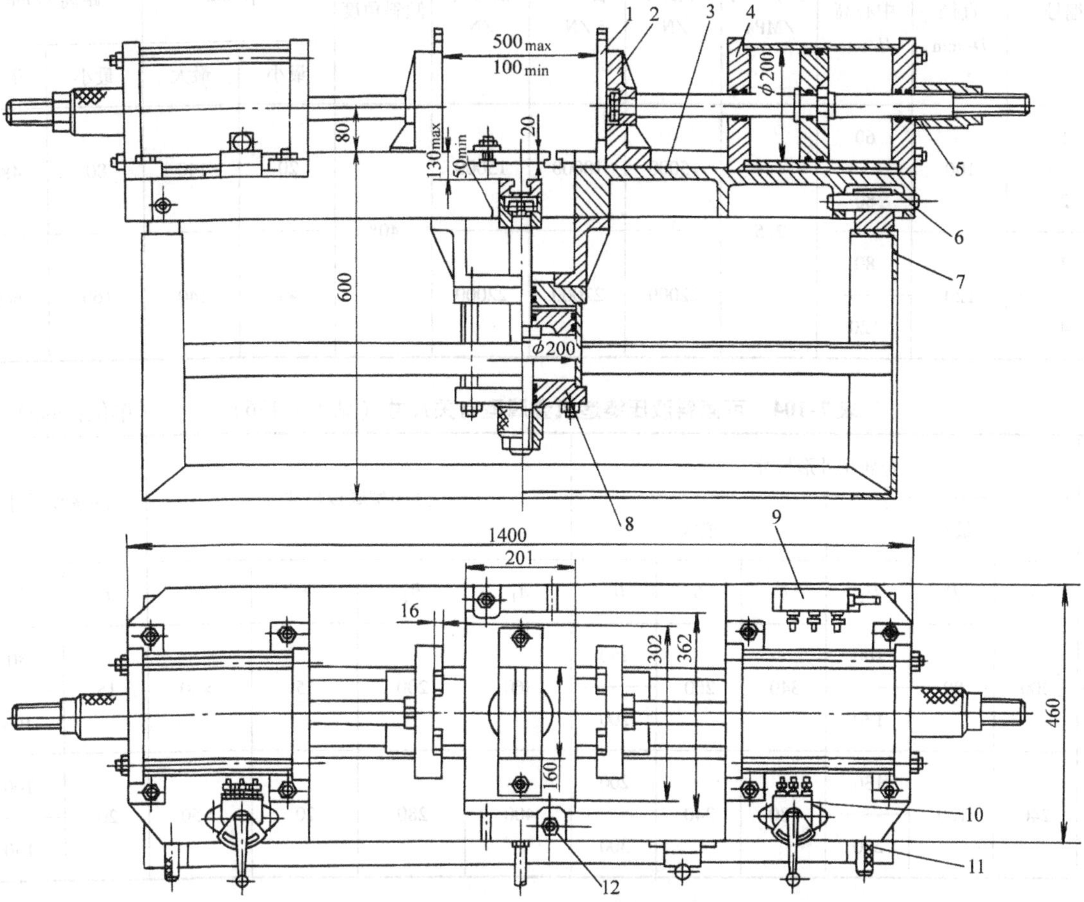

图 7-135 可倾斜气压传动金属型铸造机

1—斜销 2—金属型安装板 3—平台 4—气缸 5—限位螺母 6—转轴

7—机架 8—抽芯缸 9—汇流管 10—控制阀 11—插销 12—压板

表7-102 可倾斜气压传动金属型铸造机的主要技术规格

合型力/N(压缩空气压力为0.4MPa)	12500
开型力/N(压缩空气压力为0.4MPa)	12000
抽芯力/N(压缩空气压力为0.4MPa)	12000
金属型最大外形尺寸(长/mm)×(宽/mm)×(高/mm)	340×260×200
金属型最小外形尺寸(长/mm)×(宽/mm)×(高/mm)	200×100×130
金属型底板尺寸(长/mm)×(宽/mm)×(高/mm)	300×200×20

6. 可倾斜液压金属型铸造机

可倾斜液压金属型铸造机的结构如图7-136所示。三个控制阀分别控制左、右开型及下抽芯三个液压缸，调整螺母用于调整和限制合型距离，可进行40°倾斜浇注。这种铸造机结构紧凑，操作方便，劳动强度低，生产率高，通用性大，适用于中小型金属型浇注。其技术规格及金属型有关尺寸见表7-103和表7-104。

表7-103 可倾斜液压金属型铸造机的技术规格（见图7-136）

编号	液压缸直径 D/mm	液压缸中心高 H/mm	工作压力/MPa	开型力/N	合型力/N	抽芯力/N	倾斜角度	型芯安装板距离 H_1/mm		左右半型安装板距离 L/mm	
								最小	最大	最小	最大
1	100	60	2.5	15000	18000	15000	40°	20	140	80	480
2		80									
3	120	80		22000	22000	22000		40	140	160	660
4		120									

表7-104 可倾斜液压铸造机金属型有关尺寸（见图7-136） （单位：mm）

编号	金属型外形尺寸						金属型底板尺寸				连接板尺寸	
	最小			最大								
	A	B	H_2	A	B	H_2	A_1	B_2	h	F	C	H_3
1	200	80	100	340	260	150	360	200	15	>30	15	80
2			130			200						100
3	240	160	130	380	340	200	400	280	20	>50	20	100
4			200			300						150

7. 固定式液压金属型铸造机

固定式液压金属型铸造机如图7-137所示。其特点是：金属型安装板通过四根连杆带动，运动平稳；金属型的两半型和底板均采用斜销连接，装卸方便；活塞杆的一端设有限位块和限位螺母，可以控制金属型的合型距离。其技术规格见表7-105。固定式液压金属型铸造机使用的金属型结构如图7-138所示。

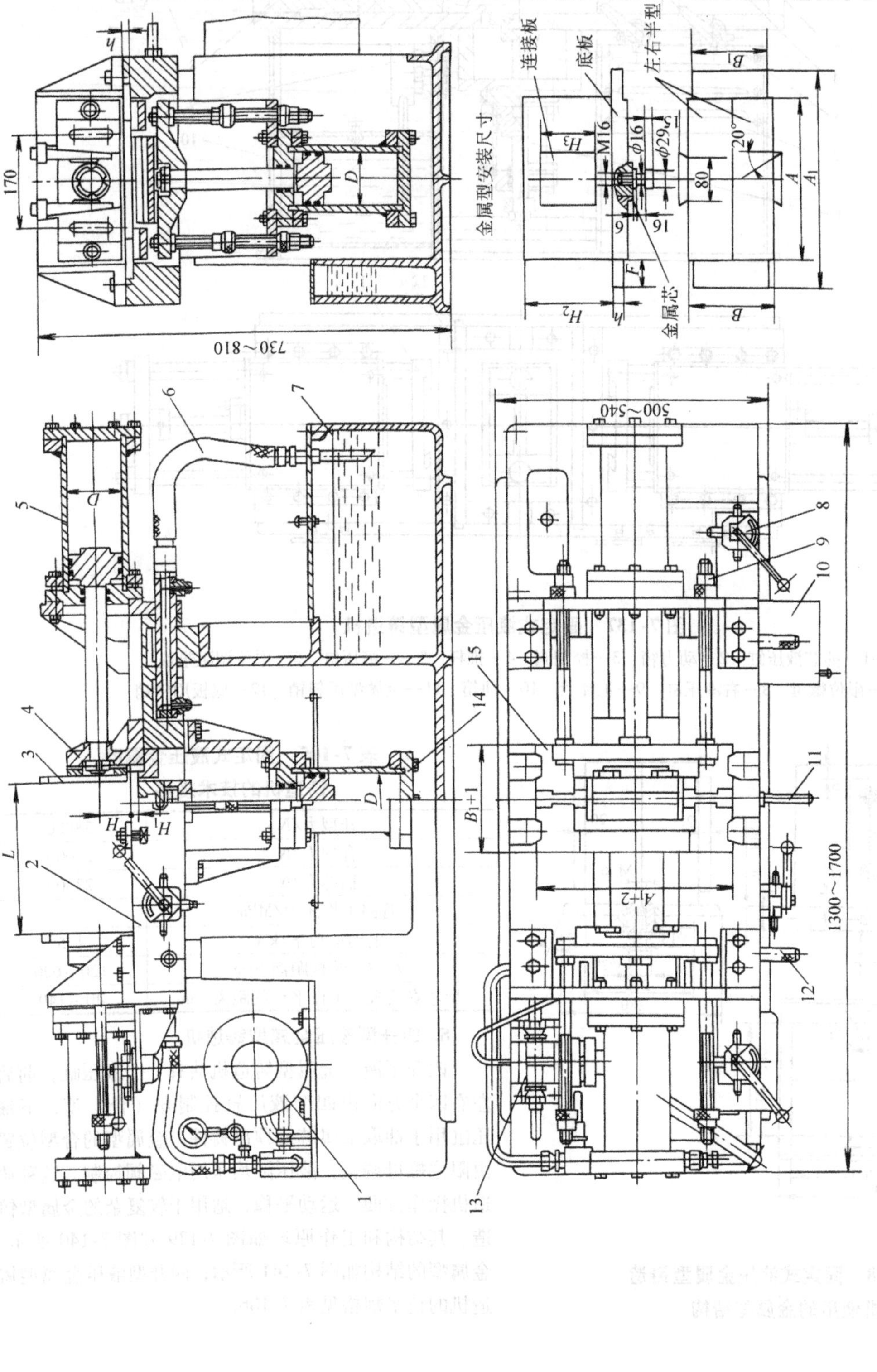

图7-136 可倾斜液压金属型铸造机

1—电动机 2—平台 3—斜销 4—金属型安装板 5—开合型液压缸 6—高压软管 7—机座 8—控制阀 9—调整螺母 10—电器箱 11—倾斜手柄 12—定位插销 13—液压泵 14—抽芯液压缸 15—通用底板

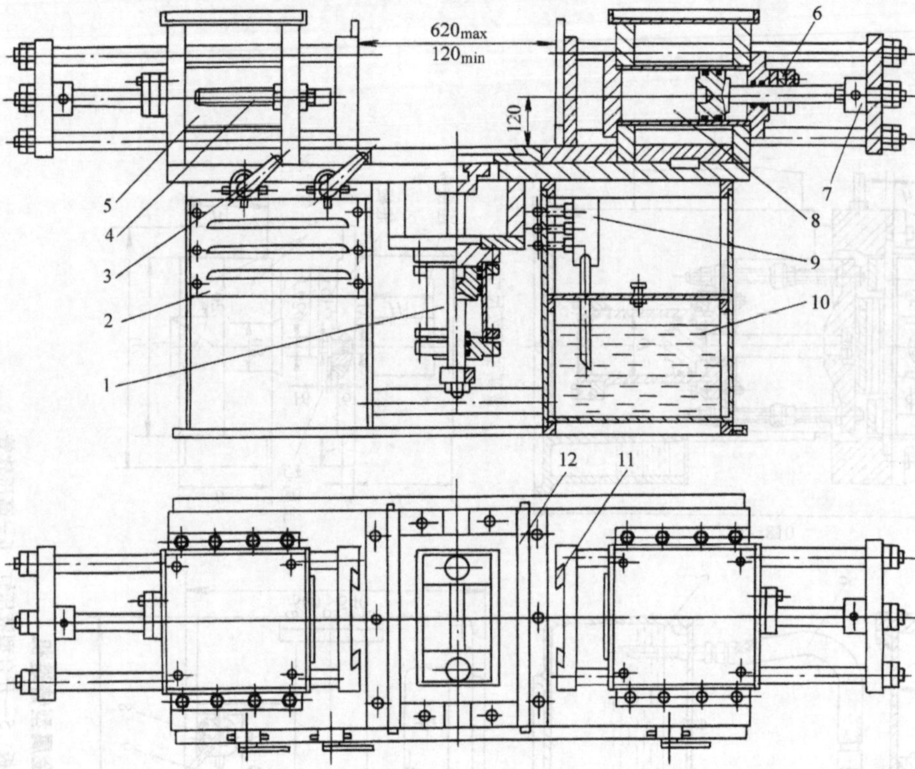

图 7-137　固定式液压金属型铸造机

1—抽芯液压缸　2—动力箱　3—控制阀　4—推杆　5—左液压缸　6—限位调距垫块　7—限位螺母　8—右液压缸　9—汇流管　10—油箱　11—金属型用斜销　12—底板用斜销

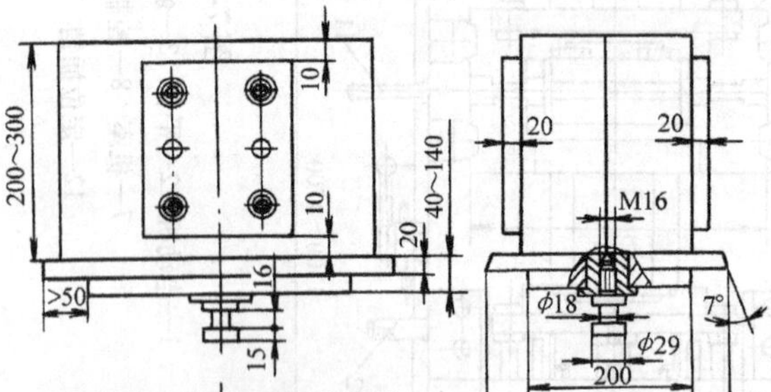

图 7-138　固定式液压金属型铸造机使用的金属型结构

表 7-105　固定式液压金属型铸造机的技术规格

开型力/N	28000
合型力/N	23000
抽芯力/N	23000
管路工作压力/MPa	2.5
电动机功率/kW	1.5
左右安装板距离/mm	120 ~ 620
型芯安装板离工作平台的距离/mm	40 ~ 140

8. 四开型液压金属型铸造机

四开型液压金属型铸造机共有五个液压缸，前后左右四个方向由四个液压缸控制开（合）型，下液压缸用于抽取金属芯或顶出铸件。金属型的合型位置由限位螺母调整，液压缸均采用电磁阀控制。这种铸造机操作方便，运动平稳，适用于较复杂的金属型铸造。其结构和工作原理如图 7-139 和图 7-140 所示；金属型的结构如图 7-141 所示；四开型液压金属型铸造机的技术规格见表 7-106。

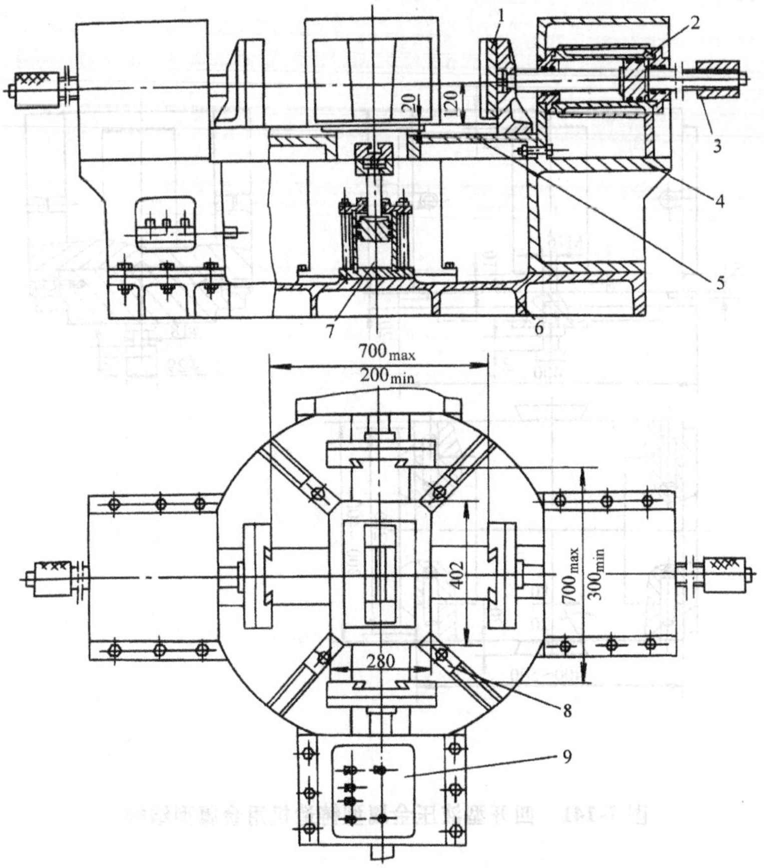

图 7-139　四开型液压金属型铸造机的结构

1—金属型安装板　2—液压缸　3—限位螺母　4—液压缸支架　5—工作平台
6—底座　7—抽芯液压缸　8—压板　9—控制箱

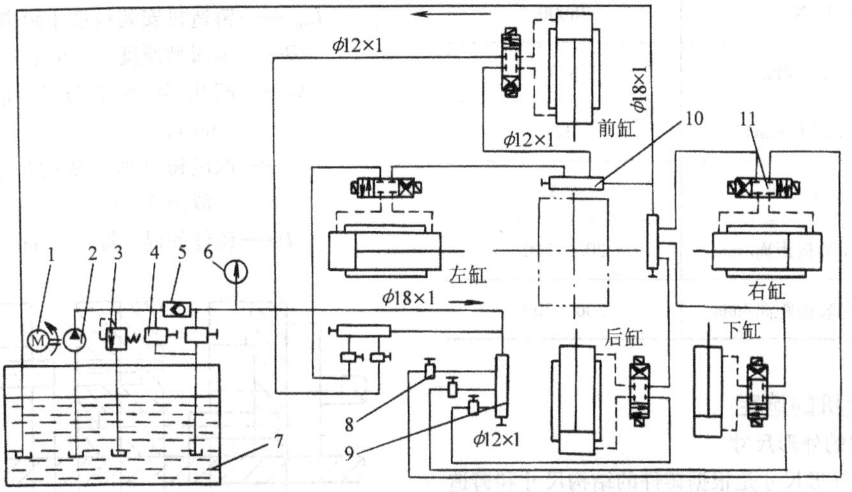

图 7-140　四开型液压金属型铸造机的工作原理

1—电动机　2—液压泵　3—溢流阀　4—卸压开关　5—单向阀　6—压力计
7—油箱　8—开关　9、10—汇流管　11—电磁阀

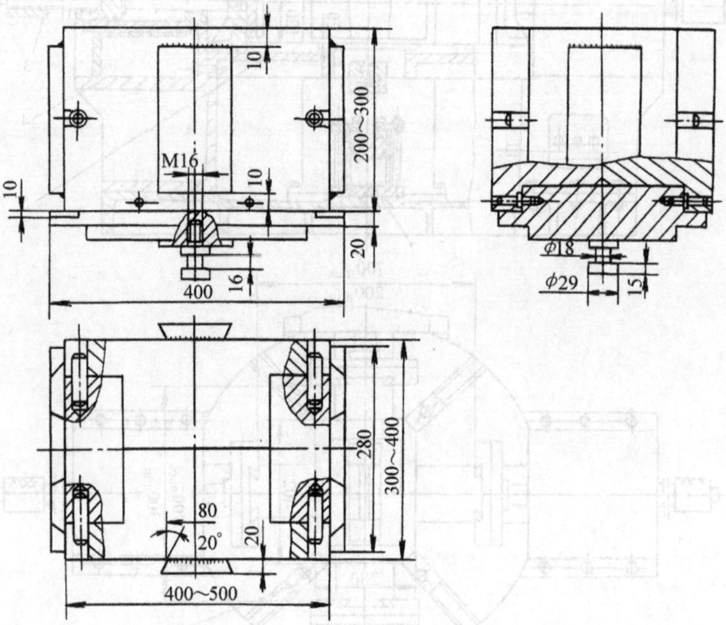

图 7-141　四开型液压金属型铸造机用金属型结构

表 7-106　四开型金属型铸造机的技术规格

开(合)型力/N	55000
抽芯力/N	38000
液压泵压力/MPa	6.3
液压泵流量/(L/min)	32
电动机功率/kW	4.5
金属型左右安装板距离/mm	200~700
金属型前后安装板距离/mm	300~700

7.4.3　铸造机的选定

1. 金属型的外形尺寸

金属型的外形尺寸是根据铸件的结构尺寸和铸造机技术规格允许的范围确定的，两者必须统一。在设计金属型时必须根据铸造机的规格去设计金属型的结构和有关尺寸。

金属型的厚度按图 7-142 及式（7-8）计算。

$$\begin{cases} 2B \leqslant L_{max} - (2L_0 + l + 2s) \\ 2B \geqslant L_{min} \end{cases} \tag{7-8}$$

式中　L_{max}——铸造机安装板最大距离（mm）；

L_{min}——铸造机安装板最小距离（mm）；

B——金属型厚度（mm）；

L_0——超出金属型分型面的型芯长度（mm）；

s——取出铸件所需要的最小间隙（mm），一般为 5mm；

l——铸件的最大厚度（mm）。

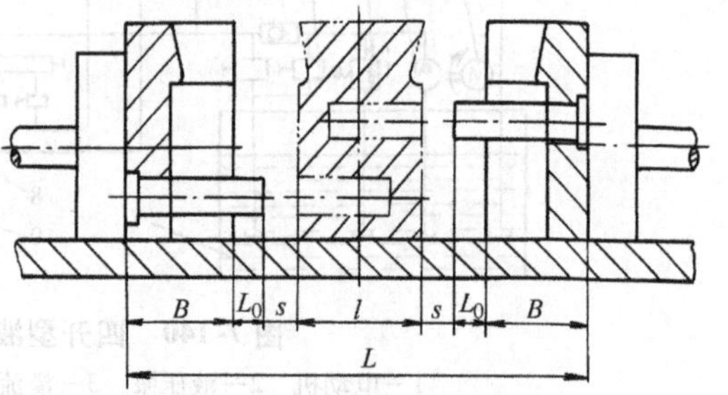

图 7-142　金属型的厚度计算

金属型的高度及开型所需拉力重心，应与铸造机安装板的高度和拉力重心相接近，高度过高或过低，或者金属型重心偏移，都不能做到平稳地开（合）型和取出铸件，严重时会造成铸件被拉裂和变形。当金属型的高度较高时，为了避免拉力重心偏移，受力不平衡，可以将金属型设计成两次分型结构。

2. 金属型开型力和抽芯力计算

金属型的开型力和抽芯力由金属型和金属芯的结构尺寸、铸造斜度、涂料成分、涂料厚度、金属型的工作温度、浇注合金的性能、浇注温度、铸件在金属型中的停留时间等因素决定，一般很难计算，在实际生产中都凭经验估算。

（1）开型力按式（7-9）计算

$$F = \sum AP_0 \tag{7-9}$$

式中　F——开型力（N）；

$\sum A$——铸件在垂直于金属型分型面上的投影面积（mm^2）；

P_0——单位投影面积开型力（N/mm^2），按表7-107确定。

表7-107　单位投影面积开型力

金属型复杂程度	简单①	一般②	复杂③
$P_0/(N/mm^2)$	0.5～1	1～1.5	1.5～6

① 简单指圆筒、圆锥形铸件，无强制阻碍出型的金属型。

② 一般指带有法兰盘、凸耳等一般阻碍出型的金属型。

③ 复杂指带有很多强制阻碍出型的金属型。

（2）抽芯力按式（7-10）计算

$$F_c = Ap\mu \tag{7-10}$$

式中　F_c——抽芯力（N）；

A——铸件包紧金属芯的面积（cm^2）；

μ——摩擦因数，见表7-108；

p——铸件凝固收缩后对金属芯的包紧力（N/cm^2），铝合金铸件 p = 300～600N/cm^2。

表7-108　摩擦因数

金属芯铸造斜度/(°)	1	2	3
摩擦因数 μ	0.15～0.18	0.13～0.16	0.11～0.14

7.4.4　铸造生产流水线

在金属型单机机械化、自动化的基础上，根据生产铸件的工艺性、金属型铸造机的特点、铸件的生产批量，实现金属型铸造机械化流水生产，则更能发挥金属型铸造的优越性。自动化生产线主要由金属型铸造机、金属液熔化炉、自动浇注装置、自动涂覆机、取件机械手、浇冒口切割机、热处理设备和检测仪器等组成。

图7-143所示为某金属型铸造生产线。该生产线主要用于生产重量在0.2～2.0kg的小型磨球铸铁件，包括熔化、浇注、热处理和检测部分。生产线熔化部分由两台电炉组成。这是一种垂直分开、单机并列的行列式金属型铸造生产线，附设相应的金属型预热、冷却装置和控制工艺参数的装置。

图7-144所示为空调压缩机金属型铸件生产线。该生产线由中频熔化炉、保温炉和金属型铸造机组成。金属液在中频炉中熔化，然后进入保温炉中保温，经浇注线的小浇包分送到铸造机上浇注。整个系统，包括铸件离型清理均为半自动化，金属型采用冷却系统控制型温，一个生产周期为7～10min。

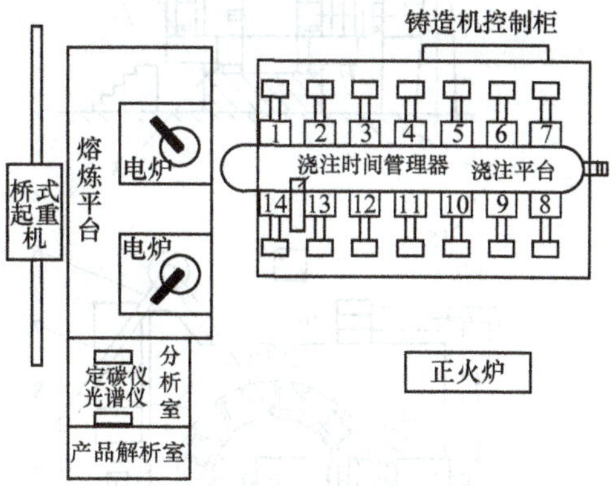

图7-143　某金属型铸造生产线

目前国内外还广泛应用转台式铸造机（或称圆盘式铸造机）。这种铸造机占地小，投资较少，适合大批量生产。图7-145所示为转台式铸造机的典型布置。该机用于生产小型地井盖、座（ϕ200～ϕ360mm）等。转台平均4.5min回转一圈，且可连续调整。合型、浇注、开型、清理型腔、下芯、上涂料均自动进行。浇注时用压力机实现金属型开（合），回转式双头浇注机遥控定量浇注。金属型安装及更换在预热状态下进行，并在1min内完成。金属型预热及涂料层烘干用燃气炉，可加热至350℃。表7-109列出了该机的主要技术参数。

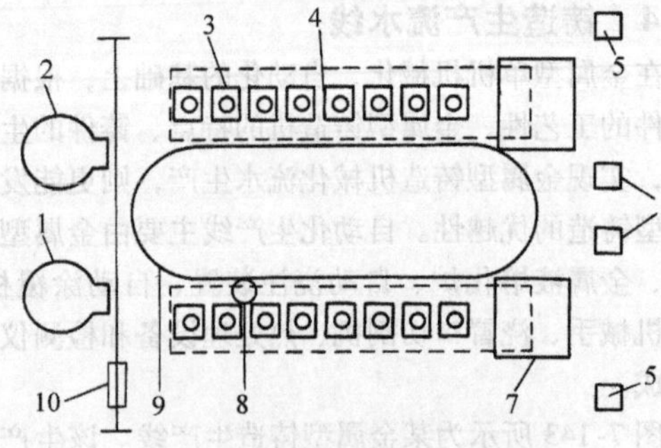

图 7-144　空调压缩机金属型铸件生产线

1—中频熔化炉　2—中频保温炉
3—金属型铸造机　4—铸件传送机
5—铸件位置　6—浇冒口位置
7—分选平台　8—浇包
9—浇注线　10—中转包

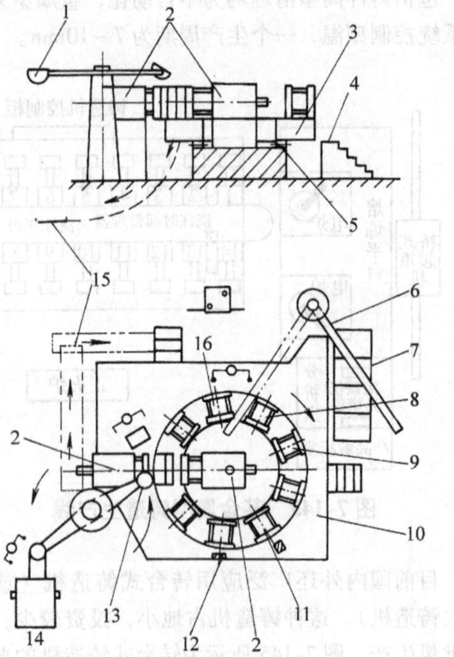

图 7-145　转台式铸造机的典型布置

1—浇包　2—压力机　3—环形回转工作台
4、10—平台　5—滚子轴承　6—更换金属型用起重机
7—金属型预热炉　8—金属型移出工位
9—金属型移入工位　11—清扫涂料工位
12—喷敷涂料工位　13—浇包　14—保温炉
15—链板输送带　16—安放型芯工位

表 7-109　转台式铸造机的主要技术参数

项　　目	内　　容
纯循环时间/s	32.5（实际 27.5～30）
生产率/（个/h）	110～120
金属型安装台数/台	9
压力机数/台	2
合型力/kN	≤55
离型力/kN	≤58
涂型及清理型腔	自动，作业时间 12s
浇注定量	光电式自动
浇包	25kg×2，双头遥控浇注
金属型型面尺寸（高/mm）×（长/mm）	510×580
金属型开型距离/mm	250
液压系统工作压力/MPa	7
液压泵功率/kW	15
油箱容积/L	500
机器重量/t	23～25
机械外形尺寸（长/mm）×（宽/mm）×（高/mm）	4500×3500×4000
浇注装置尺寸（宽/mm）×（长/mm）	3200×2400
金属型预热装置尺寸（长/mm）×（宽/mm）×（高/mm）	2500×2000×1500
输送带尺寸（宽/mm）×（长/mm）	800×8500
占地总面积/m^2	80

7.5　铸造工艺

7.5.1　金属型的准备

1. 金属型的清理

金属型的清理方法主要有手工清理、喷砂和化学清理等，见表 7-110。

表7-110　金属型的清理方法

清理方法	清理工艺	特点与应用
手工清理	1）用刮刀刮去工作表面上的旧涂料和脏物 2）用钢丝刷或砂布擦拭金属型型面，使其光洁 3）用煤油清洗活动部分的锈迹 4）用扁錾铲除型面黏附的金属并用油石打光 5）取出排气塞，清理气槽	1）操作方便，不需要任何设备 2）不易损坏金属型，不影响其使用寿命 3）手工操作，劳动强度大，生产率低 4）适用于薄片型面、细小的金属芯、型面上黏附的金属以及各活动配合部分的清理
喷砂	1）将需要清理的金属型放入喷砂室内 2）用薄板或旧布保护好不需要清理的配合表面 3）对需要清理的表面进行低压喷砂，直至除净涂料为止 4）喷砂用的砂子应经过筛孔为0.075mm的筛子过筛	1）效率高，清理质量好，劳动强度低 2）金属型磨损大，特别是尖角处容易打成圆弧，影响其使用寿命 3）薄片和细长的金属芯不宜喷砂以防变形 4）广泛用于清理金属型型面的涂料和锈迹
化学清理	用纯碱或氯化钾溶液浸泡或涂刷需要清理的部位	用于清理金属型锈蚀严重的部位

2. 金属型的预热

金属型预热是浇注前必不可少的工序之一。金属型在喷刷涂料前需先预热，预热温度根据涂料成分和喷刷方法确定。温度过低，涂料中水分不易蒸发，涂料容易流淌；温度过高，涂料不易黏附，会造成涂料层不均匀，使铸件表面粗糙。常用的金属型预热温度见表7-111。

表7-111　常用的金属型预热温度

（单位:℃）

铸造合金	预热温度
铸铁	80～150
铸钢	100～250
铝合金	150～200
镁合金	150～200
铜合金	80～120

金属型喷刷完涂料还需进一步预热至金属型的工作温度，其目的是：①避免金属液冷却太快，造成铸件产生气孔、冷隔、浇不到、缩孔、裂纹等缺陷；②防止铸铁件表面产生白口；③保护金属型，避免急冷急热而剧烈收缩和膨胀，延长使用寿命；④减轻铸件包紧力，利于脱型。金属型的工作温度是根据铸件结构及铸件材质确定的，在保证铸件成形的前提下，金属型的工作温度越低越好，因为金属型工作温度过高，会使操作困难，降低生产率，缩短金属型的使用寿命。几种合金浇注前金属型的预热温度和工作温度见表7-112。

3. 涂料喷刷工艺

（1）喷刷涂料的目的　保护金属型，避免金属液直接接触金属型型壁，使铸件表面光洁，便于脱型。不同涂料厚度还可以调整凝固顺序，减少铸件缺陷，防止铸铁件产生白口。

表7-112　浇注前金属型的预热温度和工作温度

（单位:℃）

铸造合金	铸件特点	预热温度	工作温度
灰铸铁	—	250～350	≥200
可锻铸铁	—	150～250	120～160
铸钢	—	150～300	150～300
铝合金	一般件	200～300	200～300
	薄壁复杂件	300～350	300～350
	金属芯	200～300	200～300
镁合金	一般件	200～350	200～350
	薄壁复杂件	300～400	300～400
	金属芯	300～400	300～400
铜合金	锡青铜	150～250	60～100
	铝青铜	120～200	60～120
	铅青铜	80～125	50～75
	一般黄铜	100～150	≤100
	铅黄铜	350～400	250～300

（2）对涂料的要求　涂料应具备足够的耐热性、化学稳定性和一定的导热性，使用时流动性要好，发气量要低，在剧烈的温度变化时不发生龟裂和剥落。

（3）涂料的喷刷原则　金属型的型腔、型芯及浇冒口部位的型面均应喷刷涂料。型腔、型芯所用涂料应保证铸件表面光洁，浇冒口应采用保温涂料。铸件壁越厚，涂料层应减薄；反之，铸件壁越薄，涂料层应增厚。冒口至需要补缩部位的涂料层由厚逐渐减薄，保证冒口的充分补缩。开型困难及易拉伤铸件的部位，应喷刷润滑性好的石墨涂料。喷刷涂料的顺序是先喷刷浇注系统，后喷刷需要涂料层厚的型腔表面，最后喷刷需要涂料层薄的型腔表面。

（4）涂料配方　各种铸造合金常用金属型涂料的配方见表7-113～表7-117。

表7-113　铝合金铸件金属型铸造用涂料配方（质量分数）　（%）

编号	成分	配方	用途
1	氧化锌 水玻璃 水	9～11 6～8 余量	用于中小型及表面要求光洁的铸件型腔工作面
2	氧化锌 白垩粉 二氧化钛 水玻璃 水	6 4 3 6 余量	用于表面要求光洁的铸件型腔工作面
3	氧化锌 滑石粉 白垩粉 二氧化钛 水玻璃 水	3 14 3 2 6 余量	
4	氧化锌或白垩粉 石墨粉 二氧化钛 水玻璃 水	4 9 9 7 余量	用于大型及厚壁铸件及表面容易拉铝的型腔工作面
5	石墨粉 水玻璃 水	10～15 6 余量	用于斜度小的型芯及厚壁铸件型腔工作面
6	氧化锌 二氧化钛 石棉粉 水玻璃 水	6 12 12 10 余量	用于薄壁铸件的型腔工作面
7	石棉粉 白垩粉 水玻璃 水	12～14 9～10 7～9 余量	浇冒系统涂料
8	石棉粉 氧化锌 水玻璃 水	10～12 10～12 10～18 余量	

（续）

编号	成分	配方	用途
9	氧化锌 二氧化钛 石棉硅藻土粉 水玻璃 水	10 10 5 6 余量	浇冒系统涂料
10	石墨粉 全损耗系统用油	5 95	用于金属型摩擦部位
11	石墨粉 钙基润滑脂	5 95	

表7-114　镁合金铸件金属型铸造用涂料配方（质量分数）　（%）

编号	成分	配方	用途
1	石墨粉 白垩粉 硼酸 水	7 25 7 余量	型腔工作面
2	滑石粉 水玻璃 硼酸 水	6.8 2.4 2.4 余量	型腔工作面（浇注前再喷上质量分数为10%～15%的硼酸水溶液）
3	氧化锌 石棉粉 水玻璃 水	5 5 2 余量	型腔工作面（浇注前再喷上质量分数为5%～6%的硼酸水溶液）
4	滑石粉 石棉粉 水玻璃 硼酸 水	10 8 3.5 3.5 余量	
5	石棉粉 水玻璃 水	30 30 余量	浇冒系统涂料
6	白垩粉 石棉粉 水玻璃 水	2.8 8.7 1.8 余量	

表7-115 铜合金铸件金属型铸造用涂料配方（质量分数） （%）

编号	成分	配方	备 注
1	全损耗系统用油 石墨粉	96 4	1）锡青铜要求涂料严格，左列成分对锡青铜、磷青铜都比较好。每浇注1~2个件或2~3个件应刷一次 2）铝青铜、黄铜铸件一般可以不刷涂料，或者在每班金属型使用前刷一次，中间无特殊情况（如粘型、出气孔等）可不刷涂料 3）全损耗系统用油、石墨粉涂料使铸件表面不太光洁，不如用酒精松香涂料，但前者成本较低 4）全损耗系统用油的配料也可用桐油代替
2	全损耗系统用油 石蜡	50 50	
3	酒精 松香	20 80	
4	松香 烟黑（或石墨粉） 汽油	28 14 58	
5	全损耗系统用油	100	

表7-116 铸钢件金属型铸造用涂料配方（质量分数） （%）

编号	成分	配方	备 注
1	硅石粉 耐火黏土 肥皂液 糖浆 水	87 8 1~2 1~3 余量	用水调至密度为$1.4 \sim 1.5g/cm^3$，在预热金属型之前用毛笔刷涂
2	全损耗系统用油	100	金属型预热后用棉布擦涂（限用于小型铸钢件）
3	硅石粉 白泥 糖浆 重油	100 4 2 0.2~0.3	大型铸钢件用（注：配比中后三项是另加的，湿碾在12h以上，水的质量分数为28%~33%）
4	沥青 汽油	25% （体积分数） 75% （体积分数）	—
5	脱水焦油	100	

表7-117 铸铁件金属型铸造用涂料配方（质量分数） （%）

编号	成分	配方	用途	备 注
1	石墨粉 红煤粉 石棉粉 滑石粉 耐火黏土 桃胶 水	50 2 25 10 10 3 适量	灰铸铁	桃胶先用水熬成糊状，其他材料先混合均匀，然后加入桃胶和水调至密度为$1.15 \sim 1.25g/cm^3$。用喷雾器喷涂
2	石墨粉 烟黑 耐火黏土 白泥 Na_2CO_3 糖浆 水	28 23 10 22 0.45~1 15 余量	可锻铸铁	配成密度为$1.4 \sim 1.5g/cm^3$。用刷子涂刷
3	糖浆 水	20 80	要求具有一定深度白口层铸件	—
4	硅石粉 耐火砖粉 耐火黏土 水玻璃 水	25 35 25 15 适量	浇冒系统	配成密度为$1.4 \sim 1.5g/cm^3$。用刷子涂刷

（5）涂料配制工艺

1）原材料准备。涂料中的各种耐火粉料在配制前都应进行充分干燥。石棉粉、滑石粉应在约1000℃下焙烧以去除结晶水；氧化锌、白垩粉应在150~200℃下烘烤。经过干燥后的粉状材料还应进行过筛，一般可用30/40号筛子过筛；当铸件表面光度要求高时，应用50/70号筛子过筛。

水玻璃模数应为2.4~3.0，密度应为$1.45 \sim 1.55g/cm^3$，若不符合，应进行调整。

2）涂料的配制。铝合金用涂料的配制是先把水玻璃溶解于60~80℃的热水中，然后再把干混均匀的耐火粉料加入，搅拌均匀。镁合金用涂料的配制是先将硼酸溶解于沸水中，然后将耐火粉料用热水搅拌成糊状，再把硼酸水趁热加入，仔细搅拌均匀，冷却到30℃以下再加入水玻璃。铜合金用涂料的配制是先将松香碾碎，倒入酒精中，搅拌至全部溶解，若涂料中加入烟黑，则将破碎好的松香溶入汽油，然后将松香汽油溶液以细流注入盛烟黑的桶内，搅拌均匀。铸铁件、铸钢件用涂料的配制是先将耐火粉料混匀后，再兑入液体材料。

（6）涂料的保存　涂料配好后要妥善保管，不得混入脏物，保存期应不超过一昼夜，否则涂料会变质失效。含氧化锌的金属型涂料保存一昼夜以后，由于水玻璃和水的相互作用，涂料中会逐渐形成苛性钠和复硅酸盐，使耐用性下降。其反应式为

$$2(Na_2O \cdot SiO_2) + H_2O \rightarrow Na_2Si_2O_5 + 2NaOH$$

而氧化锌在上述碱性介质中易变为氧化锌的水化物。其反应式为

$$ZnO + 2NaOH \rightarrow Zn(ONa)_2 + H_2O$$

$$Zn(ONa)_2 + 2NaOH \rightarrow Zn(OH)_2 + 2Na_2O$$

（7）涂料喷刷工艺　喷刷涂料之前，应仔细清理金属型的工作面和通气塞，去除旧的涂料层、锈蚀物以及黏附的金属毛刺等。新投入使用的金属型，可用稀硫酸洗涤或经轻度喷砂处理，以改善型面对涂料的黏附力。清理好的金属型在喷刷涂料之前一般都需要进行预热（预热温度见表7-111）。

喷刷涂料时应注意金属型不同部位要求的涂料层厚度。例如，对非铁合金铸件，通常涂料层厚度：浇冒口部0.5～1mm（个别情况可达4mm）；铸件厚大部分的金属型型腔0.05～0.2mm；铸件薄壁部分的金属型型腔0.2～0.5mm。铸件上的凸台、肋板和壁的交界处，为了更快地冷却，可将喷好的涂料刮去。

7.5.2　金属型的浇注工艺

1. 合金的浇注温度

确定合金的浇注温度时应考虑下列因素：①形状复杂及壁薄的铸件，浇注温度应偏高些；形状简单、壁厚及重量大的铸件，浇注温度可适当降低。②金属型预热温度低时，应提高合金的浇注温度。为了充满铸件的薄断面，提高合金的浇注温度比提高金属型的预热温度效果要好。③浇注速度快时，可适当降低浇注温度；需缓慢浇注的铸件，浇注温度应适当提高。④顶注式浇注系统可采用较低的浇注温度；底注式浇注系统要求较高的浇注温度。⑤当金属型中有很大的砂芯时，可适当降低合金的浇注温度。

几种合金的金属型铸造的浇注温度见表7-118。

2. 浇注工艺

（1）常规浇注　浇注一定要平稳，不可中断液流，应尽量使金属液沿浇道壁流入型腔，以利于消除气孔、渣孔等铸造缺陷；浇注时按照先慢、后快、再慢的浇注原则；浇包嘴应尽可能靠近浇口杯，以免金属液流过长造成氧化使铸件产生氧化夹杂。例如，浇注铝合金时，最好不超过50mm；浇注镁合金，不应超过30mm。

表7-118　几种合金金属型铸造的浇注温度

钢铁金属		
铸造合金	铸件特点	浇注温度/℃
普通灰铸铁	壁厚＞20mm	1300～1350
	壁厚≤20mm	1360～1400
球墨铸铁	—	1360～1400
可锻铸铁	—	1320～1350
普通碳素钢	大件	1420～1440
	中、小件	1420～1450
高锰钢	—	1320～1350
非铁合金		
铸造合金	铸件特点	浇注温度/℃
铝硅合金	—	680～740
铝铜合金	—	700～750
镁合金	—	720～780
锡青铜	—	1050～1150
铝青铜	—	1130～1200
磷青铜	—	980～1060
锰铁黄铜	—	1000～1040

（2）倾斜浇注　开始浇注时将金属型倾斜一个角度（一般为45°），然后随浇注过程而逐渐放平，如图7-146所示。倾斜浇注可以有效地防止铸件产生气孔、夹渣等缺陷。金属型的转动是通过浇注台或铸造机转动机构实现的。

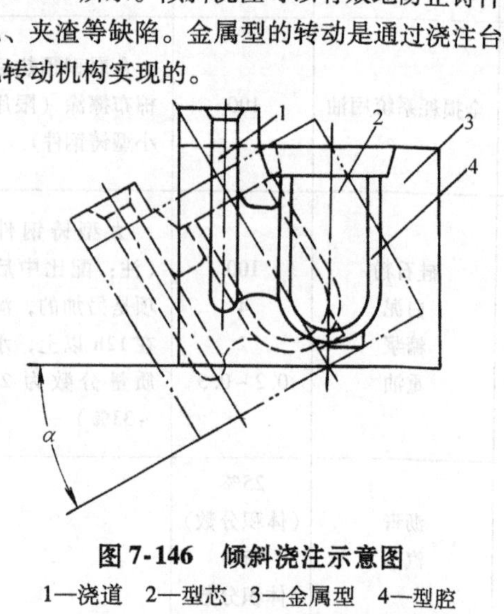

图7-146　倾斜浇注示意图

1—浇道　2—型芯　3—金属型　4—型腔

注：实线表示金属型正常位置，双点画线表示浇注开始时金属型所处倾斜位置。

(3) 振动浇注　振动浇注可以细化晶粒，提高铸件力学性能，减少铸造缺陷。因振动作用会影响变质效果，所以变质处理后铝硅合金不宜采用振动浇注。

3. 铸件在金属型中的保持时间

铸件在金属型中的保持时间取决于铸件壁厚、铸件材质及金属型的工作温度。一般希望金属液在铸型中凝固后立即抽芯脱型，因此时铸件收缩小，产生的内应力小，形成裂纹的可能性小，对铸铁件还能避免形成白口。脱型时间太晚，铸件对金属型的包紧力增加，会造成金属型分不开和型芯抽拔困难。

7.5.3 金属型的试铸

金属型的试铸是金属型设计、制造、验收的重要阶段，它直接关系着批量生产中铸件质量的稳定性。试铸工作分为尺寸定型、冶金定型两个阶段进行。尺寸定型是使铸件满足产品图样尺寸要求；冶金定型是保证铸件内部质量符合铸件技术条件要求。尺寸定型和冶金定型工作可以同时进行，以缩短试铸周期，加快产品试制进度。

1. 尺寸定型

尺寸定型步骤见表7-119。

2. 冶金定型

冶金定型通常与尺寸定型同时进行，也可在铸件尺寸合格之后进行，其步骤见表7-120。

表7-119　尺寸定型步骤

步　骤	重点内容
验收金属型	1）检查金属型是否有检验合格证 2）将金属型安装在铸造机或专用的浇注平台上 3）操纵金属型，检查运转灵活性，有无卡死和受阻现象 4）将金属芯、砂芯、壳芯、活块等装入金属型中，并检查各部分的间隙和位置准确性
试铸铸件，提交尺寸检查	1）按铸件的工艺规程浇注铸件，并应重点检查铸件材料、浇注温度、合型间隙、以及影响铸件尺寸变化的各项因素 2）提交3~5件铸件检查尺寸，铸件表面不应有影响尺寸变化的缺陷
检查铸件尺寸	1）按铸件图规定的基准进行画线检查，或者用其他方法检查铸件的全部尺寸 2）将不合格的尺寸填写在尺寸结论表中
审查铸件尺寸结论	1）按尺寸结论表逐项审查，找出尺寸不合格的原因 2）对不合格的尺寸提出处理意见，并提出修正或不修正的结论
对不合格的尺寸提出修理方案	1）铸件尺寸不合格是由于制造金属型时型腔尺寸超差造成的，按尺寸结论表检查并提出金属型修理方案 2）由于金属型设计差错造成铸件尺寸不合格的，应及时更改设计图
修理金属型	按修理方案和设计图修理金属型
检查金属型	修理好的金属型应按程序提交检验，确保已按要求修理好全部尺寸
再次试铸铸件	1）应再次审查前次尺寸检查后金属型的修理情况，熟记不合格的尺寸和产生的原因 2）试铸时应边试边检查第一次不合格的尺寸，特别是金属型的活动部位、铸件基准面以及容易变化的尺寸，并做好记录
做出铸件尺寸定型结论	1）经过多次试铸检查，证明铸件尺寸符合铸件图的要求，方可做出铸件尺寸合格的结论 2）铸件尺寸合格后还要经过机械加工和装配试车，才能做出铸件尺寸定型的结论

表 7-120　冶金定型步骤

步　骤	重点内容
试铸铸件	1）严格按铸件的试铸工艺规程进行，并检查合金的熔化温度、金属型的工作温度、合金的浇注温度、浇注时间，并将这些数据记入试铸记录本中 2）试铸过程中如发现铸件有缺陷，应及时调整工艺参数，直至铸件表面没有缺陷为止 3）待铸造工艺稳定，铸件表面没有缺陷后，再试铸 5 ~ 10 件，供冶金试验用
冶金质量检查	1）首批试铸的铸件应按产品技术要求，力求做全面冶金质量检查 2）铝、镁合金铸件冶金质量检查项目有化学成分、室温力学性能、高温力学性能、高倍组织、低倍组织、断口组织、X 射线检查、荧光检查、气密性试验等。每种铸件的具体检查项目应根据铸件的使用要求确定
审查冶金质量	1）收集已进行完的各项冶金质量检查数据和实物照片并进行记录 2）对检查不合格的冶金项目逐项分析，找出原因
提出改进措施	1）属于调整工艺参数的措施应写进试铸工艺规程 2）需要修理金属型的项目应提出金属型修理方案
做好下次试铸的准备	1）按更改后的工艺规程做好下次试铸的准备工作 2）按金属型修理方案修理金属型
检查	1）按更改后的工艺规程，检查下次试铸的准备情况 2）按金属型修理方案，检查金属型的修理质量
再次试铸铸件	1）按更改后的试铸工艺规程试铸铸件 2）试铸过程中随时检查上次试铸时产生的缺陷，并做到边试铸边调整工艺参数，直至铸出合格铸件为止
做出冶金质量定型结论	1）经过多次试铸检查，铸件的冶金质量已符合产品图样的技术要求，方可提出冶金质量合格的结论 2）冶金质量合格的铸件，经机械加工和装配试车后，才能做出冶金定型的结论 3）冶金定型后，试铸工艺规程应改为已定型的工艺规程并存档

7.5.4　典型铸件铸造工艺示例

金属型铸造工艺必须根据铸件的具体情况制订，以下是一些铸件铸造工艺示例。

1. 灰铸铁件

灰铸铁件金属型铸造的关键问题是消除铸件表面白口，应考虑：

1）正确地选择铸铁的化学成分。主要是控制 C + Si 的含量，一般其质量分数应不小于 6%。铸铁金相组织、C + Si 总含量与铸件壁厚的关系如图 7-147 所示。图 7-148 所示为薄壁带砂芯的铸铁件（金属型预热 300℃，并上涂料）的铸件壁厚、金属型壁厚、铁液化学成分与金相组织之间的关系。利用该图可以根据需要选取合适的铸铁成分和金属型壁厚。例如，已知铸件壁厚为 13mm，金属型壁厚为 20mm 时，若所需金相组织为珠光体，当 $w(\mathrm{Mn}) = 0.7\%$ 时，则根据图 7-148 可知，C + Si 总的质量分数应为 5.6% ~ 5.8%。

2）金属型型腔表面喷刷涂料。

3）采用较高的金属型预热温度。

4）铸件壁厚与金属型壁厚之比小于 1:2。

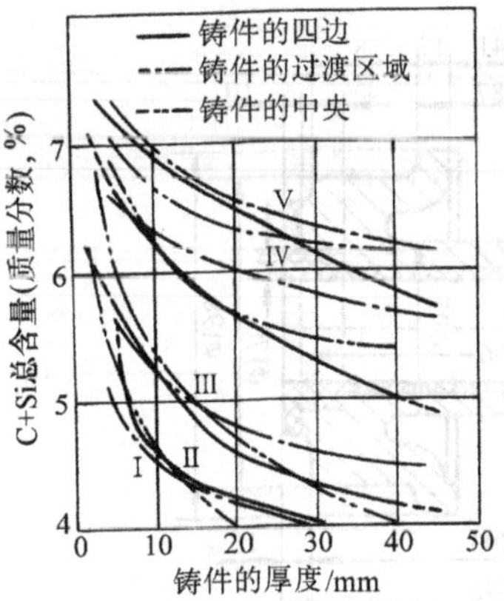

图7-147　铸铁金相组织、C+Si总含量与铸件壁厚的关系

Ⅰ区—白口　Ⅱ区—珠光体+渗碳体+石墨
Ⅲ区—珠光体+石墨　Ⅳ区—珠光体+铁素体+石墨　Ⅴ区—铁素体+石墨

5）铁液应高温出炉（出铁槽温度应大于1480℃），并需进行孕育处理，一般采用高效防白口孕育剂。例如，采用 $w(\mathrm{Ba})=5\%\sim10\%$ 的硅铁及与适当稀土复合的孕育剂。

6）尽量提早开型，铸件取出后放入缓冷坑，利用余热自行退火。

随动轮为灰铸铁金属型铸件，技术要求为铸件具有一定深度的白口层，其铸件和金属型如图7-149和图7-150所示。其铸造工艺为：①材料及化学成分。HT200，$w(\mathrm{C})=3.51\%\sim3.60\%$；$w(\mathrm{Si})=1.0\%\sim1.54\%$；$w(\mathrm{Mn})=0.4\%\sim0.53\%$；$w(\mathrm{P})=0.06\%\sim0.07\%$；$w(\mathrm{S})<0.1\%$。②金属型形式。底注、砂芯；铸件壁厚∶金属型壁厚=1∶(1.1～1.5)。③涂料。见表7-117中3号。④金属型工作温度为100～150℃。⑤浇注温度为1280～1320℃；时间20～30s。⑥铸件浇完毕后8～10min开型。

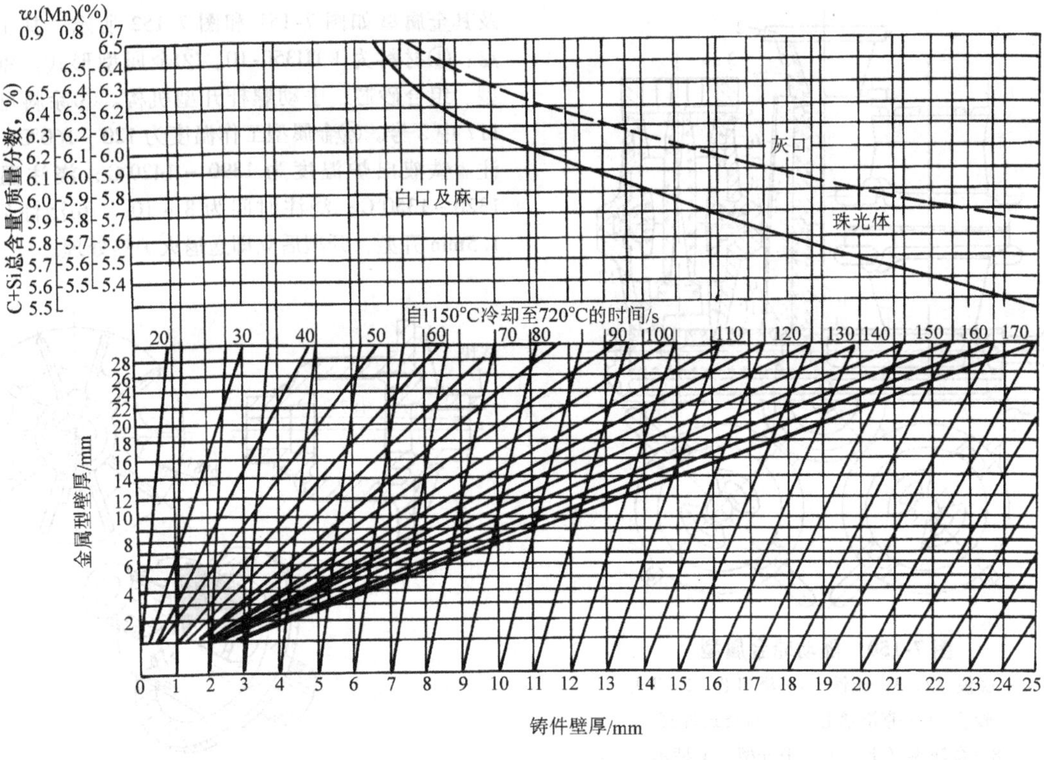

图7-148　金属型壁厚、铸件壁厚、铁液化学成分与金相组织的关系

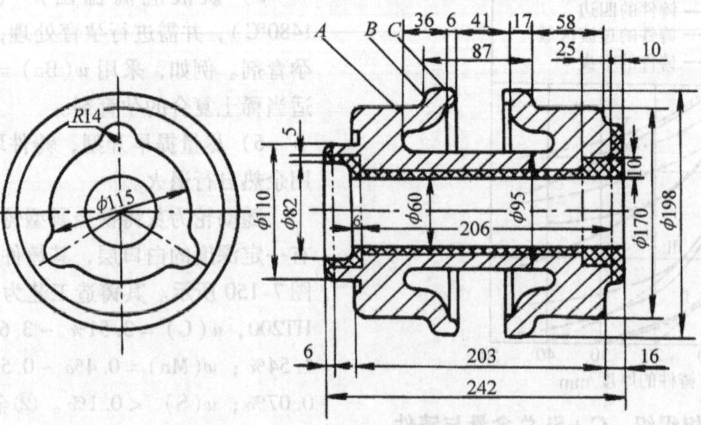

图 7-149　随动轮铸件

注：材料为 HT200，零件重量，18.8kg，铸件重量，24.5kg，
白口深度：A 面内不小于 7mm，B 面内不小于 3mm，
C 面内允许全白口，A、B 面交界圆弧处允许不检验白口深度。

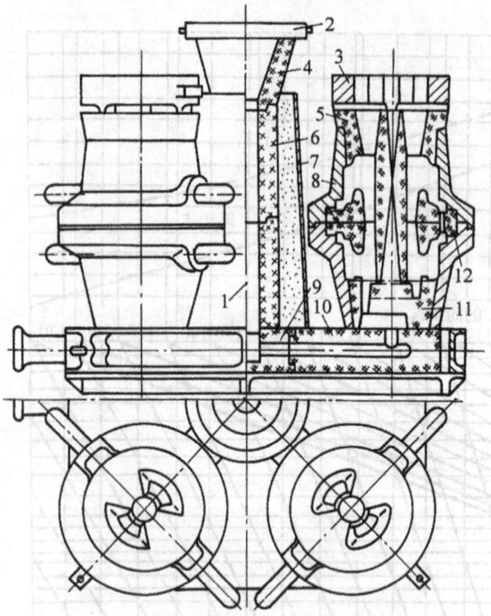

图 7-150　随动轮金属型

1—底板　2、3—压铁　4—浇口芯　5—3 号砂芯　6—直浇道芯　7—直浇道外套　8—金属型（上、下水平分型、下型未标出）　9—浇道分流芯　10—浇道尾芯　11—1 号砂芯　12—2 号砂芯

2. 可锻铸铁件

可锻铸铁件特别适于金属型铸造，铸态可获得全部白口组织，并可缩短退火时间。汽车差速器壳铸件及其金属型如图 7-151 和图 7-152 所示。其工艺特点：①材料为 KTH350-10。②金属型形式。垂直分型、组合砂芯，手动螺杆开型机构。③涂料见表 7-117 中 2 号。④金属型工作温度为 120 ~ 160℃。⑤浇注。铁液出炉温度为 1390 ~ 1420℃；浇注温度为 1320 ~ 1350℃；浇注时间为 8 ~ 10s。⑥浇注后 1 ~ 1.5min 开型，开型后立即送退火炉热处理。

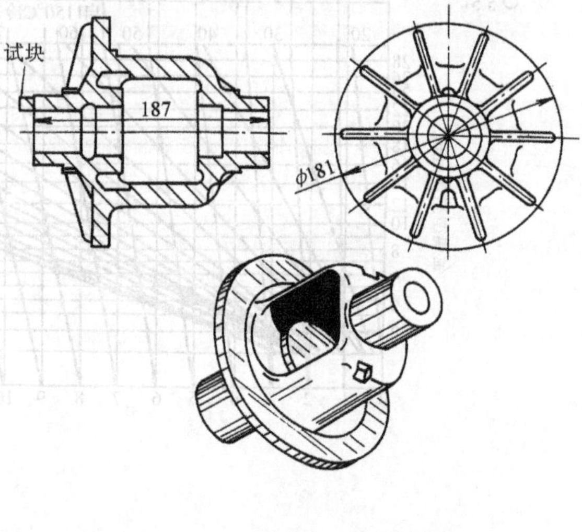

图 7-151　汽车差速器壳铸件

注：材料为 KTH350-10，铸件重量为 6.4kg，
浇冒口重 1.6kg。

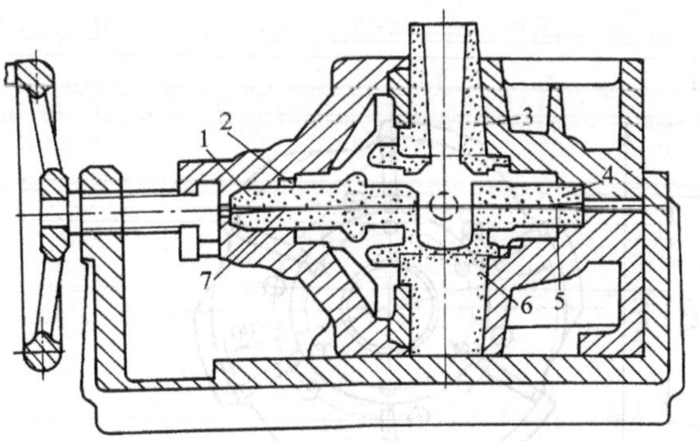

图 7-152　汽车差速器壳金属型

1、3、4、6—砂芯　2—试块　5、7—排气道

3. 碳钢铸件

四柱式万能液压机主缸体金属型如图 7-153 所示。其工艺特点：①铸件毛重 900kg。②金属型形式。底注式；整体砂芯悬吊在冒口型上；铸件壁厚:金属型壁厚 = 1∶1。③冒口一个，尺寸为下端 ϕ340mm，上端 ϕ260mm，高 350mm。④浇注系统。直浇道 ϕ60mm；横浇道 ϕ40mm；内浇道上端 ϕ45mm，下端 ϕ40mm，高 80mm。均为一个。⑤涂料见表 7-116 中 4 号。⑥金属型工作温度大于 80℃。⑦浇注。浇注温度为 1420 ~ 1440℃；浇注时间为 150 ~ 160s；钢液上升速度 9mm/s 左右。⑧夏季浇注后 30 ~ 40min 开型；冬季浇注后 20 ~ 30min 开型。

4. 高锰钢铸件

用金属型铸造高锰钢铸件，能取得良好的技术、经济效益。ϕ1. 83m × 6. 1m 球磨机平行衬板金属型如图 7-154 所示。其工艺特点为：①材料为 ZGMn13-2。②铸件毛重 30kg；壁厚 33mm。③金属型。材料 HT200；铸件壁厚:金属型壁厚 = 1∶1. 5。④浇注。金属型不预热，不刷涂料；浇注温度为 1320 ~ 1350℃。⑤浇注后 1. 5 ~ 3min 后开型，水淬。

5. 铝合金铸件

铝合金浇注温度低，特别适合用金属型铸造，因此使用非常广泛。水泵叶轮、气缸体和连杆为典型的铝合金金属型铸件。

1）水泵叶轮。水泵叶轮是典型的叶片类铸件，铸件材料为 ZL101，其零件图及金属型如图 7-155 和图 7-156 所示。其工艺特点：形成叶面的金属型活动部分，由专门的开（合）型机构操纵，当用手柄 7 旋转齿轴 6 时，扇形齿轮 8 带动圆盘 2 转动。由于移动用销 3 也被带动，但它只在圆盘 2 的槽中滑动，遂使与移动用销 3 连接的嵌入部分 1 径向运动，完成金属型活动部分的开（合）过程。

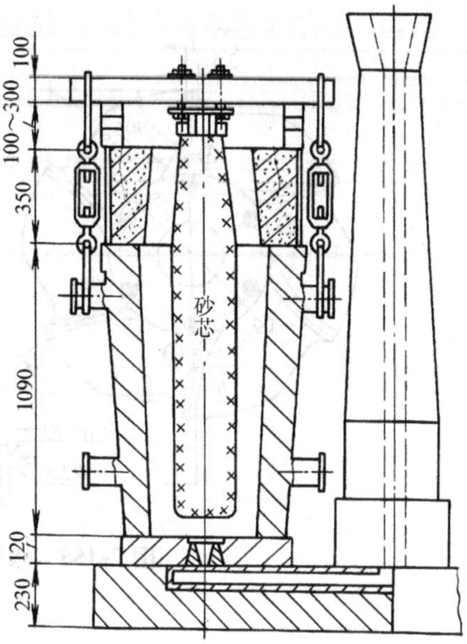

图 7-153　四柱式万能液压机主缸体金属型

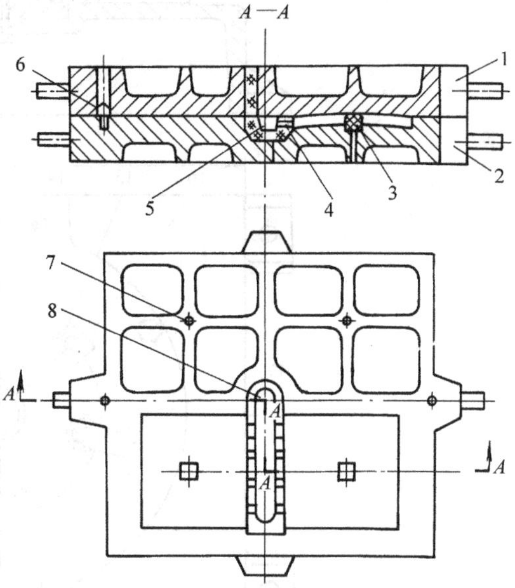

图 7-154　ϕ1. 83m × 6. 1m 球磨机平行衬板金属型

1—上型　2—下型　3—砂芯　4—内浇道（12mm × 30mm）　5—横浇道（40mm × 40mm）　6—定位销　7—出气口（ϕ8mm）　8—直浇道（ϕ45mm）

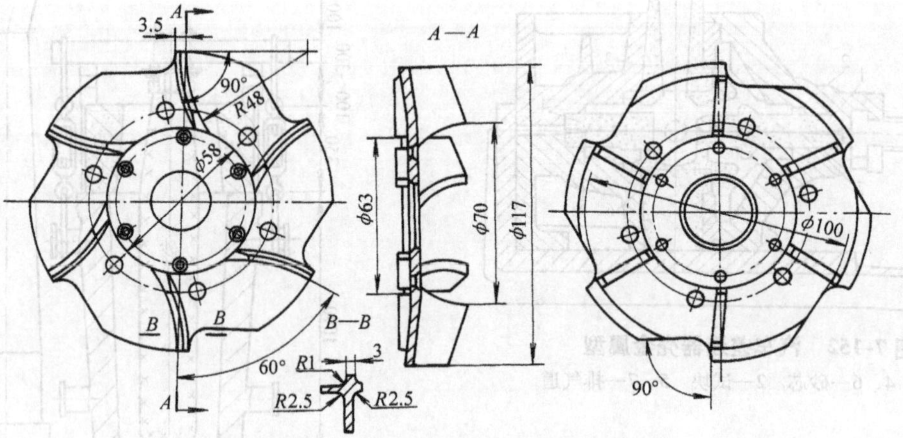

图 7-155　水泵叶轮零件图（材料：ZL101）

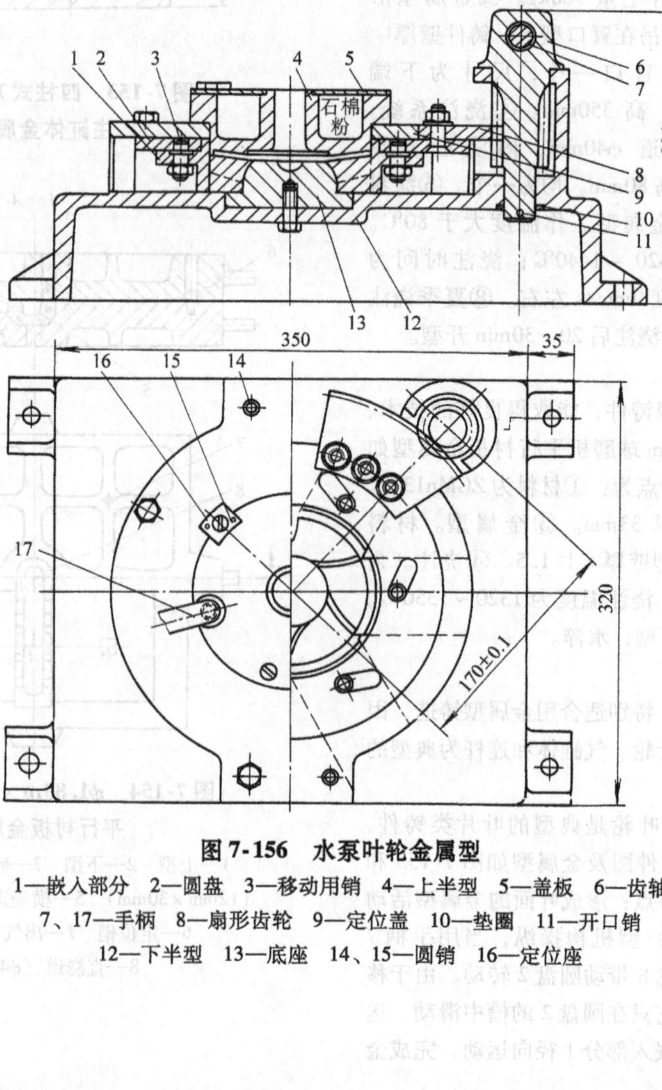

图 7-156　水泵叶轮金属型

1—嵌入部分　2—圆盘　3—移动用销　4—上半型　5—盖板　6—齿轴

7、17—手柄　8—扇形齿轮　9—定位盖　10—垫圈　11—开口销

12—下半型　13—底座　14、15—圆销　16—定位座

2）气缸体。气缸体材料为ZL105，铸件结构复杂，散热片多而薄，顶端仅1.5mm，较难成形；壁厚从1.5mm到16mm，过渡急剧，热节处难以安置冒口，易产生缩孔或缩松；排气道和进气道形状不规则，出口处位置要求准确又不好机械加工，采用普通金属芯抽不出，采用普通砂芯达不到要求。其铸件、铸造工艺方案和金属型如图7-157～图7-159所示。气缸体的技术要求：针孔度不超过2级；内孔（$\phi65^{+0.03}_{0}$mm）加工后在进气口和排气口以上不许有孔洞、夹渣等缺陷；在活塞行程以外允许有洁净气孔，但直径和深度不得大于1mm，数目不多于3个，气孔间距不小于15mm。

工艺特点：①金属型形式。综合分型，壳芯。金属型由左、右半型及底座三大部分组成。铸件散热片部分由分别固定于左、右半型的14片镶片5组合。②冷却方式。为加速方形法兰盘四角的冷却，底座上镶了4个铜质通气塞。③壳芯定位。大壳芯用多个芯头定位，底部用底座上的芯座定位，中部用侧芯头定位，上部用两块夹板4夹紧上芯头。④浇注系统。采用蛇形直浇道底注式浇注系统，利用单独的浇口杯焊于左、右半型上，增加金属液压头。

3）连杆。连杆及其铸造工艺和简易永久型保温冒口如图7-160和图7-161所示。其工艺特点：①材料为ZL105合金。②金属型形式。垂直分型，顶注。③冷却方式。浇注5～6件后，金属型淬水降温。④金属型工作温度为200～300℃。⑤浇注温度为720～740℃。⑥原工艺的浇道和冒口合二为一，冒口和连杆为一整体型。冒口重170g，连杆重400g，铸件出品率为70%。铸型上下温度梯度很小，不能形成顺序凝固和有效补缩，常在图7-160所示连杆头部的A处形成缩松或缩孔，废品率高达30%～40%。改进后的工艺是将冒口与连杆铸型分开，做成单独的简易永久型保温冒口，如图7-161所示。浇注过程中，当金属型温度超过300℃时，取下保温冒口，将金属型淬水冷却，此时冒口仍处于高温状态，大大提高了冒口的补缩效率，使废品率将至6%以下。改进后的冒口仅重88g，铸件成品率提高至82%。

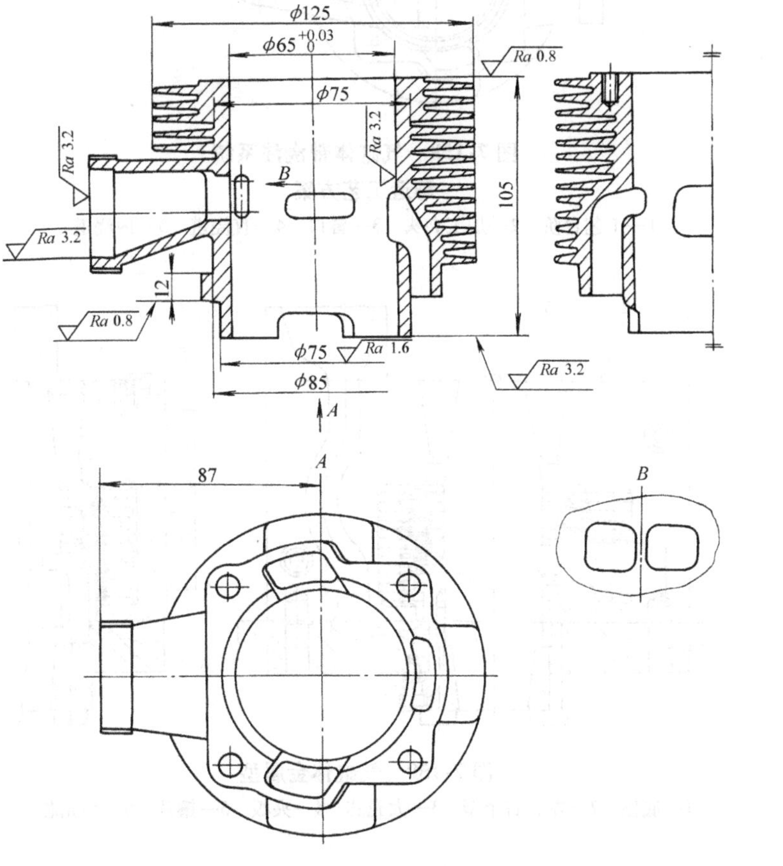

图7-157　气缸体铸件

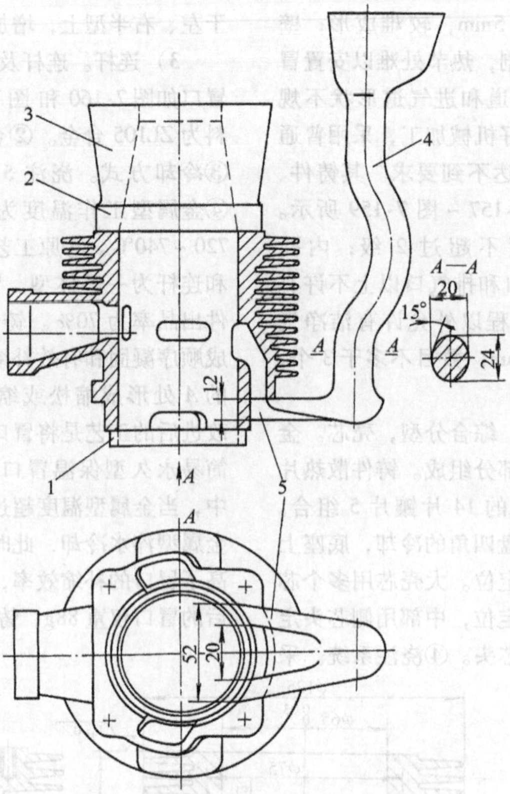

图7-158　气缸体带浇注系统铸造工艺方案

1—工艺台阶　2—加工夹头　3—冒口　4—直浇道　5—内浇道

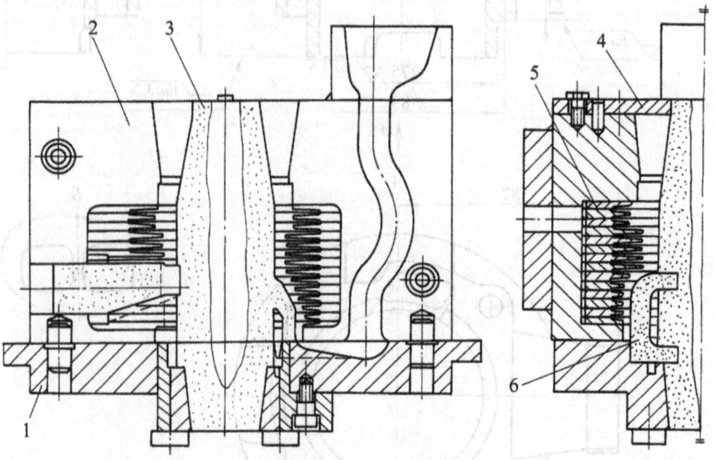

图7-159　气缸体金属型

1—底座　2—左、右半型　3—大壳芯　4—夹板　5—镶片　6—小壳芯

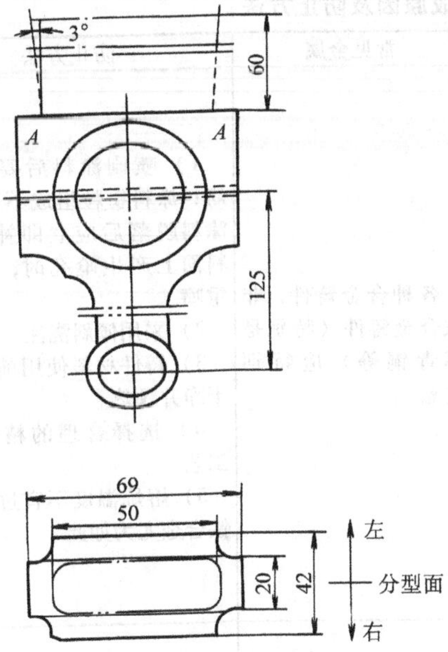

图 7-160 连杆及其铸造工艺

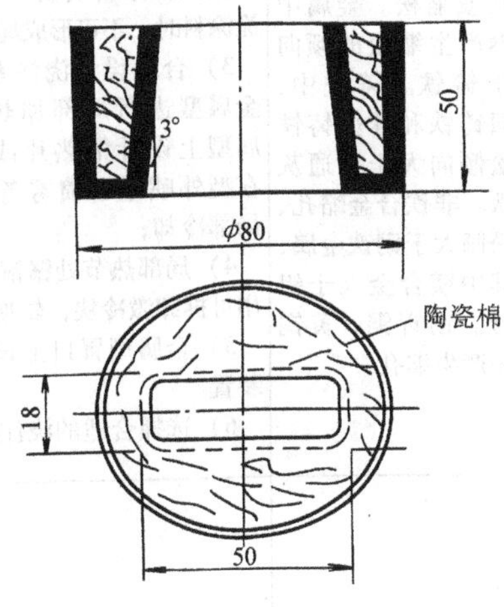

图 7-161 简易永久型保温冒口

6. 铜合金铸件

锡青铜铜套金属型及铸件内壁用冷铁如图 7-162 和图 7-163 所示。其工艺特点：①材料为 ZCuSn5Pb5Zn5 或 ZCuSn10Pb1。②金属型形式。整铸式金属型，砂芯带冷铁；铸件壁厚：金属型壁厚 = 1:(1.5 ~ 2.0)。③浇注系统采用雨淋式。浇口为锥形，上口 φ7 ~ 8mm，上下直径差 1 ~ 3mm，间距 35 ~ 40mm。④冷铁。当铜套直径大于 250mm 时，砂芯外表面上设置冷铁。⑤冒口。在金属型上开凹槽，覆砂衬 10 ~ 15mm。⑥涂料。预热前后刷松香酒精涂料各一次。⑦金属型温度。金属型预热 300℃ 以上，浇注时金属型保持在 60 ~ 80℃。⑧浇注温度。ZCuSn5Pb5Zn5 为 1150 ~ 1180℃；ZCuSn10Pb1 为 980 ~ 1060℃。

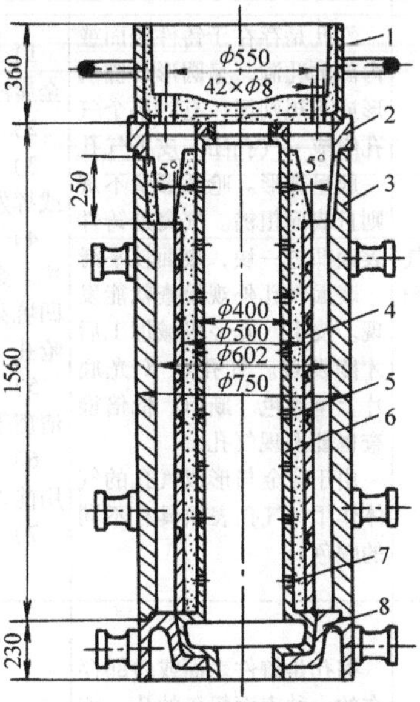

图 7-162 锡青铜铜套金属型

1—浇口杯 2—定位圈 3—金属型 4—内冷铁 5—芯砂层 6—芯管 7—芯管出气孔 8—底座

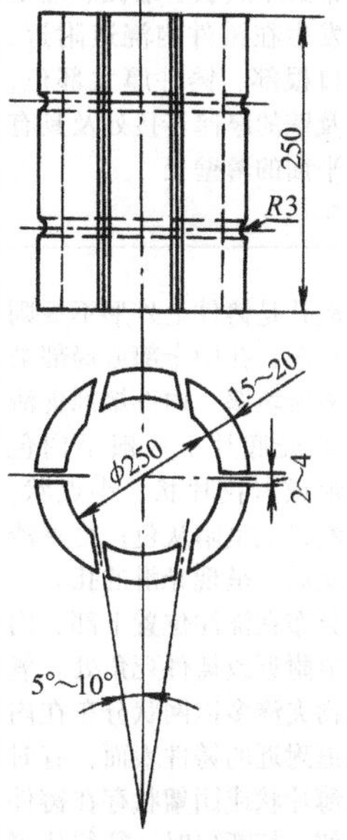

图 7-163 铸件内壁用冷铁

7.6 铸件常见缺陷及防止方法

金属型铸件常见缺陷、形成原因及防止方法见表 7-121。

表7-121　金属型铸件常见缺陷、形成原因及防止方法

缺陷名称	缺陷特征	形成原因	常见金属	防止方法
气孔、(气泡、呛孔、气窝)	气孔是存在于铸件表面或内部的孔洞，呈圆形、椭圆形或不规则形，有时多个气孔组成一气孔团。皮下气孔一般呈梨形。呛孔形状不规则且表面粗糙。气窝是铸件表面凹进一块，表面较平滑 表面气孔外观检查就能发现。皮下气孔经机械加工后才能发现。气孔在X光底片上呈黑色。断口、低倍检查也能发现气孔 由于合金与形成气孔的气体作用，气孔表面具有不同的颜色	1）金属型预热温度太低，金属液冷却太快 2）金属型排气不畅 3）涂料不好、排气性差或挥发、分解出气体 4）冷铁表面有缩孔、凹坑。金属液注入后，缩孔、凹坑处气体迅速膨胀形成呛孔 5）金属型表面锈蚀且未清理干净 6）铸件材料不干净，使用前未经预热 7）合金熔炼除气不彻底	各种合金铸件，非铁合金铸件（特别是锡青铜等）应特别注意	1）喷刷涂料后要彻底烘烤；涂料粉粒组成不可太细；涂料脱落后应立即补喷；涂料面上产生呛孔时，应刮掉重喷 2）采用倾斜浇注 3）铸件材料使用前要清理干净并预热 4）选择合理的精炼除气工艺 5）熔炼温度不宜过高，非铁合金尤为如此
缩孔及缩松	缩孔是铸件表面或内部存在的一种表面粗糙的孔，缩松是许多分散的小缩孔。缩孔或缩松处晶粒粗大，热处理后断口表面呈不同颜色 轻合金铸件缩松在X光底片上呈云雾状，严重的呈丝状。表面疏松荧光检查呈密集的小点状。缩孔、缩松常发生在铸件内浇道附近、冒口根部、铸件厚大部位，以及壁的厚薄转接处及具有大平面的薄壁处	1）金属型工作温度低 2）涂料选择不当，不同部位涂料层厚度控制不好，未能达到顺序凝固要求 3）铸件在金属型中的位置设计不当，浇注系统设计不合理 4）冒口设置未能起到充分补缩的作用 5）浇注温度过低	各种合金都能产生缩孔或缩松。金属中铸钢产生缩松的倾向大于铸铁。铸铁中，可锻铸铁和球墨铸铁缩松倾向大于普通灰铸铁。非铁合金缩孔、缩松倾大于钢铁金属，而其中镁合金大于铝合金。锡青铜、黄铜等易产生缩孔	1）提高金属型工作温度 2）调整涂料层厚度，造成顺序凝固；涂料喷刷要均匀；补涂涂料时，不可形成局部堆集 3）合理设计浇注系统；对金属型进行局部加热；在金属型上设计散热片或通水或在型外喷水、喷雾等加速其局部冷却； 4）局部热节处镶铜块激冷；用可拆卸激冷块，轮换使用 5）金属型冒口上设计加压装置 6）选择合适的浇注温度
渣孔（熔剂夹渣或金属氧化物夹渣）	渣孔是铸件上外形不规则的孔洞，孔中全部或局部被熔渣所填塞。内部熔剂夹渣在X光底片上一般呈白色圆形或雪花片状、小点状，在断口上呈暗灰色；将夹渣去除后，呈现光滑的孔。一般分布在浇注位置下部、内浇道附近或铸件死角处。氧化物夹渣多以网状分布在内浇道附近的铸件表面，有时呈薄片状或团絮状存在铸件内部。打断口时，往往从氧化夹渣处断裂，是铸件形成裂纹的根源之一。断口具有不同的颜色。在X光底片上，氧化物夹渣呈黑色块状或不规则团絮状	合金熔炼工艺及浇注工艺不当或包括浇注系统设计不正确	各种合金铸件都可能出现渣孔，但是非铁合金出现更多。镁合金易出现熔剂夹渣	1）正确设置浇注系统或使用过滤网 2）采用倾斜浇注 3）选择合适的熔剂，严格质量控制

（续）

缺陷名称	缺陷特征	形成原因	常见金属	防止方法
裂纹（热裂纹和冷裂纹）	裂纹的外观是直线或不规则的曲线。热裂断口表面被强烈氧化呈暗灰色或黑色，无金属光泽；冷裂断口表面清洁，有金属光泽 铸件的表面裂纹目视可见；微裂纹需经渗透检查方可发现，而内部裂纹则需经X光检查才能发现 裂纹多发生在铸件尖角处内侧、厚薄断面交接处、浇冒口与铸件连接的热节区	金属型铸造容易产生裂纹缺陷。开型过早或过晚，铸造斜度过小或有反斜度，涂料太薄等都易造成铸件裂纹。金属型本身有裂纹或其他缺陷时，也容易导致铸件裂纹	各种合金都易产生，但铸造铜合金（除锡青铜外）一般不易产生裂纹	1）合理设计铸件结构，使铸件壁厚均匀过渡，采用合适的圆角尺寸 2）调整涂料厚度，尽可能使铸件各部分达到所要求的冷却速度 3）选择合适的金属型工作温度，增加金属芯的铸造斜度，适时抽芯开型，取出铸件缓冷
冷隔	冷隔是一种透缝或有圆边缘的表面夹缝，中间被氧化皮隔开，不完全融为一体。冷隔严重时就成了“欠铸”。冷隔常出现在铸件顶部壁上、薄的水平面或垂直面、厚薄壁连接处或在薄的肋板上	金属型排气不好，工作温度太低，涂料质量不好，浇道开设位置不当，浇注速度太慢等	各种合金	1）正确设计浇注系统和排气系统 2）对大面积薄壁铸件，适当加厚涂料层 3）适当提高金属型工作温度 4）采用倾斜浇注法或振动浇注
白口	铸件断面发亮，硬而不易机械加工	金属型预热温度太低，未使用涂料，开型时间太晚，金属型壁厚太厚等	灰铸铁件	灰铸铁件防止白口出现是专门问题，参考本书册7.5.4中“灰铸铁铸件”一节

注：本表中未列入与普通砂型铸造类似的缺陷及有关分析。

参考文献

[1] 中国铸造协会．铸造技术应用手册：第5卷 特种铸造［M］. 北京：中国电力出版社，2011.

[2] 耿鑫明．金属型铸件生产指南［M］. 北京：化学工业出版社，2008.

[3] 柳百成，黄天佑．中国材料工程大典：第19卷 材料铸造成形工程（下）［M］. 北京：化学工业出版社，2006.

[4] 潘宪曾，黄乃瑜．中国模具工程大典：第7卷 压力铸造与金属型铸造模具设计［M］. 北京：电子工业出版社，2007.

[5] 李魁盛，侯福生．铸造工艺学［M］. 北京：中国水利水电出版社，2006.

[6] 姜不居．特种铸造［M］. 北京：中国水利水电出版社，2005.

[7] 全国钢标准化技术委员会．工模具钢：GB/T 1299—2014［S］．北京：中国标准出版社，2014.

[8] 全国铸造标准化技术委员会．铸造铝合金：GB/T 1173—2013［S］. 北京：中国标准出版社，2014.

[9] 全国铸造标准化技术委员会．铸造术语：GB/T 5611—2017［S］．北京：中国标准出版社，2018.

[10] 全国铸造标准化技术委员会．铸件 尺寸公差、几何公差与机械加工余量：GB/T 6414—2017［S］. 北京：中国标准出版社，2017.

[11] 全国铸造标准化技术委员会．铸造用硅砂：GB/T 9442—2010［S］. 北京：中国标准出版社，2010.

第8章　压 力 铸 造

8.1　概述

压力铸造简称压铸，起源于19世纪，20世纪初开始工业化生产。20世纪40年代中后期，压铸工艺进入我国上海等地。改革开放后，随着我国工业化进程加快，尤其是进入21世纪后，汽车工业高速增长，使压铸产业迅速发展壮大。目前，我国压铸机拥有量、压铸件年产量及压铸从业人员数量均居世界第一，压铸件在汽车、电气、机械、通信设备以及仪器仪表等领域获得广泛应用。压铸合金包括铝、镁、锌和铜合金，铝合金应用量最大。以铝合金压铸件为例，目前可以压铸重量从几克到几十千克、尺寸从几毫米到单向最大尺寸超过2m的铸件。通过真空压铸等新技术应用，可以生产出可焊接、可热处理的高伸长率的铝合金压铸件。

当前，我国压铸产业正向着自动化与智能化生产方向发展。压铸生产单元使用性能先进、功能全面、实时控制的现代化压铸机进行压铸作业，并配置相应的周边设备，完成自动化取件、喷涂、浇注、铸件清理、冷却及打码等后续作业。同时，随着新技术的不断引入，压铸工艺的生产能力不断提升，压铸市场得以拓展。

8.1.1　压铸原理和工艺流程

压铸是将金属液在压力作用下以高速充填压铸模具中，并在压力下快速凝固而获得铸件的工艺方法。根据压室与坩埚的位置状态，压铸工艺分为冷室压铸工艺和热室压铸工艺。

冷室压铸机的压室与炉子分离，需要采用浇注或定量装置将金属液送入压室；热室压铸机的压室直接置于炉内坩埚的金属液中，金属液通过压室上的进料口直接进入压室。金属液进入压室后，压射冲头将其压进模具。

压铸原理及工艺流程见表8-1，压铸过程基本循环如图8-1所示。

表8-1　压铸原理及工艺流程

工艺方式	压铸原理图	工艺过程说明
热室 压铸工艺	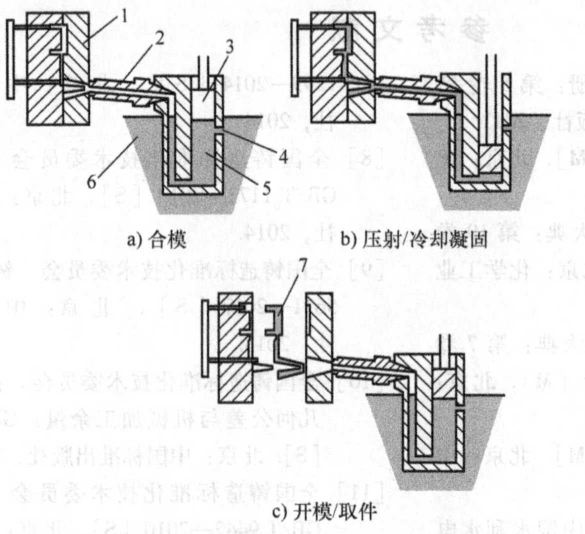 a) 合模　b) 压射/冷却凝固 c) 开模/取件 1—模具　2—料管　3—压射冲头　4—进料口 5—压室　6—金属液/坩埚　7—铸件	图a，合模。模具合模锁紧，准备压射 图b，压射/冷却凝固。压射冲头下压，将压室内的金属液经料管压入模具的型腔内；金属液在模具内冷却凝固形成铸件 图c，开模/取件。压射冲头回升，料管内的金属液回流，坩埚内的金属液通过进料口进入压室；模具打开，取出铸件，完成一个压铸循环

（续）

工艺方式	压铸原理图	工艺过程说明
冷室 压铸工艺	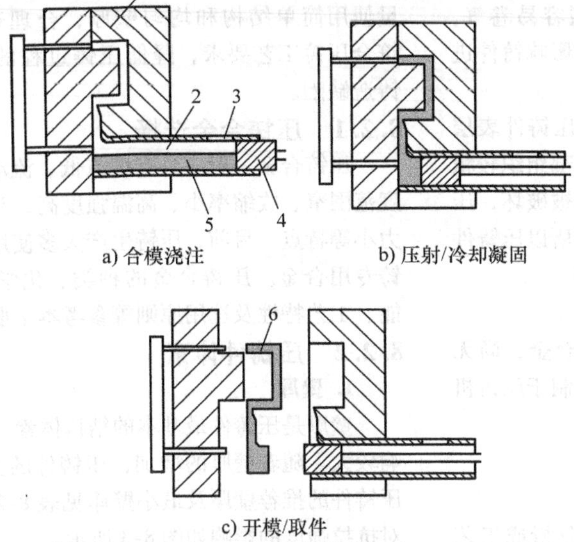 1—模具 2—压室 3—浇注口 4—压射冲头 5—金属液 6—铸件	图 a，合模浇注。模具合模锁紧，通过浇注口将金属液浇入压室 图 b，压射/冷却凝固。压射冲头前进，将压室内的金属液高速压入模具型腔内；金属液在型腔内冷却凝固形成铸件 图 c，开模/取件。模具打开，取出铸件，完成一个压铸循环

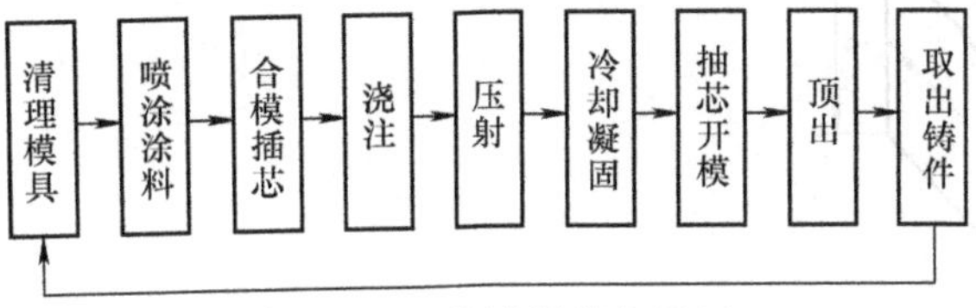

图 8-1 压铸过程基本循环

8.1.2 压铸生产组成

按作业内容划分，压铸生产主要包括模具制造、合金熔化、产品压铸及铸件清理检验四个基本生产环节，其组织和作业流程如图 8-2 所示。

8.1.3 压铸工艺特点

压铸使用的充型速度从每秒几米到近百米，压力从十几兆帕到近百兆帕。高速和高压是压铸工艺的主要特征。

压铸工艺具有以下优点：

1）生产率高。金属液充型和凝固快，循环时间短，生产率高，适合大批量生产。

2）铸件精度和表面质量好。采用精密金属模具，可以保障铸件尺寸精度和表面质量。

3）充型能力强。高速高压充型，可以生产薄壁、复杂、轮廓清晰的铸件。

4）压铸件力学性能好。金属液在高压下快速凝固，表面层晶粒细小、组织致密，总体抗拉强度比砂型铸件可高 20%～30%。

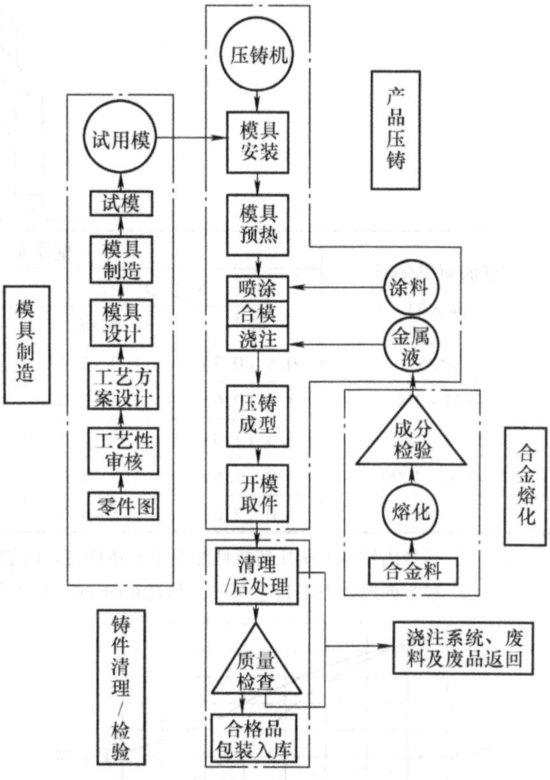

图 8-2 压铸生产组织和作业流程

5）可使用镶嵌件。方便嵌铸镶嵌件，满足压铸件局部特殊性能（耐磨性、绝缘性、强度等）要求。

6）经济指标好。铸件后加工少，大批量生产经济性好，劳动生产率高。

压铸工艺也有以下不足：

1）压铸件容易产生气孔。高速充型容易卷气，普通压铸工艺生产的铸件难以避免气孔，影响铸件进行高温热处理和焊接。

2）压铸件不宜深度进行机械加工。压铸件表层组织致密（厚度一般在 0.5mm 以下），内部组织较粗大，一般具有弥散多孔性特征。一旦表面被破坏，压铸件的力学性能及气密性将会大幅下降，所以压铸件不宜过多进行机械加工，铸件也不宜过厚。

3）不宜小批量生产。

4）工艺限制。对于钢、铁等高熔点合金，尚无法进行工业性生产。压铸件尺寸和重量受制于压铸机的吨位，内凹或内腔形状受限。

8.2　压铸件设计规范

压铸件设计规范指压铸件的工艺性分析或工艺性设计，主要包括合金材料、几何形状及结构和技术要求。压铸件设计的总体原则是在保证满足技术要求的前提下，尽量选择铸造性能良好的合金，尽量使用简单结构和均匀壁厚，合理选定技术条件，符合压铸工艺要求，降低压铸过程的复杂性和减少铸造缺陷。

8.2.1　压铸合金选择

压铸合金一般应具有熔点低、流动性好、凝固温度范围窄、收缩率小、高温强度高、与铁的化学亲和力小等特点。目前，压铸生产大多使用标准牌号的压铸专用合金。压铸合金的种类、化学成分、力学性能、工艺特性及选用原则等参考本手册 8.7 节。

8.2.2　压铸件体素

1. 壁厚

壁厚是压铸件最基本的结构体素，对压铸工艺影响较大。随着壁厚的增加，压铸件的力学性能下降。压铸件的推荐壁厚及最小壁厚见表 8-2。压铸件壁厚对抗拉强度的影响如图 8-3 所示。

表 8-2　压铸件的推荐壁厚及最小壁厚

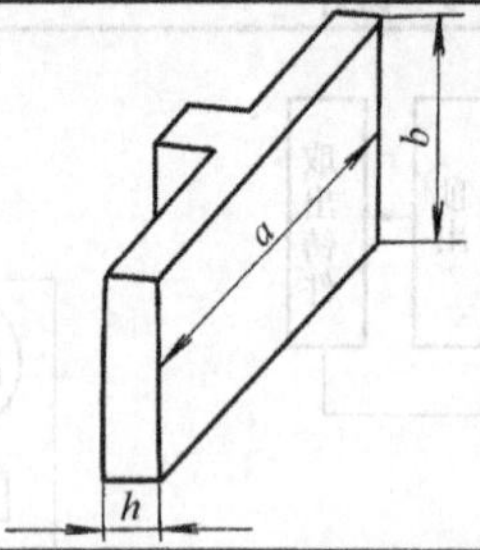

壁的面积/cm² ($a \times b$)	壁厚 h/mm					
	锌合金		铝、镁合金		铜合金	
	最小	推荐	最小	推荐	最小	推荐
≤25	0.5（0.3）	1.0～1.6	0.8（0.6）	1.2～2.2	0.8	1.0～2.0
>25～100	1.0（0.6）	1.2～2.0	1.2（1.0）	1.5～2.8	1.5	1.5～2.5
>100～500	1.5（1.0）	1.5～2.5	1.8（1.5）	2.0～3.2	2.0	2.0～3.0
>500～1000	2.0（1.5）	1.8～3.0	2.5（2.0）	3.0～4.2	2.5	2.5～3.5
>1000	3.0（2.0）	2.5～4.0	3.0（2.5）	3.5～5.0	3.0	3.0～4.5

注：1. 括号内数字表示压铸机性能及工艺条件良好时能达到的最小壁厚。

2. 最大壁厚一般不超过 6mm；超过 6mm 时，在工艺方面应该给予特别注意。

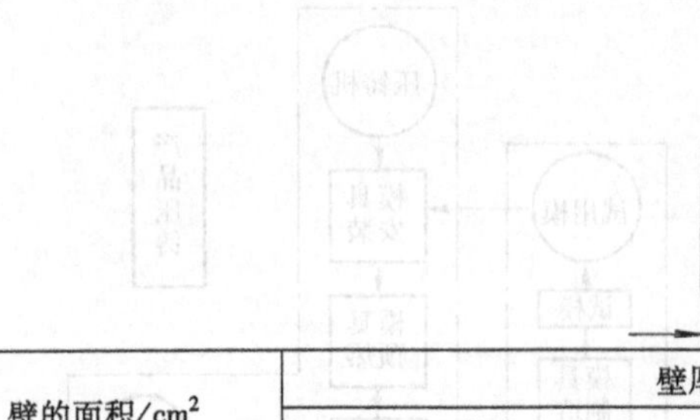

图 8-3　压铸件壁厚对抗拉强度的影响

2. 肋

肋应对称布置，厚度均匀，推荐尺寸见表 8-3。肋的常见布置形式见表 8-4。

3. 铸造圆角

（1）圆角的作用　使金属液流动顺畅，减少涡流，容易排除气体；减轻转角处的应力集中，避免铸件产生裂纹或模具转角处过早开裂；改善压铸件组织，提高性能；圆角有利于获得均匀镀层，表面处理

表 8-3 肋的推荐尺寸

（单位：mm）

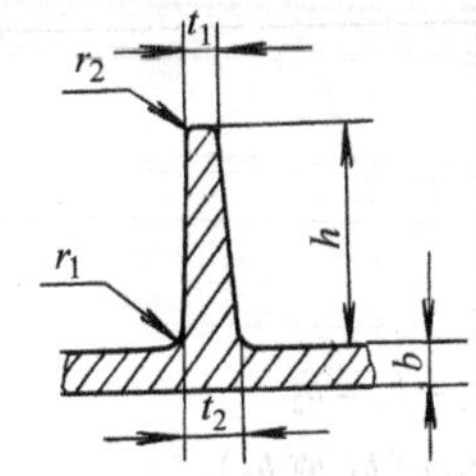

b	b≤3	b>3
t_1	(0.6～1.0)b	(0.4～0.7)b
t_2	(1.0～1.3)b	(0.6～1.0)b
h	≤5b	—
r_1	≤0.5	—
r_2	(1～1.2)b	—

效果好。

（2）圆角的大小　圆角大小应合适，过大易产生疏松、缩孔，如图 8-4c 所示。过小易形成裂纹及发生粘模，如图 8-4a 所示。图 8-4b 所示为合适的圆角。

（3）圆角连接方式和推荐的尺寸（见表 8-5）

表 8-4 肋的常见布置形式

原则	图例		说明
	不正确	正确	
布置要对称	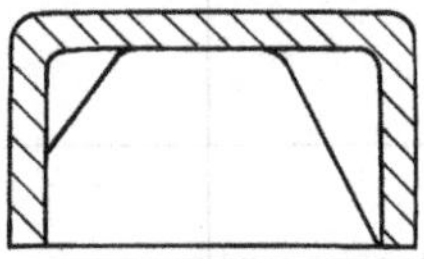	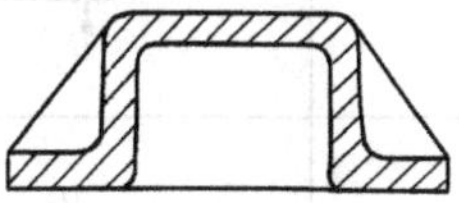	—
避免连接处金属液聚集	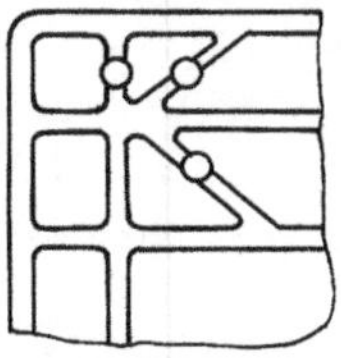	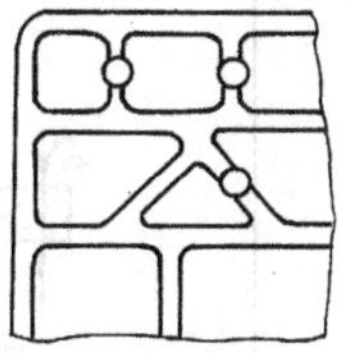	肋在铸件上交叉时应错开，不能错开时在交叉处加孔
	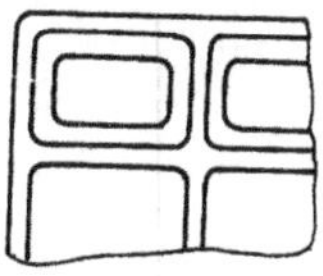	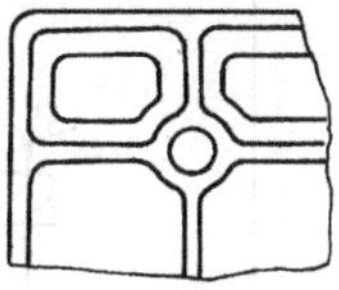	
	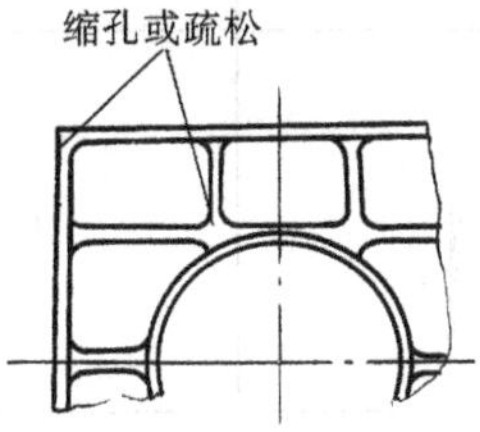	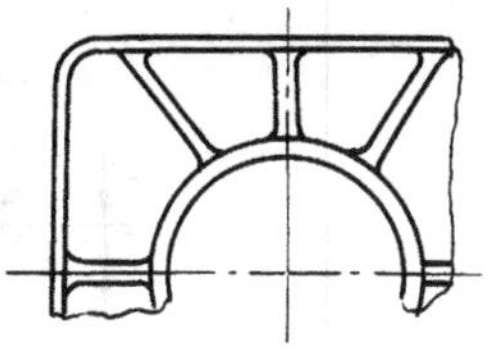	避免肋的连接处形成厚壁
壁厚要均匀	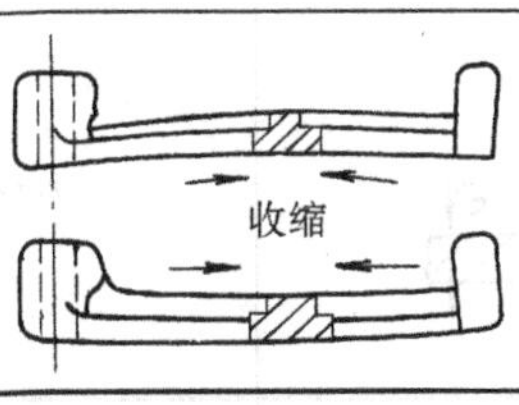	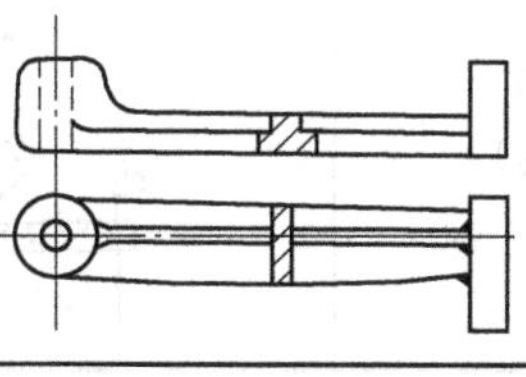	肋的厚度要与主体壁厚匀称，否则会造成左图所示的收缩变形

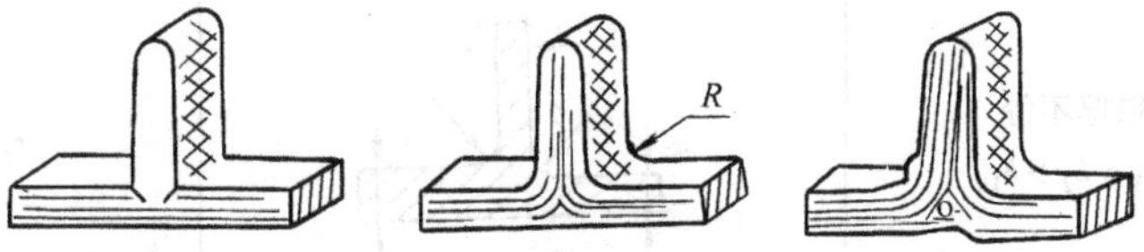

a)　　b)　　c)

图 8-4 压铸件上的圆角

a）圆角过小　b）圆角适宜　c）圆角过大

表 8-5　圆角的连接形式和推荐尺寸

连接形式	壁厚条件形式	图例	参数公式
直角连接	壁厚相等 $b_1=b_2$	内、外有圆角 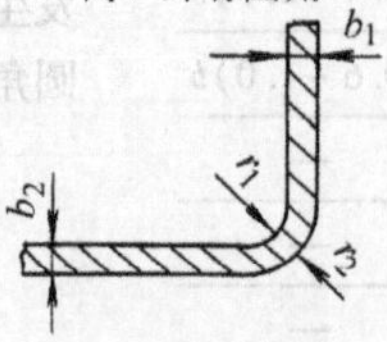 不允许有外圆角 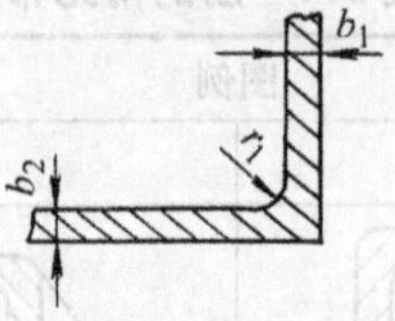	$r_1=b_1=b_2$ $r_2\approx r_1+(b_1 或 b_2)$ $r_1\approx(1.0\sim1.25)b_1$
	壁厚不等 $b_1<b_2$	内、外有圆角 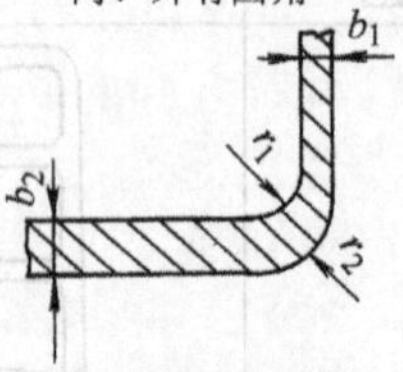 不允许有外圆角 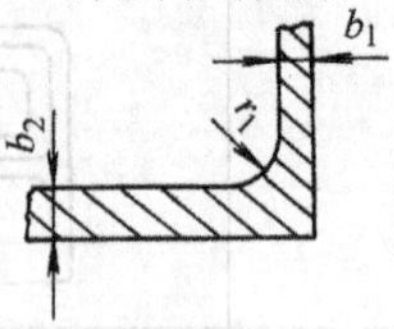	$r_1=\frac{2}{3}(b_1+b_2)$ $r_2\approx r_1+b_2$
T 形壁连接	壁厚相等 $b_1=b_2$	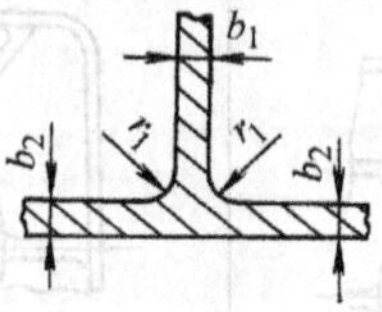	$r_1\approx(1.0\sim1.25)b_1$
	壁厚不等 $b_3>b_1(b_2)$ $b_1\approx b_2$	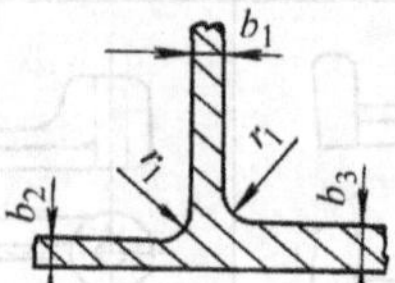	$r_1\approx(1.0\sim1.25)b_1$
	壁厚不等 $b_3>b_2>b_1$	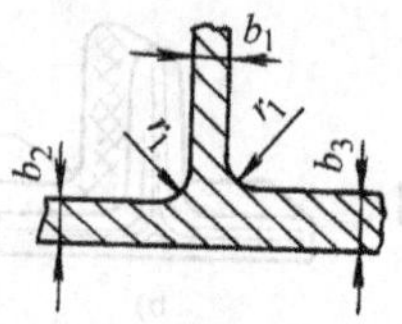	$r_1\approx(1.0\sim1.25)b_1$

（续）

连接形式	壁厚条件形式		图例	参数公式
交叉连接	壁厚均匀	十字形	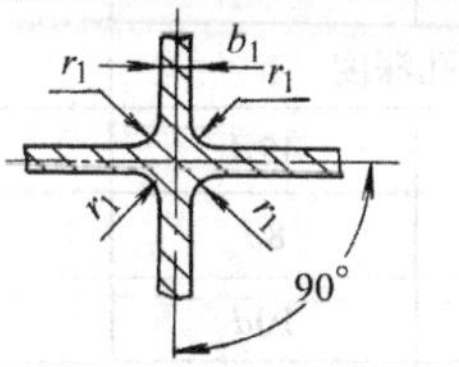	$r_1=b_1$
		X形	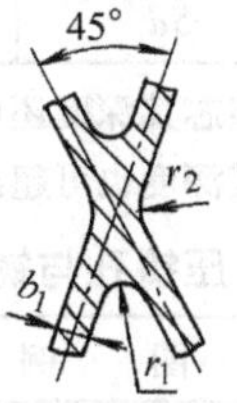	$r_1\approx0.7b_1$ $r_2\approx1.5b_1$
		Y形	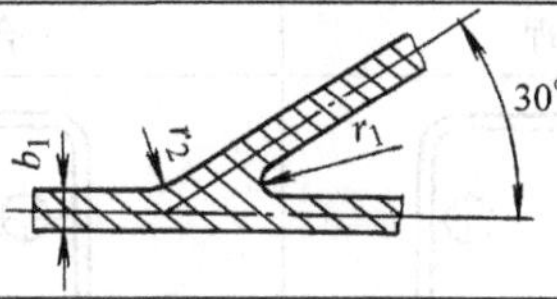	$r_1\approx0.5b_1$ $r_2\approx2.5b_1$
	壁厚不等		最薄壁厚为b_1	r_1、r_2按b_1选取

4. 脱模斜度

为了保证铸件能够从模具中取出，在铸件沿取出方向上的所有内表面都要有一定的脱模斜度。脱模斜度的选取主要与合金种类相关，也与铸件高度、壁厚、型腔表面粗糙度等有关。合金收缩率大，与模具亲和力强，型腔表面粗糙以及厚壁铸件，要求有较大的脱模斜度。各类合金压铸件的最小脱模斜度见表8-6。

5. 铸孔

压铸一般选择将孔直接铸出，以减少机械加工量，但对铸孔的直径、深度和位置有所限制。压铸孔直径和孔深度的对应关系及推荐的脱模斜度见表8-7。压铸孔与铸件边缘的距离见表8-8。孔径大小与孔距的关系见表8-9。

6. 压铸齿形及螺纹

（1）压铸齿形的最小模数和斜度（见表8-10）。

（2）压铸螺纹　压铸螺纹的牙型，应是平头或圆头。压铸平头螺纹牙型如图8-5所示。压铸螺纹的极限尺寸见表8-11。

表8-6　各类合金压铸件的最小脱模斜度

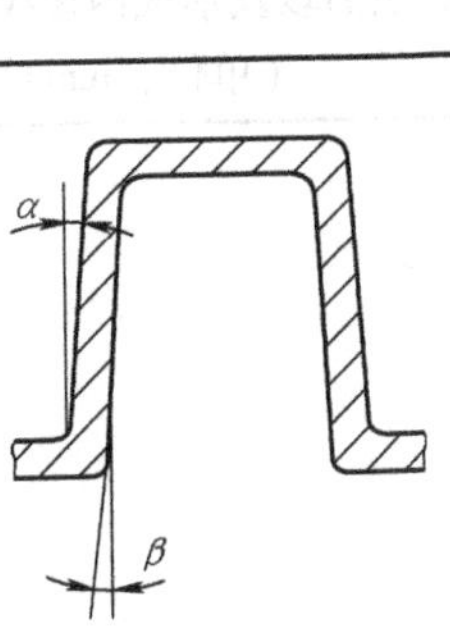

合金	配合面的最小脱模斜度		非配合面的最小脱模斜度	
	外表面α	内表面β	外表面α	内表面β
锌合金	0°10′	0°15′	0°15′	0°45′
铝、镁合金	0°15′	0°30′	0°30′	1°
铜合金	0°30′	0°45′	1°	1°30′

注：1. 脱模斜度选取不小于表中给定数值。

2. 脱模方向尺寸大，尽量选取小的脱模斜度，以免造成大小端尺寸差异过大。

3. 脱模斜度引起的铸件尺寸偏差不计入尺寸公差之内。

表 8-7　压铸孔直径和孔深度的对应关系及推荐的脱模斜度　　（单位：mm）

合金	压铸孔最小直径	孔径				推荐脱模斜度
		$d≤5$	$d>5$	$d≤5$	$d>5$	
		通孔深度		不通孔深度		
锌合金	0.8	8d	12d	4d	6d	0°20′～1°30′
铝合金	2.0	6d	8d	3d	5d	0°40′～2°30′
镁合金	1.5	8d	10d	4d	4d	0°30′～2°30′
铜合金	2.5	3d	5d	2d	3d	1°～2°30′

注：1. 铸孔深度指固定型芯而言，活动的单个型芯其深度还可适当增加。

2. 对于较大的孔径，当精度要求不高时，其深度也可超出上述范围。

表 8-8　压铸孔与铸件边缘的距离

要　求	图　例		说　明
	不合理	合　理	
孔与边缘的距离不小于 2mm	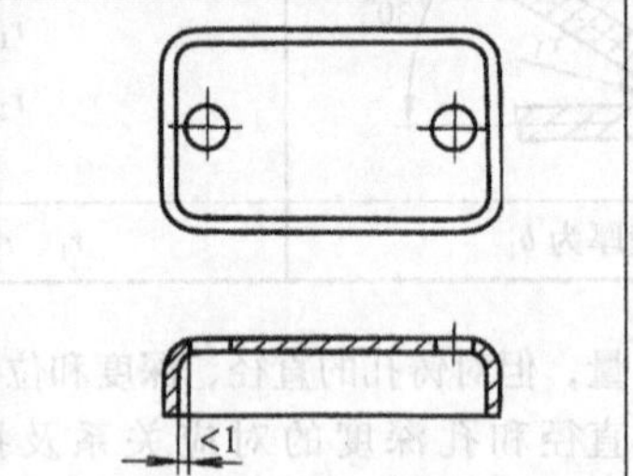	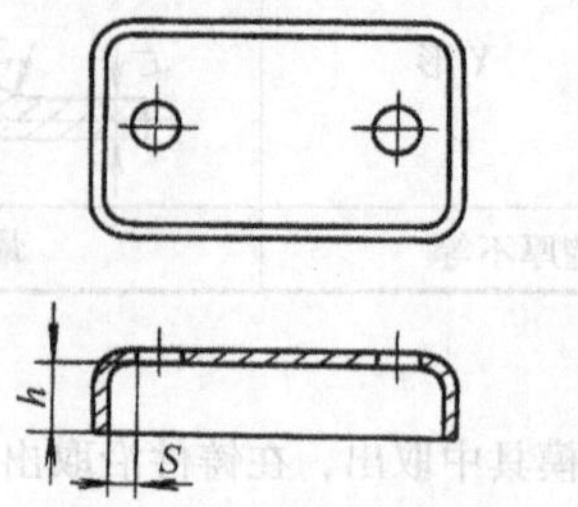	如果距离太小，安装型芯后易产生热裂，应随高度 h 的增加，距离 S 也随之增加
凹腔上有孔，R 不能过大	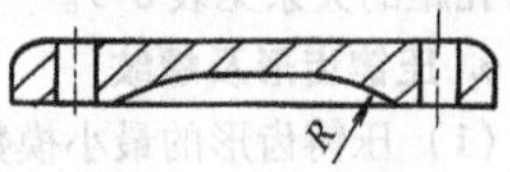	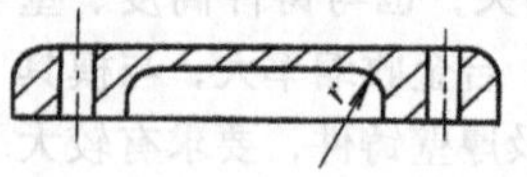	如果 R 过大，收缩时不受阻碍，易使小型芯被大收缩力挤坏，应采用如右图所示的 r 为半径

压铸外螺纹的螺纹线起始端和末端均应为整齐全扣，螺纹高度逐渐减小至与内径相交为止。内螺纹的螺纹线起始端为整齐全扣，因螺纹型芯拧出之故，末端不具有整齐全扣。内螺纹虽可铸出，但需要螺纹型芯旋出装置，增加模具复杂性和额外操作。因此，对于内螺纹，大多只铸出底孔，然后攻丝形成内螺纹。

表 8-9　孔径大小与孔距的关系　　（单位：mm）

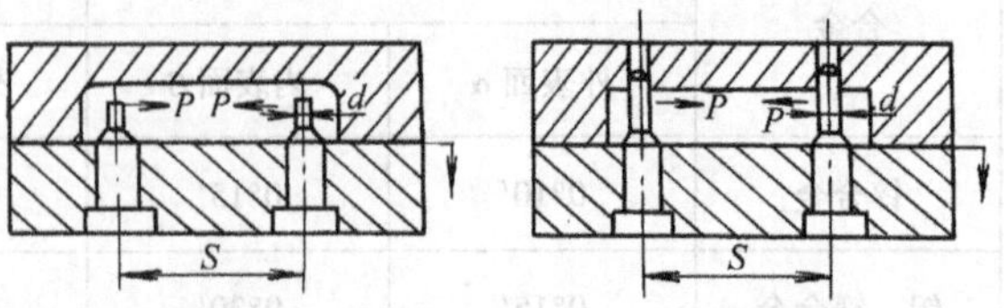

a) 不通孔　　b) 通孔

P—铸件凝固收缩时的收缩力，箭头表示收缩方向

孔的直径 d		≤2	>2～3	>3～4	>4～5	>5～6	>6～7	>7～8	>8～9	>9～10	>10～12	>12～14
合　金		与孔径相应的孔距 S 的最大尺寸										
锌合金	通孔	≤80	>80～160	>160～24	>240～320	>320～400	>400～480	>480～560	>560～640	>640～720	>720～800	>800
	不通孔	≤50	>50～100	>100～150	>150～200	>200～250	>250～300	>300～350	>350～400	>400～450	>450～500	>500～550

（续）

孔的直径 d		≤2	>2～3	>3～4	>4～5	>5～6	>6～7	>7～8	>8～9	>9～10	>10～12	>12～14
合金		与孔径相应的孔距 S 的最大尺寸										
铝合金	通孔	—	≤30	>30～95	>95～155	>155～215	>215～280	>230～340	>340～405	>405～465	>465～525	>525～580
铝合金	不通孔	—	≤18	>18～55	>55～90	>90～130	>130～165	>165～200	>200～235	>235～270	>270～345	>345～390
镁合金	通孔	—	≤65	>65～135	>135～200	>200～265	>265～335	>335～400	>400～465	>465～530	>530～600	>600
镁合金	不通孔	—	≤40	>40～80	>80～120	>120～160	>160～200	>200～240	>240～280	>280～300	>300～400	>400～440
铜合金	通孔	—	—	—	≤50	>50～90	>90～140	>140～190	>190～240	>240～285	>285～380	>380～420
铜合金	不通孔	—	—	—	≤30	>30～60	>60～90	>90～120	>120～150	>150～180	>180～210	>210～240

表 8-10 压铸齿形的最小模数和斜度

合金	锌合金	铝合金	镁合金	铜合金
最小模数/mm	0.3	0.5	0.5	1.5
斜度	当宽度尺寸大于 20mm 时，每面至少有 0.05～0.2mm 的斜度值，铜合金应为 0.1～0.2mm			

表 8-11 压铸螺纹的极限尺寸 （单位：mm）

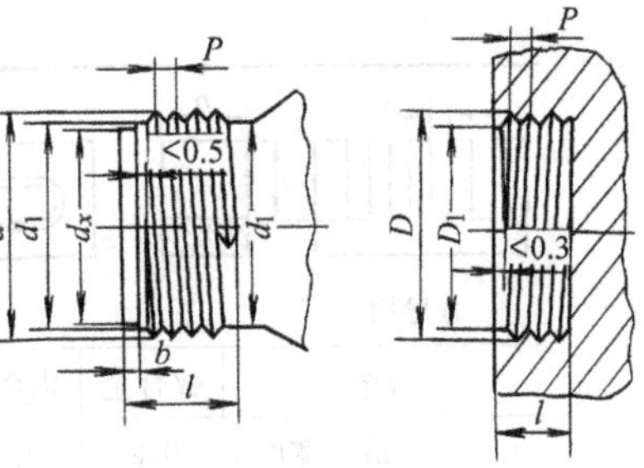

a) 外螺纹　b) 内螺纹

d—外螺纹大径
D—内螺纹大径
d_1—外螺纹小径
D_1—内螺纹小径
d_x—小于外螺纹小径
b—d_x 的长度
l—螺纹长度
P—螺纹螺距

合金	最小螺距 P	最小直径		最大长度 l（P 的倍数）	
		外螺纹 d_1	内螺纹 D_1	外螺纹	内螺纹
锌合金	(0.75)、1	6	(10)、8	8P	5P
铝合金	(0.75)、1	(8)、10	(12)、20	6P	4P
镁合金	0.75	6	(12)、15	6P	4P
铜合金	1.5	12	—	6P	—

注：1. 压铸时内螺纹的直径不宜过大。
2. 采用两半型腔成形时的外螺纹，其最大长度可以加大。
3. 括号内的数据表示可能做到的。

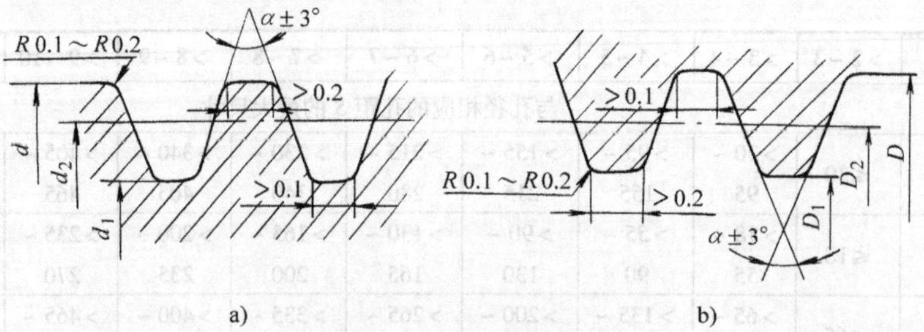

图8-5　压铸平头螺纹牙型

a）外螺纹　b）内螺纹

当外螺纹采用两半型腔压铸时，易产生图8-6～图8-9所示的几种缺陷。这几种缺陷需要通过加工消除，可提前留出0.2～3mm的机械加工余量，但不应超出螺纹的公差要求。

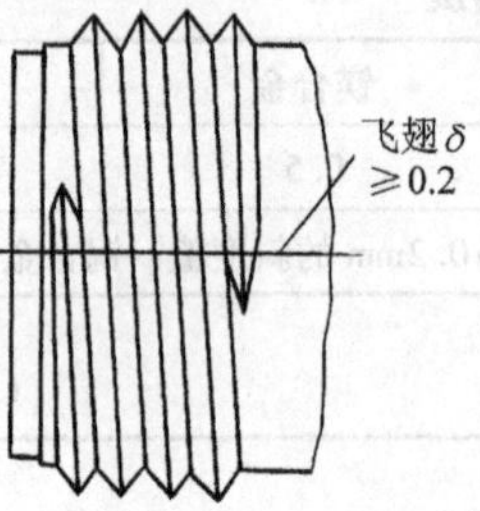

图8-6　飞翅

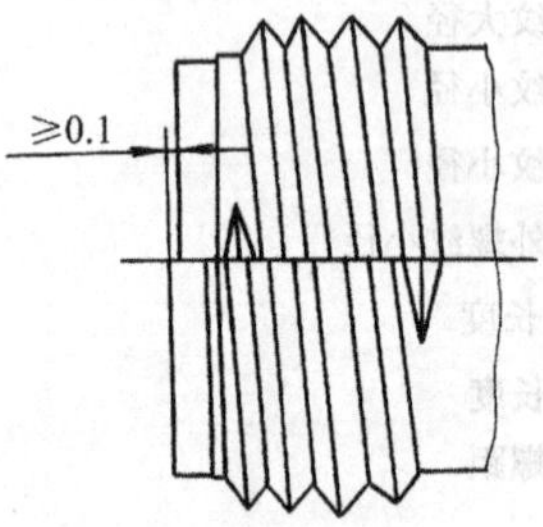

图8-7　轴向错扣

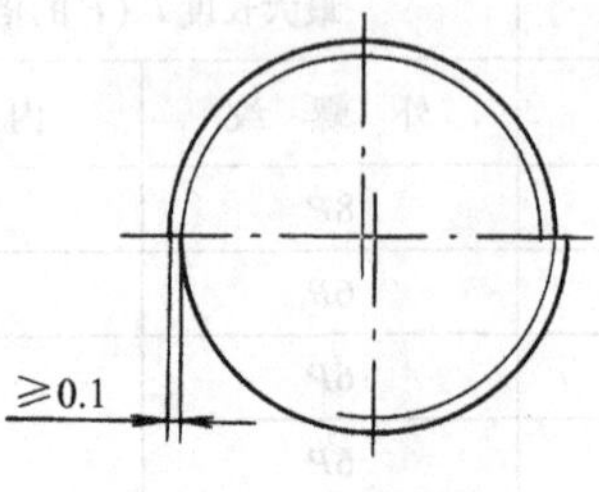

图8-8　径向错扣

7. 隙槽

常见的隙槽结构及尺寸见表8-12。表中的厚度b和深度h是当宽度s为最小极限时的值。当宽度s大

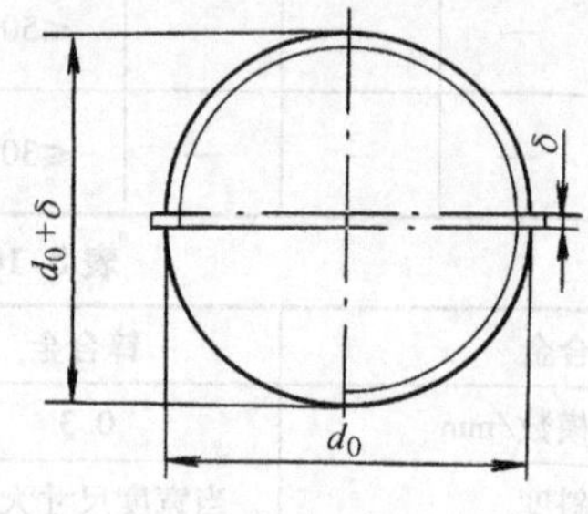

图8-9　椭圆

于表中数值时，厚度b和深度h可适当增加。

表8-12　常见的隙槽结构及尺寸

（单位：mm）

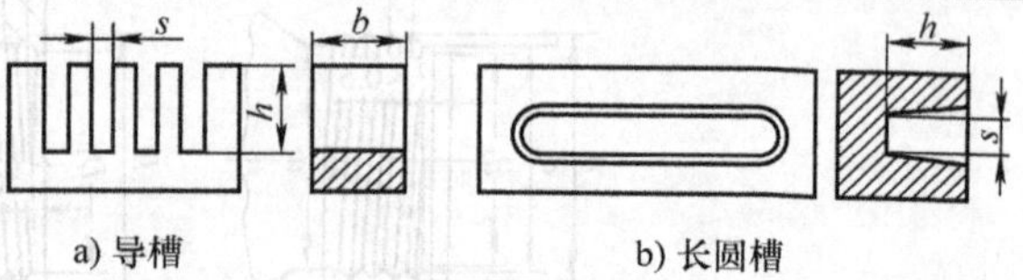

合金		锌合金	铝合金	镁合金	铜合金
尺寸/mm	最小宽度s	0.8	1.2	1.0	1.5
	深度h	12	10	12	10
	厚度b	12	10	12	8

8. 凸台

凸台的最小高度$h≈2～2.5$mm。当紧固件的孔中心距L等于或小于表8-13所列数值时，应将相近的凸台连成一体，如图8-10所示。

表8-13　紧固件的孔中心距

（单位：mm）

紧固螺钉直径	孔中心距L
≤4	>15
>4～6	>18
>6～10	>22
>10～14	>30
>14～18	>38

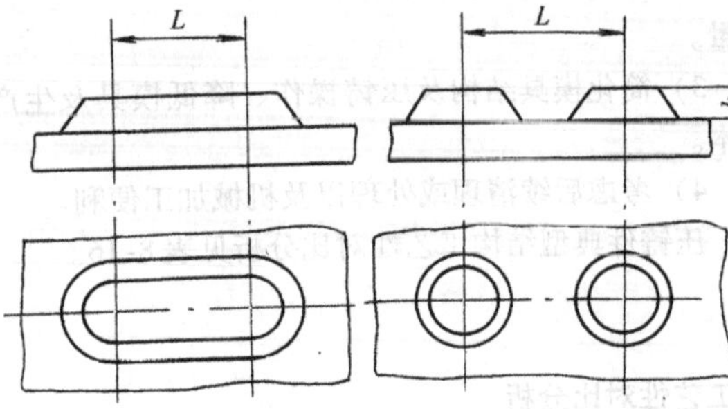

图 8-10 凸台的布置

9. 凸纹与直纹

纹路一般应与起模方向平行，并具有一定的起模斜度。推荐的凸纹与直纹结构及尺寸见表 8-14 及图 8-11。

10. 文字、图案和符号

压铸件上的文字、图案和符号一般采用凸体，不应有尖角，尽可能简单。文字、图案和符号相关尺寸见表 8-15。

表 8-14 凸纹结构及尺寸

简 图	零件直径 D/mm	凸纹半径 r/mm	凸纹节距 t	凸纹高度 h/mm
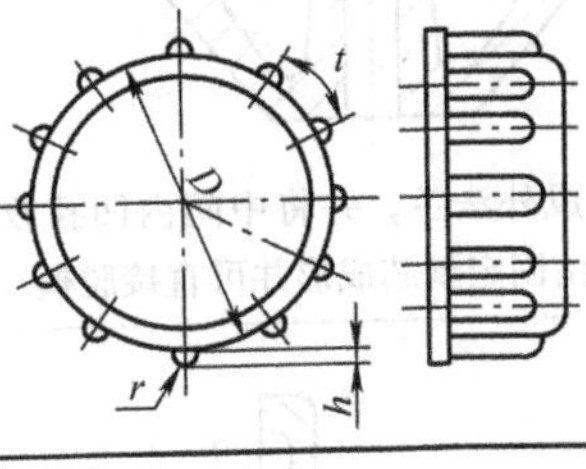	≤18	0.5～1.0	5～6r	0.8r
	>18～50	0.8～1.5	5r	
	>50～80	1.0～5.0	5r	
	>80～120	2.0～6.0	4～5r	

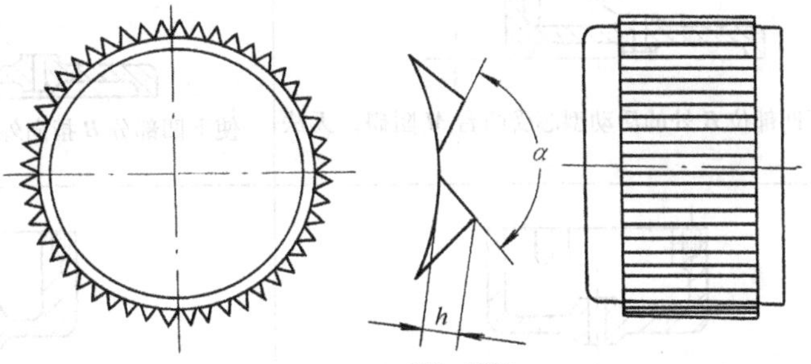

图 8-11 直纹结构及尺寸

表 8-15 文字、图案和符号相关尺寸 （单位：mm）

线条形状	凸 体	凹 体	说 明
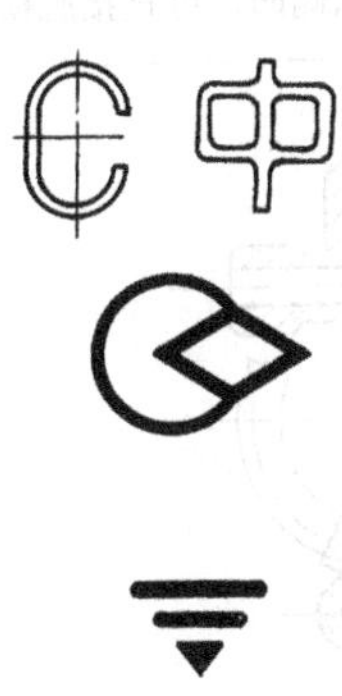	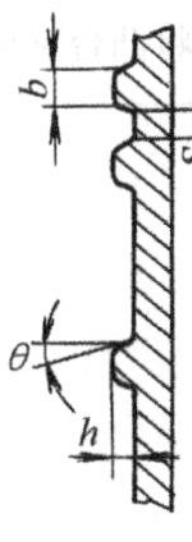 b>0.25mm $h<b$ $\theta>10°$ $S\geqslant h$	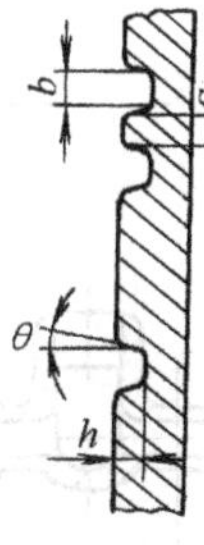 b>0.35mm $h<b$ $\theta>15°$ $S\geqslant h$	b—线条宽度 h—线条高度 S—线条间距 θ—线条侧边斜度

8.2.3 压铸件结构

压铸工艺对压铸件结构的总体要求：

1）铸件能够从模具中顺利取出，不存在无法脱模或抽芯的部位。

2）结构合理，壁厚均匀，有利于充型和排气，减少或消除易于产生压铸缺陷的部位，保证铸件质量。

3）简化模具结构及压铸操作、降低模具及生产成本。

4）考虑后续清理或处理以及机械加工便利。

压铸件典型结构工艺性对比分析见表8-16。

表8-16 压铸件典型结构工艺性对比分析

<table>
<tr><th>改进内容</th><th>改进前</th><th>改进后</th></tr>
<tr><td rowspan="4">消除抽芯或脱模受阻部位</td><td>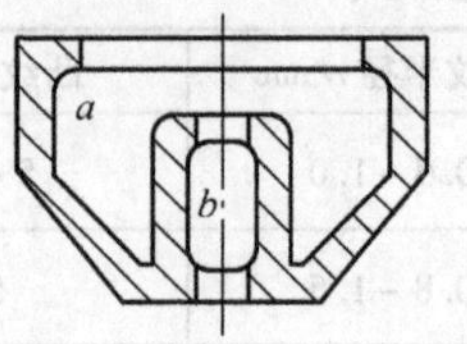

法兰缘存在 a、b 两处内凹，无法抽出型芯和脱模</td><td>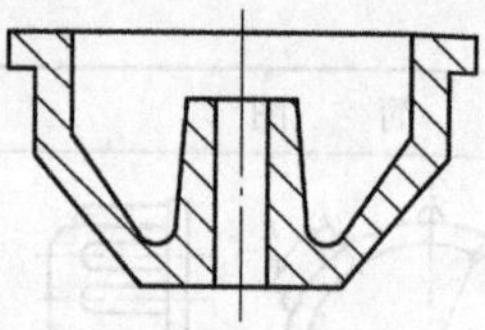
将内法兰改成外法兰，并将中间内凹孔改成直孔后，可直接由固定型芯成形并可直接脱模</td></tr>
<tr><td>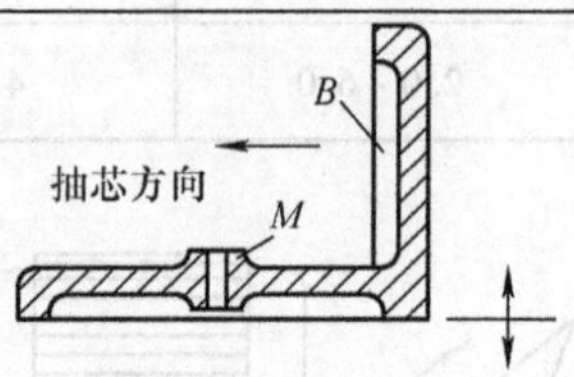

形成下凹部位 B 处的活动型芯受凸台 M 阻碍，无法抽出</td><td>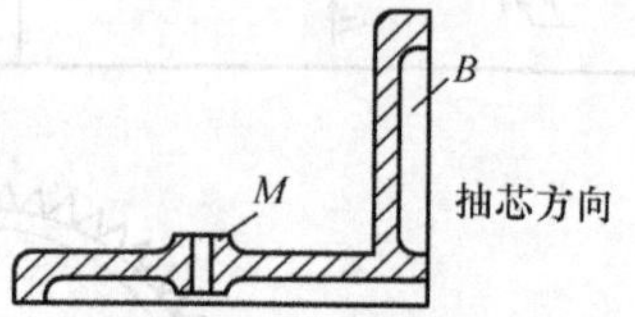

使下凹部分 B 指向外侧，则可顺畅抽芯</td></tr>
<tr><td>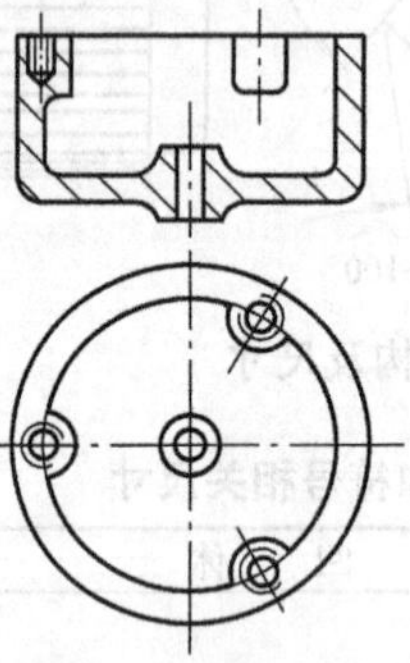
螺孔凸台影响脱模</td><td>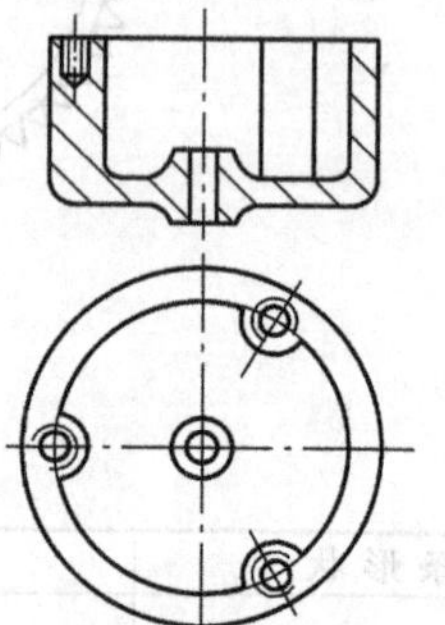
将凸台延伸至底部，消除侧凹，可直接脱模</td></tr>
<tr><td>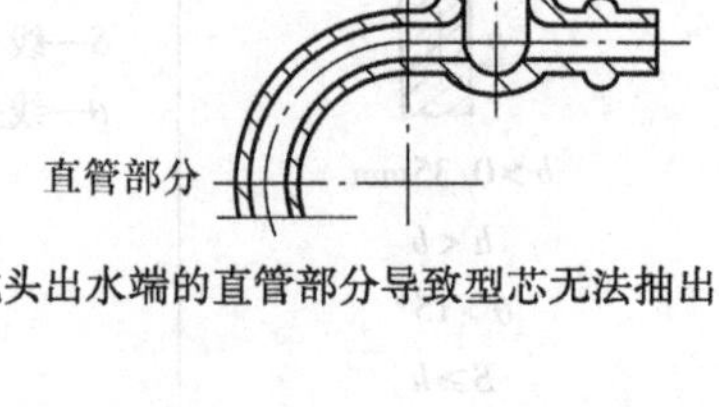

水龙头出水端的直管部分导致型芯无法抽出</td><td>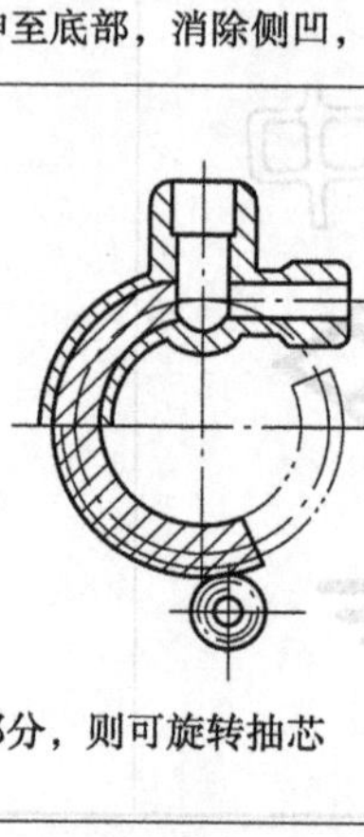
去掉直管部分，则可旋转抽芯</td></tr>
</table>

（续）

改进内容	改进前	改进后
消除抽芯或脱模受阻部位	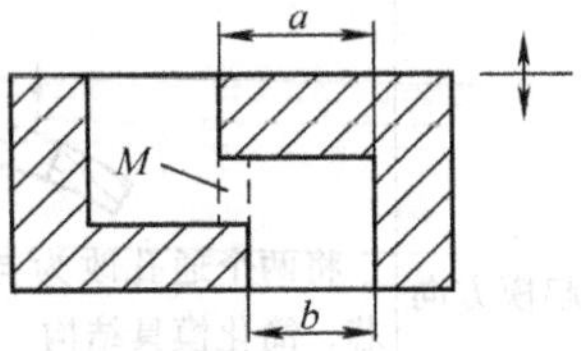中间区域 *M* 处抽芯受阻	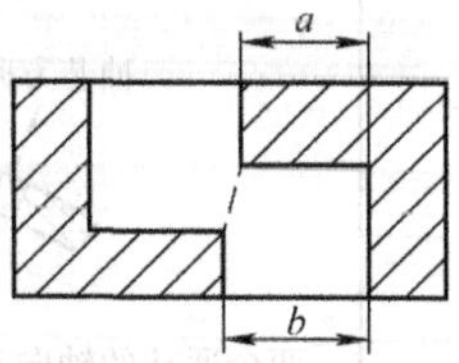改变连通孔尺寸 a 和 b，使 $b \geqslant a$ + 适当余量（0.2mm），则连通孔可以分别由两半模形成而直接脱模
消除易产生气孔、缩孔和缩松缺陷的厚壁和热节部位	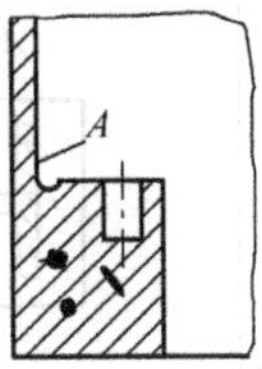壁厚相差悬殊，容易在内角出产生裂纹及在厚壁处产生缩孔缺陷	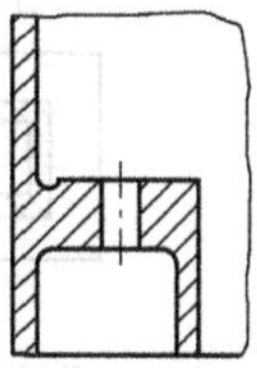厚壁处改为凹腹，内角采用圆角过渡，可消除或减轻缺陷发生
	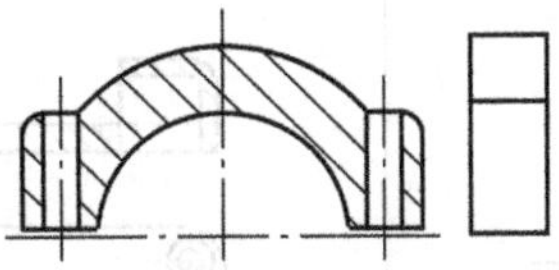弯梁部分过厚，容易产生缩松缺陷	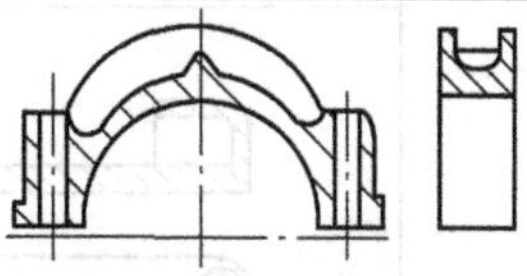将弯梁改为肋结构，避免缩松产生，还可减轻铸件重量
	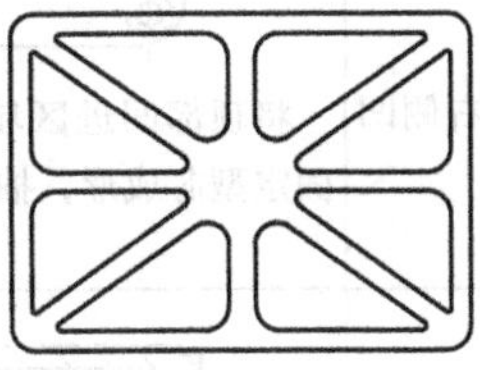中间部位存在热节，易产生缩松缺陷	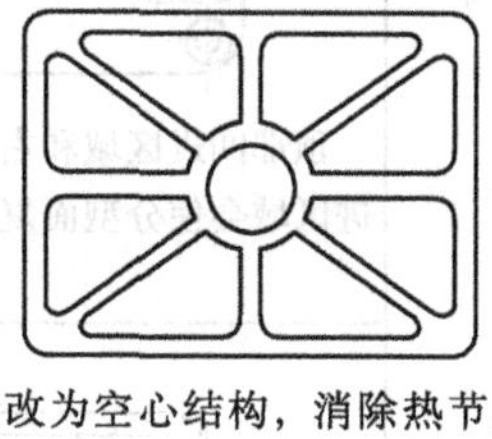中间部位改为空心结构，消除热节，避免产生缺陷
改善应力分布，减小变形缺陷	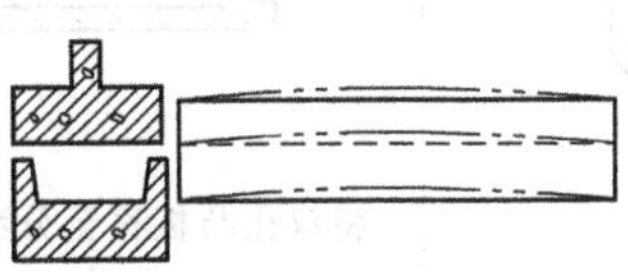壁厚相差悬殊且截面形状上下不对称，容易引起应力分布不均造成变形	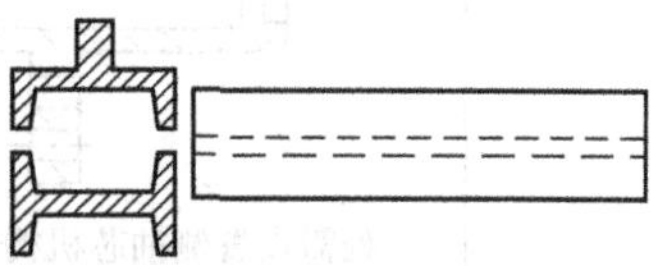将底部厚壁处改为空腹，使壁厚均匀，减小应力差异，减轻或避免变形
	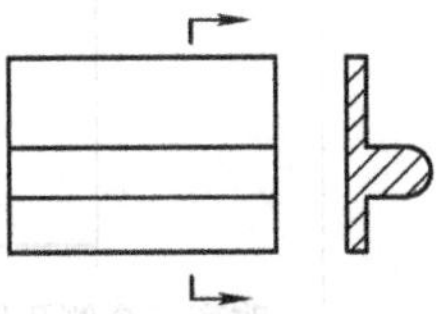壁厚相差悬殊，容易引起应力分布不均，收缩时变形	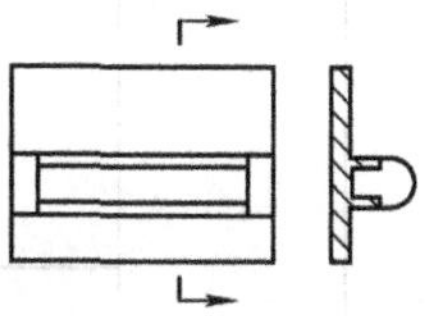将厚壁处改为肋结构，使壁厚均匀，减小应力差异，减轻或避免变形

（续）

改进内容	改进前	改进后
减少活动型芯，简化模具结构	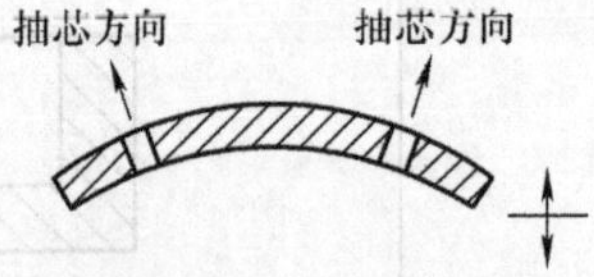 两个通孔的轴向存在一定角度，且与铸件起模方向不一致，需两个抽芯机构	 将两个通孔改为与分型面垂直，可避免使用抽芯，简化模具结构
	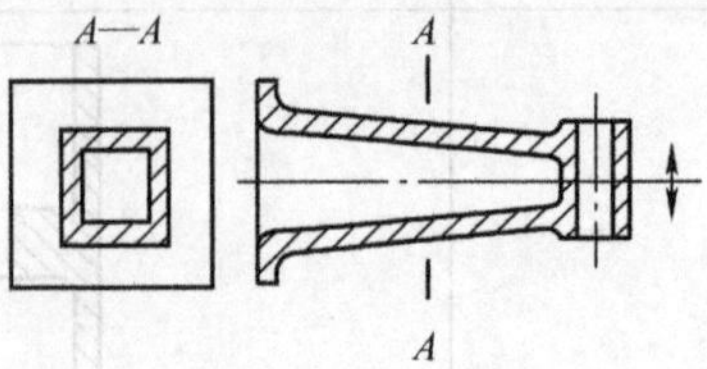 中心方孔较深，需要使用长抽芯机构，且侧面壁厚难以控制	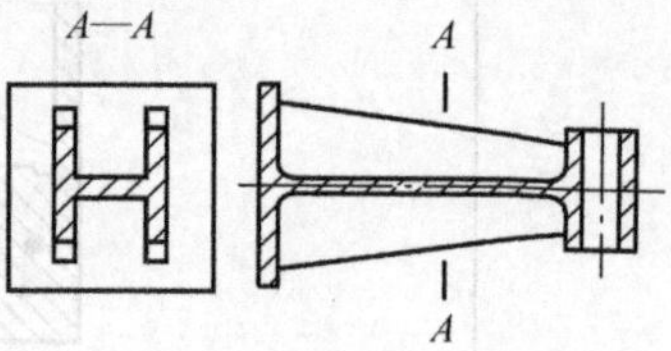 采用肋结构可以避免抽芯，简化模具
	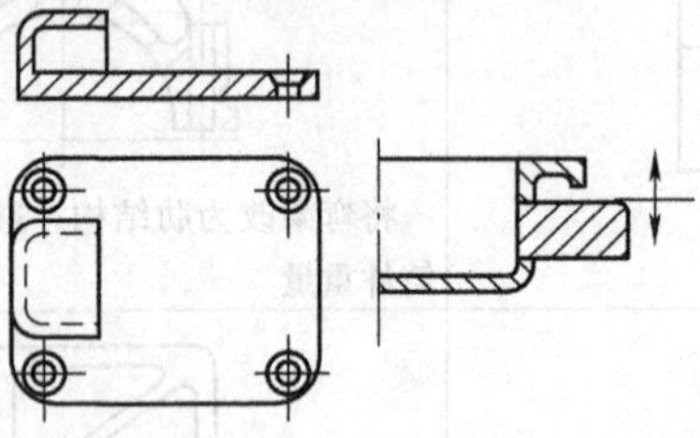 顶部凹进区域和右侧孔需要使用抽芯机构，右侧凹进区域会使分型面复杂	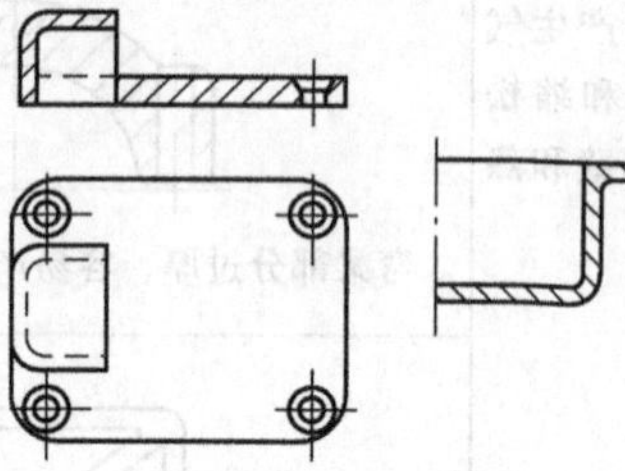 将顶部凹进区域和右侧孔底部贯通，则可以由固定型芯成形，抽芯方向与起模方向一致
	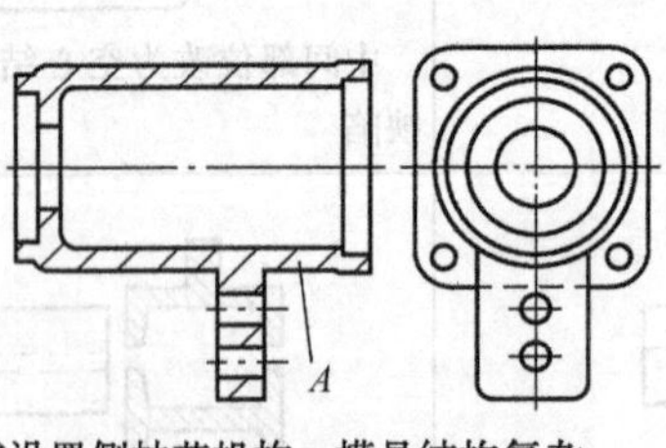 *A* 处需设置侧抽芯机构，模具结构复杂	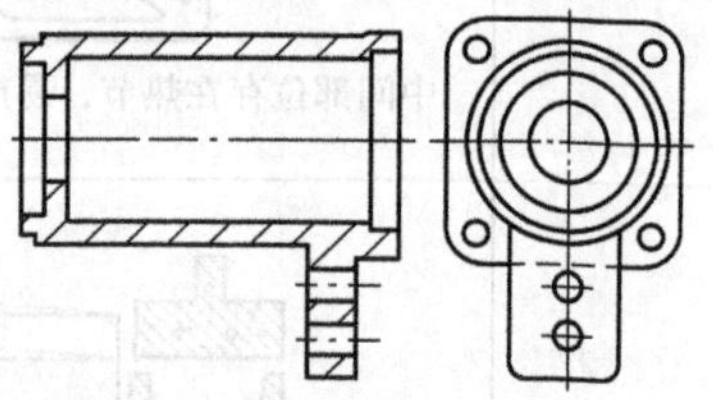 将双孔凸板移至分型面位置，消除侧凹，省去抽芯机构
	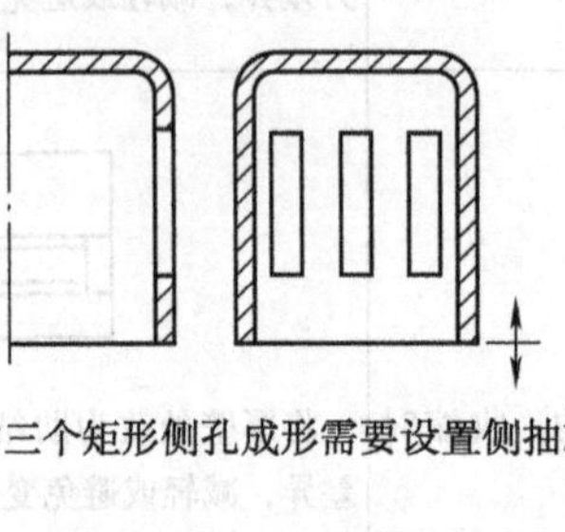 立面上的三个矩形侧孔成形需要设置侧抽芯机构	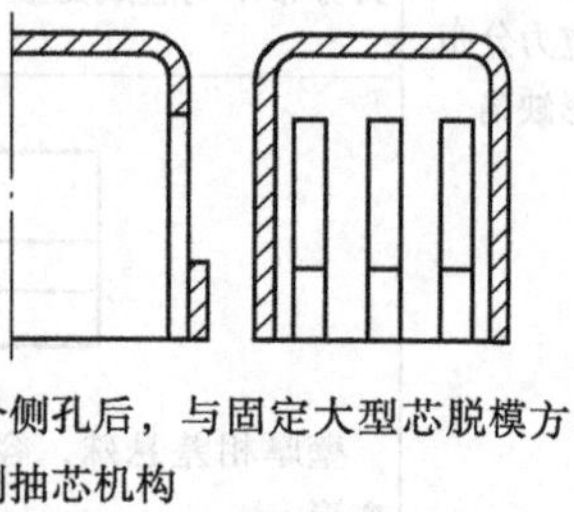 改变三个侧孔后，与固定大型芯脱模方向一致，不需另设侧抽芯机构

（续）

改进内容	改进前	改进后
减少活动型芯，简化模具结构	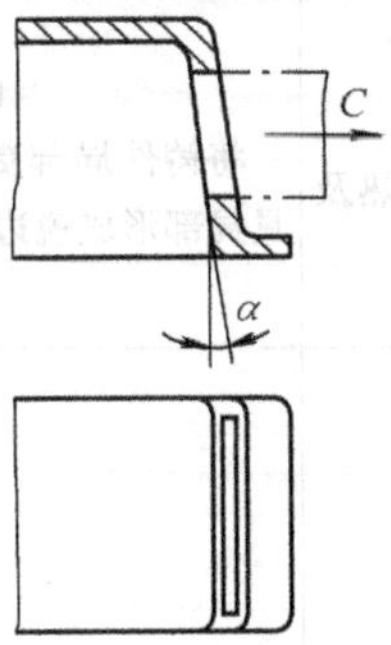侧壁斜度为α时，矩形侧孔成形需要侧抽芯机构	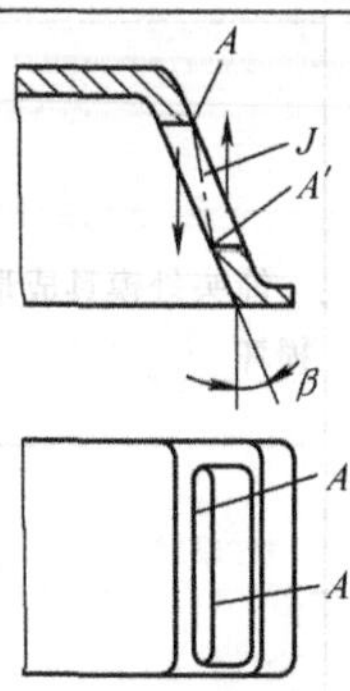当角度加大至β后，侧孔A端与A′端各自能够在动模与定模的成形部分构成，则可省去侧抽芯机构。J为动定模成形部分的结合线
优化结构，改善充型及排气条件	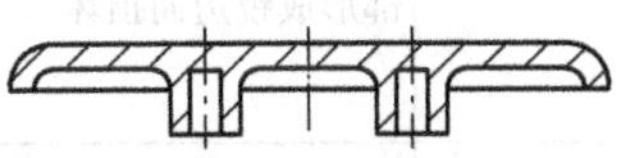两个凸台的深腔处，充型及排气条件不良	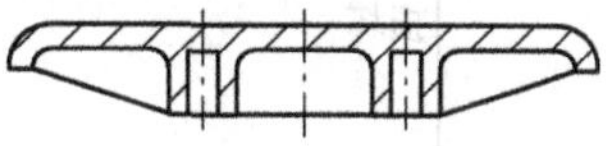在铸件边缘和凸台间增设工艺肋，可改善充型和排气条件
	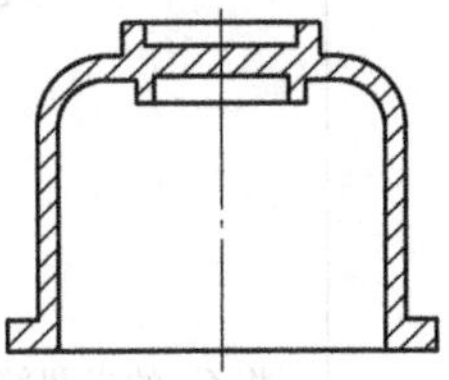采用顶浇口，铸件顶面易产生气孔、缩孔等缺陷。采用侧浇口，深腔顶面气体排出困难	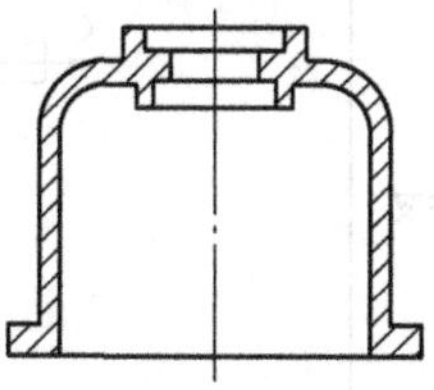顶面中心开孔，布置分流锥，采用中心浇口，金属液充型顺畅，排气条件好
	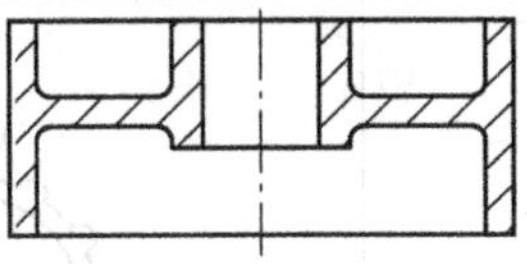铸件对动、定模型芯的包紧力相近，有可能开模时留在定模内，金属液流动不顺畅	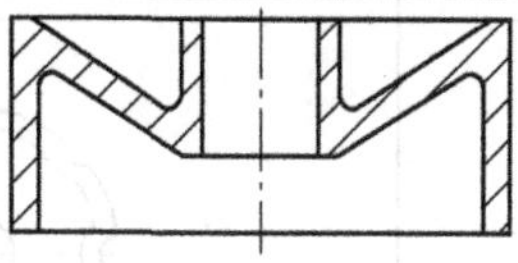增大处于定模部分铸件的内壁斜度，保证铸件留在动模内，改善金属液填充状态
改善细小型芯和型芯局部受力状况	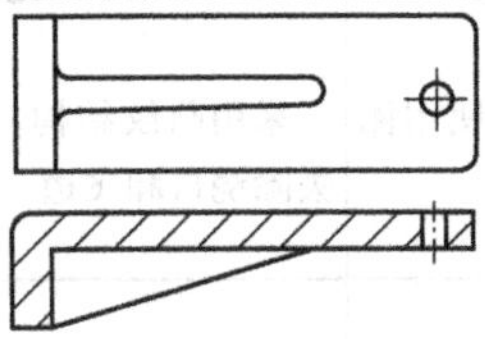自由收缩条件下，细小的型芯受收缩力的作用易弯曲折断	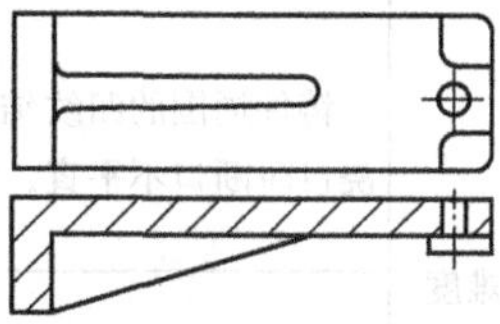在小孔附近设置阻碍自由收缩的凸台或凹坑，改善细小型芯受力状况
	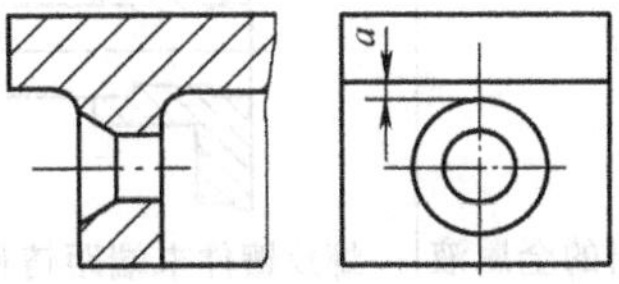孔边离铸件的凸缘距离a过小，易使模具此处镶块断裂	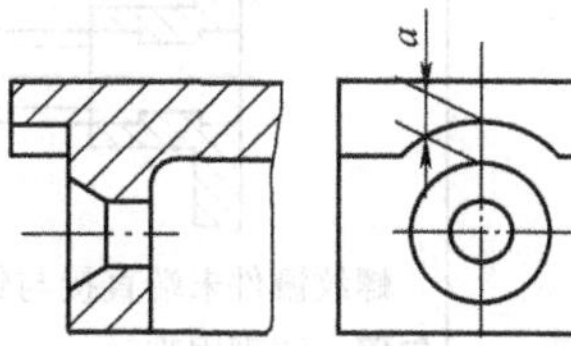调整凸缘形状，使a大于3mm，保证镶块具有足够的强度

（续）

改进内容	改进前	改进后
避免尖角	 箭头处模具成形零件上将形成锐角边，容易过热及损坏	 将铸件局部更改，在凸台间留有间距，避免模具局部形成锐边而损坏
	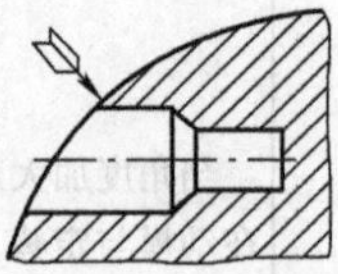 箭头处模具成形零件上将形成锐角边，容易过热及损坏	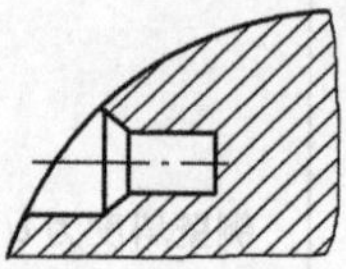 将铸件局部更改，加大边缘角度，避免模具局部形成锐边而损坏
避免型芯交叉	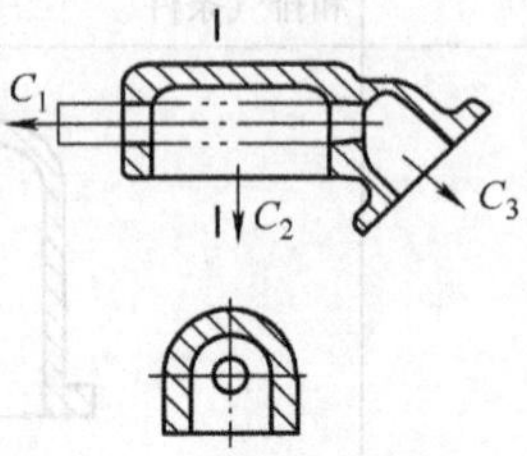 型芯 C_1 和 C_2 交叉，抽芯时容易发生干涉	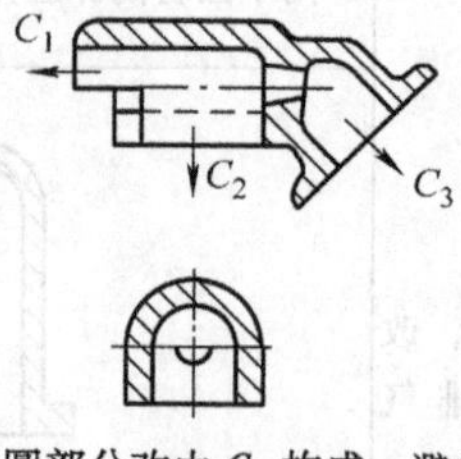 将 C_2 的半圆部分改由 C_1 构成，避免 C_1 插入 C_2 内，铸件左端部形状也做相应更改
减轻清理难度	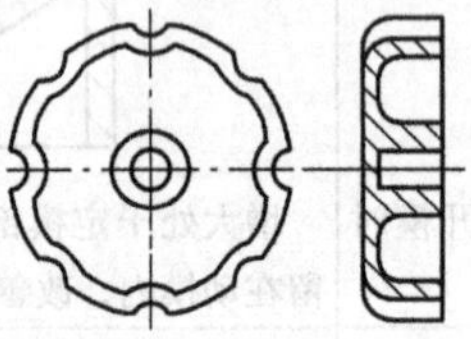 铸件周围的凹纹结构，增加型腔加工难度。使用侧浇口时断口不平直，清理困难	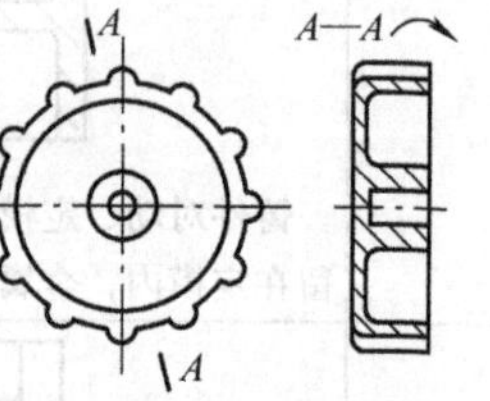 采用凸纹结构，型腔可用普通铣削加工，便于去除浇口和飞边
	 螺纹镶件末端直接与铸件相连，易被窜出的金属液包覆，清理困难	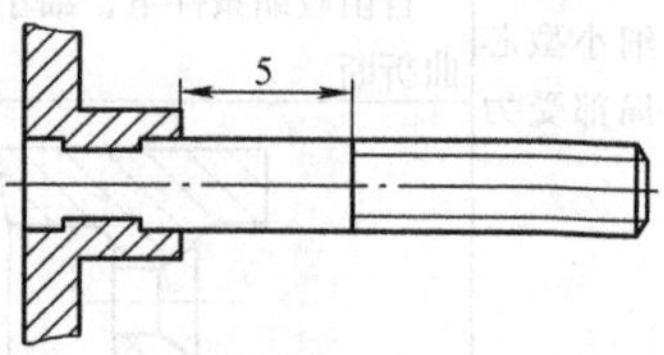 螺纹镶件末端距铸件至少 5mm，避免金属液包覆螺纹部分

8.2.4 压铸件的精度与质量

1. 压铸件尺寸精度

（1）尺寸公差 GB/T 6414—2017 中将铸件尺寸公差划分为 16 个等级，标记为 DCTG1 ~ DCTG16。表 8-17列出了其中 DCTG3 ~ DCTG9 级的尺寸公差值。表 8-18 列出了不同合金的压铸件尺寸公差等级。对于大批量重复生产方式，可以达到更高的尺寸公差等级。

（2）附加公差 受压铸模分型面及滑块等活动部分影响的铸件尺寸，要在基本尺寸公差的基础上增加附加公差，GB/T 15114—2009 和 GB/T 25747—2010 中分别规定了铝合金和镁合金压铸件的附加量，见表 8-19 及表 8-20。锌合金和铜合金压铸件相应的附加公差，可参照追加或将尺寸公差等级降低一级。锌合金附加量偏小，铜合金附加量偏大。

表 8-17 铸件 DCTG3 ~ DCTG9 级的尺寸公差值（GB/T 6414—2017） （单位：mm）

公称尺寸	铸件尺寸公差等级 DCTG						
	3	4	5	6	7	8	9
≤10	0.18	0.26	0.36	0.52	0.74	1	1.5
>10 ~ 16	0.2	0.28	0.38	0.54	0.78	1.1	1.6
>16 ~ 25	0.22	0.3	0.42	0.58	0.82	1.2	1.7
>25 ~ 40	0.24	0.32	0.46	0.64	0.9	1.3	1.8
>40 ~ 63	0.26	0.36	0.5	0.7	1	1.4	2
>63 ~ 100	0.28	0.4	0.56	0.78	1.1	1.6	2.2
>100 ~ 160	0.3	0.44	0.62	0.88	1.2	1.8	2.5
>160 ~ 250	0.34	0.5	0.72	1	1.4	2	2.8
>250 ~ 400	0.4	0.56	0.78	1.1	1.6	2.2	3.2
>400 ~ 630	—	0.64	0.9	1.2	1.8	2.6	3.6
>630 ~ 1000	—	0.72	1.0	1.4	2	2.8	4
>1000 ~ 1600	—	0.80	1.1	1.6	2.2	3.2	4.6
>1600 ~ 2500	—	—	—	—	2.6	3.8	5.4

表 8-18 不同合金的压铸件尺寸公差等级（GB/T 6414—2017）

压铸合金	铝合金	锌合金	镁合金	铜合金
公差等级 DCTG	4 ~ 7	4 ~ 6	4 ~ 7	6 ~ 8

表 8-19 线性尺寸受分型面影响时的附加量（增或减）

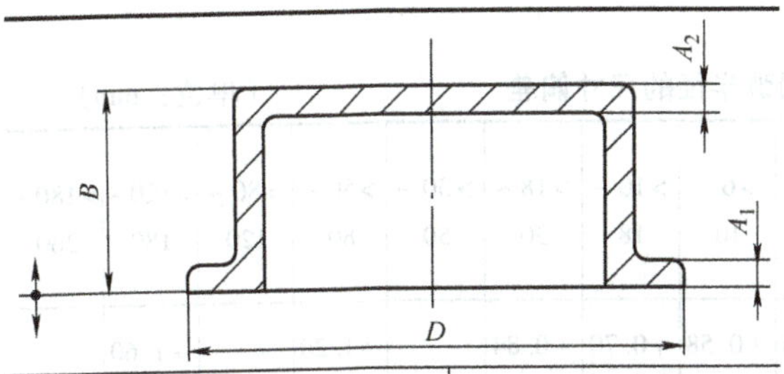

铸件在分型面上的投影面积/cm^2	A 处和 B 处的附加量/mm
≤150	0.10
>150 ~ 300	0.15
>300 ~ 600	0.20
>600 ~ 1200	0.30
>1200 ~ 1800	0.40

注：1. 铸件在分型面上的投影面积，包括浇注系统和排气系统在分型面上的投影面积。
2. 表中数据适合铝合金和镁合金压铸件。

表 8-20 线性尺寸受模具活动部分影响时的附加量（增或减）

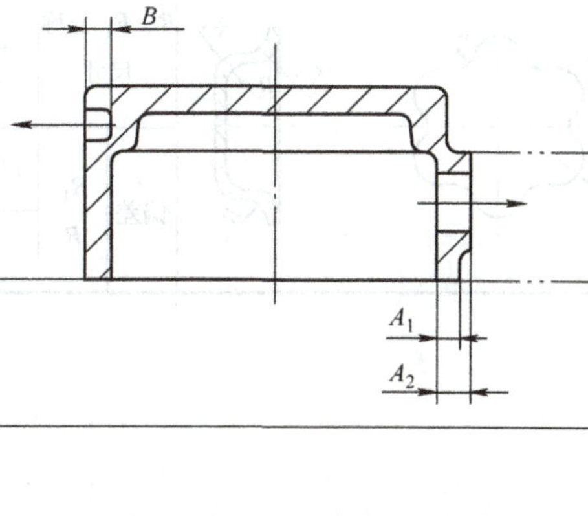

（续）

模具活动部分投影面积/cm^2	A 处和 B 处的附加量/mm	
	铝合金（GB/T 15114—2009）	镁合金（GB/T 25747—2010）
≤50	0.10	0.10
>50～100	0.20	0.20
>100～300	0.30	0.30
>300～600	0.40	0.40

注：投影面积系指用模具活动部分形成的并与移动方向垂直的面上的投影面积。

附加公差示例：

以表 8-20 中的示图为例，铝合金压铸件的尺寸 A_2 为 $3^{+0.12}_{0}$ mm，该尺寸由模具的活动滑块形成，其投影面积为 $34mm^2$。由表 8-20 查得，尺寸公差的附加量为 0.10mm。考虑活动滑块的退让性，附加量取为增量，则 A_2 的尺寸极限偏差应为 $^{+0.22}_{0}$ mm。同理，A_1 的尺寸公差也需增加 0.1mm。铸件的尺寸 B 为 $2.5^{+0.12}_{0}$ mm，该尺寸由活动型芯形成，型芯直径为 20mm，其投影面积 $3.14cm^2$。由表 8-20 查得，尺寸公差的附加量为 0.10mm。考虑活动滑块的退让性，附加量取为减量，则 B 的尺寸极限偏差应为 $^{-0.10}_{+0.12}$ mm。

（3）尺寸公差约定及公差带位置　在相关标准中，对尺寸公差做出了一些约定：①压铸件尺寸公差不包括铸造斜度；②压铸件不加工表面，包容面以小端为基准，被包容面以大端为基准；③待加工表面，包容面以大端为基准，被包容面以小端为基准；④有特殊规定和要求时，须在图样上注明；⑤除非另有规定，铸件壁厚公差应比其他尺寸的一般公差降一级；⑥对于压铸件，可以采用不对称公差设置。

尺寸公差带的位置分为以下三种：①不加工的配合尺寸，孔取正（+），轴取负（-）；②待加工的尺寸，孔取负（-），轴取正（+），或者孔与轴都取双向偏差，但偏差值为所选公差等级公差值的1/2；③非配合尺寸，根据压铸件结构的需要，确定公差带位置取单向或双向，必要时可调整公称尺寸。

铸件公差等级可在图样上用等级代号标注，如一般尺寸公差 GB/T 6414-DCTG6，也可以将极限偏差值直接标在铸件公称尺寸后面，如 100 ±0.40。在压铸中多使用后一种标注方法。

（4）孔中心距极限偏差（见表 8-21）

表 8-21　压铸件孔中心距极限偏差　　（单位：mm）

公称尺寸/mm		≤18	>18～30	>30～50	>50～80	>80～120	>120～160	>160～210	>210～260	>260～310	>310～360
中心距极限偏差（±）	锌、铝合金	0.10	0.12	0.15	0.23	0.30	0.35	0.40	0.45	0.56	0.65
	镁、铜合金	0.16	0.20	0.25	0.35	0.48	0.60	0.78	0.92	1.08	1.25

注：孔中心距受分型面或活动部位影响时，应追加附加公差。

（5）圆弧半径的尺寸公差　压铸件转接圆弧半径的尺寸偏差见表 8-22。凸圆弧半径 R_1 的尺寸偏差取正（+），凹圆弧半径 R 尺寸偏差取负（-）。铸造圆角的半径应不小于 0.5mm。

（6）角度与锥度公差　压铸件角度与锥度公差见表 8-23。锥度公差由锥体母线长度确定，角度公差由角度短边长度确定。

表 8-22　压铸件转接圆弧半径的尺寸偏差　　（单位：mm）

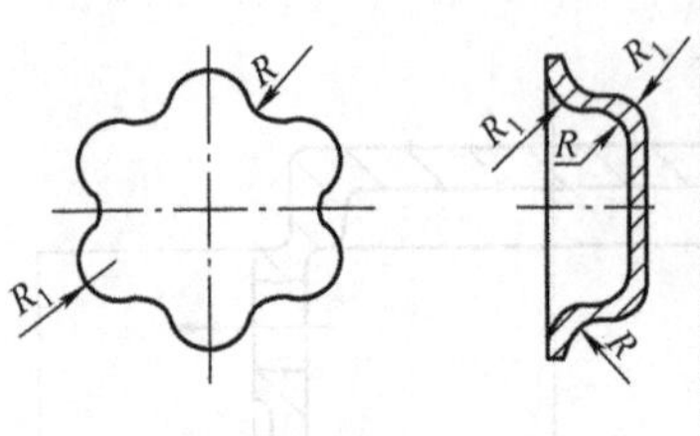

R、R_1 公称尺寸		≤3	>3～6	>6～10	>10～18	>18～30	>30～50	>50～80	>80～120	>120～180	>180～260
偏差	R_1	+0.40	+0.48	+0.58	+0.70	+0.84		+1.20		+1.60	
	R						-1.00		-1.40		1.90

表 8-23 压铸件角度与锥度公差

精度等级	锥体母线长度或夹角边长（短边）/mm									
	≤3	>3~6	>6~10	>10~18	>18~30	>30~50	>50~80	>80~120	>120~180	>180~260
	角度与锥度公差									
1	1°30′	1°15′	1°′	50′	40′	30′	25′	20′	15′	12′
2	2°30′	2°	1°30′	1°15′	1°	50′	40′	30′	25′	20′

2. 压铸件的机械加工余量

GB/T 6414—2017 中将铸件的机械加工余量分为10级，分为 RMAG A ~ RMAG K。表 8-24 列出了其中 RMAG A ~ RMAG E 级的机械加工余量。表 8-25 列出了不同合金压铸件的机械加工余量等级。

表 8-24 铸件 RMAG A ~ RMAG E 级的机械加工余量（GB/T 6414—2017） （单位：mm）

铸件公称尺寸	铸件的机械加工余量等级 RMAG				
	A	B	C	D	E
≤40	0.1	0.1	0.2	0.3	0.4
>40~63	0.1	0.2	0.3	0.3	0.4
>63~100	0.2	0.3	0.4	0.5	0.7
>100~160	0.3	0.4	0.5	0.8	1.1
>160~250	0.3	0.5	0.7	1	1.4
>250~400	0.4	0.7	0.9	1.3	1.8
>400~630	0.5	0.8	1.1	1.5	2.2
>630~1000	0.6	0.9	1.2	1.8	2.5
>1000~1600	0.7	1.0	1.4	2	2.8
>1600~2500	0.8	1.1	1.6	2.2	3.2
>2500~4000	0.9	1.3	1.8	2.5	3.5
>4000~6300	1	1.4	2	2.8	4
>6300~10000	1.1	1.5	2.2	3	4.5

表 8-25 不同合金压铸件的机械加工余量等级（GB/T 6414—2017）

方法	机械加工余量等级		
	铜合金	锌合金	轻金属合金
压力铸造	B~D	B~D	B~D

3. 压铸件的几何公差

GB/T 15114—2009 和 GB/T 25747—2010 分别规定了铝合金和镁合金压铸件的几何公差，见表 8-26~表 8-28。其他合金压铸件或上述标准中未列出的几何公差要求，可参考 GB/T 6414—2017 几何公差的相关要求。

表 8-26 压铸件的平面度公差（GB/T 15114—2009、GB/T 25747—2010） （单位：mm）

被测量部位尺寸	铸态	整形后
	公差值	
≤25	0.20	0.10
>25~63	0.30	0.15
>63~100	0.40	0.20
>100~160	0.55	0.25
>160~250	0.80	0.30
>250~400	1.10	0.40
>400~630	1.50	0.50
>630	2.00	0.70

表 8-27　压铸件的平行度、垂直度、端面跳动公差（GB/T 15114—2009、GB/T 25747—2010）

（单位：mm）

形成平面度公差的三种状态示例

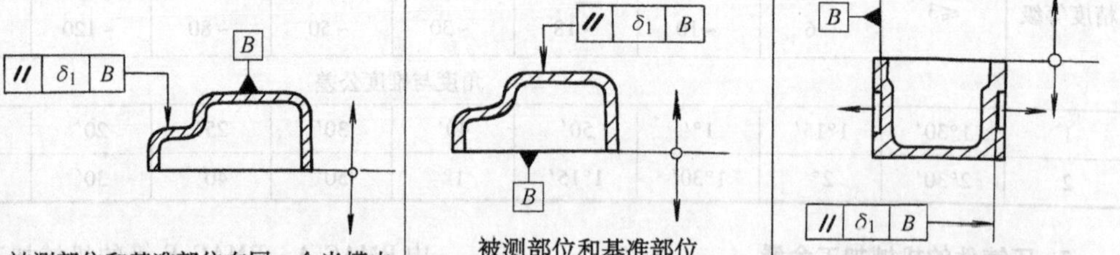

被测部位和基准部位在同一个半模内　　被测部位和基准部位不在同一个半模内　　被测部位和基准部位受活动部位影响

被测部位在测量方向上的尺寸	被测部位和基准部位在同一半模内			被测部位和基准部位不在同一半模内		
	两个部位都不动	两个部位中有一个动	两个部位都动	两个部位都不动	两个部位中有一个动	两个部位都动
	公差值					
≤25	0.10	0.15	0.20	0.15	0.20	0.30
>25~63	0.15	0.20	0.30	0.20	0.30	0.40
>63~100	0.20	0.30	0.40	0.30	0.40	0.60
>100~160	0.30	0.40	0.60	0.40	0.60	0.80
>160~250	0.40	0.60	0.80	0.60	0.80	1.00
>250~400	0.60	0.80	1.00	0.80	1.00	1.20
>400~630	0.80	1.00	1.20	1.00	1.20	1.40
>630	1.00	—	—	1.20	—	—

注：表中公差值不包括压铸件与镶嵌件有关部位的位置公差。

表 8-28　压铸件同轴度、对称度公差（GB/T 15114—2009、GB/T 25747—2010）

（单位：mm）

形成同轴度公差的两种状态示例

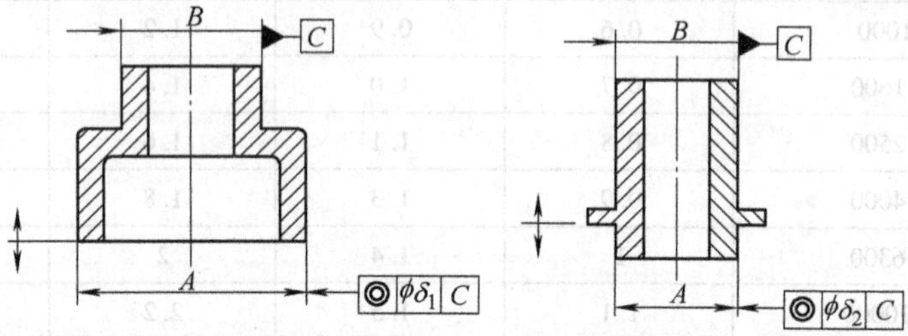

a）有同轴度要求的两个体素在同一半模内　b）有同轴度要求的两个体素不在同一半模内

被测部位在测量方向上的尺寸	被测部位和基准部位在同一半模内			被测部位和基准部位不在同一半模内		
	两个部位都不动	两个部位中有一个动	两个部位都动	两个部位都不动	两个部位中有一个动	两个部位都动
	公差值					
≤30	0.15	0.30	0.35	0.30	0.35	0.50
>30~50	0.25	0.40	0.50	0.40	0.50	0.70
>50~120	0.35	0.55	0.70	0.55	0.70	0.85
>120~250	0.55	0.80	1.00	0.80	1.00	1.20
>250~500	0.80	1.20	1.40	1.20	1.40	1.60
>500~800	1.20	—	—	1.60	—	—

注：表中公差值不包括压铸件与镶嵌件有关部位的位置公差。

4. 压铸件的表面质量

（1）压铸件不加工表面的质量

1）压铸件表面质量级别及缺陷极限不允许超过表 8-29 中的规定值。

2）穿孔顶端的隔皮厚度不允许超过表 8-30 中的规定值。

3）GB/T 13821—2009 规定了锌合金压铸件的表面分级和表面质量分级，见表8-31 和表8-32。

表8-29 压铸件表面质量级别及缺陷极限

压铸件表面质量级别	1级	2级	3级
缺陷面积不超过总面积的百分数（%）	5	25	40

注：1. 在不影响使用和装配的情况下，网状飞翅和痕迹不超过下述规定：锌合金、铝合金压铸件的厚度不超过0.2mm，铜合金压铸件的厚度不大于0.4mm。

2. 受压铸模镶块或受分型面影响而形成表面高低不平的偏差，不超过有关尺寸公差。

3. 推杆痕迹凸出或凹入铸件表面的高度或深度，一般为±0.2mm。

4. 工艺基准面、配合面上不允许存在任何凸起，装饰面上不允许有推杆痕迹。

表8-30 穿孔顶端的隔皮厚度

（单位：mm）

压铸件在分型面上的投影面积/cm^2	受分型面影响而形成的隔皮厚度/mm		
	锌合金	铝合金	铜合金
≤150	0.15	0.20	0.25
>150～300	0.20	0.25	0.30
>300～600	0.30	0.35	—
压铸模活动部位在抽芯方向的投影面积/cm^2	受压铸模活动部位影响形成隔皮厚度/mm		
	锌合金	铝合金	铜合金
≤30	0.20	0.25	0.35
>30～100	0.25	0.30	0.45
>100～300	0.30	0.40	—

表8-31 锌合金压铸件的表面分级（GB/T 13821—2009）

级别	符号	使用范围	表面粗糙度 Ra/μm
1	Y1	镀、抛光、研磨的表面，相对运动的配合面，危险应力区表面	≤1.6
2	Y2	要求密封的表面、装配接触面等	≤3.2
3	Y3	保护性的涂覆表面及紧固接触面，油漆打腻表面，其他表面	≤6.3

表8-32 锌合金压铸件的表面质量分级表（GB/T 13821—2009）

序号	缺陷名称	检验范围	表面质量级别			说明
			1级	2级	3级	
1	花纹麻面 有色斑点	三者面积不超过总面积的百分数（%）	5	25	40	—
2	流痕	深度/mm	≤0.05	≤0.07	≤0.15	—
		面积不大于总面积百分数（%）	5	15	30	—
3	冷隔	深度/mm	不允许	≤1/5 壁厚	≤1/4 壁厚	在同一部位对应处不允许同时存在 长度指缺陷流向的展开长度
		长度不大于铸件最大轮廓尺寸/mm		1/10	1/5	
		所在面上不允许超过的数量/处		2	2	
		离铸件边缘距离/mm		≥4	≥4	
		两冷隔间距/mm		≥10	≥10	
4	擦伤	深度/mm（≤）	0.05	0.01	0.25	除1级表面外，浇口部位允许增加一倍
		面积不大于总面积百分数（%）	3	5	10	
5	凹陷	凹入深度/mm	≤0.10	≤0.30	≤0.50	—
6	黏附物痕迹	整个铸件不允许超过的数量/处	不允许	1	2	—
		占带缺陷表面积百分数（%）		5	10	—
7	边角残缺深度/mm	铸件边长≤100mm 时	0.3	0.5	1.0	不超过边长度的5%
		铸件边长>100mm 时	0.5	0.8	1.2	—

（续）

序号	缺陷名称		检验范围	表面质量级别 1 级	2 级	3 级	说明
8	气泡	平均直径≤3mm	每 100cm² 缺陷不超过数量/个	不允许	1	2	允许两种气泡同时存在，但大气泡≤3 个，总数≤10 个，且边距≥10mm
			整个铸件不超过数量/个		3	7	
			离铸件边缘距离/mm		≥3	≥3	
			气泡凸起高度/mm		≤0.2	≤0.3	
		平均直径 >3～6mm	每 100cm² 缺陷不超过数量/个	不允许	1	1	—
			整个铸件气泡不超过数量/个		1	1	—
			离铸件边缘距离/mm		≥5	≥5	—
			气泡凸起高度/mm		≤0.3	≤0.5	—
9	顶杆痕迹		凹入铸件深度不超过该处壁厚的	不允许	1/10	1/10	—
			最大凹入量		0.4	0.4	—
			凸起高度/mm		≥0.2	≥0.2	—
10	网状痕迹		凸起或凹下/mm	不允许	≤0.2	≤0.2	—
11	各类缺陷总和		面积不超过总面积的百分数（%）	5	30	50	—

（2）压铸件待加工表面质量

1）不允许有超过机械加工余量范围的表面缺陷和痕迹。

2）不允许有凸起高度超过 1mm 以上的顶杆痕迹，在工艺基准面上不允许有凸起的顶杆痕迹。

（3）压铸件机械加工后的表面质量

1）不允许有影响使用的局部铸态表皮存在。

2）不允许有超过表 8-33 规定的孔穴存在。

3）机械加工螺纹的头两扣不允许有任何缺陷，其余螺纹不允许有表 8-34 规定的孔穴缺陷。不铸底孔加工后的螺纹表面质量见表 8-35。

表 8-33　不同精度下压铸件不同面积上允许的孔穴尺寸与个数

表面面积/cm²	1 级 最大直径/mm	1 级 最大深度/mm	1 级 最多个数/个	1 级 边缘间最小距离/mm	2 级 最大直径/mm	2 级 最大深度/mm	2 级 最多个数/个	2 级 边缘间最小距离/mm	3 级 最大直径/mm	3 级 最大深度/mm	3 级 最多个数/个	3 级 边缘间最小距离/mm
≤25	0.8	0.5	3	4	1.5	1.0	3	4	2.0	1.5	3	3
>25～60	0.8	0.5	4	6	1.5	1.0	4	6	2.0	1.5	4	4
>60～150	1.0	0.5	4	6	2.0	1.5	4	6	2.5	1.5	5	4
>150～350	1.2	0.6	5	8	2.5	1.5	5	8	3.0	2.0	6	6

表 8-34　压铸螺纹规定的孔穴缺陷范围

螺距/mm	平均直径/mm	螺纹工作长度内个数/个	深度/mm	两孔的边距/mm
≤0.75	≤1.0	≤1	≤2.0	≥2.0
>0.75	≤1.5（不超过两倍螺距）	≤4	≤1.5（≤1/4 壁厚）	≥5.0

表 8-35　不铸底孔加工后的螺纹表面质量

螺距/mm	孔穴与端面的最小距离/mm	孔穴长度不超过有效螺纹长度的
≤0.75	3	1/5
>0.75	5	1/4

5. 压铸件的内部质量

压铸件的内部缺陷主要包括气孔、缩孔、缩松等基体不连续性缺陷，这些缺陷会影响铸件的承载能力、抗疲劳性能及密闭性，是压铸件质量控制的重要内容。压铸件内部缺陷的允许范围主要由供需双方协商确定，一般通过X射线（或CT）方法进行检验，也可根据ASTM E 505对检验结果加以评定。原则上，根据铸件应用场合或使用要求确认缺陷的级别或缺陷的允许范围。

8.2.5 压铸件镶件

1. 镶件设计原则

1）镶件能够被金属包紧，不产生松动。

2）镶件与压铸件基体合金之间不产生电化学腐蚀。

3）带镶件的压铸件不宜进行热处理。

4）镶件在型腔内的定位应满足公差配合要求。

5）镶件在压铸件中所处的位置应方便生产。

2. 镶件的作用与图例

压铸件镶件的作用及图例见表8-36。

3. 镶件与压铸件结合部分的结构形式

镶件与压铸件结合部分的常见结构见表8-37。

表8-36 压铸件镶件的作用及图例

作用	图例	说明
加强压铸件某些部位的强度、耐磨性、导电性、绝缘性等	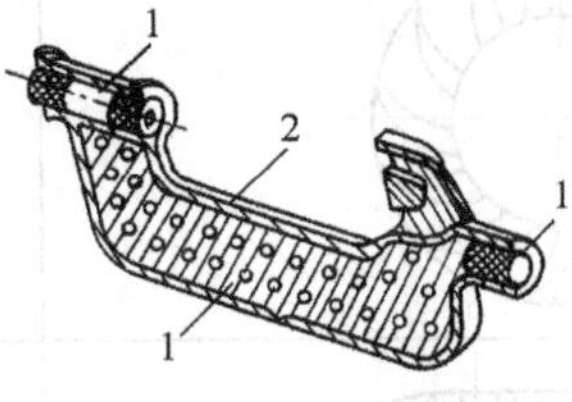 1—镶件 2—压铸合金	铸入钢件，提高强度
加强压铸件某些部位的强度、耐磨性、导电性、绝缘性等	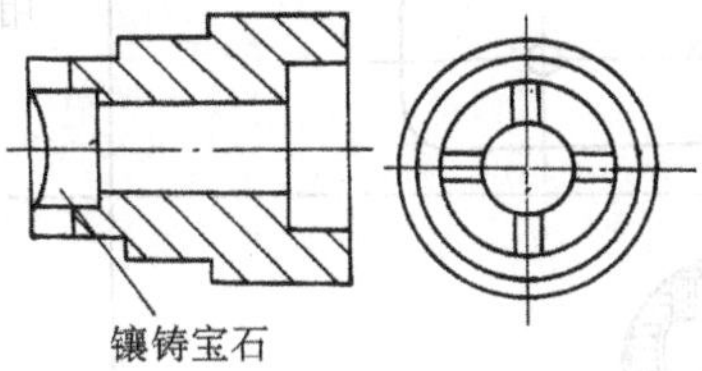	铸入宝石，提高耐磨性
	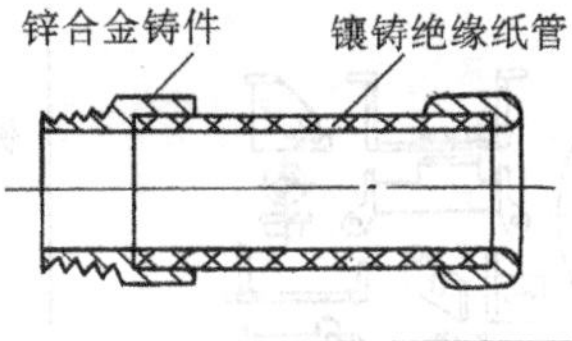	铸入绝缘纸管，提高绝缘，节省资金
	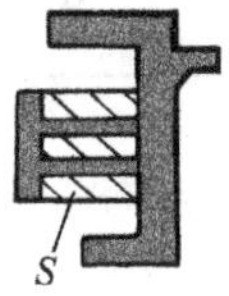	铸入铁芯 S，具有导磁性
消除压铸件过于复杂的型腔、内侧凹或无法压铸的形状	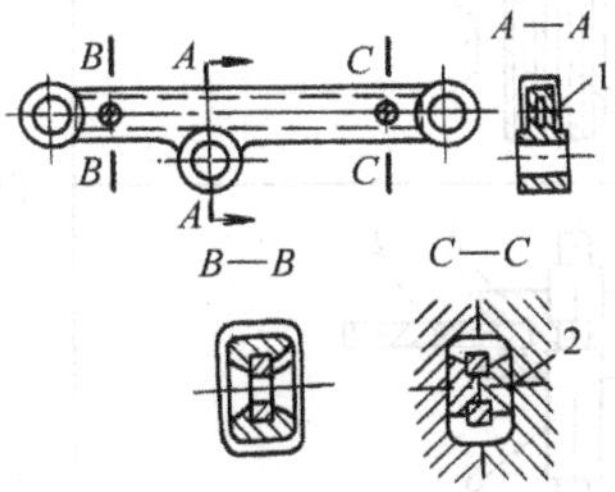 1—钢镶铸件 2—铸模	铸入件代替压出不规则的孔或无法压出的孔，钢制镶件上不允许有锐角

（续）

作　用	图　例	说　明
消除压铸件过于复杂的型腔、内侧凹或无法压铸的形状	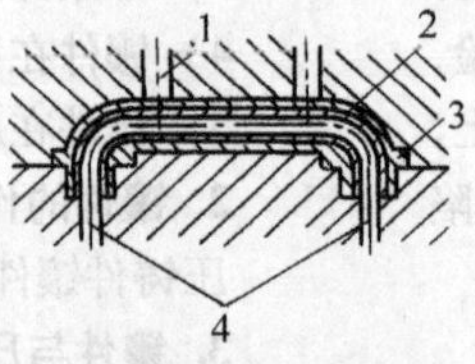 1—顶杆　2—镶件　3—合金　4—定位销	铸入件代替压出不规则的孔或无法压出的孔，钢制镶件上不允许有锐角
消除热节，避免疏松	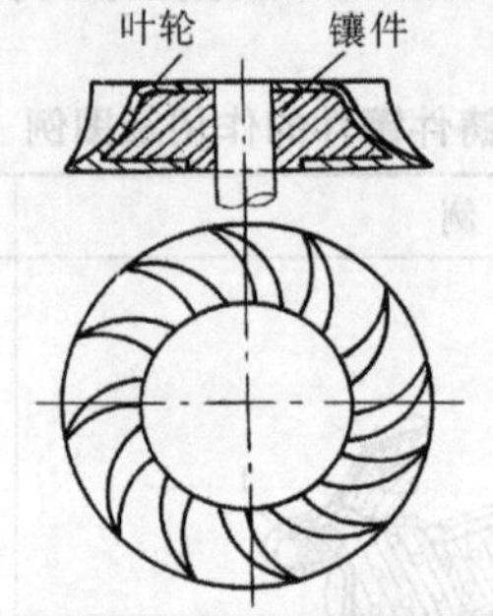 	克服金属堆积
利用低熔点合金压铸，代替贵金属	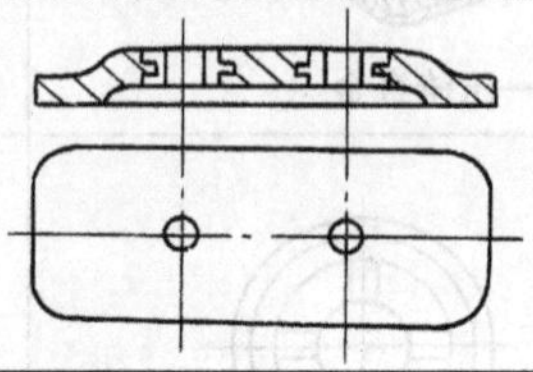	用高硅铝合金代替青铜
	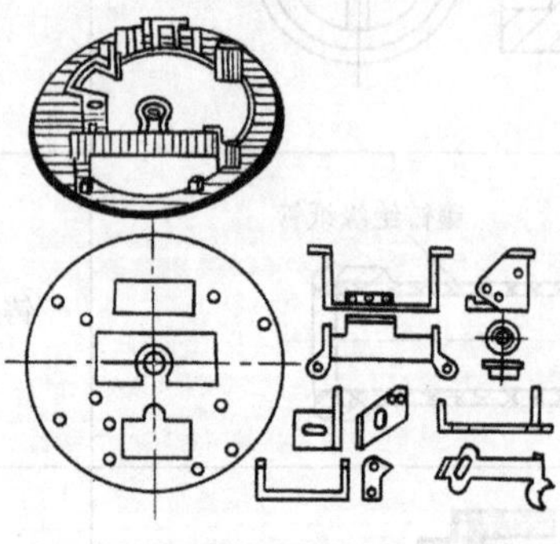	左上图为将下图的小零件汇集而成的铸件（电表架）
代替装配	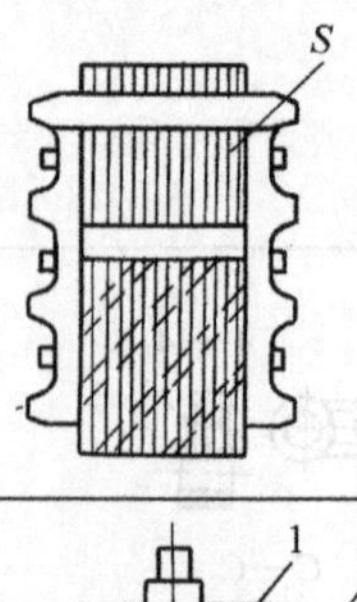 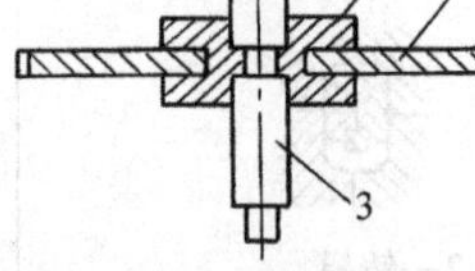 1—电表支架　2—硅钢片　3—铁心	转子铸入硅钢片 S，同时，压铸代替了装配

表 8-37 镶件与压铸件结合部分的常见结构

序号	结构图例	说明
1	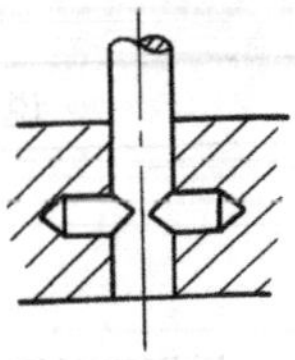	十字销
2	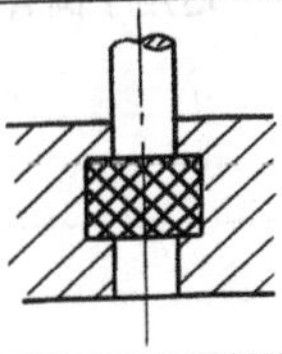	滚花
3	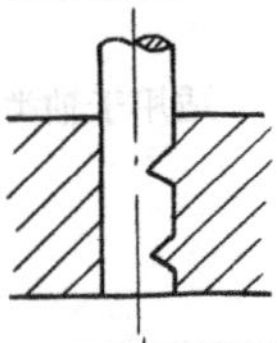	带槽
4	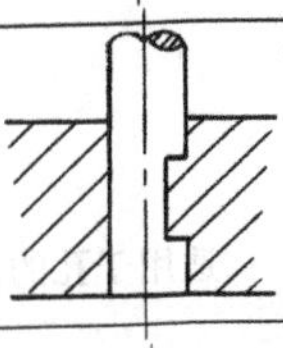	切平口
5	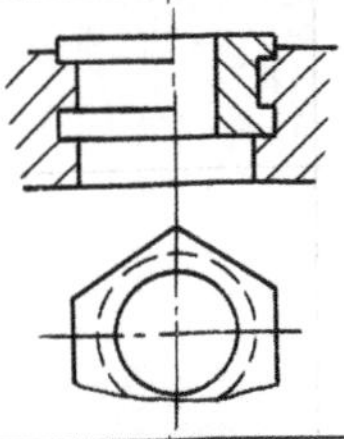	六方并带槽
6	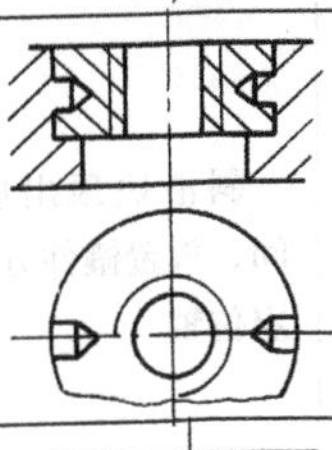	圆周辐射孔
7	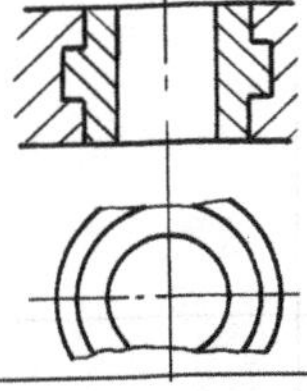	削平
8	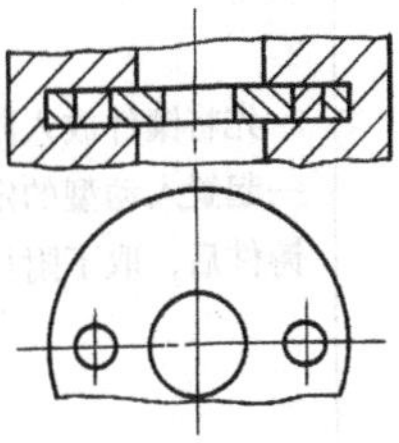	轴向孔

（续）

序号	结构图例	说明
9	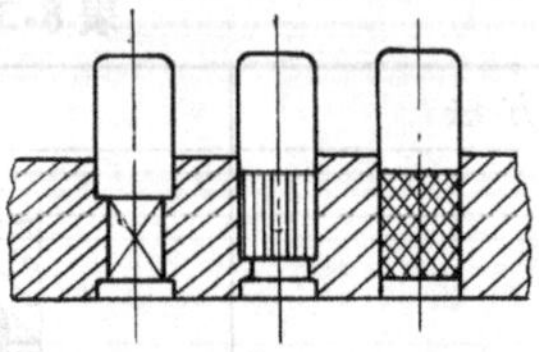	切槽、滚花
10	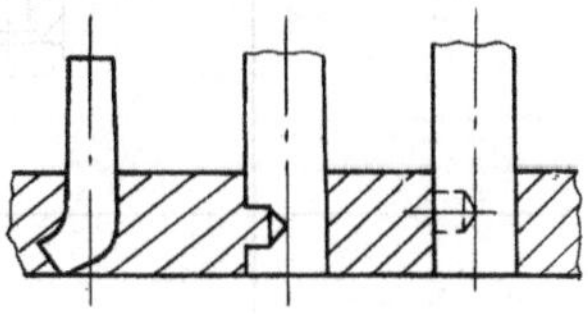	弯头、钻孔
11	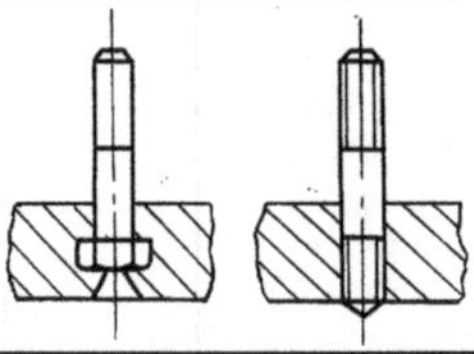	六角螺钉、螺杆

4. 镶件与压铸件结合部位的最小壁厚

镶件与压铸件结合部位的最小壁厚见表 8-38。

表 8-38 镶件与压铸件结合部位的最小壁厚

（单位：mm）

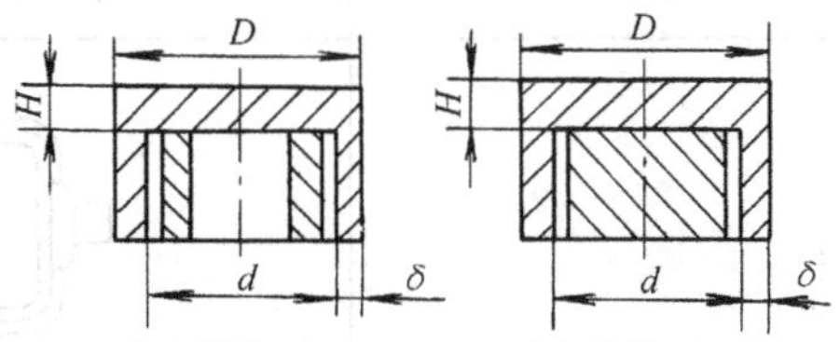

a) 空心镶件 $H \geqslant 0.5d$　b) 实心镶件 $H \geqslant 0.75d$

铸件外径（包括镶件部分）D	镶件最大直径 d	包住镶件壁厚 δ
2.5	0.5	1.0
3	1.0	1.0
6	3.0	1.5
9	5.0	2.0
13	8.0	2.5
16	11.0	2.5
19	13.0	3.0
22	16.0	3.0
25	18.0	3.5

5. 镶件在模具中的定位方法

镶件在模具中常用的定位方法见表 8-39。

表 8-39　镶件在模具中常用的定位方法

定位方法	图　例	说　明
型芯定位	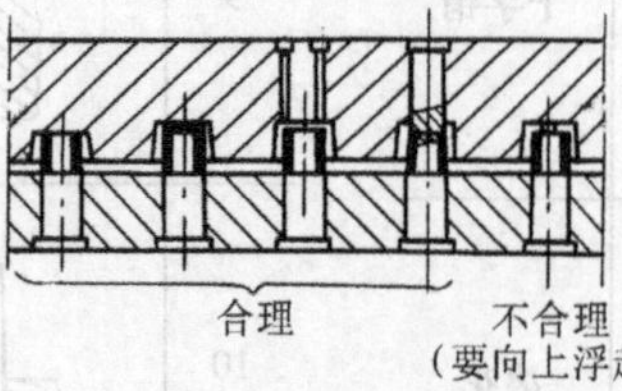	适用于圆管套类镶件
定位销定位	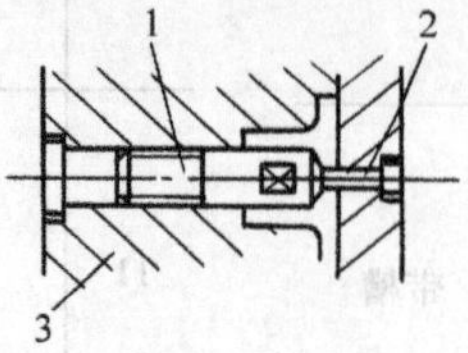 1—镶件　2—镶件定位销　3—动模	适用于轴类镶件
在分型面处的镶件用型芯定位	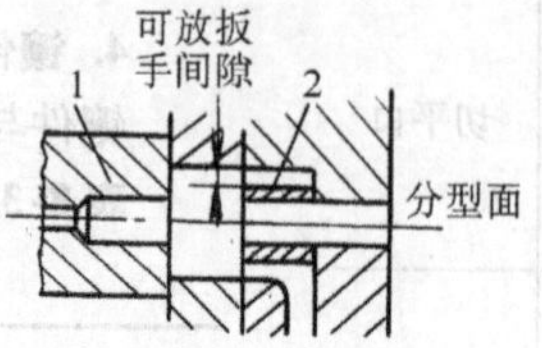 1—滑块　2—镶件	适用于孔的镶件
在滑块上用定位轴定位	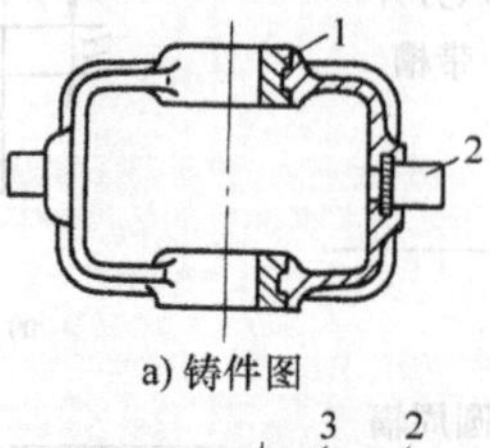 a) 铸件图 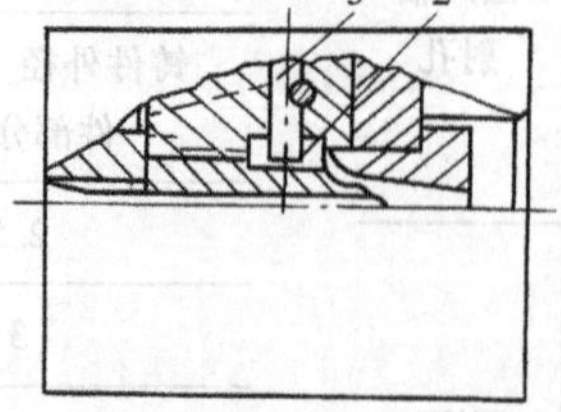 b) 镶件在模具内的定位结构　1、2—镶件　3—定位销	斜滑块顶出后，有较大的空间，放置镶件方便，开模时抽出定位轴
专用附加衬套定位	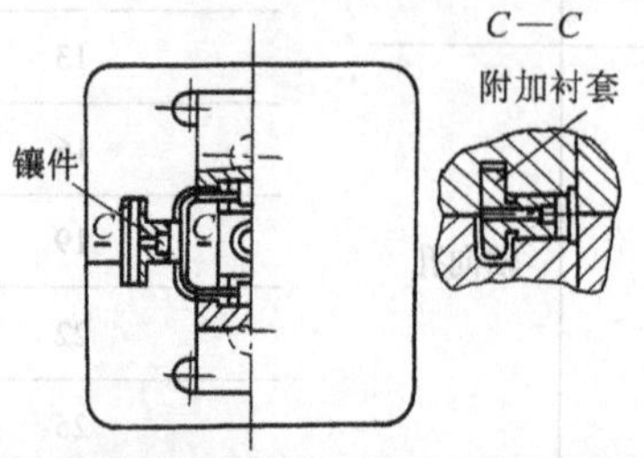	先将镶件放入附加衬套内，再一起置入动型的定位槽中。取出铸件后，取下附加衬套

6. 镶件预热处理

镶件最好在铸入前进行预热处理，镶件预热温度见表8-40。

表8-40　镶件预热温度

压铸合金	预热温度/℃
铅、锡合金	60～80
锌合金	150～200
铝合金、镁合金	200～250
铜合金	250～350

7. 带螺纹或滚花的镶件

镶件螺纹下端离铸件表面1.5～2mm为宜，如图8-12所示。镶件结合表面为压直纹或滚花时，沟槽宽度不应小于1.5mm，如图8-13所示。镶件滚花尺寸见表8-41。

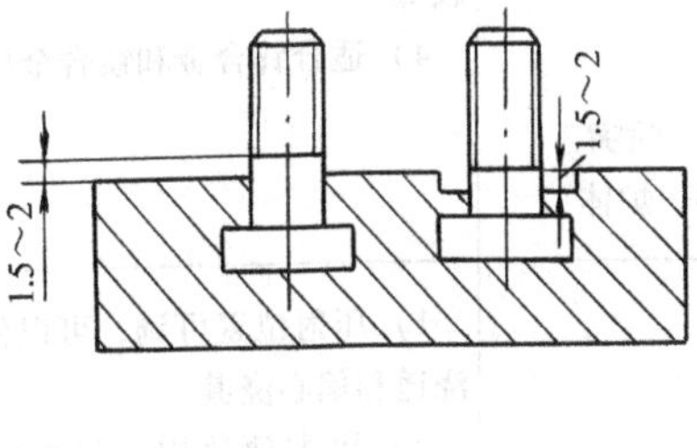

图8-12　带螺纹的镶件

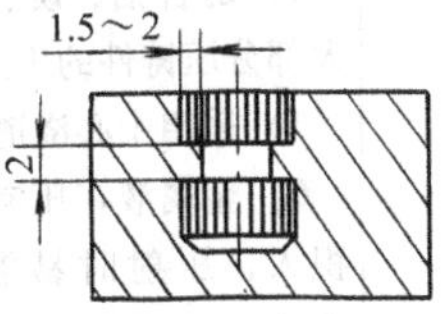

图8-13　镶件的压直纹

表8-41　镶件滚花尺寸

（单位：mm）

镶件直径		≤8	>8～16	>16～32	>32
滚花间距	直纹	0.8	1	1.2	1.2
	网纹	0.8	1	1.2	16

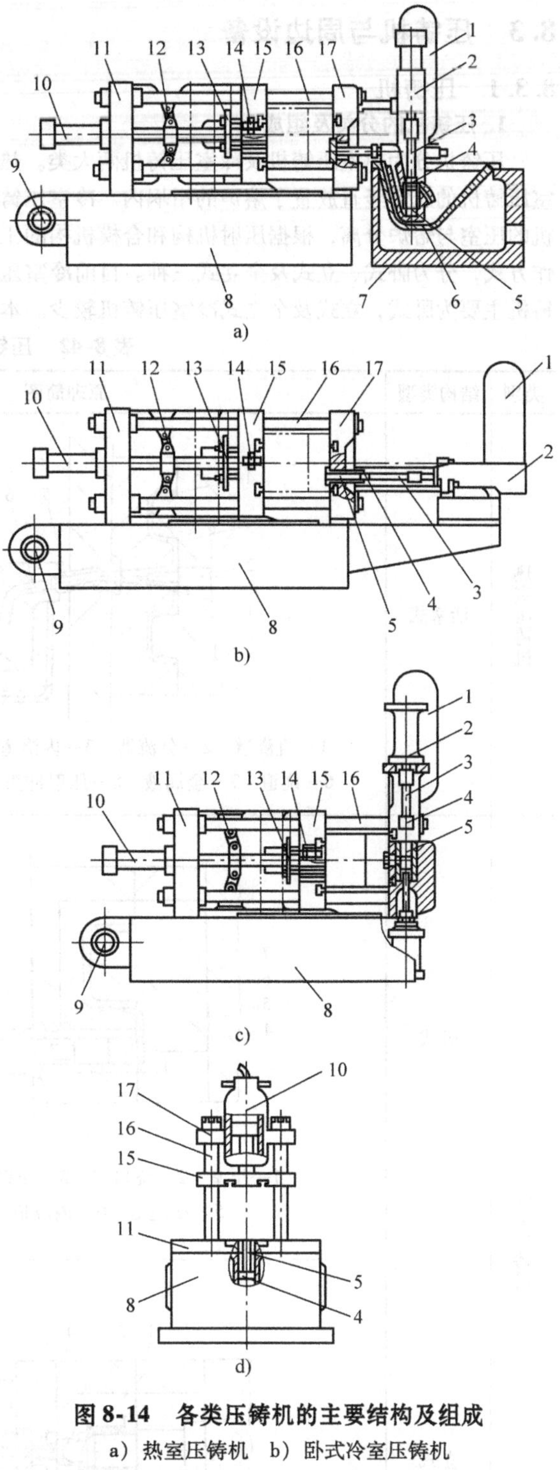

图8-14　各类压铸机的主要结构及组成

a）热室压铸机　b）卧式冷室压铸机

c）立式冷室压铸机　d）全立式冷室压铸机

1—蓄能器　2—压射系统　3—压射杆　4—压射冲头

5—压室/鹅颈管　6—坩埚　7—炉体　8—底座

9—泵系统　10—开合模液压缸　11—后座板　12—曲肘系统

13—顶出机构　14—抽芯阀块　15—动模板

16—大杠　17—定模板

8.3 压铸机与周边设备

8.3.1 压铸机

1. 压铸机的分类及组成

压铸机分为热室压铸机及冷室压铸机两大类。热室压铸机的压室竖直放置于熔炉的坩埚内。冷室压铸机的压室与熔炉分离，根据压射机构和合模机构的工作方式，分为卧式、立式及全立式三种。目前冷室压铸机主要为卧式，立式及全立式冷室压铸机较少。本章后续部分如不特别说明，均指卧式冷室压铸机。各类压铸机的主要结构及组成如图8-14所示。压铸原理及主要特点见表8-42。

从合模方式划分，还可分为三模板压铸机和两模板压铸机。三模板压铸机使用曲肘合模机构，两模板压铸机去除了后座板和曲肘机构，只含有动模板和定模板，在动模板后侧使用随动锁紧机构取代了曲肘合模机构。两种合模系统的结构、原理和技术特点见表8-43。

表8-42　压铸原理及主要特点

类别	结构类型	原理简图	主要特点
热室压铸机	活塞式	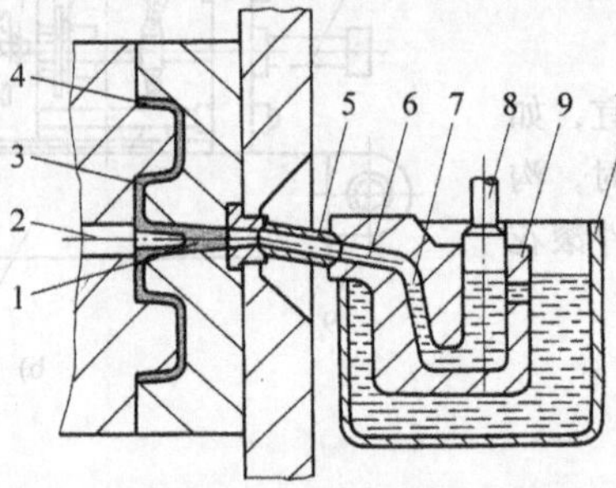 1—直浇道　2—分流器　3—内浇道　4—铸件　5—喷嘴 6—浇道　7—金属液　8—压射冲头　9—浇壶　10—炉体	1）没有外部浇注工序，生产率高 2）金属液从液面下注入型腔，卷气和氧化现象比较少 3）一般没有增压装置，压射比压较低 4）适合锌合金和镁合金压铸
冷室压铸机	卧式	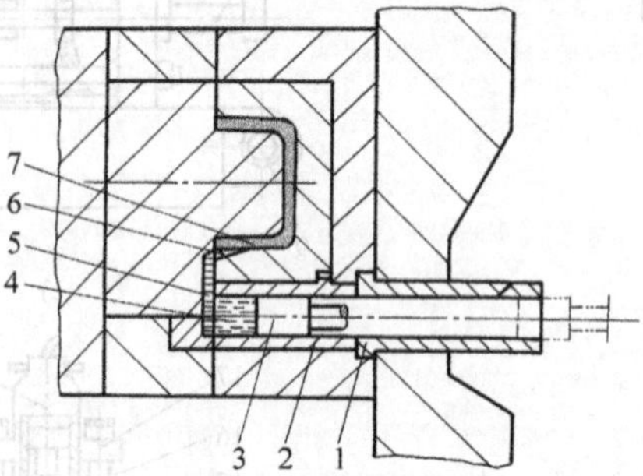 1—压室　2—浇口套　3—压射冲头　4—余料 5—横浇道　6—内浇道　7—铸件	1）压射位置可调，可以使用中心浇道和偏心浇道 2）可方便使用定量炉和保温炉浇注 3）操作程序少，生产率高，易于实现自动化 4）适合铝、镁、铜、锌合金和绝大部分压铸件的生产 5）采用中心浇道时模具结构复杂 6）金属液在压室内与空气接触面积大，压射时易卷气和产生氧化夹杂
	立式	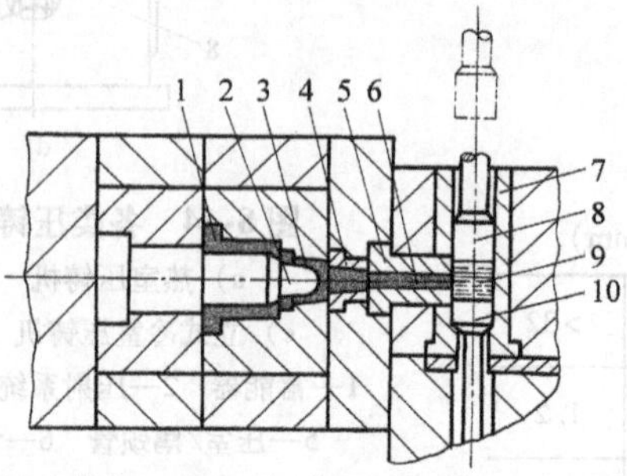 1—铸件　2—分流器　3—内浇道　4—浇口道　5—喷嘴　6—直浇道 7—压室　8—上压射冲头　9—余料　10—下压射冲头	1）易于设计中心浇道 2）压射机构直立，占地面积小 3）金属液进入型腔时经过转折，压力损耗较大 4）切断余料机构复杂，维修不便

（续）

类别	结构类型	原理简图	主要特点
冷室压铸机	全立式	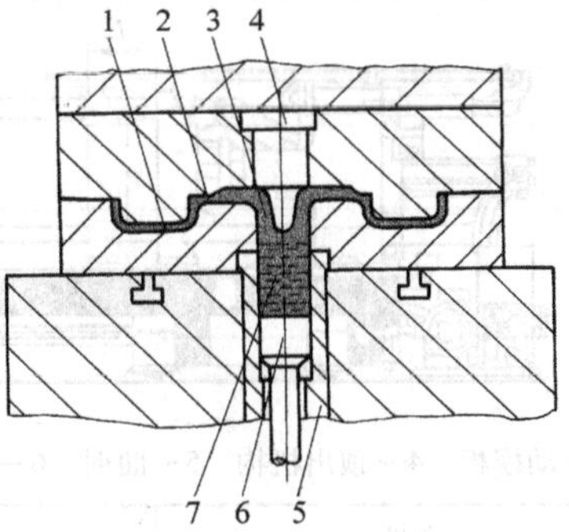 1—铸件 2—内浇道 3—直浇道 4—分流器 5—压室 6—压射冲头 7—余料	1）压铸模具水平放置，适合压铸电机转子类零件 2）占地面积小 3）金属液进入型腔转折少，流程短，压力损失小 4）不适合复杂铸件生产，应用受限

表8-43　两种合模系统的结构、原理和技术特点

类型	结构、原理	技术特点
曲肘合模机构	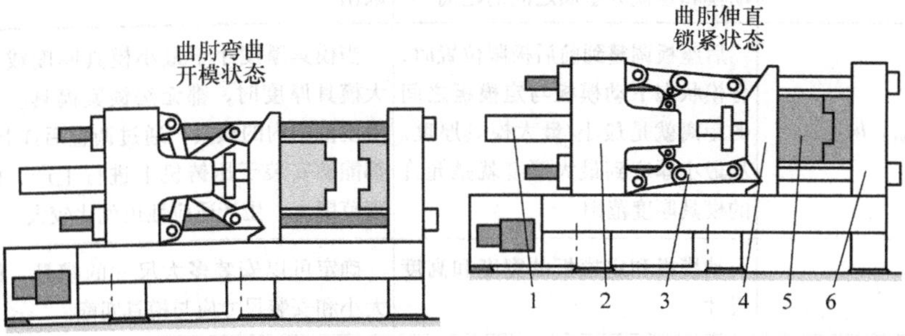 1—开合模液压缸 2—后座板 3—曲肘 4—动模板 5—模具 6—定模板	1）经多年优化验证，工作稳定可靠，适合各种吨位的机型 2）具有扩力功能，开模力强劲 3）慢速-快速-低速运行模式，符合压铸工艺要求 4）更换模具或调整模具厚度，需要精确调节后座板位置，消耗时间
液压（两板）合模机构	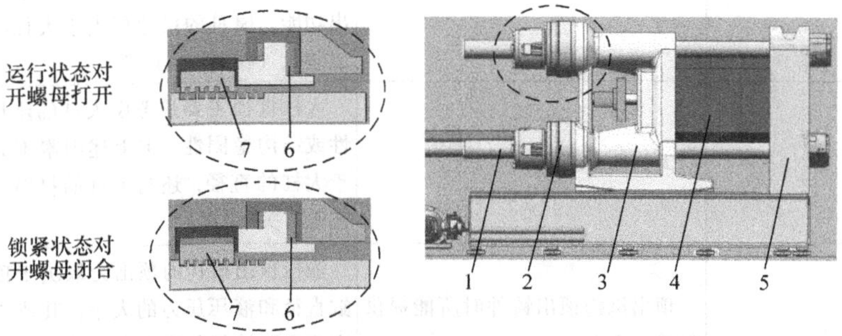 1—开合模液压缸 2—锁紧机构 3—动模板 4—模具 5—定模板 6—锁紧缸 7—对开螺母	1）锁紧位置灵活，在给定范围内的任何位置可直接锁紧模具，模具厚度调整方便快捷 2）四根大杠受力均匀，锁模力调节方便 3）机构长度缩短 4）对模具受热膨胀等类似的模具厚度变化自动补偿，避免大杠过度拉伸 5）开模力受开合模液压缸限制

2. 压铸机主要技术参数及意义（见表 8-44）

表 8-44　压铸机主要技术参数及意义

合模系统

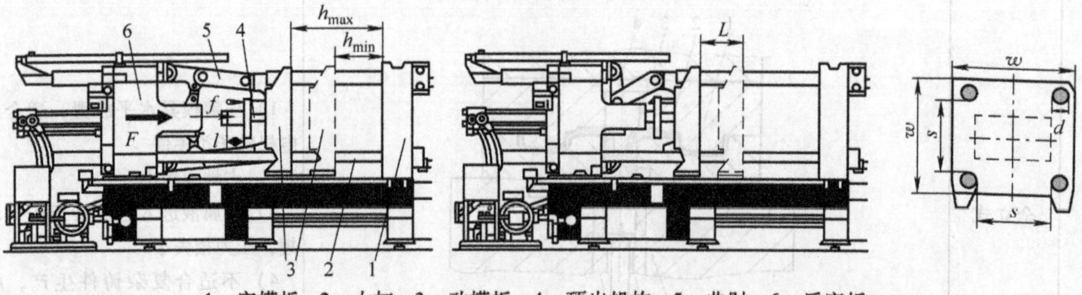

1—定模板　2—大杠　3—动模板　4—顶出机构　5—曲肘　6—后座板

参数	单位	图示符号或算式	意义	说明
锁模力	kN 或 t	F	开合模机构锁紧两个半模的力，即能够抵抗的最大胀型力，决定可以压铸多大（投影面积）的压铸件	压铸机的大小由锁模力或吨位确定，锁模力或吨位是选用压铸机的主要依据。压铸机锁模力或吨位级别，由各个压铸机生产厂家根据市场需求判断自行设置
开合模行程	mm	L	动模板在开合模时可移动的最大距离，即在最大开模位置时，动模和定模分型面之间的距离	开合模行程必须足够，保证铸件能够顺利取出。开合模行程过小，影响深腔铸件取出
模具厚度范围（最大/最小）	mm	h_{max}，h_{min}	后座板调整到前后极限位置时，合模状态下动模板与定模板之间的距离就是最小/最大模具厚度。从最小厚度到最大厚度就是允许的模具厚度范围	当模具厚度小于最小模具厚度或大于最大模具厚度时，都无法锁紧模具。在模具厚度范围内的模具，通过调整后座板位置，都能够安装于压铸机上进行生产。模具厚度范围大，生产适应性也就比较大
模板尺	mm	w	动模板和定模板的宽度和高度尺寸	确定可以安装多大尺寸的模具，模板的大小和安装尺寸应与模具匹配
大杠间距	mm	s	大杠在水平和垂直方向的内侧距离，一般采用等尺寸	大杠间距限制模具的外形尺寸（长和宽度尺寸），模具的外形尺寸最少在一个方向上（长度或宽度尺寸）要小于大杠间距，否则无法安装。目前，压铸机配置大杠抽出功能，模具的尺寸稍大于大杠间距仍可以装入（模具四角内凹）
大杠直径	mm	d	大杠的粗细	大杠直径主要是考虑大杠的刚性、耐用性或结构稳固性，但上述因素不完全取决于大杠的直径，还与大杠的材料、制造工艺等有关
顶出力	kN	f	顶出机构顶出铸件时所能提供的最大推力	液压顶出机构的顶出力取决于顶出液压缸直径和液压压力的大小，其值应该能够完全克服铸件包紧力产生的顶出阻力及其他摩擦力
顶出行程	mm	l	顶出机构可将铸件顶出的最大距离	液压顶出行程取决于顶出液压缸活塞行程，顶出机构应该保证将铸件从型腔中顶出一定距离，方便取出

（续）

压射系统

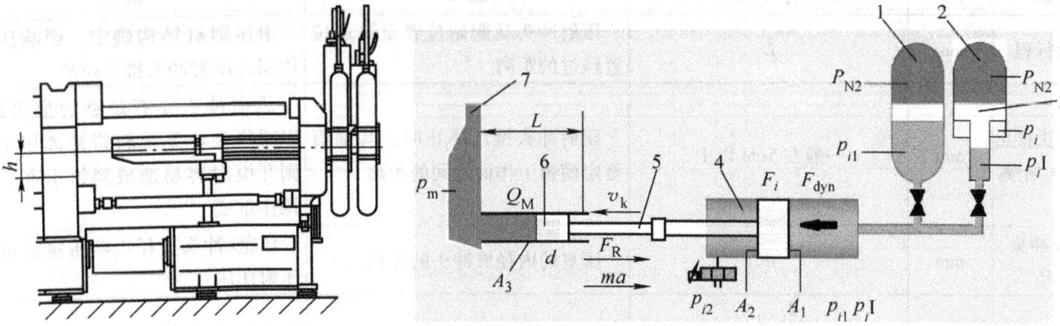

1—压射蓄能器　2—增压蓄能器　3—增压活塞　4—压射缸　5—压射杆　6—压射冲头　7—金属液/铸件
F_{dyn}—动态压射力　F_i—增压压力　p_{i1}—压射缸前腔压力　p_{i2}—压射缸后腔压力　A_1—压射活塞前端面积
A_2—压射活塞后端面积　A_3—压射冲头截面积　F_R—压射活动动摩擦力　m—压射活动部分质量　a—压射活动部分加速度
p_m—压射比压　L—压射行程　d—冲头直径　h—压射位置调节距离　v_k—压射速度

参数	单位	图示符号或算式	意义	说明
填充（动态）压射力	kN	$F_{dyn}=p_{i1}A_1-p_{i2}A_2-F_R-ma$ $p_{i1}\approx p_{N2}$	压射系统在压射充型阶段（快压射）中能够形成的压射力，反映压射系统的动态压射能力	充型（动态）压射力影响压射速度和压射稳定性，由蓄能器内的压力和压射缸直径确定
增压压力	kN	$F_i=p_{i1}A_1-p_{i2}A_2$ $p_i1\approx kp_{N2}$ $p_i=0$（增压缸无背压，有背压时应扣除） k为增压比，一般为2～3	压射系统在增压阶段能够产生的最大压力，在金属液凝固期间对其增压压实	增压原理是利用增压活塞大端和小端的面积差，使输出的压力高于输入的压力。增压压力的大小取决于增压活塞两端面积的比值，比值越大，增压倍数越大，一般为2.5倍左右
压射比压	MPa	$p_m=F_i/A_3$	增压阶段压射冲头作用在金属液上的压力（压强）	衡量金属液凝固期间获得的最终压力，是压铸工艺的重要参数
建压时间	ms	一般为20～40ms	充型（快压射）结束至增压压力形成所需的时间	由压射系统特性确定。增压压力应该在内浇口处的金属液凝固之前形成，保证金属液在高压状态下凝固。先进压射系统能够调节建压时间
系统压力	MPa	一般为14～21MPa	系统压力也称为管道压力或工作压力，是液压系统中的常态压力	系统压力由液压泵输出压力确定。目前，压铸机采用的系统压力为14～21MPa
蓄能器压力	MPa	系统压力的85%左右	蓄能器向压射系统提供液压油的压力	蓄能器中氮气压力小于系统压力，一般为系统压力的85%左右
最大压射速度	m/s	10m/s左右	压射系统所能达到的高速极限速度。由于最大压射速度发生在空压射（压室中无金属液）状态下，所以也称为空压射速度	最大压射速度是压铸机压射系统克服自身液压管道内各种阻力后压射活塞达到的最大速度，反映压铸机压射系统的效率和性能
最低压射速度	m/s	0.02m/s左右	压射系统达到的最低无抖动速度	优化低速压射过程，减少卷气。低速压射时不能有顿挫现象

（续）

压射系统				
参数	单位	图示符号或算式	意义	说明
压射行程	mm	L	压射冲头从起始位置至终点位置经过的距离	由压射缸结构确定，影响压射缸体积或压射冲头推出距离
压射冲头推出（跟踪）距离	mm	一般在5cm以上	压射冲头推出终止时，其端面至定模板工作面之间的距离	压射冲头要有足够的推出距离，以便将浇注系统料饼推离压室，否则开模时容易造成料饼卡断，增加操作难度
压室/冲头直径	mm	d	压室的内径或冲头的外径	压室/冲头直径影响压室容量以及压射比压
压室容积/压铸重量	cm^2/kg	$\frac{2}{3}LA_3$/ $\frac{2}{3}LA_3\rho$ （ρ 是密度）	浇注体积或浇注重量	浇注体积或重量应满足压室充满度要求
压射位置调节距离	mm	h，固定无调节或可调节	压室在定模板上所处的高度位置，由定模板中心位置及向下调整位置的数量或距离确定	压铸机的压射位置可通过液压装置进行调节。压射位置可调范围大，方便调整铸件偏心位置，模具设计与安装灵活

注：表中图示符号并非标准符号。

3. 压铸机选择

（1）压铸机类型选择　首先考虑铸造合金种类，其次考虑铸件特征及质量要求等。锌、镁合金、性能要求一般的薄壁中小类铸件，如笔记本计算机零件、手机零件、卫生洁具、玩具、文具、车模零件等，宜选用热室压铸机。铝、镁、铜、锌合金、具有不同性能要求的各类大、中、小型铸件，如汽车零件、电器、仪表类零件等，可选用卧式冷室压铸机。对于非常适合中心浇口的中心辐射或对称型中、小型铸件，可选用立式冷室压铸机。对于特定形状、结构不太复杂、高度尺寸不太大、性能要求较高的零件，可选用全立式冷室压铸机。

（2）压铸机档次选择　要考虑产品要求和企业目标与资金状况。产品主要考虑铸件的复杂性或成形难度以及对铸件的质量要求，选择合适档次的压铸机，以达到生产质量与生产经济性的兼顾。此外，还应根据企业长远发展目标、生产持久性、压铸件的定位、是否参与国际市场竞争及企业的投资强度等因素，以确定压铸机档次。

（3）压铸机吨位选择　根据压铸件的投影面积及选用的压射比压等因素计算所需的锁模力，基本原则是必须保证锁模力大于胀型力。锁模力的计算步骤和计算方法见表8-45。

表8-45　锁模力的计算步骤和计算方法

步骤	内容	符号或计算式	图例	说明
1	计算投影面积（cm^2）	$A=a_1+a_2+a_3+a_4$ 式中　a_1—料饼面积 a_2—浇道面积 a_3—铸件面积 a_4—集渣包面积	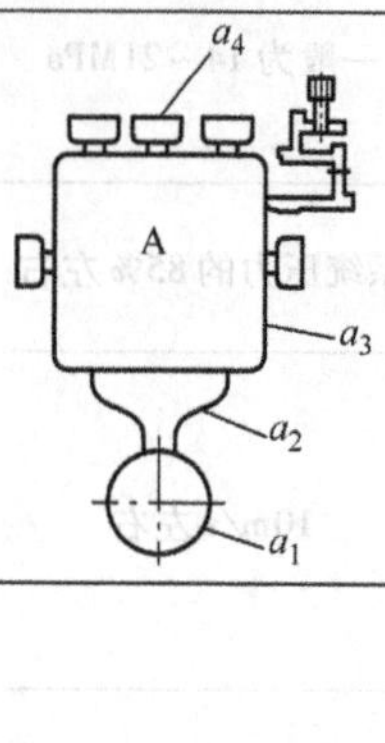	分块计算投影面积
2	确定压射比压（10^5Pa）	p_m		压射比压需要根据铸件特征和质量要求选定，选择原则见压铸工艺一节

（续）

步骤	内容	符号或计算式	图例	说明
3	计算胀型力（N）	$F_{胀}=F_A+F_C$ 式中 F_A—由铸造部分投影面积引起的胀型力不同部位压力系数 a_1+a_2：1.0 a_3：0.75～1.0 a_4：0.25～0.40 $F_A=p_m(a_1+a_2)+(0.75\sim1.0)p_m a_3+(0.25\sim0.40)p_m a_4$ F_C—由型芯或滑块楔形锁紧部分引起的胀型力 $F_r=(0.75\sim1.0)p_m A_c$ A_c 是滑块与金属液接触的投影面积 $F_c=F_r\tan\theta$ $F_{胀}=p_m(a_1+a_2)+(0.75\sim1.0)p_m a_3+(0.25\sim0.40)p_m a_4+F_r\tan\theta$	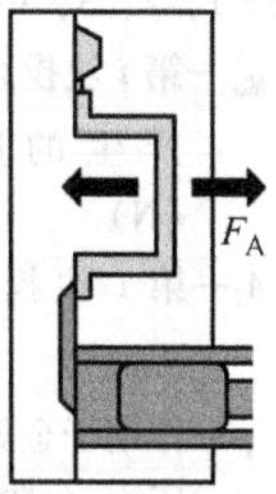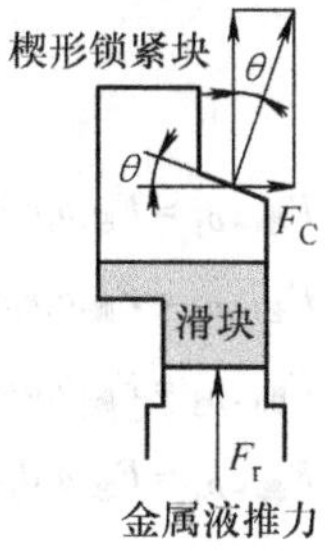	金属液在型腔不同部位获得的压力有所不同。在计算 F_A 时，采用分块计算，不同部位采用不同的压力系数。压力系数选取主要与内浇口距离有关，也与铸件大小、形状、壁厚、浇注温度、模具温度等因素有关
4	计算锁模力（N）	$F_L=kF_{胀}$ 式中 k—安全系数（1.1～1.2）		热室压铸机的安全系数取值可稍高

如果投影面积的中心与模板中心（或称锁模力中心）不重合，会产生偏心胀型力，使四根大杠承受力不均。如果偏心情况不太严重，适当加大安全系数即可。否则，应对偏心胀型力进行计算，以正确确定锁模力。累加法偏心胀型力的计算步骤与方法见表8-46。

（4）压铸机技术参数核算 压铸机的吨位确定后，还应对压铸机的某些技术参数进行核算，见表8-47。

表8-46 累加法偏心胀型力的计算步骤和方法

步骤	内容	符号或计算式	图例	说明
1	投影面积分块	计算各块面积 A_i，确定形心位置 C_i，偏心尺寸为 a_i、b_i、d_i 及 e_i。D_1～D_4 为锁紧点（大杠）编号，L 为锁紧点间距	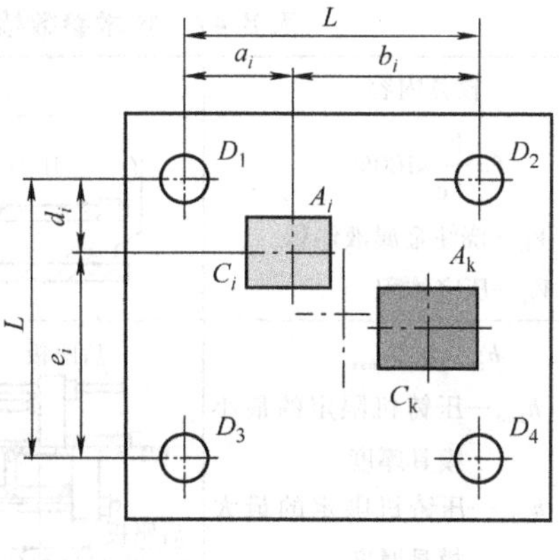	将总投影面积分成若干个部分，每个部分最好是规则形状，方便确定中心和投影面积

（续）

步骤	内容	符号或计算式	图例	说明
2	计算第 i 块的胀型力	$F_{胀i}=A_ip$ $i=1, 2, 3, \cdots$ 式中 $F_{胀i}$—第 i 块投影面积上产生的胀型力（N） A_i—第 i 块投影面积（mm^2） p—作用于金属液上的压力（MPa）	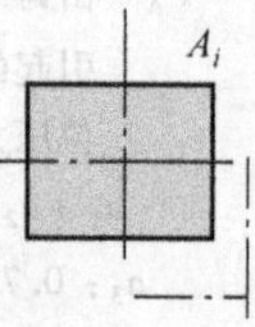	任选一个分块计算胀型力
3	计算第 i 块的胀型力对每根大杠（D_1、D_2、D_3、D_4）的作用力	D_1：$F_{胀i-D_1}=F_{胀i}b_ie_i/L^2$ D_2：$F_{胀i-D_2}=F_{胀i}a_ie_i/L^2$ D_3：$F_{胀i-D_3}=F_{胀i}b_id_i/L^2$ D_4：$F_{胀i-D_4}=F_{胀i}a_id_i/L^2$	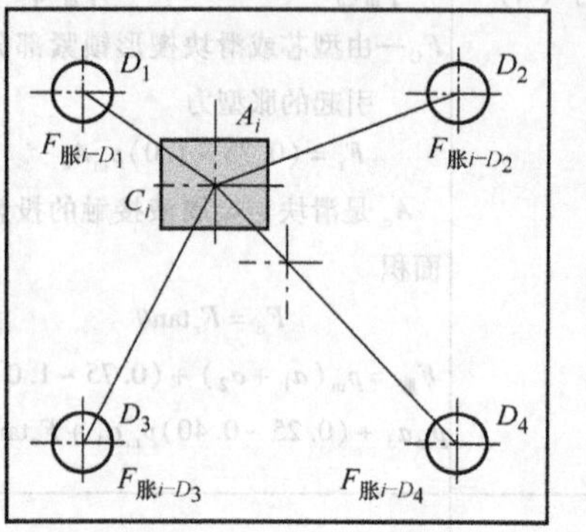	将第 i 块的胀型力分配到每根大杠，先针对一根大杠，用 $F_{胀i}$ 乘以远离该锁紧点两个方向上的偏心距离，然后除以大杠间距的乘积
4	确认受力最大的大杠，以此计算总体胀型力	$F_{胀-Dj}=\Sigma\ F_{胀i-Dj}\ i=1, 2, 3, \cdots, nj=1, 2, 3, 4$ 式中 $F_{胀-Dj}$—第 j 根大杠所受的胀型力 $F_{胀i-Dj}$—第 i 块投影面积对第 j 根大杠所施加的胀型力 $F_{胀}=4\times Max(F_{胀-D_1}, F_{胀-D_2}, F_{胀-D_3}, F_{胀-D_4})$		重复使用以上计算步骤，逐一求出各个投影面积对各大杠的作用力，然后将每块投影面积对每根大杠的作用力分别累加。以四根大杠中最大的受力值作为计算基准值，即4倍的最大值作为总体胀型力

注：表中图示符号并非标准符号。

表 8-47 技术参数核算和内容

序号	参数	核算内容	图例	说明
1	压室充满度 f（%）	$f=\frac{V_L}{V_C}\times100\%$ 式中 V_L—浇注金属液体积 V_C—压室体积	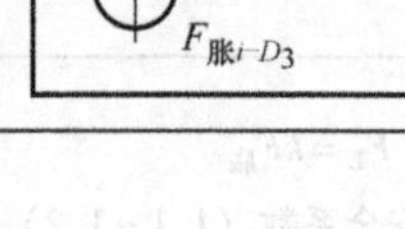	充满度在60%～80%之间为宜。如果相差过大，则应考虑更换不同尺寸的压室或压铸机
2	模具厚度 h(mm)	$h_{min}<h<h_{max}$ 式中 h_{min}—压铸机限定的最小模具厚度 h_{max}—压铸机限定的最大模具厚度	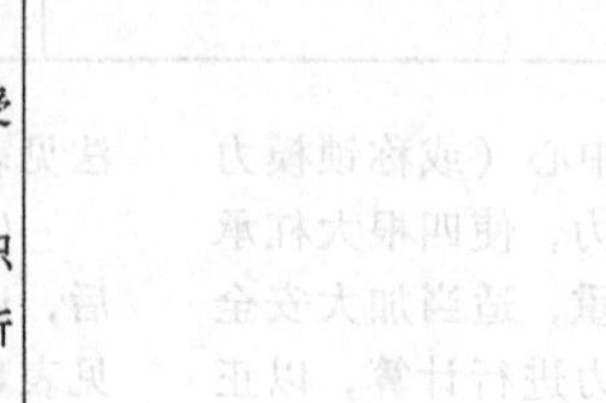	如果模具厚度不能满足要求，应尝试改变模具结构，或者更换合适的压铸机

（续）

序号	参数	核算内容	图例	说明
3	开合模行程 L(mm)	$L\geqslant L_c+L_p+2\delta$ 式中 L—开合模行程 L_c—动模型芯高度 L_p—铸件高度 δ—铸件与动、定模之间的最小距离，一般不小于5mm	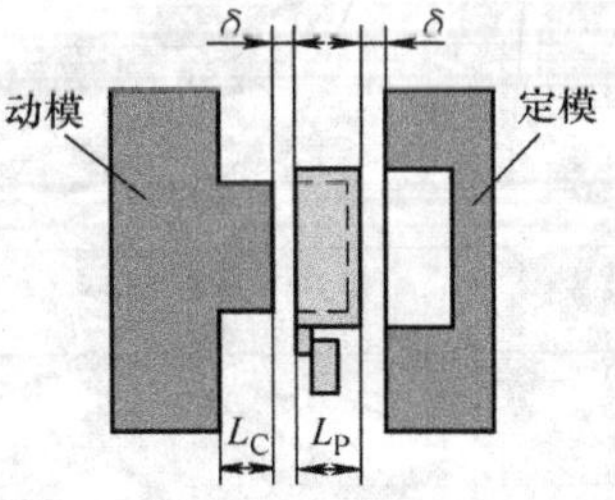	如果铸件的高度尺寸（在开合模方向）过大，应该核算压铸机的开合模行程，以便保证开模后有足够的空间将压铸件取出
4	模板尺寸与大杠间距 w、s(mm)	$s>s_d$ 式中 s—大杠间距 s_d—模具长度或宽度尺寸	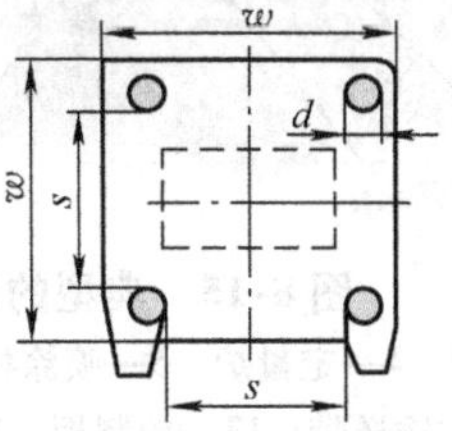	模具外形尺寸较大，应注意校核大杠间距是否足够。大杠抽出功能，方便了稍大尺寸模具的安装使用。模板的安装尺寸也应核对，使之与模具匹配

注：表中图示符号并非标准符号。

根据压铸件特点，需特别校核某些参数，如薄壁复杂铸件、镁合金铸件等要关注压铸机的压射速度，厚大铸件关注增压压力，深腔铸件关注顶出力和顶出行程，偏心铸件关注压射位置调整范围。

8.3.2 压铸单元与周边设备

1. 压铸单元

压铸单元是以压铸机为主体，配置相应周边设备或装置组成的生产单元。通过程序或通信接口对单元内的设备和工艺流程进行控制和管理，完成从金属液到成品压铸件的整个生产过程。压铸生产单元是压铸生产的主要形式，以自动化为特征。设计压铸单元时需要考虑以下因素：

1）物料流动。

2）工艺流程。

3）各种设备及装置的精确尺寸。

4）设备运行范围。

5）整体布置。

6）占地面积。

7）循环时间。

8）生产安全性。

确定压铸单元方案时主要考虑以下因素：

1）浇注系统（直型、曲型、有无刃口）。

2）浇注系统去除（切边机、锯床、打断站、定位、残留要求）。

3）飞翅、毛刺部位和去除（切边机、打磨、定位、残留要求）。

4）喷涂方案（喷涂机、机器人、喷头类型和大小）。

5）浇注方案（定量炉/浇注机）。

6）打码（部位、激光、针打、定位）。

7）铸件抓取部位。

8）抓手类型（机械式、吸盘式）。

9）冷却（变形、水冷、风冷）。

2. 压铸单元组成

一个比较完整的自动化压铸单元包括：

1）压铸机。

2）取件设备。

3）喷涂设备。

4）定量炉/保温炉（浇注机）。

5）真空装置。

6）冷却装置。

7）完整性检测装置。

8）清理设备（切边机、锯床、打磨机、液压剪）。

9）打码机。

10）除尘装置。

11）产品输送带。

12）操作及维修平台。

13）其他专用周边设备或装置。

压铸单元的周边设备配置，应依据具体生产要求而定。图8-15所示为一个典型的压铸单元，其工艺流程如图8-16所示。

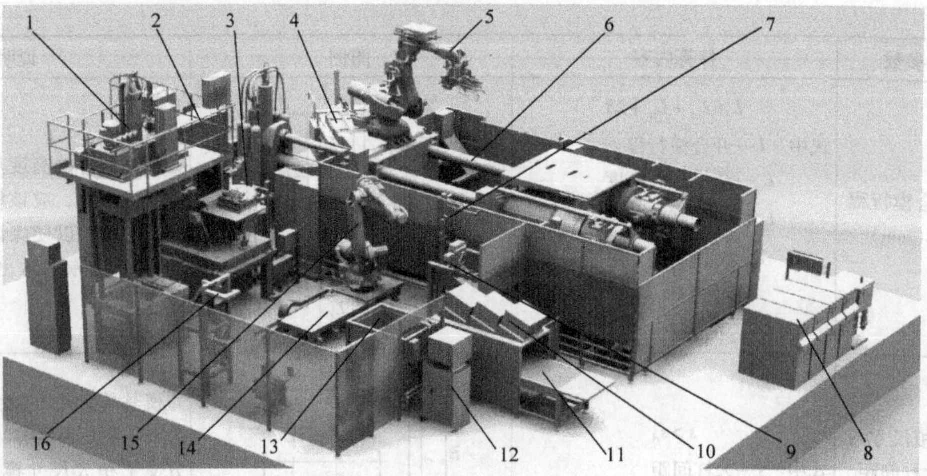

图8-15 典型的压铸单元

1—切边机 2—锯床 3—真空罐 4—定量炉 5—喷涂机器人 6—压铸机 7—完整性检验 8—模温机 9—液压剪及打断站 10—风扇 11—铸件输送带 12—控制柜 13—冷却水箱 14—滑道 15—取件机器人 16—打码机

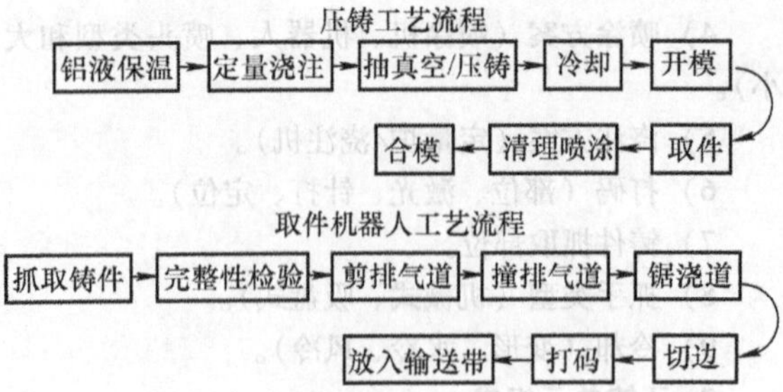

图8-16 典型压铸单元的工艺流程

3. 主要周边设备选用

（1）浇注设备 浇注设备的作用是将金属液从坩埚导入压室。对浇注设备的工艺要求是浇注平稳，金属液氧化少，温度变化小，浇注周期短，定量精确等。对于铝合金，目前压铸生产中使用的浇注设备主要有保温炉和定量炉，保温炉需要另配浇注机械手，定量炉自带定量浇注装置。浇注设备应根据合金种类、产品要求及使用条件选取。

1）金属液质量要求高宜选用定量炉。

2）对节能要求比较高，定量炉具有优势。

3）压铸设备使用和维护管理水平比较高，可选用定量炉。

在压铸生产中，中小型压铸单元配置保温炉的较多，大型压铸单元和高端铸件生产单元配置定量炉的较多。保温炉和定量炉的特点见表8-48。

表8-48 保温炉和定量炉的特点

保温炉+浇注机	定量炉
1）投资较低	1）从熔池液面以下取液，金属液质量好
2）操作要求较低	2）金属液温度变化小
3）浇注循环可见	3）能耗低（较保温炉+浇注机节能30%以上）
4）金属液温度变化稍大	4）氧化少，金属损耗低（较保温炉+浇注机降低60%以上）
5）易氧化，金属液损耗高	5）维护保养要求较高
6）易混入污染物或冷金属	6）投资较高
7）能耗高	7）定量精度稍低，为±(1%～3%)
8）定量精度为±(0.5%～1%)	8）温度控制精度±2℃
9）温度控制精度±5℃	
10）维护保养较简单	

铝合金定量炉主要有单室定量炉和双室定量炉两种类型。有制造商开发出吸注式定量浇注装置，弥补了普通浇勺不密封的缺点。定量炉和吸注式浇注装置如图8-17所示，其工作原理和特点见表8-49。选定浇注装置类型后，还要对浇注行程等技术参数进行确认。

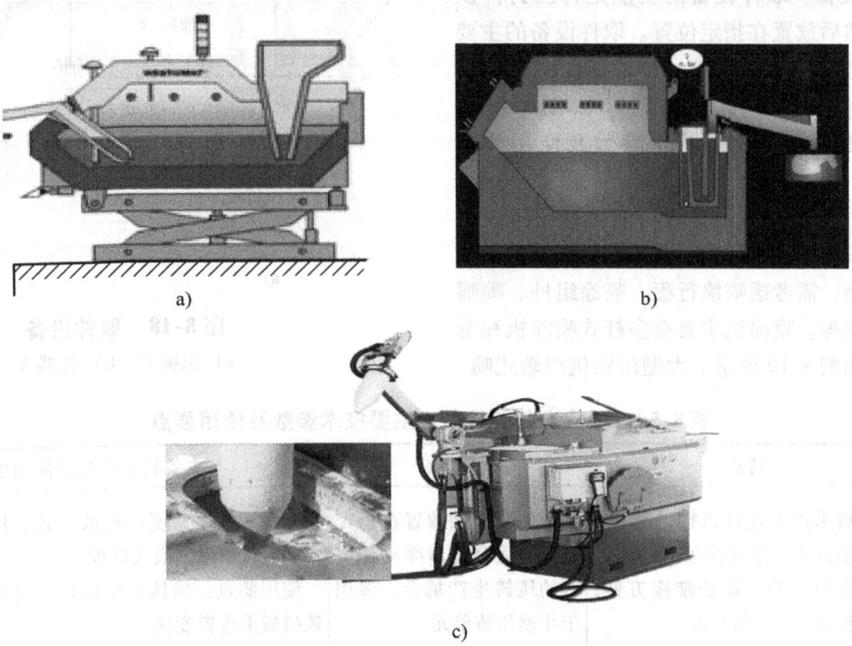

图8-17 定量炉和吸注式浇注装置

a）单室定量炉 b）双室定量炉 c）吸注式浇注装置

表8-49 定量炉和吸注式浇注装置的工作原理和特点

类型	单室定量炉	双室定量炉	吸注式浇注装置
工作原理	采用压力与时间的函数曲线控制气体压力，当定量值到达后，压力下降并停止压出铝液，依靠控制气压和时间定量铝液	定量过程由一个陶瓷定量泵控制，采用真空吸入进行定量。吸入泵内的铝液通过压缩空气或氮气被压入流槽，进入压铸机的压室	利用称重传感器和比例真空阀定量铝液
定量精度	±2%	±1%	±1%
最大定量重量（Al）	100kg	65kg	20kg
加铝液温度波动	有	低	有
加铝液定量波动	有	无	无
定量机构维护	中等	较复杂	简单
浇注安全性	好	好	有滴铝可能性
铝液氧化机会	少	少	有
定量速度	中等（11kg/7s）	快（11kg/3s）	较慢
气压要求	高	高	无
生产过程中清理金属液	不可	可以	不可
容量	450～4100kg	450～3000kg	配置保温炉

对于镁合金冷室压铸，可选用专用的熔化保温炉。镁合金和锌合金的热室压铸，压铸机配置标准的熔化保温炉。

（2）取件设备　取件设备的功能是将压铸件从模具中取出，然后放置在指定位置。取件设备的主要参数包括抓取重量、最大行程、移动速度和定位精度。取件设备有机械手和机器人两种，如图8-18所示。取件设备的特点、主要技术参数及使用要点见表8-50。

（3）喷涂设备　喷涂设备的功能是将压铸脱模剂喷涂至型腔表面，通常使用喷涂机器人或喷涂机携带喷头进行喷涂，需考虑喷涂行程、喷涂组件、喷嘴形式、喷嘴数量等。喷涂机主要有多杆式喷涂机和滑轨式喷涂机，如图8-19所示。大型压铸机滑轨式喷涂机应用较多。各种喷涂设备的特点、主要技术参数及使用要求见表8-51。

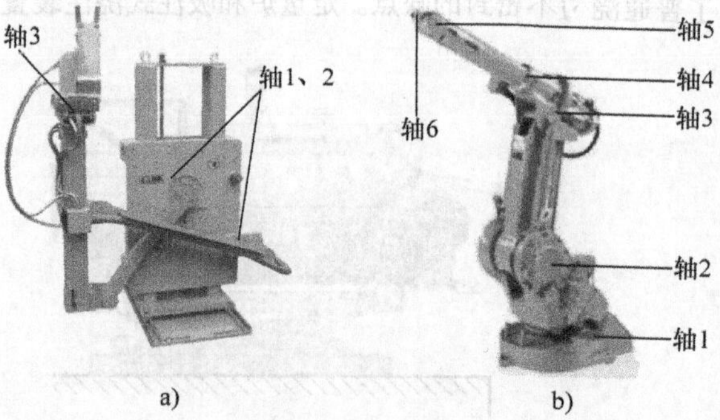

图8-18　取件设备

a）机械手　b）机器人

表8-50　取件设备的特点、主要技术参数及使用要点

设备类型	特点	适用场合	主要技术参数及使用要点
机械手	一般采用多连杆机构，具有3轴运动方式，结构简单，动作固定，运行平稳，维护维修方便，简单程序控制，价格低	取件后直接放置在指定位置，适合无后续动作要求的压铸生产场合，多用于小型压铸单元	参数：模具宽度、夹爪方式、抽拔力、抽拔距离、夹持重量、最大行程 使用要点：确认工作位置，位置变化可能会导致机械手位置变化
机器人	广泛使用六轴（主轴3个，次轴3个）专业机器人取件，具有高度灵活性、重负载、高定位精度、完成复杂动作及运行轨迹等优点。工作范围大，还可使用外轴导轨（第7轴）增大活动区间。结构复杂，需要编程确定动作及运行轨迹，可完成压铸单元中复杂及精确的后处理动作，价格高	取件后可接续进行各种后续工序要求的铸件位移、旋转等动作，适合需要进行完整性检验、切边、清理、冷却或打码等后处理工序的压铸生产场合，广泛用于各种压铸单元	参数：轴数、取件重量、工作范围（最大行程）、重复定位精度 使用要点：机器人运行速度较快，急停急转惯性大，抓取重量应留有余量。使用夹持功能进行撞断作业，铸件与夹爪的相对位置容易发生偏移，撞断作业后往往需要再定位。也可在抓手安装检测装置保证抓取正确，或者采用浮动夹爪的结构，减少定位问题。夹爪设计和铸件的抓取位置应仔细确认。机器人的导线等也应注意防止磨损或加防护套

表8-51　各种喷涂设备的特点、主要技术参数及使用要点

设备类型	特点	适用场合	主要技术参数及使用要点
喷涂机	结构和动作简单，移动速度较快，运行平稳，喷涂位置和范围相对固定，维护维修方便，简单程序控制，价格低	适合不经常更换模具及型腔比较规则的场合。连杆机构喷涂机多用于中小型压铸单元。中大型压铸单元宜选用滑轨式喷涂机，移动速度快，可选配仿型喷头提高喷涂效率	参数：纵轴和横轴的行程、夹持重量 使用要点：宜采用组合喷头或仿型喷头，适合型腔形状，实现对模具型腔的完全覆盖，可提高喷涂效率，喷头成本较高。需要对夹持重量进行核算，不可超重
喷涂机器人	使用六轴（主轴3个，次轴3个）专业机器人抓持喷头，具有高度灵活性、重负载、高定位精度，能完成复杂型腔喷涂。工作范围大，特殊部位喷涂灵活。结构复杂，需要编程确定动作及运行轨迹，通用性强，价格略高	满足各种喷涂要求，尤其是需要经常更换模具的场合	参数：轴数（6轴，可加第7轴滑动底座）、抓取重量、纵轴行程、横轴行程、重复定位精度（0.01mm） 使用要点：机器人喷涂具有高度灵活性，可配置标准喷头，减少喷嘴数量和喷头尺寸，降低整体成本

（续）

设备类型	特点	适用场合	主要技术参数及使用要点
喷头	标准喷头。喷嘴数量较少，规则形状，可以组合，具有灵活性，喷涂时间略长	适合喷涂比较简单或规则的型腔。与机器人配合使用，适合对特别部位进行灵活的喷涂	参数：喷涂回路数量（最多8回路）、脱模剂回路数量（最多可用4种）、喷嘴型号和数量、喷气/高压喷气回路数量、气压要求 使用要点：喷嘴堵塞主要通过采取定期清理和减少压缩空气杂质并使用软化水解决。如果采用喷涂机器人，可以在每次喷涂完成后将喷头伸入水槽内进行清洗
	仿型喷头。喷嘴数量多，喷头按型腔轮廓组合，形状复杂。完全覆盖喷涂表面，喷涂效率高	适合复杂型腔及大面积喷涂，缩短喷涂时间，对循环时间要求严格的场合具有明显优势	

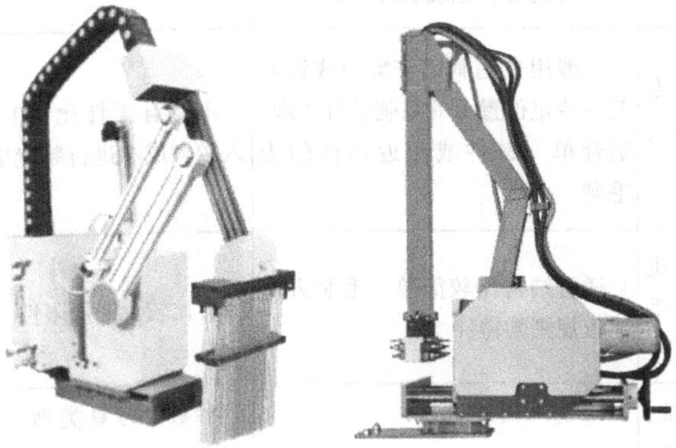
a)

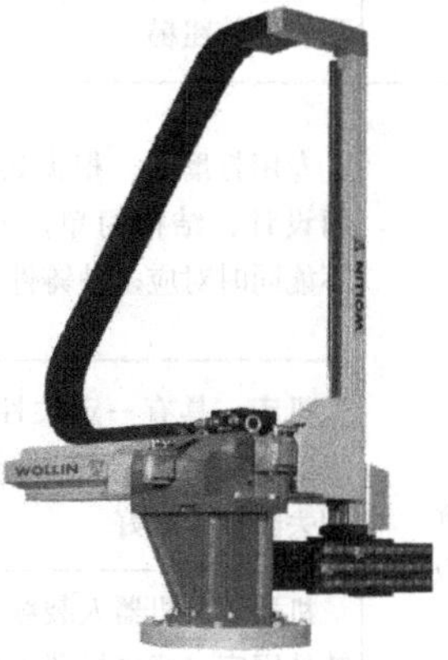

b)

图8-19 喷涂机

a）多杆式 b）滑轨式

（4）清理设备 用于压铸单元内的清理设备主要有切边机、锯床、打磨机等。主要清理设备的特点、主要技术参数及使用要点见表8-52。

表8-52 主要清理设备的特点、主要技术参数及使用要点

设备类型	特点	适用场合	主要技术参数及使用要点
切边机	配备切边模，切边精度高，浇注系统切除残留高度可达1mm以下。可以完成具有复杂轮廓线物体的切除，工作效率高，噪声小，价格较高	适合大部分去除飞边和浇排系统的场合。切除部位必须在切边方向上可见，在切除具有复杂轮廓线的飞边、毛刺和浇排系统的场合具有优势	参数：切边压力、导向柱间距、工作台台面尺寸、开距、液压缸行程、承载重量 使用要点：切边精度与切边模有关。对于过高的精度要求，必须保证工艺、温度及压铸模具的高度一致性，否则会引起铸件尺寸变化，导致误切或切边故障。切边定位及切边模与台面上的异物清理也须严格控制

（续）

设备类型	特点	适用场合	主要技术参数及使用要点
锯床	圆盘锯。线速率快，锯切效率高，精度高，锯缝光滑。锯床可移动进给，灵活，成本较低。锯片厚，锯缝比较宽，锯屑不容易控制，噪声比较大，大多使用密闭空间	适合切除部分在锯切进给方向为直线的场合，且要求锯切方向上无干涉部位，应用比较广泛	参数：锯盘直径、转速/线速度 使用要点：采用翻转封闭或升降门封闭，克服噪声和粉尘扩散等缺点。更换铸件的灵活性好，只需要更换定位支撑夹具即可
	带锯。噪声较低，粉尘容易控制，可以敞开使用，不用密闭。锯缝比较窄，锯屑较少。效率较低，灵活性差，价格比圆盘锯贵。带锯条有可能产生摆动，锯口断面有时较粗糙	适合切除部分在锯切进给方向为直线的场合，且要求锯切方向上无干涉部位。适于锯切高度比较小或不能使用圆盘锯的场合。对锯缝要求较高的的场合，带锯也具有优势，但现场应用较少	参数：带锯速度、带锯尺寸 使用要点：为了避免带锯条颤动卡住，不宜采用机器人直接抓取进行锯切，需要专用的进给装置，更换铸件的灵活性不好
打磨设备（去毛刺）	专用打磨机。根据铸件形状专门设计，结构简单，专用性强，不能同时对应多种铸件	一般用在毛刺比较集中或针对某一特定位置上的毛刺进行清理。适合单一铸件或相近铸件的去毛刺	不具有柔性化，工件变化需要投入较大成本进行装置更新，应用少
	机床。具有一定柔性，通过更换工装夹具可以导入新工件，毛刺去除效果较好	适合结构比较简单、毛刺方向比较规则的铸件	有比较大的局限性，应用比较少
	机器人。机器人装载加工主轴，铸件固定，或者机器人抓持铸件，加工主轴固定。具有更高的柔性，通过更换工装夹具和调用程序，可以进行产品切换。示教编程复杂且耗时，切削路径固定，毛刺去除效果不均匀，效率较低	可用于结构复杂、毛刺分散的铸件，适用范围广	参数：刀具类型、主轴转速、切削速度 使用要点：精确示教机器人运行路径，防止过切或漏切现象。需要采用浮动去毛刺技术，减小机器人轨迹对去毛刺的影响。技术有待完善，目前应用不多

（5）打码机　严格的质量控制要求对压铸数据可追溯。利用打码机，在生产的每个压铸件上打刻上识别码，每个识别码包含设定的生产信息，包括生产日期、班次、生产者、工艺数据等。识别码可以是文本码，也可以是二维码。这些信息与铸件码完整地保存在相应的数据文件中，如果需要可以随时查阅和追踪。目前，压铸生产中使用的打码机主要有针式打码机和激光打码机。这两种打码机的特点、主要技术参数及使用要点见表8-53。

表8-53　针式打码机和激光打码机的特点、主要技术参数及使用要点

设备类型	特点	适用场合	主要技术参数及使用要点
针式打码机	相对比较简单，有一定噪声。打码依靠外力驱动针头直接点击在铸件表面，使铸件表面塑性下凹形成识别码，对铸件的作用力较大	适合任何压铸件表面不连续打点，特别适合深度打码，也适合轻度弯曲的表面	参数：打码范围、打码深度、打码速度、打码符号 使用要点：结构件或薄壁件打码，需要很好的支撑，避免打码外力导致铸件变形。深度表面处理（喷丸、喷砂等）可能影响识别，应注意防护

（续）

设备类型	特点	适用场合	主要技术参数及使用要点
激光打码机	没有噪声，打码清晰，识别率高，对铸件不会施加外力，薄壁件不会颤动变形。激光需要安全防护。激光调焦对距离要求较高，对弧面适应性差。价格贵，激光头维修费高	适合任何压铸件平面表面打码	参数：输出功率、打码深度、光束直径、打码区域、打码速度 使用要点：激光外泄会伤及操作者眼睛，一般需要封闭运行，激光调焦对距离要求较高，对弧面适应性差。深度表面处理（喷丸、喷砂等）可能影响识别，应注意防护

（6）主要周边设备与压铸机的匹配　表8-54给出了主要周边设备的规格与压铸机锁模力大小的匹配参考。

表8-54　主要周边设备的规格与压铸机锁模力大小的匹配参考

压铸机锁模力/kN		3000~5000	>5000~7000	>7000~9000	>9000~11000	>11000~14000	>14000~16000	>16000~18000	>18000~20000	>20000~22000	>22000~25000	>25000~28000	>28000~35000	>35000~40000	>40000~45000	>45000
定量炉容量(Al)/kg	450	√														
	650	√	o	o	o											
	900	√	√	√	√	o	o									
	1200		√	√	√	√	√	o	o	o	o					
	1700			√	√	√	√	o	o	o	o					
	2300					√	√	√	√	√	√	√	√	o	o	o
	3100							√	√	√	√	√	√	√	√	√
机器人(承重/kg)/(活动范围/m)	20/1.6	√	o													
	45/2.0	o	√	o	o											
	40/2.5		o	√	√	o										
	155/2.8				o	√	√	o	o	o	o	o	o	o	o	o
	200/2.8				o	√	√	o	o	o	o	o	o	o	o	o
	150/3.2						o	√	√	√	√	√	√	o	o	o
	150/3.5											√	√	√	o	o
喷涂机纵/横活动范围/m	0.8/0.8	√														
	1.0/1.0	√	√													
	1.2/1.0		√													
	1.4/1.2		√	√	√											
	1.6/1.4			√	√	√										
	1.6/1.6					√	√									
	1.8/1.8					√	√	√	√	√	√					
	2.0/1.8						√	√	√	√	√					
	2.0/2.0							√	√	√	√					
	2.5/2.0									√	√	√	√			
	2.5/2.5											√	√	√	√	√

（续）

压铸机锁模力/kN		3000 ~5000	>5000 ~7000	>7000 ~9000	>9000 ~11000	>11000 ~14000	>14000 ~16000	>16000 ~18000	>18000 ~20000	>20000 ~22000	>22000 ~25000	>25000 ~28000	>28000 ~35000	>35000 ~40000	>40000 ~45000	>45000
切边机（工作台长度/m）/（压力/t）	0.8/20	√	√													
	0.8/30	√	√	√	o	o										
	1.0/30		√	√	√	√	o									
	1.0/65		√	√	√	√	√	o	o	o	o	o	o	o	o	o
	1.0/100		√	√	√	√	√	o	o	o	o	o	o	o	o	o
	1.3/65		√	√	√	√	√	√	√	√	√	o	o	o	o	o
	1.3/100		√	√	√	√	√	√	√	√	√	o	o	o	o	o
	1.6/100					√	√	√	√	√	√	√	√	√	√	√
	1.6/200					√	√	√	√	√	√	√	√	√	√	√

注：√表示完全适用，o表示有条件适用，需要咨询供应商。

8.4　压铸模具设计

8.4.1　压铸模具的组成

压铸模具由定模和动模两个部分组成。定模安装在压铸机的定模板上，与压室连通；动模安装在压铸机的动模板上，随动模板移动完成开合模动作。压铸模具的基本结构如图 8-20 所示。

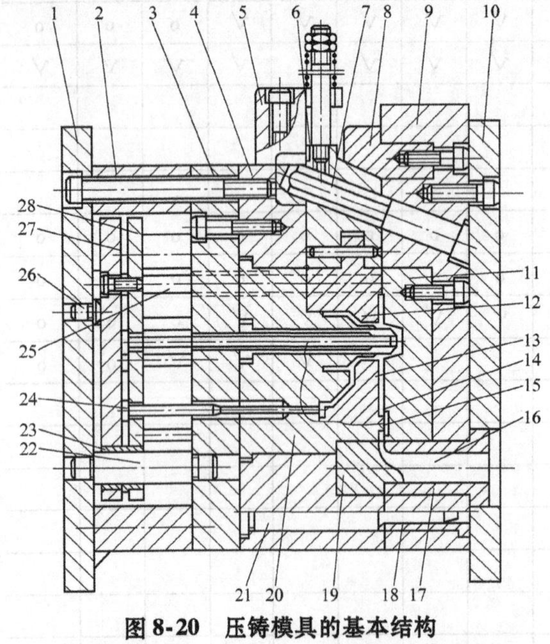

图 8-20　压铸模具的基本结构

1—动模座板　2—垫块　3—支承板　4—动模套板　5—限位块　6—滑块　7—斜拉杆　8—楔紧块　9—定模套板　10—定模座板　11—定模镶块　12—活动型芯　13—型腔　14—内浇口　15—横浇道　16—直浇道　17—浇口套　18—导套　19—导流块　20—动模镶块　21—导柱　22—推板导柱　23—推板导套　24—推杆　25—复位杆　26—限位钉　27—推板　28—推杆固定板

8.4.2　基本设计原则

1）合理选择压铸机。设计压铸模具时，必须掌握压铸机的特性和技术规格，通过压铸机的选用规则和必要的设计计算确定合适的压铸机。

2）满足压铸件的技术要求。压铸模具必须能够生产出符合几何形状、尺寸精度、力学性能和表面质量等技术要求的铸件。

3）具有良好的使用性。采用合理的模具结构，选择适宜的模具材料，配合适当的制造质量，使压铸模具具有安全可靠、操作方便、较长的使用寿命和较高的生产率等使用效果。

4）具有合理的经济性。合理提出压铸模具的技术要求、模具零件的热处理方法及硬度、公差配合、尺寸精度和表面粗糙度等，并尽可能有利于标准化、系列化和通用化的实施。

8.4.3　设计步骤与内容

1）铸件工艺性分析。在进入设计之前，首先应对压铸件进行工艺性分析，清楚压铸件的工艺符合性及成形特点。

2）压铸工艺方案设计。设计压铸模具总体工艺方案，主要涉及分型方案、型腔布置、浇注系统位置与形式、压铸机类型及吨位选择等。

3）浇注、排溢系统及真空通道设计。确定浇注、排溢系统及真空通道的数量、位置、形状及尺寸。

4）模具结构及机构设计。确定压铸模具各组成部分的形状、位置、尺寸等，包括动、定模结构，模框及镶块结构，定位导向装置，安装固定方式，冷却管道布置等，以及顶出、抽芯等机构的选用或设计。

5）总装图绘制。按照各个零件的位置及尺寸以一定比例绘制模具总装图，确认模具结构及各个模具零件间不产生干涉。

6）压铸模具零件设计。在压铸模具零件设计阶段，要将所有模具零件具体化，包括形状、尺寸及公差、材料及技术要求等。

8.4.4 分型面

1. 分型面的基本形式

分型面是动模和定模的分界面，按型腔与分型面的相对位置，分型面有下列三种基本形式：

1）型腔在分型面一侧，全部在动模内。

2）型腔在分型面一侧，全部在定模内。

3）型腔处于分型面两侧，一部分在动模内，另一部分在定模内。

分型面的类型有平直分型面、倾斜分型面、曲面分型面、阶梯分型面、双分型面、三分型面及复合分型面等，如图8-21所示。

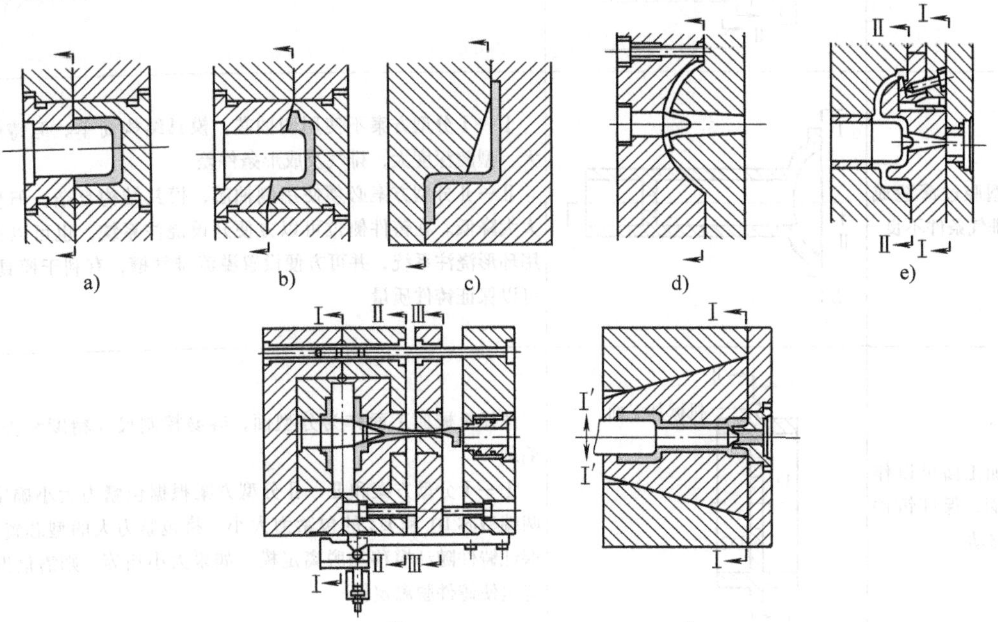

图8-21 分型面的类型

a）平直分型面 b）倾斜分型面 c）阶梯分型面 d）曲面分型面 e）双分型面 f）三分型面 g）复合分型面

2. 分型面的选择

在选择分型面时，应考虑以下因素：

1）铸件在模具中的布置，保证开模时铸件留在动模内。

2）确定动模和定模包含的成形部分。

3）铸件的几何形状与脱模斜度设置。

4）浇注系统的设置。

5）排溢系统的设置。

6）模具成形零件的镶装。

7）铸件精度的保证。

8）铸件表面质量的保证。

9）模具结构尽量简单。

10）方便模具清理和铸件的后处理。

典型分型面示例及说明见表8-55。

表8-55 典型分型面示例及说明

基本原则	示例	说明
避免定模抽芯	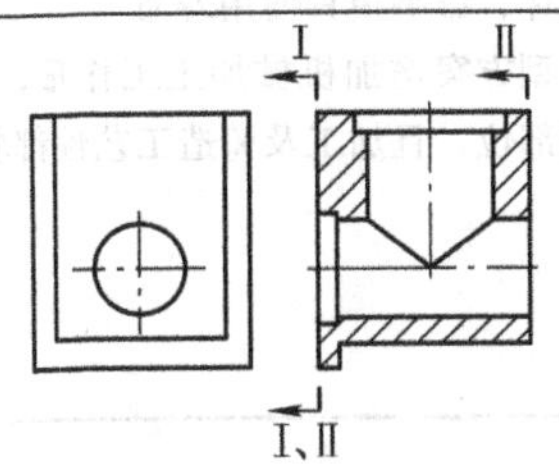	Ⅰ—Ⅰ分型方案为平直分型面，分型面结构简单，但侧抽芯设置在定模上 Ⅱ—Ⅱ分型方案采用阶梯分型面，但可以将抽芯机构设置在动模上，避免定模抽芯

（续）

基本原则	示例	说　明
避免分型面影响铸件精度	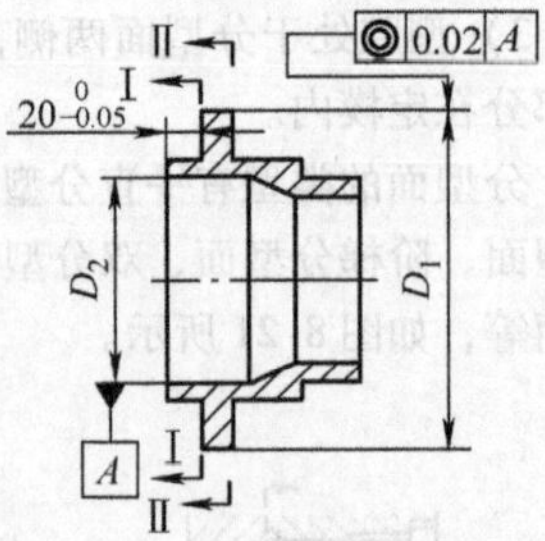	Ⅰ—Ⅰ分型方案符合将大部分型腔置于定模内的习惯，但由于受分型面的影响，尺寸精度及同轴度精度难于保证 Ⅱ—Ⅱ分型方案符合将有精度要求的部位置于同一半模内的原则。D_1及D_2有同轴度要求，D_2端台阶高度有尺寸精度要求，Ⅱ—Ⅱ分型方案对保证铸件精度有利
避免型腔过深造成充型及排气条件不良	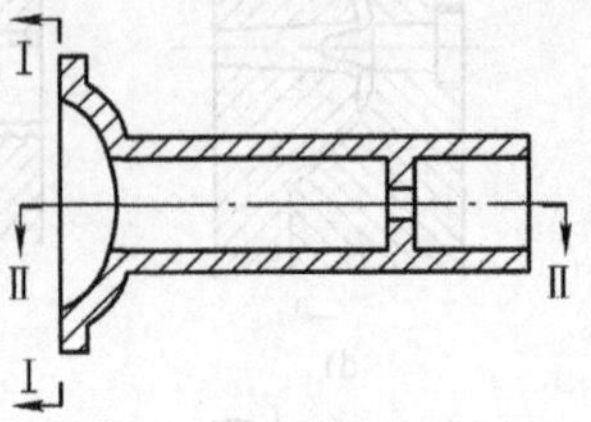	Ⅰ—Ⅰ分型方案不使用侧抽芯，模具结构简单。但铸件高径比大，型腔深度大，排气及成形条件差 Ⅱ—Ⅱ分型方案必须使用侧抽芯，模具结构复杂，但型腔深度大大降低。在铸件侧位可以方便开设浇注系统，也可以在顶部使用环形浇注系统，并可方便设置溢流排气槽，有利于模具热平衡，可以保证铸件质量
机械加工面可以作为分型面，保证铸件随动模移动	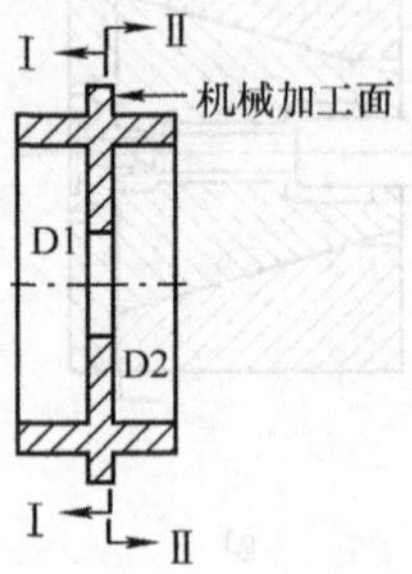	选择机械加工面作为分型面，容易控制尺寸精度和去除飞翅、毛刺 Ⅰ—Ⅰ分型方案和Ⅱ—Ⅱ分型方案根据包紧力大小确定。比较两端型芯 D1 和 D2 的包紧力大小，将包紧力大的型芯置于动模，保证铸件随动模移动脱离定模。如果大小相等，则需借助辅助装置迫使铸件脱离定模
尽量减少使用侧抽芯	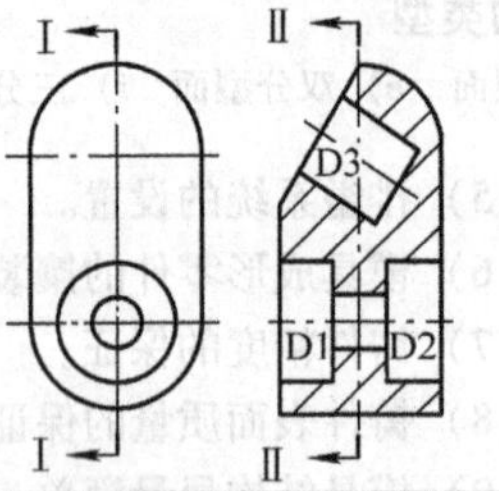	Ⅰ—Ⅰ分型方案需要设置三个侧抽芯机构（D1，D2，D3），生产率低 Ⅱ—Ⅱ分型方案只需一个斜抽芯机构（D3），还可一模多腔，适于大批量的小件生产
避免使模具出现易损部位	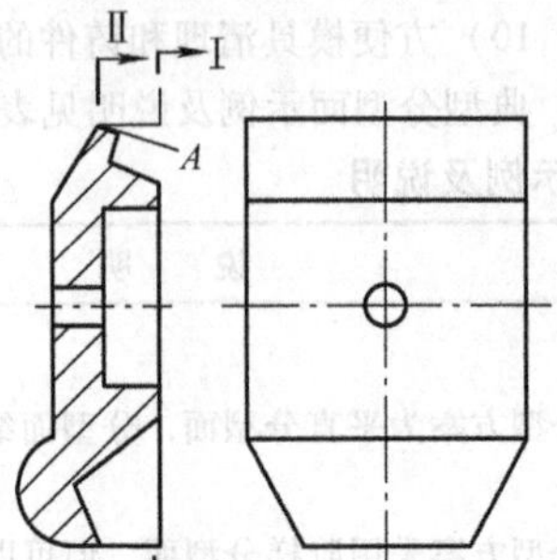	Ⅰ—Ⅰ分型面平整，有利于机械加工，但在 A 处形成较脆弱的尖角，易损坏，影响模具使用寿命 Ⅱ—Ⅱ分型方案增加机械加工工作量，但模具结构合理，消除了尖角易损部位，且加工及铸造工艺性都较好

8.4.5 浇注系统

1. 浇注系统的组成及类型

浇注系统由内浇道、横浇道和直浇道等组成，见表8-56。浇注系统的基本类型见表8-57。

表8-56 浇注系统的组成

压铸机类型	浇注系统形式
热室压铸机	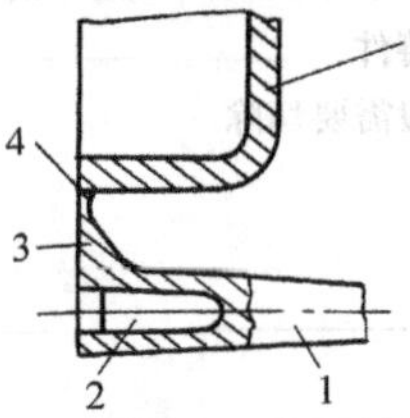
立式冷室压铸机	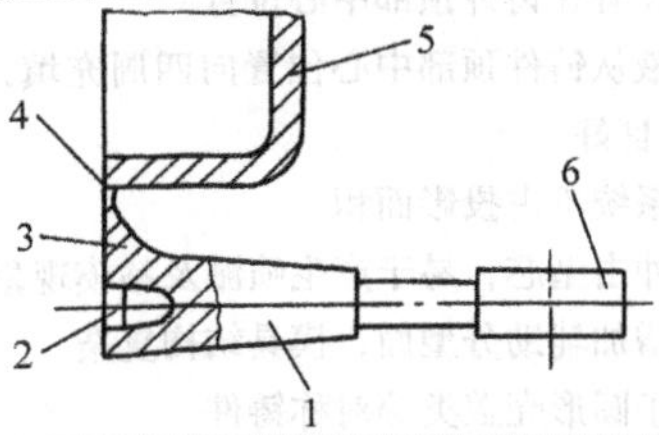
卧式冷室压铸机	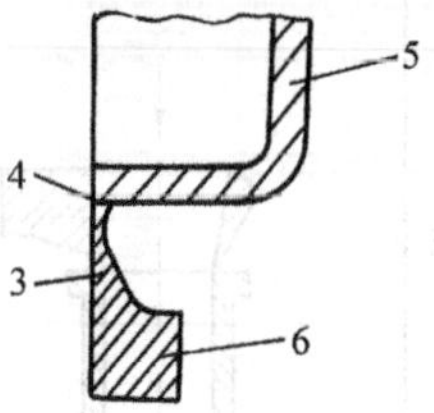
全立式冷室压铸机	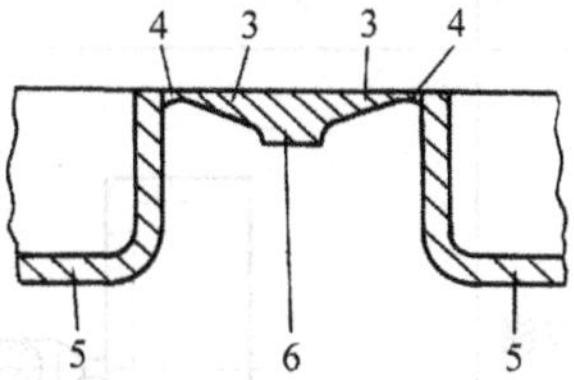

注：表图中1—直浇道；2—分流器；3—横浇道；4—内浇道；5—铸件；6—余料。

表8-57 浇注系统的基本类型

类型	结构简图	特点及应用
扇形浇注系统	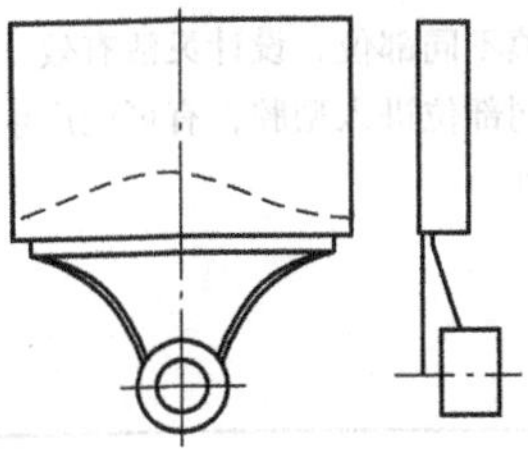	1）浇口沿分型面开设 2）浇口中心部位流量较大 3）流动方向易于控制 4）适用于要求内浇道较窄的压铸件 5）适用于深度及定向充填，要求金属液具有较高动能的场合
锥形切线浇注系统	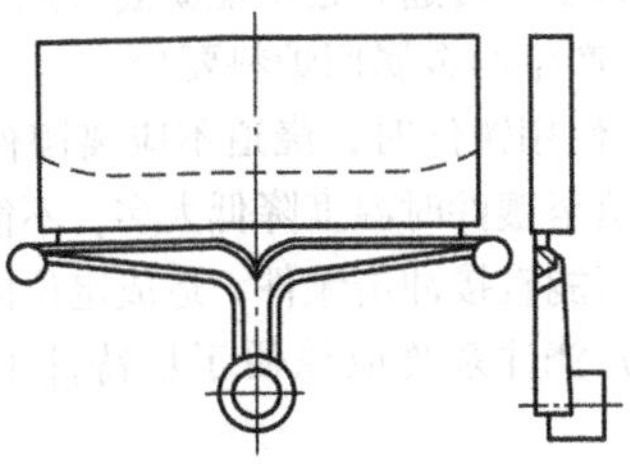	1）浇口沿分型面开设 2）在浇口宽度方向金属液填充流动较为均匀 3）可以开设宽内浇道，充填范围宽 4）适合于分型面上具有充分长度设置浇口的铸件 5）适用于倾向均匀填充的场合 6）加工较为复杂
缝隙浇注系统	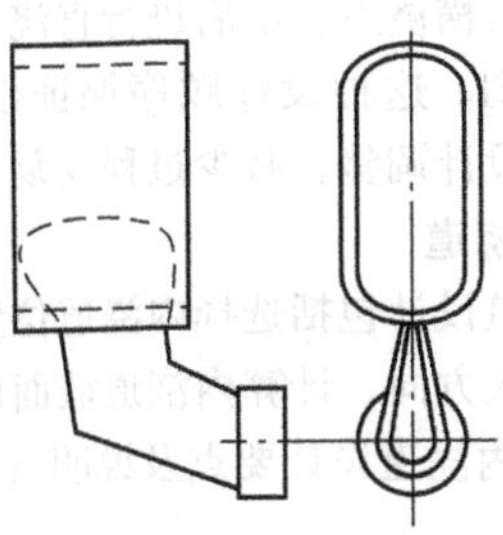	1）内浇道沿型腔深度方向设置 2）金属液呈长条形缝隙顺序充填，可形成良好的填充模式及排气条件 3）正面冲击型芯 4）常用于筒形铸件、较深型腔的场合 5）浇口一般直接开在铸件壁面上，应注意清整

（续）

类型	结构简图	特点及应用
环形浇注系统	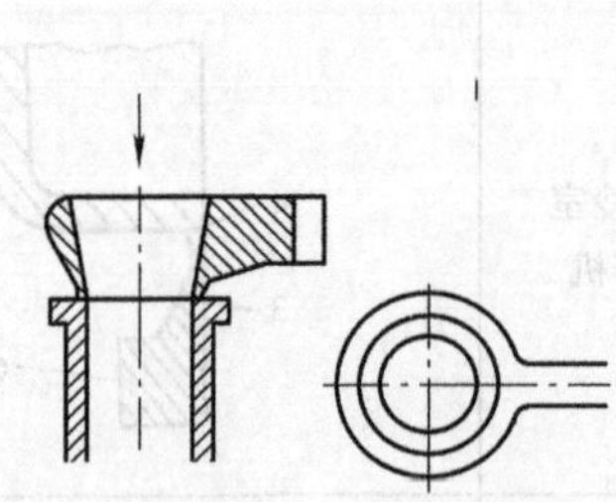	1）浇口设置在筒形铸件端部 2）金属液沿型腔顺序填充，避免冲击型芯，排气条件良好 3）适用于筒形铸件 4）浇注系统一般需要切除
点浇口浇注系统	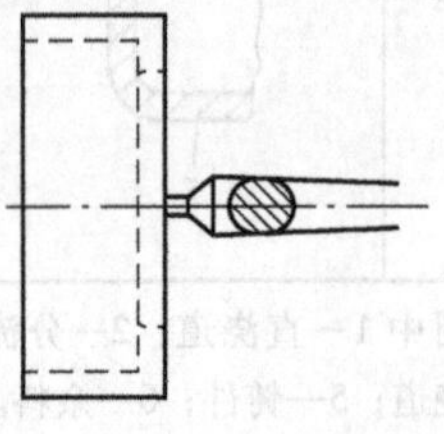	1）浇口设置在铸件顶部中心位置 2）金属液从铸件顶部中心位置向四周充填，流程短，充型模式及排气条件良好 3）浇注系统不占投影面积 4）正面冲击型芯，易于产生喷溅及粘模现象 5）需要增加辅助分型面，模具结构复杂 6）常用于圆形壳盖类等对称铸件
分支浇道系统		1）分支浇道充填不同部位，设计灵活有效 2）金属液从不同部位进入型腔，有可能产生互相冲击 3）用于复杂铸件

2. 浇注系统的设计原则

浇注系统的设计目标是形成良好的充型模式，减少或避免气体卷入，降低金属液动能及热量损失，保证压力有效传递，生产质量合格的压铸件。

1）应使浇注系统截面面积从直浇道到内浇道逐步缩小，减少卷气或吸气现象。

2）尽量避免或减少急剧转折，防止卷气及压力损失过大。

3）尽量使金属液充型流程最短，并尽量使金属液从内浇道到型腔各部位距离相等。

4）金属液进入型腔后的流向尽量顺沿型腔、肋方向。

5）形成顺序填充模式，有利于排气。

6）有利于型腔热平衡，对铸件不应造成收缩变形。

7）使浇道内的金属液凝固时间适宜，不能过早凝固阻碍压力传递，也不能凝固太迟增加循环时间。

8）产生的金属回炉料要少。

9）使用镶件时，浇道不应离镶件太远，以免金属液充填至镶件时温度降低太多，不能稳固地包住镶件，也不能直接冲击镶件，造成定位问题。

10）浇注系统应该便于从铸件上去除，不损坏铸件。

浇注系统设计推荐采用反向顺序，即先从内浇道开始，然后横浇道，最后进行直浇道设计，并遵循面积缩减原则。这种设计顺序保证以内浇道尺寸为基准，便于设计调整，减少过程反复。

3. 内浇道

内浇道设计包括选择内浇道位置，确定浇道分支数量和导入方向，计算内浇道截面面积等内容。

（1）内浇道设计要点及说明（见表8-58）

表 8-58 内浇道设计要点及说明

要点	说明
内浇道应尽量设置在厚壁处	避免内浇道处金属液过早凝固，保证压力有效传递进行补缩压实 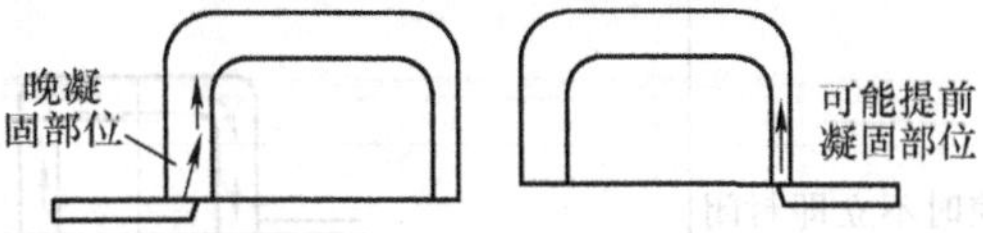
避免金属液直接撞击型芯或型壁	金属液冲击型芯或型壁容易造成 1）型芯或壁面冲蚀及粘模 2）金属液能量损耗大 3）金属液分散，与空气相混，使铸件缺陷增多 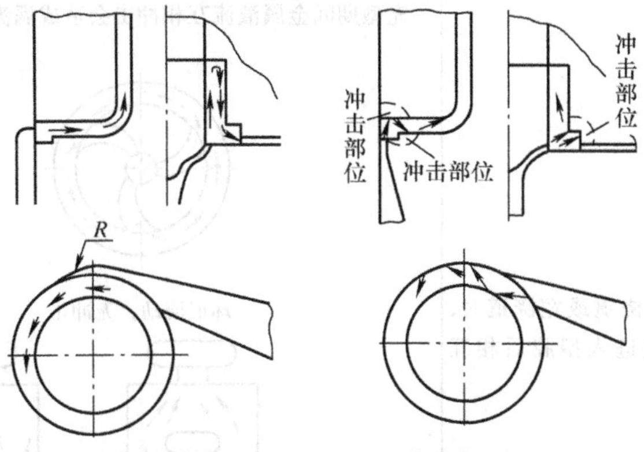 无冲击现象　　有冲击现象
形成顺序填充	良好的充填路径减少紊流和卷气现象 图 a 中，金属液到达浇道对面型壁后向两侧回流，形成涡流，卷入气体 图 b 中，两股金属液沿侧壁向中间流动，形成涡流，气体卷在中间部位 图 c 中，金属液先在浇道附近聚集，然后向另一端流动，流动距离较长，排气效果较好 图 d 中，采用扇形浇道，金属液可以沿整个铸件断面进行填充，涡流较少，排气顺畅 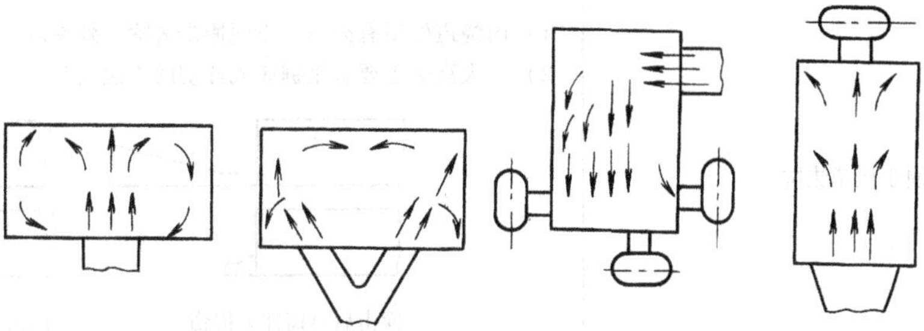 a)　b)　c)　d)
金属液流动至型腔各部位的距离相等	1）可使填充距离缩短，金属液流程缩短，温度变化小，减少压铸件缺陷 2）有助于快速充填，缩短循环时间 3）对于对称结构，中心浇道具有良好效果 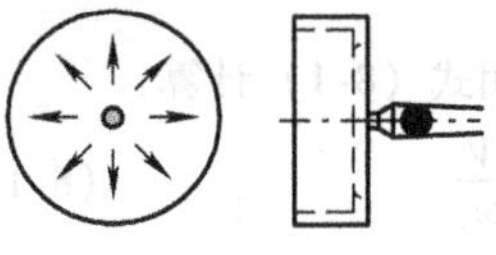

（续）

<table>
<tr><th>要点</th><th>说　明</th></tr>
<tr><td>金属液填充型腔时不立即封闭分型面或排气口</td><td>过早封闭分型面或排气口导致气体和余烬等无法排出型腔，增加产生缺陷的可能性
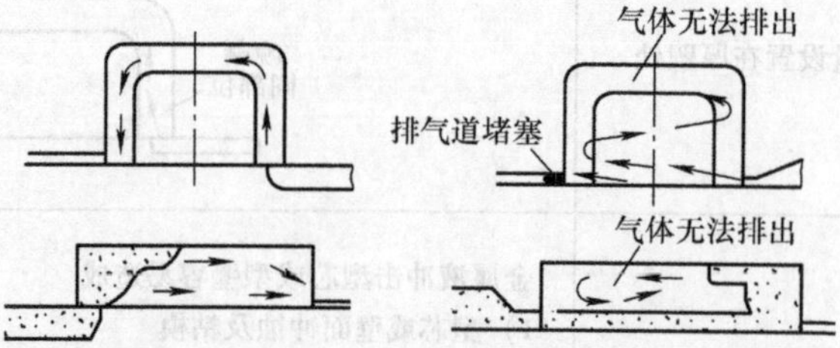

排气道畅通，排气良好　　排气道提前封闭，排气不良</td></tr>
<tr><td>使用多个内浇道或宽浇道时，应防止金属液进入型腔后相互冲击</td><td>充型期间金属液流互相冲击会造成涡流、卷气及氧化现象
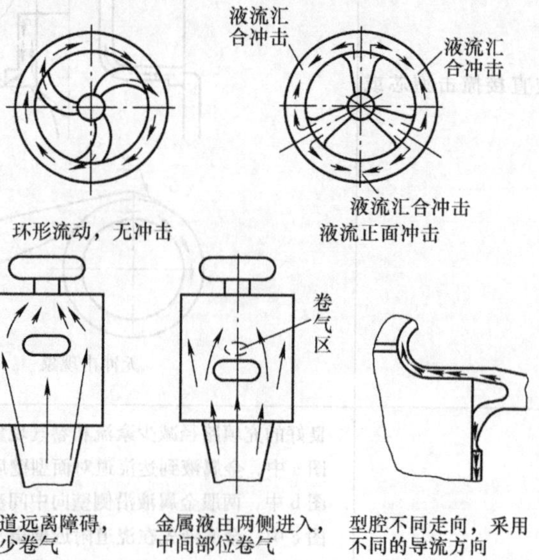

环形流动，无冲击　　液流正面冲击
浇道远离障碍，减少卷气　　金属液由两侧进入，中间部位卷气　　型腔不同走向，采用不同的导流方向</td></tr>
<tr><td>便于浇道去除</td><td>1）内浇道处留有刃口，方便撞击去除，效率高，不损坏铸件
2）厚大浇道需要采用锯床或冲切的方法去除
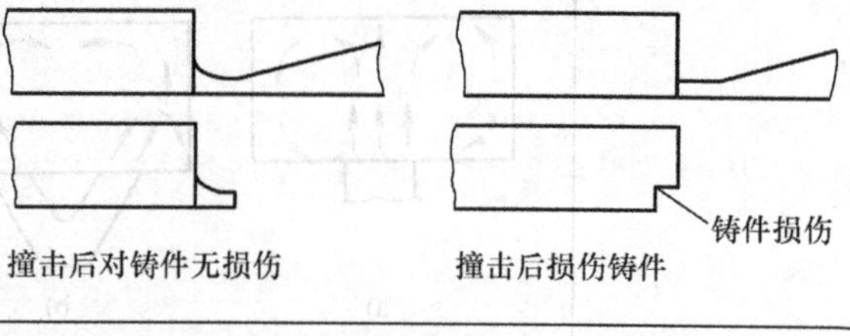

撞击后对铸件无损伤　　撞击后损伤铸件</td></tr>
<tr><td>其他</td><td>1）内浇道不宜设在精度要求高或表面粗糙度值低且不进行加工的部位
2）浇道位置不应增加铸件收缩变形的倾向</td></tr>
</table>

（2）内浇道截面面积

1）内浇道截面面积可用式（8-1）计算：

$$A_g = \frac{V}{tv_g} \tag{8-1}$$

式中　A_g——内浇道截面面积（cm^2）；

V——通过内浇道的金属液体积（cm^3），$V = G/\rho$；

G——铸件和溢流系统的金属重量（g）；

ρ——金属液的密度（g/cm^3）；

t——填充时间（s）；

v_g——内浇道速度（m/s）。

2）填充时间。填充时间的推荐值见表8-59。

填充时间也可按式（8-2）计算：

$$t = 0.0346 \times \frac{\theta_n - \theta_y + F}{\theta_y - \theta_m}\delta \quad (8\text{-}2)$$

式中 t——填充时间（s）；

θ_n——内浇道处金属液温度（℃）；

θ_y——金属液相线温度（℃）；

θ_m——模具温度（℃）；

δ——铸件平均壁厚（mm）；

F——转换系数，与填充完毕之前允许的金属液凝固百分比相关，见表8-60。

影响填充时间的因素见表8-61。

表8-59 填充时间的推荐值

铸件壁厚 δ/mm	填充时间 t/s
1.0	0.012～0.025
1.5	0.017～0.032
2.0	0.022～0.045
2.5	0.028～0.060
3.0	0.034～0.080
3.5	0.042～0.100
4.0	0.050～0.120
4.5	0.058～0.140
5.0	0.066～0.160
6.0	0.076～0.180
7.0	0.086～0.220
8.0	0.096～0.260
9.0	0.108～0.300
10.0	0.120～0.350

注：1. 铸件平均壁厚 δ 按下式计算：

$$\delta = \frac{\delta_1 A_1 + \delta_2 A_2 + \delta_3 A_3 + \cdots}{A_1 + A_2 + A_3 + \cdots}$$

式中 δ_1、δ_2、δ_3 ⋯——铸件某个部位的壁厚（mm）；

A_1、A_2、A_3 ⋯——壁厚为 δ_1、δ_2、δ_3 ⋯部位的面积（mm^2）。

2. 表中数值以铝合金为基础，也适用于其他合金，锌合金实际的填充时间为最短，镁合金的内浇道速度为最高。

表8-60 与允许凝固率相关的转换系数 F 值

允许凝固的百分数（%）	转换系数 F		
	铝合金	锌合金、镁合金	黄 铜
10	38	25	47
20	75	50	94
30	112	75	140
40	151	100	186
50	188	125	232
60	226	150	278

表8-61 影响填充时间的因素

因 素	选择条件及分析
铸件结构特征	铸件壁厚小，填充时间应选短些
合金特性	1）熔化潜热：合金熔化潜热低，填充时间应短些 2）导热性：合金的导热性能好，填充时间应短些
温度	合金和模具的温度：填充型腔时，金属液与模具的温差大，填充时间应短些
浇道系统	内浇道位置：内浇道位置造成金属液的流程较长，转向较多，填充时间应短些
模具热平衡	1）模具材料：模具型腔材料的导热性好，填充时间应短些 2）模具热容量：模具热容量大，填充时间应短些

3）内浇道速度可以根据合金种类和铸件壁厚选取。表8-62列出了不同合金常用的冷室压铸填充速度，表8-63列出了基于铸件壁厚推荐的冷室压铸填充速度。影响内浇道速度的因素见表8-64。

表8-62 不同合金常用的冷室压铸填充速度

合金种类	铝合金	锌合金	镁合金	铜合金
内浇道速度/(m/s)	20～60	30～50	40～90	20～50

表8-63 基于铸件（铝合金）壁厚推荐的冷室压铸填充速度

平均壁厚/mm	1.0	2.0	3.0	4.0	5.0	6.0	7.0	8.0
内浇道速度/(m/s)	46～55	42～50	38～46	34～42	32～40	30～37	28～34	26～32

表8-64 影响内浇道速度的因素

因素	选择条件及分析
铸件结构特征	1）壁厚：铸件平均壁厚小，内浇道速度应高些 2）形状：铸件形状复杂，内浇道速度应高些
合金特性	1）导热性：合金的导热性好，内浇道速度应高些 2）结晶温度范围：合金的结晶温度范围宽，内浇道速度应高些
浇道系统	内浇道位置：内浇道位置造成金属液的流程较长、转向较多，内浇道速度应高些
排气系统	排气道横截面面积：排气道横截面面积充分大，内浇道速度可高些
模具热平衡	1）模具材料：模具型腔材料导热性好，内浇道速度应高些 2）模具热容量：模具热容量大，内浇道速度应高些

（3）内浇道厚度和宽度的确定 当生产薄壁铸件，或要求铸件表面光洁，或铸件表面要求处理时，需要高速充型，常使用较薄的内浇道。要求铸件组织致密、耐压，使用厚浇道配合慢压射速度及高压压实可获得良好效果。推荐的内浇道厚度见表8-65。

浇口宽度的确定应以不产生紊流、旋涡为原则。浇道太窄，会在主液流两侧出现环流，其中气体无法排出，形成气孔；浇道太宽，填充分散，有时会导致铸件中心部位出现裹气现象。当要求内浇道必须具有足够宽度时，可以采用梳状内浇道形式，以保证内浇道厚度。

表8-65 推荐的内浇道厚度

铸件壁厚 δ/mm	铸件特征	内浇道厚度/mm	
		锌合金	铝、镁合金
0.6~1.5	复杂	0.4~0.8	0.6~1.0
	简单	0.4~1.0	0.6~1.2
>1.5~3	复杂	0.6~1.2	0.8~1.5
	简单	0.8~1.5	1.0~1.8
>3~6	复杂	1.0~2.0	1.5~2.5
	简单	1.5~2.0	1.8~3.0
>6	—	$(0.2\sim0.4)\delta$	$(0.3\sim0.6)\delta$

当内浇道部位的铸件形状为矩形板类或方框类时，内浇道宽度取为矩形板或方框边长的60%~80%，当内浇道部位的铸件形状为圆形板件时，内浇道宽度取为圆形板外径的60%左右。实际设计中，浇道尺寸还应权衡铸件浇道位置的具体特征及其他相关因素。

在最终确定内浇道截面面积时，建议先选择较小截面面积值，然后经试模后视情况可修大浇道尺寸。

（4）内浇道的连接方式 常用的内浇道与铸件连接方式见表8-66。

表8-66 常用的内浇道与铸件连接方式

连接方式	说明
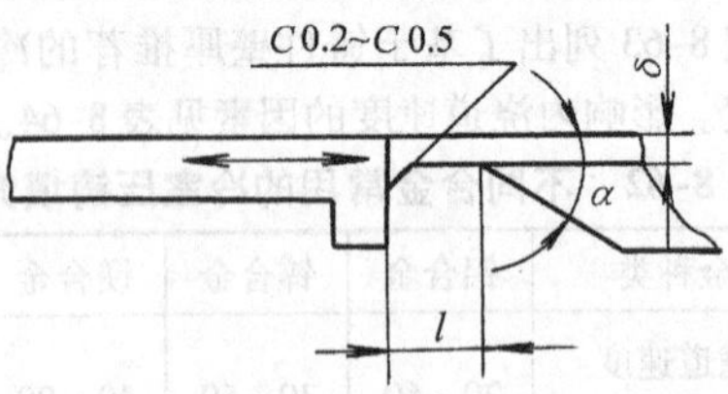	1）型腔全部在同一半模内，内浇道也开设在该半模上，便于金属液顺利进入平面型腔 2）内浇道厚度 δ 在计算截面面积时确定，导入角 α 一般取30°~45°，内浇道的长度 l 一般取1~3mm 3）接合处开有C0.2~C0.5的倒角，以便掰断浇道时能有残留金属而不损坏铸件基体
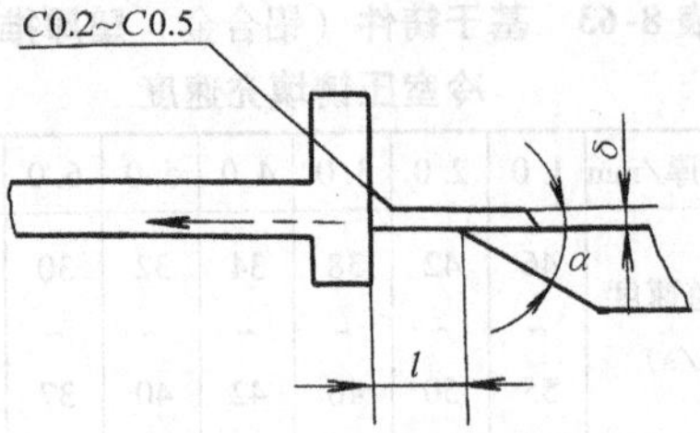	1）浇道开设在正对大平面型腔的位置上，能引导金属液顺利进入平面型腔 2）内浇道厚度 δ 在计算截面面积时确定，导入角 α 一般取30°~45°，内浇道的长度 l 一般取1~3mm 3）如左图的接合位置的接合处开有C0.2~C0.5的倒角，以便掰断浇道时能有残留金属而不损坏铸件基体

（续）

连 接 方 式	说 明
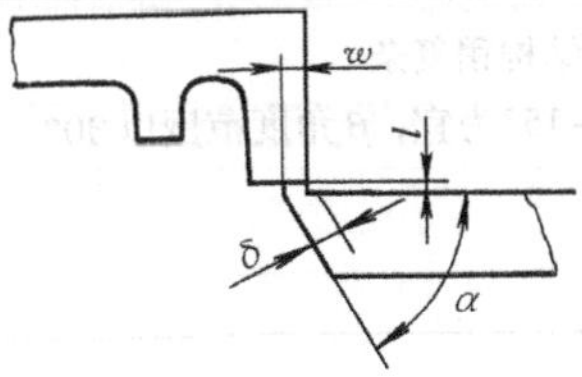	1）浇道开设在铸件底端，适合深腔铸件 2）导入角 α 取60°～75° 3）内浇道厚度 δ 在计算内浇道尺寸时已确定，用宽度 w 值表示厚度 δ 值，则 $w=\delta/\sin\alpha$ 4）浇注系统采用锯床去除，l 值应至少大于锯片厚度2～3mm 5）浇注系统采用撞断方式去除，l 值可取1～3mm，并注意留有刃口
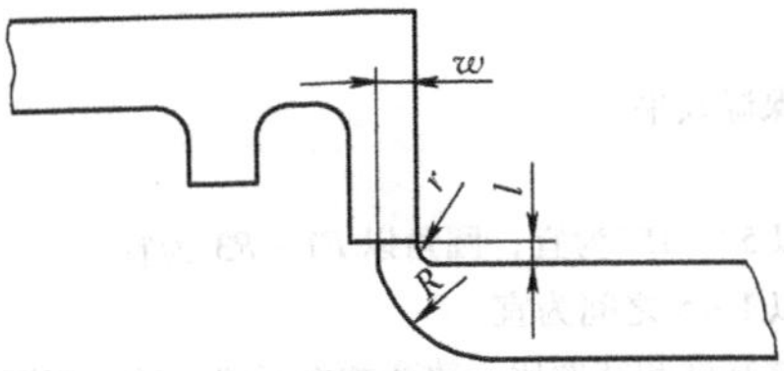	1）浇道开设在铸件底端，适合深腔铸件 2）通过调节 R 及 r 值改变充型导入方向 3）内浇道厚度 δ 在计算内浇道尺寸时已确定，用宽度 w 值表示厚度 δ 值，则 $w\approx\delta$ 4）浇注系统采用锯床去除，l 值应至少大于锯片厚度2～3mm 5）浇注系统采用撞断方式去除，l 值可取1～3mm，并注意留有刃口

4. 横浇道

（1）横浇道的类型（见表8-67）

（2）横浇道结构　横浇道（包括主横浇道和分横浇道）从直浇道向内浇道逐渐减缩，保证出口面积小于入口面积，使金属液流动保持连续状态，浇注系统保持充满，减少涡流卷气。横浇道的减缩率可视情况而定，一般出入口截面面积比在1:（1.1～1.3）之间为宜，如图8-22所示。

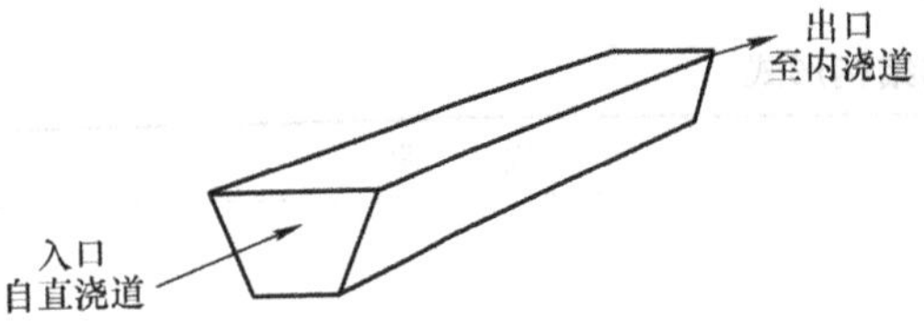

图8-22　横浇道截面积缩减示意

横浇道应保持最短及转折尽量少。有转折时，应保证转角角度不要过大、面积减缩及适当的转角半径，如图8-23所示。

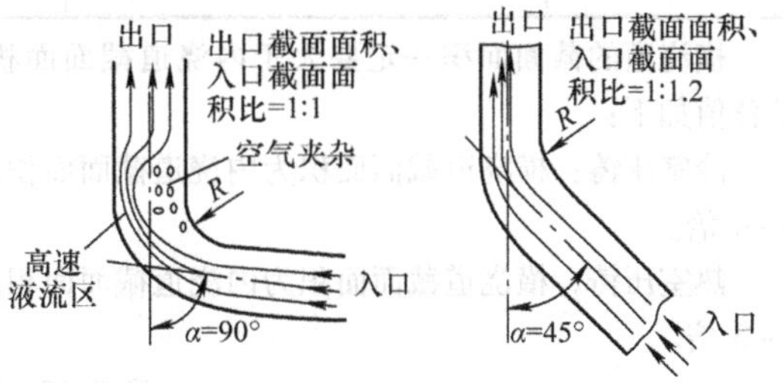

图8-23　横浇道的转角及面积缩减

各分支浇道截面面积总和应小于主浇道截面面积，而且保证分支浇道过渡缓慢平滑。

横浇道的类型、截面形状及特点（见表8-67）

表8-67　横浇道的类型、截面形状及特点

类型	截面形状	特点
圆形	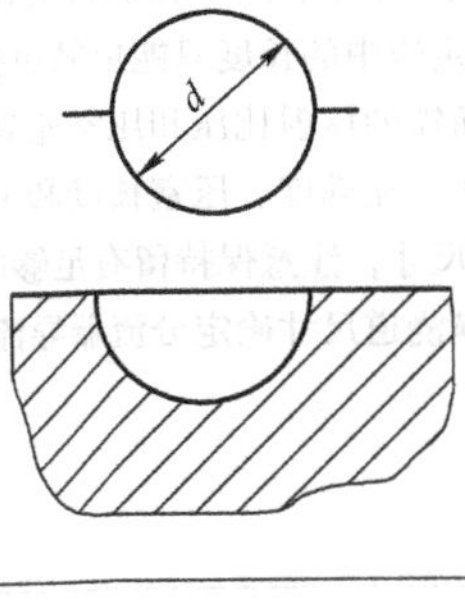	1）比表面积小，保温效果好，金属液凝固较慢 2）加工不方便 3）使用较少

（续）

类型	截面形状	特点
环形	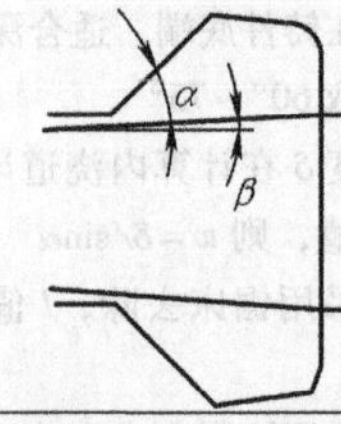	1）连接环形内浇口，结构稍复杂 2）α 角度范围以 10° ~15°为宜，β 角度范围以 30° ~45°为宜 3）主要用于筒类零件
梯形	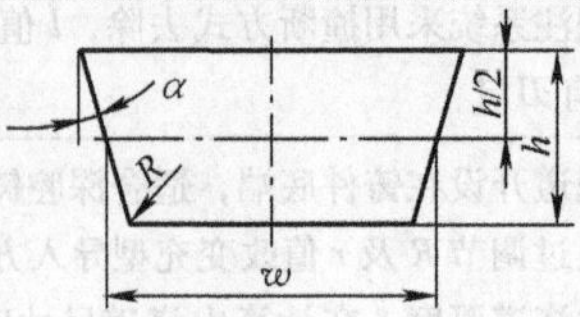 等腰梯形 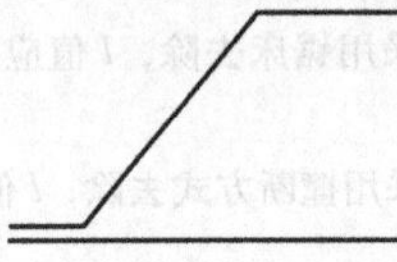 不等腰梯形 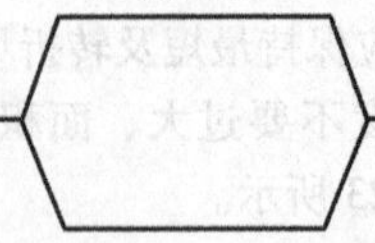	1）具有较好的保温效果 2）加工方便 3）α 角度范围以 5° ~15°为宜，圆角以 $R1 \sim R3$ 为宜 4）w/h 的比值以 1 ~5 之间为宜 5）可以通过调整高度和宽度比，改变截面形状，适应不同情况 6）使用最为广泛

横浇道的截面面积一定要大于内浇道截面面积，推荐值如下：

冷室压铸：横浇道截面面积为内浇道截面面积的 3 ~4 倍。

热室压铸，横浇道截面面积为内浇道截面面积的 2 ~3 倍。

横浇道与内浇道连接时应平缓过度。

5. 直浇道

直浇道由压室及浇口套和分流器（锥）组成，直浇道的结构形式见表 8-68，分流器（锥）的结构形式见表 8-69。

表 8-68　直浇道的结构形式

压铸机类型	直浇道结构简图	说　明
卧式冷室	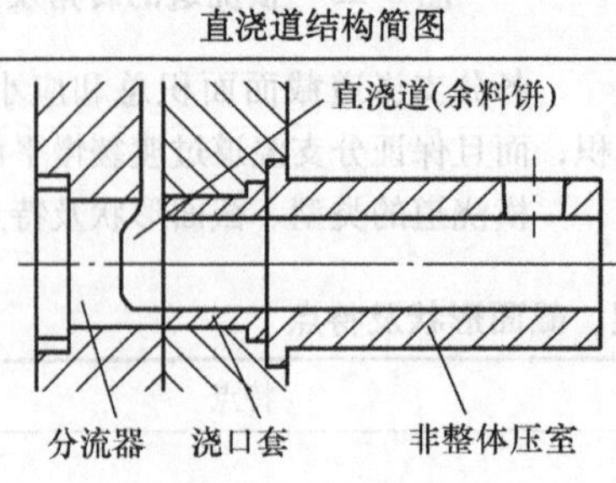 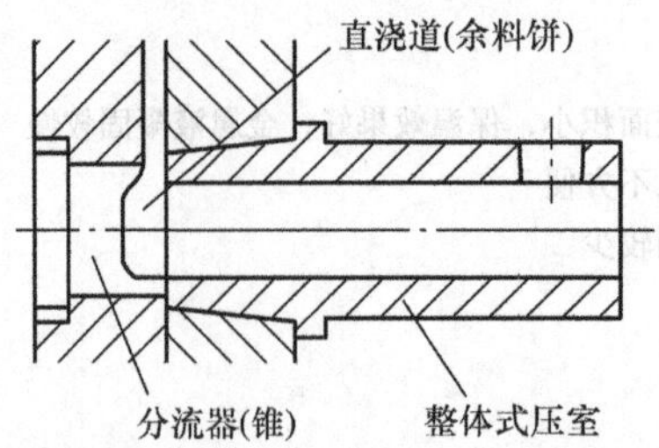	1）直浇道由压室、分流器（锥）及浇口套组成 2）非整体式压室和浇口套分别制造，调换方便，但应控制压室与浇口套的同轴度误差 3）整体式压室是将压室和浇口套做成整体，精确保证同轴度，伸入定模中的长度只能依靠更换压室进行调节 4）根据所需的压射比压和压室充满度选定压室尺寸 5）根据压室充满度、压室长度和冲头行程确定分流器的导入或凸入尺寸，注意保持留有足够的余料饼厚度 6）根据横浇道尺寸确定分流器导流出口尺寸

（续）

压铸机类型	直浇道结构简图	说　明
卧式冷室	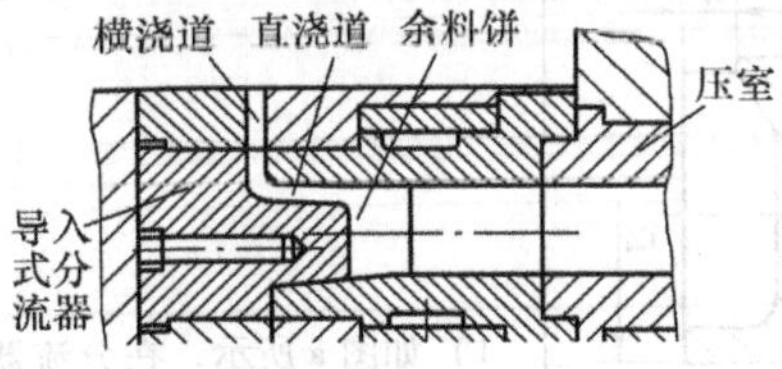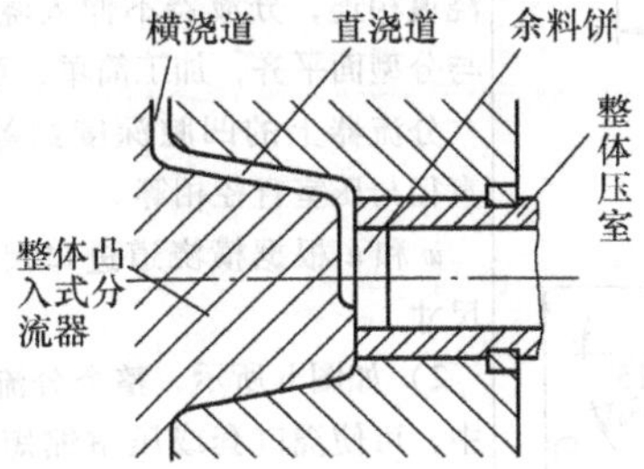	1）直浇道由压室、分流器（锥）及浇口套组成 2）非整体式压室和浇口套分别制造，调换方便，但应控制压室与浇口套的同轴度误差 3）整体式压室是将压室和浇口套做成整体，精确保证同轴度，伸入定模中的长度只能依靠更换压室进行调节 4）根据所需的压射比压和压室充满度选定压室尺寸 5）根据压室充满度、压室长度和冲头行程确定分流器的导入或凸入尺寸，注意保持留有足够的余料饼厚度 6）根据横浇道尺寸确定分流器导流出口尺寸
立式冷室	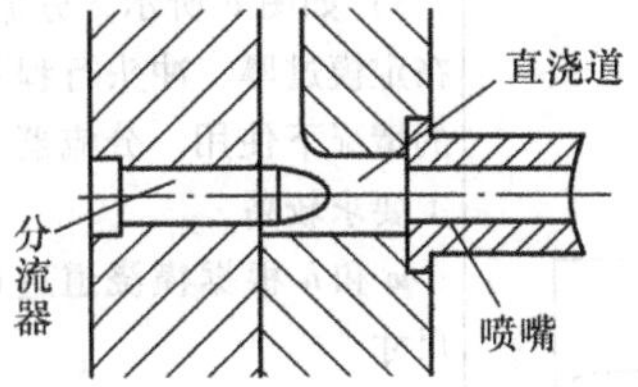	1）直浇道由喷嘴、分流器和模具直浇道部分组成 2）喷嘴导入口小端截面面积一般为内浇道截面面积的1.2～1.4倍，分流器处环形流道截面面积一般为喷嘴导入口截面面积的1.2倍左右
热室	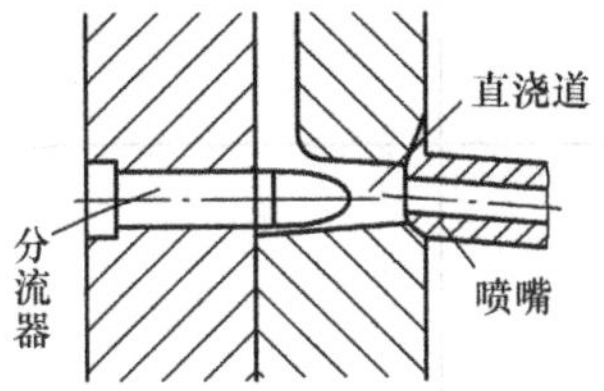	1）直浇道由喷嘴、分流器和模具直浇道部分组成 2）根据内浇道截面面积选择喷嘴直径，一般推荐喷嘴截面面积为内浇道截面面积的1.1～1.3倍，最大可达到2倍 3）直浇道单边斜度一般取2°～6° 4）直浇道截面面积应缩减，出口与横浇道相接，截面尺寸相等 5）热室压铸直浇道一般很难达到截面面积均匀缩减，但应尽力避免剧烈变化
全立式冷室	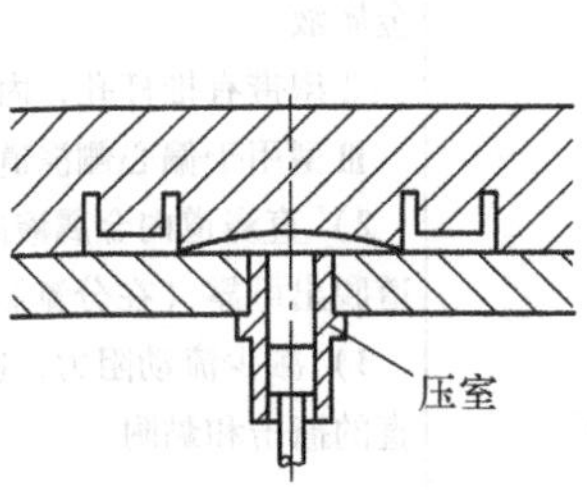	1）直浇道由压室组成 2）根据浇注量和压射比压选择压室直径

表 8-69　分流器（锥）的结构形式

压铸机类型	分流器（锥）结构简图	说明
卧式冷室	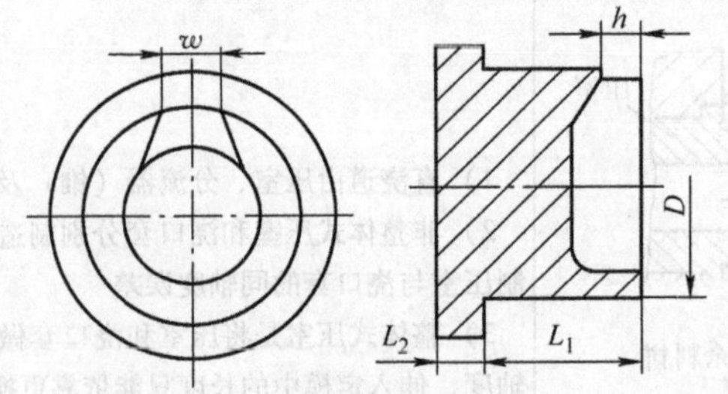 a) 普通分流器 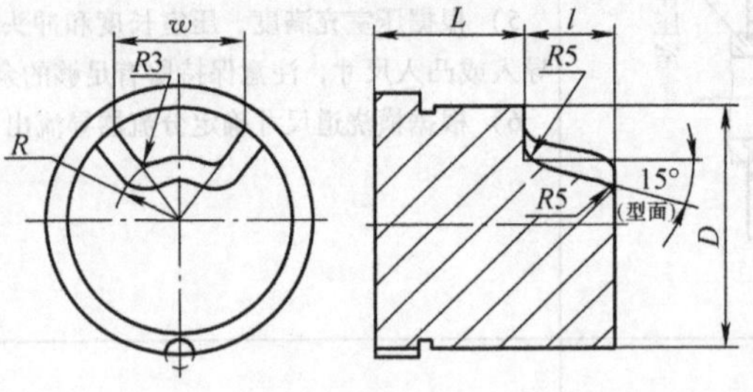 b) 凸入式分流器 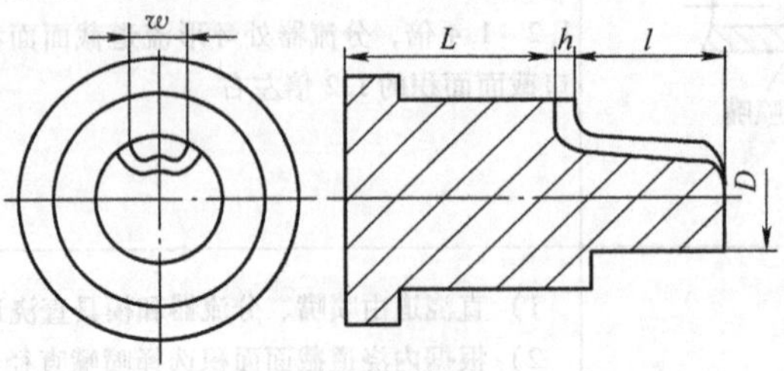 c) 导入式分流器	1）如图 a 所示，在分流器上加工出流道与横浇道相连，分流器不伸入浇口套或压室，高度与分型面平齐，加工简单，更换方便 分流器上的凹腔深度约等于横浇道的深度，直径与压室直径相等 w 和 h 根据横浇道进口尺寸确定，余为安装尺寸 2）如图 b 所示，整个分流器凸起，伸入定模中，可使浇口套或压室缩短。在定模过厚、冲头行程不足或压室充满度过低的情况下使用 w、l 及 R 根据横浇道进口尺寸确定，余为安装尺寸 3）如图 c 所示，分流器直接伸入浇口套中，在定模过厚、冲头行程不足或压室充满度太低的情况下使用。分流器与压室有配合尺寸，加工要求较高 w 和 h 根据横浇道进口尺寸确定，余为安装尺寸
立式冷室	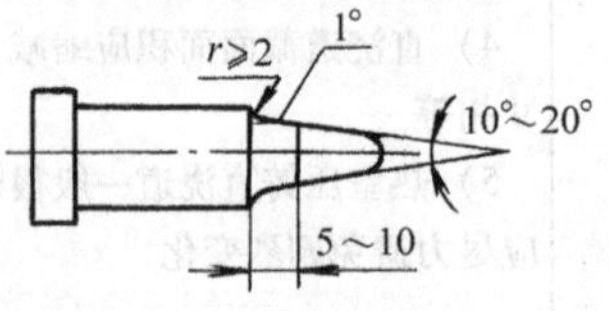 Ⅰ型 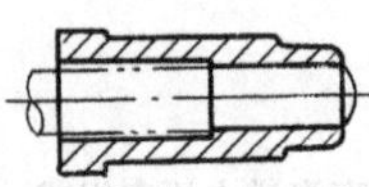 Ⅱ型 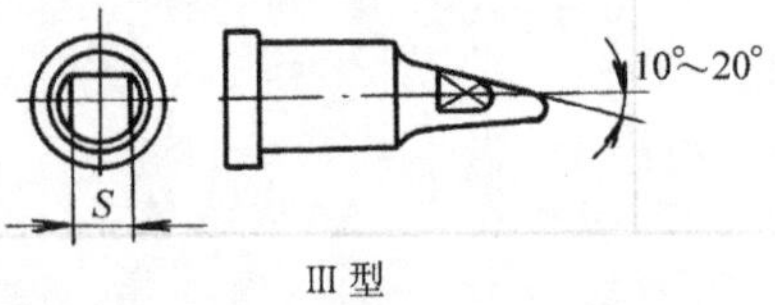 Ⅲ型	1）三种分流器形式 Ⅰ型头部为球形并有 10°～20°的椎体来导流金属液 Ⅱ型带有推杆孔，内设推杆 Ⅲ型用于偏心侧浇道，单面制成较大斜度 2）直浇道内金属液凝固包紧分流器，使直浇道脱出可靠（在分流器中心或附件应设置推杆） 3）减少流动阻力，避免金属液对动模产生平直的撞击和黏附

（续）

压铸机类型	分流器（锥）结构简图	说明
热室	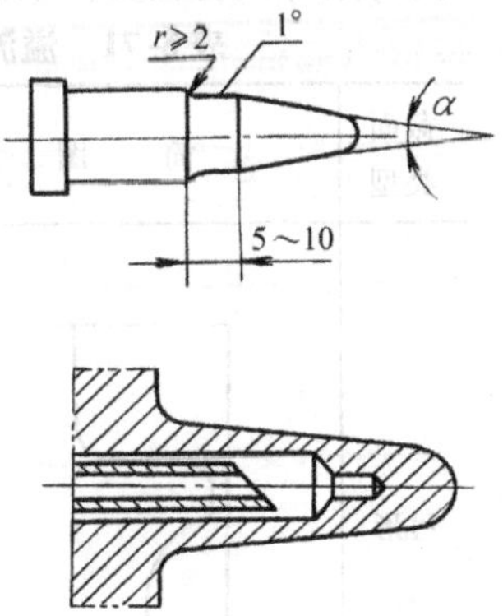	1）设置分流器调整直浇道的面积，导引金属液流向 2）加速直浇道金属液的凝固 3）便于由动模带出直浇道 4）在分流器与浇口套间可留有1mm左右的间隙 5）分流器应尽量伸入浇口套，减小分流器顶端处直浇道的截面面积，使截面面积变化相对平稳 6）α值与直浇道斜度相等

8.4.6 排溢系统设计

1. 排溢系统的组成、作用及位置和设计原则

（1）排溢系统的组成　排溢系统由排气道、溢流道（溢流口）和溢流槽（也称集渣包）等部分组成，如图8-24所示。

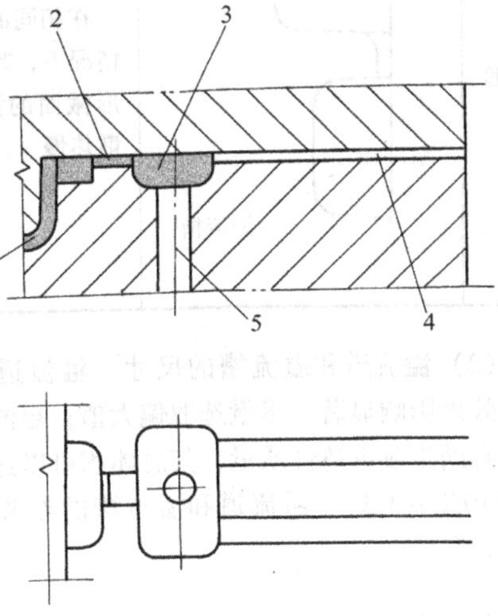

图8-24　排溢系统的组成

1—型腔　2—溢流口　3—溢流槽
4—排气道　5—顶杆

（2）排溢系统的作用

1）排出和容纳充型期间型腔中的气体、氧化物、涂料余烬、金属液前端污冷金属等。

2）转移或减少铸件中的缩孔、气孔、氧化夹杂及冷隔等缺陷。

3）利用大容量溢流槽（集渣包）可调节模具局部温度，改善模具温度分布状态。

4）改善金属液局部流动状态。

5）铸件上无法设置顶出位置或铸件表面不允许有顶杆痕迹时可在溢流槽上布置顶出位置。

6）改善应力状态，减少铸件变形

（3）排溢系统的位置和设计原则（见表8-70）

表8-70　排溢系统的位置和设计原则

简　图	说　明
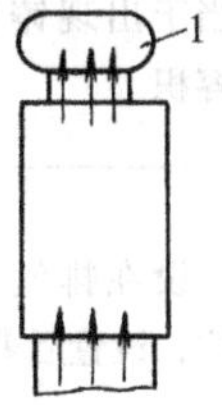 1—溢流槽（下同）	设在金属流最初冲击的地方，以排除端部的流动金属前沿的冷金属。容积应比该股冷金属流稍大
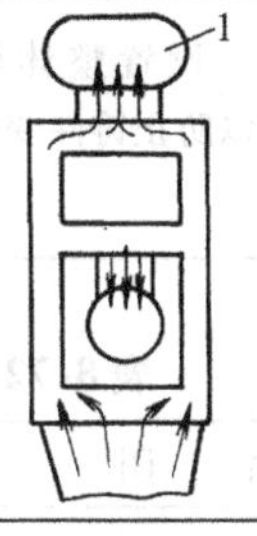	设在两股或多股金属流汇合的地方，以便防止铸件形成冷隔。容积相当于出现冷隔范围部位的金属容积
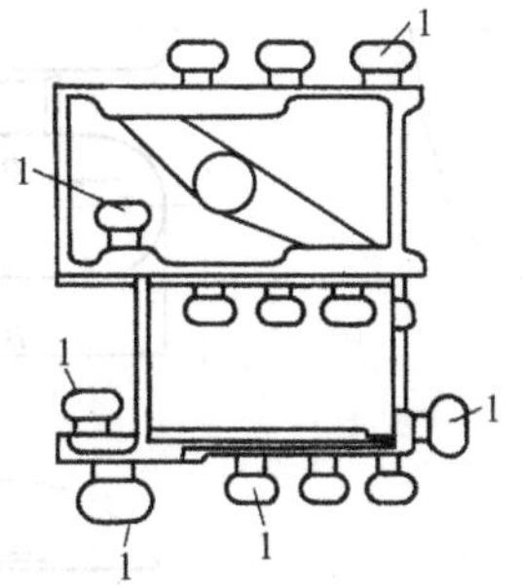	布置在型腔周围，其容积能足够排除混有气体的金属液及型腔中的气体

（续）

简　　图	说　　明
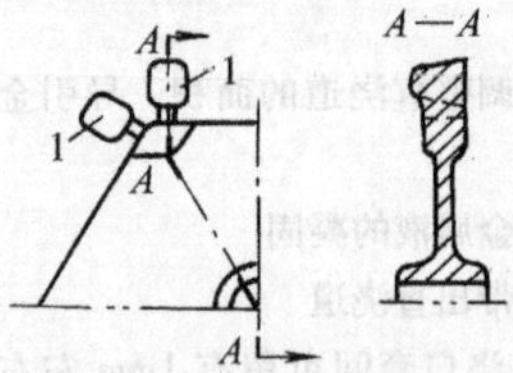	设在铸件的厚实部位处，其容积相当于热节或出现缩孔等缺陷部位容积的 2 ~ 3 倍
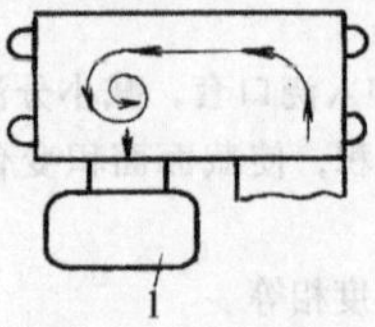	设在容易出现涡流的地方，其容积相当于产生涡流部分的型腔容积
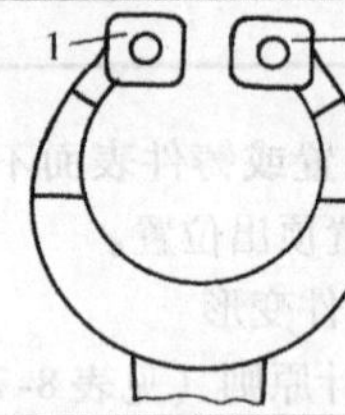	设在模具温度较低的部位，其容积大小，以取得改善模具温度分布为宜
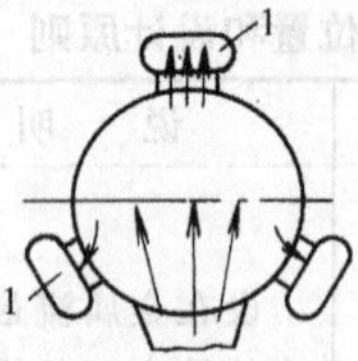	设在内浇道的两侧或死角处，其容积相当于出现铸件缺陷的容积
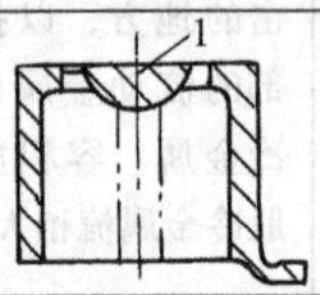	设在排气不良的部位，设置后兼设推杆
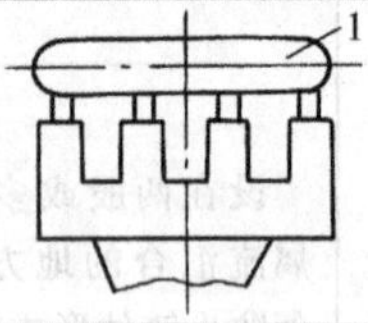	设置整体溢流槽，以防止铸件变形

2. 溢流槽

（1）溢流槽的截面形状　溢流槽的截面形状可分为梯形和弓形两类，梯形类常用，见表 8-71。

表 8-71　溢流槽截面形状

截面类型	简　　图	说　　明
弓形	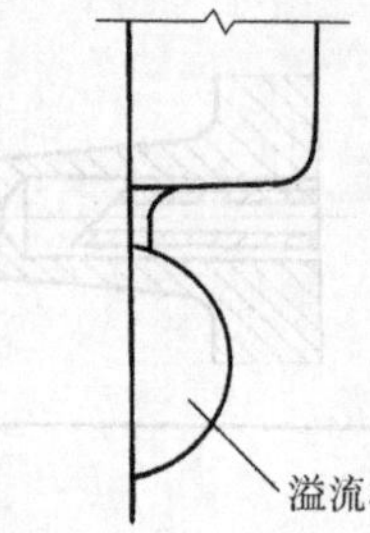	便于制造，便于清理，散热快
梯形	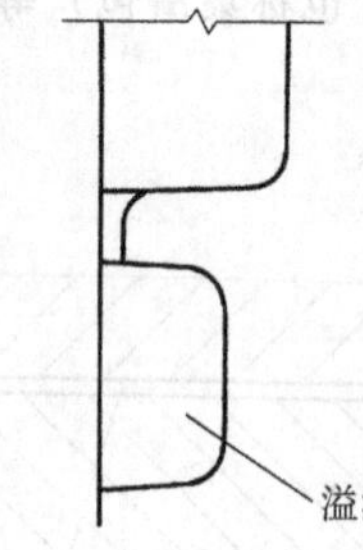	在相同的投影面积情况下，其容量比弓形截面的溢流槽大，散热慢

（2）溢流道和溢流槽的尺寸　溢流道的厚度对排气效果影响显著，尽量选取偏大值；溢流槽体积足够大有助于改进铸件质量，其总体积可以达到铸件体积的 10% ~ 30%。溢流道和溢流槽的参考尺寸见表 8-72。

表 8-72　溢流道和溢流槽的参考尺寸　（单位：mm）

简　　图	说　　明
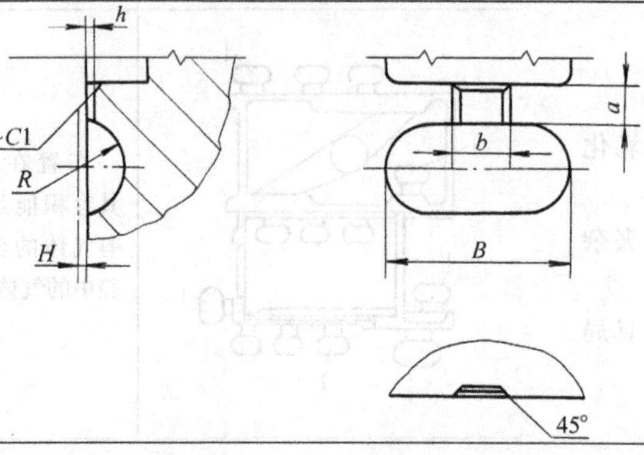	$h = 0.3 \sim 1.5$ $a = 2 \sim 8$ $b = 5 \sim 30$ $R = 3 \sim 15$ $H = 0.5 \sim 2$ $B = (1.5 \sim 2.5)\ b$

（续）

简　　图	说　　明
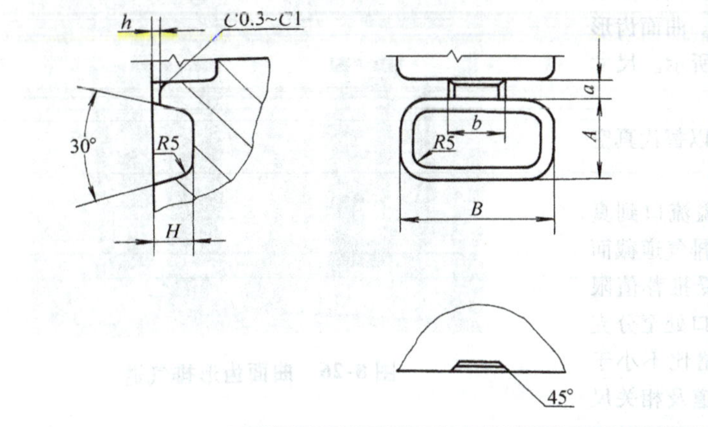	$h=0.3\sim1.5$ $a=2\sim8$ $b=8\sim35$ $A=12\sim40$ $B=12\sim60$ $H=6\sim16$

3. 排气道

（1）普通排气道　普通排气道指溢流槽后的缝隙式排气通道，不同合金的普通排气道尺寸见表8-73。

表8-73　普通排气管尺寸　（单位：mm）

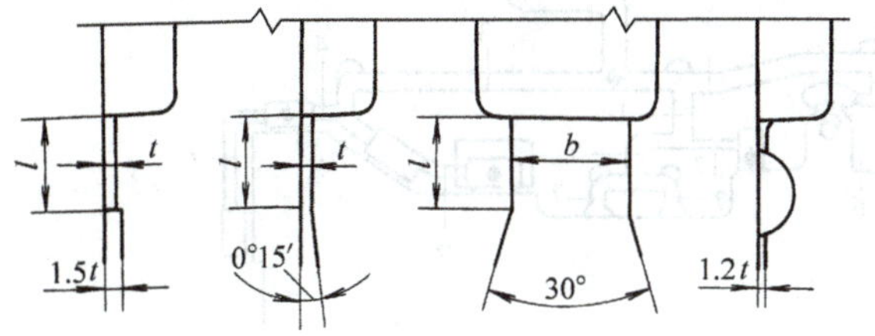

t—排气道深度
b—排气道宽度
l—与型腔连通的排气道长度

合金种类	t	b	l
锌合金	0.05～0.15	5～20	20～30
铝合金 镁合金	0.10～0.20	10～20	20～30
铜合金	0.15～0.30	5～20	20～30

（2）齿形排气道　齿形排气道具有良好的冷却和排气排渣效果。齿形排气道大多做成镶块形式嵌入模具并可通入冷却管道，也称激冷排气块。齿形排气道有两种形式：平面齿形排气道和曲面齿形排气道。平面齿形排气道由两个平行的齿面组成，齿面间留有一定间隙作为排气排渣通道，如图8-25所示。推荐齿牙侧向间隙为0.6mm，顶向间隙为0.4mm，高度h、倾角α、宽度w、长度l及齿距s可视排气状况和要求确定。排气排渣能力要求高时，间隙t、倾角α、宽度w及齿距s可选取高值，但冷却及贮存能力降低，应注意长度l足够。

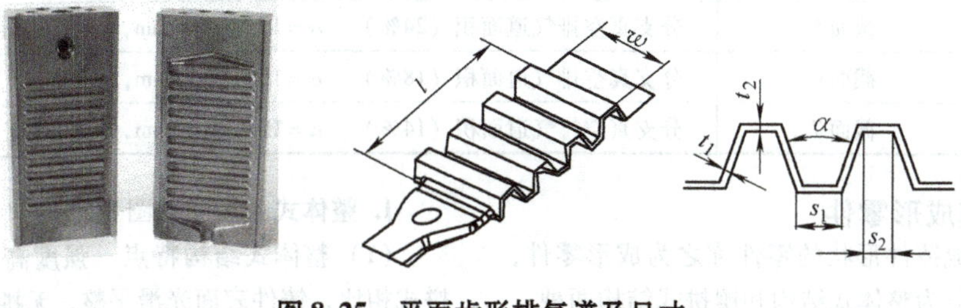

图8-25　平面齿形排气道及尺寸

曲面齿形排气道投影面积小，同样宽度的曲面排气道可明显增加排气道的截面面积，提高排气能力。在难于布置宽度尺寸较大的平面排气道或排气排渣效果要求更高时，曲面齿形排气道具有优势。曲面齿形排气道齿形一般做成波浪状，如图 8-26 所示。尺寸选取规则与平面齿形排气道相似。

图 8-26　曲面齿形排气道

平面齿形排气道和曲面齿形排气道可以替代真空阀作为排气元件接入真空接口。

（3）真空排气道　真空排气道指从溢流口到真空阀或齿形排气道之间的排气通道。真空排气道截面形状大多采用梯形，总截面面积大小不受推荐值限制。在有分支排气道时，从排气元件的接口处至分支排气道应该遵循面积递增原则，推荐递增比不小于 1.1 倍，但最大不超过 2.5 倍。真空排气道及相关尺寸示例见表 8-74。

表 8-74　真空排气道及相关尺寸示例

真空排气道一般形式	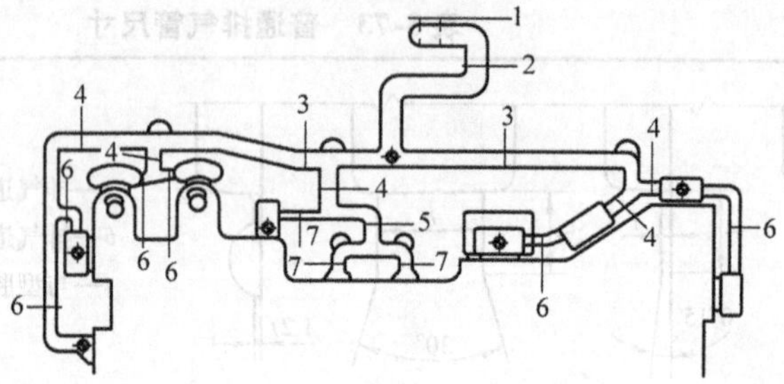	
截面形状	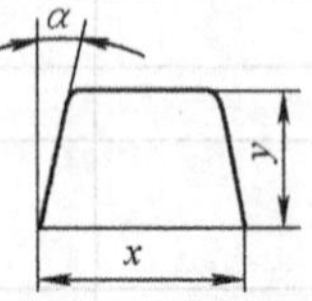	α 角一般取 10° ~15° x 与 y 的比值取 1∶0.7 为宜 截面面积大小按递增原则确定
示例铸件	重量：2500g；壁厚：最薄 2.4mm，最厚 12mm；几何形状：复杂 充型时间：50ms；浇道速度：40m/s；填充流量：20.7L/s 内浇道面积：518mm²	
各段排气道截面面积及占比（递增比约 1.1）	截面 1	排气块入口通道 $\alpha=15°$，$x=12\text{mm}$，$y=6\text{mm}$
	截面 2	主真空排气道面积（100%）　$\alpha=15°$，$x=9\text{mm}$，$y=6.6\text{mm}$
	截面 3	分支真空排气道面积（55%）　$\alpha=15°$，$x=7.6\text{mm}$，$y=5\text{mm}$
	截面 4	分支真空排气道面积（30%）　$\alpha=15°$，$x=7\text{mm}$，$y=4\text{mm}$
	截面 5	分支真空排气道面积（24%）　$\alpha=15°$，$x=6\text{mm}$，$y=3.6\text{mm}$
	截面 6	分支真空排气道面积（18%）　$\alpha=15°$，$x=5\text{mm}$，$y=3\text{mm}$
	截面 7	分支真空排气道面积（14%）　$\alpha=15°$，$x=4\text{mm}$，$y=3\text{mm}$

8.4.7　压铸模成形零件

压铸模内形成铸件形状的零件称之为成形零件，成形零件的结构分为整体式结构和镶拼式结构两种。

1. 整体式结构（见图 8-27）

（1）整体式结构特点　强度高，刚性好；与镶拼式相比，铸件表面光滑平整，无拼接缝；易于设置冷却水道；使用寿命比镶拼式的长；成形部位损坏后，更换周期长；有时加工较复杂，成本高。

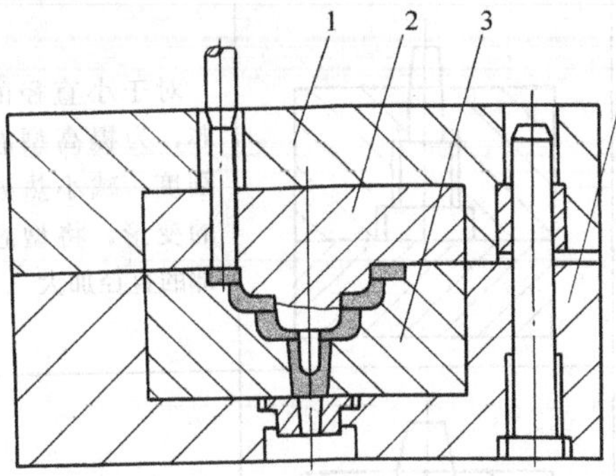

图8-27 整体式结构

1—动模模板 2—动模镶块 3—定模镶块 4—定模模板

（2）整体式结构的使用场合 铸件形状简单，镶块尺寸不大；铸件形状虽然较复杂，但型腔浅，加工比较容易；使用镶拼结构镶块强度不足或其他不能采用镶拼结构的情况；压铸铜合金铸件的镶块尽可能采用整体式结构；整体式结构采用电加工方法加工，经济效益较好。

2. 镶拼式结构

镶拼式结构是由两块或以上的镶块或型芯镶拼而成，这种结构形式被广泛采用，如图8-28所示。

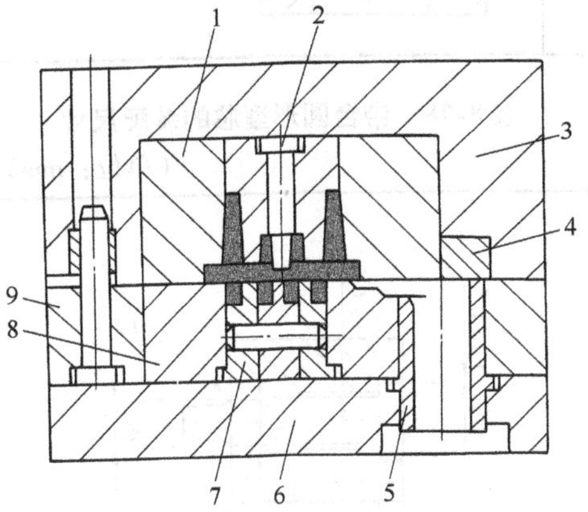

图8-28 镶拼式结构

1—动模镶块 2—动模型芯 3—动模 4—浇道镶块 5—浇口套 6—定模座板 7—定模镶片 8—定模镶块 9—定模套板

（1）镶拼式结构特点 对复杂的成形表面能简化加工工艺，提高模具制造质量，容易满足组合镶块成形部分的精度要求；节约材料，降低成本；便于维修和更换；大型模具的镶块合理镶拼后，便于加工和热处理；镶块坯料较容易锻造，组织均匀，质量较高。

（2）镶拼式结构的使用场合 型腔较深或大型模具；多腔模具；型腔比较复杂的模具。

3. 镶块壁厚选择

镶块壁厚应从模具结构、强度、溢流槽和排气道的开设，以及冷却和加热管道的加工、装配连接等方面考虑。

镶块壁厚可以通过计算确定，但大多根据经验确定。表8-75列出了增压压力为80MPa，h/H（镶块厚度/模具厚度）=2/3时的镶块壁厚尺寸经验数据。增压压力大于80MPa时，厚度应适当增加。

表8-75 镶块壁厚尺寸经验数据

（单位：mm）

型腔长边尺寸	镶块壁厚
>40～50	35
>50～80	40
>80～140	45
>140～200	50
>200～280	55
>280～355	60
>355～450	65
>450～560	70
>560～710	75
>710～800	80

4. 成形零件的固定方式

（1）镶块的固定方式（见表8-76）

表8-76 镶块的固定方式

序号	简图	说明
1	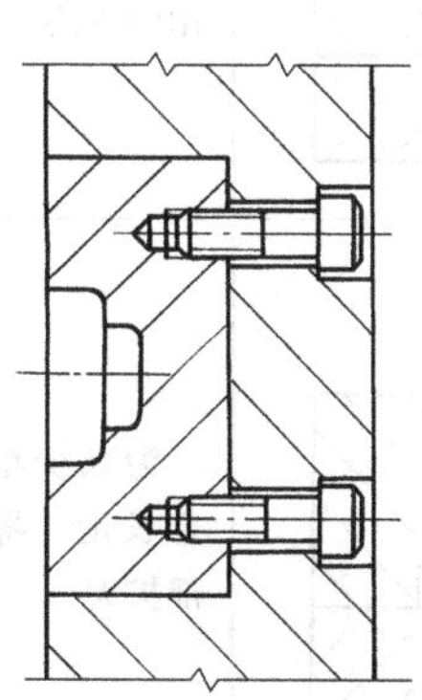	模板为不通孔时，镶块采用螺钉装固，结构简单，强度较高，装卸更换比较容易

（续）

序号	简图	说明
2	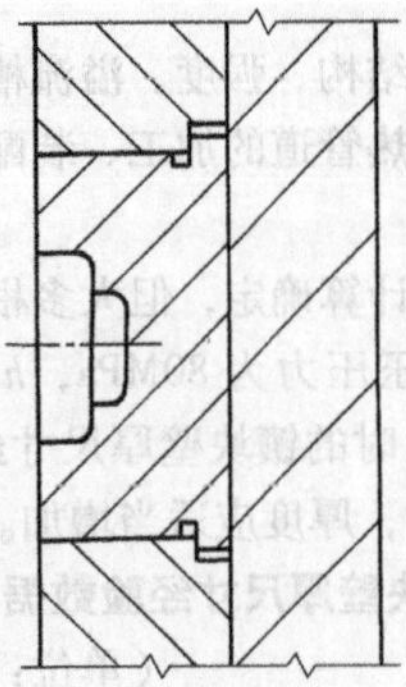	模板为通孔时，镶块带凸台用压板压紧，但装卸不方便；若铸件包紧力大，因凸台强度低而发生断裂，造成无法修理，报废整块镶块。便于加工，容易保证同轴度
3	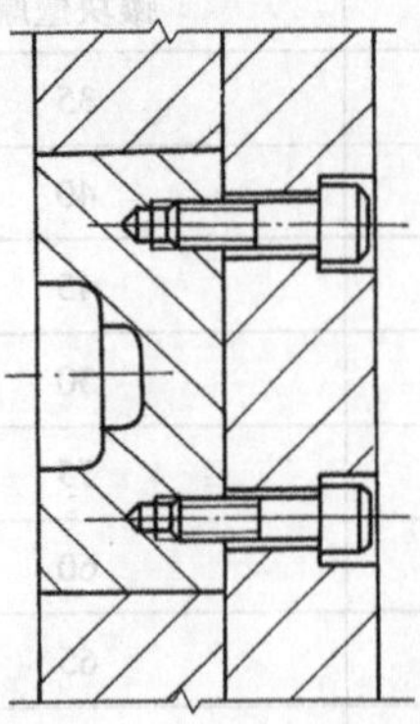	模板为通孔，采用座板或支承板时，最为常见的是螺钉装固，装卸方便，得到广泛的应用

（2）型芯的固定方式（见表8-77）

（3）带台圆形型芯的装配尺寸（见表8-78）

（4）螺钉固定的圆形型芯的尺寸（见表8-79）

表8-77 型芯的固定方式

序号	简图	说明
1	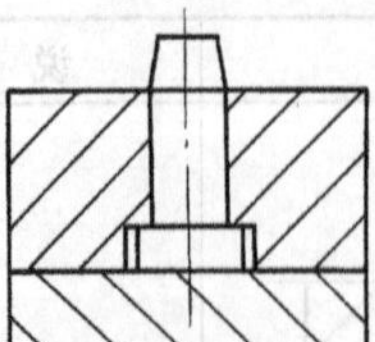	用压板压紧是常用的方法
2	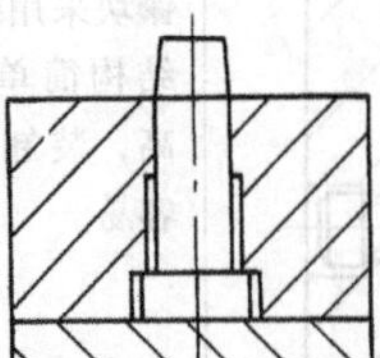	为减少型芯的配合长度，将孔的后部扩大

（续）

序号	简图	说明
3	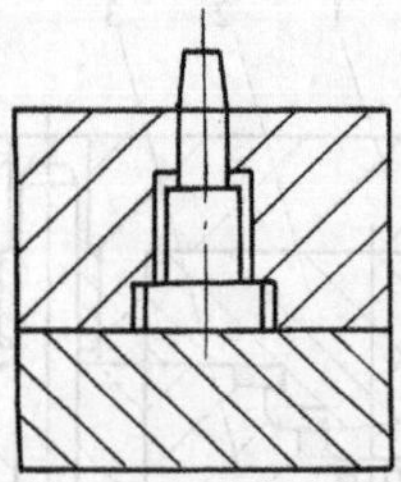	对于小直径的型芯，为提高型芯的刚度，减小热处理的变形，将型芯后部的直径加大
4	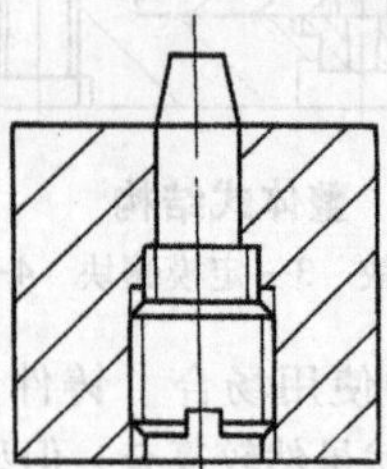	为缩短小直径长型芯的长度，可用螺丝堵压紧
5	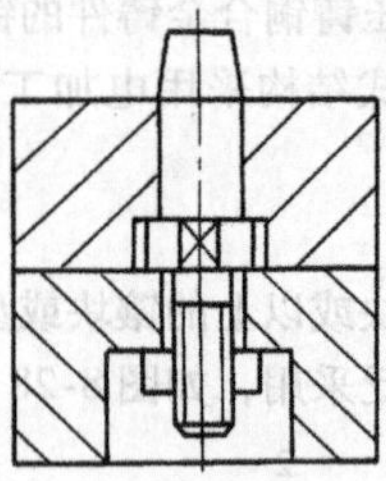	型芯的直径较大时，用螺钉紧固

表8-78 带台圆形型芯的装配尺寸

（单位：mm）

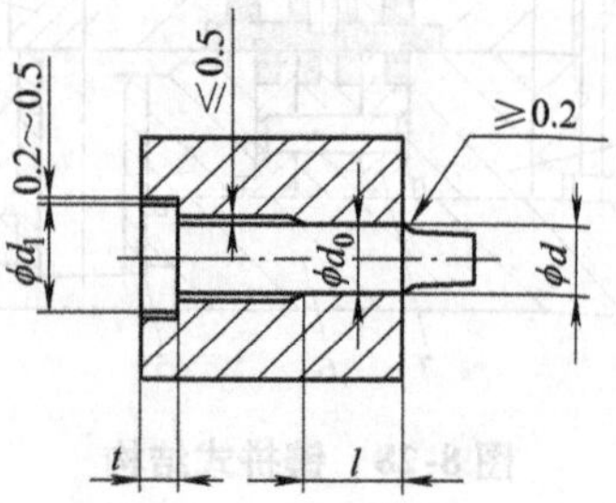

成形直径 ϕd	配合直径 ϕd_0 不小于	带台直径 ϕd_1	带台厚度 t	配合段长度 l
~3	$d+0.4$	d_0+4		~10
>3~10	$d+0.5$		6	10~15
>10~18		d_0+5		12~20
>18~30		d_0+6	8	15~25
>30~50	$d+1$	d_0+7		20~30
>50		d_0+8	10~12	25~40

表8-79 螺钉固定的圆形型芯的尺寸

（单位：mm）

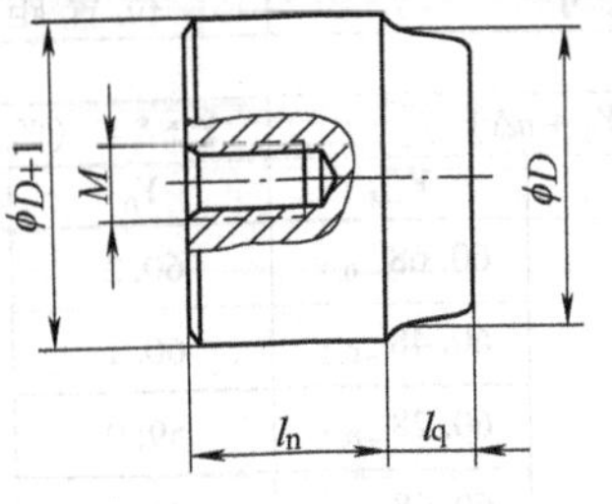

成形直径 φD	成形长度 l_q	配合长度 l_n 不小于	M
≤20	~5	20	M8
	>5~10		M10
>20~25	~5	20	M10
	>5~10	20	
	>10~20	25	

5. 成形尺寸的计算

（1）尺寸计算公式　成形尺寸分为型腔、型芯和位置距离三种类型，需要使用不同的尺寸公式计算，见表8-80。

表8-80 成形尺寸计算公式

成形尺寸类别	计 算 公 式
型腔尺寸	$Y^{+\delta}=(Y_0+KY_0-n\Delta)^{+\delta}$
型芯尺寸	$Y_{-\delta}=(Y_0+KY_0+n\Delta)_{-\delta}$
位置距离尺寸	$Y\pm\delta=(Y_0+KY_0)\ \pm\delta$

注：Y—计算后的成形尺寸（mm）；Y_0—铸件给定部位的极限尺寸（mm）；K—综合收缩率（%）；n—模具修正系数；Δ—铸件给定部位的尺寸公差（mm）；δ—模具成形部分的制造公差（mm）。

公式中的参数取值可参考下列原则：

1）综合收缩率K。包括了铸件的收缩及模具成形零件的膨胀因素，其值可根据推荐的收缩规律选取：①薄壁铸件取小值；②收缩受阻部位取小值；③铸件留模时间长取小值；④铸件复杂、型芯多取小值；⑤同一铸件的不同部位，根据收缩规律可以选取不同收缩值；⑥受模具温度影响，即使收缩条件相同，收缩率也可能不一致。

上述收缩规律是针对某些特定条件的经验数据，实际应用时还要根据具体情况综合考虑。综合收缩率K的推荐值见表8-81。

2）模具修正系数n。模具在使用过程中会发生磨损，磨损后型腔尺寸变大，型芯尺寸变小。模具修正系数n表示针对型腔和型芯磨损状况的修正量。修正量不占用铸件基本尺寸Y_0的公差Δ的全部，n值一般可在0.5~0.8范围内选取，正常情况下可取0.7左右。中心距和位置之类的尺寸，与磨损量无关，一般不进行修正。

表8-81 综合收缩率K的推荐值

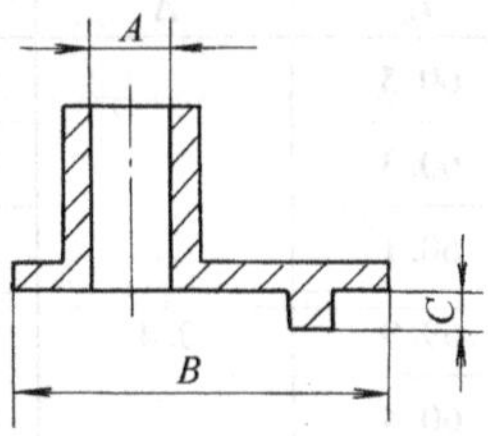

合金类别		收缩条件（受阻碍程度）		
		A（大）	B（中等）	C（小）
		收缩率K（%）		
锌合金		0.3~0.4	0.4~0.5	0.5~0.6
铝合金	铝硅合金	0.3~0.5	0.4~0.6	0.5~0.7
	铝硅锌合金	0.3~0.5	0.4~0.6	0.5~0.7
	铝硅铜合金	0.4~0.6	0.5~0.7	0.6~0.8
	铝镁合金			
镁合金		0.4~0.6	0.5~0.7	0.6~0.8
铜合金		0.5~0.7	0.7~0.9	0.8~1.0

3）模具制造公差δ。模具成形部分的制造公差是成形部分在进行机械加工过程中出现的误差。其值δ越大，则占用铸件尺寸公差Δ就越多，留给压铸工艺保证精度的范围就越小，对工艺稳定性要求就越高。δ值过小，加工制造困难，加工费用高。通常δ值可以根据铸件要求的精度等级选取，也可根据铸件Δ值的大小选取。一般情况下，δ值可取为Δ值的1/4~1/5；当Δ值较大时，可取为1/6~1/8。

在计算各类成形尺寸时，应注意以下事项：

1）型腔磨损后，尺寸增大。因此，在计算型腔尺寸时，应接近最小极限值。

2）型芯磨损后，尺寸减小。因此，在计算型芯尺寸时，应接近最大极限值。

3）受模具的分型面和滑动部分影响的尺寸可根据实际情况另行修正。

4）两个型芯或型腔之间的中心距和位置尺寸与磨损量无关，应保持铸件尺寸接近于最大和最小两个极限尺寸的平均值。

5）铸件的尺寸公差一般不包括起模斜度造成的尺寸误差，除在铸件图样上有特别标注。

（2）成形尺寸计算示例

1）同一基本尺寸在不同偏差下的计算。铸件基本尺寸为60mm，在不同偏差下三类尺寸的计算见表8-82。

表8-82　不同偏差下三类尺寸的计算　　（单位：mm）

铸件尺寸	型腔尺寸			型芯尺寸			位置距离尺寸	
	计算公式							
	$Y^{+\delta}=(Y_0+KY_0-n\Delta)^{+\delta}$			$Y_{-\delta}=(Y_0+KY_0+n\Delta)_{-\delta}$			$Y\pm\delta=(Y_0+KY_0)\ \pm\delta$	
	Y_0	Δ	$Y^{+\delta}$	Y_0	Δ	$Y_{-\delta}$	Y_0	$Y\pm\delta$
$60^{+0.5}_{+0.1}$	60.5	0.4	$60.52_{+0.1}$	60.1	0.4	$60.68_{-0.1}$	60.3	60.6±0.05
$60^{+0.3}_{-0.1}$	60.3		$60.32_{+0.1}$	59.9		$60.48_{-0.1}$	60.1	60.4±0.05
$60^{+0.1}_{-0.3}$	60.1		$60.12_{+0.1}$	59.7		$60.28_{-0.1}$	59.9	60.2±0.05
$60^{-0.1}_{-0.5}$	59.9		$59.92_{+0.1}$	59.5		$60.08_{-0.1}$	59.7	60.0±0.05
$60^{+0.4}_{0}$	60.4		$60.42_{+0.1}$	60.0		$60.58_{-0.1}$	60.2	60.5±0.05
$60^{0}_{-0.4}$	60		$60.02_{+0.1}$	59.6		$60.18_{-0.1}$	59.8	60.1±0.05
60±0.2	60.2		$60.22_{+0.1}$	59.8		$60.38_{-0.1}$	60.0	60.3±0.05

注：上述计算式中，$K=0.5\%$；$n=0.7$；$\delta=1/4\Delta$。

2）同一铸件上不同部位尺寸的计算。铝硅合金压铸件如图8-29所示。不同部位的尺寸计算见表8-83。

（3）螺纹成形部分的设计及尺寸计算　螺纹成形尺寸的计算与一般成形尺寸的计算基本相同。由于要对螺纹的外径、中径和内径同时进行计算，计算稍为烦琐。

1）螺纹成形部分的设计要点见表8-84。

2）径向尺寸的计算。先对螺纹的外径、中径和内径进行计算，计算时应考虑修正量n，不包含收缩量，并将螺纹型芯尺寸和螺纹型环尺寸分开。

螺纹型芯径向尺寸的计算公式见表8-85，螺纹型环径向尺寸的计算公式见表8-86。对模具上两半合成的螺纹，可做同样计算。

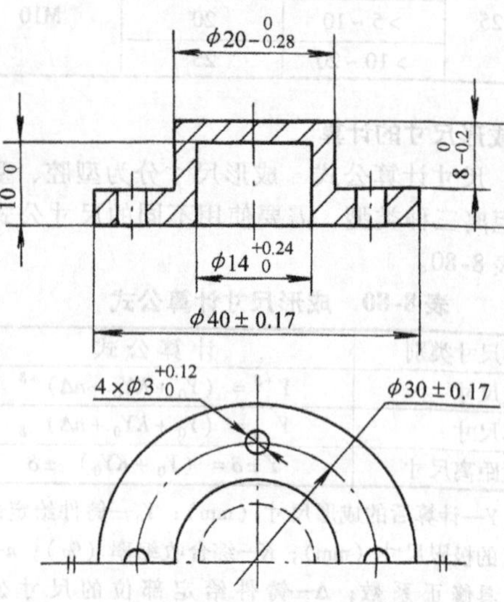

图8-29　铝硅合金压铸件

表8-83　铝硅合金压铸件不同部位的尺寸计算　　（单位：mm）

尺寸类型	公称尺寸及公差	K（%）	n	δ	计算
型腔尺寸 $Y^{+\delta}=(Y_0+KY_0-n\Delta)^{+\delta}$	φ40±0.17	0.5	0.7	$\frac{1}{4}\Delta$	$Y^{+\delta}=40.17+0.5\%\times40.17-0.7\times0.34$ $=40.14^{+0.085}_{0}$
	$\phi20^{0}_{-0.24}$				$Y^{+\delta}=20+0.5\%\times20-0.7\times0.24$ $=19.95^{+0.06}_{0}$
	$13^{0}_{-0.24}$	0.6			$Y^{+\delta}=13+0.6\%\times13-0.7\times0.24$ $=12.93^{+0.06}_{0}$
	$8^{0}_{-0.2}$				$Y^{+\delta}=8+0.6\%\times8-0.7\times0.2$ $=7.9^{+0.05}_{0}$

（续）

尺寸类型	公称尺寸及公差	K（%）	n	δ	计　算
型芯尺寸 $Y_{-\delta}=(Y_0+KY_0+n\Delta)_{-\delta}$	$\phi 14^{+0.27}_{0}$	0.4	0.8	$\frac{1}{4}\Delta$	$Y_{-\delta}=14+0.4\%\times14+0.8\times0.24$ $=14.25^{\ 0}_{-0.06}$
	$10^{+0.2}_{0}$	0.6			$Y_{-\delta}=10+0.6\%\times10+0.8\times0.2$ $=10.22^{\ 0}_{-0.05}$
	$\phi 3^{+0.12}_{0}$	0.4			$Y_{-\delta}=3\times0.4\%\times3+0.8\times0.12$ $=3.12^{\ 0}_{-0.03}$
位置距离尺寸 $Y\pm\delta=(Y_0+KY_0)+\delta$	$\phi 30\pm0.14$	0.5		$\frac{1}{4}\Delta$	$Y\pm\delta=30+0.5\%\times30=30.15\pm0.07$

表 8-84　螺纹成形部分的设计要点

	不合理	合理	说明
螺纹型芯	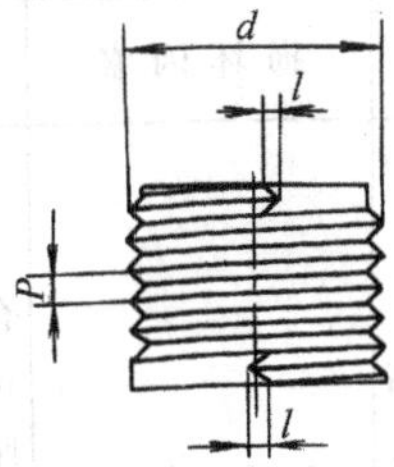 a)	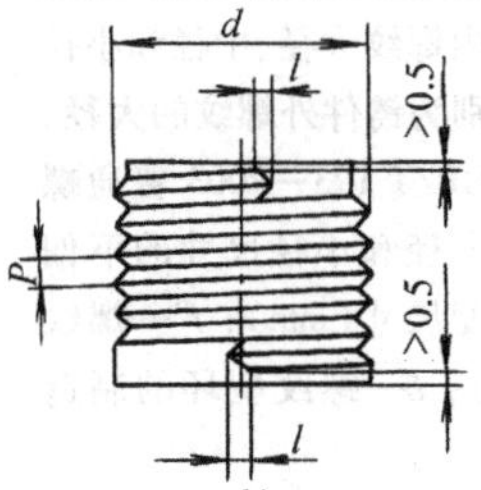 b)	图 a 中螺纹牙型的起始端、终止端会出现半个牙型薄弱部分，应按图 b 所示，在牙型起始端、终止端留出大于 0.5mm 的距离
螺纹型环	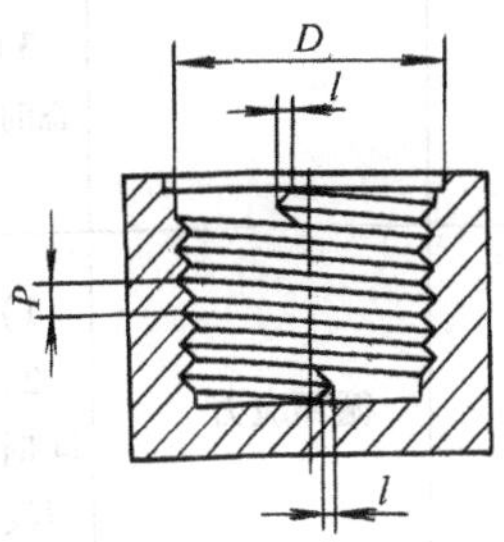 a)	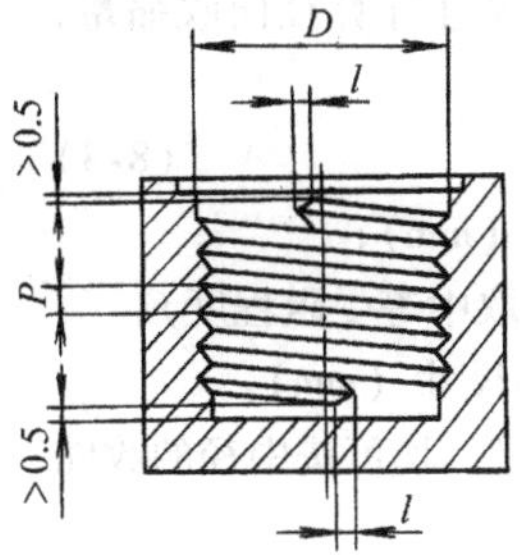 b)	

表 8-85　螺纹型芯径向尺寸的计算公式

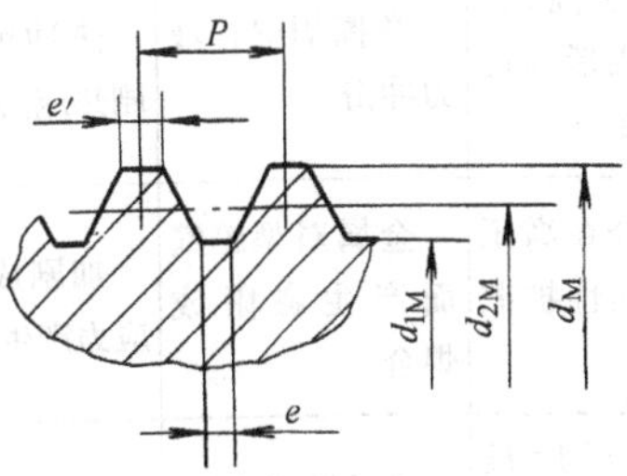

（续）

项　目	计 算 公 式
小　径	$d_{1M-\delta}=(D_1+0.7c)-\delta$
中　径	$d_{2M-\delta}=(D_2+0.7b)-\delta$
大　径	$d_{M-\delta}=(D+0.7b)-\delta$
牙槽宽度	$e=P/2-0.577(d_{2M}-d_{1M})$
牙峰宽度	$e'=P/2-0.577(d_M-d_{2M})$

注：d_{1M}、d_{2M}、d_M—外螺纹型芯的小径、中径和大径尺寸（mm）；D_1、D_2、D—分别为铸件内螺纹的小径、中径和大径尺寸（mm）（查 GB/T 193—2003 普通螺纹）；b、c—铸件内螺纹的小径尺寸和大径尺寸的上偏差；e—螺纹型芯的牙槽宽度尺寸（mm）；e'—螺纹型芯的牙峰宽度尺寸（mm）；P—铸件螺纹的螺距尺寸（mm）；δ—螺纹型芯的制造公差。

表8-86 螺纹型环径向尺寸的计算公式

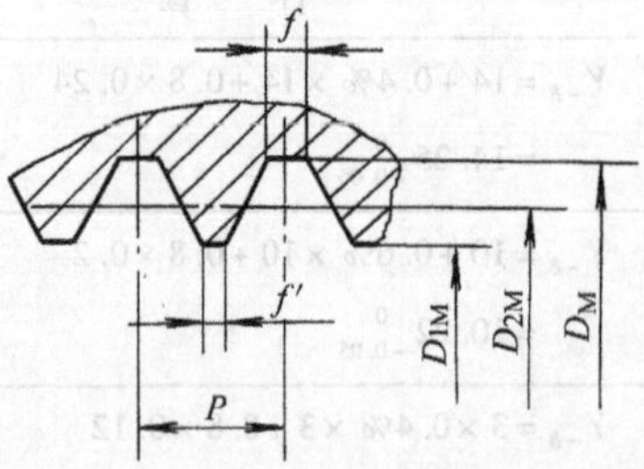

项 目	计 算 公 式
大 径	$D_M^{+\delta}=(d-0.7a)^{+\delta}$
中 径	$D_{2M}^{+\delta}=(d_2-0.7b)^{+\delta}$
小 径	$D_{1M}^{+\delta}=(d_1-0.7b)^{+\delta}$
牙槽宽度	$f=P/2-0.577(D_M-D_{2M})$
牙峰宽度	$f'=P/2-0.577(D_{2M}-D_{1M})$

注：D_M、D_{2M}、D_{1M}—螺纹型环的内螺纹大径、中径和小径尺寸(mm)；d、d_2、d_1—分别为铸件外螺纹的大径、中径和小径尺寸(mm)（查GB/T 193—2003普通螺纹）；a、b—铸件外螺纹的大径和小径尺寸的下偏差；f—螺纹型环的牙槽宽度尺寸(mm)；f'—螺纹型环的牙峰宽度尺寸(mm)；δ—螺纹型环的制造公差。

3）收缩率K的计算。收缩率K是按公式计算出螺纹的径向尺寸后，采用中径尺寸计算径向收缩量，计算式为

$$\Delta d=Kd_2 \tag{8-3}$$

式中 Δd——螺纹径向收缩量（mm）；

K——计算的收缩率（取中等受阻程度）；

d_2——铸件螺纹的中径尺寸（mm）。

对于螺纹外径和内径收缩量，均可按中径的收缩量进行计算。

6. 影响铸件精度的因素

（1）铸件结构的影响 铸件的壁厚不均匀、脱模斜度过小、薄壁铸件无加强肋或加强肋分布不均匀，以及结构设计不合理等都易产生收缩变形。

（2）模具结构的影响 模具的制造精度是影响铸件精度的主要原因。浇道位置和浇道数设计不合理时可能导致铸件的收缩变形。顶杆分布不均时，铸件顶出时容易弯曲，并影响铸件的尺寸精度。

（3）压铸工艺的影响 压铸工艺参数选择不当时，影响铸件结晶组织的致密度、尺寸精度和铸件收缩量大小等。

（4）压铸机方面的影响 压铸机开合运动的准确性和稳定性，以及压铸机结构的刚度也会影响铸件的精度。

7. 成形零件材料的选择及热处理

（1）对成形零件材料的要求

1）在高温下，具有较高的强度、硬度、抗回火的稳定性和热冲击韧度。

2）应具有较好的导热性和抗热疲劳性。

3）在高温下不易氧化，能抵抗液态金属的黏附和腐蚀。

4）材料热胀系数较小。

5）材料热处理变形较小，淬透性良好。

6）可锻性能良好，切削加工性能良好。

7）修复或修改时能熔焊。

（2）成形零件的工作条件及损坏 成形零件直接接触金属液，承受高热金属液冲击，经常以不同形式出现损坏现象，见表8-87。

表8-87 成形零件的工作条件及损坏现象

工作条件	损坏因素	损坏现象
模具温度的升高和下降十分激剧，并处在周期性的温度变化状态下	温差应力	1）压铸铜、镁铝合金时，这种应力可能使钢材达到屈服极限 2）钢材在韧性状态时产生塑性变形 3）钢材在脆性状态时产生开裂
循环载荷	循环应力	1）热疲劳裂纹 2）在与温差应力同时作用下产生热裂纹
熔融金属中含有氢、氧等活性气体	成形零件表面的氧化、氢化和气体腐蚀	腐蚀疲劳或腐蚀裂纹
金属液在高压、高速下与成形零件的表面接触	摩擦炽热，液力冲击	热冲蚀磨损，加剧热应力产生
金属成分在高压下进行饱和性扩散过程	金属对型腔壁面产生黏附或焊合	加剧成形表面的应力产生
铸件成形后被顶出	承受机械载荷	机械磨损或破坏

(3) 成形零件的材料及热处理 压铸模成形零件的材料为模具钢，比较常用的牌号为4Cr5MoSiV1和3Cr2W8V，其化学成分见表8-88及表8-89。

模具成形材料常用的热处理类型及效能见表8-90。

我国与其他主要工业国家压铸模具常用的材料牌号见表8-91。

8. 提高压铸模具寿命的途径

1）浇注系统设计时应使注入的金属液流动平稳，避免产生湍流，从而减小对型腔的冲击。

2）模具的镶块和模板应具有足够的强度和刚度，以承受金属液产生的压力和机器合模力引起的弯曲应力及热膨胀造成的热应力。

3）成形部位的设计应避免尖角，当型腔倒角半径大于1mm时，能极大地改善冲击强度，提高模具的抗黏附能力和抗冲蚀能力。

4）要求成形镶块具有最佳的热处理性能。通常要求具有最佳的热屈服强度、抗回火性、韧性和塑性。根据压铸不同合金，选择适当的硬度。但硬度过高，产生龟裂和损坏的危险性就越大。

5）对主要受热的浇道、浇口杯、型腔等，正确地设计冷却系统，保持模具的热平衡。

6）压铸生产中要对模具进行预热。预热温度取决于压铸合金的种类。为了消除模具使用中产生的表面应力，应对镶块进行定期的回火处理。

表8-88 4Cr5MoSiV1钢的化学成分（质量分数） （%）

C	Si	Mn	P、S	Cr	Mo	V	Cu	Ni
0.37～0.42	0.80～1.20	0.20～0.50	P≤0.020，S≤0.005（高级优质钢）	5.00～5.50	1.20～1.75	0.80～1.20	≤0.20（高级优质钢）	≤0.25（高级优质钢）

表8-89 3Cr2W8V钢的化学成分（质量分数） （%）

C	Si	Mn	P、S	Cr	W	V	Cu	Ni
0.30～0.40	≤0.40	≤0.40	≤0.030	2.20～2.70	7.50～9.00	0.20～0.50	≤0.25	≤0.25

表8-90 模具成形材料常用的热处理类型及效能

顺序	热处理类型	说明	硬度
预备热处理	退火	1）消除锻造中所产生的应力 2）锻造后的材料为达到适宜的硬度，便于机械加工 3）为了缩短退火时间，可采用等温退火	—
	稳定处理	消除机械加工应力，减少淬火时的变形	—
	调质处理	1）细化晶粒，改善加工性能，为最终热处理创造条件 2）调质后的组织为均匀粒状细珠光体和细碳化物	—
最终热处理	淬火	提高材料的硬度、强度等综合力学性能	270～300HBW
	回火	降低脆性，消除淬火应力，稳定组织，获得所需要的硬度和力学性能	压铸锌、铝、镁合金时：35～50HRC 压铸铜合金时：型腔35～40HRC 型芯：40～45HRC
表面热处理	渗氮	渗氮处理成形零件变形小 渗氮处理能够提高成形零件表面的硬度，增强疲劳强度和耐蚀性	渗氮层深度：0.10～0.15mm 630～700HV
	液体碳氮共渗	共渗时成形零件变形小 共渗时间短	共渗层深度：0.08～0.15mm 55～60HRC

表8-91 我国与其他主要工业国家压铸模具常用的材料牌号

中国（GB）	美国（AISI）	俄罗斯（ГОСТ）	日本（JIS）	德国（DIN）	瑞典（ASSAB）	英国（BS）	奥地利（BOHLER）
4Cr5MoSiV1	H13	4X5MΦ1C	SKD61	X40CrMoV51	8407	BH13	W302
4Cr5MoSiV	H11	4X5MΦC	SKD6	X38CrMoV51		BH11	W300
3Cr2W8V	H21	3X2B8Φ	SKD5	X30WCrV9－5	2730(SIS)	BH21	W100
4Cr3Mo3SiV	H10	3X3M3Φ	SKD7	X32CrMoV33	HWT－11	BH10	W321
5CrNiMo	L6	5XHM	SKT4	55NiCrMoV6	2550(SIS)	PMLB/1(ESC)	
4CrW2Si(YB)	S1	4XB2C	—	45WCrV7	2710	BS1	—

8.4.8 抽芯机构

1. 抽芯机构类型

根据驱动方式，抽芯机构可分为液压抽芯机构和机械式抽芯机构两类。液压抽芯是目前压铸应用主流，机械式抽芯在小型压铸机上或特别情况下尚有少量应用。这两类抽芯机构及其特点见表8-92。

表8-92 抽芯机构及其特点

类型		简图	特点
机械式抽芯机构	斜拉杆机构	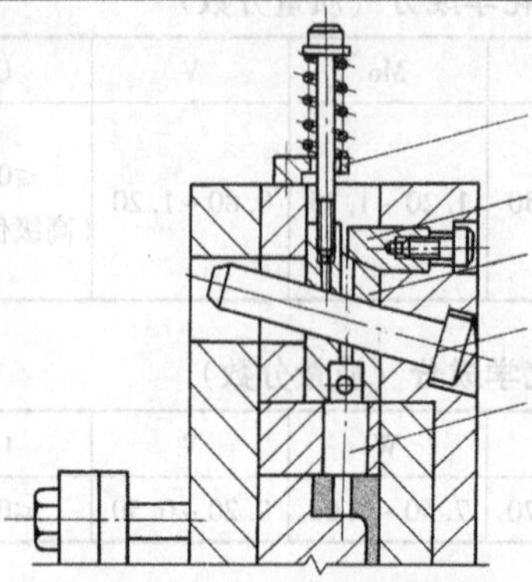 1—挡块 2—楔紧块 3—滑块 4—斜拉杆 5—滑块型芯	1）以机器的开模力为抽芯动力 2）结构简单，制造方便，安全可靠，生产率高，有较大的抽拔力 3）抽芯动作是在开模过程中完成的，抽芯距离不可能太大。抽芯距离不大于100mm时推荐采用 4）若抽芯方向与分型面呈夹角时，其夹角不大于20°
	斜滑块机构	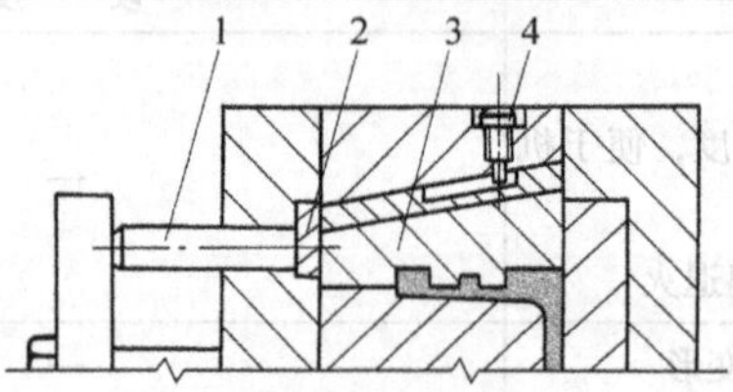 1—顶杆 2—小推块 3—斜滑块 4—限位钉	1）以机器的顶出力为抽芯动力 2）抽芯和顶出同时完成 3）适用于抽出成形深度浅、面积较大的成形表面，但抽拔力较小 4）模具结构紧凑，整体强度高，生产率高 5）制造装配精度要求高，斜滑块底部易堆积余料残渣，清理不便
	齿轮齿条抽芯机构	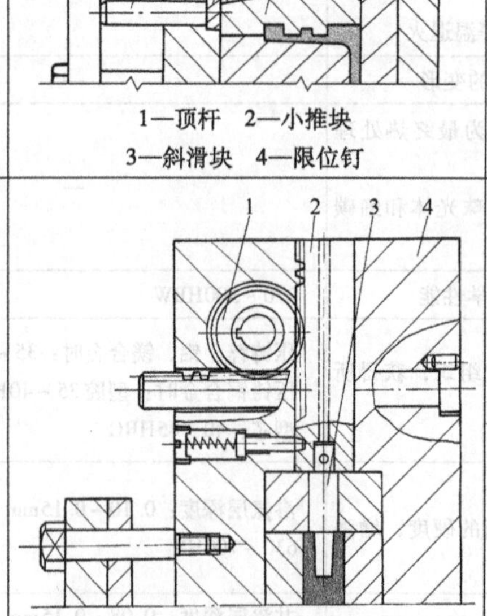 1—齿轮 2—齿条 3—滑块型芯 4—定模板	1）抽芯动力来源于机器的开模力、顶出力或手动 2）抽芯方向可以与分型面成任意角度，抽拔力不大，但抽芯距离可较长 3）结构复杂，制造困难，安全可靠性低 4）常用于斜向抽芯或定模抽芯 5）生产率高，齿轮齿条精度要求低

（续）

类型	简　图	特　点
液压抽芯机构	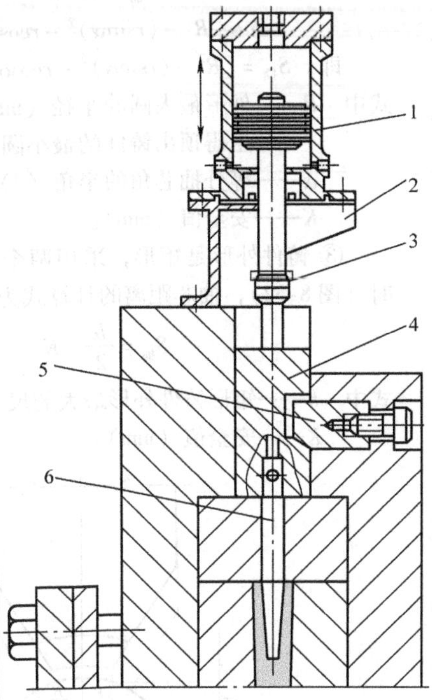 1—液压缸/活塞　2—支架　3—连接器 4—滑块　5—楔紧块　6—滑块小型芯	1）程序控制，设置便捷，可灵活控制抽芯动作顺序、抽芯速度、抽芯压力、抽出延迟时间、型芯伸出喷涂 2）一个接口实现多个型芯联动 3）动作可靠，传动平稳，效率高 4）抽拔力大，抽芯距离长 5）抽芯方向限制小 6）简化模具机构，加工制造方便 7）可转换为局部挤压 8）易于实现标准化

2. 抽芯力和抽芯距离计算

（1）抽芯力计算　抽芯力是使型芯或滑块克服铸件凝固收缩产生的包紧力和滑动摩擦力而脱出铸件所需要的力。在选用液压缸或设计抽芯机构时，首先要考虑抽芯力，确保抽芯力足够以便能将型芯或滑块顺利抽出。正常情况下，摩擦力相对于包紧力甚小，故所需抽芯力的大小主要取决于包紧力。影响包紧力的因素如下：

1）成形部分被铸件包围的面积越大，包紧力就越大。

2）活动型芯成形部位的断面形状为非圆形或复杂形状时，比圆形截面的包紧力大。

3）铸件壁厚越大，包紧力越大。

4）同一机构上抽拔多个型芯时，互相之间的距离收缩，增大包紧力。

5）压铸合金的凝固收缩量越大，弹性模量越大，包紧力越大。

6）合金的浇注温度越高，包紧力越大。

7）浇注温度与模具温差越大，包紧力越大。

8）涂料（脱模剂）不同影响合金的冷却速度，导热性大的包紧力大。

9）压射比压增高，包紧力增大。

10）留模时间越长，包紧力越大。

11）成形部位表面粗糙，起模斜度小，包紧力增大。

包紧力可以按以下经验公式估算：

$$F_b = \mu_m A_b p + Lk \tag{8-4}$$

式中　F_b——包紧力（N）；

μ_m——摩擦因数，铜合金 $\mu_m = 0.35$，其他轻合金 $\mu_m = 0.25$；

A_b——活动型芯的成形部分被铸件包紧的表面积（cm^2）；

p——挤压应力（Pa），锌合金和镁合金（单面起模斜度为0.5%，即0°20′时）p = 7.5MPa，铝合金（单面起模斜度为1%，即0°40′时）p = 10MPa，铜合金（单面起模斜度为2%，即1°10′时）p = 20MPa。

L——活动型芯被包紧的长度（cm），当 $L \leqslant$ 5cm 时，按式（8-5）计算；当 $L > 5$cm 时，按下式计算：

$$F_b = \mu_m A_b p + 5k + \frac{1}{2}(L-5)k \quad (8\text{-}5)$$

k——常数，见表 8-93。

表 8-93　常数 k 值

壁厚/mm	锌合金	铝合金	镁合金	铜合金
≤3	0	0	0	0
>3～5	5	7	4	17
>5	10	14	8	34

（2）抽芯距离计算　抽芯后为使铸件能够顺利脱出型腔，活动型芯应脱出铸件的成形表面一定距离。抽芯距离可按以下几种情况计算：

1）各种侧向成形孔、凹凸成形的抽芯距离 $S_{抽}$ 的计算式为

$$S_{抽} = h + K \quad (8\text{-}6)$$

式中　$S_{抽}$——抽芯距离（mm）；

h——抽芯处铸件壁厚或成形深度、凸台高度（mm）；

K——安全值（mm）。

当在同一个滑块上抽出多个型芯时，应按最大的抽芯距离计算。

2）铸件外形全部在滑块内成形时，抽芯距离的计算如下：

① 铸件外形为圆形，由两半模合成抽芯时（见图 8-30），最小的抽芯距离为

$$S_{抽} = (R^2 - r^2)^{1/2} + K \quad (8\text{-}7)$$

式中　$S_{抽}$——抽芯距离（mm）；

R——外形最大圆的半径（mm）；

r——阻碍顶出铸件的最小圆半径（mm）；

K——安全值（mm）。

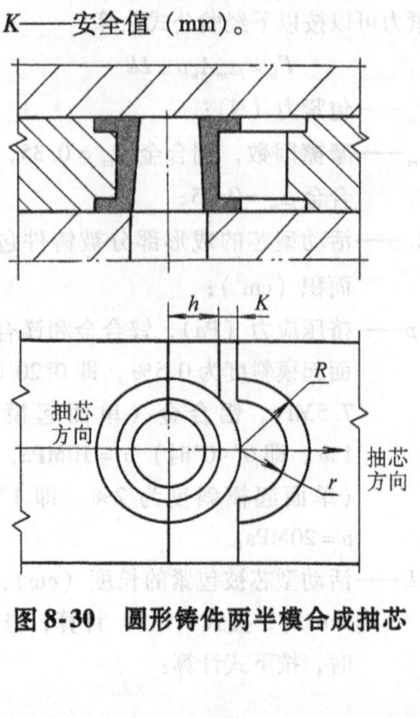

图 8-30　圆形铸件两半模合成抽芯

② 铸件外形为圆形，采用多等分滑块抽芯时（见图 8-31），抽芯距离的计算式为

$$S_{抽} = h + k \quad (8\text{-}8)$$

$$h = [R^2 - (r\sin\alpha)^2 - r\cos\alpha]^{1/2}$$

即　$$S_{抽} = [R^2 - (r\sin\alpha)^2 - r\cos\alpha]^{1/2} + K$$

式中　R——外形最大圆的半径（mm）；

r——阻碍顶出铸件的最小圆半径（mm）；

α——等分抽芯角的半角（°）；

K——安全值（mm）。

③ 铸件外形是矩形，采用两个等分的滑块抽芯时（图 8-32），抽芯距离的计算式为

$$S_{抽} = \frac{h}{2} + K \quad (8\text{-}9)$$

式中　h——矩形铸件外形最大的尺寸（mm）；

K——安全值（mm）。

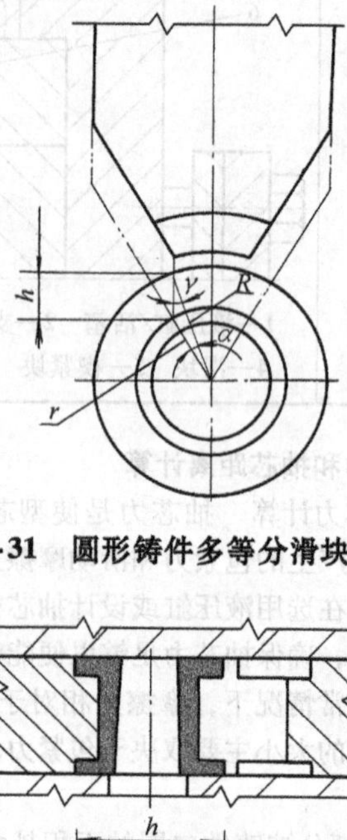

图 8-31　圆形铸件多等分滑块抽芯

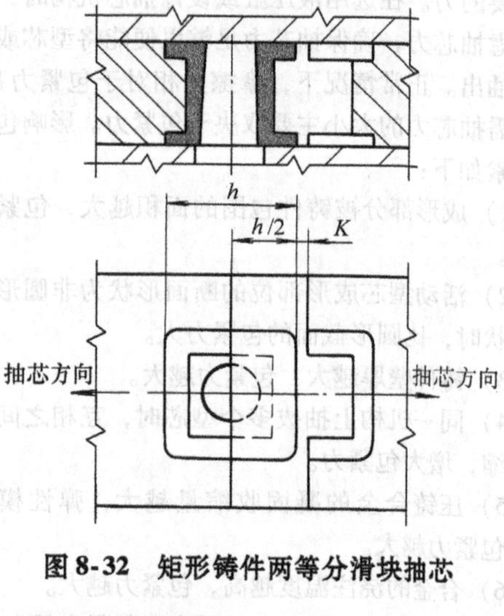

图 8-32　矩形铸件两等分滑块抽芯

3. 机械式抽芯机构

主要介绍两种传统的机械式抽芯机构：斜拉杆抽

芯机构和滑块抽芯机构。

（1）斜拉杆抽芯机构　斜拉杆抽芯机构借助开合模动作将型芯或滑块抽出和复位。

1）斜拉杆抽芯机构设计要点见表8-94。

2）斜拉杆长度计算。斜拉杆长度要满足抽芯行程的要求，其计算图解如图8-33所示。

① 斜拉杆总长度的计算式为

$$L = l_1 + l_2 + l_3 \tag{8-10}$$

式中 L——斜拉杆的总长度（mm）；

l_1——工作部分的长度（mm）；

l_2——固定部分的长度（mm）；

l_3——斜拉杆前端锥形部分的长度（mm），一般取5～10mm。

表8-94　斜拉杆抽芯机构设计要点

序号	图例	说明
1	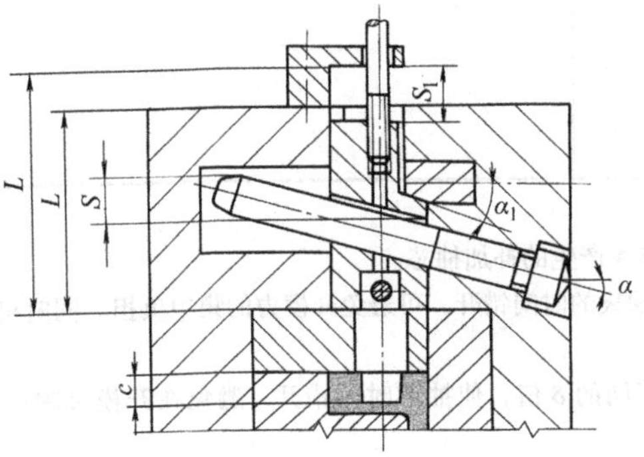	1）斜拉杆的斜角 α 一般采用15°～20°，最大不超过25°。增大斜角 α，斜拉杆的工作长度可相应缩短，结构紧凑，但增大了斜拉杆的弯曲应力 2）楔紧块与滑块接触斜面的角度 α_1 应大于斜拉杆的斜角 α，即 $\alpha_1 = \alpha + (3° \sim 5°)$ 3）抽芯距离 S 应大于成形孔深 c，即 $S \geqslant c + (1 \sim 3)$ 4）挡块的定位距离 S_1 应比抽芯距离大，即 $S_1 = S + 1$ 5）滑块抽出后留在导滑部分内的长度应保证复位时仍能顺利地滑动，一般在抽芯后滑块导滑部分应留有2/3的滑块长度，即 $l \geqslant \frac{2}{3}L$
2	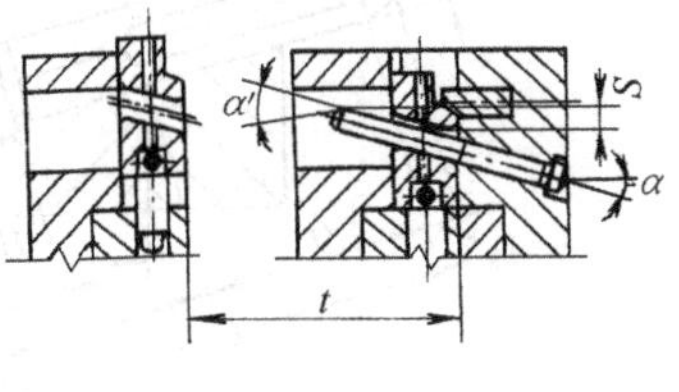	6）机器的开模行程应保证斜拉杆脱出滑块，即 $t \geqslant \frac{s}{\tan\alpha}$ 7）斜拉杆前端锥体斜角 α′应大于斜拉杆斜角 α，即 $\alpha' \geqslant \alpha + (3° \sim 5°)$
3	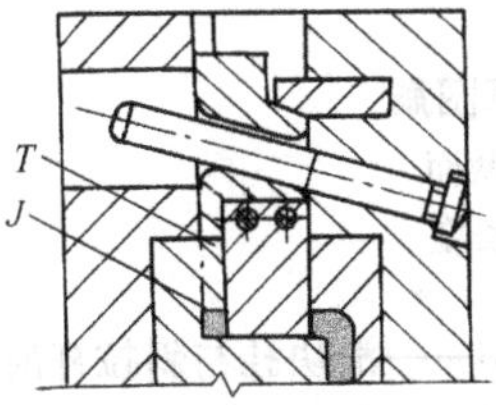	8）滑块在合模位置应设有定位装置，如图所示的台阶 T，对铸孔或侧凹不通的成形滑块更为重要 9）抽拔侧面成形时，铸件在模具内应留有挡肩 J，防止抽拔时铸件变形
4	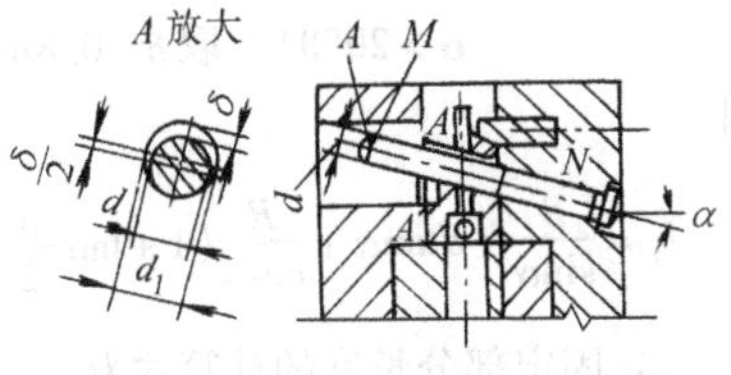	10）在合模状态时，斜拉杆与滑块孔应设有后空档 δ。当 α≤20°时，δ=0.5mm；当 α>20°时，δ=0.8mm。滑块孔加工形状为偏移中心，而直径尺寸加大的圆，即 $d_1 = d + \delta$

（续）

序号	图例	说明
5	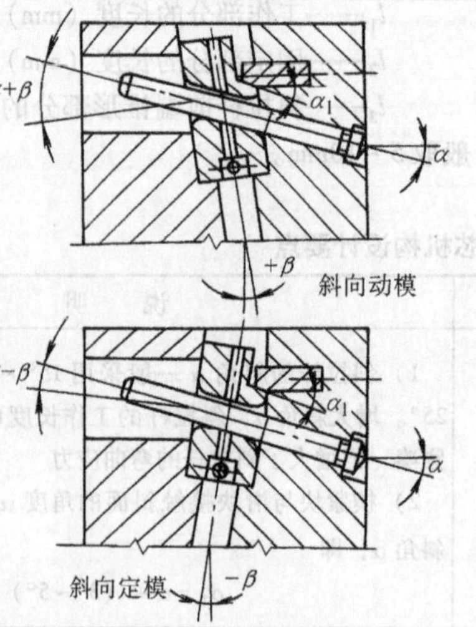	11）当抽拔方向倾向动模并与分型面倾斜成夹角时，有效的抽拔角度为 $\alpha+\beta$；当抽拔方向倾向定模时，有效抽拔角度为 $\alpha-\beta$，此时楔紧角仍为 $\alpha+$（3°～5°），当倾斜角 $\beta>15°$ 时，建议采用其他抽芯机构 12）考虑到取件、模具清理和喷涂，抽芯距离可适当加大

注：对表中后空档 δ 的作用作如下补充说明：

1. 按斜拉杆后母线 MN 计算抽芯距离时，δ 可补偿点 A 产生的补加抽芯。
2. 开模瞬间，能够使铸件脱出定模成形零件和滑块抽拔的时间错开，可避免开模力的集中负担。同时可使斜拉杆抽芯获得较大的开模力。
3. 当开模力不能满足多个斜拉杆抽芯时，即可取不同的 δ 值，使抽芯时间错开，避免在开模过程中同时使用开模力。

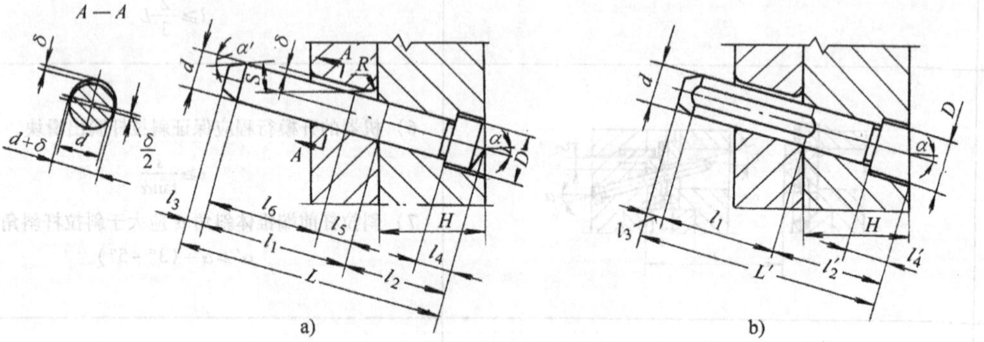

图 8-33 斜拉杆长度计算图解

a）圆截面 b）圆形去扁截面

l_4、l'_4—斜拉杆直径 D 的长度

② 工作部分长度的计算式为

$$l_1=\frac{S}{\sin\alpha}+d\tan\alpha+\frac{R}{\cos\alpha}\left(1+\tan\frac{\alpha}{2}\right)+\frac{2\delta}{\sin2\alpha} \tag{8-11}$$

式中 l_1——工作部分的长度（mm）；

S——抽芯距离（mm）；

α——有效抽拔斜角（°）；

d——斜拉杆直径（mm）；

R——滑块孔倒圆半径（mm）；

δ——滑块孔与斜拉杆的后空档（mm）；

选定 $R=2\text{mm}$

$\alpha\leqslant20°$ 时 取 $\delta=0.5\text{mm}$

$\alpha>20°$ 时 取 $\delta=0.8\text{mm}$

则

$$l_1=\frac{S}{\sin\alpha}+d\tan\alpha+\frac{R}{\cos\alpha}\left(1+\tan\frac{\alpha}{2}\right)+\frac{1\text{或}1.6}{\sin2\alpha}$$

③ 固定部分长度的计算式为

$$l_2 = \frac{H}{\cos\alpha} - \frac{d}{2}\tan\alpha \qquad (8\text{-}12)$$

式中　l_2——固定部分长度（mm）；

H——斜拉杆固定部分模板的厚度（mm）；

α——有效抽拔斜角（°）；

d——斜拉杆直径（mm）。

当斜拉杆后端台为平直面时，斜拉杆固定部分的长度为

$$l'_2 = \frac{H}{\cos\alpha} - \frac{d}{2}\tan\alpha + \frac{D}{2}\tan\alpha$$

式中　D——斜拉杆后端台的直径（mm）。

若选定 $D = d + 5$（mm），则上式变为

$$l'_2 = \frac{H}{\cos\alpha} + 2.5\tan\alpha$$

于是，斜拉杆总长度 L 的计算式可写为

$$L = \frac{H}{\cos\alpha} + \frac{S}{\sin\alpha} + \frac{\alpha}{2}\tan\alpha + \frac{R}{\cos\alpha}\left(1 + \tan\frac{\alpha}{2}\right) + \frac{2\delta}{\sin 2\alpha} + (5 \sim 10\text{mm}) \qquad (8\text{-}13)$$

当斜拉杆后端为平直面时，斜拉杆总长度的计算式为

$$L' = \frac{H}{\cos\alpha} + \frac{S}{\sin\alpha} + \frac{d+D}{2}\tan\alpha + \frac{R}{\cos\alpha}\left(1 + \tan\frac{\alpha}{2}\right) + \frac{2\delta}{\sin\alpha} + (5 \sim 10\text{mm}) \qquad (8\text{-}14)$$

3）滑块。滑块包括导滑、定位和型芯连接三部分。滑块的导滑形式见表8-95，滑块的定位形式见表8-96，滑块与型芯的连接形式见表8-97。

表8-95　滑块的导滑形式

序号	图　例	说　明
1	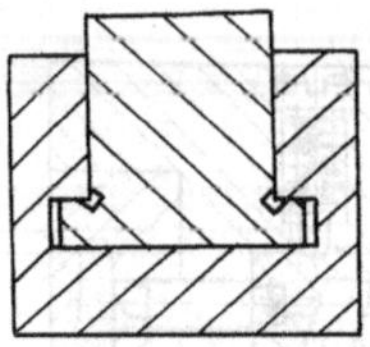	加工简单，使用方便，一般情况下都适用
2	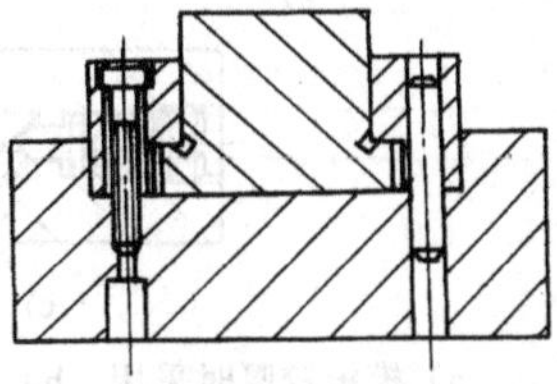	当滑块高出分型面较多时采用，滑块两侧的压块在模板中应予以定位
3	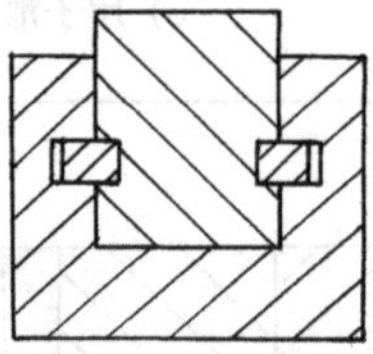	采用镶条作为导滑凸台，加工方便，便于修理，要求装配精度高
4	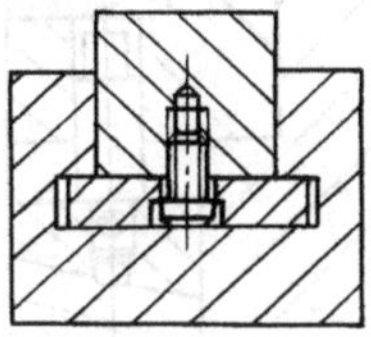	采用滑块底面镶板作为导滑凸台，便于制造和更换

表8-96　滑块的定位形式

形　式	图　例	说　明
弹簧挡块式	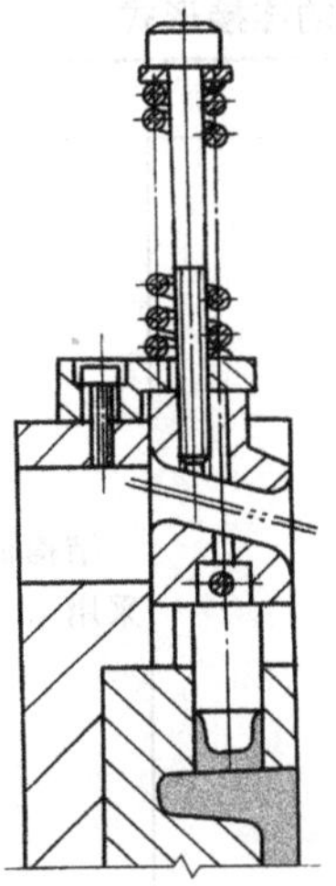	安全可靠，可用于模具的任何位置，模具上方的滑块采用此种形式最为适宜

（续）

形　式	图　　例	说　　明
弹簧挡销式	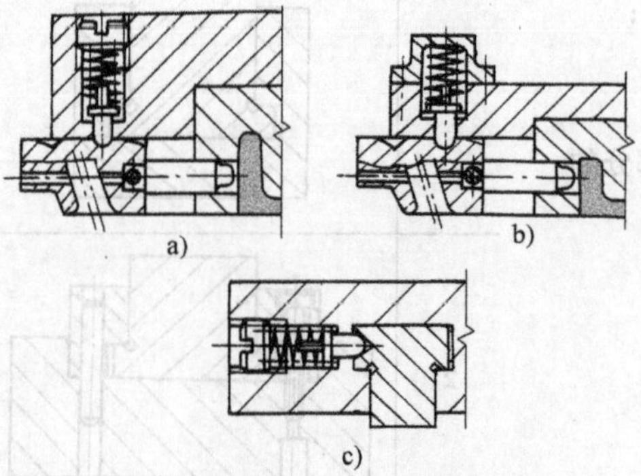 a）模板较厚时采用　b）用于较薄的模板 c）用于滑块侧面定位	结构紧凑，但弹簧在模板内易受热失效，适用于模具侧面的滑块定位
下挡块式	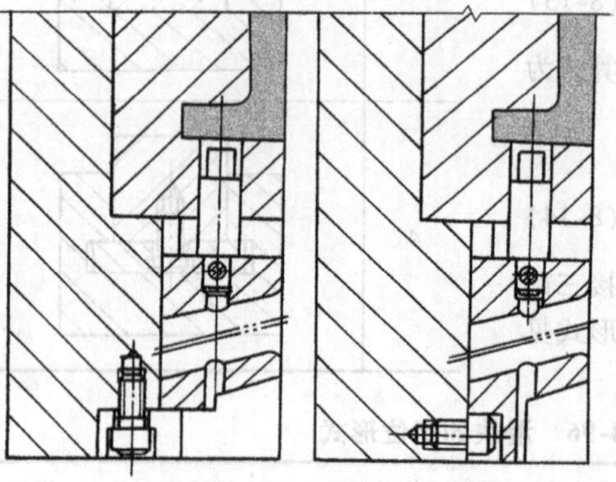	结构简单，只能用于模具下方的滑块

表8-97　滑块与型芯的连接形式

形　式	图　　例	说　　明
销钉连接	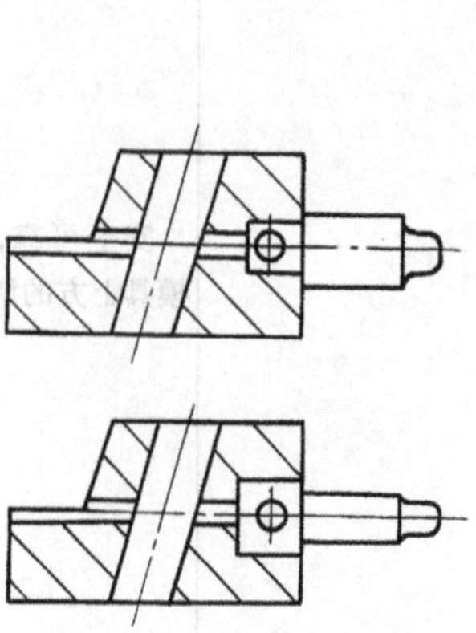	结构简单，制造方便，安全可靠，普遍采用

（续）

形 式	图 例	说 明
销钉连接	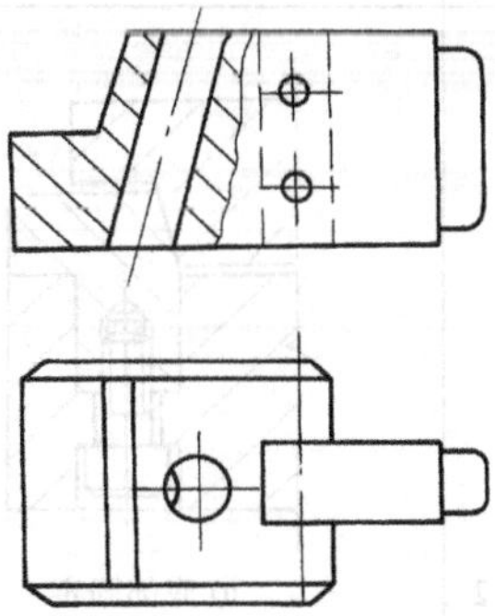	用于非圆型芯的连接，结构简单，使用可靠
T形凸台	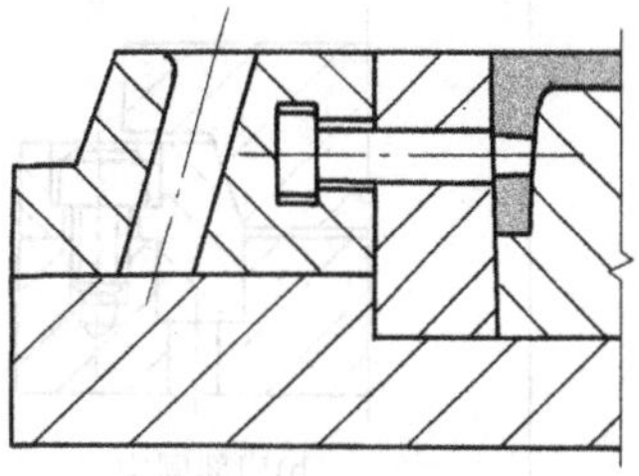	滑块采用T形槽，型芯定位由镶块孔保证。用于多个型芯的滑块，更换容易，但装配较费时。注意：抽芯后型芯不能抽出镶块
压板螺钉连接	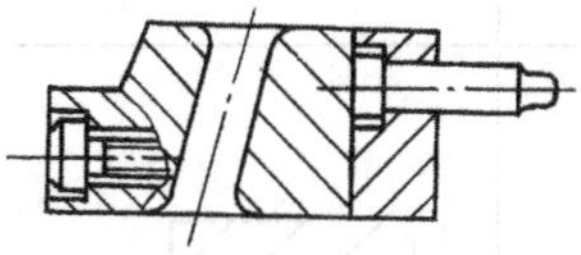	用螺钉连接压板压紧型芯，用于多个型芯或大滑块镶块的滑块

4）活动型芯。活动型芯的结构比较见表8-98。

表 8-98 活动型芯的结构比较

结构形式	比 较 说 明
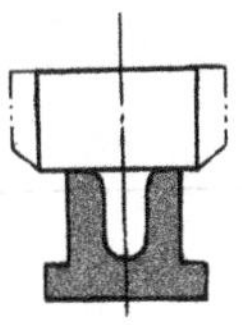	滑块和型芯做成整体，抽芯时因铸件无支承面而易产生变形。金属液易窜入滑块的配合面而发生故障
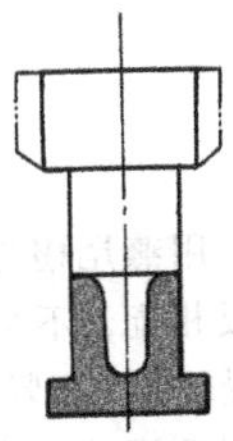	抽芯时铸件易变形，铸件端面由滑块型芯成形，尺寸不稳定
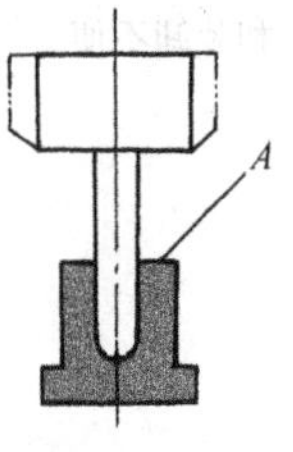	增设了抽芯支承面A，避免了抽芯时铸件的变形。但此结构易窜料，成形直径易磨损，影响尺寸精度
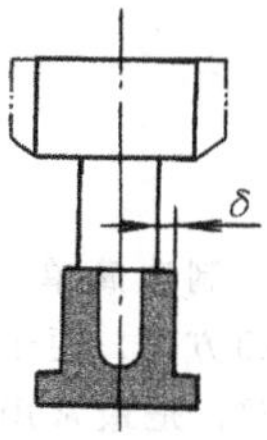	型芯的滑动配合直径比成形的型芯直径大，结构合理，推荐采用此种形式，取$\delta \geqslant 0.1\text{mm}$

5）斜拉杆。斜拉杆是机构中的施力元件，有三种基本形式，见表8-99。

表 8-99 斜拉杆的形式

形式	图 例	说 明
圆截面	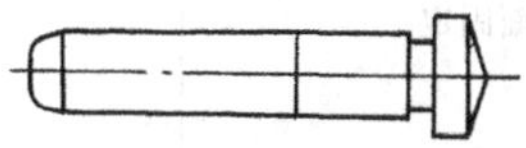	制造简单，装配方便，更换容易
带扁圆截面		加工费时，更换不便

（续）

形式	图　例	说　明
矩形截面	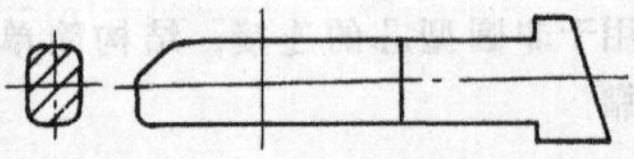	方形及矩形截面的斜拉杆，在与圆截面积相同的条件下，可承受较大的作用力，只因制造麻烦，较少采用

6）楔紧块。楔紧块的作用是防止滑块回退，其紧固形式见表 8-100。

（2）斜滑块抽芯机构　斜滑块抽芯机构由推板、斜滑块、导滑板等组成，如图 8-34 所示。

表 8-100　楔紧块的紧固形式

序号	图　例	说　明
1	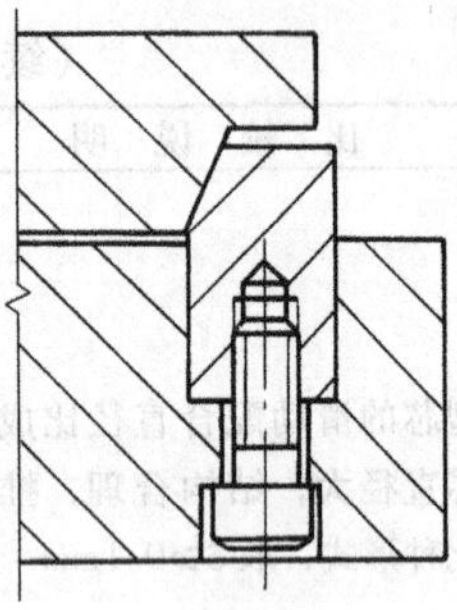 a) 底部固定 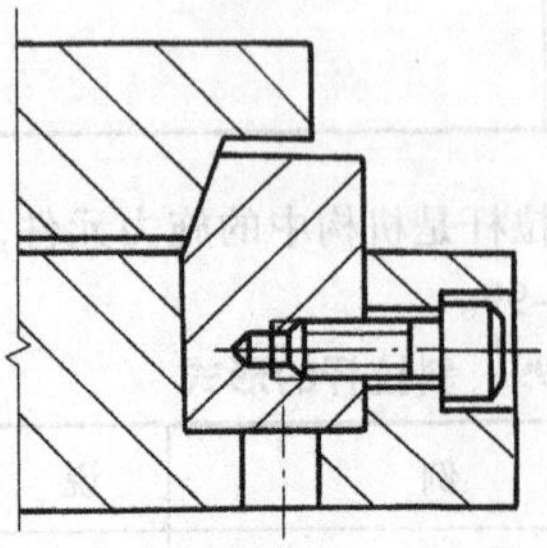 b) 侧面固定	制造简单，装卸方便，便于修整，是最常用的形式
2	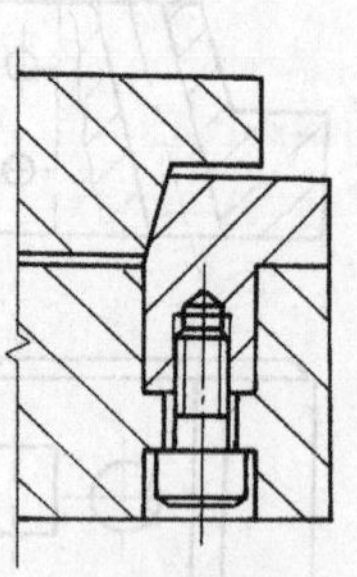 a) 底部固定 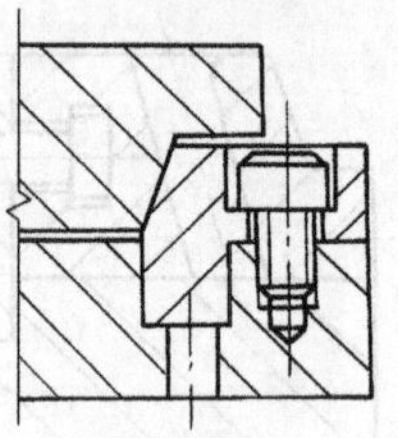 b)肩部固定	制造简单，装卸和修整方便，有较大的楔紧力
3	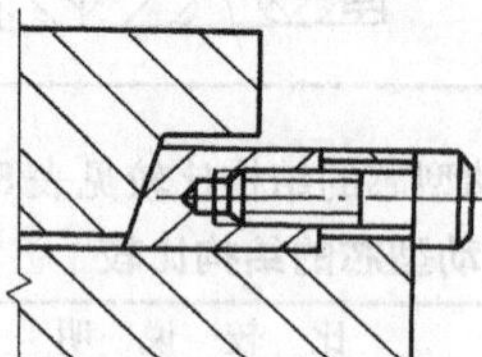	制造简单，装卸和修整方便
4	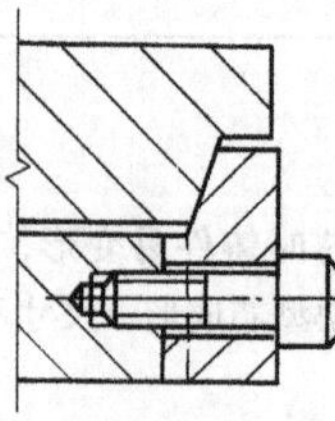 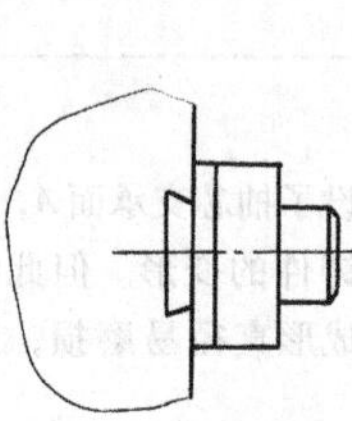	用燕尾槽与模板相配，不可承受较大的楔紧力，制造困难，修整和装卸不便

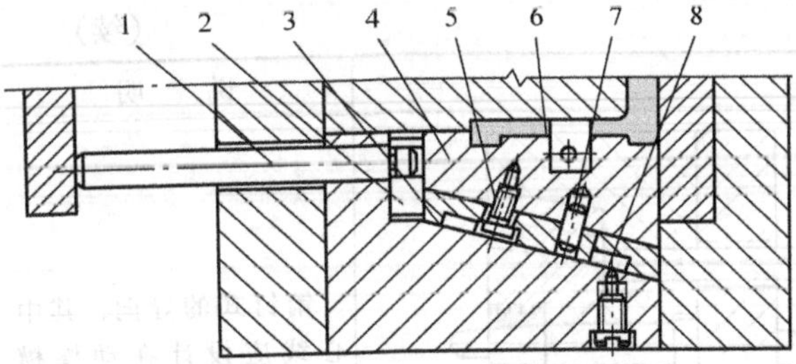

图 8-34 斜滑块抽芯机构

1—顶杆 2—小推板 3—导滑板 4—斜滑块 5—螺钉 6—型芯 7—销钉 8—挡钉

典型斜滑块抽芯机构的结构类型见表8-101，斜滑块的导滑形式见表8-102，斜滑块抽芯机构的设计要点见表8-103，推荐的导向斜角见表8-104。

4. 液压抽芯机构

使用液压抽芯机构可以根据抽芯力的大小及抽芯距离的长短选择液压缸的尺寸，大、中、小型模具均可使用。由于使用抽芯液压缸，抽芯力不依赖开模力，抽芯距离也与开模行程无关，对抽拔方向限制较小。液压抽芯动作独立于开合模动作，可以灵活设置抽芯时间及抽芯速度。

表 8-101 典型斜滑块抽芯机构的结构类型

类型	图 例	说 明
单侧斜导块导向	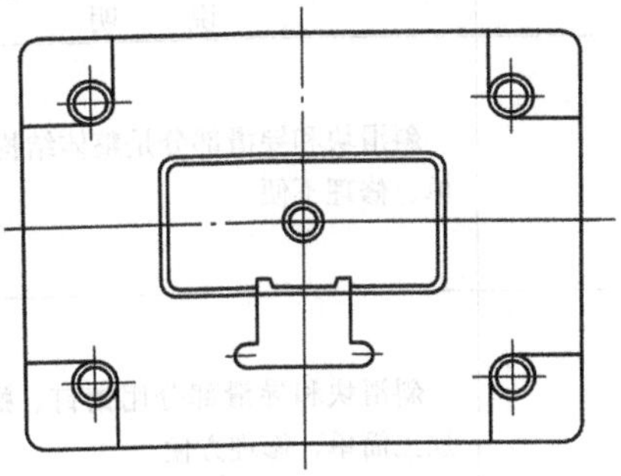 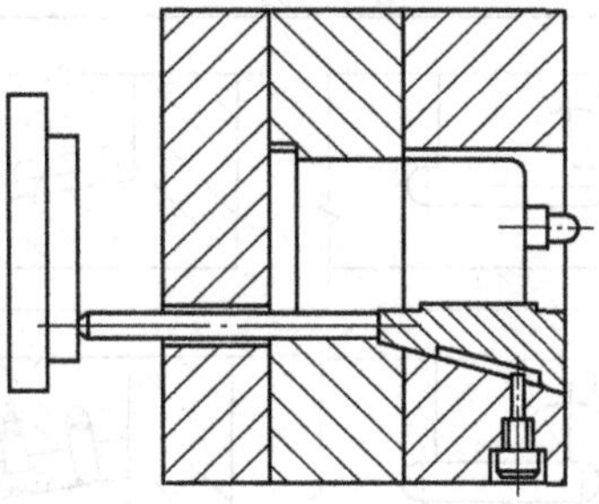	用于侧面较大，只有一个抽芯部位的铸件 结构简单、可靠、制造方便
两半斜滑块导向	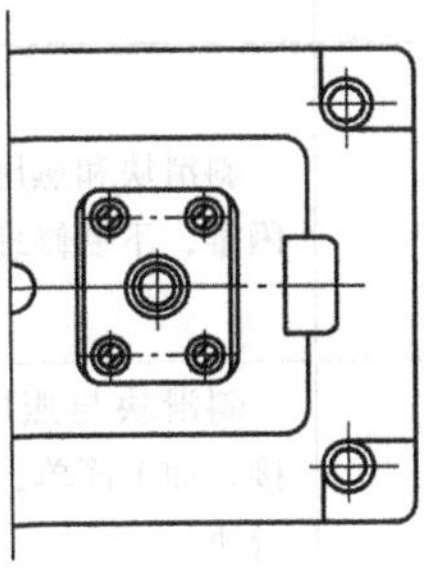 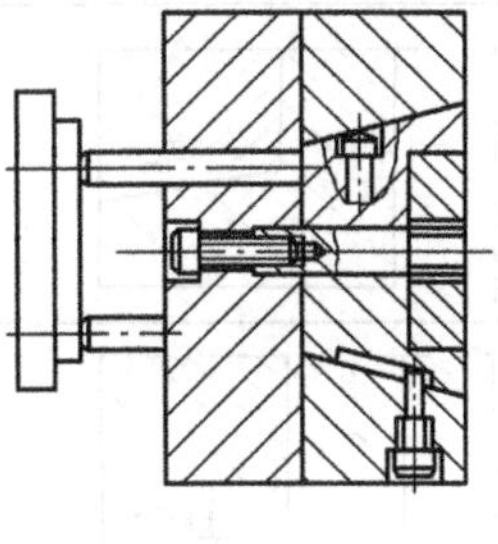 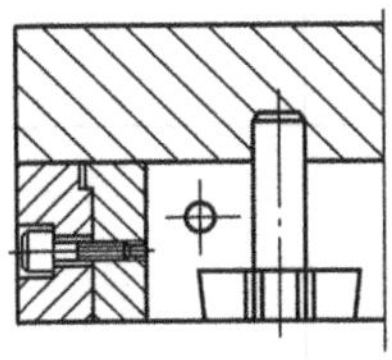	两半斜滑块合成铸件的外形，采用导滑块导向，适用于一模多腔
三瓣燕尾槽导向	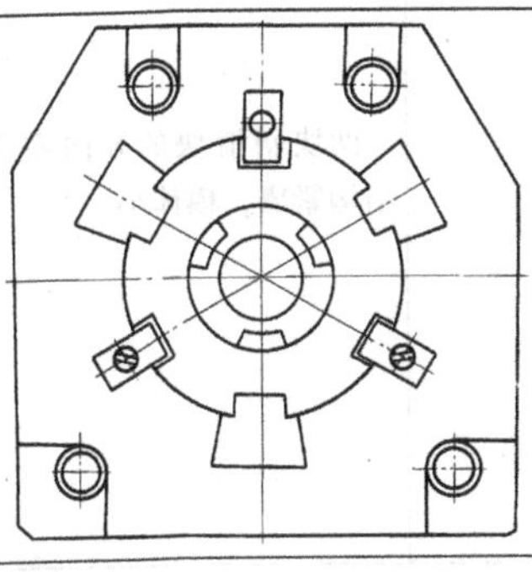 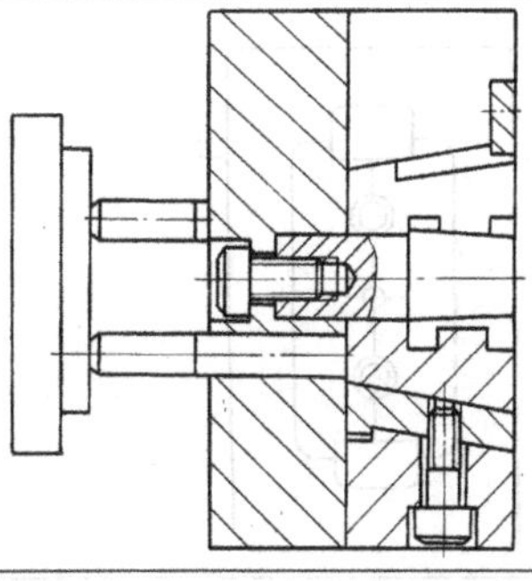	三面斜滑块抽芯，燕尾槽导向，制造困难

（续）

类型	图例	说明
四瓣斜销导向	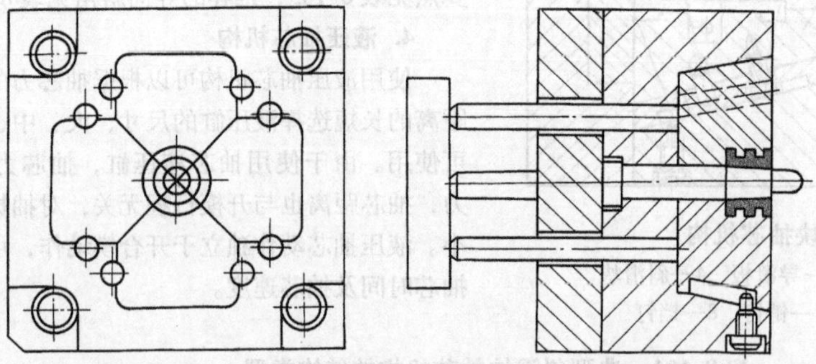	销钉式的导向，其中心线应设计在动模模板内

表 8-102 斜滑块的导滑形式

形式	图例	说明
T形槽	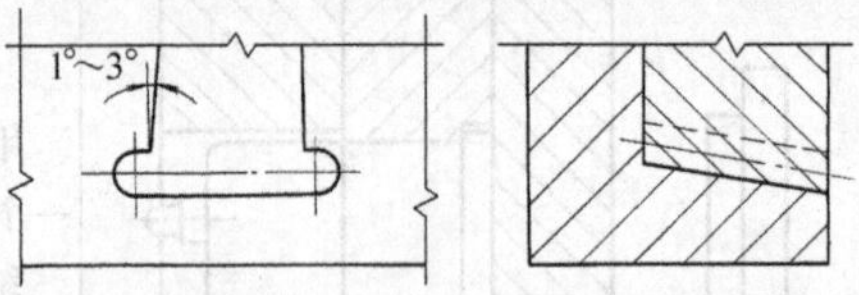	斜滑块和导滑部分是整体结构，加工简单，修理不便
	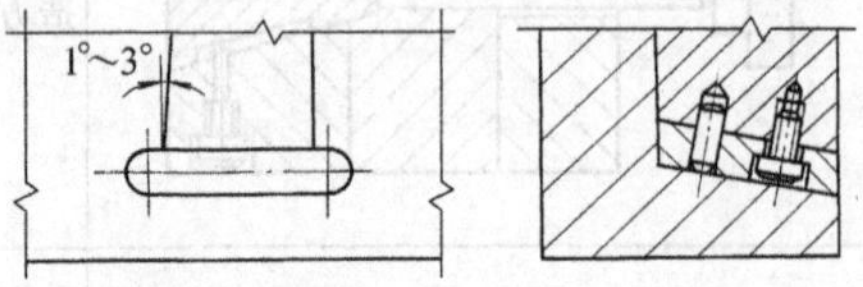	斜滑块和导滑部分用销钉、螺钉连接，加工简单，修理方便
燕尾槽	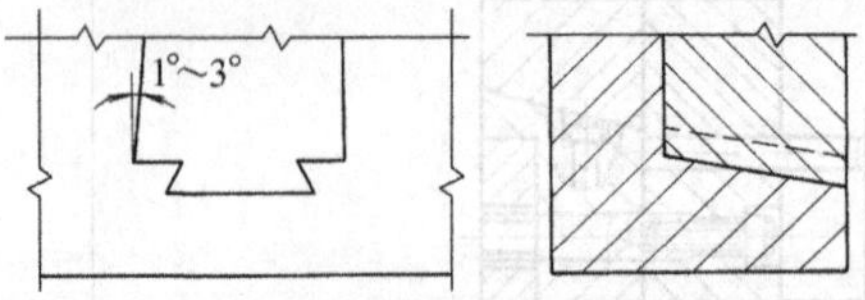	斜滑块和燕尾导滑板是整体结构，加工困难，不易修理
	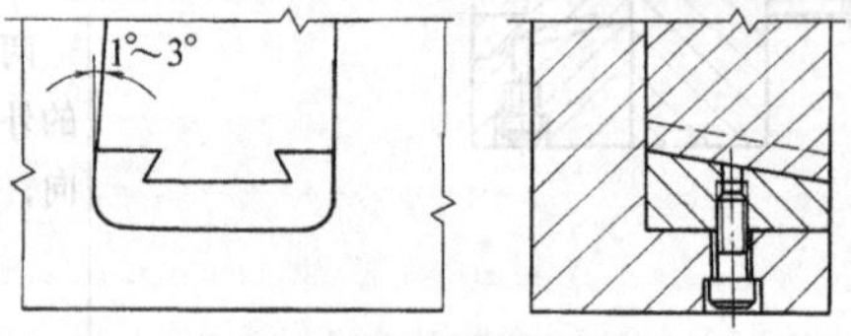	斜滑块与燕尾导滑板用螺钉、销钉连接，加工简单，便于修理，适用于大型斜滑块
斜导块	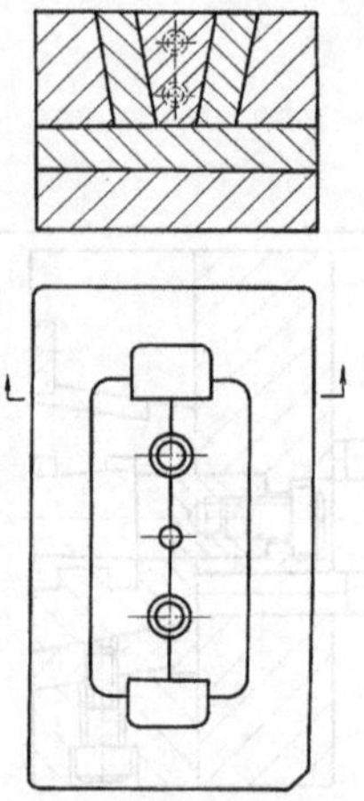	两块斜滑块的导向零件在斜滑块之间，结构紧凑，模体小

（续）

形式	图例	说明
双斜销	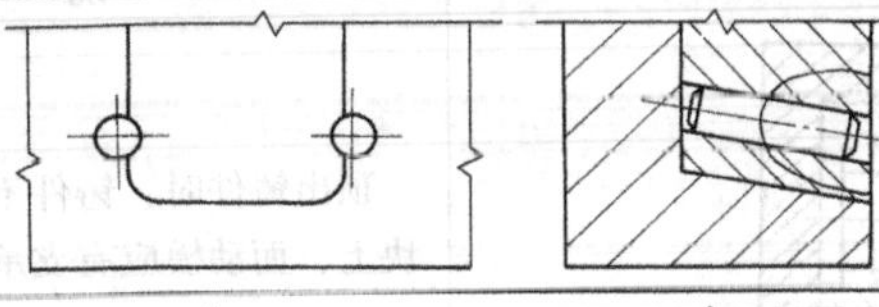	导滑结构加工方便，适用于多块斜滑块抽芯的模具
斜拉杆	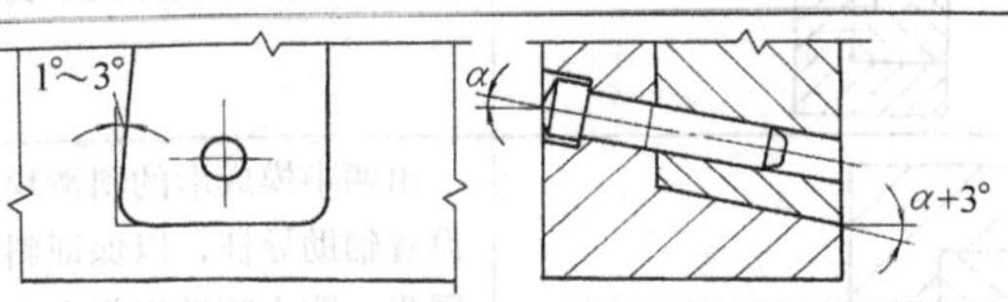	适用于抽拔力小，导向角大的场合

表 8-103　斜滑块抽芯机构的设计要点

序号	图例	说明
1	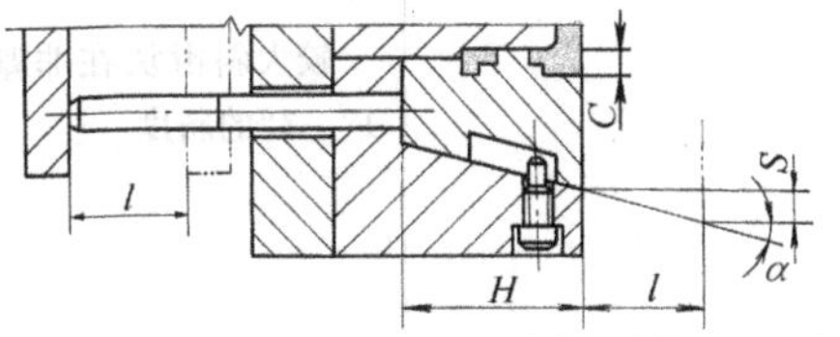	斜滑块的斜角 α 一般采用 5°～25°，最大不超过 30° 两个以上的斜滑块，可按各自不同的抽芯距离取不同的斜角 α，以保证顶出距离的一致 抽芯距离 S 应比成形深度 C 大 2mm 以上，即 $S \geqslant C + 2\text{mm}$ 最小顶出距离 l（mm）为 $l = \dfrac{S}{\tan\alpha}$ 顶出行程不大于滑块高度 H 的 2/3，即 $l \leqslant \dfrac{2}{3}H$
2	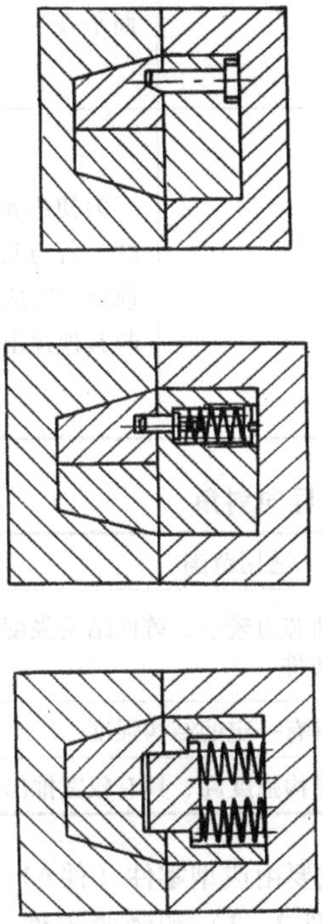	采用斜滑块机构时，动模型芯应有足够的包紧力，不能依赖斜滑块的成形部分将铸件脱出定模 当铸件对定模的包紧力大于对动模的包紧力时，为了防止铸件留在定模，应采取开模时不使斜滑块产生抽芯动作的制造装置

（续）

序号	图　　例	说　　明
3	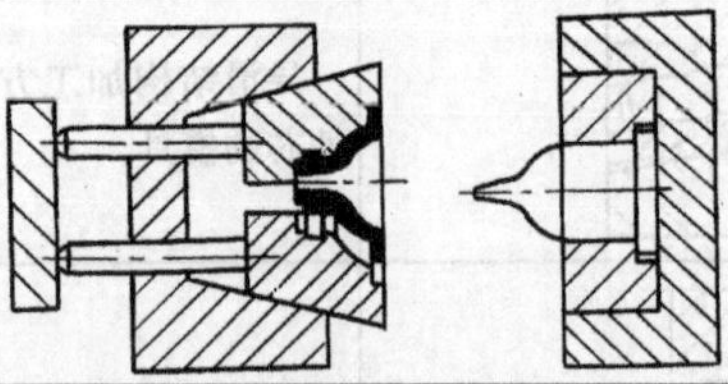	顶出铸件时，铸件不应滞留在单侧斜滑块上，而动模应有支承铸件的固定型芯
4	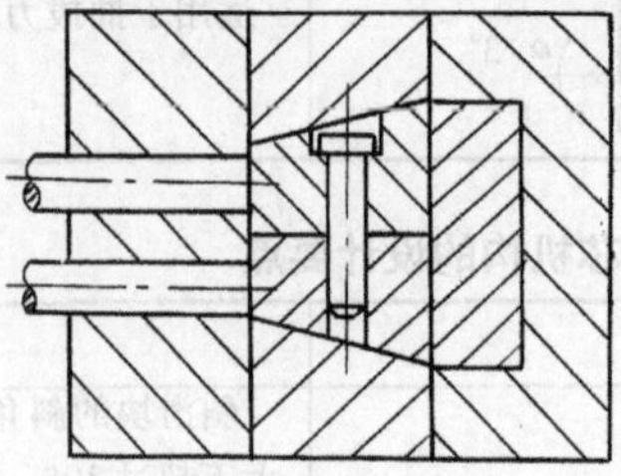	由两半模成形的斜滑块结构，斜滑块应设置辅助导柱，以保证斜滑块抽芯动作的同步，防止铸件损伤和变形
5	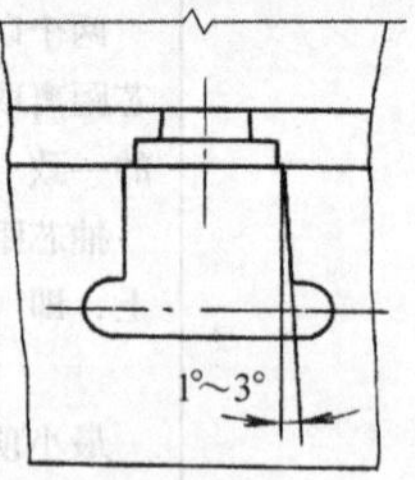	较大斜滑块在非基准面一侧应做成有1°~3°的斜度
6	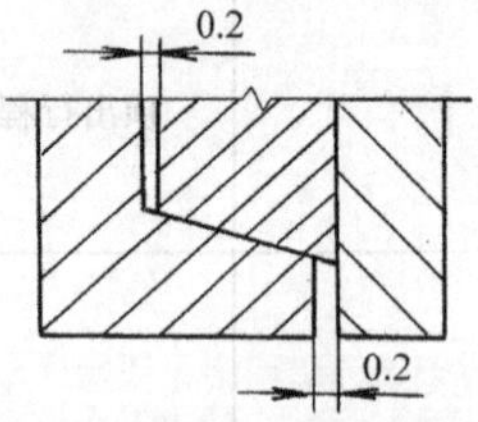	斜滑块机构修整装配时，斜滑块应高于分型面约0.2mm，顶面留出0.2mm空隙，以保证在合模状态时斜滑块顶面与其分型面平齐
7	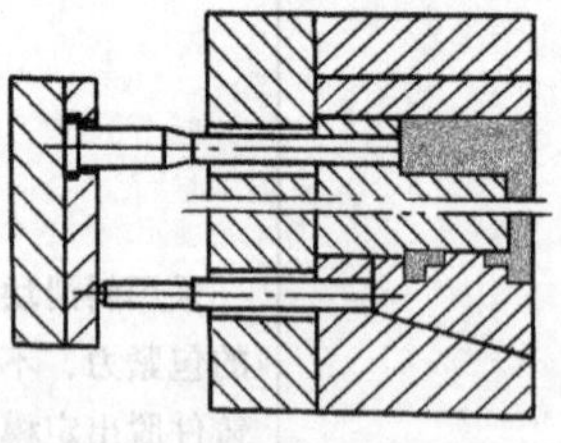	为使斜滑块顶出平稳，顶杆长度应一致。若与其他顶杆联合顶出时，顶杆在合模位置时应紧紧接触斜滑块的底面，使其与其他顶出元件同步

表8-104　推荐的导向斜角

推荐导向斜角 α	适用范围
5°/8°/10°	侧面抽芯距较小，推出高度大，适用于抽芯力较小、铸件结构强度不高、推出承力面（铸件上承受起始推出力的支承面）较窄的深腔薄壁铸件
12°/15°/18°	抽芯距及推出高度处于中等程度，铸件具有一定的结构强度
20°/22°/25°	侧向抽芯距离大，推出高度小，适用于结构强度高、具有较宽推出承力面的铸件

（1）液压抽芯机构的组成　液压抽芯机构利用液压缸通过活塞的往复运动实现型芯的抽出与复位，主要由成型零件（件6）、液压缸（件1）、连接零件（件2、3）和锁紧零件（件5）等组成，如图8-35

所示。

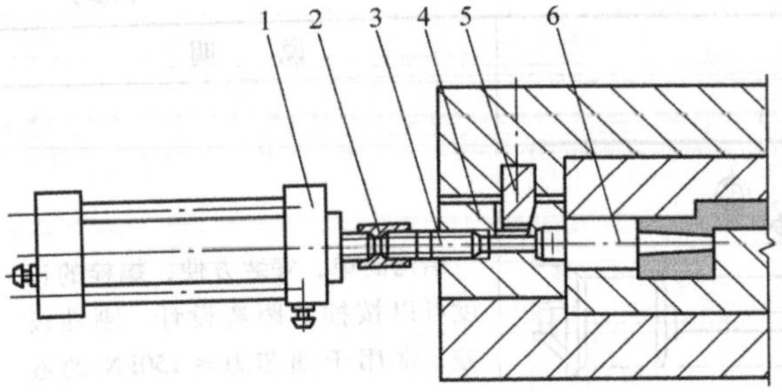

图8-35 液压抽芯机构的组成

1—抽芯液缸 2—连接螺母 3—连接螺栓 4—滑块 5—楔紧块 6—活动型芯

（2）液压抽芯机构的应用要点

1）液压缸的选用：①液压缸的抽拔力应大于需要抽出的型芯包紧力的1.3倍；②液压缸的抽拔行程应大于活动型芯的抽出距离，保证铸件顶出及取件时不干涉；③液压缸可以根据需要自行设计制造，也可从市场直接购买，目前液压缸已成为通用标准化产品。自制或购买的液压缸应符合抽芯要求，其技术参数包括行程、直径、液压压力及安装尺寸等。

2）液压缸配置。目前所有压铸机都配置或选项配置液压抽芯装置阀块和接口，在选配时应注意以下选项：①止回阀。对于上、下方向的抽芯机构，应配置止回阀，防止重的型芯或滑块在重力作用下或在抽芯系统压力低的时候发生位置下滑。②泄压阀。用于在抽芯阀块和抽芯液压缸之间液压管路的快速泄压。当移开抽芯单元液压连接时，可以防止液压油飞溅。如果要求快速更换液压抽芯连接等，应配置泄压阀。③减压阀。如果对抽芯压力有不同要求，可以配置减压阀，使个别抽芯液压缸使用更低的工作压力。

3）液压缸的使用：①固定支架（底座）。液压缸通过支架固定于模具上，应保证具有足够的强度和刚度，避免抽芯过程中产生变形。②连接器。液压缸活塞杆通过连接器与模具滑块连接，应保证两者匹配，最好做成标准化连接。③安装精度。保证抽芯油缸中心线与活动型芯滑动中心线重合，不重合会产生额外的偏心力矩，使抽拔力增大。④楔紧块。如果抽芯油缸锁紧力远大于滑块型芯的反压力，可不设楔紧装置；否则活动型芯应使用锁紧装置加以锁紧。⑤液压抽芯管路接头防护。当更换模具拆装液压管路接头时，应注意管接头的防护，避免污染物由接头进入油路。

（3）抽芯力和锁紧力的计算　抽芯力和锁紧力的大小与液压压力和液压缸直径相关，见表8-105。

表8-105 抽芯力和锁紧力的计算

图例	计算公式
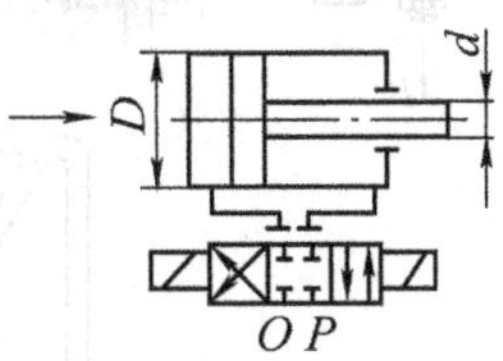	$F_{抽}=p\pi(D^2-d^2)/4$ $F_{锁}=p\pi d^2/4$ 式中 $F_{抽}$—抽芯力（N） $F_{锁}$—型芯锁紧力（N） p—液压压力（MPa） d—活塞杆直径（mm） D—抽芯液压缸活塞直径（mm）

（4）液压缸底座的安装形式　液压缸底座可以采用钢板焊接，也可购买标准化底座。抽芯液压缸底座的典型结构和安装形式见表8-106。

表8-106 抽芯液压缸底座的典型结构和安装形式

类型	图例	说明
通用底座	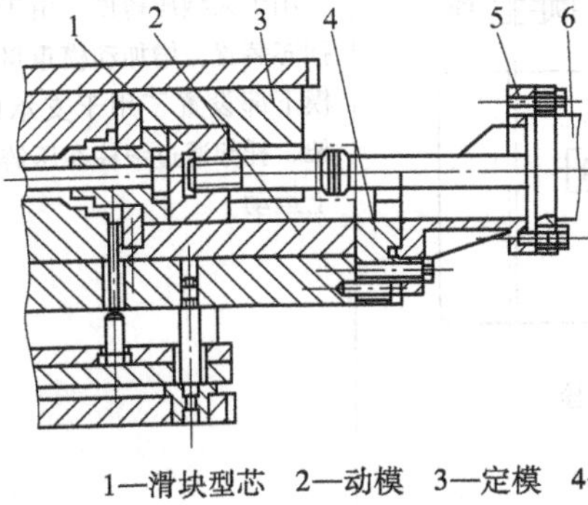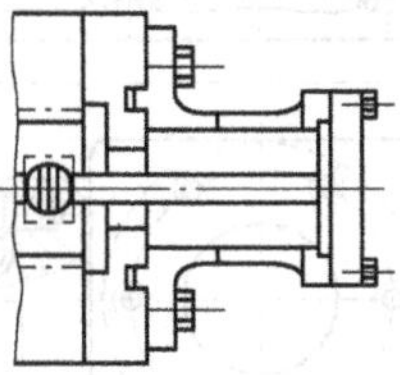 1—滑块型芯 2—动模 3—定模 4—液压缸底座固定板 5—通用液压缸底座 6—液压缸	通用液压缸底座一般为标准件，横断面为半圆形，一端与液压缸连接，另一端与模具连接

（续）

类型	图例	说明
螺栓式底座	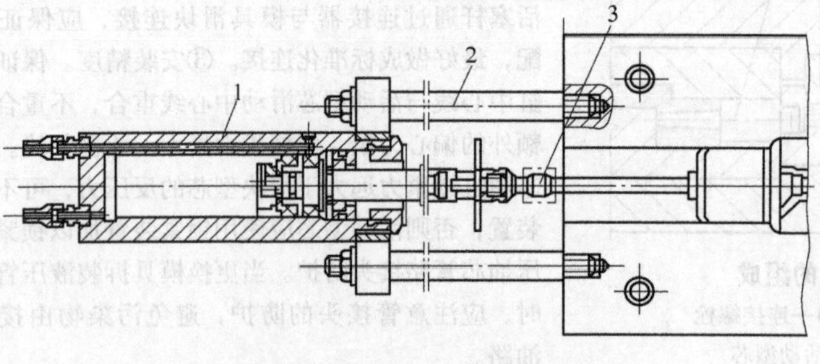1—液压缸 2—螺栓 3—滑块拉杆	结构简单，安装方便，螺栓的长度可以按抽芯距离设计。刚性较差，常用于抽芯力≤150kN 的液压缸
框架式底座	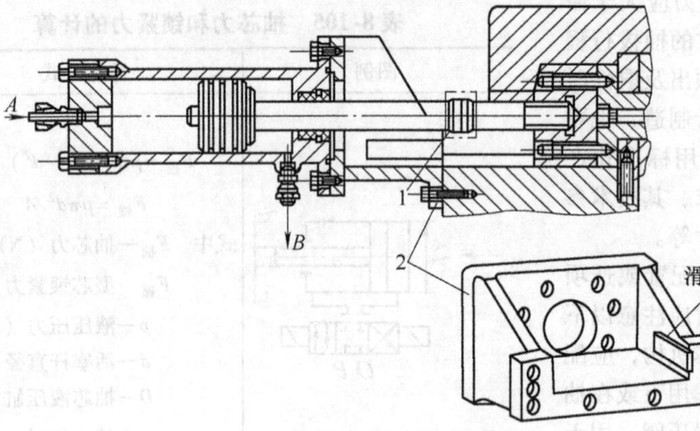1—联轴器 2—液压缸底座	刚性好，稳定性好 常用于抽芯力>150kN 的液压缸
模具上带有托架的液压缸	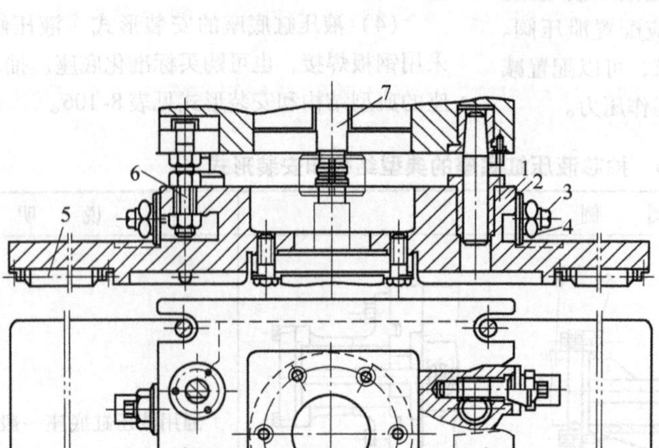1—托架体 2—锥形销 3—斜齿轮 4—连接螺栓 5—滚柱 6—滑块连接杆 7—抽芯杆	用于大型压铸模，由于多面设置抽芯装置，增加动模重量，故在动模下部设置了用于支承的动模托架，托架通过滚柱在压铸机导轨面上运动

8.4.9 顶出机构

顶出机构大多设置在动模上，由顶出元件、测量元件、限位元件、导向元件及结构元件等组成。根据驱动方式，顶出机构可分为液压顶出机构和机械式顶出机构两大类。液压顶出目前使用广泛，机械式顶出已很少使用。

1. 液压和机械式顶出机构及特点

液压顶出机构的顶出力由液压缸提供，机械式顶出机构的顶出力由开合模动作提供，其结构和特点见表8-107。

2. 顶出元件类型及特点

顶出元件指直接接触铸件并将其顶出的前端元件。为适应不同结构铸件的要求，有时需要使用不同的顶出元件。常用的顶出元件类型及特点见表8-108。

表8-107 机械式和液压顶出机构及特点

类型	图例	特点
机械式顶出机构	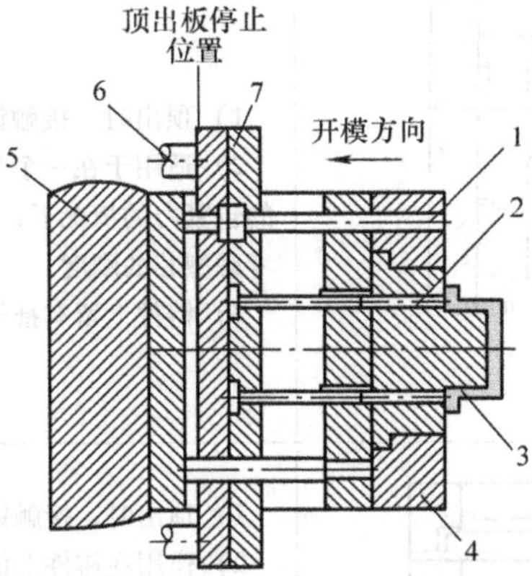 1—复位杆 2—顶杆 3—铸件 4—动模套板 5—动模板 6—顶出板推杆 7—顶出板	1）顶出力来源为机器的开模力，不需额外动力 2）顶出动作由机器上装有可调节长度的顶杆传到模具的推板上 3）顶出时，对铸件有冲击，但在正常情况下不会产生不良后果 4）机器顶杆间距太大，对推板的尺寸有特殊要求 5）顶出速度由开模速度决定
液压顶出机构	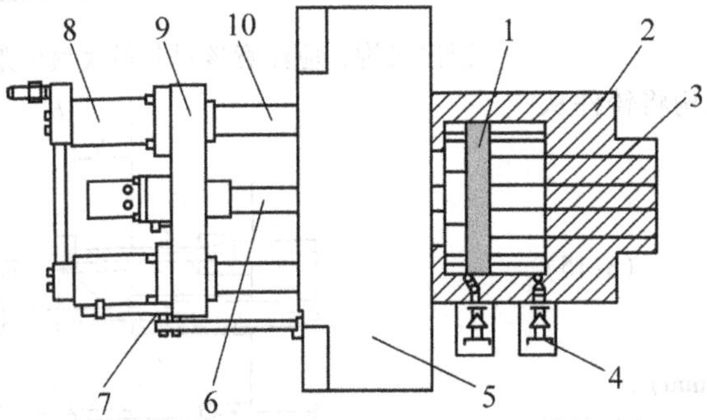 1—顶出板 2—动模 3—顶杆 4—限位器 5—动模板 6—顶出杆 7—位移测量 8—顶出液压缸 9—固定板 10—导柱	1）顶出力来源为顶出液缸 2）顶出动作平稳 3）顶出器的推板上设有若干预杆位置，可根据模具推板的大小和位置，适当选择顶杆位置 4）程序控制： 往复顶出次数 顶出力 顶出速度 顶出延时 顶出行程 5）精确测量顶出距离 6）顶出快速连接

表 8-108 常用的顶出元件类型及特点

类型	图例	特点
顶杆顶出	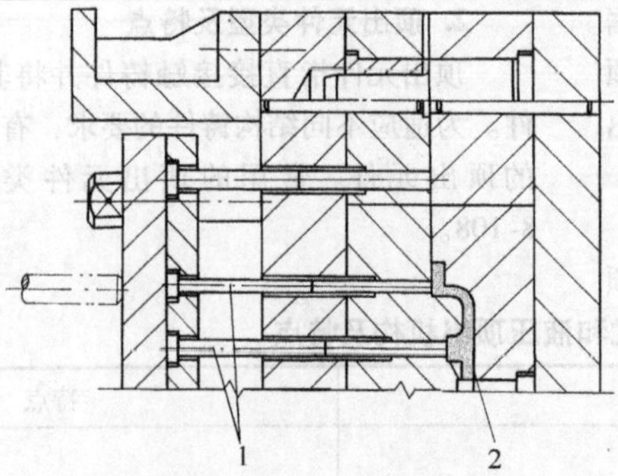 1—顶杆 2—铸件	1）顶出时，接触铸件的是杆状零件 2）可以根据铸件形状和结构设计顶杆零件的形状并合理排列顶杆的位置 3）铸件上留有相应的顶杆形状印痕
推管顶出	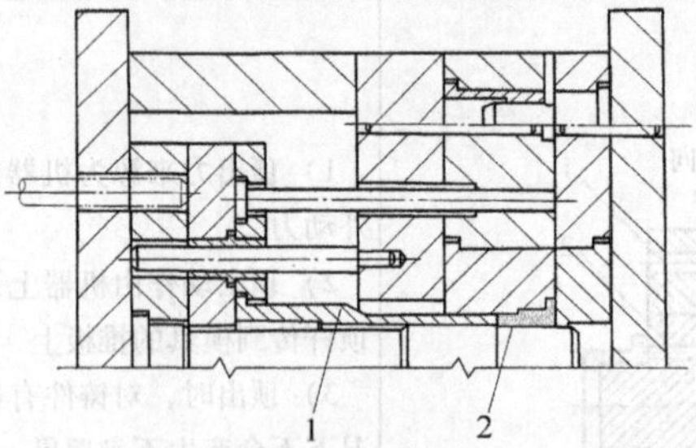 1—推管 2—铸件	1）顶出时，接触铸件的是管状零件 2）适用于在一个型芯（直径不大）受到较大的包紧力的情况下，在型芯外围设置推管，但要考虑型芯的刚度 3）铸件上留有推管的印痕
推板顶出	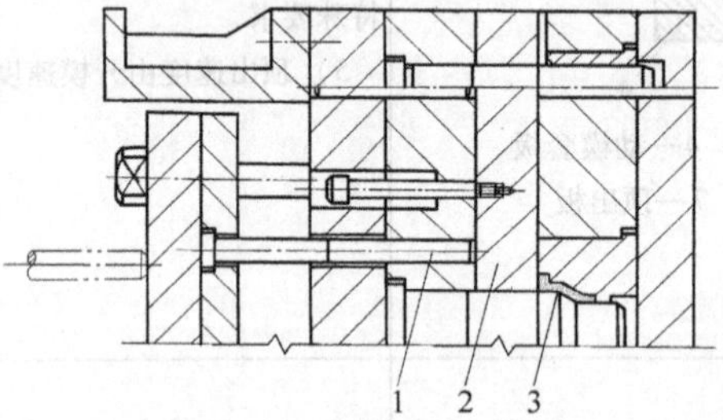 1—顶杆 2—推板 3—铸件	1）顶出时，接触铸件的是板状零件 2）作用在铸件上的顶出力分布均匀 3）适用于薄壁深腔包紧力较大的盒状和筒形铸件 4）要求推板与型芯的配合精度高，但此结构有发生拉伤型芯或推板底面飞溅渣的可能性，从而影响铸件的尺寸精度 5）一般情况下铸件上不会留有顶出的印痕

3. 顶出机构设计要点

（1）顶出距离 顶出距离指顶出机构将铸件从型腔中推出的距离，如图 8-36 所示。

顶出距离一般按下式计算：

$$S > \frac{1}{3}H \tag{8-15}$$

式中 S——顶出距离（mm）；

H——成形零件凸出的最大高度（mm）。

实际上，顶出距离需要根据铸件高度、开合模距离、顶出机构的最大顶出行程等有关因素综合确定。当分流器的高度大于成形部分高度时，则应按分流器的高度考虑顶出距离，而采用机器人取件时，需要根据抓手具体形状和尺寸确定顶出距离，应该保证机器人抓手能够抓到料饼或铸件。目前，压铸机配置标准顶出机构，应注意核对其最大顶出距离。

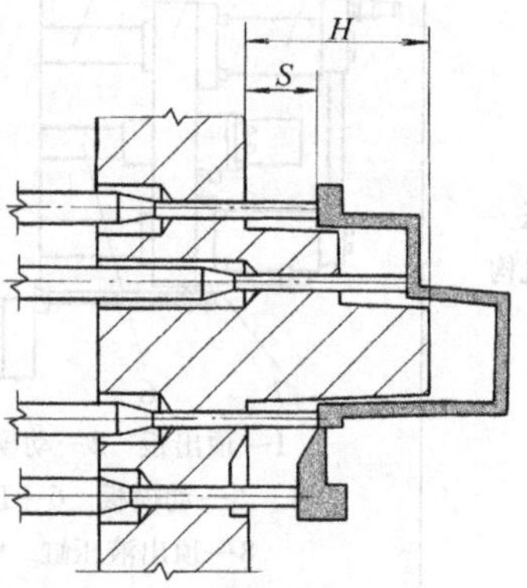

图 8-36 顶出距离的确定

H—成形零件的高度 S—顶出距离

（2）顶出力　机械式顶出机构的顶出力取决于压铸机开模力，液压顶出机构的顶出力由液压缸提供，由液压压力和液压缸直径大小确定。确定铸件需要的顶出力大小，可参考铸件包紧力计算式进行估算，一般以包紧力的1.2倍为宜。

4. 顶出元件

（1）顶杆　顶杆位置应遵循以下规则：

1）尽量使顶出位置均匀分布，铸件受力均匀，避免铸件顶出部位受弯曲应力、切应力和拉伸应力，如图8-37所示。

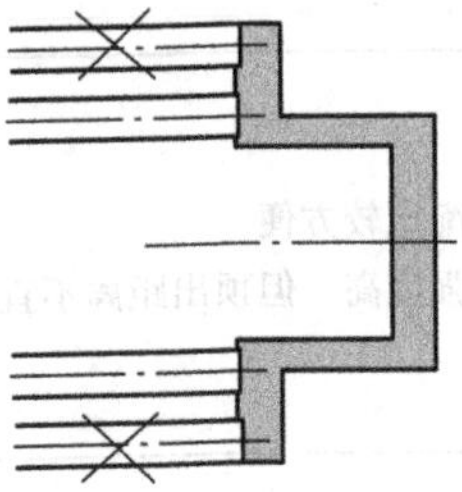

图8-37　顶出位置设置在受力状态较佳部位

2）顶出位置应设置在包紧力最大的部位或不易脱模处。

3）顶出位置应避开不允许留有印痕的表面，可设置在浇道、溢流槽以及附加的工艺凸台上。

4）注意避免顶出部位与活动型芯产生干涉。

5）斜面或曲面顶出对顶杆工作状况不利，顶出位置应尽量避免斜面或曲面顶出。

6）考虑模具成形零件要有足够的强度，如图8-38所示。推杆位置边距 S 应大于3mm，顶杆直径 d 应比成形零件直径 d_0 小0.4～0.6mm，顶杆与型芯间应留有一小段距离 δ，避免金属液窜入顶杆与成形零件配合间隙内。

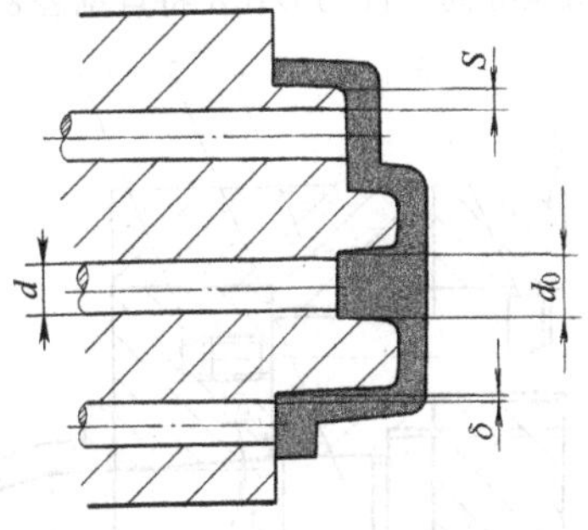

图8-38　顶杆位置边距设置

顶杆与顶杆孔的滑动配合长度参考表8-109选取。若滑动配合长度过长，会增加滑动摩擦力。尤其对受力较大的细顶杆，易产生动作故障；过短时，会使滑动过程不稳定。顶杆孔非配合部分的组装尺寸如图8-39所示，图中尺寸符号见表8-109。

表8-109　顶杆与顶杆孔的滑动配合长度

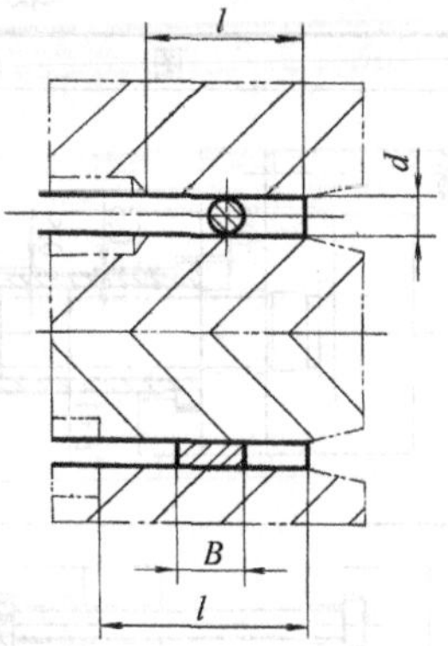

圆形顶杆		矩形顶杆	
d	l	B（最大宽度）	l
≈6	≈4d	≈10	≈4B
>6～10	（4～3）d	>10～16	（4～3）B
>10	（3～2）d<40	>16	（3～2）B<40

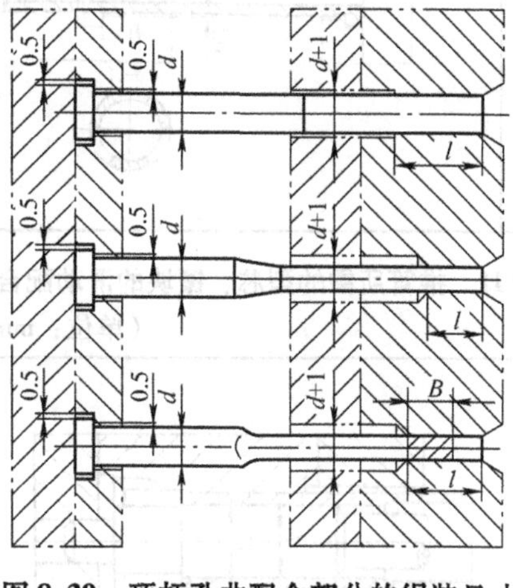

图8-39　顶杆孔非配合部分的组装尺寸

7）常用顶杆固定形式如图8-40所示。

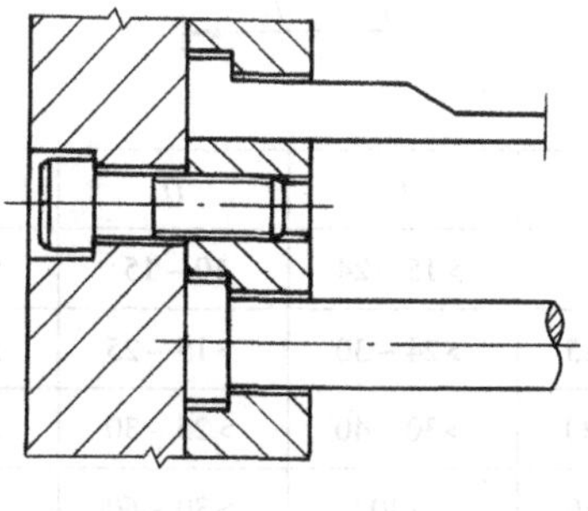

图8-40　常用顶杆固定形式

（2）推管　推管主要用于不便使用顶杆，薄壁、易变形的筒形铸件。常用的推管类型及应用特点见表 8-110，推管所需的型芯、镶块的滑动配合长度见表 8-111。

表 8-110　常用的推管类型及应用特点　（单位：mm）

类型	图例	应用特点
环形推管	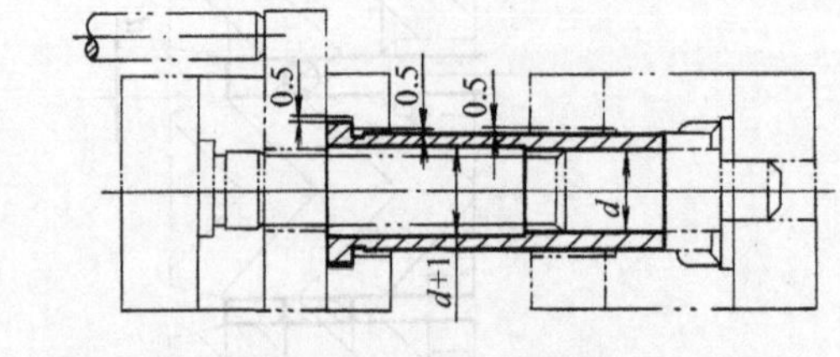	1）加工和装配方便，但增加了型芯长度和模具厚度 2）这种推管多用于较大壁厚的筒形铸件
	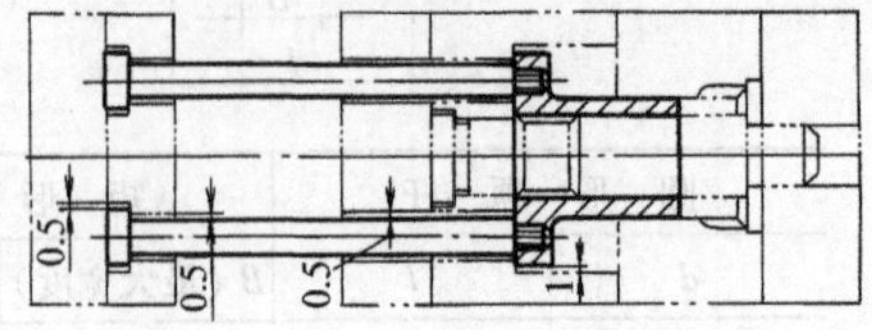	1）加工装配比较方便 2）推管的强度高，但顶出距离不宜过大
扇形推管	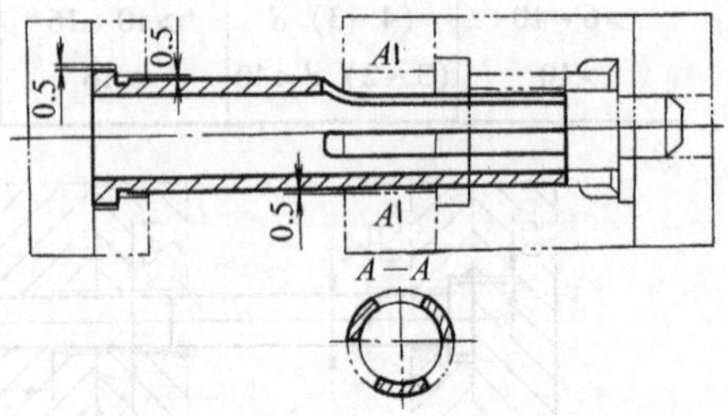	1）推管加工难度大，配合精度要求高，而且容易变形 2）装配比较方便

表 8-111　推管所需的型芯、镶块的滑动配合长度

（单位：mm）

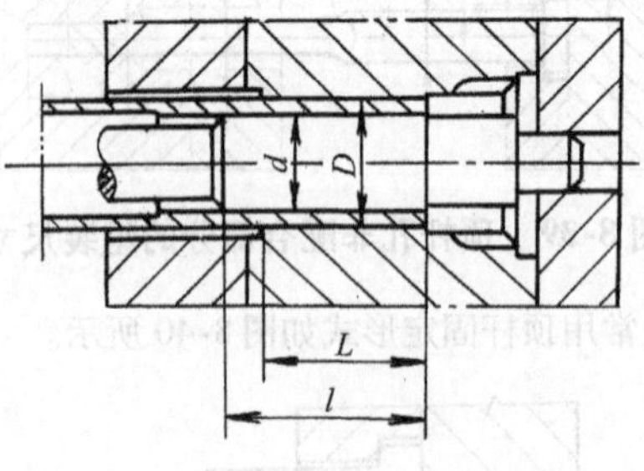

d	l	D	L
8 ~ 15	>15 ~ 24	10 ~ 15	>10 ~ 18
>15 ~ 25	>24 ~ 30	>15 ~ 25	>18 ~ 23
>25 ~ 30	>30 ~ 40	>25 ~ 30	>23 ~ 28
>30 ~ 50	>40	>30 ~ 60	>30

（3）推板　推板的特点是作用面积大、顶出均匀、动作稳定、在铸件表面不留顶痕，适合薄壁大面积的铸件。常用的推板顶出基本组成如图 8-41 所示，常用的推板顶出形式见表 8-112。

5. 顶出机构导向元件

顶出机构导向元件的形式及特点见表 8-113。

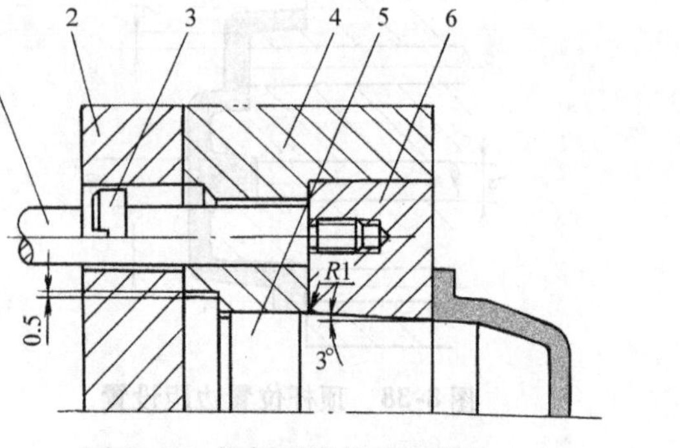

图 8-41　推板顶出的基本组成

1—顶杆　2—支承板　3—限位钉
4—动模套板　5—型芯　6—推板

表8-112 常用的推板顶出形式

序 号	图 例	特 点
1	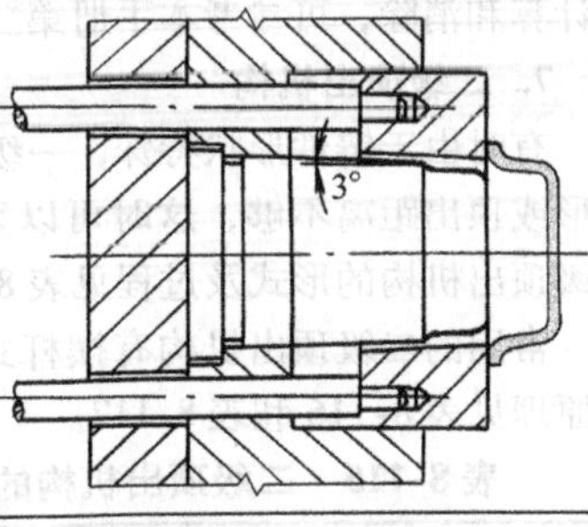	1）配合间隙要求严格 2）动模板厚度较大 3）推板底部易窜入金属残屑，清理困难。为清理方便，可加大顶出距离，但推板与动模板和型芯必须采用斜面相配
2	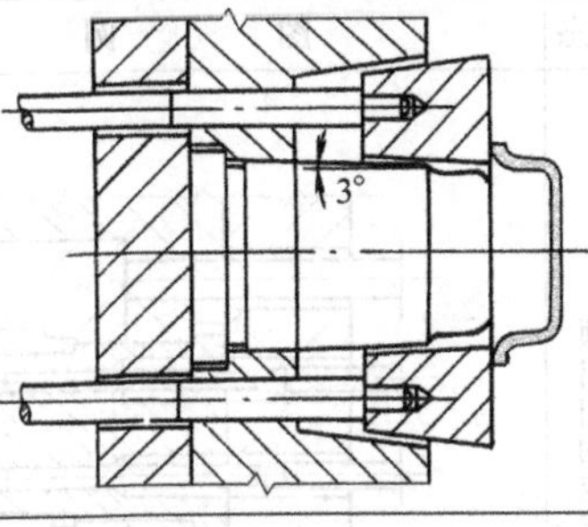	1）制造困难 2）活动灵活，不会卡住 3）清理不方便
3	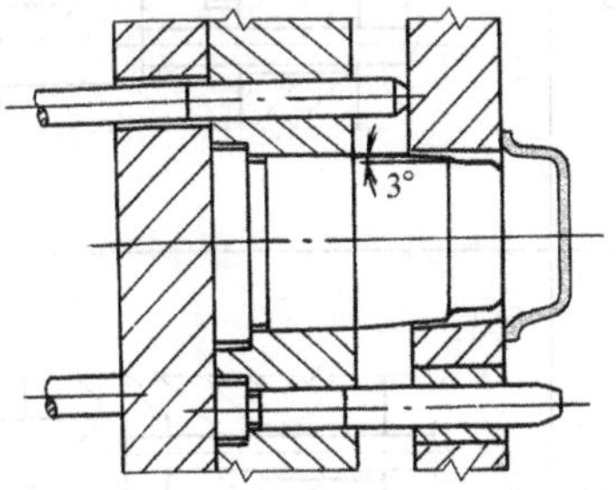	1）推板要与模板一样大 2）导向方式较好 3）清理模具方便

表8-113 顶出机构导向元件的形式及特点

形式	图 例	特点
导钉式	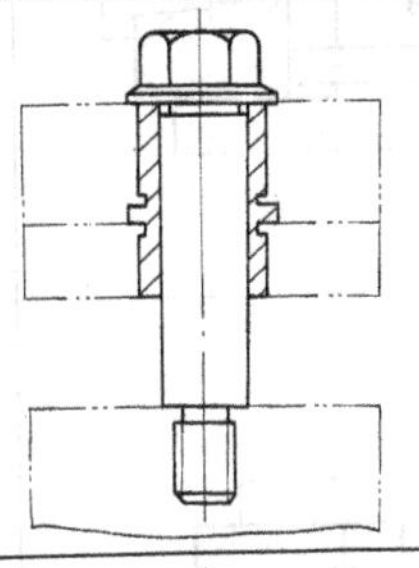	1）易制造，装拆方便，广泛用于中小型模具 2）螺纹连接，轴肩定位 3）定位准确性较差，顶出运动不太灵活
	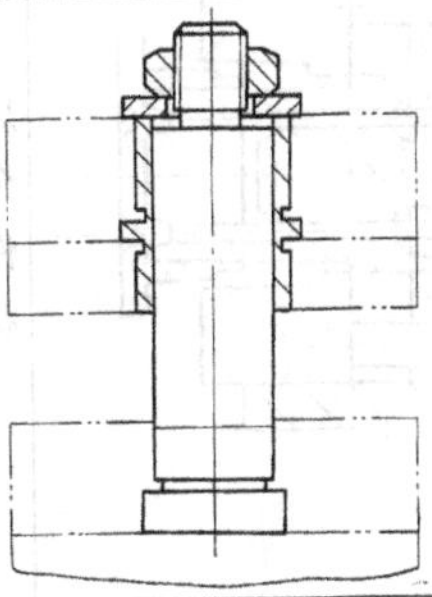	1）同上1、2 2）顶出运动灵活，应在中小型模具上采用 3）定位准确性较差

（续）

形式	图 例	特点
导杆式	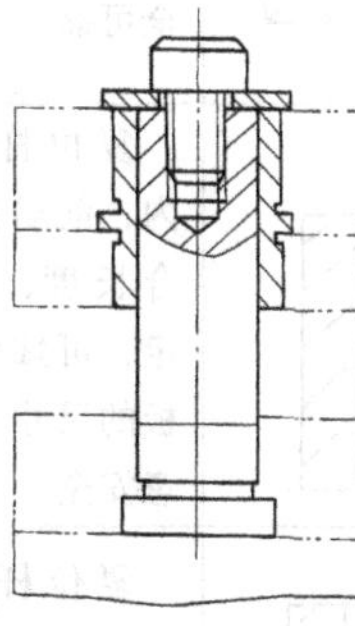	1）易制造，装拆方便 2）结构简单，顶出运动平稳 3）支承力大，应用在中型以上的模具

（续）

形式	图　　例	特点
支柱式	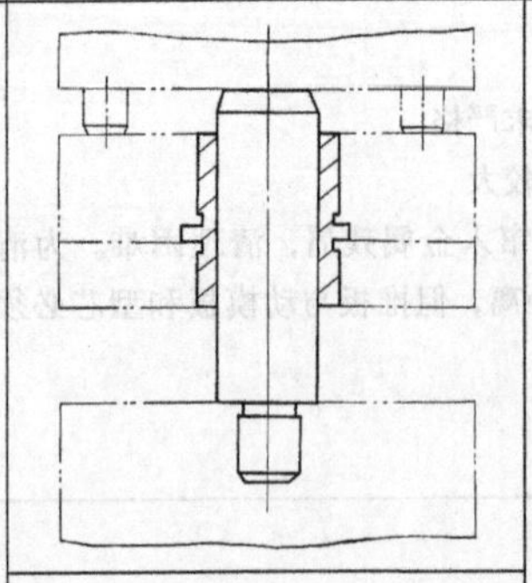 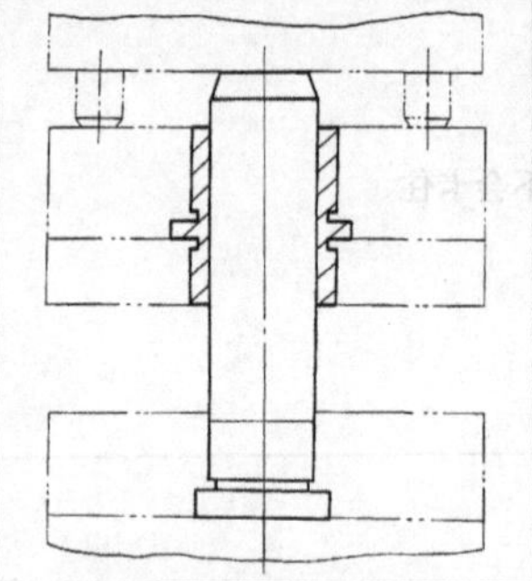	1）结构简单可靠，支承力大，易制造 2）增强了支承板的抗弯强度 3）此形式在大中型模具中应用较为普遍

6. 顶出机构复位

顶出机构利用复位杆将顶出机构复位。在液压顶出机构中，顶出机构复位直接由顶出液压缸回退动作完成，但为保证复位可靠，也有使用附加复位杆。复位杆的形式及特点见表 8-114。

表 8-114　复位杆的形式及特点

图　　例	特点
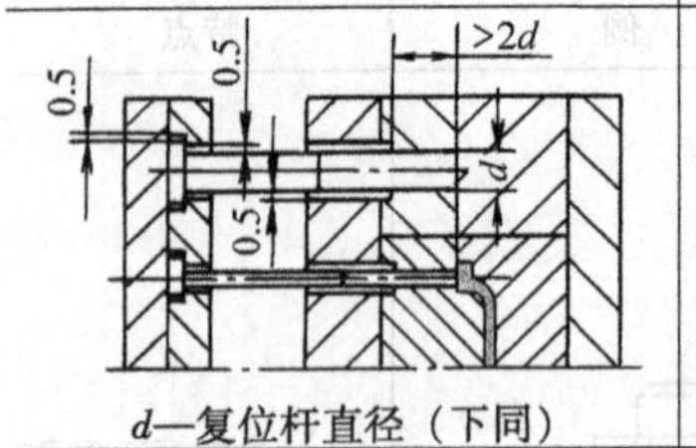 d—复位杆直径（下同）	复位杆在模具体内，前端有一定的配合长度，后端有凸台固定。复位准确，安全可靠
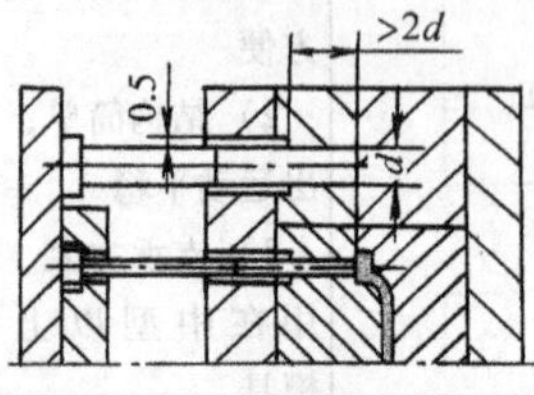	复位杆在模具体内，前端有一定的配合长度，后端无固定，可减小推杆固定板的尺寸，使用时注意安全
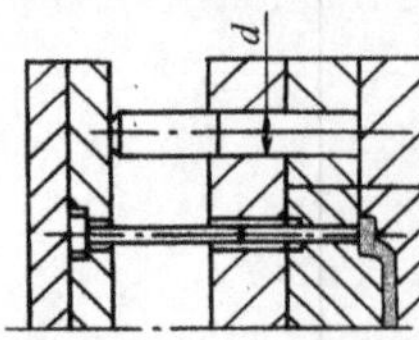	复位杆在模具体内，前端有较长的配合长度，后端无凸台，装拆方便，但容易从分型面掉落

在使用机械式顶出和斜拉杆抽芯机构时，合模过程中活动型芯与顶杆可能会产生干涉现象，干涉现象的计算和消除，可参考本手册第三版相关内容。

7. 二级顶出机构

有时由于铸件形状特殊，一级顶出时容易使铸件变形或顶出距离不够，这时可以采用二级顶出机构。二级顶出机构的形式及过程见表 8-115。

常用的二级顶出机构有摆杆式和三角块式两种，其原理见表 8-116 和表 8-117。

表 8-115　二级顶出机构的形式及过程

状态	图　　例	说明
顶出前的位置	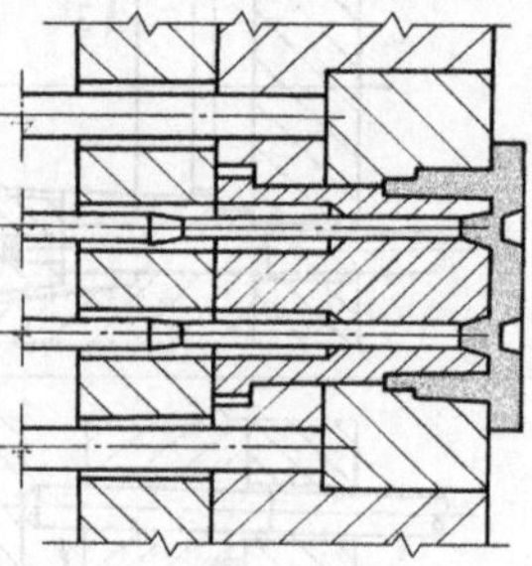	开模后，铸件尚未顶出的状态
一级顶出的位置	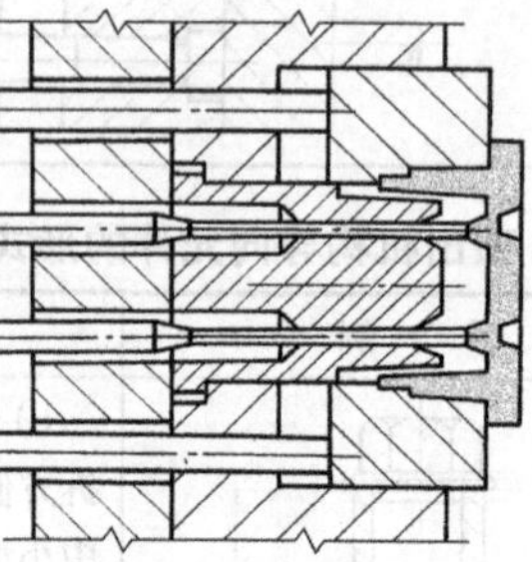	一级顶出后，铸件仍然留在成形零件上的状态
二级顶出的位置	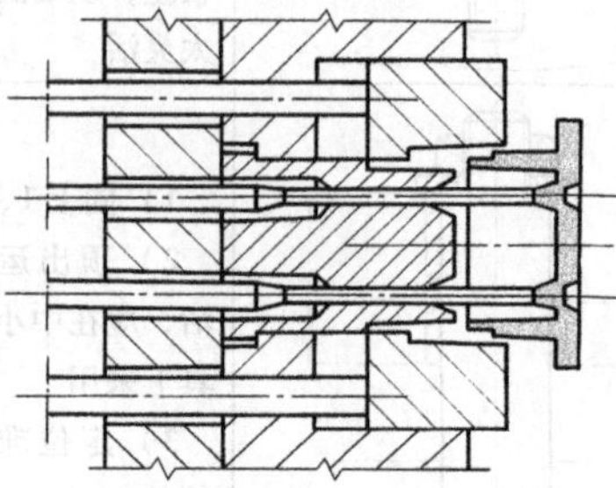	二级顶出后，铸件完全从成形零件上脱出的状态

表 8-116　摆杆式二级顶出机构的原理

状　态	图　例	说　明
顶出前的位置	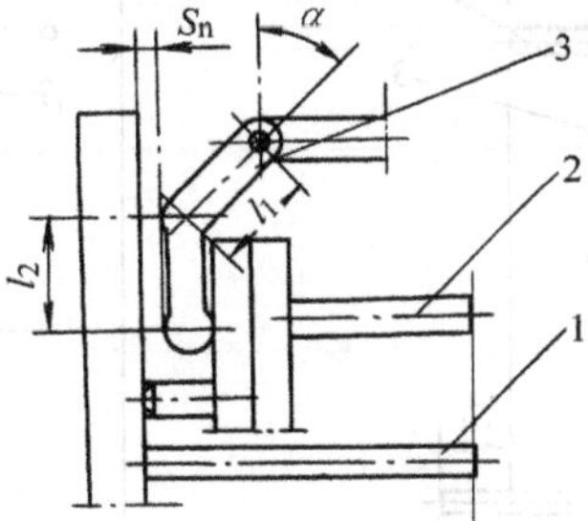	S_n—摆杆未做顶出动作的顶出距离 l_1、l_2—摆杆臂的长度 α—摆杆起始斜角
顶出的第一阶段	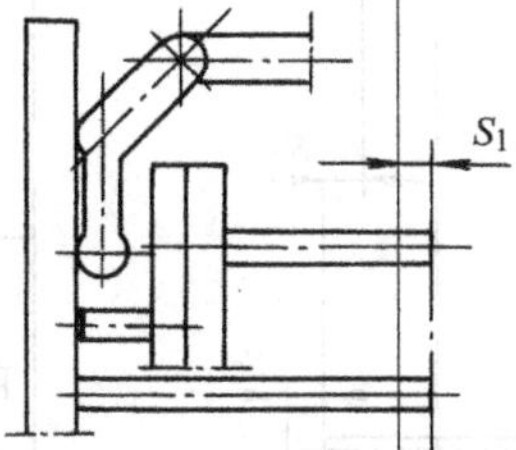	S_1—第一阶段顶出距离 $S_1 = S_n$ 顶杆 1、2 顶出的距离相等
顶出的第二阶段	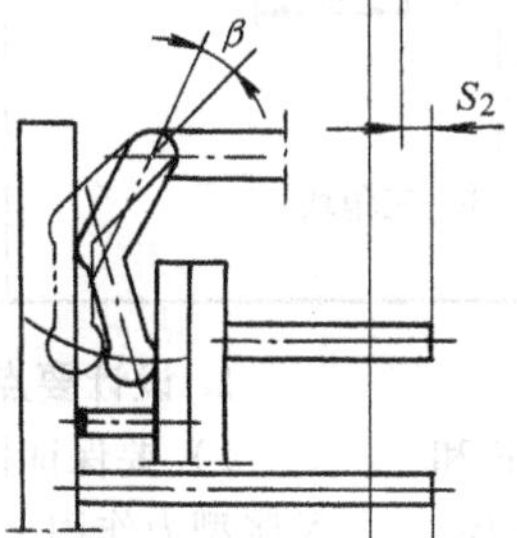	S_2—第二阶段顶出距离 β—摆杆 3 第二阶段的摆动角 摆杆已被触动，旋转 β 角，顶杆 2 处于开始超前状态。顶杆 1、2 顶出的距离仍然相同，$S_2 = l_1\sin\alpha - l_1\sin(\alpha-\beta)$
顶出的第三阶段	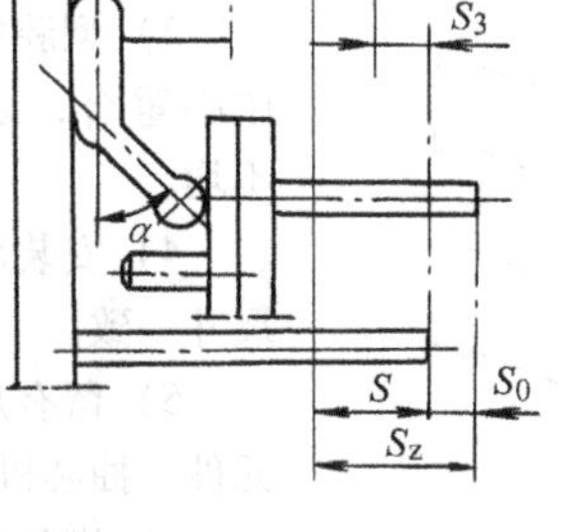 1、2—顶杆　3—摆杆	S_3—第三阶段顶出距离 S_0—顶杆 2，超前顶出距离 $S_2 + S_3 = l_1\sin\alpha$ 顶杆 1 的顶出距离 S 为 $S = S_1 + S_2 + S_3 = S_1 + l_1\sin\alpha$ 顶杆 2 的顶出距离 S_z 为 $S_z = (l_1 + l_2)\sin\alpha$ 于是，顶杆 2 的超前顶出距离 S_0 为 $S_0 = S_z - S = l_2\sin\alpha - S_1$

表 8-117 三角块式二级顶出机构原理

状 态	图 例	说 明
顶出前的位置	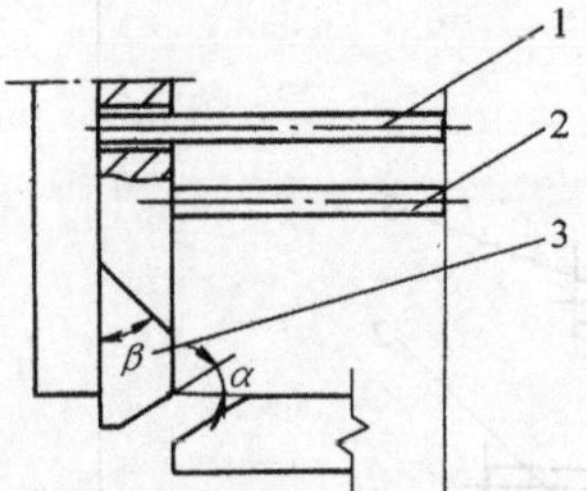	α—原动角 β—从动角
顶出第一阶段	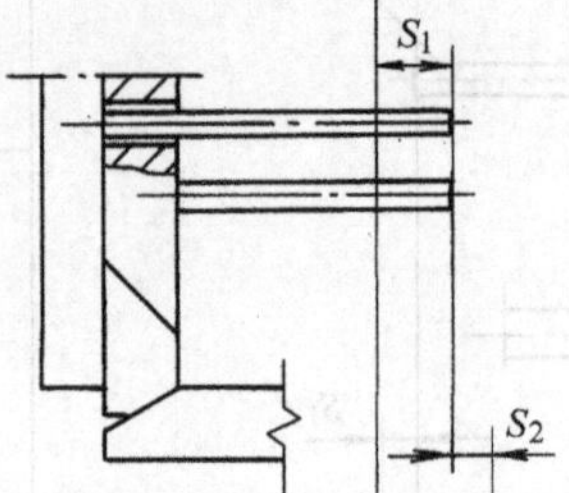	顶出距离为 S_1 时，顶杆 1 和顶杆 2 处于即将分离状态
顶出第二阶段	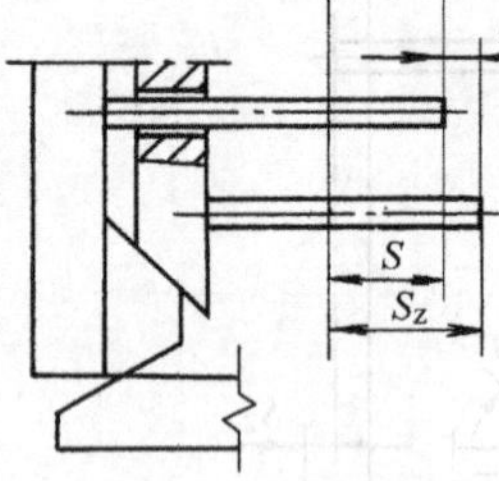 1、2—顶杆 3—三角块	顶出距离为 S_2 时，顶杆 2 比顶杆 1 超前顶出的距离为 S_0 $S=S_1+S_2$ $S_0=\dfrac{S_2+\tan\alpha}{\tan\beta}$ 当 $\beta=\alpha$ 时，$S_0=S_2$ $\beta>\alpha$ 时，$S_0<S_2$ $S_z=S+S_0$ S_z—顶杆 2 实际顶出距离

8.4.10 模具结构零件

模具结构零件用于装配或固定各类镶块、抽芯和顶出机构以及各种导向元件，使压铸模具成为整体。模具结构零件主要包括座板、模（套）板、支承板等，如图 8-42 所示。

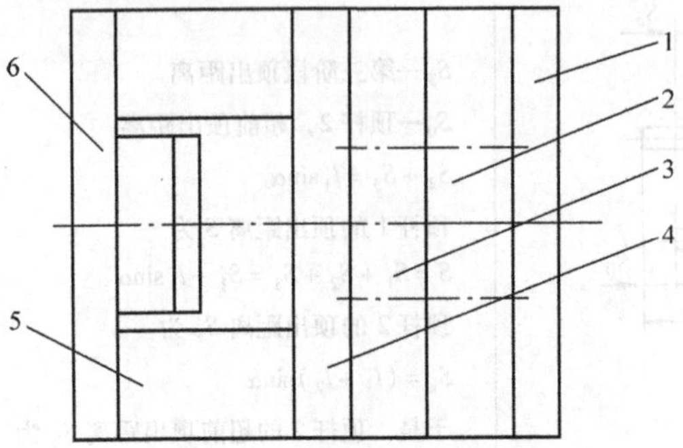

图 8-42 模具基本结构零件

1—定模座板 2—定模套板 3—动模套板
4—支承板 5—支撑块 6—动模座板

1. 设计要点

1）要保证模具有足够的刚度和强度，在锁模力及胀型力作用下，不发生损坏及变形。

2）不宜过于笨重，宜便于搬运、装卸和修理，减轻压铸机负荷。

3）型腔的投影面积中心尽可能与压铸机锁模力中心重合，以防止胀型力偏心，压铸机大杠受力不均。

4）安装部位尺寸应与压铸机的相应部位规格和尺寸一致。

5）留有足够的位置安装吊环、设置紧固及导向元件、抽芯机构等。

6）模具的总厚度应在压铸机规定的模具厚度范围内。

2. 模板

（1）模板的基本类型及特点（见表 8-118）

（2）影响模板尺寸的因素（见表 8-119）

表 8-118 模板的基本类型及特点

类型	图例	特点
整体式	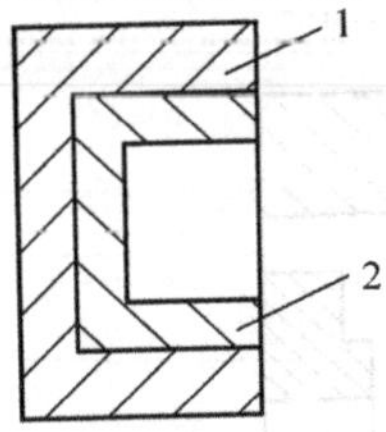 1—模（套）板 2—镶块	1）强度及刚度较好 2）模板厚度可以稍薄 3）加工稍复杂 4）一般用于小型模具
非整体式	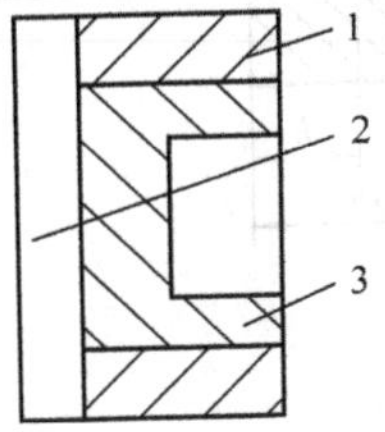 1—模（套）板 2—支承板 3—镶块	1）加工方便 2）组装连接螺钉较多 3）镶块的厚度修整方便
	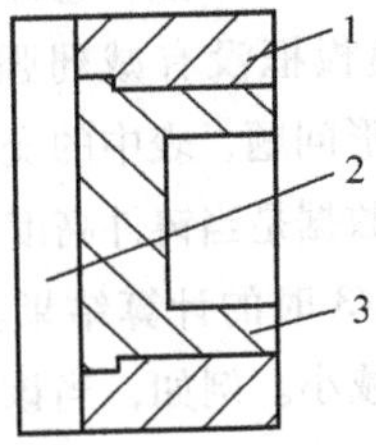 1—模（套）板 2—支承板 3—镶块	1）加工方便 2）采用凸台压紧结构，凸台精度要求较高 3）镶块厚度修整不便 4）使用广泛

表 8-119 影响模板尺寸的因素

影响因素	内容
结构	1）铸件尺寸的大小 2）抽芯机构的组装 3）型腔位置偏移程度 4）顶出机构的组装
工艺	1）浇道位置 2）排气系统，特别是溢流槽 3）加热冷却系统 4）工艺要求的附加部分
强度	1）模框承受的胀型力 2）支承板承受的胀型力 3）其他削弱模板强度的因素（如增加工艺孔等）
装配连接	1）连接零件所需的位置 2）安装在机器上所需要的位置

（3）模板尺寸的确定

1）模板框尺寸。模板框尺寸包括模板框厚度及高度，其厚度推荐尺寸见表 8-120。

表 8-120 模板框厚度推荐尺寸 （单位：mm）

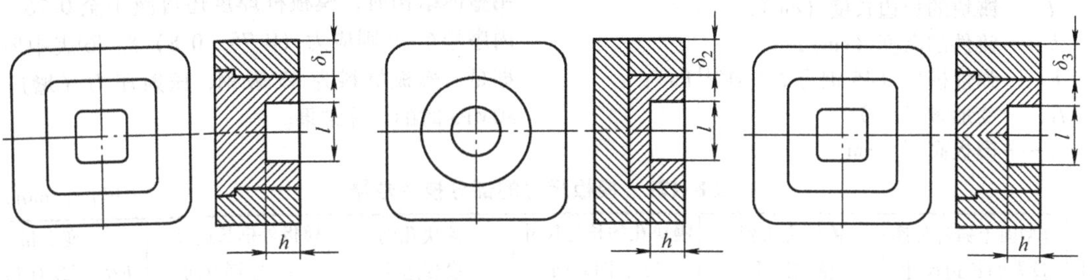

矩形镶块 圆形镶块 对开镶块

$L \times H$	模板边框厚度			$L \times H$	模板边框厚度		
	h_1	h_2	h_3		h_1	h_2	h_3
<80×35	40~50	30~40	50~65	<350×70	80~110	70~100	120~140
<120×45	45~65	35~45	60~75	<400×100	100~120	80~110	130~160
<160×50	50~75	45~55	70~85	<500×150	120~150	110~140	140~180
<200×55	55~80	50~65	80~95	<600×180	140~170	140~160	170~200
<250×60	65~85	55~75	90~105	<700×190	160~180	150~170	190~220
<300×65	70~95	60~85	100~125	<800×200	170~200	160~180	210~250

当使用滑块或其他特别机构时，模板框厚度应按滑块或机构尺寸相应增加。除推荐的数值外，还可以利用公式对模板框尺寸进行计算，计算尺寸标示如图 8-43 所示。

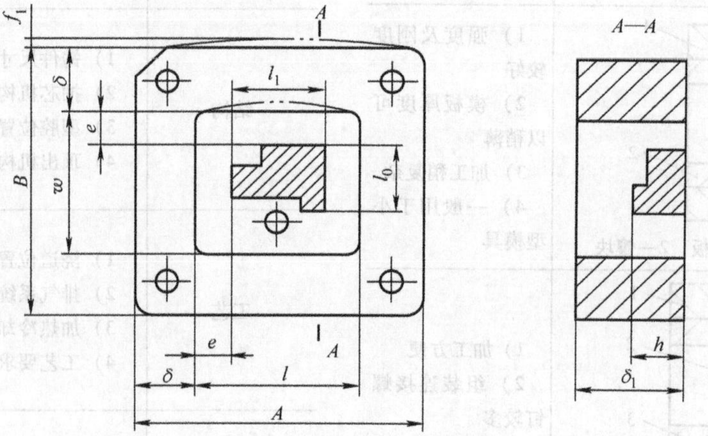

图 8-43　模板框计算尺寸标示

其中，①模板高度尺寸 δ_1 由镶块高度尺寸确定，或者由铸件高度尺寸 h 确定。由铸件高度确定时，δ_1 可取为 h 的 1～2 倍。②模板的内框尺寸 l 和 w 根据镶块的长度和宽度尺寸确定。③模板外轮廓尺寸 A 和 B 由内框尺寸 l 和 w 以及模板框厚度 δ 确定。④模板框厚度计算。

模板框厚度 δ 可按式（8-16）计算：

$$\delta=\left(\frac{12p_{zb}l_0l^3h}{384Ef_1\delta_1}\right)^{1/2} \qquad (8\text{-}16)$$

式中　δ——镶块孔到模板的边距，即模框厚度（cm）；

p_{zb}——增压比压（对无增压的机器，则为压射比压）（Pa）；

l_0——铸件的长边长度（cm）；

l——镶块的长边长度（cm）；

h——铸件的高度（cm）；

E——弹性模量（45 钢为 2.1×10^{11} Pa）；

f_1——变形量（cm）；

δ_1——模板高度（cm）。

模板尺寸的部分技术数据见表 8-121。在参考或选用表中数据时，应注意以下几点：①计算设定的条件是通孔模板，整个模板框没有减弱强度的结构。②压铸模框主要考虑变形问题，表中的变形量 f_1 供参考选用。③变形量 f_1 的数据是当铸件高度 h 与模板框高度 δ_1 的比例 h/δ_1 为 2/3 时的计算结果。若该比例小于 2/3，变形量也应减小。例如，当该比例为 1/2 时，变形量约为 $0.75f_1$。④表中数据适用于模板框内为拼接镶块，使用拼接镶块时模板框内壁承受较大胀型力。若成形镶块为整体结构时，则模板框厚度 δ 可以适当减小至（0.8～0.85）δ。⑤当模板和镶块都采用整体结构时，模板框厚度还可减小至 0.7δ，但表内序号 6－9 则应为（0.75～0.8）δ。⑥表中所列数据是当模板材料为 45 锻钢，压射压力（增压）为 80MPa 时的计算结果。

表 8-121　模板尺寸的部分技术数据　　（单位：mm）

序号	分型面上铸件外廓投影的长边尺寸	铸件边缘到镶块边距	镶块孔的长边尺寸与 l_0 同方向	镶块孔到模板边距	模板外框长边尺寸与 l_0 同方向	变形量 $h/\delta_1=2/3$（最大）
	l_0	e	l	δ	B	f_1
1	<40～50	35	100～120	40～45	180～210	<0.007
2	>50～80	40	130～160	50～55	230～260	<0.016
3	>80～140	45	170～230	60～70	290～370	<0.040
4	>140～200	50	240～300	80～90	400～480	<0.059
5	>200～280	55	310～390	100～120	510～630	<0.076
6	>280～355	60	400～475	130～140	660～755	<0.110
7	>355～450	65	485～580	155～170	785～920	<0.140
8	>450～560	70	590～700	190～210	970～1120	<0.165
9	>560～710	75	710～860	230～250	1170～1360	<0.230
10	>710～800	80	870～960	150～280	1430～1520	<0.255

2）动模支承板尺寸。为了调整模具厚度或安装顶出机构，一般要在机器动模板和动模支承板之间使用支撑块（或垫块），如图8-44示。这种结构下，支承板将承受弯曲应力作用，因此支承板必须具有一定的厚度，避免受胀型力作用而产生变形。支承板厚度可按表8-122中推荐值选取，也可按公式计算。

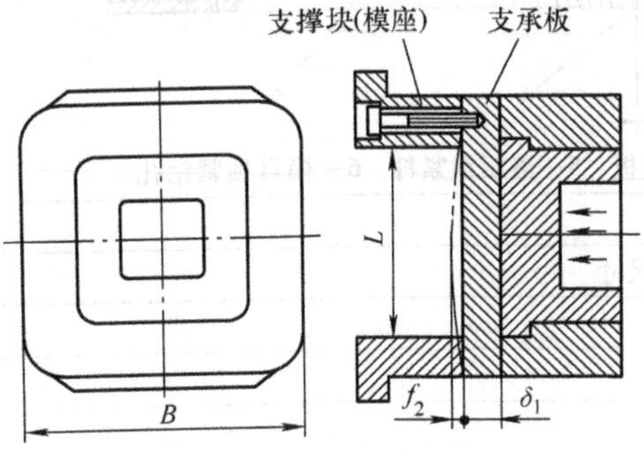

图8-44　动模支承板

表8-122　支承板厚度推荐值

支承板所受总压力 P（$p\times A$）/kN	推荐支承板厚度/mm
160～250	25/30/35
250～630	30/35/40
630～1000	35/40/50
1000～1250	50/55/60
1250～2500	60/65/70
2500～4000	75/85/90
4000～6300	85/90/100

支承板的受力状况与支撑块间距L有关。支撑块间距L大，受力相对集中，支承板厚度取较大值。

支承板厚度可按式（8-17）计算：

$$\delta_1=(12p_{zb}SL^3/384Ef_2B)^{1/2} \tag{8-17}$$

式中　δ_1——支承板厚度（cm）；

S——投影面积（铸件、浇注及排溢系统的面积之和）（cm^2）；

p_{zb}——增压比压（对无增压的机器，则为压射比压）（Pa）；

L——支撑块间距（cm）；

B——支承板的宽度（cm）；

E——弹性模量（45钢为2.1×10^{11}Pa）；

f_2——变形量（cm）；

变形量f_2的选取，可以根据精度和分型面分边要求，参照表8-121中模板框的变形量f_1进行选取。

（4）模座板的设计　模具通过模座板安装于压铸机模板上，常用的模座板类型及特点见表8-123。

表2-123　常用的模座板类型及特点

类型	图例	特点
Ⅰ型	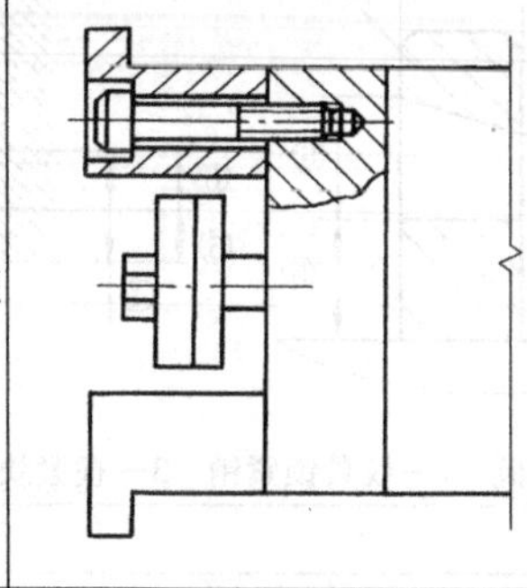	1）结构简单，制造方便 2）与动模组合成一体，即为专用模座板。费料费工时 3）适用于中小型模具
Ⅱ型	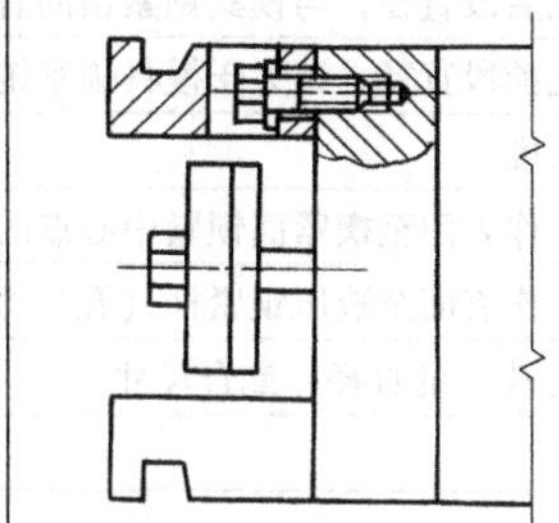	1）使用方便，适应性强，是模具的公用模座板 2）能简化模具设计，节省材料 3）建议在中小型模具上推广使用
Ⅲ型	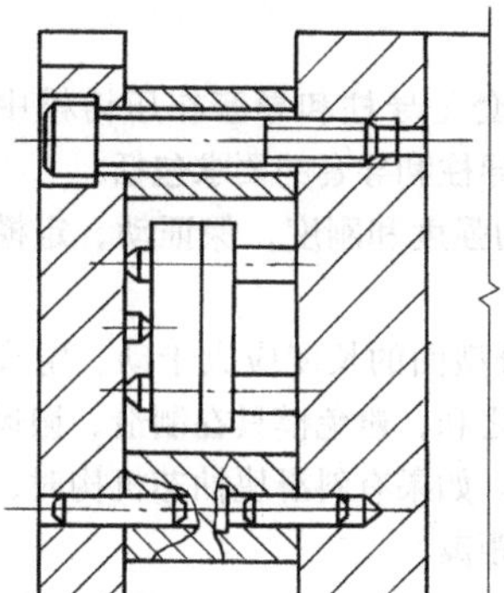	1）由垫块和动模座板组成，结构较复杂 2）此种类型刚度好，连接紧固可靠，在大型模具上普遍采用 3）因顶杆定位准确，而又稳定，因此中小型模具上也采用

模座板设计要点：

1）座板主要承受压力，一般不做强度计算。

2）要留有压板或紧固螺栓的位置，使模板能够被压紧。

3）与卧式压铸机压室或立式压铸机喷嘴的装配要求精确配合。

4）使用液压自动锁紧机构时应在模座板上设计模具锁紧销等。

（5）压铸机自动锁紧机构　压铸机大部分配置自动液压锁紧机构，使用时应确认锁紧机构的结构和尺寸要求，并在模座板上按要求设计和制作相应的锁紧销杆。表8-124列出了一种典型的液压自动锁紧机构及与模座板锁紧销有关的尺寸数据。压铸模具的锁紧销设计可按压铸机的自动锁紧机构相关数据进行。

表 8-124　液压自动锁紧机构及与模座板锁紧销有关的尺寸数据

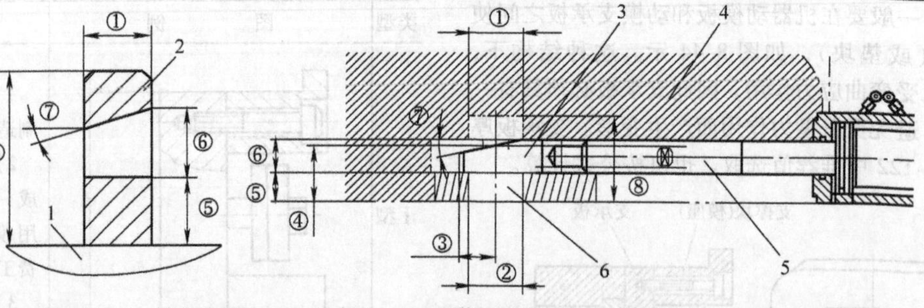

1—模座板　2—模具锁紧销　3—楔紧块　4—压铸机模板　5—液压锁紧杆　6—模具锁紧销孔

尺寸	说明
①	模具锁紧销孔后段直径，与模具锁紧销的直径相等，配合尺寸
②	模具锁紧销孔前段直径，稍大于模具锁紧销的直径
③	楔紧块突出长度
④	压铸机模板工作表面至楔紧面锁紧中心点的距离
⑤	压铸机模板工作表面至液压锁紧杆（孔）最近母线的距离
⑥	液压锁紧杆（孔）的直径，配合尺寸
⑦	楔紧面的角度
⑧	锁紧孔长度

3. 通用零件

（1）导柱和导套　导柱和导套在压铸模中起定位和导向作用。对导柱和导套的要求包括：

1）具有一定的强度和刚度，保证动、定模在合模时的正确位置。

2）导柱伸出分型面的长度应大于动、定模型芯超出分型面的高度之和，避免模具在制造、搬运及使用过程中损坏型芯。如果有斜滑块抽芯机构时，还要考虑斜滑块顶出的距离。

3）应将导柱设置在定模上，以方便从动模上取出铸件。

常用的导柱和导套类型见表 8-125。

对于大型模具，如果动、定模受热不均，则会导致两半模的膨胀量不同。如果温差过大，会对导柱和导套孔的同轴度产生影响，严重时导致导柱和导套卡死。因此，大型模具上经常使用辅助定位装置或其他形式的定位装置。

表 8-125　常用的导柱和导套类型

类型	组合形式	说明
A	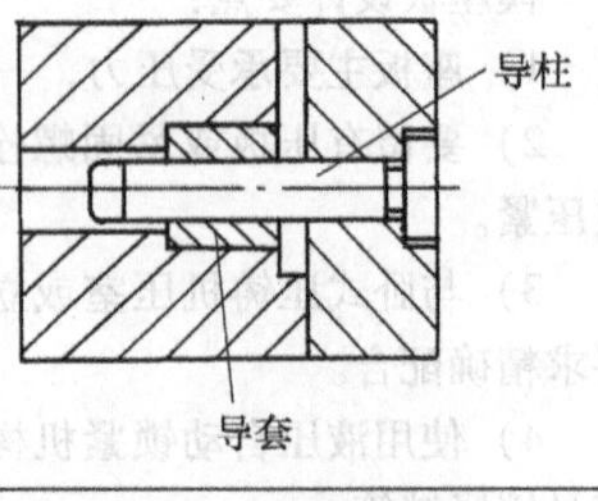	1）结构简单，使用方便，节省材料 2）加工模板导柱、导套孔要求精度高 3）要求导套有足够的压配合量，防止导套松动，同时防止动、定模错位，影响铸件精度
B	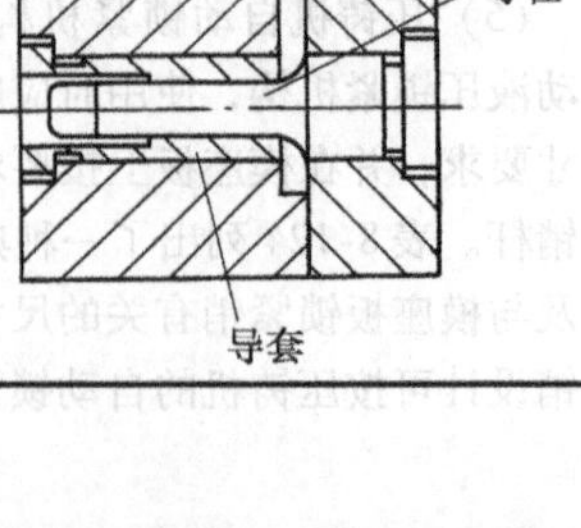	1）结构稍复杂 2）便于两块模板同时加工，易保证装配精度，但加工费时 3）装配或调换导套比较方便

1）辅助定位装置。为了防止导柱、导套卡死，可将其配合间隙适当加大。为了能够保持动、定模合模时的精确定位，可在分型面上增设圆柱辅助定位装置。圆柱辅助定位装置将圆柱嵌入分型面的中心边缘处，可以在接近最终合模位置时发挥定位作用，如图8-45所示。

2）矩形侧面定位装置。矩形定位装置宜设计在模板的中间位置，导柱为矩形，与导轨配合进行定位。其形式及主要尺寸如图8-46所示。矩形导柱、导轨主要尺寸的推荐值见表8-126。

（2）浇口套　冷室和热室压铸机模具均需使用浇口套。浇口套的基本形式和参考尺寸见表8-127～表8-129。

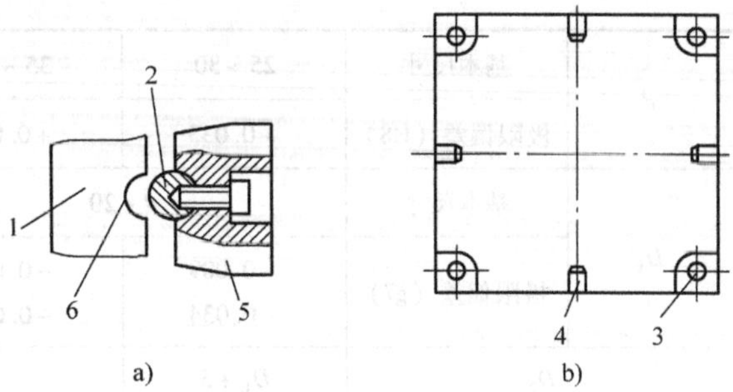

图8-45　圆柱辅助定位装置

a）辅助定位装置结构　b）辅助定位装置位置
1—动模　2—圆柱辅助定位件　3—导套孔
4、6—辅助定位半圆柱槽　5—定模

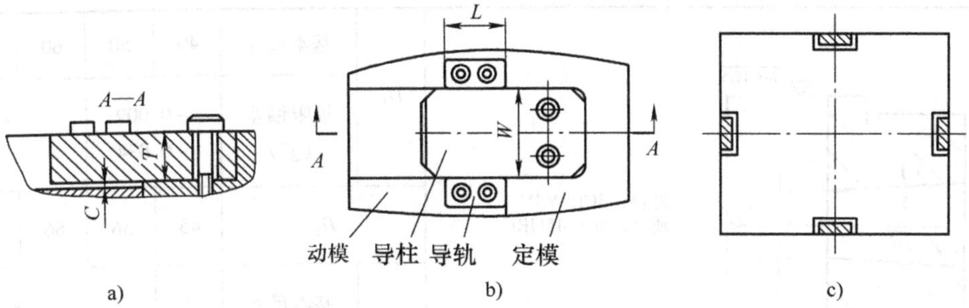

图8-46　矩形导柱、导轨形式及主要尺寸

a）剖面图　b）定位装置局部　c）定位装置位置

表8-126　矩形导柱、导轨主要尺寸的推荐值

分型面表面积/m^2	~012	>0.12~1.25	>0.25~0.65	>0.65~1.16	>1.16~2.00
导柱厚度 T/mm	20	25	40	50	65
导柱宽度 W/mm	60	75	120	150	200
导滑段长度 L/mm	大于高出分型面的型芯高度与导柱厚度之和				
间隙 C/mm	一般模具每米长度间隙不小于2.5mm				

表8-127　卧式压铸机浇口套的基本形式和参考尺寸　（单位：mm）

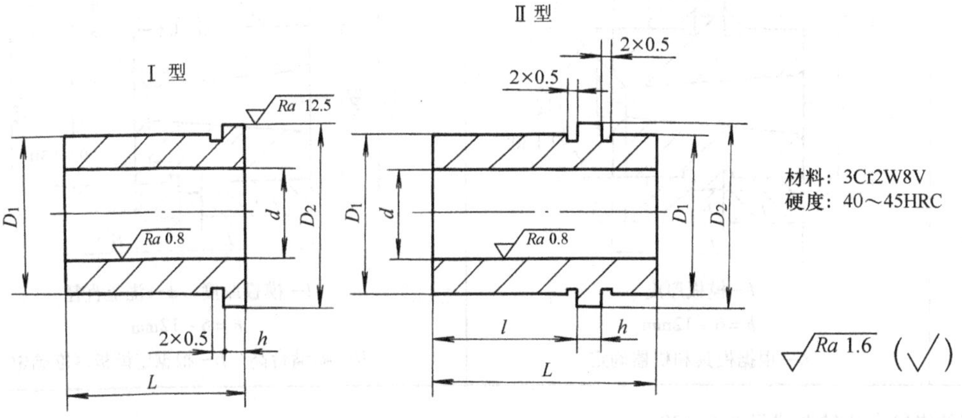

（续）

d	基本尺寸	25～30	35～50	55～80	85～110	120～150
	极限偏差（H8）	+0.033	+0.039	+0.046	+0.052	+0.063
D_1	基本尺寸	d+20		d+25	d+30	
	极限偏差（g7）	-0.009 -0.034	-0.010 -0.040	-0.012 -0.047	-0.014 -0.054	
D_2		D_1+5		D_1+8	D_1+10	
L、h		按需要确定				

注：1. l根据模具镶块确定。
2. h=10～25mm。

表8-128 立式压铸机浇口套的基本形式和参考尺寸 （单位：mm）

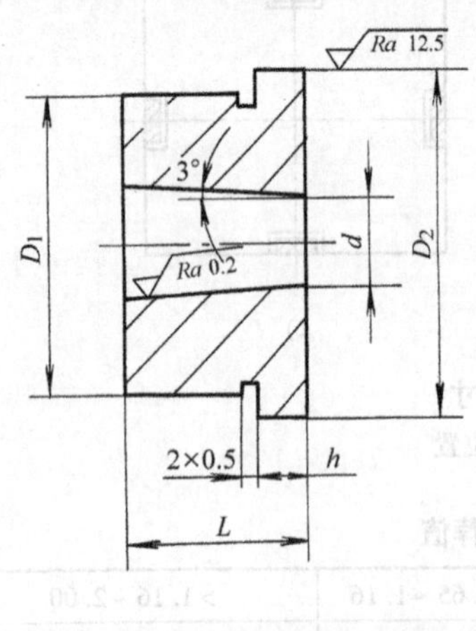

材料：3Cr2W8V
硬度：40～45HRC

Ra 1.6 (√)

D_1	基本尺寸	40	50	60	70	80
	极限偏差（g7）	-0.009 -0.034			-0.010 -0.040	
D_2		45	56	66	78	88
h	基本尺寸	6	8			
	极限偏差	0 -0.03				
L、d		按需要确定				

注：1. 按定模和模具的安装尺寸确定L。
2. 取d大于喷嘴大端直径。

表8-129 热室压铸机浇口套的基本形式和尺寸示例

型号	JZ213	JZ2113
图例	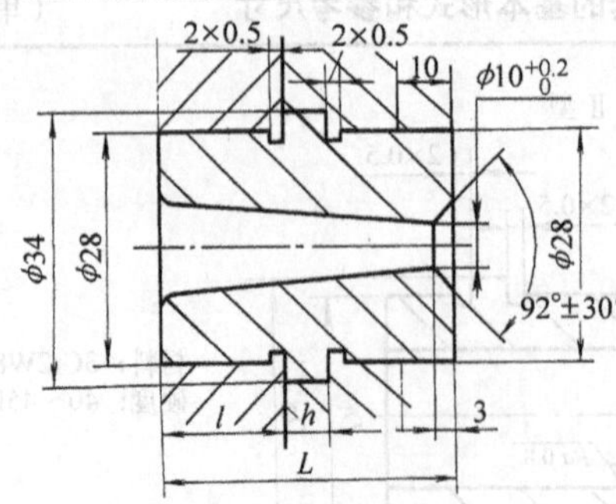 l—模板厚度 h=6～12mm L—根据模具和机器确定	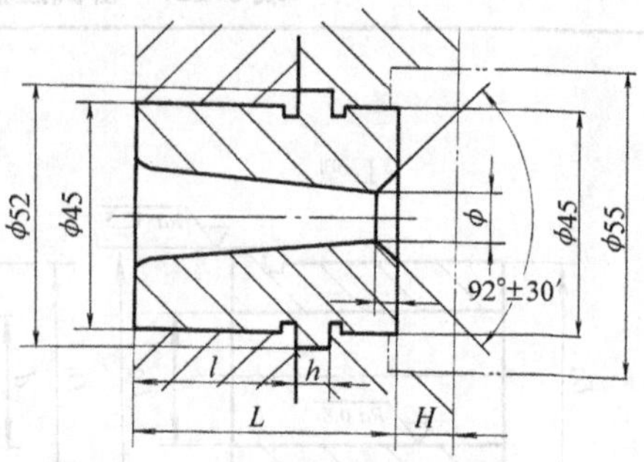 l—模板厚度 ϕ—浇道直径 h=6～12mm H—喷嘴台高 L—根据定模板厚度确定

常用的浇口套止转形式见表8-130。

表8-130 常用的浇口套止转形式

类 型	图 例	说 明
Ⅰ型	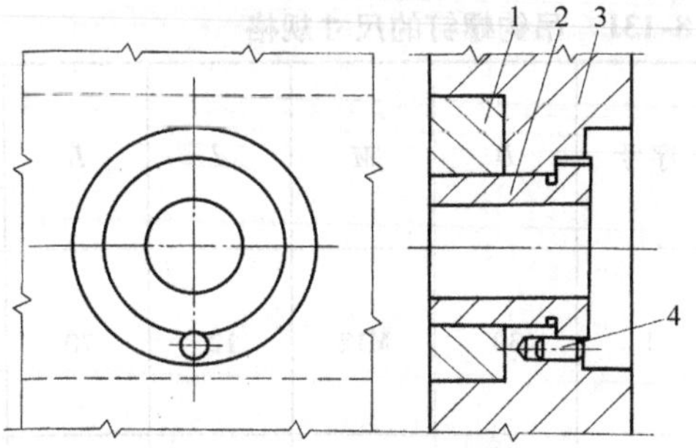1—定模镶块 2—浇口套 3—定模模板 4—销钉	1）制造简单 2）装卸方便 3）易丢失
Ⅱ型	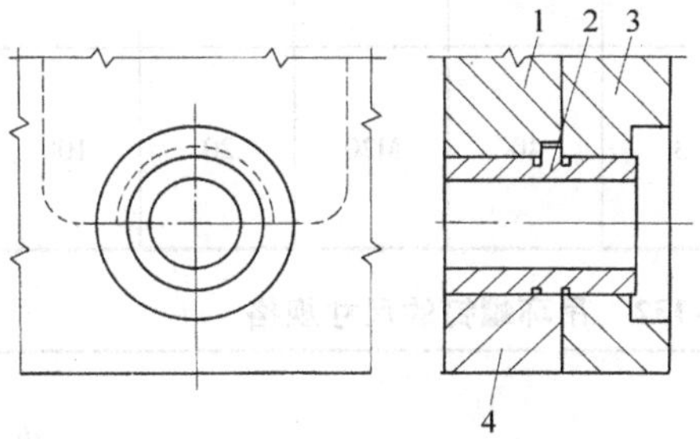1—定模镶块 2—浇口套 3—定模座板 4—定模套板	1）制造较复杂 2）装配牢固可靠 3）装卸不方便
Ⅲ型	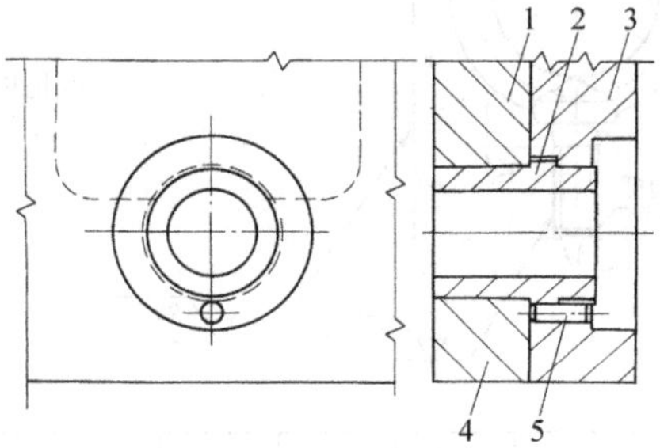1—定模镶块 2—浇口套 3—定模座板 4—定模套板 5—销钉	
	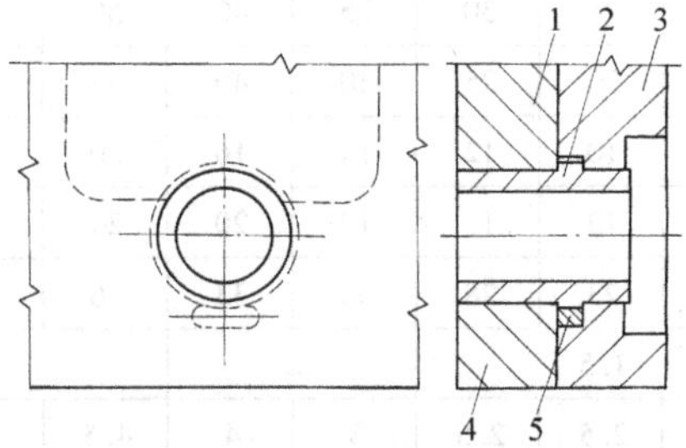1—定模镶块 2—浇口套 3—定模座板 4—定模套板 5—平键	

（3）起重零件　压铸模具的起重零件主要有吊钩螺钉、吊环螺钉和吊柱螺钉，其中吊钩螺钉和吊环螺钉的尺寸规格见表 8-131 和表 8-132。吊钩螺钉供中小型模具起重使用；吊柱螺钉供大型模具搬运使用，装在模具的两个侧面。典型的吊柱螺钉形式和尺寸如图 8-47 所示。

表 8-131　吊钩螺钉的尺寸规格　　（单位：mm）

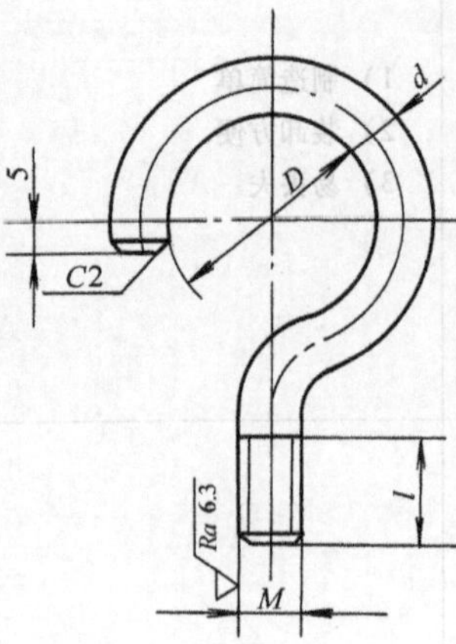

序号	D	M	d	L	l	允许负荷/N
1	30	M12	12	70	25	1500
2	35	M16	16	80	30	3000
3	40	M20	20	100	30	5000

表 8-132　吊环螺钉的尺寸规格　　（单位：mm）

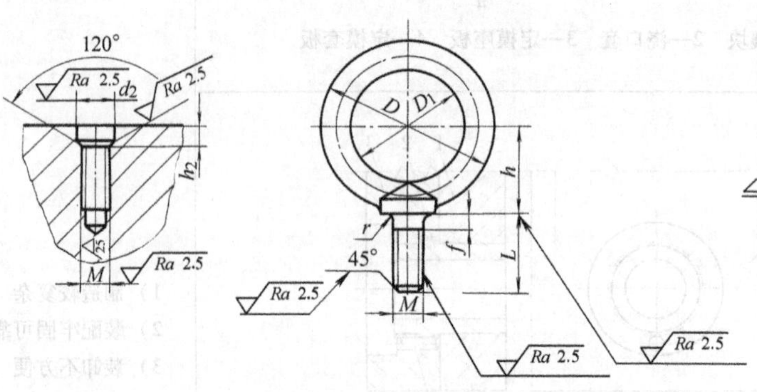

M	M8	M10	M12	M16	M20	M24	M30	M36	M42	M48
D	36	45	54	63	72	90	108	126	144	162
D_1	20	25	30	35	40	50	60	70	80	90
D_2	20	25	30	35	40	50	65	75	85	95
L	16	20	25	30	40	45	50	60	70	80
d_1	8	10	12	14	16	20	24	28	32	36
b	10	12	15	17	20	24	28	34	39	44
h	18	23	28	32	33	46	54	64	73	83
r	1.5			2		3				
f≤	2	2.5	2.5	3	4	4.5	5	6	7	7.5
d_2	13	15	17	22	26	32	39	45	51	58
h_2	5	6	7	8	10	12	14	16	18	20

（续）

M		M8	M10	M12	M16	M20	M24	M30	M36	M42	M48
静载荷/N	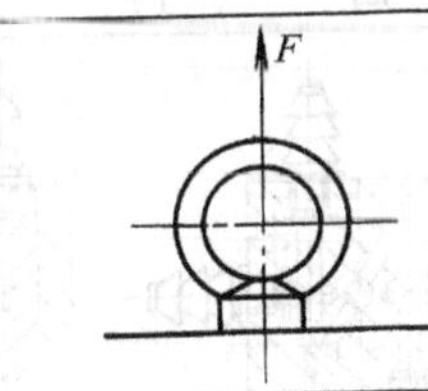	1200	2000	3000	5500	8500	12500	20000	30000	40000	50000
	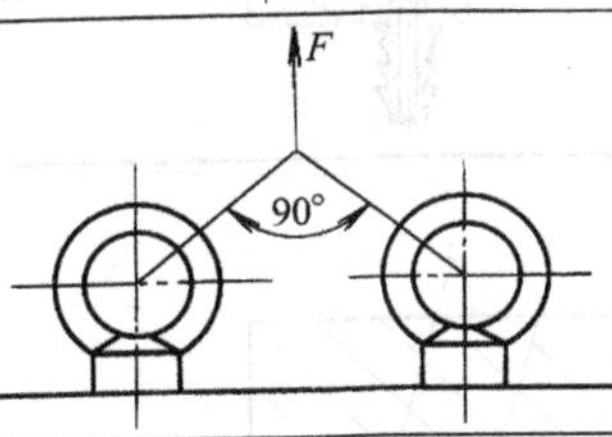	1600	2500	3500	5000	5500	10000	14000	20000	26000	33000
	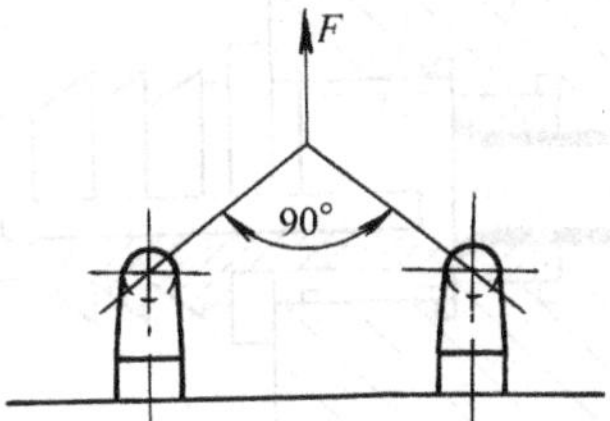	800	1250	1750	2500	3000	5000	7000	10000	13000	16000

注：如果使用两个吊环工作时，两个吊环间的夹角不得大于90°。

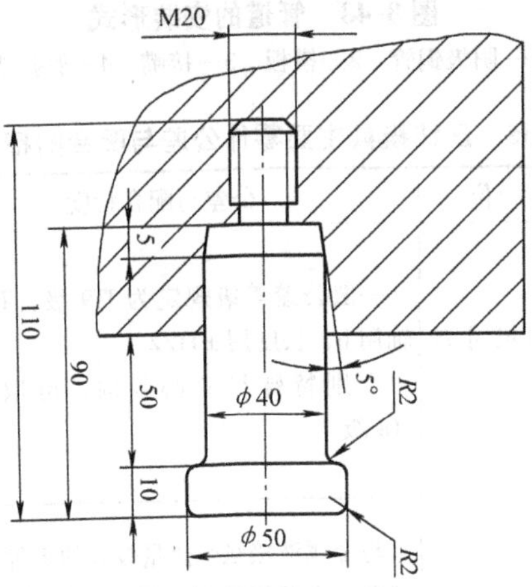

图　8-47

4. 模具零件标准化

模具通用零件的标准化会使模具设计和制造的周期缩短，成本降低；模具零件的通用性、互换性加强，模具维修维护费用降低，备件获得便利。目前，我国已制定了部分模具通用零件的国家标准，所涉及的模具零件及标准号参阅 GB/T 4678. 1～19—2017。

8. 4. 11　模具的温度控制系统

压铸模具的温度控制系统是延长模具使用寿命、保证铸件质量、提高生产率的重要措施。

（1）模具温度控制方法及特点　目前，常用的模具温度控制方法有水冷、模温机等方法，其特点见表 8-133。

表 8-133　常用的模具温度控制方法及特点

方法	特　点
水冷	1）在模具上设置冷却水通道，使冷却水通入成形镶块、型芯或其他需要冷却的部位。冷却效率高，降温快 2）设置冷却通道，增加了模具复杂程度和加工成本 3）不使用温度过低（低于室温）的冷却水，以免影响模具寿命 4）使用符合规定的软化冷却水，避免产生水垢而堵塞冷却水通道
模温机和点冷机	1）在模具上设置通道，使工作介质（油或水）通入成形镶块、型芯或其他需要控制温度的部位，具有加热和冷却作用 2）设置冷却通道，增加了模具复杂程度和加工成本 3）模温机价格和能耗比较高，会增加生产成本

（2）模具管道布置　模具管道常用的布置形式见表8-134，管道的安装形式如图8-48所示。

8.4.12　压铸模具的技术要求和条件

（1）压铸模具零件间的公差与配合　压铸模具中有许多配合零件，不同部位配合零件间的推荐精度等级见表8-135。表中配合符号的定义见GB/T 1800.1～2—2020。

（2）模板基准面、模板框厚度的尺寸及几何公差（见表8-136）

（3）压铸模具不同零件工作表面的表面粗糙度要求（见表8-137）

表8-134　模具管道常用的布置形式

冷却部位	图　例
型芯 型腔	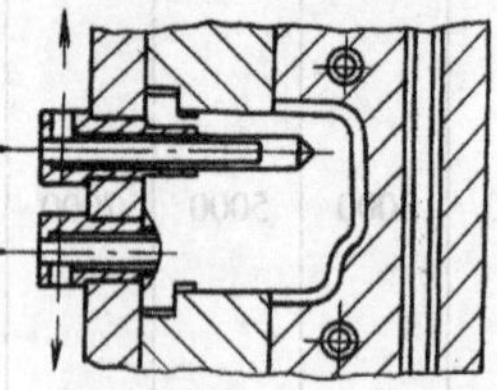
型芯	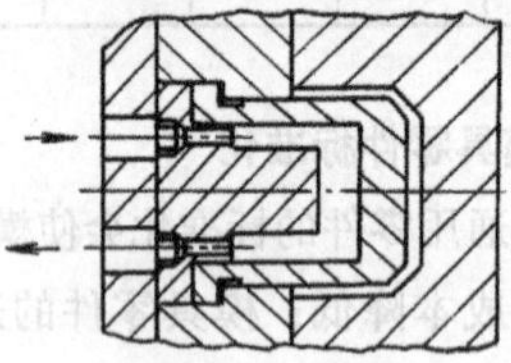
分流器	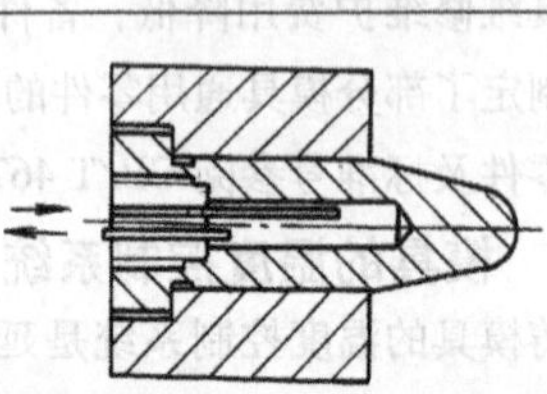
镶块	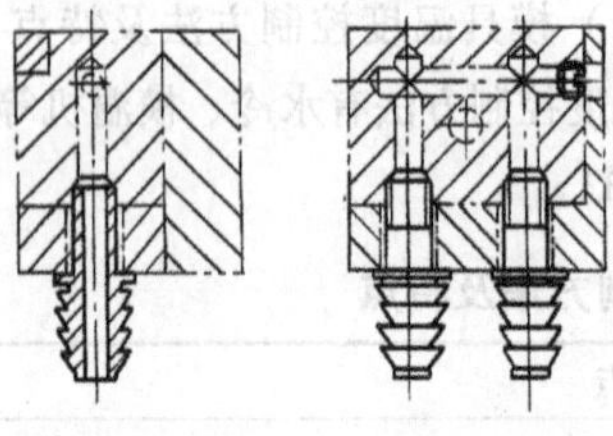
多件镶块	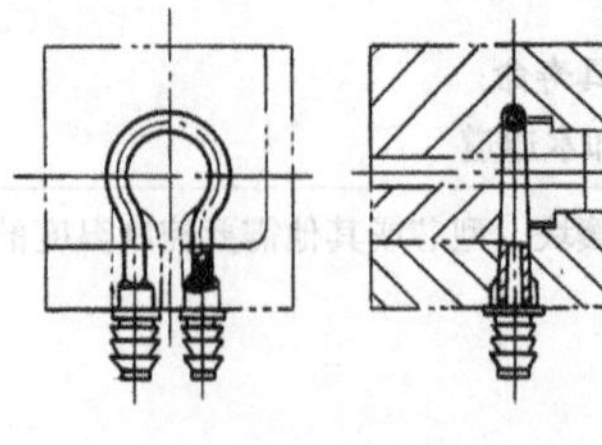

（续）

冷却部位	图　例
模体	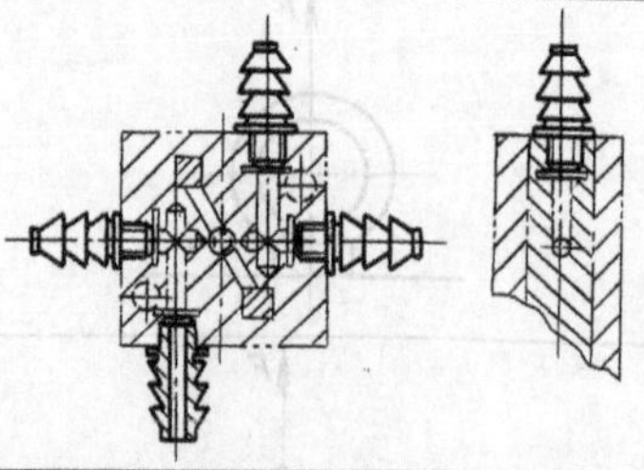

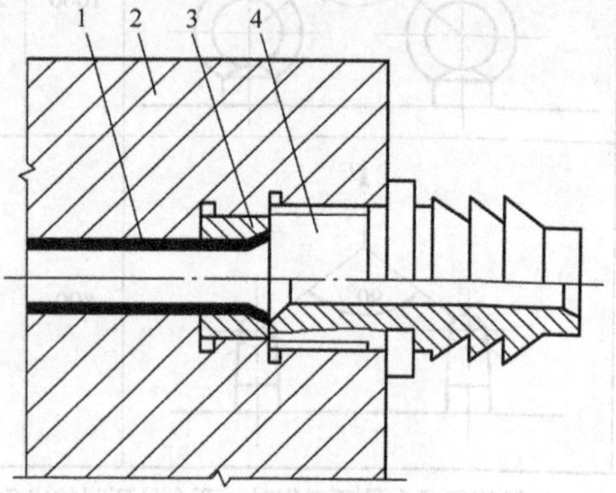

图8-48　管道的安装形式

1—阴极铜管　2—模板　3—接嘴　4—管接头

表8-135　压铸模具主要零件公差与配合的精度等级

部　位	公差与配合精度
成形尺寸的公差	一般公差等级规定为IT9级，孔用H，轴用h，长度用±IT/2 个别特殊尺寸必要时，可取IT6～IT8级
成形零件配合部位的公差与配合	与金属液接触受热量较大的零件的固定部分，主要指模板和镶块、镶块和型芯、模板和浇口套、镶块和分流器等，其整体式配合类型和公差为H7/h6或H8/h7；其镶拼式的孔取H8，轴中尺寸最大的一件取h7，其余各件取js7，并应使装配累计公差为h7 活动零件的活动部分，主要指型芯、顶杆、推管、成形推板、滑块、滑块槽等，其孔取H7，轴取e7、e8或d8 镶块、镶件和固定型芯的高度尺寸公差取F8 基面尺寸的公差取js8

（续）

部　位	公差与配合精度
模板尺寸的公差与配合	基面尺寸的公差取 js8 型芯为圆柱或对称形状，从基面到模板上固定型芯的固定孔中心线的尺寸公差取 js8 型芯为非圆柱或对称形状，从基面到模板上固定型芯的边缘的尺寸公差取 js8 组合式模板的厚度尺寸公差取 h10 整体式模板的镶块孔的深度尺寸公差取 h10 滑块槽到基面的尺寸公差取 f7；对组合式模板，从滑块槽到模板底面的尺寸公差取 js8；对整体式模板，从滑块槽到镶块孔底面的尺寸公差取 js8
导柱、导套的公差与配合	导柱、导套固定处，孔取 H7，轴取 m6、r6 或 k6 导柱、导套间隙配合处，若孔取 H7，则轴取 k6 或 f7；若孔取 H8，则轴取 e7

（续）

部　位	公差与配合精度
导柱、导套与基面之间的尺寸公差	从基面到导柱、导套中心线的尺寸公差取 js7 导柱、导套中心线之间距离的尺寸公差取 js7，或者配合加工
推板导柱、顶杆固定板与推板之间的公差与配合	孔取 H8，轴取 f8 或 f9
型芯台、顶杆台与相应尺寸的公差	孔台深取 +0.05 ~ +0.10mm，轴台高取 -0.03 ~ -0.05mm
各种零件未注公差尺寸的公差等级	均为 IT14 级，孔用 H，轴用 h，长度（高度）及距离尺寸按 js14 公差选取

表 8-136　模板基准面、模板框厚度的尺寸及几何公差　（单位：mm）

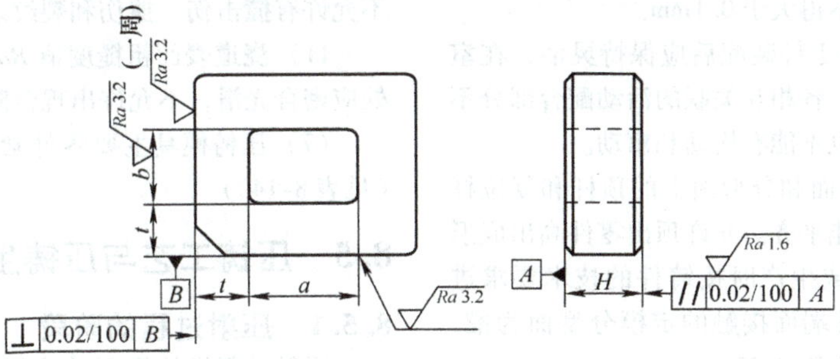

a 和 b 的基本尺寸	t 的极限偏差	H
≈120	±0.020	按需要确定
120 ~ 250	±0.025	
250 ~ 500	±0.030	
500 ~ 800	±0.040	

表 8-137　压铸模具不同零件工作表面的表面粗糙度要求

表面位置	模具零件名称	表面粗糙度/μm
与熔融金属接触的工作表面	成形零件、浇口零件、排溢系统	Ra 0.2
滑动配合面	顶杆、斜拉杆、滑块等零件	Ra 0.8
各种零件之间的接触表面	镶块、型芯、顶杆、反顶杆、分流器、浇口套等	Ra 3.2
各种零件的其他表面	非工作表面、非配合表面以及非接触表面	Ra 0.2 或 Ra 12.5

（4）压铸模具总装图上应注明的技术要求

1）模具的最大外形尺寸（长/mm）×（宽/mm）×（高/mm）。

2）选用的压铸机类型和型号。

3）选用的压室直径（或热室机喷嘴直径）以及定位孔直径和深度。

4）选用压铸机的顶出形式及顶出距离。

5）最小开模行程。

6）浇注系统的主要尺寸及主要工艺参数（参考）。

7）使用的有关附件的规格。

8）特殊模具结构的动作过程说明。

9）标明冷却系统和液压系统进出口。

10）在模具表面安装标牌，标明产品名称、产品图号、模具图号、客户名称、制造厂名称和完成时间等。

（5）压铸模具的外形和安装尺寸要求

1）模板的外缘倒角 Cn（一般取2~5mm）。

2）模具外表面应光滑平整，无毛刺。安装面不能有突出物，如螺钉头、销钉、击伤痕迹等。

3）模具与压铸机的安装定位孔直径和深度应匹配，所有安装尺寸都要符合压铸机相应的尺寸要求。

4）在动、定模上方均应有起重用的吊钩或吊环螺钉孔，同时模具还应有机械加工和合模用的吊钩螺纹孔。

5）模具的紧固螺钉均应采用内六角螺钉或外六角螺钉（M6以下的螺钉除外）。

6）模具分型面上不允许有穿通的螺钉孔、销钉孔，所有工艺孔和辅助孔都应堵塞并与分型面平齐。

（6）模具总体装配的技术要求

1）模具分型面与动、定模座板安装平面之间的平行度要求见表8-138。

2）导柱和导套在装配后，其轴线与动、定模座板安装面的垂直度要求见表8-139。

表8-138　模具分型面与动、定模座板安装平面之间的平行度要求　（单位：mm）

被测面最大长度	≤160	>160~250	>250~400	>400~630	>630~1000	>1000~1600
公差值	0.03	0.05	0.08	0.12	0.16	0.20

表8-139　导柱和导套对动、定模座板安装面的垂直度要求　（单位：mm）

导柱和导套的有效长度	≤40	>40~63	>63~100	>100~160	>160~250
公差值	0.015	0.02	0.025	0.03	0.04

3）模具安装在压铸机上时，其分型面应保持良好的闭合状态，允许有不大于0.05mm的局部间隙。

4）动、定模成型镶块的分型面应与模框面齐平或略高，但其高出量不得大于0.1mm。

5）模具的各活动零件装配后应保持灵活，在室温状态下手工施力时，各相互关联的活动配合部分不应产生卡死现象，但也不能有松动和窜动。

6）对模具成形表面和分型面上的顶杆和复位杆应仔细校准，应尽可能平齐。允许顶出零件高出成形表面不大于0.1mm（或生产时按铸件的技术要求进行修整），复位杆以其端面接触的定模分型面为准，允许低于分型面但不大于0.05mm。

7）顶杆在安装的固定板中应能灵活转动，允许其轴向窜动量不大于0.1mm。

8）冷却水道和温控油道应畅通，不应有渗漏现象，进口和出口处应有明显标记。

9）排气槽应呈曲折状引出，其深度一般为0.1~0.2mm。如无防护，不可将排气槽从型腔直接引向操作者一侧。

10）所有成形表面粗糙度值 Ra 不大于0.4μm，不允许有撞击伤、擦伤和裂纹。

11）浇道表面粗糙度值 Ra 不大于0.4μm，镶接处应密合光滑，不允许出现台阶。

（7）压铸模具主要零件常用材料及热处理要求（见表8-140）

8.5　压铸工艺与压铸生产

8.5.1　压射过程的阶段

压射过程指从压射冲头开始移动至型腔完全充满、冲头停止移动为止。根据使用的速度和压力特征，压射过程分为三个基本阶段，即慢压射阶段、快压射阶段及增压阶段，见表8-141。各阶段的压射曲线见图8-49。

表8-140　压铸模具主要零件常用材料及热处理要求

<table>
<tr><th colspan="2" rowspan="2">零件名称</th><th colspan="3">压铸合金</th><th colspan="2">热处理要求</th></tr>
<tr><th>锌合金</th><th>铝、镁合金</th><th>铜合金</th><th>压铸锌、铝、镁合金</th><th>压铸铜合金</th></tr>
<tr><td rowspan="2">与金属液接触的零件</td><td>型腔镶块，型芯，滑块中成形部位等成形零件</td><td>4Cr5MoSiV1
3Cr2W8V（3Cr2W8）
5CrNiMo
4CrW2Si</td><td>4Cr5MoSiV1
3Cr2W8V（3Cr2W8）</td><td rowspan="2">3Cr2W8V（3Cr2W8）
4Cr3Mo3W2V
4Cr3Mo3SiV
4Cr5MoSiV1</td><td rowspan="2">43~47HRC（4Cr5MoSiV1）
44~48HRC（3Cr2W8V）</td><td rowspan="2">38~42HRC</td></tr>
<tr><td>浇道镶块，浇口套，分流器等浇注系统</td><td colspan="2">4Cr5MoV1Si
3Cr2W8V
（3Cr2W8）</td></tr>
</table>

（续）

零件名称		压铸合金			热处理要求	
		锌合金	铝、镁合金	铜合金	压铸锌、铝、镁合金	压铸铜合金
滑动配合零件	导柱，导套（斜销、弯销等）	T8A（T10A）			50～55HRC	
	顶杆	4Cr5MoSiV1，3Cr2W8V（3Cr2W8）			45～50HRC	
		T8A（T10A）			50～55HRC	
	复位杆	T8A（T10A）			50～55HRC	
模架结构零件	动、定模板，支承板，垫块，动、定模底板，顶板，顶杆固定板	45			调质至220～250HBW	
		Q235 铸钢			—	

注：1. 表中所列材料，先列者为优先选用。
2. 压铸锌、镁、铝合金的成形零件经淬火后，成形面可进行氮化处理，氮化层深度为0.08～0.15mm，硬度≥600HV。

表8-141 压射过程的阶段和作用

阶段	说明
慢压射阶段	阶段位置：从冲头开始移动位置至金属液充满压室到达内浇道位置 特征：低压低速，平稳运行 作用：低速推进金属液，使压室内的气体能够从内浇道排出，避免金属液产生紊流，出现卷气现象
快压射阶段	阶段位置：从金属液充满内浇道位置至型腔完全充满 特征：压射压力（动态）快速提升，压射速度达到设定的快压射速度 作用：在高压作用下，金属液高速充填型腔，使金属液获得足够的能量，克服内浇道处的阻力，能够充满型腔各个部位，获得完整的铸件
增压阶段	阶段位置：充型结束至金属液完全凝固 特征：冲头停止运动，增压启动，达到设定的增压压力 作用：金属液完全充满型腔，使用更高的增压压力对凝固中的金属液进行压实。增压使铸件致密性增加，提高铸件内部质量

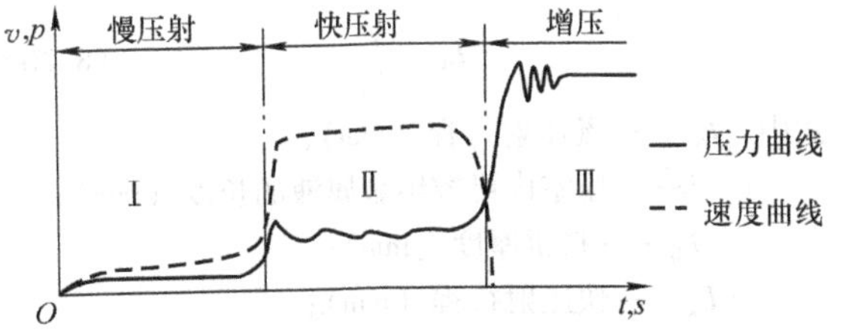

图8-49 各阶段的压射曲线

三阶段压射是传统的压射模式，仅供参考。压射模式设定主要应根据铸件特点对压射速度和压力进行合理控制，以达到生产合格铸件为目的。热室压铸没有增压阶段，其压射过程为两阶段，即低速升液和快速填充。

8.5.2 压铸工艺参数及其确定方法

压铸工艺的基本参数包括压力、速度、时间及温度。

1. 压力参数及确定方法

压力是压铸工艺的基本特征，通常用压射力和压射比压表示。

（1）压射力 压射力分为填充（动态）压射力和增压压射力，其意义及算式见表8-44。

1）填充（动态）压射力。指压射系统在压射充型阶段（快压射）中能够形成的压射力，其作用是克服各种阻力，保证充型时金属液达到一定速度。最大填充压射力等于压射蓄能器压力与压射活塞面积的乘积。填充压射力在充型过程中是变化的，也称为动态压射力。

2）增压压射力。增压压射力是增压蓄能器的压力经过增压活塞放大后与压射活塞面积的乘积。增压压射力在金属液凝固期间对其增压压实，增加铸件的致密性。

（2）压射比压 冷室压铸中，压射比压通常指在增压压射力作用下，冲头对金属液单位面积上施加的压力。压射比压表明金属液凝固期间获得的最终压力，对铸件的致密性和完整性具有重要影响。压射比压的推荐值见表8-142。

表8-142 压射比压的推荐值

（单位：MPa）

压铸件类型	锌合金	铝合金	镁合金	铜合金
一般件	≈20	40~50	30~50	40~50
承载件	20~30	50~80	50~70	50~80
耐气密性件或大平面薄壁件	30~40	80~120	70~100	80~100
电镀件	20~30	—	—	—

注：压铸件壁厚大时取上限，壁薄时取下限。

对于厚壁铸件，凝固温度范围宽的合金及铸件内部质量要求高，压射比压选高值。

2. 速度参数及确定方法

（1）速度参数 速度参数用压射速度和填充速度表示。压射速度是压射冲头推动金属液移动的速度，也称冲头速度；填充速度是金属液通过内浇道的速度，也称为内浇道速度。

1）内浇道速度。内浇道填充速度可以根据合金种类和铸件壁厚选取，见表8-62和表8-63。

在选择内浇道速度时还应注意以下几点：①薄壁复杂、表面质量要求高、铸件细节部位较多的铸件，填充速度应取高些；②浇注温度和模具温度偏低，填充速度应取高些；③压铸合金的热传导性好，或者流动性差，填充速度应取高些；④填充速度过低会造成充填不良等缺陷，填充速度高容易引起紊流、卷气、氧化及粘模等现象，还会加速模具的磨损；⑤采用高速填充会产生雾化填充方式，雾化填充方式会使铸件内部气体呈弥散状分布，对提高铸件的内部质量有利。雾化填充状态可用式（8-18）判断：

$$D\rho v_g^{1.71} \geqslant J \tag{8-18}$$

式中 J——雾化值；

D——浇道参数［内浇道面积/(内浇道长度+内浇道宽度)］；

ρ——金属液密度（kg/cm³）；

v_g——内浇道速度（cm/s）。

不同合金的J值如下：

铝合金：$J=400$

锌合金：$J=475$

镁合金：$J=275$

2）冲头速度。冲头速度通常以慢压射和快压射两段速度表示。

慢压射阶段冲头以低速运行，直至金属液达到内浇道。这一阶段的冲头速度一般控制在0.1~0.4m/s之间，防止金属液形成紊流及卷气。

快压射阶段冲头快速启动，这一阶段的冲头速度要达到要求的内浇道填充速度或流量。根据填充速度和内浇道截面面积，按照压室直径计算冲头快压射速度。

$$v_p = \frac{v_g A_g}{A_p} \tag{8-19}$$

式中 v_p——冲头速度（mm/s）；

v_g——内浇道速度（mm/s）；

A_g——内浇道截面面积（mm²）；

A_p——压室或冲头截面面积（mm²）。

3）速度转换点。速度转换点是从慢压射切换至快压射（充型开始）的位置点，一般以金属液到达内浇道时为基点，如图8-50所示。

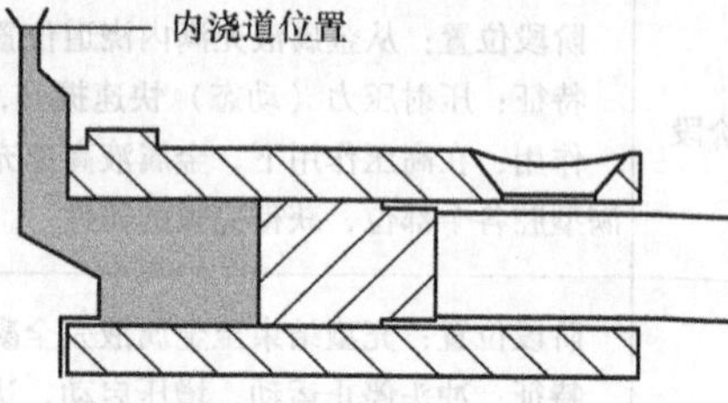

图8-50 压射速度转换点

冲头的速度转换点可按式（8-20）计算：

$$L_m = L - L_b - L_k$$

$$L_k = \frac{V}{A_d} \tag{8-20}$$

式中 L_m——慢压射行程（mm）；

L——压室内可容纳金属液的长度（mm）；

L_b——料饼厚度（mm）；

L_k——快压射行程（mm）；

V——通过内浇道的金属液体积（mm³）；

A_d——压室截面面积（mm²）。

3. 温度参数及确定方法

温度是压铸工艺中的热因素，控制和保持合适的温度可以提供良好的填充条件和凝固进程。压铸工艺的温度参数主要包括浇注（金属液）温度和模具温度。

（1）浇注（金属液）温度　浇注温度一般以高于合金液相线温度20℃左右为宜，表8-143列出了不同合金的浇注温度推荐值。薄壁铸件、结构复杂及大型压铸件，浇注温度应该取偏高值。热室压铸工艺中，合金液没有浇注动作及在冷压室中停留的过程，所以热室压铸的浇注（金属液）温度（镁、锌合金）可取低一些。

表8-143　不同合金的浇注温度推荐值

合金种类		浇注温度/℃
锌合金		410～450
铝合金	铝硅系	620～690
	铝硅铜系	630～720
	铝镁系	620～700
镁合金	AZ91①	660左右
	AM60①	670左右
	AM50①、AM20①	680左右
铜合金		940～980

① 为美国标准压铸合金代号。

（2）模具温度　模具温度包括模具预热温度和模具工作温度。开始生产前，应对模具进行预热，使模具温度接近工作温度。模具工作温度通常控制在浇注温度的1/3左右，薄壁铸件、结构复杂的铸件可适当调高。推荐的模具预热温度和工作温度见表8-144。

表8-144　推荐的模具预热温度和工作温度

合金种类	锌合金	铝合金	镁合金	铜合金
模具工作温度/℃	150～200	210～300	240～300	320～420
模具预热温度/℃	—	150～180	—	—

4. 时间参数及确定方法

压铸工艺中的时间参数包括填充时间、持压时间、留模时间和建压时间。

（1）填充时间　金属液通过内浇道开始进入型腔至型腔完全充满所需时间称为填充时间。填充时间可以依据铸件壁厚选取（见表8-59），也可使用公式（8-2）进行计算。当内浇道截面面积和填充速度确定后，填充时间可按式（8-21）核算：

$$t=\frac{V}{A_g v_g} \tag{8-21}$$

式中　t——填充时间（s）；

V——铸件连同排溢系统体积（mm^3）；

A_g——内浇道截面面积（mm^2）；

v_g——内浇道速度（mm/s）。

填充时间应该保证金属液在未失去流动性之前填充完毕。填充时间过长，会使充型过程中金属液温度降低过多，金属液凝固，容易导致铸件出现冷缺陷。填充时间与合金特性、铸件壁厚、浇注温度、冷却效果等因素有关。如果合金的熔化潜热和比热高、结晶范围宽，铸件壁厚大，浇注温度高，模具温度高、冷却效果差，则填充时间可以选长些。

（2）持压时间　持压时间是金属液充满型腔后，压射系统继续保持压力的时间。持压时间应长于金属液在型腔内的凝固时间，保证金属液在整个凝固期间一直处于高压作用之下，达到紧实铸件的目的。基于合金种类和铸件壁厚的持压时间推荐值见表8-145。

表8-145　基于合金种类和铸件壁厚的持压时间推荐值

（单位：s）

合金种类	锌合金	铝合金	镁合金	铜合金
壁厚<2.5mm	1～2	1～2	1～2	2～3
壁厚2.5～6.0mm	3～7	3～8	3～8	5～10

当铸件尺寸大、厚壁、合金凝固范围宽、模具冷却效果差，所需的凝固时间长，则持压时间应取长些。

（3）留模时间　从持压终了至开模顶出铸件的这段时间称为留模时间。留模时间不宜过长或过短，时间过长，包紧力增大，顶出困难，甚至导致铸件开裂；时间过短，顶出时铸件易变形。留模时间的长短应根据铸件的合金特性、铸件结构及模具冷却状况等因素确定。基于合金种类和铸件壁厚的留模时间推荐值见表8-146。

表8-146　基于合金种类和铸件壁厚的留模时间推荐值

（单位：s）

合金种类	锌合金	铝合金	镁合金	铜合金
壁厚<3mm	5～10	7～12	7～12	8～15
壁厚3～4mm	7～12	10～15	10～15	15～20
壁厚>5mm	20～25	25～30	15～25	25～30

也有将留模时间和持压时间统一考虑，但选取原则基本不变。在合金的收缩率大、高温强度较高、铸件薄壁、结构较复杂及模具冷却能力强的情况下，留模时间应取下限值。

（4）建压时间　冷室压铸中，建压时间表示增压压射力的响应速度，如图8-51所示。增压压射力必须在金属液凝固之前或之中完全建立，否则影响增压效果。现代压铸机的建压时间可调，一般生产中控制在20～80ms之间。目前，比较认可的最佳建压时间是充型后接触模具型腔表层的金属液凝固结壳后，或固相率达到一定比率的情况下，或发生金属液凝固收缩时对金属液进行增压压实，增压效果好。确定建压时间的基本原则：

1）内浇道厚度大，铸件壁厚，建压时间可取长些。

2）合金的凝固温度范围宽，凝固时间长，建压时间可取长些。

3）模具和浇注温度高，模具冷却效果差，建压时间可取长些。

4）薄壁铸件结构复杂，建压时建可取短些。

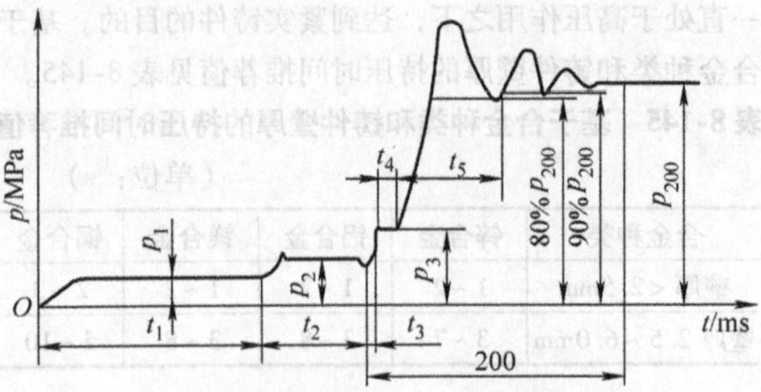

图8-51　压力-时间曲线

t_1—慢压射时间（包含多段慢压射的时间）

t_2—快压射时间　t_3—系统升压时间　t_4—增压延时时间

t_5—增压时间　p_1—慢压射压力　p_2—快压射压力

p_3—系统压力　p_{200}—增压压射力稳态值

8.5.3　压铸生产

压铸生产中需要控制许多因素，以便稳定生产过程，获得优质铸件。

1. 余料饼厚度

对于冷室压铸，在压射过程完成后，要有一定量的金属液余留在压室内，以便持续传递压力，这部分金属液凝固后称为余料饼或料饼。余料饼厚度对金属液凝固阶段的压力传递起着重要作用。余料饼过薄，自身过早凝固，压力无法传递到型腔内；余料饼过厚，则压力会过多地消耗在压室内尚未凝固的金属液上，并且导致废料增加。

余料饼厚度通常控制在20~50mm之间；也有根据压室直径计算，一般控制在压室直径的1/3左右。

生产中导致余料饼厚度变化的原因及影响：

1）浇注定量不准，导致浇入压室的金属液体积变化，余料饼厚度变化。浇注量不足会引起压力无效，铸件致密性变差或不完整。

2）压射过程中如发生飞料，金属液外泄，余料饼变薄。可能造成压力无效，铸件致密性变差或不完整。

3）压射冲头卡死或金属液凝固阻滞，余料饼变厚，可能造成铸件不完整。

余料饼厚度变化对铸件质量有重要影响，目前的压铸机控制系统可精确监测余料饼厚度。如果发生厚度超差，会进行报警或提示。

2. 压室充满度

压铸时，浇入压室的金属液的体积占压室容积的百分数，称为压室充满度，简称充满度。充满度太低，压射时容易造成卷气及金属液氧化，金属液热损失过多；充满度太高，在推进时容易导致金属液由浇料口喷溅。压铸中推荐的压室充满度在50%~80%之间，如果需要的金属液浇注量与压室充满度要求相差过大，应考虑更换不同尺寸的压室。充满度的计算式为

$$Q=\frac{V}{V_0}\times100\% \tag{8-22}$$

式中　Q——压室充满度（%）；

V——浇入金属液的体积（mm^3）；

V_0——压室（包括定模浇口套）内的有效容积（mm^3）。

3. 压铸脱模剂和冲头润滑剂

（1）脱模剂的要求和选用　脱模剂喷涂在型腔表面，主要作用是避免金属液与型腔表面黏结，使压铸件容易从模具中脱出。对脱模剂的要求主要有以下几点：

1）良好的附着性和高温润滑性。

2）对压铸模具和压铸件没有腐蚀性。

3）挥发点低、挥发速度快，在100~150℃下能很快挥发完毕。

4）不分解有害气体，不出产生烟雾，不污染环境。

5）在模具表面残余物少，不影响铸件的表面处理。

6）正常储存情况下脱模剂不分层、不产生结块，不堵塞喷头，容易清洗。

压铸生产中广泛使用水基脱模剂用水稀释，稀释比例为几十倍或上百倍，减少了对环境的污染。水基脱模剂不能采用涂刷方法，只能采用专门装置进行喷涂。

脱模剂的选用应经过生产试用，可根据实际情况预选几种进行短期考察性应用，观测使用效果，从中选择适用的产品。此外，油性和水性原液脱模剂也在压铸生产中有所应用，对润滑、发气性及环保有特殊要求的场合可以试用。这两种脱模剂喷涂量极少，需要专用的喷涂装置。

（2）冲头润滑剂的要求及选用　冲头润滑剂在冲头和压室间起到润滑作用，防止冲头卡滞。对冲头润滑剂的要求有以下几点：

1）与润滑表面结合力强，容易在润滑表面产生

油膜。

2）具备高温（300~500℃）润滑能力，摩擦因数小，稳定性好。

3）对金属材料无腐蚀作用，不污染铸件。

4）不燃烧，不产生异味和有害气体。

5）保存和使用中不分解变质。

冷室压射冲头润滑剂有液态润滑油和固体颗粒润滑珠两种。润滑油通常有两种使用方式，第一种是利用喷油嘴在冲头回抽后直接喷于（或滴于）压室或冲头上；第二种是内润滑方式，将润滑油路通入压射杆中，在冲头处多点喷出，如图8-52所示。颗粒润滑珠需使用专用的颗粒润滑机，按控制要求将润滑珠置入压室。同样，润滑剂的选择也应经过试用，确认适合的产品。

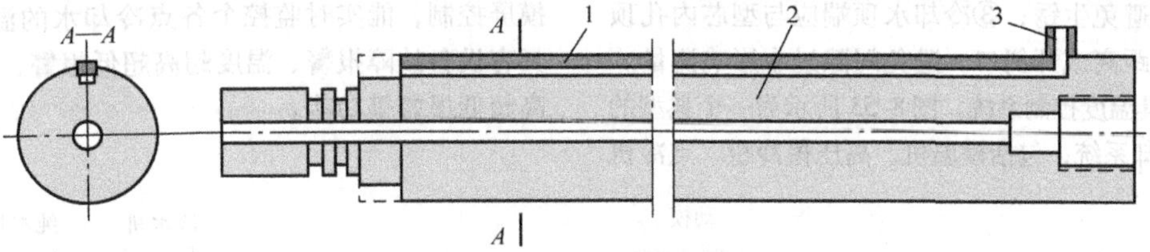

图8-52 内润滑方式

1—盖板 2—本体 3—接管

4. 模具预热

生产中广泛使用模温机预热模具。模温机使用方便、加热均匀、操作简单、洁净、加热效果好。也有少量工厂采用煤气（天然气）或电加热管从模具外部加热，也有使用煤气喷嘴直接加热模具。这些装置的特点是结构简单、制造方便、成本较低，但加热均匀性较差，对模具寿命也有一定的影响。模具预热应注意以下几个问题：

1）预热要均匀，预热时须将顶杆退回模具内。使用模温机预热时，动、定模不要完全闭合，以免顶杆或模具导柱卡死。

2）固定型芯与活动型芯的预热温度要尽量达到生产时的使用温度。

3）预热后模具要进行清理和润滑。

4）外部加热时应尽量使用小火，全面缓慢加热。不能采用点加热方式，尤其是顶杆、型腔及边缘区域，否则有可能造成退火现象。

5. 模具温度测量及工作温度控制

（1）模具温度测量

1）非接触式温度测量仪。非接触式温度测量仪不接触型腔表面，在一定距离内便可进行测量。这类温度仪大多使用红外线技术，目前有点测仪和红外成像仪。点测仪可定点测量温度，红外成像仪可进行区域温度测量。

2）型腔内部近表面温度测量一般使用热电偶。在压铸模上钻孔，插进热电偶（最好把热电偶测点焊在孔端），从二次仪表上读出型腔表面温度或测得温度变化曲线。钻孔的深度取决于要进行温度测量的位置。

（2）模具工作温度控制

模具工作温度控制主要使用水冷却、模温机和点冷机等方式。

1）水冷却。水冷却是将冷却水直接通入模具中的冷却管道以对模具进行冷却。主要包括以下两种方式：①常规冷却。使用常压冷却水通过分配器进入模具冷却管道中，冷却水分配器具有流量和温度监测功能。使用电子流量计可以精确监测数据并可存储在工艺文件中，便于工艺调整和追溯。根据各路水冷却管道回水温度和模具相应点温度，可分别调节每个管道的流量大小，控制模具温度。冷却水通断时间由压铸机控制系统进行控制。②升压水冷却。为强化冷却效果，可建立机边冷却站。机边冷却站通过加压使冷却水流量加大、循环加快，提高冷却速度。加压压力一般在0.6~1.0MPa之间。

使用水冷却时应注意以下几点：①冷却水温度不宜过低（不低于30℃），以免因激冷而引起模具过早开裂，缩短模具使用寿命；②硬水冷却易在水路上形成水垢，堵塞管道影响冷却效果，应使用软化水；③冷却水管道不宜过细，过细易于堵塞或影响流量；④作业初期只需向直浇道、分流器等部位适当通水。待模具温度上升后，再根据情况逐次地向其他部位通水，作业中断后应及时关掉冷却水。

2）模温机和点冷机。模温机有水介质和油介质两种类型，水介质模温机最高出口温度可达180℃，油介质模温机可达320℃。模温机具有加热及冷却系统，可以对模具进行加热或冷却。与直接水冷却相比，模温机的冷却作用不剧烈，模具热应力减小，对延长模具寿命有利。

点冷机专门用于冷却细型芯，冷却型芯的外径一般在 4 ~ 12mm 之间。压铸生产时，型芯冷却孔内部通常产生很大的蒸汽压力，必须采用较大的供给水压（1.0 ~ 1.6MPa）才能克服蒸汽阻力保证冷却水畅通。使用点冷机应注意以下几点：①不能持续通水，否则可能会引起型芯温度过低而产生铸件缺陷；②间歇供水期间，使用压缩空气对型芯冷却通道中的残留水分进行清除，避免生锈；③冷却水顶端应与型芯内孔顶部保持足够距离或开斜口，避免间隙过小影响流量。

3）模具温度控制系统。图 8-53 所示为一个典型的模具集成冷却系统，包括模温机、高压模冷机、点冷机及冷却水装置。系统可以实现自动控制，有效控制模具温度。集成冷却系统具有以下优点：①精确控制温度。温度控制精度达到[(10 ~ 35) ± (0.1 ~ 0.5)] ℃，压力控制精度达到[(0.4 ~ 0.8) ± 0.02] MPa。能满足压铸机生产的冷却需要，提高工作效率，更好地控制产品质量。②严格控制水质。水质控制好，不结垢，过滤精度达到 5μm。③全面系统监测。采用 PLC 及触摸屏控制，能实时监控个各点冷却水的温度及压力，具有设备故障报警、温度超高超低报警、压力流量超高超低报警等功能。

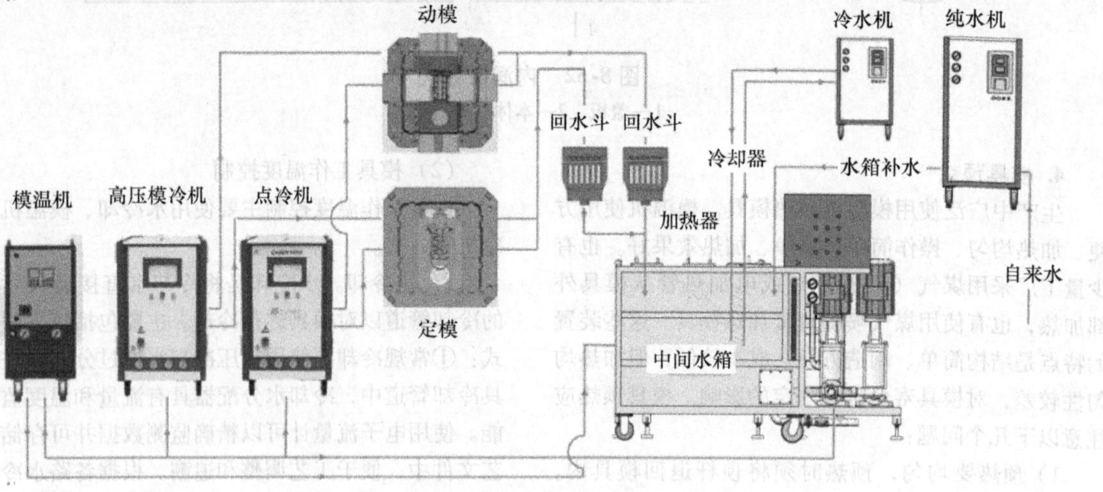

图 8-53　一个典型的模具集成冷却系统

6. 金属液的供给和浇注

（1）金属液的供给方式　金属液的供给方式指从熔化炉至机边炉（保温炉或定量炉）的金属液来源和输送方式。常用的金属液供给方式、特点及适用场合见表 8-147。

表 8-147　常用的金属液供给方式、特点及适用场合

供给方式		特点	适用场合
铝液来源	车间自供金属液 车间具有集中熔化炉，自行配制和熔化所需合金，然后分送至机边炉	熔化和生产灵活，质量容易控制	铝合金压铸，适合各种规模生产，不适合合金更换频繁的小批量生产
	外部直供金属液 使用转运车将金属液由外部专业公司运送至车间，然后分送至机边炉	专业公司负责合金熔化，减少车间作业内容和熔化污染，降低生产成本，应注意合金质量检测	铝合金压铸，适合大中规模生产
车间内输送	车载（叉车）转运包将集中熔化炉或金属液转运车的金属液分送至机边保温炉或定量炉	金属液输送及分配灵活，对于大型定量炉，需要较大提升高度，存在安全风险	铝合金及锌合金压铸，可用于大、中、小型压铸机，使用普遍

（续）

供给方式		特点	适用场合
车间内输送	导轨转运包分送金属液，可采用悬挂导轨和地面导轨	占用空间，自动化输送，减少安全风险	铝合金及锌合金压铸，使用不普遍，有技术优势和应用前景
	管道输送	保温效果好，空气氧化隔绝，减少氧化现象	锌合金或铝合金压铸，使用少
	自动导引运输车（AGV）	专用轨道、程序控制、自动导引，免去人工操作可能引起的操作失误	与导轨输送类似，初试开发阶段，有应用前景
	金属锭输送	将固态合金锭运至机边炉，由机边炉直接熔化，可避免金属液输送过程中的氧化和事故	镁合金压铸 铜合金压铸

（2）金属液浇注方式　金属液的浇注方式指从机边炉至压室内金属液的供给方式。目前广泛使用定量炉浇注和机械手夹持浇勺浇注。此外，还有真空吸注方式和人工浇注方式。人工浇注逐步被机械取代。

使用定量炉进行浇注作业时，应注意严格按规定进行维护和保养，及时清理输料管等部位；按时补加金属液，保证金属液面高度在规定的范围。单室定量炉补加金属液时应注意参数波动，及时调整及修正。

使用浇注机械手浇注时，应保证浇勺舀取金属液和运行平稳，如图8-54和图8-55所示。

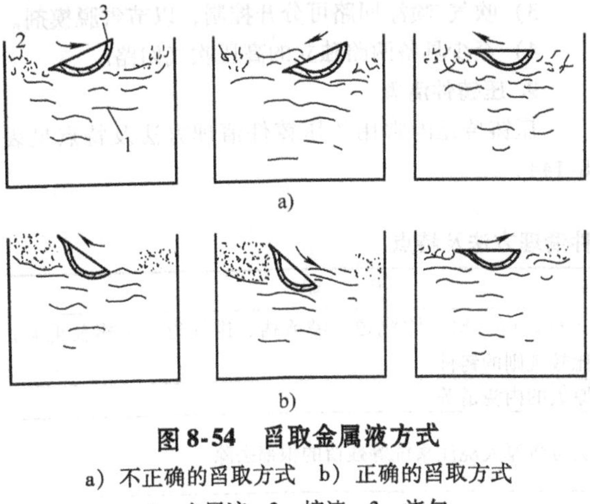

图8-54　舀取金属液方式

a）不正确的舀取方式　b）正确的舀取方式

1—金属液　2—熔渣　3—浇勺

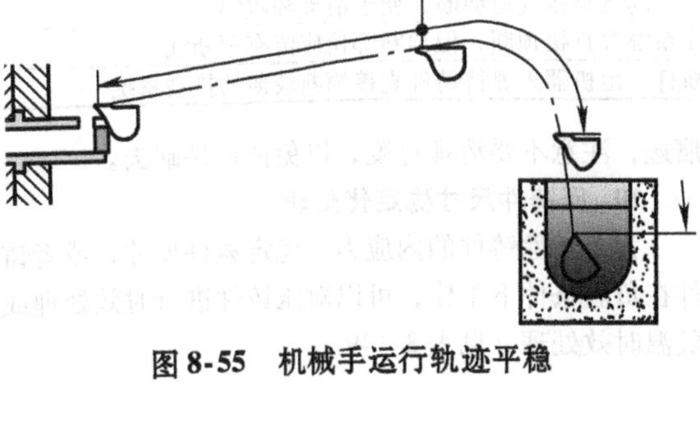

图8-55　机械手运行轨迹平稳

7. 自动取件

取件设备主要包括取件机器人和取件机械手。在大型压铸机或对铸件有后处理要求的场合应使用机器人取件，小型压铸机和单一取件作业可使用取件机械手。

使用取件设备应注意以下几点：

1）最大抓取重量确认。如果需要机器人夹持铸件进行其他作业，如排溢系统撞断、打码等，要留有必要裕量。

2）最大行程确认。应确认机器人所有动作中的最大行程和工作范围，必要时应使用辅助导轨。

3）夹持可靠。铸件应有可夹持面，夹持稳定，作业中铸件不能产生偏移或脱落。

4）夹持部位。夹持部位要合理，不能损坏铸件。对于大型薄壁铸件，普通抓手可能会造成铸件变形或损伤，水冷后可采用吸盘抓手，气动抓手和吸盘抓手如图8-56所示。

5）安全距离。应调整好运行轨迹和安全距离，防止发生干涉和碰撞。

6）柔性动作。使用机器人的柔性动作和碰撞检测功能，保证取件过程的安全性。

7）隔热防护。电缆及气管表面应具备隔热保护层。

8）信号检测。具备低气压检测传感器、运动到位信号检测。

9）安全锁定。运行中若停气，抓手也能抓紧铸件超过1h。

10）防护级别。电气信号元件达到IP67防护级别。

8. 自动喷涂

模具自动喷涂常用设备包括六轴机器人和两轴喷涂机，它们均有良好的使用效果。生产中自动喷涂涉及设备和喷头的使用和调整，主要控制好下述因素：

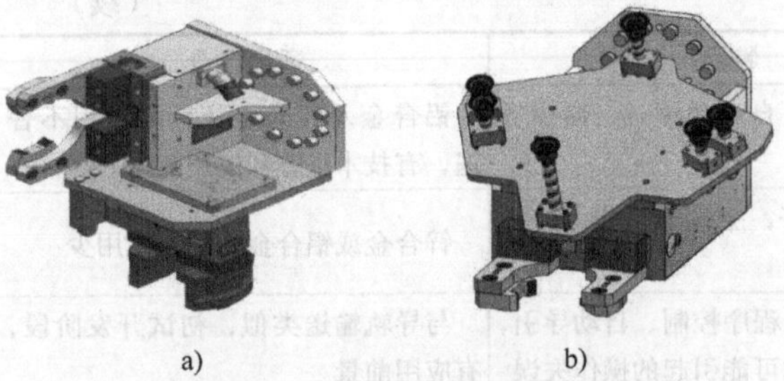

图 8-56　气动抓手和吸盘抓手
a）气动抓手　b）吸盘抓手

1）调整好喷涂距离、喷涂速度、喷涂角度、喷涂量、脱模剂稀释比例等。喷涂距离一般的控制在100～200mm，其余因素应在现场反复调整直至达到最佳状态。

2）在保证铸件顺利脱模和模具温度合适的前提下，尽量缩短喷涂时间和减少喷涂量。

3）控制好喷涂过程，应使涂料分布均匀，避免脱模剂在模具型腔个别部位产生积聚。

4）不能存在残留水分，喷涂后应进行空气喷吹。

5）分流器、横浇道、内浇道、型芯及受金属液直接冲刷的部位应重点喷涂，喷涂时间可适当延长，以降低这些部位的温度。复杂型腔的沟、槽、深孔等处也应重点喷涂，防止粘模。

6）采用手工喷涂时，要求操作者操作规范、动作熟练，防止因喷涂操作的随意性而造成压铸件质量不稳定。

7）注意监测模具温度，模具温度过高或过低，都会影响脱模剂的使用效果。

8）定时清洗喷头喷嘴，防止堵塞。

9）选用合适的喷头和喷嘴数量，小型或简单模具使用标准喷头，成本低；大型、复杂、深腔模具宜采用仿型喷头，节省喷涂时间。普通喷头和仿型喷头如图 8-57 所示。

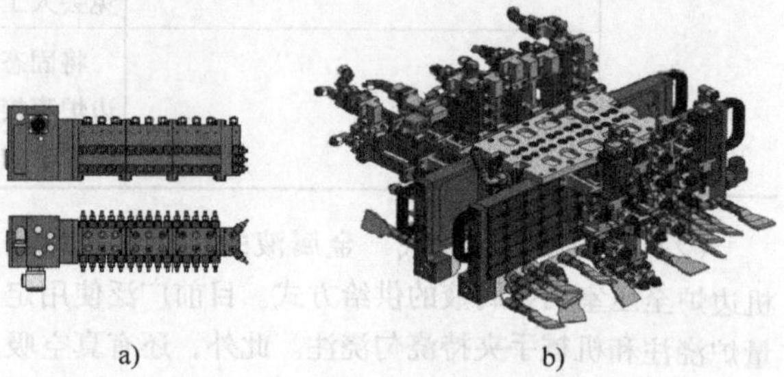

图 8-57　普通喷头和仿型喷头
a）普通喷头　b）仿型喷头

在选用喷涂设备时，还需要考虑以下几点：

1）脱模剂自动吸取、自动混合压送，每循环混合避免分层偏析。

2）允许使用不同浓度的脱模剂。

3）吹气-喷涂回路可分开控制，以节省脱模剂。

4）至少具备两路独立的高压吹气回路。

9. 压铸件清理

压铸单元内常用的压铸件清理方法及特点见表 8-148。

表 8-148　常用的压铸件清理方法及特点

方法	特　点	说　明
切边机	效率高，可用于大批量生产	利用切边模，可一次清除浇道、溢流槽、排气道、飞翅及毛刺，适合形状比较规则的铸件
锯床	效率高，可用于大批量生产	可锯除厚大的内浇道等
铣头	效率一般，尽量不在压铸单元内大范围使用	利用铣头可将厚大浇注系统等残留的根部去除
砂轮或砂带	效率一般，尽量不在压铸单元内大范围使用	打磨残留的浇注系统及飞翅、毛刺，也有清理铸件表面的功能
液压剪	效率高，剪断厚度受限	可将尺寸大的真空排气道剪断，便于清理和收集
顶断器	效率高，可用于大批量生产	可将浇注系统等直接顶断，但顶断部位应留有顶断线
撞断站	效率高，可用于大批量生产	利用撞断杆，由机器人抓持铸件直接撞断较薄的排溢系统

压铸单元外常用的清理设备包括砂轮、砂带机，小铸件也可使用滚筒。手工清理作业比较灵活，效率低，适合产量不太大和不便使用机械的场合。常用的手工清理工具包括木槌、钢丝刷、手持砂轮机、锉刀和刮刀等。手工清理应严格遵守作业规范，避免残留痕迹，注意不要清理过度，以免使铸件缺失。

10. 压铸件尺寸稳定化处理

为了消除铸件的内应力，稳定铸件尺寸，或者铸件在负温条件下工作，可以对压铸件进行时效处理或负温时效处理，见表 8-149。

表 8-149 压铸件时效或负温时效处理规范

合金	热处理形式	加热温度/℃	保温时间/h
锌合金	时效	95±5	2.5~3.0
铝合金	时效	175±5	2.0~3.0
镁合金	时效	150~190	3.0~5.0
铜合金	退火	250~300	1.5~2.5
各种合金	负温时效	-50~-60	2（<2kg） 3（>3kg）
合金	干燥		冷却方法
	温度/℃	时间/h	
锌合金	—	—	空冷
铝合金	—	—	空冷
镁合金	—	—	随炉冷
铜合金	—	—	空冷
各种合金	50~60	2.0~3.0	空冷

8.5.4 压铸辅助工艺

1. 真空压铸

（1）真空压铸优点 真空压铸是在充型前将型腔内的气体抽出，使金属液在真空状态下完成充型。真空压铸具有以下技术优势：

1）可消除或减少压铸件内部的气孔，使铸件能够进行焊接和热处理，提高压铸件的力学性能。

2）可以提高铸件表面质量，改善镀覆性能。

3）降低型腔内气体的反压力，提高金属液的填充能力，有利于薄壁复杂铸件及铸造性能较差的合金压铸成形。

（2）真空系统 在压铸生产中使用的真空系统主要有两种典型的形式，见表 8-150。

表 8-150 两种典型的真空系统形式

方式	图例	原理及特点
直接抽真空	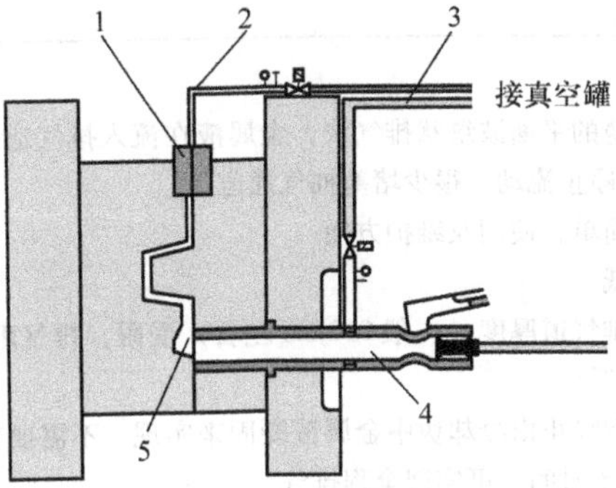 1—排气阀 2—型腔真空回路 3—压室真空回路 4—压室 5—型腔	1）利用抽真空装置直接将压室及型腔内的气体抽出，使金属液在真空状态下填充型腔 2）在模具密封良好的情况下，型腔内的真空状态（绝对压力）可达 50mbar（$1\text{mbar}=10^2\text{Pa}$），最低可达 30mbar 3）使用标准压射端和通用抽真空装置，抽真空回路可选，使用和维护成本较低 4）容易形成生产力，真空压铸和普通压铸之间转换方便，生产灵活，经济技术性良好，实际生产中应用广泛
真空吸注	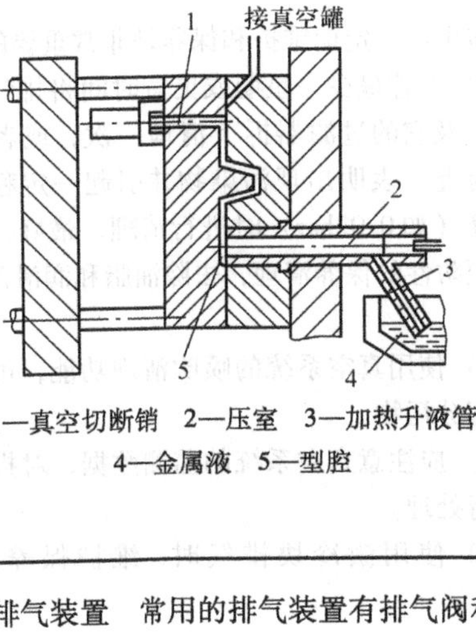 1—真空切断销 2—压室 3—加热升液管 4—金属液 5—型腔	1）通过升液管将熔化炉和压室连通，抽真空将金属液吸入压室至预定位置或预定真空度后进行压射 2）金属液吸入平稳，在对铸件含气量要求更高的场合具有优势 3）使用专用压射端和保温炉，生产操作和管理要求严格，使用和维护成本较高 4）国内实际生产中应用较少

（3）排气装置 常用的排气装置有排气阀和排气块，见表 8-151。

表 8-151　排气阀和排气块的形式和特点

排气装置	图例	特点
排气阀	 机械式排气阀 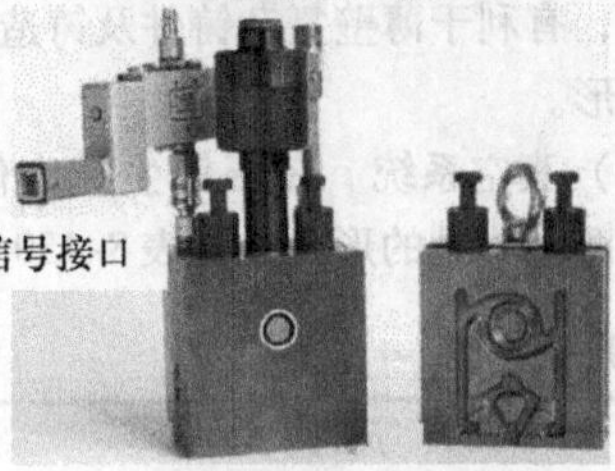 触发式排气阀	1）可以使用较大的排气面积，排气能力强 2）真空工艺过程可以稳定控制，重复性高 3）排气道设置灵活，投影面积相对较小 4）一次性投资成本较高 5）有堵塞的风险 6）使用不当效果不明显 7）需要及时维护及储存备件 8）阀的闭合需要精确控制
排气块	 平面激冷排气块  三维激冷排气块	1）采用薄的平面波纹状排气块，金属液在流入排气道一定距离时会凝固而停止流动，很少堵塞抽气通道 2）机构简单，使用及维护方便 3）价格低 4）由于排气道厚度（一般0.2mm左右）受限，排气阻力较大，排气能力较低 5）抽真空终止由冷却块中金属液凝固来实现，不需要精确地控制抽真空关闭时间，可实现全程排气 6）存在真空度波动现象，重复精度难于保证 7）占用面积较大 8）使用三维排气块，可大幅增加排气面积，明显改善排气能力，减小占用面积，弥补平面排气块的不足

（4）抽真空过程控制　抽真空控制主要有两点，即起始点和关闭点，且关闭点是控制关键点。抽真空起始点通常设定在冲头越过浇料口的位置，关闭点则越接近充型结束点越好，以保证抽真空时间足够。如果关闭过早，则抽真空不充分，型腔真空度不够，不能达到最佳效果；如果关闭不及时，则易于堵塞排气阀或真空通道。关闭点控制有三种基本方式，如图8-58所示。使用排气块则不需要精确控制抽真空的关闭时间。

（5）排气阀的种类　根据关闭方式，排气阀可分为机械式和触发式两种，其工作原理和特点见表8-152。

（6）真空系统的维护及清理　使用真空系统进行压铸生产，定期维护和保养是非常重要的。

1）推荐最少一星期或更短时间将排气阀（固定部分）及它的过滤器拆下清理一次，或者系统“污染物检查”表明出现污染物并引起一定程度的真空度下降（如0.02bar）时进行清理，最好每三天进行一次预防性的保养清理，去除油脂和润滑剂等造成的污染。

2）使用真空系统的喷吹清理功能，可消除阀中的大部分污物。

3）应注意真空系统的监测数据，对报警问题及时进行处理。

4）使用激冷块排气时，维护保养工作最为简单。

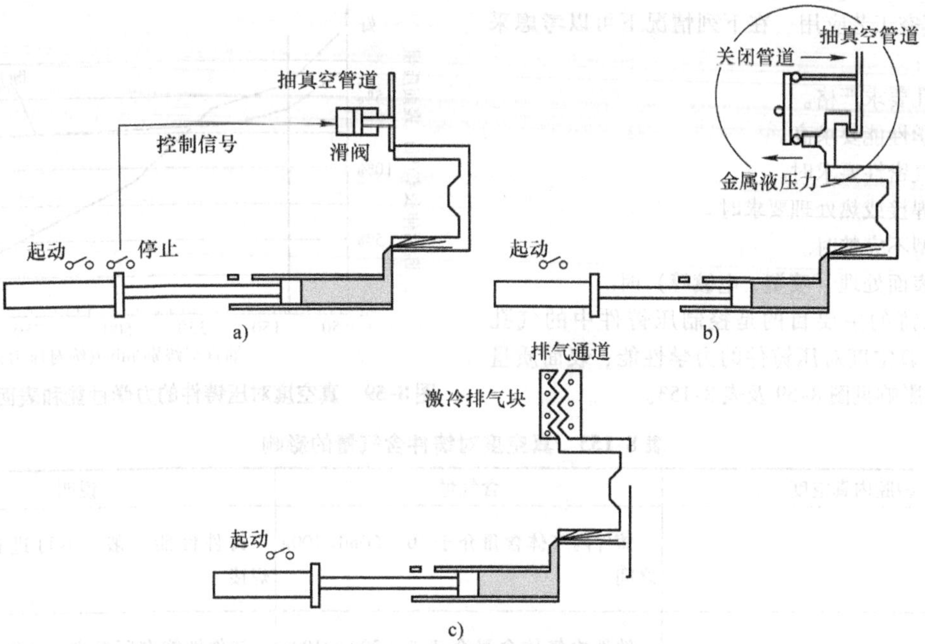

图8-58 关闭点控制的三种基本方式

a）根据触发信号控制 b）利用金属液压力控制 c）依靠金属液温度（凝固）自行控制

表8-152 排气阀的工作原理和特点

排气阀	图例	原理及特点
机械式	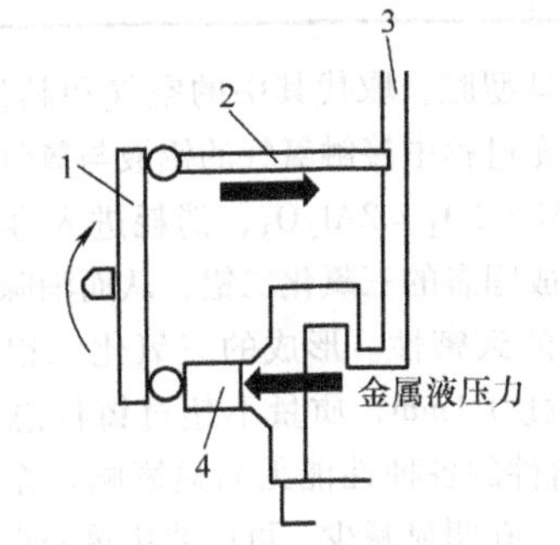 1—传动臂 2—管道切断销 3—抽气管道 4—滑塞	1）利用高速金属液流动的动能使切断销关闭。当前沿金属液压迫滑塞时传动臂转向，推动切断销切断通道，阀即关闭 2）基本可以达到全程抽真空，是型腔中获得良好真空状态的有效方式 3）抽气面积大，效果好 4）滑动部分会受油污、铝液飞溅物及充型误差影响，不能及时关闭导致堵塞
触发式	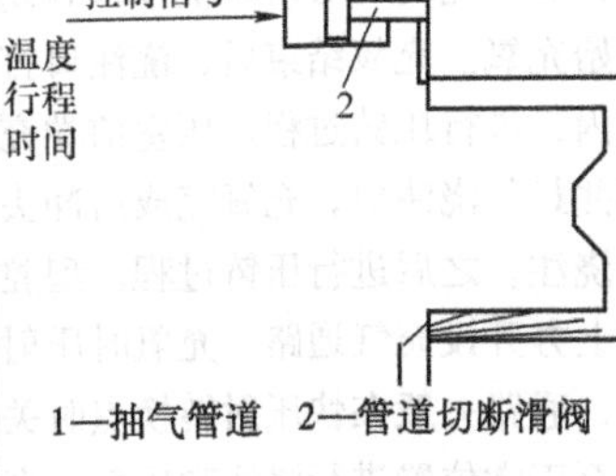 1—抽气管道 2—管道切断滑阀	1）通过控制信号（温度、行程、时间等）使滑阀关闭抽气通道，是目前有效的控制方式 2）常用触发阀关闭信号 冲头位置信号：当冲头到达规定位置时，位置信号触发滑阀关闭 温度信号：将极快的温度传感器（具有小于1ms的时间常数）嵌入模具内壁指定位置，当指定位置温度升高时，表明金属液到达，指定位置温度信号触发滑阀关闭 时间信号：一般以快压射起始时间为基准，确定时间信号触发滑阀关闭 3）控制精确，阀关闭时间在数毫秒级 4）布置简单，易于维护，坚固实用 5）最佳的触发参数一旦确定，触发阀的可靠性和重复性非常好 6）确定最佳参数需要花费较多时间，触发阀特别推荐用于长期生产的模具上 7）提前关闭排气阀，避免堵塞，生产安全 充型未结束停止抽气，型腔内会产生烟气、模具漏气等，真空度降低，非全程抽气

(7) 真空工艺应用 在下列情况下可以考虑采取真空压铸：

1) 气孔要求严格。

2) 力学性能要求高。

3) 有气密性要求时。

4) 有焊接或热处理要求时。

5) 充型不完整时。

6) 有表面处理（喷塑、电镀等）时。

真空压铸的主要目的是控制压铸件中的气孔（含气量），真空度对压铸件的力学性能、表面质量及含气量的影响见图8-59及表8-153。

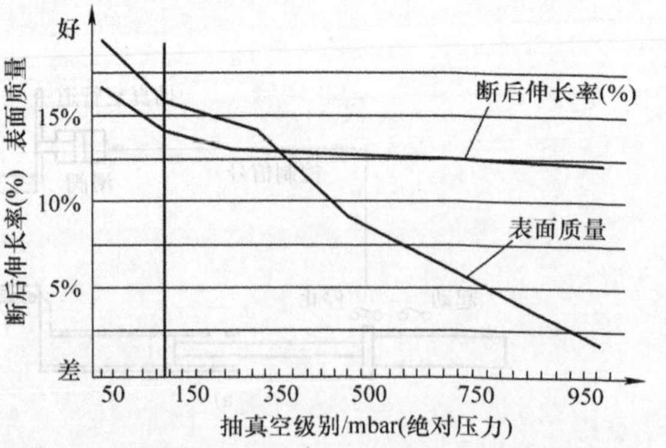

图8-59 真空度对压铸件的力学性能和表面质量的影响

表8-153 真空度对铸件含气量的影响

型腔内真空度	含气量	说明
无真空	铸件内气体含量介于10～50mL/100g之间	铸件性能一般，不可进行热处理或焊接
50～80kPa （绝对压力500～800mbar）	铸件内气体含量介于5～20mL/100g之间	铸件性能有所提高，不能进行热处理或焊接
91～96kPa （绝对压力910～960mbar）	铸件内气体含量介于1～3mL/100g之间	铸件性能提高，可以实施热处理或焊接

(8) 真空分级 对于真空压铸，下列分级在压铸行业比较认可：

1) 普通真空压铸：100～300mbar（1bar = 10^5Pa）。

2) 高真空压铸：50～100mbar。

3) 超高真空压铸：50mbar以下。

理论上，使用的真空级别越高，对降低铸件的含气量越有利。但过度提高真空度要求，对模具密封及真空控制要求更加严格，生产成本上升。

(9) 真空罐及管道设置 工业真空泵抽真空能力可以在真空罐内达到10mbar，已能够满足压铸件气孔控制的真空条件要求。要达到真空压铸的良好效果，真空罐及管道需设置合理。真空罐体积一般根据型腔和压室总体积配置，原则如下：

1) 真空罐体积约为抽气体积的40～60倍。低于30倍，真空效率不足；高于100倍，经济性变差。

2) 真空泵抽气效率与真空罐体积比为1:10～18。

注意，测压传感器尽量接近模具型腔，测压结果才可能真实可靠。尽量缩短真空管道长度，降低抽气阻力，提高真空形成速度。

2. 充氧压铸

(1) 充氧压铸原理 充氧压铸是将干燥的氧气充入压室和模具型腔，取代其中的空气和其他气体。其目的是使填充过程中接触氧气的铝液与氧气发生化学反应，即$4Al + 3O_2 = 2Al_2O_3$，消耗进入金属液内部的氧气，形成固态的三氧化二铝，从而消除铸件气孔，提高铸件的致密性。形成的三氧化二铝颗粒微小，一般不超过0.1mm，质量不超过铸件总质量的0.2%，且对铸件的各种性能无明显影响。充氧压铸生产的压铸件气孔明显减少，可以使用热处理工艺改善其力学性能。

(2) 充氧方式 充氧的基本要求是将模具型腔和压室中的空气快速、彻底由氧气代替，常用的充氧方式如图8-60所示。

浇注口充氧是通过压室的浇注口将氧气充入压室和模具型腔内，氧气充入时必须将浇注口封闭。浇注口封闭后，开始充氧。充氧结束后，浇注口打开，金属液浇入压室内，进行压铸过程。压室前端充氧是将压射冲头前移并封住浇注口，充氧完成后冲头回退至正常位置进行浇注，之后进行压铸过程。型腔充氧需要在模具型腔上方开设充气通路，充氧时压射冲头前移封住浇注口，通路一般在快压射转换点时关闭，关断后冲头回退至正常位置进行浇注和压射。真空充氧是先将型腔及压室内的空气抽出，之后与压室前端充氧过程相同。这几种充氧方式的特点如下：

1）浇注口和压室前端充氧时，充氧在浇注前结束，充氧时间较短。模具排气道和浇注口开放，氧气和空气的置换率稍差。

2）型腔顶部充氧时，充氧时间可以延长至快压射转换点，充氧时间较长，氧气和空气的置换率较高。

3）真空充氧能更有效地排除型腔内的任何气体，使模具型腔和压室中的空间迅速被氧气充满，型腔内氧气浓度会比一般充氧方式高，氧化效果会更好。

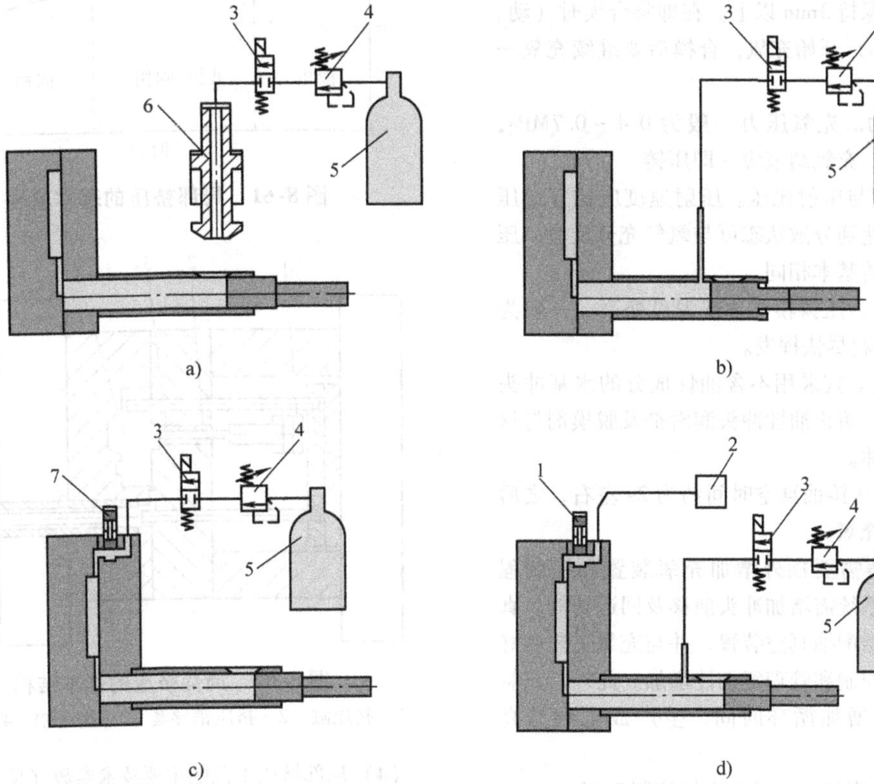

图8-60 常用的充氧方式

a）浇注口 b）压室前端 c）型腔顶端 d）真空

1—真空切断阀 2—真空泵 3—电磁阀 4—调压阀 5—氧气罐 6—浇注口闭合器 7—金属切断器

（3）充氧压铸特点

1）消除或减少压铸件内部气孔，充氧压铸件的含气量只有普通压铸件的10%左右，铸件的致密性提高，见表8-154。

表8-154 充氧压铸件与普通压铸件密度比较

压铸方法	充氧时间/s	密度/(g/cm³) T6处理前	密度/(g/cm³) T6处理后	密度相对变化（%）	$W_{Al_2O_3}$（%）
普通压铸	0	2.624	2.371	9.5	0.08
真空充氧压铸	2	2.66	2.582	2.6	0.195
	3	2.656	2.584	2.7	0.2
	4	2.658	2.634	0.9	0.24

2）提高铸件性能。铸态铝合金充氧压铸件比普通压铸件强度可提高10%，断后伸长率增加0.5～1倍，并可进行热处理，见表8-155。

表8-155 两种不同压铸法力学性能比较

压铸法	热处理	抗拉强度 R_m/MPa	断后伸长率 A（%）
普通压铸	—	244.0	4.6
充氧压铸	—	259.0	5.7
	硝酸钠盐浴：515℃±5℃保温4h，在室温水中淬火；160℃保温6h，人工时效	314.0	9.6
	硝酸钠盐浴：515℃±5℃保温4h，在室温水中淬火	302.0	10.6

3）充氧压铸对合金成分烧损甚微。

4）与真空压铸相比，机构简单，操作方便，投资少。

5）仅适用于铝合金压铸。

（4）充氧压铸生产

1）充氧时间。充氧时间视压铸件大小及复杂程度而定，一般应保持3min以上。在即将合模时（动、定模距离1～3mm）开始充氧，合模后要继续充氧一段时间。

2）充氧压力。充氧压力一般为0.4～0.7MPa，以确保氧的流量，充氧结束应立即压铸。

3）压射速度与压射比压。压射速度应比普通压铸快，使金属液达到分散状态可与氧气充分反应；压射比压与普通压铸基本相同。

4）模具温度。压铸模具预热温度略高，一般为250℃，以便使涂料尽快挥发。

5）涂料种类。宜采用不含油性成分的水基冲头润滑剂及脱模剂，防止油性冲头润滑剂及脱模剂与氧反应产生大量气体。

6）真空充氧压铸抽真空时间约为2s左右，之后关闭抽真空进行充氧。

7）充氧压铸需要额外增加充氧装置和控制程序，压铸机控制系统需增加冲头前移及回退功能。真空充氧压铸还需增配抽真空装置，并与充氧工艺良好配合，生产过程控制和管理复杂性增加。此外，充氧还会消耗氧气，增加循环时间，生产成本约升高10%左右。

8）降低铸件废品率，减少质量控制费用。

3. 局部挤压

（1）局部挤压原理及基本结构　金属材料从液态变成固态时会发生体积收缩，体积收缩在铸件中会形成缩孔。局部挤压利用液压缸驱动挤压销，通过挤压销对凝固过程中铸件上的预设部位施加高压，使该部位周围一定区域内产生的体积收缩得到强制性补缩，从而抑制缩孔的发生。局部挤压的基本原理如图8-61所示，基本结构如图8-62所示。

（2）局部挤压的作用

1）消除或减少缩孔、缩松。

2）将气泡破碎，减少气体对铸件基体的有害作用。

3）使组织致密，性能提高。

（3）局部挤压位置

1）对内部质量或性能有严格要求的部位。

2）厚壁处或热节处。

3）压力不能传递或无法补缩的部位。

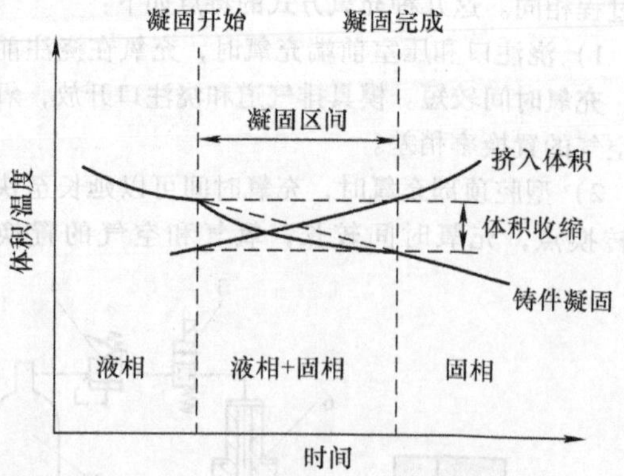

图8-61　局部挤压的基本原理

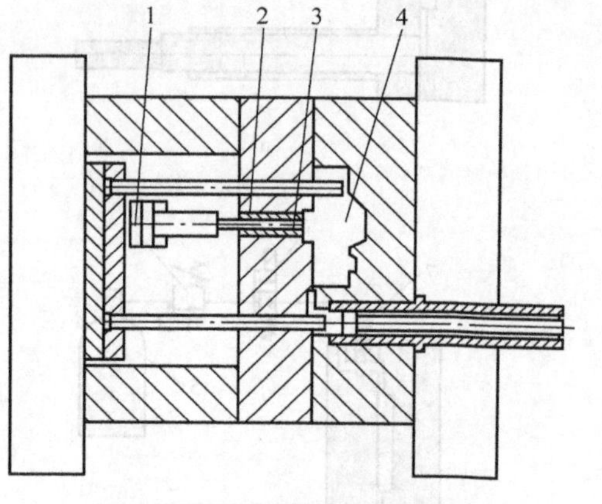

图8-62　局部挤压的基本结构

1—挤压缸　2—挤压销导套　3—挤压销　4—型腔

（4）局部挤压工艺的主要技术参数（见表8-156）

（5）局部挤压设计　根据铸件局部挤压部位的形状特征，分为可直接挤压和不可直接挤的情况。当铸件局部挤压部位为孔类形状时，可以利用挤压销直接挤压铸件形成铸孔；当为其他不可直接挤压铸件形状时，必须与预设体积补缩量V'相等的挤压凸台，挤压销作用在挤压凸台上，通过挤压凸台补缩铸件，如图8-63所示。

当使用挤压凸台时，挤压销侧壁应预留单边2mm的间隙，以避开凸台表面硬质层，避免把表层冷料挤入铸件内部。挤压后凸台残留部分需要通过后续机械加工去除，增加了清理工时。

局部挤压机构主要由挤压缸、挤压销、挤压销导套及连接器等组成，如图8-64所示。根据结构特征，挤压机构可安装在模板或型芯上。挤压销不宜设置角度，与导套之间的配合间隙可取单边0.05mm。

（6）局部挤压过程控制　局部挤压过程控制的关键点包括挤入时间、挤入深度及挤压回退时间。

表8-156 局部挤压工艺的主要技术参数

图例	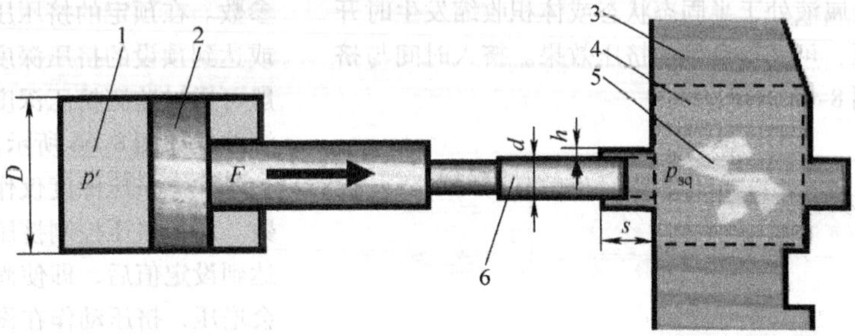 1—挤压缸 2—活塞 3—铸件 4—局部补缩体积 V 5—收缩体积 ∇V 6—挤压销	
参数	参考值或计算式	说明
挤压压力 p_{sq}/MPa	取值范围一般在150~250MPa之间	经验值，为铸造压力（压射比压）的3倍左右
收缩体积 ∇V/mm³	$\nabla V = Vk$ 式中 V—铸件上需要局部补缩的体积（mm³） k—合金的体收缩率（%）	首先确定铸件上需要补缩的局部体积 V，然后根据合金的体积收缩率计算该局部收缩体积
预设体积补缩量 V'/mm³	$V' \geqslant \nabla V$	预设的体积补缩量要足够，至少应等于收缩体积
挤入深度 s/mm	$s = 4 \times \frac{\nabla V}{d^2} \times \pi$	达到预设体积补缩量时挤压销的行程。挤入深度仅作为测量考核量，不作为控制参数
挤压缸直径 D/mm	$D = d \times (p_{sq}/p')^{1/2}$ 式中 p_{sq}—挤压压力（MPa） d—挤压销直径（mm） p'—挤压缸油压（MPa）	根据预设体积补缩量和铸件挤压部位特征确定挤入深度和挤压销直径，然后根据需要的挤压压力和挤压缸油压计算挤压缸直径
预留间隙 h/mm	取值范围一般为1~2mm	为避开边缘凝固层，挤压销周侧应留有2mm左右的间隙
持压时间/s	0.8~2.0s	经验值，可根据壁厚和凝固时间修正

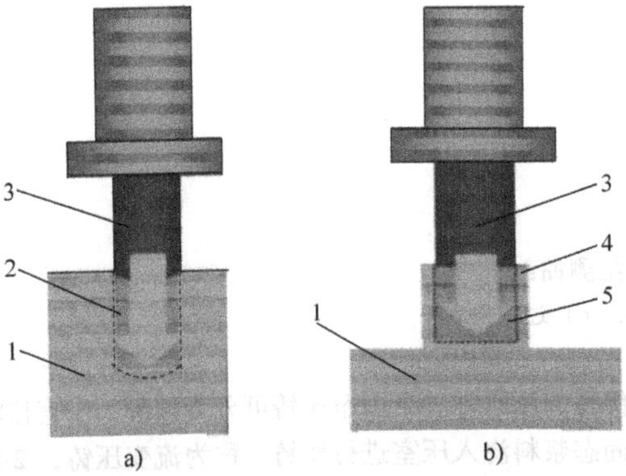

图8-63 挤压铸件和挤压凸台

a）挤压铸件 b）挤压凸台

1—铸件本体 2—挤压铸孔 3—挤压销 4—预留间隙 5—挤压凸台

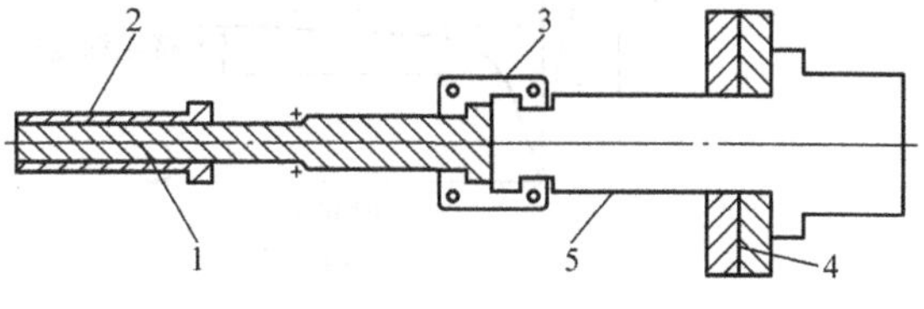

图8-64 局部挤压机构

1—挤压销 2—挤压销导套 3—连接器 4—安装板 5—挤压缸

1）挤入时间。恰当的挤入时间对局部挤压效果十分重要，挤入时间一般以金属液充填结束至局部挤压开始实施的时间间隔计算。挤入时间过早，金属液还处于流动状态或未产生凝固收缩，挤压销挤入不能发挥挤压作用，导致无挤压效果；挤入时间过晚，金属液凝固，导致挤压销不能挤入，挤压无效。挤压销挤入的时机与被挤压部位的凝固状态和浇口补缩通道有关，当金属液处于半固态状态或体积收缩发生时开始施加挤压，可获得良好的挤压效果。挤入时间与挤压效果如图8-65所示。

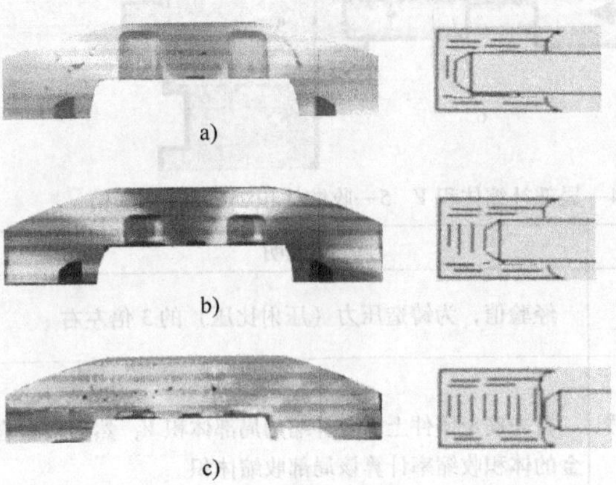

图8-65 挤入时间与挤压效果
a）挤入过早 b）挤入适时 c）挤入过晚

2）挤入深度。挤入深度是评价挤压效果的重要参数。在预定的挤压压力下，挤入预设的体积补缩量或达到预设的挤压深度，则具有良好的挤压效果。一般可通过监测挤压深度，判定挤压效果，挤压深度监测曲线如图8-66所示。

注意挤压深度仅作为测量考核量，不作为控制参数。局部挤压控制挤压压力和持压时间，当挤压压力达到设定值后，即使尚未达到计算挤入深度，系统不会增压，挤压动作在设定的时间内停止。

3）挤压回退时间。挤压回退时间指挤压销开始回抽的时间。持压结束后，金属液基本凝固完毕，应及时将挤压销从挤压终点位置抽出。如回抽过迟，会导致凝固的金属对挤压销包紧力大幅增加，造成回抽困难或挤压销断裂。回抽的最佳时间应该是挤压销周边的金属液温度接近固相线温度的区域内。

合理确定和控制上述参数比较困难，实际生产中需要反复调整才能达到最佳状态；也可以借助模拟软件，分析挤压部位的温度场及凝固状态，确定合适的参数值。

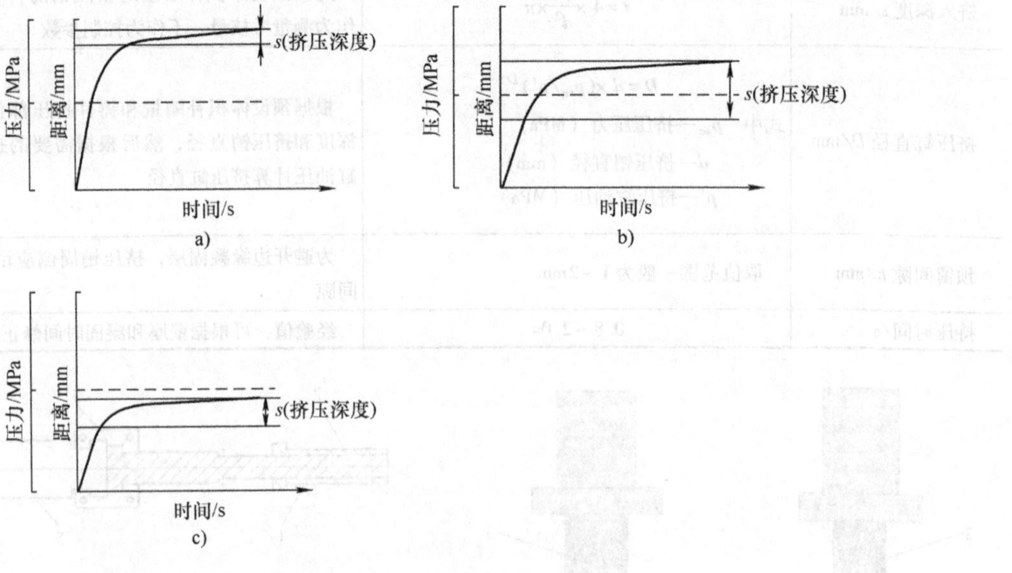

图8-66 挤压深度监测曲线
a）过早挤入 b）正常挤入 c）过晚挤入

4. 半固态压铸

（1）半固态压铸及工艺流程 金属液在冷却凝固过程中通过强烈搅拌或其他方法，打碎凝固过程中产生的枝晶结构，形成近似球状颗粒的固相组织。当固相颗粒达到50%或更高时，这种固-液混合浆料具有优良的流变特性，可以采用压铸法加工成形获得质量优良的压铸件。半固态压铸可分为两种：①直接将半固态浆料浇入压室进行压铸，称为流变压铸；②将半固态浆料制成一定规格的金属坯料，需要时重新加热到半固态温度，然后送入压室进行压铸，称为触变压铸。其工艺流程如图8-67所示，压铸件的金相组织如图8-68所示，充型状态比较如图8-69所示。

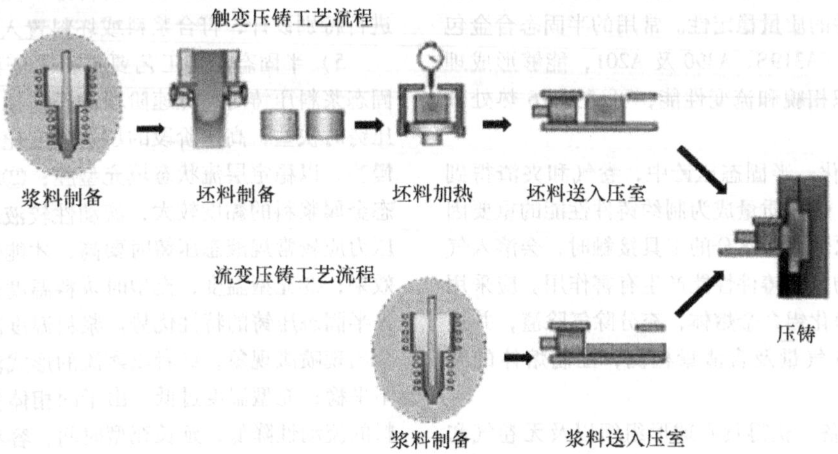

图 8-67 触变压铸和流变压铸的工艺流程

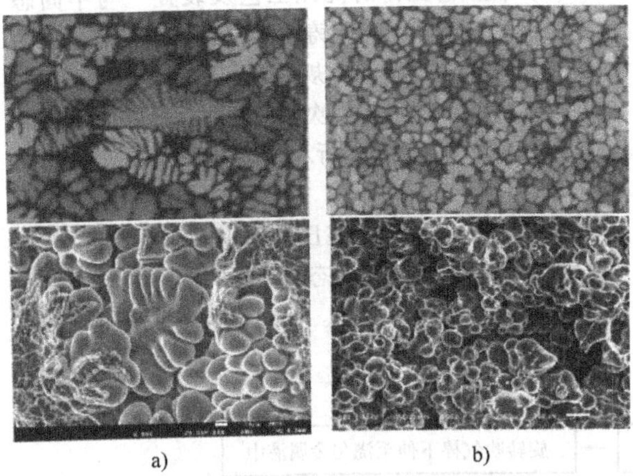

图 8-68 压铸件的金相组织

a）常规压铸枝晶组织 b）半固态压铸球晶组织

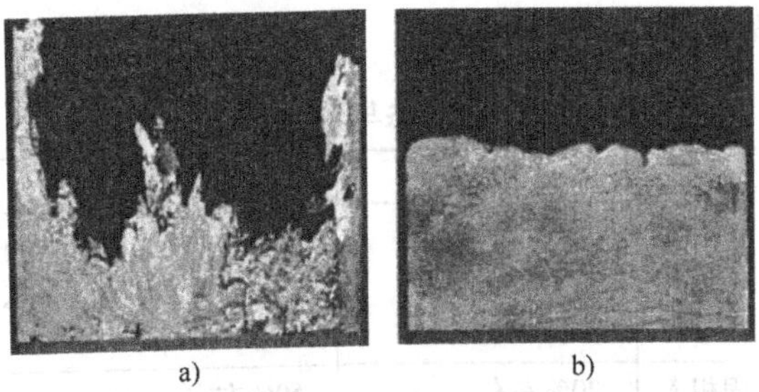

图 8-69 充型状态比较

a）常规压铸紊流充型 b）半固态压铸顺序充型

半固态触变压铸需要二次加热坯料工序，生产成本较高，但触变压铸件缺陷更少、尺寸精度高，表面质量和力学性能优良；半固态流变压铸具有流程短和成本低的优势，但需要解决的问题是如何获得与触变压铸工艺相当的力学性能。

（2）半固态压铸及产品优点

1）表面质量好。

2）尺寸精度高。

3）力学性能优异，见表 8-157。

表 8-157 半固态铸件的力学性能

合金牌号①及状态	屈服强度/MPa	抗拉强度/MPa	断后伸长率（%）
A356-T5	172－179	255	10
A356-T6	221－241	290－317	13～19
A357-T5	200－207	269－283	9～11
A357-T6	276－296	338－345	9～11
A319s-T6	310－330	400－410	7～9
A201-T7	410－420	460－470	5～7

① 为美国铸造铝合金牌号。

4）气密性好。

5）可焊接及热处理。

6）可生产形状复杂、薄壁、近净成形的铸件。

7）模具寿命长。

8）生产成本稍高。

（3）半固态压铸件的目标市场

1）高强、高韧及高抗冲击性能要求的零件。

2）高气密性要求的零件。

（4）半固态压铸的技术要求

1）半固态合金。半固态合金要有合适的固液温度区间。固、液温度区间过宽，容易造成热裂缺陷；温度区间过窄，使可操作的温度区间变小，固相分数对温度过于敏感，不利于成形过程工艺参数的控制，最终影响成形件的质量稳定性。常用的半固态合金包括 A356、A357、A319S、A390 及 A201，能够形成理想的半固态组织相貌和流变性能，可通过 T6 热处理改善力学性能。

2）合金净化。半固态压铸中，卷气和夹渣得到了较好的解决，熔体质量成为制约铸件性能的重要因素。当熔体与水气或有水分的工具接触时，会溶入气体或产生氧化物，对铸件性能产生有害作用。应采用旋转喷吹方法净化铝合金熔体，充分除气除渣，并进行化学成分、含气量及含渣量检测，控制熔体的纯净度。

3）浆料制备。获得具有球形组织以及无卷气和夹渣的浆料是流变压铸的重要内容，制浆主要有搅拌、振动、快速热平衡法以及晶粒植入等方法。采用合适的制浆设备和工艺，保证制浆过程温度场均衡，使合金均匀形核及得到细小的球状晶粒，准确实现需要的固相分数。测量和控制制浆过程中浆料不同层面的温度，最大温差应小于 10℃。顶层浆料与空气接触，温度偏低，不宜进入铸件。

4）模具设计。半固态压铸工艺压射前压室内熔体的状态是含固体和液体的半固态混合浆料，温度较常规液态压铸低，应设置良好的温度控制系统。模具应留有补缩通道，浇道横截面沿充型方向缩减，缩减率约为 10% ~20%。内浇道应设置在铸件的最厚位置，内浇道厚度比常规压铸件厚。压室的浇注口也应进行特别设计，符合浆料或坯料置入。

5）半固态压铸工艺要点：①压射速度，使用半固态浆料压铸时，低速阶段的压射速度可比常规液态压铸时快些，高速阶段的压射速度比常规压射速度时慢些，以稳定层流状态填充型腔；②增压压力，半固态金属浆料的黏度较大，流动性较液态金属差，增压压力应较常规液态压铸时要高，才能保证良好的补缩效果；③充型温度，充型时浆料温度过高，可能会损失半固态压铸的特性优势。浆料温度高在型腔中可能会出现喷溅现象，或者以紊流的形式流动，充型过程不平稳；充型温度过低，由于固相体积分数增加，浆料的流动性降低，延长充型时间，容易导致充型不完整缺陷。

5. 低固态压铸

（1）低固态压铸的浇注工艺及装置　与半固态流变压铸相比，低固态压铸熔体中的固相率低，大约为 20%。低固态压铸与常规液态压铸工艺基本相同，只是在浇注前增加一道喷吹除气工序。低固态压铸的浇注工艺流程如图 8-70 所示，旋转喷吹除气装置如图 8-71 所示。

（2）低固态与半固态压铸工艺比较　低固态压铸是介于液态压铸和半固态压铸之间的一种方法，其工艺特点也介于两者之间。低固态与半固态压铸工艺比较见表 8-158。

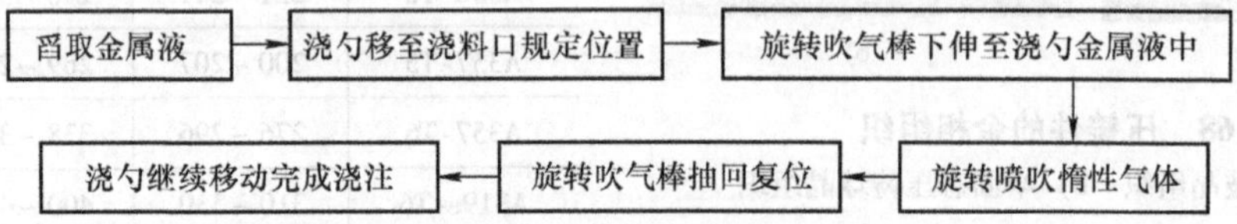

图 8-70　低固态压铸的浇注工艺流程

图 8-71　旋转喷吹除气装置

1—浇勺　2—旋转吹气棒　3—除气装置机体

表 8-158　低固态与半固态工艺比较

内容	低固态压铸	半固态压铸
合金	无特殊要求	硅含量：5.5% ~7.5%（重量）为宜，如 A356、A357、A319
固相率	20%左右	50%左右
黏性	较高，充型较平稳	更高，充型平稳
模具设计	与常规压铸相同	厚大浇口，敞口压室
压铸工艺	与常规压铸基本相同	低速压射
气孔	较常规压铸少	可消除或显著气孔
工艺性质	常规压铸改善	新工艺方法

（3）低固态压铸生产　低固态压铸生产工艺与常规压铸生产工艺基本相同，无须设备改造即可实现生产转化。旋转喷吹除气装置可自购或自制，安装位置通常选在压室浇料口斜上方（见图 8-71）。吹气时间控制在 5s 左右，充型温度为 500℃左右。采用低固态压铸工艺应使用保温炉，采用机械手抓取浇勺舀取金属液浇注的方式。

8.5.5 $p-Q^2$ 技术及应用

$p-Q^2$ 技术依据流体力学原理，将压铸机提供的能量与充型流量联系起来，进而建立浇口面积、冲头尺寸、机器能力、液压压力及填充速率之间的关系。将这种关系以图线方式表示，称为 $p-Q^2$ 图。通过 $p-Q^2$ 图，压铸人员可以直观地了解和分析压铸机与模具的匹配状况及工艺参数的合理性。

按照 $p-Q^2$ 技术思想，压铸过程中存在两个流动系统：①从直浇道至内浇道出口即整个浇注系统内的流动系统；②从压射蓄能器至压射缸的流动系统，如图 8-72 所示。第一个流动系统表明流体在不同流动速度或流量时所需的压力，第二个流动系统表明压射系统在不同压射速度或流量下所能提供的压力。

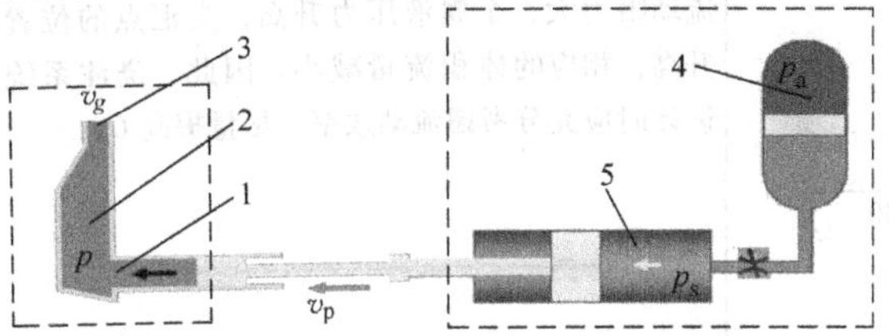

图 8-72　压铸过程中的两个流动系统

1—压室/直浇道　2—横浇道　3—内浇道　4—蓄能器　5—压射缸

1. 模具流量-压力曲线

（1）浇注系统的流动方程　参照图 8-72 中的第一个流动系统，根据伯努利方程，内浇道处的金属液速度与压射压力之间的关系可表示为

$$p=\frac{\rho(v_g/C_d)^2}{2g} \tag{8-23}$$

用流量表示，则为

$$p=\frac{\rho(Q/C_d A_g)^2}{2g} \tag{8-24}$$

式中　p——压射压力（bar）；

ρ——金属液密度（kg/cm³）；

g——重力加速度（cm/s²）；

v_g——内浇口速度（cm/s²）；

Q——填充流量（cm³/s）；

A_g——内浇道截面面积（cm²）；

C_d——开放系数或流量系数。

式（8-24）建立起了填充流量与压射压力之间的定量关系，流量 Q 越大，所需的压力 p 也越大，且压力与流量的平方成比例关系。

（2）模具流量-压力线　式（8-24）描述了第一个流动系统的流动特性，将其以曲线图表示，得到的曲线就是模具的工作特性曲线，即模具的流量-压力曲线，如图 8-73 所示。图中纵轴代表压力 p，横轴代表流量 Q。

（3）开放系数　金属液通过鹅颈管、喷嘴、分流器、横浇道及内浇道时会产生能量（压力）损失，这种能量损失使金属液的实际填充速度或流量低于理论值。开放系数 C_d 是表示流量损失的参数，其意义是实际流量或速度与相应的理论值之比。显然，开放系数 C_d 介于 0～1 之间，其值越小，表明系统的流动效率越低。冷室压铸的 C_d 值一般在 0.5～0.8 之间，热室压铸的 C_d 值一般在 0.4～0.7 之间。浇道流畅、流动距离短、转折少、表面光洁、通过金属液的能力强，C_d 可以取较高值，反之应该取低值。

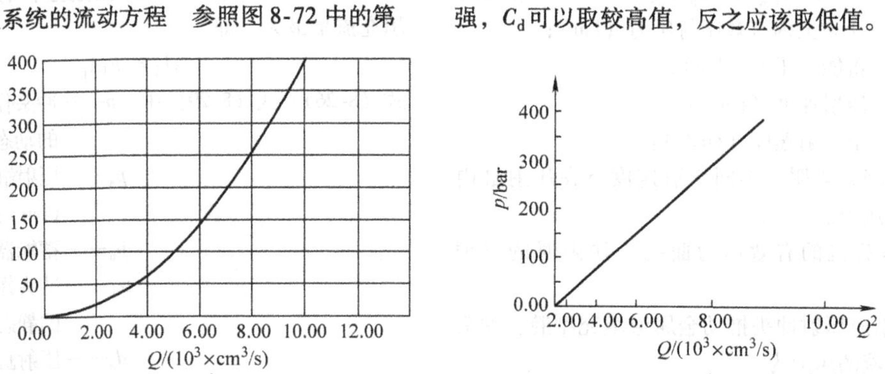

图 8-73　模具的流量-压力曲线

a）横轴正常比例刻度　b）横轴流量平方（Q^2）比例刻度

（4）内浇道截面面积及开放系数对模具流量-压力曲线的影响　模具流量-压力曲线的斜率表明了一个浇注系统的流动效率，由浇注系统特征所确定，即由内浇道截面面积 A_g 及开放系数 C_d 所确定。这两个因素对流量-压力曲线的影响及说明见表 8-159。

表 8-159　内浇道截面面积及开放系数对流量-压力曲线的影响及说明

影响因素	影响结果	说明
内浇道截面面积 A_g	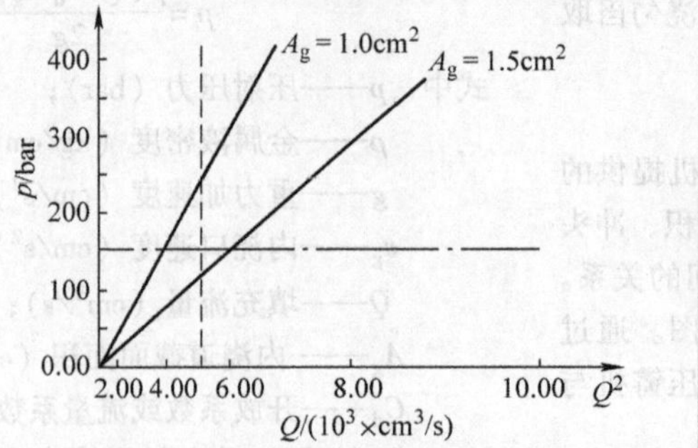 A_g 改变，流量-压力曲线的斜率改变	内浇道截面面积影响填充效率。增大 A_g，同样压力下会使流量增大，浇注系统的流动效率提高。减小 A_g，要达到相同的流量，压力要大幅增加。因此，设计浇注系统时应使用足够的 A_g 以保持浇注系统的流动效率
开放系数 C_d	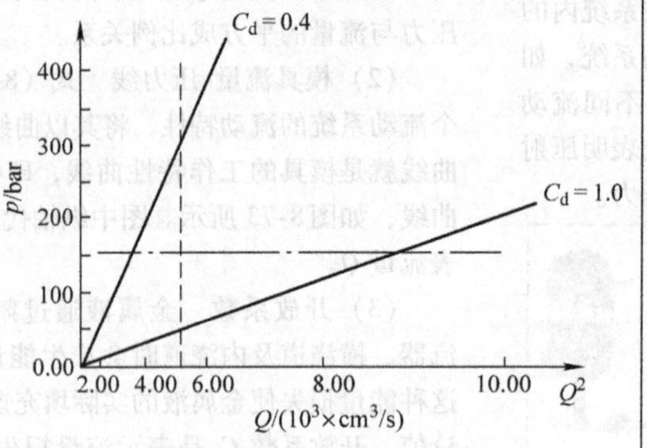 C_d 改变，流量-压力曲线的斜率改变	C_d 大，金属液通过能力强；C_d 小，浇道系统流动阻力大，金属液压力升高，交汇点的位置升高，相应的体积流量减小。因此，浇注系统设计时应充分考虑流动效率，尽量提高 C_d

2. 压铸机的压力方程和有效压力曲线

（1）压铸机的压力方程　参照图 8-72 中的第二个流动系统，压铸机的有效压力方程为

$$p_s=p_a(1-v_p^2/v_d^2) \tag{8-25}$$

式中　p_s——压射缸内有效压射压力（bar）；

p_a——蓄能器压力（bar）；

v_p——压射速度（cm/s）；

v_d——空压射速度（cm/s）。

式（8-25）表明了不同压射速度下在压射缸内形成的有效压力。

（2）压铸机的有效压力曲线　压射时的三种状况：

1）压射时压射冲头推动金属液填充型腔，冲头施加于金属液的压力为

$$p=p_s(d_s^2/d_p^2) \tag{8-26}$$

填充流量为

$$Q=v_pA_p \tag{8-27}$$

2）压射停滞时，填充流量为零，此时形成静态压力，有效压力最大，$p_s=p_a$，冲头施加于金属液的压力为

$$p_m=p_a(d_s^2/d_p^2) \tag{8-28}$$

3）空压射时，压力无法建立，有效压力为零，填充流量最大，即

$$Q_d=v_dA_p \tag{8-29}$$

式（8-26）~式（8-29）中　p——冲头作用在金属液上的动态压力（bar）；

p_s——压射缸内的动态油压（bar）；

p_a——蓄能器压力（bar）；

p_m——冲头作用在金属液上的静态压力（bar）；

d_s——压射缸直径（cm）；

d_p——压射冲头直径（cm）；

Q——填充流量（cm^3/s）；

Q_d——空压射流量（cm^3/s）；

v_p——压射速度（cm/s）；

v_d——空压射速度（cm/s）；

A_p——冲头面积，其值为 $\pi d_p^2/4$（cm^2）。

式（8-28）和（8-29）确定了绘制压铸机有效压力曲线需要的两个基本点 p_m 及 Q_d。按 p_m 及 Q_d 值分别在纵轴 p 及横轴 Q 上作出相应的坐标点并连接，得到的连线就是第二个流动系统的特性曲线，即压铸机的有效压力曲线，如图 8-74 所示。

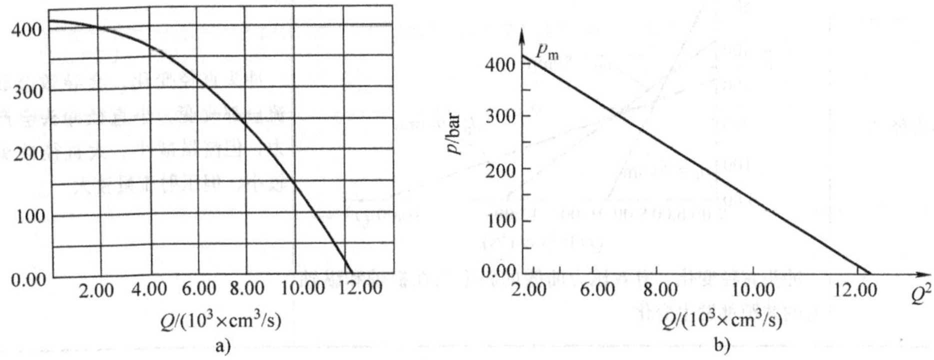

图 8-74　压铸机的有效压力曲线

a）横轴正常比例刻度　b）横轴流量平方（Q^2）比例刻度

压铸机的有效压力曲线表明了一个压射系统在不同填充流量时所能提供的有效压力。

（3）压射条件对压铸机有效压力曲线的影响　储能器压力、速度阀开度、冲头尺寸的改变都会对压铸机的有效压力曲线产生影响，$p-Q^2$ 图上的有效压力曲线会产生变化，见表 8-160。

表 8-160　压射条件对压铸机有效压力的影响

影响因素	影响结果	说明
蓄能器压力 p_a	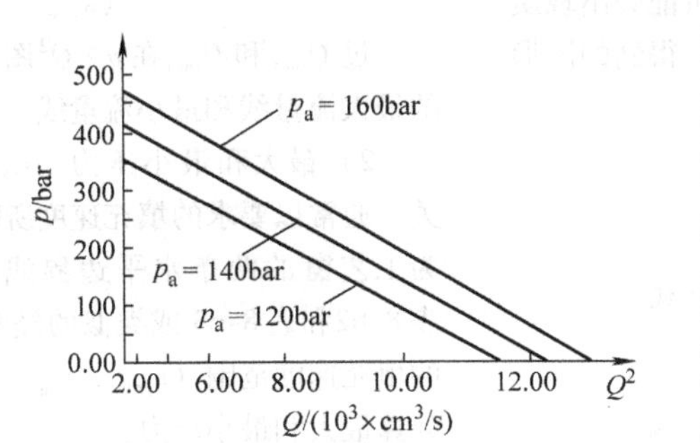 蓄能器压力变化，有效压力曲线产生平移，斜率不变	储能器压力增减，会导致压射系统静态压力和空压射速度的增减，在 $p-Q^2$ 图上的有效压力曲线表现为上下平移
速度阀开度	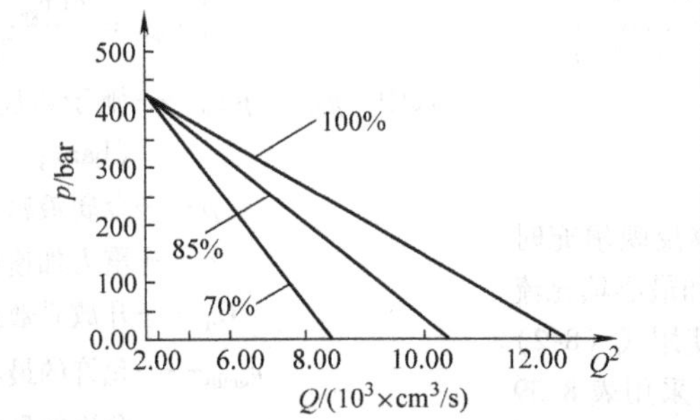 调节速度阀开度，有效压力曲线斜率变化，在横轴上的截距变化	调整速度阀，压射速度被改变，从而金属液的流量被改变。调整速度阀不影响储能器的压力，静态压力不变，但空压射流量或空压射速度变化

（续）

<table>
<tr><th>影响因素</th><th>影响结果</th><th>说明</th></tr>
<tr><td>压射冲头直径 d_p</td><td>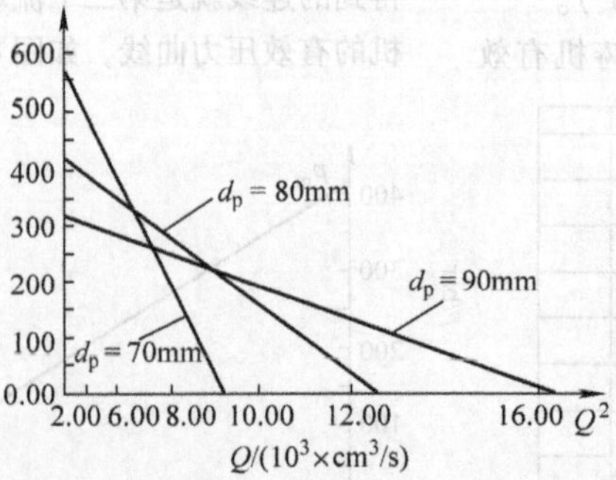

冲头直径变化，有效压力曲线的斜率及在横轴和纵轴上的截距都发生变化</td><td>冲头直径变化，会导致金属液的压力和流量都改变。小直径冲头会产生较大的压力，但流量减小。大直径冲头产生的压力较小，但压射流量较大</td></tr>
</table>

3. $p-Q^2$图交汇点及工艺窗

（1）交汇点　模具流量-压力曲线与压铸机有效压力曲线分别代表了两个流动系统特性，将两条线绘于同一 $p-Q^2$ 图上，必定会产生一个交汇点 E（见图 8-75）。交汇点 E 的意义在于它表示了给定的压铸机和模具能够形成的有效压力与金属液流量最佳匹配点，也称为操作点。

（2）工艺窗　一个铸件可以在一定的工艺范围内进行生产，超出这一工艺范围，铸件可能会出现质量问题。将工艺范围绘制在 $p-Q^2$ 图上，得到的图形称为工艺窗，如图 8-75 所示。

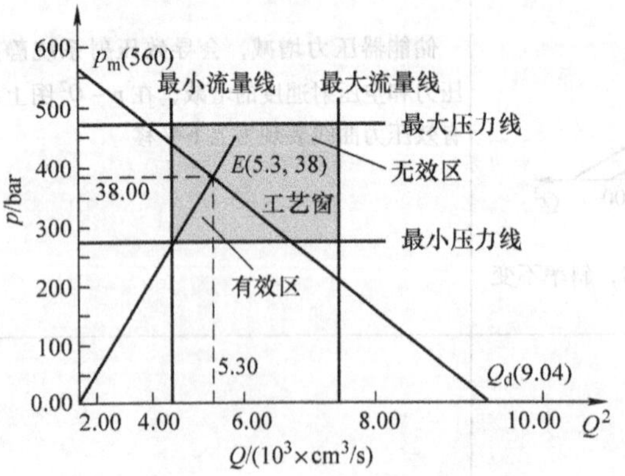

图 8-75　交汇点与工艺窗

1）最大和最小流量。填充流量能够反映填充时间的长短，通常以填充时间要求的最大和最小填充流量作为工艺窗的两条垂直边界线。首先使用式（8-2）或类似的经验公式计算填充时间，也可采用表 8-59 或类似的经验数据选取填充时间，确定允许的填充时间波动范围（t_{min}，t_{max}），然后依据式（8-30）计算最大和最小填充流量：

$$\begin{cases} Q_{max} = \dfrac{W}{\rho t_{max}} \\ Q_{min} = \dfrac{W}{\rho t_{min}} \end{cases} \tag{8-30}$$

式中　Q_{max}、Q_{min}——最大和最小填充流量（cm^3/s）；

W——铸件及排溢系统重量（g）；

ρ——合金密度（g/cm^3）；

t_{max}、t_{min}——允许的最长和最短填充时间（s）。

过 Q_{max} 和 Q_{min} 在 $p-Q^2$ 图上作垂线，形成工艺窗的最大流量线和最小流量线，如图 8-75 所示。

2）最大和最小压力。压力与填充速度直接相关，通常以要求的填充速度所需的最大和最小压力作为工艺窗的两条水平边界线。充型速度可以通过表 8-62 和表 8-63 或类似的经验数据选取，确定允许的填充速度范围（v_{gmin}，v_{gmax}），然后依据式（8-31）计算最大和最小压力：

$$\begin{cases} p_{min} = \dfrac{\rho (v_{gmin}/C_d)^2}{2g} \\ p_{max} = \dfrac{\rho (v_{gmax}/C_d)^2}{2g} \end{cases} \tag{8-31}$$

式中　p_{max}、p_{min}——施于金属液的最大和最小压力（bar）；

ρ——金属液密度（kg/cm^3）；

g——重力加速度（cm/s^2）；

C_d——开放系数或流量系数；

v_{gmin}——允许的最小填充速度（cm/s）；

v_{gmax}——允许的最大填充速度（cm/s）。

过 p_{max} 和 p_{min} 值在 $p-Q^2$ 图上作水平线，形成工艺窗的最大压力线和最小压力线，如图 8-75 所示。

3）工艺点。在 $p-Q^2$ 图中，压铸机有效压力曲线内侧的区域为有效区，其中的任何工艺点都在压铸机能力范围以内。压铸机有效压力曲线外侧的区域为无效区，区域内的任何工艺点都超出压铸机的能力范围。工艺窗必须全部或部分处于有效区内，且模具流量-压力曲线最好与工艺窗产生最大的重叠。模具流量-压力曲线偏离工艺窗，表明给定的压铸机和模具工作状态匹配不良，应进行必要的调整。调整内容包括影响 $p-Q^2$ 图的所有因素，也可重新审核工艺边界的合理性。最好能够使选定的工艺点位于工艺窗有效区的中心，这样工艺裕量比较大。位于工艺窗有效区内的任何工艺点，都可满足压铸机的能力要求和铸件的工艺要求。

4. $p-Q^2$ 图调整示例

通过平衡浇道横截面面积、冲头尺寸、机器功率、液压压力及填充速度等因素，可以调节 $p-Q^2$ 图的状态，使压铸机和模具达到良好的匹配。$p-Q^2$ 图的建立步骤及调节示例见表8-161。

表8-161 $p-Q^2$ 图建立步骤及调整示例

示例：铝合金压铸件

合金：YL113（ADC12）；重量（铸件与排溢系统）w：5000g；壁厚 δ：0.3～0.35cm

最大压射力 P_s（蓄能器压力×压射活塞面积）：19200kg；压射冲头直径 d_p：80mm；空压射速度 v_d：850cm/s；内浇道截面面积 A_g：3cm²；开放系数 c_d：0.5

<table>
<tr><th>步骤</th><th>示例（横坐标采用流量平方值标注）</th><th>说明</th></tr>
<tr><td>（1）压铸机的有效压力曲线
$p_m=4P_s/\pi d_p^2$
$=[4\times19200/(3.14\times64)]$ bar
$=382$bar
$Q_d=v_dA_p$
$=850\times8^2\times3.14/4\text{cm}^3/\text{s}$
$=42704\text{cm}^3/\text{s}$</td><td>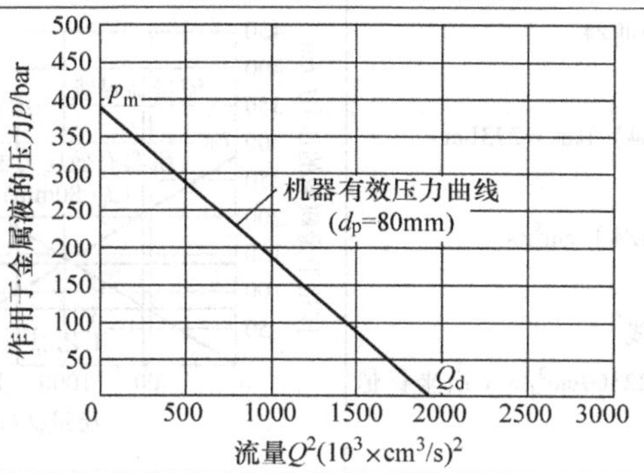
</td><td>将 p_m 及 Q_d 值在纵轴及横轴上的坐标点连接，得到压铸机的有效压力曲线。横轴刻度以流量的平方值标注</td></tr>
<tr><td>（2）工艺窗
1）根据充型时间确定填充流量
充型时间
表8-59推荐值：$t=0.042\sim0.100$s
式（8-2）计算值：
$t=0.0346\times[(\theta_n-\theta_y+F)/(\theta_y-\theta_m)]\delta$
$=0.0346\times[(650-570+112)/(570-210)]\text{s}\times3.5=0.065\text{s}$
取充型时间区间：$t_{min}=0.050$s，$t_{max}=0.080$s
填充流量区间：
$Q_{max}=w/(\rho\times t_{min})=36232\text{cm}^3/\text{s}$
$Q_{min}=w/(\rho\times t_{max})=22645\text{cm}^3/\text{s}$
2）根据填充速度计算压力
填充速度
参考表8-62，取 $v_g=3800\sim5000$cm/s
压力区间：
$p_{min}=\rho(v_{gmin}/c_d)^2/2g=[0.00276\times(3800/0.5)^2/(2\times980)]$bar
$=81.34$bar
$p_{max}=\rho(v_{gmax}/c_d)^2/2g=[0.00276\times(5000/0.5)^2/(2\times980)]$bar
$=140.82$bar</td><td>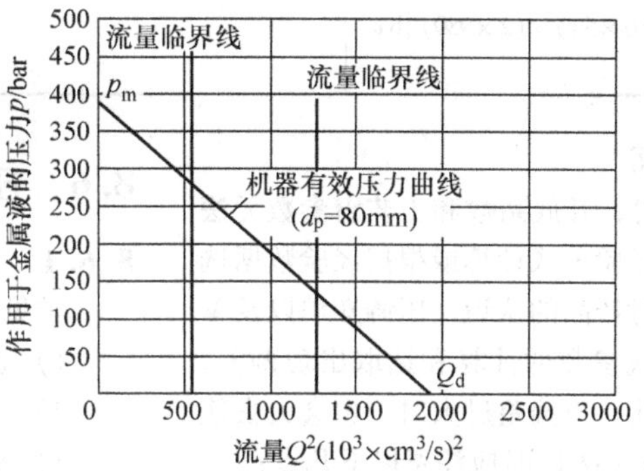

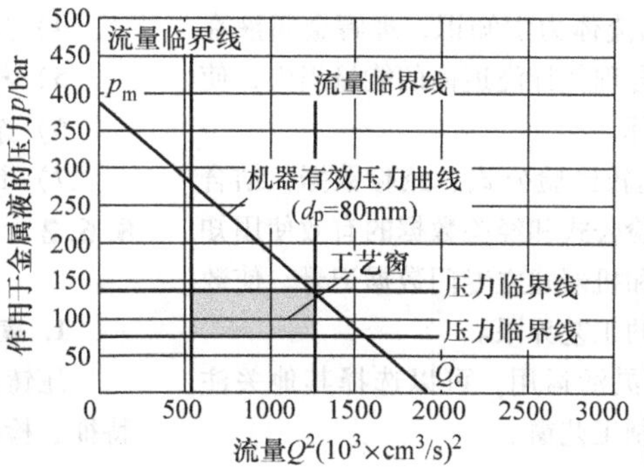
</td><td>充型时间以计算值为基准，取±0.015s为波动区间。核对推荐值，在推荐值范围之内。据此计算最大和最小填充流量，过最大和最小填充流量在图中作垂线，形成流量的两条临界线
据最大最小充型速度计算最大和最小金属液压力，过最大和最小金属液压力在图中作水平线，形成压力的两条临界线
流量临界线和压力临界线所围成的区域为工艺窗</td></tr>
</table>

（续）

<table>
<tr><th>步骤</th><th>示例（横坐标采用流量平方值标注）</th><th>说明</th></tr>
<tr><td>（3）模具-流量压力曲线
任取一个流量：$Q=22360\text{cm}^3/\text{s}$（横坐标值 500 处）
$p=\rho(Q/c_dA_g)^2/2g$
$=0.00276\times[22360/(0.5\times3)]^2/(2\times980)\text{bar}$
$=313\text{bar}$</td><td>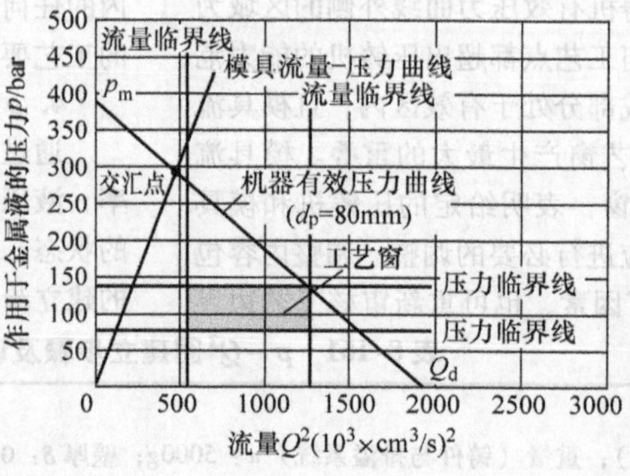</td><td>从坐标原点向点（500，313）引直线，形成模具流量压力曲线
模具流量-压力曲线偏离工艺窗，可以通过调整内浇道截面面积、提高开放系数、变更冲头尺寸或减小蓄能起压力（或换用小机器）等措施进行改善</td></tr>
<tr><td>（4）调整
增加内浇道截面面积 $A_g=5\text{cm}^2$；改善浇道 $C_d=0.6$；调换压铸机 $P_s=13700\text{kg}$
1）压铸机的有效压力曲线
$p_m=4P_s/\pi d_p^2$
$=4\times13700/(3.14\times64)\ \text{bar}=273\text{bar}$
$Q_d=v_dA_p$
$=[850\times8\times8\times3.14/4]\ \text{cm}^3/\text{s}$
$=42704\text{cm}^3/\text{s}$
2）模具流量-压力曲线
任取一个流量：$Q=22360\text{cm}^3/\text{s}$（横坐标值 500 处），则
$p=\rho(Q/c_dA_g)^2/2g$
$=[0.00276\times(22360/(0.6\times5))^2/(2\times980)]\text{bar}$
$=78\text{bar}$</td><td>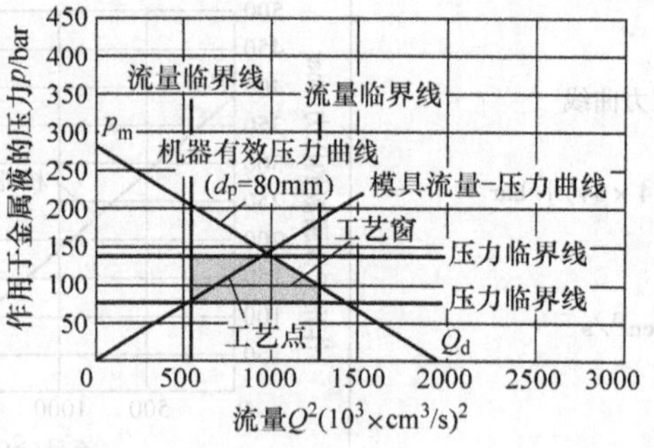</td><td>经调整后，模具流量-压力曲线偏转至工艺窗之中。表明模具和机器基本匹配，工艺窗有效区域内的任何点都可作为工艺点</td></tr>
</table>

5. $p-Q^2$图的使用

在使用 $p-Q^2$ 图时，开放系数和工艺窗参数无法准确确定，需要凭借经验公式计算或根据经验数据选取。由于个人经验、对产品的认识、压铸知识以及参考的资料不同，会造成参数的计算和选取出现偏差，影响 $p-Q^2$ 图的准确性。当偏差过大时，也会失去使用意义。因此，使用 $p-Q^2$ 图时应注意以下几点：

1）应具备一定的流体力学知识，理解金属液在浇道中的流动行为，合理估计浇道内的能量损失，使 C_d 的选值尽量接近实际。

2）应多使用和比较经验公式、经验数据，结合生产实践，积累对经验公式和经验数据的有效使用知识。针对特定的模具和机器建立专门数据记录，使数据可靠，以确定合理的工艺界限。

3）$p-Q^2$ 图可以灵活运用，可以选择其他关注的参数进行分析和绘制工艺窗。

8.6 压铸件缺陷及消除措施

8.6.1 压铸件缺陷的分类

常见的压铸件缺陷可分为以下几大类：

1）表面缺陷。

2）内部缺陷。

3）基体不连续缺陷。

4）尺寸及几何形状缺陷。

5）材料与性能缺陷。

6）杂质缺陷。

7）其他缺陷。

8.6.2 各类缺陷的特征、检查方法及消除措施

1. 表面缺陷的特征、检查方法及消除措施

压铸件的表面缺陷指铸件表面上存在的瑕疵，其特征、检查方法及消除措施见表 8-162。

表8-162 表面缺陷的特征、检查方法及消除措施

名称	特征及检查方法	产生原因	消除措施
流痕及花纹	外观检查：铸件表面上有与金属液流动方向一致的条纹，有明显可见的与金属基体不一样、无方向的纹路，无发展趋势	(1) 流痕 1) 首先进入型腔的金属液形成一个极薄而又不完全的金属层后，被随后而来的金属液所弥补而产生的接痕 2) 模温过低 3) 内浇道截面面积过小及位置不当而产生喷溅 4) 作用于金属液上的压力不足 (2) 花纹 涂料用量过多	1) 提高模温 2) 调整内浇道截面面积及位置 3) 调整内浇道速度及压力 4) 选用适当的涂料及调整用量
网状毛翅	外观检查：压铸件表面上有网状发丝一样凸起或凹陷的痕迹，随压铸次数增加而不断扩大和延伸	1) 模具型腔表面产生龟裂 2) 模具材料不当或热处理工艺不正确 3) 模具温度冷热变化太大 4) 浇注温度过高 5) 模具预热不足 6) 型腔表面粗糙 7) 模具镶块强度低或有尖角	1) 正确选用模具材料及热处理工艺 2) 浇注温度不宜过高，尤其是高熔点合金 3) 模具预热要充分 4) 模具要定期或生产一定次数后进行退火处理。打磨成形部位的表面
冷隔	外观检查：压铸件表面有明显的、不规则的、下陷的线性形纹路（有穿透与不穿透两种），形状细小而狭长，有的交接边缘光滑，有断开的可能	1) 两股金属流相互对接，但未完全熔合而又无夹杂存在其间，两股金属流的结合力很薄弱 2) 浇注温度或模具温度偏低 3) 选择合金不当，流动性差 4) 浇道位置不对或流路过长 5) 填充速度低 6) 压射比压低	1) 适当提高浇注温度 2) 提高压射比压，缩短填充时间 3) 提高压射速度的同时加大内浇道截面面积 4) 改善排气条件 5) 正确选用合金，提高合金的流动性
缩陷（凹陷）	外观检查：在铸件厚大部分的表面上有平滑的凹陷（状如盘碟）	(1) 由收缩引起 1) 压铸件结构设计不当，壁厚差太大 2) 合金收缩大 3) 浇道位置不当 4) 压射比压低 5) 模具局部温度过高 (2) 由模具损坏引起 1) 模具损伤 2) 模具龟裂 (3) 由憋气引起 填充型腔时，局部气体未排出，被压缩在型腔表面与金属液界面之间	1) 壁厚应均匀 2) 厚薄过渡要缓和 3) 选用收缩性小的合金 4) 正确选择金属液导入位置及增加内浇道截面面积 5) 增加压射压力 6) 适当降低浇注温度及模具的温度 7) 对局部高温处要进行冷却 8) 检修模具，消除凸起部分 9) 改善排溢条件 10) 减少涂料用量
印痕	外观检查： 1) 铸件表面与模具型腔表面接触所留下的痕迹 2) 铸件表面上出现阶梯痕迹	(1) 由顶出元件引起 1) 顶杆端面被磨损 2) 顶杆调整不齐 3) 模具型腔拼接部分和其他活动部分配合不好 (2) 由拼接活动部分引起 1) 镶拼部分松动 2) 活动部分松动或磨损 3) 铸件的侧壁表面，由动、定模互相穿插的镶件所形成	1) 工作前要检查、修好模具 2) 顶杆长短要调整到适当位置 3) 紧固镶块和其他活动部分 4) 设计时消除尖角，配合间隙应调整合适 5) 改善铸件结构，使模具消除穿插的镶嵌形式，改进模具结构

（续）

名称	特征及检查方法	产生原因	消除措施
金属豆（冷豆）	外观检查：铸件表面嵌有冷豆，未与铸件完全融合的金属颗粒（通常在欠铸处）	1）浇注系统设置不当 2）填充速度快 3）金属液过早地流入型腔	1）改进浇注系统，避免金属液直冲型芯、型壁 2）增大内浇道截面面积 3）改进操作，调整机器
黏附物痕迹	外观检查：小片状的金属或非金属物与金属的基体部分熔接，在外力的作用下小片状物剥落后，铸件表面有的发亮，有的为暗灰色	1）在模具型腔表面上有金属或非金属残留物 2）浇注时带进的杂质附着在型腔表面上	1）在压铸前要对型腔、压室及浇注系统清理干净，去除型腔表面黏附物 2）对浇注的金属液要清理干净 3）选择合适的涂料，喷涂要均匀
分层（夹皮及剥落）	外观检查或破坏检查：铸件局部有明显的金属分层	1）模具刚度不够，在金属液填充过程中模板产生抖动 2）压射冲头与压室配合不好，在压射中冲头前进时速度不均匀 3）浇注系统设计不当	1）加强模具刚性，紧固模具部件，使之稳定 2）调整压射冲头与压室的配合间隙 3）合理设计浇注系统
摩擦烧蚀	外观检查：铸件在某些部位上产生粗糙面	1）由模具产生的内浇道的位置方向设计不当 2）由铸造条件引起的内浇道处金属液冲刷剧烈部位的冷却不够	1）改善内浇道的位置和方向的不当之处 2）改善冷却条件，特别是改善金属液冲刷剧烈的部位 3）对烧蚀部位增加涂料 4）调整金属液的流速，使其不产生气穴 5）清除模具上的合金黏附物
冲蚀	外观检查：压铸件局部位置有麻点或凸纹	1）浇道位置设置不当 2）冷却条件不好	1）内浇道的厚度要恰当 2）修改内浇道的位置和方向 3）对被冲蚀部位要加强冷却
机械拉伤	外观检查：铸件表面顺着出模方向留有擦伤的痕迹	1）模具设计和制造不正确，如型芯的成型部分无斜度或负斜度 2）型芯或型壁上压伤影响出模 3）铸件顶出时有偏斜	1）拉伤部位固定时检查模具，修正斜度、打光压痕 2）拉伤面无固定位置时，要注意增加涂料 3）检查合金成分，如铝合金中$w(Fe)$不得小于0.6% 4）调整顶杆，使顶出力平衡
粘模拉伤	外观检查：压铸合金与型壁粘连而产生拉伤痕迹，在严重的情况下会被撕破	1）浇注温度过高 2）模具温度太高 3）涂料使用不足或不正确 4）模具成形表面粗糙 5）浇注系统不正确，使金属液直接冲击型芯或型壁 6）模具材料使用不当或热处理工艺不正确，硬度不足 7）铝合金含铁量太少（$w(Fe)<0.6\%$） 8）填充速度太快	1）降低浇注温度 2）模具温度控制在工艺范围内 3）消除型腔粗糙的表面 4）检查涂料品种或用量是否适当 5）调整内浇道，防止金属液直冲 6）校对合金成分，使铝合金的铁含量符合要求 7）检查模具材料、热处理工艺及硬度是否合理 8）适当降低填充速度
碰伤	外观检查：铸件表面有擦伤、碰伤	1）使用和搬运不当 2）运转和装卸不当	1）注意成品使用、搬运和包装 2）从压铸机上取件时要小心

2. 内部缺陷的特征、检查方法及消除措施 内部缺陷指压铸件内部的孔洞类缺陷，其特征、检查方法及消除措施见表8-163。

表8-163 内部缺陷的特征、检查方法及消除措施

名称	特征及检查方法	产生原因	消除措施
气孔	解剖后外观检查或探伤检查：气孔具有光滑的表面，形状呈圆形或椭圆形	1）金属液导入方向不合理或金属液流动速度太快，产生喷射；过早堵住排气道或正面冲击型壁而形成旋涡包住空气。这种气孔多产生于排气不良或深腔处 2）由于金属液不洁净或温度过高，使金属液含气量增加，而在凝固时析出 3）涂料发气量大且在浇注前未烧净，使气体卷入铸件 这种气孔多呈暗灰色表面	1）使用干燥而洁净的炉料 2）不使金属液过热并且很好除气 3）改善浇道的导流方向 4）降低压射速度 5）在保证填充良好的情况下，尽可能加大内浇道的截面面积 6）排气槽设置要合理并有足够的排气能力
气泡	解剖后外观检查或探伤检查：接近铸件表面有气体集聚，有时看到铸件表面鼓泡	（1）由卷入的气体引起 1）型腔中的气体未排出 2）涂料产生的气体卷入铸件	1）改善溢流槽和排气道的位置和大小 2）改善填充时间 3）提高压射压力 4）在气孔处设置型芯 5）尽量少用涂料
		（2）由金属液中气体引起 金属液内吸有较多的气体，凝固时析出留在铸件内	1）清除金属液中的气体和氧化物 2）炉料要管理好，避免被尘土和油类污染
缩孔 缩松	解剖后外观检查或探伤检查：缩孔表面呈暗色，并不光滑，形状不规则的孔洞。大而集中的为缩孔，小而分散的为缩松	缩孔是铸件在冷却过程中内部补偿不足而造成的孔穴 1）浇注温度过高 2）压射比压低 3）铸件在结构上壁厚变化大 4）内浇道较小	1）改善铸件结构，使铸件壁厚均匀 2）在可能的条件下降低浇注温度 3）提高压射比压 4）适当改善浇注系统，使压力更好地传递

3. 基体不连续缺陷的特征、检查方法及消除措施 基体不连续缺陷指铸件基体出现断裂或隔层，主要包括裂纹、分层及冷隔等，对铸件的危害程度较大，其特征、检查方法及消除措施见表8-164。

表8-164 基体不连续缺陷的特征、检查方法及消除措施

名称	特征及检查方法	产生原因	消除措施
裂纹	外观检查：将铸件放在碱性溶液中，裂纹处呈暗灰色 金属基体的破坏与裂开呈直线或波浪线形，纹路狭小而长，在外力作用时有发展趋势	在铸件上由于应力或外力而产生的裂纹 （1）锌合金压铸件的裂纹 1）锌合金中的有害杂质，如铅、锡、铁和镉的含量超过了规定范围 2）铸件从模具中取出过迟 3）型芯的抽出或顶出受力不均 4）铸件壁厚的厚薄相连处变化太大 5）熔炼温度过高	1）合金材料的配比、杂质含量不能超过起点要求 2）调整好开模时间 3）要使铸件受顶出力均匀 4）改变壁厚不均匀性

（续）

名称	特征及检查方法	产生原因	消除措施
裂纹	外观检查：将铸件放在碱性溶液中，裂纹处呈暗灰色 金属基体的破坏与裂开呈直线或波浪线形，纹路狭小而长，在外力作用时有发展趋势	（2）铝合金压铸件的裂纹 1）合金中铁含量过高或硅含量过低 2）合金中有害杂质的含量过高，降低了合金的可塑性 3）铝硅铜合金中的锌、铜含量过高；铝镁合金中镁含量过多 4）模具，特别是型芯温度太低 5）铸件壁厚变化剧烈 6）留模时间过长 7）顶出时受力不均	1）正确控制合金成分，在某些情况下，可在合金中加纯铝锭以降低合金中镁含量，或者在合金中加铝硅中间合金以提高硅的含量 2）提高模具温度 3）改善铸件结构 4）调整抽芯机构或使顶杆受力均匀
		（3）镁合金压铸件的裂纹 1）合金中铝硅含量过高 2）模具温度低 3）铸件壁厚变化剧烈 4）顶出或抽芯受力不均匀	1）合金中加纯镁以降低铝硅的含量 2）模具温度要控制在要求的范围之内 3）改善铸件结构，消除厚薄变化较大的截面 4）调整好推杆的位置，使之受力均衡
		（4）铜合金压铸件的裂纹 1）黄铜中锌的含量过高（冷裂）或过低（热裂） 2）硅黄铜中的硅含量高 3）开模时间晚，特别是型芯多的铸件	1）保证合金的化学成分。合金元素取其下限，硅黄铜在配制时，硅和锌的含量不能同时取上限 2）提高模具温度 3）适当调整开模时间
分层（夹皮）	外观检查：铸件基体壁厚方向上出现明显层次，层次间一般融合不良，缺陷性质与冷隔类似	1）金属液温度低，不同层次间的金属液融合不良 2）金属液前端氧化夹杂严重 3）充型过程不稳	1）适当提高浇注温度和模具温度 2）适当提高压射比压或充型速度，缩短充型时间 3）严格控制合金液洁净度 4）检查模具紧固性和压射冲头运行平稳性 5）改善充型和排气条件
冷隔	外观检查、研磨或探伤：铸件表面有明显的不规则下陷形纹路，形状细小而狭长，交接边缘一般比较光滑。冷隔有时一直延展到铸件内部，甚至穿透整个壁厚。较多出现在铸件的薄壁水平或垂直面、薄厚壁转接处或最后填充部位	1）温度过低，金属液在型腔内汇合后，其界面在凝固时相互不能融合为一体 2）由于困气，在型腔最后填充部位也容易出现类似缺陷	1）适当提高浇注温度和模具温度 2）适当提高压射比压或充型速度，缩短充型时间 3）对模具局部温度较低的部位减少喷涂量 4）严格控制合金液质量，提高流动性 5）改进浇注系统，防止流路过长 6）改善排气条件，防止困气阻碍充填

4. 尺寸及几何形状缺陷的特征、检查方法及消除措施

尺寸及几何形状缺陷指铸件的尺寸或几何形状不符合图样要求，表现为成形尺寸超差或成型后形状变化，其特征、检查方法及消除措施见表8-165。

表8-165 尺寸及几何形状缺陷的特征、检查方法及消除措施

名称	特征及检查方法	产生原因	消除措施
欠铸及轮廓不清晰	外观检查：金属液未充满型腔，铸件表面有不规则的孔洞，凹陷和棱角不齐，表面形状呈自然液流或与液面相似	1）内浇道宽度不够或模具排气条件不良 2）金属液流动性差 3）浇注温度低或模具温度低，压射速度低 4）压射比压不足 5）模具型腔边角尺寸不合理，不易填充	1）改进内浇道，改善排气条件 2）适当提高模具温度和金属液的浇注温度 3）提高压射比压和压射速度 4）模具型腔尺寸制造要准确
变形	外观检查或测量：铸件翘（弯）曲，超出图样尺寸公差要求	1）铸件结构不合理，各部分收缩不均匀 2）留模时间太短 3）顶出过程铸件偏斜 4）铸件刚度不够 5）铸件放置不合理或去除浇道方法不当	1）改进铸件结构，使壁厚均匀 2）铸件不要堆叠存放，特别是大而壁薄的铸件 3）时效或退火时不要堆叠入炉 4）必要时可进行整形
飞翅	外观检查：铸件分型面处或活动部分突出过多的金属薄片	1）压射前机器的调整不当 2）模具的滑块损坏或锁紧零件失效 3）镶块与滑块磨损或配合间隙不当 4）模具刚度不够造成变形 5）分型面未清理干净 6）胀型力大于锁模力	1）检查锁模力及增压情况 2）调整增压机构，使压射增压峰值降低 3）检查模具的变形程度和锁紧零件 4）检查模具是否损坏 5）将分型面清理干净
多肉或带肉	外观检查：铸件上存在形状不规则的凸出部分（重复出现）	1）模具热处理不当而损伤 2）模具产生龟裂而掉块 3）有滑块的模具在分型面处因清理不干净而合模时压坏 4）成形表面机械损伤	1）按工艺规程进行热处理 2）严格执行操作规程 3）参看“龟裂”防止措施
错型或错扣	外观检查：压铸件的错型（螺纹称错扣）	1）模具镶件移位 2）模具导向零件移位 3）模具型腔制造误差	1）调整镶件的位置 2）更换导向零件 3）修整消除误差
型芯偏位	外观检查：铸件由型芯形成的部位与所需的位置不符	1）模具型腔尺寸不正确或磨损 2）型芯位置与尺寸不合格 3）型芯发生变形	1）检查型腔是否超差 2）检查型腔是否磨损 3）型芯定位是否超差

5. 材料与性能缺陷的特征、检查方法及消除措施（见表8-166）

表8-166 材料与性能缺陷的特征、检查方法及消除措施

名称	特征及检查方法	产生原因	消除措施
化学成分不符合要求	化学分析：铸件合金元素不符合要求或杂质过多	1）配料不准确 2）原材料及回炉料未加分析即投入使用	1）炉料经化验分析后才能配用 2）炉料要严格管理，新旧料要按一定比例使用 3）严格控制熔炼工艺 4）熔炼工具要喷刷涂料

（续）

名称	特征及检查方法	产生原因	消除措施
力学性能不符合要求	进行专门力学性能检验：铸件的强度、断后伸长率低于标准的要求	1）化学成分有错误 2）铸件内部有气孔、缩孔、渣孔等 3）对试样处理方法有错误（如切取、制备） 4）铸件结构不合理	1）配料、熔炼要严格控制成分及杂质含量 2）严格遵守熔炼工艺 3）在生产中要定期进行工艺性试验 4）严格控制金属液温度 5）尽量消除形成氧化物的各种因素

6. 杂质缺陷的特征、检查方法及消除措施　合金中混入杂质，包括金属和非金属混入物，将引起铸件后续加工或处理时产生异常。杂质缺陷的特征、检查方法及消除措施见表8-167。

表8-167　杂质缺陷的特征、检查方法及消除措施

名称	特征及检查方法	产生原因	消除措施
夹渣（渣孔）	外观检查或探伤及金相检查：铸件上有不规则的或明或暗的孔，孔内常被熔渣充塞 金相检查时，在低倍显微镜下呈暗黑色，在高倍下亮而无色	金属液中有夹渣或型腔中有非金属残留物，在压射前未被清除而产生 （1）混入的熔渣 1）金属液表面上的熔渣未清除 2）将熔渣和金属液同时浇注到压室内	1）仔细去除金属液表面的熔渣 2）遵守金属液的舀取工艺
		（2）石墨混入物 1）用石墨坩埚时边缘有脱落 2）涂料中石墨太多	1）在石墨坩埚的边缘装上铁环 2）使用涂料要均匀，用量要适当
硬点	机械加工过程中或加工后外观检查或金相检查：铸件上有硬度高于金属基体的小质点或块状物，使刀具磨损严重，加工后常常显示出不同的亮度	（1）非金属硬点 1）混入了合金液表面的氧化物	1）铸造时不要把金属液表面的氧化物舀入勺内 2）清除铁坩埚表面的氧化物后，再上涂料 3）清除勺子等工具上的氧化物 4）使用与铝不发生化学反应的涂料
		2）混入了合金液与耐火材料发生反应的混合物 3）混入了金属液与涂料反应生成物	1）要使用不与铝合金发生反应的耐火材料和灰浆，如氧化物铝质材料 2）定期更换炉衬材料
		4）产生了复合化合物，如由Al、Mn、Fe、Si组成的化合物	1）在铝合金中含有Mn、Fe、Si等元素时应防止发生偏析 2）用干燥的除气剂除气，但铝合金中镁含量要注意补偿
		5）游离硅混入物 ①铝硅合金Si含量高 ②铝合金在半液态浇注 ③硅游离存在，或者铝硅合金中Si的质量分数高于11.6%，且Cu、Fe含量也高	1）铝合金含Cu、Fe多时，应使Si的质量分数降到10.5%以下 2）适当提高浇注温度，以避免Si析出

（续）

名称	特征及检查方法	产生原因	消除措施
硬点	机械加工过程中或加工后外观检查或金相检查：铸件上有硬度高于金属基体的小质点或块状物，使刀具磨损严重，加工后常常显示出不同的亮度	6）其他夹杂物 ① 金属料不纯，含有其他异物 ② 金属料黏附油污 ③ 工具未清理干净	1）加强管理，严防回炉料中混入异物或异种材料 2）回炉料不要粘上油、砂、尘土等物 3）清理坩埚、熔炼工具上面的铁锈及氧化物
		（2）金属性硬点 1）混入了未溶解的硅元素原料	1）熔炼铝硅合金时，不要使用硅元素粉末 2）调整合金成分时，不要直接加入硅元素，必须采用中间合金 3）熔炼温度要高，时间要长，使硅充分溶解
		2）混合了促进初生硅结晶生长的原料	1）缩小铸造温度波动范围，使之经常保持熔融状态 2）加冷料时要防止合金锭块使合金液凝固 3）尽量减少促进初晶硅易于生长的成分
		3）混入了生产金属间化合物结晶物质	1）减少温度波动范围，不使金属液的温度过高或过低 2）控制合金成分中杂质含量 3）对能产生金属间化合物的材料要在高温下熔炼，为防止杂质增加，应一点一点地少量加入
		（3）偏析性硬点　由于急冷组织致密化，使容易偏析的成分析出成为硬点	1）金属液加入压室后应立即压射填充 2）尽可能不含有 Ca、Mg、Na 等易引起急冷效应的合金成分。Ca 的质量分数应控制在 0.05% 以下

7. 其他缺陷的特征、检查方法及消除措施（见表 8-168）

表 8-168　其他缺陷的特征、检查方法及消除措施

名称	特征及检查方法	产生原因	消除措施
脆性	外观检查或金相检查：合金晶粒粗大或极小，使铸件易断裂或碰碎	1）金属液过热太大或保温时间过长 2）激烈过冷，结晶过细 3）铝合金含有锌铁等杂质太多 4）铝合金中铜含量超出规定范围	1）金属液不宜过热或保温时间太长 2）提高模具温度，降低浇注温度 3）严格控制合金成分在允许的范围内

（续）

名称	特征及检查方法	产生原因	消除措施
渗漏	试压（气密性）试验：漏水或渗水	1）压力不足 2）浇注系统设计不合理或铸件结构不合理 3）合金选择不当 4）排气不良 5）内部缺陷	1）提高压射比压 2）尽量避免后加工 3）改进浇注系统和排气系统 4）选用良好的合金 5）消除内部缺陷，提高致密度

8.6.3　压铸件中的硬点分析

压铸件中常见的金属性硬点的化学成分和硬度见表8-169～表8-171。

表8-169　金属性硬点的化学成分和硬度

合金系	硬点的金属性成分					初晶析出的化学成分（质量分数,%）
	种类或代号	分子式	硬度HV	密度/(g/cm^3)	熔点/℃	
Al-Si	Si	Si	1320	2.4	1410	Si>11.7
Al-Fe	$FeAl_3$或θ	$FeAl_3$	960	3.81	710(P)	Fe>1.7
Al-Mn	Al_6Mn	Al_6Mn	540	3.09	1158	Mn>1.95
Al-Si-Fe①	α(FeSi)或K_5	Al_6Fe_2Si	—	3.71	—	Fe>1.5、Si>4
Al-Si-Fe	β(FeSi)或K_6	Al_4FeSi	578	3.31	—	Fe>0.8、Si>7.5
Al-Si-Fe	γ(FeSi)或K_4	Al_6FeSi_2	—	3.78	—	Fe>1.7、Si>1.4
Al-Fe-Mn	($FeAl_3$-Mn)	—	—	—	—	Fe>1.5
Al-Fe-Mn	(Al_6Mn-Fe)	—	514	3.90	—	Mn>0.75
Al-Si-Mn	α(FeSi)或W	$Al_{10}Mn_2Si$	958	3.68	—	Si>2、Mn>1.2
Al-Si-Fe-Mn	α(FeSiMn)	$Al_9MnFeSi$	—	3.77	—	(Fe+Mn)>2

① Al-Si-Fe系合金有三种不同性质的硬点。

表8-170　金属间化合物及其硬度

物质名称	维氏硬度HV	物质名称	维氏硬度HV
$FeAl_3$	960	Al_8Mg_5（Al_2Mg_3）	340
β（AlFeSi）	578	Al_7Cr	735
Si	1320	Al_3Ni	770
Al_8Mn	540	Mg_2Si	450
Al_2Cu	560	N（Al_6Cu_2Fe）	608
S（$Al_5Cu_2Mg_2$）	440	T（$Al_{10}Mn_2Si$）	958
T（Al_6CuMg_4）	286		

表8-171　Al-Cu-Si系合金压铸件的硬点和正常部位的化学成分

试样	测定位置	化学成分（质量分数,%）					
		Cu	Si	Fe	Mg	Zn	Al
D	硬点	4.1	8.5	0.73	0.08	0.48	其余
	正常部位	3.16	7.75	—	—	—	其余

（续）

试　样	测 定 位 置	化学成分（质量分数,%）					
		Cu	Si	Fe	Mg	Zn	Al
T	硬点	4.0	9.5	0.56	0.03	0.44	其余
	正常部位	2.75	7.99	—	—	—	其余
T-6	硬点	5.0	10.30	0.61	0.23	0.59	其余
	正常部位	3.2	8.6	0.71	—	—	其余
T-11	硬点	6.5	11.9	0.94	0.21	0.79	其余
	正常部位	3.5	8.4	0.84	—	—	其余
P-30	硬点Ⅰ	3.7	9.4	0.72	<0.1	0.36	其余
	硬点Ⅱ	4.6	9.8	0.72	<0.1	0.31	其余
	正常部位	3.0	8.19	0.61	—	—	其余
Q-1	硬点Ⅰ	4.8	11.5	0.82	<0.03	0.43	其余
	硬点Ⅱ	5.0	12.3	0.99	<0.03	0.47	其余
	正常部位	2.8	7.9	0.56	<0.03	0.39	其余
	正常部位	3.0	8.7	0.65	<0.03	0.37	其余
	正常部位	3.0	8.6	0.65	<0.03	0.39	其余
T-1A	硬点	5.3	11.9	1.07	0.2	0.80	其余
	正常部位	3.4	8.2	0.74	0.14	0.63	其余
T-3	硬点	1.97	11.2	0.76	<0.07	0.12	其余
	正常部位	1.60	9.9	0.75	<0.07	0.11	其余

8.7　压铸合金

压铸合金已经形成较为完善的系列化和标准化，可根据压铸件的使用要求和工艺特点选用。

8.7.1　压铸铝合金

1. 压铸铝合金的特点

铝合金密度小、综合性能优良，在压铸业中用量最大，其主要特点见表 8-172。

2. 压铸铝合金的化学成分与性能

GB/T 15115—2009 中共有 7 个压铸铝合金牌号，合金的化学成分见表 8-173，力学性能见表 8-174，工艺性能及其他特性见表 8-175，物理性能见表8-176，各系合金特性及应用场合见表 8-177。

表 8-172　压铸铝合金的特点

优　　点	缺　　点
1）密度为 2.5 ~ 2.9g/cm^3 2）比强度大（R_m/ρ = 9 ~ 15） 3）耐蚀性、耐磨性好 4）导热性、导电性好 5）切削性能好	1）铝硅系合金易粘模 2）对金属坩埚有腐蚀 3）体收缩大，易产生缩孔

表 8-173　压铸铝合金的化学成分（GB/T 15115—2009）

序号	合金牌号	合金代号	化学成分(质量分数,%)										
			Si	Cu	Mn	Mg	Fe	Ni	Ti	Zn	Pb	Sn	Al
1	YZAlSi10Mg	YL101	9.0 ~ 10.0	≤0.6	≤0.35	0.45 ~ 0.65	≤1.0	≤0.50	—	≤0.40	≤0.10	≤0.15	余量
2	YZAlSi12	YL102	10.0 ~ 13.0	≤1.0	≤0.35	≤0.10	≤1.0	≤0.50	—	≤0.40	≤0.10	≤0.15	余量

（续）

序号	合金牌号	合金代号	化学成分(质量分数,%)										
			Si	Cu	Mn	Mg	Fe	Ni	Ti	Zn	Pb	Sn	Al
3	YZAlSi10	YL104	8.0～10.5	≤0.3	0.2～0.5	0.30～0.50	0.5～0.8	≤0.10	—	≤0.30	≤0.05	≤0.01	余量
4	YZAlSi9Cu4	YL112	7.5～9.5	3.0～4.0	≤0.50	≤0.10	≤1.0	≤0.50	—	≤2.90	≤0.10	≤0.15	余量
5	YZAlSi11Cu3	YL113	9.5～11.5	2.0～3.0	≤0.50	≤0.10	≤1.0	≤0.30	—	≤2.90	≤0.10	—	余量
6	YZAlSi17Cu5Mg	YL117	16.0～18.0	4.0～5.0	≤0.50	0.50～0.70	≤1.0	≤0.10	≤0.20	≤1.40	≤0.10	—	余量
7	YZAlMg5Si1	YL302	≤0.35	≤0.25	≤0.35	7.60～8.60	≤1.1	≤0.15	—	≤0.15	≤0.10	≤0.15	余量

注：除有范围的元素和铁为必检元素外，其余元素在有要求时抽检。

表8-174 压铸铝合金的力学性能

序号	合金牌号	合金代号	抗拉强度 R_m/MPa	断后伸长率 A_{50mm}(%)	布氏硬度 HBW
1	YZAlSi10Mg	YL101	200	2.0	70
2	YZAlSi12	YL102	220	2.0	60
3	YZAlSi10	YL104	220	2.0	70
4	YZAlSi9Cu4	YL112	320	3.5	85
5	YZAlSi11Cu3	YL113	230	1.0	80
6	YZAlSi17Cu5Mg	YL117	220	<1.0	—
7	YZAlMg5Si1	YL302	220	2.0	70

注：表中未特殊说明的数值均为最小值。

表8-175 压铸铝合金工艺性能及其他特性（GB/T 15115—2009）

合金牌号	YZAlSi10Mg	YZAlSi12	YZAlSi10	YZAlSi9Cu4	YZAlSi11Cu3	YZAlSi17Cu5Mg	YZAlMg5Si1
合金代号	YL101	YL102	YL104	YL112	YL113	YL117	YL302
抗热裂性	1	1	1	2	1	4	5
致密性	2	1	2	2	2	4	5
充型能力	3	1	3	2	1	1	5
不粘型性	2	1	1	1	2	2	5
耐蚀性	2	2	1	4	3	3	1
加工性	3	4	3	3	2	5	1
抛光性	3	5	3	3	3	5	1
电镀性	2	3	2	1	1	3	5
阳极处理	3	5	3	3	3	5	1
氧化保护层	3	3	3	4	4	5	1
高温强度	1	3	1	3	2	3	4

注：1表示最佳，5表示最差。

表8-176 压铸铝合金的物理性能

合金牌号/代号	密度 /(g/cm³)	热导率 /[W/(m·K)]	比热容(100℃) /[J/(kg·K)]	液/固相线温度 /℃	线收缩率 (%)	体收缩率 (%)
YZAlSi12/YL102	2.66	179	840	585/574	0.9~1.0	3.2
YZAlSi10Mg/YL104	2.63	146	750	600/574	1.0~1.1	3.2~3.4
YZAlSi12Cu2/YL108	2.68	—	—	571/558	1.12	—
YZAlSi9Cu4/YL112	2.72	96	963	593/538	1.13	—
YZAlSi11Cu3/YL113	—	—	—	—	—	—
YZAlSi17Cu5Mg/YL117	2.73	134	—	650/505	—	—
YZAlMg5Si1/YL302	2.63	125	960	630/560	1.0~1.3	6.7

表8-177 压铸各系合金特性及应用场合(GB/T 15115—2009)

合金系	牌号	代号	合金特点	应用举例
Al-Si系	YZAlSi12	YL102	共晶铝硅合金。具有较好的抗热裂性能和很好的气密性,以及很好的流动性,不能热处理强化,抗拉强度低	用于承受低负荷、形状复杂的薄壁铸件,如各种仪壳体、汽车机匣、牙科设备、活塞等
Al-Si-Mg系	YZAlSi10Mg	YL101	亚共晶铝硅合金。具有较好的抗腐蚀性能,较高的冲击韧性和屈服强度,但铸造性能稍差	汽车车轮罩、摩托车曲轴箱、自行车车轮、船外机螺旋桨等
	YZAlSi10	YL104		
Al-Si-Cu系	YZAlSi9Cu4	YL112	具有好的铸造性能和力学性能,很好的流动性、气密性和抗热裂性,较好的切削加工性、抛光性	常用作齿轮箱、空冷气缸头、发报机机座、割草机罩子、气动制动、汽车发动机零件,摩托车缓冲器、发动机零件及箱体,农机具用箱体、缸盖和缸体,3C产品壳体,电动工具、缝纫机零件、渔具、煤气用具、电梯零件等。YL112的典型用途为带轮、活塞和气缸头等
	YZAlSi11Cu3	YL113	过共晶铝硅合金。具有特别好的流动性、中等的气密性和好的抗热裂性,特别是具有高的耐磨性和低的热膨胀系数	主要用于发动机机体、制动块、带轮、泵和其他要求耐磨的零件
	YZALSi7Cu5Mg	DL117		
Al-Mg系	YZAlMg5Si1	YL302	耐蚀性能强,冲击韧性高,断后伸长率低,铸造性能差	汽车变速器的油泵壳体,摩托车的衬垫和车架的联结器,农机具的连杆、船外机螺旋桨、钓鱼竿及其卷线筒等零件

3. 压铸铝合金中合金元素的作用

压铸铝合金中主要包括硅、铜、镁等合金元素,各元素的作用见表8-178。

4. 国外压铸铝合金

表8-179~表8-185列出了美国、日本、德国及欧洲标准压铸铝合金的化学成分、力学性能、物理性能、工艺特点,以及我国与主要工业国家压铸铝合金牌号对照。

表8-178 压铸铝合金中合金元素的作用

元素	含量变化	对铸造性能的影响	对力学性能的影响	对耐蚀性的影响	对其他性能的影响
Si	增加	流动性提高,产生缩孔、热裂倾向小	抗拉强度提高,但断后伸长率下降	对铝锌系合金,耐蚀性提高	可加工性变坏,高硅铝合金对铸铁坩埚熔蚀性较大
Mg	增加	对铝镁系合金,流动性提高,热裂倾向增大	抗拉强度提高,但断后伸长率下降	—	对铝硅系合金,可改善加工性能,但粘型性增加

（续）

元素	含量变化	对铸造性能的影响	对力学性能的影响	对耐蚀性的影响	对其他性能的影响
Cu	增加	流动性提高	抗拉强度、硬度提高，断后伸长率下降	耐蚀性降低	改善加工性能
Zn	增加	对铝锌系合金，铸造性能提高，但热裂倾向增大	对铝锌系合金，抗拉强度提高，但断后伸长率下降	耐蚀性降低	—
Mg	质量分数≤0.5%	—	提高强度	提高耐腐蚀性能	对铝硅系合金，可以抵消铁的有害作用
Fe	增加	流动性降低，热裂倾向大	力学性能明显下降	耐腐蚀性能下降	对铝硅系合金，可减轻粘型，高硅合金的可加工性变坏

表 8-179　美国压铸铝合金的化学成分与力学性能（ASTM B85—1996）

合金牌号	化学成分（质量分数，%），带限量符号≤的为杂质											力学性能（≥）		
	Si	Cu	Mg	Fe	Mn	Zn	Ti	Ni	Sn	其他总量	Al	抗拉强度 R_m/MPa	断后伸长率 A(%)	硬度 HBW
360.0	9.0 ~ 10.0	≤0.6	0.4 ~ 0.6	≤2.0	≤0.35	≤0.5	—	≤0.5	≤0.15	≤0.25	其余	300	2.5	75
A360.0	9.0 ~ 10.0	≤0.6	0.4 ~ 0.6	≤1.3	≤0.35	≤0.5	—	≤0.5	≤0.15	≤0.25	其余	320	3.5	75
380.0	7.5 ~ 9.5	3.0 ~ 4.0	≤0.1	≤2.0	≤0.5	≤3.0	—	≤0.5	≤0.35	≤0.50	其余	320	2.5	80
A380.0	7.5 ~ 9.5	3.0 ~ 4.0	≤0.1	≤1.3	≤0.5	≤3.0	—	≤0.5	≤0.35	≤0.50	其余	320	3.5	80
383.0	9.5 ~ 11.5	2.0 ~ 3.0	≤0.1	≤1.3	≤0.5	≤3.0	—	≤0.3	≤0.15	≤0.50	其余	310	3.5	75
384.0	10.5 ~ 12.0	3.0 ~ 4.5	≤0.1	≤1.3	≤0.5	≤3.0	—	≤0.5	≤0.35	≤0.50	其余	330	2.5	85
413.0	11.0 ~ 13.0	≤0.1	≤0.1	≤2.0	≤0.35	≤0.5	—	≤0.5	≤0.15	≤0.25	其余	300	2.5	—
A413.0	11.0 ~ 13.0	≤0.1	≤0.1	≤1.3	≤0.35	≤0.5	—	≤0.5	≤0.15	≤0.25	其余	290	3.5	—
C443.0	4.5 ~ 6.0	≤0.6	≤0.1	≤2.0	≤0.35	≤0.5	—	≤0.5	≤0.15	≤0.25	其余	230	9.0	—
518.0	≤0.35	≤0.25	7.5 ~ 8.5	≤1.8	≤0.35	≤0.15	—	0.15	≤0.15	≤0.25	其余	310	5	—
B390.0	16.0 ~ 18.0	4.0 ~ 5.0	≤0.1	≤1.3	≤0.5	≤0.15	≤0.2	≤0.1	≤0.2	≤0.2	其余	320	<1	—

表8-180 美国压铸铝合金的物理性能及工艺特点（ASTM B85—1996）

合金牌号	物理性能				压铸工艺性能(1表示最好,5表示最差)				其他特性(1表示最好,5表示最差)			
	密度/(g/cm³)	热导率/[W/(m·K)]	比热容(100℃)/[J/(kg·K)]	液/固相线温度/℃	流动性	致密性	抗热裂性	抗粘模性	耐蚀性	耐热性	可加工性	电镀性
360.0	2.63	113	963	596/557	3	2	1	2	2	1	3	2
A360.0	2.63	113	963	596/557	3	2	1	2	2	1	3	2
380.0	2.74	96.2	963	593/537	2	2	2	1	4	3	3	1
A380.0	2.71	96.2	963	593/537	2	2	2	1	4	3	3	1
383.0	2.74	96.2	963	582/515	1	2	1	2	3	2	2	1
384.0	2.82	96.2	—	582/515	1	2	2	2	5	2	3	3
413.0	—	134	—	582/573	1	1	1	1	2	3	4	3
A413.0	—	—	—	582/573	1	1	1	1	2	3	4	3
C443.0	—	—	—	632/573	4	3	3	4	2	5	5	2
518.0	—	—	—	621/535	5	—	5	5	1	4	1	5
B390.0	—	—	—	649/507	—	—	—	—	—	—	—	—

表8-181 日本压铸铝合金的牌号和化学成分（JIS H5302：2000）

牌号	化学成分(质量分数,%)										
	Cu	Si	Mg	Mn	Zn	Fe	Ni	Sn	Pb	Ti	Al
ADC1	1.0	11.0~13.0	0.3	0.3	0.5	1.3	0.5	0.10	—	—	其余
ADC1C	1.2	11.0~13.5	0.3	0.5	0.5	1.3	0.3	0.10	0.20	0.2	其余
ADC2	0.1	11.0~13.5	0.10	0.5	0.1	1.3	0.1	0.05	0.1	0.2	其余
ADC3	0.6	9.0~10.0	0.4~0.6	0.3	0.5	1.3	0.5	0.10	—	—	其余
ADC5	0.2	0.3	4.0~8.5	0.3	0.1	1.8	0.1	0.1	—	—	其余
ADC6	0.1	1.0	2.5~4.0	0.4~0.6	0.4	0.8	0.1	0.1	—	—	其余
ADC7	0.1	4.5~6.0	0.1	0.5	0.1	1.3	0.1	0.1	0.1	0.20	其余
ADC8	3.0~5.0	5.0~7.0	0.3	0.20~0.6	2.0	1.3	0.3	0.1	0.2	0.2	其余
ADC10	2.0~4.0	7.5~9.5	0.3	0.5	1.0	1.3	0.5	0.2	—	—	其余
ADC10Z	2.0~4.0	7.5~9.5	0.3	0.5	1.0	1.3	0.5	0.2	—	—	其余
ADC11	2.5~4.0	7.5~9.5	0.3	0.6	1.2	1.3	0.5	0.2	0.3	0.2	其余
ADC12	1.5~3.5	9.6~12.0	0.3	0.5	1.0	1.3	0.5	0.2	—	—	其余
ADC12Z	1.5~3.5	9.6~12.0	0.3	0.5	3.0	1.3	0.5	0.2	—	—	其余
ADC14	4.0~5.0	16.0~18.0	0.45~0.65	0.5	1.5	1.3	0.3	0.6	—	—	其余

注：未给出范围者为最大值。

表8-182 日本取自铸态压铸件本体试样的力学性能

牌　号	抗拉强度平均值 R_m/MPa	屈服强度平均值/MPa	断后伸长率平均值 A(%)	布氏硬度平均值 HBW
ADC1	250	172	1.7	71.2
ADC3	279	179	2.7	71.4
ADC5	213	145	—	66.4
ADC6	266	172	6.4	64.7
ADC10	241	157	1.5	73.6
ADC12	228	154	1.4	74.1
ADC14	193	188	0.5	76.8

表 8-183　德国铸造铝合金及铸件（DIN 1725—1986）

牌号	材料号	铸造方法和状态	化学成分（质量分数，%）													密度ρ/(g/cm³)	力学性能			
			Si	Cu	Mn	Mg	Fe	Ni	Pb	Sn	Ti	Zn	单个	总量	Al		抗拉强度 R_m/MPa	屈服强度/MPa	伸长率 A(%)	硬度 HBW
GD-AlSi9Cu3	3.2163.05	压铸，铸态	8.0 ~ 11.0	2.0 ~ 3.5	0.1 ~ 0.5	0.1 ~ 0.5	≤1.2	≤0.3	≤0.2	≤0.1	≤0.15	≤1.2	≤0.05	≤0.15	其余	2.75	240 ~ 310	140 ~ 240	0.5 ~ 3	80 ~ 120
GD-AlSi12	3.2582.05	压铸，铸态	10.5 ~ 13.5	≤0.12	0.001 ~ 0.4	≤0.4	≤1.2	≤0.2	≤0.2	≤0.1	0.1	≤0.5	≤0.05	≤0.15	其余	2.65	220 ~ 300	140 ~ 180	1 ~ 3	60 ~ 100
GD-AlSi12(Cu)	3.2982.05	压铸，铸态	10.5 ~ 13.5	≤0.12	0.001 ~ 0.4	≤0.4	≤1.2	≤0.2	≤0.2	≤0.1	≤0.1	≤0.5	≤0.05	≤0.15	其余	2.65	220 ~ 300	140 ~ 200	1 ~ 3	60 ~ 100
GD-AlSi10Mg	3.2382.05	压铸，铸态	9.0 ~ 11.0	≤0.10	0.001 ~ 0.4	0.20 ~ 0.50	≤1.0	—	—	—	≤0.15	≤0.1	≤0.05	≤0.15	其余	2.65	220 ~ 300	140 ~ 200	1 ~ 3	70 ~ 100
GD-AlMg9	3.3292.05	压铸，铸态	0.01 ~ 2.5	≤0.05	0.2 ~ 0.5	7.0 ~ 10.0	≤1.0	—	—	—	≤0.15	≤0.1	≤0.05	≤0.15	其余	2.6	200 ~ 300	140 ~ 220	1 ~ 5	70 ~ 100

表8-184 欧洲标准铝和铝合金（锭）（EN 1706：2010）

合金类别	合金号	合金牌号	化学成分(质量分数,%) Si	Fe	Cu	Mn	Mg	Cr	Ni	Zn	Pb	Sn	Ti	其他元素 单个	其他元素 共计	Al
AlSi10Mg	EN AB-43400	EN AB-Al Si10Mg(Fe)	9.0~11.0	0.45~0.9 (1.0)	0.08 (0.10)	0.55	0.25~0.50 (0.20~0.50)	—	0.15	0.15	0.15	0.05	0.15 (0.20)	0.05	0.15	其余
AlSi	EN AB-44300	EN AB-Al Si12(Fe)(a)	10.5~13.5	0.45~0.9 (1.0)	0.08 (0.10)	0.55	—	—	—	0.15	—	—	0.15	0.05	0.25	其余
AlSi	EN AB-44400	EN AB-Al Si9	8.0~11.0	0.55 (0.65)	0.08 (0.10)	0.50	0.10	—	0.05	0.15	0.05	0.05	0.15	0.05	0.15	其余
AlSi	EN AB-44500	EN AB-Al Si12(Fe)(b)	10.5~13.5	0.45~0.90 (1.0)	0.18 (0.20)	0.55	0.40	—	—	0.30	—	—	0.15	0.05	0.25	其余
AlSi9Cu	EN AB-46000	EN AB-AlSi9Cu3(Fe)	8.0~11.0	0.6~1.1 (1.3)	2.0~4.0	0.55	0.15~0.55 (0.05~0.55)	0.15	0.55	1.2	0.35	0.15	0.20 (0.25)	0.05	0.25	其余
AlSi9Cu	EN AB-46100	EN AB-Al Si11Cu2(Fe)	10.0~12.0	0.45~1.0 (1.1)	1.5~2.5	0.55	0.30	0.15	0.45	1.7	0.25	0.15	0.20 (0.25)	0.05	0.25	其余
AlSi9Cu	EN AB-46200	EN AB-Al Si8Cu3	7.5~9.5	0.7 (0.8)	2.0~3.5	0.15~0.65	0.15~0.05 (0.05~0.55)	—	0.35	1.2	0.25	0.15	0.20 (0.25)	0.05	0.25	其余
AlSi9Cu	EN AB-46500	EN AB-Al Si9Cu3(Fe)(Zn)	8.0~11.0	0.6~1.2 (1.3)	2.0~4.0	0.55	0.15~0.55 (0.05~0.55)	0.15	0.55	3.0	0.35	0.15	0.20 (0.25)	0.05	0.25	其余
AlSi(Cu)	EN AB-47100	EN AB-Al Si2Cu1(Fe)	10.5~13.5	0.6~1.1	0.7~1.2	0.55	0.35	0.10	0.30	0.55	0.20	0.10	0.15 (0.20)	0.05	0.25	其余
AlMg	EN AB-51200	EN AB-Al Mg9	2.5	0.45~0.9 (1.0)	0.08 (0.10)	0.55	8.5~10.5 (8.0~10.5)	—	0.10	0.25	0.10	0.10	0.15 (0.20)	0.05	0.15	其余

注：1. 未给出范围者为最大值。
2. 括号内的数值为铸件的化学成分。

表 8-185 中国与主要工业国家压铸铝合金牌号对照

合金系列	中国 GB/T 15115—2009	美国 ASTM B179—06	日本 JIS H 211B:2006	欧洲 EN 1676:1997	德国 DIN 1725
Al-Si	YL102	A413.1	ADC1	EN AB-47100	GD-AlSi12Cu(231)
Al-Si-Mg	YL101	A360.1	ADC3	EN AB-43400	—
	YL104	360.2	—	—	GD-AlSi10Mg(239)
Al-Si-Cu	YL112	A380.1	ADC10	EN AB-46200	—
	YL113	383.1	ADC12	ENAB-46100	GD-AlSi9Cu3(226)
	YL117	B390.1	ADC14	—	—
Al-Mg	YL302	518.1	—	—	—

5. 高伸长率压铸铝合金

为适应汽车轻量化的需求，近年开发出高伸长率压铸铝合金，主要用于汽车结构件的压铸生产。典型的高伸长率压铸铝合金以 Rheinfelden 公司研发的 Silafont-36（AlSi9MgMn）、Magsimal-59（AlMg5Si2Mn）及 Castasil-37（AlSi9Mn）为代表。其显著特点是铁含量低，控制针片状 β（Al_9Fe_2Si2）相的形成，大幅提高了合金的伸长率。

（1）Silafont-36 合金　Silafont-36 合金的化学成分、力学性能见表 8-186～表 8-188。不同热处理制度下的力学性能如图 8-76 所示。镁含量和热处理对 Silafont-36 合金力学性能影响显著，可通过控制镁含量和热处理制度改善合金性能。

表 8-186 Silafont-36（AlSi9MgMn）合金的化学成分（质量分数）（%）

化学成分	Si	Fe	Cu	Mn	Mg	Zn	Ti	Sr	其他元素总含量
min	9.5	—	—	0.5	0.1	—	0.04	0.010	—
max	11.5	0.15	0.03	0.8	0.5	0.08	0.15	0.020	0.2

表 8-187 镁含量对 Silafont-36 合金力学性能的影响（铸态）

w(Mg)(%)	$R_{p0.2}$ /MPa	R_m /MPa	A(%)
0.15	117	250	11.2
0.28	121	264	10.2
0.30	133	279	8.1
0.33	141	261	6.3
0.42	146	286	5.8

表 8-188 热处理对 Silafont-36 合金力学性能的影响（T4 处理）

w(Mg)(%)	$R_{p0.2}$ /MPa	R_m /MPa	A(%)
0.15	94	206	20.6
0.20	107	223	20.4
0.25	119	229	17.3
0.28	121	242	16.7
0.42	141	259	15.0

注：490℃/3h 燃后淬火

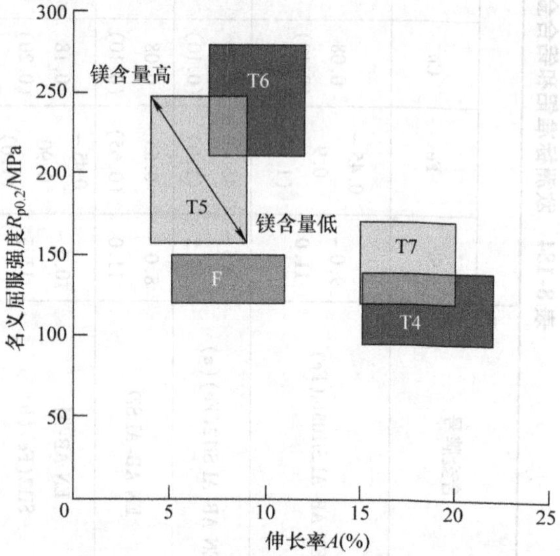

图 8-76 不同热处理制度下的力学性能

（2）Magsimal-59 合金　Magsimal-59 合金的化学成分、力学性能见表 8-189 和表 8-190。铸件壁厚对 Magsimal-59 合金的力学性能有明显影响，应控制铸件壁厚。铸件取出后直接冷却能够达到要求的强度，时效 60min 后可达到稳定状态。可通过热处理保证高刚性及高韧性，即在低于气泡形成的温度下时效，然后空冷。

表 8-189 Magsimal-59（AlMg5Si2Mn）合金的化学成分

化学成分	化学成分（质量分数,%）								
	Si	Fe	Cu	Mn	Mg	Zn	Ti	Be	其他元素总含量
min	1.8	—	—	0.5	5.0	—	—	—	—
max	2.6	0.2	0.05	0.8	6.0	0.07	0.20	40ppm	0.2

表 8-190 不同壁厚下 Magsimal-59 合金的力学性能

壁厚/mm	力学性能（铸态）		
	$R_{p0.2}$/MPa	R_m/MPa	A（%）
2～4	160～220	310～340	12～18
>4～6	140～170	250～320	9～14
>6～12	120～145	220～260	8～12

（3）Castasil-37 合金 Castasil-37 合金的化学成分、力学性能见表 8-191 和表 8-192。镁含量在不同时效状态下对屈服强度的影响如图 8-77 所示。Castasil-37 合金具有良好的综合性能，优秀的铸造和焊接性，可用于薄壁、复杂铸件。镁对时效作用影响明显，时效过程中力学性能（主要是屈服强度）变化，人工时效可以使这种影响最小化。

（4）三种合金综合性能比较 Silafont-36、Magsimal-59 及 Castasil-37 三种高伸长率合金的综合性能比较见表 8-193。

表 8-191 Castasil-37（AlSi9Mn）合金的化学成分

化学成分	化学成分（质量分数,%）										
	Si	Fe	Cu	Mn	Mg	Zn	Mo	Zr	Ti	Sr	其他元素总含量
min	8.5	—	—	0.35	—	—	—	—	—	0.006	—
max	10.5	0.15	0.05	0.60	0.06	0.07	0.3	0.3	0.15	0.025	0.10

表 8-192 不同壁厚下 Castasil-37 合金的力学性能

壁厚/mm	$R_{p0.2}$/MPa	R_m/MPa	A（%）
2～3	120～150	260～300	10～14
>3～5	100～130	230～280	10～14
>5～7	80～110	200～250	10～14

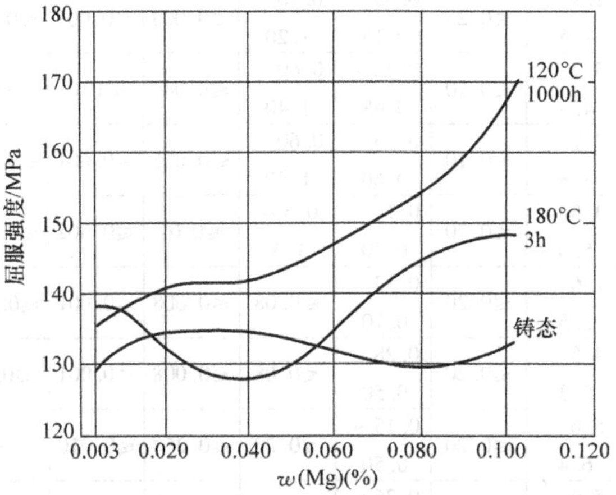

图 8-77 镁含量在不同时效状态下对屈服强度的影响

表 8-193 三种高伸长率合金的综合性能比较

名称	Silafont-36（AlSi9MgMn）	Magsimal-59（AlMg5Si2Mn）	Castasil-37（AlSi9Mn）
综合性能	1）铸造性能良好，易于熔化及铸造成形，适合薄壁复杂件 2）热处理可显著改善力学性能 3）断后伸长率可达15%（T6处理） 4）壁厚对力学性能影响轻微 5）无热裂 6）不粘模，起模斜度< 1° 7）可进行气体保护电弧焊（MIG），激光焊要求铸件质量高 8）疲劳强度高，可用于制作承受动载荷的零件	1）充型及收缩性能稍差，对压铸工艺要求高 2）铸态性能高，可省去热处理 3）断后伸长率可达15%（铸态） 4）力学性能对壁厚敏感 5）疲劳强度高 6）有热裂倾向 7）起模斜度<2°~3° 8）可进行气体保护电弧焊（MIG），技术和经验要求高 9）可用于制作对力学性能要求高，且不接受热处理的结构件和悬挂件	1）铸造性能良好，可用于薄壁复杂结构 2）铸态断后伸长率在12%以上，如需更高，退火处理即可 3）锰的质量分数低于0.3%时易粘模 4）合金价格比较高 5）高温性能稳定，可用于耐长期时效的场合 6）焊接性良好 7）可用于制作发动机周围零部件，也可用于制作节点结构件，不用热处理，避免变形

8.7.2 压铸镁合金

1. 压铸镁合金特点

镁合金是最轻质的工程金属材料之一，具有许多优良的工程应用特性。镁合金即可使用热室压铸法进行生产，也可用冷室压铸法生产，压铸成形占铸造成形中的绝大部分，其主要特点见表8-194。

表 8-194 压铸镁合金的特点

优 点	缺 点
1）密度小（1.8g/cm^3） 2）比强度大（R_m/ρ = 14 ~ 16） 3）好的刚度和减振性 4）铸件尺寸稳定 5）热容量小，不粘型 6）可加工性优良	1）易氧化，要求熔化、保温设备结构复杂，工艺也复杂 2）高温脆性、热裂倾向大 3）耐蚀性差

2. 压铸镁合金的化学成分与性能

GB/T 25748—2010 中有13个压铸镁合金牌号，其化学成分和力学性能见表8-195及表8-196。

表 8-195 压铸镁合金的化学成分（GB/T 25748—2010）

序号	合金牌号	合金代号	化学成分（质量分数，%）									
			Al	Zn	Mn	Si	Cu	Ni	Fe	RE	其他杂质	Mg
1	YZMgAl2Si	YM102	1.9 ~ 2.5	≤0.20	0.20 ~ 0.60	0.70 ~ 1.20	≤0.008	≤0.001	≤0.004	—	≤0.01	余量
2	YZMgAl2Si(B)	YM103	1.9 ~ 2.5	≤0.25	0.05 ~ 0.15	0.70 ~ 1.20	≤0.008	≤0.001	≤0.004	0.06 ~ 0.25	≤0.01	余量
3	YZMgAl4Si(A)	YM104	3.7 ~ 4.8	≤0.10	0.22 ~ 0.48	0.60 ~ 1.40	≤0.040	0.010	—	—	—	余量
4	YZMgAl4Si(B)	YM105	3.7 ~ 4.8	≤0.10	0.35 ~ 0.60	0.60 ~ 1.40	≤0.015	≤0.001	≤0.004	—	≤0.01	余量
5	YZMgAl4Si(S)	YM106	3.5 ~ 5.0	≤0.20	0.18 ~ 0.70	0.5 ~ 1.5	≤0.01	≤0.002	≤0.004	—	≤0.02	余量
6	YZMgAl2Mn	YM202	1.6 ~ 2.5	≤0.20	0.33 ~ 0.70	≤0.08	≤0.008	≤0.001	≤0.004	—	≤0.01	余量
7	YZMgAl5Mn	YM203	4.5 ~ 5.3	≤0.20	0.28 ~ 0.50	≤0.08	≤0.008	≤0.001	≤0.04	—	≤0.01	余量
8	YZMgAl6Mn(A)	YM204	5.6 ~ 6.4	≤0.20	0.15 ~ 0.50	≤0.20	≤0.250	≤0.010	—	—	—	余量
9	YZMgAl6Mn	YM205	5.6 ~ 6.4	≤0.20	0.26 ~ 0.50	≤0.08	≤0.008	≤0.001	≤0.004	—	≤0.01	余量
10	YZMgAl8Zn1	YM302	7.0 ~ 8.1	0.40 ~ 1.00	0.13 ~ 0.35	≤0.30	≤0.10	≤0.010	—	—	≤0.30	余量

（续）

序号	合金牌号	合金代号	化学成分(质量分数,%)									
			Al	Zn	Mn	Si	Cu	Ni	Fe	RE	其他杂质	Mg
11	YZMgAl9Zn1(A)	YM303	8.5～9.5	0.45～0.90	0.15～0.40	≤0.20	≤0.080	≤0.010	—	—	—	余量
12	YZMgAl9Zn1(B)	YM304	8.5～9.5	0.45～0.90	0.15～0.40	≤0.20	≤0.250	≤0.010	—	—	—	余量
13	YZMgAl9Zn1(D)	YM305	8.5～9.5	0.45～0.90	0.17～0.40	≤0.08	≤0.025	≤0.001	≤0.004	—	≤0.01	余量

注：除有范围的元素和铁为必检元素外，其余元素有要求时抽检。

表8-196　压铸镁合金试样的力学性能

序号	合金牌号	合金代号	拉伸性能			布氏硬度 HBW
			抗拉强度 R_m/MPa	条件屈服强度 $R_{p0.2}$/MPa	断后伸长率 A(%)	
1	YZMgAl2Si	YM102	230	120	12	55
2	YZMgAl2Si(B)	YM103	231	122	13	55
3	YZMgAl4Si(A)	YM104	210	140	6	55
4	YZMgAl4Si(B)	YM105	210	140	6	55
5	YZMgAl4Si(S)	YM106	210	140	6	55
6	YZMgAl2Mn	YM202	200	110	10	58
7	YZMgAl5Mn	YM203	220	130	8	62
8	YZMgAl6Mn(A)	YM204	220	130	8	62
9	YZMgAl6Mn	YM205	220	130	8	62
10	YZMgAl8Zn1	YM302	230	160	3	63
11	YZMgAl9Zn1(A)	YM303	230	160	3	63
12	YZMgAl9Zn1(B)	YM304	230	160	3	63
13	YZMgAl9Zn1(D)	YM305	230	160	3	63

注：表中未特殊说明的数值均为最小值。

3. 压铸镁合金中合金元素的作用

压铸镁合金中铝是主要合金元素，其余为少量的锌及锰，各元素的作用见表8-197。

表8-197　压铸镁合金中合金元素的作用

元素	作　用
Al	改善合金流动性，提高合金强度及硬度。但铝含量过高，会导致合金的耐蚀性及伸长率下降，镁合金中的铝的质量分数最高不超过10%
Zn	提高合金的力学性能，还有抑制铁和镍对合金耐蚀性的不良影响。但当其含量[w(Zn)]大于2%时，会引起合金热脆性

（续）

元素	作　用
Mn	提高合金耐蚀性，中和铁在合金中的有害作用。锰含量不多时［w(Mn)<0.5%］，能改善合金的力学性能
其他元素	有的合金中含有少量硅[w(Si)≤0.5%]，用以改善合金的成形性能。为提高合金的高温性能和抗蠕变能力，有的合金中加入了硅或稀土元素。通常，在合金中还加入微量铍，以减轻熔体的氧化现象。铁、镍、铜降低了合金的力学性能和耐蚀性，对镁合金是极为有害的杂质，应严格控制

4. 国外压铸镁合金

表8-198～表8-203给出了美国、日本及欧洲标准压铸镁合金的化学成分、力学性能、物理性能及工艺特点，以及我国与主要工业国家压铸铝合金牌号的对照。

表 8-198　美国标准压铸镁合金的化学成分与力学性能

合金代号	化学成分(质量分数,%),带限量符号≤的为杂质										力学性能(≥)		
	Al	Mn	Zn	Si	Cu	Ni	Fe	其他每种	其他总量	Mg	R_m/MPa	A(%)	硬度 HBW
AZ91D	8.5~9.5	0.17~0.40	0.45~0.90	≤0.5	≤0.025	≤0.001	≤0.004	≤0.01	—	其余	240	3	70
AM60B	5.6~6.4	0.26~0.50	≤0.20	≤0.5	≤0.008	≤0.001	≤0.004	≤0.01	—	其余	225	6~8	65
AM50A	4.5~5.3	0.28~0.50	≤0.2	≤0.05	≤0.008	≤0.001	≤0.004	≤0.01	—	其余	210	6~10	60
AM20	1.7~2.5	0.2	≤0.2	≤0.05	≤0.008	≤0.001	≤0.004	≤0.01	—	其余	190	8~12	45
AS41B	3.7~4.8	0.35~0.60	≤0.1	0.6~1.4	≤0.015	≤0.001	≤0.0035	≤0.01	—	其余	215	6	60
AS21	1.9~2.5	0.2	0.15~0.25	0.7~1.2	≤0.008	≤0.001	≤0.004	≤0.01	—	其余	175	9	55
AE42	3.6~4.4	0.1	≤0.2	—	≤0.04	≤0.001	≤0.004	≤0.01	2.0~3.0	其余	230	8~10	60

表 8-199　美国标准压铸镁合金的物理性能与工艺特性

合金代号	物理性能				工艺特性(1 表示最好,5 表示最差)					其他特性(1 表示最好,5 表示最差)			
	密度/(g/cm³)	热导率/[W/(m·K)]	比热容/[J/(kg·K)]	液/固相线温度/℃	抗热裂性	致密性	流动成形性	抗冷隔性	抗粘模性	耐蚀性	耐热性	可加工性	表面处理
AZ91D	1.81	51	1020	595/470	2	2	1	2	1	1	4	1	2
AM60B	1.80	61	1020	615/540	2	1	2	3	1	1	3	1	1
AM50A	1.77	65	1020	620/543	2	1	2	4	1	1	3	1	1
AM20	1.75	94	1020	643/618	1	1	4	5	1	2	5	1	1
AS41B	1.77	68	1020	620/—	1	1	2	4	1	2	2	1	1
AS21	1.76	84	1020	632/—	—	—	—	—	—	—	—	—	—
AE42	1.79	84	1020	620/565	2	1	2	4	2	1	1	1	1

表 8-200 日本镁合金压铸件的化学成分（JIS H5303：200）

JIS 牌号	ASTM 牌号	化学成分(质量分数,%)								
		Al	Zn	Mn	Si	Cu	Ni	Fe	其他杂质	Mg
MDC1B	AZ91B	8.3 ~ 9.7	0.35 ~ 1.0	0.13 ~ 0.50	≤0.50	≤0.35	≤0.03	—	—	其余
MDC1D	AZ91D	8.3 ~ 9.7	0.35 ~ 1.0	0.15 ~ 0.50	≤0.10	≤0.30	≤0.002	≤0.005	≤0.02	其余
MDC2B	AM60B	5.5 ~ 6.5	≤0.22	0.24 ~ 0.6	≤0.10	≤0.10	≤0.002	≤0.005	≤0.02	其余
MDC3B	AS41A	3.5 ~ 5.0	≤0.12	0.35 ~ 0.7	0.50 ~ 1.5	≤0.02	≤0.002	≤0.0035	≤0.02	其余
MDCA	AM50A	4.4 ~ 5.4	≤0.22	0.26 ~ 0.6	≤0.10	≤0.010	≤0.002	≤0.04	≤0.02	其余

注：未给出范围者为最大值。

表 8-201 日本标准压铸镁合金的力学性能

JIS 牌号	ASTM 牌号	抗拉强度 R_m/MPa	条件屈服强度 $R_{p0.2}$/MPa	断后伸长率 A(%)
MDC1B	AZ91B	230	160	3
MDC1D	AZ91D	230	160	3
MDC2B	AM60B	220	130	8
MDC3B	AS41A	210	140	6
MDCA	AM50A	200	110	10

表 8-202 欧洲铸造镁合金的化学成分（EN1753：1997）

合金类别	合金号	牌号	铸造方法	化学成分(质量分数,%)								
				Al	Zn	Mn	Si	Fe	Cu	Ni	其他单个	Mg
MgAlZn	EN-MC21110	EN-MCMgAl8Zn1	D	7.0 ~ 8.7	0.35 ~ 1.0	0.1	0.10	0.005	0.030	0.002	0.01	其余
	EN-MC21110	EN-MCMgAl8Zn1	S. K. L	7.0 ~ 8.7	0.40 ~ 1.0	0.1	0.20	0.005	0.030	0.001	0.01	其余
	EN-MC21120	EN-MCMgAl9Zn1(A)	D	8.3 ~ 9.7	0.35 ~ 1.0	0.1	0.10	0.005	0.030	0.002	0.01	其余
	EN-MC21120	EN-MCMgAl9Zn1(A)	S. K. L	8.3 ~ 9.7	0.40 ~ 1.0	0.1	0.20	0.005	0.030	0.001	0.01	其余
	EN-MC21121	EN-MCMgAl9Zn1(B)	D. S. K. L	8.0 ~ 10.0	0.3 ~ 1.0	—	0.3	0.03	0.20	0.01	0.05	其余

（续）

合金类别	合金号	牌号	铸造方法	化学成分（质量分数，%）								
				Al	Zn	Mn	Si	Fe	Cu	Ni	其他单个	Mg
MgAlMn	EN-MC21210	EN-MCMgAl12Mn	D	1.6~2.6	0.2	0.1	0.10	0.005	0.010	0.002	0.01	其余
	EN-MC21220	EN-MCMgAl5Mn	D	4.4~5.5	0.2	0.10	0.005	0.010	0.002	0.01	—	其余
	EN-MC21230	EN-MCMgAl6Mn	D	5.5~6.5	0.2	0.10	0.005	0.010	0.002	0.01	—	其余
MgAlSi	EN-MC21310	EN-MgAl2Si	D	1.8~2.6	0.2	0.1	0.7~1.2	0.005	0.010	0.002	0.01	其余
	EN-MC21320	EN-MCMgAl4Si	D	3.5~5.0	0.2	0.50~1.5	0.005	0.010	0.002	0.01	—	其余

注：铸造方法中，D—压铸；S—砂型铸造；K—金属型铸造；L—熔模铸造。

表8-203 中国与其他主要工业国家压铸镁合金牌号的对照

合金系列	GB/T 25748—2010	ISO 16220:2006	ASTM B93/B93M—2007	JIS H 5303:2006	EN 1753:1997
MgAlSi	YM102	MgAl2Si	AS21A	MDC6	MC21310
	YM103	MgAl2Si(B)	AS21B	—	—
	YM104	MgAl4Si(A)	AS41A	—	—
	YM105	MgAl4Si	AS41B	MDC3B	MC21320
	YM106	MgAl4Si(S)	—	—	—
MgAlMn	YM202	MgAl2Mn	—	MDC5	MC21210
	YM203	MgAl6Mn	AM50A	MDC4	MC21220
	YM204	MgAl6Mn(A)	AM60A	—	—
	YM205	MgAl6Mn	AM60B	MDC2B	MC21230
MgAlZn	YM302	MgAl8Zn1	—	—	MC21110
	YM303	MgAl9Zn1(A)	AZ91A	—	MC21120
	YM304	MgAl9Zn1(B)	AZ91B	MDC1B	MC21121
	YM305	MgAl9Zn1(D)	AZ91D	MDC1D	—

8.7.3 压铸锌合金

1. 压铸锌合金特点

锌合金具有优良的压铸工艺性能，主要使用热室压铸方法进行压铸生产。锌合金在玩具、五金、车模、装饰件等领域有较大用量，压铸锌合金的主要特点见表 8-204。

表 8-204 压铸锌合金的特点

优 点	缺 点
1）熔点低，可延长压铸模的使用寿命 2）不易产生粘模 3）铸造工艺性好，适合制作各种复杂、薄壁铸件 4）具有良好的电镀性 5）具有良好的常温使用性能	1）密度大（6.6~6.7g/cm^3） 2）易老化 3）耐蚀性差，易产生晶间腐蚀，进而导致强度和尺寸变化

2. 压铸锌合金的化学成分与性能

GB/T 13818—2009 中有 7 个压铸锌合金牌号，其化学成分、力学性能及物理参数见表 8-205 和表 8-206。

表 8-205 压铸锌合金的化学成分（GB/T 13818—2009）

序号	合金牌号	合金代号	化学成分(质量分数,%) 主要成分 Al	Cu	Mg	Zn	杂质含量(不大于) Fe	Pb	Sn	Cd
1	YZZnAl4A	YX040A	3.9~4.3	≤0.1	0.030~0.060	余量	0.035	0.004	0.0015	0.003
2	YZZnAl4B	YX040B	3.9~4.3	≤0.1	0.010~0.020	余量	0.075	0.003	0.0010	0.002
3	YZZnAl4Cu1	YX041	3.9~4.3	0.7~1.1	0.030~0.060	余量	0.035	0.004	0.0015	0.003
4	YZZnAl4Cu3	YX043	3.9~4.3	2.7~3.3	0.025~0.050	余量	0.035	0.004	0.0015	0.003
5	YZZnAl8Cu1	YX081	8.2~8.8	0.9~1.3	0.020~0.030	余量	0.035	0.005	0.0050	0.002
6	YZZnAl11Cu1	YX111	10.8~11.5	0.5~1.2	0.020~0.030	余量	0.050	0.005	0.0050	0.002
7	YZZnAl27Cu2	YX272	25.5~28.0	2.0~2.5	0.012~0.020	余量	0.070	0.005	0.0050	0.002

注：YZZnAl4B 中镍的质量分数为 0.005%~0.020%。

表 8-206 压铸锌合金牌号对照及典型的力学、物理性能

压铸锌合金							
中国合金代号	YX040A	YX040B	YX041	YX043	YX081	YX111	YX272
北美商业标准(NADCA)	No. 3	No. 7	No. 5	No. 2	ZA-8	ZA-12	ZA-27
美国材料试验学会(ASTM)	AG-40A	AG-40B	AG-41A	—	—	—	—
力学性能							
极限抗拉强度/MPa	283	283	328	359	372	400	426
屈服强度/MPa	221	221	269	283	283~296	310~331	359~370
抗压屈服强度/MPa	414	414	600	641	252	269	358
断后伸长率(%)	10	13	7	7	6~10	4~7	2.0~3.5
布氏硬度 HBW	82	80	91	100	100~106	95~105	116~122
抗剪强度/MPa	214	214	262	317	275	296	325
冲击吸收能量/J	58	58	65	47.5	32~48	20~37	9~16
疲劳强度/MPa	47.6	47.6	56.5	58.6	103	—	145
弹性模量/GPa	—	—	—	—	85.5	83	77.9

（续）

物理性能							
密度/(g/cm³)	6.6	6.6	6.7	6.6	6.3	6.03	5.00
熔化温度范围/℃	381～387	381～387	380～386	379～390	375～404	377～432	372～484
比热容/[J/(kg·℃)]	419	419	419	419	435	450	525
线胀系数/10⁻⁶K⁻¹	27.4	27.4	27.4	27.8	23.2	24.1	26.0
热导率/[W/(m·K)]	113	113	109	104.7	115	116	122.5
泊松比	0.30	0.30	0.30	0.30	0.30	0.30	0.30

注：表中力学性能数据是采用专用试样模具获得的单铸试样进行试验而得到的参考结果。

3. 压铸锌合金的应用场合

YZZnAl4 合金具有良好的压铸工艺性及经济性，尺寸稳定性好，适用于制作对强度要求不太高的零件，如玩具、灯具、装饰件及高精度件等。

YZZnAl4Cu1 具有较高的力学性能，适合于制作机械零件及电器元件等。

YZZnAl4Cu3 在压铸锌合金中力学性能最高，适合于制作对强度及硬度有较高要求的零件。高铝压铸锌合金在强度及耐磨性方面有很大提高，而且比重明显减轻，适合于制作受力及耐磨件。

4. 压铸锌合金中合金元素的作用

压铸锌合金主要包括铝、铜等合金元素，其作用见表 8-207。

表 8-207　压铸锌合金中合金元素的作用

元　素	含量变化（质量分数）	对铸造性能的影响	对力学性能的影响	对耐蚀性的影响	对其他性能的影响
Al	>4.5%		冲击韧度下降，其他性能变化不大		
	>5%	—	力学性能下降，合金变脆	易发生晶间腐蚀	—
	<3.5%	流动性降低，热裂和收缩量增加	—		
Cu	≥1.25%	—	强度和硬度都有所提高	可减少晶间腐蚀	—
	4%	—	冲击韧度下降	由于铝的存在，产生晶间腐蚀	
Fe	（存在）	—	力学性能下降	耐蚀性下降	生成 Fe-Al 化合物，恶化加工性能
Pb Su Cd	万分之几	—	强度下降	产生晶间腐蚀	体积和尺寸发生变化

5. 温度对压铸锌合金力学性能的影响（见表 8-208）

表 8-208　温度对压铸锌合金力学性能的影响

合金牌号	温度/℃	抗拉强度/MPa	断后伸长率（%）	冲击吸收能量/J	硬度 HBW
YZZnAl4	95	200	30	5.96	43
	40	252	16	6.26	68
	21	288	10	6.24	82
	0	303	9.5	1.15	—
	-40	323	4.5	0.31	—

（续）

合金牌号	温度/℃	抗拉强度/MPa	断后伸长率（%）	冲击吸收能量/J	硬度 HBW
YZZnAl4Cu1	95	244	23	6.42	62
	40	300	13	6.85	89
	21	334	7	7.25	91
	0	382	8.5	5.83	97
	-40	382	5	0.36	103

6. 国外压铸锌合金

表8-209～表8-215列出了美国（ASTM）日本、欧洲压铸锌合金的化学成分和力学性能，以及我国与主要工业国家压铸锌合金牌号对照。

表8-209 美国锌合金压铸件的化学成分（ASTM B86—2018）

合金代号			化学成分（质量分数，%）								
UNS	ASTM	常规	Al	Cu	Mg	Fe	Pb	Cd	Sn	Ni	Zn
Z33525	AG40A	No. 3	3.7～4.3	0.10	0.02～0.06	0.05	0.0050	0.0040	0.002	—	其余
Z33527	AG40B	No. 7	3.7～4.3	0.10	0.005～0.020	0.05	0.0030	0.0020	0.0010	0.005～0.020	其余
Z35533	AC41A	No. 5	3.7～4.3	0.7～1.2	0.02～0.06	0.05	0.0050	0.0040	0.002	—	其余
Z35545	AC43A	No. 2	3.7～4.3	2.5～3.0	0.020～0.050	0.05	0.0050	0.0040	0.002	—	其余
Z35638	—	ZA-8	8.0～8.8	0.8～1.3	0.01～0.03	0.075	0.006	0.006	0.003	—	其余
Z35633	—	ZA-12	10.5～11.5	0.5～1.2	0.01～0.03	0.075	0.006	0.006	0.003	—	其余
Z35841	—	ZA-27	25.0～28.0	2.0～2.5	0.01～0.020	0.075	0.006	0.006	0.003	—	其余

注：1. 表中数字未给范围者均为最大值。

2. AG40A、AG40B和AC41A三种锌合金中可含 $w(Ni)=0.02\%$，$w(Cr)=0.02\%$，$w(Si)=0.035\%$，$w(Mn)=0.06\%$。

表8-210 美国锌合金单铸试样的力学性能（ASTM B86—2018）

合金代号			铸造方法	抗拉强度 R_m/MPa	屈服强度/MPa	断后伸长率 A(%)	压缩屈服强度/MPa	硬度① HBW	抗剪强度 τ_b/MPa	冲击韧度 a_K/(J/cm²)	疲劳强度②/MPa
UNS	ASTM	常规									
Z33525	AG40A	No. 3	压铸	283	221	10	414	82	214	58③	47.6
Z33527	AG40B	No. 7	压铸	283	221	13	414	80	214	58③	46.9
Z35533	AC41A	No. 5	压铸	328	228	7	600	91	262	65③	56.5
Z35545	AC43A	No. 2	压铸	359		7	641	100	317	47③	58.6
Z35638	—	ZA-8	砂型	263	198	1～2	199	85		20④	
			金属型	221～225	208	1～2	210	87	241		51.7
			压铸	374	290	6～10	252	103	275	42③	103
Z35633	—	ZA-12	砂型	276～317	211	1～3	230	94	253	25④	103
			金属型	310～345	268	1～3	235	89	241	29④	
			压铸	404	320	4～7	269	100	296		117
Z35841	—	ZA-27	砂型	400～441	371	3～6	330	113	292	48③	172
			砂型+热处理⑤	310～324	257	8～11	257	94	225	58③	103
			压铸	425	376	1～3	385	119	325	12.8④	145

① 10mm球，500kg负荷。

② 旋转弯曲 5×10^8 次循环。

③ 6.35mm试样，无缺口。

④ 10mm试样，无缺口。

⑤ 热处理：320℃×3h，炉冷。

表8-211 日本压铸锌合金的化学成分（JIS H5301—1990）

合金		化学成分（质量分数，%）							
		基本成分					杂质		
种类	牌号	Al	Cu	Mg	Fe	Zn	Pb	Cd	Sn
1种	ZDC1	3.5～4.3	0.75～1.25	0.020～0.06	≤0.10	其余	≤0.005	≤0.004	≤0.003
2种	ZDC2	3.5～4.3	≤0.25	0.020～0.06	≤0.10	其余	≤0.005	≤0.004	≤0.003

表 8-212 日本压铸锌合金的力学性能

合金		力学性能			
种类	牌号	抗拉强度 R_m/MPa	断后伸长率 A(%)	冲击韧度 a_K/(J/cm²)	硬度 HBW
1种	ZDC1	325	7	160	91
2种	ZDC2	285	10	140	92

表 8-213 欧洲锌合金压铸件的化学成分（EN 12844：1998）

合金		化学成分(质量分数,%)										
牌号	简短代号	Al	Cu	Mg	Cr	Ti	Pb	Cd	Sn	Fe	Ni	Si
ZP0400	ZP3	3.7~4.3	0.1	0.025~0.06	—	—	0.005	0.005	0.002	0.05	0.02	0.03
ZP0410	ZP5	3.7~4.3	0.7~1.2	0.025~0.06	—	—	0.005	0.005	0.002	0.05	0.02	0.03
ZP0430	ZP2	3.7~4.3	2.7~3.3	0.025~0.06	—	—	0.005	0.005	0.002	0.05	0.02	0.03
ZP0610	ZP6	5.4~6.0	1.1~1.7	0.005	—	—	0.005	0.005	0.002	0.05	0.02	0.03
ZP0810	ZP8	8.0~8.8	0.8~1.3	0.015~0.03	—	—	0.006	0.006	0.003	0.06	0.02	0.045
ZP1110	ZP12	10.5~11.5	0.5~1.2	0.015~0.03	—	—	0.006	0.006	0.003	0.07	0.02	0.06
ZP2720	ZP27	25.0~28.0	2.0~2.5	0.01~0.02	—	—	0.006	0.006	0.003	0.10	0.02	0.08
ZP0010	ZP16	0.01~0.04	1.0~1.5	0.02	0.1~0.2	0.15~0.25	0.005	0.005	0.004	0.05	—	0.05

注：表中未给出范围者为最大值，其余为锌。

表 8-214 欧洲锌合金压铸件在20℃时的力学性能

性能	牌号						
	ZP0400	ZP0410	ZP0430	ZP0810	ZP2720	ZP2720	ZP0010
简短代号	ZP3	ZP5	ZP2	ZP8	ZP12	ZP27	ZP16
抗拉强度 R_m(MPa)	280	330	355	370	400	425	220
断后伸长率 A(%)	10	5	5	8	5	2.5	—
布氏硬度 HBW	83	92	102	100	100	120	—
冲击韧度(无缺口)(6.3mm×6.3mm 试样) a_K/(J/cm²)	57	58	59	40	30	10	—

表 8-215 中国与主要工业国家压铸锌合金牌号对照

国家	GB/中国	ASTM/美国	DIN/德国	JIS/日本	EN/欧洲
合金代号	YX040	No. 3	GD-ZnAl4	ZDC2	ZP3
	YX041	No. 5	—	ZDC1	ZP5

8.7.4 压铸铜合金

1. 压铸铜合金特点

压铸铜合金在压铸合金总量中占比不大，主要用于制作电动机转子和少量耐腐蚀铸件。压铸铜合金的特点见表 8-216。

表 8-216 压铸铜合金的特点

优点	缺点
1）力学性能好 2）导电、热性好 3）摩擦因数小，耐磨性好 4）耐蚀性好	1）密度大，8.2~8.5g/cm³ 2）熔点高，降低压铸模使用寿命 3）价格高

2. 压铸铜合金的化学成分与性能

GB/T 15116—1994 中有 4 个压铸铜合金牌号，其化学成分、力学性能及物理性能和化学性能见表 8-217 ~ 表 8-219。

表 8-217 压铸铜合金的化学成分（GB/T 15116—1994）

序号	合金牌号	合金代号	化学成分(质量分数，%)											
			主要成分					杂质含量						
			Cu	Si	Pb	Al	Zn	Fe	Al	Sb	Sn	Pb	Mn	总和
1	YZCuZn40Pb	YT40-1	52.0 ~ 63.0	—	0.5 ~ 1.5	0.2 ~ 0.5	其余	0.8	—	0.05	—	—	0.5	1.05
2	YZCuZN16Si4	YT16-4	79 ~ 81	2.5 ~ 4.5	—	—	其余	0.6	0.1	—	0.3	0.5	0.5	2.0
3	YZCuZn30Al3	YT30-3	66.0 ~ 68.0	—	—	2.0 ~ 3.0	其余	0.8	—	—	1.0	1.0	0.5	3.0
4	YZCuZn35Al2Mn2Fe	YT35-2-2-1	57 ~ 65	0.1	—	0.5 ~ 2.5	其余	0.5 ~ 2.0	—	—	1.0	0.5	0.1 ~ 3.0	2.0

注：杂质总量中不含 Fe、Mn。

表 8-218 压铸铜合金的力学性能和应用范围

序号	合金牌号	合金代号	力学性能			应用范围
			抗拉强度 R_m/MPa	断后伸长率 A_{50mm}(%)	布氏硬度 HBW	
1	YZCuZn40Pb	YT40-1	300	6	85	齿轮、承受海水作用的管配件，阀体、船舶零件以及形状复杂的各种铸件
2	YZCuZN16Si4	YT16-4	345	25	85	
3	YZCuZn30Al3	YT30-3	400	15	110	
4	YZCuZn35Al2Mn2Fe	YT35-2-2-1	475	3	130	

注：压铸铜合金的力学性能是在规定的工艺参数下，采用单铸拉力试棒所测得的铸态性能。

表 8-219 压铸铜合金的物理性能和化学性能

性能			合金牌号		
			YZCuZn40Pb	YZCuZn16Si4	YZCuZn30Al3
物理性能	密度/(g/cm³)		8.5	8.3	8.5
	熔点/℃		885	900	995
	线胀系数/$10^{-6}K^{-1}$		20.1	17	—
	热导率/[W/(m·K)]		108.85	41	1.12
	线收缩率(%)		2.23	1.7	1.25
化学性能	耐蚀性、重量损失/[g/(m²·h)]	在海水作用下	0.059	—	—
		在蒸汽作用下	0.020	—	—

3. 压铸铜合金中合金元素的作用（见表 8-220）

表 8-220　压铸铜合金中合金元素的作用

元素	含量变化	对铸造性能的影响	对力学性能的影响	对耐蚀性的影响	对其他性能的影响
Si	—	提高流动性	改善力学性能	—	防止模具表面附着氧化物
Pb	—	发生偏析	形成高脆相，降低力学性能	—	改善可加工性
Sn	质量分数超过 1%	—	提高硬度	改善耐蚀性	降低可加工性
Fe	—	—	提高硬度	降低耐蚀性	—
Mn	—	—	提高抗拉强度和硬度，降低断后伸长率	—	—

8.7.5　压铸合金相关性能比较

各类压铸合金的物理、化学和铸造能比较见表 8-221，某些合金的凝固参数见表 8-222，各类压铸合金抗拉强度随温度变化的比较如图 8-78 所示。

表 8-221　各类压铸合金的物理、化学和铸造性能比较

项　目		压铸				
		锌合金	铝合金	镁合金	铜合金	铸钢
物理化学性能	熔化温度	5	3	3	2	1
	密度	3	4	5	2	2
	导电性	3	5	3	1	—
	导热性	3	1	2	4	—
	耐蚀性	3	4	2	4	—
力学性能	抗拉强度	3	2	2	4	5
	屈服强度	2	3	3	4	5
	断后伸长率	3	2	2	5	5
	冲击韧度	3	2	2	5	5
铸造性能	流动性	5	1	4	3	—
	裂纹倾向	5	4	3	4	3
	粘模倾向	5	3	5	4	—
	最小壁厚	5	4	4	3	—

注：表内数字表示：1—不好；2—较差；3—尚可；4—较好；5—好。

表 8-222　某些合金的凝固参数

合金	共晶成分（质量分数,%）	共晶温度/℃	液相线/℃	固相线/℃	共晶温度范围/℃
铝-硅	Si11.7①	577	575	565	10
铝-镁	Mg35.0	450	642	580	62
锌-铝	Al5.0	382	387	382	5
镁-铝	Al32.3	437	596	468	128
铝-锑	Sb11.2	252	310	270	40

① 铝-硅合金共晶体的成分和熔点是根据冷却速度及合金是否变质而稍有不同。

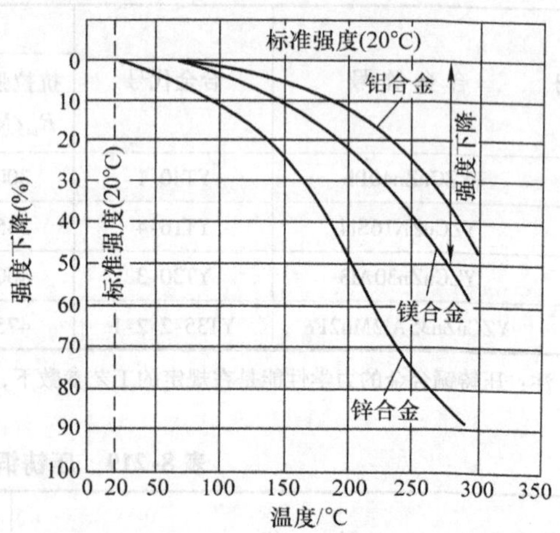

图 8-78　各类压铸合金抗拉强度随温度变化的比较

8.7.6　压铸有色合金试样

1. 试样类型及尺寸

GB/T 13822—2017《压铸有色合金试样》中规定了三种试样，见表 8-223。

表 8-223　压铸有色合金标准试样（GB/T 13822—2017）

试样		图　例	说　明
拉伸试样	A 型	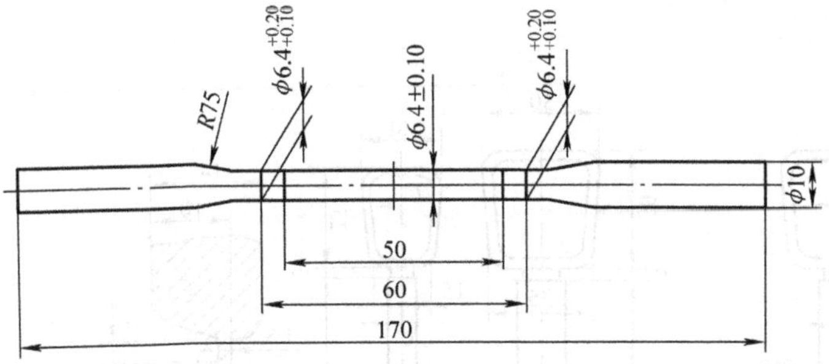	适用于测定压铸有色合金在不同热处理状态下的抗拉强度、屈服强度和断后伸长率
	B 型	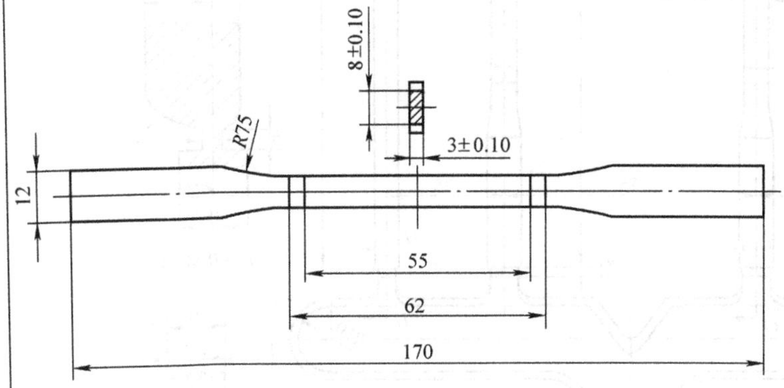	适用于抗拉强度比较试验。供需双方需要对压铸有色合金试样进行硬度测定时，可选用 B 型拉伸试样，也可根据 GB/T 231.1 的相关要求进行商议
冲击韧性试样		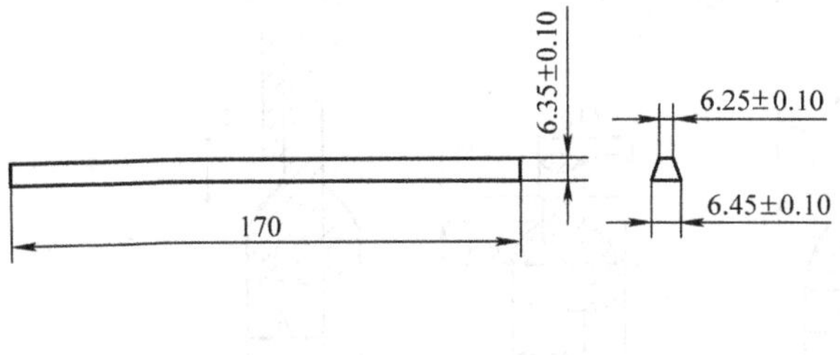	适用于冲击韧性试验，试样可截为两根。试验时摆锤冲击在试样最窄面，有特殊要求供需双方商定

2. 压铸试样工艺图和工艺参数

试样要求使用专用模具压铸，应清理毛刺，不得弯曲和矫直。非夹持部分不得有印痕、擦伤、麻面、冷隔、裂纹、夹杂和孔穴等缺陷。压铸试样工艺图如图 8-79。其压铸工艺参数见表 8-224。

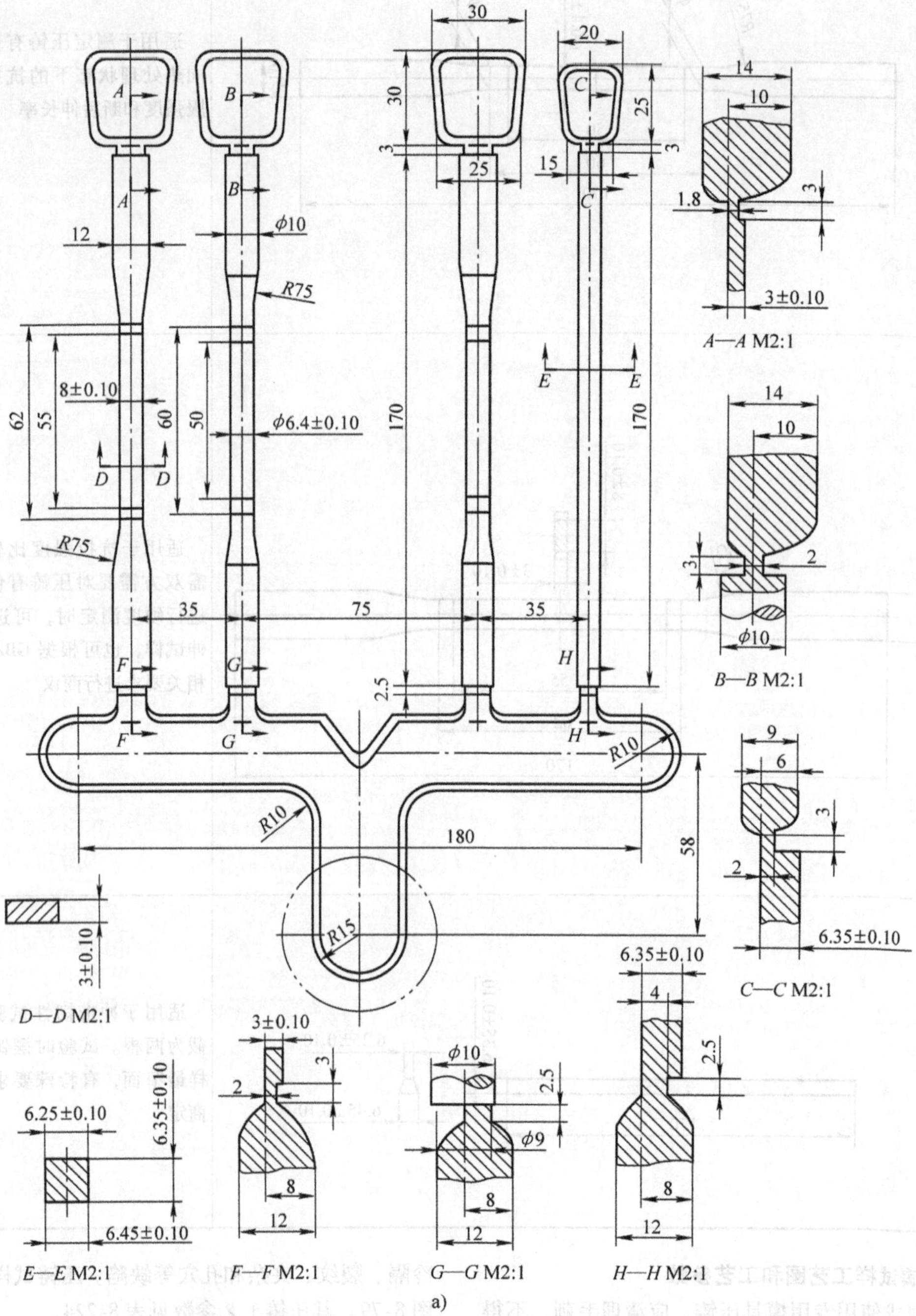

30
20
30
25
14
10
3
3
25
15
1.8
3
12
ϕ10
R75
3±0.10
A—A M2:1
8±0.10
62
55
60
50
ϕ6.4±0.10
170
170
14
10
R75
2
35
75
35
ϕ10
B—B M2:1
2.5
R10
9
6
R10
180
58
3
2
6.35±0.10
R15
3±0.10
6.35±0.10
C—C M2:1
D—D M2:1
3±0.10
4
ϕ10
3
2.5
2.5
2
6.25±0.10
6.35±0.10
ϕ9
8
8
8
12
12
12
6.45±0.10
E—E M2:1
F—F M2:1
G—G M2:1
H—H M2:1

a)

图 8-79 压铸有

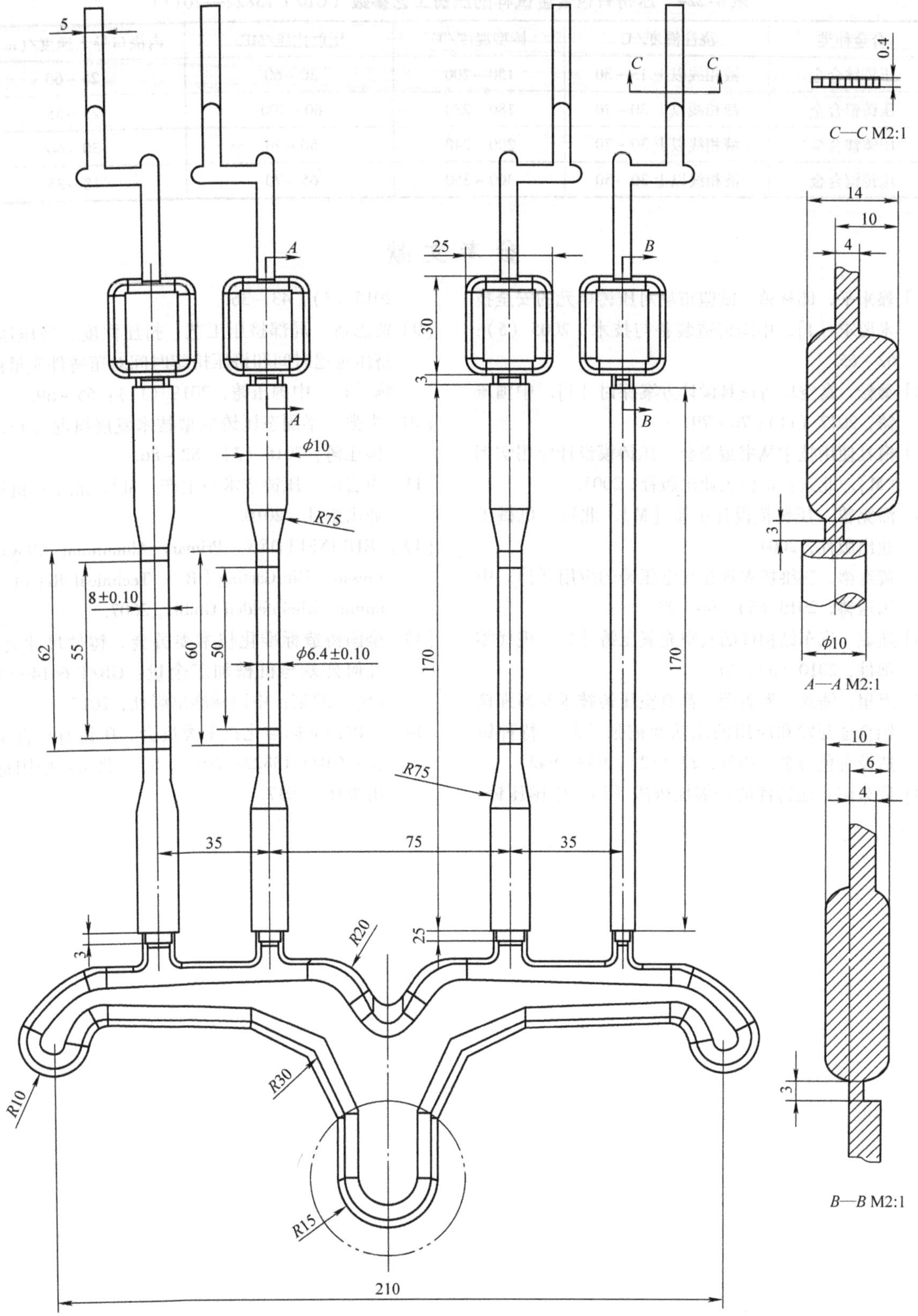
5
C
C
0.4
C—C M2:1
14
10
4
A
25
B
30
3
A
B
ϕ10
R75
8±0.10
62
55
60
50
ϕ6.4±0.10
170
170
3
ϕ10
A—A M2:1
10
6
4
R75
35
75
35
3
25
R20
3
R10
R30
R15
B—B M2:1
210

b)

色合金试样工艺图

表 8-224　压铸有色合金试样的压铸工艺参数（GB/T 13822—2017）

合金种类	浇注温度/℃	铸型温度/℃	压射比压/MPa	内浇口导入速度/(m/s)
压铸锌合金	液相线以上 15～30	150～200	30～60	25～60
压铸铝合金	液相线以上 30～70	180～230	60～100	25～55
压铸镁合金	液相线以上 30～70	200～240	50～70	30～60
压铸铜合金	液相线以上 30～50	300～350	65～70	18～35

参 考 文 献

[1] 郭来平，邱林弟．欧盟市场对压铸单元的安全技术要求 [J]．中国铸造装备与技术，2005 (5)：62－65.

[2] 秦耘．真空压铸模具设计方案探讨 [J]．中国压铸，2017 (11)：76－79.

[3] 模具使用技术丛书编委会．压铸模设计应用实例 [M]．北京：机械工业出版社，2005.

[4] 潘宪曾．压铸模设计手册 [M]．北京：机械工业出版社，2004.

[5] 黄奇德．三维搓衣板在真空压铸的应用 [J]．中国压铸，2015 (5)：96－99.

[6] 陆斌．汽车结构件的真空充氧压铸 [J]．现代零部件，2010 (3)：61.

[7] 万里，潘欢，罗吉荣．高真空压铸技术及高强韧铝合金开发和应用的现状及前景 [J]．特种铸造及有色合金，2007，27 (12)：939－942.

[8] 周久阳．压铸件的局部加压法 [J]．中国压铸，2015 (5)：43－36.

[9] 贾志新．局部挤压工艺：挤压深度、挤压压力、挤压延迟时间和挤压持续时间对压铸件质量的影响 [J]．中国压铸，2018 (11)：65－69.

[10] 朱强．半固态压铸成型技术发展概况 [J]．中国压铸，2016 (3)：82－86.

[11] 卢宏远．压铸技术与生产 [M]．北京：机械工业出版社，2010.

[12] RHEINFELDEN. Primary Aluminium Alloys for Pressure Die Casting [R]. Technical Report Aluminium Rheinfelden GmbH, 2007.

[13] 全国铸造标准化技术委员会．铸件尺寸公差、几何公差与机械加工余量：GB/T 6414—2017 [S]．北京：中国标准出版社，2017.

[14] 全国铸造标准化技术委员会．压铸有色合金试样：GB/T 13822—2017 [S]．北京：中国标准出版社，2017.

第9章 反重力铸造

反重力铸造指金属液充填铸型的驱动力与重力方向相反，金属液沿反重力方向流动的一类铸造方法。根据驱动力施加方式的不同，分为低压铸造、差压铸造、真空吸铸和调压铸造。金属液以反重力方向流动时，在重力作用下始终保持连续性。另外，通过液面加压控制系统可以有效调控金属液充型参数，这是反重力铸造成形工艺的两个特点。

9.1 概述

9.1.1 低压铸造

1. 低压铸造原理

根据金属液充型驱动方式，低压铸造可分为气压型低压铸造和电磁泵低压铸造两种。

（1）气压型低压铸造　该方法依据帕斯卡原理工作，通过在金属液表面施加一定的气体压力，使金属液逆重力方向充填型腔并凝固成形。由于所用的压力较低，所以称为低压铸造。其工作原理如图9-1所示。在装有金属液的密封容器中，通入干燥的压缩空气（或惰性气体），作用在保持一定浇注温度的金属液面上，造成密封容器内与铸型型腔之间的压力差，使金属液在气体压力作用下沿升液管上升，通过浇口平稳地进入型腔。待金属液充满型腔后，适当增大压力并保持坩埚内液面上的气体压力，使型腔内的金属液在较高压力作用下结晶凝固；然后解除液面上的气体压力，使升液管中未凝固的金属液依靠自重流回坩埚中；开型并取出铸件，即完成一个低压铸造过程。

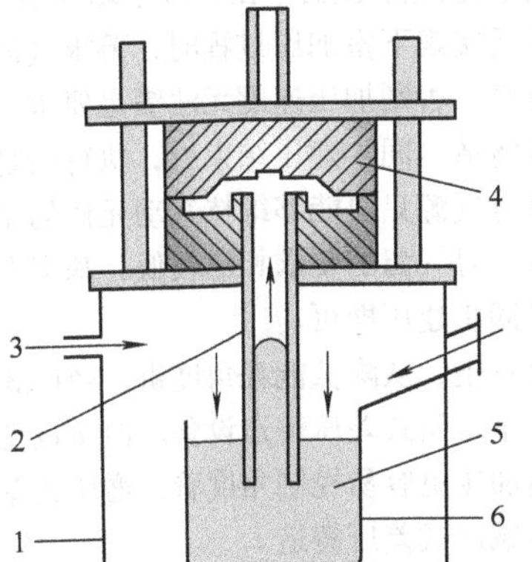

图9-1　气压型低压铸造的工作原理

1—密封容器　2—升液管　3—压缩气体　4—铸型　5—金属液　6—坩埚

（2）电磁泵低压铸造　电磁泵低压铸造是利用电磁泵原理开发的一种反重力铸造方法。其工作原理是对金属液施加磁场，使金属液在电磁推力的作用下流动，从而实现反重力铸造浇注过程。其控制技术主要是通过电流密度和磁感应强度来实现对压头大小的控制。电磁泵低压铸造的工作原理如图9-2所示。

与气压型低压铸造相比，电磁泵低压铸造具有非接触式输送金属液的特点，使金属液可以处于真空或非氧化气氛状态下，从而防止金属液二次污染或氧化，减少二次氧化夹杂或气孔的形成。同时，金属液的流动速度精确可调，从而容易按低压浇注规范来获得优质铸件，可用于铝镁等合金铸件的生产。但是与气压型驱动相比，受硬件条件的限制，电磁泵低压铸造的电磁驱动力较弱，充型和增压能力有限，因此只适用于中小型铸件的成形。

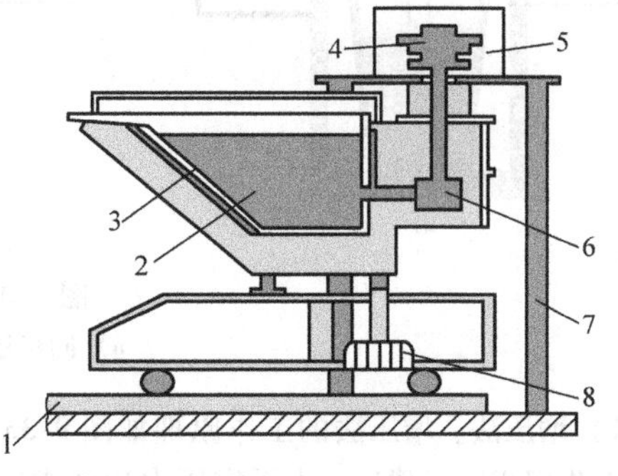

图9-2　电磁泵低压铸造的工作原理

1—导轨　2—金属液　3—保温炉　4—铸件　5—铸型　6—电磁泵　7—平台　8—液压顶升机构

2. 低压铸造的特点

1）低压铸造是最简单的反重力铸造，所使用的设备既可以非常简单，也可以具有很高的机械化或自动化程度。

2）低压铸造中，铸型处于常压环境下，不受铸件轮廓尺寸的限制。既可以生产很小的铸件，如汽车涡轮增压器叶轮，也可以生产轮廓尺寸非常大的铸件，如大型框架类、箱体类或舱段类铸件。

3）低压铸造单件浇注重量取决于保温炉或熔化炉的容量。目前，我国的低压铸造设备单炉容量最大可达3000kg铝合金。多炉并联低压铸造，单件浇注重量可达6~8t铝合金。

4）低压铸造对合金牌号适用范围宽，不仅适用于非铁合金，而且适用于铸铁、铸钢。特别是对于易氧化的非铁合金，能有效防止金属液在浇注过程中产生氧化夹渣。

5）劳动条件好，生产率高，易于实现机械化与自动化。与其他反重力铸造或压铸相比，工艺简单、制造方便、投资少。

6）应用范围广，可以采用各种铸型材料。

3. 应用范围

低压铸造可以浇注各种铸型，如砂型（黏土砂、水玻璃砂、树脂砂等）、壳型、金属型、石墨型、石膏型、熔模精密铸造型壳、陶瓷型等。

气压型低压铸造可以生产各种大中小型铸件，如气缸盖、轮毂、气缸体、叶轮、活塞、螺旋桨、泵体、整体舱段等。此外，由于低压铸造时铸型处在常压环境中，设备结构对所生产铸件的尺寸没有限制，因而适合于生产超大型优质铸件，目前国内已可生产单件浇注重量达 2t 的铝合金铸件。受制于电磁推动力，电磁泵式低压铸造一般用于中小型铸件生产。

9.1.2　差压铸造

差压铸造又称“反压铸造”，是金属液在压差作用下，充填到预先有一定压力的铸型中，进行结晶、凝固而获得铸件的一种工艺方法。

1. 差压铸造的工作原理及分类

（1）工作原理　差压铸造的工作原理如图 9-3 所示。差压铸造按压差产生的方法不同，可分为增压法和减压法。

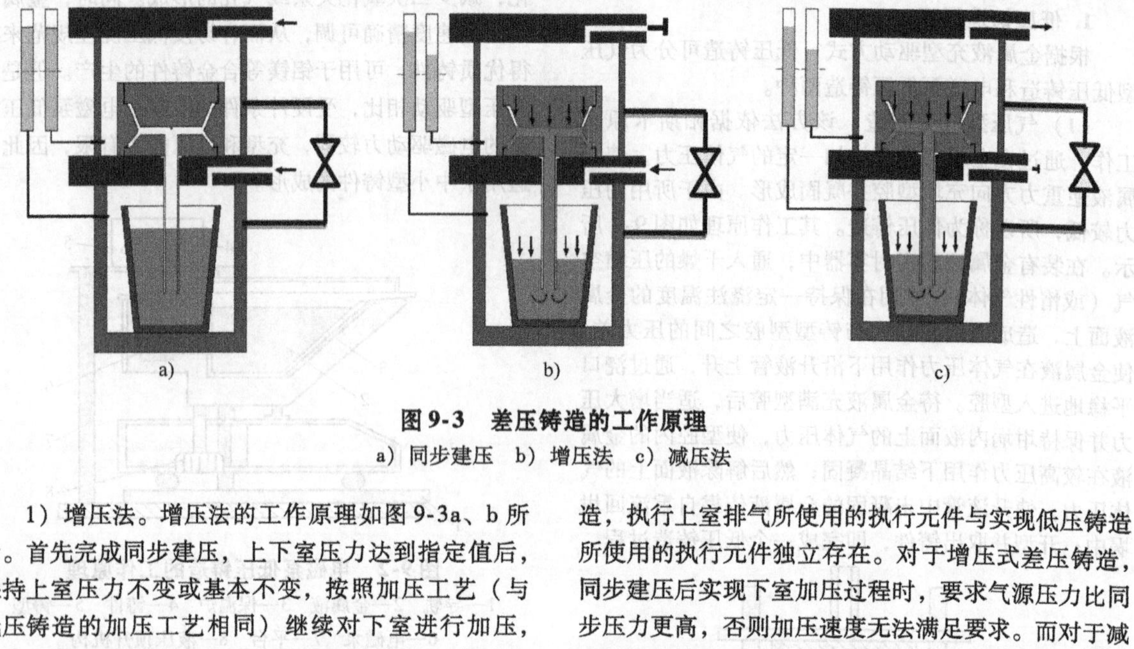

图 9-3　差压铸造的工作原理

a）同步建压　b）增压法　c）减压法

1）增压法。增压法的工作原理如图 9-3a、b 所示。首先完成同步建压，上下室压力达到指定值后，保持上室压力不变或基本不变，按照加压工艺（与低压铸造的加压工艺相同）继续对下室进行加压，在上下室之间形成压差，在该压差的作用下完成升液、充型、保压等各个工序。

2）减压法。减压法的工作原理如图 9-3a、c 所示。首先完成同步建压，上下室压力达到指定值后，保持下室压力不变或基本不变，按照加压工艺（与低压铸造的加压工艺相同）从上室排气，在上下室之间形成压差，在该压差的作用下完成升液、充型、保压等各个工序。

增压式差压铸造与减压式差压铸造相比，增压式差压铸造设备的气控系统相对简单，但对气源压力要求较高。这是因为：同步建压过程结束后，就增压式差压铸造而言，系统执行下室加压工艺时与实现低压铸造时所使用的执行元件共用，而对于减压式差压铸造，执行上室排气所使用的执行元件与实现低压铸造所使用的执行元件独立存在。对于增压式差压铸造，同步建压后实现下室加压过程时，要求气源压力比同步压力更高，否则加压速度无法满足要求。而对于减压式差压铸造，同步建压结束后，执行的是上室排气动作，这时气源只要能够维持气动元件的正常工作即可。所以，对气源的要求相比较低，基本上只要能够正常完成同步建压即可。

可以看出，从降低能耗角度讲，减压式差压铸造设备要优于增压式差压铸造设备。但从设备结构简化以及液面加压更容易控制角度看，增压式差压铸造设备要优于减压式差压铸造。

（2）分类　差压铸造按工作时的同步压力大小可分为三类：

1）低压差压铸造。同步压力≤0.4MPa。

2）中压差压铸造。同步压力为 0.4～0.8MPa。

3）高压差压铸造。同步压力＞0.8MPa。

利用差压铸造设备生产铸件时，同步压力越高，对提高铸件质量越有利，但同时也带来能耗增大，生产率降低的问题。对于批量生产铸件的金属型差压铸造，为了提高生产率，减少能耗，一般选择增压式差压铸造；对于小批量砂型铸件的差压铸造，为了提高铸件质量，可以选择中压差压铸造；而对于某些特殊铸件，可以考虑高压差压铸造，但相应地对差压铸造设备及外围配套设施要求也高。

2. 差压铸造的工艺特点

1）铸件凝固时处于较高的外界压力环境，有利于提高铸件的内在质量和力学性能，这是差压铸造最突出的优点。金属液处在较高的外界压力环境下结晶凝固，可以抑制金属液中气体的析出倾向，减少气孔、针孔缺陷，提高铸件的力学性能及致密度，并可降低铸件的壁厚效应。表9-1列出了差压铸造与常规铸造铝合金铸件力学性能的比较。从表9-1可以看出，差压铸造生产的铸件，抗拉强度、屈服强度以及断后伸长率均高于其他常规铸造工艺。大量生产实践证明，利用差压铸造生产的铸件，其力学性能的一致性优于其他铸造工艺，铸件的可靠性和合格率均得到提高。与低压铸造相比，差压铸造在铸件质量控制方面也显示出优势。表9-2列出了差压铸造与低压铸造镁合金壳体力学性能的比较。

表9-1 差压铸造与常规铸造铝合金铸件力学性能的比较

铸造工艺	抗拉强度/MPa	屈服强度/MPa	断后伸长率（%）
砂型铸造	337.8	262	10
真空加压铸造	323.4	241	11.3
挤压铸造	312.3	241	11
金属型差压铸造	334.4	241	14.3

表9-2 差压铸造与低压铸造镁合金壳体力学性能的比较

铸造工艺	力学性能	取样部位厚度/mm				
		35	8	20	12	40
差压铸造	抗拉强度 R_m/MPa	281	278	274	265	277
	断后伸长率 A（%）	16.4	14.8	16.3	11.0	16.5
低压铸造	抗拉强度 R_m/MPa	222	223	198	224	224
	断后伸长率 A（%）	9.8	9.6	6.0	9.3	9.1

2）适合生产中小型厚壁优质铸件。由于在差压铸造的充型过程中，铸型型腔的反压较大，不易成形薄壁件，因而适合生产容易充型且凝固时间较长的厚壁铸件。铸件的轮廓尺寸受到上压室直径的限制，因而适合生产中小型铸件。

3）与低压铸造相比，差压铸造建立及卸除同步压力需要一定时间，工作流程长，工作效率较低。

3. 应用范围

差压铸造适合生产各种类型的复杂厚壁或中等壁厚优质铸件，可用于砂型、金属型、石膏型、石墨型及壳型，单件及批量生产，并适用于铝合金、锌合金、镁合金、铜合金、铸铁及铸钢，特别是铝、镁合金。生产的铸件有电动机壳、阀门、叶轮、气缸体、轮毂、导弹舱体、增压器蜗轮等。国内已能生产直径大于2000mm，高度大于3000mm，壁厚为8～20mm的大型复杂整体舱段类铸件，单件浇注重量可达2000kg以上。保加利亚能生产0.5t含氮合金钢铸件。随着汽车轻量化需求的不断提高，差压铸造在汽车重要零配件的生产方面应用也越来越广。

9.1.3 真空吸铸

真空吸铸是将铸型浇口（或升液管）插入金属液中，再将铸型抽真空，利用负压使金属液沿浇口（或升液管）上升并充满铸型、凝固成形，从而获得铸件的一种铸造方法。

1. 真空吸铸工艺分类

根据真空吸铸工艺建立压差的不同，可将真空吸铸分为直接吸铸法、特殊真空吸铸法和离心真空吸铸法。

（1）直接吸铸（CLA）法 以CLA法为例（见图9-4），首先把普通熔模工艺制作的型壳放在密封室内，密封室下降，直浇道浸入金属液。起动真空泵将密封室抽成真空，金属液同时充型。待型壳内金属液凝固后，使密封室接通大气，消除真空，浇道内尚未凝固的金属液再流回到坩埚内，最后取出铸型清壳得到铸件。除CLA法，还有倾转倒置法真空吸铸，即在真空吸铸充型完成后，将铸型倒置，由带有S形直浇道内剩余的金属液为铸件凝固提供补缩。此种方法易于实现连续化生产，具有很高的生产率，如图9-5所示。

（2）特殊真空吸铸法 根据所浇注的铸件工艺要求或合金种类对真空吸铸的过程增加一些特殊操作，如采用惰性气体保护的真空吸铸等，主要用于生产高温合金及易氧化合金的真空熔炼及浇注，又称CLV法（见图9-6）。该方法是将金属液在真空下熔化后，向真空熔炼室和吸铸室同时通入惰性气体，并使它们保持相同的气压。将型壳浇道或升液管插入金属液，然后降低吸铸室压力，进行吸铸。在保持一定时间后，卸压后直浇道中金属液流回坩埚。

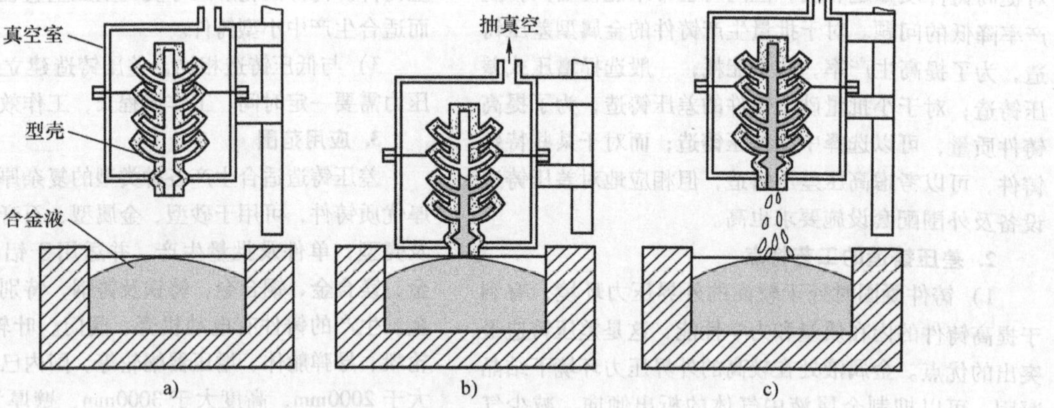

图 9-4　CLA 法工艺过程

a）安装待吸铸型壳　b）抽真空并开始吸铸　c）吸铸结束直浇道内金属液回流

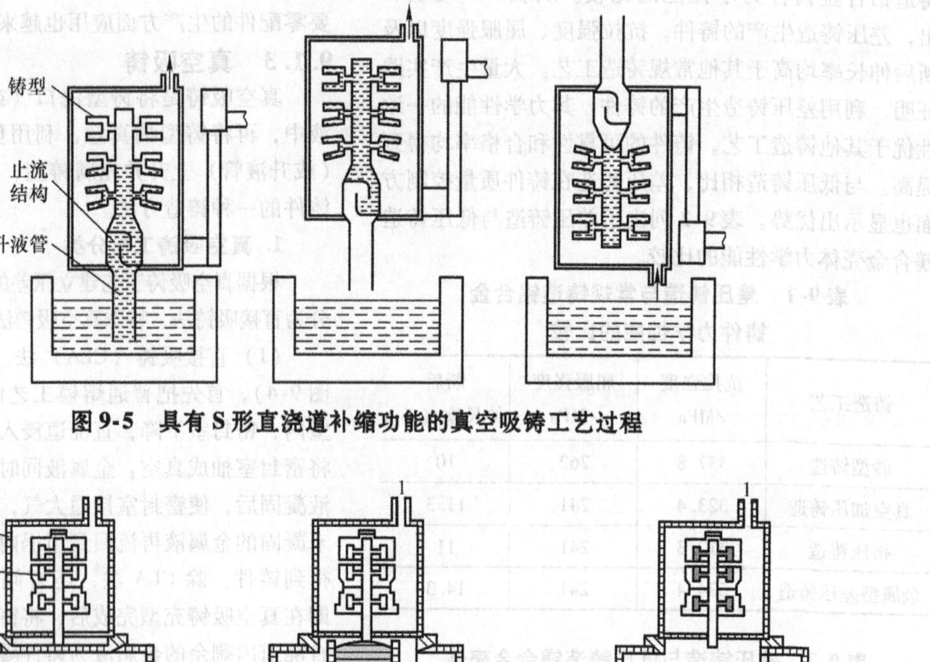

图 9-5　具有 S 形直浇道补缩功能的真空吸铸工艺过程

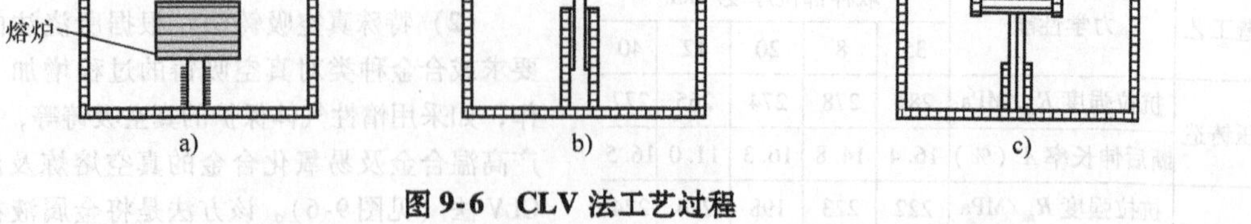

图 9-6　CLV 法工艺过程

a）铸型和溶液准备　b）熔炉提升，抽真空吸铸　c）吸铸完毕，熔炉下降

（3）离心真空吸铸法　真空吸铸法用于浇注熔模铸造大型模组时，为了提高补缩能力，美国 Hitchiner 公司发明了离心真空吸铸工艺；西北工业大学在这方面也做了大量工作，并取得了良好的吸铸成形效

果，其工作原理如图 9-7 所示。

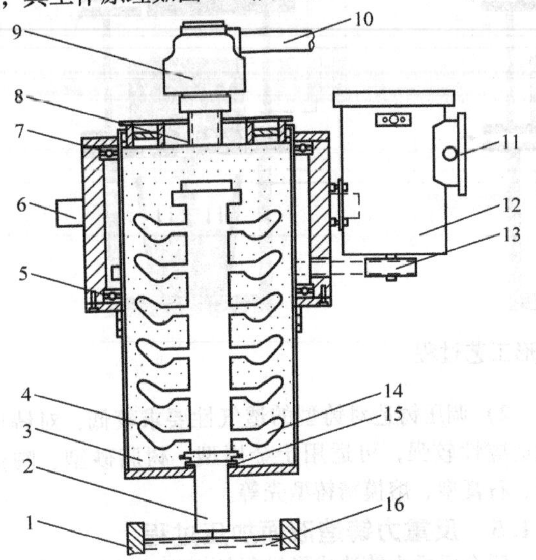

图 9-7　离心真空吸铸工作原理

1—坩埚　2—升液管　3—填充砂　4—型壳
5、7—轴承　6—支撑装置　8—过滤网　9—机械密封装置
10—真空软管（接外部真空系统）　11—电动机电源
12—旋转电动机　13—传动带　14—型腔
15—密封垫片　16—金属液

2. 工艺特点

1）成品率高，铸件质量好。吸铸时，金属液充型平稳，氧化夹渣和飞溅少，减少了铸件的气孔和夹渣等缺陷，提高了成品率。此外，可以采用较低的浇注温度，铸件晶粒细小、力学性能提高，见表 9-3。

2）良好的充型性能。吸铸时，铸型型腔内的反压小且充型速度可调，因而充型能力强，铸件最薄处可达到 0.3mm。

3）金属液的利用率和铸件成品率高。

4）简化工艺，降低成本。

5）易于实现机械化，劳动生产率高。应用于熔模铸造工艺中时，每个模组可多组装蜡模，一般可提高产量 85%～135%。

3. 应用范围

真空吸铸适用于熔模铸造、陶瓷型铸造、壳型铸造、石膏型铸造、石墨型铸造及砂型铸造中，可用于生产铝合金、镁合金、钛合金、不锈钢及高温耐热合金等平均壁厚小于 5mm 的复杂薄壁铸件，单件浇注重量小于 100kg。

表 9-3　真空吸铸与砂型铸造力学性能的比较

材料	铸造方法	抗拉强度 R_m/MPa	断后伸长率 A(%)	布氏硬度 HBW	备注
ZCuSn10Zn2	真空吸铸	373	14.6	107	耐磨性比砂型铸造提高 7%
	砂型铸造	235	13	97	
ZL105A	熔模真空吸铸	344.6	14.0	—	—
	熔模重力浇注	311.5	9.0	—	—
ZG05Cr17Ni4Cu4Nb	熔模真空吸铸	1275.7	13.5	—	—
	熔模重力浇注	1246.1	11.0	—	—

9.1.4　调压铸造

调压铸造是将铸型和金属液同时置于负压场中，向金属液所在的下压室中通入压缩气体，使金属液在可控气氛下逆重力方向充满型腔，并在一定压力作用下凝固结晶的一种铸造方法。

1. 调压铸造的工作原理

调压铸造时采用上下压室结构，上压室放置铸型，下压室放置熔融的金属液。工作时先对上下压室建立同步负压环境，接着向下压室以一定速度充入压缩气体，建立上下压室间的压差，上室维持为负压，使金属液逆重力方向充型。充型结束后迅速对两压室加压，并始终保持上下压室间压差恒定，使铸型中的金属液在正压环境下凝固成形。其成形工艺过程如图 9-8所示。调压铸造方法由于充型时铸型处于负压环境，减少了型腔背压，有利于型腔中气体的排出，因而适用于薄壁铸件的生产，同时又能发挥差压铸造在压力下凝固的特点。

2. 调压铸造的工艺特点

1）充型压差可调、充型能力好。充型过程中的压差可调节，并且铸型的型腔保持负压，减少了型腔内气体反压对充型的阻碍作用，因而提高了充型能力，可充填局部壁厚达 0.25mm 的薄壁铸件，非常适合于生产复杂薄壁铸件。

2）有利于坩埚中金属液的除气。在下压室保持负压过程中，熔炼过程中溶解于金属液内的气体易于析出。此外，在负压条件下金属液面也不易发生氧

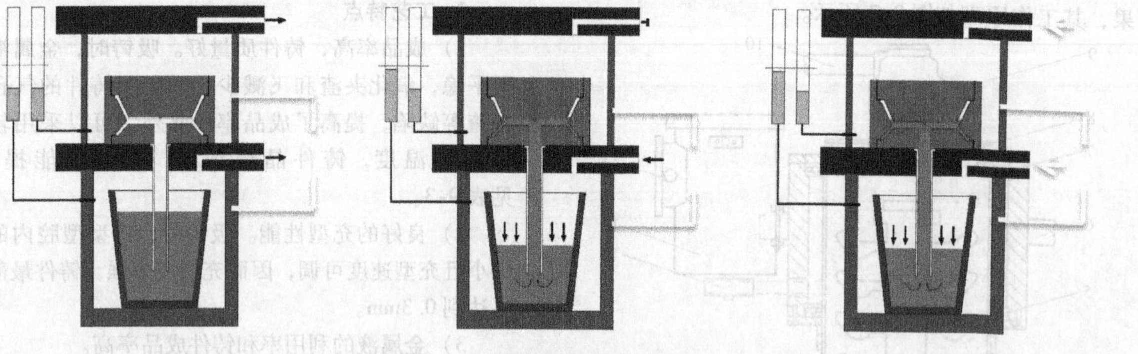

图 9-8　调压铸造成形工艺过程

化，有利于金属液的纯化和净化。

3）铸件在可调压力下结晶，压力随凝固过程进行而逐渐增加，能够抑制气体的析出，防止针孔，有利于铸件的补缩，提高铸件性能。

4）工艺简化，适应性强。与其他反重力铸造方法相比，对铸型强度、透气性和排气能力均无特殊要求，可减少型壳的涂挂层数，简化工艺，缩短生产周期。

5）对控制系统的压差控制精度及上下室破真空速度有较高的要求。

3. 应用范围

1）调压铸造方法因其优良的充填性能非常适合于薄壁或壁厚差异较大的铸件生产；适合于几乎所有的铝合金（亚共晶合金、共晶合金和过共晶合金）、锌基合金等非铁合金精密铸件的生产制造。

2）调压铸造对铸型的透气性要求较低，对铸型的适应性较强，可适用于金属型、树脂砂型、陶瓷型、石膏型、熔模精铸型壳等。

9.1.5　反重力铸造液面加压过程

所有反重力铸造成形过程的充型、增压、保压等环节都是通过作用在坩埚内金属液面上的压力与型腔中的压力之差，即压差来完成的。即使是低压铸造，其充型过程也是通过作用在坩埚内金属液面上的压力与常压（表压为零）之间的差压来完成的。因此，反重力铸造工艺过程可由作用在坩埚内金属液表面的压力与型腔内压力之间的压差-时间曲线来反映（通常称其为压力-时间曲线），典型低压铸造的压力-时间曲线如图 9-9 所示。它包括升液、充型、结壳增压、结壳保压、结晶增压、结晶保压和卸压 7 个阶段。

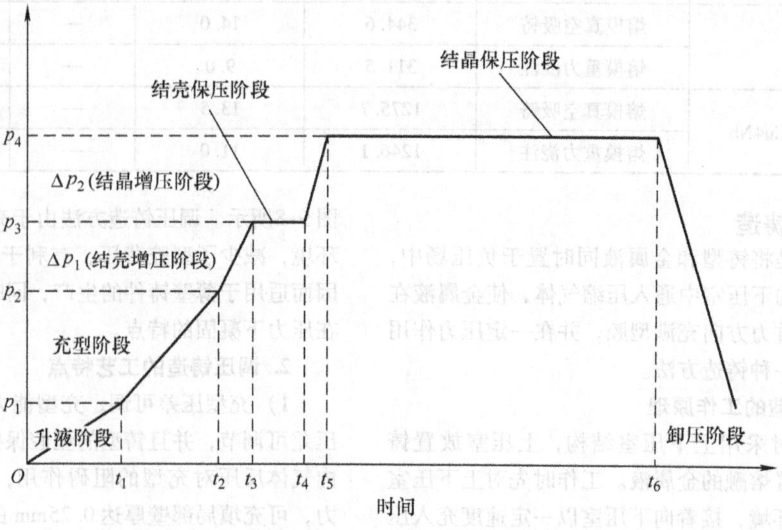

图 9-9　典型低压铸造的压力-时间曲线

1）升液阶段。按照设定的加压速度在金属液面上施加压力，使金属液沿着升液管平稳上升到升液管口处。

2）充型阶段。继续增大压力，迫使金属液继续上升，由浇道沿浇注系统进入型腔直至充满铸型。该阶段对铸件的最终质量有着重要的影响，因而需对金属液的流动速度进行合理控制，以利于金属液平稳充型，既保证型腔中的气体排出，也可避免冷隔、氧化夹渣等缺陷的产生。

3）结壳增压阶段。当金属液充满型腔时，继续增加一定的压力，使型腔内的金属液在一定压力作用下开始凝固结壳。对于金属型或型壳强度较高的铸型则可省去结壳增压阶段。结壳增压阶段是否需要，与成形安全性以及低压铸造设备液面加压控制精度有关。

4）结壳保压阶段。停止增压并保持压力，使型腔内的金属液在一定压力作用下在型腔表面形成一定厚度的壳。该阶段一方面主要是为了避免金属液在随后的增压过程中渗入砂型（芯）中，减少机械粘砂和改善铸件表面质量；另一方面，也可以为后续的进一步增压从安全性角度做好准备。

5）结晶增压阶段。结壳过程结束后，继续增加一定的压力，使升液管及浇注系统中的金属液能够在压力作用下实现对铸件凝固过程的持续补缩。增压大小与铸型的强度和工装有关，压力越高，金属液的凝固补缩能力就越高，有利于提高铸件的整体性能。

6）结晶保压。在铸件凝固期间保持恒定的压力，增强凝固补缩，可以减少缩松，提高铸件的内在质量。

7）卸压阶段。铸件完全凝固后，通过排气阀排出密封容器内的压缩气体，卸去压力，在重力作用下合金液由升液管回流到坩埚中。

9.1.6 反重力铸造工艺特点

反重力铸造工艺特点如下：

1）金属液充型速度可控，充型平稳，可避免金属液充型时产生湍流、冲击和飞溅，减少卷气和氧化，提高铸件质量。

2）金属液在可控压差下充型，流动性增加，有利于生产复杂薄壁件。

3）铸件在压力下结晶，补缩效果好，铸件组织致密，可降低针孔度级别，力学性能高。低压铸造同其他铸造工艺所得铸件的力学性能比较见表9-4。

表9-4 低压铸造同其他铸造工艺所得铸件的力学性能比较

铸件力学性能			抗拉强度 R_m/MPa		断后伸长率 A（%）		布氏硬度 HBW		备注
			铸态	热处理	铸态	热处理	铸态	热处理	
铸件名称和铸造工艺	铝活塞	金属型铸造	140～180	170～230	—	—	70～80	95～115	
		金属型低压铸造	170～210	240～320	—	—	75～85	100～120	
	铜泵体	砂型铸造	300	—	15	—	90	—	
		砂型低压铸造	345～374	—	19.5～49.7	—	84～100	—	
	铝壳体	砂型铸造	—	350～360	—	13	—	70～80	合金为ZAlMg10
		砂型低压铸造	—	390～395	—	21～24	—	98	
		金属型低压铸造	—	440～450	—	17～22	—	120～125	

4）提高了金属液的铸件成品率。一般情况下不需要冒口，可通过升液管和浇注系统实现对铸件的补缩。此外，浇注结束后，尚未凝固的金属液可流回坩埚中，减少了金属的损耗，铸件成品率可达90%。低压铸造与其他铸造工艺铸件成品率的比较见表9-5。

表9-5 低压铸造与其他铸造工艺铸件成品率的比较

铸造工艺	铸件成品率（%）
低压铸造	80～95
砂型重力铸造	50～70
金属型重力铸造	40～70
压力铸造	60～90

5）铸件中温度场分布合理，易于实现顺序凝固。

6）所生产的铸件可以进行热处理，提高铸件最终的力学性能。

7）低压铸造对合金牌号适用范围较宽，不仅适用于非铁合金，而且适用于铸铁、铸钢。特别是对于易氧化的非铁合金，能有效防止金属液在浇注过程中产生氧化夹渣。

8）劳动条件好，生产率高，易于实现机械化与自动化。与压铸相比，工艺简单、制造方便、投资少。

9）应用范围广，不仅可采用各种铸型材料，也可生产各种大中小型复杂铸件。

9.2 反重力铸造设备

反重力铸造设备一般由主体部分、熔化/保温部分、气源部分、真空源部分（对于真空吸铸、调压铸造或多功能反重力铸造）和液面加压控制部分组成。另外，对于金属型反重力铸造成套装备来说，模具冷却系统和设备本身的冷却系统也是必不可少的。

9.2.1 反重力铸造设备主体

1. 低压铸造设备主体

低压铸造设备主体按设备承压方式不同，可分为罐体承压式低压铸造设备和坩埚承压式低压铸造设备。按设备的结构形式，又可分为罐体式低压铸造设备和四立柱式低压铸造设备。罐体或坩埚承压式低压铸造设备主要用于砂型铸件的生产，而四立柱式低压铸造设备由于具有开合型机构，因此主要用于金属型铸件的生产。为此，把低压铸造设备分为砂型低压铸造设备和金属型低压铸造设备。

（1）砂型低压铸造设备　目前，砂型低压铸造设备有罐体承压式和坩埚承压式两种。罐体承压式低压铸造设备主体属于压力容器范畴，其设计制造应遵循 GB 150.3 ~ GB 150.4—2011，其承压部分属于Ⅰ类压力容器。一般情况下，低压铸造设备主体的设计压力为0.25MPa，工作压力为0.2MPa，设计工作温度为180℃。

1）罐体承压式低压铸造设备。典型的罐体承压式低压铸造设备主体结构如图9-10所示，主要由压力罐、保温/熔化炉、锁紧环、中隔板、升液管、坩埚等组成。此种结构的设备，承压罐是实现建压过程的承压部分，坩埚和熔化炉放置在压力罐中。采用此

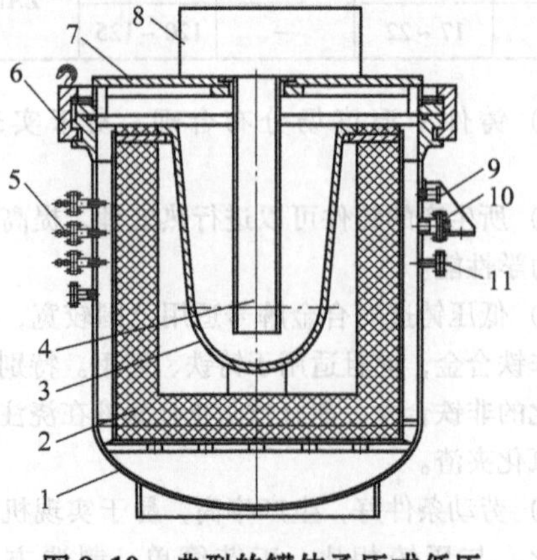

图9-10　典型的罐体承压式低压铸造设备主体结构

1—压力罐　2—保温/熔化炉　3—坩埚　4—升液管　5—电极组件　6—锁紧环　7—中隔板　8—铸型　9—压力信号采集孔　10—热电偶组件　11—进排气孔

种结构的设备，由于坩埚内外不承受压差，因而可以采用大容量坩埚，且具有较长的使用寿命。此类设备所生产的铸件尺寸不受设备结构限制，因而可用于单件、中小批量的大中型铸件的生产。通过特殊设计，也可以将承压罐与其内部保温/熔化炉的炉体合二为一，即承压体就是炉体，可以在很大程度降低设备的硬件成本。

2）大型分体式低压铸造设备。大型分体式低压铸造设备主要用于大型、超大型砂型铸件的生产，由压力罐和铸型输运台车组成，如图9-11所示。大型、超大型铸件采用砂型生产时，工装、铸型、冒口以及冷铁的重量有时超过10t，这往往超出了一般铸造车间的起吊能力。此外，造型工作通常需要耗费大量时间才能完成，而合金熔体的准备工作需要在较短的时间内完成。因此，此类设备增加了铸型输运台车功能。铸型输运台车可提供造型组芯用的工作平台，并完成输运铸型、实现铸型与设备主体之间的对接与密封。由西北工业大学研制的此类设备，可用于单件浇注重量超过2t的大型及超大型铝合金、镁合金铸件。

图9-11　压力罐与铸型输运台车

上海华培芮培工业系统有限公司开发出了如图9-12所示的紧凑型分体式大型低压铸造设备。该设备继承了大型分体式以及低压铸造设备承压体与炉体一体化的理念，进行了全新的设计，不但具备了

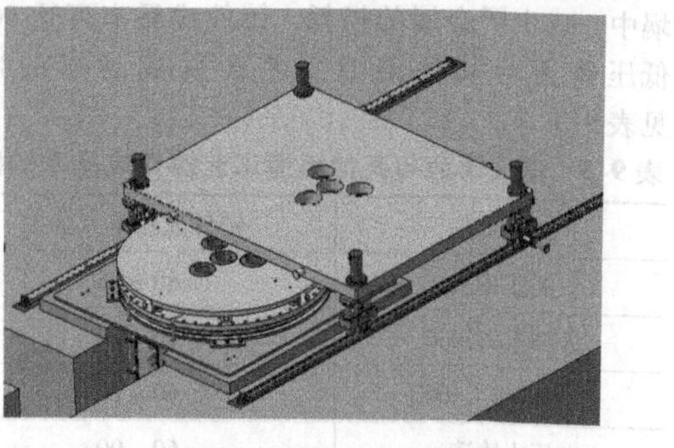

图9-12　紧凑型大型分体式低压铸造设备

图9-11所示低压铸造设备的所有功能，而且在大大降低设备成本的前提下，实现了大型铸件的多升液管浇注功能，为大型铸件成形过程中温度场的控制提供了更加便利的条件。该设备操作便捷，铸型及工作台定位精准，可以非常高效地实现大型、超大型优质铸件的生产。

3）坩埚承压式低压铸造设备。坩埚承压式低压铸造设备如图9-13所示。顾名思义，坩埚承压式低压铸造设备在浇注时液面加压所需要的压力由坩埚承受。这就要求这种类型的低压铸造设备所使用的坩埚具有比普通坩埚更高的质量。除此之外，罐体承压式低压铸造设备可以使用除铸钢或铸铁坩埚以外的石墨坩埚、碳化硅坩埚或氮化硅坩埚，而坩埚承压式低压铸造设备，只能使用耐压能力可靠的铸钢或铸铁坩埚，而且坩埚法兰结构必须具备密封条件。从图9-13中可以看出，只要使用一块足以承受实现低压铸造所需压力的中隔板对坩埚进行密封，配套图中所示的液面加压控制系统，就可以构成一台完整的低压铸造设备，其硬件投入成本是所有低压铸造设备中最低的。但应注意的是，工作压力越高，坩埚容量越大，对坩埚质量的要求就越高。由于坩埚本身也是铸件，而且其工作温度很高，所以对坩埚承压式低压铸造设备，一般要求坩埚容量不超过500kg铝合金，否则坩埚寿命短，也存在安全隐患，不建议采用。

图9-13　坩埚承压式低压铸造设备

4）多炉并联浇注低压铸造设备。目前，单台砂型低压铸造设备所用坩埚的最大容量可达3000kg铝合金，随着坩埚容量的继续增加，对低压铸造承压体的承压及刚度都会提出更高的要求。另一方面，铸件的轮廓尺寸越大，充型和凝固过程中对温度场分布的要求也越严，基于这种情况，市场上目前出现了如图9-14所示的多炉并联低压铸造设备。图9-14所示的是两台保温/熔化炉，也可以为系统配备3台或4台保温/熔化炉。在类似的系统中，工作台是固定不动的，因此无论铸型轮廓尺寸有多大或多重，都可以提前在工作台上完成组型组芯工作。对多台保温/熔化炉，既可以独立加压也可以并联加压，实现什么样的加压方案，只是对液面加压控制系统提出不同的要求而已。并联多台保温/熔化炉同时浇注一个铸件时，需要在不同保温/熔化炉之间设置通量足够大的互通通道，否则会出现不同保温/熔化炉之间液面不同步的问题。

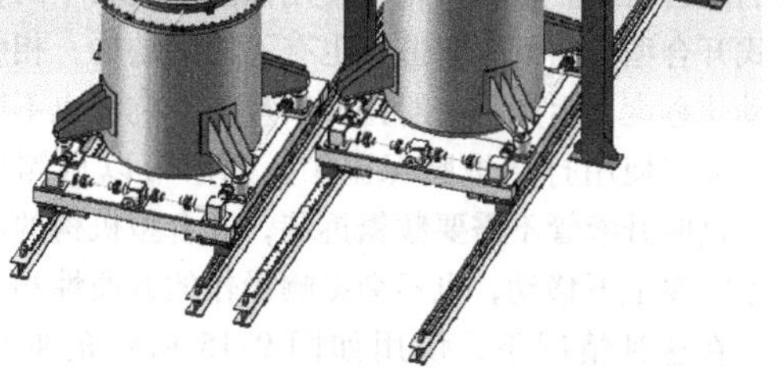

图9-14　多炉并联浇注低压铸造设备

（2）金属型低压铸造设备　低压铸造工艺在汽车等大批量生产领域应用时，除了考虑铸件质量问题以外，生产率、开合型工艺将成为考虑的重点。此外，由于是连续生产，模具的预热与冷却、升液管口的保温、铝液的添加以及保温炉的快速密封等都成为金属型低压铸造设备必须考虑的问题。这些问题解决得好坏，也就体现了设备本身的先进程度。与砂型低压铸造设备相比，金属型低压铸造设备最明显的特点就是具有开合型及铸件顶出机构。这就决定了金属型低压铸造设备必须具备国内经常说的“四立柱结构”。因为，要有开合型及铸件顶出机构，就必须给该机构赋予导向和定位基准，这个基准就是四立柱。低压铸造设备先进与否，与下列因素有关：

1）开合型机构与保温炉之间的关系。

2）动模板与定模板能否联动。

3）是否具有模板自动装卸机构，或者至少是否具有模板装卸辅助机构。

4）保温炉使用的是耐火材料打结炉膛还是非金属材质坩埚。

5）升液管的装卸是否方便，管口是否拥有可靠的保温环节。

6）接料盘是手动操作还是自动操作。

7）保温炉供电、炉膛测温以及铝液测温是自动对接还是依靠拖链实现。

8）液面加压气动接口是自动对接还是依靠拖链实现。

9）保温炉密封是依靠主液压缸实现还是能够实现自动、安全的快速锁紧。

按开合型机构与保温炉之间的相对关系，金属型低压铸造设备可分为活动式开合型机构低压铸造设备和固定式开合型机构低压铸造设备。活动式开合型机构低压铸造设备自动化、机械化程度低，无法用于大批量、自动化生产当中，因此这类设备被淘汰。

固定式开合型机构低压铸造设备是目前的主要机型，开合型机构的主框架固定不动，保温炉完成前后或上下移动，以实现金属液的转运或续加，以及完成保温炉、模板、升液管（升液管保温套）等相互之间的配合密封。根据设备所使用保温炉类型不同，固定式开合型机构低压铸造机也有不同的结构，相应的自动化程度、生产率、对铸件质量的影响等也不同。

如果使用打结炉膛保温炉，铝液可以从侧口注入，这时升液管不需要频繁拆装，开合型机构的定模板不需要上下移动，也不会影响操作的方便性和工艺性。在这种情况下，使用如图9-15所示的低压铸造机。

对铸件质量要求高的情况下，使用坩埚式保温炉，则续加金属液或切换保温炉时，需要频繁地从坩埚内移走升液管。这时，如果经过设计，让炉盖板、

图9-15 定模板不动的四立柱式开合型机构低压铸造机

升液管、定模板能够与动模板随动，则会大大提高设备的自动化程度，同时也会在很大程度上改善设备的可操作性和工艺性。上海华培芮培工业系统有限公司开发出了全新的低压铸造机，如图9-16所示。虽然与定模板不动的低压铸造设备相比，成本会有一定的提高，但这种设计理念为设备自动化程度的提高、工艺合理性的改进、生产率的提高等留出了很大空间。同时，合理的锁型结构为大型铸件的金属型低压铸造提供了可靠的硬件保障。

图9-16 定模板可与动模板随动的四立柱式开合型机构低压铸造机

（3）国内外部分厂商低压铸造机主要技术参数

国内生产金属型低压铸造机的厂商主要有上海华培芮培、浙江万丰、济南捷迈等。国内生产的主要金属型低压铸造机的技术参数见表9-6。

国外部分厂家主要低压铸造机技术参数见表9-7。

表9-6 国内生产的主要金属型低压铸造机的技术参数

保温炉容量（铝合金液）/kg		300	400	500	630	800
有效用铝量（铝合金液）/kg		260/230	320	410	520	680
开型力/kN≥		130	150	180	240	300
合型力/kN≥		150	190	210	160	210
导杠之间的内尺寸（横向×纵向）/mm ≥		965×715	1015×765	1400×900	1600×1100	1800×1300
动模板尺寸/mm≥		1300×100	1350×1100	1780×1280	1980×1480	2180×1680
动模板行程/mm≥		800	900	1050	1200	1500
最小铸型厚度/mm		300	400	500	600	700
顶出力/kN≥		160	180	250	240	300
顶出行程/mm≥		100	120	150	180	200
抽芯力/kN≥		50	60	70	85	100
抽芯行程/mm≥	左右	150	200	250	300	350
	前后	100	150	200	250	300
一次空循环时间/s≤		20	25	30	40	50

表9-7 国外部分厂家主要低压铸造机技术参数

国外制造厂商	型号	模板尺寸（长/mm）×（宽/mm）	合型力/kN	炉子容量/kg	功率/kW
德国 GIMA（奇玛）	Tec350	800×800	85	350	22
	Tec800	1000×1000	140	800	35
日本 ISUZU（五十铃）	LP-500S	1080×920	80	500	60
	LP500R	2440×1650	160	750	60
德国 KURTZ（库尔兹）	AK-93	1360×1080	120	300	40
	AK-96			600	60

低压铸造机属于非标类产品，可以根据具体需要对以上参数进行定制。

2. 差压、调压铸造设备主体

根据用途不同，差压、调压铸造设备分为砂型差压、调压铸造设备和金属型差压、调压铸造设备。

（1）砂型差/调压铸造设备　类似于低压铸造设备，砂型差压、调压铸造不需要开合型机构，故均采用上下压室结构实现反重力铸造浇注，设备主体结构基本相同。如图9-17所示，包括上压室、下压室、中隔板、锁紧环、坩埚、升液管、熔化/保温炉等。熔化/保温炉放置在下压室内，铸型放置在中隔板上，并置于上压室内。中隔板将上下压室隔离密封。为使上下室有效密封，在升液管法兰的上下两个端面上应放置耐高温石棉板、石棉绳或石棉盘根。此类设备采用了齿啮式卡箍锁紧密封结构，由液压缸驱动锁紧环沿轴向转动，实现设备的松开与密封。

此外，为保证上下压室在建立同步压力时不出现压差，在上下压室之间需设置互通管道，互通管道间装有自控截止阀。同时，上下压室的压力信号采集，需要单独从罐体上引出。差压及调压铸造设备由于需要承受正压或负压，因此上下压室需要按压力容器的有关标准进行设计和强度校核。

砂型差压、调压铸造设备在我国具有广泛的应用市场，主要用于生产关键优质铝镁合金铸件。然而，

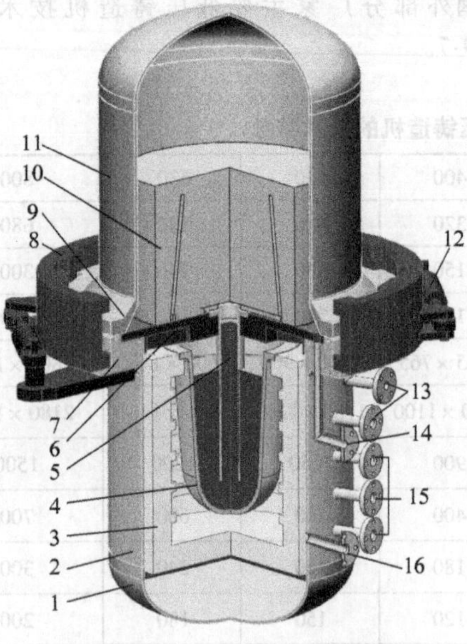

图 9-17　差压、调压铸造设备主体结构

1—椭圆形封头　2—下压室　3—熔化/保温炉　4—坩埚
5—升液管　6—中隔板　7—下法兰
8—锁紧环　9—上法兰　10—铸型　11—上压室
12—往复式液压缸　13—上下压室压力信号采集口
14—上压室进气口　15—电极引入接杆　16—下压室进气口

此类设备的研发工作还有待于进一步加强。例如，设备的卡环锁紧与松开一直使用气缸来驱动，原因是多数人认为液压系统不可靠，容易出现漏油；另一方面，砂型铸造中，跑火现象是不可避免的，由于设备结构固有的缺陷，一旦出现跑火现象，轻则给后续处理带来很大麻烦，重则对设备造成严重损坏。

近年来，我国在砂型差压、调压铸造装备研发方面投入了很大精力。西北工业大学郝启堂教授率先对此类设备的上压室结构进行了革新，推出了如图 9-18所示的上压室结构。不但消除了出现跑火现象时可能对设备造成的危害，而且解决了减压法差压浇注时上压室工作介质的过滤，为有效保护液面加压气控系统提供了硬件保障。同时，应用这种结构的上压室，从设备受力角度讲，可以扩大下压室直径，增加保温炉的容量。辅以上压室自动输运结构，可以充分利用上压室结构，扩大有效工作区域。

利用差压、调压铸造设备浇注铸件时，除了铸型之外，一般情况下，都需要用桥式起重机来吊运上罐和中隔板等附属机构，这无疑会降低生产率，增加劳动力成本。上海华培芮培工业系统有限公司推出了全新的差/调压铸造设备，甚至完成了差/调压铸造自动生产线的建设。图 9-19 所示为具有上压室自动平移

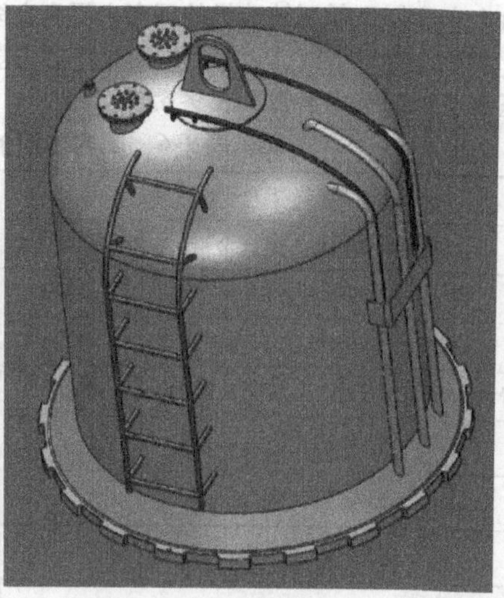

图 9-18　新型差压、调压铸造设备上压室结构

与举升结构的差/调压铸造机。

图 9-20 所示为上海华培芮培工业系统有限公司开发的全自动差/调压铸造生产线。不但实现了上压室的全自动平移与升降，而且还实现了中隔板、保温炉以及铸件的机械手自动抓取作业，大大提高了生产率，减少了人力投入。

图 9-19　具有上压室自动平移与升降结构的差/调压铸造机

国产差压铸造机已经在国内许多铸造企业得到了应用，其型号命名根据生产厂家的不同而不同。目前，有两种主流命名方法，即 CY-××××和

图 9-20 全自动差/调压铸造生产线

CGCE-××××。CY代表汉语拼音“差压”，CGCE代表反重力铸造设备英文名称，即 counter-gravity casting equipment 首字母缩写。后面的××××有时指保温炉容量，有时指上压室直径。编者认为，××××应该表示上压室直径，因为上压室直径更能直接反映设备可生产铸件的最大尺寸。相同上压室尺寸的差压铸造机可以拥有不同容量的保温炉。国产差压铸造机的型号及主要技术参数见表9-8。

砂型差/调压铸造设备是非标设备，以上技术参数仅供参考。但上下压室的直径必需与钢制压力容器标准封头直径对应，否则将会给设备的加工制造带来很大困难，增加设备制造成本。另一方面，从图9-19和图9-20可以看到，为了节省硬件成本投入，进一步提高生产率，可以将差压铸造设备设计为双工位形式，即两台差压铸造机可以共用一个上压室、一套液面加压控制系统。涉及的气源、真空系统均可以合二为一。

表 9-8 国产差压铸造机的型号及主要技术参数

型号	熔化量(铝合金)/kg	熔化功率/kW	上压室直径/mm	下压室直径/mm	铸型最大轮廓直径/mm
CGCE1200	50～200	20～45	1200	1100	1100
CGCE1600	200～300	50～60	1600	1500	1500
CGCE1800	300～500	75～90	1800	1700	1600
CGCE2000	400～600	90～100	2000	1900	1900
CGCE2200	800～1500	120	2200	2100	2100
CGCE2300	800～1500	130	2300	2100	2100
CGCE2500	1000～2500	150	2500	2400	2400

(2) 金属型差压铸造机 类似于金属型低压铸造机，金属型差压铸造机除了需要实现砂型差压铸造机的功能以外，还需要具备开合型机构。因此，金属型差压铸造机也必须是四立柱结构，为开合型机构、上压室等结构提供导向定位基准。

金属型差压铸造机发明专利最初由保加利亚金属研究所申请。随着该专利受保护的过期，以及汽车轻量化需求的快速发展，近年来掀起了差压铸造工艺的应用热潮。国内外多家铸造装备生产商均开始了金属型差压铸造机的研发与生产。图9-21所示为保加利压金属研究所生产的金属型差压铸造机。图9-22所示为英国Fill公司研发的金属型差压铸造机。

从图9-21和图9-22可以看出，与低压铸造工艺相比，使用差压铸造工艺生产铸件时，需要完成更复杂的工艺。液面加压、模板和设备的冷却、设备本身的自动化、设备的安全性、模板及保温炉的自动更换等都是金属型差压铸造设备需要重点关注的地方。这些问题解决得好坏也直接关系到设备的先进性。表9-9给出了保加利亚金属研究所生产的VP型差压铸造机的主要技术参数，供选型参考。根据具体需要，这些参数均可以定制。

图 9-21 保加利亚金属研究所生产的金属型差压铸造机

图 9-22　英国 Fill 公司研发的金属型差压铸造机

表 9-9　VP 型差压铸造机的主要技术参数

序号	参数	VP250	VP400	VP630	VP1000	VP1250
1	模板尺寸(长/mm)×(宽/mm)	625×1025	700×1250	900×1600	1100×1600	1400×1800
2	活动板行程/mm	600	800	900	1000	1000
3	开型行程/mm	100	125	125	150	150
4	合型力/kN	480	700	1200	1200	1200
5	开型力/kN	100	125	125	150	150
6	坩埚容量（铝合金）/kg	80	180	300	300	500
7	炉子功率/kW	16	21	27	27	42
8	设备重量/kg	7000	10000	12000	17000	28000

近年来，国内很多汽车零配件生产企业也意识到差压铸造工艺在优质铝合金汽车零配件生产方面的潜在优势。为了降低设备采购成本，有些汽车零配件生产企业自制金属型差压铸造机，并获得了初步的应用。但多数企业目前只关心差压铸造机的功能，而对设备的智能化、自动化、机械化没有给予更多的关注，这对我国差压铸造装备的长远发展是无益的。

图 9-23 所示为上海华培芮培工业系统有限公司研发的金属型差压铸造机。该设备不但具有国外先进差压铸造装备的很多优点，而且在上压室锁紧机构方面，完成了全新的设计，四点快锁机构的成功应用为大型金属型差压铸造机的研发提供了很好的硬件保障。

3. 真空吸铸设备主体

（1）带吸铸室的真空吸铸设备　它由熔化炉、吸铸室、升降机构、抽真空装置组成。如图 9-24 所示。

图 9-23　上海华培芮培工业系统有限公司研发的金属型差压铸造机

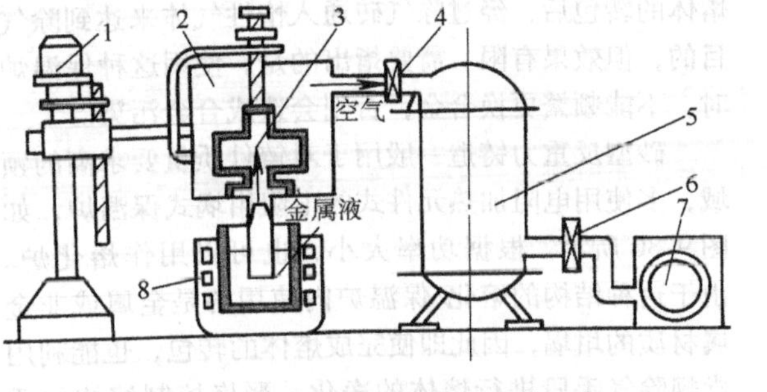

图9-24 带吸铸室的真空吸铸设备

1—升降机构 2—吸铸室 3—陶瓷型壳 4—电磁阀 5—负压罐 6—电磁阀 7—机械泵 8—熔化炉

1）熔化炉。可以采用常压下各种熔炼炉，也可采用真空或惰性气体保护的熔炼炉，真空熔炼吸铸设备装置如图9-25所示。

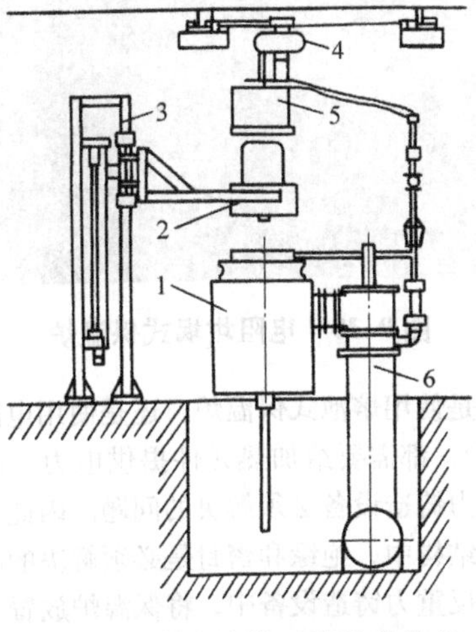

图9-25 真空熔炼吸铸设备装置

1—熔化室 2—型底座 3—型底升降机构 4—上压室升降机构 5—上压室 6—扩散泵

2）吸铸室升降机构。由吸铸室及其升降机构组成。吸铸室如图9-26所示，由上铸室、下铸室及密封装置组成。升降机构由立柱、电动机、减速器及丝杠组成。需要浇注的铸型放入吸铸室，封闭后，升降机构下降使铸型浇口浸入金属液中，抽真空吸铸。

3）抽真空装置。由真空泵、真空罐及相应的阀门组成。

（2）CLV法吸铸设备 CLV法是一种用于生产高温合金及易氧化合金的真空熔炼及浇注的吸铸法，其设备结构如图9-27所示。设备上有熔炼室和吸铸室，两室之间有一个阀门隔开。当金属在真空条件下熔化后，将氩气充入真空熔炼室和吸铸室，并使它们保持相同的压力。打开阀门，升高熔炼炉，使型壳浇

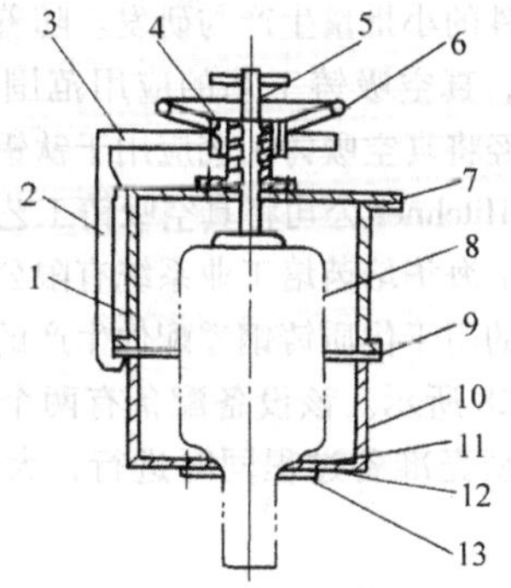

图9-26 吸铸室

1—上铸室 2—吊钩 3—横臂 4—螺母 5—固定型壳螺杆 6—手轮 7—接头 8—壳型 9—橡胶密封圈 10—下铸室 11—陶瓷纤维毡密封 12—石棉垫圈 13—下端盖

道插入金属液中，然后降低吸铸室的氩气压力，进行吸铸。保持一定时间后，卸压，直浇道中金属液流回坩埚。熔炼炉降至原位，关闭阀门，一次吸铸过程完成。

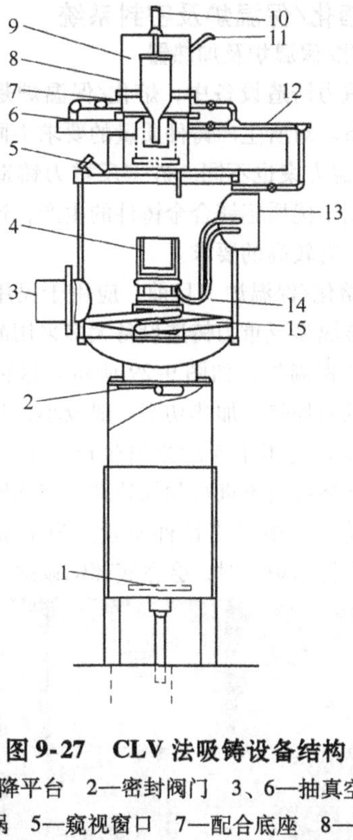

图9-27 CLV法吸铸设备结构

1—升降平台 2—密封阀门 3、6—抽真空管路 4—熔炼坩埚 5—窥视窗口 7—配合底座 8—可动封闭罩 9—吸铸室 10—夹壳气缸 11—充气管 12—氩气通道 13—电源 14—熔炼室 15—坩埚升降支架

目前，真空吸铸工艺在我国主要用于小型复杂薄

壁铝合金铸件的小批量生产与研发。随着高端铸件需求日益增长，真空吸铸工艺的应用范围也将不断扩展。日本已经将真空吸铸工艺应用于钛铝铸件的批量生产，美国 Hitchner 公司将真空吸铸工艺用于生产高端铸钢件。上海华培芮培工业系统有限公司开发出了可连续作业的用于优质铸钢零配件生产的真空吸铸设备，如图 9-28 所示。该设备配备有两个吸铸室，使吸铸过程和型壳准备过程同时进行，大大提高了生产率。

图 9-28　两工位真空吸铸设备

9.2.2　熔化/保温炉及密封系统

1. 熔化/保温炉及加热器

在反重力铸造设备中，熔化/保温炉是完成熔体准备的设备。对所生产铸件质量的要求不同，所采取的熔化/保温方案也不同。砂型反重力铸造设备大多数情况下用于优质铝镁合金铸件的生产，这样的设备对熔体质量有较高的要求。

（1）熔化/保温炉　目前，应用于民用零配件生产行业的金属型反重力铸造设备大多采用耐火材料打结的熔池式保温炉，如图 9-29 所示。这种保温炉采用硅碳棒反射加热，加热功率一般较小，只能适合于熔体的保温，适用于连续批量生产。由于添加熔体后，无法在熔池内再进行除气处理，因此转包后熔体的质量下降，影响最终铸件质量。为了解决这个问题，有时在打结炉膛时，会在底部铺设除气砖，完成

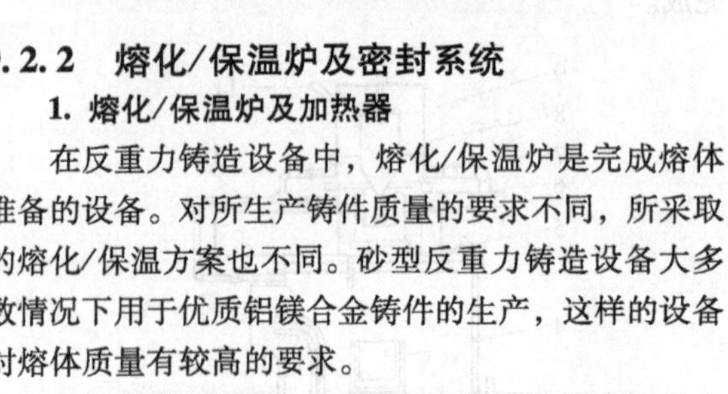

图 9-29　耐火材料打结熔池式保温炉

熔体的转包后，经过除气砖通入惰性气体来达到除气目的，但效果有限。需要指出的是，使用这种保温炉时，不能频繁更换合金，否则会造成合金污染。

砂型反重力铸造一般用于对铸件质量要求高的领域，多使用电阻加热元件式的电阻坩埚式保温炉，如图 9-30 所示。根据功率大小，也可以用作熔化炉。由于这种结构的熔化/保温炉内使用的是金属或非金属材质的坩埚，因此即使完成熔体的转包，也能利用常规除气手段进行熔体的净化，严格控制熔体的质量。另一方面，每次熔化时，都可以对坩埚进行清理，可以根据需要更换合金。

图 9-30　电阻坩埚式保温炉

无论是使用熔池式保温炉，还是使用电阻坩埚熔化/保温炉，都需要给加热元件提供电力。而密封是所有反重力铸造设备必须解决的问题。因此，保温的电力引入结构中，绝缘和密封是必须解决的问题。在压力罐式反重力铸造设备中，将保温炉放置于密封的压力罐内时，其电源的引入方式可采取如图 9-31 所示的绝缘密封结构。

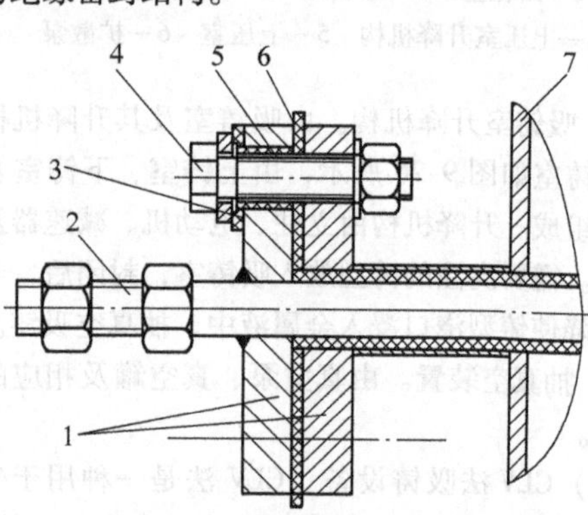

图 9-31　电极组件绝缘密封结构

1—法兰　2—电极杆　3—绝缘环（聚四氟乙烯）
4—螺栓　5—绝缘管（聚四氟乙烯）
6—绝缘垫片（聚四氟乙烯）　7—压力罐

砂型反重力铸造用于小批量生产时，电阻坩埚式保温炉也可以当作熔化炉使用。如果生产批量大，为了提高效率，不得不将熔化与保温分开完成。这时，经常会使用感应炉或燃气炉来完成熔化工作，然后转包到保温炉进行调温和熔体净化工作。

(2) 升液管加热器　在反重力铸造生产中，升液管的顶端往往冷却速度最快，也是升液管内金属液最先发生凝固的部位。为此，可在升液管的顶部增设加热器，以提高升液管的温度，预防升液管口处金属液因温度过低而产生冻结。加热器的工作温度为500~600℃，功率为2~3kW。具体结构如图9-32所示。

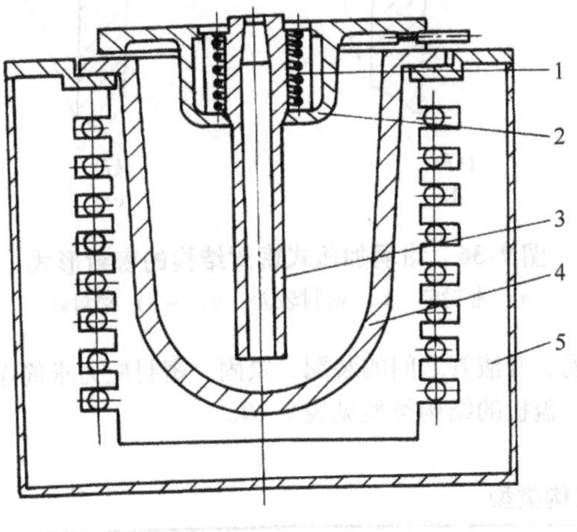

图9-32　保温炉及密封坩埚系统

1—加热套　2—坩埚盖　3—升液管　4—坩埚　5—电阻炉

2. 砂型反重力铸造设备的主体密封

(1) 砂型反重力铸造设备密封方式　常见的砂型反重力铸造设备密封系统可分为压力罐式（包含炉体加压）和坩埚加压式两种。

1) 压力罐式密封方式。常用的密封方式可分为螺栓锁紧和快速锁紧机构两种。炉体与炉盖螺栓锁紧机构如图9-33所示。快速锁紧机构多采用齿啮式卡箍锁紧机构，由气缸或液压缸驱动，带动锁紧环转动一定角度实现密封锁紧，如图9-34所示。压力罐式密封方式可用于砂型低压铸造、差压铸造以及调压铸造设备，也是应用较为普遍的一种密封方式。随着液压技术的不断完善，齿啮式卡箍锁紧机构现在均由液压缸驱动，而气缸驱动因其力量小、动作不平稳，逐渐遭到淘汰。

采用此种密封方式时，压力罐或炉体是承压部分，设备制造成本较高。由于所使用的坩埚不承受压差，因而对坩埚材质没有特殊的要求，且坩埚的使用寿命较长。

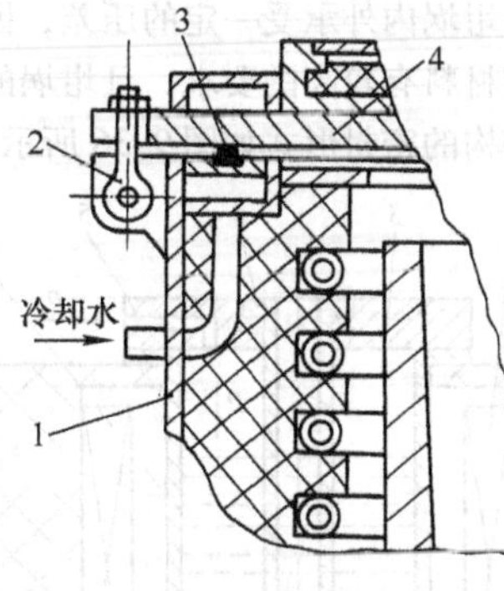

图9-33　炉体与炉盖螺栓锁紧机构

1—压力罐　2—紧固螺栓　3—石棉盘根　4—炉盖

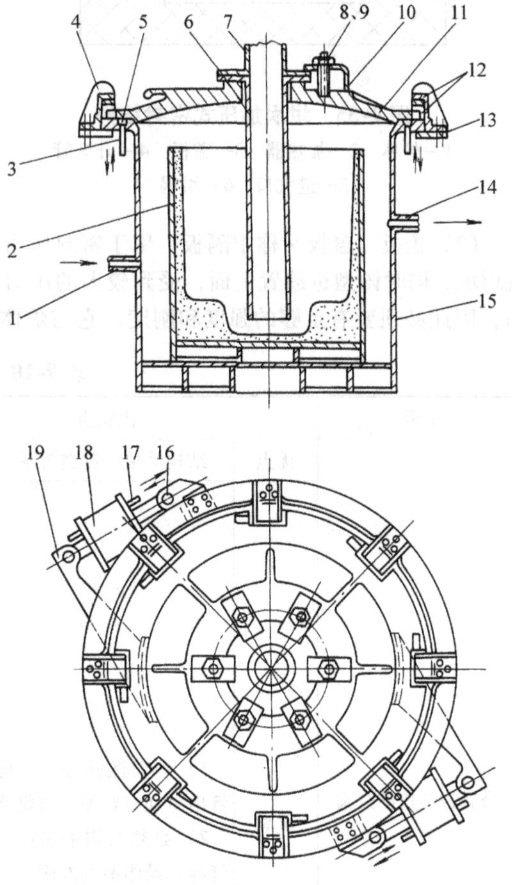

图9-34　卡环锁紧的压力罐

1—进气管　2—铜液包　3—密封圈进排气管　4—锁紧环　5—密封橡胶圈　6—升液管　7—浇道弯管　8、9—双头螺栓螺母　10—上压板　11—压力罐　12—锁紧斜铁　13—下压板　14—压力罐排气管　15—罐体　16—支架　17—气缸进排气管　18—气缸　19—气缸后座

2) 坩埚加压式密封结构如图9-35所示。该结构

简单、操作方便，设备制造成本低，多用于低压铸造生产中。由于坩埚内外承受一定的压差，因而对坩埚的内在质量和材料有较高的要求，且坩埚的使用寿命较短。此类结构的密封形式如图 9-36 所示。

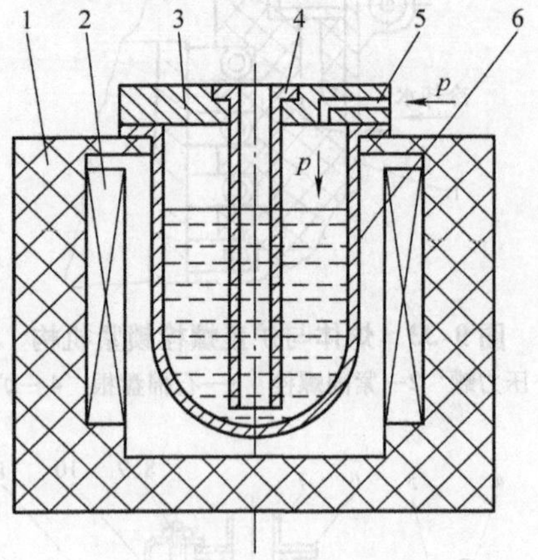

图 9-35　坩埚加压式密封结构

1—炉体　2—加热器　3—盖板　4—升液管　5—进气口　6—坩埚

（2）盖板　盖板又称中隔板，用于密封压力罐或坩埚，同时铸型也放置上面，受到较大的压力作用，因此必须要有足够的强度和刚度。它与炉体、坩埚、升液管之间的装配、紧固、密封应力求简单可靠。盖板的结构类型见表 9-10。

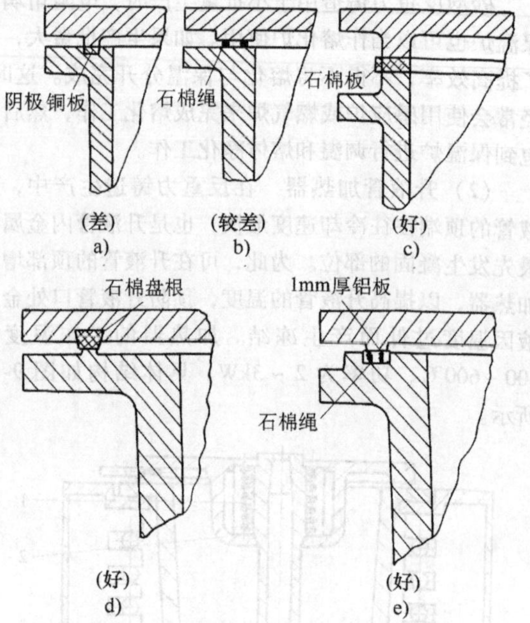

图 9-36　坩埚加压式密封结构的密封形式

a）密封差　b）密封较差　c）~e）密封好

表 9-10　炉盖的结构类型

类型	优缺点		图例
带有进气口的炉盖	优点	结构简单，制造容易	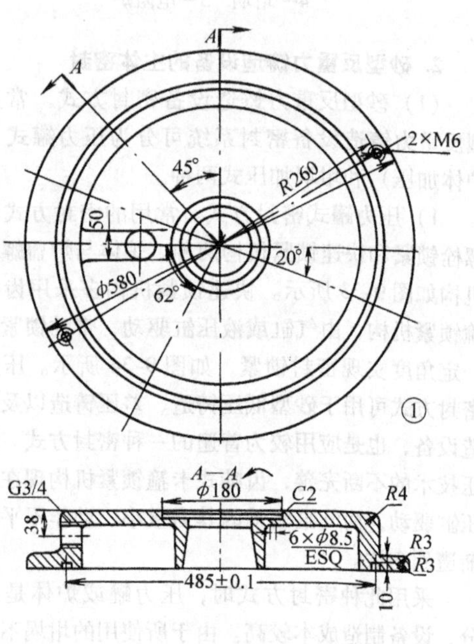
	缺点	1）炉盖散热快，不能满足升液管出口处需要慢冷的要求 2）必须与坩埚装配后才能接通气源，操作不太方便	

（续）

类型		优缺点	图例
带有加料口炉盖	优点	1）适应批量生产要求 2）坩埚上没有加料口，简化了坩埚制造工艺，坩埚又是易损坏件，经济上合理	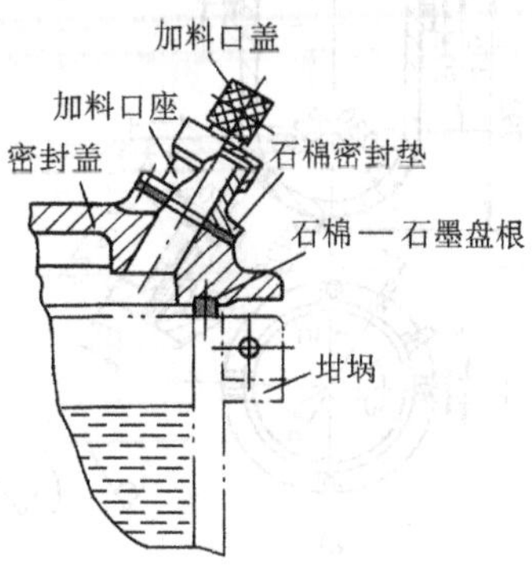
	缺点	由于有加料口，盖上有效面积减小，仅适用于小件生产	
无进气口和加料口的炉盖	优点	1）盖面的有效面积大，适用于中大型铸件 2）气路可用硬管，泄漏少	—
	缺点	不适用炉体移动式的低压铸造机	
带有加热器的炉盖	优点	有利于浇注顺序凝固的厚壁铸件	—
	缺点	结构复杂	
不带加热器的炉盖	优点	结构简单，适用于顺序凝固要求不高的薄壁小件	—
	缺点	必须与坩埚装配后才能接气源，操作不太方便	

3. 坩埚及升液管

（1）坩埚　坩埚常见的结构类型如图9-37所示。常用铸铁坩埚材料的化学成分见表9-11。也可采用耐热铸钢ZG40Cr9Si2材质。对于镁合金，一般使用20钢钢板焊接坩埚，也可以使用不锈钢和20钢的爆炸复合板焊接而成。对于铝合金而言，为了避免增铁，经常使用非金属材质坩埚，如碳化硅、氮化硅坩埚。

（2）升液管

1）对升液管的要求：①应具有良好的气密性，使用前需经0.6MPa的水压渗漏检查。②升液管离坩埚底部距离视浇注合金来确定：铝合金100～150mm；镁合金150～200mm。具体距离与熔体的洁净度有关。③升液管应具有一定的耐热性和抗腐蚀性，同时也不污染金属液而影响合金质量。④升液管与浇道的衔接须按铸件结构及铸型的要求来选择。

2）升液管的结构和材质。升液管的直径需要根据所浇注铸件的大小来选择，大型铸件应选用大口径的升液管，反之亦然。一般来说，升液管直径应与铸件直浇道的直径接近。

升液管可采用不同材料加工成形，如可采用不锈钢、碳素钢、铸铁以及钛合金等金属材质焊接而成，也可采用碳化硅、氮化硅、钛酸铝等非金属材质烧结而成，还可采用无缝钢管加内外覆层的复合材质形式。常见金属材质升液管的结构如图9-38所示。在保证刚度的情况下，升液管的法兰应尽可能薄，以减少激冷效果。同时可在升液管法兰处增加保温层，可减少激冷效果，起到很好的保温作用。

其他种类的升液管结构和材质见表9-12。

3）升液管与浇道的连接。砂型厚壁铸件浇道与升液管的连接如图9-39所示，砂型薄壁铸件浇道与升液管的连接如图9-40所示，金属型浇道与升液管的连接如图9-41所示。

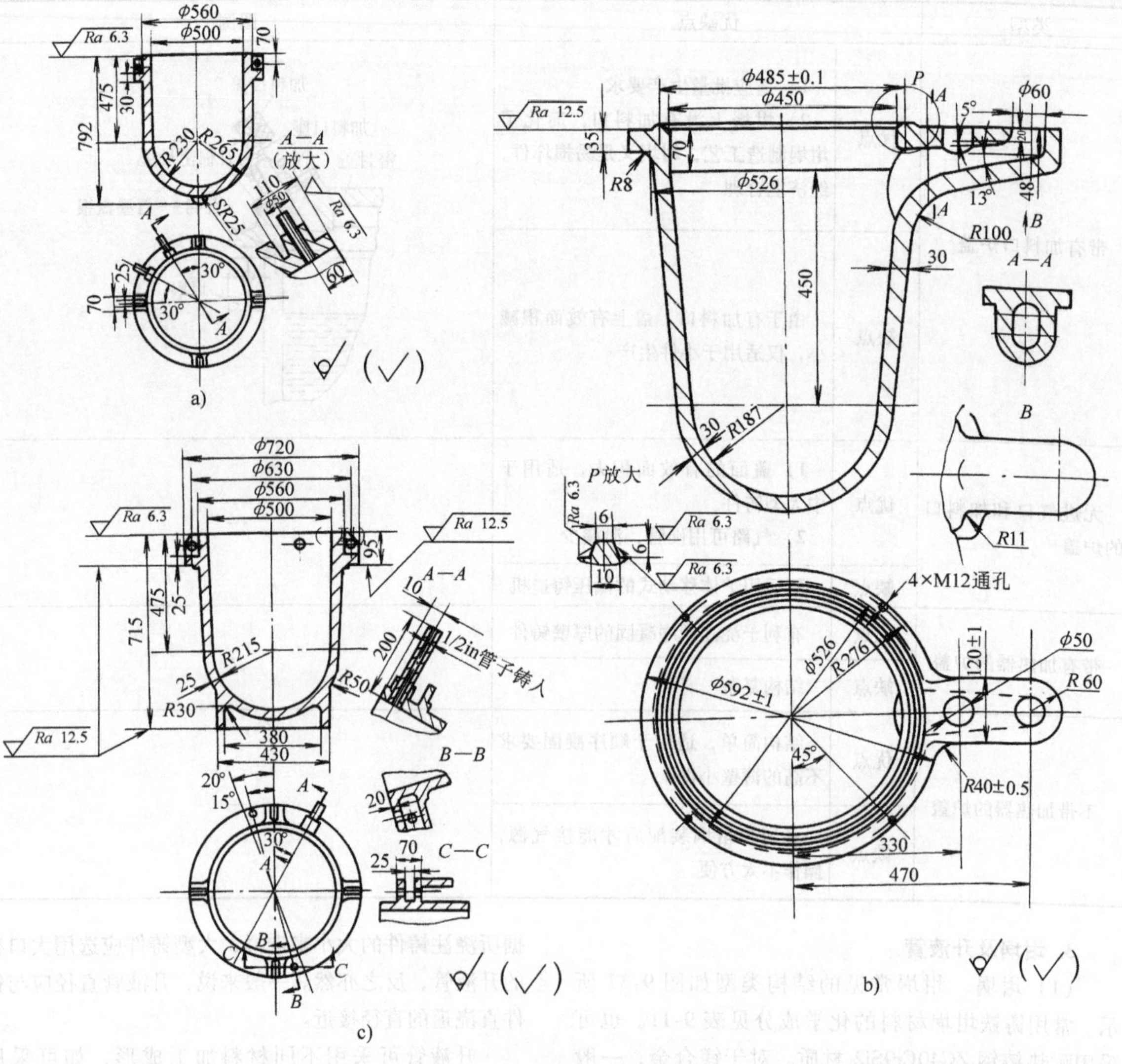

图9-37 坩埚常见的结构类型

a）A型 b）B型 c）C型

表9-11 常用坩埚材料的化学成分

序号	化学成分（质量分数,%）									备注
	C	Si	Mn	P	S	Al	Cr	Ni	Fe	
1	2.5～3.5	1.5～3.0	0.6～0.8	—	—	7～8	0.5～0.55	0.27～0.37	其余	—
2	3.0～3.5	1.5～2.0	1.2～1.5	≤0.25	≤0.1	—	0.8～1.2	0.25～0.5	其余	—
3	3.3～3.5	4.5～5.5	0.5～0.8	—	—	—	—	—	其余	中硅球墨铸铁，价格便宜

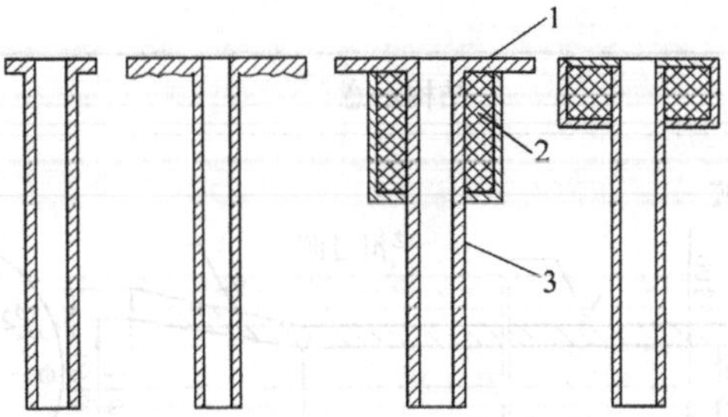

图 9-38　常见金属材质升液管的结构

1—升液管法兰　2—保温棉　3—无缝钢管

表 9-12　其他种类的升液管结构和材质

分类	结构示意	说明及材质
	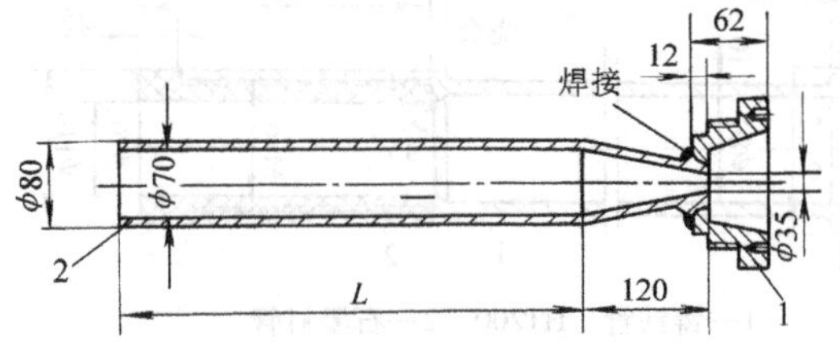 1—无缝钢管　2—铸钢件	有利于撇渣和金属液回流
焊接升液管	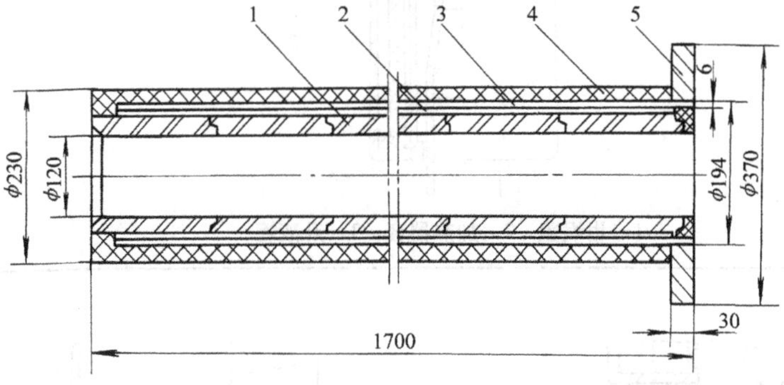 1—耐火管　2—间隙　3—无缝钢管　4—型砂层　5—钢板法兰	—
	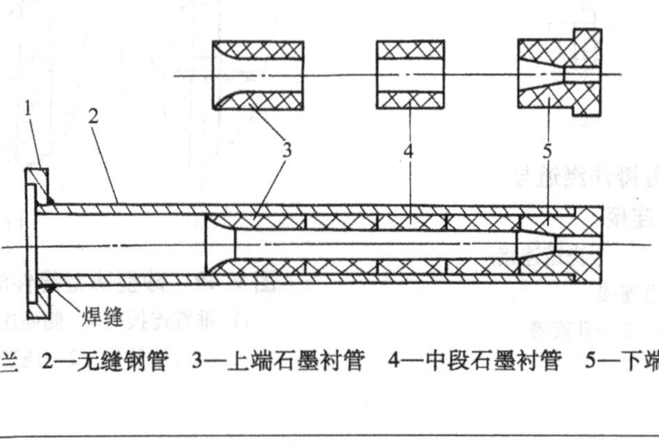 1—钢板法兰　2—无缝钢管　3—上端石墨衬管　4—中段石墨衬管　5—下端石墨衬管	—

（续）

分类	结构示意	说明及材质
铸铁升液管	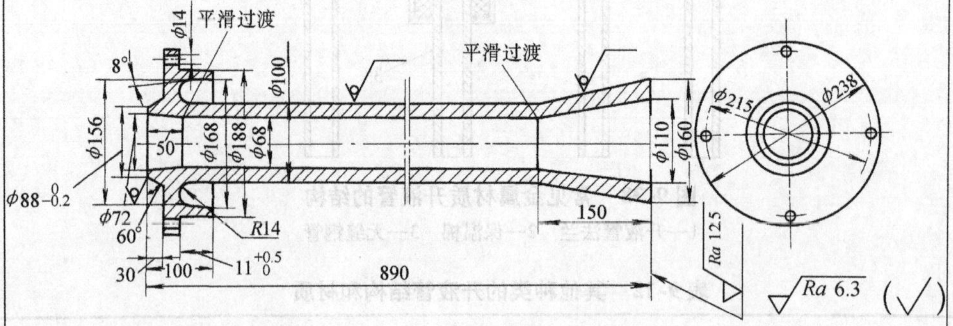	HT200
	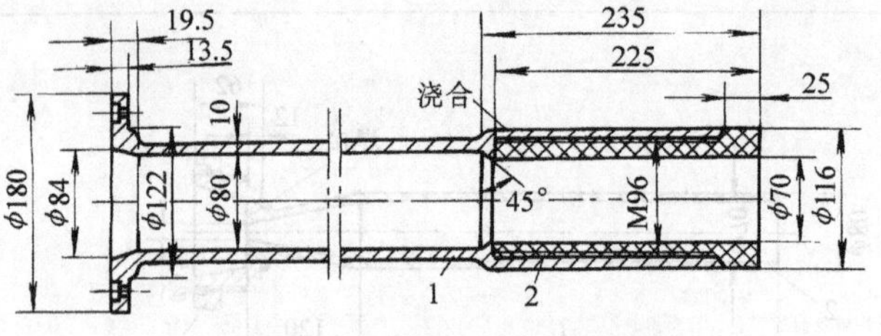1—铸铁管 HT200 2—石墨衬管	—
带保温套的升液管	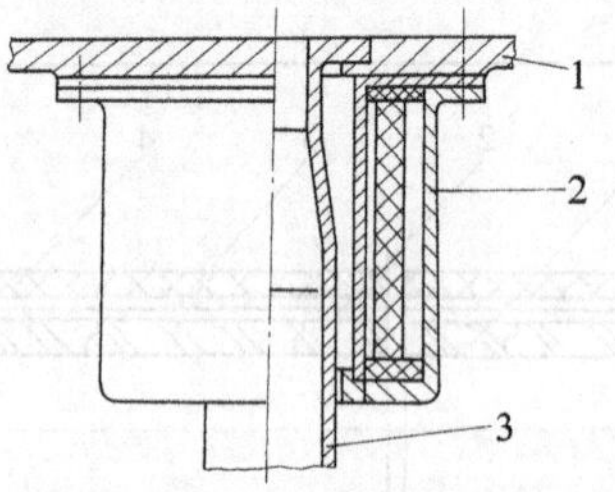1—坩埚盖 2—加热器套 3—升液管	—

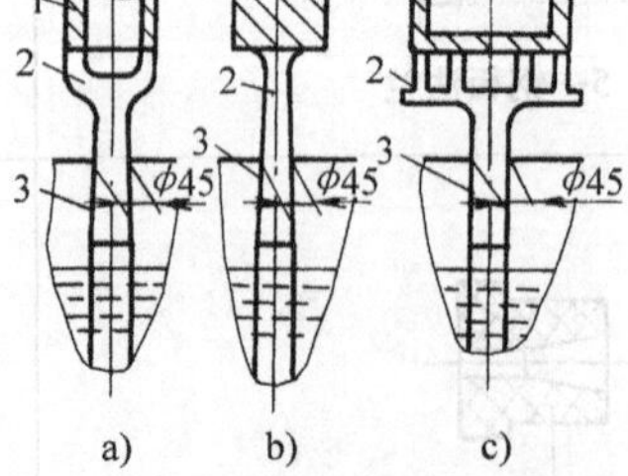

图9-39 砂型厚壁铸件浇道与升液管的连接

a）两个浇道连接 b）一个浇道连接

c）多个浇道连接

1—铸件 2—浇道 3—升液管

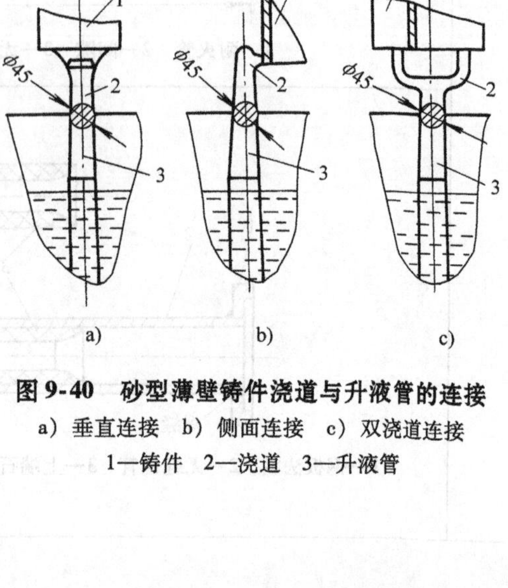

图9-40 砂型薄壁铸件浇道与升液管的连接

a）垂直连接 b）侧面连接 c）双浇道连接

1—铸件 2—浇道 3—升液管

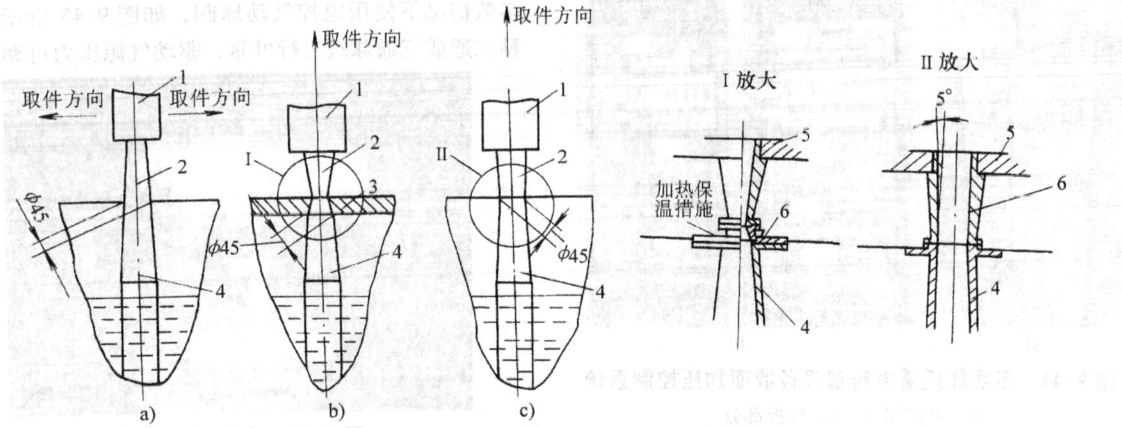

图9-41 金属型浇道与升液管的连接

a）连接方式（一） b）连接方式（二） c）连接方式（三）

1—铸件 2—浇道 3—辅助浇道套 4—升液管 5—金属型 6—浇道套

4）升液管与炉盖的密封。用铸型和设备的重量使升液管上法兰的下面与炉盖压紧实现密封，如图9-42所示。用紧固圈压紧升液管法兰的下面与坩埚盖实现密封，如图9-43所示。

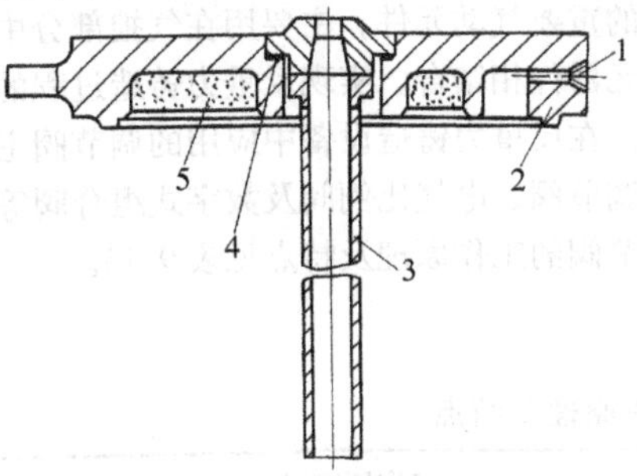

图9-42 升液管与炉盖的密封

1—进气口 2—炉盖 3—升液管 4—石棉垫圈 5—保温泥

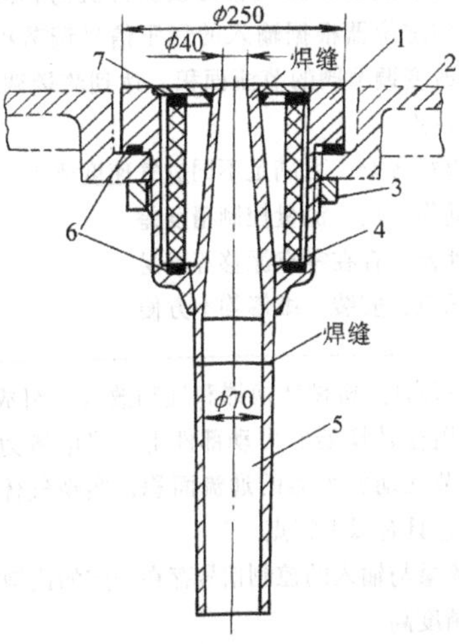

图9-43 升液管与坩埚盖的密封

1—升液管密封套 2—坩埚密封盖 3—紧固圈

4—电阻丝加热器 5—升液管 6—石棉垫料 7—填料

9.2.3 液面加压控制系统

液面加压控制系统是实现反重力铸造过程的压力控制及设备相关逻辑动作控制的关键环节，其压力控制精度及运行可靠性是制约产品质量的关键因素，系统先进与否也是反映反重力铸造设备整体水平高低的重要标志。

反重力铸造液面加压控制系统核心由电控部分和气控部分组成，电控部分完成数字开关量的输入与输出、模拟量的输入输出、人机界面的提供以及加压过程控制的算法实现；气控部分是整个液面加压控制系统的执行机构。从反重力差压铸造、低压铸造、调压铸造和真空吸铸的原理可知，除了它们的加压动作逻辑不同外，升液、充型、加压、保压均是通过熔体所处的下压室与铸型所处的环境之间的压差来实现。所以，这个压差就是需要加以控制的一个过程变量。压差的控制直接关系到反重力浇注过程中液面是否平稳，压差的变化速度间接地反映了熔体在升液管或铸型中的移动速度。压差的控制是一个过程控制，液面加压控制系统中的算法也是针对压差的控制来实现的。基于这个事实，反重力差压铸造、低压铸造、调压铸造和真空吸铸可以在同一套设备中利用相同的过程控制来予以实现，这也是实现多功能反重力铸造的基础。

低压铸造的液面加压控制系统相对简单。差压铸造、调压铸造和真空吸铸与低压铸造相比，需要实现的加压逻辑复杂，系统硬件也相对复杂，如图9-44所示。

1. 电控部分

随着计算机和控制技术的发展，反重力铸造设备液面加压控制系统的电控部分经历了单板机系统、单

a)　　　b)

图9-44　多功能反重力铸造设备液面加压控制系统

a）电控部分　b）气控部分

片机系统、工控机系统和PLC（可编程序控制器）系统。目前，电控部分可采用PLC进行控制，用HMI（人机界面）实现人机交互，利用计算机完成数据的存储、记录与检索。

2. 气控部分

不同的反重力铸造工艺使用不同的加压工艺，反重力铸造液面加压逻辑在气控部分中由二通阀的开关逻辑顺序动作来完成。二通阀有电磁阀、先导电磁阀和电控气动球阀。电磁阀的口径一般都较小，因此气控部分中管径为3/4in（19mm）时，一般不建议使用电磁阀；先导电磁阀实际上就是膜片阀，工作介质比较脏时这种阀容易出现阻滞现象。因此，反重力铸造液面加压气控系统中，管径大于3/4in（19mm）时，多数情况下使用电控气动球阀，如图9-45所示。这种二通或三通球阀运行可靠，驱动气源压力可调。

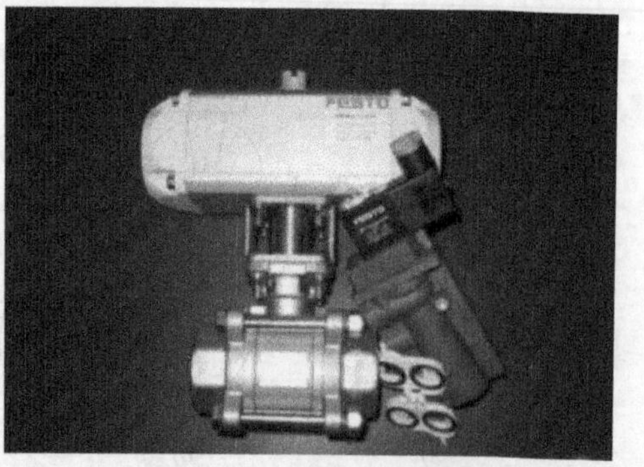

图9-45　电控气动球阀

电控气动球阀由三部分组成：球阀、执行器（带行程开关，可选）、两位五通电磁阀。这种阀组的可靠性主要由执行器和两位五通电磁阀决定，因此要选择有品牌保证的器件。在反重力铸造过程中，压差的建立是通过控制进入密封压力室内或从密封压力室内排出的气体流量来实现的。调节阀是实现气体流量调节的重要气动元件，主要用在气控部分中，与其他气动元件器件相结合，实现反重力铸造过程的压力精确控制。在反重力铸造设备中应用的调节阀主要有气动薄膜调节阀、电气比例阀及数字式组合阀等，常用流量调节阀的工作原理及特点见表9-13。

表9-13　常用流量调节阀的工作原理及特点

分类	结构图例	工作原理及特点
气动薄膜调节阀		气动薄膜调节阀主要由气动薄膜执行机构和阀门定位器组成。由阀门定位器根据输入的气压信号调节推杆的行程位置，从而改变调节阀的节流面积，达到流量调节的目的。它具有以下特点 1）公称直径齐全，可满足不同进气速度要求 2）执行动作滞后，流量控制精度差 3）可靠性差，存在零点漂移等不足 4）结构笨重，安装、维修均不方便
电气比例阀		电气比例阀由电-机械转换器和气动放大器组成。它是利用电磁力作用在转换器的可动部件上，将电磁力转变为位移，从而调节气动放大器的通流面积，实现气体压力或流量的控制。它具有以下特点 1）阀体流量与输入的控制信号存在一定的比例关系 2）控制精度高 3）响应速度快 4）结构简单，性能稳定 5）口径小，适合于中小型低压铸造设备

（续）

分类	结构图例	工作原理及特点
数字式组合阀		数字式组合阀由 n 个流量通道组成，每个通道由节流阀、电磁阀组成。每个通道的通流面积不同，n 个通道可提供 2^n 种不同的流量组合。电磁阀的打开与关闭动作由计算机的二进制控制信号直接驱动。它具有以下特点 1）采用开关信号进行流量调节 2）一般采用8位、13位通道，具有较高的流量调节精度 3）可实现流量的阶跃式调节 4）响应速度快 5）结构简单、使用可靠、安装方便

从20世纪90年代到21世纪初，气动薄膜调节阀作为主调节机构广泛应用于反重力铸造的液面加压控制当中。然而，气动薄膜调节阀工作时，需要由电气阀门定位器将4～20mA的模拟信号转换为气动信号来驱动薄膜阀，对于反重力铸造液面加压这种需要快速响应的过程控制来说，气动薄膜调节阀反应滞后，严重影响液面加压的控制精度。电气比例阀出现后，虽然其接受的也是4～20mA的模拟量信号，但其自带的闭环控制环节在很大程度上提高了反应灵敏度，在流量要求不大的场合得到了广泛的应用。为了适应大流量控制场合，人们将电气比例阀和气控减压阀配套使用，取得了不错的效果。为了进一步提高控制精度，国外有些公司在电气比例阀的外部又添加了一层反馈，从而形成了双闭环电压调节器，如图9-46所示。

与常规的电气比例阀相比，这种双闭环电压调节器的响应速度更快，但这种调节器的本质是根据输入端电信号来调节输出端绝对压力。对于反重力铸造液面加压过程来讲，压差超过设定值后，这种调节器会想办法将压差降下来。相反，如果压差低于设定值，这种调节器又会将压差调上去。对于变速反重力铸造液面加压过程来说，我们无法左右这种调节器的固有特性，因此有时会造成液面的波动，而这种波动是反重力铸造液面加压过程中最忌讳的，因为这种调节方式会影响铸件的最终质量。

与接受模拟量的调节机构相比，数字组合阀接受的是开关量信号。数字组合阀从0开到一半，或者从0开到100%，所使用的时间是完全相同的。因此，数字组合阀的反应更快，具体响应速度取决于组合阀所使用的电磁阀的响应速度。配套专门设计的高级控制算法，可以得到非常理想的液面加压控制效果。表9-13中给出的数字组合阀适合于小型反重力铸造设备的液面加压控制。随着设备有效工作容积的增大，这种小型数字组合阀将不能满足要求。西北工业大学经过多次优化，设计出了专用大流量数字组合阀（见图9-47），在大型反重力铸造设备的液面加压中取得了良好的应用效果。

图9-46 双闭环电气调节器

图9-47 大流量数字组合阀

3. 控制软件及控制算法

（1）控制软件 控制软件与反重力铸造设备液面加压控制系统所使用的硬件有关。目前，绝大多数液面加压控制系统的电控部分均使用PLC＋HMI结构，控制软件涉及两部分：用梯形图为 PLC 编程，用组态软件为 HMI 创建控制软件。图 9-48 所示为 CPCE1800A 金属型差压铸造设备部分人机界面。

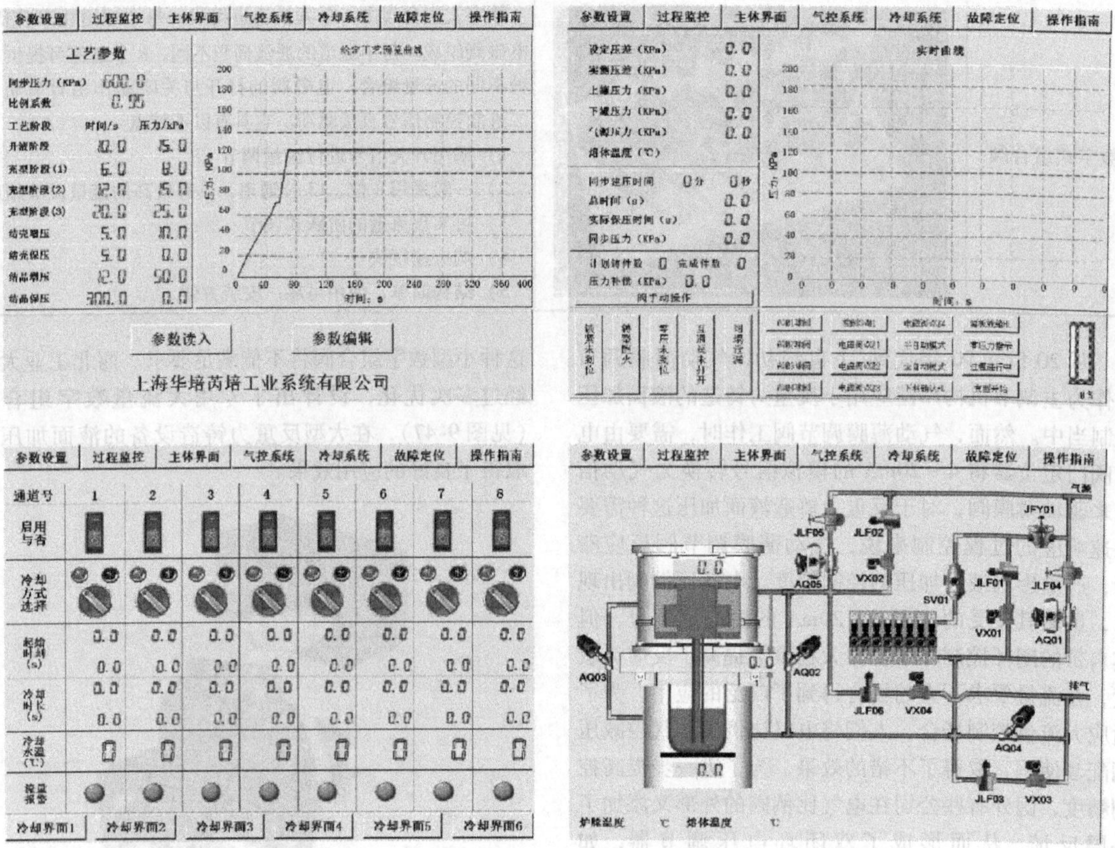

图 9-48 CPCE1800A 金属型差压铸造设备部分人机界面

有些企业利用反重力铸造工艺生产重要铸件时，需要将生产铸件时涉及的工艺参数、浇注温度以及浇注过程中的实时跟踪曲线记录下来，以便对铸件质量进行跟踪和追溯，这时可以专门设计数据检索与处理软件，图 9-49 所示为反重力铸造设备数据处理与处理软件的部分界面。图 9-50 所示为反重力铸造所生产铸件对应的数据记录。从该记录可以清楚地看出，生产该铸件时所使用的全部工艺参数、浇注温度以及实时压差跟踪曲线，而且该结果还便于存档。

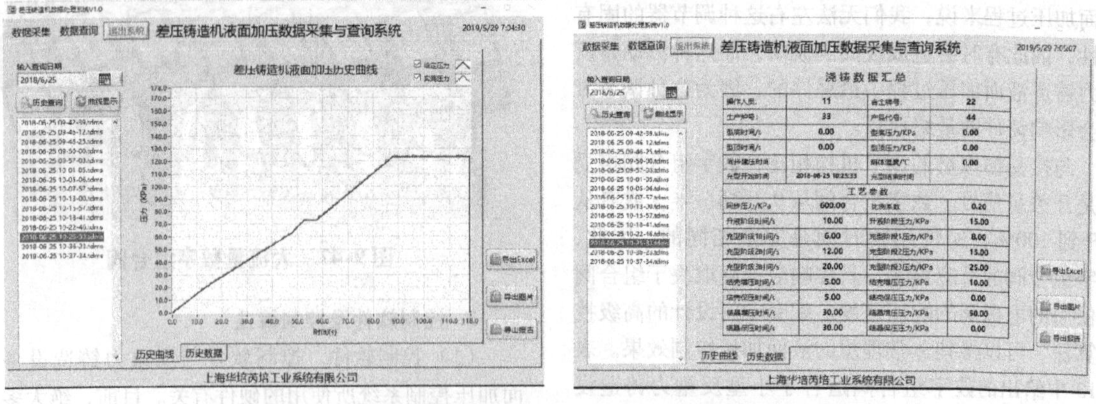

图 9-49 反重力铸造设备数据记录与处理软件的部分界面

浇注数据汇总

操作人员		合金牌号	
生产炉号		产品代号	
型底时间/s	0.00	型底压力/kPa	0.00
型顶时间/s	0.00	型顶压力/kPa	0.00
充型开始时间	2018-06-25　10:40:14	充型结束时间	2018-06-25　10:42:12
工艺参数			
同步压力/kPa	600.00	比例系数	0.20
升液阶段时间/s	10.00	升液阶段压力/kPa	15.00
充型阶段1时间/s	6.00	充型阶段1压力/kPa	8.00
充型阶段2时间/s	12.00	充型阶段2压力/kPa	15.00
充型阶段3时间/s	20.00	充型阶段3压力/kPa	25.00
结壳增压阶段时间/s	5.00	结壳增压阶段压力/kPa	10.00
结壳保压阶段时间/s	5.00	结壳保压阶段压力/kPa	0.00
结晶增压阶段时间/s	30.00	结晶增压阶段压力/kPa	50.00
结晶保压阶段时间/s	30.00	结晶保压阶段压力/kPa	0.00

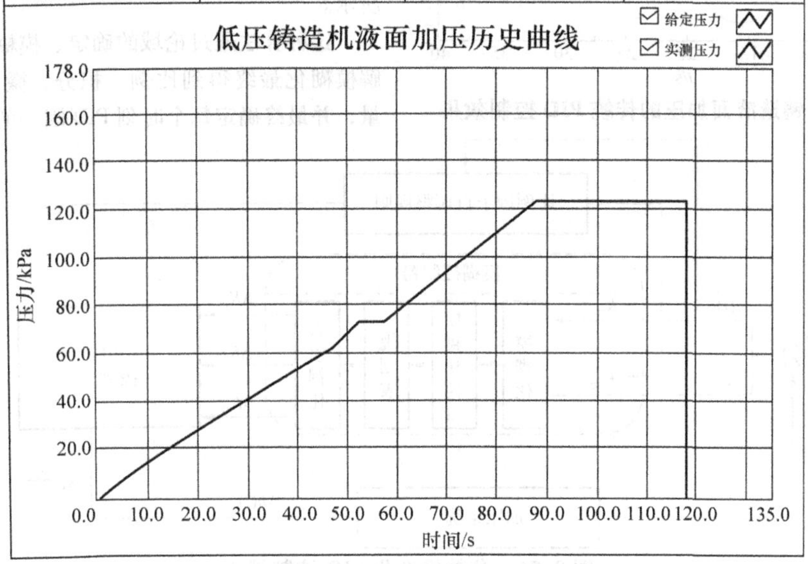

图 9-50　反重力铸造所生产铸件对应的数据记录

(2) 控制算法　控制算法是控制软件实现压差精确控制的核心技术之一，其性能的优劣对反重力铸造设备的压差跟踪控制精度及稳定性有着重要的影响，并最终影响铸件的内在质量。由于反重力铸造的液面加压过程控制是一种大惯性、大延迟的闭环控制，被控对象的有效工作容积随时间发生变化，温度对工作介质造成热膨胀影响，气源压力孔是随时间变化的，无法利用某一特定数学模型或传递函数来表达被控对象的特征。为此，这样的控制一般都使用 PID 算法进行控制，如图 9-51 所示。

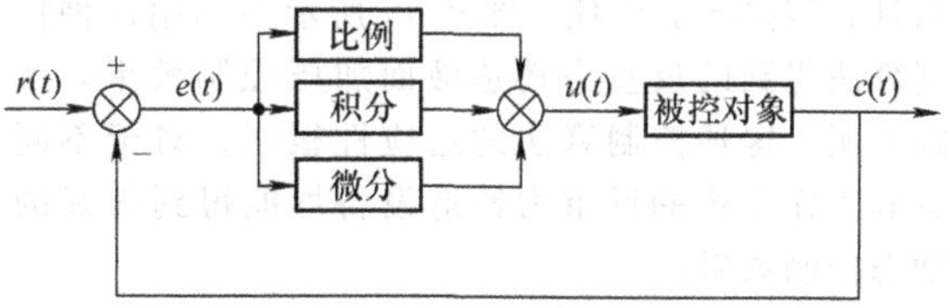

图 9-51　传统的 PID 控制算法

传统 PID 具有无静差、静态性能好的优点，但是存在动态性能差、稳定恢复时间长、容易出现超调的缺点。对于那些被控参量变化速度慢，对信号调整时长不敏感的过程控制来说，传统的 PID 都可以满足要求。例如，熔化/保温炉或热处理炉的温度控制，都在采用传统的 PID 算法进行控制。一旦 PID 参数整定完成，将不再对其进行调整。然而，反重力铸造液面加压过程是一个复杂的动态过程，一方面，其压差随时间变化的速度很快，而且浇注时间较短；另一方面，在整个浇注过程中，加压速度是变化的。因此，固定的 PID 参数很难对特定的反重力铸造液面加压完成理想的控制，最直观的结果就是液面加压曲线的波动，如图 9-52 所示。

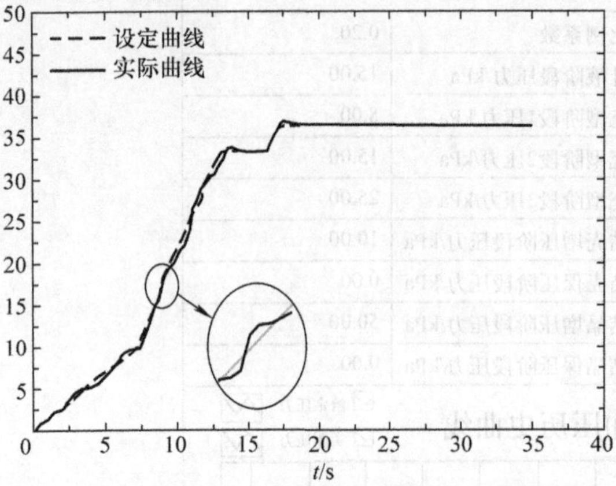

图 9-52　反重力铸造液面加压的传统 PID 控制效果

压差控制的波动将引起液面在型腔内的波动，如图 9-53 所示。压差的大幅度波动，会导致金属液前端塌陷，破坏前端氧化膜，并将氧化膜卷入液流。同时，压差的波动也会造成缩松缺陷的形成。

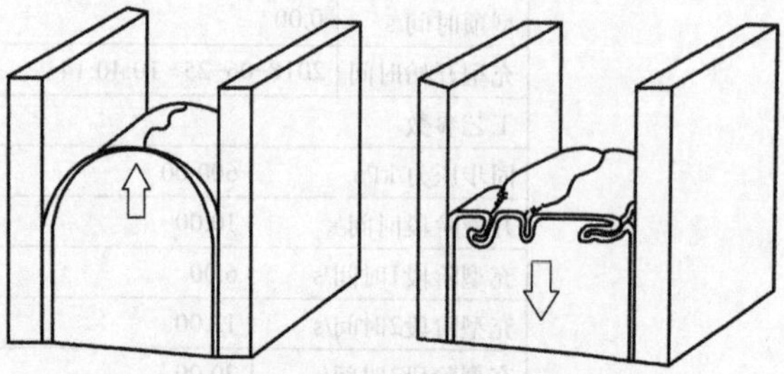

图 9-53　压差波动引起的液面波动

为了控制压差波动，人们开发出了反重力铸造液面加压专用参数模糊化 PID 控制算法，如图 9-54 所示。

这种算法通过论域的确定、模糊化、模糊推理和解模糊化最终得到比例、积分、微分因子的动态增量，并最终确定每个时刻 PID 因子的取值。由于这种

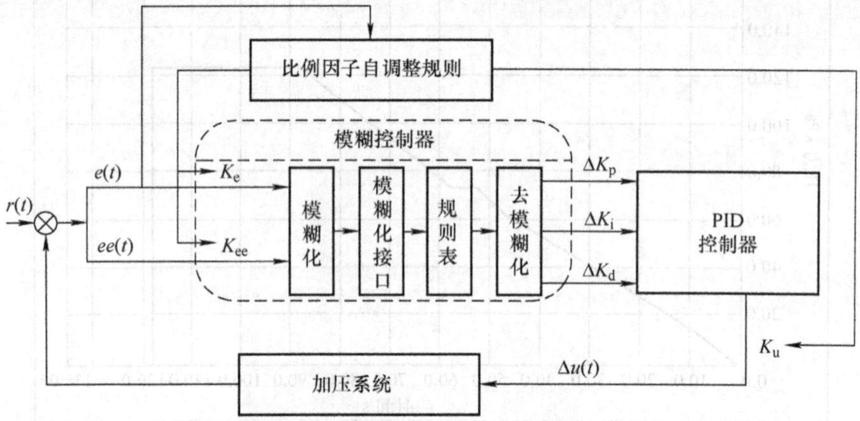

图 9-54　参数模糊化 PID 控制算法

模糊化推理是以误差和误差变化率为基础的，所以具有很强的适应性。图 9-55 所示为利用这种控制算法得到的反重力铸造液面加压控制效果。实践证明，这种控制算法的适应性很强，对于不同有效工作容积的反重力铸造设备均能得到很好的动态控制效果。

参数模糊化 PID 控制算法需要预先确定论域，即需要为比例、积分、微分参数建立各自的模糊控制表，需要完成大量的矩阵运算，而且模糊控制表需要占用 PLC 的内存。为此，有人正在为反重力铸造液面加压开发专用网络神经元算法，这种算法将直接计算出每时每刻所需要使用的 PID 参数，有望取得适应性更强的控制效果。

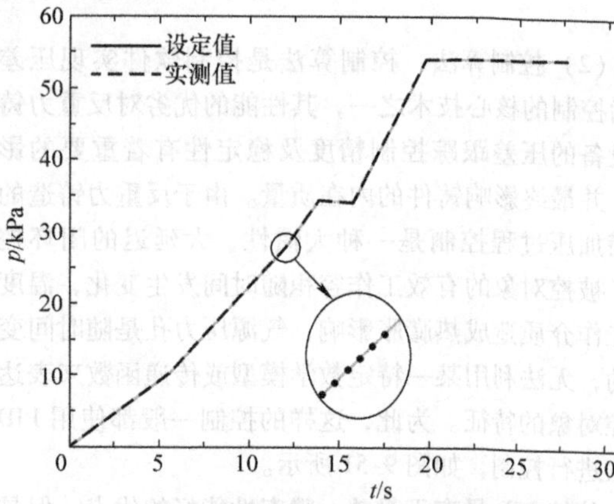

图 9-55　利用参数模糊化 PID 控制算法得到的液面加压控制效果

9.3　成形工艺设计

9.3.1　反重力铸造工艺流程

对于不同的反重力铸造工艺来说，虽然建立压差的方式不同，但是其实现金属液浇注成形的工艺过程却大同小异，可基本分为金属熔炼、升液管和坩埚准备、铸型准备、金属液浇注、开型取件等主要工序，其工艺操作流程如图9-56所示。

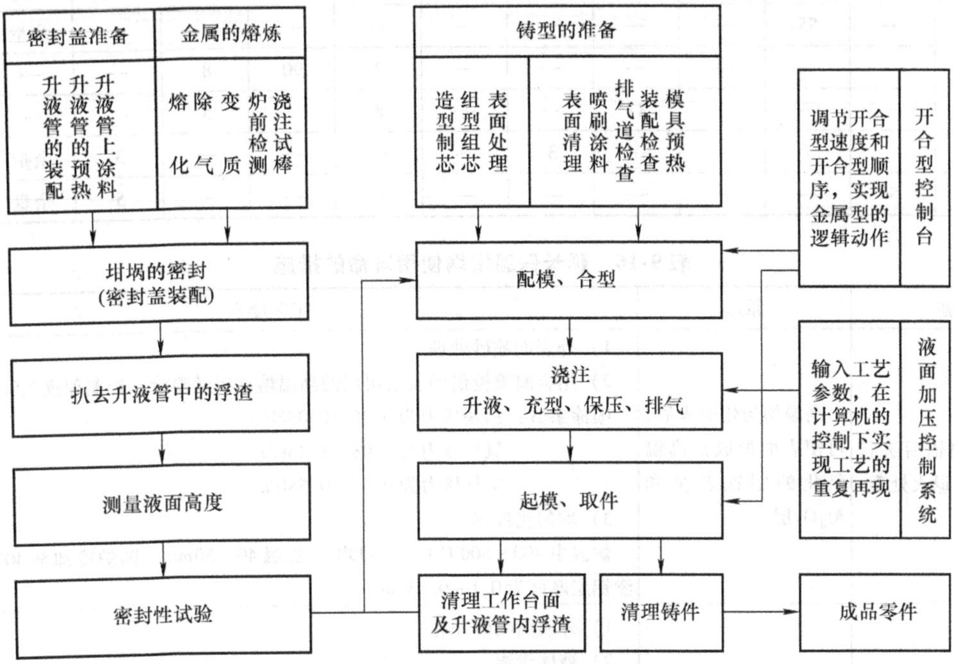

图9-56　反重力铸造工艺操作流程

1. 升液管和坩埚的准备

（1）升液管的准备　使用前必须检查升液管有无裂纹或渗漏点，如有则更换新的升液管，其表面黏附的残渣及氧化皮必须清理干净，再进行预热、刷涂料。为避免浇注过程中升液管温度过低而对金属液产生的激冷作用，必须在反重力铸造浇注前采用管式预热炉或其他预热炉对升液管预先加热到600℃左右后才能使用。

由于在浇注过程中升液管长时间浸泡在金属液中，受到金属液的侵蚀，为了提高使用寿命，可采用表9-14的措施来提高其使用寿命。

表9-14　提高升液管使用寿命的措施

序号	措施	材料和工艺方法	
		材料	工艺
1	表面涂层	Al_2O_3陶瓷层	等离子喷涂
2	液体渗铝	见表9-16坩埚液体渗铝处理	
3	硫化处理	将铸铁升液管表面去油，在碘酒溶液中浸泡6h后晾干，再于140℃的熔融硫中浸泡3h，最后于200℃温度下退火3h	

（2）坩埚的准备　坩埚在使用前也应进行仔细检查，特别是对于采用坩埚加压密封式的坩埚，坩埚内壁受金属液腐蚀较深时，需更换坩埚。对坩埚内的氧化皮及金属液夹渣等杂物应清理干净，并进行预热和刷涂料。反重力铸造铸型、升液管和坩埚用涂料见表9-15。延长保温坩埚使用寿命的措施见表9-16。

表 9-15　反重力铸造铸型、升液管和坩埚用涂料

序号	成分（质量分数,%）												应用
	二氧化钛	氧化锌	碳酸镁	滑石粉	石墨粉	硼酸	硼砂	黏土	铝矾土	糖浆	水玻璃	热水	
1	—	7	—	7	—	—	5.7	—	—	—	—	余量	铝合金
2	—	—	55	—	—	—	—	—	—	—	—	余量	铝合金
3	—	—	—	—	—	—	—	2	90	8	—	—	铸铁
4	—	—	—	—	87	—	—	8	—	5	—		铸铁
5	—	—	7	—	—	3	—	—	—	—	3	余量	镁合金
6	3	5	—	—	—	—	—	—	—	—	5	余量	铝合金

表 9-16　延长保温坩埚使用寿命的措施

措施	原理	工艺要点
外表面喷铝后进行高温均匀化退火处理	高温均匀化退火后，可使表面形成抗高温氧化的铝铁合金和 Al_2O_3 层	1）外表面喷砂处理 2）用金属喷枪借助氧乙炔焰的高温熔化铝丝喷涂，控制厚度为0.5～0.8mm 喷涂参数：乙炔压力为0.05～0.08MPa 氧气压力为0.08～1.2MPa 空气压力为0.45～0.5MPa 3）均匀化处理 炉温由400～500℃升至1000℃，保温40～50min，随炉冷却至400～500℃，渗铝层厚度为0.1～0.13mm
坩埚液体渗铝处理	外表面经铝液浸渗后，可使表面形成抗高温氧化的铝铁合金和 Al_2O_3 层	1）外表面喷砂处理 2）液体渗铝 ① 于150℃温度下，在坩埚内表面涂上一层由 ω（耐火泥）97% +ω（水玻璃）3%组成的保护层 ② 将由 ω(Al)90% +ω(铁屑)8%组成的渗铝剂加热熔化至840～860℃，待渗 ③ 将预热至350～400℃的坩埚浸入50mm深的渗铝剂中 ④ 降温至780℃ ±10℃时保持50min，然后将坩埚提起冷至室温，并除掉外表面多余的铝糊后，涂上一层水玻璃加黄砂的保护层，自然冷却24h 3）均匀化处理 ① 于300～400℃入炉，升温至1000℃ ±20℃，保温5h ② 随炉冷却至600℃以下出炉空冷

2. 铸型的准备及固定

对于金属型，采用专用工具（如铜丝刷、扁铲等）将铸型内腔清理干净。要细致，不能损坏铸型。用燃气、专用电阻加热元件或台车炉把铸型预热到150～200℃，均匀喷上一层0.2～0.5mm厚的涂料。涂料可采用与金属型有关涂料或表9-15中的涂料。喷完涂料后对铸型继续加热，加热温度见表9-17。

表 9-17　反重力铸造的铸型加热温度（单位：℃）

铸型类别	一般铸件	薄壁复杂铸件	金属型芯
金属型	200～300	250～320	250～350
干砂型	60～80	80～120	150～250（冷铁）
石膏型	180～200	200～250	—

对于树脂砂型，组型或合型前可采用醇基涂料预热或采用火焰喷灯对型腔表面进行预热。对于湿型砂，应在合完型后立即浇注，不能长时间放置。对于壳型也要按要求进行预热。

反重力铸造时铸型将承受一定的向上压力，因此需要对铸型进行固定，可采用铸型顶部放置压铁或采用螺栓固定的方式。

3. 设置工艺参数完成浇注过程

根据铸件工艺要求，选择合适的反重力铸造工艺，然后根据铸件壁厚、铸型材料、型腔复杂程度、合金种类等，设置所需的浇注工艺参数，在计算机的控制下完成反重力铸造浇注过程。

4. 开型取件

待铸件完全凝固即可卸压取件，并对铸件进行清理。

5. 操作过程注意事项

反重力铸造的浇注过程是在一定的气体压力作用下完成的，所以生产中的安全问题应该引起高度重视。在操作过程中需要注意以下事项。

(1) 剩余金属液重量的控制　浇注最后一个铸件时，在充型和增压后必须保证升液管下端埋入金属液中，其深度为100～150mm。对于敞开式低压浇注(铸型顶部不封顶或存在敞开的通气孔、冒口等)，尤其要注意这个问题。因为金属液过少，则可能在充型未结束时，升液管下端已暴露在金属液面之上，俗称“脱空”，压缩空气就会通过升液管直接进入铸型型腔，引起金属液从冒口顶部喷射出来，造成人身事故。为了防止事故发生，必须准确计算所需金属液的重量。金属液的重量应包括铸件重量、浇（冒口）系统重量、升液管内金属液重量和剩余金属液重量。

(2) 液面悬浮的使用　比较先进的反重力低压铸造设备都带有液面悬浮功能。所谓“液面悬浮功能”就是使金属液在浇注每个铸件之前，都能保持在升液管口附近，目的是为了保持浇注每个铸件时工艺参数的同一性。但在不使液面悬浮系统过于复杂的情况下，悬浮功能大多采用气压悬浮，一方面要求定值气压控制非常可靠，另一方面要求非常准确地计算出悬浮压力。否则，打开铸型时，很容易出现“井喷”，造成人员伤亡事故。为此，需要指出，使用液面悬浮功能要非常慎重，除非有十分的把握。

(3) 铸型（模板）的密封　反重力铸造时，无论使用的是砂型、金属型，还是熔模精密铸造型壳或石膏型，浇注之前对铸型所承受的压力必须做到心中有数。金属型反重力铸造中，因为有专门的铸型锁紧机构，所以，一般情况下是比较安全的。砂型反重力铸造中，由于自由分型面的存在，需要特别注意各箱之间的密封锁紧，否则很容易出现跑火事故。对于熔模精密铸造型壳或石膏型，虽然不存在分型面，但型壳本身的耐压能力有限，需要进行特别保护。

(4) 设备的密封环节　反重力铸造设备的密封环节包括保温炉进料口的密封、升液管与工作台的密封、升液管与铸型之间的密封等。其中，进料口的密封和升液管与铸型之间的密封尤为重要，涉及安全问题。其他密封会影响到液面加压系统的控制精度。

9.3.2 浇注工艺参数的设定

1. 低压铸造、差压铸造及调压铸造工艺参数设定

对于反重力铸造来说，虽然建立压差的方式存在差异，但是对于最终建立的压差-时间曲线来说是一致的。典型的反重力铸造浇注过程压差-时间曲线如图9-57所示。曲线可分为升液阶段、充型阶段、结壳增压阶段、结壳保压阶段、结晶增压阶段、结晶保压阶段以及卸压阶段7个不同工艺阶段。压差-时间曲线可采用升液压力、升液速度、充型压力、充型速度、结壳增压压力、结壳增压速度、结壳保压时间、结晶增压压力、结晶增压速度、结晶保压时间10个工艺参数来表示，见表9-18。此外，针对不同的反重力铸造工艺、铸件结构以及合金种类，反重力铸造工艺参数通常还需设定同步压力、熔体密度以及阻力系数3个参数。

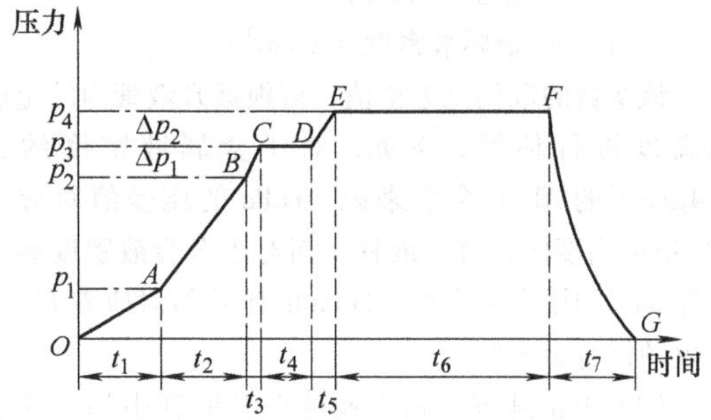

图9-57　典型的反重力铸造浇注过程压差-时间曲线

表9-18　反重力浇注过程各阶段参数

阶段		压差/kPa	速度/(mm/s)	时间/s
浇注过程各个阶段	*OA* 升液阶段	升液压差（p_1）	升液速度（v_1）	t_1
	AB 充型阶段	充型压差（p_2）	充型速度（v_2）	t_2
	BC 结壳增压阶段	结壳增压压差（Δp_1）	结壳增压速度（v_3）	t_3
	CD 结壳保压阶段	—	—	结壳时间（t_4）
	DE 结晶增压阶段	结晶增压压差（Δp_2）	结晶增压速度（v_4）	t_5
	EF 结晶保压阶段	—	—	结晶时间（t_6）
	FG 卸压阶段	趋于零	—	t_7

有时，如果铸件在高度方向上的截面变化较大，用户往往会在充型过程中设置不同的浇注速度，这时充型阶段将对应多段充型速度和充型压力参数。

反重力铸造浇注过程中坩埚内金属液面的变化情况如图 9-58 所示。

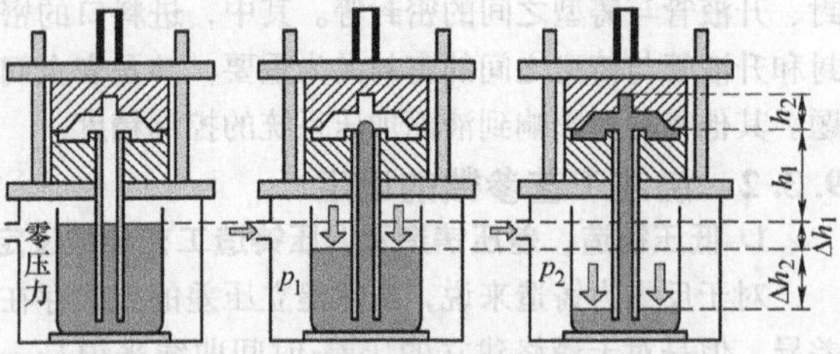

图 9-58　反重力铸造浇注过程中坩埚内金属液面的变化情况

（1）升液压力　指坩埚中的合金液沿升液管上升到管口处所需的压力值。由于升液管截面面积大，流动阻力小，可根据式（9-1）进行计算。

$$p_1 = \rho(h_1 + \Delta h_1) \times 9.8 \times 10^{-3} \tag{9-1}$$

式中　p_1——升液压差（kPa）；

h_1——升液管口距坩埚中金属液面的高度（mm）；

Δh_1——升液阶段坩埚中金属液面的下降高度差值（mm）；

ρ——金属液密度（g/cm^3）。

该参数的取值是近似值，可根据升液管内的金属液高度进行估算。例如，对于金属液密度约为 $2.4g/cm^3$ 的 Al-Si 合金来说，1kPa 的压差值对应着 42.5mm 高度的铝合金液柱，而对于合金液密度约为 $1.7g/cm^3$ 的镁合金来说，1kPa 的压差值对应着 60mm 高度的镁合金液柱。

（2）升液速度　指金属液在升液管中的平均上升速度。一般情况下，为使金属液能平稳缓慢地上升，升液速度不宜过大。升液速度可根据式（9-2）进行计算。

$$v_1 = \frac{p_1}{\rho t_1} K \times 102 \tag{9-2}$$

式中　v_1——升液速度（mm/s）；

ρ——合金液密度（g/cm^3）；

t_1——升液时间（s）；

K——阻力系数，$K = 1 \sim 1.5$，K 的取值与合金液黏度、铸型型腔复杂程度等有关，阻力小时取下限，阻力大时取上限；

102——单位换算常数。

升液速度的取值不能过大，否则容易造成充型不平稳现象。该参数的取值应略微低于充型速度。

（3）充型压差　指充型阶段金属液上升至铸型型腔顶部时所需的压差值。该值由铸型型腔顶部距离坩埚中金属液面的高度来确定，可按式（9-3）进行计算。

$$p_2 = \rho(h_1 + \Delta h_1 + h_2 + \Delta h_2) \times 9.8 \times 10^{-3} \tag{9-3}$$

式中　h_2——升液管口处距离铸型型腔顶部的高度值（mm）；

Δh_2——充型阶段坩埚中金属液面的下降高度差值（mm）。

与升液压差类似，该参数的取值也只能是近似的。在反重力铸造充型过程中，铸件截面尺寸往往变小，并且由于金属液的凝固，黏度增大，流动阻力增大，因此在设定充型压差时需要在计算的理论值上略增加一点。需要指出的是，该参数取值太小，会造成欠铸；取值太大，有可能导致粘砂，甚至破坏铸型。对于小件，可在理论计算值上增加 2～5kPa；对于大件，可增加 4～10kPa。

对于未使用触点信号的控制系统或由于种种原因没有接通型顶触点的情况，充型压差的设置是非常重要的。这是由于计算机在参与控制时，需要根据此值判定熔体已到达型顶，并开始进入结壳增压阶段或保压阶段。对于设有液面触点信号参与控制的系统，该值的设置只需大于实际值即可。

（4）充型速度　指金属液在浇注系统和铸型型腔中的平均上升速度，可按式（9-4）计算。

$$v_2 = \frac{p_2 - p_1}{\rho t_2} K \times 102 \tag{9-4}$$

式中　p_1、p_2——升液压力和充型压力（kPa）；

t_2——充型时间（s）。

充型速度是反重力铸造浇注过程的一个重要工艺参数，其取值对铸件质量至关重要，取值太大，会造成充型不平稳，引起金属液飞溅或憋气；取值太小，会造成冷隔或欠铸。充型速度的大小可由浇注系统、铸件的复杂程度、金属液的流动阻力及铸件壁厚等因素来确定。对于薄壁复杂铸件可采用较快的充型速度，而对于厚壁、结构简单的铸件可采用较慢的充型速度。该工艺参数的取值应针对具体铸件进行摸索。

（5）结壳增压压差　指为了使铸件在一定的压力下结壳而提供的压差增量，也就是在熔体充满型腔的基础上，再增加一定的压差，使金属液在压力下结壳的同时，使得铸件某些薄壁及排气不畅处进一步充型，获得轮廓完整的铸件。结壳增压压差 $\Delta p_1 = p_3 - p_2$。对于砂型铸件，该参数取值不能太大，否则会出现粘砂现象，甚至会使铸型发生变形。该参数通常取3~5kPa。

（6）结壳增压速度　指提供结壳增压压差所使用的速度。该参数的取值一般为2~4kPa/s。

（7）结壳保压时间　指从充满铸型到铸件表面凝固结壳所需要的时间，单位为s。该参数取值太大，会使铸件表面结壳太厚，甚至使铸件处于糊状凝固阶段，影响凝固补缩，最终导致出现缩松、微缩松。一般情况下，控制在2~5s之间。

（8）结晶增压压差　指结壳结束后，在结壳压力的基础上再增加一定的压力，使金属液在压力下结晶凝固。在铸件凝固过程中施加一定的压力，可使金属液在压力作用下经升液管、浇注系统不断地对铸件进行补缩，可有效消除缩孔、缩松，提高组织的致密度。结晶增压压差 $\Delta p_2 = p_4 - p_3$，增加的压力越大对铸件的质量越有利。对于金属型或型壳强度高且铸型固定可靠的铸件，在保证设备安全运行的情况下，增压压差可尽可能的高。对于砂型铸件，通常选5~20kPa即可。结晶增压压差的选择可参考表9-19，并通过试验修正。

表9-19　结晶增压压差的选择

铸件结构特征	铸型种类	增压压差/kPa
复杂薄壁	湿砂型、金属型	略高于充型压力5~15
厚壁	干砂型	≤25
厚壁并有特殊要求	金属型、石墨型	20~50

（9）结晶增压速度　该参数的取值与结壳增压速度相同。对于薄壁铸件和金属型铸件，由于凝固速度快，增压速度可选择高些；对于砂型或厚壁铸件，增压速度可选择低些。

（10）结晶时间　指铸件完成结壳凝固后，最终完全凝固所需要的时间。结晶时间长短与金属液浇注温度、铸件结构及壁厚、铸型条件等诸多因素有关，一般以金属液凝固后浇道残留长度20~50mm为宜。该参数取值太小，铸件不能完全凝固，过早的泄压会导致铸件组织不致密，达不到补缩目的；取值太大，会使升液管冻结，影响工作效率。该参数的具体取值可在大致计算铸件凝固时间的基础上，结合经验予以修正。

（11）同步压力　指采用上下压室的反重力铸造设备，在浇注前，上下压室处于互通状态时所建立的相同压力。对于差压铸造来说，同步压力为正压，而调压铸造时，同步压力则为负压。

1）差压铸造时，型腔内的金属液凝固时除受到上下压室之间的压差作用外，还受到上压室的同步压力作用。同步压力越大，对铸件力学性能的提高越有利，但过高的同步压力会给设备结构及安全性带来很多问题。同步压力与铸件壁厚、铸型类型以及合金结晶特性等因素有关，一般取0.3~1.0MPa。生产上经常根据合金种类而定，共晶合金取0.3~0.4MPa，固溶体合金取0.6~0.8MPa，N_2的质量分数为0.6%的合金钢结晶压力可达1.2~1.6MPa。

2）调压铸造时，同步压力为负压，其大小可根据铸件的壁厚、结构复杂程度以及铸型的种类来选择。当铸件壁厚≤1mm时，同步压力 $p \leq -0.08\text{MPa}$；1mm≤铸件壁厚≤2mm时，$-0.08\text{MPa} \leq p \leq -0.07\text{MPa}$；2mm≤铸件壁厚≤5mm时，$-0.07\text{MPa} \leq p \leq -0.06\text{MPa}$。铸件壁厚指大部分主要的壁厚，对于复杂铸件，真空度取下限，简单铸件反之。建立同步压力完成后，为有利于型腔中气体的排除和金属液除气，应维持同步压力3~5min后再进行浇注。

（12）熔体密度　指所浇注金属液的密度。由于不同的合金对应的金属液密度不同，相应的一定压力所对应的金属液压头高度也就不同。设置此参数，可使设备具有较广的适用性。

（13）阻力系数　金属液流动时的阻力系数，通常取值在1.0~1.5之间。该参数主要是考虑铸型型腔的复杂程度以及金属液的流动能力而设定的。对于相同的充型高度，型腔越复杂，需要的压力越大，所以铸件越复杂，该参数取值越大。对于金属基复合材料以及浇注温度较低的金属液，该参数取值应大。

2. 工艺参数设置规范

对于低压铸造、差压铸造和调压铸造，工艺参数的设置需要根据铸件壁厚、铸件结构、铸型类型、合金种类以及浇注温度等诸多因素进行综合考虑。表9-20列出了反重力铸造工艺参数设置规范。对于具体的铸件，有时需要根据具体情况进行反复试验，才能确定最优的工艺参数。

3. 真空吸铸工艺参数

真空吸铸时对于小型简单件不用设置工艺参数，只需控制吸铸真空度直接进行吸铸浇注，而对于复杂且壁厚差异较大的铸件，往往采用真空吸铸结合低压铸造的方法来生产。

表9-20 反重力铸造工艺参数设置规范

应用范围	工艺参数设置规范	说明
金属型薄壁铸件	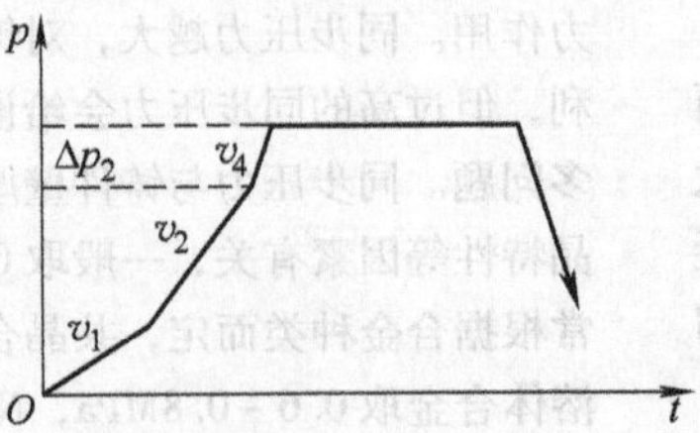	对于金属型来说，可以省去结壳阶段，一般工艺参数可设置为： 升液 $v_1=50\sim100$mm/s 充型 $v_2=80\sim180$mm/s 结晶增压速度 $v_4=3\sim5$kPa/s 结晶增压压差 Δp_2：一般为20～50kPa，如有特殊要求，可以增大至50～100kPa
金属型厚壁铸件	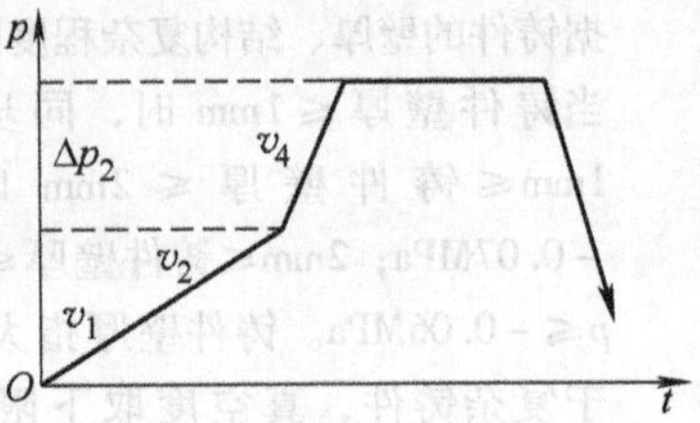	充型速度不要求太快，充型速度可采用升液速度： $v_1=v_2=50\sim150$mm/s 结晶增压速度 $v_4=3\sim5$kPa/s 结晶增压压差 Δp_2：一般为50～80kPa，如有特殊要求，可以增大至80～150kPa
薄壁砂型	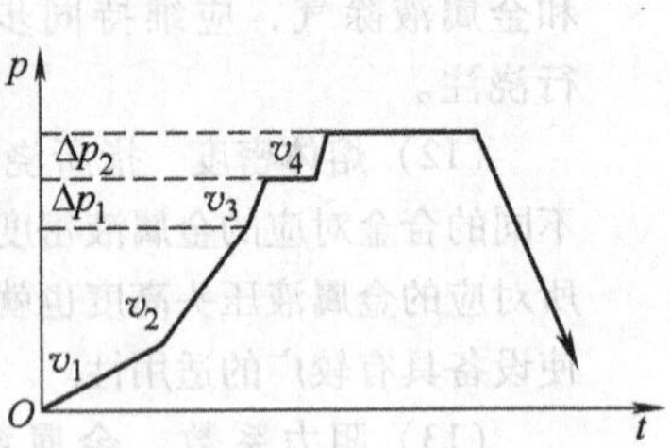	$v_1=50\sim100$mm/s $v_2=80\sim150$mm/s $v_3=2\sim4$kPa/s；$v_4=2\sim4$kPa/s 结壳增压压差 $\Delta p_2=1\sim3$kPa 结晶增压压差 $\Delta p_2=5\sim20$kPa 干砂型结晶增压压差取上限，湿砂型结晶增压压差取下限
厚壁干砂型	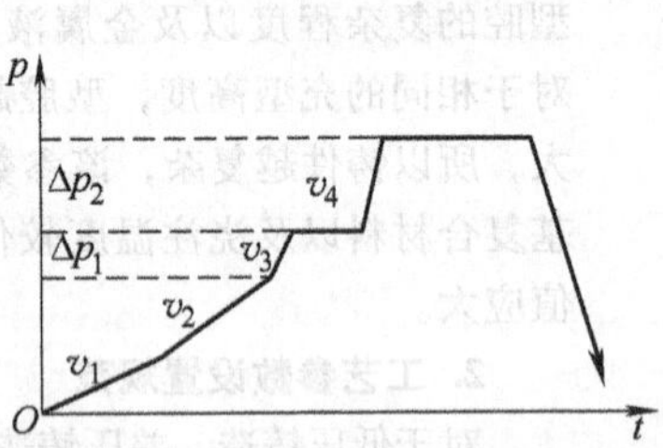	$v_1=20\sim80$mm/s；$v_2=20\sim80$mm/s $v_3=1\sim3$kPa/s；$v_4=1\sim3$kPa/s 结壳增压压差 $\Delta p_1=2\sim5$ kPa 结晶增压压差 $\Delta p_2=10\sim40$kPa 干砂型结晶增压压差取上限，湿砂型结晶增压压差取下限
一般简单小件	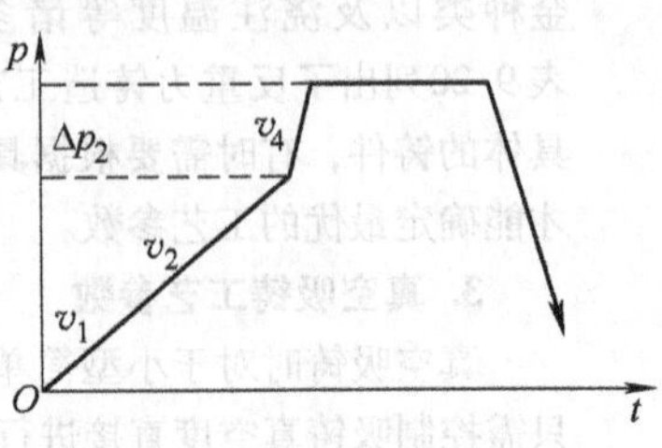	升液和充型可采用一种速度，也可视铸件的结构和铸型种类参照上列5种情况而定

(1) 铸件最大理论吸铸高度　由于真空吸铸是靠大气压力把金属液吸入铸型，因此吸铸高度有一个最大理论值，称为铸件最大理论吸铸高度，按式(9-5)计算。

$$h_{max} = 760 \times 13600/\rho \qquad (9\text{-}5)$$

式中 h_{max}——铸件最大理论吸铸高度（mm）；

760——无反压力时管内水银上升高度（mm）；

13600——水银密度（kg/m^3）；

ρ——金属液密度（kg/m^3）。

几种合金的最大理论吸铸高度见表9-21。

表9-21 几种合金的最大理论吸铸高度

合金	密度/(kg/m^3)	吸铸最大高度/mm
纯铜	8900	1160
锡青铜	8700	1188
黄铜	8600	1202
锌基合金	6000	1723
铝铜合金	2900	3654
铝硅合金	2500	4134

（2）吸铸真空度 真空吸铸时，铸型型腔内的真空度由形成铸件的高度来决定。理论真空度的计算公式如下：

$$p_v = 133.3h\rho/13600 \qquad (9\text{-}6)$$

式中 p_v——理论真空度（Pa）；

h——铸件预定吸铸高度（mm）；

ρ——金属液密度（kg/m^3）；

13600——水银密度（kg/m^3）；

133.3——计算单位Pa的换算值。

吸铸不同高度的理论真空度见表9-22。式（9-6）没有考虑金属液的流动性、建立真空的速度、测量仪表的误差等影响吸铸真空度的因素。因此，实际生产中应通过试验来修正所需的真空度。

表9-22 吸铸不同高度的理论真空度

铜合金 $\rho=8700$（kg/m^3）		锌合金 $\rho=6000$（kg/m^3）		铝合金 $\rho=2700$（kg/m^3）	
L/mm	p_v/Pa	L/mm	p_v/Pa	L/mm	p_v/Pa
100	8532	100	5862	100	2666
200	17062	200	11730	200	5332
300	25594	300	17596	300	7865
400	34125	400	23461	400	10531
500	42656	500	129326	500	13197
600	51187	600	35191	600	15863
700	59718	700	41056	700	18529
800	68249	800	46922	800	20523
900	76781	900	52787	900	23727
1000	85312	1000	58652	1000	26393

（3）吸铸温度 真空吸铸有利于铸型中气体的排出，抑制紊流及卷气的产生，使得金属液的充型能力明显提高。因此，真空吸铸时，金属液的吸铸温度可比一般铸造的浇注温度低一些。

（4）型壳强度和透气性 真空吸铸时型壳承受的压力比重力浇注时要高1~2倍，因此吸铸时必须用高温强度较高的型壳，否则很可能在吸铸过程中发生型壳爆裂，不但得不到完好的铸件，还会损坏设备。所以，真空吸铸最好选用高温、高强度的硅溶胶型壳或硅酸乙酯型壳。但某些提高型壳高温强度的措施，也往往提高了型壳的残留强度。在生产薄壁复杂铸件时，一方面希望型壳有足够的高温强度，另一方面又希望型壳有良好的溃散性，便于脱壳和清理铸件。因此，在确保不吸爆的条件下，也不宜追求过高的型壳强度。

型壳透气性直接影响吸铸时型壳内部空气被抽出的快慢，从而影响金属液充型速度及吸铸工艺的稳定性，因此真空吸铸时最好选用透气性较好的型壳。此外，对于型腔结构复杂、透气性较差的型壳，可在型壳的顶部扎细小的通孔，并在通孔外部设置激冷砂或冷铁等，然后再进行真空吸铸。

9.3.3 反重力铸造工艺的应用

（1）金属型低压铸造铝缸盖 缸盖是发动机上的重要零件，形状复杂，要求组织致密，针孔度1~2级，在承受密封试验时不得渗漏。由于该零件生产批量较大，多采用金属型低压铸造来生产，其形状如图9-59所示。平均壁厚为5mm，要求耐压600kPa，重量为10.5kg，材质为ZL104。缸盖的金属型低压铸造浇注系统如图9-60所示。铝缸盖金属型低压铸造浇注工艺参数见表9-23。采用金属型低压铸造缸盖质量完全达到技术条件的要求。

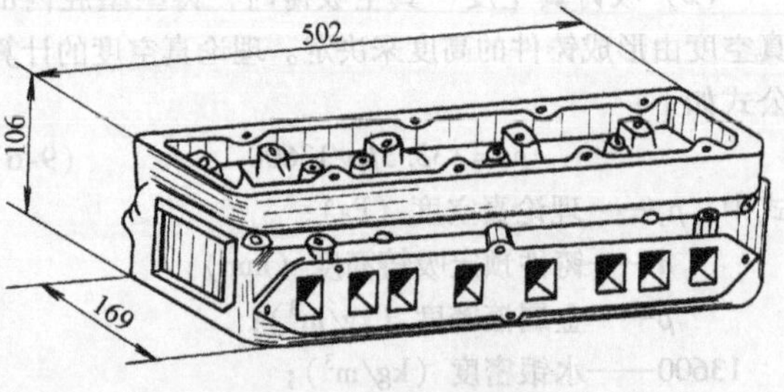

图 9-59 缸盖的形状

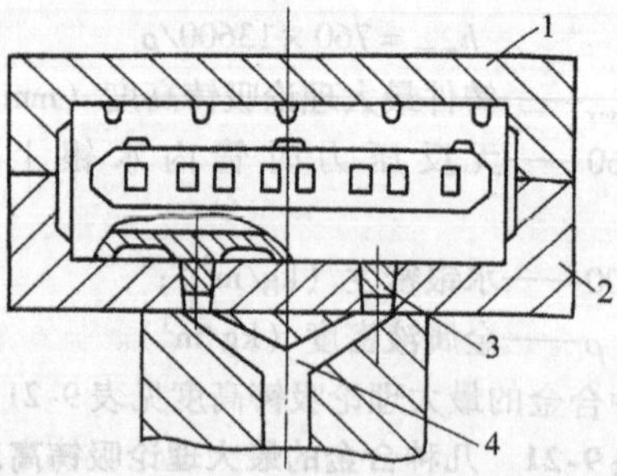

图 9-60 缸盖的金属型低压铸造浇注系统

1—上型 2—下型 3—过滤网 4—浇道

表 9-23 铝缸盖金属型低压铸造浇注工艺参数

名称	升液速度/(mm/s)	充型速度/(mm/s)	结晶增压压差/kPa	结晶增压速度/(kPa/s)	结晶时间/s	浇注温度/℃	铸型温度/℃
参数	80	80 ~ 120	40	3	300 ~ 360	710 ± 10	上模：200 ~ 250 下模：300 ~ 350

(2) 石膏型低压铸造铝叶轮 叶轮铸造工艺图如图 9-61 所示。叶轮净重为 3.5kg，直径为 520mm，叶轮正面有 48 条长短的肋，肋厚为 2mm，叶轮背面为平面，针孔度为 2 级，材料为 ZL203。叶轮铸型如图 9-62 所示。其浇注工艺参数见表 9-24。采用石膏型低压铸造，铸出的叶轮轮廓清晰，尺寸精确，符合图样要求。

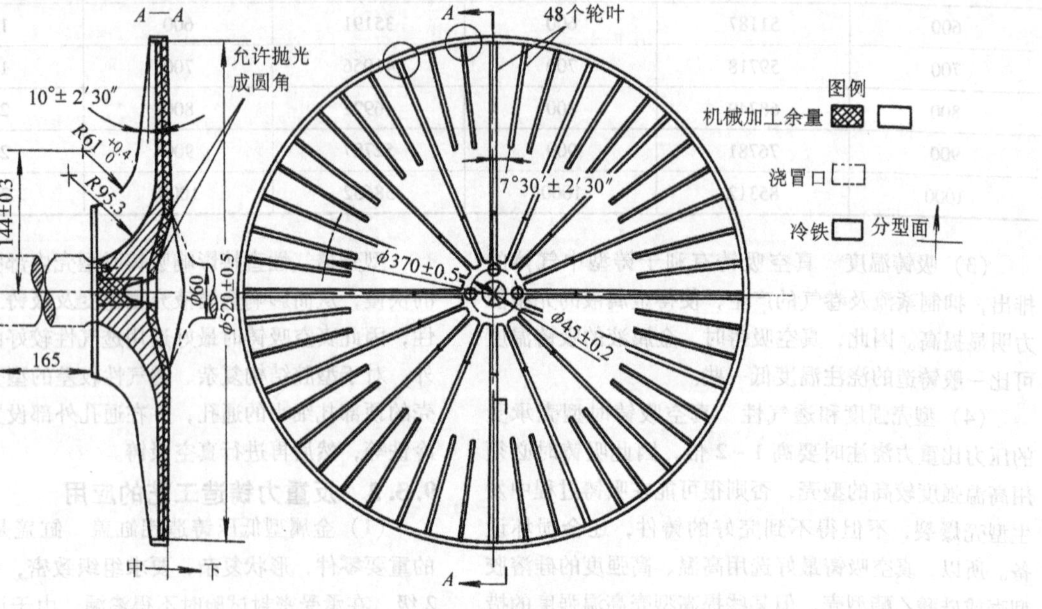

图 9-61 叶轮铸造工艺图

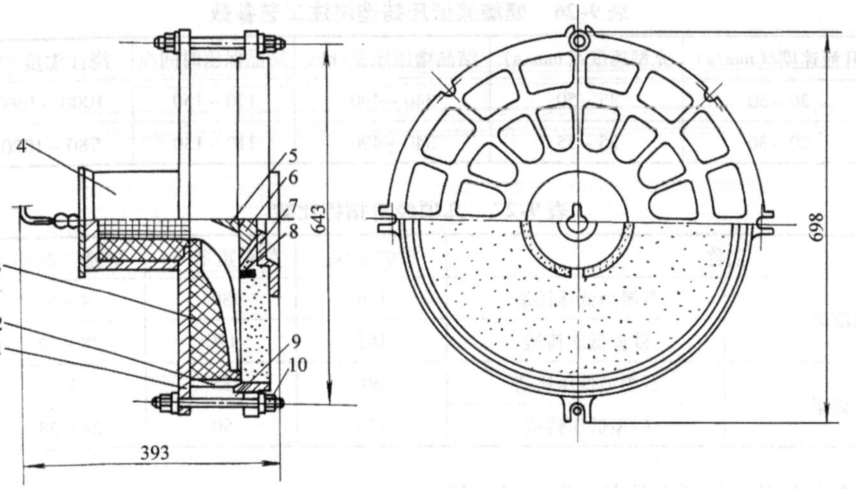

图 9-62　叶轮铸型

1—盖板　2—浇注阀　3—石膏型　4—冒口　5—冷芯　6—冷铁
7—浇口板　8—钉子　9—底箱　10—螺栓

表 9-24　叶轮石膏型低压铸造浇注工艺参数

名称	升液速度/(mm/s)	充型速度/(mm/s)	结晶增压速度/(kPa/s)	结晶增压压差/kPa	保压时间/s
参数	60	120	2～3	15～20	100

(3) 低压铸造铜合金螺旋桨　螺旋桨是舰船主机功率转变成推进力的直接换能装置，是舰船推进的关键部件。因此，对螺旋桨的性能要求高：工作效率高、耐蚀性好、能抗水流空泡剥蚀、几何尺寸精确、重量分布均匀、机械强度高、制造和修补性能好。采用重力铸造往往不能满足高性能要求，可采用低压铸造进行生产。在大批量生产中，广泛采用石墨型或金属型低压铸造工艺，对于单件、小批量及大中型螺旋桨生产，则往往采用砂型低压铸造工艺。

甲乙两种螺旋桨，材质为铜合金，主要结构参数见表 9-25。甲种螺旋桨的结构如图 9-63 所示。螺旋桨低压铸造浇注工艺参数见表 9-26。可采用砂型和石墨型两种铸型，两种铸型的低压铸造几项经济指标见表 9-27。由表 9-27 可见，石墨型低压铸造优于砂型低压铸造。

表 9-25　甲、乙两种螺旋桨主要结构参数

名称	主要参数					材料牌号	重量/kg
	直径 D/m	螺距 P/m	螺距比 P/D	盘面比 A_a/A_b	叶数 z		
甲种螺旋桨	0.638	0.791	1.24	1.15	3	ZCuZn23Al5Mn2Fe2	43.2
乙种螺旋桨	0.65	0.515	0.79	0.55	4	ZCuZn40Mn3Fe1	28

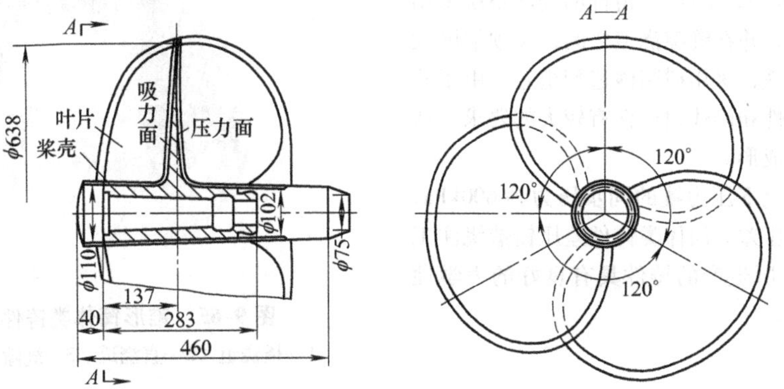

图 9-63　甲种螺旋桨的结构

表 9-26　螺旋桨低压铸造浇注工艺参数

名称	升液速度/(mm/s)	充型速度/(mm/s)	结晶增压压差/kPa	结晶保压时间/s	浇注温度/℃	铸型温度/℃
甲种螺旋桨	30~50	35~50	340~490	120~150	1000~1060	150~200
乙种螺旋桨	20~30	25~35	340~490	110~130	980~1020	150~200

表 9-27　几项经济指标比较

名称		投炉量/kg	铸件重量/kg	铸造工时/h	机械加工工时/h
甲种螺旋桨	石墨型低压铸造	120	80	4~6	300
	砂型低压铸造	185	120	28~32	400
乙种螺旋桨	石墨型低压铸造	50	35	2	50
	砂型低压铸造	120	50	24~28	150

（4）金属型低压铸造摩托车轮毂　WM1.6×18型摩托车轮毂铸件外径为480mm，高度为60mm，轮辋平均壁厚为10mm，前轮毛重5.5kg，后轮毛重6.5kg，材质为ZL101A合金。该铸件适合低压铸造，从轮毂部引入浇道，无须横浇道和内浇道，如图9-64所示。其浇注工艺参数见表9-28。

采用低压铸造生产的轮毂，其质量明显高于砂型或一般金属型铸造的轮毂，而且径向冲击、旋转弯曲疲劳、径向载荷疲劳和扭转疲劳试验全部达到我国摩托车轻合金轮毂质量控制条例的要求。

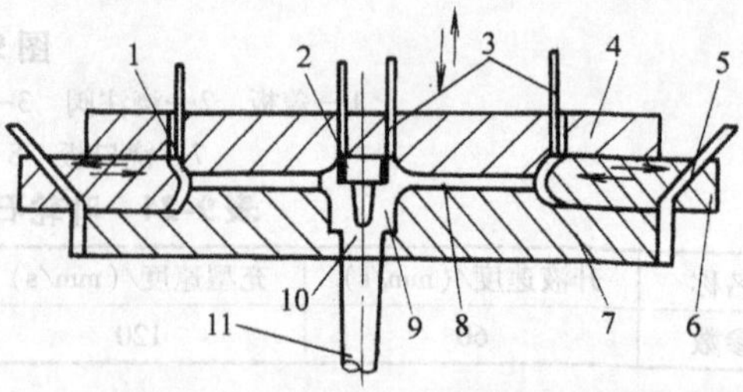

图 9-64　WM1.6×18 型摩托车轮毂低压铸造工艺图

1—车轮轮毂　2—刹车圈（镶件）　3—顶出杆　4—上模　5—左右模开合斜销　6—左右模　7—下模　8—轮辐　9—轮毂　10—直浇道　11—升液管

表 9-28　轮毂低压铸造浇注工艺参数

升液速度/(mm/s)	充型速度/(mm/s)	充型压力/kPa	结晶增压压差/kPa	结晶增压速度/(kPa/s)	结晶保压时间/s	铸型温度/℃	浇注温度/℃
40~60	60~100	60	55	3	80	350±20	690~720

（5）差压铸造筒体类铸件　锥形筒体类铸件铸造工艺图如图9-65所示。底端直径为1056mm，顶端部分直径为520mm，高度为1050mm，铸件平均壁厚度为15mm，材质度为ZL205A。铸件的浇注系统采用了缝隙式浇注系统，并在缝隙浇道之间以及顶端厚大部位设置了成形冷铁，采用树脂砂造型组芯。由于铸件较厚，且对致密性和筒体耐压性有较大的要求，适合采用差压铸造法成形。

差压铸造时，上下压力罐的同步压力为600kPa，采用上排气式建立压差。筒体类铸件差压铸造浇注工艺参数见表9-29。所生产的铸件具有良好的力学性能和较高的成品率。

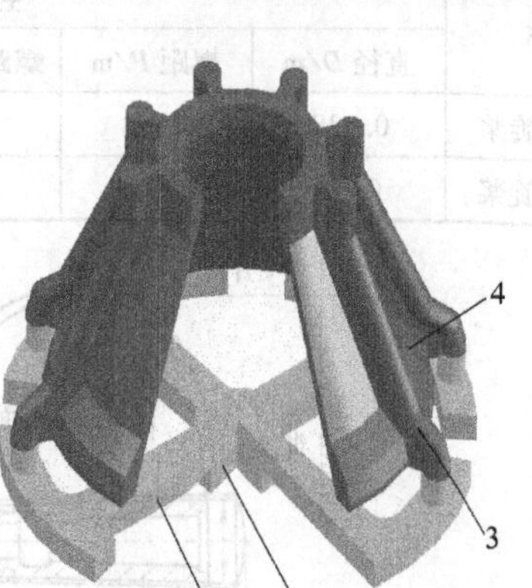

图 9-65　锥形筒体类铸件铸造工艺图

1—横浇道　2—直浇道　3—缝隙式浇道　4—铸件

表9-29　筒体类铸件差压铸造浇注工艺参数

升液速度/(mm/s)	充型速度/(mm/s)	结壳增压速度/(kPa/s)	结壳增压压差/kPa	结壳时间/s	结晶增压速度/(kPa/s)	结晶增压压差/kPa	结晶保压时间/s
30	40	1	5	3	2	30	360

（6）真空吸铸涡轮盘　某蒸汽机车上的涡轮盘，外廓直径为307.5mm，有24个叶片，叶片排气边厚度为0.9mm，材料为1Cr18Ni9Ti㊀不锈钢。铸型采用硅酸乙酯-刚玉陶瓷型。涡轮盘的浇注系统如图9-66所示。金属液具有较好的充填和补缩效果，充型完成后，不需要保压，可以立即提升铸型，让直浇道的金属液全部回流熔池。

真空吸铸工艺参数见表9-30。真空吸铸涡轮盘的力学性能见表9-31。

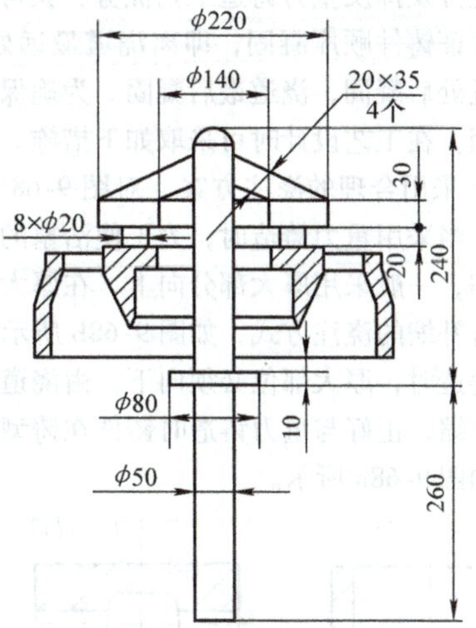

图9-66　涡轮盘的浇注系统

表9-30　真空吸铸工艺参数

型壳温度/℃	吸铸室负压/kPa	吸铸合金温度/℃	吸铸数量/个	吸铸结果
800	54	1580	8	铸件100%合格

表9-31　真空吸铸涡轮盘的力学性能

图样要求与结果	热处理	抗拉强度 R_m/MPa	下屈服强度 R_{eL}/MPa	断后伸长率 A(%)	断面收缩率 Z(%)
图样要求	1050℃固熔	>440	176	25	32
实际结果	铸态	499	177	56	47
	1050℃固熔	511	183	53	61.4

9.4　铸件工艺设计

9.4.1　铸件的凝固顺序及补缩

1. 反重力铸造过程的补缩特点

浇注过程金属液自下而上完成。由于金属液在型腔内流动时存在热量损耗，使得铸件中的温度场分布具有远离浇注系统温度低、靠近浇注系统温度高的特点。铸件凝固是自上而下，浇口最后凝固，具有顺序凝固的趋势，如图9-67所示。这是反重力铸造最基本的规律。

反重力铸造过程的补缩与普通铸造过程的补缩方法不同。普通铸造过程通常采用冒口补缩，即在铸件厚大部位安放冒口，保证冒口中的金属液最后凝固，并能通过补缩通道实现对铸件的补缩。而反重力铸造是通过铸件的浇注系统加压，由浇注系统实现对铸件

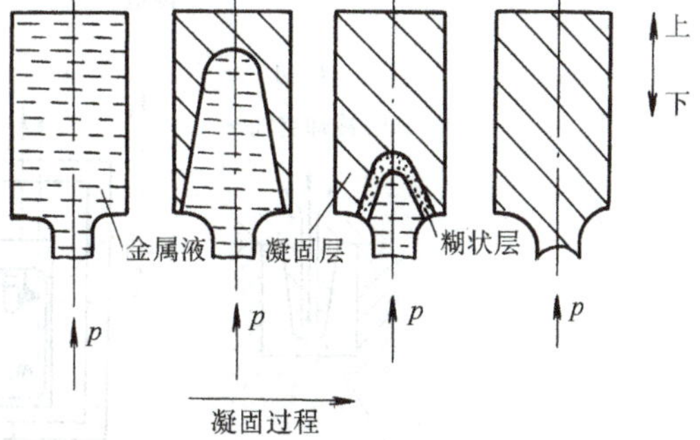

图9-67　反重力铸造铸件凝固过程

㊀ 为非标准用材料。

凝固过程的补缩。因此，在反重力铸造过程中，浇注系统同时起着补缩冒口的作用，这也是反重力铸造铸件工艺设计的特殊之处。

2. 铸件的顺序凝固控制

为充分发挥反重力铸造工艺优势，获得致密的铸件，应保证铸件顺序凝固，即离浇道最远处先凝固，离浇道近处后凝固，浇道最后凝固。为确保铸件得到顺序凝固，在工艺设计时可采取如下措施。

（1）采用合理的浇注方案 对图9-68所示的活塞铸件，当采用重力铸造时，为了使活塞的厚大部位得到补缩，一般采用厚大部分向上，在厚大部位设置冒口进行补缩的浇注方式，如图9-68b所示。当采用反重力铸造时，厚大部位必须向下，由浇道对厚大部位进行补缩，正好与重力铸造时铸件在铸型中的位置相反，如图9-68a所示。

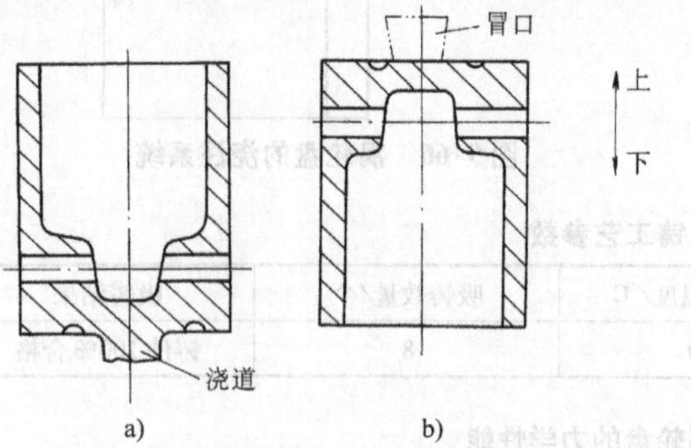

图9-68 活塞铸件在铸型中的位置

a）反重力铸造时浇注位置 b）重力铸造时浇注位置

（2）创造铸件顺序凝固的条件 对一些壁厚比较均匀的铸件，可通过上、下不同的机械加工余量，使铸件毛坯壁厚上薄下厚，以利于顺序凝固。砂型铸造时采用上、下厚度不同的冷铁，金属型铸造时可采用热导率不同的金属材料，以保证铸件的顺序凝固。

对于壁厚差异很大的特殊结构铸件，往往需要采用特殊的办法对铸件的温度场分布进行控制，达到顺序凝固并增强凝固补缩的目的。对于砂型，可采用不同厚度、不同材质的冷铁，强化厚大部位的冷却，强化补缩。对于金属型，可采用多种冷却方式相结合的办法。如图9-69所示铸件，中间部分很厚，在模板中可局部镶铜棒，并吹风强制冷却。又如对复杂的缸盖（见图9-70），法国雷诺汽车公司在铸造此件时，总体上采用水冷却，局部采用空气冷却。也可对复杂铸件不同部位采用不同涂料及厚度等来控制铸件的冷却速度。

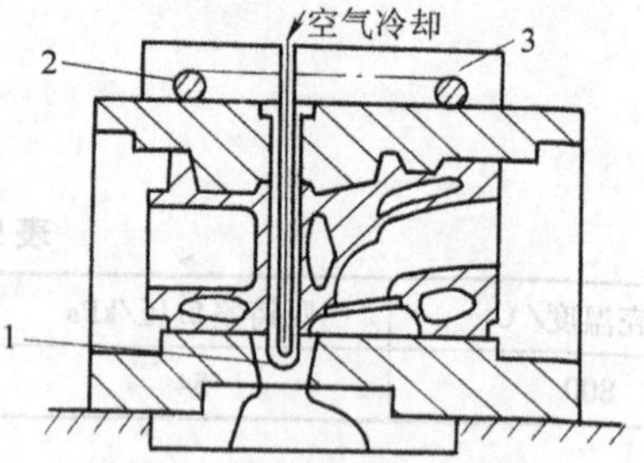

图9-69 强制冷却示例

1—浇道 2—冷却水管 3—冷却板

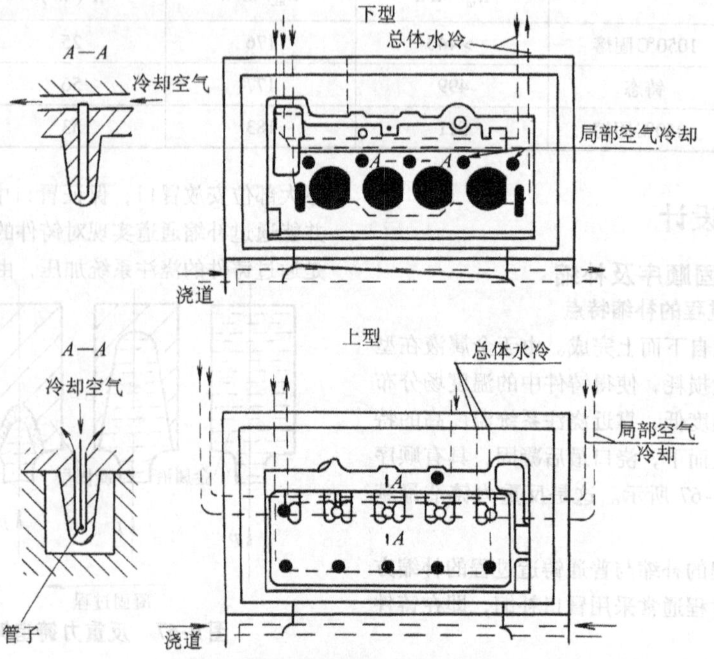

图9-70 雷诺缸盖的冷却方式

（3）机械加工余量、工艺余量与铸造斜度的选择 对于壁厚均匀的铸件，可采用不同的机械加工余量创造顺序凝固的条件。对于铸件不加工部位，在保证零件装配性能的情况下，可利用工艺余量的办法来创造顺序凝固的条件。对于某些铸件，当利用正常的铸造斜度还不能创造顺序凝固的条件时，可以用增加铸造斜度的办法来创造顺序凝固的条件。

3. 辅助补缩方法

当铸件的结构非常复杂时，在某些厚大部位安放内浇道非常困难，需要采用其他辅助补缩措施，包括：

（1）冷铁激冷增强补缩 冷铁补缩是非铁合金砂型铸造中常用的补缩方法。在反重力铸造过程中，以下两种情况可采用冷铁增强补缩，其一是铸件某些局部有较小的热节，设计内浇道又比较困难时可局部安放冷铁；其二是铸件中存在较大面积的等厚度平面或曲面，难以形成自远端向内浇道的顺序凝固，则可在远离内浇道的部位安放冷铁以促进其顺序凝固，增强浇注系统的补缩效果。

对于熔模精铸型壳，可在蜡模焊接时，在铸件的厚大壁厚处或热节处预先放置冷铁块或成形冷铁，以提高厚壁处的冷却速度，达到铸件顺序凝固的目的。

（2）通气孔导热增强补缩 在铸件顶部出现补缩困难的区域时，可在局部扎通气孔，除起到排气和集渣的作用外，可增大局部散热面积，加速局部冷却，促进顺序凝固的形成。从补缩的角度考虑，通气孔应采用盲孔，但从排气的角度考虑，则应采用通孔。在采用通孔的条件下，通气孔的截面尺寸应该严格控制，并与充型压力协调。如果截面尺寸太小，则金属液难以冲入其中，起不到散热的作用；太大则会出现金属液的跑火。一般采用3~8mm的圆孔较为合适，也可根据经验初步设计，再通过反复试验确定。

冷铁补缩仅适合砂型铸造过程，而金属型铸造过程中通气孔补缩的效果则较好。

（3）类冒口补缩 在铸件某些局部可以借鉴重力铸造过程中的冒口补缩原理，设计类似于冒口的结构，进行局部补缩，如图9-71所示。当铸件存在较大的垂直平板时，平板的下部与内浇道接近，容易补缩。而在铸件顶部则可附加一厚大的工艺补贴，其厚度可选为铸件厚度的2~3倍，同时起到排气、集渣和补缩的作用。

（4）缝隙式浇道补缩 对于较高的垂直平面，可采用缝隙式浇注系统，采用缝隙式浇道补缩，如图9-72所示。补缩缝隙应与浇注系统连通，其截面尺寸的选择与内浇道相同。缝隙的厚度d可等于或稍大于铸件的厚度δ。在不影响切割和铸型强度的情况下，其宽度应尽可能短。建议尺寸为$d=(1\sim1.2)\delta$；$l=(0.8\sim1.5)d$。

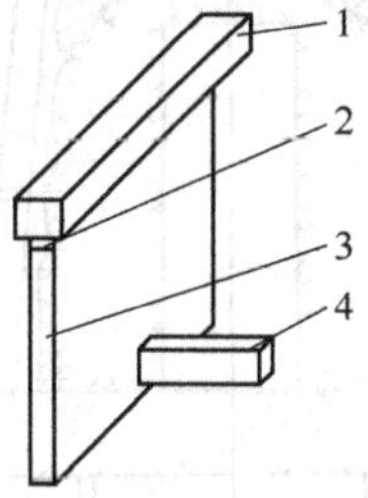

图9-71 类冒口补缩

1—类冒口 2—过渡区（应圆滑过渡） 3—铸件 4—内浇道

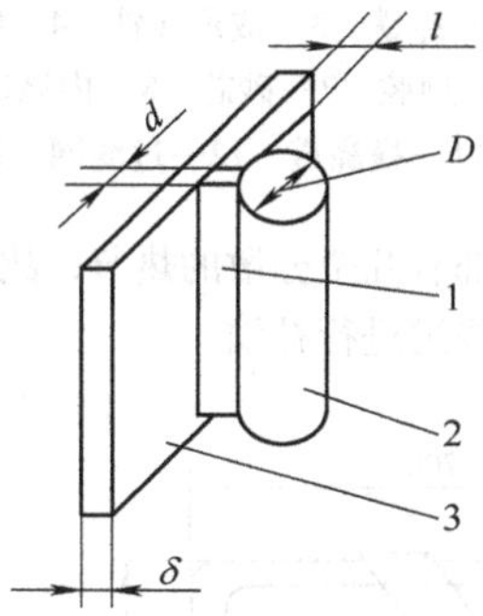

图9-72 缝隙式浇道补缩

1—缝隙 2—立筒 3—铸件

9.4.2 浇注系统的设计

1. 铸件结构分析

根据铸件的结构特点，通常可将铸件分为筒体类、壳体类和框架类。不同的铸件结构在铸造过程中需要解决的主要问题不同。

1）筒体类铸件需要解决的主要问题是较大的平面或曲面的充型和补缩问题。这类铸件通常补缩距离长，控制顺序凝固困难，并要解决大面积、大高度差范围的平稳充填问题，多采用缝隙式浇注系统。典型筒体类铸件差压铸造工艺简图如图9-73所示。采用缝隙式浇注系统，沿圆周方向均匀分布有8条缝隙浇道，浇道与浇道之间均布有冷铁。采用此种设计不仅可以实现金属液的平稳充型，而且可以提高浇注系统的补缩效果。

2）框架类铸件通常尺寸大，金属液在铸件内部流动通道长，金属液汇流点多，因此金属液引入位置的选择非常重要。箱体类铸件浇注系统如图9-74和图9-75所示。直浇道采用多股分流，并采用多处内浇道来缩短充型流程，还可以起补缩作用。图9-75

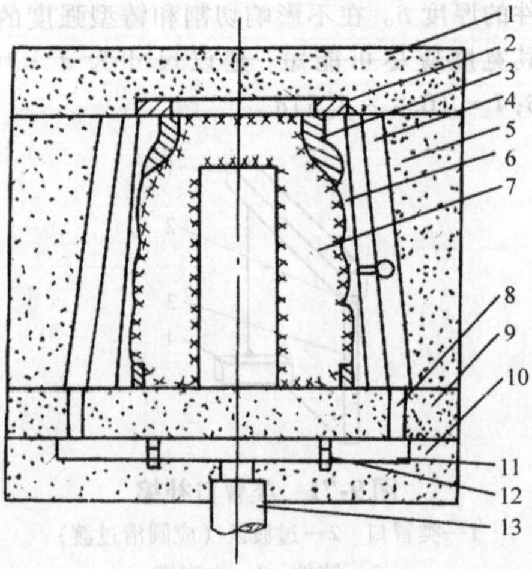

图 9-73 典型筒体类铸件差压铸造工艺简图

1—上型 2—冷铁 3—成形冷铁 4—缝隙式浇道 5—中型 6—型腔 7—砂芯 8—内浇道 9—下型 10—底型 11—横浇道 12—过滤网 13—直浇道

所示的铸件下部有几个分散的热节，故在每个热节部位分别设置内浇道进行补缩。

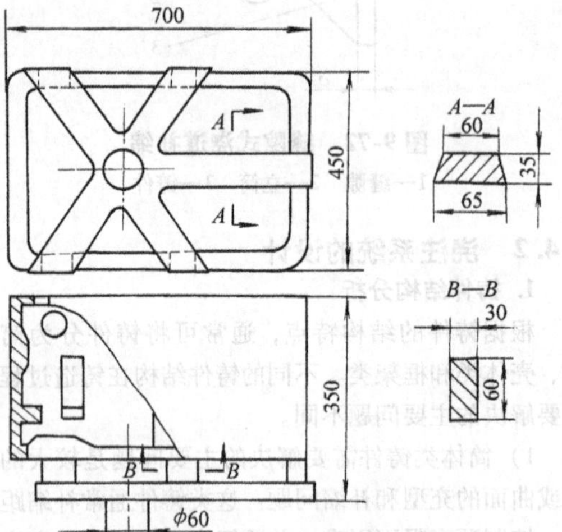

图 9-74 箱体铸件浇注系统

3）壳体类铸件通常结构复杂、截面变化大，在充填过程中金属液的分流、汇流难以避免，局部薄壁结构充填困难。因此，其浇注系统设计难度大，并且很难保证实现顺序凝固，采用单一的补缩措施往往不能解决某些局部的补缩问题，需要采用多种辅助补缩措施。此外，壳体类铸件冶金质量要求高，通常都有气密性的要求，因此是铸造难度最大的一种。

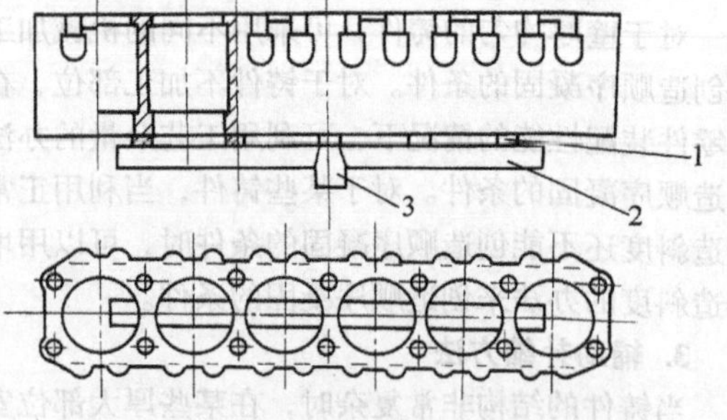

图 9-75 设置内浇道进行补缩

1—内浇道 2—横浇道 3—升液管

2. 浇注系统设计

（1）浇注系统的特点 与普通重力铸造过程相比，反重力铸造过程浇注系统的区别在于以下几点：①反重力铸造过程中，浇注系统同时起着导入金属液和补缩的作用，除了保证金属液的充填平稳外，还要使其凝固较慢，补缩通道通畅。②由于金属液是在一定的压力下充型的，流速通常较大，因此应避免流动截面突然扩大，造成金属液紊流。③金属液是自下而上充填的，流动平稳，防止氧化夹杂的问题不太突出。

总体上讲，反重力铸造过程的浇注系统应简洁、通道短、截面尺寸大，并采用收缩式浇注系统。

（2）浇注系统设计 反重力铸造浇注时内浇道不仅导入金属液，而且还起补缩作用。在设计时先采用“热节圆法”“模拟法”“经验法”等冒口计算方法确定内浇道截面面积，然后用式（9-7）核对内浇道尺寸。试模后，根据实践进行修正。

$$A_g = \frac{W}{\rho vt} \qquad (9\text{-}7)$$

式中 A_g——内浇道截面面积（cm^2）；

W——铸件重量（g）；

ρ——合金密度（g/cm^3）；

v——内浇道出口处线速度（cm/s），当 $v \leqslant$ 150mm/s 时，可实现平稳充型；

t——充型时间（s），按金属在型内上升线速度计算，即 $t = h/v_{升}$（h 为型腔高度，mm），$v_{升} = 20 \sim 150$mm/s，复杂薄壁件取上限。

内浇道截面面积确定之后，再选择横浇道及升液管出口的截面面积。对于易氧化的金属，应采用开放式浇注系统，即 $\sum A_g > \sum A_{ru} > \sum A_{升液管出口}$。但对单个内浇道、横浇道与升液管出口的面积来说，应保证 $A_{升液管出口} > A_{ru} > A_g$。具体数值可以为（2～

2.3)：(1.5~1.7)：1。对于不易氧化的金属，应采用封闭式浇注系统，即 $\sum A_g < \sum A_{ru} < \sum A_{升液管出口}$。

（3）冒口的设计　反重力铸造时，金属液在压力下凝固有较好的补缩能力，如果铸件厚壁部位在铸件的一端，常可经内浇道进行补缩，故不设冒口。对于结构较复杂的铸件，单用浇道还不能满足补缩的要求，则需专门设置冒口。如特殊需要而采用明冒口，则浇注过程中无增压阶段，适用于砂型低压铸造大、中型铸件，如图9-76所示。一般情况下可采用暗冒口，如图9-77所示。此外，为了进一步提高冒口的补缩能力，还可以在冒口处加压。

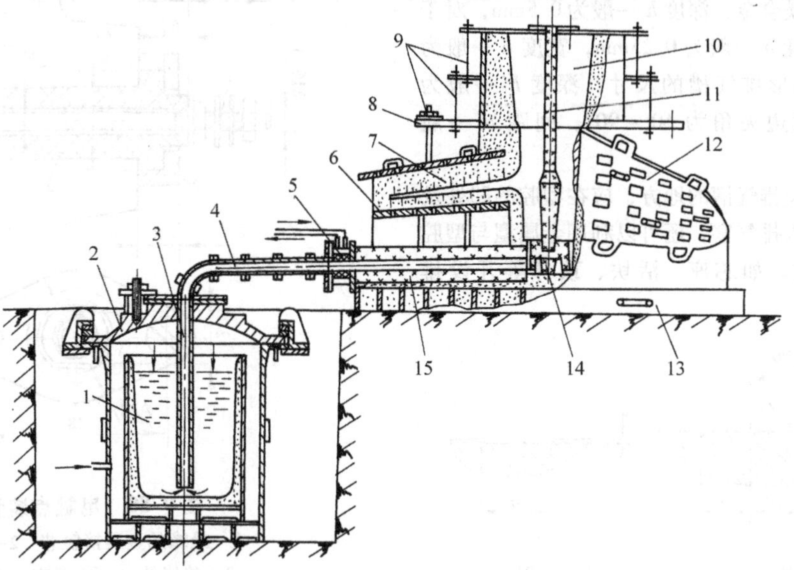

图9-76　大、中型铸件砂型敞开式低压铸造

1—铜液包　2—压力罐　3—升液管　4—弯管　5—石墨套　6—脱板　7—砂型　8—压板　9—紧固螺栓　10—冒口　11—型芯　12—箱盖　13—底砂箱　14—内浇道型芯　15—横浇道型芯

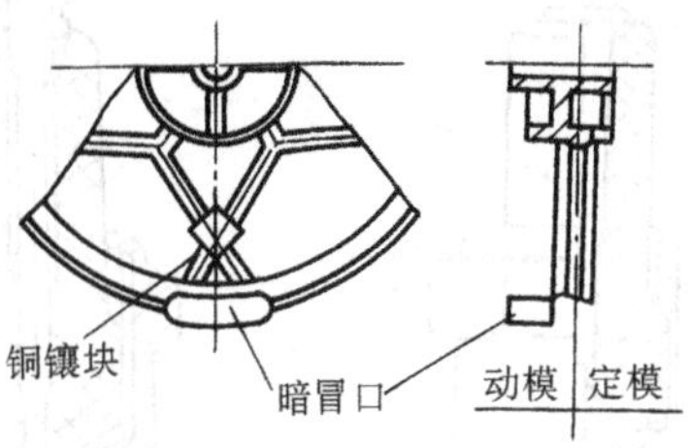

图9-77　暗冒口的应用

9.4.3　铸型设计

1. 铸型种类的选择

反重力铸造可使用各种铸型。铸型种类的选择主要根据铸件的结构特点、精度要求和生产批量等来考虑。铸件形状一般、批量较大、精度或质量要求较高，可考虑采用金属型。铸型内型腔复杂、不能用金属型芯时，可使用砂芯。大、中型铸件精度要求不高时，单件或小批生产时可采用砂型。铸件精度要求高、成批生产时可使用壳型。精度要求较高的中小件适宜采用熔模型壳。对特殊要求的单件、小批量生产的铸件可采用石膏型、石墨型等。

使用不同铸型时，铸件的机械加工余量、收缩率和起模斜度等工艺参数的选择，可分别参照金属型铸造、砂型铸造、陶瓷型铸造和熔模铸造等铸件工艺设计部分。

2. 铸型的结构设计

铸型的结构设计根据铸型的不同种类可参考本手册的相关章节进行。对于金属型和砂型，虽然与重力铸造时的铸型设计相似，但需要根据反重力铸造的特点，进行以下项目的设计。

（1）金属型设计

1）铸型的尺寸。铸型尺寸主要是根据所生产的铸件尺寸来确定的，但配合低压铸造、差压铸造或调压铸造的铸型，其最大结构尺寸必须在铸造机允许的范围内。由于铸造机周围的操作空间有限，设计时还需要考虑装卸铸型、喷刷涂料、操作等是否方便。

2）铸型的排气。对于低压铸造和差压铸造来说，铸件顶部一般没有冒口，又是封闭的，所以铸型排气更显得重要。金属型的排气措施可参考本手册第

7 章内容。由于反重力铸造浇注时有一定的压力，因此在选取排气槽、排气孔、排气塞的相应尺寸时，应控制得更小，加工尺寸更精密。

一般的措施是在分型面上开设三角形排气槽或片状缝隙排气槽，如图 9-78 所示。在金属型上部或易憋气的地方安装排气塞。目前，金属型的排气槽、排气塞的尺寸还是根据经验确定的。例如，片状缝隙排气槽，对于铝、镁合金，深度 h 一般为 0.5mm，对于铸铁和青铜，深度 h 一般为 0.25mm，宽度 a 一般为 10～15mm。三角形排气槽的尺寸：深度 h' 一般为 0.3～1.0mm，两边夹角为 60～90°，间距 a' 一般取 10mm。

对于不好开设排气槽的地方，应在型腔的凹处及个别凸起部分打入排气塞，还可以利用金属型与型腔连通的各配合面，如芯座、活块、顶杆等开设排气槽。

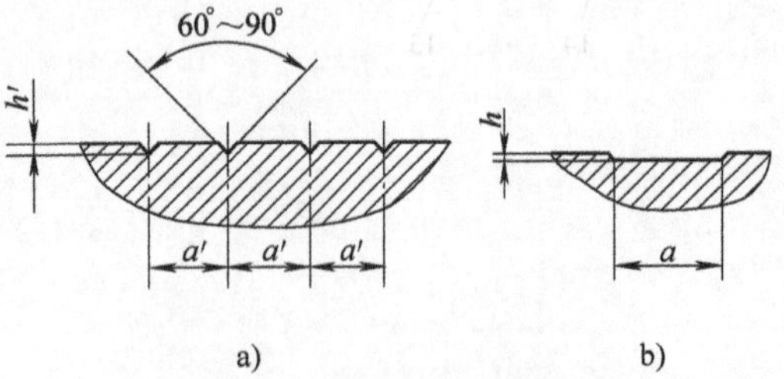

图 9-78　排气槽的结构类型

a）三角形排气槽　b）片状缝隙排气槽

3）铸型顶出机构。铸型顶出机构与金属型的顶出机构类似，可参考本手册第 7 章有关内容。对于一些由于铸件结构的原因，顶杆面不能做成平面时，可以按铸件结构选定，如选用成形顶杆或套筒式顶杆（见图 9-79）。

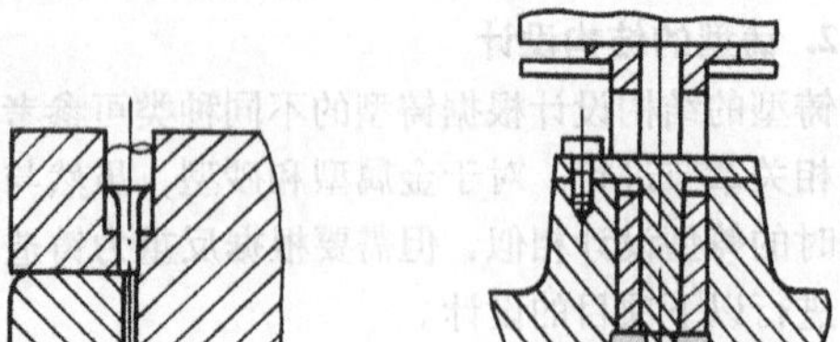

图 9-79　成形顶杆和套筒式顶杆

a）成形顶杆　b）套筒式顶杆（使铸件脱离中心锥附近的型面）

4）升液指示系统的设置。为了实现跟踪浇注过程，可在铸型的适当部位安装升液指示系统，如金属型低压铸造时常在型壁上安装电触点装置，如图 9-80所示。火花塞触点装置如图 9-81 所示。它用于反重力铸造时要进行改装，即先把侧电极去掉，将中心电极 3 与绝缘体 1 齐平，在绝缘体 1 和钢壳 2 之间塞上石棉填料 7，烘干备用。浇注时，把经过改装后的火花塞（见图 9-81b）拧在金属型上。

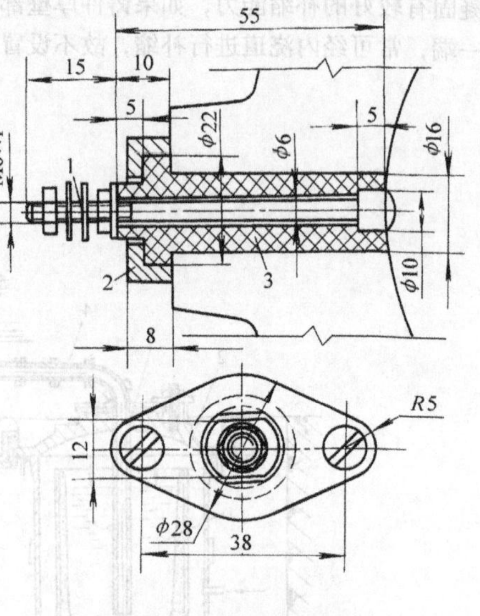

图 9-80　电触点装置

1—绝缘的金属接触芯　2—压盖

3—绝缘体（石棉或高温陶瓷）

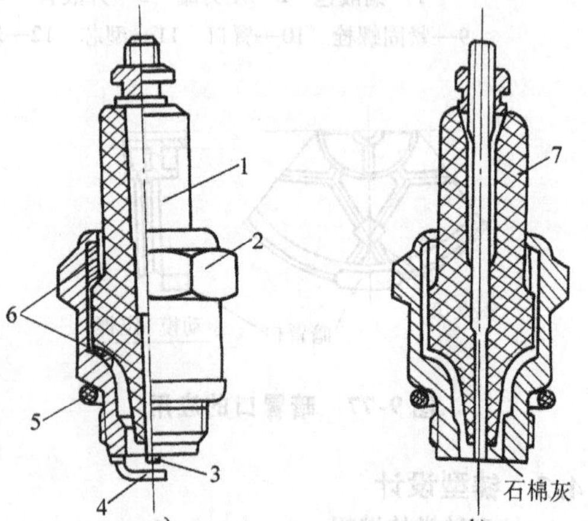

图 9-81　火花塞触点装置

a）原火花塞　b）改装后的火花塞

1—绝缘体　2—钢壳　3—中心电极　4—侧电极

5—石棉质气密衬垫　6—铜垫　7—石棉填料

5）金属型的材料和寿命。除参考本手册第 7 章金属型铸造有关内容外，还可参照表 9-32 选取。

表9-32　金属型的材料和使用寿命

材料类型	牌号	用途	热处理	使用寿命（浇注次数）/次
耐热铸钢	ZG40Cr9Si3	金属型型体	1060℃淬火，550℃回火	15000～20000
铸造工具钢	ZG55CrMnMo	金属型型体	820～850℃油淬，250℃回火	30000以上
耐热铸铁	HTRCr	金属型型体	退火	—

（2）砂型设计

1）设置铸型液面触点信号线。反重力铸造砂型设计时，有时根据实际情况需要在型腔中的不同高度位置埋设液面触点信号线，浇注时可根据触点信号的导通情况判断型腔中金属液的实际上升位置。图9-82所示为螺旋桨低压铸造时充型高度指示原理。随着型腔内金属液的上升，指示灯逐个闪亮以指示出充型高度。

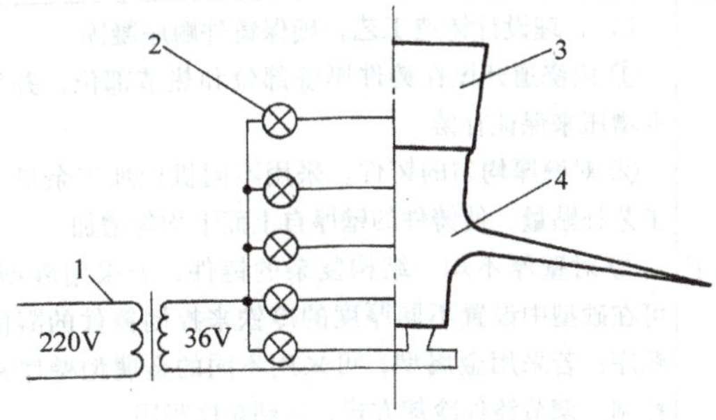

图9-82　充型高度指示原理

1—变压器　2—指示灯　3—冒口　4—铸件

2）铸型的排气。因反重力铸造时铸型上部通常是密封的，不易排气。对砂型而言，除采用透气性好的型砂外，还可在砂型顶部、距型腔10～20mm处扎一定数量的不透小孔排气；也可造型时在铸型顶部预埋尼龙编织网格管或直径较细的长金属管，作为加强排气的措施。浇注时，型腔中的气体可通过管排出，流入管内的金属液在结壳保压阶段可凝固成硬壳，在后续的结晶增压阶段时不会发生冒顶或跑火事故。

3. 金属液的过滤

反重力铸造生产时可采用纤维过滤网、陶瓷过滤器来对金属液进行过滤，以减少或消除铸件中的非金属夹杂，提高铸件的力学性能。

1）耐高温玻璃纤维过滤网。这种过滤网很薄（厚度约0.35mm），造型时不必考虑预留空间，可按需要剪成任意形状和尺寸。一般安放在升液管与铸型浇道接触部位，尺寸大小按铸型要求裁剪，把升液管出口或浇道出口罩住即可。

2）陶瓷过滤器。主要有两种类型，一种是网格形式，另一种是泡沫形式。陶瓷过滤器消除夹渣及非金属杂质的能力远强于纤维过滤网，尤其是泡沫陶瓷过滤器，它以陶瓷为网架，网架之间布满了相互连通的立体小孔洞，比表面积极大。大的夹杂在过滤器外表面被截留，微小夹杂物进入泡沫陶瓷器，在其长而曲折的弯道中流动，由于惯性力和扩散作用，微粒趋向通道壁面，并借助静电与表面力而附在其上，金属液流动也由湍流、紊流变成层流。它可减少过滤后的金属液进一步氧化，过滤后的夹杂物尺寸为微米级，显著提高了金属的力学性能。

陶瓷过滤器可以安放在升液管下端，如图9-83所示；也可安放在升液管的上端，如图9-84所示；也可安放在铸型的横浇道上。需要指出的是，在横浇道上安放陶瓷过滤器时，过滤器的工作面积应为浇注系统控流面积的5～8倍，以确保升液速度以及凝固补缩不受影响。

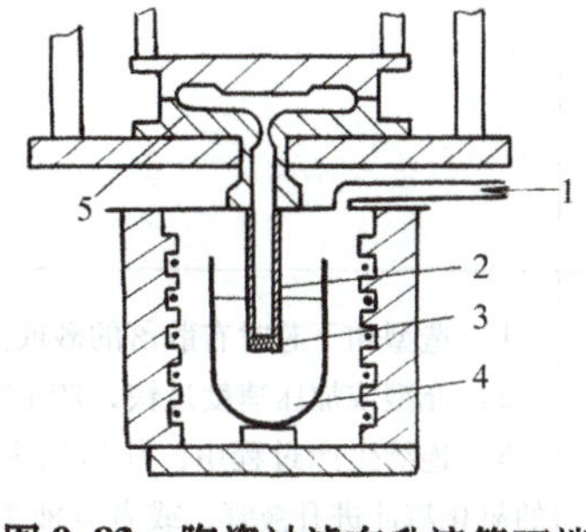

图9-83　陶瓷过滤在升液管下端

1—气体　2—升液管　3—泡沫陶瓷过滤器

4—坩埚　5—金属型

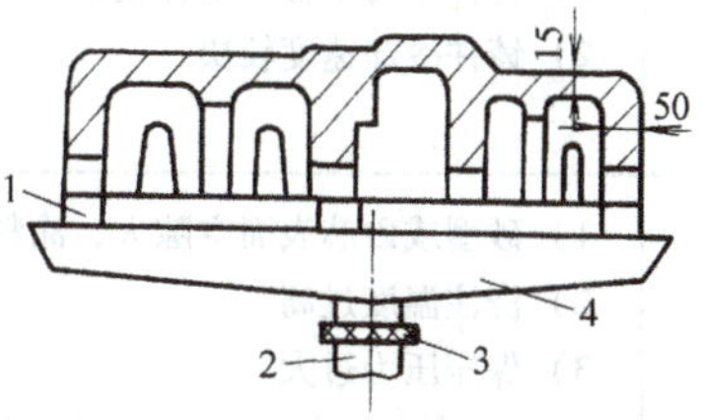

图9-84　陶瓷过滤器在升液管上端

1—内浇道　2—升液管

3—过滤器　4—横浇道

9.5 铸件常见缺陷及设备故障分析

9.5.1 反重力铸造铸件常见的缺陷及防止方法

反重力铸造中的铸件缺陷是多种多样的，产生的原因也是错综复杂的。铸件质量的好坏，不仅与浇注工艺有关，而且还取决于金属材料的铸造性能、金属的熔炼、造型材料（模样材料）的各种性能、铸型的工艺、浇注工艺参数以及设备的性能等有关因素。这些因素中任意一个处理不当，都可能产生铸造缺陷。

表9-33列出了反重力铸造铸件常见的缺陷，并给出了防止方法。

表9-33 反重力铸造铸件常见的缺陷及防止方法

缺陷名称	产生原因	防止方法
气孔	1）充型速度过快，金属液充型不平稳，卷入气体 2）铸型、型芯排气不良 3）铸型、型芯不干或树脂加入量过大，或涂料发气量太大 4）冷铁表面不清洁、不平整 5）金属液精炼不好，或者熔炼温度过高，含气量过大 6）升液管漏气	1）合理控制充型速度，使金属液平稳充型 2）改善铸型、型芯的排气条件 3）铸型、型芯要烘干，涂料发气量不能大。严格控制树脂加入量 4）冷铁表面要清洁、平整 5）严格熔炼工艺，保证金属液质量 6）升液管使用前要试压，不得漏气
缩孔与缩松	1）反重力铸造工艺不合理，不能保证铸件自上而下地顺序凝固 2）浇注温度或铸型温度过高	1）合理设计铸造工艺，确保铸件顺序凝固 ①内浇道开设在铸件厚壁部位和热节部位，并采取增压来保证补偿 ②对壁厚均匀的铸件，采用不同机械加工余量或工艺补贴量，使铸件的壁厚自上而下均匀增加 ③对壁厚不均、结构复杂的铸件，若采用砂型，可在砂型中设置不同厚度的冷铁来控制铸件的凝固顺序；若采用金属型，可采用不同的金属型壁厚来控制、调节铸件冷却方式，达到顺序凝固 ④采用强制冷却方式，达到顺序凝固 ⑤对面积较大的厚壁铸件或壁厚较均匀的薄壁件，可采用多个内浇道 2）适当降低浇注温度和浇注速度
夹渣	1）造型和下芯时有散落的砂或涂料脱落 2）充型或加压速度过快，产生喷溅形成氧化皮 3）连续生产过程中，往坩埚中补加铝液时将液面上的氧化渣冲进升液管，或者升液管的液面反复升降造成氧化皮，浇注时被带到铸型中	1）检查涂料层有否脱落，型腔中的灰、砂杂物要彻底清除干净 2）严格控制充型及加压速度，保证金属液平稳上升、无冲击和飞溅 3）彻底清除金属液中和升液管中的氧化皮 4）在升液管口或铸型内浇道部位安置过滤网
裂纹	1）铸件结构不合理或合金易产生裂纹 2）铸件冷却速度较快	1）对铸件的结构进行合理化设计 2）在易裂处开设工艺肋 3）尽早地开型取件，防止热裂 4）控制铸件的冷却速度，缓慢冷却
粘砂	1）砂型或砂芯表面空隙大，涂料质量不好 2）浇注温度过高 3）保压压力过大	1）保证砂型或砂芯质量，表面刷涂致密的涂料层 2）浇注温度合适 3）保压压力适当
冷隔	1）铸型温度过低或浇注温度过低 2）充型压力低，充型速度慢 3）排气不良	1）铸型温度和浇注温度合理 2）加压规范应合理 3）改善铸型和型芯的排气条件

9.5.2 设备故障分析及防治

1. 跑火

（1）原因 金属型合不严或砂型分型面缝隙过大，铸型未压实或压偏，金属液温度较高，结壳时间过短以及保压时压力跃升过快过大等。

（2）预防方法

1）修理金属型，使热变形减少，铸型合严。对于砂型，应对相应的工装（砂箱）进行机械加工，减少铸型分型面的缝隙。此外，还可以在分型面上抹密封黏土膏，并使之进入缝隙达一定深度，方可起作用。

2）增加压铁的重量以压实铸型，平均分布紧固铸型螺栓的预紧力，使铸型受力均衡。

3）适当降低浇注温度。

4）适当延长结壳时间，以使表面形成一层薄壳后再增压补缩。

5）适当降低保压时压力跃升速度或跃升值。

6）可在铸型外设置防跑火圈，避免跑火时金属液流入管道，破坏设备的正常使用。

（3）现场事故处理方法 出现跑火事故时操作人员不要慌张。对于小跑火事故，可采取以下两种措施：①关闭液面加压控制系统的进气阀，随着设备内压力的降低，向外流淌的金属液流量会逐渐减少，出口处会很快凝固停止跑火；打开进气阀，生产可照常进行。②对于小液流，可用一个长些的铁杆或黏土砂阻压下液流，液流出口处会很快凝固，停止跑火。打开进气阀，生产可照常进行。

当出现大量金属液跑火时，应立即关闭进气阀，打开排气阀，卸除压力，分析事故原因，排除故障。

2. 升液管漏气

（1）判断方法 升液管漏气很难发现，因而危害很大，判断方法如下：

1）当零件热节，尤其是上部热节处出现较大的内部光滑的气泡。

2）升液管漏气严重，铸型顶部出现体积较小的金属液滴飞溅。

3）对于薄壁件，即使型温正常，升液管漏气也会使上半铸型充不满，内浇道的断口中心有小气泡存在。

4）直浇道的倾出液窝处有严重的氧化夹杂存在，这是由于高温状态的空气与金属液长时间混流而留下的痕迹。

5）升液管漏气时浇注的铸件比正常铸件要轻得多。

（2）预防方法

1）每次开炉前对升液管进行检查，若漏气则应更换。

2）发现漏气时，不必多试，应立即停产，换上经检验合格的升液管。

3）对于用过的升液管，最好进行喷砂处理，以使表面杂物脱离；然后将升液管预热，喷涂料。对于长期接触金属液处，要用涂料覆盖好，这样才能提高使用寿命，有效减少升液管漏气事故。

3. 升液管冻死

（1）形成原因 保压时间过长，下型温度太低或金属液温度太低，升液管法兰太厚。一般易在首件生产中发生，且铸件越小越易出现此类事故。

（2）预防方法

1）首件的保压时间应尽量短些。

2）下型口径应力求与升液管上口相近。

3）升液管使用前，应充分预热，预热温度为500～600℃。

4）升液管的法兰厚度不能超过30mm。

5）升液管上沿用水玻璃粘硅酸铝纤维毡进行保温，粘贴高度为100～200mm；也可用石棉板泡制的浆糊加入适量水玻璃为涂料，刷到升液管上部及浇道处，厚度为3～5mm。

6）生产小件时切勿中断时间太长，以防升液管降温造成升液管冻死事故。

7）设备结构条件允许的情况下，可加装升液管保温套，以便持续对升液管上部进行加热保温。

（3）现场事故处理

1）可用气焊枪或喷灯将冻死部分熔化开，烘烤时需注意均匀加热，避免升液管法兰变形，造成升液管报废。

2）停机取出冻死的升液管，并放入盛金属液的坩埚中化开。

3）若无加热工具，且升液管又与底型冻死在一起，无法拆卸。此时可用手电钻或磁力钻在冻死的升液管口上钻一个稍大的通孔，然后浇入过热度较大的金属液，以便冲开升液管口。

4）严禁在炉上敲砸冻死的升液管及底型模板，以防损坏高温运行的电炉及模板。

参考文献

[1] 航空制造工程手册总编委会．航空制造工程手册：铸造分册［M］．北京：航空工业出版社，2010.

[2] 李新雷，郝启堂，介万奇．低压差压调压一体化反重力铸造装备技术的研究［J］．铸造，2007，56（7）：727－730.

[3] 李新雷，郝启堂，王继昌，等．大型分体式反重力铸造设备的研制［J］．铸造，2005，54（3）：268－270.

[4] 李强，郝启堂，李新雷，等．反重力铸造液态成形过程的 PLC 控制［J］．铸造技术，2006，27（10）：1093－1097.

[5] 李强，郝启堂，介万奇．钛合金构件真空吸铸成形控制技术的研究［J］．铸造，2009，58（8）：784－787.

[6] 周玉川，郝启堂，李新雷，等．Fuzzy-PID 在反重力铸造液面加压控制系统中的应用［J］．铸造，2008，57（1）：36－39.

[7] 李新雷，郝启堂，李强，等．低压差压调压一体化反重力铸造装备技术研究［J］．铸造，2007（7）：727－730.

[8] 朱丽娟，周源，董秀琦．液面加压控制系统在低压及差压铸造中的应用［J］．铸造技术，2003（3）：208－209.

[9] 李弘英，赵成志．铸造工艺设计［M］．北京：机械工业出版社，2005.

[10] 罗海军，介万奇．反重力铸造的充型过程研究［J］．铸造技术，2017，38（09）：2188－2192.

[11] 赵黎甲．复杂薄壁进气歧管的低压铸造模具设计［J］．特种铸造及有色合金，1995（2）：40－43.

[12] 柳百成，黄天佑．材料铸造成形工程（下）［M］．北京：化学工业出版社，2005.

[13] 陈善贤，郝启堂，李强，等．真空吸铸设备的发展与展望［J］．铸造技术，2012，33（12）：1478－1481.

[14] 陈云龙．真空吸铸充型能力及离心真空吸铸工艺的研究［D］．西北工业大学，2011.

[15] 铸造工程师手册编写组．铸造工程师手册［M］．北京：机械工业出版社，2010.

[16] 赵建国，仪垂勇，陈文君，等．大型复杂薄壁铝合金精密铸件石膏型调压铸造工艺［J］．中国铸造装备与技术，2003（4）：49－50.

[17] 王振东．低压铸造新工艺新技术与铸件缺陷防治及机械设备运行维护实用手册［M］．北京：中国科技文化出版社，2007.

第10章 挤压铸造

10.1 概述

10.1.1 工艺原理

挤压铸造，简称挤铸，也称“液态模锻”或“液锻”。其原理是对进入挤压铸型型腔内的液态（或半固态）金属施加较高的机械压力，使其成形和凝固，从而获得铸件（或铸锭）的一种工艺方法。

此工艺是一种介于模锻与压铸之间，实施铸锻结合的工艺。其与模锻不同，置于模具（铸型）中的不是固态坯料，而是液态（或半固态）金属；与普通压铸不同，其金属液是自下而上缓慢、平稳充型的，并保持在高压力下凝固。

10.1.2 工艺分类

从工艺方法方面，挤压铸造主要分三大类：①直接挤压铸造，简称直接挤铸，含直接冲头挤铸、柱塞挤铸等。金属液在压力推动下充填由冲头与凹型组成的型腔中，且挤压冲头直接挤压在铸件上（见图10-1)。②间接挤压铸造，简称间接挤铸，含上压式和下顶式间接挤铸等。金属液在压力推动下，充填已闭合锁型的型腔中，挤压冲头通过内浇道将压力传递到铸件上（见图10-2)。③双重挤压铸造，简称双重挤铸。如图10-3所示，下冲头上升挤压（第一次挤压），将金属液充填到浮动闭合的型腔中后，上冲头再下行对铸件实施直接挤压（第二次挤压）。

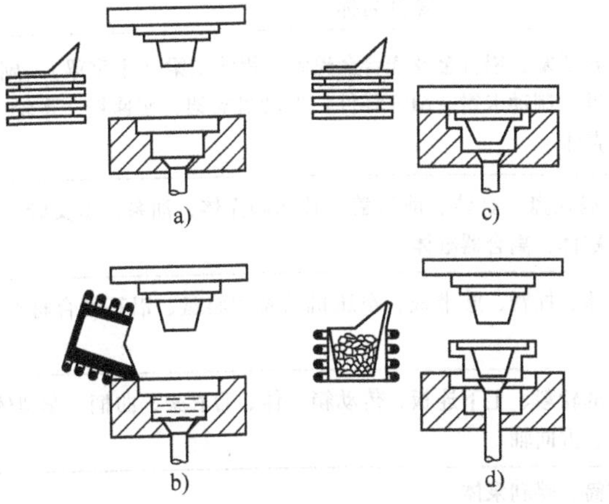

图10-1 典型直接挤压铸造工艺流程

a）铸型准备 b）浇注 c）合型挤压 d）开型、取出铸件

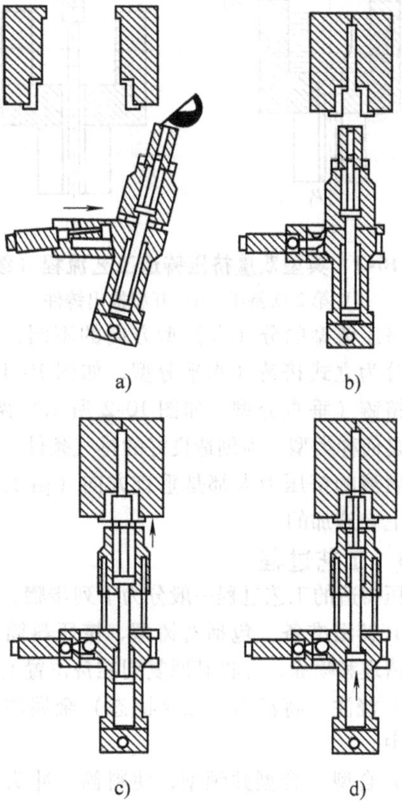

图10-2 典型间接挤压铸造（下顶式）工艺流程

a）铸型准备后浇注 b）合型，挤压料筒摆正
c）挤压头和挤压料筒上升 d）挤压头上升挤压

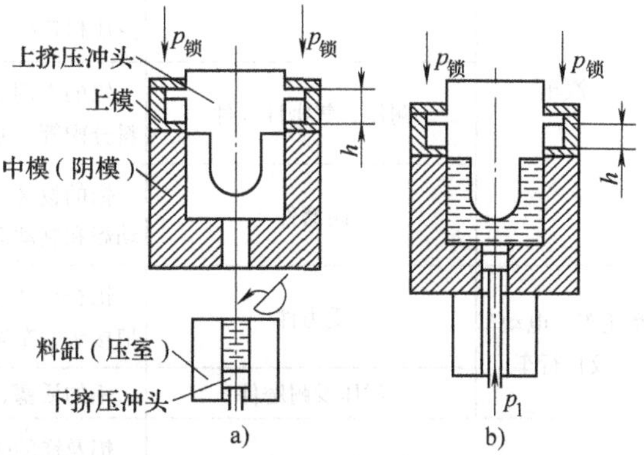

图10-3 典型双重挤压铸造工艺流程

a）合型浇铸 b）第1次挤压

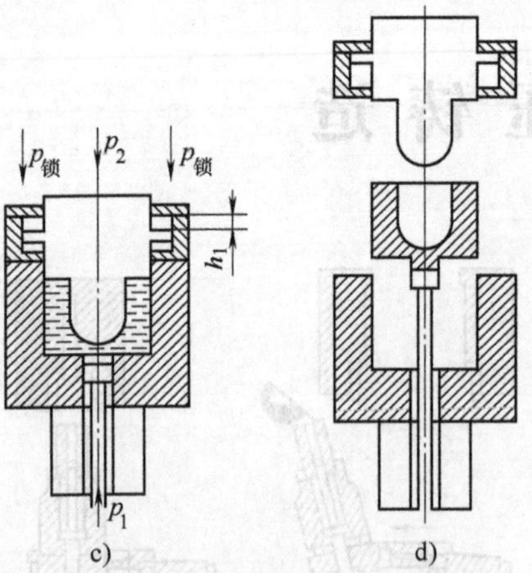

图10-3　典型双重挤压铸造工艺流程（续）

c）第2次挤压　d）开型推出铸件

按挤压铸型的分（合）型方向的不同，挤压铸造也可分为立式挤铸（水平分型，如图10-1所示）和卧式挤铸（垂直分型，如图10-2所示）两大类。但不论是何种类型，为创造良好的排气条件，挤压冲头对金属液的挤压力大都是垂直方向（由上向下或自下而上）施加的。

10.1.3　工艺过程

挤压铸造的工艺过程一般分为下列步骤。

（1）铸型准备　包括对铸型、挤压料筒及挤压冲头的清理和喷涂，并将其回复到准备位置上。

（2）浇注　将液态（或半固态）金属注入凹型或料筒中。

（3）合型　合型并锁型，使料筒、冲头进入待挤压位置。

（4）挤压　用挤压冲头将液态（半固态）金属推入型腔，并持续保压直至其完全凝固（见图10-1和图10-2），或者另设冲头再实施第二次挤压（见图10-3）。

（5）开型　推出铸件。

挤压铸造一般在专用挤压铸造机（简称挤铸机）上进行，但国内外也不少是选普通液压机代用，后者设备投资少，也可行，但生产率低并会影响产品质量。

10.1.4　工艺特点

1）铸件组织致密，有利于防止气孔、缩松、裂纹产生；显微组织可细化；可进行固溶热处理；力学性能高于其他普通铸件。对直接挤压铸造件（简称直接挤铸件）和双重挤压铸造件（简称双重挤铸件），可接近同种合金锻件水平。

2）铸件有较高的尺寸精度（铝合金和镁合金铸件可达GB/T 6414—2017的DCTG5），较低的表面粗糙度值（铝铸件可达$Ra=3.2\sim6.3\mu m$）。

3）工艺适应性较强，适用于生产多种铸造合金和部分变形合金件。

4）铸件成品率高。

5）便于实现机械化、自动化生产。

6）一般适合大批生产形状不很复杂的厚壁铸件。

10.1.5　应用范围

已广泛用于生产各种铝合金、镁合金、锌合金、铜合金、铁与钢及其金属基复合材料的挤铸件。国内外挤压铸造的应用概况见表10-1。部分铝合金挤铸件照片如图10-4所示。

表10-1　国内外挤压铸造的应用概况

应用领域		零件名称
汽车	受力件	铝及铝基复合材料活塞，铝合金及镁合金轮毂，铝的横梁（十字梁）、副车架、转向节、下支臂、制动卡钳、ABS零件，发动机支架、变速箱、飞轮壳、空压机连杆、C泵壳体
	耐压、气密性零件	铝的空调压缩机涡轮盘、缸体、前后盖，转向阀壳体，油泵，多支管，燃料分配管，制动器缸体，离合器缸体
	耐磨件	铝的拨叉、泵壳体、摇臂、履带板、空压机活塞和斜盘、铝基复合材料制动毂和制动盘
摩托车、电动车及自行车	受力件	铝合金及镁合金的轮毂、上下连板、传动箱壳体、后衣架、曲柄、车架体、把接头、车架接头、方向轴
	耐压及耐磨件	铝的活塞、减震筒、碟刹泵体
电器零件		铝及镁的磁盘驱动器箱体、电器主轴衬套、电器压紧环、影像磁鼓、声呐壳体、滤波器壳及支架、加热板、计算机零件、电机转子

（续）

应用领域	零件名称
其他机械铝合金件	船用螺旋桨、气动仪表壳体、光学镜架壳体、压力锅及炊器、军品零件，跑道灯壳
其他材料件	铜合金阀体、洁具、轴套、蜗轮、吹氧喷头件；球铁耙片、生铁锅，模具钢件，锌合金蜗轮及模具件等

图10-4 部分铝合金挤铸件照片（苏州三基公司提供）

10.2 挤压铸造合金的组织与性能

10.2.1 压力下结晶对合金组织、性能的影响

挤压铸造的实质是使液态（或半固态）合金材料在高机械压力下结晶、凝固。因此，对合金铸件（简称挤铸件）的组织与性能会产生如下影响：

1）细化显微组织，改变宏观晶粒结构。挤压铸造时，压力使铸件紧贴在铸型壁上，可改善热交换条件，使合金冷凝速度加大；加之压力对成长中树枝晶的破碎及脱落作用，可以明显细化铸件的显微组织，提高力学性能。另外，合金在压力下结晶，还会导致合金状态图、结晶时形核率和晶粒长大速度的改变。这种改变依工艺条件、合金种类不同而不同，因此压力对合金宏观晶粒度的影响是复杂的。在工艺选配不当的情况下，也会导致粗大柱状晶等不利情况的产生，要注意防范。

2）抑制气泡的形成，减少甚至消除铸件中气孔缺陷。对正凝固的合金液施压，可增加合金中气体的溶解度，使可析出的气体量减少；外部压力还增加气泡形核的难度而抑制气泡的形成；因冷凝速度增加，使气体来不及扩散析出而被固溶在合金中。

3）可抑制显微偏析、比重偏析、反偏析的形成，但会促使正偏析的产生。由于压力下结晶可显著缩短凝固时间，降低溶质元素的扩散系数，因此可抑制显微偏析、比重偏析、反偏析的形成，有利于提高合金成分的均匀性，并促使非金属夹杂物均匀分布。但是由于压力对正凝固的低熔点合金组分的“挤滤作用”，在特定条件下，会促使某些合金正偏析的产生，甚至出现“挤压铸造异常偏析”，要防范。

4）阻止缩松、缩孔的形成，提高合金组织的致密性。挤压铸造是靠高的机械压力对正凝固的合金铸件进行压力补缩的，同时对铸件产生少量的塑性变形。在工艺得当和压力足够的条件下，可以消除铸件中的缩松、缩孔缺陷，使挤铸件达到很高致密度。

基于上述压力下结晶对合金组织的综合作用，在工艺得当的条件下，挤铸件的内部质量和力学性能会高于同种合金的其他普通铸件，可接近，甚至达到同种合金锻件的水平。

10.2.2 各种合金挤压铸造件（挤铸件）的性能

1. 铝合金

各种常用铝合金，包括铸造铝合金、变形铝合金和铝基复合材料均可用直接挤压铸造和双重挤压铸造工艺进行生产。零件可固溶热处理并能获得良好的铸件质量及较高的力学性能。而间接挤压铸造一般只能生产铸造性能较好的 Al-Si、Al-Mg 系铸造铝合金。在工艺得当情况下，铸件可进行固溶热处理，也可获得良好的铸件质量及力学性能。不同工艺制造铝合金件的力学性能比较见表 10-2。

表 10-2 不同工艺制造铝合金件的力学性能比较

合金类别	合金牌号	工艺类别		力学性能	
		成形方法	热处理状态	R_m/MPa	A（%）
AL-Si系铸造合金	ZL106	挤压铸造	淬火及时效（T5）	351	11.3
		金属型铸造	淬火及时效（T5）	≥235	≥0.5
	A356.2（美）	挤压铸造	淬火及时效（T6）	296~310	10~14
		金属型铸造	淬火及时效（T6）	283~303	3~5
	383（美）	压力铸造	铸态	193~207	1~1.5
		挤压铸造	铸态	269~290	2.75~3.5
		挤压铸造	淬火及时效（T6）	379~421	3~5
	ADC12（日）	压力铸造	铸态	194	1.5
		挤压铸造	铸态	288	3.5
		挤压铸造	淬火及时效（T6）	316~423	4.4~5.7
	390（美）	压力铸造	铸态	279	<1
		挤压铸造	淬火及时效（T5）	352~392	<1
亚共晶 AL-Si-Cu活塞合金	ZL110	挤压铸造	人工时效（T1）	220	1
		金属型	人工时效（T1）	≥170	—
共晶 Al-Si活塞合金	4032（美）	挤压铸造	淬火及时效（T6）	345	2.0~2.5
		锻造	淬火及时效（T6）	352	5.0~6.0
	ZL108	挤压铸造	淬火及时效	230~290	0.7~2.4
		金属型铸造	淬火及时效	190~250	1.0~1.4
	ZL109（4A11）	挤压铸造	淬火及时效（T6）	300~360	0.5~2.4
		锻造	淬火及时效	310~330	1.3~3.8
		金属型铸造	淬火及时效（T6）	≥241	—
过共晶 Al-Si活塞合金	AJI26（俄）	挤压铸造	—	230	0.8
		金属型铸造	—	180	0.8
Al-Cu 系铸造合金	ZL201	挤压铸造	淬火及时效（T5）	449	16.7
		金属型铸造	淬火及时效（T5）	329	2.6
	ZL203	挤压铸造	淬火及时效（T5）	360	6.7
		金属型铸造	淬火及时效（T5）	≥225	≥3
Al-Cu-Mg 系变形合金	2A11	挤压铸造	淬火及时效	372~412	8~10
		锻造	淬火及自然时效	≥333	≥5
	2A12	挤压铸造	淬火及人工时效	429	8.0
		挤压棒材	淬火及自然时效	≥441	≥8
	2A14	挤压铸造	淬火及人工时效	496	5.8
		锻造	淬火及人工时效	≥353	≥4
Al-Cu-Ni-Mg系变形合金	2A70	挤压铸造	淬火及时效（T6）	344~378	7.7~10.9
		挤压棒材	淬火及时效	≥360	≥8.0

（续）

合金类别	合金牌号	工艺类别		力学性能	
		成形方法	热处理状态	R_m/MPa	A（%）
Al-Cu-Ni-Mg系变形合金	2A80	挤压铸造	淬火及时效（T6）	408	14.1
		挤压棒材	淬火及时效	≥360	≥8.0
Al-Cu-Si-Mg系变形合金	6A02	挤压铸造	淬火及人工时效	309	12.3
		锻造	淬火及人工时效	≥274	≥10
	2B50	挤压铸造	淬火及人工时效	372	13
		锻造	淬火及人工时效	≥343	≥6
Al-Zn-Mg-Cu系变形合金	7A04	挤压铸造	淬火及人工时效	552	5.5
		锻造	淬火及人工时效	≥441	≥3

2. 铜合金

各种铜合金，包括黄铜、锡青铜、铅青铜、铝青铜及其他无锡青铜，均可用直接挤压铸造和双重挤压铸造工艺生产，也可使用间接挤压铸造。不同工艺制造铜合金件的力学性能比较见表10-3。

表10-3 不同工艺制造铜合金件的力学性能比较

合金牌号	工艺类别	力学性能		
		R_m/MPa	A（%）	a_K/(J/cm^2)
HMn57-3-1锰黄铜	挤压铸造	585	21.9	55
	锻造	539	25	—
ZCuZn38Mn2Pb2锰黄铜	挤压铸造	461~421	18~22	—
	金属型铸造	≥343	≥18	—
HSi80-3硅黄铜	挤压铸造	452	50.3	118
	金属型铸造	402	49.7	125
60%Cu-38%Zn-2%Pb铅黄铜	挤压铸造	407	43.2	31
	金属型铸造	378	46.4	36
57%Cu-41%Zn-1%Al-1%Fe铁黄铜	挤压铸造	473	13.0	—
ZCuSn10Pb1锡青铜	挤压铸造	392	22.5	128
	金属型铸造	245	≥5	≥90
ZCuSn10Zn2锡青铜	挤压铸造	333~363	18~45	—
	金属型铸造	≥245	≥6	≥80
ZQSn10-2-1锡青铜	挤压铸造	343	4	123
	金属型铸造	≥245	≥5	75
85%Cu-10%Sn-2%Pb-3%Ni锡青铜	挤压铸造	343~363	13.5~16.0	—
	金属型铸造	245	5	—
ZQPb10-10铅青铜	挤压铸造	280	30	78.6
74%Cu-6%Sn-20%Pb铅青铜	挤压铸造	225	20	58.2
ZCuAl10Fe3铝青铜	挤压铸造	644	34.5	66
	锻造	617	24.9	—
ZCuAl10Fe3Mn2铝青铜	挤压铸造	595~696	17~28	—
	金属型铸造	≥490	≥20	—
74%Cu-14%Ni-10%Al-1.3%Fe铝镍青铜	挤压铸造	823	1.24	—
95%Cu-4%Si-0.4%P硅青铜	挤压铸造	412	58.6	24
	金属型铸造	333	36.3	20
91%Cu-7%Sb-2%Ni青铜	挤压铸造	245	9.2	5.6
	金属型铸造	206	4.5	7

3. 铁与钢

各种铸铁与钢均可用直接挤压铸造和双重挤压铸造工艺生产，并能获得好的铸件质量及力学性能。只是铸铁的压力下结晶有抑制石墨化过程的作用。为防止出现白口，灰铸铁件多采用高模温、低压力的挤压铸造工艺，或者对铸件增加石墨化退火处理。表 10-4和表 10-5 分别列出了不同铸造工艺制造铸铁件和不同成形工艺制造部分钢件的力学性能比较。

表 10-4　不同铸造工艺制造铸铁件的力学性能比较

铸铁类别	化学成分（质量分数,%）	铸造工艺		力学性能		备注
		工艺方式	压力 P/MPa	抗拉强度 R_m/MPa	抗弯强度 σ_{bb}/MPa	
灰铸铁	3.1 ~ 3.5C、2.25 ~ 2.8Si、0.5 ~ 0.6Mn、0.37 ~ 0.41P	挤压铸造	0.3	159	335	铸态性能
			1.2	194	438	
		金属型铸造	不加压	129	301	
	3.42C、0.99Si、0.73Mn、0.18P	挤压铸造	2	259	抗压强度 109	铸态性能
		金属型铸造	不加压	197	抗压强度 95.9	
锰铸铁	3.46C、2.25Si、1.15 ~ 3.5Mn、0.41P	挤压铸造	0.3	192	369	铸态性能
			1.2	261	483	
		金属型铸造	不加压	160	334	
球墨铸铁	3.0 ~ 3.4C、2.5 ~ 3.1Si、0.5 ~ 0.7Mn、0.18 ~ 0.22Mo、0.6 ~ 0.7Cu、0.035 ~ 0.065Mg、0.03 ~ 0.06Re、<0.08P、<0.02S	挤压铸造	31	1472	—	等温淬火后性能
			110	1487	—	
		砂型铸造	不加压	1293	—	

表 10-5　不同成形工艺制造部分钢件的力学性能比较

牌号	成形工艺	热处理状态	力学性能				
			抗拉强度 R_m/MPa	条件屈服强度 $R_{p0.2}$/MPa	断后伸长率 A(%)	断面收缩率 Z(%)	冲击韧度 a_K /(J/cm²)
20	挤压铸造	正火	416	229	29.1	43.1	113
	棒材	正火	412	245	≥25	≥55	—
25	挤压铸造	正火	456	250	28.2	55.6	—
	棒材	正火	451	274	≥23	≥50	—
30	挤压铸造	正火	526	319	30.5	43.4	—
	棒材	正火	490	294	≥21	≥50	—
45	挤压铸造	正火	669	400	22.4	42.6	—
	棒材	正火	598	353	≥16	≥40	—
5CrNiTi	挤压铸造	860℃淬火 400℃回火	1421	—	4.2	11	17.6
		退火	828	—	10.5	25.5	18.5
	锻造	退火	896	—	16.0	31	22.1
1Cr18Ni9Ti[①]	挤压铸造	1150℃ ×1h 水淬	629	257	62.1	61.6	—
	棒材	1100 ~ 1150℃水淬	539	196	≥44	≥55	—
Cr16Ni4Nb	挤压铸造	1050℃正火 300℃回火	1212	1042	14.7	53.1	—
	板材	热处理	≥1225	≥980	≥8	—	—

（续）

牌号	成形工艺	热处理状态	力学性能				
			抗拉强度 R_m/MPa	条件屈服强度 $R_{p0.2}$/MPa	断后伸长率 A(%)	断面收缩率 Z(%)	冲击韧度 a_K /(J/cm²)
4Cr5W2SiV	挤压铸造	1070℃油淬620℃回火	1519	1392	10	35	31.4
	锻造	1070℃淬火580℃回火	1833	1627	9.5	42.5	33.3
Cr18Ni11Nb	挤压铸造	—	611	302	46	—	—

① 非标在用材料。

4. 镁与锌合金

各种镁合金、锌合金，包括铸造合金、变形合金以及以其为基的复合材料，均可用直接挤压铸造和双重挤压铸造工艺生产。其中，压铸镁合金和锌合金也可使用间接挤压铸造，并可得到良好的铸件质量和力学性能。不同工艺制造镁合金件和锌合金件的力学性能比较见表10-6。

表10-6 不同工艺制造镁合金件和锌合金件的力学性能比较

合金种类	合金牌号	工艺类别	抗拉强度 R_m/MPa	断后伸长率 A(%)	布氏硬度 HBW
镁合金	AZ91D	压铸	232	3.1	76
		挤压铸造	238	5.5	75
	AM50A	压铸	221	7.2	56
		挤压铸造	224	9.4	56
	AZ40M	挤压铸造	225	10~13	—
		模锻	≥235	≥5	—

（续）

合金种类	合金牌号	工艺类别	抗拉强度 R_m/MPa	断后伸长率 A(%)	布氏硬度 HBW
锌合金	ZA27（代号）	挤压铸造	450~480	10~15	145~165
		金属型铸造	392	2.6	111
	ZA43①	挤压铸造	436	14.7	—
		金属型铸造	288	1.5	—

① 在用新材料。

10.3 挤铸件设计及挤铸工艺选择

10.3.1 挤铸工艺的特征

挤铸工艺特征及适用范围见表10-7及图10-3和图10-5~图10-8。

表10-7 挤铸工艺特征及适用范围

工艺类别	工艺特征	工艺适用范围	工艺图例	铸件图例
柱塞挤铸	合型加压时，金属液基本上不发生充型运动，冲头直接挤压在液面上	适于生产实心或厚壁（>10mm）、形状不太复杂的中、小铸件或铸锭。高度方向尺寸公差取决于定量浇注的精度。铸件力学性能较高，各种铸造、变形合金均可使用	图10-5	图10-9 a、b、e
直接冲头挤铸	合型加压时金属液充填冲头与凹型组成的封闭型腔中，冲头直接挤压在铸件上	适于生产形状不太复杂的空心或通孔铸件。壁厚一般大于5mm，高度方向尺寸公差取决于定量浇注的精度。铸件力学性能高，各种铸造合金及部分变形合金均可使用	图10-6	图10-9 c、d、f
间接冲头挤铸	冲头加压时，金属液充填已闭合锁型的型腔中，冲头通过内浇道将压力传递到铸件上	适于生产形状较复杂，壁厚较薄（2~3mm）的铸件，可一模多件。铸件尺寸精度高，力学性能较直接挤压略低。一般只适于铸造合金	图10-7	图10-9 c、d、e、g、h

（续）

工艺类别	工艺特征	工艺适用范围	工艺图例	铸件图例
双重挤铸	充型用冲头上升，将金属液挤压充填到浮动闭合的型腔中（第一次挤压）后，挤压用冲头再下行对铸件实施直接挤压（第二次挤压）	适合生产形状不太复杂、厚壁（>5mm）、内部组织致密、力学性能要求高的铸件。各种铸造合金及部分变形合金适用	图10-3	图10-9d、e、f、g
型板旋转挤铸	靠两片扇形张开的型板旋转合拢时的压力，实现金属液的充型和低压力下的凝固	适于生产大型壁板且形状不很复杂的铸件。力学性能略低，只适用于铸造合金	图10-8	—

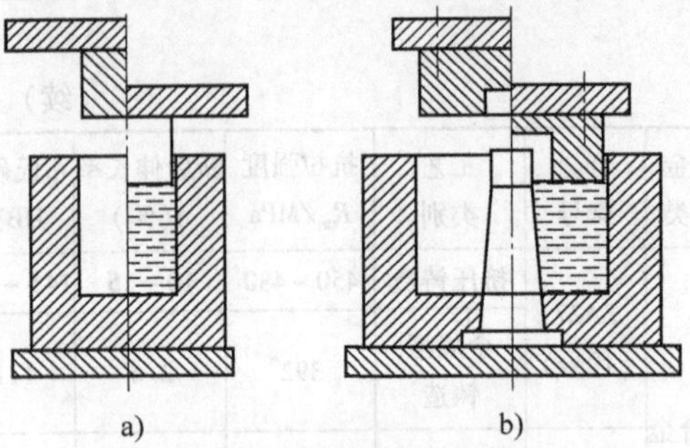

图10-5 柱塞挤压铸造（柱塞挤铸）

a）实心铸锭 b）通孔铸件

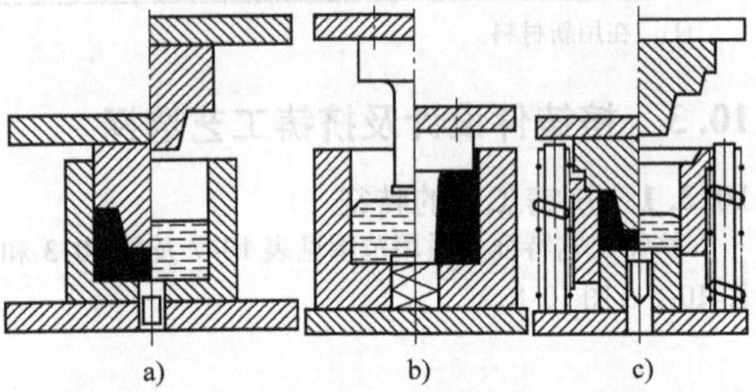

图10-6 直接冲头挤压铸造（直接挤铸）

a）杯形铸件（固定凹型）

b）通孔筒形铸件（可动底板）

c）杯形铸件（动凹型或称底板反压式）

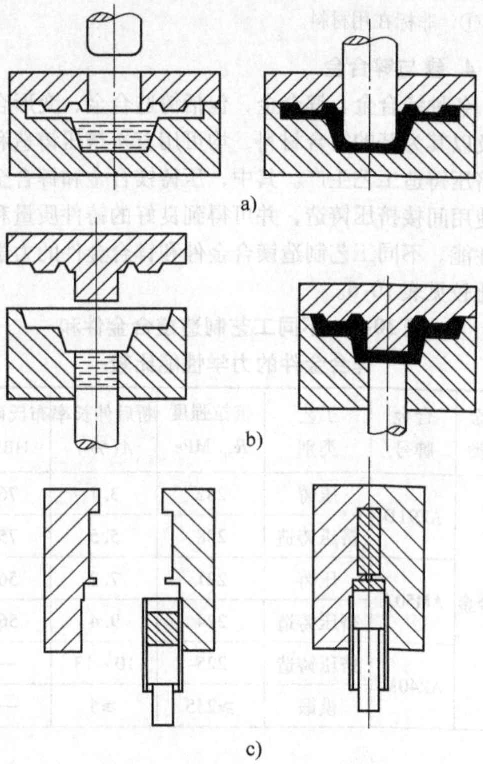

图10-7 间接冲头挤压铸造（间接挤铸）

a）上压式（水平分型） b）下顶式（水平分型） c）下顶式（垂直分型）

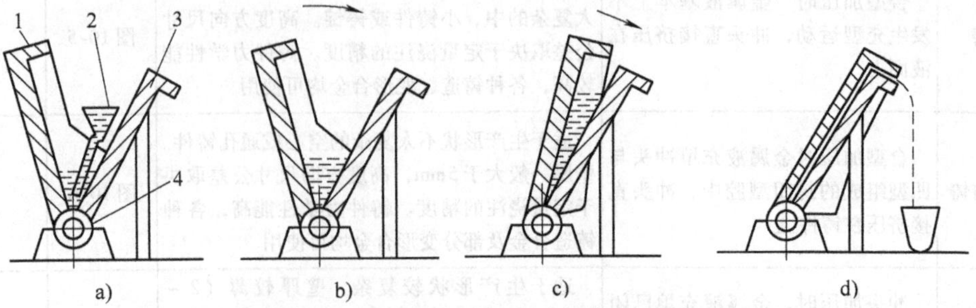

图10-8 型板旋转挤压铸造（型板旋转挤铸）

a）浇入合金液 b）开动活动型板 c）金属液上升充型 d）挤压时排出余料

1—活动型板 2—浇注漏斗 3—固定型板 4—转轴

10.3.2 挤铸工艺和凹型分型方式的选择

一般根据铸件形状、材质、性能要求等选择挤铸工艺和凹型的分型方式。表10-8、表10-9和图10-9、图10-10中分别表示按铸件形状进行选择的一般原则。

表10-8 选择挤铸工艺的一般原则

序号	铸件特征	图例	可选择的挤铸工艺
1	上端为平面的实心铸件或直径为300~600mm的铸锭等	图10-9a	柱塞挤铸
2	上端为平面的实心铸件或通孔铸件	图10-9b	柱塞挤铸
3	上端为平面且内腔较深、尺寸较大的空心铸件或通孔铸件	图10-9c、g	直接冲头挤铸、间接挤铸
4	上端有凸起和上部有空腔的铸件	图10-9d、f	直接冲头挤铸、间接挤铸、双重挤铸
5	上、下端面有凸起的铸件	图10-9e	柱塞挤铸、间接挤铸、双重挤铸
6	形状不太复杂的小型铸件（一次可挤压多个零件者）或外形复杂的铸件	图10-9h	间接冲头挤铸
7	薄壁型板铸件	图10-8	型板旋转挤铸

表10-9 不同铸件所用的凹型分型方式

序号	铸件形状特征	凹型分型方式	图例
1	外廓呈单方向递增（递减）的柱体或锥形零件	整体凹腔	图10-10a
2	1）外周有水平方向的凹槽、表面花纹、凸台或不允许有起模斜度的柱形铸件 2）一型多件的间接挤铸	垂直分型凹型	图10-10b、f、h
3	1）外廓有垂直方向的凹槽、凸台、表面花纹的铸件 2）一型多件或用小压力挤大铸件的间接挤铸	水平分型凹型	图10-10c、g
4	外形复杂的铸件	复合分型凹型	图10-10d
5	局部有空腔的铸件	带抽芯的凹型	图10-10e、f

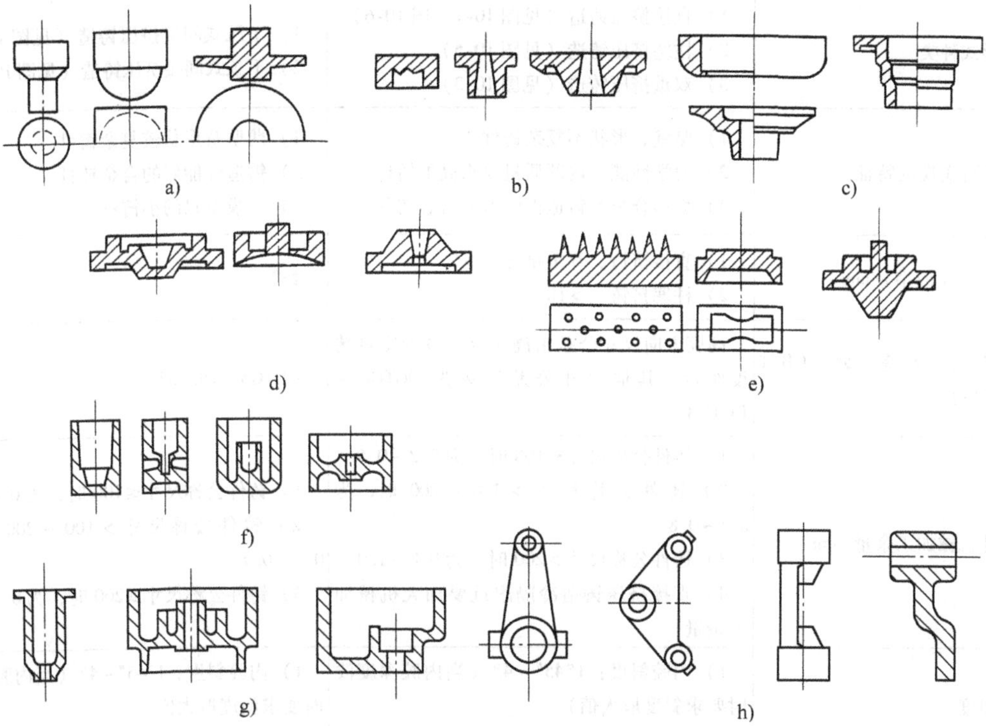

图10-9 各类挤铸件图例

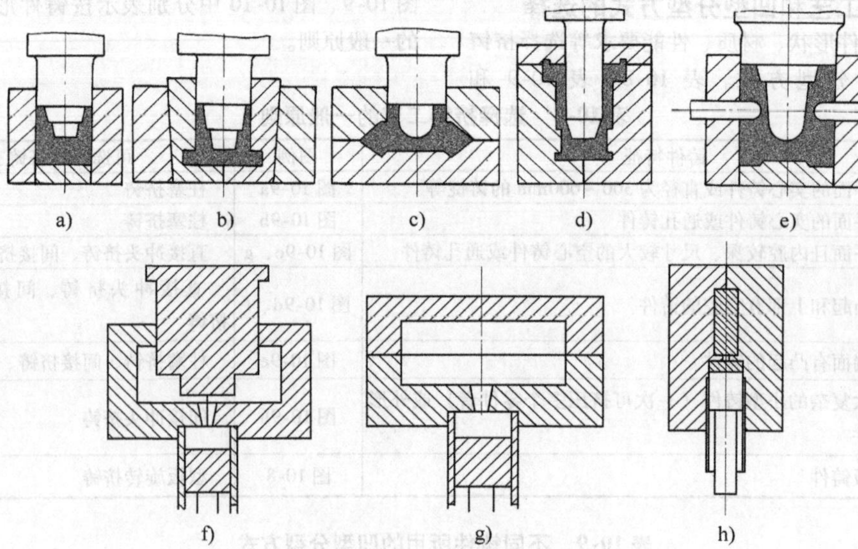

图 10-10　凹型的分型形式

a) 整体凹型（上压式）　b) 垂直分型凹型（上压式）　c) 水平分型凹型（上压式）
d) 复合分型凹型（上压式）　e) 带抽芯的凹型（上压式）　f) 带抽芯的垂直分型凹型（上压式、下顶式）
g) 水平分型凹型（下顶式）　h) 垂直分型凹型（下顶式）

10.3.3　挤铸件的设计

挤铸件的设计原则及参数见表 10-10，常用合金液的线收缩率见表 10-11。

表 10-10　挤铸件的设计原则及设计参数

项目	一类挤铸形式	二类挤铸形式
挤铸形式种类	1）直接挤压铸造（见图 10-1、图 10-6） 2）柱塞挤压铸造（见图 10-5） 3）双重挤压铸造（见图 10-3）	1）上压式间接挤压铸造（见图 10-7a） 2）下顶式间接挤压铸造（见图 10-7b、c）
挤铸件可实现的特征	1）厚壁、形状不复杂铸件 2）力学性能、内部质量要求高的铸件 3）变形合金及铸造性能差的合金铸件	1）薄壁及形状较复杂铸件 2）铸造性能好的合金铸件 3）一模多只的小铸件
铸件壁厚（最小）/mm	1）直接挤铸、双重挤铸　>5 2）柱塞挤铸　>10	≥2～3
挤铸件尺寸公差等级（GB/T 6414—2017）	高度方向尺寸公差由浇注合金液的定量精度而定，其他尺寸公差等级为 DCTG6～DCTG8	DCTG5～DCTG7
挤铸件机械加工余量/mm	1）铸件公称尺寸≤100 时，为 0.2～0.5 2）铸件公称尺寸 >100～200 时，为 0.4～0.8 3）铸件公称尺寸 >200 时，为 0.8～1.0 4）直接挤压铸造冷隔附近要加大机械加工余量	1）铸件公称尺寸≤100 时，为 0.2～0.5 2）铸件公称尺寸 >100～200 时，为 0.3～0.7 3）铸件公称尺寸≥200 时，为 0.7～1.0
铸造斜度	1）内腔斜度：1°45″～4°（当内腔深度浅时要求斜度取大值） 2）外壁斜度约为内腔斜度的 1/2	1）内腔斜度：1°45″～4°（当内腔深度浅时要求斜度取大值） 2）外壁斜度约为内腔斜度的 1/2

（续）

项目	一类挤铸形式	二类挤铸形式
常用铸造圆角半径（$R_{内}$、$R_{外}$）Y/mm	1）T形连接：$R_{内}$为两相交壁厚之和的1/4 2）L形连接：$R_{内}$为两相交壁厚之和的1/2~2/3 3）L形连接：$R_{外}$为$R_{内}$+一壁之厚度	1）T形连接：$R_{内}$为两相交壁厚之和的1/4 2）L形连接：$R_{内}$为两相交壁厚之和的1/2~2/3 3）L形连接：$R_{外}$为$R_{内}$+一壁之厚度
挤铸件表面粗糙度/μm（GB/T 6060.1—2018）	$Ra=0.8\sim6.3$、$Rz=3.2\sim25$	$Ra=0.4\sim3.2$、$Rz=1.6\sim12.5$

表10-11 常用合金液的线收缩率 ε （%）

合金	ε	合金	ε
ZL101	0.36~0.6	ZM5	0.37~0.65
ZL102	0.3~0.5	铸铁	0.35~0.95
ZL104	0.43~0.67	铸造锡青铜	0.47~0.8
ZL105	0.33~0.55	铸造铅青铜	0.47~0.8
ZL105A	0.38~0.6	铸造铝青铜	0.6~0.9
ZL201	0.42~0.65	普通铸造黄铜	0.59~0.88
ZL203	0.42~0.67	铸造硅黄铜	0.53~0.85
ZL301	0.43~0.67	铸造铅黄铜	0.74~1.1
ZL305	0.42~0.65	铸造铝黄铜	0.42~0.9
ZL401	0.4~0.7	铸造锰黄铜	0.3~0.7
ZM1	0.43~0.65	铸造铁黄铜	0.74~1.1
ZM2	0.43~0.65	钢	0.73~1.23
ZM3	0.42~0.67	—	—

10.4 挤压铸造机

挤压铸造生产需要在挤压铸造机（压力机）上进行，根据铸件形状及要求的不同，可选用立式挤压铸造机或卧式挤压铸造机，也可使用通用立式液压机。

用于挤压铸造的通用液压机，应有足够的挤压力、回程力，滑块空载下行速度较高，其顶出液压缸有足够的顶出力和有较高的顶出速度。目前国内超大型（20000kN以上）挤压铸造设备多使用此种液压机。

为了适应多品种、高质量、高效率生产的需要，国内外定型生产了多种先进挤铸机。也有企业自行设计制造了独具特色的挤铸机，如半固态机、多功能机、双工位或三工位机等。挤铸机周边设备与压铸机周边设备类似。

10.4.1 立式挤压铸造机（立式挤铸机）

此类机型又称立式合型（水平分型）立式挤压（压射）铸造机，适合直接挤压铸造、间接挤压铸造和双重挤压铸造生产。

图10-11所示为苏州三基铸造装备股份有限公司生产的SCV系列立式挤铸机及周边设备；图10-12所示为SCV系列立式挤铸机工作流程；表10-12列出了SCV系列立式挤铸机的性能参数。

图10-11 SCV系列立式挤铸机及周边设备

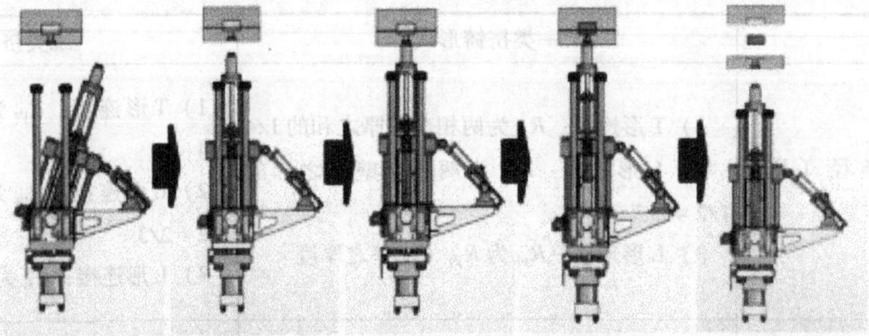

图 10-12 SCV 系列立式挤铸机工作流程

表 10-12 SCV 系列立式挤铸机的性能参数

性能参数	SCV-315	SCV-500	SCV-630	SCV-800	SCV-1200	SCV-2000	SCV-3000	SCV-4000
合型力/kN	3150	5000	6300	8000	12000	20000	30000	40000
大杠内间距（长/mm）×（宽/mm）	620×620	760×760	850×750	910×910	1190×1190	1285×1485	1650×1650	1850×1850
大杠直径/mm	130	150	170	180	240	270	330	370
最大合型距离/mm	430	600	600	760	1000	1400	1500	1600
铸型（模具）厚度/mm	300～700	350～900	350～900	400～950	450～1180	800～1700	850～2000	900～2000
滑块距工作台最大距离/mm	1130	1500	1500	1710	2180	3100	3500	3600
反推力（顶出力）/kN	180	200	250	360	500	650	900	1200
反推距离（顶出距离）/mm	120	120	150	180	200	260	300	400
活动横梁空载下行速度/（mm/s）	>150	>150	>150	>150	>150	>150	>150	>150
压射力/kN	630	800	1000	1250	1800	2200	2500	3000
压射距离/mm	500	550	600	700	750	800	850	900
压射速度/（mm/s）	30～800	30～800	30～800	30～800	30～800	30～800	30～800	30～800
料筒直径范围/mm	75～105	85～120	95～130	106～150	130～180	150～190	160～210	170～220
标准料筒直径/mm	85	95	105	130	160	170	180	195
标准料筒时铝铸件重量/kg	3.6	5.1	7.3	14	22	31	42	50

注：表中所列均为基本参考数据，具体的可按用户要求进行修改。

10.4.2 卧式挤压铸造机（卧式挤铸机）

此类机型又称卧式合型（垂直分型）立式挤压（压射）铸造机，一般适合间接挤压铸造生产。图 10-13 所示为 SCH 系列卧式挤铸机及周边设备；图 10-14 所示为 SCH 系列卧式挤铸机工作流程；表 10-13列出了 SCH 系列卧式挤铸机的性能参数。

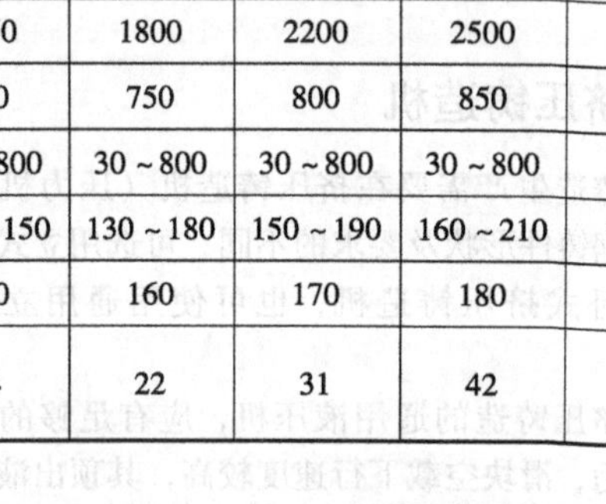

图 10-13 SCH 系列卧式挤铸机及周边设备

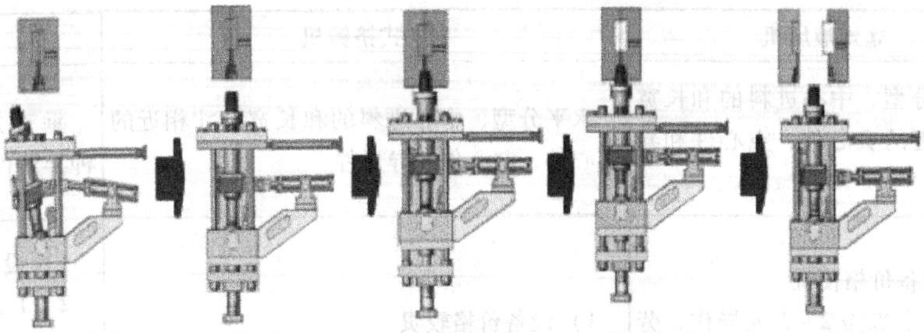

图 10-14　SCH 系列卧式挤铸机工作流程

表 10-13　SCH 系列卧式挤铸机的性能参数

性能参数	SCH-250	SCH-350	SCH-500	SCH-630	SCH-800	SCH-1000
合型力/kN	2500	3500	5000	6300	8000	10000
合型行程/mm	460	550	600	760	760	1000
铸型(模具)厚度/mm	250～650	300～700	350～900	500～900	550～950	550～1100
大杠内间距/(长/mm)×(宽/mm)	560×560	620×620	760×760	910×910	1000×1000	1190×1190
大杠直径/mm	110	130	150	180	190	240
压射力/kN	400	520	680	830	1050	1250
压射行程/mm	450	480	600	670	750	850
挤压活塞速度/(mm/s)	30～1500	30～1500	30～1500	30～1500	30～1500	30～1500
标准料筒直径/mm	70	80	95	105	120	130
料筒直径范围/mm	60～90	70～100	85～120	95～130	105～150	120～160
标准料筒时铝液浇注量/kg	3.4	4.8	8.6	11	17	20
顶出行程/mm	105	120	150	180	190	200
顶出力/kN	180	200	250	360	400	500
系统工作压力/MPa	15	15	15	15	15	15
液压泵电动机功率/kW	22	30	45	55	75	90
机器重量/kg	16000	20000	35000	50000	60000	105000

注：表中所列均为基本参考数据，具体的可按用户要求进行修改。

10.4.3　挤压铸造机的选择原则（见表 10-14）

表 10-14　挤压铸造机的选择原则

项目	立式液压机	立式挤铸机	卧式挤铸机
设备功能	1）上有主液压缸 2）下有顶出缸，但无变速、增压系统 3）无专门浇注系统，需开型浇注 4）无全自动控制系统	1）上有主合型加压系统 2）下有立式液压压射系统（可控、可变速、可补压） 3）有专用浇注系统（如倾斜式、管道输送式等） 4）从浇注到取件，可全自动操作，参数稳定	1）上侧有卧式合型加压系统 2）下有立式液压压射系统（可控、可变速、可补压） 3）有专用浇注系统（如倾斜式、管道输送式等） 4）从浇注到取件，可全自动操作，参数稳定
适于进行的挤铸工艺	柱塞挤铸、直接挤铸、间接挤铸	柱塞挤铸、直接挤铸、间接挤铸、双重挤铸	直接挤铸、间接挤铸、双重挤铸

（续）

项目	立式液压机	立式挤铸机	卧式挤铸机
适于生产的铸件	水平分型、中心进料的和长宽尺寸相近的实心件、空心件和异形件	水平分型、中心进料的和长宽尺寸相近的实心件、空心件和异形件	垂直分型、侧面进料的各种异形件
使用性能比较	1）设备价格便宜 2）一台机需 2 ~ 3 人操作，劳动条件差 3）生产率低 4）工艺由人工控制，产品质量波动大	1）设备价格较贵 2）1 人可操作 1 ~ 2 台机，劳动条件好 3）生产率高，接近压铸机水平 4）工艺由计算机控制，产品质量稳定	1）设备价格较贵 2）1 人可操作 1 ~ 2 台机，劳动条件好 3）生产率高，接近压铸机水平 4）工艺由计算机控制，产品质量稳定

10.5　挤压铸造铸型的设计

对挤压铸造铸型（简称挤铸型）的设计，一般都有如下的基本要求：确保铸件饱满充型，表面粗糙度值低；铸件内部组织致密，局部厚大部位能得到良好的补缩；铸件可进行完全的固溶处理，不出现起泡缺陷；确保有高的生产率和长的使用寿命。

10.5.1　挤铸型压力补缩的设计原则

挤压铸造是靠压力进行补缩的，在如何应用“压力补缩”的问题上，要考虑如下几个因素：

1）对厚薄不均铸件，要考虑顺序凝固的设计原则。由于有“压力损失”，铸件在靠近挤压冲头的部位实际受压大，远离冲头部位受压小，加之需设置补缩通道等原因，设计的第一个原则是要尽量遵循“顺序凝固原则”，即将铸件中薄的早凝固部位设计在离冲头稍远部位，将厚大部位、最后凝固部位或铸件重要的受力部位紧靠挤压冲头，以达到最佳挤压和补缩效果。例如，对于顶部厚大、受力条件恶劣的增压重载活塞（含镶圈、内冷活塞）宜采用柱塞挤铸工艺（见图 10-15），按顺序凝固原则，使活塞顶部厚大又受力部位达到最好的挤压效果。

2）对壁厚相对均匀的铸件，要考虑“同时凝固”的设计原则，即设计时要尽量让铸件各部位在压力下同时凝固。例如，对壁厚相对均匀的轻型汽油机活塞，则采用直接冲头挤铸工艺（见图 10-16），使其各部位大致同时凝固以达到较好的挤压效果。

3）铸型修改。挤压铸件中，若有阻碍冲头运动或妨碍压力传递的个别部位，要适当进行形状和尺寸再修改，使其基本满足同时凝固或顺序凝固原则，并达到压力能顺利传递的目的。例如，在图 10-17 所示铸型中，铸件杯底太薄（见图 10-17a）或过厚（见

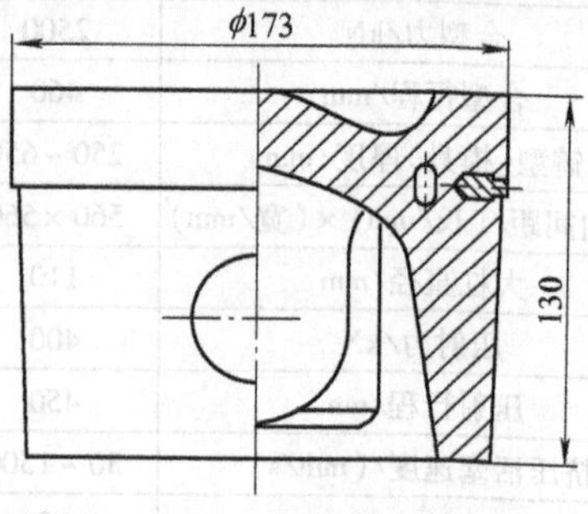

a)

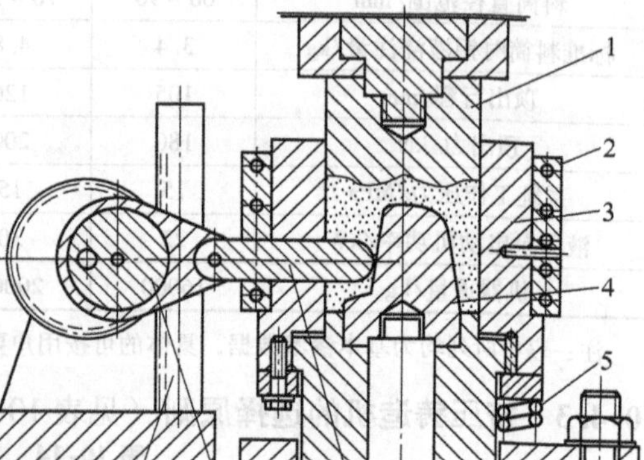

b)

图 10-15　柱塞挤铸活塞的铸型结构

a）铸件图　b）铸型图

1—冲头　2—水管套　3—凹型　4—型芯　5—弹簧　6—底座　7—顶杆　8—芯杆　9—偏心轮　10—齿条

图 10-17b）均不利。为此，在可能条件下可将毛坯改成图 10-17c 所示的形状，其挤压补缩效果会好得多。

4）为达到更好的挤压效果，有时铸型设计还需

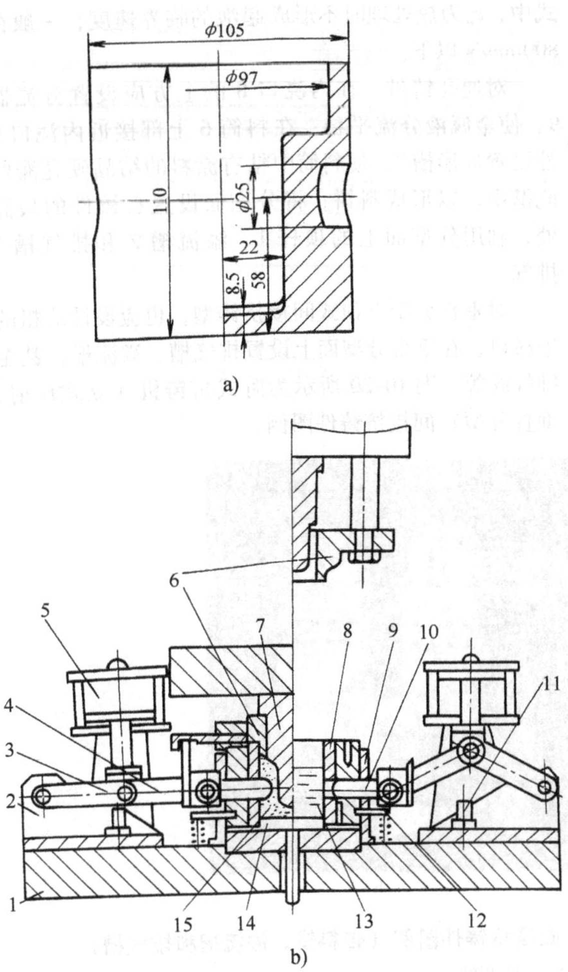

图10-16　直接冲头挤铸活塞的铸型结构

a）铸件图　b）铸型图

1—垫板　2—支架　3—摆杆　4—连杆　5—气缸　6—推料套筒　7—冲头　8—凹型　9—导向圈　10—侧芯杆　11—限位螺钉　12—弹簧　13—浇入铸型中的铝液　14—顶料底板　15—活塞毛坯

考虑进行双向挤铸（见图10-18）、局部补压（见图10-19）和双重挤铸（见图10-3）。

10.5.2　避免气体及夹杂物卷入的挤铸型设计

使挤铸件固溶处理时不起泡的关键是在挤铸过程中不卷入气体或易挥发气体的夹杂物，因此，挤铸型设计要遵循如下的原则：

1）金属液充型速度（流速）控制在临界速度以下。此种临界速度是随铸型充型条件的不同而不同的，一般情况下此值为800mm/s。

2）尽量实现层流充型。要减少内浇道的折弯和正面的阻堵，使金属液实现层流充型，少产生涡流。

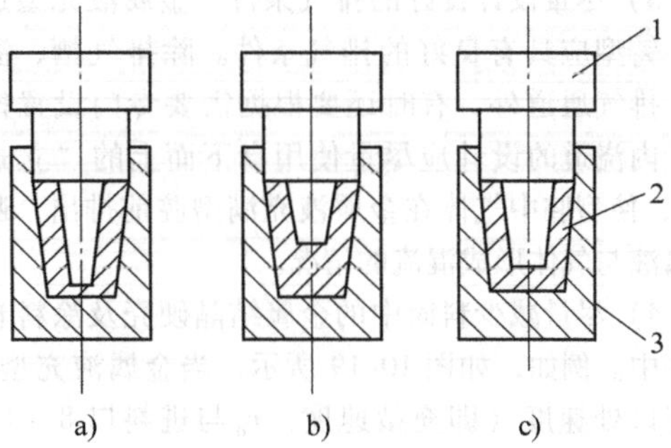

图10-17　直接冲头挤铸杯形件铸型

a）铸件底部过薄　b）铸件底部过厚

c）铸件各部位尺寸较适中

1—冲头　2—铸件　3—凹型

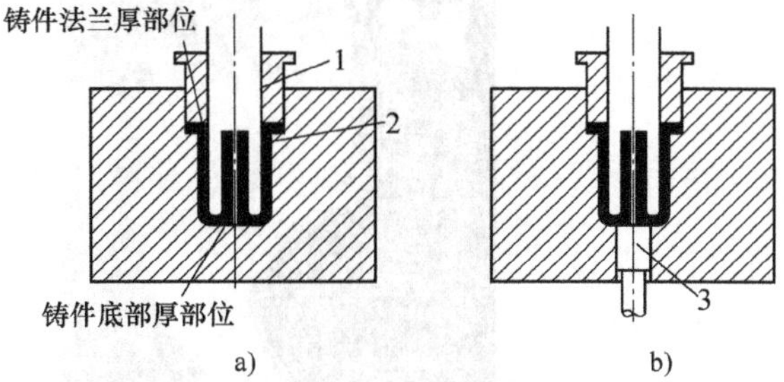

图10-18　双向挤铸铸型

a）直接冲头挤铸　b）双向挤铸

1—冲头　2—铸件　3—压头

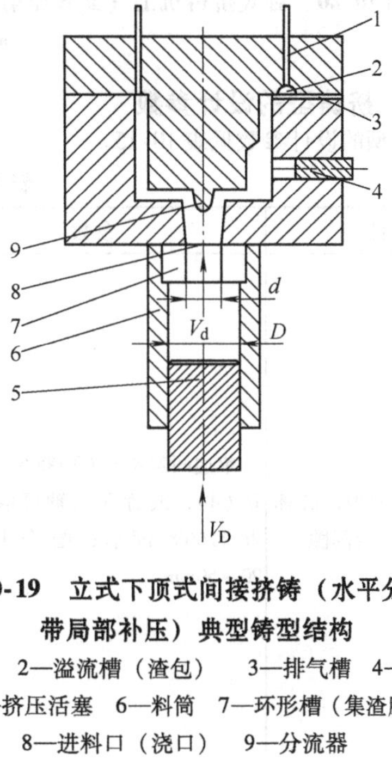

图10-19　立式下顶式间接挤铸（水平分型、带局部补压）典型铸型结构

1—顶杆　2—溢流槽（渣包）　3—排气槽　4—补压杆　5—挤压活塞　6—料筒　7—环形槽（集渣腔）　8—进料口（浇口）　9—分流器

3）尽量设计良好的排气条件。金属液充型过程中，铸型应具有良好的排气条件。除排气槽、溢流槽、排气通道外，有时还要根据需要专门设置排气阀。内浇道的设计应尽量使用自下而上的“立式充型”，使型腔中气体在金属液充满型腔前排出，避免金属液与气体形成混流的情况。

4）尽量减少料筒中的金属结晶硬壳及涂料卷入铸件中。例如，如图 10-19 所示，当金属液充型时，内浇口处速度（即充型速度）v_d与进料口 8（内浇口）直径 d、料筒直径 D、和挤压速度 v_D应符合下列关系：

$$v_d = D^2 v_D / d^2 \leqslant v_o \qquad (10\text{-}1)$$

式中，v_o为热处理时不形成起泡的临界速度，一般在 800mm/s 以下。

对通孔铸件，在内浇口 8 的上方应设置分流器 9，使金属液分流平稳；在料筒 6 上部接近内浇口 8 处设置环形槽 7，使料筒中粘有涂料的结晶硬壳滞留此槽中，以形成料饼；将分型面设置在铸件的最高处，利用分型面上的顶杆 1、溢流槽 2 和排气槽 3 排气。

对垂直分型下顶式间接挤铸型，也应设计成粗的进料口，在垂直分型面上设置排气槽、溢流槽，甚至排气阀等。图 10-20 所示为卧式挤铸机（立式压射、垂直分型）间接挤铸件图例。

a）

b）

图 10-20　卧式挤铸机上（立式压射、垂直分型）间接挤铸件图例（带料饼、溢流槽和排气槽）

a）一模一件　b）一模两件

10.5.3　挤铸型的设计参数

挤铸型的设计参数见表 10-15。

表 10-15　挤铸型的设计参数

项目	参数	图例
冲头与凹型，芯棒与套孔的配合间隙	单边间隙 δ =（0.0006 ~ 0.001）D（A）；或者孔与轴可取 H7/e8 和 H7/d8 配合；配合长度为 20 ~ 50mm	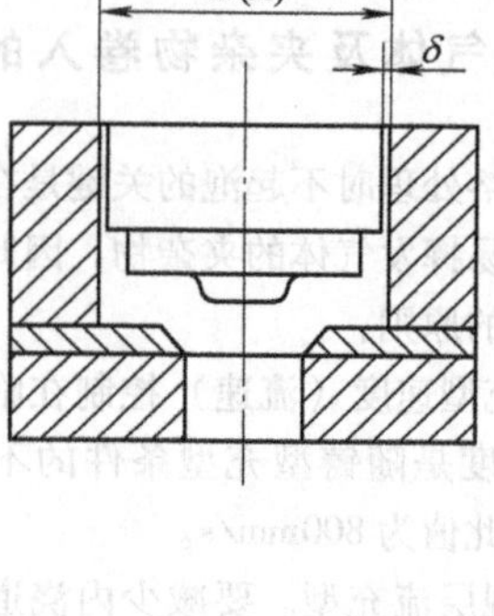

（续）

项目	参数	图例
排气槽	在分型面处设排气槽，尺寸可取： 深度 t 为 0.05 ~ 0.20mm，宽度 b 为 5 ~ 20mm 长度 l 为 20 ~ 30mm	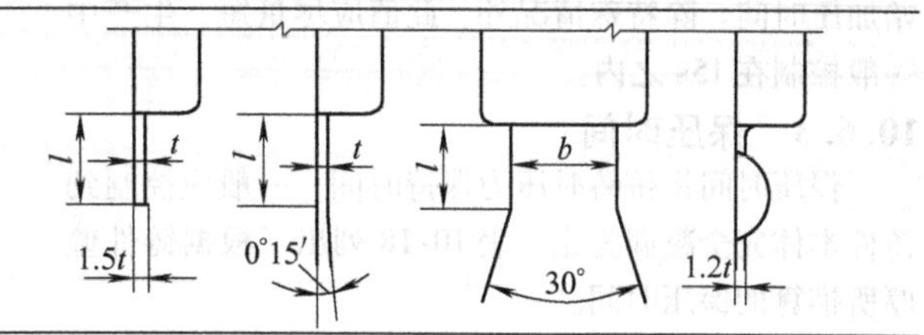
溢流槽	挤铸型内的合金液汇合处、易产生涡流处、模温低难以充到处和最后到达处应设溢流槽。其厚度一般为 3 ~ 5mm。大小、形状、数量视铸件而定	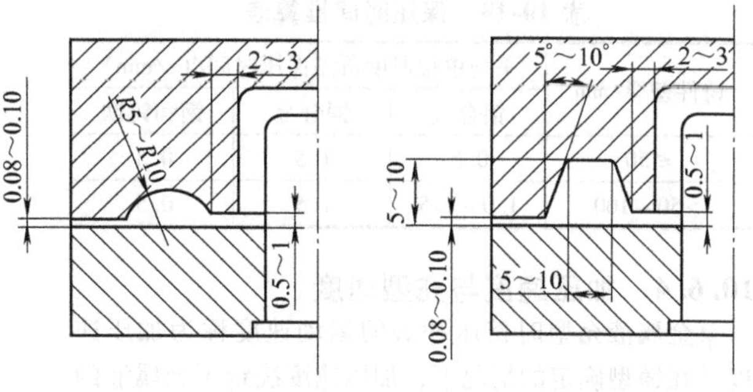 溢流槽长度为 8～10mm

10.5.4 挤铸型常用材料

挤铸型常用材料见表 10-16。

表 10-16 挤铸型常用材料

铸型构件名称	锌合金用挤铸型	铝合金、镁合金用挤铸型	铜合金用挤铸型
凹型及镶块	5CrNiMo	4Cr5MoSiV1	3Cr2W8V
	3Cr2W8V	3Cr2W8V	4Cr5W2VSi
	4Cr5MoSiV1	4Cr5MoSiV	4Cr5MoSiV1
	4Cr5MoSiV	4Cr5W2VSi	—
挤压头，型芯	4Cr5MoSiV1	3Cr2W8V	3Cr2W8V
	5CrNiMo	4Cr5MoSiV1	—
顶杆、套筒	5CrMnMo	5CrNiMo	3Cr2W8V
	40Cr	4Cr5MoSiV1	4Cr5W2VSi
	T8 ~ T10	3Cr2W8V	4Cr5MoSiV1

10.6 挤压铸造工艺参数

10.6.1 压力

压力大小是挤压铸造中最重要的工艺参数。它是指对铸型中金属液单位面积上所施加的平均挤压力。压力过低不能保证铸件内部质量，过高则影响模具寿命，浪费能源。为保证铸件内部质量所需的最低压力值（即临界压力）与工艺条件有关。直接冲头挤铸所需临界压力见表 10-17。实际生产时，直接挤铸和间接挤铸的压力一般要选在 60MPa 以上，柱塞挤铸要选 80MPa 以上。

表 10-17 直接冲头挤铸所需临界压力

（单位：MPa）

合金状态	铸件	大空腔铸件	小空腔铸件	实心铸件
液态	薄壁件	40	50	60
	厚壁件	30	40	50
液-固态（半固态）	薄壁件	100	90	110 ~ 120
	厚壁件	80	70	80 ~ 100

10.6.2　开始加压时间

金属液浇入铸型至开始加压的时间间隔，称为开始加压时间。除特殊情况外，此值应尽量短，生产中一般控制在15s之内。

10.6.3　保压时间

保压时间指挤铸时压力保持时间，一般应控制到铸件本体完全凝固为止。表10-18列出了根据铸件壁厚所推算的保压时间。

表10-18　保压时间推算表

铸件壁厚/mm	平均单位厚度所需保压时间/(s/mm)		
	铝合金	铜合金	钢和铸铁
≤50	0.5	1.5	0.5
>50~100	1.0~1.5	1.5	0.5

10.6.4　加压速度与充型速度

金属液充型时挤压冲头的运动速度称为加压速度。在铸型确定的情况下，加压速度决定了金属液的充型运动速度（即充型速度）。在生产中，金属液的充型速度应控制在0.8m/s以下。过快，金属液易产生涡流而卷入气体，致使铸件在热处理时起泡；过慢，金属液又不能充满铸型。对于直接挤压铸造，一般用冲头的加压速度进行控制，厚壁铸件的冲头加压速度可慢些，宜控制在0.1m/s左右；薄壁或小铸件的冲头加速度可高些，为0.2~0.4m/s。对于间接挤压铸造，常按充型速度（或称浇道速度、浇口速度）进行控制。对厚壁铸件，充型速度可控制在0.5~1m/s；对薄壁铸件，充型速度可控制在0.8~2m/s。

10.6.5　浇注温度

挤压铸造的浇注温度应比同种合金的砂型、金属型铸造要略低些，一般控制在该合金液相线温度以上50~100℃。部分常用合金挤压铸造浇注温度见表10-19。

表10-19　部分常用合金挤压铸造的浇注温度

合金类别	合金牌号（代号）	浇注温度/℃
铸造铝合金	ZL102	640~690
	ZL104、ZL101	640~720
	ZL105	640~720
	ZL203	670~720
	ZL301	640~720
变形铝合金	7A04	680~720
	2A12	680~720
	4A11	680~720
	2A80	680~720
	6A02	680~720

（续）

合金类别	合金牌号（代号）	浇注温度/℃
镁合金	ZM5	580~650
青铜合金	ZCuSn10Zn2	1100~1180
	ZCuSn10P1	1050~1150
	ZCuSn5Pb5Zn5	1100~1170
	ZCuSn3Zn8Pb6Ni1	1100~1160
	ZCuAl9Mn2	1100~1150
	ZCuAl10Fe3Mn2	1120~1170
黄铜合金	ZCuZn16Si4	980~1030
	ZCuZn40Pb2	960~1000
	ZCuZn40Mn2	900~970
	HMn57-3-1（变形合金）	920~1000
	ZCuZn38Mn2Pb2	920~1000

10.6.6　挤铸型工作温度

挤铸型的工作温度见表10-20。

表10-20　挤铸型的工作温度

浇注合金种类	预热温度/℃	工作温度/℃
铝合金、镁合金	150~200	200~300
铜合金（对凹型）	170~200	250~300
铜合金（对凸型）	200~250	
铸铁和铸钢	150~200	200~400

10.6.7　铸型涂料

商品化的铸型涂料主要分两大类：①石墨类涂料，如水剂胶体石墨、油剂胶体石墨等；②非石墨类涂料，包括水剂白涂料、冲头油、防焊合蜡等。几种涂料的特点及应用范围见表10-21。

表10-21　几种涂料的特点及应用范围

涂料品种	特点	应用范围
水剂胶体石墨	润滑性及对铸型冷却效果好，浇注时发气量少，但铸件表面有石墨粘污，对环境也有轻度污染	铝、镁和锌基合金用的挤铸型型腔和料筒。适于需固溶处理的铸件
油剂胶体石墨	润滑性优于水剂胶体石墨，但冷却效果略差，浇注时发气量大，对铸件表面和环境污染较严重	铜合金用挤铸型型腔和铝合金用挤铸型的冲头、料筒、储液槽和型芯等。对需固溶处理的铸件最好少用

（续）

涂料品种	特点	应用范围
水剂白涂料	润滑性略低于水剂胶体石墨，对模具冷却效果好，浇注时发气量少，对铸件表面及环境污染少	铝、镁和锌基合金用的挤铸型型腔、料筒、冲头。适于需固溶处理的铸件
冲头油、防焊合蜡	润滑性、冷却效果及发气量与油剂胶体石墨相近，对铸件和环境污染要少	适用范围与油剂胶体石墨相近。对需固溶处理铸件的不利影响比油剂胶体石墨要小

10.7 挤压铸造件的缺陷

挤压铸造是一种优质、高效的工艺方法，在正常情况下，能保证制造出内部组织致密、表面光洁、力学性能优良的铸件。但在实际生产中，往往仍会出现诸如缩松、缩孔、气孔、夹渣、浇不足、未熔合、冷隔、偏析及裂纹等缺陷。这大多是与挤压铸造工艺的选择、模具设计、合金的熔炼、挤压参数的选取和工人实际操作的不当有关。

10.7.1 表面粗糙类缺陷

表面粗糙类缺陷的产生原因及防止方法见表10-22。

表10-22 表面粗糙类缺陷的产生原因及防止方法

名称	检查方法及缺陷特征	产生原因	防止方法
流痕及花纹	外观检查：铸件表面上有与金属液流动方向一致的条纹，有明显可见的与金属基体不一样、微凸或微凹的纹路，无发展趋势	流痕： 1）进入型腔的金属液形成一个极薄而又不完全的金属层后，被随后而来的金属液所弥补而产生的接痕 2）模温过低 3）内浇道截面面积过小及位置不当而产生喷溅 4）作用于金属液上的压力不足 花纹：涂料用量过多	1）提高模温 2）调整内浇道截面面积及位置 3）调整内浇道速度及压力 4）适当地选用涂料及调整用量 5）采取措施制止喷溅
网状毛刺	外观检查：铸件表面上有网状发丝一样凸起或凹陷的痕迹，形状固定，随挤铸次数增加而不断扩大和延伸	模具型腔表面产生龟裂	1）正确选用模具材料及热处理工艺 2）浇注温度不宜过高，尤其是高熔点合金 3）模具预热要充分 4）模具要定期或生产一定次数后进行退火处理。打磨抛光成形部位的表面
冷隔	外观检查：在铸件上有穿透或不穿透的边缘呈圆角状的缝隙	1）两股金属液相互对接，但未完全熔合 2）浇注温度或模具温度过低 3）选择合金不当，流动性差 4）浇道位置不对或流路过长 5）填充速度低 6）压射比压低 7）直接冲头挤铸方式	1）适当提高浇注温度 2）提高压射比压，缩短填充时间 3）提高压射速度的同时加大内浇道截面面积 4）改善排气条件 5）正确选用合金、提高合金的流动性 6）直接冲头挤铸冷隔下面讨论
缩陷（凹陷）	外观检查：在铸件厚大部位的表面上有平滑的凹陷（状如盘碟）	（1）由收缩引起 1）铸件结构设计不当，壁厚差太大 2）合金收缩大 3）浇道位置不当 4）压射比压低 5）铸型局部温度过高 （2）由模具损坏引起 1）模具损伤 2）模具龟裂 （3）由憋气引起 填充型腔时，局部气体未排出，被压缩在型腔表面与金属液界面之间	1）壁厚应均匀 2）厚薄过渡要缓和 3）选用收缩性小的合金 4）正确选择金属液导入位置及增加内浇道截面面积 5）增加挤压压力 6）适当降低浇注温度及铸型的温度 7）对局部高温处要进行冷却 8）检修铸型，消除凸起部分 9）改善排气条件 10）减少涂料用量

（续）

名称	检查方法及缺陷特征	产生原因	防止方法
印痕	外观检查：1）铸件表面与铸型型腔表面接触所留下的痕迹；2）铸件表面上出现阶梯痕迹	（1）由顶出元件引起 1）顶杆端面被磨损 2）顶杆调整不齐 3）铸型型腔拼接部分和其他活动部分配合不好 （2）由拼接活动部分引起 1）镶拼部分松动 2）活动部分松动或磨损 3）铸件的侧壁表面，由动、定（上、下）模互相穿插的镶件所形成	1）工作前要检查、修好铸型 2）顶杆长短要调整到适当位置 3）紧固镶块和其他活动部分 4）设计时消除尖角，配合间隙应调整合适 5）改善铸件结构，使铸型消除穿插的镶嵌形式，改进铸型结构
铁豆（冷豆）	外观检查：铸件表面镶有未与铸件完全融合的金属颗粒（通常在欠铸处）	1）浇注系统设置不当 2）填充速度快 3）金属液过早地流入型腔	1）改善浇道系统，避免金属液直冲型芯、型壁 2）增大内浇道截面面积 3）改进操作，调整机器
黏附物痕迹	外观检查：小片状的金属或非金属物与金属的基体部分熔接，在外力的作用下小片状物剥落后，铸件表面有的发亮，有的为暗灰色	1）在铸型型腔表面上有金属或非金属残留物 2）浇注时带进杂质附着在型腔表面上	1）在挤铸前要对型腔、压室及浇注系统清理干净，去除型腔表面黏附物 2）对浇注的金属液要清理干净 3）选择合适的涂料，喷涂要均匀
分层（夹皮及剥落）	外观检查或破坏检查；铸件局部有明显的金属分层	1）铸型刚性不够，在金属液填充过程中，模板产生抖动 2）挤压冲头与压室配合不好，在压射中冲头前进时速度不平稳 3）浇注系统设计不当 4）直接挤铸工艺才出现的夹皮	1）加强铸型刚性，紧固铸型部件，使之稳定 2）调整挤压冲头与压室的配合间隙 3）合理设计浇注系统 4）直接挤铸夹皮下有讨论
直接冲头挤铸冷隔	外观检查：在直接冲头挤铸件的腰部，即原浇注液面高度附近并紧靠凹型周边部位，形成的一圈冷隔（或未熔合或氧化皮夹渣）	直接冲头挤铸时产生的冷隔，它是冲头压入凹型中浇注金属液面后，上流的金属液与原浇注液面靠近凹型壁的结壳之间形成的冷隔	1）直接冲头挤铸时产生的冷隔 2）选择不易氧化的合金，提高铸型温度，缩短开始加压时间，可改善和减轻此种冷隔 3）产品工艺设计时，尽量将此冷隔置于机械加工余量中去
直接挤铸和柱塞挤铸夹皮	外观检查：在铸件重力浇注成形部位的表面，尤其是尖角或窄小型腔部位形成的夹皮	在金属液浇入带有尖角或有窄小型腔的凹型过程中，由于某种原因，流不进窄小处而形成圆弧形结壳表面，并被氧化或粘有涂料而夹渣。在冲头挤压后，此部位被二次液流充填，而形成“夹皮”	1）改变铸型结构，将尖角和窄小型腔部位改由冲头直接成形 2）提高铸型温度和浇注温度 3）减少喷涂 4）缩短开始加压时间
表面粗糙	外观检查：铸件在某些部位上产生粗糙面，或者局部有麻点或凸纹	1）铸件热节处补缩不充分 2）挤压冲头、型芯冷却不够，局部温度过高 3）内浇道设置不当，造成局部模温过高	1）对挤压冲头、型芯及铸件热节部位铸型设置冷却措施或加喷涂冷却 2）降低浇注温度和模温 3）改进内浇道设计或更换浇注位置
铸件发汗	外观检查：铸件局部表面渗出一粒粒球形或半球形小圆珠	铸件热节处未完全凝固时即卸压开模，在型腔形成负压条件下，将未凝固金属吸出	1）延长保压时间 2）降低浇注温度和模温 3）加强铸型喷涂冷却

10.7.2 表面损伤类缺陷

表面损伤类缺陷的产生原因及防止方法见表10-23。

表10-23 表面损伤类缺陷的产生原因及防止方法

名称	检查方法及缺陷特征	产生原因	防止方法
机械拉伤	外观检查：铸件表面顺着出模方向留有擦伤的痕迹	1）模具设计和制造不正确，如型芯的成形部分无斜度或成负斜度 2）型芯或型壁上压伤影响出模 3）铸件顶出时有偏斜 4）冲头、型芯与凹模配合间隙不当	1）易拉伤部位应及时检查模具，修正斜度，打光压痕 2）拉伤面无固定位置时，要注意增加涂料 3）调整顶杆，使顶出力平衡 4）适当增加脱模斜度 5）调整配合间隙
粘模拉伤	外观检查：合金与型壁粘连而产生拉伤痕迹，在严重的情况下会被撕破	1）浇注温度过高 2）模具温度太高 3）涂料使用不足或不正确 4）模具成形表面粗糙 5）内浇道设计不正确使金属液直接冲击型芯或型壁 6）模具材料使用不当或热处理工艺不正确，硬度不足 7）充型速度太快 8）挤压压力过高	1）降低浇注温度 2）模具温度控制在工艺范围内 3）消除型腔粗糙的表面 4）检查涂料品种或用量是否适当 5）调整内浇道，防止金属液直接冲击型芯或型壁 6）检查模具材料、热处理工艺及硬度是否合理 7）适当降低充型速度 8）修正挤铸压力

10.7.3 缩松、缩孔及渗漏类缺陷

缩松、缩孔及渗漏类缺陷的产生原因及防止方法见表10-24。

表10-24 缩松、缩孔、渗漏类缺陷的产生原因及防止方法

名称	检查方法及缺陷特征	产生原因	防止方法
缩孔、缩松	解剖后外观检查或探伤检查：缩孔表面呈暗色，并为不光滑、形状不规则的孔洞。大而集中的为缩孔，小而分散的为缩松，此缺陷多出现在铸件热节处和远离冲头处	缩孔、缩松是铸件在冷却过程中内部补偿不足而造成的孔穴 1）挤铸为压力补缩，当挤压力不足、未达到补缩所需的最低压力（临界压力）时 2）挤压冲头局部受阻，如薄壁部位过早凝固，阻碍冲头行进等 3）金属液充型过程中，由于型腔摩擦力、窄小型腔堵塞等造成的压力损失 4）浇注温度过高 5）铸件在结构上壁厚变化大	1）改善模具结构和铸件结构，尽量使之实现“顺序凝固”或“同时凝固”，减少“压力损失” 2）提高挤压力、挤压速度或实施局部补压 3）在可能的条件下降低浇注温度 4）改用缩孔或缩松倾向小的合金
渗漏	试压（气密性）试验：漏气或渗水	1）压力不足，基体组织致密度差 2）内部缺陷引发，如气孔，缩孔、渣孔、裂纹、缩松 3）铸件结构不合理造成部分位置不致密 4）挤压冲头受阻或挤压设备工作不稳定	1）提高压射比压或局部补压 2）针对内部缺陷采取相应措施 3）进行浸渗处理，弥补缺陷

10.7.4 气孔、气泡类缺陷

气孔、气泡类缺陷的产生原因及防止方法见表10-25。

表10-25 气孔、气泡类缺陷的产生原因及防止方法

名称	检查方法及缺陷特征	产生原因	防止方法
铸件气孔（气泡）	铸件经解剖后外观检查或探伤检查：气孔具有光滑的表面、形状为圆形或椭圆形。内部的称气孔，近表面并鼓起的称为气泡	1）挤铸工艺、浇道设计或工艺参数选取不合理。金属液充型速度太快，产生喷射，或者过早堵住排气道或正面冲击型壁而形成旋涡包住空气，这种气孔多产生于排气不良或深腔处 2）由于炉料不干净或熔炼温度过高，使金属液中含有较多的气体而没除净，在凝固时析出 3）涂料发气量大或油剂涂料使用过多，在浇注前未干固，使气体卷入铸件中，这种气孔多呈暗灰色表面 4）模具温度高，零件未冷硬即过早开模，产生负压，促使被压缩气体膨胀而产生气泡	1）改进挤铸工艺，一般直接挤铸（含柱塞挤铸）排气条件优于间接挤铸 2）降低金属液充型速度。对直接挤铸，冲头挤压速度控制在0.1～0.4m/s以下，间接挤铸的浇道速度宜控制在0.8～2m/s以下 3）改善排气条件，尽量利用冲头与凹型配合间隙，顶杆孔间间隙，分型面及其上的排气槽、集渣包或专门设置排气块、排气阀，甚至真空阀等排气 4）增加挤压压力，以压制气孔的形成 5）使用干燥而干净的炉料，减少杂质，实施良好的精练、除气处理 6）选用发气量小的涂料，少用或不用油剂涂料，喷涂要薄而均匀，涂料挥发干固后合模
热处理气泡	外观检查：经固溶处理或经高温加热后铸件表面出现新的隆起，其皮下出现新的空洞	铸件中卷入了气体或易挥发涂料夹渣等，在高挤压力作用下，铸件虽未产生气孔，但在后面的固溶处理（或高温加热）时，由于气体和挥发物膨胀，金属基体软化等原因而产生新的气泡	1）采用铸件气孔的防止方法，尽量减少铸件金属中气体含量，减少易挥发涂料使用，减少挥发物夹渣卷入 2）适当控制好固溶处理（或高温加热）温度，不使铸件处于过热状态

10.7.5 夹渣和硬点类缺陷

夹渣和硬点类缺陷的产生原因及防止方法见表10-26。

表10-26 夹渣和硬点类缺陷的产生原因及防止方法

名称	检查方法及缺陷特征	产生原因	防止方法
夹渣（渣孔）	外观检查或探伤及金相检查：铸件剖面上有不规则形状的或明或暗的孔，孔内常被熔渣充塞 在低倍显微镜下呈暗黑色，高倍显微镜下亮而无色	金属液中有夹渣或型腔中有非金属残留物，在挤铸前未被清除 （1）混入的熔渣 1）金属液表面上的熔渣、氧化皮未清除 2）将熔渣和金属液同时浇注到料筒或凹型内 （2）涂料混入物 1）坩埚或浇注工具涂料脱落进入 2）料筒或型腔涂料太多或未干固	1）仔细去除金属液表面的熔渣、氧化皮等 2）遵守金属液的舀取工艺 3）金属液需精炼除气，以清除金属液内部夹渣 4）浇注入模后，要扒渣 1）坩埚及铸造工具要及时清理未粘牢的涂料及渣皮 2）使用涂料要均匀、用量要适当，并待干固后浇注

（续）

名称	检查方法及缺陷特征	产生原因	防止方法
夹渣（渣孔）	外观检查或探伤及金相检查：铸件剖面上有不规则形状的或明或暗的孔，孔内常被熔渣充塞 在低倍显微镜下呈暗黑色，高倍显微镜下亮而无色	（3）间接挤铸时两股充型液流的被氧化、被夹渣污染的“流头”汇合处形成的一层夹杂，多出现铸型最后填满部位和型芯的背后	1）合理设计铸型，设置好浇口、浇道、排气槽、集渣包，尽量减少充型流程，减少型芯阻碍 2）浇注前，清理干净铸型型腔
		（4）间接挤铸时料筒内被涂料污染的“结壳”被挤入铸件中，形成夹杂	1）合理设计进料口（浇口），其直径须小于料筒上加大的“集渣腔”直径（见图10-19），以便将“结壳”挡在浇口外面，防止其进入铸件 2）浇注前务必清理挤压料筒
硬点	机械加工过程中或加工后外观检查或金相检查：铸件上有硬度高于金属基体的小质点和块状夹杂物，使刀具磨损严重，加工后常常显示出不同的亮度	（1）非金属硬点 1）混入了金属液表面的氧化物	1）铸造时不要把金属液表面的氧化物舀入勺内或浇注后进行扒渣 2）清除铁坩埚内表面的氧化物后再上涂料 3）清除勺子等工具上的氧化物
		2）混入了金属液与耐火材料发生反应的生成物 3）混入了合金液与涂料反应生成物	1）要使用不与浇注金属液发生反应的耐火材料和涂料 2）定期更换炉衬材料
		4）其他夹杂物 a）金属料不纯，含有其他异物。 b）金属料黏附油污 c）工具未清理干净	1）加强管理，严防回炉料混入异物或异种材料 2）回炉料不要粘上油、砂、尘土等物 3）清理净坩埚、熔炼工具上面的铁锈及氧化物
		（2）金属性硬点 1）混入了未溶解的硅元素原料	1）熔炼铝硅合金时，不要使用硅元素粉末 2）调整铝硅合金成分时，不要直接加入硅元素，必须采用中间合金 3）熔炼温度要高，时间要长，使硅充分溶解
		2）Fe、Mn等元素偏析或产生了复合化合物，如由Al、Mn、Fe、Si组成的金属间化合物等	1）在铝合金中含有过量的Mn、Fe、Si等元素时应防止发生偏析 2）用干燥的除气剂除气，但铝合金中含镁量要注意补偿
		3）游离硅混入物 a）铝硅合金硅含量高出共晶点成分，且铜、铁含量也高，出现初晶硅 b）铝合金在半液态浇注	1）铝合金含Cu、Fe多时，应使Si的质量分数降到10.5%以下 2）适当提高浇注温度或进行磷变质，以细化初晶硅质点

10.7.6 裂纹类缺陷

裂纹类缺陷的产生原因及防止方法见表10-27。

表10-27 裂纹类缺陷的产生原因及防止方法

名称	检查方法及缺陷特征	产生原因	防止方法
裂纹	外观检查：金属基体被破坏或裂开，形成细长的不规则线形的缝隙，在外力作用下有进一步发展趋势 冷裂—开裂断口未被氧化 热裂—开裂断口已被氧化	挤铸件上由于应力或外力而产生的裂纹，与多种因素有关，其中主要有挤铸工艺、合金种类、工艺过程、铸件结构及铸型工装等原因 （1）挤铸工艺 直接挤铸（含直接冲头挤铸、柱塞挤铸和双重挤铸等）铸件裂纹倾向明显低于间接挤铸	间接挤铸一般只适用抗裂纹性能好的铸造合金，而直接挤铸则适用某些抗裂性能略差的变形合金
		（2）合金种类 裂纹形成很大程度上与合金本身抗裂纹性能有关，也是判断该合金能否使用此种挤铸工艺生产的主要依据 1）铝合金件裂纹。铸造铝合金件抗裂纹性优于变形铝合金，而铸造铝合金中的Al-Si合金优于Al-Cu合金，共晶型Al-Si合金优于亚共晶合金和过共晶合金，铝合金中铁等有害杂质偏高，会降低抗裂纹性 2）镁合金件裂纹。合金中铝、硅含量过高有害 3）铜合金件裂纹。黄铜中锌过高（冷裂）或过低（热裂）；黄铜中硅含量过高 4）锌合金件裂纹。合金中有害杂质铅、锡、铁和镉含量超标	1）在综合性能达要求的条件下，选取抗裂纹性能好的合金 2）在综合性能达到要求条件下调整合金成分，使之达标准要求，降低裂纹倾向 3）控制合金中有害杂质含量
		（3）挤铸及热处理工艺 1）挤铸压力偏低或压力传递不进去 2）保压时间过短，未凝固就开型易顶裂；保压时间过长，铸件收缩被拉裂 3）铸型温度过低、加压过迟、涂料不均匀而造成冷却不均匀，局部压力不足 4）固熔处理温度过高而发生过烧、过热或淬火水温过低而局部应力过大	1）增加挤铸压力，消除压力传递通道的阻碍因素 2）控制好保压时间 3）适当调整铸型温度至正常值，调整好相关工艺参数
		（4）铸件和铸型结构 1）铸件壁厚差过大，造成冷凝速度差别过大而造成局部高应力 2）铸件脱型力过大造成局部拉裂	1）改善铸件结构，减少壁厚差 2）加大圆角过渡和脱模斜度 3）调整抽芯机构和顶杆设置，使之受力更均匀

10.7.7 几何形状与图样不符类缺陷

几何形状与图样不符类缺陷的产生原因及防止方法见表10-28。

表10-28 几何形状与图样不符类缺陷的产生原因与防止方法

名称	检查方法及缺陷特征	产生原因	防止方法
浇不足及轮廓不清晰	外观检查：金属液未充满型腔，铸件表面有不规则的孔洞、凹陷和轮廓不清	（1）流动性差原因 1）金属液吸气、有氧化夹杂物，含铁及有害杂质含量高，从而降低流动性 2）浇注温度低或模温低 （2）充填条件不良 1）挤压力不足，挤压速度过低，开始加压时间过长 2）卷入气体过多，型腔排气不良，充型受阻 （3）操作不良，喷涂料过度，涂料堆积，气体挥发不掉 （4）铸型型腔边角尺寸不合理，不易填充	1）提高金属液质量 2）提高浇注温度或模具温度 3）提高挤压力及挤压速度 4）改善内浇道设计，在欠铸部位加开溢流槽、排气槽 5）执行正确的工艺操作
变形	外观检查或测量：铸件翘（弯）曲，超出图样尺寸公差要求	1）铸件结构不合理，各部位收缩不均匀 2）开型过早，铸件刚度不够 3）顶杆设计不当，顶出过程铸件倾斜 4）铸件放置不合理或去除浇道方法不当 5）热处理工艺不当	1）改进铸件结构和刚度，使壁厚尽量均匀 2）改进顶杆设计，增加脱模斜度及圆角过渡，型腔表面抛光 3）注意热处理料筐中的铸件摆放及淬火方位 4）必要时可进行整形
飞翅	外观检查：铸件分型面处或活动部分凸出过多的金属薄片	1）挤压设备调整不当 2）铸型的滑块损坏或锁紧零件失效 3）镶块与滑块磨损或配合间隙不当 4）铸型刚度不够造成变形 5）分型面未清理干净 6）胀型力大于锁型力 7）浇注温度过高	1）检查挤压设备工作情况 2）适当降低挤压力或挤压速度，调整工艺参数 3）检查铸型的变形程度和锁紧零件 4）检查铸型是否损坏 5）将分型面清理干净
多肉或带肉	外观检查：铸件上存在形状不规则的凸出部分（重复出现）	1）铸型热处理不当而损坏 2）铸型产生龟裂而掉块 3）滑块不到位或损坏 4）成形表面机械损伤	1）按工艺规程进行铸型热处理 2）严格执行操作规程 3）按要求进行铸型修理
错型	外观检查：挤铸件错型	1）铸型镶件移位 2）铸型导向零件移位 3）铸型型腔制造误差	1）调整镶件的位置 2）更换导向零件 3）修整消除误差
型芯偏位	外观检查：铸件由型芯形成的部位与所需的位置不符	1）铸型型腔尺寸不正确或磨损 2）型芯位置与尺寸不合格 3）型芯发生变形	1）检查型腔是否超差 2）检查型芯是否磨损 3）检查型芯定位是否超差

10.7.8　化学成分与力学性能不符合要求类缺陷

化学成分与力学性能不符合要求类缺陷的产生原因及防止方法见表 10-29。

表 10-29　化学成分、力学性能不符合要求类缺陷的产生原因与防止方法

名称	检查方法及缺陷特征	产生原因	防止方法
化学成分不符合要求	化学分析：铸件合金元素不符合要求或杂质过多	1）配料不准确 2）原材料及回炉料未加分析即投入使用 3）熔炼过程元素烧损或杂质进入	1）炉料经化验分析后才能配用 2）炉料要严格管理，新旧料要按一定比例使用 3）严格控制熔炼工艺 4）熔炼工具要喷刷涂料
力学性能不符合要求	进行专门力学性能检验：铸件合金的强度、硬度，断后伸长率低于要求的标准，甚至出现脆性	1）化学成分有错误，杂质含量超标 2）铸件内部有气孔、缩孔、渣孔、裂纹、偏析等 3）热处理工艺不当 4）铸件结构不合理 5）金属液过热太高，保温时间过长	1）配料、熔化要严格控制成分及杂质含量 2）严格遵守熔炼、挤压铸造及热处理工艺，搞好变质、精炼处理，防止过热过烧 3）在生产中要定期进行工艺性试验、力学性能检查 4）防止各种内部缺陷的形成
化学成分偏析（挤压铸造异常偏析）	局部化学分析或金相组织检查：铸件局部位置的合金元素含量或其组成相大大超出该合金正常范围。形成化学成分和金相组织的不均匀性	1）由于金属液密度的差别而产生的密度偏析	1）对有密度偏析倾向的金属，在其熔炼保温时要注意搅拌均匀 2）挤铸时要尽量缩短开始加压时间
		2）挤压铸造异常偏析。这是一种挤铸条件下加重的正偏析，即在铸件热节附近呈现合金元素富集（见图 10-21），而常规重力铸造很少出现	1）选用结晶间隔窄、正偏析倾向小的合金 2）改进铸件和铸型设计，尽量缩小铸件热节部位体积，力图实现“同时凝固”效果

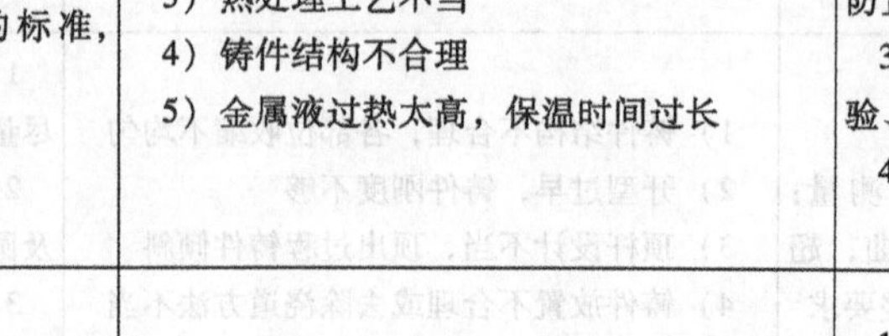

a)　　　　b)

图 10-21　7A04 杯形件的挤压铸造异常偏析照片

a）铸件侧壁热节处偏析区宏观组织　b）铸件侧壁热节处偏析区显微组织

10.8　挤压铸造工艺应用示例

挤压铸造工艺应用示例见表 10-30。

表10-30 挤压铸造工艺应用示例

序号	铸件				挤铸工艺及工装						铸件力学性能			其他
	名称	规格（mm）	材料	产品及铸件图样	挤铸工艺	挤铸设备	浇注温度/℃	压力/MPa	保压时间/s	模具、工装及模流图	抗拉强度 R_m/MPa	断后伸长率 A（%）	HBW	
1	汽车铝轮毂	14～22in	A356.0-T6	图10-22	下顶式间接挤铸	日本VSCI200-2500	810	110	45	图10-23	303～338	6.0～15.9	84～90（HRF，美）	全自动，并有2工位和3工位生产机
2	汽车副车架	936×540×232，重29.5kg	A356.0-T6	图10-24	下顶式间接挤铸	三基SCV-2500立式机	730～740	100	50	图10-25	≥276	≥8	≥85	—
3	解放牌汽车活塞	ϕ125	2L108-T6	图10-16a	直接冲头挤铸	1600kN立式液压机	690～720	125	20～25	图10-16b	293.7	1.25	127	—
4	摩托车铝轮毂	质量5kg ϕ18in×1.4in	ZL101A-T6	图10-26	间接挤铸	5000kN立式液压机	680～730	80	30	图10-27	300	7	110	—
5	镶圈铝活塞	ϕ125	ZL109-T6	图10-15a	柱塞挤铸	5000kN立式液压机	690～720	10	45～60	图10-15b	340	1	126	—
6	铝复合材料履带板		Al_2O_{3P}/7A04-T6	图10-28	柱塞挤铸	5000kN立式液压机	800	100	120	图10-29	429.7	—	156～170	—
7	汽车空调压缩机缸体	V5型 ϕ130×45	日本ADC14-T6	图10-30	间接挤铸	东芝DHXV350卧式机	720	110	70	图10-31	—	—	—	全自动，电磁泵供铝
8	汽车离合器壳体	ϕ150×130	A383-T5	图10-32	间接挤铸	三基SCV500立式机	660～680	120	15	图10-33	—	—	—	—
9	通信箱固定夹	185×95×55	ZL111-T6	图10-34	间接挤铸	宇部HVSC350PL卧式机	700	100	15	图10-35	300	—	—	—
10	电动汽车铝套管	质量10～46g/件，一模四件	ZL104-T6	图10-36	间接挤铸	三基SCH350A卧式机	690～720	90～100	15	图10-37	≥290	≥5	—	—

（续）

序号	铸件				挤铸工艺及工装						铸件力学性能			其他
	名称	规格（mm）	材料	产品及铸件图样	挤铸工艺	挤铸设备	浇注温度/℃	压力/MPa	保压时间/s	模具、工装及模流图	抗拉强度 R_m/MPa	断后伸长率 A（%）	HBW	
11	铝大型壁板	1970 × 76 × 2 ~ 3，质量 12kg	ZL104-T6	—	型板旋转挤铸	自制旋转挤铸机	780 ~ 800	0.2 ~ 0.3	180 ~ 300	图 10-8	> 180	> 1.5	—	铸型由铸铁凹型和砂芯组成
12	镁合金外壳	摩托车发动机	AZ91D	图 10-38	双重挤铸	自制立式铸锻双控成形机	—	—	—	图 10-39	197.68	1.91	—	—
13	镁合金轮毂	摩托车轮	镁合金	—	间接挤铸	自制设备气压式管道供镁	670	100	20	图 10-40	230 ~ 250	10 ~ 16	—	充型速度 800mm/s
14	增氧机锌蜗轮	ϕ130 × 64	ZA27 高铝锌合金	—	直接挤铸	YB-200 立式液压机	550	75 ~ 100	45 ~ 60	图 10-41	> 400	> 10	117-120	挤压速度 156mm/s
15	铜轴套	ϕ55 ~ 200 × 30 ~ 150，壁厚 7 ~ 35	ZCuAl10-Fe3Mn2	—	柱塞挤铸	立式液压机	液相线上 50 ~ 100	100 ~ 120	23	图 10-42	547	25.6		加压速度 30 ~ 120mm/s
16	铜吹氧喷头	ϕ200 × 100	阴极铜	图 10-43	直接挤铸	立式液压机	1150 ~ 1300	30 ~ 50	5 ~ 25	—	223 ~ 230	33 ~ 33.8	—	—
17	黄铜阀体	155 × 70 × 78	40-2 铅黄铜	图 10-44	柱塞挤铸	1000kN 立式液压机	960 ~ 1000	120	20	图 10-45	—	—	—	—
18	球墨铸铁耙片	ϕ660	稀土球墨铸铁	图 10-46	直接挤铸	自制立式液压机	1280 ~ 1380	0.47	13 ~ 18	图 10-47	1100 ~ 1460	a_K4.4 ~ 23.8J/cm	39 ~ 44HRC	挤压速度 4 ~ 6mm/s
19	钢质锻模垫板	质量 6 ~ 12kg	5CrNiTi 热模钢	图 10-48	柱塞挤铸	600-1200kN 立式液压机	1550 ~ 1600	60 ~ 80	3	图 10-49	820 ~ 870	8.6 ~ 12	a_K：18.3 ~ 19.5J/cm^2	铸型预热 200 ~ 350℃

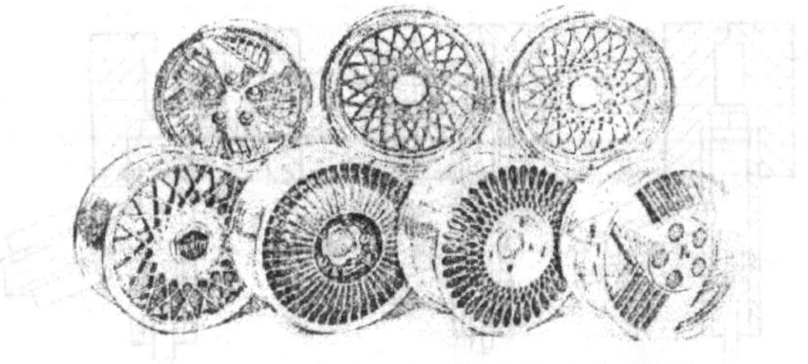

图 10-22 部分挤压铸造汽车铝轮毂

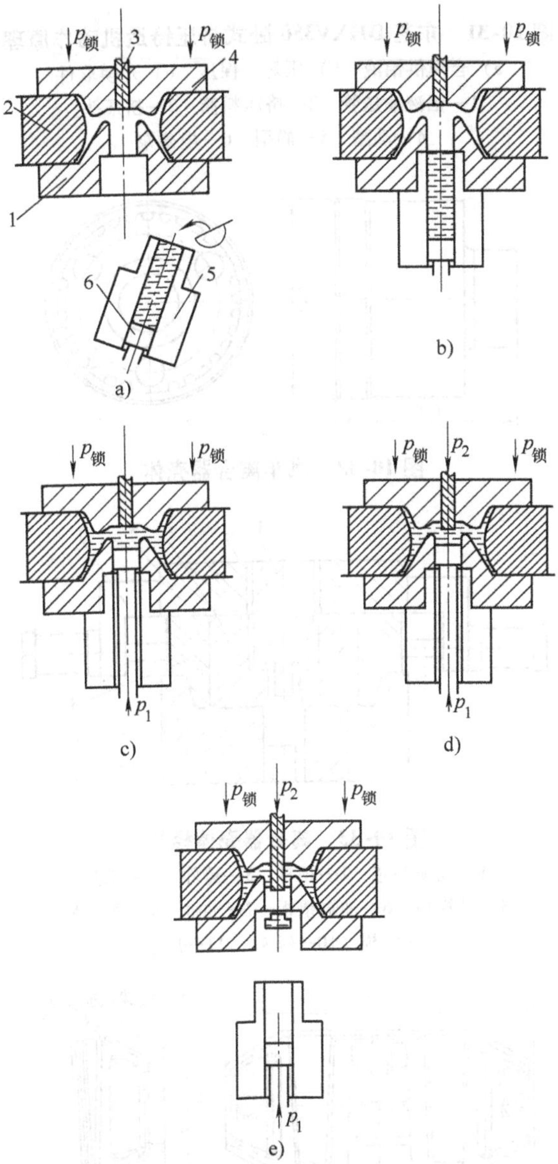

图 10-23 汽车铝轮毂挤铸动作程序

a）浇注 b）压射缸摆正、上升 c）压射头上升，第一次挤压 d）上冲头下挤，二次补压 e）上冲头冲孔，将料饼推出

1—下模 2—滑块 3—上冲头 4—上模 5—料筒 6—压射头

图 10-24 汽车副车架

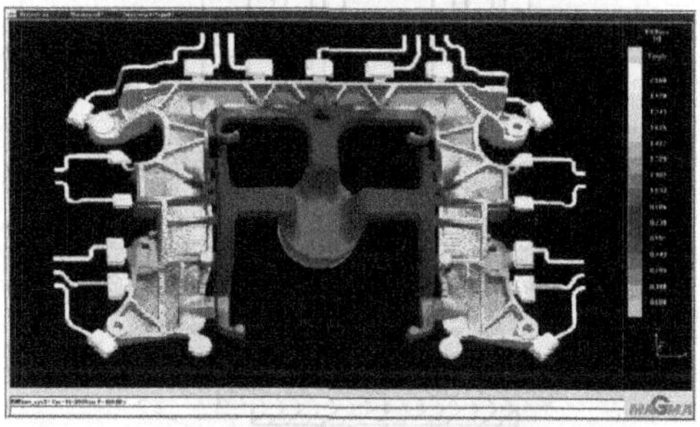

图 10-25 汽车副车架挤铸计算机模拟（模流）图

图 10-26 摩托车铝轮毂挤压铸造毛坯

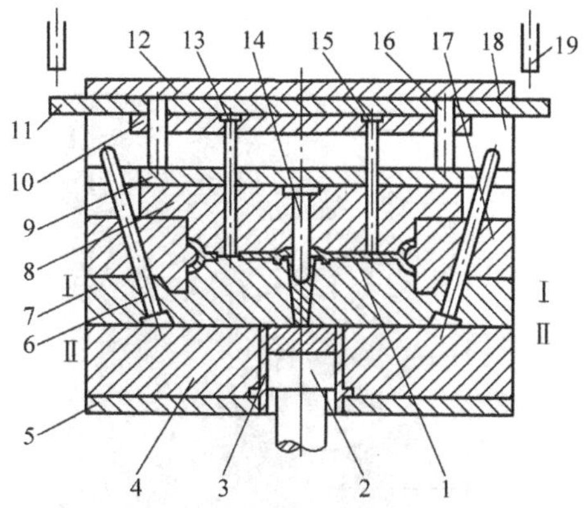

图 10-27 摩托车铝轮毂挤压铸造模具

1—铸件 2—挤压头 3—料缸 4—底板 5—垫板 6—斜销 7—下模芯 8—上模芯 9—上模垫板 10—固定板 11—推料板 12—上板 13—复位杆 14—分流锥 15—推料杆 16—导柱 17—滑块 18—垫块 19—推杆

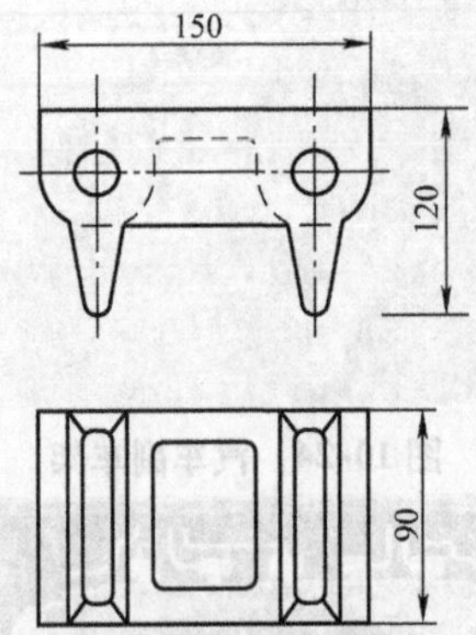

图 10-28　复合材料履带板板体毛坯

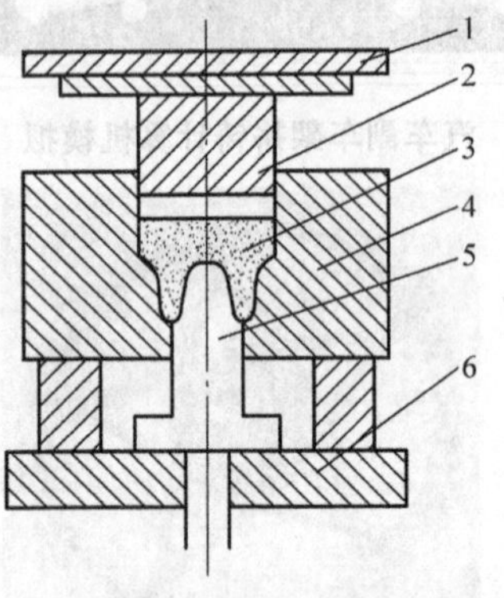

图 10-29　履带板板体挤压铸造模具

1—上压板　2—冲头　3—铸件　4—阴模
5—下芯头　6—工作台面

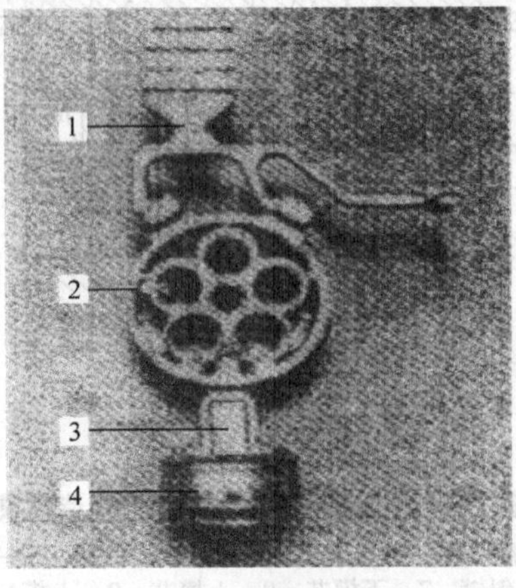

图 10-30　汽车空调压缩机 V5 型缸体

1—溢流槽及排气系统　2—缸体
3—内浇道　4—料饼

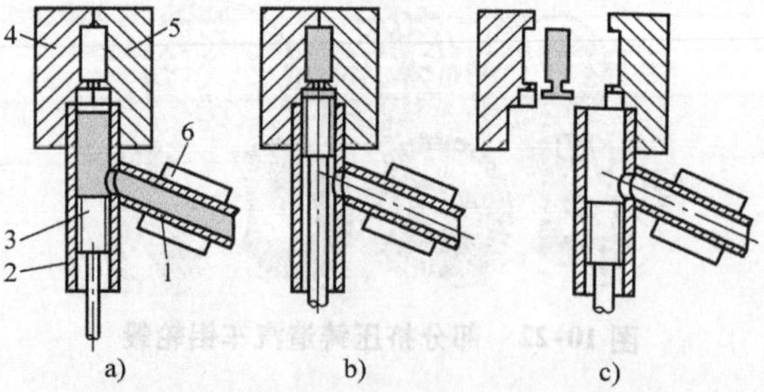

图 10-31　东芝 DHXV350 卧式挤压铸造机动作原理

a）合模供铝液　b）压射、保压　c）开模取件
1—铝液输送管　2—挤压料筒　3—挤压头
4—动型　5—静型　6—电磁泵

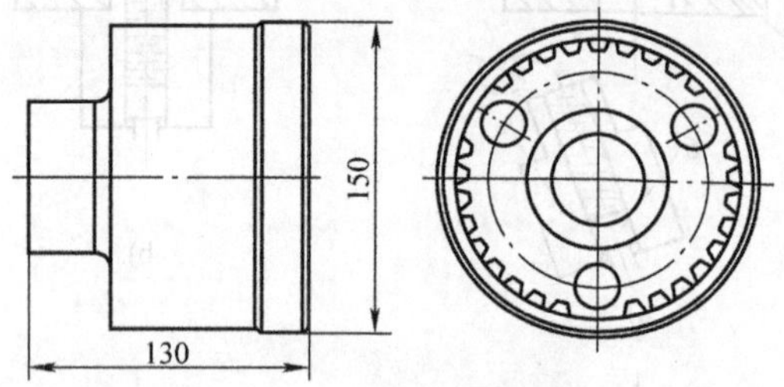

图 10-32　汽车离合器壳体

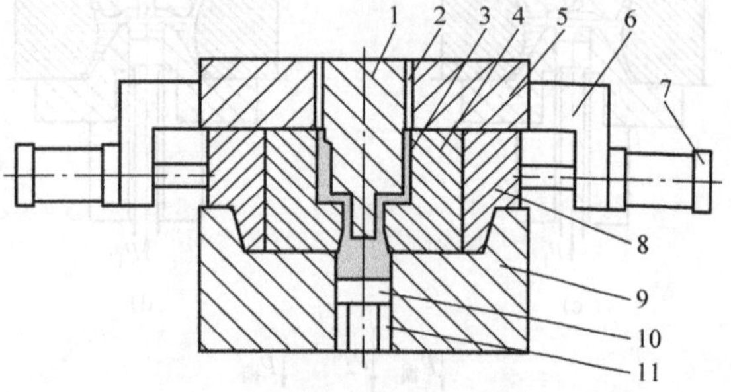

图 10-33　离合器壳体模具

1—动模型芯　2—顶杆　3—铸件　4—滑块
5—动模板　6—油缸垫板　7—油缸　8—滑块座
9—定模　10—锤头　11—压室

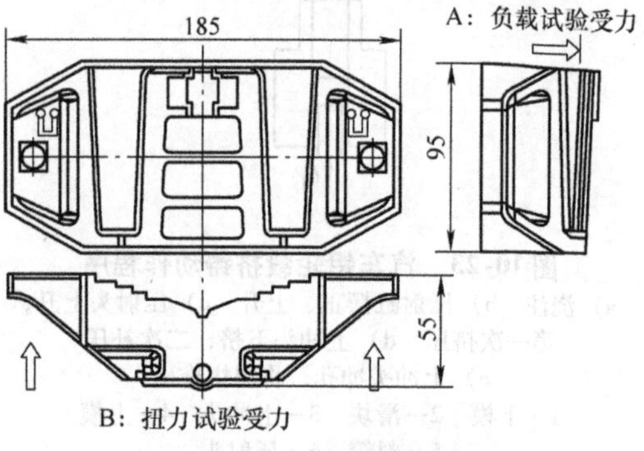

图 10-34　通信箱固定夹

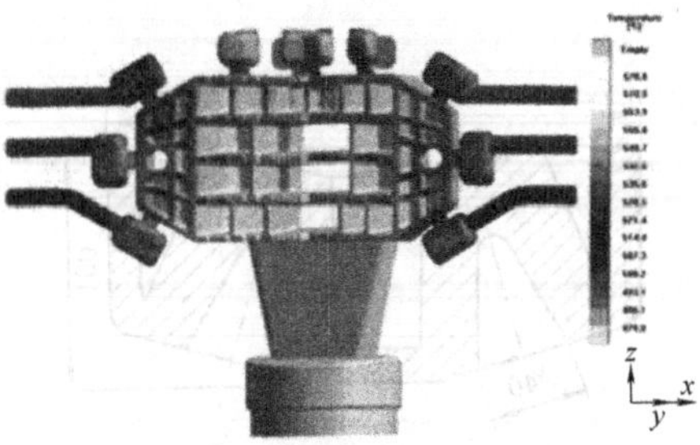

图 10-35 通讯箱固定夹铸件毛坯计算机模拟（模流）图

图 10-36 电动汽车铝套管

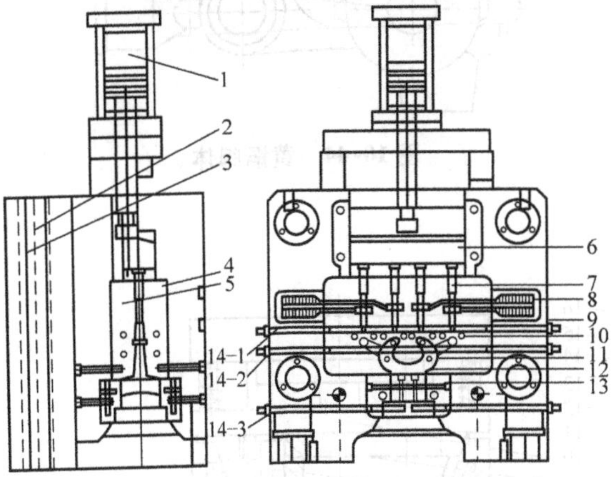

图 10-37 电动汽车铝套管模具

1—油缸 2—顶杆板 3—顶杆推板 4—定模 5—动模 6—滑块 7—抽芯杆 8—排气槽 9—套管铸件 10—渣包 11—顶针 12—浇道 13—钭柄 14—冷却水（3路水冷）

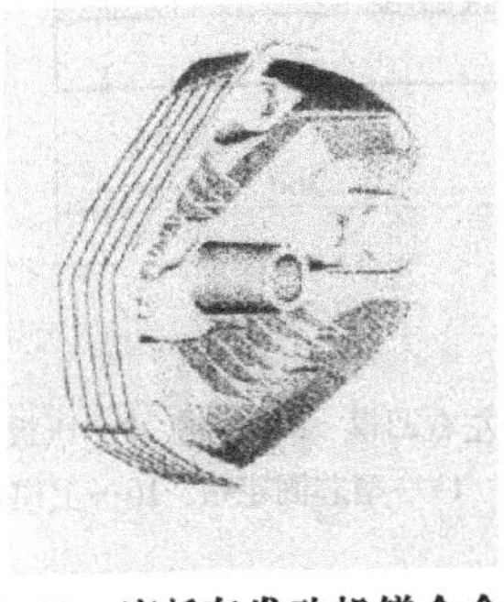

图 10-38 摩托车发动机镁合金外壳

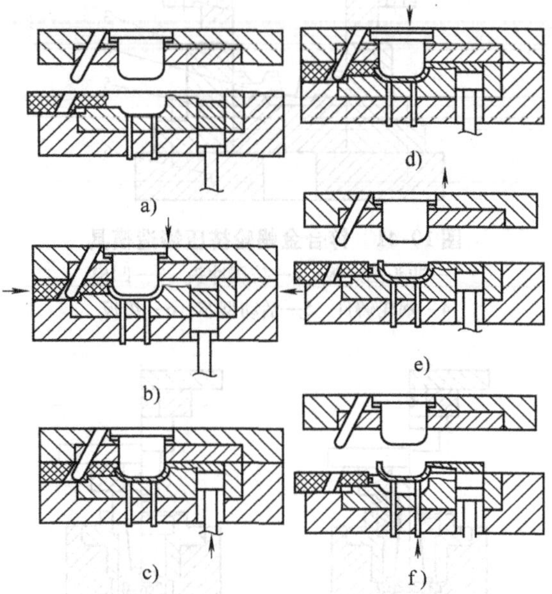

图 10-39 双重挤铸（铸锻双控成形）工艺流程

a）浇入镁液 b）合型 c）挤压充型（第一次挤压） d）锻压（第二次挤压） e）开型 f）推出铸件

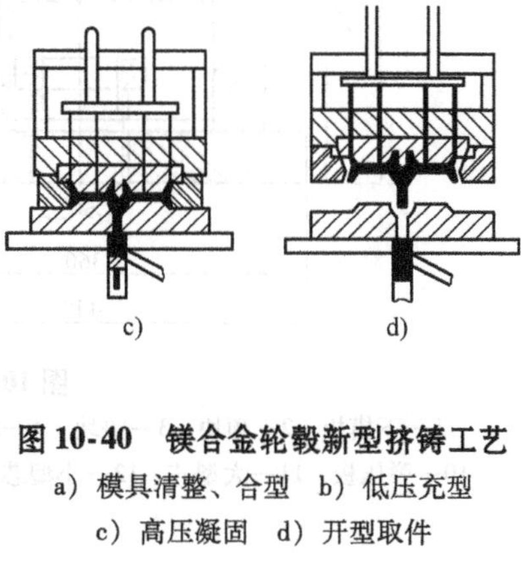

图 10-40 镁合金轮毂新型挤铸工艺

a）模具清整、合型 b）低压充型 c）高压凝固 d）开型取件

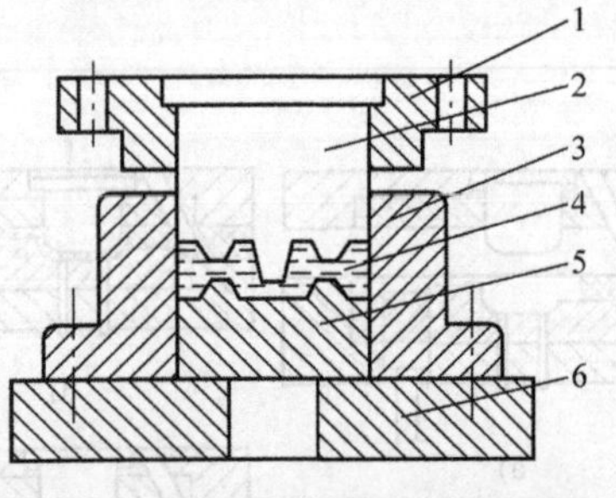

图 10-41 锌合金蜗轮挤压铸造模具

1—冲头固定板 2—挤压冲头 3—凹模 4—蜗轮铸件 5—活动型芯 6—垫板

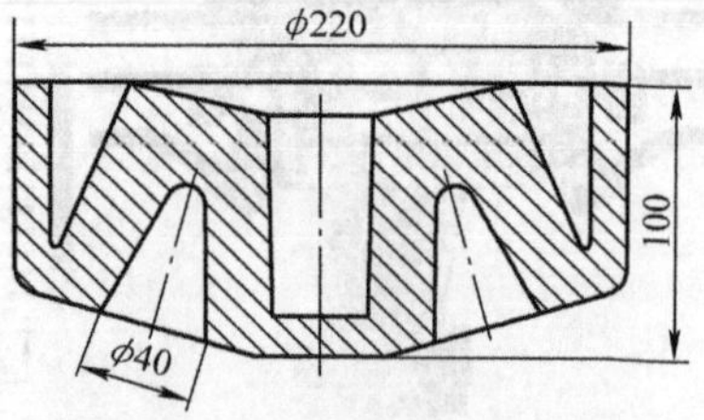

图 10-43 铜吹氧喷头毛坯

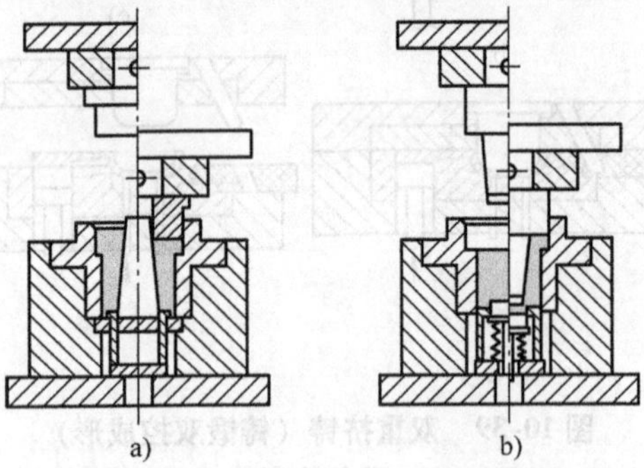

图 10-42 套筒形零件挤铸模具

a）柱塞挤铸 b）直接冲头挤铸

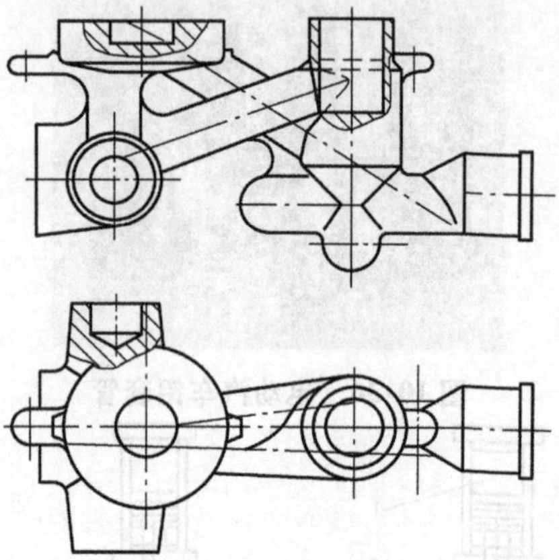

图 10-44 黄铜阀体

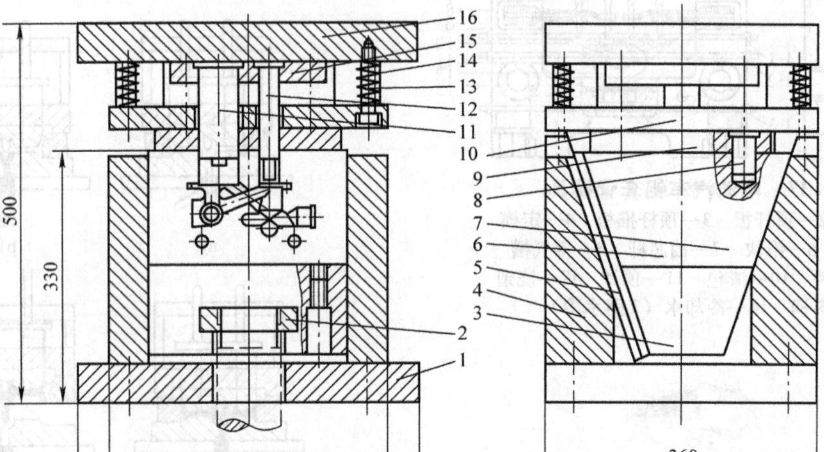

图 10-45 阀体挤压铸造模具

1—下模板 2—顶块 3—垫块 4—模座 5—燕尾 6、7—对分左右凹模 8—导销 9—压板 10—弹压板 11—大型芯 12—小型芯 13—卸料螺钉 14—弹簧 15—型芯固定板 16—上模板

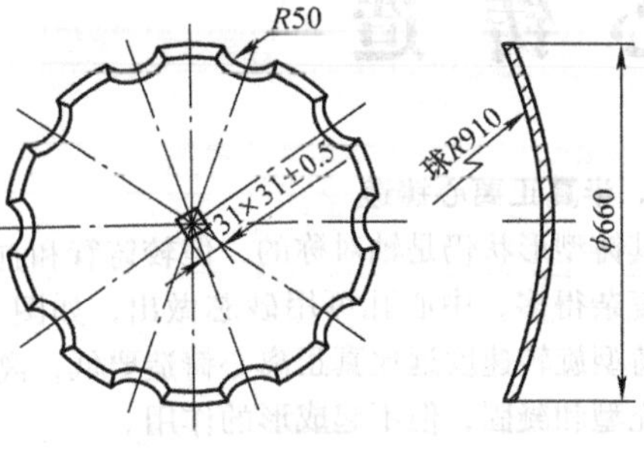

图 10-46 球墨铸铁耙片

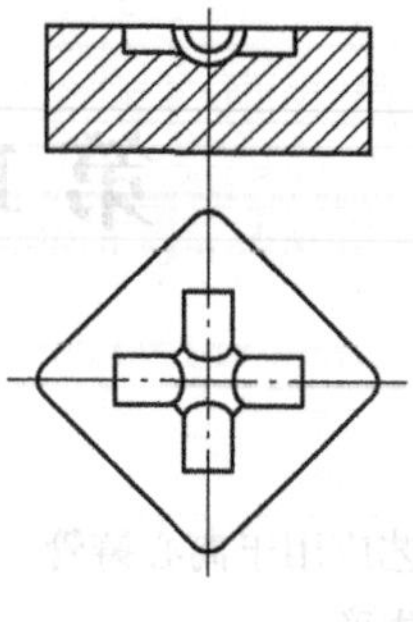

图 10-48 凹模垫板

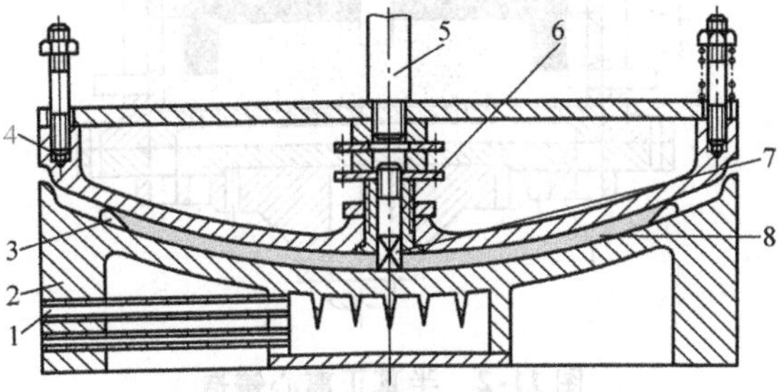

图 10-47 球铁耙片挤压铸造模具

1—循环水 2—下型 3—镶块 4—上型
5—活塞杆 6—方芯套 7—方芯 8—铸件

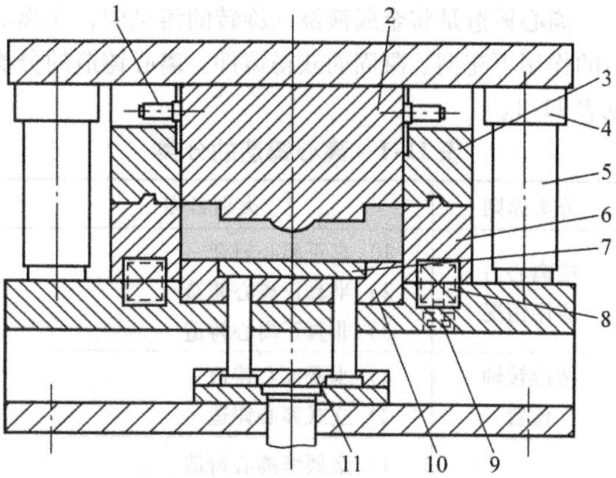

图 10-49 凹模垫板挤压铸造模具

1—冷却水管接头 2—冲头 3—套筒 4—轴套
5—导柱 6—可动凹型 7—垫板 8—压缩弹簧
9—限位螺钉 10—底板 11—顶料系统

参考文献

[1] 齐丕骧. 挤压铸造 [M]. 北京：国防工业出版社，1984.

[2] 齐丕骧. 挤压铸造技术的最新发展 [J]. 特种铸造及有色合金，2009 (9)：688－694.

[3] 罗守靖，陈炳光，齐丕骧. 液态模锻与挤压铸造技术 [M]. 北京：化学工业出版社，2006.

[4] 齐丕骧，齐霖. 双重挤压铸造研究 [J]. 铸造技术：压铸，2008 (3)：307－311.

[5] 齐丕骧，齐霖. 挤压铸造模具的设计要点 [J]. 特种铸造及有色合金，2005 (压铸专刊)：164－168.

[6] 童文俊，齐霖，齐丕骧. 挤压铸件的热处理起泡缺陷研究 [J]. 铸造，2006，55 (10)：1036－1039.

[7] 齐丕骧，齐霖. 挤压铸件的缺陷分析 [J]. 铸造技术：压铸，2008 (6)：721－725.

[8] 齐丕骧. 我国挤压铸造机的现状与发展 [J]. 特种铸造及有色合金，2009 (压铸专刊)：226－228.

[9] 孙珏. 铝合金间接挤压铸造的应用实践，特种铸造及有色合金 2009 (压铸专刊)：291－295.

[10] 刘达利，齐丕骧. 新型铝活塞 [M]. 北京：国防工业出版社，1999.

[11] 孙珏. 立式挤压铸造工艺的实际应用 [J]. 特种铸造及有色合金 2014 (压铸专刊)：331－334.

[12] 张月品，符莹，等. 铝合金固定夹挤压铸造工艺试验研究 [J]. 特种铸造及有色合金 2014 (压铸专刊)：370－373.

[13] 全国铸造标准化技术委员会. 表面粗糙度比较样块 第1部：铸造表面：GB/T 6060.1—2018 [S]. 北京：中国标准出版社，2019.

第11章　离心铸造

11.1　概述

离心铸造工艺应用于离心铸管、缸套、轧辊、轴瓦及其他铸件的生产。

11.1.1　基本原理及分类

离心铸造是将金属液浇入旋转的铸型中，在离心力的作用下充型、凝固而获得铸件。离心铸造的分类见表11-1。

表11-1　离心铸造的分类

分类原则	类别名称
按离心力应用情况	1）真正离心铸造 2）半真正离心铸造 3）非真正离心铸造
按旋转轴位置	1）水平离心铸造 2）立式离心铸造
按铸型材料	1）金属型离心铸造 2）衬耐火料金属型离心铸造 3）砂型离心铸造 4）其他材料铸型离心铸造
按铸型温度	1）冷模法离心铸造 2）热模法离心铸造

1. 真正离心铸造

不用砂芯，纯粹用旋转产生的离心力使金属液紧贴型壁而形成空腔铸件的方法，如图11-1所示。作为真正离心铸造的产品，有不同长度和直径的铸管和缸套。旋转轴可以处于任意角度：铸管等长件一般用水平旋转轴；缸套、轴瓦等短件可使用垂直旋转轴；旋转轴成一定角度的倾斜离心铸造常用在轧辊铸造上。其共同特点是铸件轴线与旋转轴线重合。

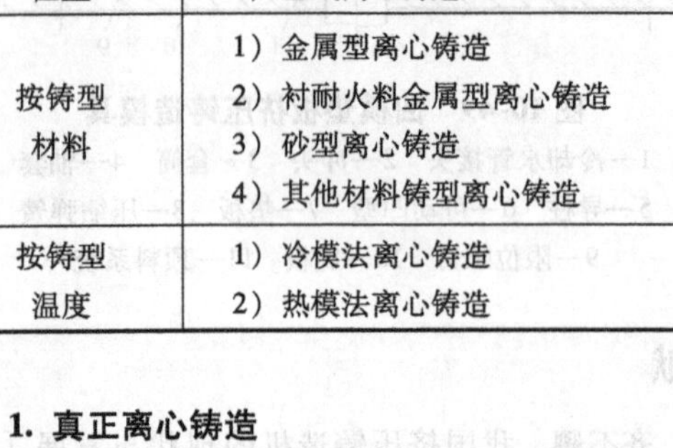

图11-1　真正离心铸造

1—铸型　2—铸件　3—金属液
4—浇包　5—流槽　6—支承及驱动辊

2. 半真正离心铸造

其铸型形状仍是轴对称的，但较铸管和缸套等铸件要复杂得多，中心孔可用砂芯做出，如图11-2所示。铸型旋转速度远比真正离心铸造要低，离心力有助于充型和凝固，但不起成形的作用。

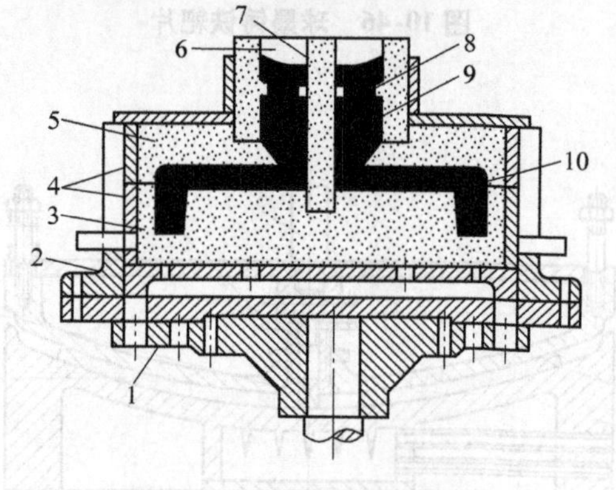

图11-2　半真正离心铸造

1—旋转台　2—卡紧夹具　3—下型　4—砂箱
5—上型　6—浇口杯　7、8—砂芯　9—冒口　10—铸件

3. 非真正离心铸造

零件形状可以随意，仅利用离心力增加金属液凝固时的压力，铸型旋转速度也更低，铸件中心线也不与旋转轴线重合，如图11-3所示。

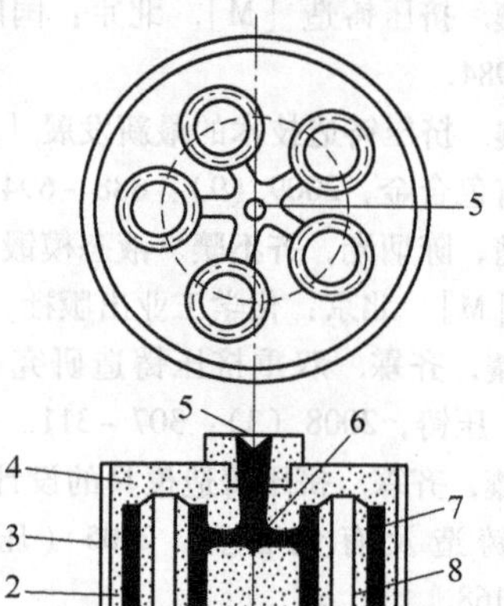

图11-3　非真正离心铸造

1—旋转台　2—下型　3—砂箱　4—上型　5—中心浇道
6—补缩道　7—铸件　8—砂芯（形成内腔）

在离心铸造中，金属型可在不同的温度下工作。

为提高生产率，加快铸件凝固，往往把金属型密闭在水套中，通入冷却水进行冷却，使金属型本体在工作过程中处于较低的温度，故称水冷金属型或冷模法离心铸造。如果铸型在连续工作时，使用空气（静止或流动的），或者使用少量喷水方法冷却，金属型在较高的温度下工作，称为热模法离心铸造。冷模法铸管时，金属型本体温度在40~250℃之间波动，内壁温度在浇注时达到650~700℃；热模法时，铸型温度在350~450℃之间波动，由于内壁衬有砂层或涂料，其内外壁的温差较冷模法为小。

11.1.2 离心铸造的优点和局限性

1. 离心铸造的优点

1）不用砂芯即可铸出中空筒形或环形铸件，以及不同直径和长度的铸管，生产率高，生产成本低。

2）某些铸件不需要任何浇冒口，提高了金属液的利用率。如离心球墨铸铁管的铸件成品率可超过96%。

3）金属液在离心力作用下凝固，组织细密。较轻的渣、氧化物等夹杂物在离心力作用下将浮出金属液本体，留在内表面，可以用机械加工方法去除掉。

4）在一定的铸件壁厚范围内，采用较高的冷却速度，可获得从金属型型壁到铸件内壁的定向凝固组织。

5）可浇注不同金属的、具有不同内外层性能的双金属铸件，如轧辊、面粉机磨辊等。

2. 离心铸造的局限性

1）真正离心铸造工艺仅适用于中空的轴对称铸件，而这类铸件的品种并不很多。

2）离心铸造要使用复杂的离心铸造机，一般价格较贵，故离心铸造车间的投资比其他铸造方法要多。

3）由于离心力的作用，容易使某些金属液在凝固过程中产生密度或成分偏析。

4）靠离心力形成的内表面比较粗糙，尺寸精度不高。

从上述优点和局限性分析可以看出，离心铸造适用于特定的、大批量生产的铸件。

3. 离心铸造的工艺特点

可铸金属：铁、钢、铜、铝等。

铸件重量范围：数克到数十吨。

表面粗糙度：1.6~12.5μm。

孔隙率：1%~2%。

最小断面壁厚尺寸：3mm。

起模斜度：1%~3°。

生产率：30~90件/h。

11.1.3 离心铸造工艺的应用范围

真正离心铸造适用于大批量生产，可以浇注大部分金属和形状对称或近似对称铸件，代表性产品见表11-2。

表11-2 真正离心铸造生产的代表性产品

产品名称	材料及规格
铸管	压力管：长4.5~8m，直径φ75~φ2600mm，球墨铸铁 排水管：长0.5~3m，直径φ50~φ300mm，灰铸铁
气缸套	各种规格水冷缸套，铝制发动机用缸套毛坯；灰铸铁、球墨铸铁
活塞环	铸成筒形件（最长可至2m）后再加工；灰铸铁、球墨铸铁
阀门密封环	灰铸铁、球墨铸铁
滑动轴承	有色合金
减摩轴承	黄铜
轧辊及辊子	各种规格直径和长度；钢、灰铸铁、球墨铸铁、有色金属
双金属铸件	轧辊和面粉机磨辊等；各类白口铸铁或冷硬铸铁/灰铸铁或球墨铸铁

11.2 离心铸造生产原理

11.2.1 离心铸造原理

离心铸造是将熔融的金属液通过流槽流入旋转的金属型筒（管模）内，在离心力的作用下布满金属型筒，最后凝固成圆筒形铸件的一种特殊铸造方法。

（1）铸型转速的确定 离心铸造时，为克服重力，铸型必须要有一定的转速。转速太低，离心力不足，就会使立式离心铸造时铸型充型不良，水平离心铸造时会产生雨淋现象，铸件易出现疏松、夹渣、内表面凹凸不平等缺陷；过高的转速，会增加能耗，提高了对铸型和离心机设计制造的要求，使铸件易产生纵向裂纹，金属液更易偏析，使用砂衬时更易产生粘砂、胀砂等缺陷。对于离心铸管，管模转速过高，会使管模产生跳动，造成铸管壁厚不均匀，或者在冷却过程中使铸管容易发生弯曲。生产实践证明，管模转动时其径向圆跳动量应控制在0.3~0.5mm之间。因此，在确定离心铸造铸型的转速时，其原则是在保证铸件质量前提下，选取较低的铸型转速。

(2) 离心力　金属液在金属型筒内所受的离心力与旋转半径成正比，与旋转速度的平方成正比，即

$$F = m\omega^2 R = m(\pi n/30)^2 R/g$$
$$= 0.011 mRn^2 \qquad (11\text{-}1)$$

式中　F——离心力（N）；

m——金属液的质量（kg）；

ω——金属型筒旋转角速度（rad/s）；

n——金属型筒旋转速度（r/min）；

R——金属液中任意点旋转半径（cm）。

(3) 重力系数　为了保证金属液在金属型筒内有足够的离心力不产生淋落现象，在离心机的设计中通常使用重力系数作为依据。重力系数为物体在旋转时离心力与正常重力之比，即

$$G = F/P = m\omega^2 R/mg$$
$$= 0.112\,(n/100)^2 R \qquad (11\text{-}2)$$

式中　G——重力系数；

F——物体所受的离心力（N）；

P——物体所受的重力（N）；

g——重力加速度（981cm/s^2）。

(4) 铸型转速的计算　离心铸造机设计必须保证具有足够的离心力使金属液紧贴管模内壁，不产生金属液淋落现象。但铸型转速过高，也会造成铸件厚度不均匀，易产生弯曲，成分偏析和因质量不均匀而产生的环裂和纵裂等问题。铸型转速的常用经验公式有以下两个：

1) 以离心力为基础的经验公式：

$$n = \beta \frac{5520}{\sqrt{\gamma R}} \qquad (11\text{-}3)$$

式中　β——调整系数，一般取 0.9～1.6；

γ——金属的重度（N/cm^3）；

R——铸型内表面半径（cm）。

2) 以重力系数为基础的经验公式：

$$n = 299\sqrt{\frac{G}{R}} \qquad (11\text{-}4)$$

式中　G——重力系数。

各种离心铸造的铸件，其重力系数取值见表 11-3。

表 11-3　重力系数 G 的选用

铸件名称		G
中空冷硬轧辊		75～150
内燃机汽缸套		80～110
大型缸套		50～80
钢背铜套		50～60
钢管		50～65
轴承钢圈		50～65
铸铁管	砂型	65～75
	金属型	30～60
双层离心铸管		10～80
铝硅合金套		80～120

理论上，20G 就能使筒、管形铸件成形，但实际选用值都远高于此数，如铸铁管为 30G～60G，高合金的黏性金属液可选 100G 以上。生产实践中，由于各方面的条件不同，各生产企业的铸型转速不同。图 11-4 所示为一些企业离心球墨铸铁管水冷金属型的实际转速。

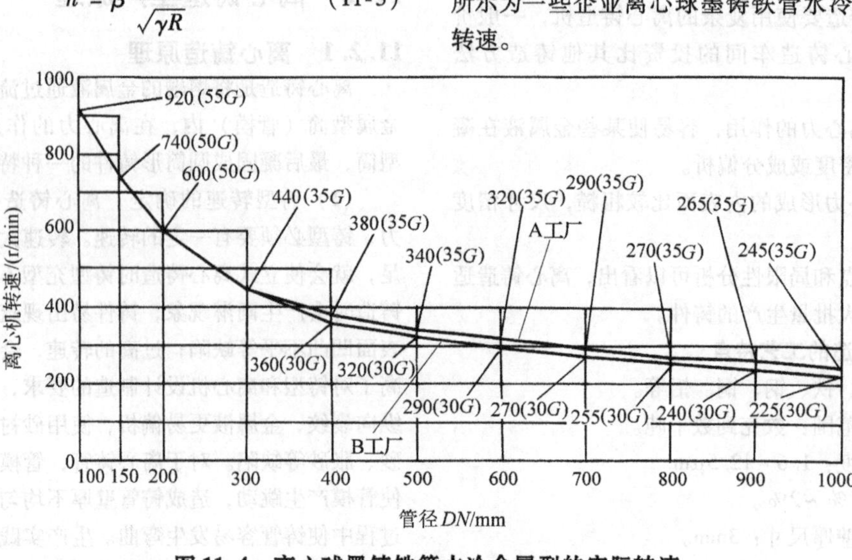

图 11-4　离心球墨铸铁管水冷金属型的实际转速

注：图中 G 为重力系数。

11.2.2 金属液在铸型内的流动

1. 径向运动分析

金属液在铸型中受离心力和与铸型型壁摩擦力的作用产生旋转运动，当铸型转速超过一定值时，即在铸型的最高点足以克服重力影响，金属液在旋转运动过程中形成空腔。所形成的空腔上部厚，下部薄，与铸型中心必然产生偏心，如图11-5所示。

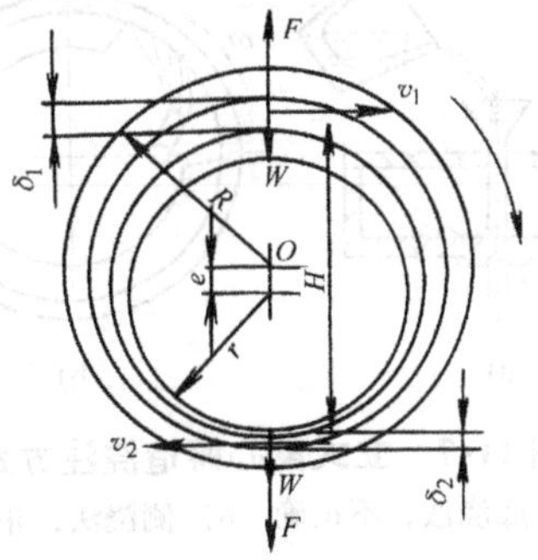

图11-5 金属液在铸型内的径向运动

H—层流间的重心距 R—铸型内径 r—金属液内腔半径 δ_1、δ_2—铸型顶部、底部金属液层厚度 e—金属液内腔与铸型中心圆偏移 W—金属液的重力 F—离心力

产生这一现象的原因是，质点旋转到铸型顶部时离心力与重力相反，运动速度减慢；而在底部时，两个力的方向相同，质点运动速度则加快。由于在同一半径层流体具有连续性，即流量为一常数。由分析可知

$$A_1v_1 = A_2v_2 = A_3v_3 = \cdots = \text{const}(常数) \tag{11-5}$$

式中 A_1、A_2、A_3…——金属液在同半径层的流动截面面积（m^2）；

v_1、v_2、v_3…——金属液在同半径层的流速（m/s）。

由连续性条件及式（11-5）可得

$$\delta_1 v_1 = \delta_2 v_2$$

其中，$\delta_1 = R + e - r$；$\delta_2 = R - e - r$。

则两个层流质点间的重心距为 $H = R + r$，同半径层上质点的流动满足伯努利方程，即

$$H = R + r = u_1^2/2g - u_2^2/2g$$

$$v_2 = \sqrt{v_1^2 - 2g(R + r)} \tag{11-6}$$

由式（11-6）得

$$e = (R - r)\frac{v_2 - v_1}{v_2 + v_1}$$

$$= (R - r)\frac{\sqrt{1 - 2g(R + r)/v_2^2} - 1}{\sqrt{1 - 2g(R + r)/v_1^2} + 1}$$

当离心机因旋转产生的重力系数足够大时，式中 $2g/v_1$ 的值足够小，考虑到金属液的黏度，金属液层与层间的内摩擦作用将使流动速度减慢，因此调整离心机的转速可将这种偏差控制在误差范围内。在离心铸造铸件的凝固过程中，由于它是由外壁向内表面结晶的，所以液态层的厚度将逐渐向内壁减少，这会使自由表面的偏心值逐渐减少。此外，随着铸件的凝固，金属液的温度下降会伴随着黏度的增大，也相应使自由表面的偏心值 e 减少，使此偏心现象逐渐消失。所以，在最终凝固的铸件上看不出壁厚的偏差。实际生产中，只要严格控制金属型的径向圆跳动，就能生产出管壁均匀的离心铸造铸件。

2. 轴向运动分析

金属液在铸型中的轴向运动特性与流槽的形式（长流槽与短流槽）有关。

（1）短流槽金属液轴向运动　短流槽只适合于热模法生产，不适应于水冷金属型，因为其铸型的冷却强度大，金属液与金属型接触后迅速凝固，难以流到承口处。用短流槽进行离心浇注时，金属液在金属型（管模）中的轴向运动情况如下：

1）在铸型不旋转情况下，金属液由落差获得初速度，进入铸型后克服与内壁的摩擦力向前运动。在运动的同时，紧贴内壁的金属液流因温降而逐渐变慢，后续流入的金属液此时只需克服金属液层与层间的内摩擦力，流速较快，超过下层向前运动。此时由于铸型不旋转，造成温度不均匀，引起金属型变形。提速旋转时，铸型发生严重径向圆跳动而不能正常生产。

2）在铸型低转速情况下，金属液进入铸型后，受离心力的作用在铸型的分布面扩宽，向前运动的阻力增大，散热面积增大，流速相对减慢，由于铸型在旋转状态下受热均匀，能保证正常生产。当金属液流到承口处时，铸型迅速提速，达到额定转速完成整个浇铸过程。在提速过程中，由于流槽落点处所积的金属液较多，且金属液继续流入，因此在提速的瞬时发生雨淋现象。当速度达到额定转速时，后续的金属液由于在前后层位置高差及在离心力的作用下按螺旋方向继续向前运动，此时金属液未进入凝固区域，因此能获得较为均匀的壁厚。

3）在铸型高速旋转情况下，金属液进入铸型后的运动状态如图11-6所示。应该指出，金属液所受的离心力与轴向运动方向垂直，并不能推动金属液沿轴向运动，且初始速度的运动惯性也很快被径向和轴向的摩擦力所抵消，只有当铸型倾斜且足以克服摩擦力时才能产生轴向运动。随着金属液向前运动，继续

克服摩擦力，出现速度损失。金属液流前后的速度差及后续补充来新的金属液形成了一补充运动的静压头，使金属液继续向前运动。

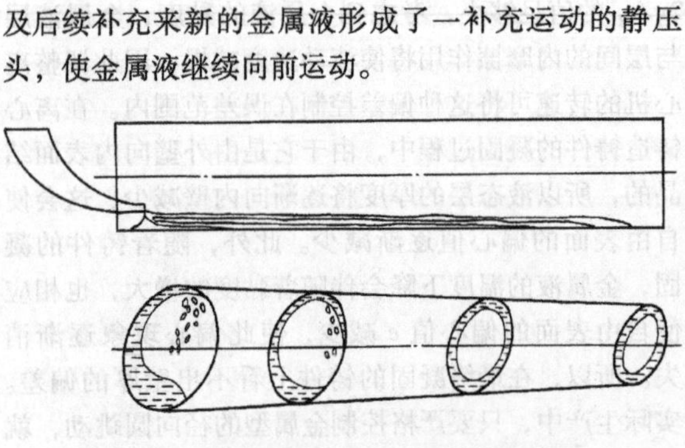

图 11-6　金属液在铸型内轴向运动示意

金属液在高速旋转铸型内的运动过程中，与铸型内壁接触层金属液的温度较低，黏度较大，且所受的摩擦力最大。而内层金属液的温度较高，黏度小，运动摩擦力为内摩擦力，故出现高温金属液在低温金属液层上流动现象，这种“套筒式金属充填”现象对离心铸造铸件的质量是极为有害的，容易形成重皮与冷隔等缺陷，破坏了铸件本体的强度。

4）用短流槽生产离心铸铁管时，由于大量金属液在固定点进入，使该处温度比其他处高，铸型的涂料等被严重冲刷，会出现“黑渣”，严重时达到壁厚的2/3。所以，在热模法时，采用短流槽生产较长的离心球墨铸铁管弊端较多，铸管的质量难以保证。故短流槽不宜用于长度较长的铸管生产，仅适用于短套筒类铸件的热模法生产。

（2）长流槽金属液轴向运动　采用与铸型长度相近的长流槽，并使浇注流槽相对铸型移动，此时金属液在铸型内的运动状态大为改善。铸型在高速旋转状态下，金属液通过相对移动的长流槽进入铸型，受离心力的作用，金属液以螺旋线的形式均匀地分布在铸型内壁，螺旋线股流在瞬间又相互熔合在一起，形成均匀的液体层，凝固成均匀壁厚的管壁。对于长度较长的水冷金属型铸管和管径较大的热模法铸管，其离心铸造只能采用长流槽浇注，以利铁液在管模内均匀分布，同时对提高管模使用寿命也有利。

3. 正确的浇注方式

除了金属液在铸型内径向、轴向运动外，要防止其他运动的产生，以防止金属液在铸型内飞溅造成的各种铸件缺陷产生。此时要特别注意金属液在浇注时进入旋转铸型的方向。其原则是金属液进入的方向应与铸型旋转方向相切，尤其对易产生氧化、夹杂等缺陷的金属种类更是如此。图11-7和图11-8所示为各种浇注方式的比较。

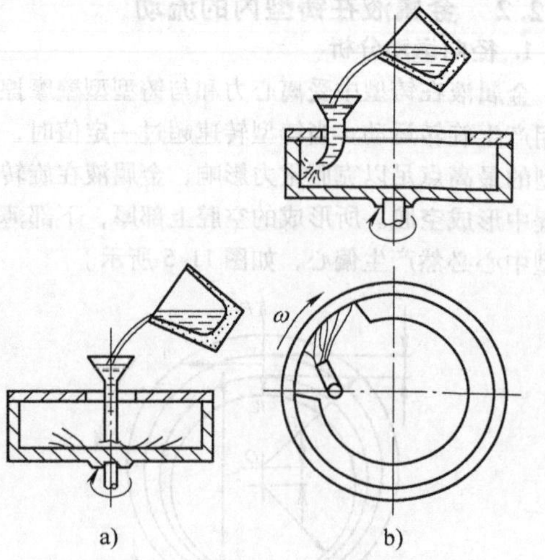

图 11-7　立式离心铸造浇注方式

a）底浇法，不正确　b）侧浇法，正确

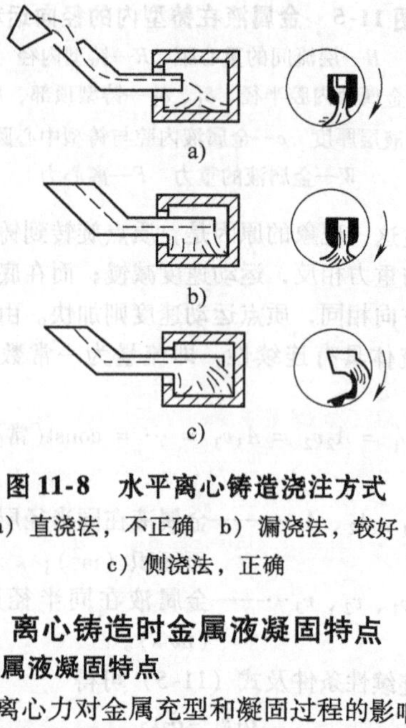

图 11-8　水平离心铸造浇注方式

a）直浇法，不正确　b）漏浇法，较好

c）侧浇法，正确

11.2.3　离心铸造时金属液凝固特点

1. 金属液凝固特点

由于离心力对金属充型和凝固过程的影响，使离心铸造的铸件夹杂物少，晶粒较细，组织致密，力学性能较高。金属液浇入铸型后，受型壁的激冷作用，开始结晶凝固。随着热量（金属液过热热量和结晶潜热）垂直于铸型壁、连续地通过铸型壁向外散发，使金属结晶由外向内顺序地进行，离心力的作用又使金属液对流加剧，从而得到按径向生长的柱状晶组织。

在铸件外表面结晶凝固成一层柱状晶后，在其内层的结晶前沿存在着液固相共存区。在结晶前沿的金属液仍按惯性运动，与已凝固的金属层产生相对滑动，使离心铸造铸件的径向截面上出现倾斜柱状晶。

柱状晶的旋转方向与铸管成形时的方向一致，在外层的晶体倾斜度较大，越往内层，倾斜度越小，最后转变为径向柱状晶，如图11-9所示。

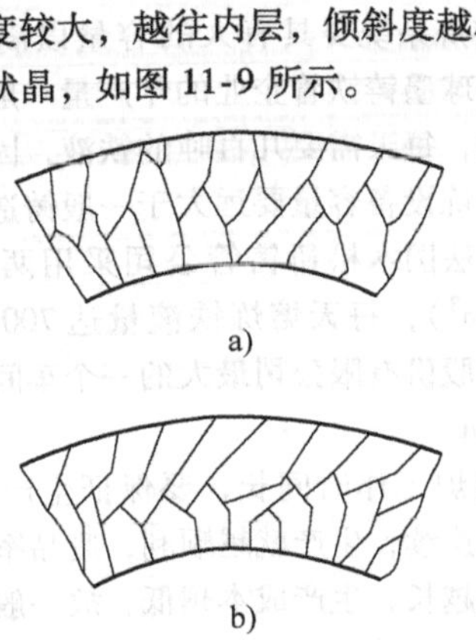

图11-9 离心铸件径向截面上的柱状晶

a）径向柱状晶 b）倾斜柱状晶

在离心铸造过程中，由于铸型高速转动产生的离心力，帮助内层未凝固的金属液浸透入枝晶孔穴中，对顺序凝固金属的收缩进行补缩，从而获得致密的铸件。而金属液与枝晶的相对滑动，还阻碍了树枝状晶的发展，从而使晶粒细化。两者都有利于提高离心铸件的力学性能。

但并非离心铸造铸件没有缩松缺陷。在衬覆膜树脂砂热模法离心浇注大口径铸管的凝固过程中，由于金属型（管模）冷却强度低，金属液能保持很长时间没有凝固，经常出现在铸管断面还未完全凝固之前，其内表面已达到凝固点，最后凝固的金属液便在主要凝固层与内孔凝固层之间形成环形心部缩松带（见图11-10），降低了铸件的力学性能。

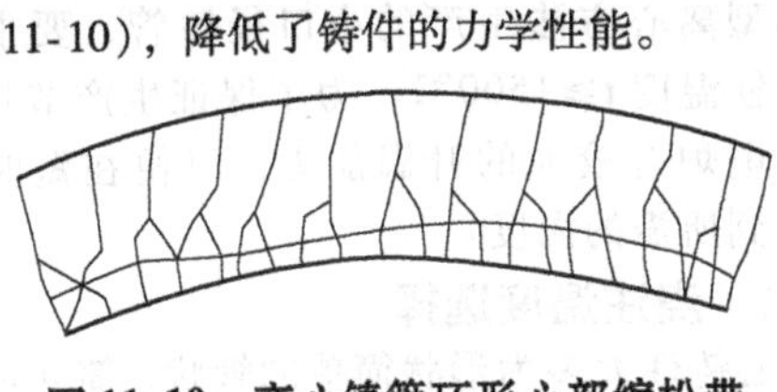

图11-10 离心铸管环形心部缩松带

2. 离心铸造金属液凝固中偏析

（1）异相质点偏析 浇入旋转铸型中的金属液常夹有密度与金属液本身不一样的异相质点，如气泡、渣粒、析出的初生石墨和共晶团、不能互溶的金属组元液体等。密度较小的颗粒会向自由表面移动（内浮）；密度较大的颗粒则往模壁移动（外沉）。它们的沉浮速度可以近似地用式（11-7）计算

$$v=\frac{d^2}{18}\left(\frac{\rho_1-\rho_2}{\eta}\right)\omega^2R \tag{11-7}$$

式中 v——颗粒的沉浮速度（m/s），正值为向内浮，负值为向外沉；

d——异相质点颗粒直径（m）；

ρ_1——金属液的密度（kg/m^3）；

ρ_2——异相质点颗粒的密度（kg/m^3）；

η——金属液的动力黏度（Pa·s）；

ω——金属型筒旋转角速度（rad/s）；

R——金属液中任意点旋转半径（m）。

与重力铸造比较，异相质点的沉浮速度增大$G=\omega^2R$倍。故离心铸造时渣粒、气泡等密度比金属液小的质点能很快浮向自由表面，减少铸件内部的污染，提高铸件的致密度，但铸件内易形成密度偏析。例如，锡基合金中的α锡与硬质β相（SnSb化合物），密度小的β相易上浮；铜铅轴承合金中，铅以孤立状态分布铜基体上，而铅与铜的密度有较大的差别（分别为11.35g/cm^3和8.96g/cm^3），铅在浇注中极易产生下沉的密度偏析。要解决此缺陷，可采用浇注前金属液充分搅拌、低的浇注温度、快速冷却以及较低的转速等措施，同时可针对不同合金，添加第三元素。例如，在锡锑合金中加铜产生E相；在铅铜合金中加锡使铜以发达的树枝晶析出，从而都能有效地减少密度偏析的缺陷。

（2）层状偏析 金属液浇入铸型后，金属液还以一股流的形式层状地在铸型上做轴向运动，如图11-11所示。图中的数字表示各层金属液的流动次序，即第一层金属液①轴向运动时，由于温度的降低，流动速度减小，温度较高的后续第二股流②便在第一股流上运动并超越第一股流，以此类推，所以常常在离心铸造铸件上出现层状偏析，即各层的金相组织不一样，并且大多以近似于同心圆环的形式分层。故层状偏析是由于每层金属液的凝固条件差异而引起的，如图11-12所示。

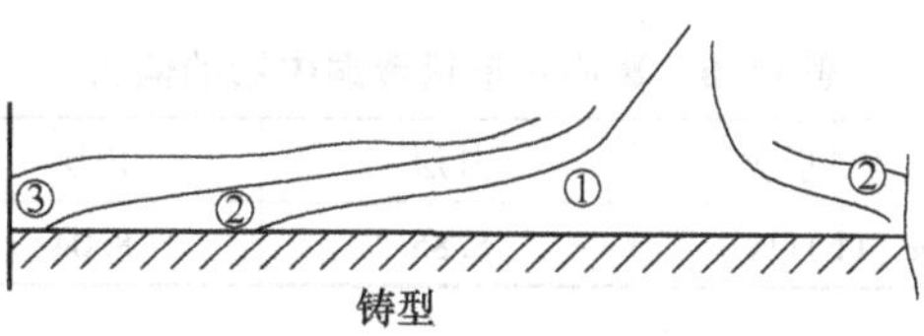

图11-11 铸型轴向截面上金属液层状运动

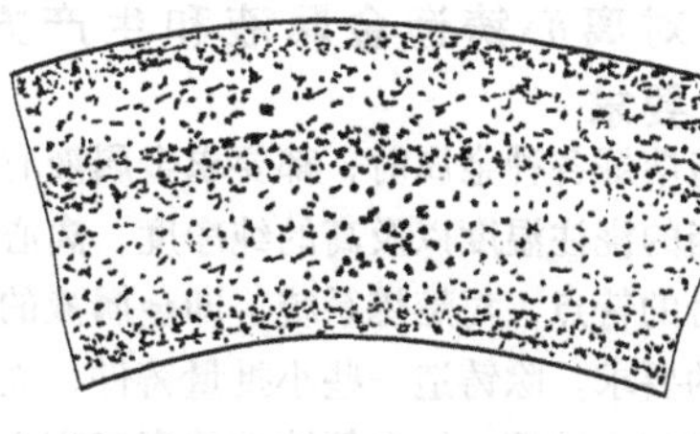

图11-12 离心铸件层状偏析

(3) 化学成分和组织偏析 对离心球墨铸铁管有以下几种情况：①铸铁一次结晶时形成的石墨-奥氏体共晶团，在共晶团内和边界上有较严重的成分偏析。如在共晶团边界上锰高硅低，在球状石墨周围硅高，或者因加入的孕育剂未能完全熔解，扩散均匀，引起铁液某些微区富硅，产生“富硅组织”。②当金属液中碳当量较高时，凝固过程中会有大量球状石墨析出。在离心力的作用下，密度较金属液小的球状石墨向内表面层积聚，产生石墨漂浮现象。③当金属液的化学成分不正确，如碳含量太低（或碳当量太低），硫含量过高，存在较多的反石墨化元素，或者金属液氧化严重，铸型局部冷速不均匀时，会出现局部白口或组织不均匀。④在凝固过程中，部分难熔的稳定碳化物元素被结晶前沿的金属液推向铸管最后凝固部位，此时又易产生孕育衰退问题，从而在铸管壁中心的最后凝固部位得到较多的渗碳体组织，产生反白口现象。表11-4～表11-6列出了三种铸造合金中化学成分的偏析情况。

表11-4 离心铸铁件中硫的偏析

铸件层次（由内向外）	1	2	3	4	5	6
$w(S)(\%)$	0.045	0.030	0.022	0.018	0.024	0.026

表11-5 离心铸钢件中碳的偏析

离外表面的距离/mm	3	25	33	40	52	66
$w(C)(\%)$	0.34	0.35	0.40	0.39	0.51	0.52

表11-6 离心铸造铅青铜中铅的偏析

铸件层次	外层	内层
$w(Pb)(\%)$	8.85	8.04

11.3 离心铸造工艺

11.3.1 对离心铸造金属液和生产方式的要求

在铸造熔炼各种金属时，都要求金属液有合适的成分、适当的浇注温度以及高的纯净度，离心铸造工艺根据自身的特点，对熔炼系统，即金属液的准备提出了更高的要求。除铸造一些小批量铸件、立式离心铸造外，像离心铸管、缸套等铸件的真正离心铸造完全属于大批量流水生产，对这种生产方式有以下要求：

(1) 熔炼系统要具有大的容量以满足规模生产要求 离心球墨铸铁管企业的年产量一般都在几万吨到几十万吨，每天需要几百吨的铁液，因此铸管企业所配备的熔炼设备容量要远大于一般铸造厂的熔炼设备。例如，法国木松桥铸管公司采用两座高炉（容量均为500m³），每天熔炼铁液量达700～1000t；我国新兴铸管股份有限公司最大的一个车间，日用铁液量超过1000t。

(2) 熔炉工作时间长，要保证生产的连续性 铸管生产越连续，生产就越顺利，废品率越低，金属型使用寿命越长，生产成本越低，故一般离心球墨铸铁管厂都采用三班连续生产，除必要的设备维修和修炉外，几乎是全年不停地生产。高炉可以连续地定时供应铁液，冲天炉熔炼则采用大容量的热风水冷冲天炉。为了平衡熔炼与离心机的能力，必须在高炉（冲天炉）与无芯电炉之间设置混铁炉或大吨位的铁液保温炉，以保证离心机生产的连续性。如河北新兴铸管股份公司使用一台容量为160t的混铁炉。在铸管和缸套生产中如何充分发挥离心机的工效是提高整个生产率的关键。其中最主要的是确保金属液能随时到位，使离心机除本身设备故障外，不因等金属液而停机。在离心机前使用中间包便可达到此效果。

(3) 熔炼设备应有迅速的提温能力 由于离心球墨铸铁管壁厚较薄，浇铸时金属液流动距离较长，要求金属液浇注温度较高，特别对于用水冷金属型离心方法生产的小口径铸管，要求金属液的出铁温度 $t \geqslant 1500℃$。为了保证生产节拍，要求感应电炉有较大的升温能力，以便在短时间内迅速达到所需的温度。

11.3.2 浇注温度选择

离心铸件大多为形状简单的管状、筒状或环状件，多采用充型阻力较小的金属型，离心力又能加强金属液的充型性，故离心铸造时的浇注温度可较重力铸造时低5～10℃。对于用金属型离心铸造非铁合金铸件，如轴瓦等，应考虑到较高的浇注温度会使轴承合金冷却速度减慢而易产生偏析缺陷。表11-7列出了金属液浇注温度对铝锡二元合金偏析的影响。可以看出，必须严格控制浇注温度。

对于铸铁管及灰铸铁气缸套，由于合金的熔点与金属型相近，过高的浇注温度会降低金属型使用寿命，也会影响生产率。但过低的浇注温度也会造成冷隔、不成形等缺陷（尤其是铸管），所以也必须严格控制浇注温度。

表 11-7 金属液浇注温度对铝锡二元合金偏析的影响（质量分数）（%）

试样取样位置		w(Sn)=25% 浇注温度 660℃		w(Sn)=65% 浇注温度 600℃		w(Sn)=65% 浇注温度 580℃	
		金属型温度					
		100℃	700℃	100℃	600℃	100℃	600℃
Al、Sn 二元合金	上	24.66	23.31	64.40	62.06	83.80	82.12
	下	25.50	26.47	65.90	67.47	88.13	90.06
Al、Sn 二元合金差值		0.84	3.16	1.50	5.41	4.83	7.94

注：试样的直径为20mm，高度为200mm。

11.3.3 金属液的定量

立式离心铸造异形铸件的浇注与重力铸造一样，见到浇道完全充满就算完成浇注，一般不必定量。离心铸管的国内外标准都规定有重量公差，气缸套等筒形件在金属液量不准确时会造成机械加工余量过大或过小，因此都要求对浇注金属液有所定量。实际生产中，金属液的定量有以下几种方法：

（1）秤量法 按铸件的毛坯重量，将待浇的金属液进行秤量，然后一次倒入，获得合格内径的铸件。这种方法的优点是重量准、尺寸精确，但需要在离心机前有台秤。浇包及其转动机构都支撑在秤上，按秤所示对中间包浇入必需量的金属液。生产大型气缸套以及离心灰铸铁下水管多用这种方法，此时都用短流槽。当铸件毛坯重量有变化时，仅需改动秤的指示值，操作十分方便。

（2）容积法 使用短流槽的涂料热模法浇注中小型气缸套都用容积法，即按照浇包中金属液液面位置来定量：首先通过试浇得到合格尺寸的铸件，以后每次使金属液面到此位置就可浇注。为保证定量准确，防止每次修包后液面变化带来的麻烦，可设计类似图11-13所示的定量浇包。它根据铸件重量计算出同体积的模型，然后以此为胎打结出浇包，只要金属液面达到台阶时就为合格重量。这种浇包使用方便，

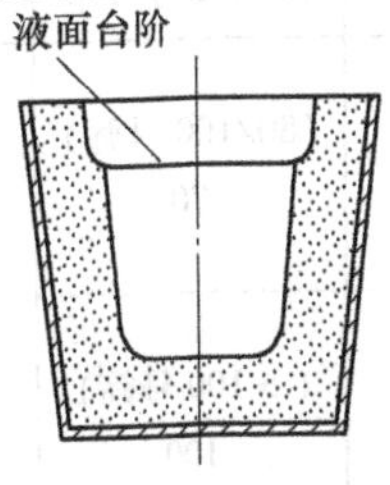

图 11-13 定量浇包

定量准确，可随时更换新包，重复性好。

水冷金属型生产离心球墨铸铁管必须使用长流槽，除了要求整根铸管重量精确外，还必须确保在全长6m上各段浇入的金属液量相等，保证各处壁厚均匀，此时广泛使用扇形包容积定量法。

11.3.4 铸型涂料工艺

1. 应用涂料的目的及对涂料的要求

离心铸造用铸型一般都使用涂料。砂型使用涂料是为增加铸型表面强度，改善铸件表面质量，防止粘砂等缺陷；金属型使用涂料的目的在于使铸件脱模容易，防止铸件金属的激冷而产生白口，减少金属液对金属型的热冲击，从而能有效地延长金属型的使用寿命，改变铸件表面粗糙度（有时故意使用涂料使铸件表面变粗糙，以增加结合力）；增加与金属液的摩擦力，缩短浇入的金属液达到铸型旋转速度所需的时间。

对涂料的主要要求有：①所用原材料易得且便宜；②涂料的混制或制备容易；③有足够的绝热能力，以延长金属型的使用寿命；④涂料稳定，储存方便，不易沉淀；⑤加有悬浮剂，使涂料适合于在管中的输送，同时对喷涂设备没有强的腐蚀；⑥喷涂后容易干燥，以缩短工序时间和防止缺陷的产生；⑦涂料与金属型有合适的黏着力，它在干燥后既不能被金属液冲走，又能在铸件脱模时，涂层能随铸件一起带走而不留在铸型内；⑧涂料要有好的透气性，避免在铸件内形成针孔、气孔和气坑等。

2. 涂料的组成

离心铸造涂料的基本组成与重力铸造的涂料相似，但金属型离心铸造时，涂料的加入方法主要有一次性倒入旋转铸型（如应用于车用气缸套等短铸型）法和移动喷涂法，因此涂料的组成与品种不如重力铸造时多。离心铸造涂料常由耐火基料、黏结剂、载体、悬浮剂和附加物等几部分组成。

（1）耐火基料 国内外离心铸造涂料的耐火基料有硅石粉、刚玉粉、锆英石粉、石英粉、铝矾土、高岭土熟料、滑石粉、镁砂和硅藻土等。其中使用最多的是硅石粉和硅藻土。硅石粉可用于立式和水平离心铸造的中小件，在环保要求不允许使用硅石粉时，则使用刚玉粉。硅藻土主要用于离心铸造上、下水管的涂料。石墨由于其高的导热能力和低的透气性，故在离心铸造中不推荐使用（仅在小型离心铸件和浇注流槽上使用）。硅石粉要求的$w(SiO_2)\geqslant 98\%$。

硅藻土是一种单细胞水生藻类植物的化石骨骼遗骸组成的生物化学沉积岩，呈浅黄色或浅灰色，质软多孔，其密度为$1.85\sim2.30g/cm^3$，它具有吸附性

强，能隔热、隔声，熔点高、热稳定性好等特点。硅藻土矿伴生有有机质、可溶性盐、砂和黏土等混杂物，优质的硅藻土 $w(SiO_2)=80\%\sim90\%$，甚至高达94%。我国长白硅藻土 SiO_2 含量最高，质量最好。硅藻土导热能力差，其多孔结构可储存一定量气体，对减少气体十分有利。由于硅藻土含有质量分数为3.5%～8.0%的结晶水，其发气量可达6～9mL/g，所以使用前需对硅藻土进行焙烧，然后破碎、研磨至约32号筛以下。硅藻土的烧失量为3%～17%。

离心铸造涂料三种常用基料的性能见表11-8。

表11-8 三种常用基料的性能

基料名称	分子式	化学性质	密度 ρ/(g/cm³)	熔点/℃	烧结温度/℃	比热容 c/[J/(kg·K)]	热导率 λ/[W/(m·K)] 673K	1473K	线胀系数 (293～1273K) α_1/K⁻¹
硅石粉	SiO_2	酸性	2.56	1713	1500～1700	1046	1.591	0.670	16.0×10^{-6}
刚玉粉	Al_2O_3	中性	3.8～3.9	2000～2500	>1850	1130	12.56	5.275	8.8×10^{-6}
硅藻土	SiO_2、Al_2O_3	酸性	1.9～2.35	—	—	213K 0.0263			

(2) 黏结剂 离心铸造涂料的黏结剂有膨润土、水玻璃、糖浆和亚硫酸纸浆残液等。膨润土在涂料中既作为悬浮剂，又作为黏结剂用。此时最好使用钠基膨润土或用钠活化了的钙基膨润土。如需要提高粘接强度，则可加入质量分数为2%～3%的硅溶胶。

(3) 载体 涂料的载体一般都为水。

(4) 悬浮剂 其作用是促使耐火基料在稀释中呈悬浮状态，防止沉淀。常用膨润土作悬浮剂，也可用羧甲基纤维素（CMC）等有机化合物作悬浮剂。使用此类物质会增加涂料的发气性。采用钠基膨润土与CMC配合使用，效果最为理想。

(5) 附加物 为使涂料易于清理，可在涂料中加入水玻璃、磷酸盐、滑石粉、黏土、Fe_2O_3 和 Na_2CO_3 等矿化剂形成烧结型涂料，或者在涂料中加入淀粉、木粉、纤维、Al_2O_3 和 MgO 等溃散剂形成溃散型涂料。离心铸造涂料有时也使用洗衣粉作助剂，目的是提高润滑性和悬浮性，有利于气缸套等铸件的起模。但添加洗衣粉过多会促使涂料中的泡沫大量产生，从而增加铸件的气孔缺陷，也给喷涂带来困难，故尽量少用或不用。为增加涂料的存储时间，可在涂料中加入福尔马林等防腐剂。

3. 常用离心铸造铸型涂料配方

目前生产中用得最多、最普遍的是水基涂料。灰铸铁气缸套用干粉涂料。干粉涂料不用载体，这对减少气孔缺陷、便于操作和涂料制备十分有益。但其常用沥青作黏结剂，会产生有毒烟尘，而不用沥青的干涂料，黏结力差，易在浇注时被金属液冲掉，发生冲洗现象，故其应用越来越少，表11-9列出了灰铸铁气缸套用干粉涂料配方；离心铸造铸铁件常用铸型涂料见表11-10；大型铸铁气缸套离心铸造用涂料见表11-11；离心铸造铸钢件常用铸型涂料见表11-12；离心铸造非铁合金件常用铸型涂料见表11-13。

表11-9 干涂料配方

序号	成分（体积分数，%） 湖南砂	硅石粉	纯烟灰	沥青粉	陶土
1	(70/140号筛) 90	—	—	10	—
2	—	—	85	15	—
3	—	(6#，8#) 100	—	—	—
4	—	(80/100号筛) 70	—	—	30
5	—	(>100号筛) 100	—	—	—

表11-10 离心铸造铸铁件常用铸型涂料

序号	铸件合金	成分配方（质量分数,%）							涂层厚度/mm	备注
		硅石粉	石墨粉	膨润土	水玻璃	皂粉	高锰酸钾	外加水		
1	铸铁缸套	68（100号筛）	20	12	—	1	—	80	1.5~2	—
2	铸铁缸套	45（80~100号筛）+ 23（120~200号筛）	20	12	—	0.5	—	50~60	—	—
3	铸铁缸套	一层 66（40~70号筛）	18	16	—	—	—	100	总厚度 2~3	二层再加0.64%食盐和0.64%硼砂
4	铸铁管	硅藻土: 膨润土: 水 = （9~12）:1:（18~22）							1~1.5	用T-6杯测为11~12s
5	面粉机磨辊	—	10	—	5	—	0.05	85	~0.15	—
6	铸铁轧辊	—	24.4	—	0.6	—	—	75	—	—

表11-11 大型铸铁气缸套离心铸造用涂料

涂料种类	涂料组成（质量分数,%）							
	硅石粉	硅砂	黏土	膨润土	石墨粉	洗衣粉	水玻璃	水
底层涂料（喷涂料用）	8.8	—	8.8	—	5.1	0.02	0.28	77.0
底层涂料（挂涂料用）	7.6	6	3.8	3.8	12.7	—	—	26.1
表面涂料	—	—	8.2	—	14.5	0.04	0.11	71.2

主：涂层厚度为1.5~3mm。

表11-12 离心铸造铸钢件常用铸型涂料

铸件合金	成分配方（质量分数,%）							涂层厚度/mm	备注
	硅石粉	锆英粉	聚合氯化铝	膨润土	水玻璃	高锰酸钾	外加水		
铸钢（辊筒）	43（70~100号筛和70~100号筛各一半）	—	—	—	3~3.5	—	53.5~54	1~3	涂层密度1.3~1.4g/cm^3
铸钢（环、筒类）	40（200号筛）	—	—	—	6	外加0.02	54	3~5	—
耐热铸钢（炉底辊）	93~94	—	—	—	6.4~7.5	—	若干	—	涂层密度1.4~1.5g/cm^3
合金钢管	—	60（325号筛）	3~4	7~9	—	—	30	—	涂层密度1.45g/cm^3

表 11-13　离心铸造非铁合金件常用铸型涂料

序号	铸件合金	涂料配方（质量分数,%）									涂层厚度/mm	备注
		硅石粉	松香粉	滑石粉	铅粉	氧化锌	黏土	水玻璃	高锰酸钾	水		
1	锡青铜	—	10~20	75~80	—	—	—	5~10	—	—	—	加水成浆状
2	锡青铜	40（100 号筛以上）	—	—	—	—	—	4~5	0.02~0.05	55	—	—
3	锡青铜	—	—	50	—	50	—	—	—	—	0.5~2	经焙烧、干用
4	锡青铜	鳞片石墨 25	—	—	50	—	24	1	—	—		—
5	ZQSnPb10-5	鳞片铅粉 15	—	—	30	—	15	0.5	—	其余	1~2	—
6	黄铜	机油 50 + 石蜡 50										
7	黄铜	机油 96 + 石墨 4										
8	黄铜	铅粉和水										一般用水涂料
9	铝合金	—	—	—	—	7	—	3~4	—	其余	—	黄铜也可用

4. 水基涂料的制备

采用如下设备制备水基涂料：

（1）泥浆搅拌罐　根据工艺需要，将膨润土放入泥浆搅拌罐中，加入一定量的水，经过一定时间（一般≥8h）的浸泡后开始搅拌，搅拌充分后形成混合均匀的膨润土泥浆。

（2）涂料搅拌罐　根据工艺需要，将膨润土、硅藻土和水按一定的比例加入涂料搅拌罐，经充分搅拌后制成混合均匀的涂料悬浊液。

（3）压力搅拌罐　涂料占压力搅拌罐体积的 2/3，在罐内涂料的上方注入压缩空气，压力一般 $p \leqslant 0.4\text{MPa}$，形成涂料输送的动力。涂料在进入压力搅拌罐时已经是成品料，黏度较小，可以采用桨式搅拌或叶搅拌。

5. 涂料的涂覆

立式离心铸造用的砂型和砂芯，可使用刷涂、浸涂和喷涂等各种方法。在金属型离心铸造车用气缸套时，铸型较短，不少企业用一勺子盛上涂料，从铸模中心孔向模内泼入涂料，靠铸型自有的离心力使涂料分布均匀。对于大批量连续生产的金属型离心铸造机，不管其铸件长短，现在普遍使用的是专用的涂料喷枪。常用的喷涂方式是将喷杆固定在小车上，其高度可用螺杆进行调节，在喷涂时，小车沿轨道前进或后退。涂料喷枪结构如图 11-14 所示。为防止金属型中涂料出现螺旋线形状，必须合理匹配好金属型的转速、喷嘴前进速度、喷嘴离金属型内表面的距离和喷嘴喷出涂料的散射角度。某厂的工艺参数见表 11-14 和表 11-15。

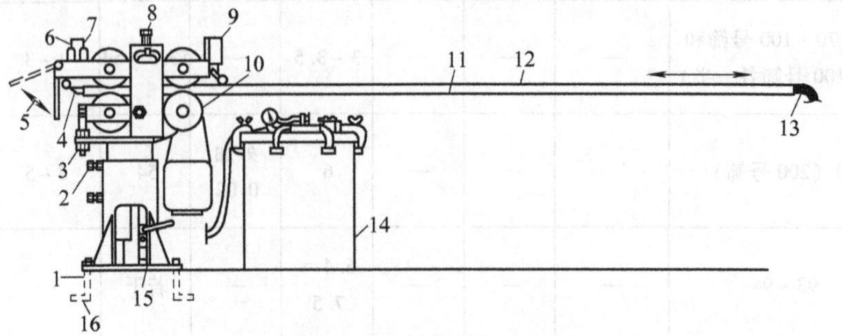

图 11-14　涂料喷枪结构

1—地脚螺钉　2—垂直固定螺钉　3—倾角调整　4—喷嘴　5—罩板　6—控制阀　7、9—行程开关　8—夹紧弹簧　10—调速机构　11—喷管　12—喷杆　13—软管（从控制阀来）　14—涂料罐　15—液压提升　16—软管（至控制阀）

表 11-14　喷杆走速与金属型转速

管径 DN/mm	150～200	250～600	1800～2200
喷杆走速/(m/s)	0.6～0.8	0.2～0.4	0.12～0.25
金属型喷涂转速/(r/min)	80～120	60～90	15～30

表 11-15　喷嘴离金属型内表面的距离

（单位：mm）

金属型直径	≤100	100～600	1800～2200
距离	30～50	50～100	150～400

喷涂涂料可分为有气喷涂和无气喷涂。①采用有气喷涂时，贮存罐中以较小的压力（0.3～0.4MPa）输送涂料，在喷嘴处再和0.5～0.6MPa 的压缩空气混合后喷出。有气喷涂要求涂料强度较高，膨润土与硅藻土的比例为：小管径铸管 1∶9～1∶11，大管径铸管 1∶11～1∶13。喷嘴流量为：小管径铸管 3～4kg/min，大管径铸管 6～8kg/min。有气喷涂时，涂层较疏松，有利于贮气，可减少气孔缺陷。可用多喷嘴和往复多次喷覆来解决涂层薄的问题。生产中一般都使用有气喷涂。②无气喷涂有雾化好、涂料飞散损失少、生产率高等优点。但因喷涂量大，使涂料厚度不均匀，喷涂后涂料不易干透，涂料残余强度高、不易清除等缺点，故铸管生产中很少使用。两种喷涂方法的工艺参数见表 11-16。某厂涂料热模法生产离心球墨铸铁管的有气喷涂工艺参数见表 11-17。

表 11-16　两种喷涂方法的工艺参数

喷涂方法	无气喷涂		有气喷涂
	高压	低压	
压力罐压力/MPa	5～6	2～3	0.2～0.5
喷嘴流量/(kg/min)	25～30	25～30	0.5～8.0

表 11-17　有气喷涂工艺参数

管径/mm	≤150	150～200	250～600	1800～2200
风压/MPa	0.3～0.65	0.25～0.5	0.4～0.7	0.4～0.7
罐压/MPa	0.2～0.4	0.2～0.4	0.25～0.5	0.25～0.5
涂料厚度/mm	0.2～0.5	0.6～1.2	0.6～1.2	1.0～2.5

为确保涂料能在生产节拍所要求的时间内干燥，金属型温度必须在 120～260℃之间。可使用以下方法来获得合适的模温：①在冷模中浇入一定量金属液来提温。此方法最简单，但常会使金属型损坏。②设置预热炉，使金属型在炉子中预热到合适的温度后再放置到离心机上。这是多工位离心机常采用的方式。③采用煤气或天然气加热金属型。加热时，金属型必须慢速转动。

在铸件取出后，应对金属型内表面进行清刷、吹净。

6. 流槽涂料的配制及其涂刷工艺

涂料原材料选用：耐火骨料采用结晶鳞片石墨＋莫来石粉，粒度为 270 号筛；黏结剂采用磷酸铝，黏度为 25～27s（T-4 杯）；悬浮剂采用膨润土。涂料配比（质量比）：结晶鳞片石墨∶莫来石粉∶磷酸铝∶膨润土∶水＝80∶20∶8∶5∶200，烷基苯磺酸钠加入量为涂料的 0.2%。涂料混制工艺是，先将耐火骨料、膨润土浆、磷酸铝、烷基苯磺酸钠一起放置于碾轮混砂机中连续碾压搅拌不少于 2h，之后加入少许水继续碾压搅拌 15min，然后将该浆液放置在搅拌机中加水搅拌 1h。在搅拌的过程中，测定涂料黏度，直至涂料黏度达到要求为止。涂料性能：涂料黏度 15～17s（T-6 杯）；涂料密度 1.23kg/m³；涂料发气量 w≤8mL/g。涂刷工艺：涂刷前，流槽须除油除锈，并将流槽预热到 350℃左右。对于新流槽，必须多遍涂刷，每层厚度不超过 0.5mm，同时每遍涂刷后必须进行烘烤。流槽底部涂层应加厚至 3～4mm，两侧壁由底向上逐渐减薄至 1～2mm。生产中可通过调整各处涂层厚度和涂料的稀释度来调整流槽的形变状态。

采用上述流槽涂料及其涂刷工艺，对于生产小于或等于 DN300 铸管，每涂刷一次可以连续浇注 50 根以上，不会发生涂层脱落、开裂情况。

11.3.5　铸型衬砂工艺

在金属型内表面衬 3～5mm 厚的砂层，能有效地提高绝热能力、降低金属型的热冲击和峰值温度，大大提高金属型的使用寿命。但其生产率远低于涂料工艺，更低于水冷金属型，故适用于一些高熔点合金和大件的离心铸造。由于铸件尺寸大，砂层绝热能力强，铸件凝固慢，易产生晶粒粗大、石墨漂浮、成分偏析、缩孔和缩松等铸造缺陷，铸件内外表面质量较差。用铸型衬砂工艺生产离心球墨铸铁管在美国、日本、韩国、中国还有一定的应用。

为防止气孔的产生，要求覆膜砂的发气量小于或等于 12mL/g，酚醛树脂的含量（质量分数）为 1.4%～1.5%，同时在金属型型壁上均匀开出小于或等于 ϕ3mm 的排气孔。覆膜砂固化后的常温抗拉强度 R_m≥2.5MPa。为获得较好的铸件外表面粗糙度，砂子的粒度应较小，一般用 75～150 号筛；不与铸件相接触的部分可使用50~100号筛粒度较粗的砂，以获得更高的强度。

衬树脂覆膜砂的金属型温度，一般为160~220℃，为使覆膜砂固化温度稳定，初始时金属型必须均匀加热。采用薄钢板焊制的定量盛砂管盛放覆膜砂，布砂时金属型要以一定的速度旋转，使砂层布砂均匀，布砂时间一般为2~3min。布完砂后，金属型以更高的速度旋转使砂层得到一定程度的紧实。表11-18列出了生产铸管时布砂的参数。覆膜砂固化时间为2~3min，衬砂后至浇注的时间不应大于2h。

表11-18 生产铸管时布砂的参数

管径 DN	1200	1400	1600	1800
衬砂厚度/mm	4~5	4~5	4~5	5~6
覆膜砂重量/kg	190	216	250	300
布砂时电动机转速/r/min	250~300	300~350	300~350	300~350
布砂后电动机转速/r/min	500~550	550~600	550~600	550~600

11.3.6 铸件脱型及后处理

在条件许可下（指铸件性能应符合要求），铸件在铸型中凝固后应尽快从铸型中取出，以减少金属型的温升，延长金属型的使用寿命，同时也可充分利用铸件的余热，减少后续热处理的能耗。从铸型中取出铸件的最简单方法是人工用夹钳等夹住并取出铸件，不少企业仍然采用此法。例如，大批量生产灰铸铁下水管时，工人用铁棍别住端口斜拉管子出来，小量单件生产时更用此法取件。在大批量气缸套、铸管的生产中，可用各种机械方式取出铸件。从操作原理上讲，取件的方法有推出法取件和拔取法取件两种。

1. 推出法取件

以气缸套为代表的环及筒形铸件基本上都用推出法。图11-15所示为推出法取件常用的铸型结构。在浇注的另一端，安装有一推盘8，在铸件7凝固后，推杆9推动推盘把铸件平行地从金属型3中推出。为保护推盘，不使其与金属液直接接触，多在推盘前加一层厚2.5~4mm的石棉垫6，这样也可防止铸铁件在端口出现白口。推盘与推杆的连接方式有螺钉压紧式、螺纹拧紧式和锁钉锁紧式等三种。推杆的动作可以用手动、气液动和电动来实现。在推杆的另一端使用手轮，通过丝杠及活块使推杆前进或后退，应用在单件生产场合。单工位自动机常用电动方式推出铸件，此时由电动机带动齿轮、齿条使推杆做往复运动，而且行程可用行程开关来精确调整。推杆直接与气缸或液压缸的活塞杆相连实现动作，这种方法更多地用于多工位自动离心机上，实现高的生产率。

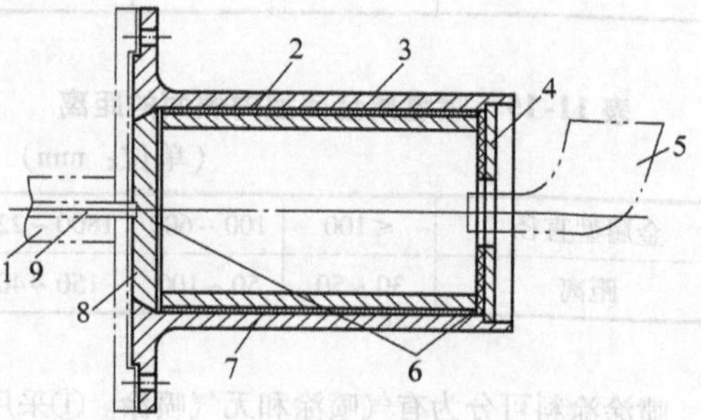

图11-15 推出法取件常用的铸型结构

1—离心机主轴 2—涂料层 3—金属型 4—前端盖 5—浇注槽 6—石棉垫 7—铸件 8—推盘 9—推杆

某厂在衬脂覆膜砂生产大口径离心球墨铸铁管时采用推出法取出铸管。金属型支撑在滚胎离心机上，由托辊承受重量并带动其旋转，由挡轮防止其轴向移动。在同一纵轴线上安装有浇注小车，沿轨道后退进行均匀的定量浇注。在浇注槽的边上安装有推管钳。当铸管冷却至暗红色时（约600℃），使浇注车开向离心机（即金属型）的推管位置，将推管钳插入铸管插口端（小头）后部与金属型之间的间隙（因铸管冷却收缩形成）处，然后再使浇注车前进便推出铸管。这是充分利用浇注车的移动功能作为推管装置。

在生产率要求不高，又无浇注小车时，也有用拉杆卡住小头，再用钢丝绳卷扬机拉出铸管的。此时完全是手工操作，从作用力看，它仍属于推管范畴。

2. 拔取法取件

此种方法主要用在各种离心铸管的生产上。根据管径大小及管子长度，即拔取力的大小可选择不同机构，但原理是相同的，即拔管装置移动进入管子中一段距离，张开钳头，撑住管子，然后在拔管装置后退时依靠钳头与管子之间的摩擦力将管子取出。

图11-16所示为用于多工位离心机生产长3m、管径50~150mm的小型拔管钳。当装置进入管子后，气缸拉动拉杆6、拉动轴3和支撑杆1，随着支撑杆的后退，三块均布的钳头张开，撑紧铸管，随后拔管钳随拔管车整体向后移动，从而把铸管从金属型中取出。

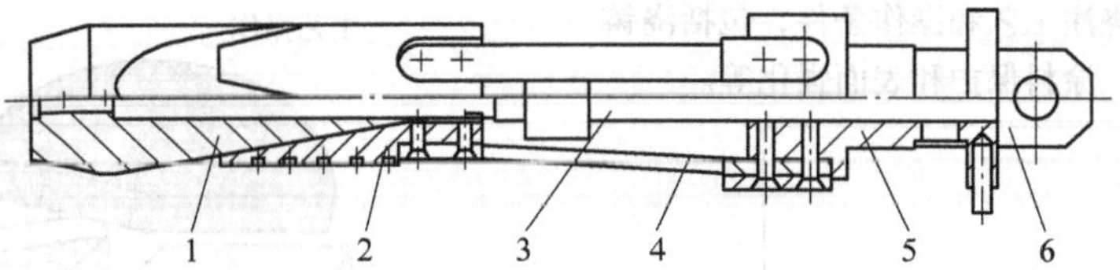

图 11-16 小型拔管钳

1—支撑杆 2—钳头 3—拉杆轴 4—板簧 5—后座 6—拉杆

3. 铸件接取及后处理

铸管等细长铸件都有圆度和平直度的要求。例如，离心球墨铸铁管的弯曲应小于全长的 0.125%；3m 长、直径为 100 ~ 150mm 的灰铸铁下水管，弯曲应小于 4.5mm；直径为 50 ~ 70mm 的管弯曲应小于 6mm。管子圆度的长轴和短轴都应在管子外径允许的公差内，故管子在凝固拔出后必须正确接取，让它们处在滚动或合适的支撑状态。

用热模法工艺和衬砂工艺生产的铸件，由于铸件表面有砂子和涂料存在，故一般都要有清理工艺，常用手工清刷。但对于大批量生产，为确保生产率和后续工序（机械加工或涂装等）的质量，都应配置抛丸或喷砂工位。

11.4 离心铸造用铸型

11.4.1 水冷离心机用金属型

水冷离心机用金属型（管模）是离心铸管用重要的工艺装备，它不仅关系到产品质量，而且金属型的制造成本和使用寿命，对离心铸管的成本影响很大（约占总成本的 5% ~12%）。

1. 水冷离心机用金属型的工作条件与失效

在水冷型离心铸管的生产过程中，球化后的金属液通过流槽直接浇注在金属型内壁，由于金属型外壁充满了流动的、温度为 35 ~ 70℃ 的冷却水，金属型具有很高的冷却强度，金属液在离心力的作用和高冷却强度条件下凝固成形。当金属液与金属型内壁接触后，金属型内壁温度由浇注前的 100 ~ 250℃ 迅速升高到 650 ~ 700℃。铸管拔出后，金属型内壁温度降至 100 ~ 250℃。在整个生产过程中，金属型内壁温度发生周期性的变化，周期为 40 ~ 100s。水冷型离心铸管金属型在整个生产过程中始终处于一个冷热交替的热传导过程，浇注过程中金属型内外表面的温度变化如图 11-17 所示。水冷离心机在浇注过程中，随着时间变化，金属型型壁温度的分布如图 11-18 所示。这一冷热交替的过程并由此产生的内外壁的温差，造成金属型的热应力，致使金属型表面产生裂纹，因此在生产一段时间后（一般为 1.5 ~ 2 个班），必须将金属型更换下来进行修磨打点，消除应力，整合裂缝，达到延长金属型使用寿命的目的。

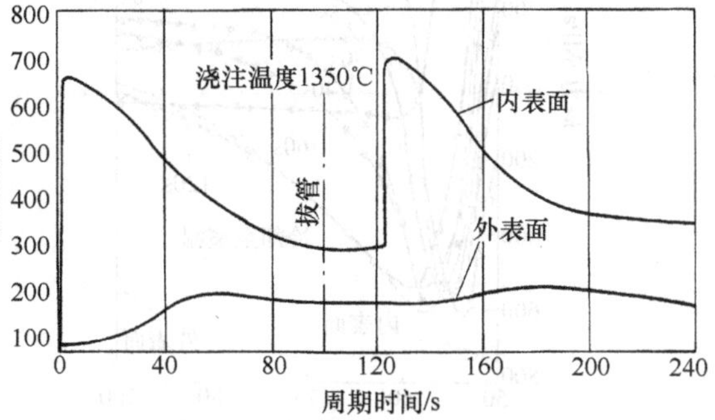

图 11-17 浇注过程中金属型内外表面的温度变化

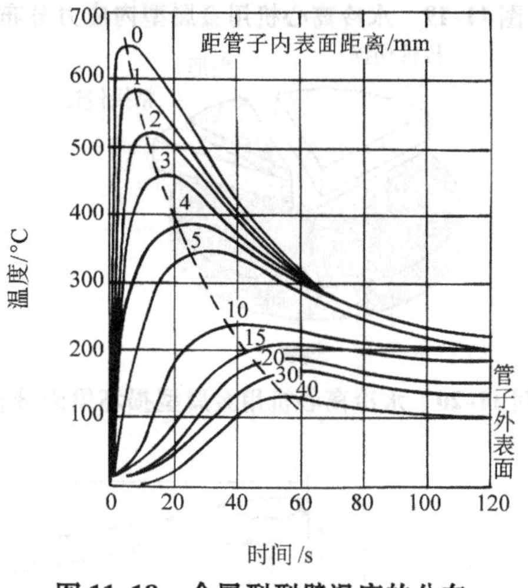

图 11-18 金属型型壁温度的分布

金属型的使用寿命由金属型材料、浇注工艺和金属型的维修所决定。金属型破坏的主要原因是热裂，占金属型报废总量的 75% ~80%。金属型是热态工作的模具，连续生产中，各次浇注间急剧的热交变负荷，使内壁组织长大，并产生重复的压缩、拉伸作用，当残余应力的积累超过了材料的强度极限后就会产生热裂纹网络。水冷离心机用金属型内应力分布如图 11-19 所示；水冷离心机用金属型损坏原因分析如图 11-20 和图 11-21 所示。金属型产生热裂纹的关键区域是在承口到直管体的过渡段和插口段，在承口到直管体的过渡段，球墨铸铁管的壁厚比其他的部位要厚，所受的热负荷也要大，所以在该部位的热应力也最大。影响水冷离心机用金属型使用寿命的主要因素为金属型材料性能；浇注工艺和操作条件，包括浇铸温度、稳定的生产率、涂料保护和表面强化等。

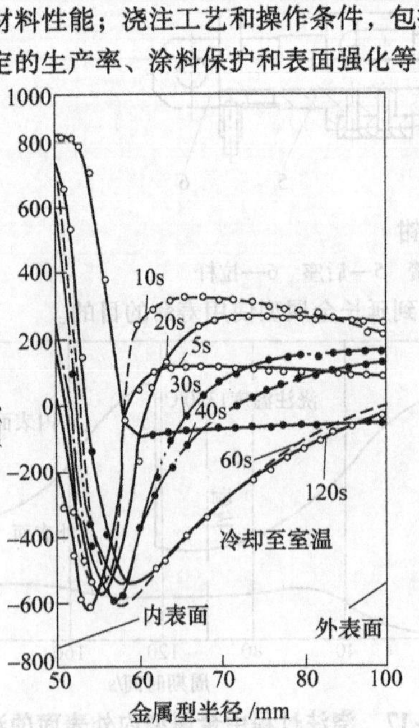

图 11-19　水冷离心机用金属型内应力分布

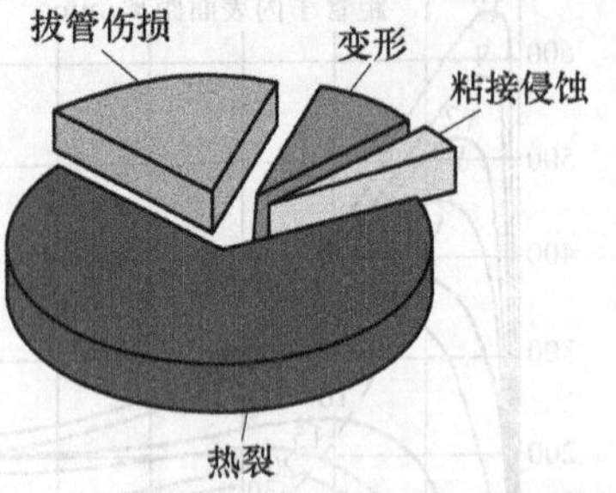

图 11-20　水冷离心机用金属型损坏原因分析

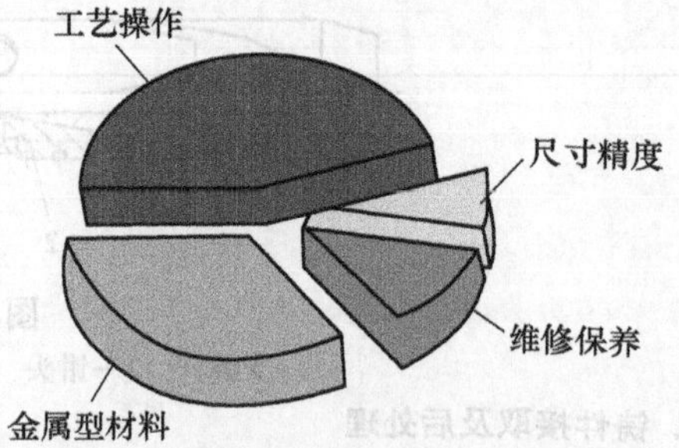

图 11-21　金属型热裂形成的原因分析

2. 水冷离心机用金属型的材质、尺寸和重量

通常采用 21CrMo10 材质。其化学成分为：$w(C)=0.17\sim0.24\%$；$w(Si)=0.2\%\sim0.4\%$，$w(Mn)=0.2\%\sim0.4\%$，$w(Cr)=2.3\%\sim2.6\%$，$w(Mo)=0.3\%\sim0.4\%$，$w(P)\leqslant0.025\%$，$w(S)=0.002\%\sim0.004\%$。经锻造 + 淬火回火后的力学性能达到 $R_m\geqslant750MPa$，$R_{P0.2}\geqslant650MPa$，$A\geqslant16\%$，$Z\geqslant60\%$，$\alpha_k\geqslant28J$。金属型材料的制备采用先进的熔炼方法，使获得低含量的 P、Cu、Sn 等微量元素，超低含量的硫（S），以及氧化物、硫化物的钢液成为可能。21CrMo10 的 Ac_1 温度为 768℃，这是目前所有金属型用钢中具有最高的转变温度、更高的阻止热裂形成的特性，因此用 21CrMo10 钢制造的金属型具有较长的使用寿命。T 型管水冷离心机用金属型如图 11-22 所示。T 型水冷离心机用金属型的结构、主要尺寸和重量见表 11-19。

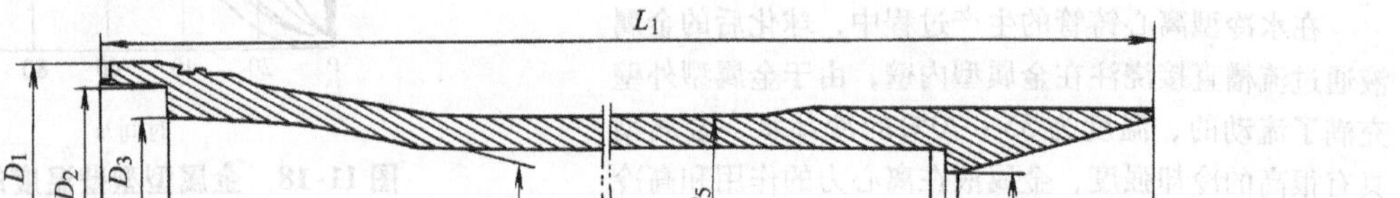

图 11-22　T 型管水冷离心机用金属型的结构

表 11-19　有效长度 6m 的 T 型水冷离心机用金属型的主要尺寸（见图 11-22）和重量

（单位：mm）

DN	L_1	L_2	L_3	D_1	D_2	D_3	D_4	D_5	D_6	重量/kg
80	6287	27	6129	270	180	141	96.3	164	183	420
100	6287	27	6129	270	205	164.7	116.8	164	183	560
150	6287	27	6129	325	266	219.3	168.9	209	209	607.7

（续）

DN	L_1	L_2	L_3	D_1	D_2	D_3	D_4	D_5	D_6	重量/kg
200	6287	27	6129	385	325	281	221.1	261	288	763.8
250	6287	27	6129	455	385.5	336.3	273.4	320	340	1128
300	6287	27	6129	520	443	393.9	325.2	376	387	1434
350	6341	37	6169	560	495	449.4	377.3	436	450	1941
400	6341	37	6169	615	550	502	429	494	502	2416
450	6341	37	6169	675	610	556	480	554	562	3100
500	6341	37	6169	755	663	606.5	532.1	608	610	3557
600	6348	44	6169	850	790	716.1	635.3	715	730	4274
700	6348	44	6169	970	902	828	738.5	828	835	5838
800	6600	181	6180	1148	1013	948.4	843.5	940	930	7269
900	6600	181	6180	1258	1123	1058	947.5	1063	1060	9800
1000	6600	181	6205	1350	1233	1165	1051	1166	1160	10516

3. 水冷离心机用金属型的制作

铸铁和铸钢金属型都有制作周期短、综合成本低的优点，但它们都满足不了水冷离心机用金属型（管模）承受热交变应力冲击的要求，所以水冷离心机用金属型都使用整体锻造方法，制造厂就需要大型的熔炼和锻造设备。装备有100t超高功率电弧炉、5500t油压机的德国布特鲁斯（Buderus）公司，也仅能生产DN1200以下的T型接口整体锻造金属型。

德国某锻造厂的整体锻造金属型生产工艺如下：首先要精确配料，严控有害元素的混入，然后在高功率的电弧炉内熔化。钢液进入专用脱硫装置，用加入合金并吹氩气方法进行脱硫。倒入包内的钢液又再次精炼，首先加钙吹氩气进行脱氧，然后用真空及吹氩气进行除氢，采用电渣重熔提高钢液的纯净度，最后进行底注式浇注铸锭。铸锭在锻造时，应采用三维锻造工艺，使晶格在x、y、z三个方向上尽可能形成等轴结晶。加工后金属型应进行调质热处理，进一步细化晶粒，获得必需的性能和降低金属型在制作过程中的残余应力。

4. 水冷离心机用金属型的维修与保存

对水冷离心机用金属型的单次使用极限量（支）和第一次使用量（支）的要求见表11-20。在每次使用后，金属型外表面都要进行除锈处理（水垢多于锈，用普通去垢剂），并检查内部磨损情况。金属型经车削、焊补后再进行车削、内表面修磨，然后进行内表面的压痕（打点）。

（1）磨削打点机　它是水冷离心机用金属型内壁维修保养的专用设备，由磨削打点主机及小车、打点头、无驱动可转动装置、有驱动托轮装置、冷却器、隔声罩、润滑和电器部分、液压装置、高压空气管及基础安装部分等部件组成，如图11-23所示。其主要性能指标见表11-21；金属型气动打点头如图11-24所示；金属型表面打点分布如图11-25所示。

表11-20　对水冷离心机用金属型的单次使用极限量和第一次使用量的要求

DN	100	150	200	250	300	350	400	500	600	700	800	900	1000
管模的单次使用极限量/支	500	370	350	320	300	280	230	210	190	180	110	68	58
管模的第一次使用量/支	≤250	≤230	≤220	≤200	≤190	≤120	≤110	≤100	≤90	≤80	≤70	≤60	≤50

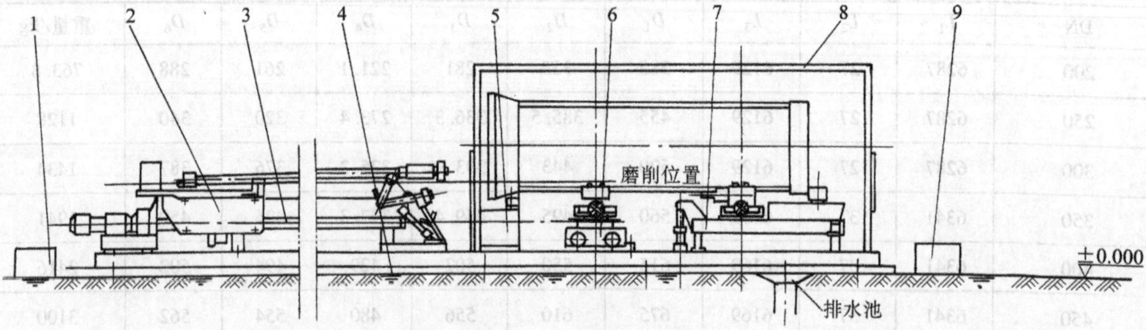

图 11-23　磨削打点机

1—电器部分　2—磨削打点小车　3—磨削打点主机　4—基础　5—冷却器
6—无驱动可转动装置　7—有驱动托轮装置　8—隔声罩　9—液压装置

表 11-21　磨削打点机的主要性能指标

序号	项　目	指标
1	磨削打点管模规格/mm	DN80 ~ DN1000
2	最大磨削速度/(m/s)	45
3	管模进给速度/(m/min)	1 ~ 10
4	最大管模圆周速度/(m/min)	30
5	砂轮磨削量/(mm/次)	0.10 ~ 0.30
6	ϕ300 滚轮对应速度/(r/min)	4.25 ~ 36
7	打点装置进给速度/(mm/min)	4.5 ~ 90
8	打点时管模圆周速度/(m/min)	3 ~ 4
9	ϕ300 滚轮对应速度/(r/min)	5
10	打点时风压/MPa	≥0.6

(2) 金属型的堆焊　当金属型内壁经多次浇注金属液而磨损或金属型两端内侧有微裂纹时，均需把裂纹车除后进行堆焊、修复。金属型专用堆焊机如图 11-26 所示。

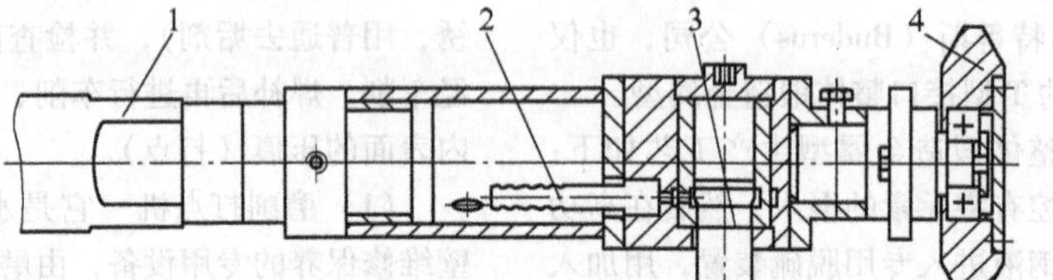

图 11-24　金属型气动打点头

1—打点机横杆头　2—压缩空气接头　3—打点头　4—支撑轮

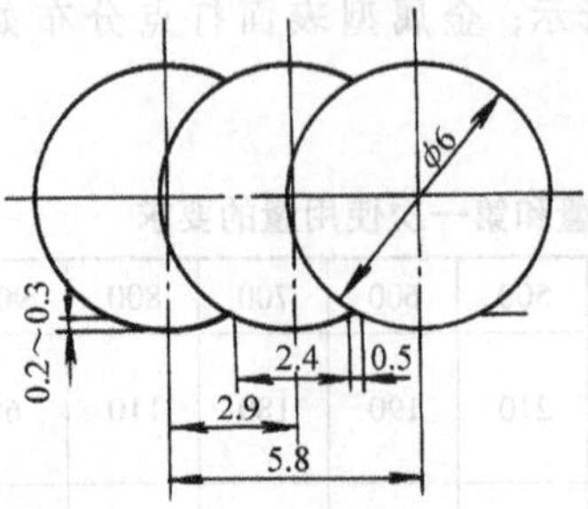

图 11-25　金属型表面打点分布

(3) 金属型的加工　金属型在堆焊前后均需在车床上进行加工，以除去表面的缺陷。DN100 ~ DN1000 的金属型是在 WC61100 普通车床上加长床身、增加托轮调整机构和中心架、刀杆专用刀架装置等改制而成。其加工深度为 1.2m。

(4) 金属型的检测与矫正　金属型在每次使用后都要拆下修理，更换下的金属型放置于平台托辊上，以检查金属型转动情况，如果轴向不平直度超过 0.3mm，必须矫直。DN100 ~ DN300 用锤击法矫直，DN400 ~ DN700 用车削法矫直。

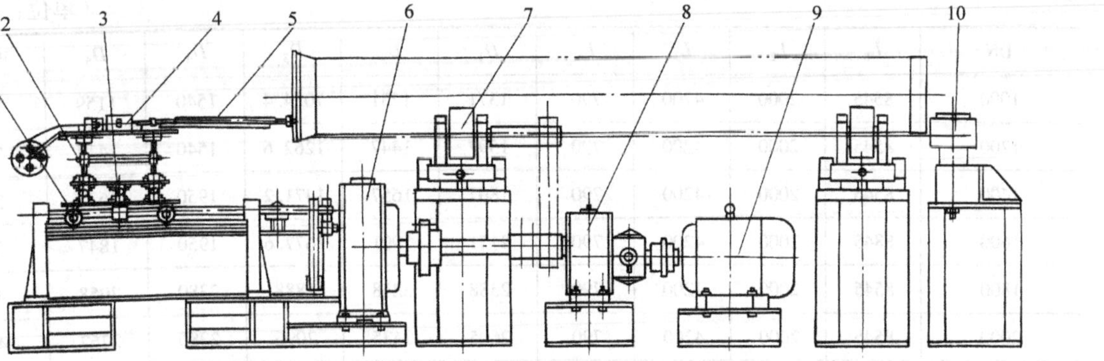

图 11-26　金属型专用堆焊机

1—移动轮　2—调整架　3—移动轮机构　4—焊丝　5—焊枪
6—无级变速器　7—托轮　8—减速器　9—电动机　10—挡轮

（5）金属型的存放　水冷离心机用金属型使用到极限次数后，将金属型拆下进行磨损、裂痕、平直度检查。使用过的金属型存放必须是经去应力退火处理后的，以防止金属型在存放过程中因内应力变化引起金属型爆裂。金属型不允许露天存放，以防止阳光使金属型受热不均，产生变形。长期不用的金属型，其滚道及密封处应涂油。大型金属型应放在枕木上，并找好合适的支点，外壁应除锈后涂以银粉漆。

11.4.2　热模法离心机用金属型

1. 热模法离心机用金属型的工作条件

热模法离心机用金属型的工作条件与水冷金属型不同，它是在空气中自然冷却（或喷淋冷却水），并且金属型内壁喷涂有绝热层，金属液不与金属型内壁直接接触。因此，金属型外壁温度比水冷离心机金属型要高，最高温度可达350℃，而且金属型内壁温度比水冷离心机用金属型要低，一般温度为400～450℃。所以，金属型内外壁温差较小，金属型型体所产生的交变热应力较小。热模法离心机用金属型的使用寿命一般超过万次，金属型不需要日常的维修。但是，金属型承口节因形状较复杂，且绝热层较薄，连续工作1～2个月后，对稍有变形的金属型承口节要进行维修。为了保证涂料中的结晶水在高温蒸发和覆膜树脂砂在高温产生的气体能及时排出，热模法离心机用金属型通身设计有出气孔。

2. 热模法离心机用金属型的材质、尺寸和重量

热模法离心机用金属型通常也采用21CrMo10合金。小尺寸金属型较多采用锻钢和铸钢两种制造方法；大尺寸金属型则一般采用铸钢和板焊两种制造方法。大口径铸管热模法离心机用金属型的结构、主要尺寸和重量如图11-27所示和见表11-22。S、N型热模法离心机用金属型的结构、主要尺寸和重量如图11-28所示和见表11-23。

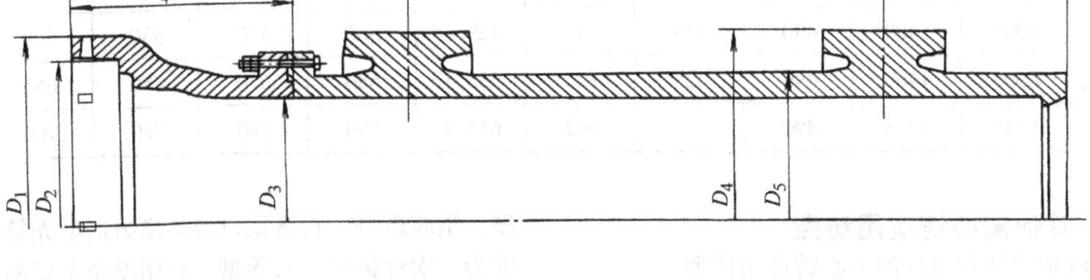

图 11-27　大口径铸管热模法离心机用金属型的结构

表 11-22　有效长度 8m 的大口径铸管热模法离心机用金属型的主要尺寸（见图 11-27）和重量

（单位：mm）

DN	L_1	L_2	L_3	L_4	D_1	D_2	D_3	D_4	D_5	重量/kg
1000	8545	2000	4200	790	1371	1231	1054.4	1540	1159	21000
1200	8545	2000	4200	790	1597	1447	1262.6	1540	1412	25000
1400	8545	2000	4200	790	1807	1657	1471.2	1950	1637	30000
1600	8845	2000	4200	790	2151	1991	1677.6	1950	1847	38000
1800	8545	2000	4200	790	2388	2218	1888	2380	2058	42618
2000	8545	2000	4200	790	2605	2435	2096	2380	2267	43000
2200	8845	2100	4200	780	2827	2647	2302	2620	2483	55160
2400	8815	2100	4200	780	2934	2734	2495	3095	2695	67000
2600	8815	2100	4200	780	3149	2949	2702	3202	2802	80000

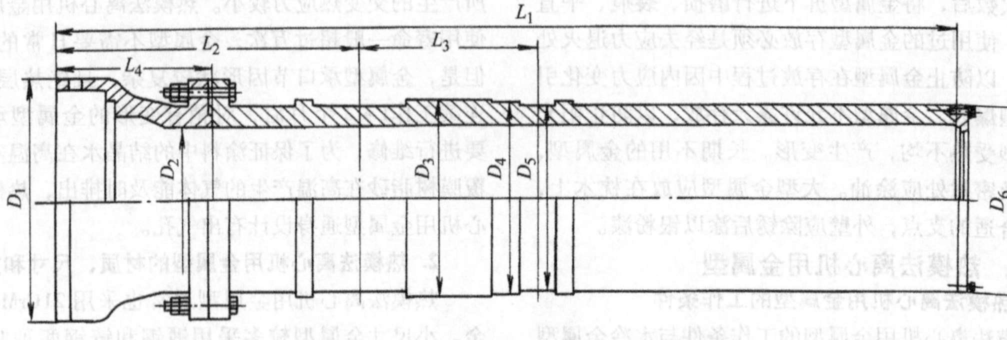

图 11-28　S、N 型热模法离心机用金属型

表 11-23　有效长度 6m 的 S、N 型热模法离心机用金属型的主要尺寸（见图 11-28）和重量

（单位：mm）

DN	L_1	L_2	L_3	L_4	D_1	D_2	D_3	D_4	D_5	D_6	重量/kg
150	6270	1342	200	500	460	170.7	320	320	290	290	2900
200	6470	1442	200	500	470	221.9	380	380	350	350	3128
250	6447	1475	490	425	613	274.4	480	470	450	395	3853
300	6505	1400	490	425	588	328	480	470	450	450	4019
400	6505	1400	490	425	716	429.1	580	570	550	550	4815
500	6505	1400	490	425	825	533.1	680	670	650	650	7213
600	6445	1475	490	425	982	635.7	790	780	760	760	7677

11.4.3　其他离心铸造用铸型

本节将阐述铸管以外的离心铸造用铸型。

1. 铸型材料

其他铸件离心铸造可以使用一次性的材料，如砂型、组芯造型、石膏型以及熔模铸造型壳等，它们被称为一次性铸型。石墨型、树脂型及金属型可重复多次使用，称为永久型。表 11-24 列出了其中几种铸型的比较。

表11-24　几种铸型的比较

铸型类别	砂型	金属型	树脂型	石墨型
初始成本	低	高	低	中
工作效率	允许使用各种砂箱	高的重复性，每小时可至60件	同样合金时10次以上	好
劳力消耗	多	少	少	少
合金的灵活性	高	无	低	高
铸型寿命	一次	2000～30000次	中	5～100次
冷却速度	低，铸铁件无须退火	高	中，铸铁件需退火	高
应用	厚壁管、辊子、各种铸件	适合于各种断面	适于薄壁管	不复杂件

（1）砂型　离心铸造中使用的砂型、组芯造型、石膏型，甚至熔模铸造型壳都与普通重力铸造时所用的制造方法相同。但使用时要注意：由于离心力的作用，砂型应有更高的紧实度，防止冲砂；砂芯应注意使用芯铁增加强度；砂型和砂芯表面应刷涂料，防止被冲刷或粘砂；设计时要确保旋转平衡，否则会导致铸件壁厚不匀。如果做不到满意的平衡，必要时可降低旋转速度；要使用专用底板，以便与离心机固定。

对于批量小的筒形件，如船用汽缸套等，使用衬有型砂的金属型的作用与砂箱一样，仅增加了能旋转的功能。图11-29所示为卧式离心铸造用砂型。为确保铸型平衡，使用加工过的金属型，此时的衬砂造型工艺如图11-30所示。利用此图示的方法，还可用同样外径的模具生产不同长度的铸型，节省模具制造费用。实际上，这种制造方法也是20世纪50年代离心铸管的制造方法。

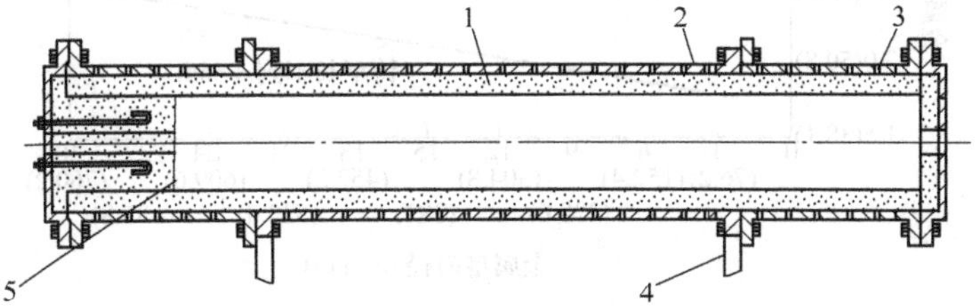

图11-29　卧式离心铸造用砂型

1—砂衬　2—金属型　3—出气孔　4—离心机托辊　5—堵头

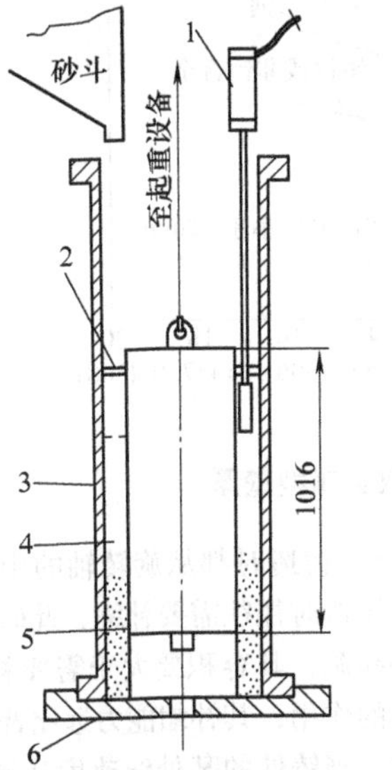

图11-30　金属型衬砂造型工艺

1—风冲　2—对中块　3—金属型
4—砂衬　5—胎模　6—底板

（2）石墨型　石墨型的材料包括石墨和炭棒，但主要是石墨，石墨也比炭棒具有更高的导热能力。在铸造厂，为降低成本，多使用废电极制作铸型，因根据铸件来专制石墨型成本会很高。选择石墨棒或电极，经机械加工成形可使其成本大幅下降。石墨型正常的使用寿命在50～100件，也有少数情况下超过100件。石墨型耐热性能优良，它的损坏在于它的机械强度和硬度低，在取出凝固后的铸件时引起的磨损是影响其使用寿命的主要因素，当操作者不小心地提取铸件时，会严重损坏铸型，甚至导致报废。

（3）金属型　大批量生产用的铸型可用铸铁和钢来制造，在浇注低熔点的轻合金时也常用铜合金制造。筒形的金属型在普通砂型铸造时会产生缩松等不良缺陷，故此时推荐用离心铸造方法来制造筒形铸铁金属型。由于铸铁金属型在喷水急冷时，容易发生脆断和开裂，所以要用喷水冷却的金属型，建议使用铸钢制造。当铸件尺寸不大时，铸钢金属型的制造成本比铸铁会高，但其使用寿命长，综合成本还是比铸铁金属型低。铸钢金属型的材料一般推荐使用低碳钢，在粗加工后进行正火和高温回火，消除内应力。

新金属型制好后，还必须进行一次预备处理，即把金属型加热到 95 ~ 150℃，然后喷一层饱和的过硫酸铵，经过一定时间后再用清水冲洗干净。这样处理的目的在于去掉金属型表面的油污，使金属型内表面受轻微腐蚀变粗糙，从而使涂料有更好的附着力。

在立式离心机上使用金属型时，铸型的设计与制造和卧式离心机相同。此时要注意的是立式回转轴轴承的冷却，因为浇注金属时会直接浇到与回转台相连的底板上，轴承的工作温度会很高。如有可能，应使用循环水进行冷却。

金属型的使用寿命有很大的差别；铸铁金属型的使用寿命一般在 500 ~ 1000 次，在生产汽车用汽缸套时，因件小又使用涂料，使用寿命可到 1000 ~ 3000 次；钢制金属型使用寿命在 2000 ~ 30000 次，创纪录的数字是 50000 次。与铸管金属型一样，其失效的形式主要是网状热裂纹。美国某公司试验表明，在金属型内表面喷 0. 35mm 厚的钼层，较不喷钼的能大幅提高使用寿命，但未报道有使用的实例。

图 11-31、图 11-32 所示为根据铸件大小和浇注合金种类选取金属型壁厚的经验数据图。

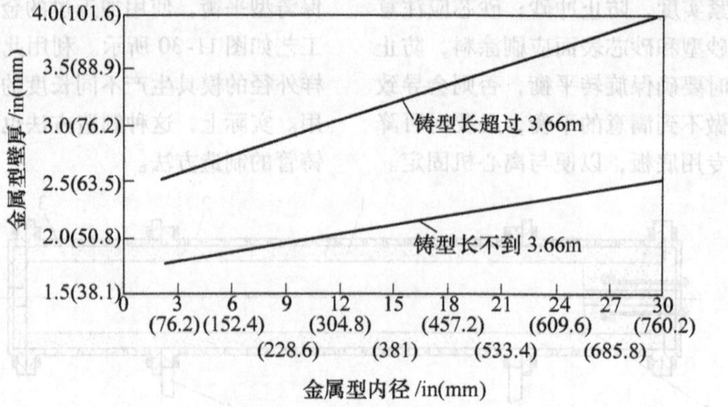

图 11-31　根据铸件长度和直径选取金属型壁厚

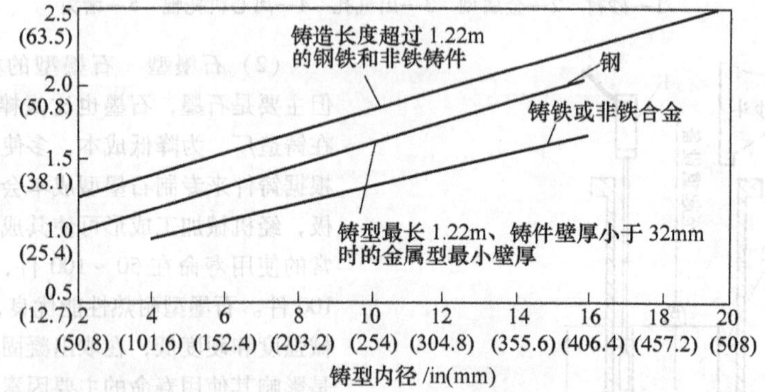

图 11-32　根据铸件合金种类与尺寸选取金属型壁厚

2. 铸件的工艺设计

表 11-25 列出了离心铸造时各种铸造合金的线收缩率。表 11-26 ~ 表 11-28 列出了离心铸造铸件一般的机械加工余量。内表面的机械加工余量因聚集的渣多，而比外表面大，同时它也受金属液定量精度的影响。

离心铸造的浇口位置比较固定：水平离心铸造都在铸型的一端偏中心线以下浇入，视铸型的长短，可定点浇入（短铸型），也可采用移动的浇道（长铸型）；立式离心铸造时都从旋转轴的中心浇入。立式离心铸件在铸造时往往需要补缩，此时浇口和立浇道成为主要补缩源，其容积要大于需要补缩的金属量。由于离心力的作用，其补缩能力远比普通的砂型铸造要强。例如，当铸件的某处线速度达到 5m/s 时，其所受的压力相当于砂型铸造时 10m 高的静压头。尽管如此，为获得健全铸件，仍应使浇注系统的冷却速度低于铸件的冷却速度。

表 11-25 离心铸造时各种铸造合金的线收缩率 (%)

铸造合金	线收缩率	铸造合金	线收缩率
铝合金	1.30	镁合金 (25%)	1.56
铝青铜	2.08	锰青铜	2.08
黄铜 (厚件)	1.30	铜镍合金	2.08
黄铜 (薄件)	1.56	镍	2.08
灰铸铁	0.83~1.30	磷青铜	1.04~1.56
白口铸铁	2.08	碳钢	1.56~2.08
锡青铜	1.56	铬钢	2.08
炮铜	1.04~1.56	锰钢	2.60
铅	2.60	锡	1.56
镁	2.08	锌	2.60

表 11-26 铜合金离心铸件的机械加工余量 (单位: mm)

铸件外径	青铜			黄铜、铝青铜		
	外表面	内表面	端面	外表面	内表面	端面
≤100	2~4	3~5	3~5	3~5	4~6	4~6
101~200	3~5	3~6	4~6	4~6	5~7	5~8
201~400	4~6	4~7	4~8	5~7	5~8	6~10
401~700	5~7	5~8	6~9	6~8	6~10	7~12
701~1000	6~8	6~10	6~12	6~9	7~15	8~16
>1000	6~10	7~12	8~20	7~12	>12	15~25

表 11-27 离心铸铁件的机械加工余量

(单位: mm)

铸件外径	外表面	内表面	端面
≤100	2~3	3~5	3~5
101~200	3~4	4~6	4~6
201~400	4~5	5~7	5~7
401~700	5~6	6~9	6~9
701~1000	6~8	7~12	7~12
>1000	7~10	7~15	12~20

表 11-28 离心铸钢件的机械加工余量

(单位: mm)

铸件外径	外表面	内表面	端面
100~200	5~7	6~8	15~20
201~400	7~8	8~10	20
401~700	8~10	10~12	20

在补缩计算中，一般采用冷却模数法，即

$$M = \frac{V}{S} \qquad (11\text{-}8)$$

或

$$M = \frac{A}{L} \qquad (11\text{-}9)$$

式中 M——冷却模数 (cm)；

V——铸件体积 (cm^3)；

S——铸件表面积 (cm^2)；

A——铸件截面面积 (cm^2)；

L——截面周长 (cm)。

对于需要补缩的铸件，其铸件、内浇道、模浇道、直浇道的冷却模数要逐渐增大。

立式离心铸造中铸造最多的是各种环形件。根据经验，推荐按表 11-29 来选取内浇道数。

表 11-29　立式离心铸造环形件的内浇道选择

环件直径/mm	≤305	305 ~ 457	457 ~ 610	610 ~ 762	762 ~ 1016
内浇道数目/个	2	3	4	5	6

3. 铸型的固定

离心铸造铸型是在旋转中浇注，它们必须与离心机有稳固的固定。对于水平离心铸造，金属型在支撑的离心机托辊上旋转，此时要在金属型辊道或整个金属型的端头采用挡轮来防止金属型轴向窜动，或者如表 11-30 所列，在托辊或金属型上增加凸缘防止轴向窜动。对于悬臂式水平离心机（汽缸套用）及水冷金属型离心机，金属型则直接固定在旋转头上，金属型重量大时再用托辊支住。

表 11-30　滚筒式离心铸型防止轴向窜动的结构

序号	结构图	结构特点
1	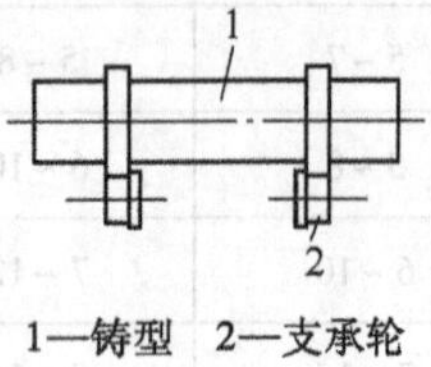	1）加工较简单 2）依靠支承轮凸缘防止铸型轴向窜动 3）需用较粗的毛坯制造铸型
2	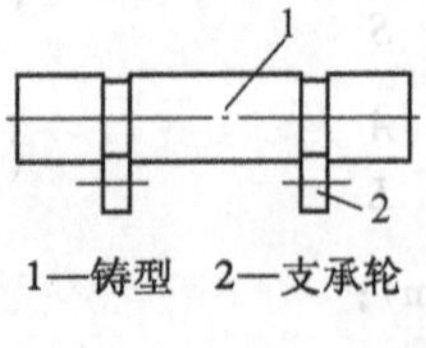	1）加工较简单 2）依靠铸型辊道下凹的边缘防止铸型轴向窜动 3）辊道宽度应大于支承轮的宽度，防止铸型工作时温度升高；辊道间距要加长，使辊道边缘卡在支承轮边缘上，故此结构适用于不太长的铸型 4）可用稍细的毛坯加工
3	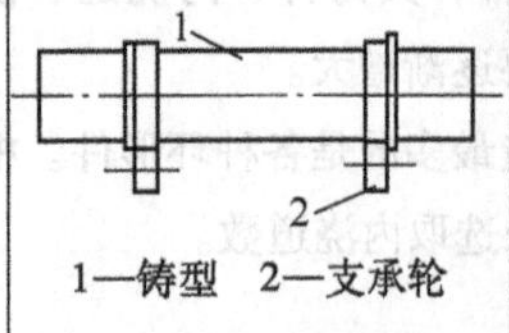	1）加工较复杂，需用粗的毛坯制造 2）依靠辊道凸缘防止铸型轴向窜动
4	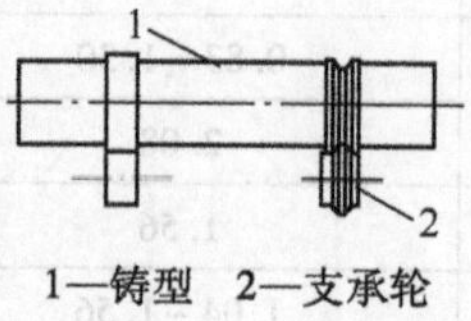	1）加工稍复杂，需用粗的毛坯制造 2）依靠离心机上一对支承轮面中间部位的凸缘嵌入铸型上一个辊道中部的凹槽防止铸型轴向窜动 3）铸型工作时轴向窜动量最小 4）铸型上凹槽底部转角处易产生裂纹

为确保铸件成形，防止金属液溢出，铸型的一端都要用端板挡住。图 11-33 所示为几种利用端板固定金属型的方法。端板一般设计成可双向使用的形式，当一面损坏或变形时可使用另一面，这时往往也能校正原先的变形。铸型的固定方法应以简单可靠为好，要易于拆卸和更换新的铸型，迫不得已要使用螺钉时，螺纹部分必须要涂二硫化钼，以便在旋转台达到较高温度时（浇注铸型的热量）还能方便地拧下来。表 11-31 列出了不同类型离心机用铸型的结构及其应用示例。

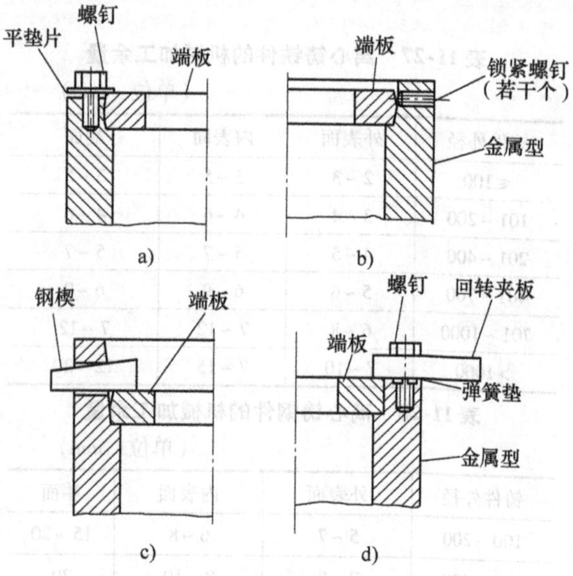

图 11-33　利用端板固定金属型的方法

a)、b）螺钉紧固　c）钢楔紧固　d）夹板紧固

表11-31　不同类型离心机用铸型的结构及其应用示例

类型		结构图	结构特点	应用
立式离心机用金属型	整体立式	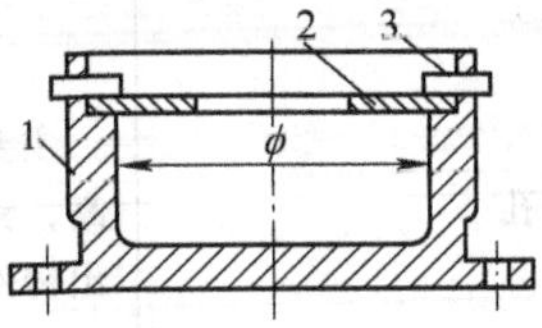 1—金属型　2—端盖　3—销子	底部和圆筒部分连成一个整体	主要用于小型铸件的立式离心铸造
		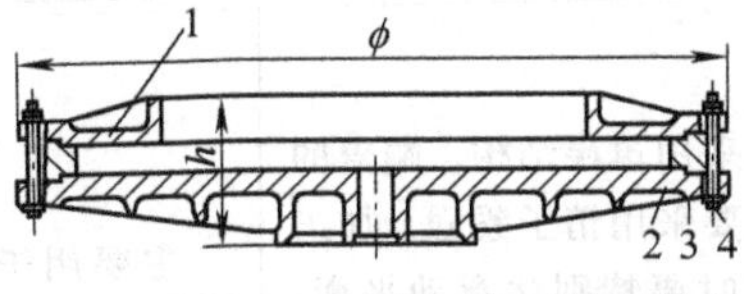 1—盖板　2—金属型的环状型套 3—底板　4—紧固螺钉	底部与圆筒部分分开制造	主要用于大直径铸件的立式离心铸造
	组装立式	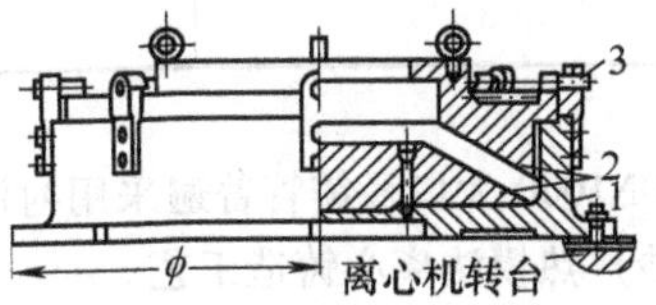 1—型套　2—镶块　3—销子	带有镶块	主要用于成形铸件（如碗形轴瓦）的立式离心铸造
		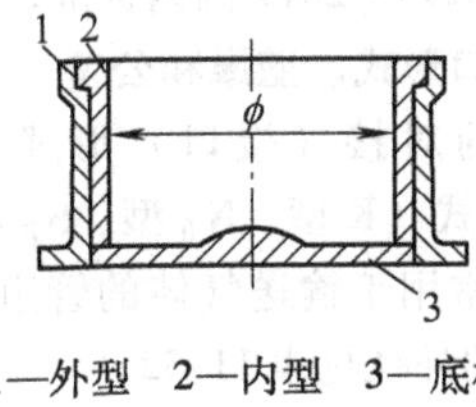 1—外型　2—内型　3—底板	为双层，由外型和内型组成，外型起支承内型的作用，内型直接与铸件接触	可通过更换内型的方法浇注不同直径和高度的铸件
卧式悬臂离心机用金属型	开放式	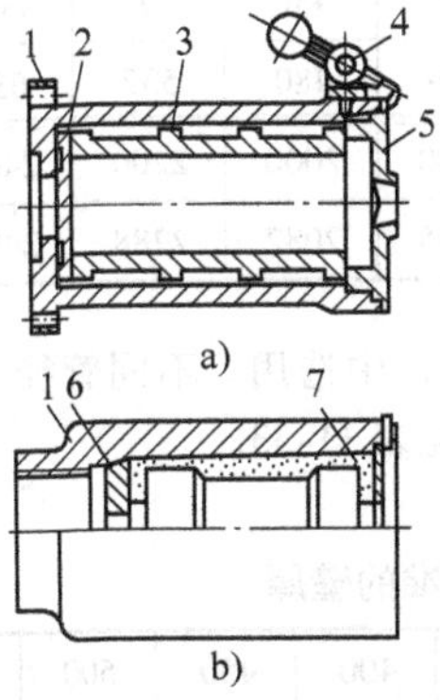 a）单层金属型　b）双层金属型（内层为砂型） 1—外型　2—底盖　3—内型　4—离心锤 5—端盖　6—推板　7—砂芯	底部开孔	主要用于大量生产时需在型内装置顶出铸件机构的场合

（续）

类型		结构图	结构特点	应用
卧式悬臂离心机用金属型	封闭式	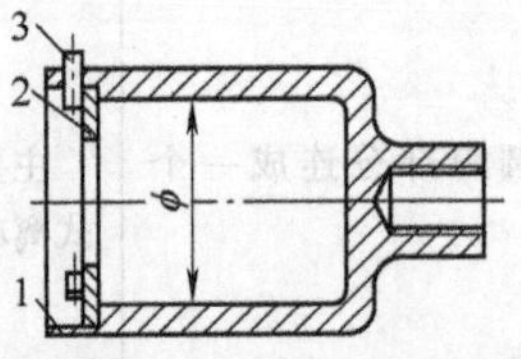 1—金属型　2—端盖　3—销子	底部不开孔	主要用于要求生产率不高，铸型底部不需装置顶出铸件机构的场合
滚筒式离心机用铸型		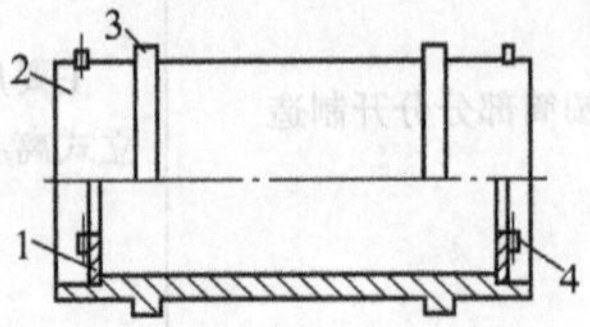 1—端盖　2—金属型　3—滚道　4—销子	主要采用单层结构，端盖的固定主要采用销子紧固，加工金属型时要特别注意动平衡，否则离心铸造机工作时会产生剧烈的振动	主要用于生产长管形铸件

11.5　离心球墨铸铁管

离心球墨铸铁管由于具有强度高（$R_m \geqslant$ 420MPa）、断后伸长率好（$A \geqslant 10\%$），耐压抗振、安全可靠，耐腐蚀、使用寿命长，施工安装方便等优点，在国内外供水和输气用压力管道中得到广泛应用。近几年，我国离心球墨铸铁管的年产量均超过 500 万 t，占世界第一位。

目前国内外对小于或等于 DN1000 中小口径铸管普遍采用水冷金属型（冷模法）离心铸造工艺；对大于 DN1000 大口径铸管普遍采用衬涂料（或衬覆膜树脂砂）热模法离心铸造工艺。

11.5.1　离心球墨铸铁管标准

离心球墨铸铁管采用 ISO 2531：2009 国际标准和 GB/T 13295—2019 国内标准。

1. 接口形式、壁厚和公差

按管的对接（接口）形式可分为滑入式（T 型）、机械式（K 型、N_{II} 型、S_{II} 型）和法兰式。N_{II} 型、S_{II} 型常用于输送气体的管道。不同规格离心球墨铸铁管的外径见表 11-32。

表 11-32　离心球墨铸铁管的外径　　（单位：mm）

DN	80	100	150	200	250	300	350	400	450	500	600	700	800
外径 DE	98	118	170	222	274	326	378	429	480	532	635	738	842
DN	900	1000	1100	1200	1400	1500	1600	1800	2000	2200	2400	2600	
外径 DE	945	1048	1152	1255	1462	1565	1668	1875	2082	2288	2495	2702	

ISO 2531 国际标准按压力等级（即“C”级管）推荐的管道允许压力选用铸管的壁厚，GB/T 13295 国家标准则规定可从“C”级管或壁厚分级管（即“K”级管）中选用。不同管径“C”级管和“K9”管的壁厚见表 11-33。

表 11-33　离心球墨铸铁管不同标准的壁厚　　（单位：mm）

DN	80	100	150	200	250	300	350	400	450	500	600	700	800
“C”级管	4.4	4.4	4.5	4.7	5.5	6.2	6.3	6.5	6.9	7.5	8.7	8.8	9.6
“K9”管	6.0	6.0	6.0	6.3	6.8	7.2	7.7	8.1	8.6	9.0	9.9	10.8	11.7
K9 最小壁厚	4.7	4.7	4.7	4.8	5.3	5.6	6.1	6.4	6.9	7.2	8.0	8.0	9.6

（续）

DN	900	1000	1100	1200	1400	1500	1600	1800	2000	2200	2400	2600
“C”级管	10.6	11.6	12.6	13.6	15.7	16.7	17.7	19.7	21.8	23.8	25.8	27.9
“K9”管	12.6	13.5	14.4	15.3	17.1	18.0	18.9	20.7	22.5	24.3	26.1	27.9
K9 最小壁厚	10.4	11.1	12.0	12.8	14.4	15.2	16.0	17.6	19.2	20.8	22.4	24.0

“K”级铸管的壁厚可按式（11-10）进行计算

$$\delta = K(0.5 + 0.001\mathrm{DN}) \qquad (11\text{-}10)$$

式中　δ——标准壁厚（mm）；

DN——管径（公称直径）（mm）；

K——壁厚级别系数，取 7、8、9、10、11、12 等。

“K”级离心球墨铸铁管的最小壁厚定为 6mm。在订货时要注明壁厚等级，未注明则按 K9 供货。“C”级管和“K”级管的配套管件壁厚，仍按式（11-10）计算，其 K 值取 12。

表 11-34 列出了离心铸造球墨铸铁管生产时必须注意的尺寸和重量偏差要求。

表 11-34　离心铸造球墨铸铁管的偏差要求

项目			偏差	备注
铸管长度/mm			±30	双方可商定用较小的公差
铸管挠度/mm			≤0.125%×管长	—
铸管壁厚/mm	$\delta=6$		−1.3	仅给出负偏差以保证对内压的抗力
	$\delta>6$		−（1.3+0.001DN）	
铸管插口	外径 DE/mm		+1.0，负偏差视 DN 而有区别	—
	圆度/mm	DN40～DN200	在外径 DE 公差范围内	
		DN250～DN600	≤外径 DE 的 1%	
		DN>600	≤外径 DE 的 2%	
内径/mm	DN40～DN300		−13	未规定正偏差
	DN350～DN1000		−10	
	DN1100～DN2600		−0.01DN	
直管重量偏差	DN≤200		−8%	未规定正偏差
	DN>200		−5%	

2. 标准的质量要求

（1）力学性能　力学性能是判断铸管和管件产品质量是否合格的主要依据。ISO 2531：2009 标准中对力学性能的要求见表 11-35。

表 11-35　ISO2531：2009 标准中对力学性能的要求

铸件类型	抗拉强度 R_m/MPa	断后伸长率 A（%）		布氏硬度 HBW
	DN40～DN2600	DN40～DN1000	DN1100～DN2600	
离心球墨铸铁管	≥420	≥10	≥7	≤230
管件、附件、非离心球墨铸铁管	≥420	≥5	≥5	≤250

（2）水压试验　水压试验应全数检验，试验应在涂覆前进行。在规定的压力下，保压时间不少于 15s。试验中管子不应有出汗、渗漏的痕迹或其他任何形式的漏水现象。试验压力要求见表 11-36。

表 11-36　离心球墨铸铁管水压试验的试验压力要求

DN	试验压力/MPa		保压时间/s
	“K9”管	“C”级管	
80～300	5.0	4.0	≥15
350～600	4.0	3.2	≥15
700～1000	3.2	2.5	≥15
1100～2000	2.5		≥15
2200～2600	1.8		≥15

（3）水泥涂衬质量　用于输水压力管道的离心球墨铸铁管，其内表面必须衬覆一定厚度的水泥砂浆内衬。其厚度应符合 ISO 4179：2005 标准要求，见表 11-37。

表 11-37　水泥砂浆内衬厚度要求

（ISO 4179：2005）　（单位：mm）

组别	DN	内衬厚度		最大裂缝宽度和径向位移（饮用水）	最大裂纹宽度（局部满流污水管道）
		公称值	某一点最小值		
Ⅰ	40～300	3	2	0.8	0.6
Ⅱ	350～600	5	3	0.8	0.7
Ⅲ	700～1200	6	3.5	1.0	0.8

（续）

组别	DN	内衬厚度		最大裂缝宽度和径向位移（饮用水）	最大裂纹宽度（局部满流污水管道）
		公称值	某一点最小值		
Ⅳ	1400～2000	9	6	1.2	0.8
Ⅴ	2200～2600	12	7	1.5	0.8

（4）外喷锌层的质量控制　喷（涂）层按 ISO 8179：2017《球墨铸铁管　外部镀锌》标准执行。离心球墨铸铁管的外装饰层应先涂锌，再刷沥青漆。涂镀层的质量平均值不应低于 $130g/m^2$。生产中应利用铸管退火后的余热（约 200℃）喷涂锌层，以增强锌与铸管的结合力。

（5）涂覆沥青漆的质量控制　为了提高防腐效果，铸管的外表面必须涂覆沥青漆。应采用 GB/T 17459—1998 标准，沥青涂层厚度 $\delta \geqslant 70\mu m$。

11.5.2　离心球墨铸铁管生产工艺

1. 生产工艺流程

离心球墨铸铁管的生产工艺流程如图 11-34 所示。

2. 铸管化学成分的选择

（1）化学成分的选择原则　对于不同的离心铸造方法，由于铸型对铸管的冷却速度不同，对铁液化学成分的选择应有所不同。对于水冷金属型离心铸造法，由于铸型的冷却速度快，铸管结晶、凝固速度快，可选择流动性较好、碳当量较高（$S_c = 1.03 \sim 1.05$）的铁液，而热模法离心铸造由于铸型的内壁衬有一隔热层，铸型对铸管的冷却速度慢，为防止离心铸造过程中产生石墨漂浮，宜选择较低碳当量（采用亚共晶成分，$S_c = 0.95 \sim 1.00$）的铁液。小管径铸管采用较高的碳当量；大管径铸管采用较低的碳当量。

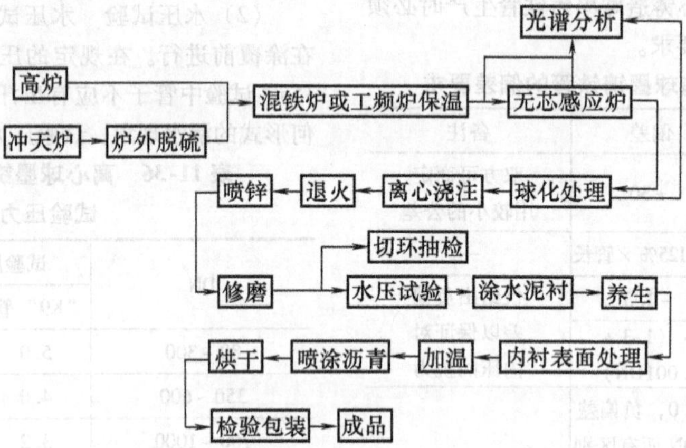

图 11-34　离心球墨铸铁管的生产工艺流程

（2）主要元素的选择　包括碳、硅、锰、磷、硫、合金元素、微量元素和反球化元素。

碳和硅是促进石墨化元素。提高碳含量对提高铁液流动性十分有利。增加硅含量可以使渗碳体、珠光体数量减少，铁素体数量增多，提高球墨铸铁管的塑性和韧性。以孕育方式加入的硅，其石墨化作用更为强烈。但硅含量过高，会提高球墨铸铁的脆性转变温度，降低球墨铸铁的冲击韧度值。以铁素体为主要基体的离心球墨铸铁管，硅的质量分数应小于或等于 2.8%；对于冲入法球化处理的铸管，原铁液中硅的质量分数应控制在 0.8%～1.2% 较为合适。

锰是碳化物稳定元素，在球墨铸铁管中稳定和细化珠光体，但易产生晶界偏析，故成分中锰含量应尽可能地低（锰的质量分数≤0.4%），生产中必须使用低锰的原材料。

磷易在铸铁中形成脆性的磷共晶，且易在晶界上析出，严重降低球墨铸铁管的韧性，一般要求磷的质量分数小于或等于 0.07%。

硫在球墨铸铁中是有害的杂质元素。硫与镁、稀土的亲和力很强，消耗铁液中的镁和稀土，影响了球化率并使球化衰退过快。硫在铁液中形成 MgS、RES 渣，促进形成夹渣、皮下气孔等缺陷。对于离心球墨铸铁管生产，要求原铁液中硫含量越低越好。高炉铁液中 $w(S) \leqslant 0.025\%$；冲天炉铁液必须经炉外脱硫，使 $w(S) \leqslant 0.025\%$，从而有效地保证了球化处理的稳定性。

离心球墨铸铁管的金相组织是以铁素体为主要基体，要求稳定珠光体和促进碳化物形成元素应尽量地低：$w(Cu) < 0.07\%$，$w(Cr) < 0.05\%$，$w(V) < 0.03\%$，$w(Sn) < 0.02\%$，$w(Sb) < 0.01\%$。

球墨铸铁对微量元素和反球化元素的含量有较严格的要求，含量过高会引起球化不良。添加稀土元素可抑制某些元素的作用，允许放宽其临界含量。为确保球化质量的稳定性，要求铁液中总干扰元素含量（质量分数,%）为

$$\Sigma T = (Ti + Cr + Sn + V + Sb + Pb + Zn) < 0.1\%$$

其中Ti是最常见的强烈球化干扰元素，会使球状石墨发生畸变，球化率降低，一般要求其含量小于或等于0.04%（质量分数，下同）（有的厂最大放宽至小于或等于0.07%）。

热模法离心铸造大口径铸管由于铁液凝固速度较慢，实际生产中应注意，适当地提高残余镁的质量分数（0.055%～0.08%），以防止球化不良与球化衰退；碳当量的质量分数（CE = C + 1/3Si）小于或等于4.3%，以防止在铸管内壁产生石墨飘浮问题。

3. 离心球墨铸铁管铁液的制备

（1）对铁液成分的基本要求

1）化学成分合格稳定。各主要元素应在较小的范围内波动，特别是要尽量降低原铁液的硫含量［w（S）≤0.025%］，严格控制碳当量，其波动值应小于或等于±0.1%。国外一些厂家（公司）的离心球墨铸铁管的化学成分见表11-38。国内某公司对各工序和工艺方法的原铁液和铸管的化学成分要求见表11-39。各厂用热模法生产的大口径离心球墨铸铁管的化学成分见表11-40。

2）较高的铁液温度。在离心球墨铸铁管生产过程中，从铁液出炉到浇注成形要经过多道工艺，如脱硫、球化和孕育处理等，且在落流槽中要流过很长距离，这些处理和过程会造成较大幅度的温降，故原铁液必须有较高的过热温度。出铁温度，中小管径水冷金属型离心球墨铸铁管应为1480～1530℃；大管径热模法离心球墨铸铁管应为1430～1480℃。小管径铸管采用较高的碳当量，要求较高的出铁球化和浇注铁液温度；大管径铸管采用较低的碳当量，要求较低的出铁球化和浇注铁液温度。国内某公司生产铸管的不同工艺方法和管径的铁液温度见表11-41和表11-42。

3）铁液纯净。除要求铁液中微量元素和干扰元素含量低外，渣中氧化铁含量也要低（最好能使FeO的质量分数≤2%），以控制铁液中的氧含量，减少Si、Mn等元素的烧损和球化剂的损耗。

表11-38 国外一些厂家（公司）的离心球墨铸铁管的化学成分（质量分数）（%）

生产公司(厂)	C	Si	Mn	P	S	Mg	备注
德国Louitpold厂	3.4～3.6	2.3～2.6	≤0.4	≤0.08	≤0.01	0.04～0.065	—
英国Clay Cross公司	3.35～3.6	2.4～2.65	≤0.55	—	≤0.02	0.025～0.04	—
日本铸铁管株式会社	3.4～3.5	1.8～2.0	<0.50	<0.10	≤0.01	—	—
法国木松桥公司	3.5～3.8	2.2～2.7	0.1～0.2	≤0.08	≤0.003	0.04	—
苏联自由之鹰铸管厂	3.6～3.8	2.5～3.0	0.5～0.7	<0.15	≤0.012	0.02～0.03	—
意大利Tubi铸管厂	3.67～3.82	1.83～1.88	0.3～0.31	≤0.06	≤0.01	0.034～0.036	实际分析值
日本久保田公司	3.34	2.15	0.09	0.043	0.004	0.04	实际分析值
美国克劳公司	3.7	2.36	0.38	0.04	0.007	0.051	实际分析值

表11-39 国内某公司对各工序和工艺方法的原铁液和铸管的化学成分要求（质量分数）（%）

铁液成分	C	Si	Mn	P	S	Mg残	CE
高炉铁液	4.0～4.3	0.8～1.4	≤0.4	≤0.07	≤0.025	—	—
中频炉铁液	3.6～3.9	0.8～1.4	≤0.4	≤0.07	≤0.025	—	—
冷模法（小管）	3.5～3.8	2.0～2.3	≤0.4	≤0.07	≤0.015	0.035～0.060	4.3～4.6
冷模法（大管）	3.3～3.6	2.1～2.4	≤0.4	≤0.07	≤0.015	0.040～0.065	4.2～4.5
涂料热模法	3.2～3.5	2.2～2.5	≤0.4	≤0.07	≤0.015	0.055～0.080	4.0～4.3

表11-40 各厂用热模法生产的大口径离心球墨铸铁管的化学成分（质量分数）（%）

生产公司（厂）	CE	C	Si	Mn	P	S	Mg	备注
原铁液	3.8～4.1	3.5～3.7	0.9～1.2	≤0.4	≤0.07	≤0.025	—	—
石家庄新兴铸管	4.0～4.3	3.3～3.5	2.1～2.4	≤0.4	≤0.07	≤0.015	0.05～0.08	喷涂料法
邯郸新兴铸管	4.0～4.3	3.2～3.5	2.3～2.6	≤0.4	≤0.07	≤0.012	0.05～0.08	喷涂料法
青岛北钢铸管	4.0～4.3	3.0～3.4	2.2～2.5	≤0.4	≤0.08	≤0.015	0.04～0.06	树脂砂法
日本久保田公司	4.06	3.34	2.15	0.09	0.043	0.004	0.04	分析值

表11-41 冷模法生产中小管径铸管的铁液温度

DN	100	200	300	400	500	600	700	800	900	1000
铁液碳当量CE(%)	4.40 ~ 4.55	4.35 ~ 4.50	4.35 ~ 4.50	4.30 ~ 4.45	4.30 ~ 4.45	4.25 ~ 4.40	4.25 ~ 4.40	4.20 ~ 4.35	4.20 ~ 4.35	4.15 ~ 4.30
出铁球化温度/℃	1520 ~ 1500	1510 ~ 1490	1510 ~ 1490	1490 ~ 1470	1490 ~ 1470	1480 ~ 1460	1480 ~ 1460	1470 ~ 1450	1470 ~ 1450	1470 ~ 1450
浇注铁液温度/℃	1440 ~ 1390	1420 ~ 1370	1400 ~ 1350	1380 ~ 1330	1350 ~ 1320	1340 ~ 1310	1340 ~ 1310	1340 ~ 1310	1330 ~ 1300	1330 ~ 1300

表11-42 热模法生产大管径铸管的铁液温度

DN	1100	1200	1400	1600	1800	2000	2200
铁液碳当量CE（%）	4.05 ~ 4.30	4.05 ~ 4.30	4.05 ~ 4.30	4.05 ~ 4.30	4.00 ~ 4.25	4.00 ~ 4.25	4.00 ~ 4.25
出铁球化温度/℃	1470 ~ 1450	1470 ~ 1450	1460 ~ 1440	1460 ~ 1440	1450 ~ 1430	1450 ~ 1430	1440 ~ 1420
浇注铁液温度/℃	1340 ~ 1310	1340 ~ 1310	1330 ~ 1300	1330 ~ 1300	1320 ~ 1290	1320 ~ 1290	1310 ~ 1280

（2）熔炼工艺　目前国内外离心球墨铸铁管厂的铁液制备多采用：高炉铁液→混铁炉→无芯感应电炉三联熔炼工艺；热风水冷无炉衬冲天炉→炉外脱硫→有芯工频感应电炉双联熔炼工艺等两种熔炼工艺。

1）高炉铁液→混铁炉→无芯感应电炉三联熔炼工艺，对于具备高炉条件的生产厂，应优先考虑采用，它省去了铁块再重熔工序，因而节约了大量能源和成本，也没有生铁在重熔过程中焦炭增硫问题。因此，它具有原铁液硫含量低、生产组织容易、铁液成本为（铁液成本为350 ~ 400元/t）等特点。国内外主要离心球墨铸铁管厂大多采用这种熔炼工艺。

高炉熔制的供离心球墨铸铁管使用的铁液成分为：C不作要求，$w(Si)=0.8\% \sim 1.4\%$，$w(Mn)\leqslant 0.4\%$，$w(P)\leqslant 0.07\%$，$w(S)\leqslant 0.025\%$。凡合格的铁液用铁液罐车送往铸管熔炼车间，兑入混铁炉的铁液温度应大于或等于1350℃。混铁炉用于铁液的保温、储存、成分均匀化等。混铁炉用于铸管生产的优点是可靠、节省能源、经济、操作维修方便和使用寿命长等（炉衬寿命可达1.5年）。由高炉送来的铁液通过流槽流入混铁炉内，与混铁炉中原有的铁液混匀储备。混铁炉装有煤气烧嘴，当兑入高炉铁液后，液面用焦（转）炉煤气加热保温，应保证混铁炉内铁液温度大于或等于1320℃。当炉内铁液需要倒出时，通过齿轮齿条副使混铁炉向前方倾动，便可倒出铁液。无芯感应电炉的炉体结构主要包括炉架、磁轭、炉盖、倾炉机构、感应器、坩埚模、炉衬、电气设备和水冷系统等。感应器冷却水应采用软化水，以免铜管结垢影响冷却效果。冷却水进水温度应为20 ~ 30℃，出水温度一般低于50℃，冷却水的压力为0.2MPa。

2）当生产厂不具备高炉条件时，应采用热风水冷无炉衬冲天炉→炉外脱硫→有芯工频感应电炉双联熔炼工艺，如日本久保田公司。但冲天炉熔炼存在着铁液增硫问题，使硫的质量分数一般达0.05% ~ 0.08%，故需对铁液进行脱硫处理。这种熔炼方式由于生铁重熔消耗焦炭和脱硫处理，会使铁液成本提高，目前采用者逐渐减少。

（3）铁液球化前的脱硫处理　冲天炉熔化制得的铁液必须预先进行炉外脱硫处理，脱硫后铁液硫的质量分数可降至0.015% ~ 0.030%。铸管生产中采用透气塞气体扰动法进行连续脱硫处理，某厂的工艺参数为：冲天炉熔化率8 ~ 10t/h；原铁液硫的质量分数为0.040% ~ 0.075%；脱硫剂加入量为1.5% ~ 2.0%；处理温度为1490 ~ 1505℃；反应时间为3 ~ 8min；温度降低55 ~ 75℃；氮气压力为0.16 ~ 0.20MPa；脱硫率为60% ~ 70%。多孔塞的使用寿命一般为70 ~ 90h。

（4）球化处理　我国广泛采用镁和稀土作为球化剂对铁液进行球化处理。稀土处理后的球化率只有2 ~ 3级，比纯镁球化要差。稀土具有良好的抗微量反球化元素的干扰作用。稀土在球化剂中的含量不能太高，一是稀土含量过高会引起石墨畸变，球化率下降；二是稀土的硫化物和氧化物密度（Ce_2O_3为$6.867g/cm^3$，La_2O_3为$6.560g/cm^3$）接近于铁液，难以与铁液分离，容易造成铸管的各种缺陷。随着铁液纯洁度的提高，球化剂中稀土的质量分数可降至1% ~ 2%。目前，球化处理工艺应用比较多的有冲入法、喂线法、转包法和喷镁法。

1）冲入法球化处理工艺。球化剂成分：

w(Mg) = 7% ~9%、w(RE) = 1% ~3%、w(Si) = 40% ~44%、w(Ca) = 2% ~3.5%、w(Al) ≤0.5%，球化剂加入量为1.4% ~1.7%（质量分数）。采用堤坝式球化包，包的高径比 H/D = 1.5。稀土镁（Mg-RE）球化剂加入量与原铁液中硫含量有很大的关系。

2）喂线法球化处理工艺。喂线法采用镁合金［w(Mg) = 20% ~35%］和纯镁两种镁芯线。喂线球化处理工艺具有球化率高，石墨细小（球化率一般为2级，石墨大小为7级）；铸管的内在质量高；铁液纯净度好；作业环境好；操作稳定，加入量可以随时调整等优点。喂线法球化处理装置如图11-35所示。喂线法球化处理主要工艺参数：加入量为22 ~35m/t（取决于原硫含量）；喂线速度为25 ~50m/min；喂线时间为1.5 ~3min；球化包容量为2.0 ~6.0t；处理温度为1450 ~1500℃；液面高径比（D/H）为1.2 ~1.5；液面净空高度为300 ~400mm。

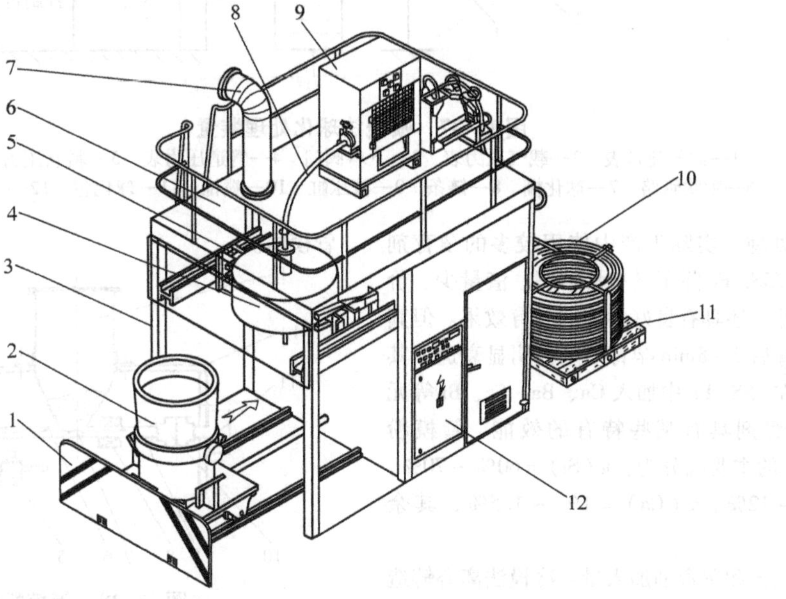

图11-35 喂线法球化处理装置

1—小车 2—处理包 3—支架 4—包盖 5—包盖升降及导向机构 6—平台 7—抽烟管 8—导向管 9—喂线机 10—芯线卷 11—托板 12—控制柜

3）转包法球化处理工艺。处理前将纯镁加入到转包体后部由一块石墨隔板形成的反应室内→定量加入铁液→转动包体进入处理状态→铁液经石墨隔板孔进入反应室进行球化反应→球化处理后将铁液倒出。转包法球化处理工艺过程如图11-36所示。转包法球化处理工艺具有球化成本低、铁液纯净度好、允许原铁液硫含量高（硫的质量分数可放宽至0.2%）、球化处理后残硫量低（硫的质量分数可达0.008%）、处理过程中温降小等优点，但要求每小时至少应处理5包以上。

4）喷镁法球化处理工艺　喷镁法球化处理的工作原理是利用喷吹载气把颗粒镁喷吹到球化包中，使铁液中保有一定含量的镁，达到球化铁液的目的。喷镁法球化处理装置如图11-37所示。该套装置主要包括喷吹气路系统、喷枪液压系统、供料及存储系统、显示及监控系统、除尘系统、安全保障系统、扒渣机构、喷枪更换及维修站共八个部分。

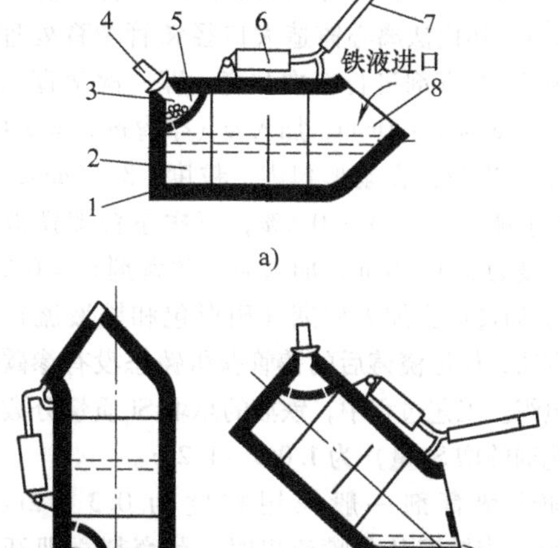

图11-36 转包法球化处理工艺过程

a）接铁状态 b）球化处理状态 c）出铁状态

1—转包 2—铁液 3—反应室 4—密封门 5—纯镁块 6—气缸 7—包盖 8—铁液进出口

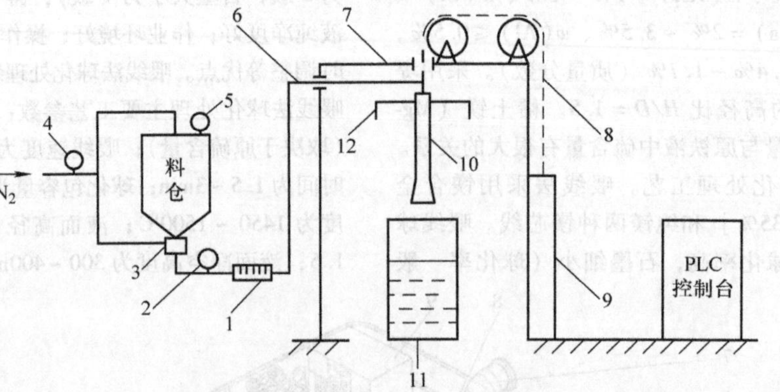

图 11-37　喷镁法球化处理装置

1—载气流量表　2—载气压力表　3—下料阀门　4—管道压力表　5—料仓压力表　6—喷吹管路　7—球化棚　8—链条　9—液压缸　10—喷枪　11—球化包　12—包盖

（5）孕育处理　实际生产中使用较多的孕育剂仍为75Si-Fe。75Si-Fe除了具有易熔解、渣量少、价格便宜等特点外，还具有良好的瞬间孕育效果。但其衰退较快，孕育后7～8min孕育效果会明显衰退。其他孕育剂即为在75Si-Fe中加入Ca、Ba、Sr、Bi等元素，以赋予孕育剂具有某些特有的效能。管模粉（型内孕育用）的主要成分为：$w(Si)=60\%\sim70\%$，$w(Ba)=4\%\sim12\%$，$w(Ca)=1\%\sim1.5\%$，其余为铁。

孕育处理工艺和孕育剂加入量：冷模法离心铸造中小口径铸管孕育处理，采用75Si-Fe二次孕育+管模粉孕育工艺，即球化包内孕育加 w（孕育剂）=0.4%～0.6%（一次孕育）+随流孕育加 w（孕育剂）=0.2%～0.25%（二次孕育）+管模粉（20～30g/m²）。热模法离心铸造大口径铸管孕育处理，采用75Si-Fe孕育剂进行三次孕育，即一次孕育在球化包内，粒度为8～20mm，加入 w（孕育剂）=0.4%～0.6%；二次孕育在扇形包内，粒度；3～5mm，加入 w（孕育剂）=0.3%～0.4%；三次孕育即铁液流孕育，粒度为0.5～2mm，加入 w（孕育剂）=0.2%～0.3%。通过适当加大后期（扇形包和铁液流）孕育剂的方法，保证浇铸后的铸管获得铸态没有渗碳体的基体组织。工艺过程中，铁液的总增Si质量分数（包括球化剂的增Si量）为1.0%～1.2%。

随流孕育剂一般采用粒度为0.3～2mm的75Si-Fe，当铁液从包嘴流出时，孕育剂立即开始匀速加入，直至浇注完毕。在水冷金属型离心铸管时，往往要向金属型内加入硅钡粉（又称管模粉），其粒度为0～0.3mm。在管模内表面龟纹严重或出现气孔情况下，可适当增加管模粉加入量。管模粉的输送如图11-38所示。它通过干燥空气或氮气把管模粉送入管模内。

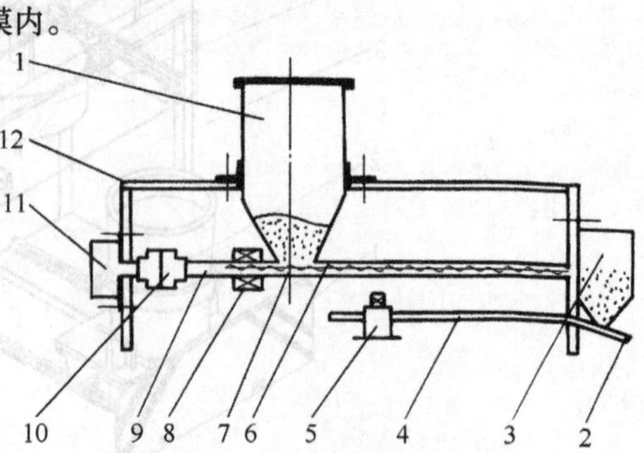

图 11-38　管模粉的输送

1—大料斗　2—出料管　3—小料斗　4—空气管　5—电磁阀　6—螺旋　7—套管　8—轴承　9—轴　10—联轴器　11—液压马达　12—支承架

11.5.3　水冷金属型离心铸管

1. 工艺特点

水冷金属型离心铸管的工艺特点：①金属管模浸泡在一个封闭的冷却水套中，并由电动机驱动旋转，由于管模的冷却强度较大，铁液在离心浇铸过程中凝固速度较快，因此具有较高的生产率；②采用扇形包和长流槽进行铁液等量浇注，铸管的壁厚均匀；③管模内表面没有使用涂层保护；④铸管的外表面质量较高；⑤由于在管模内的凝固速度较快，金相组织中存在共晶渗碳体，断口多呈白口，因此球墨铸铁管必须采取高温（>920℃）+低温两阶段退火处理，消除共晶渗碳体，获得一定的延伸率；⑥机械化、自动化程度很高，对控制系统的精度要求很高；⑦管模使用寿命较低，一般使用次数只有3000～10000根。

由于水冷金属型离心铸管具有以上工艺特点，目前已普遍在DN80～DN1000（有时用于DN1200）铸管生产中应用，是应用最广泛的离心铸管方法。目前，水冷金属型离心铸管的生产率见表11-43。

2. 水冷金属型离心铸管机

水冷金属型离心铸管机可分为三工位和两工位两种机型，如图11-39所示。

（1）三工位机型的特点　主机固定不动，浇注时，浇注车沿轨道运动，伸入管模承口端开始浇注；浇注后，拔管机开到铸管承口端将铸管拔出。因此，离心铸管机的轴向布置长度为3倍的铸管长度。该机精度较高，但占地面积较大，现在很少采用。

（2）两工位机型的特点　主机沿轨道前后运动，浇注装置和拔管机固定不动。浇注时，主机向浇注装置方向运动，流槽伸入管模承口端开始浇注，主机退至初始位置时，浇铸完毕。浇铸后，拔管机伸入铸管承口端将铸管拔出。因此，离心铸管机的轴向布置长度为2倍的铸管长度。两工位水冷金属型离心铸管机应用广泛。

表11-43　水冷金属型离心铸管的生产率

DN	100	200	300	400	500	600	700	800	900	1000
设计值/(根/h)	55	46	38	31	25	21	16	10	8	6
实际值/(根/h)	50~60	40~48	32~39	25~31	20~26	17~22	12~17	9~10	7~8	5~6

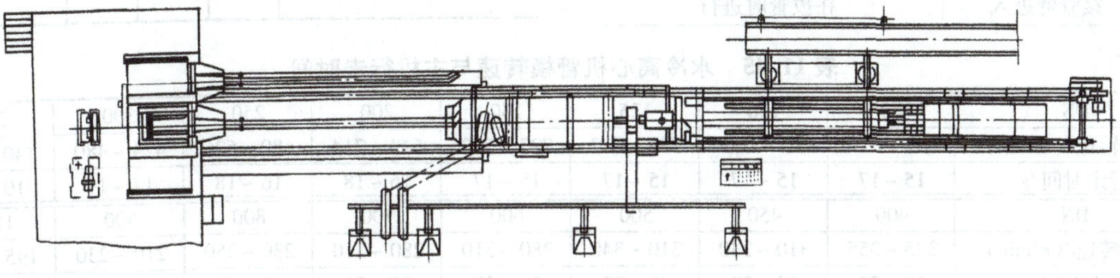

a)

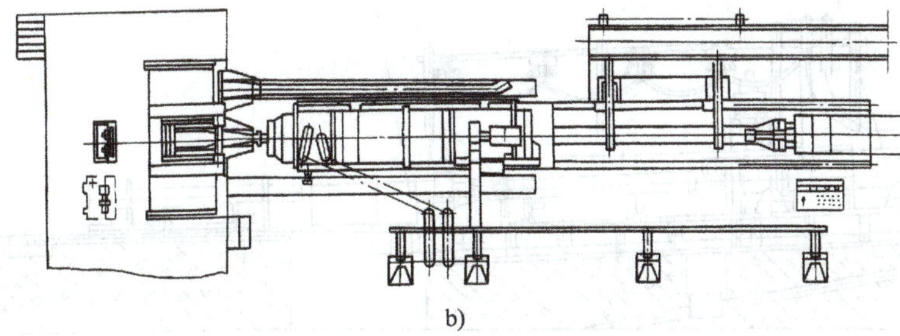

b)

图11-39　水冷金属型离心铸管机

a）三工位　b）两工位

水冷金属型离心铸管机完成一根铸管所需的时间：DN80~DN300为1~2min；DN400~DN700为2~4min；DN800~DN1000为6~8min，生产节奏较快。在设计离心铸管机时，必须详细制订浇注过程中每一个动作的节拍时间，保证产品质量，并达到一定的生产率。DN80~DN300水冷金属型离心铸管机的生产节拍见表11-44；水冷离心机管模转速与主机行走时间见表11-45。

3. 水冷金属型离心铸管机的结构

水冷金属型离心铸管机由机座、浇注装置、离心机、拔管装置、运管小车、桥架、液压站和控制系统八个部分组成，如图11-40所示。

表11-44　DN80~DN300水冷金属型离心铸管机的生产节拍（行程=6.3m，斜度=2.75°）

（单位：s）

DN		100	150	200	250	300
手动	开始起动管模	同时开始起动扇形包			2.0	3.0
手动	扇形包倾翻	3.0	3.0	3.0	3.0	3.0
自动	铁液流入	5.0	5.0	5.0	5.0	5.0
手动	随流孕育	在浇注行走时同时进行				
手动	承口充满	2.0	2.0	2.0	3.0	3.0
自动	离心机行走	17.0	17.0	18.0	19.0	19.0
自动	插口处停留	4.0	5.0	5.0	5.0	5.0

（续）

	DN	100	150	200	250	300
自动	浇注后冷却转动	6.0	10.0	10.0	10.0	10.0
自动	流槽退出	与浇注同时进行				
自动	流槽旋转	在铸管冷却的同时进行，3.0				
自动	流槽复位	在铸管冷却的同时进行，4.0				
手动	上芯架退出	在铸管冷却的同时进行，3.0				
手动	上芯	在铸管冷却的同时进行，6.0				
手动	拔管钳进出	3.0	3.0	4.0	4.0	4.0
手动	拔管钳张开	0.5	0.5	2.0	2.0	2.0
手动	拔管（离心机退）	15.0	15.0	16.0	18.0	18.0
手动	管模慢转	在拔管时进行				
手动	接管臂进入	在拔管时进行				

（续）

	DN	100	150	200	250	300
自动	管模粉加入	在拔管时进行				
手动	拔管钳退到位	3.0	3.0	4.0	4.0	4.0
手动	拔管钳松开	0.5	0.5	1.0	2.0	2.0
手动	拔管钳复位	1.0	1.0	1.0	1.0	1.0
手动	接管臂抬起	0.5	0.5	0.5	0.5	0.5
手动	铸管吊出	4.0	4.0	4.0	4.0	4.0
手动	上芯架转入	3.0	3.0	3.0	3.0	3.0
—	每根节拍时间	65.0	71.0	78.0	92.5	93.5
—	小时节拍/（次/h）	55	50	46	39	38

表11-45 水冷离心机管模转速与主机行走时间

DN	80	100	125	150	200	250	300	350
管模转速/（r/min）	910～1000	910～1000	727～772	727～772	643～714	480～536	424～480	340～370
行走时间/s	15～17	15～17	15～17	15～17	16～18	16～18	17～19	19～22
DN	400	450	500	600	700	800	900	1000
管模转速/（r/min）	325～355	310～340	310～340	280～310	280～310	230～250	210～230	195～204
行走时间/s	19～22	20～23	20～23	23～27	25～29	23～27	24～28	25～29

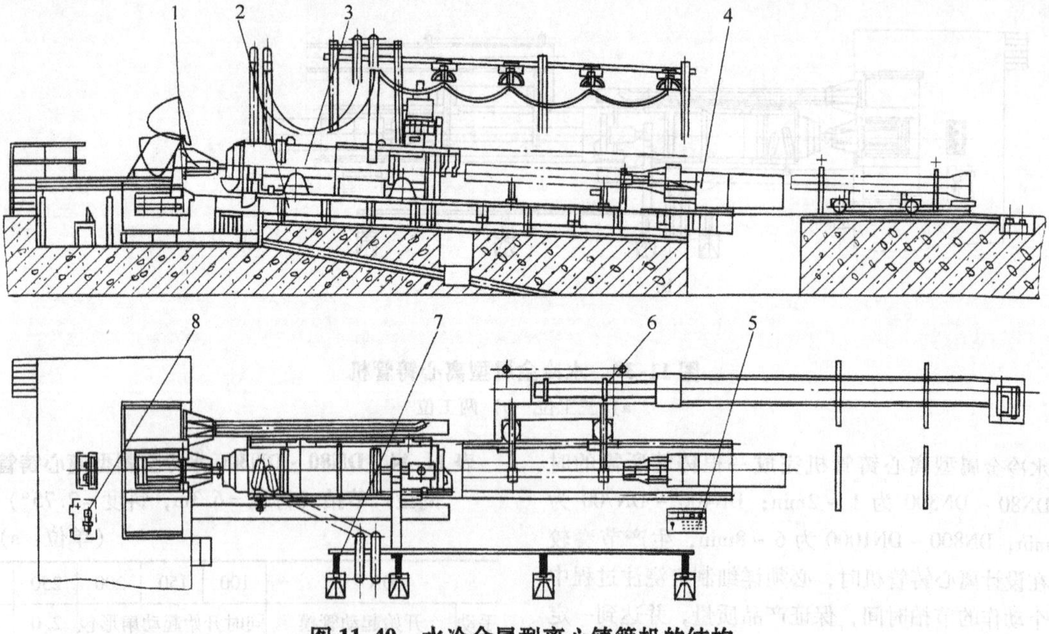

图11-40 水冷金属型离心铸管机的结构

1—浇注装置 2—机座 3—离心机 4—拔管装置 5—控制系统 6—运管小车 7—桥架 8—液压站

（1）离心机 离心机的主体由旋转装置、上芯装置、机身、冷却系统和电动机固定座五个部分组成，其结构如图11-41所示。

1）旋转装置是带动管模旋转的机构，它具备三个功能，即支承功能、旋转功能和密封功能，其结构如图11-42所示。

2）上芯装置。在浇注前，必须将承口砂芯装入管模的承口处，并通过定位的机械手压紧。上芯装置由转动机构、压紧机构和砂芯支承机构三部分组成。转动液压缸伸缩时，芯架臂绕支点平面转动，将芯架旋转到管模的中心位置。伸缩液压缸动作时，导向轴就沿着导向套前进或后退，从而实现承口砂芯的压紧。支承机构可通过支撑体同时实现旋转和伸缩两个动作。在实际生产中，芯架始终要压住砂芯，因为砂芯的强度是有限的，容易损坏。因此在支承环和支承盖之间设置压力弹簧，以自动调整承口砂芯与管模之间的压紧力。

3）机身即是离心机的主体部分，如图11-43所示。机身包括机壳、车轮、电动机固定座、V形托辊和插口部分。

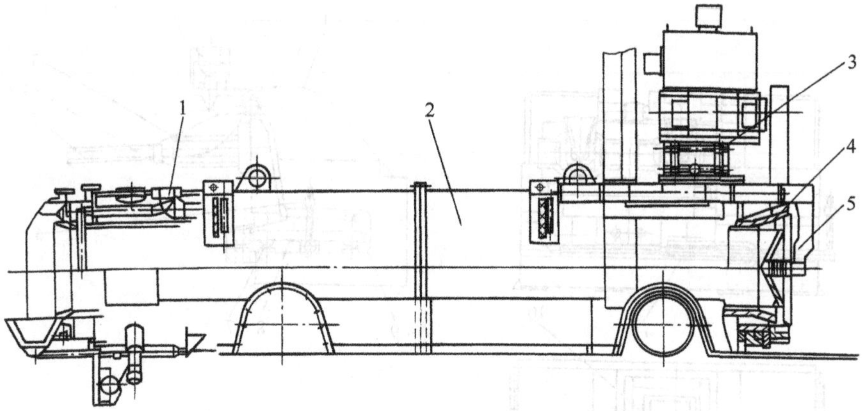

图11-41 离心机主体的结构

1—冷却系统 2—机身 3—电动机固定座 4—旋转装置 5—上芯装置

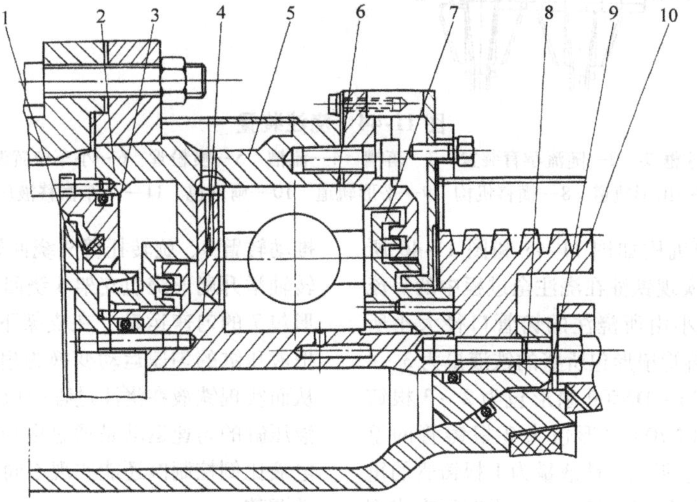

图11-42 旋转装置的结构

1—挡水环 2—迷宫式密封圈 3—封水环 4—旋转密封盘 5—轴承支承环 6—轴承 7—轴承密封板 8—管模对中环 9—管模 10—V带轮

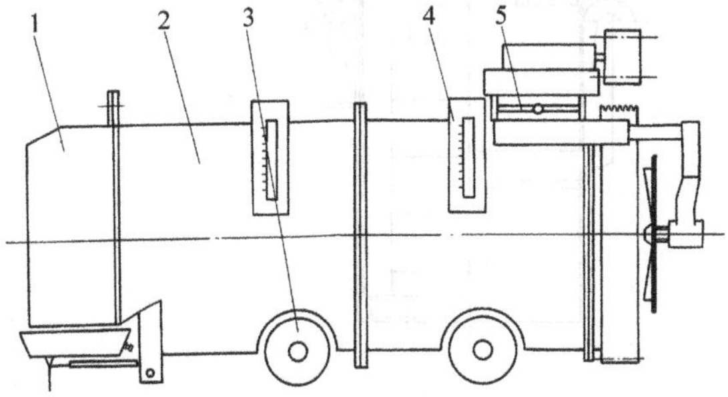

图11-43 机身

1—插口部分 2—机壳 3—车轮 4—V形托辊 5—电动机固定座

（2）浇注装置 主要包括浇注框架、扇形包、落槽和流槽、喷粉管、随流孕育装置和浇注车横移机构，如图11-44所示。浇注时，扇形包绕着固定轴旋转，提供均匀稳定的铁液流，从而在主机设定的移动速度下，保证管壁厚度的均匀性。DN100～DN350和DN400～DN700离心铸管机的流槽装置是双工位，当一支流槽在浇注时，另一支翻转180°，倒掉留在其中的残铁，准备在下次浇注时使用。在浇注过程中，模粉输送装置通过螺旋给料器和气动输送装置把料罐中的模粉经管道送入管模内。随流孕育装置则利用振动给料器把孕育剂均匀地加入到落槽内的铁液中。浇注横移车是实现两个流槽交替工作的机构，当一个流槽完成浇注后，横移机构带着流槽移出，另一流槽移进离心铸管机中心线准备浇注。DN800～DN1000离心铸管机由于生产率不高，有时间清理流槽，因此采用单流槽浇注。

浇注框架是整个浇注系统的基础。框架工作在高温环境里，倾翻、翻转机构工作频率较高，要求框架具有足够的强度和刚度，一般选用12～16mm厚的16Mn结构钢焊接而成。由预埋槽钢制作的浇注框架底座，应单独设置，隔开离心机振动的影响。

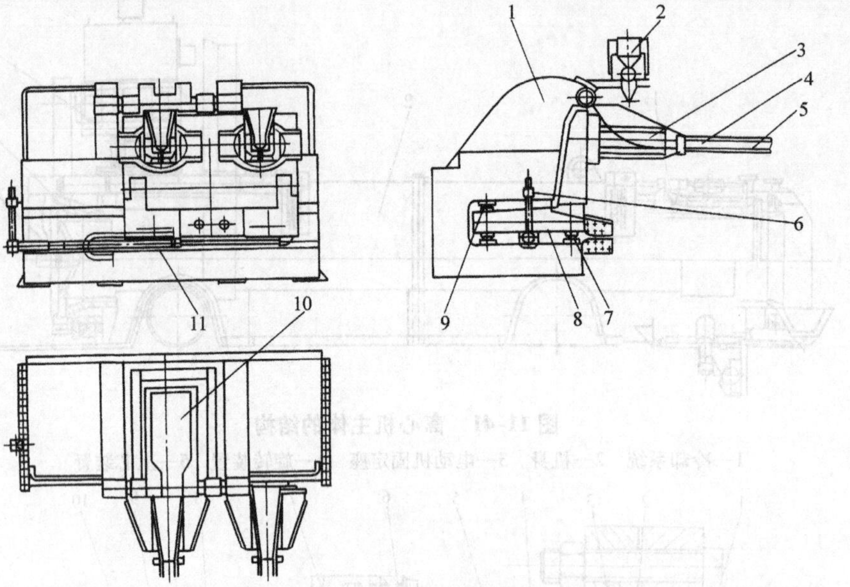

图11-44　浇注装置

1—浇注框架　2—随流孕育装置　3—落槽　4—流槽　5—喷粉管　6—小车位置调整装置　7—山形轨道　8—横移机构　9—平形轨道　10—扇形包　11—小车横移液压缸

扇形包及其翻转机构如图11-45和图11-46所示。它的设置是为了实现铁液在浇注全过程中的等流量。扇形包容积的大小由所浇注的铸管口径大小所定。DN100～DN150铸管扇形包所盛的铁液量为3～4根铸管的重量；DN200～DN500扇形包为2～3根铸管的重量；DN500～DN700扇形包为2根铸管的重量；DN800以上扇形包所盛的铁液量为1根铸管的重量。扇形包外壳由结构钢板焊接而成，内壁衬有成型耐火砖。扇形包翻转机构是通过液压缸2的匀速运动推动转臂3、旋转托臂9绕回转轴8做圆周运动，回转轴举升扇形浇包支架6绕回转轴4运动。为实现扇形包7的匀速运动，在支架下方设置一块调速板5，把液压缸的匀速运动变换为扇形包的匀角速度运动，从而实现铁液在浇注过程中稳定而均匀的流速。驱动液压缸的匀速运动是通过电液比例控制阀来实现的。电液比例控制阀还能实现不同规格铸管运行速度的自动调整。

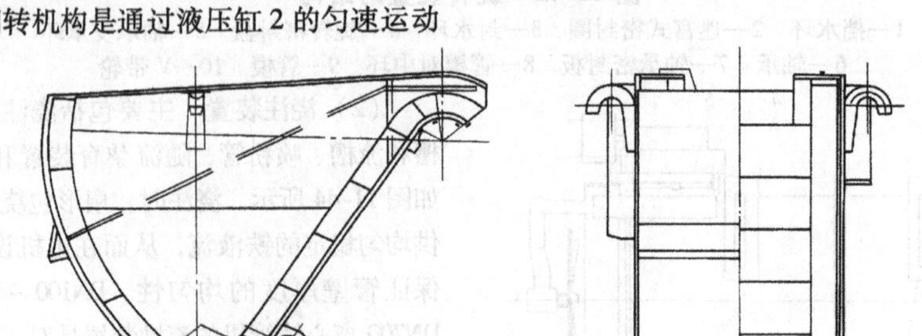

图11-45　扇形包

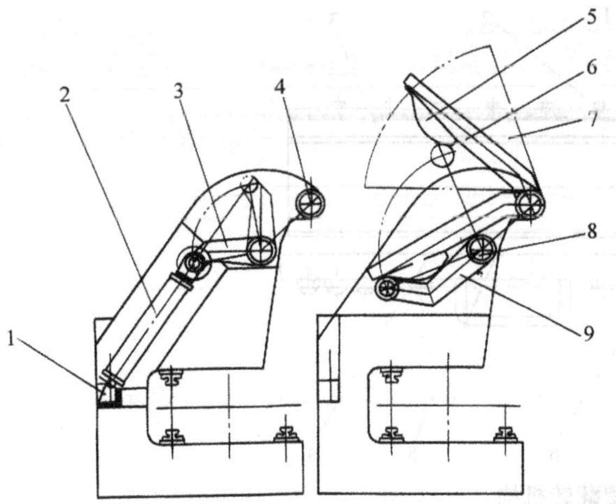

图 11-46　扇形包翻转机构

1—液压缸支座　2—液压缸　3—转臂　4—回转轴
5—调速板　6—扇形包支架　7—扇形包
8—转臂回转轴　9—托臂

扇形包等流量原理：扇形包在浇注过程中任一时间（t）内始末位置如图 11-47 所示。ψ（t）夹角部分为 Δt 时间内扇形包流出的铁液量，故 Δt 时间内铁液的瞬时流量为

$$Q(t) = 1/2\rho R^2 b\omega(t) = k\omega(t) \quad (11\text{-}11)$$

式中　$Q(t)$——扇形包瞬时流量（kg/s）；
$\omega(t)$——Δt 时间内扇形包平均角速度（rad/s）；
R——扇形包半径（mm）；
b——扇形包宽度（mm）；
ρ——铁液密度（kg/dm^3）；
k——流量比例系数，$k=1/2\rho R^2 b$，由扇形包尺寸确定。

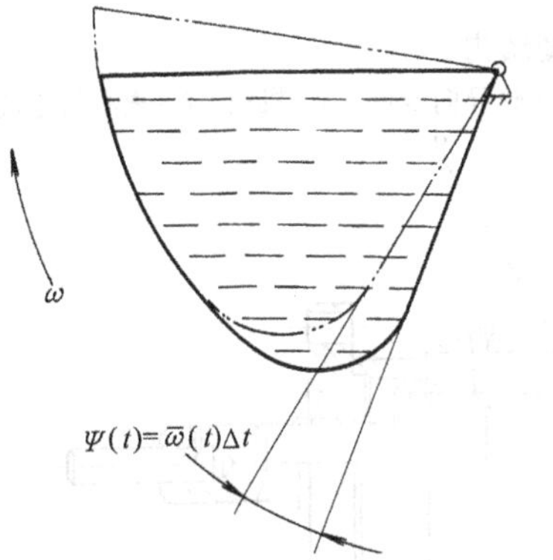

图 11-47　扇形包等流量原理

由式（11-11）可知，$Q(t)$ 正比于 $\omega(t)$，若 $\omega(t)$ 为常量，即扇形包匀速旋转时 $Q(t)$ 必为常量，这就是扇形包的等流量原理。但是在浇注过程中，为保证扇形包匀速旋转，翻转机构中设有一块调速板（见图 11-46 中件 5）。图 11-48 所示为某公司经计算后得到的 DN400 ~ DN700 水冷型离心机调速板曲线。

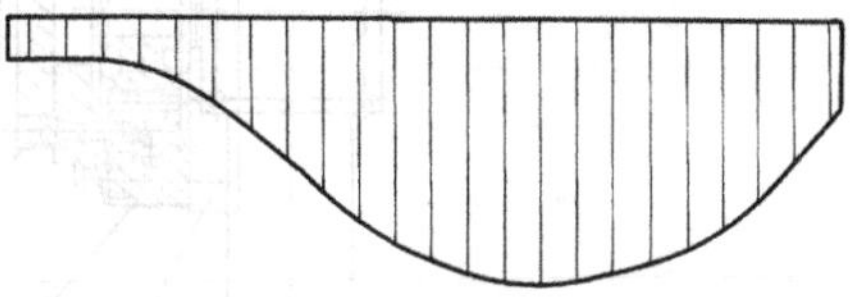

图 11-48　调速板曲线

落、流槽是铁液在浇过程中的导流装置。流槽长度为 6.1 ~ 6.3m。流槽装在横移小车上，随横移小车一起移动。在横移小车下方装有液压千斤顶或丝杠螺母机构，以调整流槽与管模的工艺距离。中小型离心铸管机上的横移小车装有左右两个流槽，流槽结构如图 11-49 所示。流槽的铁液出口与流槽的轴线呈 17° 的夹角，铁液在流入旋转的管模时与管模的线速度相反，以利于铁液的加速。

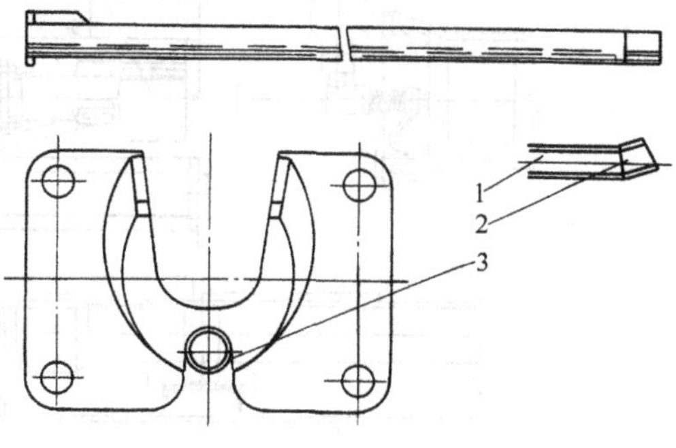

图 11-49　流槽结构

1—流槽中部　2—流槽出口　3—模粉管

流槽翻转机构如图 11-50 所示。它由齿条液压缸、齿轮、轴承、落槽和流槽等组成。齿条液压缸的两端带有液压的缓冲机构，减少了流槽翻转终了时的冲击。落槽和流槽固定在轴承的内圈上，随内圈旋转而旋转。液压系统可以完成流槽 180° 翻转，倒掉残铁。

浇注横移机构的作用是实现两个流槽交替工作，便于流槽残铁清理，提高生产节奏。

（3）拔管及运管装置　同一型号的离心铸管机可生产不同规格的铸管，这就要求拔管装置也要有相应的调整可能。离心铸管机越大，生产的铸管越重，所要求的拔管力及钳头与铸管之间的摩擦力越大。

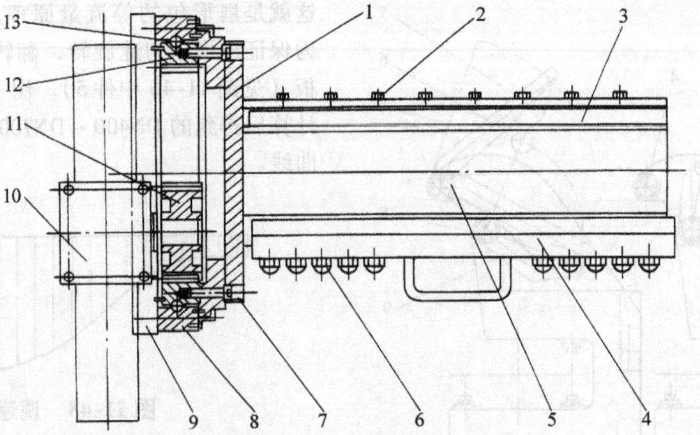

图 11-50 流槽翻转机构

1—连接底板 2、6、7—螺钉 3—上斜契板 4—下斜契板 5、9—连接板 8—轴承外圈 10—齿条液压缸 11—小齿轮 12—带齿的齿轮内圈 13—轴承滚珠

图 11-51 所示为拔管装置的典型结构。拔管装置由拔管钳 2、张紧液压缸 3、拔管主液压缸 4 和拔管导向装置 5、离心机主液压缸 7、机座 6 等组成。DN350 ~ DN700 水冷金属型离心铸管机的拔管钳结构如图 11-52 所示。拔管钳的原理是采用三个斜面机构，实现钳块的张紧。图 11-53 所示为拔管钳的径向移动图；表 11-46 列出了该离心铸管机不同口径拔管钳的径向张开的尺寸。

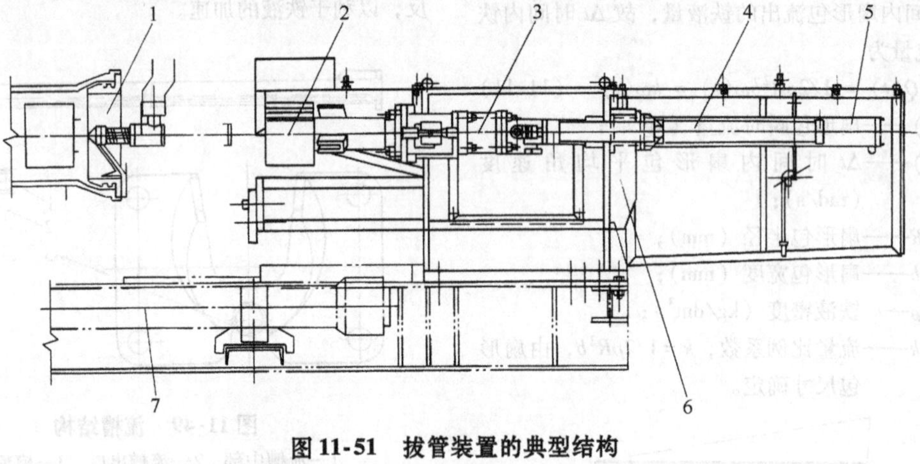

图 11-51 拔管装置的典型结构

1—离心机 2—拔管钳 3—张紧液压缸 4—拔管主液压缸 5—拔管导向装置 6—机座 7—离心机主液压缸

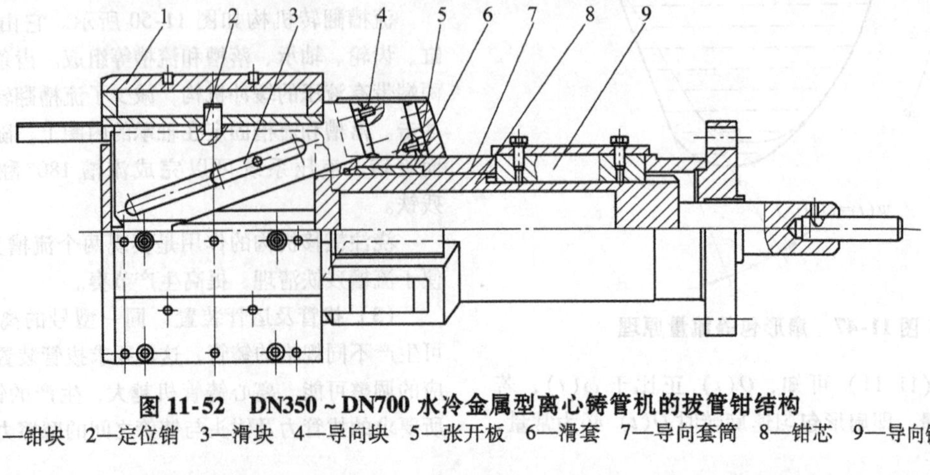

图 11-52 DN350 ~ DN700 水冷金属型离心铸管机的拔管钳结构

1—钳块 2—定位销 3—滑块 4—导向块 5—张开板 6—滑套 7—导向套筒 8—钳芯 9—导向键

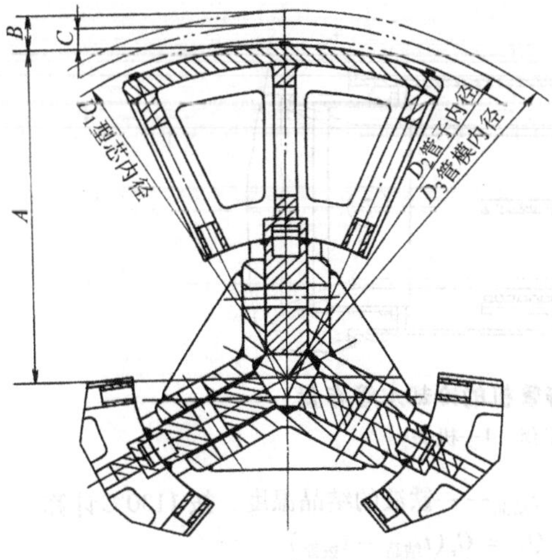

图 11-53 拔管钳的径向移动图

表 11-46 不同口径拔管钳的径向张开尺寸表（见图 11-53）

（单位：mm）

张开尺寸	D_1	D_2	D_3	A	B	C
DN350	335	360	377	160	28.5	20
DN400	384	410	428	185	29	20
DN500	483	512	532	233	33	23
DN600	582	613	635	283.5	34	23
DN700	683.5	714	738	334	35	23

图 11-54 所示为直径小于 800mm 的水冷金属型离心铸管机的接管装置结构。当拔管装置向后倒退时，原先被主机挡出的接管旋转臂 1 在弹簧 4 的作用下离开机座 2，先后回到接管位置，并接住拔出的铸管。接管装置由两个接管旋转臂组成，用于调节接管旋转臂的高低，可接不同规格的铸管。接管装置包括转动、升降和抬起等部件。挡管装置由两个挡柱组成。从接管旋转臂滚下来的铸管碰撞挡柱后，挡柱的挡板后面装置的可调缓冲器使铸管平稳地落在运管小车上。

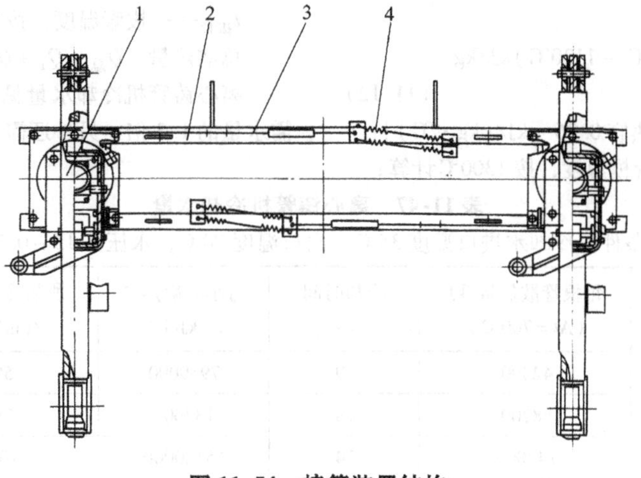

图 11-54 接管装置结构

1—接管旋转臂 2—机座 3—钢丝绳 4—弹簧

（4）生产过程控制 水冷金属型离心铸管机的浇注装置、机身的行走、接管旋转臂及拔管装置的操作均采用液压控制。先进的离心铸管机在扇形包倾翻液压控制中采用了液压比例伺服、闭环控制等先进技术，对偏差值通过比例伺服系统进行自动调整纠偏，实现闭环控制，提高系统精度。

4. 水冷金属型离心铸管机的水冷系统

它直接关系到产品质量，如果冷却不均匀，铸管温差过大，管体将产生热裂纹。为了保证冷却均匀，一般在机壳内均匀布置圆弧形喷淋冷却管，DN80～DN300、DN350～DN700 的离心铸管机通常布置 9～11 组喷淋冷却管，如图 11-55 所示。DN800～DN1000 离心铸管机由于铸管热容量较大，喷涂冷却管则分段设置，并在管模的外部设置隔离套，避免各段的冷却水相互影响，如图 11-56 所示。

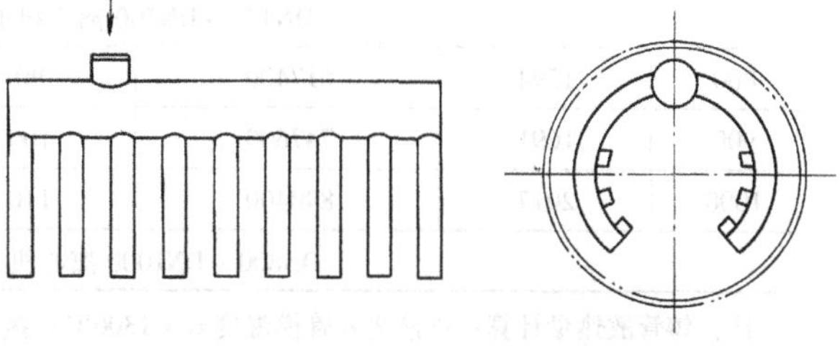

图 11-55 DN350～DN700 离心铸管机的冷却水管布置

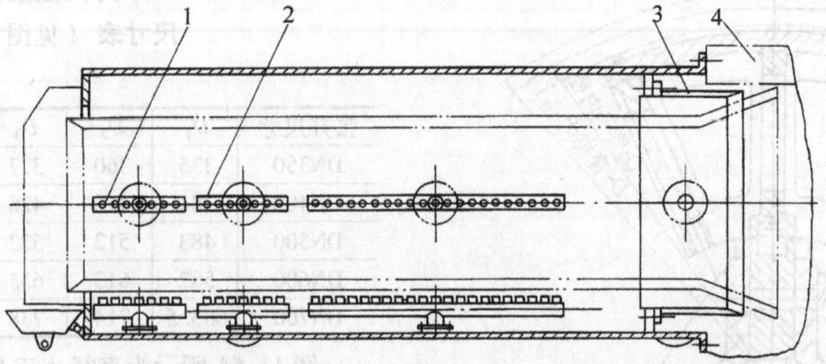

图 11-56　DN800～DN1000 离心铸管机的冷却水管布置

1—喷嘴　2—喷管　3—隔离套　4—机头

冷却水量的计算可以根据铸件凝固过程所释放的热量来确定。铸管生产过程中的散热量由过热铁液的散热量、结晶潜热以及铸管冷却散热量三部分组成。过热铁液的散热量 Q_1 由式（11-12）计算；铁液结晶潜热 $Q_2=230\text{kJ/kg}$；铸铁管冷却散热量 Q_3 由式（11-13）计算。

$$Q_1 = C_L(t_L - t_{结晶}) = 0.96\times(1300℃ - 1130℃)\text{kJ/kg} = 163\text{kJ/kg} \quad (11\text{-}12)$$

式中　C_L——铁液的比热容 0.96［kJ/(kg·℃)］；

t_L——铁液浇入管模温度，按 1300℃计算；

$t_{结晶}$——铁液的结晶温度，按 1130℃计算。

$$Q_3 = C_s(t_{结晶} - t_{拔管}) = 0.5\times(1130℃ - 750℃)\text{kJ/kg} = 190\text{kJ/kg} \quad (11\text{-}13)$$

式中　C_s——铸铁的比热容 0.5［kJ/(kg·℃)］；

$t_{结晶}$——铁液的结晶温度，按 1130℃计算；

$t_{拔管}$——拔管温度，按 750℃计算。

总散热量　$Q_{总}=Q_1+Q_2+Q_3=583\text{kJ/kg}$

离心铸管机冷却水量见表 11-47。设计水量为所需水量的 1.3 倍，另外还需要考虑漏损、汽化损失。

表 11-47　离心铸管机冷却水量

（设计条件：冷却水进口温度 35℃，出口温度 70℃，水压 0.15～0.35MPa）

DN	铸管重量/kg	每根管散热量/kJ（$\Delta t=700℃$）	冷却时间/s	每小时散热量/(kJ/h)	所需冷却水量/(m^3/h)	设计值/(m^3/h)
100	95	42000	19	7959000	55	72
200	194	88200	28	11340000	78	101
300	323	142000	34	15120000	103	134
DN100～DN300 离心机的设计水量：$Q=135m^3/h$						
400	482	214200	45	17203200	117	152
500	669	298200	50	21470400	146	190
600	882	390600	65	21634200	147	191
700	1123	495600	80	22302000	152	198
DN400～DN700 离心机的设计水量：$Q=200m^3/h$						
800	1394	617400	90	24696000	168	218
900	1691	747600	100	26913600	183	238
1000	2017	890400	110	29139600	198	257
DN800～DN1000 离心机的设计水量：$Q=260m^3/h$						

注：铸管散热量计算：铁液浇入管模温度 $t_1=1300℃$；拔管时管温 $t_2=600℃$；铁液的比热容 $c=0.63\text{kJ/(kg·K)}$；水的比热容 $c=4.2\text{kJ/(kg·K)}$。

11.5.4 热模法离心铸管

1. 工艺特点

与冷模法比较，热模法具有以下特点：①浇注铸管前需将管模预热至一定温度（180～280℃）；②离心主机不做水平移动；③铁液浇注既可采用短流槽，又可采用长流槽；带有扇形包的浇注小车做水平移动；④管模内壁上覆衬一层隔热性好的材料（涂料或覆膜树脂砂）；⑤由于冷却速度比水冷金属型离心铸管慢，在凝固过程中可有效控制共晶渗碳体的产生，因此铸态铸管只需做低温退火；⑥管模使用寿命长（管体寿命在10000次以上）；⑦由于喷涂料或内衬覆膜树脂砂，以及干燥或固化，均需一定时间，故生产率比冷模法铸管低；⑧铸管内外表面质量比冷模法铸管稍差；⑨离心主机投资较少。热模法有两种，即喷涂料法与内衬覆膜树脂砂法，见表11-48。

表11-48 内衬覆膜树脂砂法与喷涂料法的比较

工艺方法	衬层时管模温度/℃	内衬材料	衬层厚度/mm	冷却速度	工艺操作	铸管表面质量（均比冷模法稍差）
内衬覆膜树脂砂	170～190	覆膜树脂砂	3.0～4.5	较慢	最简单	内壁龟纹严重，外表粘砂
喷涂料	200～220	硅藻土涂料	1.0～1.8	较快	较简单	内壁有龟纹翘曲

2. 单工位热模法离心铸管机

直径≥1000mm大口径球墨铸铁管的生产采用卧式热模法离心铸管机，在一台离心主机前后配上浇注、喷覆涂料直至取件等各种辅机，从而组成一台完整的单工位热模离心铸管机。

（1）离心主机　离心主机的结构如图11-57所示，包括管模（金属型）、托轮组、托轮驱动装置和挡轮等。管模支撑在四个托轮组上，由直流变速电动机通过带轮组驱动托轮转动，再带动管模高速旋转。管模转速为

$$n = 423\sqrt{\frac{G}{D}} \tag{11-14}$$

式中　D——铸管的公称直径（cm）；

G——重力系数，取 $G=40\sim48$，管径大时取低值，管径小时取高值。

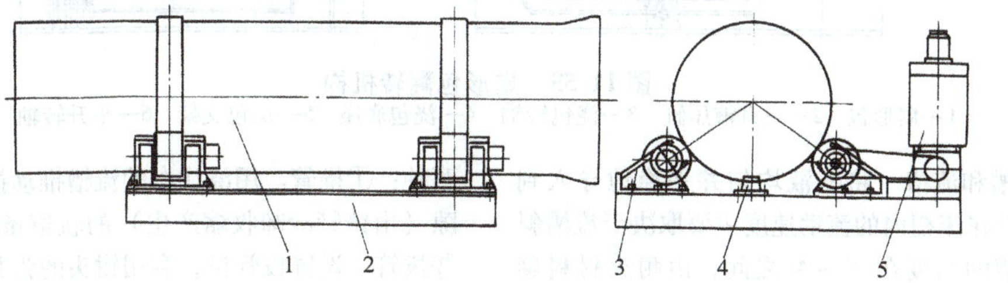

图11-57 离心主机的结构

1—管模　2—底座　3—托轮组　4—挡轮　5—托轮驱动装置

不同管径铸管的离心铸管机转速见表11-49。离心机所需的驱动功率采用转矩公式进行计算。实际生产中，石家庄新兴铸管公司DN1000～DN1600×6000mm铸管采用2台220kW直流电动机；邯郸铸管厂DN1800～DN2200×8000mm铸管采用2台315kW直流电动机。大口径离心铸管机一般采用槽式托轮，共两组，两组托轮与管模的支撑角一般为95°～120°（以110°左右较好）。由于大口径离心铸管机为高速重载设备，应选用双列向心球面滚子轴承或双列圆锥滚子轴承，也可成对使用单列圆锥滚子轴承。由于托轮工作负荷大，环境温度高，托轮的轴承不宜采用干油润滑，应采用稀油润滑。在管模运转过程中，为防止托轮轴承发热，必须对托轮轴承座喷水冷却。

表11-49 不同管径铸管的离心铸管机转速

DN	1100	1200	1400	1600	1800	2000	2200
离心机转速/(r/min)	277.9	260.8	241.6	226.2	206.6	196.1	180.7
重力系数 G	48	48	48	48	45	45	40

（2）浇注车与扇形包　大口径离心铸管机由于管模及传动装置结构庞大，应采用浇注车移动的方式。为保证铁液分布均匀，应采用长流槽浇注。浇注车的结构如图 11-58 所示。浇注车采用链条传动，行走速度为 0.208m/s。扇形包为铁液定量及浇注设备，如图 11-59 所示。浇注车负担所有浇注设备的重量，设计时特别要注意小车的平衡问题。

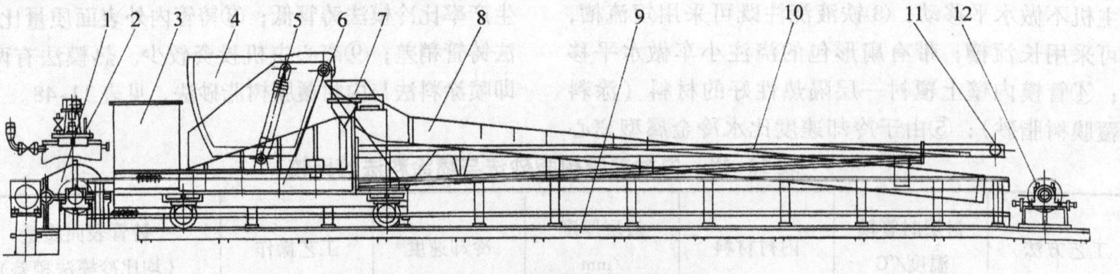

图 11-58　浇注车的结构

1—驱动机构　2—涂料系统　3—液压系统　4—扇形包　5—扇形包翻转机构　6—浇注小车　7—落槽　8—流槽　9—轨道　10—支撑架　11—清理刷　12—链条张紧轮

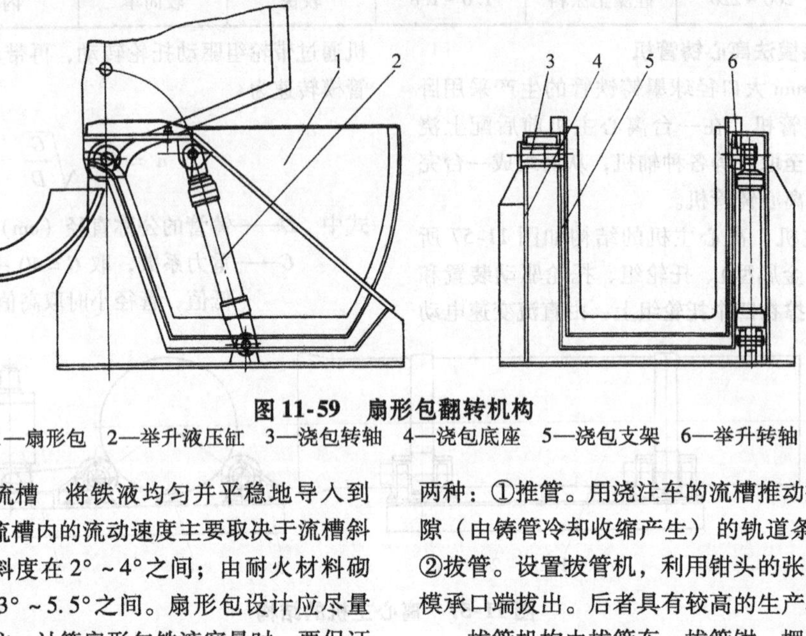

图 11-59　扇形包翻转机构

1—扇形包　2—举升液压缸　3—浇包转轴　4—浇包底座　5—浇包支架　6—举升转轴

（3）落槽和流槽　将铁液均匀并平稳地导入到管模中。铁液在流槽内的流动速度主要取决于流槽斜度，钢制流槽的斜度在 2°～4°之间；由耐火材料砌筑的流槽斜度在 3°～5.5°之间。扇形包设计应尽量做到铁液等量浇注；计算扇形包铁液容量时，要保证包嘴下沿至液面留出 200～250mm 的高度，以防止浇注车移动时扇形包内铁液溅出。

（4）拔（推）管机构　从管模中出管的方法有两种：①推管。用浇注车的流槽推动插入于插口处缝隙（由铸管冷却收缩产生）的轨道条，将铸管推出。②拔管。设置拔管机，利用钳头的张紧力将铸管从管模承口端拔出。后者具有较高的生产率，装备先进。

拔管机构由拔管车、拔管钳、摆臂机构、主动托管车、被动托管车、传动机构、张紧机构和伸缩平台八个部分组成，如图 11-60 所示。钳块工作表面焊有增加摩擦力的硬质合金块，在使用过程中，硬质合金

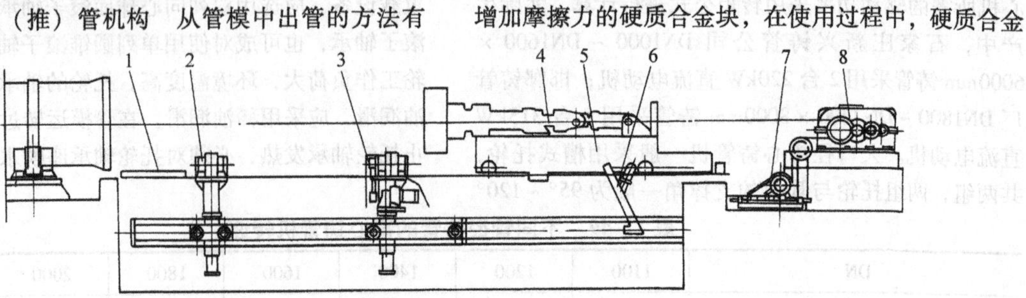

图 11-60　拔管机构

1—伸缩平台　2—被动托管车　3—主动托管车　4—拔管钳　5—拔管车　6—摆臂机构　7—张紧机构　8—传动机构

块磨损后需经常更换。在大口径离心球墨铸铁管的生产过程中，温度变化所引起的管模中心的变化直接影响到拔管是否顺利，能否拔出的问题。托轮直径、管模直径和管模的中心高度是随温度而变化的，因此在一定温度下要实现顺利拔管，必须预先计算出管模的中心高度，然后调整拔管钳的中心高度，以使使管模中心与拔管钳中心对中。管模中心高度变化量计算值见表11-50。

表11-50　管模中心高度变化量计算值

温度/℃	管模滚道直径/mm	托辊中心距/mm	管模中心高/mm	高差/mm
20	2380.00	2523	883.30	0
200	2386.28	2523	889.75	6.45
300	2389.53	2523	892.56	9.26
400	2397.77	2523	895.37	12.07

(5) 旋转吊具　由于刚从管模中拔出的铸管温度仍在700～800℃，管体的强度不高，容易使≥DN1000的大口径铸管产生变形，因此需要在铸管的吊运过程中不停地使铸管沿轴向旋转。同时要尽快使铸管离开拔管工位，进入退火炉，提高工作效率，充分利用余热节省能源。大口径铸管生产中为防止铸管发生变形，必须使用旋转吊具。旋转吊具由抱管、自锁、起升和行走四部分机构组成。旋转吊具的结构如图11-61所示。为防止抱管机构在吊运过程中因液压缸失压造成事故，故必须设置自锁机构。

3. 高效双工位热模法大口径离心铸管机

为提高热模法大口径离心铸管机的生产率，国内外研制、发展了将喷涂料与浇注铁液分为两个工位的高效离心机，即离心机在一个固定的位置上，可移动的小车分别设置了涂料喷杆（附喷管）和浇注流槽。当铸管拔出、并清理管模后，小车上喷杆伸入管模内喷涂涂料；随后再更换，将流槽伸入管模内进行铁液浇注。这种喷涂与浇注的互换交替，再加上工艺上适当提高拔管温度、加强对管模外壁的强制冷却的配合，使热模法大口径离心铸管机的生产率从原来的1.0～1.5根/h提高到3～5根/h。

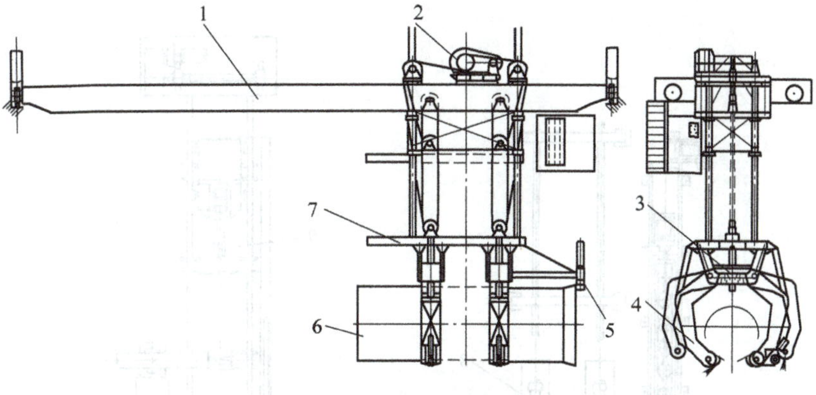

图11-61　旋转吊具的结构

1—行走机构　2—起升机构　3—自锁机构　4—爪臂　5—定位轮　6—铸管　7—机架

4. 多工位热模法离心铸管机

用滚筒离心主机为主体的各种离心铸管机，仅用一组滚胎可以完成铸型准备、浇注、拔管和内壁清理等各项工作，但生产率太低，故一般仅用于特大口径铸管的生产中。对于中小口径铸管，如小于或等于DN600的煤气管和输水管，则采用多个滚胎工位，组成多工位热模法离心铸管机。由于铸型内壁清理与浇注凝固两道工序占据的时间最长，最常用的方法是把这两道工序分在两组滚胎上进行。

(1) 热模法多工位离心铸管机的各项参数（见表11-51）　六工位离心铸管机如图11-62所示。它包括清理、喷涂、上芯、浇注、冷却及拔管六个工位。管模在工位间的移动由两台步进机来实现。管模的循环用管模专用吊具来完成。整台离心铸管机全部采用PLC控制系统实现手动、半自动和全自动三种控制方式，自动化程度高，精确度高，节奏快，适于连续生产。

(2) 浇注工位　浇注工位结构如图11-63所示。浇注过程的动作顺序为：将喷涂好的管模3放在浇注工位的托轮2上，在直流电动机1的驱动下带动管模3慢速旋转，扇形包5在浇注车6的液压缸的推动下向前移动，流槽4伸进管模内一段距离后停止，液压缸推动扇形包翻转。将铁液倒入管模3后，管模3高速旋转，铁液离心冷却成铸管；然后直流电动机1制动，步进机将浇注好的管模步进到下一工位。扇形包在铁液倒完后，退至原位接下一包铁液。

表11-51 热模法多工位离心铸管机的各项参数

工位数/个		6:准备1,清刷1,喷涂料2,浇铸1,拔管1					
铸管外径/mm		150	200	300	400	500	600
生产率/(根/h)		28	27	25	24	15	10
铸管长度/mm		6000					
金属型预转速/(r/min)		80~100				60~80	
金属型终转速/(r/min)		850	740	580	480	420	380
主电动机功率/kW		55					
拔管电动机功率/kW		18.5					
拔管车走速/(m/min)		11.4					
喷涂工位	金属型转速/(r/min)	80~120		60~90		15~30	
	喷杆走速/(m/min)	0.6~0.8		0.2~0.4		0.15~0.25	
	风压/MPa	0.25~0.5		0.4~0.7		0.4~0.7	
	涂料罐压/MPa	0.2~0.4		0.25~0.5		0.25~0.5	
	涂料厚度/mm	0.6~1.5		0.6~1.5		1.0~2.5	
占地面积(长度/m)×(宽度/m)		22×13(不计金属型预热炉)					

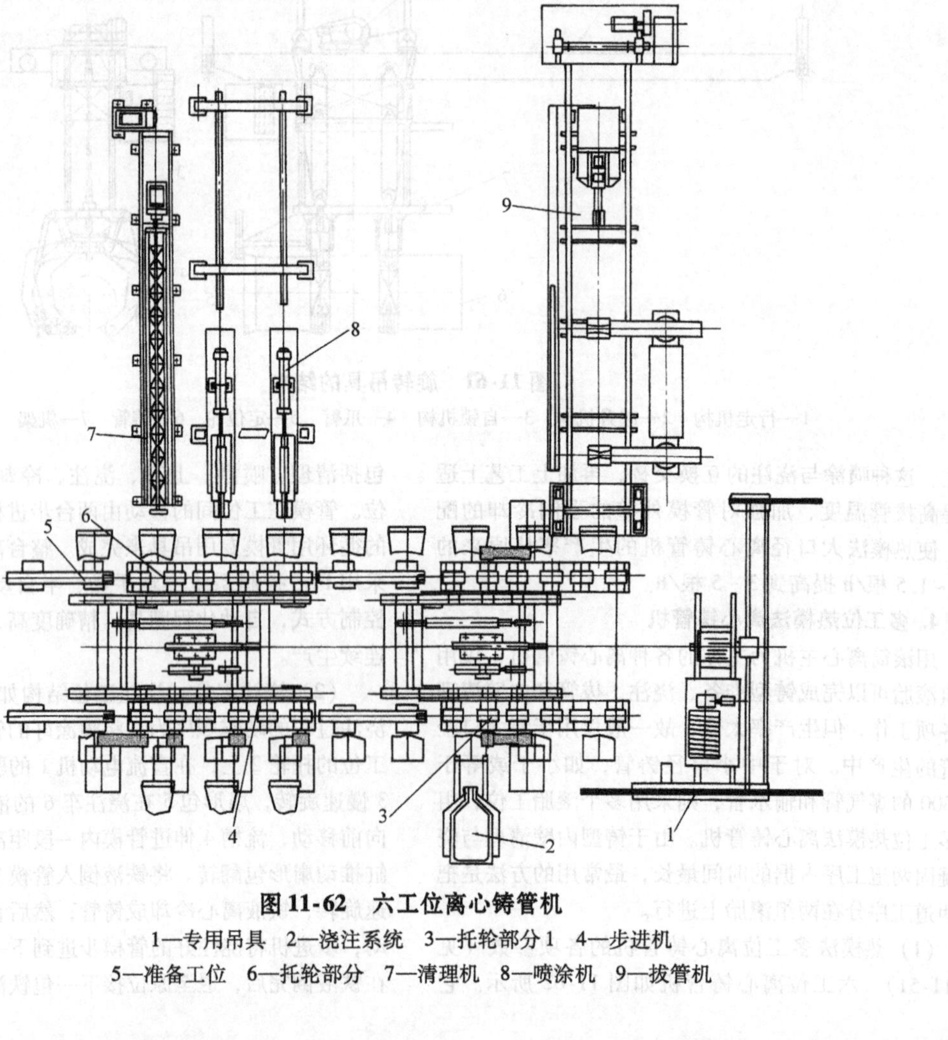

图11-62 六工位离心铸管机

1—专用吊具 2—浇注系统 3—托轮部分1 4—步进机
5—准备工位 6—托轮部分 7—清理机 8—喷涂机 9—拔管机

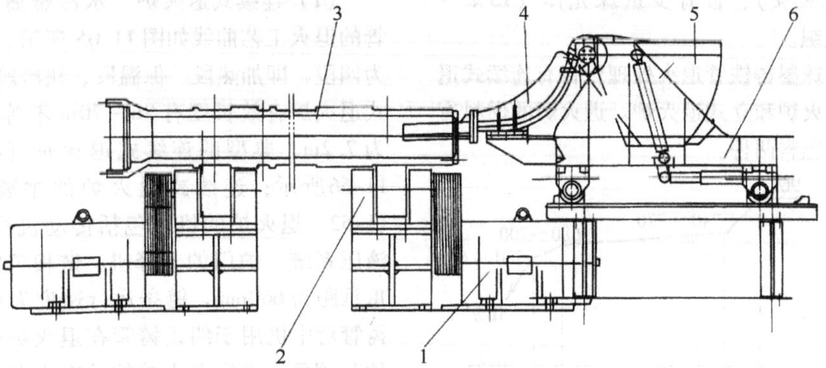

图 11-63 浇注工位结构

1—直流电动机 2—托轮 3—管模 4—流槽 5—扇形包 6—浇注车

（3）拔管工位 拔管工位由机架、拔管车、拔管钳、驱动部分、链条和托管架等部分组成。拔管钳由液压缸带动钳芯前后移动，使钳头张开或收紧。

（4）专用管模吊运机 其功能是将浇注完毕并已拔出铸管的管模抱起运回准备工位，实现铸管生产的连续循环浇注。其结构包括起升、抱爪和行走三个部分，如图 11-64 所示。

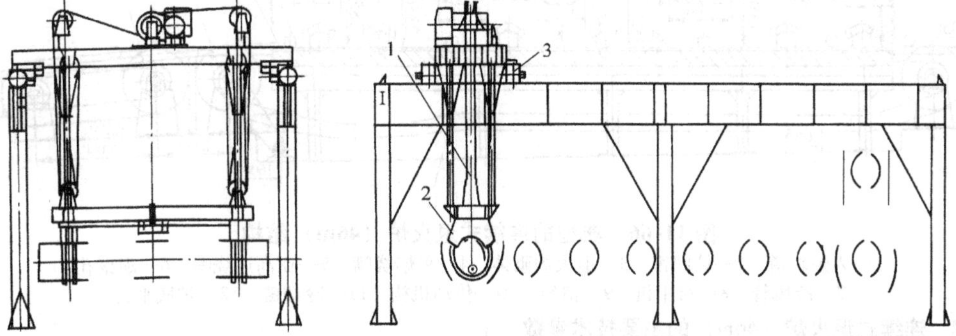

图 11-64 专用管模吊运机

1—起升机构 2—抱爪机构 3—行走机构

( )为工位

（5）其他附属装置

1）步进机。是每个工位完成后管模传递的机构。步进机有水平和垂直两个方向运动，全部由液压缸来控制。

2）内壁清理机。由电动机驱动，带动钢刷进行轴向运动，刷掉残留在管模内壁的涂料。

3）冷却工位。浇注完成后，由步进机将管模和铸管传递到此工位，托轮组带动管模继续旋转，从而使温度下降，达到拔管温度，同时也可防止管模变形。

4）喷淋冷却装置。热模法多工位离心铸管机采用多个管模，所以从拔管到喷涂前，管模的温度靠自然冷却达不到管模喷涂涂料时的温度（200℃），因此在清理工位上方沿管模轴线方向均匀增加喷水雾冷却装置。

11.5.5 辅助生产工艺和设备

1. 退火处理的工艺和设备

水冷离心球墨铸铁管由于具有较高的冷却速度，铁液在快速凝固过程中，金相组织中有 20% ~30%的共晶渗碳体产生，管体断面呈“白口化”状态，铸态管的断后伸长率一般只有 2% ~5%，达不到 ISO 2531 标准的要求。为了提高断后伸长率，必须对铸管进行退火处理。高温退火能促进共晶渗碳体的分解，经高温＋低温两阶段退火后，最终分解为铁素体和石墨，使得金属基体以铁素体为主（85% ~95%），含有少量珠光体，渗碳体全部分解。热模法离心球墨铸铁管由于铁液凝固速度比较慢，铸态组织中没有共晶渗碳体，只需进行低温退火处理（720 ~760℃），使珠光体分解为铁素体，也可获得以铁素体为主（75% ~85%）、含有少量珠光体（15% ~25%）的基体组织。

常见的离心球墨铸铁管退火处理设备有连续式退火炉、台车式退火炉和立式退火炉。退火炉的燃料有气体燃料和液体燃料两种。

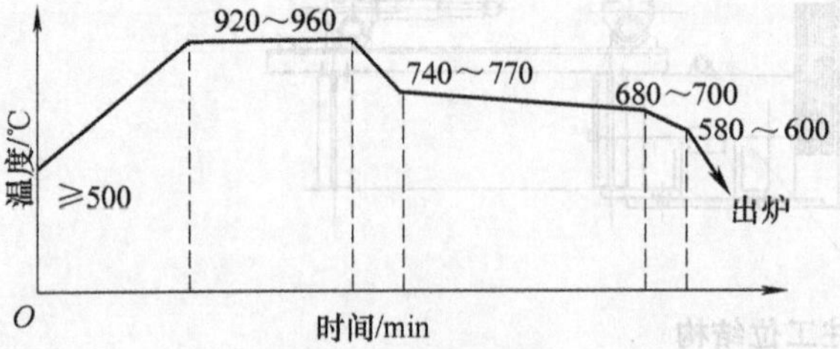

图 11-65　水冷金属型离心球墨铸铁管的退火工艺曲线

（1）连续式退火炉　水冷金属型离心球墨铸铁管的退火工艺曲线如图 11-65 所示。退火曲线一般分为四段，即加热段、保温段、快冷段、冷却段。连续式退火炉有效长度有 26 ~70m 不等。炉膛内宽一般为 7.2m。典型的连续式退火炉（46m）结构如图 11-66所示；连续式退火炉的主要技术参数见表 11-52。退火炉的机械包括传动机构、铸管对中机、液压系统、炉门的升降机。链板节距为 330mm，拨爪爪距为 660mm，链条运行速度为 0.6 ~1.6m/min。铸管对中机用于纠正铸管在退火炉中的跑偏、“乱炉”现象，在沿退火炉的长度方向安装四对管子对中机。

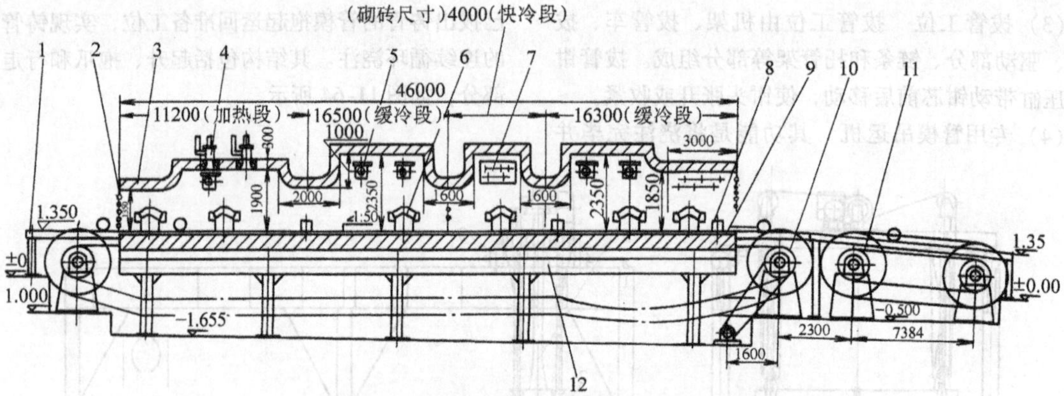

图 11-66　典型的连续式退火炉（46m）结构

1—入炉轨道　2—炉门帘　3—退火炉砌体　4—平焰烧嘴　5—亚高速烧嘴　6—观察孔
7—冷风管　8—对中机　9—滑轨　10—传动机构　11—冷却链　12—炉底平台

表 11-52　连续式退火炉（46m）的主要技术参数

项　目			参数
铸管管径/mm			100 ~1000
生产能力/（t/h）			10 ~45
热处理周期/min			32 ~40
退火炉有效面积（长/m）×（宽/m）			46 ×7.2
加热段	长度/m		11.2
	炉膛高度/m		1.9
	平焰烧嘴数	顶部	20
		每侧	2
	烧嘴能力/（m³/h）		100
	炉口密封		双层耐热钢门帘 + 气幕
保温段	长度/m		16.5
	炉膛高度/m		2.35
	每侧亚高速烧嘴数		5
	每烧嘴能力/（m³/h）		55
快冷段	长度/m		4
	炉膛高度/m		2.68
	冷却方式		冷风 + 喷雾

（续）

项　目		参数
缓冷段	长度/m	14.3
	炉膛高度/m	2.355
	每侧亚高速烧嘴数	5（用于小管）
	炉顶冷风	大管冷却
燃料种类		焦炉煤气
燃料热值/（kJ/Nm³）		17.6×10^3
最大燃料消耗量/（Nm³/h）		3500
最大烟气量/（Nm³/h）		20000
烧嘴前空气压力/kPa		3
空气预热温度/℃		350 ~400
铸管入炉温度/℃		500 ~600
铸管加热温度/℃		940
最高炉温/℃		1050
链条拨爪间距/mm		660
链条输送速度/（m/min）		0 ~1.8
退火炉装机电容量/kW		130

（2）台车式退火炉　热模法离心球墨铸铁管铸

态基体组织中没有共晶渗碳体，为获得良好的力学性能，必须进行低温退火处理。其退火工艺曲线如图11-67所示。实际生产中应注意以下几点：①如铸管冷态（或<500℃）进炉，应适当延长加热段时间；②铸管出炉后应在转台上继续转动，直至冷却到≤400℃才能停止转动；③退火后的金相组织中的珠光体量应比冷模法铸管的珠光体量高些，以减少或控制插口圆度问题。台车式退火炉的生产节拍最好与离心机的生产节拍相匹配。采用拔管方式出管时，由于出管温度（即入退火炉温度）较高（≥750℃），退火周期可降至20~25min。台车式退火炉包括退火炉本体、台车和附属设备，它由燃烧室、助燃系统、吹冷风系统、排烟系统和台车等几部分组成。DN1000~DN2200旋转台车式退火炉的结构如图11-68所示。大口径（>DN1000）离心球墨铸铁管退火后的力学性能和金相组织见表11-53。

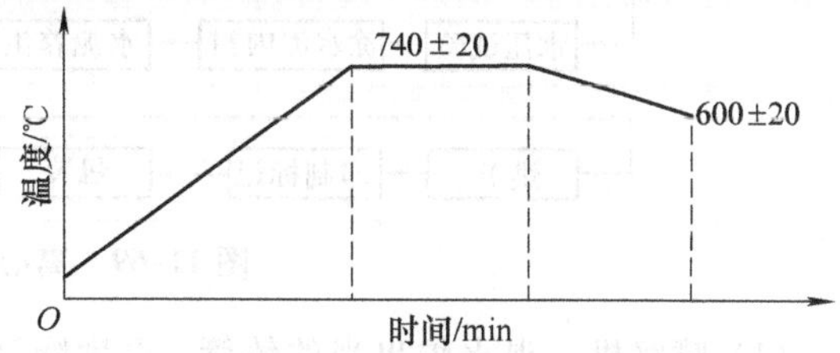

图11-67 热模法离心球墨铸铁管的退火工艺曲线

注：炉膛温度为850℃±10℃。

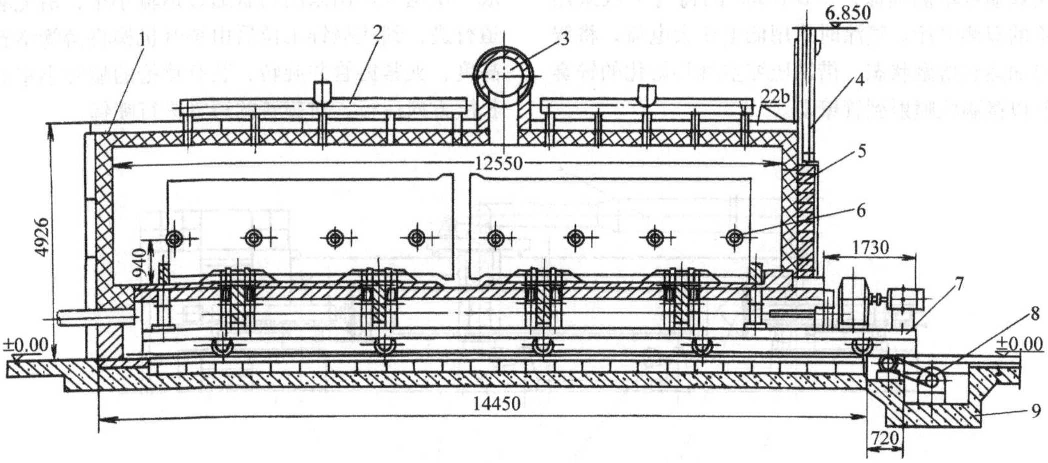

图11-68 旋转台车式退火炉的结构

1—炉体 2—降温管道 3—烟道 4—炉架 5—炉门
6—烧嘴 7—台车 8—台车牵引机构 9—基础

表11-53 大口径（>DN1000）离心球墨铸铁管退火后的力学性能和金相组织

项目	力学性能				金相组织			
	抗拉强度 R_m/MPa	条件屈服强度 $R_{p0.2}$/MPa	断后伸长率 A（%）	硬度 HBW	球化等级	石墨大小	铁素体量（体积分数,%）	珠光体量（体积分数,%）
实际测定值	≥420	≥300	9~16	175~200	2~3	6~7	75~90	10~25
ISO2531：2009标准	≥420	≥300	≥7	≤230	—	—	—	—

（3）立式退火炉 立式退火炉一般用于热模法离心铸管机生产的大口径铸管的退火，能有效地防止铸管产生椭圆变形。生产中应用的有间断立式退火炉和连续立式退火炉两种。

2. 主要精整与喷漆设备

离心球墨铸铁管经退火后，还需进行修磨、检验、内外防腐处理和印制标记等精整工序，如图11-69所示。整理生产线的主要设备有喷锌机、承插口修磨机、管内壁修磨机、切环机、插口倒角机、水压试验机、水泥涂衬机、水泥内衬修磨机和喷漆设备等。对于热模法离心球墨铸铁管整理生产线，还需增加外壁抛丸清理、气密性试验、法兰钻孔和插口切槽等整理工序。整理生产线上铸管的输送设备有平移步进机、无驱动轨道和行车三种。

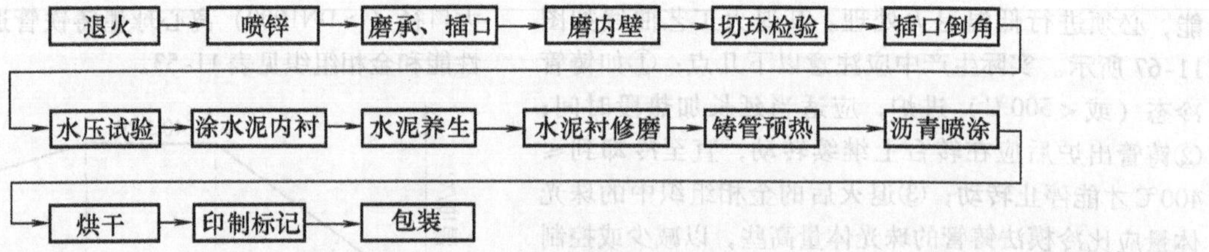

图 11-69　离心球墨铸铁管精整工序

（1）喷锌机　退火炉出来的铸管，温度降到200℃左右就可以进行喷涂操作。中小口径铸管采用电喷锌工艺，锌丝的纯度≥99%；大口径铸管采用富锌涂料刷涂时，涂料中锌的质量分数应≥85%；锌层的修补采用富锌涂料刷涂。DN80～DN1000的铸管一般采用双喷枪单侧喷涂，＞DN1000的铸管一般采用四喷枪的双侧喷涂。喷涂时采用低电压大电流，将锌丝快速加热到熔融状态，借助压缩空气将熔化的锌雾化，并以微滴状喷射到管壁上。锌层的重量应≥130g/m^3，局部最小值应≥110g/m^2。锌涂层不允许有暴露的斑痕或缺锌等缺陷。在锌层的厚度达到要求的情况下，允许出现螺旋状的外表面。

喷锌机的结构如图11-70所示，主要由机架、夹紧旋转机构、举升机构、喷锌机构和除尘管道等组成。从退火炉出来的铸管通过运输小车，沿无驱动轨道行进，到达喷锌工位后由举升机构将铸管举到夹紧高度，夹紧铸管并旋转，装有喷枪的喷锌小车沿铸管长度方向运行，对旋转的铸管进行喷锌。

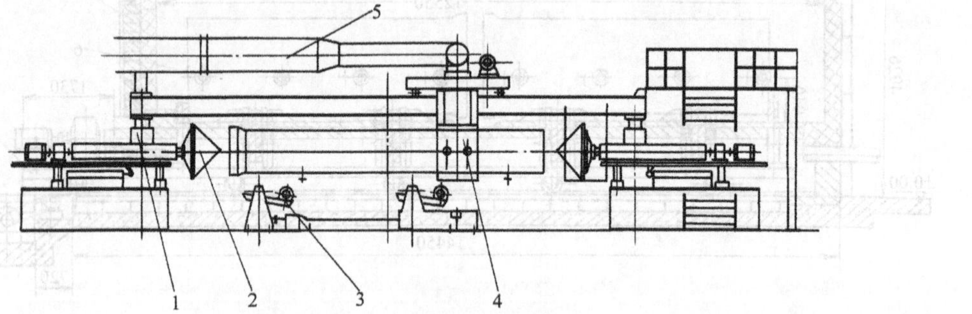

图 11-70　喷锌机的结构

1—机架　2—夹紧旋转机构　3—举升机构　4—喷锌机构　5—除尘管道

（2）水压试验机　ISO 2531：2009 和 GB/T 13295—2019 标准都要求对球墨铸铁管（包括管件）逐个进行水压试验。水压试验机的结构如图11-71所示。水压试验机由底座、挡墙、主液压缸、推头、压头、拉杆和液压系统组成。采用步进机将铸管送入水压试验机的工作位置，被提升到工作高度，主液压缸将铸管压紧在承、插口密封装置之间，然后用水泵向铸管内注水，再启动高压水系统，将水压升到标准规定的压力，保压一段时间后（≥15s），观察铸管整体渗漏的情况。放完水后，铸管下降并送到下一个工位。

（3）水泥涂衬机　考虑到城市卫生供水的要求，离心球墨铸铁管用于城市供水管道时，其内壁必须涂覆无毒、无味的水泥内衬，水泥内衬还具有防止铸管内壁腐蚀的作用。水泥砂浆配比见表11-54。球墨铸铁管水泥砂浆内衬厚度见表11-37。

管径在DN80～DN1000的水泥涂衬机，按对中、布料、离心和倒水四个工艺步骤可设计成四工位结构，如图11-72所示。＞DN1000的铸管水泥涂衬机的结构如图11-73所示。通过调整托轮间距，保持托轮与铸管合理的夹角，可保证铸管可靠的转动。大口径（＞DN1000）铸管水泥涂衬机一般采用单工位形式，在同一工位上完成对中、布料、离心和倒水四个工艺步骤。铸管进出可以采用起重机吊运。

中小口径（≤DN1000）铸管一般采用气动隔膜泵、砂浆泵，输送水泥砂浆；大口径铸管则采用螺旋输送器、皮带输送机输送水泥砂浆。计算水泥涂衬机离心转速的向心加速度取30～100g，各规格铸管水泥涂衬机的离心转速见表11-55。

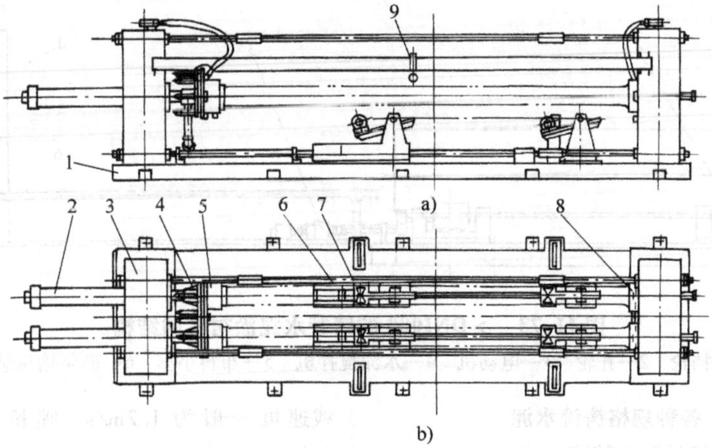

图11-71　水压试验机的结构

a) 单工位　b) 双工位

1—底座　2—主液压缸　3—挡墙　4—推头　5—压头　6—拉杆

7—液压系统　8—承口密封　9—压下装置

表11-54　水泥砂浆配比

规格	水泥	砂	水
DN80 ~ DN400	1	1.0 ~ 1.4	0.8
DN500 ~ DN1000	1	1.4 ~ 1.7	0.7
DN1100 ~ DN1600	1	1.6 ~ 1.8	0.65
DN1800 ~ DN2600	1	1.6 ~ 1.8	0.65

经水泥涂衬后的铸管自然养生15min左右，然后吊入养生池内通蒸气养生。环境的相对湿度≥85%，养生时间≥8h。球墨铸铁管内壁水泥衬层后，需对≥DN300铸管的水泥衬层表面进行修磨。为了防尘，在磨削过程中需加循环水。

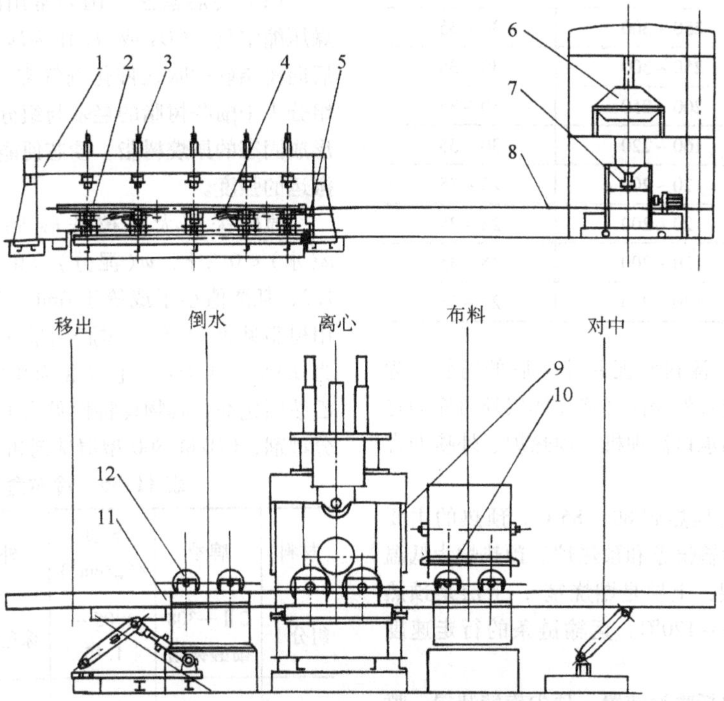

图11-72　DN100 ~ DN1000铸管水泥涂衬机

1—机架　2—托轮　3—压轮　4—电动机　5—挡轮　6—水泥搅拌机　7—布料小车

8—布料管　9—安全门　10—布料托轮　11—步进梁　12—倒水托轮

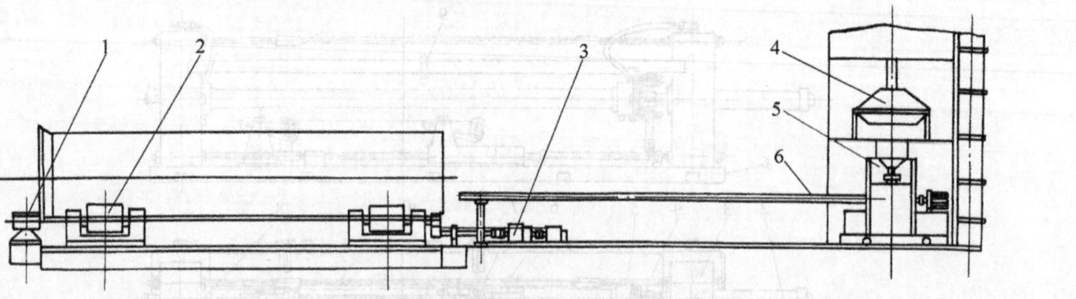

图 11-73　>DN1000 的铸管水泥涂衬机的结构

1—挡轮　2—托轮　3—电动机　4—水泥搅拌机　5—布料小车　6—砂浆输送装置

表 11-55　各种规格铸管水泥涂衬机的离心转速

规格	铸管转速/(r/min)	向心加速度/g
DN80 ~ DN100	1200 ~ 1500	120 ~ 150
DN150 ~ DN200	900 ~ 1000	80 ~ 110
DN250 ~ DN300	600 ~ 700	60 ~ 75
DN350 ~ DN400	450 ~ 550	50 ~ 60
DN450 ~ DN500	400 ~ 500	40 ~ 50
DN600	400 ~ 500	40 ~ 45
DN700	300 ~ 400	35 ~ 40
DN800	300 ~ 400	35 ~ 40
DN1000	250 ~ 300	30 ~ 35
DN1200	250 ~ 300	30 ~ 35
DN1400	250 ~ 300	30 ~ 35
DN1600	200 ~ 250	30 ~ 35
DN1800	160 ~ 220	30 ~ 35
DN2000	120 ~ 200	25 ~ 35
DN2200	120 ~ 200	25 ~ 35
DN2400	120 ~ 200	25 ~ 35
DN2600	120 ~ 200	25 ~ 35

(4) 喷涂设备　涂衬水泥并养生后的铸管，为了提高防腐效果，铸管外表面必须在锌层外再涂沥青漆。其主要设备包括承口清理机、预热炉、外喷沥青机和烘干炉等。

在涂漆前将铸管预热到 80 ~ 85℃。预热的主要设备包括送管机、运输链条和预热炉。预热炉为低温循环炉，分上下两层：上层是燃烧室，下层是预热室。炉气温度为 110 ~ 120℃，运输链条的行走速度为 0.2 ~ 2m/min。

沥青漆喷涂机包括喷涂装置、顶尖旋转装置、喷涂行走小车和铸管升降装置。喷涂采用高压无气喷涂，压力比为 60∶1，流量为 6.5L/min。铸管旋转的线速度一般为 1.2m/s，喷枪行走速度为 0.04 ~ 0.4m/s。

铸管喷沥青漆后由链条送入烘干炉内进行烘干，烘干炉的结构与预热炉相似，炉内温度一般在 60℃以内，保证外喷沥青漆尽快固化，又不至于温度过高而变软。链条运行采用间歇式，行走速度为 1.2 ~ 3.6m/min。

3. 承口砂芯的制造

承口内腔是靠承口砂芯形成的，铸管对砂芯的要求是：较高强度、良好的尺寸精度、抗粘砂性能和溃散性。离心铸管承口砂芯常用的制芯工艺有冷芯盒法和自硬砂法。

(1) 冷芯盒法　国内常用的是三乙胺法，用干燥压缩空气、CO_2 或 N_2 作为液态胺的载体气。填砂后向树脂砂中吹入催化剂气雾，在三乙胺的作用下，组分Ⅰ中酚醛树脂的羟基与组分Ⅱ中的异氰酸基反应形成固态的尿烷树脂，砂芯便能迅速硬化，达到脱模搬运的强度。

原砂采用大林擦洗砂 50/100 号筛（O 型），w(水) < 0.2%，w(泥分) < 0.3%，角形系数小于 1.3，耗酸值小于或等于 6mL，使用前过筛。冷芯盒用树脂见表 11-56。树脂用量（质量分数）：组分Ⅰ为 0.9% ~ 1.1%，组分Ⅱ为 0.9% ~ 1.1%。采用三乙胺固化剂，其物理特性见表 11-57。采用 CF-13 型分型剂，CQZM-800 型清洗剂和 CJ-1 型修补胶。

表 11-56　冷芯盒用树脂

材料	牌号	密度/(g/cm³)	外观	黏度/MPa·s	闪点/℃
组分Ⅰ	CⅡ—308 酚醛树脂	1.05 ~ 1.15	棕色液体	≤450	≥46
组分Ⅱ	CⅢ—608 聚氰酸脂	1.05 ~ 1.15	深棕色液体	≤250	≥46

表11-57 三乙胺的物理特性

分子式	外观	气味	密度/(g/cm³)	闪点/℃	沸点/℃
$(C_2H_5)_3N$	无色透明液体	强氨味	0.729	-4	89.7

(2) 自硬砂法 大口径铸管承口砂芯采用呋喃树脂自硬砂加内放芯骨，手工造型方法制造。

配方：树脂加入量占砂重的1.6%~2.2%；固化剂为二甲苯磺酸，占树脂量的30%~50%；生产中还加入占树脂量0.2%~0.3%的KH550硅烷增强偶联剂。混制工艺为：先将原砂、固化剂混制2min，然后加入树脂，再混1min，最后出砂制芯，芯砂可使用时间应≥10min。

因承口砂芯外形尺寸大，而砂芯厚度相对较薄(40~60mm)，需在砂芯中间加入随型芯骨来支撑和加固砂芯。制芯时分4~5次填砂捣实。从芯盒中取出砂芯的时间不应少于1~1.5h。冬季气温低，可在芯盒底部适当加热，以加快固化速度，砂芯强度可达1.5MPa，硬化2h后达1.8MPa，8h后达2.0~2.4MPa。在制芯后2~4h再进行上涂料，通常采用涂刷方法。砂芯涂料可采用聚丙烯乳液+石墨的水基涂料，或者白色水基锆英粉涂料或醇基石墨快干涂料。

11.5.6 主要缺陷与防止措施

在离心球墨铸铁管生产中，由于管模高速旋转产生巨大的离心力，铸管在离心力作用下结晶、凝固，同时使气体、夹渣等从金属液中分离出来，所以离心球墨铸铁管组织致密，铸造缺陷明显地比其他铸造工艺少。

为了获得优质的离心球墨铸铁管，必须采取措施预防并解决在离心铸造过程中产生的各种铸造缺陷。生产中常见的铸造缺陷有壁厚不均匀、气孔与针孔、裂纹与断裂、冷隔与重皮、渗漏、凹陷、龟纹、夹渣、粘砂、石墨漂浮、球化不良和反白口等。离心球墨铸铁管的缺陷类型、产生原因及防止措施见表11-58。

表11-58 离心球墨铸铁管的缺陷类型、产生原因及防止措施

缺陷类型		特征	产生原因	防止措施
壁厚不均匀	轴向壁厚不均匀	在铸管长度方向的纵向断面上厚度不均匀，严重时成喇叭口状，或者承插口部位壁厚过厚或过薄，并产生浇不到、缺肉现象	1）扇形包铁液向浇注槽中的浇注速度不均匀 2）浇注槽与管模之间的相对轴向移动速度与扇形包的翻转速度配合不当 3）设备的影响	1）扇形包修筑尺寸一定要规范，对扇形包包壁上的挂渣、粘铁要及时清理 2）调整和控制好离心机的各种工艺参数，以及始、终浇点的位置和停留时间 3）增强设备的稳定性和可靠性，提高设备运行精度 4）浇注温度要合适
	径向壁厚不均匀	铸管径向断面的不同方向壁厚不一，或者一侧偏厚、一侧偏薄	管模安装调整不当，管模弯曲或壁厚不均匀，造成管模本身轴线与离心机的旋转轴线发生偏离	1）安装的管模每处的径向圆跳动均要小于0.3mm 2）管模的壁厚差控制在0~1.0mm范围内 3）离心机机头中心环的径向圆跳动应小于0.4mm 4）支撑管模旋转的托轮表面径向圆跳动要小于0.10mm
气孔与针孔		有以下几种类型 1）麻孔（或凹坑）。在铸管外表面，深度不大 2）气孔。在铸管外表面皮下一定深度产生均匀或蜂窝状分布的孔洞 3）针孔。孔洞细而长	1）铁液在熔炼、处理和浇注过程中吸（溶、卷）入大量气体 2）在铁液的降温过程中，镁蒸汽和原溶入铁液的氢、氧气体从铁液中析出 3）铁液中的镁、碳元素与管模内壁涂料中的水分产生反应，生成氢气和CO气泡 4）如果浇注温度或管模温度过低，气体来不及析出，球墨铸铁糊状凝固特点将使气体通道被堵，会形成气孔	1）清理管模内壁残留的涂料和杂物，对龟纹严重的管模应及时进行修复 2）控制涂料中水分和膨润土的加入量。控制覆膜树脂砂的发气量，保持管模上排气孔畅通 3）涂料层应较疏松且有一定厚度 4）金属炉料应干燥无锈蚀 5）球化剂和孕育剂等应预热除潮 6）采用合适的浇注温度 7）水冷金属型应保证一定的模粉量

（续）

缺陷类型		特　征	产生原因	防止措施
裂纹与断裂		在铸管的外表面产生圆周或纵向裂纹。裂纹常见的形式有两种：管身的裂纹（见图 11-74）和承口的裂纹	1）机械阻碍。当铁液钻入砂芯形成飞翅、毛刺，或者钻入管模的龟纹，铸管的收缩受到阻碍，产生周向裂纹 2）冷却速度不均匀 3）在铁液浇入管模后，铸管外表面结壳、收缩，而管模受热膨胀，造成铸管与管模间的间隙，凝固的薄壳在内层铁液巨大的离心力作用下沿轴向产生裂纹。一般是热裂，断口氧化严重 4）铸造组织不均匀，导致冷却凝固过程中应力集中而出现裂纹和断裂 5）随流孕育开启过早、过量，也易适成承口部分出现裂纹和断裂现象	1）尽可能为铁液的凝固过程提供足够的形核核心，如减少铁液在高温的停留时间；加强孕育、特别是随流孕育效果；保证管模粉均匀和足量加入等 2）控制好工艺参数，调整离心机机头的冷却水布局；涂料厚度要均匀，使铸管的各部位冷却均匀 3）水冷金属型要防止流槽振动造成铁液溅出现象 4）管模转速不宜过高 5）承口砂芯要安放合适，不要产生飞翅、毛刺
冷隔与重皮	冷隔型重皮	在水冷金属型离心铸管的外表面经常见到不连续的、近似螺旋线分布的冷隔型疤痕。衬覆膜树脂砂热模法离心铸管也易产生这种冷隔型重皮，严重时也产生分层现象	铁液浇入高速旋转的管模时，流出流槽的大部分铁液向前（承口方向）流动，仍有少量铁液向后（插口方向）流动。这部分向后流动的铁液称为“超前流” 这股“超前流”铁液一接触到温度较低的管模时，受管模的激冷作用而迅速凝固。当随后的流槽流出铁液掉落在该已凝固的“超前流”内表面上，如未能与“超前流”金属熔合在一起，则形成冷隔夹层	1）合理控制管模温度和铁液浇注温度。水冷金属型应控制好进出口水温和冷却速度；热模法生产中，两次浇注之间的间隔时间不能过长 2）水冷金属型离心铸管时应防止过高的管模转速；调整好翻包速度和主机走速 3）衬覆膜树脂砂热模法应适当地提高浇注流槽相对于管模的轴向移动速度，减少“超前流”铁液的流动距离和降温
	多肉型重皮	在衬树脂砂和涂料热模法离心铸管的外表面（特别在承口拐弯处）形成一片（条）金属突起层（见图 11-75）	1）布砂温度过高（≥220℃）或布砂后到浇注的时间间隔过长 2）覆膜树脂砂的高温强度较低，铁液凝固时间较长 3）浇注小车行走不平稳，铁液落入落槽、流槽时产生严重的飞溅或溢流 4）涂料层强度过低，浇注时被高温铁液冲蚀而成	1）布砂温度不能过高（≤220℃）。布砂后到浇注的时间间隔不能过长（≤2h） 2）避免管模在转动时发生剧烈振动 3）提高覆膜树脂砂的高温强度 4）浇注小车行走要平稳，防止铁液飞溅 5）扇形包浇注要连续，防止铁液断流 6）控制好涂料的工艺参数，保证涂层有足够的强度
渗漏		在水压试验时发生细水柱喷出或局部渗漏水现象，气密性试验时冒气泡	1）气体引起。涂料发气量大或铁液凝固时气体来不及析出，产生细长的气孔，形成渗漏通道 2）夹渣、夹杂引起。当铁液中氧化物、硫化物较多或扒渣不净时，使铸管产生渣孔。夹渣有时裹在气体或缩孔、气孔中，形成渗漏的通道 3）衬覆膜树脂砂热模法浇注时管模的转速过低 4）在铸管的始浇点附近容易出现渗漏。原因是初始浇入管模的铁液夹渣和气体较多 5）浇注温度太低，铁液黏度太高，熔渣和气体不能上浮到铸管的内表面	1）适当提高铁液温度，使气体易从铁液中排除 2）减少涂料和衬覆膜树脂砂的发气量，增加排气效果 3）喷涂时控制好雾化效果，防止出现涂料滴或结块、螺旋线现象，防止管模温度过低和涂料干不透 4）尽量降低原铁液中的硫含量 5）注意对铁液的扒渣，减少渣气孔形成的渗漏通道 6）采用合适的管模转速，重力系数 G 值不能过低

（续）

缺陷类型	特　征	产生原因	防止措施
凹陷	在铸管壁上有若干个局部区域向内的凹陷。凹陷呈圆形或椭圆形，直径为5~30mm不等。凹陷是涂料热模法离心球墨铸铁管较常见的缺陷	1）主要是由于涂料发气量过大，涂料层气体通道不大畅通引起的。铁液浇入管模后，涂料中的膨润土释放出结晶水，并受热膨胀产生很大的气体压力。而此时铁液刚刚结晶凝固，铸管外表面形成一层很薄的强度很低、塑性很大的外壳。当气体压力超过此时薄壁外壳产生塑性变形所需的应力时，就可能使局部壳皮连同外侧的涂料层一起脱离管模壁，并向内推移2~5mm，形成凹陷 2）当管模温度偏低时也易产生凹陷	1）控制涂料中膨润土的加入量，涂料必须烘干 2）喷涂在管模上的涂料层必须疏松并有一定的厚度，以有利于气体的储存和流通 3）严格控制喷涂涂料时的管模温度和涂层厚度
龟纹	在铸管的内表面呈现出网络状纹片，严重时纹片翘曲起几毫米高。它是冷却速度较慢的热模法离心球墨铸铁管内表面常见的缺陷	热模法的冷却凝固速度较慢。凝固后期，在铸管的内表面缓慢地形成薄壳，而铸管壁厚的中心区域铁液仍处于液固相混合状态，球墨铸铁铁液在凝固前期由于石墨球的析出而产生体积膨胀。此时产生的膨胀压力足以冲破内表面已形成的微弱薄壳，在铸管的内表面形成龟纹，并伴有龟纹片翘起现象	1）根据铸管管径大小选择合适的碳当量 2）浇注铁液后对管模喷水冷却，以提高管模和铸管的冷却速度 3）控制铁液的浇注温度
夹渣	分布在离心铸管的内表面，宏观断口为暗黑色，没有光泽，呈条状或斑块状分布	1）球化处理时，Si、Mn、Mg和Re等与铁液中的O、S产生反应形成一次夹渣 2）球化反应后的稀土氧、硫化物比重与铁液比重相近，难以从铁液中上浮 3）铁液在吊运、浇注和充型过程中受到搅动，形成二次夹渣 4）球化处理后未扒净的浮渣，落槽、流槽的打结料，涂料和管模粉团块等裹入铁液中，形成夹渣	1）降低铁液中的O、S含量，适当提高铁液温度 2）铁液中残余镁含量不宜过高，以减少铁液表面氧化 3）球化剂中稀土含量不宜过高，以目前各厂离心球墨铸铁管的铁液纯净度看，稀土的质量分数以1%~2%为宜 4）加强铁液的扒渣和挡渣效果
粘砂	在衬覆膜树脂砂热模法离心铸管中，铸管外表面产生化学粘砂或麻点状铁刺。另外，在铸管承口密封内表面易产生粘砂	（1）铸管外表面产生的粘砂是由于 1）布砂温度过低，布砂后到浇注铁液的时间间隔过短，树脂砂内层没有完全固化 2）布砂时管模转速较低。树脂砂的紧实度不够 3）铁液浇注温度过高，易形成粘砂层 （2）承口内表面产生的粘砂是由于 1）承口砂芯的涂料质量不稳定，耐火度差 2）承口砂芯所刷的涂料层过薄或铁液浇注温度过高	1）布砂温度不宜过低，布砂后应有一定的固化时间，以保证固化后树脂砂壳的强度 2）承口拐弯处布砂时，应采用先低速布砂，后提高速度使之紧实的方法 3）铁液温度和浇注温度不宜过高，以防止铁液钻入覆膜树脂砂中，或者与树脂砂形成复合硅酸盐的化学粘砂 4）承口砂芯应选用防粘砂性能较好的涂料，且涂料质量要稳定。要有合适的涂层厚度

（续）

缺陷类型	特 征	产生原因	防止措施
石墨漂浮	多发生在离心球墨铸铁管管壁断面的内侧。宏观断口呈连续分布的暗黑色色斑	碳当量过高，铁液中析出的初生石墨球太多。当冷却凝固速度较慢、铁液在管模内保持液态的时间较长时，析出的石墨球由于密度小，在离心力作用下向铸管内壁侧移动，形成大量石墨球密集积聚，产生石墨漂浮	1）适当降低碳当量，涂料热模法大口径离心球墨铸铁管的碳当量应小于4.3%（质量分数） 2）适当增加管模的冷却速度，减少铁液在液态保持的时间
球化不良和球化衰退	在银白色断口上均匀分布着芝麻状大小的黑色点。金相组织检查时，则多为变异的团块状、蠕虫状和厚片状石墨	铁液中有效球化元素的残余含量过低，或者铁液中硫、氧和反球化元素含量过高	1）提高涂料热模法铸管的残余镁含量 2）减少铁液中硫、氧和反球化元素含量 3）加强扒渣和覆盖操作，防止“回硫”现象和铁液氧化 4）球化处理后到凝固时间应小于15min 5）加快铁液的结晶凝固速度
反白口	在离心球墨铸铁管的最后凝固部位，宏观断口出现白亮块（点），金相组织观察为过冷密集的细针状渗碳体	1）铁液成分的微观不均匀性，使促进碳化物形成元素由铁液的结晶前沿向铸管断口中心的最后凝固部位推移，浓度增加 2）石墨化元素硅取反偏析而贫乏 3）凝固后期产生孕育衰退，不利于石墨形成，促进了碳化物形成	1）应尽量减少铁液中杂质元素和碳化物稳定元素的含量 2）加强孕育处理

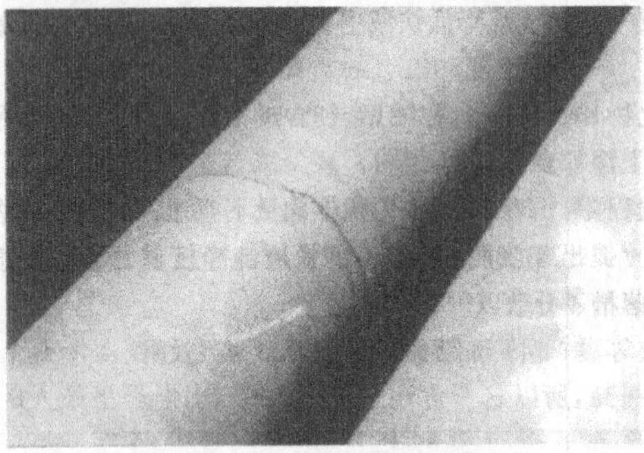

图11-74 管身的裂纹

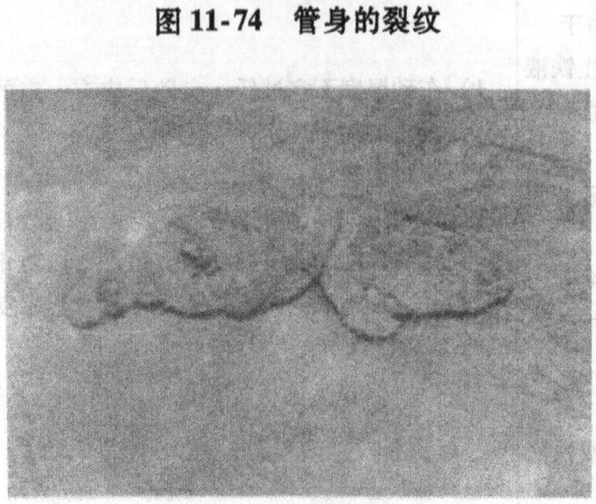

图11-75 多肉型外表重皮

11.6 离心灰铸铁排水管

离心铸造灰铸铁管主要用于高层建筑物的排水管和污水管。

11.6.1 灰铸铁排水管标准

离心铸造灰铸铁排（污）水管和管件，口径为DN50～DN600。有A型、B型、W型、W1型及同层排水等五个产品系列，它采用ISO 6594：2006，EN877：2008，GB/T 12772—2016标准生产。离心铸造灰铸铁管和管件的力学性能见表11-59。硬度在铸铁管和管件的本体或试片上测定，从铸管上直接切下的试样即可测定铸管的本体强度。表11-60列出了灰铸铁管的规格及其公差要求。

表11-59 离心铸造灰铸铁排水管、管件和附件的力学性能

铸件类型	抗拉强度 R_m /MPa	压环强度 /MPa ≥	布氏硬度 HBW
离心灰铸铁管	≥200	≥350	≤260
管件和附件	≥150	—	

表 11-60　灰铸铁排水管和管件的规格及其允许偏差

（单位：mm）

DN	外径 DE		壁　厚	
	标准值	允许偏差	标准值	最小值
40	48	+2/－1	3.0	2.5
50	58	+2/－1	3.5	3.0
70	78	+2/－1	3.5	3.0
75	83	+2/－1	3.5	3.0
100	110	+2/－1	3.5	3.0
125	135	+2/－2	4.0	3.5
150	160	+2/－2	4.0	3.5
200	210	+2.5/－2.5	5.0	4.0
250	274	+2.5/－2.5	5.5	4.5
300	326	+2.5/－2.5	6.0	5.0
400	429	+2/－3	6.3	5.0
500	532	+2/－3.5	7.0	5.2
600	635	+2/－4	7.7	5.8

表11-61列出了灰铸铁排水管的壁厚和理论重量。实际生产中多按下列公差生产，但规定要求最终重量与理论值的差距应小于15%。铸管的圆度：管径为40～300mm的不超过表11-60中的DE公差；管径为400～600mm的不超过DE的1%。铸管的平直度：管径 $D \geqslant 70$mm 时，最大挠度小于长度的0.15%；管径 $D < 70$mm 时，最大挠度小于长度的0.20%。长度偏差：铸管长度为3m时，极限偏差≤±20mm。

表 11-61　灰铸铁排水管的壁厚和理论重量（有效长度 $L=3$m）（GB/T 12772—2016）

DN	级别	50	75	100	125	150	200	250	300
A型直管、管件壁厚/mm	A	4.5	5.0	5.0	5.5	5.5	6.0	7.0	7.0
	B	5.5	5.5	5.5	6.0	6.0	7.0		
A型直管、管件重量/kg	A	18.15	28.48	37.37	51.38	61.41	88.69	129.06	155.02
	B	21.60	31.06	40.79	55.64	66.51	102.34		
W1型直管壁厚/mm	—	3.5	3.5	3.5	4.0	4.0	5.0	5.5	6.0
W1型直管重量/kg	—	12.9	18.9	25.3	38.5	42.6	70.6	98.0	127.0

11.6.2　灰铸铁排水管生产工艺

1. 生产工艺流程

灰铸铁排水管采用涂料热模法生产，其工艺流程如图11-76所示。

2. 离心灰铸铁排水管的铁液制备

（1）熔炼设备　离心灰铸铁排水管由于对材质的力学性能和化学成分要求不大严格，同时考虑到生产连续性、成本低等因素，国内大部分采用冲天炉制备铁液。近年来，为了环保和节能降耗，国内较大离心灰铸铁排水管企业，采用了高炉—中频电炉双联熔炼工艺。

（2）离心灰铸铁排水管的化学成分　由于它的壁厚较薄，且采用短流槽浇注，铁液在管模内要流动较长的距离，要求铁液有较好的流动性。故除要求有较高的浇注温度外，对铁液的碳当量和孕育处理工艺要求也较严。国内外离心灰铸铁污水管的化学成分见表11-62。

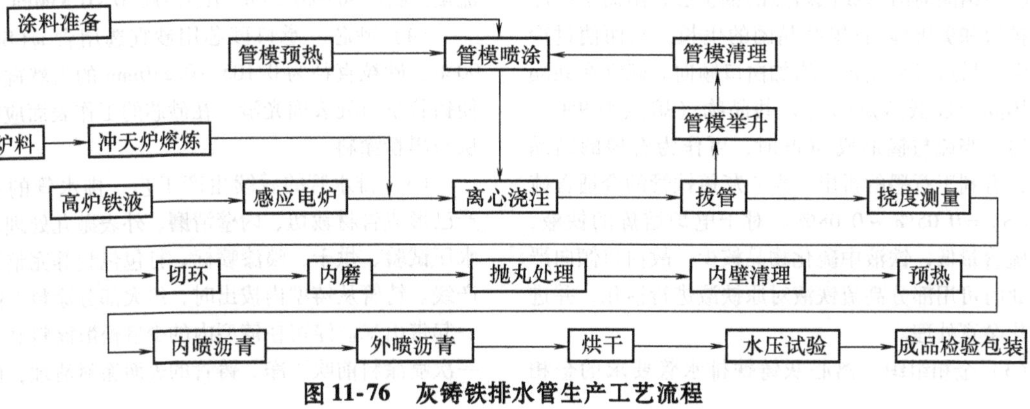

图11-76　灰铸铁排水管生产工艺流程

在一定的冷却速度和孕育条件下，碳当量增加，可以提高球墨铸铁的石墨化程度，在组织上表现为白口倾向减少，共晶渗碳体和珠光体的数量减少。过高的碳当量会引起石墨漂浮。灰铸铁达到共晶成分[w(CE)=4.3%]时，铁液流动性最好。

硅的孕育处理不仅促进石墨化，而且可以细化共晶团组织，细化石墨，消除自由渗碳体。以孕育方式加入的硅比炉料中的硅，其石墨化作用更为强烈。过分提高硅含量，会由于硅固溶于铁素体，使晶格扭曲而降低力学性能。所以，在满足石墨化和孕育条件下，尽量采用高碳低硅成分。

表 11-62　国内外离心灰铸铁排水管的化学成分（质量分数）　（%）

国别(公司)	C	Si	Mn	P	S
德国	3.2 ~ 3.6	2.4 ~ 2.6	0.5 ~ 0.7	≤0.6	≤0.15
美国	3.2 ~ 3.7	2.3 ~ 2.7	0.4 ~ 0.7	≤0.75	≤0.15
日本	3.1 ~ 3.7	2.1 ~ 2.7	0.5 ~ 0.75	≤0.6	≤0.10
新兴铸管	3.4 ~ 3.6	2.0 ~ 2.4	0.2 ~ 0.5	≤0.2	≤0.15
华南理工大学	3.4 ~ 3.7	1.6 ~ 2.0	0.5 ~ 0.9	≤0.3	≤0.10

锰是形成碳化物能力比较强的元素。在一次结晶过程中，锰增加铸铁的过冷倾向，促进形成$(Fe、Mn)_3C$。在共析转变过程中，锰降低共析转变温度，稳定并细化珠光体。铁液中的锰可以起到一定的脱硫作用。

磷对灰铸铁的力学性能有害。因为当w(P)>0.05%，磷以脆性的磷共晶形态在晶界上析出。磷对提高铁液流动性有利，所以在离心灰铸铁管生产中允许w(P)≤0.2%。

硫在结晶前沿形成低熔点的偏析层，阻碍了碳原子的扩散和奥氏体-石墨共晶团的生长，从而使过冷度加大，易形成碳化物，增加白口倾向。硫常在共晶团晶体间形成低熔点的三元共晶物（熔点为950 ~ 975℃）。当硫与锰形成MnS时，可作为石墨的结晶核心，有利于石墨的析出。离心灰铸铁管的合适含硫量w(S)=0.05% ~ 0.08%。对于电炉熔炼的铁液，由于硫含量低，铁液中硫化物晶核少，故白口倾向严重，此时可用部分高硫铁液对原铁液进行活化，并进行强化孕育处理。

（3）金相组织　离心灰铸铁排水管要求的金相组织为：A型石墨，φ(G)≥90%，允许有少量B、D型石墨；珠光体量，φ(P)≥90% ~ 95%。渗碳体量，$\varphi(Fe_3C)$<0.5%，以保证灰铸铁管的力学性能。

3. 离心灰铸铁排水管生产工艺及参数

（1）管模和喷涂涂料　为防止灰铸铁在凝固时产生白口，离心铸管用金属型不采用水冷，而在金属型内表面喷涂料。管模的材质为20CrMo，在合理喷涂涂料和浇注工艺条件下，使用寿命可达10000次。采用硅藻土涂料，喷涂涂料时管模的温度为150 ~ 250℃，涂层厚度为0.5 ~ 0.8mm。铸管成形时，管模转速为800 ~ 1300r/min。

（2）浇注工艺　铁液采用铁液包定量，一包铁液浇一根铸管。离心灰铸铁排水管采用短流槽浇注，铁液充型迅速，故应严格控制铁液的成分和浇注温度。铁液的浇铸温度一般为1360 ~ 1400℃，管径小的铸管，浇铸温度取上限。灰铸铁排水管要求浇注速度较快，一般浇注时间在3 ~ 5s之间，过快的充型速度会发生铁液喷射和飞溅现象。灰铸铁排水管的孕育处理目的是为增加铁液的结晶晶核，减少凝固过程中的白口化倾向。排水管生产中采用二次孕育处理，第一次孕育在铁液包内进行，第二次孕育为随流孕育，加入w(模粉)=0.2% ~ 0.3%。在浇注前，加入到金属型中的模粉化学成分和粒度见表11-63。

表 11-63　模粉的化学成分（%）和粒度

w(Si)	w(Mn)	w(Ba)	w(Ca)	w(P)	粒度
72 ~ 75	0.16 ~ 0.40	1.0 ~ 2.0	1.0 ~ 3.0	≤0.10	0.280 ~ 0.154mm

对热模法离心灰铸铁排水管，拔管温度一般选为400 ~ 600℃之间，拔管温度太高，易使铸管产生断管、裂纹和弯曲等铸造缺陷。

（3）管模喷水冷却　拔管后对管模喷水强制冷却，有利于铸管组织细化，提高铸管强度和生产率。冷却水流量控制在40 ~ 60m³/h，压力为0.20 ~ 0.35MPa。

（4）砂芯　承口砂芯用砂宜选用含$w(SiO_2)$≥90%、砂粒直径为0.105 ~ 0.210mm的天然硅砂。为使铸管承口处表面光滑，在砂芯的工作表面应喷涂一层石墨粉涂料。

（5）排水管的后续生产工艺　排水管的后续生产已形成管材裁切、内壁清磨、外表抛丸处理、在线水压试验、烘干、喷漆喷标、打包包装等完整连续生产线。铸管从铸型内拔出时，绝大部分涂料能随铸管一起带出来。滞留在铸型内的少量松散涂料必须在下一次喷涂料前吹干净。铸管的表面涂料清理，已采用专用通过式抛丸机或高压水喷洗。铸管内表面采用内圆砂轮和离心飞刀轮清理氧化皮和涂料渣。喷涂则采用效率更高、漆膜更均匀的机械化自动喷漆线。

11.6.3 排（污）水管生产用离心铸管机

采用离心铸造生产排水管，生产率高，表面质量好，正逐渐成为排水管的主要生产方法。为防止灰铸铁在凝固时产生白口，故离心铸管用金属型不采用水冷，而在金属型内表面喷上0.2～0.4mm厚的涂料。因此，生产排水管用离心铸管机在广义上也属于热模法离心铸管机，只适用于管径小（最小ϕ40mm），长度一般小于3m的铸管生产。

1. 单工位离心铸管机

我国绝大部分排水管生产企业都采用单工位离心铸管机，它适应于批量不大、品种多的要求，并有投资少，可用便宜劳动力，易于维修的特点。许多生产车间以冲天炉为中心，离心机每间隔2～3m一台，一字排开10～20台机器同时进行生产。当某台机器有故障时，不会影响整个车间的生产和冲天炉的铁液平衡。

对于单工位离心铸管机，各厂基本上都是自行设计制造的。天水铸造机械总厂的两种系列离心铸管机规格见表11-64和表11-65，其特点是：配有各种辅机，机械化与自动化水平较高；主机仍由滚胎组成，转速可无级调节；取管小车采用液压驱动，由张紧钳抓住铸管平稳拉出；喷涂机采用有气喷涂，涂料罐配有搅拌器，确保涂料均匀；浇注小车使流槽进入金属型，浇注速度可根据铁液状况与管长调节，由铁液包容积定量；附有全套液压及电控系统。

表11-64 J系列离心铸管机

型号	J522	J522A	J522B	J522D
铸管直径/mm	ϕ50～ϕ150			
铸管长度/mm	1500	1830	1000	1500、1830
取管力/kN	15	20	15	20
电动机转速/(r/min)	120～1250	120～1250	120～1250	120～1250
空循环时间/s	90	90	90	90
空气压力/MPa	0.6	0.6	0.6	0.6
总功率/kW	20.5	20.5	20.5	20.5
外形尺寸(长/cm)×(宽/cm)×(高/cm)	1020×336×170	1650×336×170	681×260×780	1150×260×115

表11-65 ZJ系列离心铸管机

型号	铸管长度/mm	铸管直径/mm	主轴转速/(r/min)	总功率/kW
ZJ02	1200～1500	500	1320～132	30
ZJ03	2000	60～200		34,43
ZJ04	3200	60～300		34,43
ZJ05	4000	60～300		41,43
ZJ06	1400～4500	60～400		41,43
ZJ08	2500～3500	180～450		32,93
ZJ09	2000～4000	300～700		77,93
ZJ10	1000	250～600		45

2. 多工位热模法离心铸管机

对于中小口径铸管，为提高生产率、节省劳动力、提高自动化程度和减少厂房面积，多采用多工位离心铸管机。由于铸型清理和浇注凝固两道工序占据的时间最长，把此两工序分在两组滚胎上进行是最常用的方法。图11-77所示为生产DN50～DN150×3000mm的多工位排水管离心铸管机。该离心铸管机管模在上下两层之间通过升降机实现循环。离心铸管机有6个工位：1个清理冷却工位，两个喷涂工位，1个缓冲工位，1个浇注工位，1个拔管工位，共14道工序。工位之间采用步进机实现输送，既平稳、快捷，又定位准确。离心铸管机全部采用PLC控制系统，实现手动、半自动和全自动三种控制方式，切换灵活，自动化程度高，精确度高，节奏快，适于连续化生产。近几年，国内生产批量较大的企业，普遍采用了先进的多工位全自动离心铸管机，并与后续的半自动化精整线联合，形成一条完整的生产线。

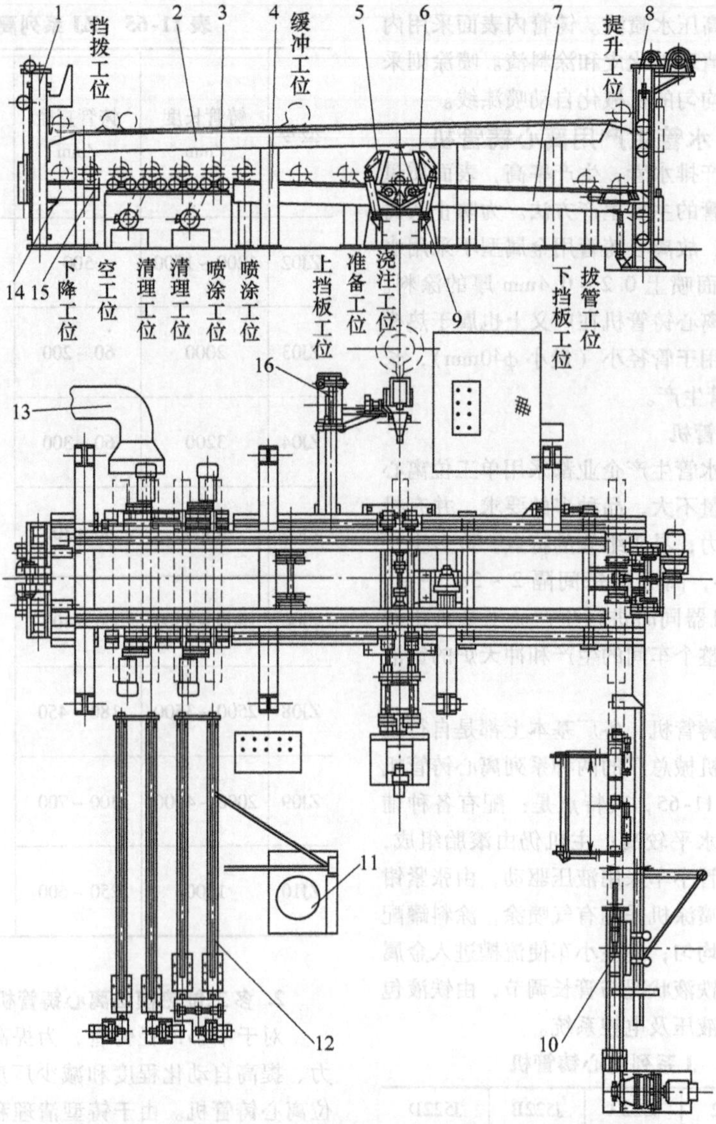

图 11-77　DN50 ~ DN150 × 3000mm 多工位排水管离心铸管机

1—管模下降装置　2—上部轨道架　3—清理喷涂托轮　4—浇注前轨道　5—浇注保护装置　6—离心装置　7—浇注后轨道　8—管模提升装置　9—冷却水系统　10—拔管车　11—涂料制备系统　12—清理喷涂车　13—除尘系统　14—无驱动辊道　15—步进车　16—浇注车

11.6.4　主要缺陷与防止措施（见表 11-66）

表 11-66　离心铸造灰铸铁排水管的主要缺陷与防止措施

缺陷类型	特　征	产生原因	防止措施
麻坑与针孔	麻坑是在铸管外表面有不深的槽状和下陷孔洞状，深度不大，它一般不会显著地降低铸铁管的强度和水密性，但会损坏产品的外观 针孔的特征是孔洞细而长，严重时会使铸管产生渗漏	1）喷涂涂料时，模温过低，增大了浇注时涂料的发气量；模温过高，涂层变得粗糙并有球形涂料颗粒附着在涂层表面 2）铁液在熔炼、处理和浇注过程中吸（溶、卷）入大量气体 3）浇注温度或管模温度过低，气体来不及析出	1）控制涂料中的水分和膨润土的加入量，减少发气量 2）采用合适的喷涂温度，一般应控制在 150 ~ 250℃ 3）金属炉料应干燥无锈蚀，减少并控制铁液在熔炼过程中氧化或吸入气体，减少铁液在浇注过程中产生氧化和防止铁液紊流卷入空气 4）采用合适的浇注温度，一般应控制在 1370 ~ 1390℃

（续）

缺陷类型	特征	产生原因	防止措施
龟纹	在铸管的内表面呈现出网络状纹片	1）热模法的冷却凝固速度较慢。产生双向凝固，铁液在凝固前期的体积膨胀，冲破内表面已形成的微弱薄壳，在铸管的内表面形成龟纹 2）铁液成分不合格	1）根据铸管管径大小选择合适的铁液碳当量，一般应控制在共晶点附近 2）浇注铁液后对管模喷水冷却，以提高管模和铸管的冷却速度
白口	铸管外表面层为白口，断面为麻口	1）涂料太稀，涂层太薄 2）金属型冷速过快 3）铁液成分不合格	1）合理配制涂料，涂层厚度控制在0.5~0.8mm 2）控制对金属型喷水冷却的流量和压力 3）控制合适的铁液成分，加强孕育处理

11.7 离心铸造缸套

目前世界上约90%发动机缸套的材质为离心铸造灰铸铁。我国2014年缸套产量为11602.6万只。

缸套结构比较简单，其毛坯基本上是个圆筒，所以它非常适宜于离心铸造。生产量最大的汽车、拖拉机缸套，一般毛坯内径在ϕ90~ϕ200mm之间，属小型缸套。而船舶和机车等用的气缸套，则尺寸较大一些，有的内径可超过ϕ400mm。对于小缸套，多采用单体的卧式悬臂离心铸造机或多工位离心铸造机；对于中大型缸套，则多采用滚胎式离心铸造机。

11.7.1 缸套的材质和化学成分

1. 灰铸铁缸套的材质

缸套是发动机上的重要零件，它与活塞环组成一对摩擦副。在使用过程中，它既受剧烈的机械摩擦和热应力的作用，还受到气缸内部燃烧生成物和周围冷却介质的化学腐蚀。缸套对铸铁材质提出了相当高的要求，常采用合金铸铁制造。

（1）抗拉强度　我国气缸直径不大于200mm的往复活塞式湿式铸铁气缸套标准（GB/T 1150—2010）要求气缸套材料的抗拉强度应不小于220MPa。

（2）硬度　对各类气缸套的硬度要求见表11-67。

表11-67　对各类气缸套的硬度要求

（GB/T 1150—2010）

类型	布氏硬度 HBW	其他要求
不经表面处理的柴油机气缸套	≥207	—
不经表面处理的汽油机气缸套	≥190	—
经整体淬火的气缸套	39~47HRC	符合产品图样规定
其他表面强化处理的气缸套	内圆表面硬度和硬化层深度应符合产品图样规定	

注：非淬火的同一气缸套硬度差不得大于30HBW（5HRB）。

（3）金相组织

1）应用于气缸套的耐磨铸铁，最适宜的组织应是多相组织，即在柔韧的珠光体基体上牢固地嵌有析出的硬质相，如高磷铸铁中断续网状的磷共晶（斯氏体600~800HV）；硼铸铁中的块状含硼复合碳化物（900~1200HV）；钒钛铸铁中弥散分布的钒钛碳氮化合物（1000~1900HV）。这些硬质相在摩擦面上会造成不均匀磨损，对油膜保持性极为有利，同时可有效地减少零件的磨损。石墨一般应以中等数量（占视场面积的6%~8%）、均匀分布的中、小片状或球状为宜。

2）对气缸套内圆表面活塞环行程范围内的金相组织要求：

a）高磷铸铁气缸套应符合JB/T 5082.2—2011的规定：石墨应为片状、菊花状，允许有少量过冷石墨。但不允许有呈严重枝晶的过冷石墨。基体应为细片状或中等片状珠光体；允许有少量游离铁素体[φ(F)<5%]和小块游离渗碳体[$\varphi(Fe_3C)<3\%$]存在；磷共晶为均匀断续网状或均匀分散分布，允许有枝晶状、聚集状及复合物磷共晶存在，但其数量和偏析程度应有一定的控制。

b）硼铸铁气缸套应符合JB/T 5082.1—2008的规定：石墨应为适当大小的A型、B型、D型，允许少量E型，分散度较大、分布均匀；硬质相应呈断网状或分散状，均匀分布。呈网状分布时，网孔直径≤350μm；呈分散状分布时，硬质相的数量应大于视场面积的6%。硬质相中析出的磷共晶总量应≤视场中硬质相总面积的40%，渗碳体和莱氏体总量应≤视场面积的14%，允许有少量游离铁素体（小于5%）存在。

2. 灰铸铁缸套的化学成分

表11-68列出了目前国内生产中采用的铸铁缸套化学成分。表11-69列出了一些国家中大型（柴油发动机）气缸套的化学成分和硬度。

表 11-68　国内生产中采用的铸铁的缸套化学成分

序号	材料类别	化学成分（质量分数,%）									
		C	S	Si	P	Mn	Cr	B	Cu	Ni	Mo
1	硼合金	2.9~3.4	<0.10	2.0~2.7	≤0.4	0.7~1.2	0.2~0.5	0.04~0.08	—	—	—
2		2.9~3.4	≤0.1	1.8~2.6	0.1~0.4	0.7~1.2	0.1~0.4	0.04~0.08	0.3~0.5	—	—
3		2.8~3.3	≤0.08	1.8~2.6	≤0.25	0.6~0.8	0.2~0.4	0.04~0.08	1.3~1.7	—	—
4	磷合金	3.2~3.5	≤0.12	2.0~2.8	0.35~0.45	0.8~1.0	0.4~0.6	—	—	—	—
5		3.2~3.5	≤0.06	1.6~2.1	0.35~0.5	0.6~0.8	0.2~0.4	—	—	—	0.3~0.5
6		3.0~3.5	≤0.12	2.2~2.7	0.4~0.9	0.5~1.2	0.25~1.0	—	≤1.0		—
7		2.9~3.4	≤0.12	1.8~2.4	0.5~1.0	0.5~0.9	0.2~0.5	—	0.4~0.9	—	0.1~0.3
8		2.8~3.3	≤0.15	1.8~2.4	0.4~0.6	0.7~.0	0.3~0.4	—	0.25~0.35	0.5~0.7	—
9		2.7~3.2	≤0.1	1.6~2.1	0.2~0.5	0.5~0.9	0.2~0.5	—	0.5~0.9		0.2~0.6
10	钒钛合金	3.0~3.5	≤0.10	2.0~2.7	0.3~0.5	0.6~1.2	0.3~0.5	—	V+Ti≥0.25		
11	钼镍铜	2.8~3.4	≤0.12	1.8~2.4	≤0.15	0.5~0.9	0.2~0.5	—	0.4~0.7	0.2~0.4	0.2~0.5
12	贝氏体	2.7~3.4	≤0.12	2.0~2.7	<0.25	0.4~0.9	<0.3	—	0.3~1.0	0.3~1.5	0.6~1.2
13		2.6~3.0	<0.08	1.7~2.3	≤0.10	0.4~0.7	—	—	0.15~0.4	1.0~1.5	0.7~1.5
14		2.7~3.1	<0.08	1.7~2.3	<0.1	0.4~0.8	—	—	0.3~0.5	1.0~1.5	1.0~1.5
15	铜合金	3.1~3.5	0.04~0.07	1.9~2.8	≤0.25	0.5~0.9	0.2~0.5	—	0.5~1.5		—

注：表中数据源自中原内配集团股份有限公司。

表 11-69　一些国家中大型（柴油发动机）气缸套的化学成分和硬度

国别	公司或机型	化学成分（质量分数,%）											硬度
		C	Si	Mn	P	S	V	Ti	B	Cu	Cr	Mo	HBW
中国	炉东造船厂	2.9~3.3	1.4~2.2	0.7~1.0	≤0.5	≤0.12	—	—	—	0.70~1.50	0.25~0.45	0.30~0.50	190~240
	宁波渔轮修造厂	3.2~3.5	1.4~2.2	0.4~0.9	约0.1	≤0.1	—	—	0.025~0.06	—	—	—	210~230
	广州柴油机厂 G32	2.9~3.2	1.7~2.0	0.7~1.0	0.25~0.30	0.08~0.10	—	—	—	0.60~0.90	0.25~0.30	0.30~0.50	228~255
日本	UE	3.1±0.2	1.2±0.2	1.0±0.2	0.12±0.03	<0.08	—	0.025±0.005	—	—	—	—	—
	川崎 MAN	2.9~3.2	1.0~1.2	0.8~1.0	0.4~0.6	—	0.15~0.25	0.05~0.1	—	—	—	—	220~230
瑞士	Sulzer	<3.2	0.7~0.9	0.7~0.9	0.4~0.5	—	约0.15	约0.15	—	—	—	—	—
丹麦	B&W	3.0~3.2	0.6~1.3	0.8~1.0	0.2~0.6	—	0.23~0.30	0.05~0.07	—	—	—	—	180~220
瑞典	Golaverken	3.0~3.2	1.0~1.6	0.7~0.9	>0.2	<0.1	>0.2	>0.08	—	—	0.15~0.3	—	—
法国	PC2—5	2.9~3.3	1.4~2.2	0.75~1.0	0.4~0.6	≤0.15	—	—	—	0.7~1.3	0.15~0.3	0.15~0.3	190~250
俄罗斯	—	3.1~3.3	1.4~1.7	0.8~1.10	约0.1	<0.1	—	—		—	0.3~0.4	0.6~0.8	200~250

11.7.2　缸套的离心铸造工艺

1. 工艺设计

离心浇注缸套由于无型芯，无论从轴向和纵向基本都属于自由收缩，所以收缩率主要根据铸铁牌号本身的特点而定。小缸套的机械加工余量一般是内表面为3~7mm，外表面为2~5mm，端面为3~7mm（不含卡头)。缸套的毛坯尽量简化成简单形状，以便于制造铸型和取出铸件。

铸型多采用单型结构，材质多用灰铸铁、球墨铸件和耐热铸铁。铸型壁厚常为缸套壁厚的1.2～2.0倍。

2. 涂料和衬层

多数生产厂采用水基涂料，每浇一件滚挂一次。涂料的耐火基料多为硅石粉和鳞片石墨粉，黏结剂为黏土和树脂等。涂料厚度，小缸套为1～2mm，大缸套为2.5～4mm，涂层要均匀，在型壁上充分干燥。

大型铸铁气缸套也可采用内衬砂型的离心铸造，砂衬可采用CO_2水玻璃砂型或其他干砂型，砂衬的厚度为7～30mm，也可用半永久砂型。

3. 离心浇注工艺及参数

(1) 铸型温度　首件浇注上涂料前要将铸型预热到150℃以上，正常生产时铸型温度控制在200～350℃较宜。为提高生产率，同时为保护铸型，延长铸型的使用寿命，浇注后对铸型外壁进行水冷和空冷，水冷时间为60～150s。

(2) 铁液定量　在连续生产中，离心浇注小缸套多采用浇包容积定量，即一小包浇注一个缸套。

(3) 浇注温度　离心浇注小缸套铁液的出炉温度应适当高些，因为一般都要经过孕育处理，再经过小包定量，会使温度迅速下降，要求出炉温度$t \geq$ 1400℃，以保证浇注温度达1300～1360℃；大缸套浇注温度可适当低些，应为1270～1340℃。

(4) 铸型转速　一般按重力系数G来计算，中小缸套G取80～110，大缸套G取50～80。

(5) 浇注速度　速度应适当快些，以利于充型，并使铁液温度均匀，以利于顺序凝固和杂物的内浮。小缸套浇注速度为2～10kg/s；较大的缸套浇注速度应大些，可达20～40kg/s。表11-70列出了不同重量铸铁缸套的浇注速度。

(6) 铸件出型温度　缸套浇注后要求在较高的温度下出型，以减缓铸铁的冷却，有利于防止组织变硬。一般出型温度为850～700℃，然后在保温坑内缓冷。表11-71和表11-72分别列出了中小型和大型铸铁缸套的离心铸造工艺参数。

表11-70　不同重量铸铁缸套的浇注速度

缸套重量/kg	5～20	20～50	50～150	150～400	400～800
浇注速度/(kg/s)	1～2.5	2.5～5	5～10	10～20	20～40

表11-71　中小型铸铁缸套的离心铸造工艺参数

决定铸型转速的重力系数G	浇注温度/℃	铸型温度/℃	铸件出型温度/℃
40～90①	≈1400	≈250	700～800

① 铸件内径越小，G值应越大。

表11-72　大型铸铁缸套涂料金属型离心铸造工艺参数

涂料厚度/mm	浇注温度/℃	喷、挂涂料时铸型温度/℃	浇注时铸型预热温度/℃	铸件回火温度/℃
1～4	1300～1340	180～250	120～300	600～660

11.7.3　缸套生产用离心铸造机

1. 卧式悬臂离心铸造机

以中小功率内燃机气缸套为代表的套筒类铸件，都使用卧式悬臂离心铸造机铸造。其特点是铸件重量轻，铸型在工作时不用任何支撑，而是直接连接在离心铸造机主轴上，以悬臂的形式进行旋转。图11-78所示为缸套生产中常用的半自动卧式悬臂离心铸造机。表11-73国内某铸造机械总厂生产的J51系列单头卧式悬臂离心铸造机的型号和规格。铸件的顶出都采用了液压缸，有顶出力大，运行平稳的优点，顶出行程可调，并带有端盖开合机构，易于自动化操作。

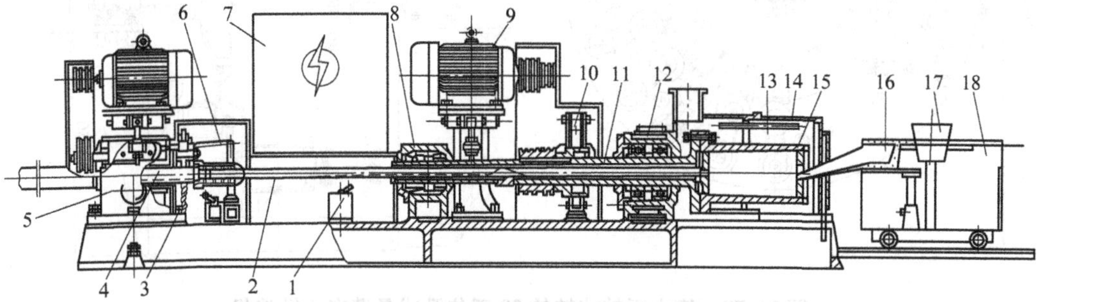

图11-78　半自动卧式悬臂离心铸造机

1—限位开关　2—顶杆　3—机座　4—齿条　5—变速器　6—顶杆制动器　7—电器箱　8—后轴承架　9—电动机　10—主轴制动器　11—主轴　12—前轴承架　13—喷水管　14—防护罩　15—铸型　16—浇注流槽　17—定容浇包　18—浇注车

表 11-73　J51 系列单头卧式悬臂离心铸造机的型号和规格

型号	J513A	J514	J514B	J516	J518
主轴中心高/mm	120	500	500	700	700
铸件最大直径/mm	ϕ300	ϕ400	ϕ400	ϕ630	ϕ800
铸件最大长度/mm	350	500	500	800	800
主轴转速/(r/min)	628,913 1562	168 ~ 1680	168 ~ 1680	100 ~ 980	65 ~ 650
顶件推力/kN	10	20	40	100	100
顶件行程/mm	250	250	300	500	500
总功率/kW	3	12.5	9.7	19	26
外形尺寸(长/cm)×(宽/cm)×(高/cm)	234×92×110	290×149×100	250×118×100	526×205×160	526×205×160
机器重量/t	1.18	3.3	3	6.8	7.5

2. 多工位离心铸造机

对于缸套等批量特别大的铸件生产，很多企业采用多工位离心铸造机。图 11-79 所示为绕水平轴旋转的 20 工位卧式悬臂离心铸造机。20 个单独驱动的卧式悬臂机头，按 18°均分安装在整个圆盘上，每完成一个铸件，圆盘转动一次，圆盘的驱动通过气缸和棘轮实现。圆盘直径为 3500mm，主轴直径为 325mm，生产率为 70 ~ 90 件/h。其工艺流程为：清理铸型→装石棉垫→装前端盖→上涂料→干燥→浇注→喷水冷却→空气冷却→顶出铸件。为便于操作及改善劳动环境，多工位机的一半放在地坑中，在地面上仅进行需用人工工作的清理铸型到浇注的几道工序，其他工序都在地坑中自动进行。

国内某内燃机配件公司采用了 11 工位转盘式离心铸造机。其工艺流程为：清理→安装前模→安装挡板→喷涂→干燥→浇注→冷却 1→冷却 2→冷却 3→取挡板→取出缸套。其主要工艺技术为：多段式调速雾化喷涂技术，根据铸件形状调整喷涂行进速度，实现涂料的均匀覆盖；自动在线连续测温装置，根据工艺要求设定模具温度上下限，超出范围自动报警，并将问题铸件从输送架自动清除；在线自动清刷涂料。

在现代的多工位铸造机中，原先手工操作的工序，如端盖开闭，现都改为液压自动进行，圆盘的转动也同时改为液压以求得平稳和安静。机头的转速则根据铸件的品种可以是固定转速（生产单一品种）、变换带轮（生产有数的若干品种）和无级调速（适应更多的品种）。离心铸造机的控制也改为用工业计算机及可编程序控制器，当选定某一品种后，各参数都可相应自动调整。

3. 滚筒式离心铸造机

大型缸套的生产可采用如图 11-80 所示的卧式滚筒离心铸造机。在浇注小车上装有防护罩，当浇注时浇注槽伸入型筒内，防护罩挡住型筒的端面，防止金属液从铸型内飞出伤人；两支承轮中心与铸型中心连线的夹角为 90° ~ 120°。图 11-81 所示的为另一种滚筒式离心铸造机。其结构特点是：支承轮轴承间的距离可横向调整，以满足不同直径铸件浇注的需要；在机座一端另有一对支承轮，与另一对装在圆轴中央并可在圆轴上移动的支承轮配合，以浇注长度较长的铸件。

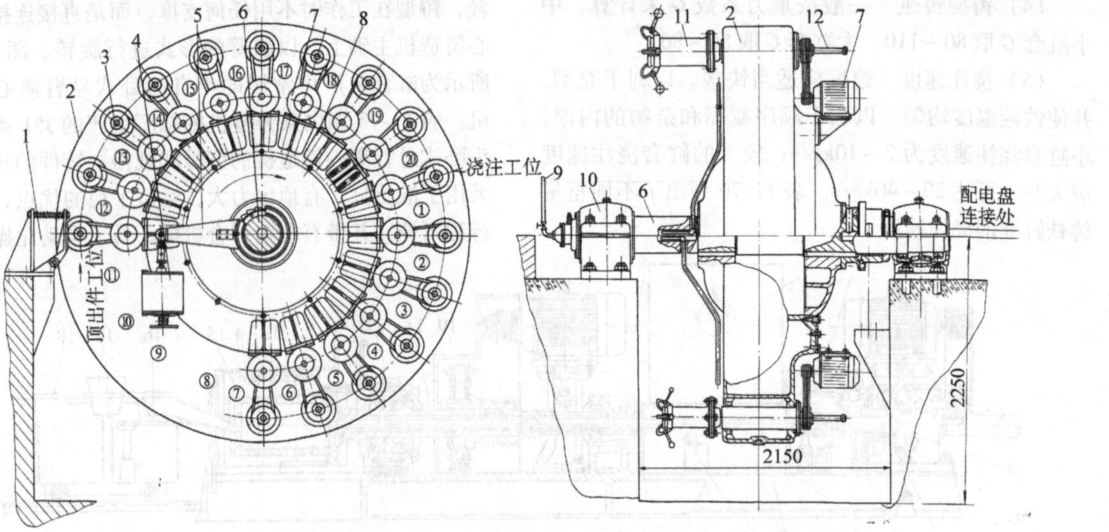

图 11-79　绕水平轴旋转的 20 工位卧式悬臂离心铸造机

1—制动闸　2—转盘　3—带轮　4—缸套　5—转盘摇臂　6—主轴　7—电动机
8—电动机座　9—冷却水管　10—轴承座　11—铸型　12—顶杆
各工位工序内容：①—浇注　②~⑪—铸件冷却　⑫—顶出铸件　⑬或⑭—铸型清理
⑮或⑯—装端盖　⑰或⑱—上涂料　⑲、⑳—涂料干燥、等待浇注

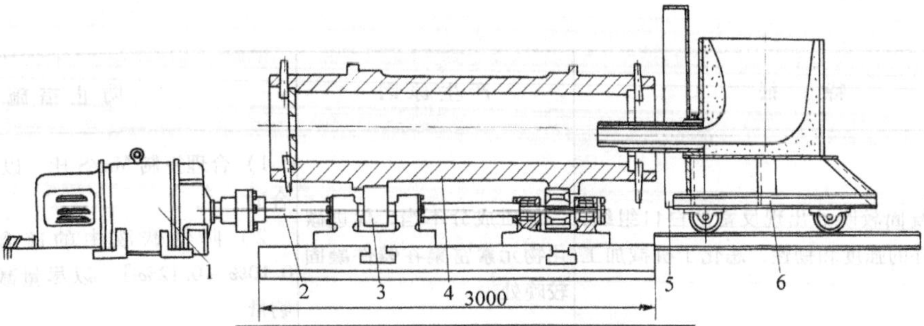

铸件最大直径/mm	铸件最大长度/mm
700	3500

图 11-80 卧式滚筒离心铸造机

1—电动机 2—轴 3—支承轮 4—铸型 5—防护罩 6—浇注小车

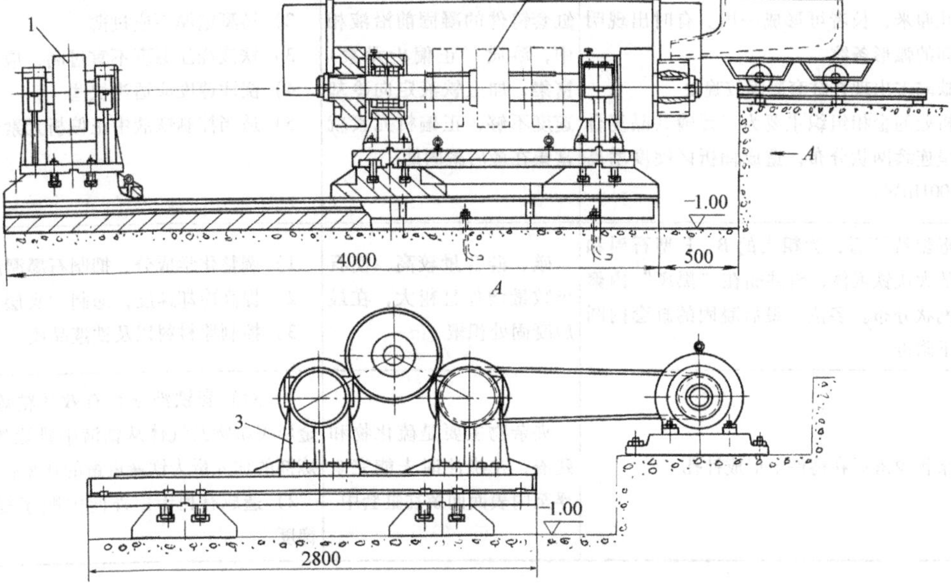

铸件最大直径/mm	铸件最大长度/mm	铸型转速/(r/min)
1100	4000	150~800

图 11-81 支承轮距离可调的卧式滚筒离心铸造机

1—端部支承轮 2—可移动的支承轮 3—可调支承轮轴承座

11.7.4 主要缺陷与防止措施（见表 11-74）

表 11-74 离心铸造缸套的主要缺陷与防止措施

缺陷类型	特征	产生原因	防止措施
组织过硬	外部或端面局部过硬，组织中有较多碳化物或出现麻口组织	材质成分不当，加入促进碳化物元素过多	1）严格控制浇注温度和铸型温度，合理控制冷却速度，减少夹杂物 2）加大涂料厚度，两端面加石棉垫以降低冷却速度 3）降低涂料的导热能力，如采用三层涂料（耐火—石墨—炭黑） 4）加强孕育处理，如采用炉前孕育、涂料孕育等 5）冷却至950~800℃取出缸套铸件，集中堆放在保温坑中，使其进行自行退火

（续）

缺陷类型	特征	产生原因	防止措施
反白口	在缸套凝固较晚处出现反常的白口组织，降低了铸件的强度和韧性，恶化了机械加工性能	材质成分不当，促进碳化物元素富集在铸件凝固较晚处	1）合理控制Mn/S比，以Mn/S≥10较为合适 2）降低铁液中的硫含量[w(S)≤0.10%~0.12%]，以尽量减少富铁的硫化物量 3）适当提高硅含量[w(Si)≥1.7%]
带状偏析	带状偏析又称云斑，常发生在壁较厚之处或靠近浇槽一端。缸套加工后从内表面或端面发现弧状或带状白亮物，有时突起、较硬，短者几厘米，长者可形成一周。有时出现明暗相间的弧形条纹 此缺陷多出现在缸套凝固较晚处 偏析处的金相组织主要为三元磷共晶复合物，呈连续网状分布，造成偏析区硬度增高（达300HBW）	铁液中正偏析元素（P、B、Cr、S）含量过高，在缸套铸件的凝固前沿液相中，溶质（正偏析元素）富集，加上铁液定向冷却速度不够，正偏析元素就富集在最后凝固处	1）确保铸件壁由外向内定向凝固 2）铸型壁厚不应过薄 3）铁液浇注温度不宜过高，应≤1320℃ 4）浇注速度应适当快些 5）适当控制铁液中正偏析元素含量
黑斑	从形貌特征看，为粗大的B、F型石墨和伴生的大块铁素体，磷共晶在“黑斑”内聚集呈网状分布。多位于最后凝固的缸套内圆表面下附近	碳、硅含量较高，使石墨数量增加且粗大，在最后凝固处积聚	1）调整化学成分，抑制石墨漂浮 2）提高冷却速度，遏制“夹层偏析” 3）控制原材料以及铁液品质
夹杂	夹杂物脱落后在铸件上形成针孔	夹杂物主要是硫化物和残渣，在浇注时未能完全浮至内表面而留在缸套中	1）对缸套铁液施行有效的精炼，提高非金属夹杂物及气体从铁液中排除的能力。精炼剂的加入量为铁液重量的0.8%~1.2% 2）造成有利于由外向内顺序凝固的温度梯度

11.8 离心铸造复合轧辊

11.8.1 复合轧辊的类型和特性

冶金、食品加工、橡胶加工、造纸以及塑料加工等行业都要使用轧辊、磨辊。按其用途大致可分为冶金轧辊和非冶金轧辊。冶金轧辊长期在高温、高负荷和高速度的恶劣环境下使用，按轧耗0.6kg/t计算，国内冶金轧辊的消耗量达50万~60万t。其中，铸造轧辊占总产量的85%以上，铸铁轧辊占60%左右。非冶金轧辊主要应用在粮食和食品加工等与人民生活息息相关的领域。

用离心铸造方法生产的双金属复合轧辊，已成为今后的发展方向。与传统的静态冲洗法相比，离心铸造的特点在于：①由于在离心力场下凝固，合金组织致密。工作层的密度与相同条件下重力铸造的相比可提高2%以上（见表11-75），使用寿命可提高25%~100%。②工作层组织均匀。整个工作层硬度变化很小，从外向内硬度降落不超过5HS，保证了轧制质量的稳定性。③工作层厚度均匀。无论在径向和轴向的厚度均匀性都大大好于冲洗法，有利于提高轧辊的使用寿命。④轧辊的力学性能好。合金轧辊工作层的硬度可达70~90HS，冲击韧度可达4~7J/cm²。有关力学性能与物理性能见表11-76。⑤轧辊的外层与内层结合牢固。内外层间为冶金结合，通常有1~3mm的熔合过渡层，使用中不易产生剥落。⑥铸件成品率高。由于没有浇道残余金属，也无溢出铁液，铸件成品率可达80%，这一点大大优于冲洗法。⑦残余应力小。合金轧辊通常进行退火、回火等热处理，使轧辊缓慢加热和冷却并长时间保温，可进一步降低残留奥氏体和残余应力，从而提高轧辊力学性能，增强适应性。⑧与冲洗法相比增加了机械设备，工艺控制要求严格。

表 11-75 离心铸造复合轧辊外层合金密度比较

合金材质	离心铸造ρ /(g/cm³)	重力铸造ρ /(g/cm³)	ρ提高（%）
低合金铸铁	7.4	7.2	2.8
高合金铸铁	7.74	7.67	0.9
白口铸铁	7.8	7.55	3.3
高铬铸铁	7.6	7.4	2.7

表 11-76 离心铸造铸铁复合轧辊的力学性能和物理性能

外层材质	硬度 HS	抗拉强度 R_m/MPa	弹性模量 E/ 10^5MPa	线胀系数 α_i/ $10^{-5}K^{-1}$	热导率 λ/ [W/(m·K)]
高碳钢	50～58	700～800	2.2～2.1	1.2	31.4～35.6
高合金铸铁	60～80	400～500	1.7	0.9～1.1	18.8～23.0
高铬铸铁	60～90	450～550	2.2	1.3	18.8～23.0

11.8.2 复合轧辊的化学成分和性能

1. 冶金轧辊

为了获得外层的高抗磨性、内层的高强度和韧性，复合材质的冶金轧辊外层（工作层）一般采用高镍铬合金钢、高铬铸铁或高速钢，硬度为65～90HS；芯部（辊颈）则采用强韧性均较高的球墨铸铁，其力学性能（本体）为：抗拉强度300～450MPa，断后伸长率4%～7%，硬度35～50HS。

（1）冶金复合轧辊的化学成分和性能 近年来，我国为满足高质量轧材的需要，引进和新建了许多现代化的轧机，有高的生产率和经济的生产成本，相应的对轧辊在耐磨、抗热裂、抗疲劳、抗事故等方面的综合技术性能提出了更高的性能要求。实践证明，复合材质轧辊能最好地满足这些要求。表11-77和表11-78列出了复合铸造轧辊的主要品种、化学成分和技术性能。

表 11-77 复合铸造轧辊的主要品种和化学成分

品种		化学成分（质量分数,%）						主要生产工艺方法
		C	Si	Mn	Cr	Ni	Mo	
高镍铬无限冷硬铸铁复合轧辊	外层	2.8～3.8	0.2～0.8	0.2～1.2	1.0～2.0	3.2～4.8	0.2～0.8	冷型喷涂料 离心或全冲洗复合铸造 特殊热处理 超声检查
	球铁芯	2.0～3.2	2.0～2.8	0.4～0.8	0.2～0.6	1.0～1.5	≤0.2	
	灰铁芯	2.8～3.2	1.4～2.0	0.4～0.8	0.2～0.6	0.6～1.6	≤0.2	
高铬铸铁复合轧辊	外层	2.3～3.3	0.3～1.0	0.5～1.2	1.7～2.2	1.0～1.7	1.5～2.0	冷型喷涂料 离心复合铸造 特殊热处理 超声检查
	球铁芯	2.7～3.1	1.8～2.6	0.2～0.7	0.2～0.6	0.5～1.5	≤0.3	
高铬钢复合轧辊	外层	0.6～1.6	0.4～1.0	0.2～1.0	6.0～15.0	0.5～1.5	1.0～3.0	冷型喷涂料 立式离心复合铸造 多次特殊热处理 超声检查
	球铁芯	3.0～3.3	2.0～2.4	0.4～0.7	0.2～0.5	0.8～1.2	≤0.2	
高速钢复合轧辊	外层	0.6～2.5	V:2～10	W:3～10	4.0～8.0	0.3～1.5	2.0～10.0	离心复合铸造 CPC法复合铸造 差温热处理 超声检查
	球铁芯	2.6～3.6	1.6～2.6	0.2～0.8	0.2～0.6	0.8～1.8	≤0.2	
	钢芯	0.4～0.6	0.2～0.6	0.2～0.8	0.5～1.5	0.5～1.0	0.2～0.8	
复合铸钢支承辊	外层	0.4～1.0	0.3～0.8	0.4～2.4	1.5～4.5	0.6～1.2	0.2～1.0	静态或离心复合铸造 差温热处理 超声检查
	芯部	0.2～0.4	0.3～0.6	0.4～0.8	0.2～0.6	0.2～0.4	≤0.1	

注：无限冷硬铸铁的要求请参阅《铸造手册》第1卷《铸铁卷》。

表11-78　复合铸造轧辊的主要技术性能

轧辊品种	硬度HS		抗拉强度 R_m/MPa		断后伸长率 A(%)		弹性模量 E/GPa	
	辊身工作层	辊颈(芯部)	辊身工作层	辊颈(芯部)	辊身工作层	辊颈(芯部)	辊身工作层	辊颈(芯部)
高镍铬铸铁复合轧辊	65~85	35~50	350~450	200~400	2~5	4~7	150~190	110~190
高铬铸铁复合轧辊	65~90	35~50	500~800	300~450	≤1	4~7	210~225	160~190
高铬钢复合轧辊	65~80	35~50	700~900	300~450	—	4~7	210~225	160~190
高速钢复合轧辊	70~95	35~55	≥750	350~800	—	—	210~220	140~180①
复合铸钢支承辊	50~75	25~45	1200~2000	≥400	2~10	10~30	—	—

①　芯部为球墨铸铁。

（2）用于热带连轧现代化轧机的离心铸造轧辊外层材质　主要包括高镍铬无限冷硬铸铁（ICDP）、高铬铸铁、高铬铸钢和高速钢四大类。其典型化学成分见表11-79。

表11-79　目前用于热带连轧现代化轧机的离心铸造轧辊外层材质的典型化学成分

轧辊品种		化学成分（质量分数,%）								
		C	Si	Mn	Cr	Ni	Mo	V	W	Nb
高镍铬无限冷硬铸铁(ICDP)	高镍铬无限冷硬	2.9~3.6	0.6~1.5	0.4~1.2	1.0~2.0	3.0~4.8	0.2~1.0	—	—	—
	改进型高镍铬无限冷硬	2.9~3.6	0.6~1.5	0.4~1.2	1.0~2.0	3.0~4.8	0.2~2.0	0.2~2.0	≤2.0	≤2.0
高铬铸铁	高铬铁工作辊	2.3~3.3	0.3~1.0	0.5~1.2	15~18	0.7~1.7	0.7~1.5	≤0.6	—	—
	平整机高铬铁工作辊	2.3~3.3	0.3~1.0	0.5~1.2	18~22	0.7~1.7	1.5~3.0	≤0.6	—	—
高铬铸钢工作辊		1.0~1.8	0.4~1.0	0.5~1.0	8.0~15.0	0.5~1.5	1.5~4.5	—	—	—
高速钢工作辊		1.5~2.2	0.3~1.0	0.4~1.2	3.0~8.0	≤1.5	2.0~8.0	2.0~9.0	≤8.0	适量

2. 非冶金轧辊（磨辊）

面粉辊、橡胶辊、塑料压坯辊、造纸辊等非冶金轧辊（磨辊）均采用离心复合铸造方法。面粉机磨辊的化学成分见表11-80。外层硬度为67~71HS，白口深度为20~25mm，内层一般为普通灰铸铁。

表11-80　面粉机磨辊的化学成分

序号	外层低合金白口铸铁化学成分（质量分数,%）										生产厂
	C	Si	Mn	P	Cr	Ni	Mo	V	Ti	Cu	
1	3.4~3.8	0.4~0.6	0.4~0.6	0.3~0.6	0.3~0.6	0.3~0.6	0.3~0.6				原无锡粮食机械厂
2	3.6	0.4	0.5		0.2	0.6	0.3				原邯郸面粉机厂
3	3.4~3.8	0.2~0.6	0.3~0.5	0.3~0.6			0.3~0.5	0.2~0.3	0.1~0.15	0.7~1.5	原北京通县面粉机厂

注：V、Ti元素取自共生生铁。

11.8.3 复合轧辊生产用离心铸造机

生产离心铸造轧辊的离心铸造机从离心旋转轴线看，有卧式、立式和倾斜式三种。这三种工艺的基本差别是轧辊工作层的轴向厚度差不同，卧式的基本无厚度差，立式的厚度差最大，倾斜式厚度差较小。它们的优缺点见表11-81。

表11-81　三种铸铁轧辊离心铸造工艺优缺点

工艺	优　缺　点
立式离心铸造	1）生产工艺简单，有利操作，适于生产实心轧辊 2）外层厚度不均匀 3）机器结构复杂
卧式离心铸造	1）生产实心轧辊工艺复杂，适于生产空心轧辊、辊套 2）外层厚度均匀 3）机器结构简单 4）可生产长度较大轧辊
倾斜式离心铸造	1）生产实心轧辊工艺稍复杂 2）外层复杂不够均匀 3）机器结构稍复杂 4）轧辊长度适中

1. 立式离心铸造轧辊

一般的立式离心铸造机多用于生产直径大于高度的铸件。而生产轧辊用的立式离心铸造机是高度大于直径很多的，故可称为高型立式离心铸造机。其优点是工艺最为简单，省去紧张的组装铸型过程，而且离心铸造机可以全部设在地下，所以安全性较好。图11-82所示为生产铸铁轧辊的LXB100立式离心铸造机。

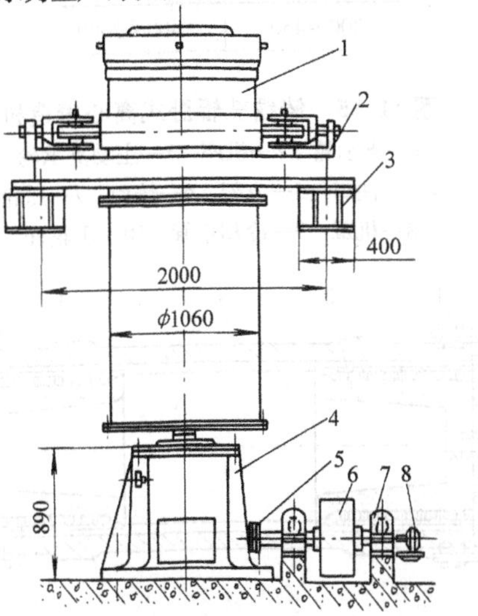

图11-82　LXB100铸铁轧辊立式离心铸造机

1—型筒　2—支承轮架　3—横梁　4—机座　5—联轴器　6—带轮　7—轴承座　8—光电转速传感器

该机的有关技术数据见表11-82。表11-83列出了国内某轧辊有限公司使用的两台立式离心铸造机参数。

表11-82　LXB100铸铁轧辊立式离心铸造机的有关技术数据

轧辊直径/mm	最大长度/mm	工作台最大荷重/kg	电动机功率/kW	铸型转速/(r/min)
250~450	2100	7000	75	0~900

表11-83　立式离心铸造机参数

型　号		大型	小型	备注
旋转台面尺寸/mm		2500	1100	—
台面承重/kg		110000	8000	主轴转速650r/min时
铸件尺寸范围/mm	直径	550~1450	250~450	
	长	1400~4600	1000~2100	—
主电动机功率/kW		380	99	—
转速/(r/min)		0~700	0~700	无级可调
设备重量/kg		45000	28000	—
外形尺寸(直径/mm)×(高/mm)		ϕ4500×12000	ϕ2500×4000	直径方向指减振器外缘

立式离心复合铸造轧辊工艺装配示意图如图11-83所示。其离心铸造工艺曲线如图11-84所示。

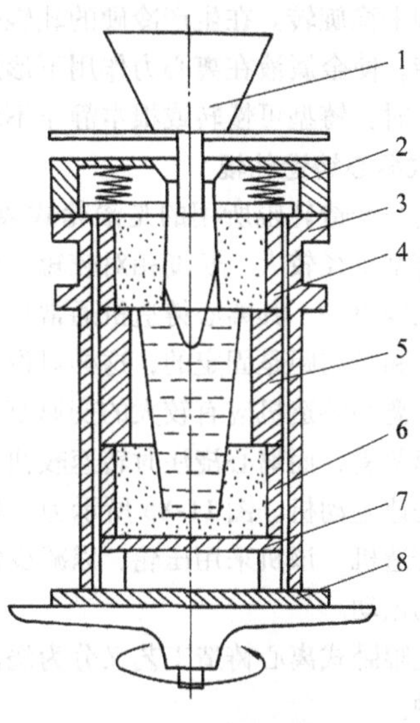

图11-83　立式离心复合铸造轧辊工艺装配示意图

1—浇口杯　2—上盖　3—外筒　4—内型1　5—内型2　6—内型3　7—内底板　8—底盘

一种辊径为 ϕ200 ~ ϕ400mm、辊身高为 400 ~ 600mm 的小轧辊，工作层厚度为 30 ~ 60mm，工作层材质为低合金铸铁，心部为低合金灰铸铁，外层硬度大于或等于 63HS，立式离心铸造主要工艺参数见表 11-84。

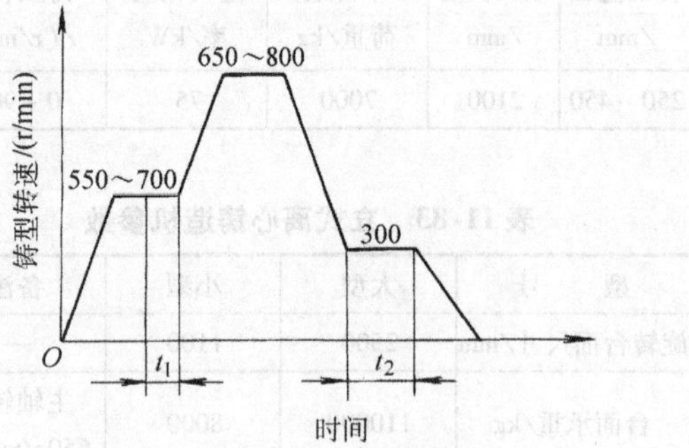

图 11-84　离心铸造工艺曲线

t_1—浇注外层铁液时间　t_2—浇注内层铁液时间

表 11-84　立式离心铸造轧辊工艺参数

铸型温度/℃	外层浇注温度/℃	铸型转速/(r/min)	心部浇注温度/℃	浇注心部时外层温度/℃
120 ~ 160	1250 ~ 1350	700 ~ 800	1250 ~ 1300	1140 ~ 1170

大型轧辊生产可采用大型立式离心铸造机。它是将装配好的铸型固定在地坑中的台面上，因铸型高，在上面有三个均分的支点，设置有三个减振器，使铸型能绕转轴平稳旋转。在生产冷硬的轧辊外层时，铸型高速旋转，使金属液在离心力作用下形成外环；在生产中心层时，铸型可慢转或根本静止不转。

2. 卧式离心铸造轧辊

卧式离心铸造轧辊所用的是滚轮式离心铸造机，其特点是铸型直径较大，长度相对较短。由于生产的轧辊规格比较单一，其离心铸造机通常是专用的，托轮轴的纵向和横向距是固定的，这样对设备制造维护均较方便。离心铸造机应有较大的变速范围，因为挂涂料时转速要慢，而离心浇注时转速较快，所以一般采用无级变速电动机。图 11-85 所示为一种铸铁轧辊卧式离心铸造机。该机采用压轮，以减少铸型旋转时可能出现的振动。

铸铁轧辊卧式离心铸造工艺又分为浇注空心、实心轧辊两种。

1）浇注双金属复合空心轧辊。图 11-86 所示为一种卧式离心铸造铸铁复合轧辊用铸型。形成辊身的铸型表面有一薄层砂衬，而辊颈由砂型形成。用此种铸型浇注外层为镍铬合金铸铁，其厚度为 20 ~ 25mm，外径为 ϕ250 ~ ϕ300mm 的双金属复合空心铸铁轧辊卧式离心铸造工艺见表 11-85。图 11-87 所示为外径 ϕ500mm、内径 ϕ180mm、长度为 4000mm、重量达 4200kg 的空心复合轧辊卧式离心浇注工艺曲线。

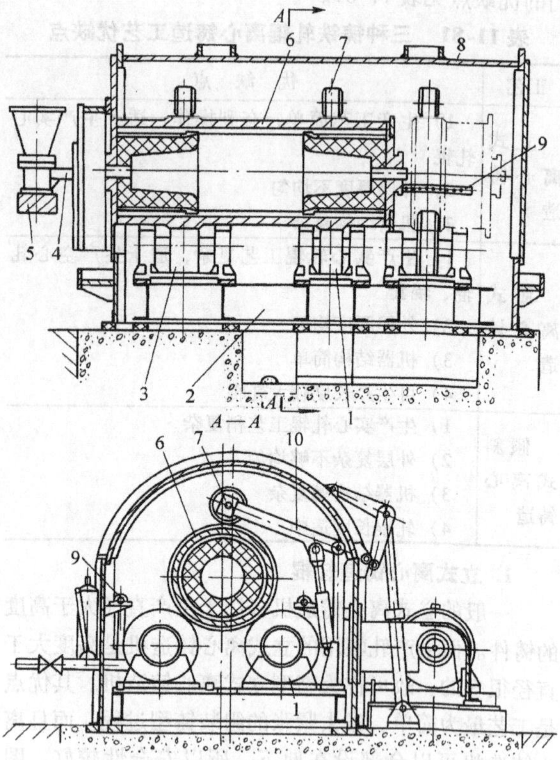

轧辊直径/mm	轧辊全长/mm
200～450	400～2000

图 11-85　铸铁轧辊卧式离心铸造机

1—支承轮　2—机座　3—主动支承轮　4—浇注口　5—支架　6—铸型　7—压轮　8—机罩　9—冷却水管　10—压轮杆

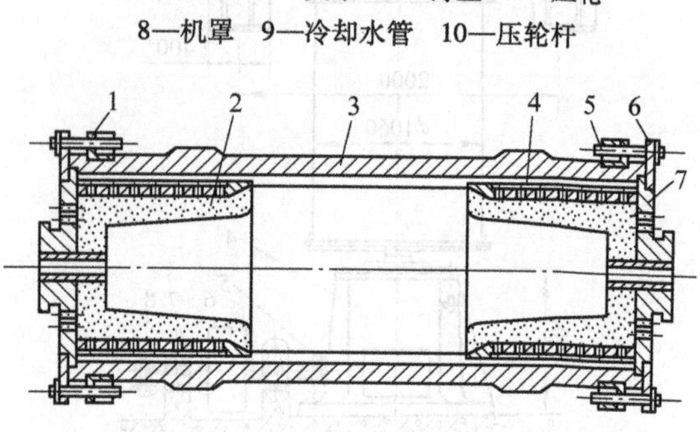

图 11-86　卧式离心铸造铸铁复合轧辊用铸型

1—法兰圈　2—辊颈砂型　3—金属型　4—辊颈型套　5—可翻转螺钉　6—压板　7—端盖

表11-85 外径为 ϕ250 ~ ϕ300mm 双金属复合空心铸铁轧辊卧式离心铸造工艺

工作顺序	工序名称	工艺参数
1	浇注外层铁液	浇注温度1327 ~ 1370℃，铸型转速580r/min
2	铁液凝固	凝固时间5 ~ 7min
3	浇注内层铁液	浇注温度1280 ~ 1310℃
4	水冷铸型	浇注后10 ~ 15s开始
5	铸型停转	铸件内表面温度700℃
6	缓冷	18 ~ 25h

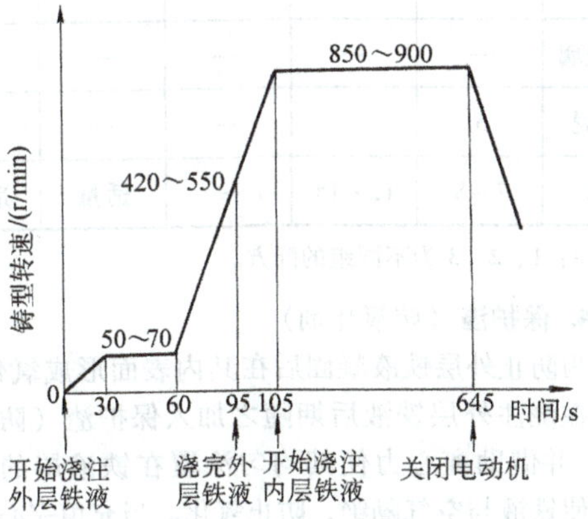

图11-87 空心复合轧辊卧式离心浇注工艺曲线

2）浇注双金属复合实心轧辊。图11-88所示为一种生产实心铸铁复合轧辊的卧式离心铸造工艺装配图。牛角浇注槽与铸型端盖间隙用石棉绳堵住，浇注在一个牛角浇注槽完成，直至另一个牛角浇注槽出现铁液为止。

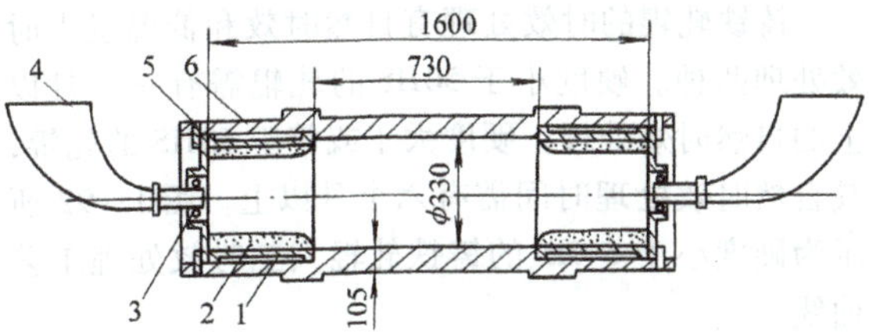

图11-88 实心复合铸铁轧辊的卧式离心铸造工艺装配图

1—辊颈型套 2—辊颈砂型 3—石棉绳 4—牛角浇注槽 5—销子 6—金属型

另一种卧式离心铸造实心轧辊工艺，是将辊身的冷型装在滚轮式离心铸造机上进行浇注。外层金属重量按工作层厚度计算。待外层铁液凝固后（铁液自由表面温度为1060 ~ 1100℃），将冷型吊起与底座及冒口型组装，将心部及上下型腔以重力浇注充填铁液（见图11-89），浇注铁液温度一般为1300 ~ 1340℃，待其凝固并缓冷至100℃左右开箱。实质上，这种铸辊方法是先卧浇后立浇、离心与重力相结合的铸辊方法。卧式离心铸造实心轧辊的优点是，工作层厚度均匀，设备和工艺装备简单，底座与冒口部分基本与重力浇注的相同，但铸型组装操作是很紧张和麻烦的工作。

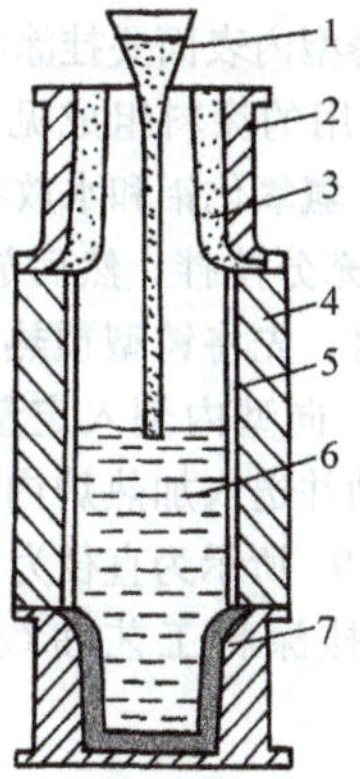

图11-89 充填轧辊心部铸型组装

1—浇口杯 2—上型 3—砂层 4—冷型 5—外层 6—充心铁液 7—下型

3. 倾斜式离心铸造轧辊

图11-90所示为铸铁轧辊倾斜式离心铸造机，其倾斜角为20° ~ 25°。铸铁轧辊在浇注内层铁液时，为防止外层铁液融入内层之中，可采用多次间断浇注，每浇注一次，把铸型转速降低一级，然后把铸型竖立起来进行浇注，把空心填满。

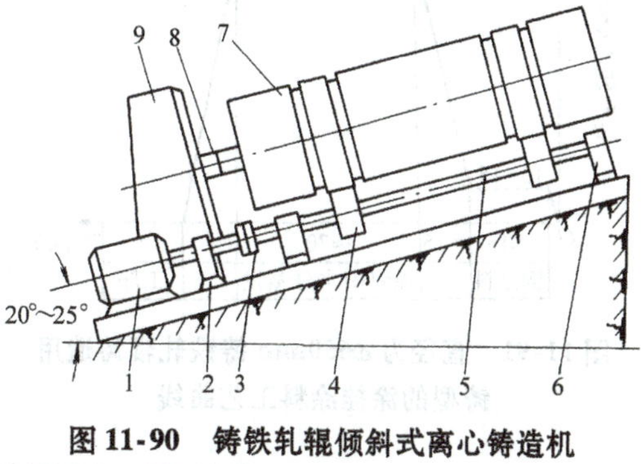

图11-90 铸铁轧辊倾斜式离心铸造机

1—电动机 2、6—轴承座 3—联轴器 4—支承轮 5—传动轴 7—铸型 8—弹性隔片 9—止推轴承座

11.8.4 轧辊离心铸造工艺参数

1. 铸型厚度

离心铸造用的铸型与重力铸造的差异不大。铸型

的壁较厚，这是轧辊的冷却速度所要求的，通常用如下经验公式计算

$$\delta = (0.16 \sim 0.19)D + 100$$

$$或\ \delta = (0.3 \sim 0.4)D \qquad (11\text{-}15)$$

式中 δ——铸型（冷型）壁厚（mm）；

D——轧辊直径（mm）。

2. 涂料

为使外层金属液在浇注时有利于成形、冷却均匀及减少表面缺陷，同时减少对金属型的激热，延长铸型使用寿命，在铸型内表面要挂涂料，通常涂料层厚度为2~5mm。常用的涂料组成见表11-86。配制涂料时，先将磷酸、氢氧化铝和水放在一起，加热沸腾15~20min，同时充分搅拌；然后放入高铝粉，搅拌均匀。喷挂涂料时，先将铸型预热至240℃左右，在铸型转动情况下，向型内倒入定量涂料；涂料蒸干后，铸型停止转动并送入加热炉内，在400℃左右保温8~12h。图11-91所示为直径为ϕ650mm铸铁轧辊铸造用铸型的涂挂涂料工艺曲线。涂料层厚度为1.5~3mm。

表11-86 常用的涂料组成（质量分数）

（%）

序号	高铝粉	氢氧化铝	磷酸	聚乙烯醇	水
1	93	1.3	5.7	—	外加适量水
2	100	—		0.1	外加适量水

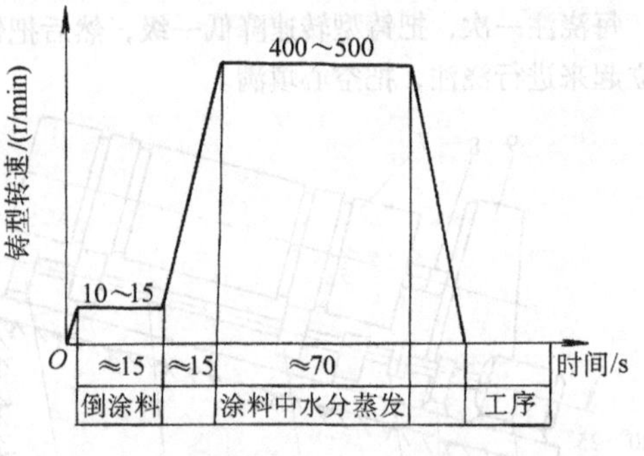

图11-91 直径为ϕ650mm铸铁轧辊铸造用铸型的涂挂涂料工艺曲线

3. 型砂

辊颈砂型用型砂和辊身型腔表面的挂砂组成见表11-87。辊颈砂型烘干后，其表面需刷石墨涂料或其他类型的涂料。

表11-87 辊颈砂型用型砂和辊身型腔表面的挂砂组成（质量分数） （%）

原材料	型腔表面挂砂			辊颈型砂	
	1	2	3	1	2
新硅砂	85~88	92~94	100	57	70
旧砂	—	—	—	29	—
黏土	7~10	6~8	—	14	25
水玻璃	—	—	—	—	5
水泥	5	—	—	—	—
水	7~8	12~15	—	适量	适量

注：1、2、3为不同组的配方。

4. 保护渣（防氧化剂）

为防止外层铁液凝固后在其内表面形成氧化皮，需要在浇注外层铁液后期随之加入保护渣（防氧化剂），并借助离心力使其均匀涂覆在铁液层的内表面，使铁液与空气隔绝，防止氧化。当充填完心部铁液后，保护渣将熔化浮集于冒口，从而使内、外层达到良好的冶金结合。表11-88列出了O型防氧化玻璃碴的组成和物理性能。其用量为3.3kg/m²。

5. 离心铸造工艺参数示例

表11-89和表11-90列出了卧式离心铸造空心轧辊和实心轧辊的工艺参数。

11.8.5 铸铁轧辊的时效处理

铸铁轧辊的时效处理有自然时效和低温退火时效处理两种。硬度小于50HS的轧辊需有三个月以上的自然时效处理；硬度大于或等于50HS的轧辊，其自然时效处理时间需有六个月以上。图11-92所示为硬度小于64HS的铸铁轧辊人工时效处理工艺曲线。

表11-88 O型防氧化玻璃碴的组成和物理性能

组成（质量分数，%）						颜色	密度/(kg/m³)	熔点/℃	软化点/℃
SiO_2	$Al_2O_3+Fe_2O_3$	B_2O_3	R_2O	RO	CaF_2+Na_2SiFe				
40~60	5~15	5~15	20~40	5~15	1~6	黄绿	2500	<1200	574

表11-89 卧式离心铸造空心轧辊的工艺参数

序号	轧辊规格(外径/mm)×(内径/mm)×(长/mm)	外层材质	内层材质	外层浇注温度/℃	内层浇注温度/℃	浇内层时外层温度/℃	铸型工作温度/℃	浇外层时转速/(r/min)	浇内层时转速/(r/min)	其他
1	ϕ250×80×800	低合金白口铸铁	灰铸铁	1313～1340	1250～1310	1180～1230	90～200	650	800	薄涂料，浇内外层间隔40～60s
2	ϕ400×250×1455	高合金铸铁	球墨铸铁	1350～1380	1320～1350	凝固期间	200～400	450	—	涂料厚度为1～2mm，浇注速度为20～40kg/s，间隔1～2min

表11-90 卧式离心铸造实心轧辊的工艺参数

序号	轧辊规格(直径/mm)×(长/mm)	外层厚度/mm	铸型温度/℃	铸型转速/(r/min)	浇注温度/℃	浇注时间/s	浇注速度/(kg/s)	凝固时间/min	装型时间/min	辊身硬度HS	辊颈抗拉强度 R_m/MPa
1	ϕ760×1700	≥35	150～200	400	1330～1400	50	50	25	4	70～80	220～260
2	ϕ650×1700	65	200～230	490	1360～1410	40～70	30～40	16～25	6	78	232
3	ϕ645×1422	70	—	600	1340～1380	30～40	30～40	—	—	—	—

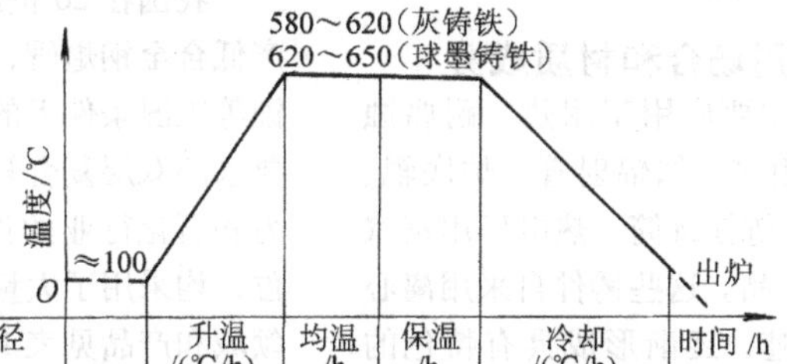

辊身直径/mm		升温/(℃/h)	均温/h	保温/h	冷却/(℃/h)
<250	使轧辊升温至炉温	30	1.5	4	25
251～500		25	3	6	20
501～750		20	5	10	15
751～1000		15	7.5	16	10
1001～1250		10	11	24	5

图11-92 硬度小于64HS的铸铁轧辊人工时效处理工艺曲线

11.8.6 主要缺陷与防止措施（见表11-91）

表11-91 离心铸造轧辊的主要缺陷与防止措施

缺陷类型	特征	产生原因	防止措施
裂纹	一般为热裂纹	轧辊内应力（热应力、相变应力、铸型阻碍应力和铸型振动应力之和）超过轧辊开裂温度时的抗拉强度	1）减轻离心铸造机的振动 2）减少轧辊各部位之间的温差：一是减小涂料厚度，铸型选用导热性好的灰铸铁材质；二是提高材质本身的导热能力 3）采用变速离心铸造技术
缩孔、缩松	在轧辊最后凝固的内表层，大多数在靠近内表面处	铸型内金属液态筒体产生内外双向凝固	1）采用蓄热量大且导热性好的涂料 2）降低浇注温度 3）强化铸型水冷 4）加快铸型转速，以产生强大离心力

（续）

缺陷类型	特　征	产生原因	防止措施
夹杂	轧辊面出现各种夹杂物	1）钢液开始的流峰夹带着浇注系统中的夹杂物进入铸型 2）铸型表面的涂料层开裂甚至剥落 3）轧辊成分中含有较多的Cr和V，钢液易氧化，当扒渣不彻底时，易进入铸型	1）严禁钢液浇注温度过高，以减少铸型表面的涂料层开裂甚至剥落 2）增大浇道直径，以快速使钢液铺满整个铸型内表面 3）提高钢液出炉温度，延长钢液静置时间，扒静钢渣 4）正确控制涂料配比，提高涂料涂挂质量
两层合金结合不良	轧辊的两端出现两层合金结合不良问题	离心铸造过程中，外层铁液轴向温度不均匀。轧辊两端因散热条件好，温度已过低，保护渣固化严重，在充芯过程中难以被芯部铁液熔化和上浮，造成结合不良	1）在整个外层铁液浇注过程中移动浇注车，使外层铁液温度和辊模在轴向受热趋于均匀 2）对辊模外表面中间部位喷水强制冷却 3）辊模两端封罩，防止对流，减少两端热量损失
球墨铸铁心部组织不良	厚大断面的球墨铸铁心部易出现球化衰退、石墨畸变、石墨漂浮、组织粗大等缺陷，导致铸件力学性能显著下降	厚大断面的球墨铸铁心部，由于冷却速度慢，结晶凝固时间过长，引起球化衰退等铸造缺陷	1）采用亚共晶的铁液成分 2）适当提高铁液的残留镁量 3）添加少量微量元素Sb，显著提高其球化等级与石墨球数 4）选用块度适当的孕育剂，延长孕育效果

11.9　离心铸造合金钢管

11.9.1　离心钢管的使用场合和材质成分

合金钢管（或钢筒）主要应用于耐热、耐腐蚀等工况。合金钢管类产品很多，如辐射管、炉底辊、滚道辊、转化管、裂解管、炼镁罐筒、热电厂用蒸汽管及燃烧管等冶金、化工产品。这些铸件自采用离心铸造工艺生产后，发展迅速，逐渐形成具有特色的工艺。

我国在20世纪50～70年代曾用离心铸造工艺生产低合金钢炮管；目前则较多研发适合在耐热、耐腐蚀等工况条件下的各种合金钢管，以及满足特殊工况要求的双层复合管材。国内外机械、冶金、建材、电力和石化行业的许多大型成套设备和装置的关键部位，均采用了大量的离心铸钢或合金钢铸管，其应用领域和产品见表11-92。

表11-92　离心铸造合金钢管的应用领域和产品

应用领域	产品种类	材质（代号）
机械	辐射管、炉底辊和渗碳罐等	HH，HK-S2，KHR-35H
冶金	辐射管、炉底辊、光整辊、热风管、炼铁气体还原管和连续管等	HK-40，HP，HH，低合金钢
石油精炼及化工	重整炉辊、合成氨转化管、乙烯裂解管、集气管和重油脱硫管等	HK-40，HP，KHR-35CW，KHR-S2，CA-15，CF-8，HH
电力、天然气	煤灰输送管、核电站主管道、石油天然气管和海上石油钻杆套等	316，CF-8，0Cr25Ni35Co15①，0Cr18Ni9Nb①，0Cr18Ni11Mo3①
造纸	滚筒壳体、瓦楞纸板辊	CA-15，CF-8
非铁金属	镁还原罐、钛还原罐、铝箔风冷辊和冷却管道等	HP-40，HH，316
玻璃和陶瓷	轧制管、托辊、陶瓷和搪瓷辐射加热管	HK，HW，HH
城建	城市煤气反应管	HK
航海运输	油轮储油罐、输油管、挖泥船疏淤管	低合金钢
土木建筑	各种支架	低合金高强钢
通用机械	特种液压缸、不锈钢辊和中空烟囱等	低合金钢、碳钢

① 曾用牌号。

合金钢管主要用于高温条件下，也有的在高温和有腐蚀条件下或抽真空条件下工作。如辐射管是热处理炉和加热炉的传热零件，常在1100℃左右条件下工作；炉底辊是在高温且承受负载和转动工况的条件下工作；炼镁罐筒是在高温且其内部抽真空条件下工作。因此，合金钢管既要有好的耐热性和耐蚀性，还要有一定的热强性。钢管多用高合金钢制作，其材质化学成分见表11-93。

表11-93 合金钢管的材质化学成分（质量分数） （%）

序号	牌号	化学成分								说明
		C	Si	Mn	P	S	Cr	Ni	其他	
1	ZG40Cr9Si3	0.35~0.5	2.0~3.0	≤0.7	<0.035	<0.03	8~10	≤0.6	—	1050℃淬，R_m=700MPa，800℃氧化，700℃长期耐热
2	ZG30Cr19Mn12Si2N	0.24~0.34	1.7~2.5	11~13	<0.06	<0.035	17~21		N0.22~0.34	工作温度900~950℃，淬火罐等
3	ZG3Cr25Si3Ni①	≤0.35	2.5~3.5	≤0.7	<0.035	<0.03	23~27	0.7~1.3	—	耐热1000℃
4	ZG40Cr23Ni4N	0.35~0.45	1.2~2.0	≤1.0	<0.035	<0.03	21~24	3.5~5.0	N0.23~0.3	1150℃淬，R_m=1000MPa，熔点1378~1397℃，1050℃工作
5	ZG35Cr24Ni8SiNRE	0.3~0.4	1.3~2.0	≤1.5	<0.035	<0.03	23~25.5	7~8.5	N0.22~0.3 Re0.2~0.3	871℃时，R_m>115MPa，最高氧化温度<1100℃
6	TAH 1009	0.2~0.5	<2.0	<2.0	<0.05	<0.04	26~30	14~18	Mo<0.5	熔点1400℃，R_m=940MPa，最高使用温度1130~1200℃
7	ZG4Cr25Ni15RE①	0.38~0.45	1.5~2.0	0.3~1.3	<0.03	<0.035	24.5~25.5	14~16	N0.22~0.3 Re0.2~0.3	871℃时，R_m>115MPa
8	ZG43Cr25Ni20Si2①	0.35~0.45	≤2.0	≤2.0	≤0.04	≤0.04	23~27	18~22	Mo<0.5 N0.05~0.15	800℃，R_m=280MPa，1150~1200℃工作
9	ZG32Cr31Ni11N①	0.28~0.38	≤0.85	≤0.06	≤0.04	≤0.04	29~33	9~11	N0.26~0.33	R_m=750MPa，1200℃时，R_m=24~39MPa，增生小于0.25kg/(m·h)

① 曾用牌号。

离心铸造合金钢管的规格范围很宽，铸件最小直径可在 ϕ60mm，最大直径可达 ϕ1500mm，通常较多的直径为 ϕ100~300mm；最长可达产10m，通常较多的长度为1~4m；最小壁厚可为6mm，通常较多的壁厚为10~30mm。

11.9.2 离心钢管的铸造工艺特点

1. 离心铸造机

离心铸造钢管基本上都采用滚轮式离心铸造机。如果是单一品种大量生产，可采用固定的托轮距，这样机器简化，制造和维修均较方便；如果在一台机器上要实现较多规格的产品生产，就必须要求托轮在横向和纵向均为可调的，而且托轮距调整必须准确。在离心铸造机结构设计时应注意两点：一是它要求有较大的变速范围，以便低速上涂料；二是由于钢液浇注温度高，托轮轴部位受热较多，应加强维护轴承的正常运转和润滑性能。

2. 铸型

钢管是采用金属型内表面上涂料进行离心铸造的。在工艺设计时应注意合金钢的铸造收缩率较大，一般为2.0%~2.5%。由于铸件表面的铸皮和致密层对耐蚀性有好处，所以在不影响使用的条件下应尽量不加工或少加工。在铸造10mm以上薄壁钢管时，铸型的壁厚也不应过薄，以防止变形，一般壁厚至少为35mm；在铸造厚壁钢管时，必须用铸型的重量系数验算和确定铸型的壁厚，以便控制铸型的温升（应小于450℃）。铸型温度过高，会影响使用寿命。

由于浇注温度高，对铸型的热作用大，铸型材质多采用铸钢，如ZG35、ZG45和33MoCr11等。

3. 涂料

涂料对铸件成形和表面质量，铸型使用寿命等均有重要影响。涂料中耐火基料常用石英粉（砂）和高铝粉等，黏结剂常用水玻璃。目前上涂料的方法有滚挂和喷涂两种。

1）滚挂法上涂料。先将石英粉（砂）混成糊状，再将稀释好的水玻璃倒入石英粉中搅拌成料浆。铸型要预先清理干净、加热到120～150℃，然后将铸型装在离心机上。当温度降至100℃左右，将涂料搅拌均匀快速倒入型内，使之分布均匀。开车低速（重力系数 $G=1$ 左右）转动，待涂料水分蒸发开始变稠时，使铸型转速加快到浇注时的转速，同时用压缩空气不时吹出水气以加速干燥，10～20min 后停止转动。涂料厚度一般为1.5～3mm，不宜过薄。再将挂好涂料的铸型装炉干燥，干燥温度应达到300℃，使涂料彻底干燥，而后保温待浇注。浇注时，铸型温度应在100～200℃之间。滚挂法的设备简单，对涂料的悬浮性、铸型内表面的要求不十分严格，涂料相对较厚，铸件容易出型。由于涂料较厚，不利于顺序凝固，生产周期较长。

2）喷涂法上涂料。将悬浮性好的涂料浆置于密封的料罐内，喷枪导管与料罐相连，将预热好的铸型装在离心机上，使其缓慢转动；喷枪在型内纵向往复运动，喷上涂料。涂料层厚度一般为0.4～1mm。喷好涂料的铸型一般不再进行干燥即可离心浇注了。喷涂法可使铸件表面质量均匀；涂料较薄，铸件冷却相对较快，有利于顺序凝固；喷涂后不再干燥，生产周期短。但对涂料要求高，悬浮性要好，发气量要小，并对铸型内表面的要求较严格。

4. 铸型转速

合金钢管的浇注转速不宜过高，一般重力系数 G 取40～60即可，小口径和厚壁的铸件应偏上限。因为钢中的合金元素含量高，容易产生质量偏析，又由于线收缩率较大，在离心力场下刚凝固时易产生裂纹，故一般选用中等转速。在离心机转速加速到正常时进行钢液浇注，在浇注转速下进行凝固。当观察到钢液已凝固，应将转速缓慢下降到原转速的20%～30%，这样可避免钢管外表面产生纵裂纹。

5. 浇注充填速度

合金钢熔点较高，流动性较差，往往采用较快速的充填速度，特别对于薄壁或长铸件更是如此，充填速度与铸件结构及重量有关，一般取4～25kg/s。浇注系统常采用直管式浇口斗，在浇注时形成一定的压头即实现封闭式充型，充型时具有一定的喷射效果。浇管长度多在600mm以下，以便于修整和烘烤。浇注时，浇管应处于水平，浇管中心线应与铸型旋转中心重合，以利浇管的放置。如铸件重量为500kg 的ZG30Cr24Ni7SiNRE钢镁罐筒，浇注系数取0.5，浇注速度为15kg/s，计算得浇注时间为33s；压头高度H取12cm，计算出浇管孔面积为25.5cm²（折合成直径为 ϕ5.7cm），实践证明是合适的。对于浇注直径小的合金钢管时，应提高压头高度，增加钢液流速，提高浇注速度。

6. 钢液浇注工艺

钢液的定量多采用定重量法，厚壁钢管多采用液面高度法；铸型温度在100～200℃之间。小件薄件取上限，8mm以下薄壁件铸型温度甚至高达250～300℃；钢液的过热度在150～300℃之间，故浇注温度在1500～1650℃之间，薄壁钢管应取上限。

7. 钢管出型

钢管凝固后随机冷却到具有一定强度的红热状态时即可出型，一般应在1000～800℃间，出型温度越低，铸型的温升越高。如铸造镁罐用钢管，浇注时铸型温度为150℃，浇注钢液温度为1500℃，钢管出型温度为800℃，铸型温度升至430℃，被认为比较合适；如钢管出型温度为700℃，铸型温升至470℃，会缩短铸型使用寿命。铸件出型时可用顶出机将钢管顶出。中小厂可用简易方法，采用钢绳滑轮将钢管拉出。钢管出型和铸型清理后要均匀冷却，并控制铸型温度。

11.9.3　主要缺陷与防止措施（见表11-94）

表11-94　离心铸造合金钢管的主要缺陷与防止

缺陷类型	特　征	产生原因	防止措施
表面气孔	在钢管表面局部或较大面积上出现一片片很均匀的圆形气孔。气孔的直径为0.5～2mm，深0.5～2mm	这种气孔是浸入性气孔。当钢液浇注后，涂料层在高温作用下产生气体，且铸型无排气孔，气体浸入钢管表层而钢液已处于半凝固或凝固，所以形成气孔	根本途径是减少涂料的发气量 1）将耐火骨料经高温焙烧，使其去除结晶水 2）涂料涂挂完后充分干燥，以彻底脱水

（续）

缺陷类型	特征	产生原因	防止措施
钢管表层夹砂	在钢管表面局部出现粗糙面并稍有凸起，粗糙麻面有清晰的周边轮廓。当去掉粗糙钢表皮层后可见薄的涂料层或夹砂（即起夹子） 这种缺陷主要出现于滚挂涂料的钢管	在浇注钢液时，涂料层有分层现象并有裂纹处，使钢液钻入所致	严格控制涂料组成和涂挂工艺
裂纹	主要指常见的横裂纹。裂纹有的未穿透管壁，也有的穿透管壁 这是一种热裂纹，在钢管两端出现飞刺或喇叭头	在钢管凝固收缩时受到阻碍所致	1）在挂涂料时，涂料在铸型纵向要分布均匀 2）加速旋转时，端盖处不能有涂料浆漏出，以免出现飞翅。最好在涂料涂挂完后密封端盖的所有披缝
缩孔缩松	在钢管最后凝固的内表层，大多数在靠近内表面处	由于钢管双向凝固造成：钢液由外向内逐层凝固，凝固将近结束时，内表面凝固结壳而其内层领域尚有钢液未凝固，此钢液凝固收缩时又得不到补缩，故在最后凝固部位产生缩孔、缩松	1）确定合理的最高转速，铸件成形后立即降低铸型转速，以降低铸型内强烈的对流“旋风”传热过程 2）控制钢液的浇注温度，一般比砂型的要低20～30℃ 3）采用0.5%熔点适宜的型内处理剂，以起到吸气、保温作用
试压渗漏	钢管在试压时表面出现大面积渗漏	这种渗漏主要发生在薄壁钢管（如ϕ100mm钢管，$\delta=5\sim6$mm）上，且铸型挂涂料太厚（达2.5mm），钢液层未实现顺序凝固，在钢管截面上有严重的缩松	采用喷涂涂料，使涂料层厚度减薄（如减至1.5mm），以提高钢管的致密性
表面沟纹	在钢管最后凝固的内表面形成具有一定深度的、纵横交错的、相互连接的网状沟纹	由于钢管双向凝固造成：在内表面的钢液已经形成结晶骨架时，在其下面尚未凝固的金属液的凝固收缩过程中，挤压内表面凝固层，使之破碎，并向内收缩形成内表面网状沟状	1）严格控制钢液的浇注温度，对于厚壁钢管，浇注温度应尽量低些 2）在不产生冷隔的前提下，浇注速度在中后期应越慢越好 3）减小端盖孔的尺寸，以减少内表面热量的散失 4）加快铸型的冷却速度，加强从外向内的顺序凝固
表面局部针刺	在钢管的一端出现针刺。针刺的直径为$\phi0.5\sim\phi1$mm，高为2～3mm，密度约1个/cm^2	铸型预热温度不均匀，靠干燥炉里端温度偏高，致使此处涂料硬化快，其内部涂料产生的蒸汽不能顺利排出，而夺路集中外逸，造成涂料层被穿孔而形成表面局部针刺	1）铸型预热温度要均匀 2）严格控制挂涂料时的铸型温度

11.10 轴瓦

内燃机滑动轴承俗称轴瓦，它包括曲轴主轴瓦、止轴瓦、止推垫片、连杆大端轴瓦、连杆小端轴套、凸轮轴轴套等。它是各种动力机械的重要基础零件。2014年，我国各种轴瓦的产量为106500万件。

11.10.1 轴瓦常用的材料

轴瓦通常是多层结构形式。钢支承背是轴瓦的基础，它具有足够的强度，紧接其后的是起功能作用的合金层或具有附加抗摩擦层的合金基材，以优化轴瓦的特性。轴瓦按结构形式分为：整体合金、钢背+减摩合金层、钢背+减摩合金层+镀（涂）层三大类产品。

1. 材料分类和选择要求

1）轴瓦使用的金属材料有巴氏轴承合金、铝合金、铜合金、复合材料和镀（涂）层。

轴承合金分两大类：一类是锡基轴承合金，以锡为基本成分，加入适量的锑（4%～14%）（质量分数，下同）和铜（3%～8%）；另一类是铅基轴承合金，以铅为基本成分，加入适量的锡（最多达20%）和铜（3%～8%）。轴承合金元素的熔点大都较低，只适用于150℃以下工作。轴承合金一般只用作为双金属或三金属轴瓦的表层材料。

铜合金包括铸造铜合金和烧结铜合金。烧结铜合金用于轴瓦产品时，通常需添加表面涂覆层。

铝合金是金属轴瓦材料中应用较晚的一个品种。它具有强度高，耐磨蚀，导热性良好等特性。铝锡合金按含锡量的不同，分为低锡铝合金（含锡5%～8%）、中锡铝合金（含锡10%～15%）、高锡铝合金（含锡20%～40%）和特殊高锡铝合金（含锡50%以上）。

陶质金属是用不同的金属粉末经压制、烧结而成的轴瓦材料。材料是多孔结构的，孔隙约占体积的10%～35%，它具有自润滑性，宜用于平稳无冲击载荷及中小速度情况下。常用的有青铜-石墨、多孔铁质和铁-石墨三种。

2）选择或开发金属轴瓦材料时，确保轴瓦软硬特性的平衡十分重要。①汽油机轴瓦的比负荷较低，可采用由钢支撑层和合金底材层组成的双金属（双层结构）轴瓦，合金底材层采用含软性锡和硬性硅颗粒的铝基复合材料，商用车发动机轴瓦也常采用铝基双金属轴承；②对于负荷较高的柴油机轴瓦，要求采用强度较高的合金底材，通常使用将铜基合金贴合在钢支撑背上的轴瓦，再在底材上涂覆一层软性的薄抗摩层作为表面涂层；③由于功率密度增加和发动机小型化，轴瓦系统的最大比负荷、直接接触反应力和温度都在增加，目前广泛使用材料组合，包括铝合金、电镀涂层、热喷涂层和飞溅喷涂涂层；④发动机功率和转速的不断提高，铜基合金和铝基合金已成为应用最广泛的合金层材料；⑤由于内燃机高载荷、轻量化、低摩擦、少污染和低能耗等，对轴瓦的合金层材料提出了更苛刻的要求：必须减少铅、镉等有害重金属的使用，最终实现轴瓦的无铅化。

2. 轴瓦常用的材料与化学成分

（1）钢背材料　通常薄壁轴瓦的钢背材料采用碳的质量分数为0.03%～0.25%的优质碳素钢；高速大功率柴油机的高性能轴瓦，其钢背材料碳的质量分数最高达到0.17%～0.25%。

（2）合金层材料牌号与化学成分　常用的金属轴瓦合金层的材料牌号与化学成分见表11-95～表11-97。

表11-95　铝基合金材料及应用

材料牌号	材料成分（质量分数，%）	SAE	应用
AlSn20Cu	Sn：17.5～22.5 Cu：0.7～1.3 Al：余量	SAE703	用于制造内燃机的主轴瓦、连杆瓦、止推片、衬套，具有良好的抗咬合能力和耐蚀性，表面不需电镀，适于中等承载能力
AlSn10Cu	Sn：10～14 Cu：0.7～1.3 Al：余量	SAE787	用于制造内燃机的主轴瓦、连杆瓦、止推片、衬套，适于中等到较高承载能力，表面不需电镀
AlSn6Cu	Sn：5.5～7.0 Cu：0.7～1.3 Pb：1.0～2.4 Al：余量	—	用于制造内燃机的主轴瓦、连杆瓦、止推片、衬套，适于中等到较高承载能力，表面不需电镀。相应工作表面顺心性较好
A-500	Al：86.50　Sn：8.00 Si：2.50　Pb：2.00 Cu：0.80　Cr：0.20	—	极佳的耐磨性和耐蚀能力，良好的抗咬合能力。承载能力强，特别适用于制造球墨铸铁和钢的曲轴，表面不需电镀，适用于制造中等载荷的主轴瓦、连杆瓦

表11-96 铜基合金材料及应用

材料牌号	材料成分（质量分数,%）	SAE	应用
CuPb10Sn10	Pb：9~11 Sn：9~11 Cu：余量	SAE792	良好的耐磨性和抗冲击能力，承载能力很强。适用于制造中载、中到高速及有冲击载荷的卷制衬套
CuPb22Sn1.5	Pb：20~26 Sn：1.0~2.0 Cu：余量	—	良好的顺心性和承载能力，适用于制造高速、高冲击载荷的主轴瓦、连杆瓦
CuPb24Sn	Pb：21~27 Sn：0.6~2.0 Cu：余量	—	适用于制造较高速、较高承载能力的轴瓦与衬套
CuPb30	Pb：26~33 Sn：0.5 Cu：余量	—	适用于制造中等承载能力的轴瓦与衬套
H62	Fe：0.15 Cu：60.5~63.5 Zn：余量	—	适用于制造载荷较小的衬套

表11-97 巴氏合金材料及应用

材料牌号	材料成分（质量分数,%）	SAE	应用
FM-160	Pb：92.5 Sn：4.0 Sb：3.5	SAE16	具有良好的顺应性、嵌入性和抗咬合能力，承载能力比铅基、锡基巴氏合金高
SnSb8Cu3	Pb：0.35 Sb：7.0~8.0 Cu：3.0~4.0 Sn：余量	SAE12	适用于制造载荷较小的轴瓦与衬套

（3）减摩层材料 ①轴瓦工作表面的减摩层，不仅改善了轴瓦的摩擦相容性、嵌藏性、顺应性和耐蚀性，还提高了轴瓦合金层的抗疲劳性；②添加SiC、Si_3N_4等，真空物理喷溅质量分数为20%的锡铝合金和Sn-Cu-Ag合金，被认为是耐磨性和疲劳强度较高的涂层材料；③在研发铝锡铜合金材料（AS104和AS1241）的同时，还发展了铝合金轴瓦工作表面电镀纯锡层，它改善了轴瓦的耐磨性和抗咬合性，它的耐磨性、疲劳强度、抗气蚀能力等远远高于Pb-Sn10Cu2镀层；④目前较常用的镀层合金牌号有Pb-Sn10Cu2、PbSn10和PbSn7等；⑤合金层上的减摩层，一般为电镀在镍栅层上的铅锡铜合金、铅锡铜铟合金或电镀锡铜合金；⑥目前非金属涂层MoS_2、塑料+Al_2O_3，以及在涂层中添加SiC、Si_3N_4和Al_2O_3等陶瓷颗粒。

3. 轴瓦的金相组织特点和要求

轴承合金通常具有两相或多相的组织。

1）锡基轴承合金主要是锡、锑、铜三元合金。当锑的质量分数超过9%时，组织中出现硬脆的质点β相（SbSn化合物）。适量的铜[如$w(Cu) \geqslant 0.8\%$]，使组织中析出η相（Cu_3Sn）或ε相（Cu_6Sn_5）。

2）锡基巴氏合金中的β相应细小，颗粒边长小于0.08~0.15mm。铅基轴承合金可分为铅-锑系和铅-钙钠系两类。铅为软基体，加入锡溶入铅中强化基体，并形成硬质点；加入铜防止密度偏析，形成Cu_3Sb、Cu_6Sb_5或Pb_3Ca等硬质点，提高合金的耐磨性。

3）在铜铅合金的金相组织中，铅以细小的点、块或球状均匀分布，不允许有大块的铅偏析。金相组织应细密，不同相晶粒分布应均匀，不得有外来夹杂及疏松。

轴承合金与钢背的结合应良好，除了钢背面上的个别视场内有少量氧化物外，在靠近钢背的合金层中，不允许有长条的硫化物、硼化物、焊接残渣、氧化铁、疏松、气孔等。

4. 轴瓦材料与工艺的今后发展趋势

1）大功率内燃机将广泛使用多层金属材料薄壁轴瓦。

2）轴瓦生产中自动线加工技术、在线检测技术、等离子喷涂与MoS_2+C涂层技术等得到应用。

3）开发替代Pb的新涂层（基于铁矿石的涂层材料）。

4）铝替代铜作为重型柴油机轴瓦的基层材料。

11.10.2 轴瓦离心铸造

铜合金轴瓦在卧式悬臂离心铸造机上浇注，其离心铸造工艺参数见表11-98。

表 11-98 铜合金轴瓦离心铸造工艺参数

工艺名称		工艺参数
铸型预热温度/℃		600~650
浇注时铸型温度/℃		60~80(锡青铜) 400~450(铝青铜)
浇注温度/℃		1130~1170
铸型转速		按重力系数 $G=40 \sim 80$ 计算
合金收缩率(%)		1(锡青铜) 1.2(铝青铜)
机械加工余量/mm	外表面	3~4(锡青铜) 4~5(铝青铜)
	内表面	5~6(锡青铜)
	端面	5~7(铝青铜)

某离心铸造锡青铜铸件铸造工艺如下：浇注前在离心机金属型内刷上涂料（氧化锌和滑石粉各1/2，外加1%~3%松香调匀）防止粘型，然后将金属型预热至300~350℃后，再缓慢冷却到工作温度40~80℃准备浇注。这时先使离心机转动平稳，采用先快后慢的浇注方式。浇注温度应控制在1100~1200℃。若采用金属型—覆砂离心铸造工艺，覆砂层应彻底烘干，浇注温度比金属型低30~50℃，控制在1050~1100℃。若是浇注含磷较高的ZCuSn10P1合金时，浇注温度应严格控制在960~980℃，否则铸件会产生严重偏析而报废。锡青铜铸件的离心浇注温度见表11-99；锡青铜铸件的离心机转速见表11-100；锡青铜铸件浇注完毕后离心机继续转动时间见表11-101。

表 11-99 锡青铜铸件的离心浇注温度

合金牌号	铸件壁厚/mm	浇注温度/℃
ZCuSn5Pb5Zn5	≤30	1160~1180
	>30	1100~1150

表 11-99 (续)

合金牌号	铸件壁厚/mm	浇注温度/℃
ZCuSn10P1	≤30	970~990
	>30	960~980
ZCuSn10Zn2	≤30	1030~1080
	>30	1000~1050

表 11-100 锡青铜铸件的离心机转速

合金牌号	铸件内径/mm	离心机转速/(r/min)
ZCuSn5Pb5Zn5	80~300	1350~800
	300~600	800~600
	600~900	600~400
	900~1200	400~250
ZCuSn10P1	80~300	1250~750
	300~600	750~500
	600~900	500~350
	900~1200	350~200

表 11-101 锡青铜铸件浇注完毕后离心机继续转动时间

合金牌号	铸件壁厚/mm	继续转动时间/min
ZCuSn5Pb5Zn5	≤30	2~3
	>30	4~8
ZCuSn10P1	≤30	3~4
	>30	4~15
ZCuSn10Zn2	≤30	3~4
	>30	4~12

11.10.3 主要缺陷与防止措施（见表11-102）

表 11-102 离心铸造轴瓦的主要缺陷与防止措施

缺陷类型	特征	产生原因	防止措施
热裂纹	—	1）锡青铜过早形成的薄壳层的高温强度过低，不能抵抗铸件凝固收缩时的拉应力 2）铸件脱型时过早用锤头等工具敲打振动，产生机械热裂纹	1）加硼调整锡青铜结晶温度范围，降低锡当量，适当增加磷铜加入量，以便充分脱氧和净化液态合金，提高合金液的流动性和补缩能力 2）铸件应冷至完全发黑时才能脱型 3）离心铸造机应匀速平稳转动，浇注完毕后不能过早停机 4）金属型预热要均匀

（续）

缺陷类型	特征	产生原因	防止措施
冷裂纹	钢套切去盖后在铜层自由表面可见到的纵裂纹，裂纹短者20mm，长者达60mm。其宽度从发纹形貌到0.7mm宽。表面颜色无异常，纹缝内无铜渣等异物，从裂纹形貌分析属于冷裂	由于冷却过急和冷却终止温度过低所致	1）原则上冷却要快，但不宜过急，在铜液温度降低和凝固阶段可以适当快冷。当凝固以后应缓慢些水冷，到一定温度时停止水冷 2）在控制冷却上，可空冷10~30s，水冷速度取7~12℃/s，冷至表面红黑色即可
缩松	锡青铜轴瓦毛坯经粗加工后，缺陷处颜色明显不同（色深）。经放大观测，可见到一片微小缩孔（缩松）或一条微小的缩孔。缺陷处尺寸小者10mm，大者60mm	锡青铜是缩松倾向很大的合金，凝固温度区间宽，如顺序凝固程度不够，补缩不完全，便会形成缩松	1）加强顺序凝固：进一步加强水冷，使冷却时间缩短；加大冷却水压力；加强水雾冷却，达到较多汽化的程度 2）适当降低钢套出炉温度，降低过热度，从而提高冷却速度 3）钢套温度力求均匀，加长钢套空冷时间 4）成分中锡取下限，锌取上限，以减小结晶温度范围。加脱水硼砂，用硼细化合金晶粒
偏析（锡汗）	又称反偏析，在铸件表层偏析出富锡相	1）锡青铜凝固温度区间宽，树枝状枝晶发达，当铸件收缩时压力增加，富锡相δ（$Cu_{31}Sn_8$）沿枝晶间的显微空隙向外挤出，直至铸件表层和挤出表层 2）离心铸造机转速过快 3）浇注温度过高 4）金属型工作温度太高	1）尽量降低锡含量，提高锌含量 2）严格控制离心铸造机转速和浇注温度 3）大流量快速浇注铸件 4）金属型工作温度应控制在40~80℃之间 5）尽量采用金属型离心铸造工艺，少采用金属型—覆砂离心铸造工艺，以加快冷却速度
内壁凹坑	多产生于卧式离心机铸造带法兰盘的套类锡青铜铸件，往往在法兰盘的热节处、浇道处产生	1）铸件的结构不合理或工艺方法不当 2）金属型预热温度太高且不均匀 3）浇注温度过高	1）金属型预热温度要均匀，应控制在40~80℃之间 2）浇注温度不能过高 3）尽量采用金属型离心铸造工艺，以加快冷却速度

11.11 轮类铸件

11.11.1 轮类铸件特性

常用离心铸造的轮类铸件种类较多，如叶轮、涡轮、导轮、传动轮及其他类似结构等。这类铸件结构较复杂、壁较薄，要求物理性能和力学性能较高。有的合金充型能力较差，可采用离心铸造方法提高充型能力，有利于铸件的充填和补缩，使铸件组织致密，从而获得结构和性能较完美的铸件。

这类铸件是成形铸件。外型采用金属型，内腔采用金属芯、砂芯或组芯，结构复杂、要求高的小铸件可以用熔模型壳。离心铸型中的型芯，在离心铸造过程中承受着较复杂的力，但其数值并不大，无论采用何种材料制成的砂芯均不会损坏。型芯表面应上涂料，以降低铸件的表面粗糙度值。轮类铸件通常是在旋转中心进行浇注的，生产中常用铸件平均半径来计算转速，重力系数 G 常取10~40。

11.11.2 铜合金叶轮

叶轮材质为ZCuZn27Si3，叶外径为ϕ305mm，内径为ϕ30mm，8只叶片，叶片边缘厚度为2.5mm。铸造收缩率取1.5%，轮的内孔和上下面的机械加工余量取3~5mm。采取水平分型，外型为铸铁型，壁厚为30~60mm。叶片由型芯形成，型芯可采用合脂砂或树脂砂，型芯强度为0.7~1.1MPa。叶轮铸型组装如图 11-93 所示。型芯和外型均涂滑石粉、水玻璃的水涂料。上涂料后型芯和铸型再经干燥，浇注时铸型温度为 100 ~ 200℃。

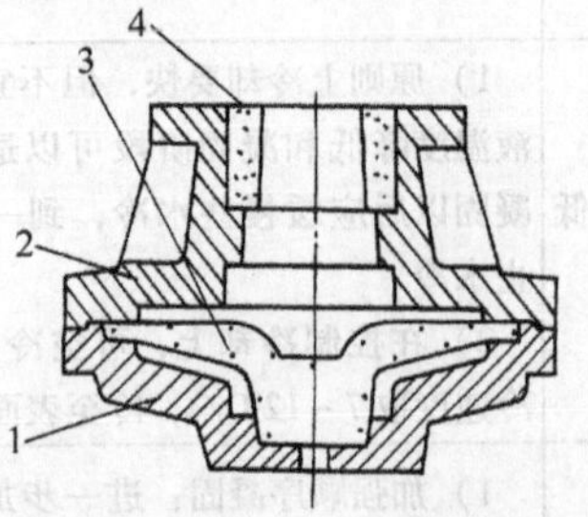

图 11-93　叶轮铸型组装图

1—下型　2—上型　3—芯子　4—冒口套

浇注合金温度为 1000 ~ 1020℃，浇注时间为 8 ~ 10s，浇注时铸型转速为 290r/min，按平均半径来计算重力系数 G 为 7.4（与管类离心铸件相比，G 值是很小的）。离心浇注过程主要是充型，离心力对合金凝固也起一定作用，浇注后旋转中心部位的圆锥形孔穴移至冒口中，轮中心是实心的。

11.11.3　合金钢涡轮

涡轮在工作时转速很高，温度也较高，受力大，要求有高的力学性能和耐热性能。涡轮外径常为 ϕ130 ~ ϕ300mm，密集均布着很薄的曲面叶片，最薄处为 0.6mm，对结构形状要求严格。涡轮材质多采用耐热、高强的合金钢。采用离心铸造生产涡轮有利于充型和组织致密。

铸型多采用熔模铸造型壳，黏结剂为硅溶胶，耐火材料为刚玉粉和刚玉砂等，制成型壳，以保证铸件的精度和表面粗糙度。型壳焙烧后要立即装在立式离心铸造机转盘上，安装型壳时应准确定位，使型壳浇口中心对准转盘旋转中心。浇注金属液温度常为 1470 ~ 1600℃，浇注时间常为 5 ~ 20s，浇注时铸型转速常以铸件平均半径计算，重力系数 G 常取 4 ~ 10。有的采用真空离心铸造机进行生产，可获得更好的涡轮铸件质量。

11.11.4　钛合金轮

钛合金具有比强度高、耐高温和耐腐蚀等优点，在航空、船舶、化工和医疗等行业逐步得到应用。常用的铸造钛合金牌号有 ZTi6Al4V 和 ZTi5Al2.5Sn。常用的 ZTi6Al4V 钛合金的化学成分、物理性能及力学性能见表 11-103。

表 11-103　ZTi6Al4V 钛合金成分及性能

项　目	参　数
w(Al)(%)	5.5 ~ 6.75
w(V)(%)	3.5 ~ 4.5
密度/(g/cm³)	4.42
熔点/℃	1604
热导率/[W/(m·K)]	68.17
抗拉强度 R_m/MPa	≥850
条件屈服强度 $R_{p0.2}$/MPa	≥780
断后伸长率 A(%) ≥	≥5
硬度 HBW	≤320
冲击韧度 a_K/(J/cm²)	34.3

注：成分中还常含有少量 C、O、N、H 等元素，其余为钛。

钛合金铸造有一定难度，因为钛合金熔化温度高，一般在 1700℃ 以上；钛合金化学性质活泼，反应性强，在 500℃ 以上时与很多物体发生反应，钛液几乎能与所有耐火材料以及氧、氢、氮等气体发生化学反应；钛液流动性差。因此，对铸型材料、合金熔化及铸型充填等都提出了特殊的要求。铸造钛合金的造型材料必须具有高的耐火度，良好的热稳定性，不与钛液起作用。目前，钛合金铸型有石墨捣实铸型、熔模铸造型壳、陶瓷型及锆砂型等。因为钛合金反应性强，因此熔炼自耗电极铸锭及浇注钛铸件必须在真空或惰性气体保护下和强制冷却的坩埚中进行，目前生产中多采用真空凝壳炉熔化钛合金，如图 11-94 所示。

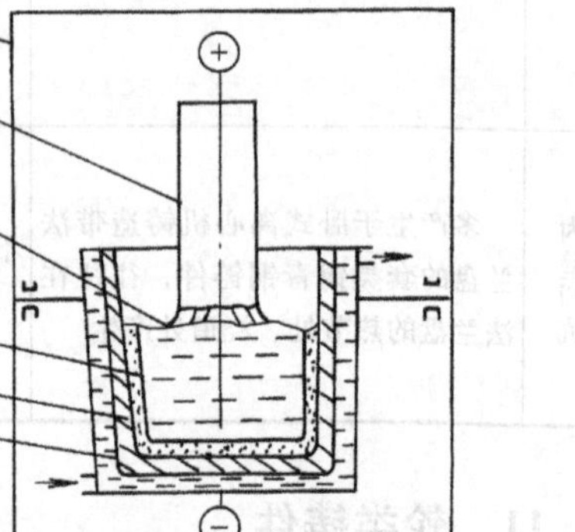

图 11-94　真空凝壳炉熔化示意

1—冷却水　2—铜坩埚　3—凝壳　4—钛合金液　5—自耗电极　6—真空罩

（1）熔模石墨型壳钛合金叶轮　这种叶轮是用熔模型壳制造的，型壳系统以酚醛树脂做黏结剂，用不同颗粒度的石墨粉和石墨砂作耐火填料和撒砂，型壳强度较高，可达 5.7 ~ 6.8MPa。浇注叶轮、通风机转子等的铸型外廓尺寸为 350mm × 350mm × 350mm，铸型置于立式离心铸造机转盘旋转中心并定位，然后关闭真空罩抽真空熔炼。合金熔化后凝壳炉自动翻转浇注，浇注时铸型的转速为 200～400r/min。获得铸铁的最小壁厚为 1.5～2mm，铸件的表面粗糙度值达 $Ra=3.2\sim6.3\mu m$。

（2）石墨型钛合金导轮　导轮最大直径为 363.5mm，均布 18 个叶片，叶片外缘壁厚为 4mm，叶片厚度公差小于 0.2mm，叶片圆弧误差小于 0.15mm。叶片表面粗糙度值要达到 $Ra=6.3\mu m$，导轮各加工面的机械加工余量为 2～3mm。由一个圆环型芯形成全部叶片结构，这样有利于保证叶片尺寸和位置。叶片芯、轮廓部位上下芯及浇口杯部位均置于套型内，组装而成，如图 11-95 所示。制好的石墨铸型及型芯往往含有水分，必须进行高温处理。将铸型置于真空炉内、抽真空，缓慢加热至 950℃，保温 4h 左右，随炉冷却。处理过的铸型应尽快浇注，以免再吸收较多的气体。浇注是在真空自耗凝壳炉内进行，真空状态下进行离心浇注。按平均半径计算，重力系数 G 取 15，铸型转速为 350r/min。浇注后在真空状态下进行冷却。

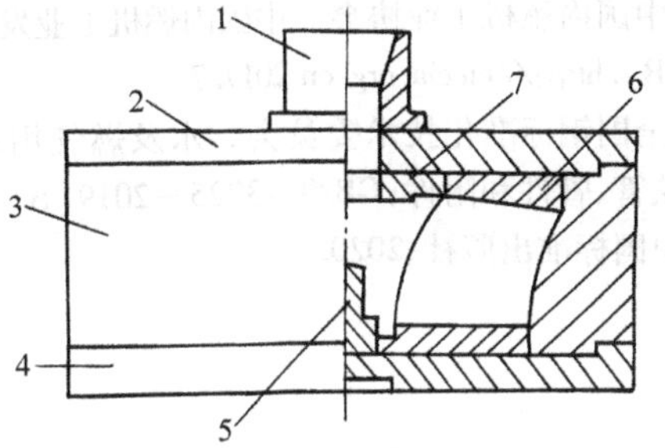

图 11-95　导轮铸型组装图

1—浇口杯　2—型盖　3—外型套　4—底型
5—中下芯　6—叶片芯　7—上芯

11.11.5　铝合金轮

如图 11-96 所示，此铝合金轮是纺织机械上用的，轮子有 8 根辐条，在辐条相对应处的轮缘上有 8 条肋爪，用来绕蚕丝的，轮子轮廓尺寸为 ϕ180mm×70mm，轮的毛坯重量 0.45kg，材质为 ZAlSi12。

此轮结构较为复杂，给铸型设计制造及铸型充填均带来一定的困难，因生产量而大采用了金属型，在立式离心铸造机上进行浇注。金属型材质为 QT400-18。铸型为组合式，轮缘内的轮心部分由上下两部分芯胎形成，轮缘及肋爪由分块的外型块组成，轮的中心孔设有小芯棒，可形成规整的中心直孔。浇注时铸

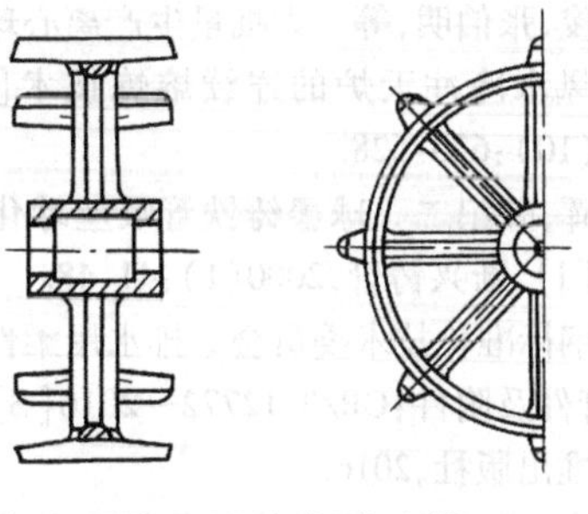

图 11-96　铝合金轮

型的温度控制在 200～300℃（温度低，易造成充型不良及冷隔等现象）。浇注时铸型转速为 280r/min，按平均半径为 9cm 计算，其重力系数 $G=7.9$。

11.11.6　铜碗形轴瓦

碗形轴瓦是大型圆锥破碎机中的重要零件，最大直径为 1360mm，最厚处为 35mm，最薄处为 10mm，重量 530kg，材质为 ZCuSn10Pb5，铸造收缩率取 1.2%，机械加工余量取 1.5mm，采用金属型立式离心铸造。下铸型材质为 ZG270-500，铸型毛坯经消除应力热处理，加工后进行静平衡试验；上铸型及下型芯材质都是 HT200。碗形轴瓦铸型组成如图 11-97 所示。浇口杯为 ϕ500mm×450mm，直浇道直径为 120mm，浇口杯内口为 ϕ30mm×3 侧开式，有利于合金液流动。铸型的涂料为（均为质量分数）：鳞片石墨 90%，黏土 5%，水玻璃 5%，加适量水，均匀后涂刷。上涂料时铸型温度为 150～250℃，浇注时铸型温度为 60～100℃，浇注温度为 1100～1130℃，浇注时间常为 35～45s，浇注速度为 30～40kg/s。浇注时铸型转速为 360r/min，按平均半径计算，重力系数 $G=50$。铸件在型内冷却到暗红色出型。

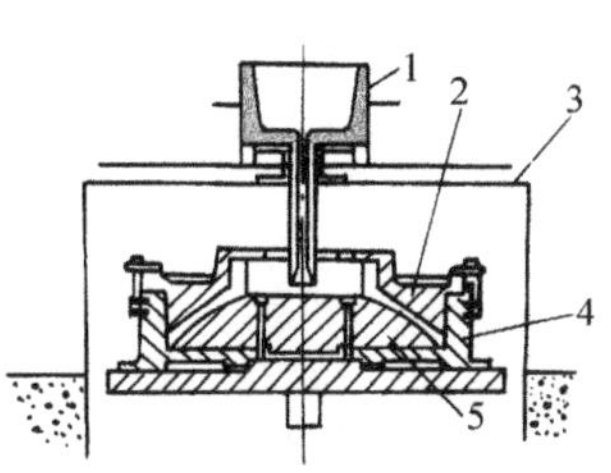

图 11-97　碗形轴瓦铸型组成

1—浇口杯　2—上型　3—机罩
4—下型　5—下型成形部分

参 考 文 献

[1] 张伯明．离心铸造[M]．北京：机械工业出版社，2004.
[2] 范英俊．离心球墨铸铁管工艺及装备[M]．北京：中国科学技术出版社，2001.
[3] 胡家骢译．离心铸管管模[J]．新兴铸管，1998（1）：34-41.

[4] 范英俊,张伯明,等. 大批量生产离心球墨铸铁管用热风水冷冲天炉的连续熔炼技术[J]. 铸造,2001(10):625-628.

[5] 王黎晖,薛纪二. 球墨铸铁管喂丝球化处理工艺研究[J]. 新兴铸管,2000(1):41-48.

[6] 全国钢标准化技术委员会. 排水用柔性接口铸铁管、管件及附件:GB/T 12772—2016[S]. 北京:中国标准出版社,2016.

[7] 胡家骢,薛纪二. 镁芯线球化处理工艺研究与应用[C]. 第七届全国铸铁及熔炼学术会议论文集2004(10):40-43.

[8] 新兴铸管集团公司. 木松桥铸管生产情况[J]. 新兴铸管. 1999(1):40-43.

[9] 新兴铸管集团公司. 印度电铸钢公司铸管生产介绍[J]. 新兴铸管. 1999(4):42-44.

[10] 郑丹云. 转包法球化处理工艺的试验研究[J]. 新兴铸管. 1998(3):13-17.

[11] 范英俊、赵焕平、胡家骢,等. 热模法大管径(DN1200～DN1600)离心球墨铸铁管工艺控制[J]. 新兴铸管. 1999(2):2-6.

[12] 李朝晖. 热模离心球墨铸铁管渗漏缺陷的防止[J]. 新兴铸管. 2000(3):44-47.

[13] 边建学,等. 离心污水管工艺及装备. 新兴铸管[J]. 2000(2):38-44.

[14] 杨骁. DN1800～2600mm 离心铸管机自动控制系统[J]. 新兴铸管. 2000(4):20-21.

[15] 杜隆有,等. W型离心铸铁排水管及其生产质量监控[J]. 特种铸造及有色合金. 2003(6):56-57.

[16] 范英俊,张伯明,等. 离心铸铁管缺陷及其防止措施[J]. 铸造. 1995(10):25-28.

[17] 王永云. 离心铸造合金钢套筒的应用技术[J]. 特种铸造及有色合金. 2003(3):48-49.

[18] 夏鹏举. 高合金钢离心铸管内表面沟纹和变形分析[J]. 特种铸造及有色合金. 2001(6):48-49.

[19] 张鑫. 离心铸造球铁管浇注流槽涂料及其涂刷工艺[J]. 特种铸造及有色合金. 2004(4):70-71.

[20] 苏义祥,等. 锡青铜铸件离心铸造的缺陷分析及其防止措施[J]. 铸造. 2003(12):1189-1191.

[21] 中国内燃机工业协会. 中国内燃机工业年鉴:2015[M/OL]. 上海:上海交通大学出版社,2015. 12.

[22] 中国内燃机工业协会. 中国内燃机工业发展报告[R]. http://ciceia. org. cn 2017. 7.

[23] 全国钢标准化技术委员会. 水及燃气用球墨铸铁管、管件和附件:GB/T 13925—2019[S]. 北京:中国标准出版社,2020.

第12章 连续铸造

连续铸造是一种连续不断或步进式地从一种具有冷凝作用的称为结晶器的特制水冷石墨型或金属型中拉拔出等截面铸件的熔体冷凝成形过程，简称连铸。连续铸造的铸件沿其轴线各处的截面形状与结晶器中铸型的型孔相同，故被称作连铸型材。与一般砂型铸造相比，连续铸造的优点是：冷却迅速，晶粒细化，组织致密；铸造过程易实现机械化、自动化；工艺流程短，生产率高，劳动强度得到改善；铸造过程没有废砂、废气和粉尘污染，属于清洁生产技术。但连续铸造无法生产变截面的铸件。

连续铸造已被广泛用于拉制钢、铜合金、铝合金、铸铁、镁合金、镍基合金及其他合金的连续铸锭。本章仅介绍铸铁型材的连续铸造。

最早的铸铁连铸产品是采用立式半连续铸造方法生产的连续铸铁管，我国于20世纪50年代从苏联引进后，六七十年代曾有广泛普及和发展。80年代之后，随着离心铸管和PVC管等新型管材的出现，连续铸铁管逐渐被取代。

现在，铸铁型材的连续铸造包括水平连续铸造和垂直连续铸造两种方法。水平连续铸造主要用于生产实心型材，作为制造轮、盘、块、轴类铸铁零件的坯材，而垂直连续铸造主要用于生产空心型材，作为制造环、套、圈、筒等空心类零件的坯材。水平连续铸造技术于20世纪50年代发端于欧美工业发达国家，80年代末我国开始了研发和生产。到2019年，形成了年产20万t以上的生产能力，处在世界领先地位。2005—2006年，我国率先发明了“垂直上引无芯连铸”技术，2008年开始工业化批量生产铸铁空心型材，并在实践中不断改进外观尺寸精度和内在质量。连铸球墨铸铁空心型材可以获得全断面100%的共晶石墨球，为制作超细密的等温淬火球墨铸铁材料（ADI）奠定了基础，进一步扩展了应用空间。

12.1 铸铁型材水平连续铸造

用水平连续铸造方法生产的铸铁坯通常称为铸铁型材。铸铁型材的材质一般有灰铸铁和球墨铸铁，也可以是高镍等特种合金铸铁。由于铸铁型材水平连铸方法不需要复杂的地下工程，其坯料长度不受空间限制，生产工艺稳定，产品质量优良而得到迅速发展。发达国家于20世纪70年代到80年代期间已将水平连续铸造广泛用于机械制造领域。苏联1976—1985年铸铁型材年产量由1.4万t迅速提高到7.2万t；2016年，美、日、欧、澳铸铁型材总产量已达约40万t。铸铁型材的需求量在不断地增加，预计要占铸铁件总产量的0.6%左右。我国于1986年开始研制水平连铸铸铁型材及其生产设备，并逐步在机械加工行业推广应用。目前铸铁型材的年产量已超过20万t，正在逐渐形成一个新兴的特种铸造行业。

铸铁型材水平连铸工艺过程如图12-1所示。铁液流入安装在保温包9下方的结晶器8的水冷石墨型中，与事先置入的引锭头铸合在一起；当石墨型中铁液凝固形成具有一定厚度的外壳时，铸铁型材即被牵引机7按步进方式拉出结晶器。型材通过牵引机后卸除引锭杆由牵引机直接牵引型材向前。型材通过同步切割机2时按一定的长度在铸铁型材4上切口，在通过压断机3时型材被压断，即成为铸态产品。铁液周期性地倒入保温包9，铸铁型材连续不断地被牵引出结晶器8形成连续生产。

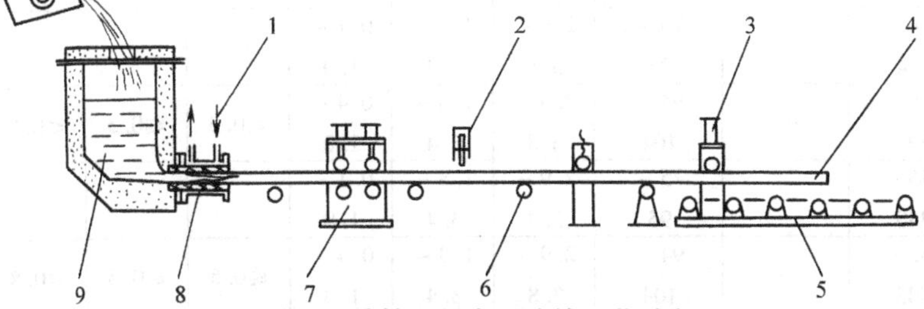

图12-1 铸铁型材水平连铸工艺过程

1—冷却水 2—切割机 3—压断机 4—铸铁型材 5—型材出线装置
6—支撑辊 7—牵引机 8—结晶器 9—保温包

12.1.1　铸铁型材的特点与应用

1. 铸铁型材的组织与性能特点

结晶器安装在保温包的下部，型材拉出结晶器时心部尚有部分未凝固的铁液，如图 12-2 所示。为了保证良好的补缩并使流入结晶器的铁液与渣分离，保温包中的液面应控制在一定高度以上。随着型材不断地拉出，需及时向保温包补充合格的铁液，保证液面始终具有足够的压头。如此形成动态大冒口补缩小铸件的连续铸造工艺。表 12-1 列出了保温包中所需铁液压头高度与型材尺寸的关系。由于有了良好的补缩和铁液的净化作用，从而大大减少了缩松、气孔、夹渣出现的可能性，使型材的组织十分致密。结晶器采用水冷石墨型，其冷却速度近乎于砂型的 30 倍，故金相组织中晶粒细小，使综合力学性能得到提高。

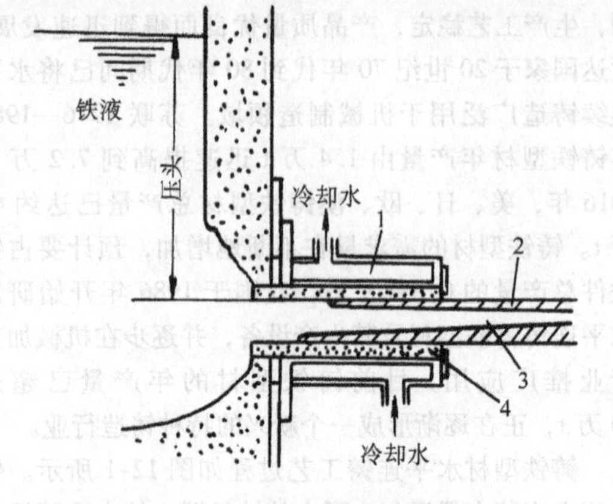

图 12-2　铸铁型材的凝固过程示意

1—水冷套　2—凝固部分　3—未凝固部分　4—石墨型

铸铁型材拉出结晶器后，其心部凝固时放出的结晶潜热会使已凝固部分温度回升，这种现象随型材尺寸的增大而越加明显，因而具有一定的自退火作用。图 12-3 所示为铸铁型材凝固时沿轴向的温度分布。

铸铁型材在化学成分设计上需要考虑到水冷石墨型的速冷作用，在碳当量选择上一般较砂型铸造要高一些，以保证不出现白口。实际生产中，小尺寸型材往往也难以完全避免白口组织和碳化物出现，出现白口后，需经高温退火消除组织中的莱氏体。表 12-2 和表 12-3 列出了国外某厂铸铁型材的力学性能与化学成分、金相组织与主要特征。其中 E 代表共晶石墨灰铸铁（组织中石墨全部为 D 型石墨），G 代表一般灰铸铁，D 代表球墨铸铁。

表 12-1　铁液压头高度与型材尺寸的关系（见图 12-2）

（单位：mm）

圆棒型材直径	铁液压头高度
11 ~ 45	250 ~ 450
50 ~ 145	400 ~ 600
150 ~ 250	500 ~ 700
260 ~ 450	600 ~ 800

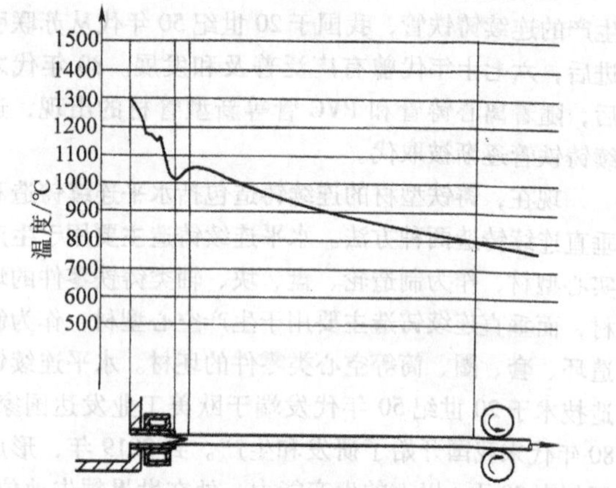

图 12-3　铸铁型材凝固时沿轴向的温度分布

表 12-2　国外某厂铸铁型材的力学性能与化学成分

材质	材质牌号	力学性能			化学成分（质量分数，%）							
		抗拉强度 R_m/MPa	断后伸长率 A(%)	硬度 HRB	C	Si	Mn	Ni	Cr	Cu	Ti	Mg
灰铸铁	E-2	176 ~ 274	—	75 ~ 95	2.9 ~ 3.8	1.8 ~ 3.4	0.1 ~ 1.0	—	—	—	0.1 ~ 0.3	—
	E-3	196 ~ 294	—	94 ~ 104	2.9 ~ 3.8	1.8 ~ 3.4	0.4 ~ 1.0	≤0.5	≤0.3	≤0.8	0.1 ~ 0.3	—
	E-C	245 ~ 343	—	75 ~ 95	2.9 ~ 3.8	1.8 ~ 3.4	0.1 ~ 1.0	—	—	—	0.1 ~ 0.3	0.003 ~ 0.020
	E-P	245 ~ 343	—	94 ~ 104	2.9 ~ 3.8	1.8 ~ 3.4	0.4 ~ 1.0	≤0.5	≤0.3	≤0.8	0.1 ~ 0.3	0.003 ~ 0.020
	E-A	176 ~ 245	—	70 ~ 85	3.3 ~ 3.8	2.0 ~ 2.6	0.1 ~ 0.6	—	—	—	0.1 ~ 0.3	—

材质	材质牌号	力学性能			化学成分(质量分数,%)							
		抗拉强度 R_m/MPa	断后伸长率 A(%)	硬度 HRB	C	Si	Mn	Ni	Cr	Cu	Ti	Mg
灰铸铁	E-M	196~264	—	75~90	2.8~3.4	3.0~3.8	≤0.4	—	—	—	0.1~0.3	0.003~0.020
	G-2	176~245	—	75~95	2.9~3.8	1.8~3.4	0.1~1.0	—	—	—	—	—
	G-3	196~264	—	90~104	2.9~3.8	1.8~3.4	0.4~1.0	≤0.5	≤0.3	≤0.8	—	—
球墨铸铁	D-4	392~490	14~25	65~92	3.0~3.8	2.2~3.4	0.1~0.5	—	—	—	—	0.02~0.10
	D-5	490~588	7~18	80~100	3.0~3.8	2.2~3.4	0.2~1.0	—	—	—	—	0.02~0.10
	D-6	588~686	>2	93~105	3.0~3.8	2.2~3.4	0.4~1.0	—	—	—	—	0.02~0.10
高镍球墨铸铁	ND-2	392~441	8~15	75~92	≤3.0	1.5~3.0	0.7~1.25	18.0~22.0	1.75~2.75	≤0.5	—	0.02~0.10

表 12-3 国外某厂铸铁型材的金相组织与主要特征

材质	材质牌号	金相组织	主要特征	相当牌号
灰铸铁	E-2	共晶石墨+铁素体基体	可加工性好	JIS FC20
	E-3	共晶石墨+珠光体基体	淬透性良好	JIS FC25
	E-C	共晶石墨+铁素体基体	拉伸及冲击性能好	JIS FC25
	E-P	共晶石墨+珠光体基体	拉伸、冲击、淬透性及耐磨性好	JIS FC25
	E-A	共晶石墨+铁素体基体	退火硬度低,可加工性好	—
	E-M	共晶石墨+铁素体基体	耐热性好	—
	G-2	外部:共晶石墨+铁素体基体 中心:片状石墨+珠光体基体	—	JIS FC20
	G-3	外部:共晶石墨十铁素体基体 中心:片状石墨+珠光体基体	珠光体基体强度高,淬透性好	JIS FC25
球墨铸铁	D-4	球墨+铁素体	断后伸长率高	JIS FCD40
	D-5	球墨+铁素体+珠光体	硬度强度、高和耐磨性好	JIS FCD50
	D-6	球墨+珠光体	硬度、强度高,耐磨性好, 断后伸长率低	JIS FCD60
高镍球墨铸铁	ND-2	球墨+珠光体	无磁,耐磨性、耐蚀性好	ASTMD-2 1SO NiCr 20-2

表 12-4 列出了我国常规铸铁型材的主要化学成分;表 12-5 和表 12-6 列出了 JB/T 10854—2019 水平连续铸造铸铁型材中的产品牌号和力学性能指标。

表 12-4 我国常规铸铁型材的主要化学成分

材质	型材牌号	化学成分(质量分数,%)					
		C	Si	Mn	P	S	Mg
灰铸铁	HT/LZ 200	3.2~3.7	2.2~3.4	0.4~0.8	≤0.15	≤0.12	
	HT/LZ 250	3.1~3.6	2.2~3.4	0.6~0.9	≤0.15	≤0.10	
	HT/LZ 300	3.0~3.6	2.2~3.4	0.7~1.0	≤0.15	≤0.10	

(续)

材质	型材牌号	化学成分(质量分数,%)					
		C	Si	Mn	P	S	Mg
球墨铸铁	QT/LZ 450-10	3.2~3.7	2.3~3.2	≤0.4	≤0.08	≤0.03	0.03~0.06
	QT/LZ 500-7	3.2~3.7	2.3~3.2	≤0.4	≤0.08	≤0.03	0.03~0.06
	QT/LZ 600-3	3.2~3.7	2.3~3.2	0.3~0.6	≤0.08	≤0.03	0.03~0.06
	QT/LZ 700-2	3.2~3.7	2.3~3.2	0.3~0.6	≤0.08	≤0.03	0.03~0.06

表 12-5　灰铸铁型材的抗拉强度

牌号	型材尺寸/mm					
	$D \leqslant$ 30	$30 < D$ ≤40	$40 < D$ ≤80	$80 < D$ ≤160	$160 < D$ ≤300	D >300
	抗拉强度 R_m/MPa ≥					
HT/LZ 200	200	190	170	150	140	130
HT/LZ 250	250	225	210	190	170	160
HT/LZ 300	300	270	250	220	210	190

注："型材尺寸"是指圆形截面的直径；对矩形或异形截面型材而言，是指与之截面相当的圆形截面型材的直径（简称为换算直径，以下同）；对于宽厚比大于 5 的板材，指型材厚度的 2 倍。

表 12-6　球墨铸铁型材的抗拉强度及断后伸长率

型材牌号	型材尺寸/mm			
	$D \leqslant 60$		$60 < D \leqslant 120$	
	抗拉强度 R_m/MPa ≥	断后伸长率 A(%) ≥	抗拉强度 R_m/MPa ≥	断后伸长率 A(%) ≥
QT/LZ 400-18	400	18	400	16
QT/LZ 450-10	450	10	430	10
QT/LZ 500-7	500	7	460	7
QT/LZ 600-3	600	3	600	2

铸铁型材的石墨十分细小，一般普通灰铸铁型材的表层为 D 型石墨，分布在十分发达的奥氏体枝晶分解产物之间。由于石墨细小，故金属基体在二次相变时，奥氏体中的碳原子易沉淀在一次石墨上而形成铁素体基体，石墨由表层向心部逐渐变粗，中心部分一般为 A 型石墨；基体中的珠光体数量也逐渐增加。加入 w(Cu) = 0.8% ~1.0% 或 w(Sn) = 0.15% ~ 0.30%，可以较大幅度提高基体中的珠光体量。图 12-4所示为 ϕ60mm 球墨铸铁型材的金相组织。

ϕ80mm 球墨铸铁连铸试样与砂型铸造试样金相及力学性能测定结果见表 12-7。由于石墨球数量多且细小分散，与砂型铸造相比，在强度相近的条件下，球墨铸铁型材的断后伸长率有较大的提高。东风汽车公司采用球墨铸铁型材等温淬火工艺生产奥贝球墨铸铁（ADI）齿轮替代合金钢齿轮，使热处理的变形量小并控制在稳定的范围内，从而省去了昂贵的磨齿工序，取得良好效果。其性能与在 900℃保温 2h +235℃等温 2h 条件下的砂型铸造球墨铸铁对比见表 12-8。

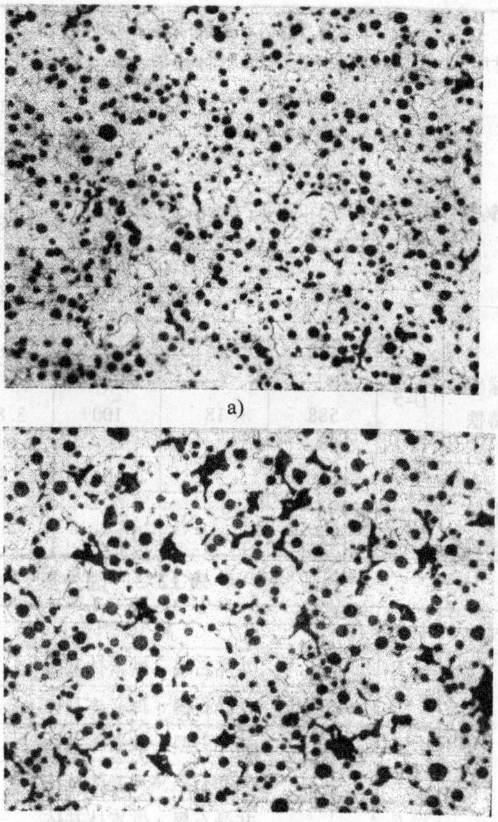

a)　b)

图 12-4　ϕ60mm 球墨铸铁型材的金相组织

a）表层　b）中心

连铸型材具有优良的疲劳性能，在 ϕ80mm 水平连铸棒材 1/2 半径处取样，与同材质 ϕ30mm 砂型铸造试样在弯曲应力作用下的弯曲疲劳强度对比见表 12-9。在抗拉强度相近的前提下，连铸棒材的疲劳强度较砂型铸造的提高 57.5%，疲劳比提高 58.1%。从中可看出，其零件的疲劳寿命将比同材质砂型铸造有较大的提高。

表 12-10 列出了连铸与砂型铸造的铸铁件密度比较。就碳当量的质量分数为 4.2% 而言，砂型铸造的铸件密度为 7.075g/cm^3，而连铸件的密度为 7.141g/cm^3。由于材质致密，故耐压气密性好。图 12-5 所示为灰铸铁耐压气密性试样。在 1mm 壁厚条件下测定的耐压气密性试验结果见表 12-11。从表 12-11 中可以看出，砂型铸造材质在较低的压力下即开始渗漏，依次出现点渗、周渗直到破裂，而连铸材质在相同试验条件下自始至终无渗漏直至破裂。

表 12-7　ϕ80mm 球墨铸铁连铸试样与砂型铸造试样金相及力学性能测定结果

试样	石墨球平均直径/μm	平均石墨球数/(个/mm²)	平均单个铁素体晶粒面积/μm²	球化率(%)	抗拉强度 R_m/MPa	断后伸长率 A(%)	化学成分（质量分数,%）			
							C	Si	RE	Mg
连铸试样	22.03	523.0	359.9	90	517.5	23.36	3.3	3.1	0.012	0.026
砂型铸造试样	58.62	162.7	668.5	80	430	16.08	3.6	2.8	0.019	0.021

注：性能试样取样部位均在 R/2 处。

表12-8 球墨铸铁连铸与砂型铸造等温淬火后的性能对比

铸造工艺	球化等级	石墨大小	基体组织	抗拉强度 R_m/MPa	断后伸长率 A（%）	硬度HRC
砂型铸造	1～2	5～6级	上贝氏体+下贝氏体+残留奥氏体	1300.8	4.43	33～36
水平连铸	1～2	7级	上贝氏体+下贝氏体+残留奥氏体	1320.9	10.4	36～38

表12-9 同材质连铸与砂型铸造弯曲疲劳强度对比

铸造工艺	试样号	抗拉强度 R_m/MPa	平均抗拉强度 R_m/MPa	平均疲劳强度/MPa	疲劳比（%）
水平连铸	L-1	311.4	317.6	210.8	0.664
	L-2	342.0			
	L-3	299.0			
砂型铸造	S-1	324.8	318.9	133.0	0.42
	S-2	311.2			
	S-3	320.7			

注：每组10个试样，分别测定能承受 10^5 循环次数的试样有效载荷数据的平均值，每组有效载荷数据不少于3个。

表12-10 连铸与砂型铸造的铸铁件密度比较

编号	101（连铸）	102（连铸）	103（连铸）	2（砂型）	3（砂型）
密度/(g/cm³)	7.141	7.230	7.141	7.075	7.140
w(CE)(%)	4.2	4.18	4.47	4.2	4.05

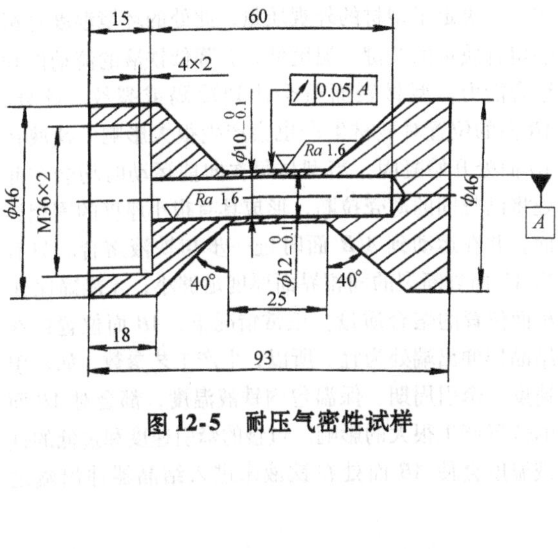

图12-5 耐压气密性试样

表12-11 耐压气密性试验结果

条件	状态	编号	点渗压力/MPa	周渗压力/MPa	爆破压力/MPa	碳当量 w(CE)(%)
砂型铸造	铸态	2	13.72	23.52	32.34	4.16
		3	15.68	22.54	29.4	4.05
		4	9.8	17.64	20.58	4.36
水平连铸	正火	107-9	—	—	34.38	4.47
		107-14	—	—	32.34	—
		105	—	—	41.14	4.25
	铸态	102	—	—	40.18	4.18
		105	—	—	至43.12无爆、无漏	—

表12-12列出了同材质连铸与砂型铸造的加工性能比较（采用 ϕ60mm 的棒材）。由于连铸棒材组织均匀且致密，故切削加工性能好，在切削速度和进给量相同的情况下，连铸棒材比砂型铸造材质可节电30%左右。切削的剥离性好，可高速切削。在相同切削条件下，连铸型材加工后有较低值的表面粗糙度，可以进行电镀或发蓝处理。

表12-12 同材质连铸与砂型铸造的加工性能比较

材质	切削速度/(m/min)	进给量/mm	电耗/kW
砂型铸棒	38	0.125	0.089
		0.250	0.213
	64	0.125	0.174
		0.250	0.522
连铸棒	38	0.125	0.033
		0.250	0.135
	64	0.125	0.135
		0.250	0.337

2. 铸铁型材的应用

水平连铸铸铁型材的生产具有工艺稳定，组织致密，可加工性好，综合力学性能高，铸件成品率高及优良的热处理响应性的特点，因而被广泛用于制造使用要求较高的机械零件。目前，国内外铸铁型材应用涉及的领域和典型零件见表12-13。

表 12-13　铸铁型材的应用领域和典型零件

应用领域		典型零件
机床及一般机械产品	液压 阀、泵	组合阀、减压阀、溢流阀、电磁阀的阀体，底板、液压集成块、泵体、端盖
	液压 缸	活塞、顶盖、液压缸端盖、导向套
	机床	轴套、法兰盘、带轮类、导轨、齿轮、套筒、活塞、端盖、销、弹簧卡套、刀盘、联轴器、楔铁、卡盘、导杆
	印刷机械	油墨辊、导板、齿轮
	建筑机械	阀、液压缸活塞、集成块、辊子、带轮
	纺织机械	齿轮、槽筒轴、轴承罩壳、平衡块、上滚、导管、轴瓦
	农业机械	耕耘机带轮、活塞、顶盖、轴瓦、联合收割机带轮
	起重机械	轴承座、滑轮、轴套、轴瓦、平衡块
	冶金机械	线材轧机冷却段传送辊
	其他	造纸、包装、食品加工机械等部件，机加工刀杆、石油钻井保安部件、卷烟机减速齿轮
交通运输	汽车	发动机齿轮，机械密封，轴套、衬垫、平衡块、轴瓦
	船舶	锥杆导套、液压缸、活塞、气门导套、引擎阀杆套
	铁路	铁路运输车辆底盘耐磨套类零件
电器		旋转式空调压缩机转子、机座、电机齿轮、冷冻机转子、高频电机壳体
金属模具		玻璃、铝合金、塑料、砂轮，压力铸造制品的模具，研磨模具及珩磨套
泵		齿轮泵的泵体及端盖、柱塞泵体、螺旋泵转子、化学泵轴、密封、转子、法兰盘、单向阀螺杆
一般通用部件		齿轮、带轮、滑轮、轴承、轴、轴瓦、轴套、凸轮、联轴器、法兰盘、平衡块、滚柱导轨、密封、滚子、底座、环、滚柱、螺母、平板、销子
其他		油封、热电偶保护管、进料辊、滚筒、喷枪内齿轮、活塞销、研磨套、导向滚子、连铸机滚子、气缸筒、自动门阀

12.1.2　铸造工艺及常用工艺装备

1. 铸造工艺分析

铁液在结晶器中的凝固过程如图 12-6 所示。铁液进入结晶器后，首先与引锭头上的引锭螺钉夹包铸在一起，在型壁冷却作用下，在 *AB* 线所示位置处形成最初的结晶前沿。牵引机按步进方式牵引型材，即按一定的拉停周期驱动型材前进。牵引机起动后，*AB* 面向前运动至 *A′B′* 所示位置停下来，在型材停止运动的间歇时间内，*A′B′* 面与涌上来的铁液重新铸熔在一起。由于此处型壁温度较低，进一步增加了 *A′B′* 处型材的凝固层厚度，以至当型材再运动时不会在 *A′B′* 面断开，在铸铁型材表面留下铸熔的痕迹线，即 *A′B′* 线称为节纹线。随着牵引以步进式连续地进行，铁液在 *AB* 面附近开始凝固，随之又运动到 *A′B′* 位置，这样周而复始达到一种动态的稳定。型材在 *A′B′* 处形成坚实的外壳，并在运动中不断加厚，到结晶器出口处已有足够的厚度。

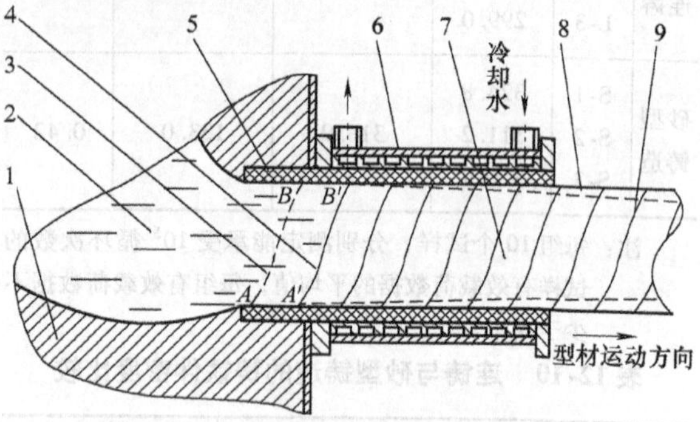

图 12-6　铁液在结晶器中的凝固过程
1—保温包　2—铁液　3—初次结晶前沿　4—固液焊合面　5—石墨型伸出端　6—结晶器水冷套　7—液芯　8—凝固外壳　9—节纹线

由此可见，在 *A′B′* 处，固液界面是否完全铸熔在一起决定了型材的外观质量，此处的环境温度是影响熔合质量的关键。温度低，会降低铁液的流动性和熔合能力，型材表面就会出现冷隔或裂纹。此外，*AB* 面的位置对型材生产也会产生很大影响。铁液在 *AB* 面处开始凝固，当型材每次向前运动时均会在此处将已凝固的薄壳拉断，形成具有很小厚度的固相界面，并在运动到 *A′B′* 面时进一步与铁液熔合。只有当 *AB* 面处断裂的固相界面厚度足够小，才能确保 *A′B′* 面位置的熔合质量。正常情况下，*AB* 面位置以在结晶器伸出端处为宜。所以，生产工艺参数，如牵引速度、牵引周期、保温包内铁液温度，都会对 *AB* 面的位置产生很大的影响。过慢的牵引速度和过低的铁液温度会使 *AB* 面处在铁液未进入结晶器伸出端之前，这样会使铁液在未进入结晶器就部分冻结而产生较大的阻力，型材会在牵引力的作用下断裂，从而使生产无法进行；过快的牵引速度会导致AB面和A'B'面处在石墨型壁温度较低的位置，这也不利于铁液在A'B'面处的熔合。同时，由于过强的激冷会使型材表层产生大量的碳化物而失去可加工性。

2. 常用工艺装备

（1）引锭装置 引锭装置的作用是将型材从结晶器中拉出。图12-7所示为引锭装置与结晶器的装配关系。引锭装置主要由引锭螺钉、引锭头、引锭杆及销钉等组成。

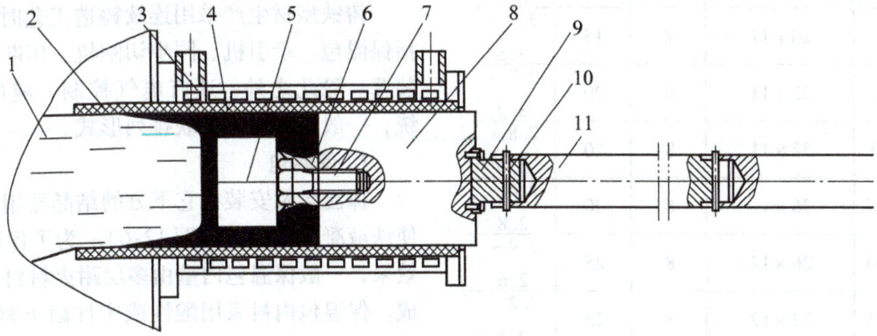

图12-7 引锭装置与结晶器的装配关系

1—铁液 2—石墨型 3—水冷套 4—已凝固的型材 5—内冷铁 6—耐火泥 7—引锭螺钉 8—引锭头 9—连接榫 10—销钉 11—引锭杆

引锭头采用实心的铸铁型材或钢材制造，其截面形状尺寸与石墨型型孔接近，引锭头与石墨型腔之间的间隙为1～1.5mm，型材尺寸越大间隙也越大。引锭头长度为150～200mm，前端有螺孔安装引锭螺钉，尾部有连接榫头。直径小于150mm的引锭头上的连接榫可与引锭头整体制出。牵引机的结构决定了连接榫在引锭头上的安装位置，若上下牵引辊可快速调整，则连接榫可与引锭头同心；若下牵引辊不可上下调整，则连接榫需制成燕尾结构。引锭杆与引锭头的中心可相对调节移动，以使牵引杆顺利通过牵引机。引锭杆一般采用圆钢制造，表12-14列出了适合不同尺寸规格铸铁型材的引锭杆结构尺寸。

当生产大直径、大断面铸铁型材时，须选用大规格螺钉或螺栓，引锭螺钉前端需增加内冷铁（见图12-7），其尺寸应根据型材截面的大小而定。内冷铁的作用是加速铁液凝固，同时保护引锭螺钉不被铁液熔化，为此引锭螺钉周围需用耐火泥保护，以保证牵引顺利进行。

（2）结晶器 结晶器由水冷套和镶入的石墨型组成，石墨型型腔的截面形状根据所生产的铸铁型材截面形状设计。图12-8所示为圆形结晶器的结构。一般用来生产截面为圆形或在水平和垂直方向尺寸比较接近的方、矩形或其他异形型材。对于扁平截面形状的型材，结晶器一般采用组合式结构。结晶器与保温包采用螺钉连接并由定位销定位。

表12-14 引锭杆结构尺寸

型材截面	型材尺寸/mm	引锭杆截面形状及尺寸/mm	引锭杆长度/m	连接销直径/mm	适用的牵引辊结构
圆形	30～200	ϕ60～ϕ80	2.0～3.0	ϕ12	具有V形防滑槽
圆形	200～400	ϕ80～ϕ100	2.0～3.0	ϕ16	具有V形防滑槽
矩形	40～150	矩形 60×60～80×80	2.0～3.0	ϕ12	圆柱面牵引辊
矩形	>150～400	矩形 60×80～100×120	2.0～3.0	ϕ16	圆柱面牵引辊

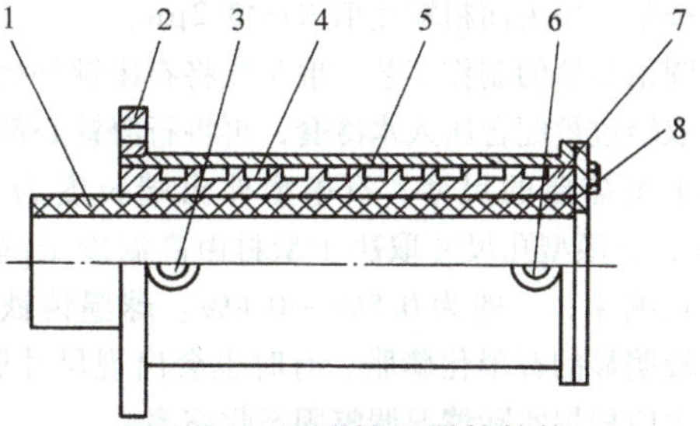

图12-8 圆形结晶器的结构

1—石墨型 2—后法兰 3—出水口 4—水道 5—外套 6—进水口 7—内套 8—端压板

结晶器冷却水道采用螺旋槽结构，表12-15列出了圆结晶器水冷套的主要结构尺寸。

表 12-15　圆结晶器水冷套的主要结构尺寸

水冷套内径 /mm	适合生产型材直径 /mm	水道参数			水冷套长径比
		水道截面尺寸（长/mm）×（高/mm）	水套内壁厚度 /mm	进出水口直径 /mm	
ϕ70	30 ~ 50	20 × 11	7	15	3.0 ~ 3.5
ϕ90	50 ~ 65	20 × 11	7	15	3.0 ~ 3.5
ϕ110	70 ~ 80	22 × 11	8	20	2.8 ~ 3.2
ϕ125	85 ~ 100	22 × 11	8	20	2.8 ~ 3.0
ϕ145	105 ~ 125	26 × 11	8	20	2.6 ~ 2.8
ϕ175	125 ~ 150	26 × 12	8	25	2.4 ~ 2.6
ϕ190	145 ~ 165	32 × 12	8	25	2.2 ~ 2.5
ϕ210	165 ~ 185	32 × 12	8	25	2.2 ~ 2.3
ϕ230	185 ~ 200	36 × 12	8	25	2.0 ~ 2.2
ϕ255	205 ~ 220	36 × 12	8	25	2.0 ~ 2.1
ϕ270	220 ~ 240	40 × 12	8	25	1.8 ~ 2.0
ϕ300	240 ~ 260	40 × 12	8	25	1.8 ~ 1.9
ϕ500	350 ~ 450	40 × 12	10	25	1.8 ~ 2.0

为将结晶器内铁液凝固时产生的热量迅速导出，保持较高的生产率，水冷套必须具有良好的冷却作用。影响水冷套冷却效果的主要因素除合理设计水冷套的结构外，冷却水量及石墨与水冷套内壁配合的紧密程度也会对冷却效果产生重要影响，过松的配合会在配合面上形成空隙而大大地降低冷却效果。水冷套多次使用后内孔会发生变形而失圆，需要定期对内孔加工修整，使表面粗糙度值 $Ra \leqslant 3.2\mu m$。

圆结晶器的制作工艺一般是先将石墨锭外径车好后采取轻过盈配合压入水冷套，再将石墨锭心部掏出并加工至需要的尺寸。石墨型伸出端长度为 30 ~ 70mm，石墨型孔尺寸取决于型材由高温冷至室温的固态收缩率，一般为 0.5% ~ 0.8%。球墨铸铁型材因有较明显的石墨化膨胀，有时也会出现尺寸胀大，生产中应根据实际情况调整固态收缩率。

随着所生产铸铁型材直径的加大，石墨型型壁厚度也应相应加厚，石墨型型壁厚度一般为 10 ~ 25mm。因此，生产中常常需要多种内径尺寸的水冷套，以满足生产各种不同尺寸型材的需要。圆结晶器内径尺寸与所生产型材尺寸的关系见表 12-15。

石墨型采用高纯石墨加工而成，由于连续铸造的要求，石墨坯料应具有高的热导率，低的膨胀系数，高的致密度，良好的高温稳定性，一般采用密度大于 $1.75g/cm^3$，抗弯强度大于 30MPa，肖氏硬度大于 45HS 的高纯石墨。

12.1.3　水平连续铸造铸铁型材的设备

铸铁型材生产采用连续铸造工艺时，主要设备包括保温包、牵引机、同步切割机、压断机及型材出线装置。除此之外，还有电气控制、液压及循环水系统，一般采用一字串联排列形式。

1. 保温包

保温包及安装在它下方的结晶器用来容纳铁液和使铁液凝固成形（见图 12-6）。为了保证良好的保温效果，一般保温包内壁由多层耐火材料和保温材料构成。保温包内衬采用酸性或中性耐火材料打结而成，外衬采用轻质耐火砖，四壁用保温材料，如硅藻土、膨胀珍珠岩及硅酸铝纤维棉等材料构筑。保温包修筑后要烘干，使用前需预热至 800℃ 左右，一般采用燃油、煤气或天然气喷嘴加热。

2. 牵引机

某厂电动机驱动单流牵引机的结构如图 12-9 所示。牵引机通过牵引辊夹持铸铁型材按一定周期和速度在水平方向牵引型材运动。牵引辊可以是上、下辊同时驱动或单独由下辊驱动，液压缸施加压力于上、下辊之间以保证牵引时的摩擦力。牵引辊的驱动可以由液压马达或采用伺服电动机经减速机构来完成。一般情况下，每一流型材应由前后两组牵引辊来牵引，以保证当引锭杆外径与型材直径有差异时能够顺利通过。采用双 V 形槽结构的牵引辊，可以实现对双流型材的牵引。目前，国内外生产厂家通过采用两组牵引系统，可以实现规格相近的两种不同截面形状双流、四流型材同时在一部牵引机上通过。

3. 同步切割机

图 12-10 所示是某厂单一规格型材同步切割机的结构。同步切割机的功能是按一定长度在铸铁型材上切口，以便将型材压断。同步切割机主要由同步夹紧机构、夹紧液压缸、同步轨道、切割砂轮或合金刀片组成。同步夹紧机构使切割机与型材在轴向以相同速度运动，以保证砂轮沿径向切割顺利进行。通过牵引机的型材是单一规格时同步夹紧和切割动作相对简单；如果同时生产两种规格不同的型材，则需要按不同规格型材的不同铸造速度，分别进行同步夹紧和切割，这时需要较复杂的同步和切割控制系统。一般情况下，砂轮或刀片在型材顶部切槽，槽深根据型材高度方向的尺寸 h 控制在 $(0.15 \sim 0.2)h$ 的范围，球墨

铸铁型材取上限。

4. 压断机及出线装置

压断机如图12-11所示。其作用是将型材压断并运送出生产线，保证生产连续进行。铸铁型材压断之后，由型材出线装置上的传送辊继续运送型材到生产线尽头，并由液压缸驱动推杆，从侧面将型材推下辊道离开生产线，等待转运。

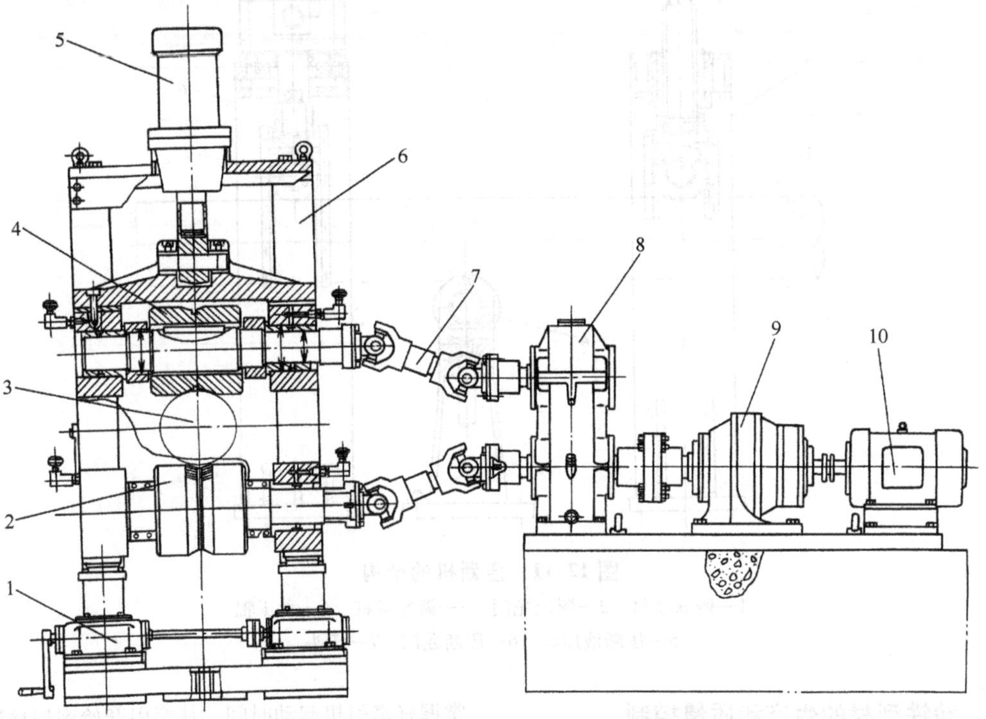

图12-9 电动机驱动单流牵引机的结构

1—下辊调整机构 2—下牵引辊 3—铸铁型材 4—上牵引辊 5—液压缸 6—机架 7—万向节 8—动力分配箱 9—减速器 10—电动机

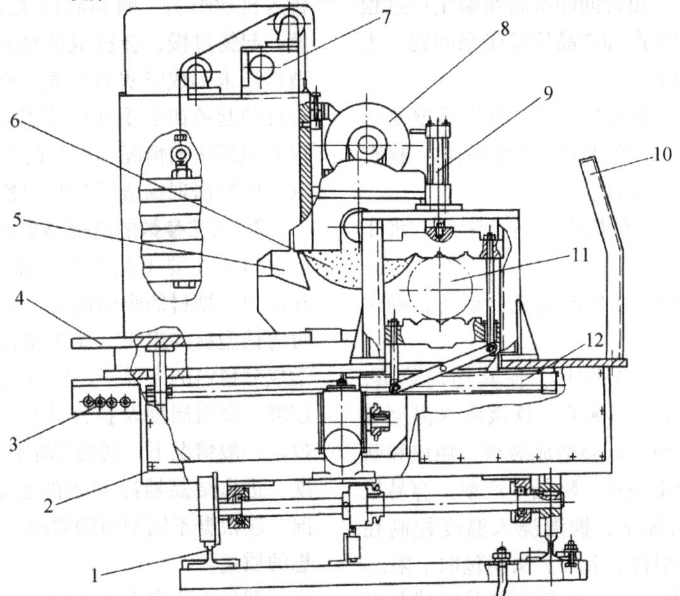

图12-10 单一规格型材同步切割机的结构

1—同步轨道 2—同步小车 3—输油软管 4—导轨 5—集屑罩 6—砂轮 7—砂轮调整机构 8—电动机 9—液压缸 10—护板 11—铸铁型材 12—切割进给液压缸

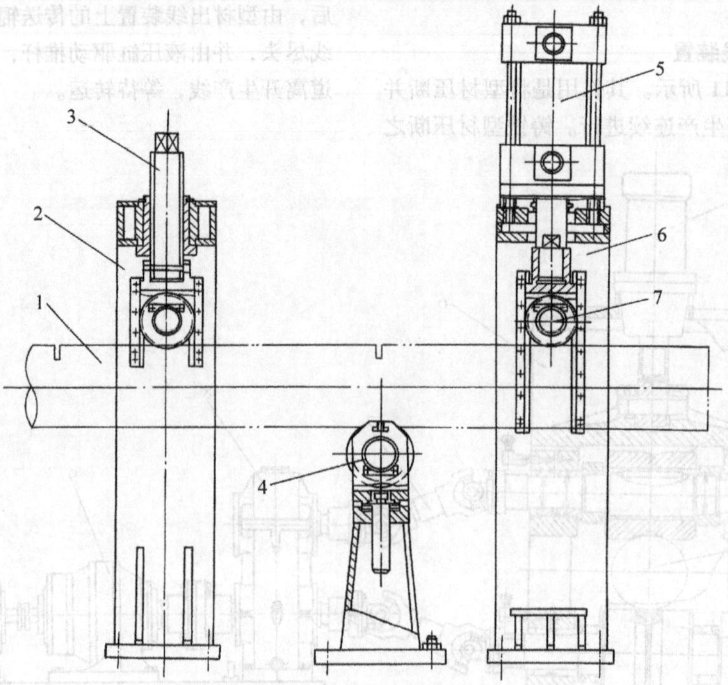

图 12-11　压断机的结构

1—铸铁型材　2—限位龙门　3—调整丝杠　4—承压辊　5—压断液压缸　6—压断龙门　7—压头

12.1.4　铸铁型材的生产和质量控制

1. 生产准备及起铸工艺

生产准备的目标是确保每一个生产环节正常运行。生产中任何一个工位出现问题都将影响生产过程的连续性，给整个班的生产和产品质量带来问题。生产准备和起铸的要点如下：

1）检查结晶器的石墨孔型尺寸，石墨型壁是否光滑，有无裂纹和沟陷。对结晶器水冷套试水，检查有无渗漏，发现问题及时处理。

2）检查冷却水系统，包括水泵运行情况、水压和水流量是否正常。

3）液压和电控系统应在生产前充分运行，确保全线系统各单元正常。

4）生产前保温包应充分预热，使其均匀热透，浇入铁液前包内温度应达到 800℃。铁液浇入温度是确保铸造质量的关键，温度低会造成裂纹、疤皮和断裂；温度过高给牵引带来困难，降低生产率，容易拉漏，造成事故。一般情况下，铁液浇入温度控制在 1320～1380℃，小截面型材取上限。头两包取上限。

5）结晶器与保温包安装时要做到结晶轴线与型材的运动轴线一致。

6）铁液浇入保温包后，要根据不同规格的型材掌握好牵引机起动时间。从牵引开始到型材拉出结晶器的过程称为起铸阶段。起铸阶段应采用手动控制牵引操作，待型材拉出结晶器后，视型材出口温度情况转入自动牵引。顺利起铸关系到全班生产的运行质量，起铸过慢，会造成冻结和牵引困难；起铸过快，型材还未形成坚实的外壳，会使铁液泄漏造成事故。合理的起铸速度受到铁液温度、结晶器的冷却效率、保温包预热的情况和型材的规格、材质等多方面的影响，应根据现场情况及时调整起铸工艺。

2. 工艺参数的选择与质量检验

（1）主要工艺参数　铁液化学成分、结晶器冷却能力、型材的牵引速度、牵引周期的拉停比例都会对铸铁型材的组织、性能和表面质量产生影响。在化学成分稳定的条件下，铁液温度、冷却水流量、牵引速度、牵引周期及拉停比例是生产中需要控制的参数。一般情况下，通过测定铸铁型材拉出结晶器的温度、进出结晶器冷却水的水温，可以判断生产的情况。应根据不同型材的要求，调整控制参数来获得理想的质量。

型材生产率由式（12-1）计算。

$$Q = (0.0036/T)Sqn(1-\varepsilon) \tag{12-1}$$

式中 Q——型材生产率（t/h）；

T——牵引周期（s）；

S——步长，即每个周期型材运动的距离（mm）；

q——单位型材的重量（kg/m）；

n——生产型材的流数，$n=1$，2，3等；

ε——型材的固态收缩率，$\varepsilon=0.8\% \sim 1.0\%$。

表12-16列出了几种圆形截面铸铁型材的连铸工艺参数。采用计算机数值模拟技术对生产工艺参数进行优化的研究已日趋成熟，并可用来指导生产。表12-17是对几种牌号和尺寸的矩形截面型材生产工艺参数的计算机模拟结果，经适当调整已成功用于生产。

表12-16 几种圆形截面铸铁型材的连铸工艺参数

序号	铸铁型材牌号	直径/mm	截面面积/mm²	铸造速度/(mm/min)	牵引速度/(mm/s)	单流生产能力/(t/h)	牵引步长/mm		牵引周期/s
							一般用途	液压阀用	
1	HT250（灰铸铁）	50	1964	800~900	35~45	0.7~0.85	45~55	25~30	3.0~4.5
2		80	5027	400~450	20~25	0.9~1.0	40~80	25~35	5.0~7.0
3		100	7854	350~420	12~16	1.2~1.5	40~100	20~35	6.0~8.0
4		150	17672	190~260	10~14	1.5~2.0	40~120	20~30	11~13
5		200	31416	140~220	8~12	1.9~3.0	35~50	20~30	17~19
6	QT500-7（球墨铸铁）	40	1257	1000~1100	35~45	0.5~0.6	35~60	30~35	2.5~4.0
7		75	4418	520~580	25~30	1.0~1.1	40~50	35~40	4.5~6.0
8		90	6362	440~500	20~25	1.2~1.8	50~80	35~40	6.5~7.5
9		135	14314	260~380	15~18	1.6~2.4	50~80	40~50	11.0~13
10		150	17672	210~340	10~14	1.8~2.6	50~80	40~50	13~14
11		200	31416	150~220	8~12	2.0~3.0	50~80	40~50	17~19

表12-17 矩形球墨铸铁型材的计算机模拟工艺参数

序号	球墨铸铁的牌号（ASTM-536）	截面尺寸/mm	截面面积/mm²	铸造速度/(mm/min)	牵引速度/(mm/s)	牵引步长/mm		牵引周期/s		温度/℃	
						一般用途	液压阀用	一般用途	液压阀用	石墨型外表	保温包铁液
1	80-55-06	86×52	4442	250.68	12.53	39.9	14.2	5.7	2.2	899	1263
2	65-45-12	174×144	25056	155.04	7.75	58.1	24.9	14.9	6.4	950	1244
3	80-55-06	51×41	2091	301.14	15.06	29.9	11.8	3.9	1.5	880	1277
4	65-45-12	70×46	3220	274.8	13.74	32.7	14.0	4.7	2.0	890	1260

铸铁型材生产工艺受到多方面因素的影响，对于每个生产单位而言，最合适的牵引工艺参数需要根据具体生产条件，经过长期的积累和调整才能建立起来。

（2）铸铁型材的质量控制　铸铁型材生产是在连续铸造条件下进行的，其质量检验方式和手段也有其自身的特点。生产过程中的质量检验是保证产品质量的关键环节，主要包含以下几方面：

1）铁液成分快速分析。检查铁液成分是否符合产品要求，如果不符应及时调整配料及炉前处理，避免成批型材因成分不合格造成废品。

2）铁液孕育及球化质量检验。生产过程中应及时掌握保温包中铁液的球化及孕育情况。定时从保温包取样浇注试片，从宏观断口判断铁液球化与孕育质量的方法简捷迅速，但需要有较丰富经验的检验人员才能迅速做出正确判断。如果采用炉前铁液球化质量或碳当量分析仪则较为可靠。

3）型材断口检验。从压断后的型材断口特征及白口层的检验，也可初步及时地掌握生产情况，这一工作也需要有经验的检验人员来做，一旦发现问题可及时调整，减少废品的产生。

4）外观检验。从型材外观上检验是否符合产品要求，发现型材表面铸痕超过要求或存在裂纹时，应分析原因及时纠正，问题严重时只能终止生产。

生产中按用户对尺寸的要求将型材压断，每段型材应有编号，以便日后对型材质量进行跟踪。通过对型材断口和外观的检查，对不合格和有疑问的编号应进行登记分类处理，出厂前再进行重点检查。

铸铁型材作为铸造毛坯出厂前应例行的检验项目与一般铸造毛坯相同，如化学成分、金相组织、力学性能、外观质量及按用户商定的检验项目。由于铸铁型材是在连续铸造条件下采用水冷石墨型工艺生产，因而其检验方法也与常规砂型铸造铸坯的有所不同。一般砂型铸造情况下，采用浇注 ϕ30mm 试棒或楔形试块加工的试棒来测定铸件材质的力学性能，而铸铁型材只能是本体取样，其力学性能的取样是在具有代表性的部位。一般当型材尺寸小于45mm 时为中心取样，大于45mm 时为1/2 半径处取样。检验灰铸铁型材时，由于冷却速度的差异，对同一牌号型材不同截面尺寸有不同的性能指标。由于是连续铸造，因而型材生产中应按时取样，一般每2h 取一组试样；在出厂检验时应对每组试样进行检测，发现有不合格产品时应对该编号型材周围的其他编号细致检查，确定合格品与不合格品的界线，并将不合格品剔除。

铸铁型材生产过程中的牵引运动是步进拉坯方式，所以铸铁型材的表面在每个步长的位置均有节纹线，一般情况下节纹线深度很浅视为正常。由于铸铁型材的凝固特点，使其表面常常存在着不规则层，这种不规则层在零件加工时会去掉。为了保证去除表面的不规则层，铸铁型材所需的表面最小机械加工余量见表12-18。

表12-18　铸铁型材所需的表面最小机械加工余量

（单位：mm）

截面形状	型材尺寸	灰铸铁	球墨铸铁
圆形	25~45	1.5	1.5
	>45~100	2.0	2.0
	>100~150	3.0	3.0
	>150~250	4.0	3.5
方形、矩形	25~45	1.5	1.5
	>45~100	2.0	2.0
	>100~150	4.0	3.0
	>150~250	5.0	4.0

3. 常见缺陷分析及防止方法

在正常情况下，铸铁型材出现缺陷的机会是较少的，由于操作不当铸造缺陷也会发生。表12-19列出了铸铁型材常见缺陷的原因分析及防止与处理方法。

表12-19　水平连续铸造铸铁型材常见缺陷的原因分析及防止与处理方法

缺陷名称	缺陷特征	原因分析	防止与处理方法
表面白口或表面过硬	铸铁型材的表层或冷速较快的尖角部存在较大数量的碳化物或白口凝固层，使硬度大，加工困难，甚至无法加工	铸铁的凝固过程受化学成分和冷却速度及孕育处理的影响，化学成分不当，铸铁型材局部冷速过快，孕育效果衰退	1）检查铁液碳当量是否过低，在不超限的情况下适当提高C、Si含量 2）加强铁液孕育处理，缩短续兑铁液时间间隔 3）调整牵引机工艺参数，在不泄漏的条件下，适当提高铸造速度 4）铸铁型材出厂前经高温退火消除白口
横向裂纹	铸铁型材表面出现垂直于轴线方向的裂纹，主要存在于型材前进时步与步之间的结合纹处，其深度超过规定的机械加工余量	铸铁型材在牵引过程中的每一步与下一步之间铸熔不好，产生冷隔；铸造速度过慢，石墨型磨损，表面粗糙，使型材表层运动时摩擦力过大产生撕裂；保温包内铁液温度低	1）提高铁液温度 2）调整牵引参数，适当加快牵引速度 3）调整牵引的周期和占空比，增大周期、延长停留时间 4）保护好石墨型，特别是起铸初期，不要使石墨型拉伤 5）选择强度和硬度好的石墨坯料
气孔及夹杂	型材截面上出现气孔或夹渣，气孔的内壁光滑，夹杂一般出现在靠近型材铸造位置的上方	保温包中液面太低，铁液冲入保温包时夹渣进入结晶器；铁液温度偏低，渣和气不易上浮；炉前加入的合金不洁净，预热不够	1）适当提高保温包中铁液液面高度 2）经常清除保温包中铁液液面的浮渣 3）提高铁液温度，增强流动性，有利于渣、气上浮 4）使用的合金不得受潮，监测合金中铝含量不应超限

（续）

缺陷名称	缺陷特征	原因分析	防止与处理方法
石墨开花及飘浮	球墨铸铁型材组织中出现开花状石墨，甚至型材铸造方位的顶部开花石墨聚集	球墨铸铁型材成分选择不当时造成石墨漂浮	在型材表层不出现过硬的前提下，调整炉料配比，适当降低碳当量。合理选择球墨铸铁的碳当量，避免石墨漂浮
缩松	铸铁型材心部在液芯最后凝固部分出现宏观或微观缩松	连续铸造过程中型材心部未凝固的液芯很长，液芯的尖端被凝固物堵塞，与保温包中的铁液分隔，得不到补缩	1）适当降低铸造速度 2）调整牵引工艺参数，减小步长 3）提高保温包液面高度
型材表面粗糙	在铸铁型材表面出现轴向突起物，有时出现鱼鳞皮	石墨型严重刮伤，一般是由于起铸初期，铸造速度过慢使石墨型过早刮伤；连铸机调整不合适，结晶器歪斜；石墨坯料等级过低，不适合连铸使用	1）适当提高起铸的速度 2）调整设备，使各设备上型材通过的水平高度一致 3）选择质量合格的石墨 4）选择耐高温与铁液浸润性差的接口材料

12.2 铸铁空心型材垂直上引无芯连续铸造

12.2.1 垂直上引无芯连续铸造工艺的原理、特点及应用

1. 工艺原理

垂直连续铸造工艺的原理如图12-12所示。将外套式结晶器竖直安装在连铸炉末端，与连铸炉炉膛构成一个“U”字形通道，把铁液从该通道的一端注入，经由“U”字形路径进入外套式结晶器的石墨套内，进行“向心凝固”。利用凝固层厚度由薄到厚逐步增长的时间差、铸铁材料具有热强性的特点，以及重力对铁液液面高度的约束作用，将在结晶器中凝固到一定厚度的管壳步进式地拉拔出来，并按一定长度

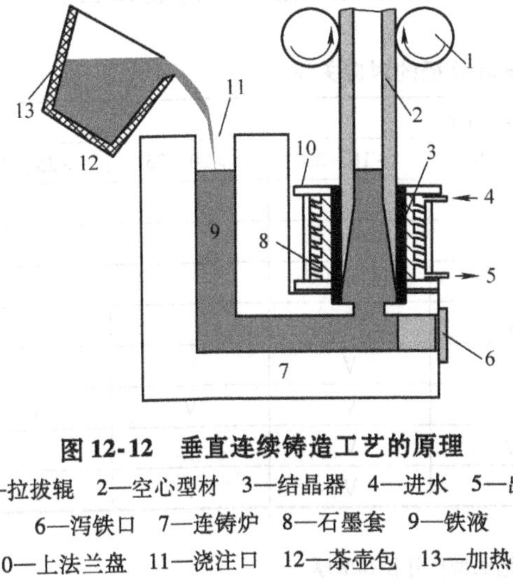

图12-12 垂直连续铸造工艺的原理

1—拉拔辊 2—空心型材 3—结晶器 4—进水 5—出水 6—泻铁口 7—连铸炉 8—石墨套 9—铁液 10—上法兰盘 11—浇注口 12—茶壶包 13—加热器

在线熔断、卸取。拉拔管壳的同时，在浇注口持续注入铁液，补充结晶器中被拉拔出管壳后铁液体积的减少，使熔体液面动态维持在结晶器上法兰盘高度，实现连续生产。

垂直连铸利用“向心凝固”的原理，除了可拉制圆环截面空心型材之外，也可用于拉制椭圆形、矩形、多边形、花键形等非圆截面的空心型材，还可用于拉制实心型材。目前已能拉制外径为60~350mm、壁厚为7~35mm的各种规格的球墨铸铁和灰铸铁空心型材，已广泛应用于机械装备制造业中的各个领域。

生产中，铁液在结晶器强制冷却的作用下，其截面上的凝固情形如图12-13所示。

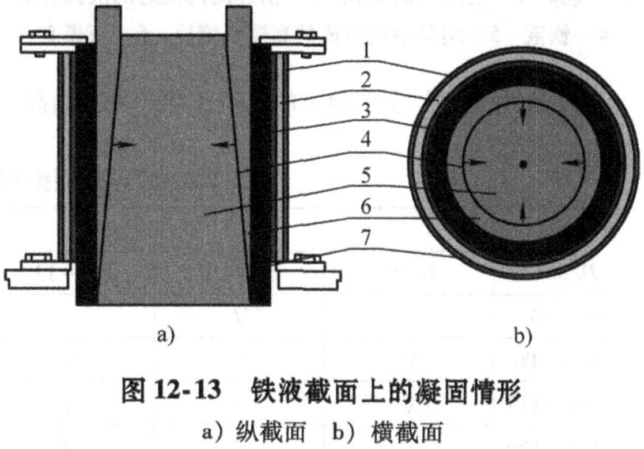

图12-13 铁液截面上的凝固情形

a）纵截面 b）横截面

1—结晶器外壁 2—循环冷却水 3—螺旋水冷套 4—液固界面 5—铁液 6—已凝固的管壳 7—石墨套

2. 工艺特点

分析纵截面温度场特点，垂直上引无芯连铸具有以下工艺特点：

1）结晶器内铁液液柱在液固界面存在由于结晶

潜热释放导致的高温铁液层，带来铁液的上下对流（见图 12-14），使铁液成分和温度均匀，从而使空心型材外壁较少有碳化物，管壁横截面上内外成分比较一致。

2）在石墨套下端，当管壳达到一定厚度时，才具有足够强度以进行拉拔。因此，铸铁型材连续铸造的拉拔总是步进式进行。通过步进式拉拔的“拉停比”（即在一定的拉拔步距下，拉拔时间与停顿时间的比例）来控制管壁的厚度，以满足产品壁厚的要求。

3）拉拔时，结晶器上部的已凝固管壳仍处于高温塑性区，受力后直径稍有缩小，管壁与石墨套内壁脱离，出现气隙（见图 12-14），从而减少了摩擦阻力。如果停顿时间太长，管壳塑性下降，摩擦阻力将增大，会在管壁的步距交界处拉出裂纹。

垂直上引无芯连铸的铸铁空心型材有如下优点：

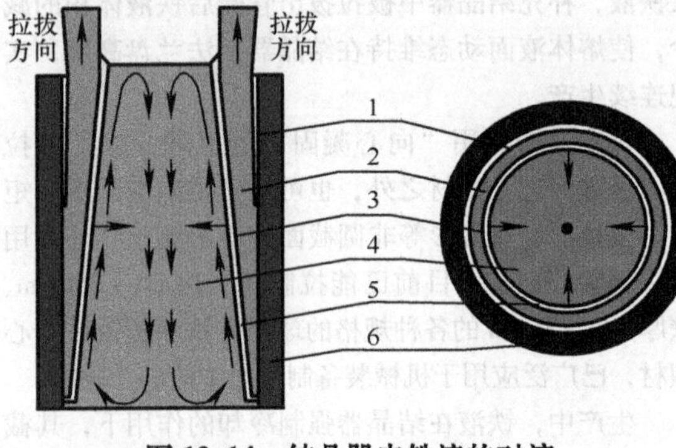

图 12-14　结晶器内铁液的对流

1—气隙　2—已凝固的管壳　3—由外向内推进的液固界面　4—铁液　5—结晶潜热形成的高温铁液层　6—石墨套

1）经过“U”字形通道的挡渣作用，进入结晶器的铁液纯净度高。另外，混入的少量杂质也会在铁液液柱的上下对流作用下，漂浮在管芯内的熔液表面，因此型材中气孔、砂眼、夹渣等缺陷少。

2）拉拔过程中，管壳内芯始终保持有金属液，气体容易逸出。金属液也是持续的补缩源，因此型材中的气孔和疏松缺陷少。

3）管芯内熔体液面虽与大气接触，但铁液中的碳原子与空气中的氧原子高温反应生成 CO 气体，保护了管芯内壁不被高温氧化。

4）连铸型材横截面硬度均匀一致，所拉制的较细直径的实心棒材可用来制作对径向硬度均匀性有严格要求的齿轮、齿圈和内壁摩擦环套等零件。

连铸空心型材的壁厚范围与其外径有对应关系。圆环截面型材可按表 12-20 所推荐的值域选取，其他截面形状外轮廓尺寸与壁厚的对应关系可参考表 12-20。

3. 应用

垂直连铸的铸铁空心型材具有组织致密、综合力学性能好、铸件成品率高等优点；垂直连铸球墨铸铁空心型材经过等温淬火，可以获得优质的 ADI 材料。当铸造组织为 100% 共晶石墨球，即球化率约为 100% 时，经过等温淬火而获得的超细密 ADI 材料的力学性能进一步提高，特别是其耐磨性、接触疲劳强度和弯曲疲劳强度已经与中碳低合金感应淬火钢相当，并且具有自润滑性、吸声减振性、低温升、尺寸稳定性等优势，在轴承（滚动轴承、滑动轴承、关节轴承）和齿轮齿圈行业有好的应用前景。

目前，垂直连铸球墨铸铁空心型材、垂直连铸灰铸铁棒材、ADI，以及用共晶球墨铸铁制备的超细密 ADI 所涉及的领域和典型零件见于表 12-21。

表 12-20　圆环截面型材的壁厚与其外径的对应关系

型材外径	型材壁厚 δ/mm						
D/mm	6 ~ 8	>8 ~ 10	10 ~ 13	>13 ~ 16	>16 ~ 20	>20 ~ 25	>25 ~ 35
60 ~ 80	V	V					
>80 ~ 100	V	V	V				
>100 ~ 125	V	V	V	V			
>125 ~ 160		V	V	V	V		
>160 ~ 200			V	V	V	V	
>200 ~ 250			V	V	V	V	V
>250 ~ 300				V	V		V
>300 ~ 350				V	V		V

注：1. 符号 V 表示优先推荐选取的型材规格。

2. 对于多边形型材，根据其内切圆直径和最小壁厚参照该表选取型材外径和壁厚。

3. 如选择外径为 ϕ128mm、壁厚为 15mm，规格标记为 $\phi128\times15$。

表12-21 铸铁空心型材的应用举例

应用领域	部件	典型零件
液压	液压缸	导向套、卡环、压环
石油机械	封隔器	中心套管、压环、卡套
	桥塞	卡瓦、垫环
冶金机械	铝真空抬包	吸铝管
压缩机	多级压缩机缸体	缸套
汽车	内燃机	活塞环、缸套、曲轴衬套、耐磨镶圈
机床	变速箱	导向套筒、齿轮、齿圈
纺织机械	—	钢领圈
铁路车辆	转向架	衬套、摩擦套
泵	过流部件	环、套、圈
轴承	滚动轴承	内外套圈、保持架
	滑动轴承	滑动轴承
	关节轴承	关节球、外套圈
工业机器人	谐波减速器	刚性轮、柔性轴承、交叉轴承、凸轮轴
	RV减速器	针齿壳、齿轮、摆线轮、齿圈、输入输出轴
电动汽车	减速器	齿轮、齿轴

12.2.2 垂直上引无芯连续铸造设备

垂直上引无芯连续铸造设备正在经历着从雏形到生产型、从手动控制到自动控制、从金属液自由成形到人工精密控制成形、从单流拉制到多流拉制、从拉制铸铁空心型材到拉制热强金属管材的发展完善过程中。

1. 机架

机架是拉拔机构、在线熔断装置和牵引、卸取机构的依托。它们相互之间的位置关系如图12-15所示。

机架高度设计应考虑以下几个方面：

1）从结晶器到拉拔机构拉拔辊的距离。刚从结晶器拉拔出的型材温度在1000℃左右，需要降温到700℃以下才不会被拉拔辊夹扁，所以这段距离不能小于3m。

2）从拉拔辊到在线熔断装置感应线圈之间的距离大约为0.5m。

3）在线熔断装置的上下行程一般为1.5m左右。

4）型材截取的长度一般在4~6m之间。对特殊长度的管材，应进行特殊设计。

5）型材顶端到牵引机之间的距离一般可留1m。

一般来说，结晶器的上法兰盘与地面平齐，而牵引机安装在机架顶部。因此，对普通垂直连铸而言，机架总高度为10~12m，厂房净高应为14m或以上。

机架要具有较高的刚度，不能在牵引机拉拔时出现弹性变形。

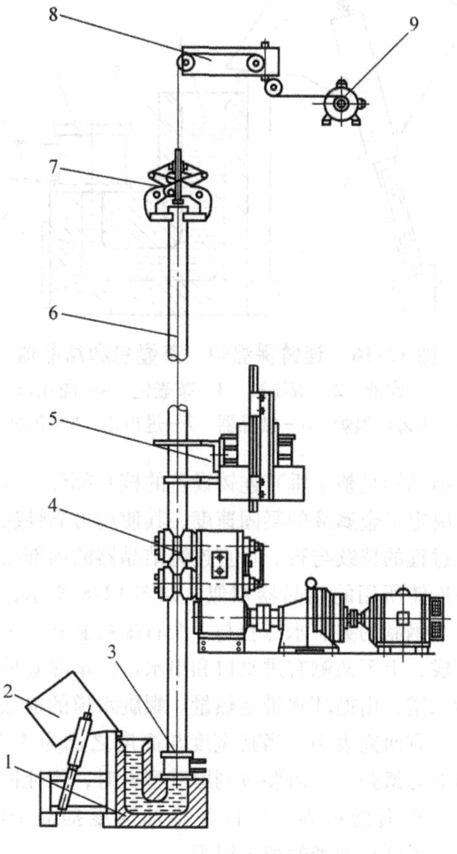

图12-15 机架中各部件的位置关系

1—保温炉 2—茶壶包 3—结晶器 4—拉拔机构 5—在线熔断装置 6—空心型材 7—型材抓取卡爪 8—卸料摆臂 9—可控力矩上牵引机

2. 连铸保温炉、茶壶包以及结晶器

如图12-16所示，连铸保温炉是一个“L”形的保温炉体，在其末端竖直地连接一个筒式结晶器后，就形成了一个“U”字形通道。通道由耐火材料打结而成，外围是耐火砖和保温填料，炉壳用钢板焊成。在“U”字形通道的右下方留有泻铁口。为了保证炉膛内铁液温度稳定，可以在炉体底部铺设加热装置。

茶壶包的作用是实现铁液的持续浇注，保证“U”字形通道中铁液液面动态地维持在与结晶器上法兰盘大致平齐的高度。茶壶包的倾倒动作由液压缸执行。

操作者可实时观察浇注口处的铁液液面，通过液压缸的动作使茶壶包慢速倾斜浇注，保持液面高度平稳。为了使所浇注的铁液温度不发生周期性波动，茶壶包可以附带有加热器，或者直接采用中频感应炉。

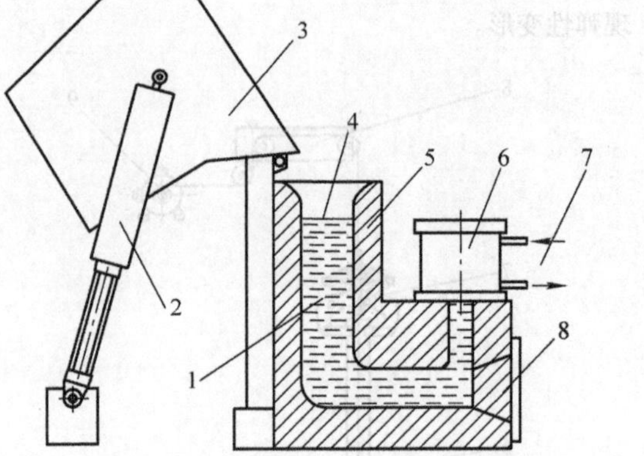

图 12-16　连铸保温炉、茶壶包和结晶器

1—铁液　2—液压缸　3—茶壶包　4—浇注口
5—连铸保温炉　6—结晶器　7—进出水　8—泻铁口

结晶器是整个垂直连铸设备的核心部件，其冷却能力决定了金属液的凝固速度，其使用可靠性决定了连铸过程的持续与否。垂直连铸结晶器的内部结构与水平连铸所用的结晶器相似，如图 12-8 所示，主要由一个钢制的夹层水冷套与一个石墨衬套和上下法兰盘组成，上下两侧有进水口和出水口。水冷套外侧有螺旋水道，由循环水带走热量。螺旋水道的横截面呈矩形。有研究表明，当其宽度与高度之比为 3∶2 时，冷却能力最强。当需要拉制厚壁型材时，用纯铜作为螺旋水冷套的材料，可以使冷却速度提高 20% ~ 30%，得到更细密的铸态组织。

石墨套的壁厚为 10 ~ 30mm。壁厚小于 10mm，石墨套强度过低，引晶时或在拉拔阻力变大时容易横向断裂；壁厚大于 30mm，则热阻大，导致结晶器冷却能力低。石墨套是结晶器中最核心的组件，其耐侵蚀能力、密度、硬度和热疲劳性能是最重要的性能指标。正是石墨的高温稳定性和自润滑性能，使得铸铁型材的连续铸造成为可能。生产实践表明，温度高于 1300℃ 的铁液对所谓"三高"（高纯度、高密度、高强度）石墨的侵蚀作用加剧，将导致石墨套内壁与凝固壳发生粘连，拉拔阻力增大。所以，炉膛内铁液温度以保持在 1200 ~ 1300℃ 为宜。

在用自来水作为循环冷却水时，会在结晶器冷却水道中结垢。垢层会严重降低导热能力，需要经常清洗，如用盐酸水溶液浸泡后，冲洗干净。当需要加大结晶器冷却能力时，可以采用双螺旋水道结晶器，或者将钢质水冷套换为铜质水冷套；当需要给凝固过程增加电磁场时，除了使用铜质水冷套外，应当把碳钢的外壁和法兰盘换为奥氏体不锈钢。

拉拔出结晶器的型材温度尚在 900℃ 以上，在随后的冷却中还要收缩，所以石墨套的内孔直径要大于型材的外径。在拉制铸铁空心型材时，对 $\phi 60$ ~ $\phi 300$mm 范围内的型材，石墨套内径加大 0.5% ~ 1.2%；在拉制合金铸铁空心型材时，石墨套内径相应地加大 0.8% ~1.5%。

3. 拉拔机构

拉拔机构如图 12-17 所示，位于结晶器上方，安装在机架 3m 高处。它主要由驱动电动机和减速器带动两对相互啮合的齿轮旋转，四根齿轮轴的伸出端作为夹持辊，夹住型材，把它向上拉拔。可设计由丝杠控制的开合机构，调节两对夹持辊之间的距离，以适应拉拔不同尺寸型材的需要。

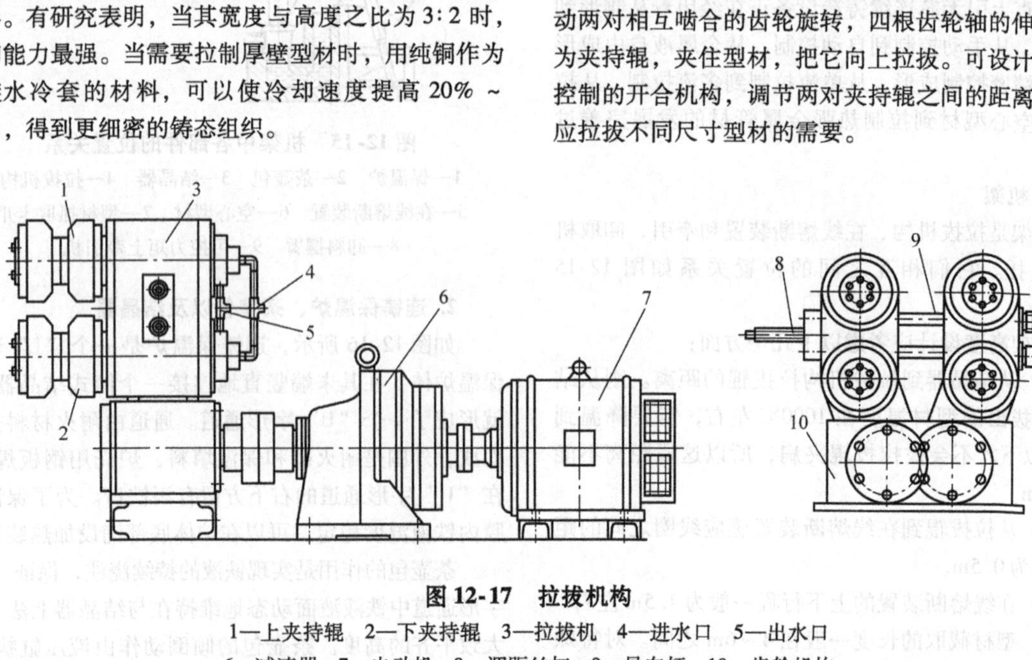

图 12-17　拉拔机构

1—上夹持辊　2—下夹持辊　3—拉拔机　4—进水口　5—出水口
6—减速器　7—电动机　8—调距丝杠　9—导向杆　10—齿轮机构

凝固的型材由结晶器上升到拉拔机的高度，温度尚在700℃左右，传热和辐射热量较大，所以需要对拉拔机附加隔热材料，夹持辊中心需要通水冷却。

4. 在线熔断装置

在线熔断装置包括中频电源柜、中频变压器及其感应圈、同步运动钳抱装置（气动卡钳）等，如图12-18所示。中频电源柜在机架（见图12-15）旁边，为变压器提供300～500Hz的中频电力。变压器为感应圈提供低压大电流。气动卡钳与感应圈固定连接，用于抱住型材，使感应圈（也包括变压器）与型材同步上升，在固定位置熔断型材，实现在线熔断。在线熔断的行程一般需要1.5m，在此行程时间内可以熔断壁厚小于40mm的空心型材。实际上，对于壁厚<15mm的空心型材，用内径稍大一点的感应圈，可以使型材对应处达到接近熔融状态后，由上牵引机拉断；对壁厚≥15mm的空心型材，当感应圈内壁距型材外壁8～10mm时，可以使型材外层的材料熔化，内层材料接近熔融状态，此时可由上牵引机拉断。熔化的铁液在磁力线的约束下，可以不流淌下来。

在线熔断装置靠直线导轨与机架连接。在型材被拉拔上升过程中，到达其顶端与感应圈的距离等于所要求的长度后，由气缸推动卡钳抱住型材，同时起动中频感应电炉，对型材进行透热熔断。熔断装置在型材带动下升到某一高度后，型材被熔断，此时关闭中频电源，松开抱钳，熔断装置依靠自重回落。因变压器较重，还需有配重平衡装置以减小下坠速度。

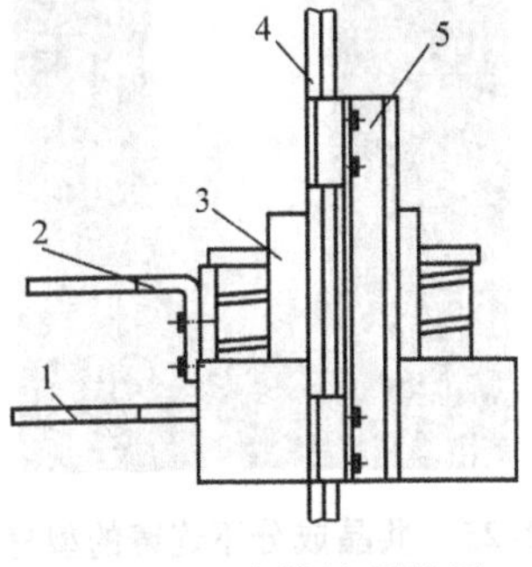

图12-18　在线熔断装置

1—同步运动钳抱装置　2—熔断感应圈
3—中频变压器　4—直线导轨　5—随动架

5. 上牵引、卸取机构

除了安装在机架中部的拉拔机构外，为了实现连续生产，需要在机架顶部左右安装两套牵引机构。牵引机构由牵引驱动电动机（直流、交流、伺服）、减速机、左右移动电动机、减速器、钢丝绳或链索系统组成。钢丝绳或链索的铅垂线，与结晶器同心，其末端连接一个抓爪机构，卡住型材顶端，向上运动，其步距和频率与拉拔机完全协调一致。当型材被熔断后，抓爪独自吊着型材，随着牵引机的向左（右）运动，由结晶器正上方移动到机架的左（右）侧，交给卸取机构。而另一侧的牵引机此时移动到结晶器正上方，抓住型材的顶端，重复上述动作。两套牵引机构轮番工作，实现连续生产。

两套卸取机构在机架左右两侧，可以是卷扬机，将型材接过来放下；也可以是液压机构，将竖直的型材接过来，翻转90°，放在地面。

6. 拉拔和牵引控制系统

拉拔控制系统根据不同型材参数，控制牵引机采用拉—停—拉的运动方式，一步一步地将铸铁型材从结晶器中拉拔出来。牵引机拉拔运行工艺曲线如图12-19所示。

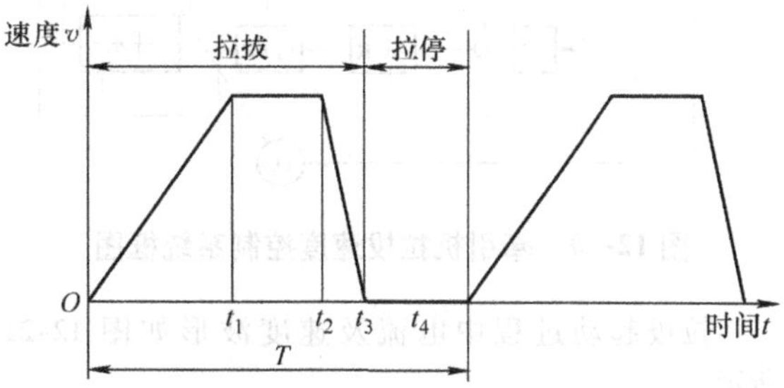

图12-19　牵引机拉拔运行工艺曲线

（1）拉拔和牵引控制系统的设计要求

1）拉拔和牵引系统能平稳地实现拉—停—拉循环动作，拉拔周期T可在0.4～30s范围内连续可调。

2）电动机应具有快速正、反转功能，以满足引晶时的上拉和下推动作的需要。

3）拉拔占空比$K(K=L/T)$在0～100%范围内连续可调。当拉拔速度v、拉拔周期T一定时，占空比K将决定一个步距的长度L。

4）在图12-19所示的一个正常拉拔周期中，0～t_1为拉拔起动阶段，要求电动机以一定的恒定加速度dv/dt平稳起动，且具有足够的牵引力矩，以克服凝固型材壳与结晶器之间的静摩擦阻力。

5）t_1～t_2为拉拔稳速阶段，电动机速度v可在0.1～1m/min范围内连续可调。稳态精度应保证$s<\pm10\%$，以满足不同直径、壁厚、材质条件下的拉拔速度要求，并确保每一周期中拉拔步距长度L基本不变。因此，系统应具有恒转矩负载特性。

6）t_2～t_3为拉拔停止过程，要求牵引电动机尽可能快地从稳速下降到停止。

7）t_3～t_4为拉停静止阶段，此时牵引电动机不能有爬行蠕动现象，且应具有自锁功能，以防止型材因重力下滑。

（2）拉拔和牵引控制系统方案设计　如图12-20所示，采用速度（ASR）与电流（ACR）两个闭环调节，拉拔、牵引系统可以得到良好的动态、静态性能指标。其中，通过速度环的调节作用可以得到近似无静差系统（用PI调节器），而通过电流环的调节可以方便地控制动态电流，获得恒加速度特性。

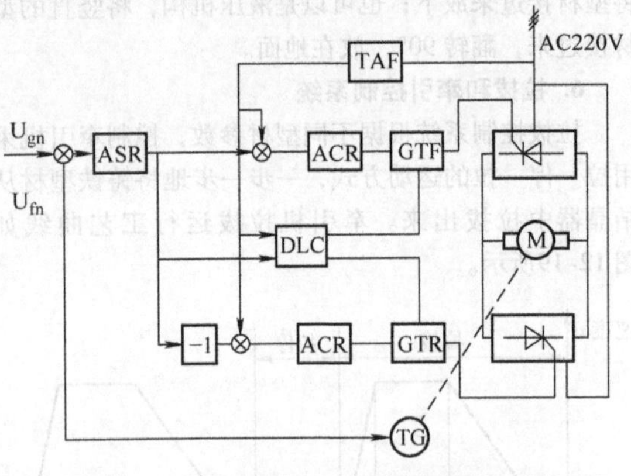

图12-20　牵引机拉拔速度控制系统框图

拉拔起动过程中电流及速度波形如图12-21所示。

采用两组晶闸管（VF和VR）反并联组成的双闭环可逆系统，具有回馈再生制动的功能，在满足快速平稳停车的要求下，还能将频繁停车制动的电能回馈于电网，起到节能省电的作用。

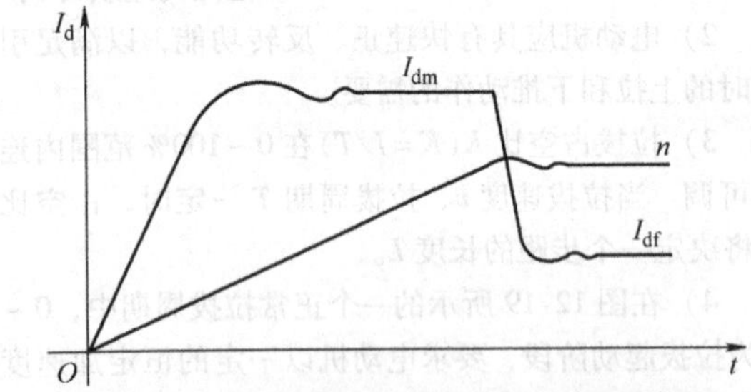

图12-21　拉拔起动过程中电流及速度波形

（3）牵引控制系统组成　控制系统由触摸屏、可编程控制器（PLC）、直流调速器、温度监控仪表、电动机及速度反馈等组成，如图12-22所示。作为人机交互的触摸屏，可用于拉拔速度、拉停时间、保温炉温度控制等有关工艺参数的设定，同时可显示系统运行时的有关状态曲线、故障信息等；PLC是整个系统的控制核心，通过将触摸屏设定的工艺参数与传感器检测到的实际状态信息进行比较、判断，然后输送到调速器，以控制牵引电动机的速度、拉停时间和温度仪表，按照所选择的一组最佳工艺参数执行拉拔运行。

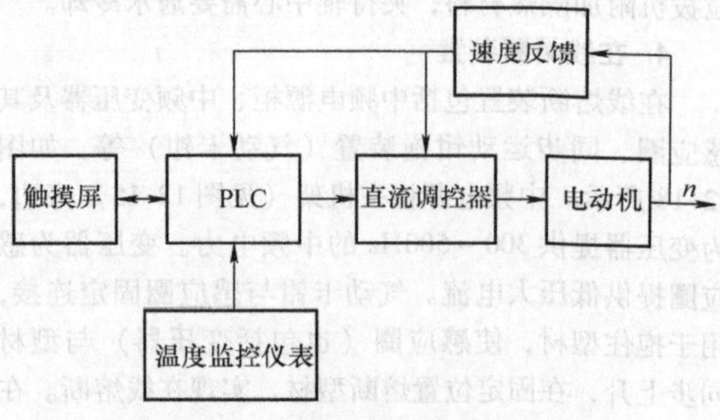

图12-22　牵引控制系统组成框图

12.2.3　垂直连续铸造工艺控制

1. 生产中的化学成分调控

化学成分不仅影响连铸铸铁空心型材的最终性能，也对生产过程中管壳的共晶凝固产生影响，导致增厚不均匀，甚至铁液从薄壁处泄出，造成“拉漏”。生产中，如果刚拉出结晶器的型材颜色为均匀一致的橘红色（见图12-23）时，表明管壳厚度均匀一致，进而可以判定铁液成分为共晶成分；如果刚拉拔出结晶器的管壳出现不均匀一致的、明暗相间的条带状颜色（见图12-24）时，则表明管壳薄厚不一（暗黑处厚，明亮处薄），进而可以判定铁液成分处在伪共晶范围之外，须立即调整碳硅当量。

图12-23　共晶成分下连铸的型材颜色

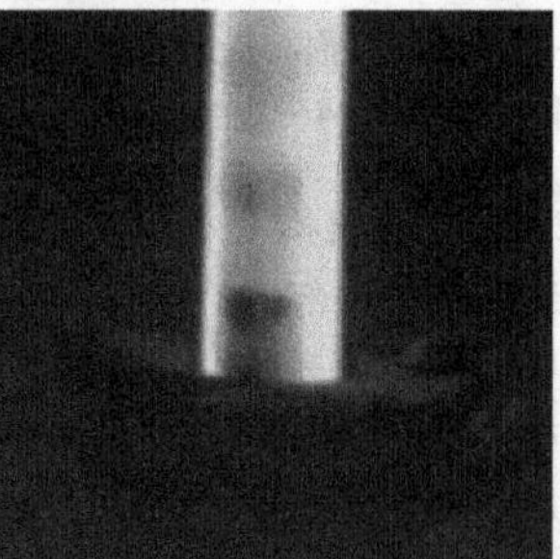

图12-24　非共晶成分下连铸的型材颜色

2. 铸铁空心型材管壁增厚控制

在垂直连铸中，铸铁空心型材壁厚（δ）的增长与时间呈现如下关系：

$$\delta = (\lambda f T_s / \rho \cdot L_z)^{1/2} \cdot t + C \quad (12\text{-}2)$$

式中 δ——管壁厚度（mm）；

λ——坯壳热导率[W/(mm·K)]；

f——小于1的常系数；

T_s——凝固温度（K）；

ρ——凝壳密度（g/mm^3）；

L_z——凝固潜热（J/K）；

t——拉拔过程中管壁在结晶器中停顿的时间之和（s）；

C——常数（mm），取决于石墨套伸出端的长短与薄厚，实质上就是在石墨套伸出端预先形成的管壳厚度。

对于确定条件下的空心型材连铸工艺，式（12-2）可简化为

$$\delta = Kt + C \quad (12\text{-}3)$$

其中，K值因浇注温度、铁液成分、结晶器、进出水温等条件不同而不同，需要通过生产试验确定。

3. 冷却速度与“拉停比”

结晶器的冷却速度会影响型材的微观组织与性能，也决定了连铸工艺拉拔的“拉停比”，即每个步距的拉拔时间与停顿时间之比。“拉停比”影响壁厚的误差大小，而铸铁空心型材的壁厚误差是衡量其外形尺寸精度的关键指标。

拉制不同直径和不同壁厚的空心型材时，应根据冷却条件调整“拉停比”。例如，石墨套磨损后，壁厚变化导致冷却效率不同，则“拉停比”应不同。结晶器结构设计及其材质不同、进出水温不同、水垢层厚度不同等，都会影响结晶器的冷却效率，这就需要设定不同的“拉停比”。

一般而言，在拉制铸铁空心型材时，步距为30～50mm。如果使用钢制结晶器，石墨套壁厚为15～20mm，拉拔电动机的脉冲时间为0.7～1s，此时的停顿时间可以按照管壁增厚公式初步确定，并根据在线熔断后的壁厚测量结果进行及时修正。

4. 型材内壁“箍圈”及裂纹控制

每一步拉拔停顿期间，管芯内的铁液液面散热冷却都会在管壁上凝固出一个台阶，使得型材的内壁上出现了一个个竹节状的箍圈。管径越大、管壁越厚，需要的停顿时间越长，这个箍圈的台阶也会越高，而严重降低了型材尺寸精度。图12-25所示为管外径为260mm、壁厚为20mm的自由成形连铸球墨铸铁管材。

可以通过施加旋转电磁场、人为控制最后一个步距的凝固过程等方法，使竹节状箍圈减小甚至消除，如图12-26所示。

图12-25 自由成形的连铸球墨铸铁管材

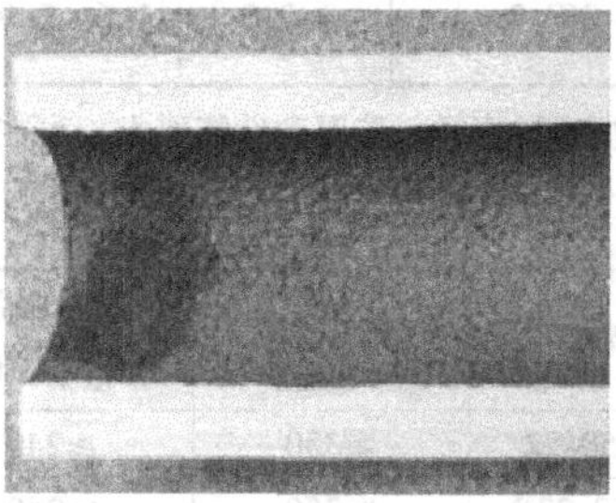

图12-26 人为控制成形的连铸管材

垂直连铸的拉拔阻力较小，在步距交界处一般不会有拉拔裂纹，但石墨套被划伤，铁液中Cr、V等碳化物形成元素含量较高，铁液温度过高侵蚀了石墨套及拉拔速度过慢等，都会增大拉拔阻力，也会造成型材表面步距交界处产生裂纹。

12.2.4 连续铸造铸铁空心型材的材质与性能

根据JB/T 12282—2015，连铸铸铁空心型材分为球墨铸铁空心型材和连铸灰铸铁空心型材。连铸铸铁空心型材的化学成分见表12-22。生产中要考虑工艺条件对组织、性能的影响，对化学成分予以调整。成分中，P、S的质量分数控制在0.015%以下。

连铸球墨铸铁空心型材的力学性能见表12-23。

连铸灰铸铁空心型材的力学性能见表12-24。

表12-22 连铸铸铁空心型材的化学成分（供参考）

铸铁	材料牌号	化学成分（质量分数,%）							
		C	Si	Mn	Cr	Cu	Ni	Ti	Mg
球墨铸铁	QT/GLZ350-22	3.1～3.6	2.3～3.2	<0.3	—	—	—	—	0.03～0.09
	QT/GLZ400-18	3.1～3.7	2.3～3.2	<0.3	—	—	—	—	0.03～0.09
	QT/GLZ400-15	3.1～3.7	2.3～3.2	<0.3	—	—	—	—	0.03～0.09
	QT/GLZ450-10	3.1～3.7	2.3～3.2	<0.3	—	—	—	—	0.03～0.09
	QT/GLZ500-7	3.1～3.7	2.3～3.2	<0.4	—	—	—	—	0.03～0.09
	QT/GLZ550-5	3.1～3.7	2.3～3.2	<0.4	—	—	—	—	0.03～0.09
	QT/GLZ 600-3	3.1～3.7	2.3～3.3	0.3～0.6	≤0.2	—	—	—	0.03～0.09
	QT/GLZ 700-2	3.1～3.7	2.3～3.3	0.3～0.6	≤0.2	—	—	—	0.03～0.09
灰铸铁	HT/GLZ200	3.1～3.6	2.2～3.3	0.5～0.8	—	—	—	0.1～0.2	—
	HT/GLZ225	3.2～3.6	2.2～3.3	0.6～0.9	—	—	—	0.1～0.2	—
	HT/GLZ250	3.0～3.6	2.2～3.3	0.7～1.0	—	—	—	0.1～0.2	—
	HT/GLZ275	2.9～3.5	2.2～3.3	0.8～1.1	—	—	—	0.1～0.2	—
	HT/GLZ300	3.0～3.4	2.3～3.0	0.9～1.2	—	—	—	0.1～0.2	—
	HT/GLZ350	3.0～3.4	2.3～3.0	0.9～1.2	≤0.2	—	—	0.1～0.2	—
高镍球墨铸铁	ND-2	≤2.9	1.6～2.9	0.6～1.2	≤6	≤6	14～22	—	0.03～0.09

注：根据型材直径、壁厚和性能要求，可在表中范围内调节成分配比。

表12-23 连铸球墨铸铁空心型材的力学性能

牌号	抗拉强度 R_m /MPa	条件屈服强度 $R_{p0.2}$/MPa	断后伸长率 /A（%）	硬度 HBW	主要基体组织
QT/GLZ350-22	≥350	≥240	≥22	≤170	铁素体
QT/GLZ350-22R	≥350	≥240	≥22	≤170	铁素体
QT/GLZ350-22L	≥350	≥240	≥22	≤170	铁素体
QT/GLZ400-18	≥400	≥280	≥18	150～200	铁素体
QT/GLZ400-18R	≥400	≥280	≥18	150～200	铁素体
QT/GLZ400-18L	≥400	≥280	≥18	150～200	铁素体
QT/GLZ400-15	≥400	≥280	≥15	150～200	铁素体
QT/GLZ450-10	≥450	≥320	≥10	170～210	铁素体
QT/GLZ500-7	≥500	≥370	≥7	180～230	铁素体＋珠光体
QT/GLZ550-5	≥550	≥390	≥5	180～240	铁素体＋珠光体
QT/GLZ600-3	≥600	≥410	≥3	200～250	珠光体＋铁素体
QT/GLZ700-2	≥700	≥480	≥2	210～270	珠光体

注：字母“R”表示该牌号有室温（23℃）下的冲击性能要求；字母“L”表示该牌号有低温（－20℃或－40℃）下的冲击性能要求。

表12-24 连铸灰铸铁空心型材的力学性能

牌号	抗拉强度 R_m/MPa	硬度 HBW	主要基体组织	牌号	抗拉强度 R_m/MPa	硬度 HBW	主要基体组织
HT/GLZ200	≥200	150～210	铁素体	HT/GLZ275	≥275	190～250	铁素体＋珠光体
HT/GLZ225	≥225	170～220	铁素体	HT/GLZ300	≥300	200～275	铁素体＋珠光体
HT/GLZ250	≥250	180～230	铁素体＋珠光体	HT/GLZ350	≥350	235～290	珠光体

12.2.5 铸铁空心型材的金相组织及其控制

1. 球墨铸铁及其合金铸铁

连铸球墨铸铁空心型材的金相组织与水平连铸实心棒材表层相同厚度范围内的金相组织大致相同，可参考表12-3。但垂直连铸区别于水平连铸的特征之一，是对较大直径（$D \geqslant 100$mm）的型材而言，被拉拔出结晶器的管壳内不再充有铁液，随后冷却过程中的共析转变不受高温铁液（液芯）的影响，冷却速度较快，因而其显微组织更为均匀和细密。当结晶器螺旋水冷套用铜质材料制作时，这一特点更加明显。鉴于石墨球直径大小和圆整度对球墨铸铁的耐磨性和疲劳寿命影响极大，故在评价连铸球墨铸铁空心型材的内在质量时，常把石墨球球径大小的梯度分布作为重要指标。

连铸球墨铸铁空心型材管壁径向（由表及里）的石墨形态和基体组织如图12-27和图12-28所示。在高温度梯度的影响下，从表层到深层，石墨球直径和基体组织晶粒由小到大逐渐变化。由于石墨球直径与其球数负相关，故从表层到深层的范围内，石墨球数从500~600个/mm²逐渐减少。但是，当含有一定量的合金元素时，在竖直安装的结晶器上部形成的深层（距表面20mm以上）组织的石墨球，球径并不持续增大，其原因在于随热对流从下部升上来的石墨晶核增加了深层组织的石墨球密度。

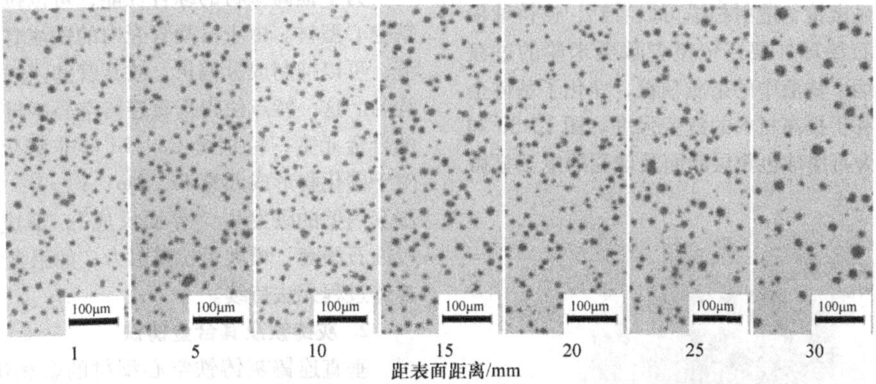

图12-27 连铸球墨铸铁空心型材管壁径向的石墨形态

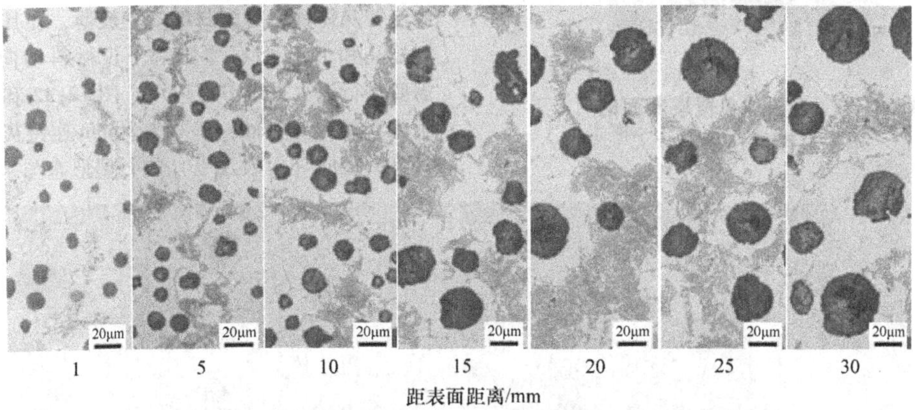

图12-28 连铸球墨铸铁空心型材管壁径向的基体组织

使用铜质结晶器拉拔直径为130mm、壁厚为30mm的厚壁管材（QT550-7），其石墨球直径和密度的分布梯度见表12-25。

表12-25 石墨球直径和密度的分布梯度

距表面距离/mm	5	10	15	20	25	30
石墨球直径/μm	15	17	20	22	25	30
石墨球密度/(个/mm²)	≥500	≥450	≥300	≥200	≥180	≥150

壁厚小于12mm的球墨铸铁型材或较厚型材的外层部分，是在快速冷却过程中通过共晶反应形成的，其石墨球形态具有直径小、球数多、圆整度高和分布弥散的特点。

鉴于金相试样的剖面位置会影响对石墨球大小的真实判断，在需要杜绝初生石墨时，应该使用电子显微镜扫描来检测球墨铸铁的石墨形态。图12-29所示为连铸球墨铸铁空心型材的电子显微镜扫描照片。

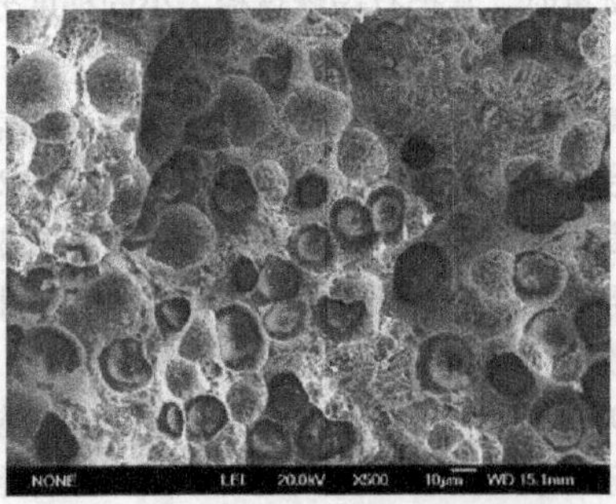

图 12-29　连铸球墨铸铁空心型材的电子显微镜扫描照片

通过电子显微镜背散射扫描可以看到，连铸球墨铸铁管材中的石墨球外层还包覆着数微米厚的过渡层。过渡层集纳了铁液中的杂质颗粒，净化了基体金属的晶界，有利于提高材料的疲劳强度。图 12-30 和图 12-31 所示为石墨球包覆层断面及球壳的电子显微镜扫描照片。

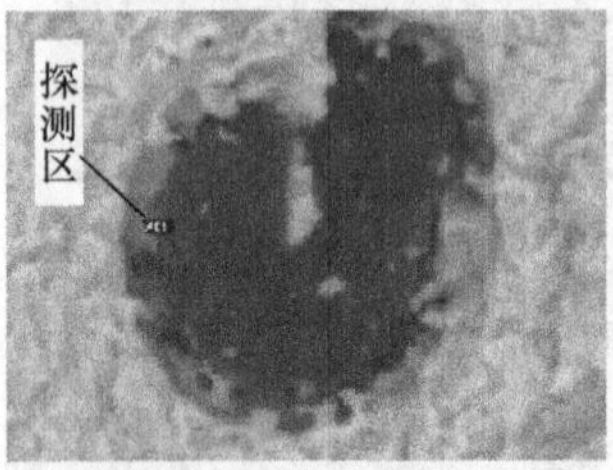

图 12-30　石墨球包覆层断面的电子显微镜扫描照片

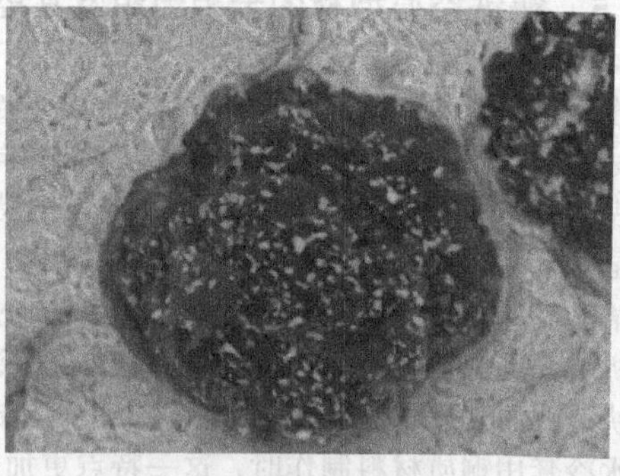

图 12-31　石墨球包覆层球壳的电子显微镜扫描照片

为了提高型材的综合性能，可以拉制合金球墨铸铁空心型材。由于已凝管壳内的铁液有充分的上下对流，可以抑制成分偏析，故其管壁内的化学成分比较均匀。这一特点使得垂直连铸空心型材可以含有较高的合金元素，特别是 Cu、Ni 等非碳化物形成元素。对于碳化物形成元素 Cr、Mo、V、W，它们容易与石墨套内壁的碳发生“界面反应”，形成大量碳化物，侵蚀石墨套，增大了拉拔阻力；如果含量太高，将使连铸过程无法持续。

2. 灰铸铁及其合金铸铁

垂直连铸灰铸铁空心型材的金相组织，以表层 16mm 左右内的石墨呈现 D \ E 型石墨为显著特征。若连铸灰铸铁空心型材的管壁较薄，在其发达的一次树枝晶和 E/D 型石墨影响下，材料切向强度较低，需要进行退火处理方可应用。图 12-32 和图 12-33 所示为直径为 100mm、壁厚为 20mm 连铸灰铸铁空心型材管壁径向（由表及里）的石墨形态与基体组织。

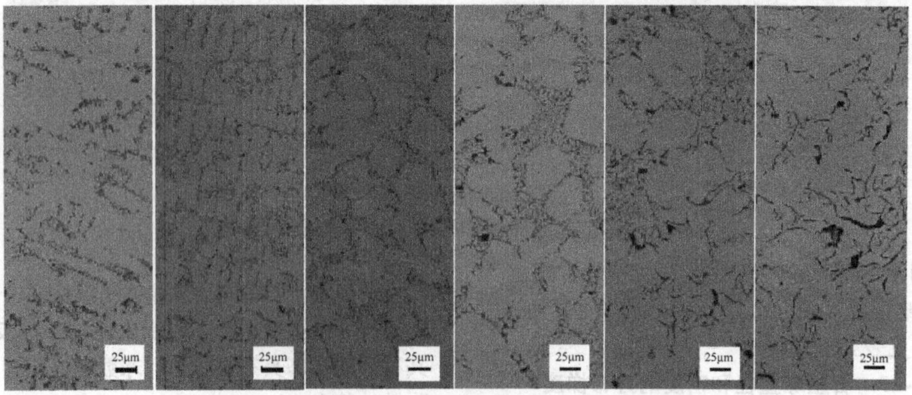

1　4　8　12　16　19

距表面距离/mm

图 12-32　连铸灰铸铁空心型材管壁径向的石墨形态

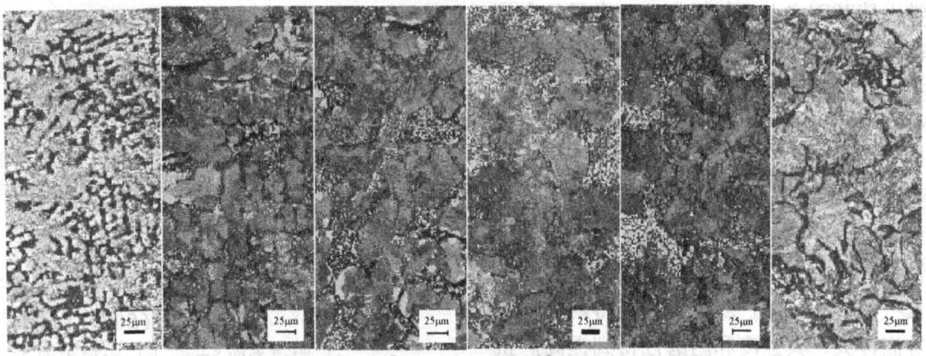

图12-33 连铸灰铸铁空心型材管壁径向的基体组织

12.2.6 连铸铸铁空心型材组织和性能的延伸开发

1. 连铸灰铸铁空心型材的热处理

连铸灰铸铁空心型材铸态组织的树枝晶比较发达，铸造残余应力较高，多数情况下应予以消除。特别是对薄壁灰铸铁空心型材而言，受发达树枝晶、D\E型石墨形态和残余应力的影响，管壁周向上的抗拉强度较低，必须通过退火处理予以改善。

2. 连铸球墨铸铁空心型材的热处理

连铸球墨铸铁空心型材制作成空心零件后（如石油钻具中的卡瓦、内齿圈等），可以根据需要进行整体淬火或表层感应淬火。

连铸球墨铸铁空心型材最广泛和重要的应用是制作重要的甚至是关键的零部件，需要通过等温淬火获得ADI（austempered ductile iron）的组织和性能。在870～950℃进行奥氏体化后，迅速浸入230～420℃范围内某一温度的硝盐浴中进行等温淬火，可获得800～1400MPa的抗拉强度及相应的其他力学性能。根据其强韧性的不同，普通ADI被划分成5个材料牌号。连铸球墨铸铁空心型材的碳、硅含量与普通铸件相比，碳低硅高，故其材料牌号虽然沿用GB/T 24733—2009《等温淬火球墨铸铁件》中的规定，但淬火冷却介质的温度范围有所区别，见表12-26。

表12-26 连铸球墨铸铁型材等温淬火与材料牌号的对应关系

材料牌号	抗拉强度/MPa	硬度 HRC	淬火冷却介质温度/℃
QTD800-10	800	26～28	400～420
QTD900-8	900	32～34	350～360
QTD1050-6	1050	40～42	300～310
QTD1200-3	1200	48～50	240～250
QTD1400-1	1400	51～53	230

连铸球墨铸铁空心型材铸态组织比传统铸造细密数倍。其固态相变时，相邻石墨球容易聚集，因此在等温淬火时，奥氏体化保温时间需要缩短，一般为40～60min。如果保温时间超过120min，石墨球密度将会降低，削弱了ADI材料的自润滑和吸声减振性能。图12-34所示为用ADI制作的行星减速器中的行星轮在900℃保温60min后浸入硝盐浴中等温淬火（见图12-34a）和在900℃保温130min后浸入硝盐浴中等温淬火（见图12-34b）后的石墨球密度对比。两图对比显示，长时间的奥氏体化过程，会使石墨球密度显著降低。

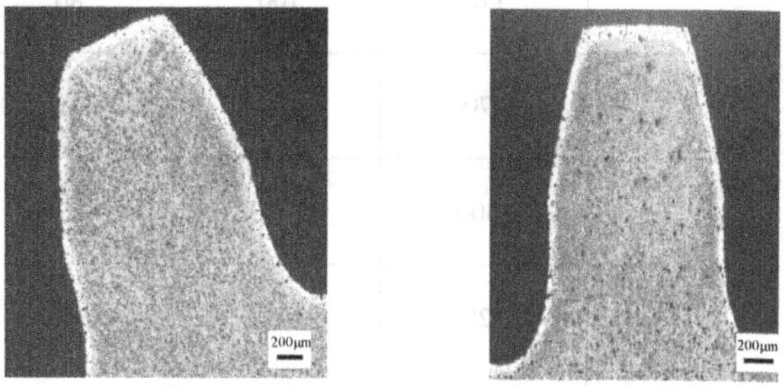

a) b)

图12-34 行星轮经过不同奥氏体化时间后的石墨球密度对比

a）900℃保温60min后淬火 b）900℃保温130min后淬火

3. 等温淬火球墨铸铁（ADI）的组织和性能

连铸球墨铸铁空心型材的铸态组织比其他铸件要细密，经过退火和等温淬火，可以获得更加细密的淬火组织“奥铁体”，即针状铁素体+高碳奥氏体。由于石墨球更加细小（最大球径≤30μm）和圆整（球化率≥95%），故其力学性能达到或超过了GB/T 24733—2009《等温淬火球墨铸铁件》所列各项指标的上限，接近或达到了调质钢或淬火钢的力学性能指标。在此力学性能基础之上，与钢相比，又具备自润滑、吸声减振等性能，故若用来制作基础关键摩擦副零件，如轴承、轻中载荷的齿轮等，可以适应更加苛刻的使役环境。图12-35所示为连铸球墨铸铁含$w(\mathrm{Ni})$为0.6%，$w(\mathrm{Cu})$为0.6%和$w(\mathrm{Cr})$为0.3%（相当于牌号QTD1200-3）等温淬火后径向上的基体组织和石墨形态。

在保证铁液成分处在伪共晶区的前提下，添加碳化物形成元素（Cr、Mo、V）后，可以获得耐磨球墨铸铁，经过等温淬火，其强度和耐磨性得到提高。抗磨球墨铸铁根据其硬度高低分为两个牌号，即QTD HBW400和QTD HBW450，换算成洛氏硬度，分别约是43HRC和48HRC。

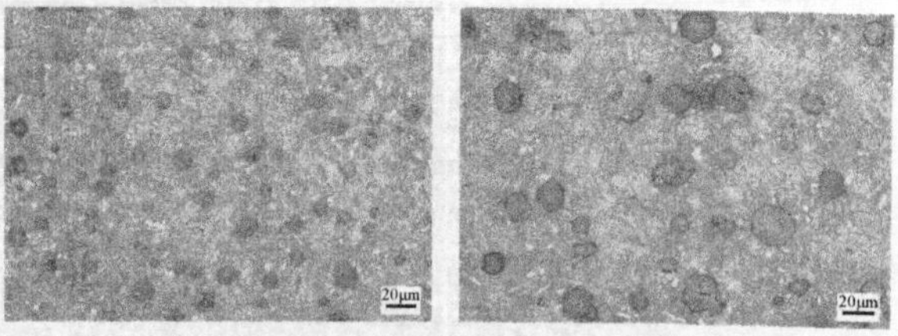

a) b)

图12-35 连铸球铁等温淬火后径向上的基体组织和石墨形态（500×）

a）距离表面5mm b）距离表面25mm

根据GB/T 24733—2009，连铸空心型材等温淬火球墨铸铁的力学性能和物理性能见表12-27。

表12-27 连铸空心型材等温淬火球墨铸铁的力学性能和物理性能

技术数据	材料牌号						
	QTD800-10（QTD800-10R）	QTD900-8	QTD1050-6	QTD1200-3	QTD1400-1	QTD HBW400	QTD HBW450
抗拉强度 R_m/MPa	800	900	1050	1200	1400	1400	1600
条件屈服强度 $R_{p0.2}$/MPa	550	650	750	900	1100	1100	1300
断后伸长率 A（%）	11	9	7	4	1	1	—
冲击吸收能量K（无缺口）/J	110	100	80	60	35	25	20
弹性模量 E /10^3MPa	170	169	168	167	166	165	165
抗压强度 R_{mc}/MPa	1300	1450	1675	1900	2200	2250	2500
抗剪强度 τ_b/MPa	720	800	940	1080	1260	1300	1400
硬度 HBW	250～310	270～340	310～380	340～420	380～480	400	450

注：壁厚≤30mm。

4. 超细密等温淬火球墨铸铁

通过配制严格的铁液成分，连铸时“在线观测”型材颜色并“在线调整”铁液成分，可以获得接近100%的共晶石墨，球化率也接近100%。经过等温淬火，球化率进一步提高，获得超细密的ADI组织。与普通球墨铸铁和ADI相比，共晶凝固的连铸球墨铸铁中硅含量较高，而硅对ADI的奥铁体中碳含量影响的经验公式为

$$w(C_\gamma) = T_\gamma/420 - 0.17w(\mathrm{Si}) - 0.95 \quad (12\text{-}4)$$

式中 $w(C_\gamma)$——奥铁体中的碳含量（质量分数）；

T_γ——奥氏体化温度。

12.2.7 垂直连铸铸铁空心型材的常见缺陷及防止方法

垂直连续铸铁空心型材的常见缺陷、原因分析及防止与处理方法见表12-28。

表12-28　垂直连铸铸铁空心型材的常见缺陷、原因分析及防止与处理方法

缺陷名称	缺陷特征	原因分析	防止与处理方法
外壁疤痕	型材表面每隔一段出现较深较大的疤痕，即在其步距交界处的一定弧段上嵌入了硬质材料，其嵌入深度超过了规定的机械加工余量	在石墨套下端逐渐冷凝出了高熔点糊状渣团，聚集到一定量之后被带进石墨套内，成为镶嵌进型材表层的异质物	1）改进石墨套伸出端的结构，或者改进结晶器与连铸炉的对接结构，以减少形成高熔点糊状渣团的可能 2）调整拉拔参数，使陆续形成的高熔点糊状渣团均匀地分布在每一步距的型材表面，而不集中在一起 3）调整铁液中合金元素的配比，在保证材料性能的前提下，尽量减少高熔点元素的使用和掺入
横向裂纹	型材表面步距交界处出现垂直于轴线的裂纹，其深度超过了规定的机械加工余量	1）石墨套下端冷凝出的高熔点糊状渣团还未被带进石墨套内，堵在石墨端口，增大了拉拔阻力 2）石墨套内壁被严重侵蚀或被划伤，增大了拉拔阻力 3）石墨套内壁加工过于粗糙	1）临时减少结晶器的通水量，并停止拉拔10s以上，待其高熔点糊状团软化后再拉拔，将其带进石墨套内 2）降低注入铁液的温度 3）生产准备时彻底清除炉膛内的渣滓；第一次注入铁液时避免将渣滓混入铁液倒进炉膛 4）降低石墨套内壁加工的表面粗糙度值
横截面呈现椭圆或三瓣形状	圆环形型材的横截面出现椭圆或三瓣形状，圆度误差超过了规定的机械加工余量	1）孕育衰退，型材周圈上两三处形成白口组织，管壁增厚，其余弧段上壁厚越来越薄 2）铁液成分远离共晶点，初生相在圆周的两三处率先形成	1）加强孕育 2）及时调整铁液的碳当量或Si、C比例
表面白口或表面过硬	型材整个表层或一部分区域存在较多数量的碳化物或白口凝固层，硬度高，加工困难，甚至无法加工	1）铁液成分偏离共晶成分严重 2）孕育不良或球化衰退 3）碳化物形成元素含量过高	1）检查铁液碳当量是否过低，在保证力学性能的前提下提高C、Si含量 2）降低碳化物形成元素的含量 3）加强铁液孕育处理 4）对型材进行退火处理
内壁夹层	型材内壁1～4mm层内有小圆形或长条形孔洞，层深超过了规定的机械加工余量	在吊包向茶壶包续添铁液时，管芯内铁液液面发生较大波动，先是大幅降低，随后又快速升高，铁液在已经凝固的管壳内壁上再次凝固	提高茶壶包注入铁液操作的精确度，避免液面的大起大落
壁厚不匀	型材壁厚不均匀	1）结晶器安装不垂直 2）拉拔机构与结晶器上下不对中或过定位 3）结晶器水冷套筒或石墨套的加工出现偏心，壁厚不匀，致使周向上冷却能力不均匀 4）结晶器钢套内孔或石墨套外圆加工成椭圆形，或者在向结晶器钢套中压制石墨套时斜向挤入，两者内外面相贴的紧密程度不一致，冷却能力不均匀	1）生产准备时细心操作，装正结晶器 2）检查拉拔机构的对中精度 3）减少车工操作的偏心误差 4）提高车床的加工精度 5）正确压入石墨套

（续）

缺陷名称	缺陷特征	原因分析	防止与处理方法
型材表面竖条棱筋	表面轴向有数条高度大于1mm的或宽或窄的条状棱筋	1）首次引晶时黏附在型材表面的氧化渣等硬质杂物划伤了石墨套 2）连铸炉膛内脱落的硬质杂物黏附在型材表面，划伤了石墨套	1）生产准备时，彻底清除炉膛内的渣滓；第一次注入铁液时，避免将渣滓混入铁液倒进炉膛 2）采购合格的炉膛砌筑材料；打炉时，尽量捣实 3）选择高硬度石墨材料
型材表面横向皱褶	型材外圆每个步距的交界处都有明显的皱褶	1）结晶器通水突然加大，热应力作用勒断了石墨套，使其横向断裂 2）拉拔阻力过大，拉断了石墨套	1）结晶器通水量切忌忽大忽小，陡然变化 2）石墨套变薄后，若拉拔阻力已经较大，一旦出现横向皱褶，停止生产

参考文献

[1] 徐春杰，徐信峰，赵振，等．铸铁水平连铸技术及铸铁型材的应用［J］．铸造技术，2017（11）：2559－2564.

[2] 黄继强，薛龙，张忠明，等．水平连铸球墨铸铁QT500－7等温淬火工艺优化研究［J］．铸造技术，2016（09）：1905－1907.

[3] 时胜利．一种多铸流水平连续铸造铸铁型材的牵引机：ZL201020223879.3［P］．2010－12－15.

[4] YAN G J，XU Y，JIANG B L. The production of high－density hollow cast－iron bars by vertically continuous casting［J］．Journal of Materials Processing Technology，2012（212）：15－18.

[5] 许旸．低塑性金属空心型材的连铸成形设备：ZL2007100118928.2［P］．2008－03－05.

[6] 张云鹏，苏俊义，等．铸铁水平连铸中圆坯凝固过程的数值模拟［J］．金属学报，2001，3（1）：287－290.

[7] 许旸，王海生，等．两种连铸环套内孔磨损失效的原因分析［J］．热加工工艺，2017，5（5）：254－256.

[8] 许旸，邓开金，等．铸铁空心型材连续铸造中凝固层增长模型研究［J］．铸造技术，2015，4（4）：953－956.

[9] 曾东方，鲁连涛，等．等温淬火球墨铸铁的滚动接触磨损性能研究［J］．摩擦学学报，2012，2（3）：171－176.

[10] DOMMARCO R C，JAUREGUIBERRY A J，SIKORA J A. Rolling contact fatigue resistance of ductile iron with different nodule counts and matrix microstructures［J］．Wear，2006（261）：172－179.

[11] WILSON LUIZ GUESSER，et al. Austempered Ductile Iron for Gears［J］．SAE International，2012（36）：0305.

[12] MAYR P，VETTERS H，WALLA J. Investigations on the stress induced martensite formation in Austempered Ductlile Cast Iron（ADI）［C］//Proceedings of the 2nd International Conference on Austempered Ductile Iron，Ann Arbor，MI，1986.